Technische Strömungsmechanik

Dominik Surek · Silke Stempin

Technische Strömungsmechanik

Für Studium, Examen und Praxis

3., überarbeitete und erweiterte Auflage

Mit ausführlichen Beispielen, zahlreichen Aufgaben + Lösungen und Musterklausuren

 Springer Vieweg

Dominik Surek
An-Institut Fluid- und Pumpentechnik
Hochschule Merseburg
Merseburg, Deutschland

Silke Stempin
Hydraulische Entwicklung
KSB AG
Frankenthal, Deutschland

ISBN 978-3-658-18756-9   ISBN 978-3-658-18757-6 (eBook)
https://doi.org/10.1007/978-3-658-18757-6

Die Deutsche Nationalbibliothek verzeichnet diese Publikation in der Deutschen Nationalbibliografie; detaillierte bibliografische Daten sind im Internet über http://dnb.d-nb.de abrufbar.

Springer Vieweg
© Springer Fachmedien Wiesbaden GmbH 2007, 2014, 2017

Lektorat: Thomas Zipsner

Gedruckt auf säurefreiem und chlorfrei gebleichtem Papier.

Springer Vieweg ist Teil von Springer Nature
Die eingetragene Gesellschaft ist Springer Fachmedien Wiesbaden GmbH
Die Anschrift der Gesellschaft ist: Abraham-Lincoln-Str. 46, 65189 Wiesbaden, Germany

Zum Gedenken an
Prof. Dr.-Ing. habil. Dominik Surek

Der langjährige Hochschulangehörige und sehr geschätzte Prof. Dominik Surek ist am 12. August 2016 im Alter von 83 Jahren gestorben. Dominik Surek war von 1993 bis 1998 Professor für Strömungsmaschinen an der Hochschule Merseburg. Er war maßgeblich an der Gründung des An-Instituts für Fluid- und Pumpentechnik der Hochschule beteiligt und war selbst viele Jahre Institutsdirektor.

Auch deutschlandweit und international ist der Name Surek eng mit angewandter Forschung und Wissenstransfer verknüpft. Prof. Dominik Surek pflegte eine enge Kooperation mit der mittelständischen Wirtschaft und anderen Forschungseinrichtungen. Sein Wissen und seine Erfahrungen waren oft gefragt und geschätzt, wenn es um die Auslegung, die Erhöhung des Wirkungsgrades bei Verdichtern, Pumpen und Turbinen, die Anwendung der Vakuum- und Ultraschalltechnik, um die Ortung und Bewertung von Maschinenfehlern ging. Sein Wissens- und Erfahrungsschatz wird noch weiterhin zur Verfügung stehen, er hat über 250 Facharktikel und 12 Fachbücher verfasst.

Die Hochschule Merseburg verliert mit seinem Tod einen herausragenden Wissenschaftler, Hochschullehrer und Forscher, der bis ins hohe Alter aktiv an der Hochschule tätig war und Projekte entwickelt und vorangetrieben hat. Die vorliegende 3. Auflage hat Herr Prof. Surek noch tatkräftig unterstützt. Auch der Verlag dankt ihm für die langjährige immerzu gute und konstruktive Zusammenarbeit.

Vorwort zur dritten Auflage

In der zweiten Auflage des Buches Technische Strömungsmechanik sind mit Rücksicht auf den Umfang des Buches die ersten Kap. 1 und 2 herausgenommen worden. Nun zeigte sich aber, dass die fehlenden Grundlagen der Fluideigenschaften (Kap. 1) sowie der Hydrostatik (Kap. 2) einen Mangel darstellten, weil diesbezüglich auf andere Fachliteratur verwiesen werden musste. Deshalb entschlossen sich die Autoren in Abstimmung mit dem Verlag, diese zwei Kapitel wieder in das Buch aufzunehmen. Dadurch wird die Vollständigkeit der elementaren Strömungstechnik und der Hydro- und Aerostatik einschließlich dem statischen Auftrieb, dem Schwimmen, sowie der Stabilität von Schwimmkörpern wieder hergestellt. Die Hydrostatik liefert die Grundlagen für die Hydraulik in den unterschiedlichen Bereichen, der Pressen und Umformtechnik z. B. von Bauteilen des Automobilbaus, des Flugzeugbaus, der Verstärkertechnik für Lenk- und Bremsanlagen.

Auch in den Beispielen und Aufgaben zur Anwendung des Stoffgebietes finden sich teilweise auch Elemente der Hydro- und Aerostatik.

Aufrichtigen Dank sagen die Autoren dem Springer Vieweg Verlag, insbesondere dem Lektoratsleiter Technik Herrn Dipl.-Ing. Thomas Zipsner und Frau Ellen Klabunde für das große Verständnis zum Buch mit dem umfangreichen Übungsteil.

Herrn B.Eng. Michael Richter danken die Autoren für die aktive Hilfe beim Durchsehen der Beispiele und Aufgaben.

Die Autoren wünschen den Lesern des Buches Erfolg und Freude.

Für Verbesserungsvorschläge und Anregungen zur Weiterentwicklung des Buches danken die Autoren den Lesern.

Für Rückäußerungen und Vorschläge steht Ihnen die E-Mail-Adresse dominik.surek@ hs-merseburg.de oder die Postadresse Institut für Fluid- und Pumpentechnik, Eberhard-Leibnitz-Straße 2, 06217 Merseburg oder Silke Stempin, Turmstraße 100, 06108 Halle zur Verfügung.

Merseburg, im Mai 2016   Dominik Surek und Silke Stempin

Vorwort zur zweiten Auflage

Das Buch „Technische Strömungsmechanik" ist offensichtlich von den praktisch tätigen Fachleuten als Nachschlagewerk gut angenommen worden. Die Studierenden der technischen Disziplinen – vorrangig die Studierenden des Maschinenbaus, der Verfahrenstechnik und des Wirtschaftsingenieurwesens benötigen und suchen Beispiele und Aufgaben der Strömungsmechanik und ihre Lösungen, um den Stoff einzuüben. In der ersten Auflage des Buches waren nur 30 durchgerechnete Beispiele enthalten. Das Anliegen der Studierenden ist verständlicherweise das Rechnen und Nachvollziehen von Übungsbeispielen. Diesem Anliegen sind die Autoren des Buches in der zweiten Auflage nachgekommen, in dem der praktische Übungsteil des Buches in folgender Form stark erweitert worden ist.

Die durchgerechneten Übungsbeispiele sind auf 44 erweitert worden. In das Buch sind außerdem 67 Aufgaben aufgenommen worden und die Lösungen sind im Anhang angegeben für den Fall, dass der Leser bei der Lösung selbst nicht vorankommt. Um den Studierenden auch ein vertretbares Zeitgefühl für die Lösung einfacher Aufgaben zu vermitteln, sind 31 Modellklausuren mit den Lösungen der Rechenaufgaben im Anhang aufgenommen worden. Der zeitliche Aufwand beträgt dafür 60 min und 120 min für die Lösungen der Modellklausuren. Für diese Übungsteile mit den Lösungen wurden im Buch ca. 100 Seiten eingeräumt.

Um jedoch den Umfang des Buches nicht wesentlich zu erweitern, wurden die Einleitung und die beiden ersten Kapitel, 2. Eigenschaften der Fluide und 3. Hydrostatik und Aerostatik, herausgenommen. Diesbezüglich wird auf andere Werke verwiesen.

Alle verbliebenen zwölf Kapitel des Buches wurden überarbeitet und teilweise um die neueren Erkenntnisse der Strömungsmechanik erweitert. Das betrifft hauptsächlich die Kap. 4, 9 und 12.

Schließlich noch ein Wort zum Verstehen und Anwenden der Angewandten Strömungsmechanik. Das vorliegende Buch ist mit den elementaren mathematischen Mitteln abgefasst und leicht verständlich. Vektoren und Tensoren bleiben ebenso ungenutzt wie Matrizen. Dadurch wird gewährleistet, dass das Buch gewissenhaft und flüssig gelesen werden kann. Wer das Buch als Nachschlagewerk benutzen will, kann das mit Gewinn tun, da es ein breites Wissensspektrum von den Grundlagen der Strömungsmechanik über die Potentialtheorie, die Grenzschichttheorie, die instationäre Strömung und die Strömungsmaschinen als konkrete Anwendung bis zur Mehrphasenströmung und der strömungstechnischen Messtechnik enthält.

Schließlich danken die Autoren Herrn B. Eng. Michael Richter für das Durchrechnen einiger Beispiele und Aufgaben. Dem Springer-Verlag und in besonderer Weise dem Cheflektor des Verlages Herrn Dipl.-Ing. Thomas Zipsner und Frau Ellen Klabunde danken die Autoren für die vorzügliche und konstruktive Zusammenarbeit bei der Gestaltung des Buches.

Allen Lesern des Buches wünschen die Autoren eine unterhaltsame Lektüre und interessante Berechnungsübungen.

Für Anregungen zur Verbesserung des Inhaltes des Buches sind die Autoren allen Lesern dankbar. Für diese Vorschläge stehen Ihnen die E-Mail-Adresse dominik.surek@hs-merseburg.de und die Postadresse „Institut Fluid- und Pumpentechnik" zur Verfügung.

Merseburg, im Februar 2014   Dominik Surek und Silke Stempin

Vorwort zur ersten Auflage

Die Entwicklung der Strömungsmechanik nahm im vorigen Jahrhundert einen beeindruckenden Verlauf, wobei sich zwei Perioden besonders herausheben. Das ist das Wirken Ludwig Prandtls (1875 bis 1953) am Kaiser-Wilhelm-Institut für Strömungsforschung in Göttingen (heute Institut für Luft- und Raumfahrt), das zu einer wissenschaftlichen Systematisierung der theoretischen und experimentellen Strömungsmechanik führte, und das ist zum anderen die Periode für die Entwicklung der Fluggeräte und der Flugtechnik einschließlich der Raketen und der Weltraumshuttles mit dem Überschallflug und den Grenzbedingungen von der freien Molekularströmung im Weltraum in den Übergangsbereich der viskosen Strömung bei sehr hohen Machzahlen. Diese erfolgreiche Forschung wirkte sich besonders auch auf die Entwicklung der Strömungsmaschinen und der Vakuumtechnik aus. Bei den Strömungsmaschinen sind insbesondere die Axialverdichter, die Gasturbinen und die Brennkammern zu erwähnen, die schließlich zu den hocheffektiven Strahltriebwerken moderner Flugzeuge führten mit Leistungen bis zu 30 MW. Für die Vakuumtechnik werden Axialverdichter mit Antriebsdrehzahlen bis 90.000 min^{-1} gefertigt, die ebenfalls im Bereich der freien Molekularströmung arbeiten und die in der Terminologie der Vakuumtechnik als Turbomolekularpumpen bezeichnet werden.

In ähnlicher Weise strahlte die Entwicklung der Strömungsmechanik in den Bereich der Verfahrenstechnik und der Biotechnologie aus, wodurch sie stark befruchtet wurden.

Die Entwicklung der Strömungsmaschinen für die Flugtechnik verlief auf den Gebieten der Strömungstechnik, der Thermodynamik und der Werkstofftechnik so erfolgreich, dass heute bereits ganze Flugzeugtriebwerke oder wesentliche Komponenten davon auch für stationäre Kraftwerksanlagen erfolgreich eingesetzt werden.

Das Buch wendet sich vorrangig an die praktisch tätigen Strömungsingenieure und Freunde der Strömungsmechanik, denen ein systematisierter Stoff in fünfzehn Kapiteln dargeboten wird.

Das Buch soll zur Vermittlung bei der Lösung praktischer Strömungsaufgaben dienen. Deshalb wurde auch die Lösung einfacher praktischer Aufgabenbeispiele aufgenommen. In gleicher Weise soll das Buch auch ein Begleiter im Studium der angewandten Strömungsmechanik für die Studierenden der Hochschulen und Universitäten sein. Dabei soll es vorrangig die Gedankengänge und die Arbeitsmethoden bei der Lösung strömungstechnischer Aufgaben im Bereich des Maschinenbaus, des Anlagenbaus und der Verfahrenstechnik vermitteln.

Die mathematischen Anforderungen werden bewusst auf einem niedrigen Niveau gehalten, um das Buch einem großen Leserkreis zugängig zu machen. Das Verständnis für die Methoden und Lösungsverfahren der Strömungsmechanik soll dabei entwickelt werden.

So wird die Strömung des Kontinuums z. B. in den Gesamtrahmen der Strömungsabläufe, insbesondere jene im Vakuum und im Hochvakuum gestellt. Es werden auch die Grundlagen der Strömungsakustik, die instationären Strömungen, die Strömung in Turbomaschinen, die Grundlagen der Mehrphasenströmung und das wichtige Gebiet der strömungstechnischen Messtechnik behandelt, um dem experimentell tätigen Ingenieur Einblick in die modernen Messverfahren wie z. B. in die Laser-Doppler-Anemometrie (LDA), die Particle-Image-Velocimetry (PIV) und in die instationäre Druckmesstechnik zu gewähren. Die Strömungsvorgänge, die in Verbindung mit chemischen Reaktionen ablaufen, wie z. B. Verbrennungsströmungen, Explosionsvorgänge, Dissoziationsvorgänge und auch die Ionisationsvorgänge sind von der Betrachtung ausgeschlossen. Sie werden heute vorwiegend mit dem CFD-Programm Fluent berechnet.

Ein herzlicher Dank gilt dem Teubner-Verlag und dem Leiter des Lektorats Technik, Herrn Dr.-Ing. Martin Feuchte, der von Anbeginn dieses Projekt förderte und für die wohlgestaltete Ausstattung des Buches sorgte. Ebenso danken die Autoren Herrn Dipl.-Ing. Mario Reinsdorf für die sorgfältige Anfertigung der Zeichnungen und Tabellen. Herrn Prof. Dr. Roland Adler danken die Verfasser für die Durchsicht des Manuskripts.

Die Autoren sind den aufmerksamen Lesern für Verbesserungsvorschläge und für Hinweise auf Duckfehler dankbar. Dafür steht Ihnen die E-mail dominik.surek@hs-merseburg.de zur Verfügung.

Halle, im Januar 2007   Dominik Surek

Beispiele, Aufgaben und Modellklausuren

Kapitel	Beispiele		Aufgaben		Modellklausuren	
	Zahl	Abschnitt	Zahl	Abschnitt	Zahl	Abschnitt
1	0		0		0	
2	7	2.11	0		0	
3	4	3.4	6	Aufgaben: 3.5 Lösungen: 15.1	0	
4	3	4.5	0		0	
5	8	5.12	22	Aufgaben: 5.13 Lösungen: 15.2	10	Aufgaben: 5.14 Lösungen: 15.3
6	11	6.10	17	Aufgaben: 6.11 Lösungen: 15.4	8	Aufgaben: 6.12 Lösungen: 15.5
7	2	7.6	0		0	
8	2	8.9	0		3	Aufgaben: 8.10 Lösungen: 15.6
9	1	9.6	0		0	
10	3	10.6	3	Aufgaben: 10.7 Lösungen: 15.7	0	
11	0		7	Aufgaben: 11.11 Lösungen: 15.8	0	
12	6	12.13	11	Aufgaben: 12.14 Lösungen: 15.9	9	Aufgaben: 12.15 Lösungen: 15.10
13	0		0		0	
14	4	14.5	3	Aufgaben: 14.6 Lösungen: 15.11	1	Aufgabe 14.7 Lösung: 15.12
$\sum$	51		69		31	mit Einzelaufgaben

Summe der Beispiele, Aufgaben und Modellklausuren 151 Aufgaben

Inhaltsverzeichnis

Eigenschaften der Fluide

Stoffe können in drei Aggregatzuständen auftreten, dem festen, flüssigen und gasförmigen Zustand (Abb. 1.1). Die verschiedenen Aggregatzustände werden durch die Bindungskräfte der Moleküle bestimmt. Während die Moleküle und Atome fester Stoffe in einer Gitterstruktur fest gefügt sind, lassen sich die Teilchen von Flüssigkeiten leicht verschieben und austauschen. In Gasen bewegen sich die Moleküle frei in dem verfügbaren Raum. Makroskopisch formen sich diese Stoffe in den unterschiedlichen Aggregatzuständen gemäß Abb. 1.2 aus, wobei sich körnige Stoffe, wie Sand, Kies oder Gries mit bestimmten Schüttwinkeln aufbauen. Stoffe im gasförmigen Zustand werden durch die freie Weglänge der Moleküle gekennzeichnet, die für Luft bei $p_0 = 100\,\text{kPa}$ und $t_0 = 20\,°\text{C}$ $s = 0,07$ bis $0,10\,\mu\text{m}$ beträgt. Die Eigenschaften dieser flüssigen und gasförmigen Stoffe sind richtungsunabhängig, sodass sie als Kontinuum bezeichnet und behandelt werden können. Die Eigenschaften von Feststoffen sind richtungsabhängig mit unterschiedlichen Zug- und Druckspannungen, Biege- und Torsionsspannungen.

Ein Fluid wird durch die folgenden Eigenschaften charakterisiert:

- Es ist ein Kontinuum.
- Es kann im Ruhezustand an der Oberfläche nur Druckkräfte aufnehmen und übertragen. Das ruhende Fluid nimmt weder Zugkräfte noch Tangentialkräfte auf.

Im Vakuum bei absoluten Drücken von $p \leq 0,1\,\text{Pa}$ nimmt die Gasdichte stark ab, auf Werte von $\rho \leq 1,21 \cdot 10^{-6}\,\text{kg/m}^3$, die freie Weglänge der Moleküle steigt so weit an, dass sich die Moleküle ungehindert im verfügbaren Raum von Wand zu Wand bewegen können. Dieses Gas geringer Dichte folgt den Gesetzen der kinetischen Gastheorie, die in der Vakuumtechnik auch als Molekularströmung bezeichnet wird.

Die angewandte Strömungsmechanik befasst sich mit dem statischen und dynamischen Verhalten des Kontinuums und der realen reibungsbehafteten Fluidströmung. Beim Shuttleflug muss beispielsweise auch das Übergangsgebiet von Molekularströmung am Rand der Erdatmosphäre zur viskosen Strömung beherrscht werden (Abb. 1.3).

© Springer Fachmedien Wiesbaden GmbH 2017
D. Surek, S. Stempin, *Technische Strömungsmechanik*,
https://doi.org/10.1007/978-3-658-18757-6_1

Abb. 1.1 Aggregatzustands-
änderung von Stoffen im p-T
Diagramm

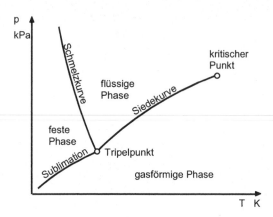

Abb. 1.2 Aggregatzustände
und Formen von Stoffen

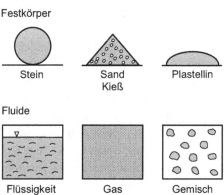

Strömungen treten in allen Fluiden auf, z. B. in Wasser, in anderen Flüssigkeiten, in der Luft, in technischen Gasen, in Flüssigkeits-Gasgemischen wie z. B. in Emulsionen, im Regen oder in Wolken, in Flüssigkeits-Feststoffgemischen, wie z. B. im Abwasser, in Gas-Feststoffgemischen wie z. B. bei der Trockenfarbgebung, beim Hagel oder in Pulverschneelawinen und schließlich auch in Flüssigkeits-Feststoff-Gasgemischen, den sogenannten Dreiphasenströmungen.

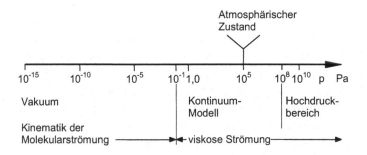

Abb. 1.3 Bereiche technischer Drücke und verschiedener Strömungsformen

Tab. 1.1 Dichte- und kinematische Viskositäten in Zwei- und Dreiphasengemischen

Gemische	Flüssigkeit	Gas	Feststoff
Flüssigkeits-Gas-Gemische	Wasser $\rho_{Fl} = 1000\,\text{kg/m}^3$ $\nu_{Fl} = 10^{-6}\,\text{m}^2/\text{s}$	Luft $\rho_G = 1{,}21\,\text{kg/m}^3$ $\nu_G = 15{,}1 \cdot 10^{-6}\,\text{m}^2/\text{s}$ Blasen $d = 0{,}1\ldots 15\,\text{mm}$	
Flüssigkeits-Feststoff-Gemische	Wasser $\rho_{Fl} = 1000\,\text{kg/m}^3$ $\nu_{Fl} = 10^{-6}\,\text{m}^2/\text{s}$		Sand $\rho_F = 2000\ldots 2800\,\text{kg/m}^3$ Korngröße $d = 0{,}2\ldots 3\,\text{mm}$
Gas-Feststoff-Gemische		Luft $\rho_G = 1{,}21\,\text{kg/m}^3$ $\nu_G = 15{,}1 \cdot 10^{-6}\,\text{m}^2/\text{s}$	Gries $\rho_F = 1400\ldots 2100\,\text{kg/m}^3$ $d = 0{,}1\ldots 0{,}4\,\text{mm}$
Dreiphasengemische Flüssigkeits-Gas-Feststoffgemische	Wasser $\rho_{Fl} = 1000\,\text{kg/m}^3$ $\nu_{Fl} = 10^{-6}\,\text{m}^2/\text{s}$	Luft $\rho_G = 1{,}21\,\text{kg/m}^3$ $\nu_G = 15{,}1 \cdot 10^{-6}\,\text{m}^2/\text{s}$ Blasen $d = 0{,}1\ldots 12\,\text{mm}$	Kohle $\rho_F = 2100\,\text{kg/m}^3$ Korngröße $d = 0{,}2\ldots 50\,\text{mm}$

Die Dichte und die kinematische Viskosität der Stoffe in Zwei- und in Dreiphasengemischen sind sehr unterschiedlich wie die Tab. 1.1 zeigt.

Das Dichteverhältnis dieser Zwei- und Dreiphasengemische beträgt $\rho_F/\rho_{Fl} = 2{,}0$ bis 856. Das Verhältnis der kinematischen Viskosität ist dagegen geringer und beträgt $\nu_G/\nu_{Fl} = 1$ bis 16.

Wie die internationale Konferenz über Mehrphasenströmung ICMF 2007 in Leipzig mit 750 Vorträgen zeigte nimmt die Untersuchung, die Modellierung und die numerische Berechnung von Mehrphasenströmungen mit Hilfe der Euler-Lagrange-Verfahren und mit Hilfe der Euler-Euler-Verfahren eine immer größere Bedeutung an. Sie dienen zur Berechnung und Modellierung kolloidaler Aggregationen, zur Untersuchung der Feinpartikelmischungen und zur Abscheidung von Rußpartikeln aus Verbrennungsgasen. Ebenso können damit Bioreaktoren optimiert werden zur Herstellung von Proteinen mittels Säugerzellkulturen.

Mit der Luft- und Wolkenbewegung in Wetterlagen beschäftigen sich die Meteorologen, sowie die Luft- und Raumfahrer, mit der Meeresströmung die Ozeanographie. Mit der Strömung in Maschinen und Anlagen die Ingenieure. Darunter gibt es spezielle Gebiete der Strömungsmaschinen, zu denen die Pumpen, die Ventilatoren, die Turbokompressoren, die Dampf- und Gasturbinen gehören. Ingenieure bearbeiten auch die Aufgaben der Luft- und Raumfahrt und die Aufgaben des Schiffbaus und der Schifffahrt auf Binnengewässern und auf den Weltmeeren.

1.1 Physikalische Zustandsgrößen von Fluiden

Die physikalischen Größen zur Charakterisierung von Fluiden sind: Druck p, Temperatur T, Dichte ρ, der Kompressibilitätskoeffizient β, Viskosität η, Schallgeschwindigkeit a und Oberflächenspannung σ. Zu den thermischen und kalorischen Zustandsgrößen für kompressible Fluide gehören: Spezifische Wärmekapazität $c = f(p, T)$, isobare spezifische Wärmekapazität $c_p = f(p, T)$ für $p =$ konst, isochore spezifische Wärmekapazität $c_v = f(p, T)$ für $\rho =$ konst, die Gaskonstante $R = c_p - c_v$, der Isentropenexponent $\kappa = c_p/c_v$, die spezifische innere Energie u, die spezifische Enthalpie h und die spezifische Entropie s.

1.1.1 Dichte

Die Dichte eines Fluids stellt das Verhältnis einer Fluidmasse m in einem geschlossenen Behälter zu dem Volumen des Behälters dar. Ein Beispiel für das Volumen zeigt Abb. 1.4.

$$\rho = \frac{m}{V} \tag{1.1}$$

Der Reziprokwert der Dichte ist das spezifische Volumen:

$$v = \frac{1}{\rho} = \frac{V}{m} \tag{1.2}$$

Da die Strömungsmechanik vorrangig offene Systeme betrachtet, die durchströmt werden, wird dafür die Dichte gemäß $\rho = \dot{m}/\dot{V}$ benutzt.

Die Dichte ist eine Funktion des Druckes und der Temperatur $\rho = f(p, T)$.

Inkompressibles Fluid
Ändert sich die Dichte des Fluids (Flüssigkeit oder Gas) während eines Strömungsvorganges nicht, so bezeichnet man das Fluid als inkompressibel ($\rho =$ konst.)

Kompressibles Fluid
Ändert sich die Dichte des Fluids (Flüssigkeit oder Gas) während des Strömungsvorganges, so bezeichnet man das Fluid als kompressibel ($\rho \neq$ konst.)

Abb. 1.4 Rohrabschnitt mit dem Volumen V und der Masse m

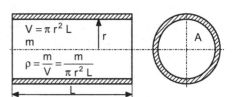

Tab. 1.2 Dichte für Wasser und Luft im angegebenen Temperaturbereich für $p = 101{,}3\,$kPa

H_2O	°C	0	10	20	30	40	50	60	80	100
ρ	kg/m^3	999,8	999,7	998,3	995,7	992,3	988,0	983,2	971,6	958,1
Luft	°C	−20	0	20	40	60	80	100	200	500
ρ	kg/m^3	1,394	1,292	1,204	1,127	1,059	0,999	0,946	0,746	0,457

Der Übergang von inkompressiblen zu kompressiblen Fluideigenschaften ist druck- und temperaturabhängig. Flüssigkeiten sind im Ruhezustand in der Nähe des Atmosphärenzustandes inkompressibel. Die Dichteänderung $\Delta\rho/\rho$ von Gasen ist auch dann noch gering und vernachlässigbar, wenn sich das Gas mit geringer Geschwindigkeit bewegt, die beträchtlich unter der Schallgeschwindigkeit liegt, $c \ll a$ (mit Machzahlen von $M = c/a \le 0{,}25$). Bei Strömungsgeschwindigkeiten mit größeren Machzahlen ist die Kompressibilität des Gases zu berücksichtigen.

Flüssigkeiten unter hohem Druck $p \ge 250\,$bar weisen ebenfalls eine Kompressibilität auf, die in der Hydraulik und beim Wasserstrahlschneiden Bedeutung erlangt und berücksichtigt werden muss. Für die angewandte Strömungsmechanik im Umgebungsbereich des atmosphärischen Zustands können ideale Flüssigkeiten mit konstanter Dichte vorausgesetzt werden.

Die Dichte von Wasser und Luft für den Temperaturbereich von $t = 0$ bis $100\,°C$ und $t = -20$ bis $500\,°C$ ist in der Tab. 1.2 angegeben.

1.1.2 Dichte von Gasen

Bei idealen Gasen ist die Dichte eine Funktion des Druckes und der Temperatur $\rho = f(p, T)$ und sie folgt aus der thermischen Zustandsgleichung der idealen Gase

$$\rho = \frac{1}{v} = \frac{p}{RT} \tag{1.3}$$

R ist die spezielle Gaskonstante des Gases (Tab. A.6). Die Gl. 1.3 ist exakt für den Grenzfall $p \to 0$ gültig. Gl. 1.3 kann auch für reale Gase benutzt werden. Sie nähert sich dem wahren Wert umso besser an, je geringer der Druck ist. In der Tab. A.5 und in den Abb. A.1 und A.3 des Anhangs ist die Dichte einiger Fluide angegeben.

Die Dichte von realen Gasen kann mit Hilfe der van der Waalsschen Gleichung oder mit der thermischen Zustandsgleichung und mit dem Realgasfaktor $Z = f(p, T)$ bestimmt werden

$$\rho = \frac{1}{Z}\frac{p}{RT} \tag{1.4}$$

Der Realgasfaktor von Luft, von Sauerstoff, von Stickstoff und von Wasserdampf ist in Abb. A.14 des Anhangs dargestellt.

Dichte von Dämpfen

Bei geringen Drücken bis etwa $p = 8\,\text{bar}$ und starker Überhitzung können Dämpfe, insbesondere Wasserdampf, näherungsweise wie ein ideales Gas nach Gl. 1.3 behandelt werden. Im Sättigungsbereich treten jedoch nicht vernachlässigbare Abweichungen auf. In diesem Bereich können die Dichte und auch die anderen spezifischen Parameter ebenso wie im Bereich größerer Drücke dem Mollier-h-s-Diagramm oder den Dampftafeln entnommen werden bzw. nach Gl. 1.5 für feuchte Luft berechnet werden.

$$\rho_f = \rho_{tr} \left(1 - 0{,}377\varphi \frac{p_t}{p} \right) \tag{1.5}$$

1.1.3 Kompressibilitätskoeffizient und Elastizitätsmodul

Die Dichteänderung $\mathrm{d}\rho$ von Flüssigkeiten bei variablem Druck und Temperatur kann mit Hilfe der Kompressibilitätskoeffizienten bestimmt werden:

- $\beta_T = 1/E$ ist der isotherme Kompressibilitätskoeffizient $1/\text{Pa}$.
- β_P ist der isobare Kompressibilitätskoeffizient $1/\text{K}$.

Die Dichteänderung eines Stoffes beträgt:

$$\frac{\mathrm{d}\rho}{\rho} = \beta_T \mathrm{d}p - \beta_P \mathrm{d}T \tag{1.6}$$

Für isotherme Zustandsänderungen mit $T = \text{konstant}$ beträgt die Dichteänderung

$$\frac{\mathrm{d}\rho}{\rho} = \beta_T \mathrm{d}p = \frac{\mathrm{d}p}{E} \tag{1.7}$$

Die Druckänderung nach der Dichteänderung $\mathrm{d}p/\mathrm{d}\rho$, die das Quadrat der Schallgeschwindigkeit darstellt, beträgt damit

$$\frac{\mathrm{d}p}{\mathrm{d}\rho} = a^2 = \frac{1}{\rho\beta_T} = \frac{E}{\rho} \tag{1.8}$$

Der Reziprokwert des isothermen Kompressibilitätskoeffzienten stellt den Elastizitätsmodul E des Stoffes dar. In den Tab. 1.3 und 1.4 sind der Elastizitätsmodul, der isotherme und der isobare Kompressibilitätskoeffizient einiger Stoffe angegeben.

Die Volumenänderung der Flüssigkeit durch eine Druckänderung beträgt:

$$\Delta V = V_0 - V = \beta_T V_0 \,\Delta p \tag{1.9}$$

Tab. 1.3 Elastizitätsmodul und isothermer Kompressibilitätskoeffizient einiger Stoffe

Stoff	E	β_T
	N/mm^2	$1/Pa$
Öl	1333	$750 \cdot 10^{-12}$
Wasser	2079	$481 \cdot 10^{-12}$
Quecksilber	28.531	$35 \cdot 10^{-12}$
Aluminium	72.000	$13,8 \cdot 10^{-12}$
Stahl	210.000	$4,76 \cdot 10^{-12}$

Tab. 1.4 Isobarer Kompressibilitätskoeffizient einiger Flüssigkeiten bei $p_0 = 100 \, \text{kPa}$ und $T_0 = 273,15 \, \text{K}$

Stoff	β_P
	$1/K$
Wasser	$0,085 \cdot 10^{-3}$
Wasser bei $t = 20\,°C$	$0,207 \cdot 10^{-3}$
Quecksilber	$0,181 \cdot 10^{-3}$
Glycerin	$0,5 \cdot 10^{-3}$
Benzol	$1,06 \cdot 10^{-3}$
Ethanol	$1,10 \cdot 10^{-3}$
Methanol	$1,19 \cdot 10^{-3}$
Tetrachlorkohlenstoff	$1,22 \cdot 10^{-3}$

Abb. 1.5 Kompressibilität eines Gases bei der Druckänderung $\Delta p = p - p_0$

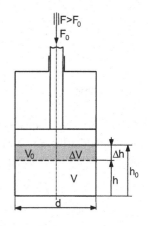

Daraus ergibt sich das Volumen nach einer Kompression um Δp entsprechend Abb. 1.5

$$V = V_0 - \Delta V = V_0(1 - \beta_T \, \Delta p) \tag{1.10}$$

Wird dieses Volumen in die Definitionsgleichung für die Dichte (Gl. 1.1) eingeführt, so erhält man mit der Ausgangsdichte $\rho_0 = m/V_0$.

$$\rho = \frac{m}{V} = \frac{m}{V_0(1 - \beta_T \Delta p)} = \frac{\rho_0}{1 - \beta_T \, \Delta p} \tag{1.11}$$

Tab. 1.5 Druckeinheiten

1 Pa	10^{-5} bar	0,1 mm WS
10 Pa	10^{-4} bar	1,0 mm WS
100 Pa	10^{-3} bar	10 mm WS
133,3 Pa	1 Torr	1 mm HgS
1333 Pa	10 Torr	10 mm HgS
$11,64 \cdot 10^{-3}$ Pa	$11,64 \cdot 10^{-8}$ bar	1 mm LuftS
11,64 Pa	$11,64 \cdot 10^{-5}$ bar	1 m LuftS

Abb. 1.6 Druckeinprägung in einem Behälter

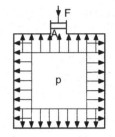

Die Dichte unter dem Einfluss der Druck- und Temperaturänderung beträgt:

$$\rho = \frac{m}{V} = \frac{\rho_0}{(1 + \beta_P \, \Delta T)(1 - \beta_T \, \Delta p)} \tag{1.12}$$

1.1.4 Druck

Der Druck ist eine skalare Größe. Er stellt das Integral der in einem Behälter auftretenden Stoßkräfte der bewegten Moleküle auf die Begrenzungswände dar. Der Druck stellt also die Normalkraft je Flächeneinheit dar.

$$p = \frac{\text{Normalkraft}}{\text{Flächeneinheit}} = \frac{\mathrm{d}F}{\mathrm{d}A} \tag{1.13}$$

Die Einheit des Druckes ist das Pascal (Pa). In der Tab. 1.5 ist die Druckeinheit von 1 Pa und weitere Druckgrößen durch die Wassersäule veranschaulicht.

Wird einem Behälter an einer Stelle mit dem Kolben ein Druck der Größe $p = F/A$ aufgeprägt, so wirkt dieser Druck im gesamten Behälter normal auf die Behälterwände (Abb. 1.6).

Der leicht schwankende atmosphärische Druck auf der Erdoberfläche beträgt im Mittel ca. 100 kPa $= 10^5$ Pa $= 1$ bar. Er schwankt zwischen $p_b = 91$ und 108 kPa. Ausgehend von dem atmosphärischen Luftdruck in der Abb. 1.7, der oft auch als Bezugsgröße genutzt wird, kann der Absolutdruck, der Überdruck und der Unterdruck (Vakuum) definiert werden. Der atmosphärische Druck ist orts- und höhenabhängig. Er wird von allen meteorologischen Stationen und von allen Flughäfen fortlaufend gemessen und aufgezeichnet. Er wird auch bei experimentellen Untersuchungen mit Luft, Gasen und Flüssigkeiten be-

Abb. 1.7 Druckangaben als Absolut-, Über- oder Unterdruck

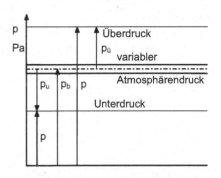

nötigt und er kann mit einem Barometer (U-Rohr- oder Federrohrmanometer) gemessen werden.

Mittels Druckmessgeräten können Absolutdrücke und Differenzdrücke $dp \approx \Delta p$ als Überdruck $p_{\ddot{U}}$ oder Unterdruck p_U gegenüber dem atmosphärischen Druck gemessen werden. Der Absolutdruck ergibt sich dann aus $p = p_b + p_{\ddot{U}}$ bei Überdrücken oder $p = p_b - p_U$ bei Unterdrücken (Abb. 1.7). Dafür muss stets auch der Atmosphärendruck p_b gemessen werden. Mit Transmittern kann der Absolutdruck gemessen werden. Der Messraum von Transmittern ist entsprechend der geforderten Genauigkeit mit absoluten Drücken von $p = 10^{-5}$ bis 10^{-8} Pa evakuiert, so dass der Absolutdruck gemessen werden kann.

1.1.5 Temperatur

Zur Angabe des Temperaturzustandes existieren vier verschiedene Temperaturskalen, von denen drei willkürlich festgelegt sind.

Absolute thermodynamische Temperatur	T K
Celsius-Temperaturskala	$t = T - T_0 = T - 273{,}15\,°C$
Rankine-Temperaturskala	$R = 5/9\,K$
Fahrenheit-Temperaturskala	$°F = 1\,R = 5/9\,K$

In der Strömungsmechanik und in der Thermodynamik wird die absolute Temperatur T in K verwendet. Der Nullpunkt $T = 0$ K der absoluten thermodynamischen Temperatur liegt bei $t = -273{,}15\,°C$. Die Temperatur kann mittels Flüssigkeitsthermometern durch Temperaturausdehnung einer Flüssigkeit, mit Thermoelementen oder mit Widerstandsthermometern (PT100) gemessen werden (Abb. 1.8) (Abschn. 14.3). Das Flüssigkeitsvolumen im Flüssigkeitsthermometer beträgt:

$$V = V_0 + \Delta V = V_0 + A(L - L_0) = V_0 + \beta_T V_0 (t - t_0) \tag{1.14}$$

Die Celsius-Temperaturskala hat ihren Nullpunkt beim Gefrierpunkt des reinen Wassers.

Abb. 1.8 Flüssigkeitsthermometer

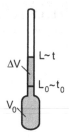

1.1.6 Viskosität als molekülbedingter Impulstransport

Die molekulare Viskosität oder Zähigkeit eines Fluids ist eine Eigenschaft, die neben der Normalkraft auch Tangentialkräfte übertragen kann. Diese Tangential- oder Reibungskraft der realen Fluide beschreibt die Viskosität.

Die molekulare Viskosität, im Gegensatz zur Wirbelviskosität einer Strömung, entsteht in einer realen Fluidschicht durch den spezifischen Impulstransport der Moleküle je Flächen- und Zeiteinheit in der Dimension einer Schubspannung oder eines Druckes. Ein viskoses Fluid ist durch diesen molekularen Impulsaustausch tatsächlich in der Lage, Schubspannungen bzw. Scherkräfte aufzunehmen und zu übertragen.

Betrachtet man die Molekularbewegung in einer Schnittebene i eines realen Fluids mit zwei benachbarten Schnittebenen $i-1$ und $i+1$ entsprechend Abb. 1.9, so kann die Zahl der Moleküle je Zeiteinheit angegeben werden, die aus der Schnittebene i in die Schnittebene $i+1$ und $i-1$ wechseln.

Die Moleküle besitzen im kartesischen Koordinatensystem (x, y, z) mit den positiven und negativen Koordinatenrichtungen 6 Freiheitsgrade.

Die Konstante von Avogadro N_A gibt die Anzahl der Moleküle für die Stoffmenge von 1 mol an. Sie beträgt für die Stoffmenge n und die Anzahl der Moleküle in der Stoffmenge

$$N_A = \frac{N}{n} = 6{,}02214199 \cdot 10^{23}\,\text{mol}^{-1} \tag{1.15}$$

Sie ist für alle Stoffe gleich groß.

Die molare Gaskonstante $\Re$ und die Avogadro-Konstante sind auf die Stoffmenge von 1 mol bezogene Größen, deren Quotient die Boltzmann-Konstante k ergibt. Sie beträgt

Abb. 1.9 Impulstransport der
Moleküle in drei benachbarten
Ebenen $i-1, i, i+1$ bei
jeweils $y =$ konst. mit dem
Abstand der freien Weglänge
der Moleküle Λ

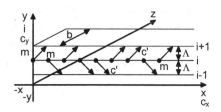

mit der Konstante von Avogadro N_A:

$$k = \frac{\Re}{N_A} = \frac{8,31447 \, \text{J} \cdot \text{mol}}{6,02214199 \cdot 10^{23} \, \text{mol} \cdot \text{K}} = 1,3806503 \cdot 10^{-23} \, \frac{\text{J}}{\text{K}} \tag{1.16}$$

Damit kann auch die Zahl der Atome oder Moleküle je Volumeneinheit angegeben werden. Die Loschmidtsche Zahl gibt die Zahl der Moleküle, $N_L = 2,6867775 \cdot 10^2$ je m^3 eines idealen Gases an. Das entsprechende Molvolumen beträgt $V_{mol} = 22,41383 \, \text{l/mol}$ für ideale Gase bei $p = 101,33 \, \text{kPa}$ und $T = 273,15 \, \text{K}$.

Mit der Geschwindigkeit in y-Richtung c_y und der betrachteten Fläche $A = bx$ kann die ausgetauschte Zahl der Moleküle angegeben werden.

Für die Ebene $i - (i + 1)$ beträgt sie

$$\frac{\text{Moleküle}}{\text{Zeit}} = \frac{n \, A c_y}{6} \tag{1.17}$$

Für die Ebene $i - (i - 1)$ beträgt die Zahl der ausgetauschten Moleküle ebenfalls

$$\frac{\text{Moleküle}}{\text{Zeit}} = \frac{n \, A c_y}{6} \tag{1.18}$$

Setzt man voraus, dass sich entsprechend dem Freiheitsgrad der Moleküle von 6 jeweils 1/6 aller Moleküle mit der Geschwindigkeit c_x und $-c_x$ in die x-Richtung, mit c_y und mit $-c_y$ in die y-Richtung und mit c_z und $-c_z$ in die z-Richtung bewegen, so kann unter der Voraussetzung, dass die mittlere Geschwindigkeit der Moleküle mit dem Betrag c immer in den Koordinatenrichtungen x, y oder z verlaufen, die folgende Aussage getroffen werden:

„Die aus der Ebene i nach oben in die Ebene $i + 1$ bewegten Moleküle besitzen die mittlere Geschwindigkeit, die das strömende Fluid in der Ebene i hat. Diese Moleküle transportieren also den Impuls in y-Richtung, der im Mittel mit der Masse eines Moleküls m den Betrag von Gl. 1.19 annimmt."

$$\Delta I_1 = \frac{\text{Molekülzahl}}{\text{Zeit}} m \left(c_{x(i+1)} - c_{xi} \right) = \frac{n \, A c_y}{6} m \left(c_{x(i+1)} - c_{xi} \right) \tag{1.19}$$

Der Impulsaustausch in der x-Richtung zwischen den Ebenen i und $(i - 1)$ beträgt

$$\Delta I_2 = \frac{\text{Molekülzahl}}{\text{Zeit}} m \left(c_{x(i-1)} - c_{xi} \right) = \frac{n \, A c_y}{6} m \left(c_{x(i-1)} - c_{xi} \right) \tag{1.20}$$

Die Differenz dieser beiden Impulsströme je Flächeneinheit durch die Schnittebene i bei $y = \text{konst.}$ beträgt damit

$$\Delta I = \frac{n \, A c_y}{6} m \left(c_{x(i-1)} - c_{x(i+1)} \right) \tag{1.21}$$

Die Moleküle, die die Schnittebene i bei $y = $ konstant in positiver y-Richtung passieren, sind im Mittel letztmalig im Abstand Λ mit Molekülen unterhalb der Schnittebene i zusammengestoßen. Dabei soll der Abstand der Schnittebenen $i - 1$, i und $i + 1$ gleich der mittleren freien Weglänge der Moleküle Λ sein. Die aus der Schnittebene $i - 1$ nach oben transportierten Moleküle haben also die mittlere Geschwindigkeit, die das Fluid in der Schnittebene $i - 1$ besitzt.

Die Geschwindigkeiten der Moleküle in den Schnittebenen $i - 1$ und $i + 1$ $c_x(i - 1)$ und $c_x(i + 1)$ können durch Taylor-Reihenentwicklung ermittelt werden zu:

$$c_{x(i-1)} = c_x(y) - \Lambda \frac{\partial c_x(y)}{\partial y} + \dots - \frac{\Lambda^n}{n!} \frac{\partial^n c_x(y)}{\partial y^n} \tag{1.22}$$

$$c_{x(i+1)} = c_x(y) + \Lambda \frac{\partial c_x(y)}{\partial y} + \dots + \frac{\Lambda^n}{n!} \frac{\partial^n c_x(y)}{\partial y^n} \tag{1.23}$$

Dadurch kann die auf die Fläche und die Zeit bezogene Impulskraft durch die Molekülbewegung in positiver y-Richtung angegeben werden. Es ist die Impulskraft τ, die durch den x_1-Impuls entsteht infolge der Molekülbewegung in der positiven y-Richtung.

$$\tau_{21} = \frac{\Delta I}{A \Delta t} = -\frac{1}{6} m n c_y 2\Lambda \frac{\partial c_x}{\partial y} = -\frac{1}{3} m n c_y \Lambda \frac{\partial c_x}{\partial y} \tag{1.24}$$

Die Masse M eines Einzelmoleküls und die mittlere Molekülzahl n je Volumen in m^3 ergibt die Stoffdichte ρ für ein ideales Gas $\rho = Mn$. Damit erhält man für

$$\frac{1}{3} M n c_y \Lambda = \frac{1}{3} \rho c_y \Lambda = \eta \tag{1.25}$$

die Stoffgröße η, die diese Stoffeigenschaft beschreibt und eine Kraft mal Zeiteinheit je Flächeneinheit $Ns/m^2 = Pa\,s$ darstellt. Das ist aber die bekannte Dimension der dynamischen Viskosität.

Dadurch konnte aus den Geschwindigkeitsgradienten $\partial c_x / \partial y$ in drei Schnittebenen eine Proportionalität zur Kraftwirkung durch Impulsaustausch der Molekülbewegung hergeleitet werden. Die Molekülbewegung und der damit verbundene Impulsaustausch der Moleküle stellen also die Ursache für den Impulstransport dar und sie deuten auf die Scherspannung des Fluids mit der Viskosität η hin.

Die Molekülgeschwindigkeit in Luft von $T_0 = 293{,}15\,K$ und $p_0 = 101{,}325\,kPa$ beträgt etwa $c_y = 485\,m/s$ und die freie Weglänge der Moleküle $\Lambda = 0{,}1\mu m = 10^{-7}\,m$. Damit beträgt die berechnete dynamische Viskosität η nach Gl. 1.25

$$\eta = \frac{1}{3} 1{,}24 \frac{kg}{m^3} 485 \frac{m}{s} 10^{-7}\,m = 20{,}05 \cdot 10^{-6}\,Pa\,s \tag{1.26}$$

Die Tangentialspannung und die Haftbedingung ($c = 0$) der Fluide an der Wand sind also die wesentlichen Unterscheidungskriterien zwischen einem realen und einem idealen Fluid. Unmittelbar an einer Wand können sich die Moleküle nicht mehr bewegen,

Abb. 1.10 Schubspannung τ und dynamische Viskosität η eines Newtonschen Fluids

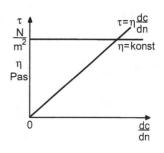

also ist $c = 0$. Einige besonders wichtige Fluide wie z. B. Wasser, Luft, Wasserstoff oder Stickstoff verfügen über eine sehr geringe Viskosität η, sodass die Strömung solcher Flüssigkeiten mit geringer Reibung häufig recht gut mit den Gesetzen der idealen Fluide (reibungsfreie Strömung) berechnet werden kann. Die Haftbedingung an der Wand ($c = 0$) bleibt aber auch bei den Fluiden mit geringer Viskosität bestehen.

Die Größe der Tangentialspannung τ zwischen den Fluidschichten ist also von der Molekülbewegung, von der Stoffeigenschaft η und von der Formänderungsgeschwindigkeit dc/dn abhängig. Die dynamische Viskosität ist von der Temperatur und vom Druck abhängig. Die Formänderungsgeschwindigkeit des Fluids dc/dn stellt die Verschiebung der Flüssigkeitsschichten zueinander bei der Bewegung der Moleküle dar. Es ist der Geschwindigkeitsgradient normal zur Hautströmungsrichtung.

Das Elementargesetz der Fluidreibung, das auf Newton (1643 bis 1727) zurückgeführt wird, lautet:

$$\tau = \eta \frac{\mathrm{d}c}{\mathrm{d}n} \tag{1.27}$$

Es ist analog dem Hookeschen Gesetz für die Schubspannung in festen Körpern aufgebaut $\tau = G\,\mathrm{d}s/\mathrm{d}n$, das aussagt, dass die Schubspannung der Größe der Formänderung $\gamma = \mathrm{d}s/\mathrm{d}n$ proportional ist.

Alle Fluide, deren Tangentialspannung zwischen den Schichten und den festen Wänden der Gl. 1.27 folgen, besitzen im Ruhezustand keine Tangentialspannung. Sie werden Newtonsche Fluide genannt. Sie besitzen eine konstante dynamische Viskosität η und die Tangentialspannung verläuft linear zur Formänderungsgeschwindigkeit dc/dn (Abb. 1.10).

Der Quotient aus der dynamischen Viskosität und der Dichte ρ charakterisiert die kinematische Viskosität.

$$\nu = \frac{\eta}{\rho} \tag{1.28}$$

Die Tangentialkraft eines mit der Geschwindigkeit c bewegten Körpers beträgt:

$$F_\mathrm{T} = \tau A = \eta \frac{\mathrm{d}c}{\mathrm{d}n} A \tag{1.29}$$

Tab. 1.6 Dynamische und kinematische Viskosität von Wasser und von Luft in Abhängigkeit der Temperatur bei $p = 101,33\,\text{kPa}$

H_2O	°C	0	10	20	30	40	50	60	80	100
$\eta \cdot 10^{-4}$	Pa s	17,92	13,07	10,02	8,05	6,53	5,45	4,66	3,55	2,82
$\nu \cdot 10^{-6}$	m²/s	1,79	1,305	1,004	0,81	0,658	0,56	0,477	0,365	0,295
Luft	°C	−20	0	20	40	60	80	100	200	500
$\eta \cdot 10^{-6}$	Pa s	16,24	17,16	18,12	18,93	20,03	20,9	21,95	26,11	38,0
$\nu \cdot 10^{-6}$	m²/s	11,6	13,3	15,1	16,9	18,9	20,9	23,1	35,0	96,7

Abb. 1.11 a Temperaturabhängigkeit und b Schubspannungsabhängigkeit der dynamischen Viskosität von Flüssigkeiten, Gasen und Dämpfen und eines Newtonschen Fluids

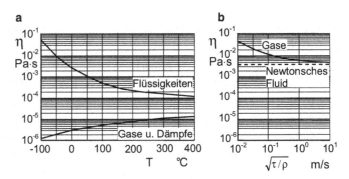

In der Tab. 1.6 sind die dynamische und die kinematische Viskosität von Wasser und Luft in Abhängigkeit der Temperatur für $p_0 = 101,33\,\text{kPa}$ angegeben. Tab. 1.6 enthält die Erkenntnis, dass die dynamische Viskosität von Flüssigkeiten mit steigender Temperatur absinkt und dadurch die Reibungskräfte von öl- oder wassergeschmierten Flächen im warmen Betriebszustand bei $t = 60$ bis $70\,°C$ geringer werden, die dynamische Viskosität von Gasen und Dämpfen aber mit zunehmender Temperatur ansteigt und dadurch die Reynoldszahlen von strömenden heißen Gasen und Dämpfen geringer werden. Die Reynoldszahl von Modellversuchen kann also durch die Lufttemperatur beeinflusst werden. In der Abb. 1.11 sind die Verläufe der dynamischen Viskosität η von Flüssigkeiten sowie Gasen und Dämpfen dargestellt. Weitere Viskositätswerte sind in den Tab. A.3 und A.4 und in den Abb. A.2, A.4 und A.7 bis A.10 des Anhangs angegeben.

Es gibt Fluide wie z. B. Bingham-Fluide (Paste, Harz, Brei oder körnige Suspensionen) und nichtlinear plastische Fluide (Ton, Talg, Fette, Schokoladenmasse), die über eine Ruheschubspannung τ_0 verfügen (Abb. 1.12). Die Tangentialspannung dieser Fluide beträgt:

$$\tau = \tau_0 + \eta \frac{dc}{dn} \qquad (1.30)$$

wobei die dynamische Viskosität konstant oder variabel sein kann. Diese Fluide werden, ebenso wie die dilatanten Fluide (Farben, Silikone, PVC-Pasten) und die strukturviskosen Fluide (Kautschuk, Latex, Klebstoff, Papierstoff) von der Rheologie[1] behandelt.

---

[1] **Rheologie**, griechisch, Lehre von den Fließeigenschaften der Stoffe.

Abb. 1.12 Schubspannung τ und scheinbare dynamische Viskosität η' eines plastischen, Newtonschen-, Nichtnewtonschen-, Dilatanten und Bingham Fluids

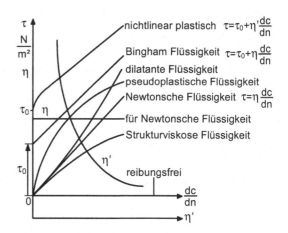

nichtlinear plastisch $\tau = \tau_0 + \eta' \frac{dc}{dn}$

Bingham Flüssigkeit $\tau = \tau_0 + \eta \frac{dc}{dn}$

dilatante Flüssigkeit

pseudoplastische Flüssigkeit

Newtonsche Flüssigkeit $\tau = \eta \frac{dc}{dn}$

für Newtonsche Flüssigkeit

Strukturviskose Flüssigkeit

reibungsfrei

1.1.7 Grenzflächenspannung und Kapillarität

Grenzen zwei unterschiedliche nichtmischbare Fluide wie z. B. Luft und Wasser oder Wasser und Quecksilber aneinander, so bilden sich Grenzflächen oder Berührungsflächen mit den entsprechenden Grenzflächenspannungen. Innerhalb von Fluiden treten Anziehungskräfte auf (Kohäsion), die sich im homogenen Fluid gegenseitig aufheben mit Ausnahme in den dünnen Schichten von weniger als 1 μm an der freien Oberfläche (Abb. 1.13).

Daraus entsteht an der Oberfläche bzw. in der Grenzfläche ein Spannungszustand. In der Abb. 1.14 ist ein gekrümmtes Element dieser Grenzfläche herausgeschnitten. An den Rändern werden die entsprechenden Spannungen und Kräfte wirksam, die diesen

Abb. 1.13 Kohäsionskräfte in einer Flüssigkeit und an der Grenzfläche

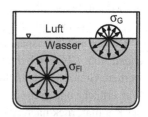

Abb. 1.14 Geometrie und Spannungen eines Grenzflächenelementes

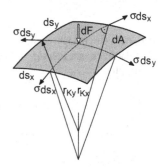

Abb. 1.15 Tropfenbildung
verschiedener Flüssigkeiten

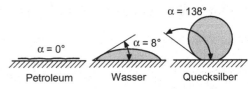

Abb. 1.16 Vorrichtung zur
Bestimmung der Oberflächenspannung von Flüssigkeiten

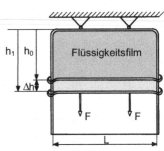

Spannungszustand aufrecht erhalten müssen. Werden diese Kräfte auf die Länge des Ober-
flächenrandes L bzw. ds bezogen, so ergibt sich die Grenzflächenspannung σ mit der
Dimension N/m.

Diese Grenzflächenspannung von Flüssigkeiten bewirkt, dass die Flüssigkeitsoberflächen bestrebt sind, stets den geringsten Wert anzunehmen. Beispiele dafür sind, dass kleine Flüssigkeitstropfen im Gas oder Gasblasen in Flüssigkeiten stets die Kugelform mit der
geringsten Oberfläche annehmen. Die Tropfenform auf festen Oberflächen ist ebenfalls
von den Oberflächenspannungen des Fluids und der festen Wand abhängig (Abb. 1.15).
Wenn ein Wasser- oder Quecksilbertropfen auf einer festen Wand liegt, grenzen zwei Fluide (Wasser und Luft) und die feste Wand aneinander. Für das Kräftegleichgewicht entlang
der Kontaktlinien stellen sich drei Grenzflächenkräfte mit den Grenzflächenspannungen
$\sigma_{12}, \sigma_{13}, \sigma_{23}$ ein (Abb. 1.17).

Die Grenzflächenspannung von Flüssigkeiten kann in einer Bügelvorrichtung entsprechend Abb. 1.16 durch die Dehnung des Flüssigkeitsfilms von h_0 auf h_1 um Δh gemessen
werden. Grenzen zwei nichtmischbare Flüssigkeiten aneinender wie z. B. ein Öl auf einer
Wasserfläche und grenzen beide an Luft, so stellen sich die Grenzflächenspannungen oder
der Kapillardruck nach Abb. 1.17 ein.

Abb. 1.17 Grenzflächendruck
(Kapillardruck) am Flüssigkeitstropfen

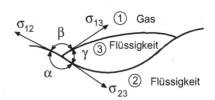

Kapillarkräfte

Berühren zwei unterschiedliche Fluide wie z. B. Wasser und Luft, die durch eine Grenzfläche voneinander getrennt sind, eine feste Wand, z. B. das Glasrohr eines U-Rohrmanometers, so tritt außer der Kohäsionskraft innerhalb der Fluide noch die Anziehungskraft durch die feste Wand auf (Adhäsionskraft) (Abb. 1.18).

Ist die Adhäsionskraft größer als die innere Anziehungskraft (Kohäsionskraft), so wird die Flüssigkeit von der Rohrwand hochgezogen (Abb. 1.18a). Solche Flüssigkeiten, z. B. Wasser, nennt man „benetzende Flüssigkeiten" (hydrophile Flüssigkeiten). Sie besitzen einen Wandwinkel von $\alpha < 90°$. Ist der Wandwinkel der Flüssigkeit $\alpha \to 0$, so liegt eine vollständig benetzende Flüssigkeit vor, z. B. Petroleum (Abb. 1.15). Sind dagegen die Kohäsionskräfte jener Flüssigkeit wie z. B. beim Quecksilber größer als die Adhäsionskräfte, so zieht sich die Flüssigkeit von der Wand weg (Abb. 1.18b). Solche Flüssigkeiten mit einem Wandwinkel $\alpha > 90°$ werden „nichtbenetzende Flüssigkeiten" (hydrophobe Flüssigkeiten) genannt.

Durch den Wandeinfluss von Kapillarrohren werden im Kapillarrohr gekrümmte Grenzflächen erzeugt, deren konkave oder konvexe Form von der Oberflächen- und Grenzflächenspannung abhängig ist, die zu einem Krümmungsdruck führen. Das Spannungsgleichgewicht des benetzenden und nichtbenetzenden Fluids in den U-Rohren von Abb. 1.18 beträgt

$$\sigma_{13} - \sigma_{23} - \sigma_{12} \cos \alpha = 0 \qquad (1.31)$$

Darin sind

σ_{12} Oberflächenspannung zwischen Flüssigkeit und Gas
σ_{13} Grenzflächenspannung zwischen Gas und fester Wand
σ_{23} Grenzflächenspannung zwischen Flüssigkeit und fester Wand.

Die benetzende und nichtbenetzende Flüssigkeit kann mit den Grenzflächenspannungen wie folgt charakterisiert werden.

Abb. 1.18 Benetzungsarten von Flüssigkeiten in Kapillarrohren

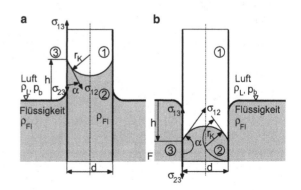

Abb. 1.19 Flüssigkeitsbrücke
a zwischen zwei Kugeln,
b zwischen zwei Sandkörnern
nach Rudert und Schwarze

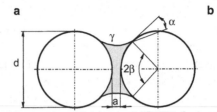

$\sigma_{13} > \sigma_{23} \rightarrow \alpha < 90°$ Flüssigkeit steigt in der Randzone der Wand hoch, benetzende oder hydrophile Flüssigkeit, Quarz, Glas, Silikate, Sulfate, Karbonate.

$\sigma_{13} < \sigma_{23} \rightarrow \alpha > 90°$ Flüssigkeit sinkt in der Randzone der Wand ab, nichtbenetzende oder hydrophobe Flüssigkeit, Metalle, Graphit, Sulfide.

$\sigma_{13} - \sigma_{23} > \sigma_{12} > \rightarrow \alpha = 0$ vollständige Wandbenetzung, z. B. Petroleum.

Die Grenzflächenspannungen treten in U-Rohren, in Kanülen und in engen Rohrleitungen mit Innendurchmessern von $d = 0{,}5$ bis $10\,\text{mm}$ mit den Kapillarkräften in Verbindung und sie treten in Behältern, insbesondere in Kunststoffbehältern mit geringer Flüssigkeitsfüllung von 5 bis 20 mm mit den Gravitationskräften ins Gleichgewicht, ebenso zwischen Partikeln von Feststoffen. Durch die unterschiedlichen Grenzflächenspannungen von Festkörpern und Flüssigkeiten können Haftkräfte zwischen Festkörpern, Partikeln und festen Wänden entstehen, die ihre Gewichtskraft beträchtlich übersteigen können. Die Berechnung der Haftkräfte ist bisher nur für einfache kugelförmige Modelle in Flüssigkeiten entsprechend Abb. 1.19 möglich, wobei der Kapillardruck, die Oberflächenspannung σ, der Wandwinkel α und der geometrische Abstand a der Kugeln für die Berechnung maßgebend sind. In der Abb. 1.20 ist das Verhältnis der Haftkraft zur Geschwindigkeitskraft

Abb. 1.20 Verhältnis der Haftkraft zur Gewichtskraft als Funktion der Partikelgröße für einen Kontaktabstand von $a = 500\,\text{Å}$

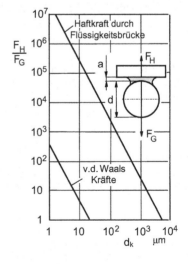

Tab. 1.7 Oberflächenspannungen von Flüssigkeiten in Luft von $p = 101{,}325\,\text{kPa}$ und $t = 20\,^\circ\text{C}$

Fluid	Oberflächenspannung $\sigma_{12}\ \text{N/m}$
Wasser $t = 0\,^\circ\text{C}$	0,076
$t = 20\,^\circ\text{C}$	0,073
$t = 50\,^\circ\text{C}$	0,068
Ammoniak	0,021
Flüssiggas	0,022
Ethylalkohol	0,023
Benzol	0,029
Getriebeöl	0,035
Blut	0,058
Glyzerin	0,063
Quecksilber	0,476

F_H/F_G für kugelförmige Körper und mit $d = 1\,\mu\text{m}$ bis $10\,\text{mm}$ an einer ebenen Wand den van der Waals-Kräften für einen Kugelabstand von $a = 500\,\text{Å}$ gegenübergestellt. Daraus geht hervor, dass die Haftkräfte die van der Waals'schen Kräfte bei Kugeldurchmessern bis $d = 10\,\text{mm}$ weit übersteigen. Diese Haftkräfte von Partikeln infolge der Grenzflächenspannung sind in der Verfahrenstechnik beim Rühren, beim Emulgieren und beim Dispergieren, wie z. B. beim Verteilen von Öl im Wasser und beim Flüssigkeits-Feststofftransport von Bedeutung.

Um den Einfluss der Kapillarkräfte und der Grenzflächenspannung auf die Flüssigkeitsspiegelhöhe bei der Druckmessung mit U-Rohrmanometern zu vermeiden, muss der Flüssigkeitsspiegel stets in der Rohrmitte abgelesen werden, wo die Grenzflächenspannung am geringsten oder bereits Null ist.

Der Einfluss der Grenzflächenspannung in U-Rohren kann verringert werden durch:

- genügend große Innendurchmesser von $d = 6$ bis $10\,\text{mm}$ der U-Rohre,
- Verwendung von Messflüssigkeiten mit geringer Oberflächenspannung, z. B. Ethylalkohol mit $\sigma_{12} = 0{,}023\,\text{N/m}$. Wasser zu Luft besitzt bei $t = 20\,^\circ\text{C}$ eine Oberflächenspannung von $\sigma_{12} = 0{,}073\,\text{N/m}$, Quecksilber zu Luft $\sigma_{12} = 0{,}476\,\text{N/m}$ und Benzol zu Luft $\sigma_{12} = 0{,}029\,\text{N/m}$ und zu Wasser $\sigma_{23} = 0{,}035\,\text{N/m}$.

In der Tab. 1.7 sind die Oberflächenspannungen einiger Flüssigkeiten angegeben.

1.2 Thermische Zustandsgrößen

Zur strömungstechnischen Berechnung der kompressiblen Fluide werden die thermischen Stoffwerte und einige kalorische Größen benötigt, die nachfolgend charakterisiert werden.

Spezifische Wärmekapazität c

Die spezifische Wärmekapazität ist die Wärmemenge, um 1 kg eines Stoffes um die Temperatur von 1 K von 14,5 auf 15,5 °C zu erhöhen. Sie ist für Flüssigkeiten konstant und sie beträgt für Wasser $c = 4187\,\text{J/kg K}$. Die spezifische Wärmekapazität idealer Fluide (Flüssigkeiten und Gase) ist nicht druckabhängig. Wohl aber jene der realen Fluide. Bei Gasen ist die spezifische Wärmekapazität von der Zustandsänderung abhängig. Man kennt die

- isobare spezifische Wärmekapazität $c_p = \left(\frac{\partial h}{\partial T}\right)_p = \left(\frac{\partial s}{\partial T}\right)_P = c_v(T, v) - T\frac{(\partial p/\partial T)_v^2}{(\partial p/\partial v)_T}$
- isochore spezifische Wärmekapazität $c_v = \left(\frac{\partial u}{\partial T}\right)_v$

Da bei der Wärmezufuhr an ein Gas bei konstantem Druck neben der Erhöhung der inneren Energie $du = c_V\,dT$ auch eine Volumenänderungsarbeit am Gas $p\,dv$ geleistet werden muss, ist die isobare spezifische Wärmekapazität größer als die isochore spezifische Wärmekapazität ($c_P > c_V$). Der Mittelwert der spezifischen Wärmekapazität zwischen den Temperaturen $t_1 = 0\,°\text{C}$ und t_2 errechnet sich nach Gl. 1.32 und nach Abb. 1.21

$$c_{p_0}(t) = \frac{1}{t}\int_0^t c_{p_0}(t)dt \qquad (1.32)$$

Die praktische Anwendung der Gl. 1.32 lautet für den Temperaturbereich von t_1 bis t_2:

$$\bar{c}_p\big|_{t_1}^{t_2} = \frac{\bar{c}_p\big|_0^{t_2}\,t_2 - \bar{c}_p\big|_0^{t_1}\,t_1}{t_2 - t_1} \qquad (1.33)$$

Die Differenz der beiden spezifischen Wärmekapazitäten c_p und c_v stellt die spezielle Gaskonstante dar.

$$R = c_p - c_v = \frac{\kappa - 1}{\kappa}c_p = (\kappa - 1)\,c_v \qquad (1.34)$$

Abb. 1.21 Bildung der mittleren spezifischen Wärmekapazität $\bar{c}_p$

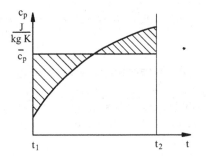

Die spezifische Gaskonstante für einige technische Gase kann der Tab. A.6 entnommen werden. Sie beträgt für Luft bei $p = 100\,\text{kPa}$ und $t = 0\,^\circ\text{C}$, $R = 287{,}6\,\text{J/kg\,K}$.

Das Verhältnis der beiden spezifischen Wärmekapazitäten stellt den Isentropenexponenten κ der idealen Gase dar.

$$\kappa = \frac{c_\text{p}}{c_\text{v}} = 1 + \frac{R}{c_\text{v}} = \frac{1}{1 - \frac{R}{c_\text{p}}} \tag{1.35}$$

Die universelle oder molare Gaskonstante $\Re$ besitzt für alle Gase den gleichen Wert von $\Re = R/M = 8314{,}2\,\text{J/kmol\,K}$.

Die spezielle Gaskonstante kann aus der universellen Gaskonstante $\Re$ und der Molmasse M bestimmt werden.

$$R = \frac{\Re}{M} = \frac{p}{\rho T} \tag{1.36}$$

Das molare Volumen aller idealen Gase hat im gleichen thermodynamischen Zustand (p und T) den gleichen Wert. Im Normalzustand bei $p_0 = 101{,}325\,\text{kPa}$ und $T_0 = 273{,}16\,\text{K}$ beträgt das Molvolumen $V_0 = 22{,}414\,\text{m}^3/\text{kmol}$.

Dampfdruck
Der Dampf- oder Sättigungsdruck stellt den Grenzdruck eines Stoffes dar, bei dem er sich im Gleichgewicht zwischen der flüssigen und gasförmigen Phase befindet.

Die Dampfdruckkurve oder Siedekurve verläuft im p-T-Diagramm (Abb. 1.1) vom Tripelpunkt zum kritischen Punkt des Stoffes. Sie trennt den Bereich der flüssigen von der Dampfphase. Der Dampfdruck ist temperaturabhängig. Zu jedem Dampfdruck gehört eine Dampftemperatur (p_t, T_t). Der Dampfdruck p_t und der Saugdruck p_S bzw. die geodätische Saughöhe h_S beeinflussen das Kavitationsverhalten von Flüssigkeitspumpen. Deshalb ist der Dampfdruck bei Druckabsenkung in Rohrleitungen oder Pumpen stets zu beachten. Der Dampfdruck und die Verdampfungstemperatur können den Dampftafeln entnommen werden.

Literatur

1. Schlichting H (1965) Grenzschichttheorie. 5. Aufl. Braun-Verlag, Karlsruhe
2. Truckenbrodt E (1989) Fluidmechanik. 2 Bände. 3. Aufl. Springer-Verlag, Berlin, Heidelberg New York
3. Albring W (1990) Angewandte Strömungslehre. 6. Aufl. Akademie-Verlag, Berlin
4. Surek D (2003) Schalldruckverteilung in Seitenkanalverdichtern. Forsch Ing-Wesen 68:79–86
5. Surek D, Stempin S (2005) Gasdruckschwingungen und Strömungsgeräusche in Druckbegrenzungsventilen und Rohrleitungen. Vakuum in Forschung und Praxis 17(4):336–344

Hydrostatik und Aerostatik

2.1 Hydrostatische Grundgleichung

Wird ein infinitesimales Fluidelement der Masse dm beliebiger Geometrie aus einer Fluidmasse herausgetrennt, so müssen an den Schnittflächen A_1 bis A_5 in der Abb. 2.1 die Gleichgewichtskräfte F_1 bis F_5 angebracht werden, um die Fluidmasse im Gleichgewicht zu halten. Abb. 2.1 zeigt, dass die Kräfte F_1 und F_2 im Gleichgewicht stehen. Das Kräftedreieck für die Kräfte F_3, F_4 und F_5 in der Abb. 2.1 zeigt, dass sich auch die übrigen drei Kräfte an dem Fluidelement im Gleichgewicht befinden. Der Druck beträgt also in der Gleichgewichtsbedingung:

$$p = \frac{F}{A} = \text{konstant} \tag{2.1}$$

Dieser Druck stellt sich z. B. bei einer quasistatischen Kompression eines Gases mittels eines Kolbens ein (Abb. 1.5). In Flüssigkeiten ändert sich der Druck entsprechend der hydrostatischen Differenzialgleichung.

Wird ein zylindrisches Fluidelement der Masse dm entsprechend Abb. 2.2 mit den Abmessungen A und dh dem Potential des Gravitationsfeldes mit der Erdbeschleunigung g unterworfen, so kann das Kräftegleichgewicht dafür aufgestellt werden.

Mit $dm = \rho dV = \rho A dh$ erhält man aus dem Kräftegleichgewicht die hydrostatische Differenzialgleichung:

$$F_2 - g\,dm - F_1 = 0 \tag{2.2}$$
$$p_2 A - g\rho A dh - p_1 A = 0$$
$$dp = p_2 - p_1 = g\rho dh$$
$$\frac{dp}{dh} = g\rho \tag{2.3}$$

© Springer Fachmedien Wiesbaden GmbH 2017
D. Surek, S. Stempin, *Technische Strömungsmechanik*,
https://doi.org/10.1007/978-3-658-18757-6_2

Abb. 2.1 Kräfte an einem
ruhenden Fluidelement dm

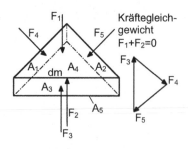

Abb. 2.2 Kräfte am Masseelement im Gravitationsfeld

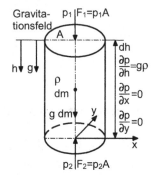

Der Druckgradient im Gravitationsfeld der Erde mit der Erdbeschleunigung g ist abhängig
von der Erdbeschleunigung und der Stoffdichte ρ.

Die Druckgradienten dp/dh betragen für die drei folgenden Fluide:

$$\frac{\mathrm{d}p}{\mathrm{d}h} = 9{,}81\,\frac{\mathrm{m}}{\mathrm{s}^2} \cdot 1{,}186\,\frac{\mathrm{kg}}{\mathrm{m}^3} = 11{,}63\,\frac{\mathrm{N}}{\mathrm{m}^3} \qquad \text{für Luft}$$

$$\frac{\mathrm{d}p}{\mathrm{d}h} = 9{,}81\,\frac{\mathrm{m}}{\mathrm{s}^2} \cdot 1000\,\frac{\mathrm{kg}}{\mathrm{m}^3} = 9810\,\frac{\mathrm{N}}{\mathrm{m}^3} \qquad \text{für Wasser}$$

$$\frac{\mathrm{d}p}{\mathrm{d}h} = 9{,}81\,\frac{\mathrm{m}}{\mathrm{s}^2} \cdot 13.546\,\frac{\mathrm{kg}}{\mathrm{m}^3} = 132.886\,\frac{\mathrm{N}}{\mathrm{m}^3} \qquad \text{für Quecksilber}$$

Die Integration der hydrostatischen Differenzialgleichung (Gl. 2.3) ergibt den Druck in
einem Flüssigkeitsbehälter entsprechend Abb. 2.3 zu.

$$p = \int\limits_0^h g\rho\,\mathrm{d}h = g\rho h \qquad (2.4)$$

Mit Gl. 2.4 wird nur der Überdruck errechnet, der vom Gravitationsfeld ausgeübt wird.

Die beiden Druckgradienten am Fluidelement in den x- und y-Richtungen in der
Abb. 2.2 sind Null, da sich die Drücke in der x- und y-Richtung am zylindrischen
Behälter und am Massenelement aufheben.

$$\frac{\partial p}{\partial x} = \frac{\partial p}{\partial y} = 0 \qquad (2.5)$$

Abb. 2.3 Flüssigkeitsdruck im Behälter. **a** Behälter, **b** Überdruck p durch das Fluid, **c** Absolutdruck

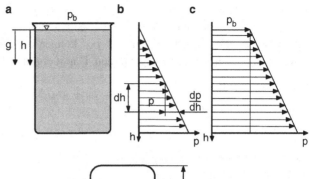

Abb. 2.4 Gasdruckmessung mit U-Rohrmanometer

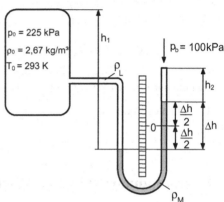

In ruhenden Fluiden treten nur Drücke auf, die Druckkräfte auf die Behälterwandungen und auf die Oberflächen verursachen. In ruhenden und in idealen Fluiden treten keine Tangentialspannungen (Schubspannungen) und keine Zugspannungen auf.

Die Anwendungen der hydrostatischen Differentialgleichung sind:

1. Berechnung der Druckverläufe und des Bodendruckes in flüssigkeitsgefüllten Behältern
2. Belastung von Behältern, von Schiffsrümpfen und von Bauwerken im Wasserbau
3. Messung des Druckes mittels U-Rohrmanometern
4. Dichtemessung von Flüssigkeiten
5. Ermittlung zulässiger Saughöhen von Flüssigkeiten und Berechnung von Heberleitungen

In der Abb. 2.4 ist ein U-Rohrmanometer zur Messung des Gasdruckes in einem Behälter dargestellt. Der Druck im Behälter p_0 ergibt sich aus dem Druckgleichgewicht in den beiden U-Rohrschenkeln.

$$p_0 + g\rho_0 h_1 = p_b + g\rho_M \Delta h + g\rho_L h_2 \qquad (2.6)$$
$$p_0 = p_b + g\rho_M \Delta h - g\left(\rho_0 h_1 - \rho_L h_2\right) \qquad (2.7)$$

Mit den gegebenen Dichten von $\rho_M \geq 1000\,\text{kg/m}^3$ für die Messflüssigkeit Wasser oder für Tetrachlorkohlenstoff oder Quecksilber und der Dichte für Luft im Behälter mit $\rho_0 = p_0/RT_0 = 2{,}67\,\text{kg/m}^3 \ll \rho_M$, können die Luftsäulen im Behälter und im U-Rohrmanometer vernachlässigt werden. Damit ergibt sich der Druck im Behälter zu:

$$p_0 = p_b + g\rho_M\Delta h \tag{2.8}$$

Darin sind:

ρ_M die Dichte der Messflüssigkeit,
p_0 der Gasdruck im Behälter.

Die Dichte der Messflüssigkeit (z. B. Quecksilber $\rho_{Qu} = 13.546\,\text{kg/m}^3$, Tetrachlorkohlenstoff $\rho_{Te} = 1593{,}2\,\text{kg/m}^3$ oder Wasser $\rho_W = 1000\,\text{kg/m}^3$) ist wesentlich größer als die Dichte der Luft im Behälter und im U-Rohr $\rho_M \gg \rho_0, \rho_L$.

Das Dichteverhältnis von Wasser zu Luft bei $p_0 = 225\,\text{kPa}$ beträgt $\dfrac{\rho_W}{\rho_L} = \dfrac{1000\,\frac{\text{kg}}{\text{m}^3}}{2{,}67\,\frac{\text{kg}}{\text{m}^3}} = 374{,}53$.

2.2 Anwendung der hydrostatischen Grundgleichung

2.2.1 Statische Saughöhe von Flüssigkeiten in Abhängigkeit der Fluidtemperatur und dem barometrischen Druck

Wird in einem Saugrohr durch Evakuieren der Luft mittels einer Vakuumpumpe der Druck von p_b auf p abgesenkt, so wird die Flüssigkeit durch die Wirkung des äußeren barometrischen Luftdrucks im Saugrohr auf die Höhe h_S hochgedrückt. Die maximal mögliche Saughöhe im Saugrohr ist abhängig von der Fluidtemperatur t und dem Luftdruck p_b und der Druck p im Saugrohr kann nur bis zum Dampfdruck des Fluids p_t abgesenkt werden, weil dann die Flüssigkeit verdampft, die Vakuumpumpe nur noch Dampf fördert und die Flüssigkeitssäule nicht weiter steigen kann.

Das Druckgleichgewicht für die Systemgrenzen 1 und 2 in der Abb. 2.5 lautet:

$$p_b = p + g\rho h_S \tag{2.9}$$

Daraus folgt für die Saughöhe h_S

$$h_S = \frac{p_b - p}{g\rho} \tag{2.10}$$

Mit der Dichte und dem Dampfdruck p_t von Wasser in Abhängigkeit der Temperatur entsprechend Tab. 2.1 kann die maximal mögliche Saughöhe berechnet werden. Die Ergebnisse für die mögliche maximale Saughöhe des Wassers sind für zwei verschiedene

Abb. 2.5 Ansaugen einer Flüssigkeit durch evakuieren der Saugleitung

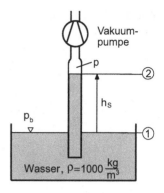

Tab. 2.1 Dichte und Dampfdruck von Wasser in Abhängigkeit der Temperatur

t	°C	10	20	30	40	50	60	70	80	90
ρ	kg/m³	999,7	998,2	995,7	992,8	988,9	983,2	977,7	971,8	965,3
p_t	Pa	1227,5	2337	4241	7374	12.334	19.920	31.160	47.360	70.110

Atmosphärendrücke von $p_b = 100\,\text{kPa}$ und $p_b = 95\,\text{kPa}$ sowie für den entsprechenden Dampfdruck des Wassers entsprechend Tab. 2.1 nach Gl. 2.10 in der Abb. 2.6 dargestellt. Die Grafik in der Abb. 2.6 zeigt deutlich wie stark die maximal mögliche Saughöhe mit zunehmender Flüssigkeitstemperatur und auch mit sinkendem Atmosphärendruck abnimmt. Diese Erscheinung ist bei der Installation von Pumpen, die aus tiefer gelegenen Behältern ansaugen müssen zu beachten.

2.2.2 Dichtemessung von Flüssigkeiten

Da die hydrostatische Differentialgleichung $dp/dh = g\rho$ von der Erdbeschleunigung g und der Stoffdichte ρ bestimmt wird, kann die Dichte einer Flüssigkeit durch Vergleich

Abb. 2.6 Maximal mögliche Saughöhe von Wasser in Abhängigkeit der Temperatur und des barometrischen Druckes p_b

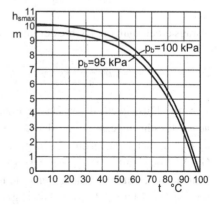

Abb. 2.7 Dichtebestimmung
einer Flüssigkeit

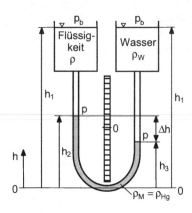

der Ausschlaghöhen von zwei Flüssigkeiten im U-Rohr, von denen die Dichte einer Flüssigkeit bekannt ist, bestimmt werden. Die Dichte ergibt sich aus

$$\rho = \frac{1}{g}\frac{\mathrm{d}p}{\mathrm{d}h} \qquad (2.11)$$

Werden zwei Flüssigkeiten unterschiedlicher Dichte in zwei Behälter gefüllt, die an ein U-Rohrmanometer angeschlossen sind, in dem sich eine Messflüssigkeit mit ρ_M entsprechend Abb. 2.7 befindet, z. B. Quecksilber mit der Dichte von $\rho_M = \rho_{Hg} = 13.546\,\mathrm{kg/m^3}$, so stellt sich ein Ausschlag der Messflüssigkeit von $\Delta h = h_2 - h_3$ entsprechend dem Dichteunterschied der beiden Flüssigkeiten ρ und ρ_W ein. Wird in den rechten Behälter Wasser der Dichte $\rho_W = 1000\,\mathrm{kg/m^3}$ eingefüllt, so kann damit die Dichte der Flüssigkeit im linken Behälter bestimmt werden.

Der Druck in den beiden U-Rohrschenkeln beträgt für die Bezugslinie 0–0 in der Abb. 2.7.

Druck im linken U-Rohrschenkel = Druck im rechten U-Rohrschenkel

$$p_b + g\rho\,(h_1 - h_2) + g\rho_{Hg}h_2 = p_b + g\rho_W\,(h_1 - h_3) + g\rho_{Hg}h_3 \qquad (2.12)$$

Daraus erhält man die Dichte der unbekannten Flüssigkeit.

$$\rho = \rho_W\frac{h_1 - h_3}{h_1 - h_2} - \rho_{Hg}\frac{h_2 - h_3}{h_1 - h_2} = \rho_W\frac{h_1 - h_3}{h_1 - h_2} - \rho_{Hg}\frac{\Delta h}{h_1 - h_2} \qquad (2.13)$$

Wird die Flüssigkeit, deren Dichte ρ zu bestimmen ist, mit einer Vakuumpumpe in einem Glasrohr angesaugt und der Druckgradient $\Delta p/\Delta h = g\rho$ oder die beiden Höhen h_2 und h_3 der Flüssigkeitssäulen gemessen, so kann die Dichte der Flüssigkeit mittels Gl. 2.13 oder mit $\rho = (1/g)(\Delta p/\Delta h)$ bestimmt werden. Die Dichte einer Flüssigkeit kann auch bestimmt werden, wenn die Flüssigkeit mit unbekannter Dichte und das Wasser von $t = 20\,°C$ und $\rho_W = 998,2\,\mathrm{kg/m^3}$ durch eine Vakuumpumpe in zwei Glasrohren

Abb. 2.8 Vorrichtung zur Bestimmung der Dichte einer Flüssigkeit durch den Vergleich von zwei Flüssigkeitssäulen

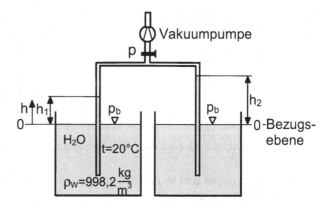

mit Höhenskala in einer Vorrichtung entsprechend Abb. 2.8 angesaugt wird. Durch Vergleich der beiden Flüssigkeitssäulen des Wassers mit $\rho_W = 998{,}2\,\text{kg/m}^3$ h_1 und der Flüssigkeitssäule h_2 mit unbekannter Dichte ρ kann die Dichte ρ bestimmt werden. Dafür sind zwei Gleichgewichtsbedingungen für den Oberflächenspiegel des Wasserbehälters und den Druck in der Vakuumpumpe und für den Oberflächenspiegel des Flüssigkeitsbehälters mit unbekannter Dichte ρ sowie den Druck der Vakuumpumpe aufzustellen. Die Gleichungen lauten:

$$p_b = p + g\rho_W h_1 \tag{2.14}$$

$$p_b = p + g\rho h_2 \tag{2.15}$$

Daraus folgt durch Gleichsetzen von p_b beider Gln. 2.14 und 2.15

$$\rho = \rho_W \frac{h_1}{h_2} \tag{2.16}$$

2.3 Überlagerung von zwei Potentialfeldern

Außer dem Potentialfeld der Gravitation treten die Trägheitskräfte als Massenkräfte bei translatorischer Bewegung, die Massenkräfte bei Rotationsbewegung, elektrische und magnetische Potentialfelder bei der Strömung elektrisch leitender Fluide als Potentialfelder auf, wie z. B. in Quecksilber- oder Plasmaströmungen.

Unter dem Einfluss der Gravitationskraft bildet sich die freie Oberfläche einer Flüssigkeit, als eine horizontale ebene Niveaufläche aus, auf die der Umgebungsluftdruck wirkt. Im Abstand h_1 bis h_n bilden sich weitere Niveauflächen mit größerem Druck oder höherem Potential aus (Abb. 2.9). Erst wenn man sehr große Flüssigkeitsoberflächen von Seen oder Meeren betrachtet, wird sichtbar, dass sich gekrümmte kugelförmige Wasseroberflä-

Abb. 2.9 Horizontale Niveauflächen in einem Behälter mit
unterschiedlicher Flüssigkeitsfüllung als Potentialflächen

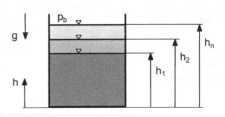

chen ausbilden, da die Richtung der Gravitationskraft radial zum Erdmittelpunkt gerichtet
ist.

In Tankfahrzeugen und in Zentrifugen mit freier Flüssigkeitsoberfläche wirken beim
Anfahren oder beim Verzögern des Fahrzeuges Beschleunigungen mit konstanter oder
variabler Größe (Abb. 2.10) oder bei Rotation der Zentrifuge mit konstanter Winkelgeschwindigkeit neben der Gravitationskraft auch die Trägheitskraft $dF_r = a\,dm$
(Abb. 2.11). Beide Kräfte $g\,dm$ und $a\,dm$ überlagern sich zu einer resultierenden Potentialkraft dF und es stellt sich im bewegten Kesselwagen eine unter dem Winkel α geneigte
Flüssigkeitsoberfläche Potentialfläche (Abb. 2.10) ein.

Der $\tan\alpha$ des Neigungswinkels der Potentialfläche im Kesselwagen beträgt:

$$\tan\alpha = \frac{a\,dm}{g\,dm} = \frac{a}{g} \tag{2.17}$$

Abb. 2.10 Verhalten eines
Flüssigkeitsspiegels in einem
teilgefüllten Kesselwagen beim
Anfahren mit der Anfahrbe-
schleunigung a

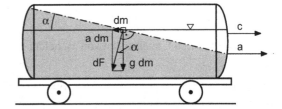

Abb. 2.11 Flüssigkeitsspiegel
in einem ruhenden und rotierenden Behälter (Zentrifuge)

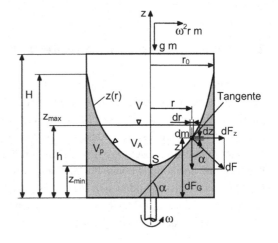

Um die Neigung des Flüssigkeitsspiegels in teilgefüllten Kesselwagen beim Beschleunigen oder Verzögern und daraus resultierende nachfolgende Schwingungsvorgänge der Flüssigkeiten gering zu halten, gelten für Tankfahrzeuge besondere Sicherheitsvorschriften bezüglich der Kesselfüllung und des Fahrverhaltens.

Beim Beschleunigen oder Verzögern des Fahrzeugs auf geneigten Fahrbahnen verstärkt sich dieser Beschleunigungseinfluss. Eine hohe anwendungstechnische Bedeutung haben Flüssigkeitsoberflächen in rotierenden Behältern (Zentrifugen) nach Abb. 2.11 erlangt. Die Gravitationskraft beträgt

$$\mathrm{d}\boldsymbol{F}_\mathrm{G} = g\mathrm{d}m = g\rho\mathrm{d}V \tag{2.18}$$

Die Zentrifugalkraft beträgt bei Rotation mit der Winkelgeschwindigkeit ω und der Umfangsgeschwindigkeit $u = \omega r$:

$$\mathrm{d}\boldsymbol{F}_\mathrm{Z} = a\mathrm{d}m = \omega^2 r\mathrm{d}m = \omega^2 r\rho\mathrm{d}V \tag{2.19}$$

Wird ein zylindrischer Behälter mit der Flüssigkeitsfüllung h im Ruhezustand in Rotation mit der konstanten Winkelgeschwindigkeit ω versetzt, so wird der Flüssigkeit neben der Gravitationskraft $\mathrm{d}F_\mathrm{G} = g\mathrm{d}m$ auch die Zentrifugalkraft $\mathrm{d}F_\mathrm{z} = a_\mathrm{Z}\mathrm{d}m$ aufgeprägt. Aus beiden Kräften bildet sich die resultierende Kraft $\mathrm{d}\boldsymbol{F} = \mathrm{d}\boldsymbol{F}_\mathrm{G} + \mathrm{d}\boldsymbol{F}_\mathrm{z}$, die wieder normal auf der Flüssigkeitsoberfläche steht (Abb. 2.11). Die Rotation des Behälters überträgt die Drehung von der Behälterwand durch die Tangentialspannung im realen viskosen Fluid an das Fluid, bis die gesamte Fluidmasse mit konstanter Winkelgeschwindigkeit der Behälterwand ω rotiert. Die Flüssigkeit verhält sich bei $\omega = $ konstant wie ein rotierender Festkörper. Die Oberfläche des Fluidelements $\mathrm{d}m$ beim Radius r stellt sich gemäß der beiden überlagerten Potentialkräfte unter dem Winkel α ein. Der Tangens dieses Neigungswinkels beträgt:

$$\tan\alpha = \frac{\mathrm{d}z}{\mathrm{d}r} = \frac{\mathrm{d}\boldsymbol{F}_\mathrm{z}}{\mathrm{d}\boldsymbol{F}_\mathrm{G}} = \frac{\omega^2 r\mathrm{d}m}{g\mathrm{d}m} = \frac{\omega^2 r}{g} \tag{2.20}$$

Der Neigungswinkel ist vom Quadrat der Winkelgeschwindigkeit ω, von der Erdbeschleunigung g abhängig und er steigt linear mit dem Radius r an. Die Höhenkoordinate z der Fluidoberfläche ist eine Funktion des Radius $z(r)$. Sie folgt aus Gl. 2.20

$$\mathrm{d}z = \frac{\omega^2}{g} \cdot r\mathrm{d}r \tag{2.21}$$

Integriert man die Gl. 2.21, so erhält man die Gleichung für die Konturhöhe $z(r)$ des Flüssigkeitsspiegels bei Rotation

$$z(r) = \frac{\omega^2}{g}\frac{r^2}{2} + \text{konst.} \tag{2.22}$$

Mit der Konstanten

$$\text{konst.} = z_{\min} \tag{2.23}$$

lautet die Lösungsgleichung für die Fluidkontur $z(r)$ im rotierenden Behälter:

$$z(r) = \frac{\omega^2}{2g} r^2 + z_{\min} \tag{2.24}$$

Das ist die Gleichung eines Rotationsparaboloids.

Das vom Rotationsparaboloid der Höhe $z_{\max}$ umschlossene Volumen ist gerade halb so groß wie das Volumen des zylindrischen Behälters gleicher Höhe ($z_{\max} - z_{\min}$).

Es ist also auch halb so groß wie das durch die Rotation bewegte Auffüllvolumen $V_A = \pi r_0^2 (h - z_{\min})$.

Für das Volumen außerhalb der Kontur des Rotationsparaboloids V in der Abb. 2.11 kann also geschrieben werden

$$V = \pi r_0^2 (z_{\max} - z_{\min}) - \frac{\pi r_0^2}{2} (z_{\max} - z_{\min}) = \frac{\pi r_0^2}{2} (z_{\max} - z_{\min}) \tag{2.25}$$

Wird dieses Volumen dem durch Rotation bewegten stationären Auffüllvolumen V_A in der Abb. 2.11 gleich gesetzt, so erhält man

$$\frac{\pi r_0^2}{2} (z_{\max} - z_{\min}) = \pi r_0^2 (h - z_{\min}) \tag{2.26}$$

Daraus können die maximal ansteigende Flüssigkeitskontur $z_{\max}$, die minimale Flüssigkeitshöhe im Behälter $z_{\min}$, die statische Auffüllhöhe h und die Gleichung für die Oberflächenfunktion $z(r)$ der im Behälter rotierenden Flüssigkeit ermittelt werden.

Die maximal ansteigende Flüssigkeitskontur $z_{\max}$ im Behälter folgt aus Gl. 2.26

$$z_{\max} = \frac{\omega^2 r_0^2}{2g} + z_{\min} = \frac{\omega^2 r_0^2}{4g} + h \tag{2.27}$$

Die minimale Flüssigkeitshöhe im Behälter beträgt:

$$z_{\min} = h - \frac{\omega^2}{4g} r_0^{\,2} \tag{2.28}$$

Die Gleichung für die Kontur des Rotationsparaboloids im rotierenden Behälter lautet:

$$z(r) = h + \frac{\omega^2 r_0^2}{4g} \left[2 \left(\frac{r}{r_0} \right)^2 - 1 \right] \tag{2.29}$$

Die Form der Oberfläche des Rotationsparaboloids ist Abhängig von der Auffüllhöhe der Flüssigkeit h im Ruhezustand, von der Winkelgeschwindigkeit ω und dem Außenradius des Flüssigkeitsbehälters r_0 sowie von der Erdbeschleunigung g. Sie ist aber unabhängig von der Dichte der Flüssigkeit.

2.4 Hydrostatischer Druck und kommunizierende Gefäße

Der hydrostatische Druck ist die Normalkraft F_N auf eine betrachtete Fläche

$$p = \frac{\text{Normalkraft}}{\text{Fläche}} = \frac{F_N}{A} \tag{2.30}$$

Wird einem Fluidsystem ein Druck durch eine Normalkraft F_N aufgeprägt, so wirkt dieser Druck im gesamten Raum oder Behälter. Wirkt die Normalkraft unter dem Einfluss der Gravitationskraft $dp/dh = g\rho$, so erhält man die hydrostatische Grundgleichung in der Form

$$p = p_0 + dp = p_0 + \int_{h=0}^{h} g\rho dh = p_0 + g\rho h \tag{2.31}$$

Wird in ein Rohrsystem mit zwei vertikalen Schenkeln nach Abb. 2.12 eine Flüssigkeit gefüllt, so stellen sich in beiden Schenkeln die gleichen Drücke und Flüssigkeitshöhen ein. Die Berechnung der Drücke kann für eine frei wählbare Bezugslinie z. B. 0–0 erfolgen, die höchstens in der Linie des niedrigsten Flüssigkeitsspiegels liegen soll (Abb. 2.12), aber auch nicht außerhalb des betrachteten Rohrleitungssystems liegen sollte, weil dann der Abstand der Bezugslinie vom kommunizierenden Gefäß anzugeben ist. Werden nun die Flüssigkeitsspiegel in dem kommunizierenden Gefäß nach Abb. 2.13 durch die äußeren Drücke p_1 und p_2 um die Höhendifferenz $h_3 = h_2 - h_1$ aus dem Gleichgewicht gebracht, so können durch eine Gleichgewichtsbetrachtung für die Bezugslinie I–I oder für die Bezugslinie 0–0 im betrachteten System nach Abb. 2.13 entsprechend der hydrostatischen Grundgleichung $dp/dh = g\rho$ die Drücke p_1 und p_2 angegeben werden:

$$p_1 + g\rho h_1 = p_2 + g\rho h_2 \tag{2.32}$$

Abb. 2.12 Kommunizierendes Gefäß mit einer homogenen Flüssigkeit

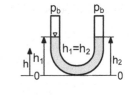

Abb. 2.13 Kommunizierendes Gefäß

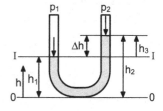

Schreibt man das Druckgleichgewicht für die um h_1 verschobene Bezugslinie I–I, so erhält man mit dem gleichen Ergebnis sofort den Druck auf den linken Schenkel von Abb. 2.13.

$$p_1 = p_2 + g\rho h_3 = p_2 + g\rho (h_2 - h_1) \tag{2.33}$$

Dieses Resultat besagt, dass der auf der linken Seite des Rohrsystems lastende Druck p_1 um den Betrag $g\rho(h_2 - h_1)$ größer sein muss als der Druck p_2. Der Ansatz der beiden Druckgleichgewichte zeigt auch, dass die Wahl der Bezugslinie frei ist. Sie sollte nur zweckmäßig gelegt werden, damit der Rechenaufwand gering wird.

Wirkt auf beide Flüssigkeitsschenkel der gleiche Druck p, z. B. der Atmosphärendruck p_b ein, so stellen sich die Flüssigkeitsspiegel bei gleicher Höhe ein (Abb. 2.12). Ungleiche Flüssigkeitsspiegel als Trennflächen können sich bei gleichem statischem Druck auf beide Spiegel nur einstellen, wenn zwei nicht mischbare Flüssigkeiten unterschiedlicher Dichte eingefüllt werden, z. B. Quecksilber und Wasser oder Wasser und Öl.

Kommunizierende Röhren und Gefäße werden als U-Rohrmanometer zur Druckmessung und als Kanalwaage zur Höhennivellierung verwendet.

2.5 Grundlagen der Hydraulik

Mit Hilfe von Drücken in hydraulischen Anlagen lassen sich große Kräfte übertragen, z. B. in Baggern, in Baumaschinen und in Hebevorrichtungen. Wird der Druck durch eine Hydraulikpumpe in einem Behälter erhöht, so kann durch Anordnung von Kolben mit großer Fläche A eine große Kraft erzeugt werden (Abb. 2.14).

Die Kräfte auf die beiden Kolben mit den Flächen A_1 und A_2 bei gleichem Niveau $h_1 = h_2$ betragen mit dem Druck p

$$F_1 = pA_1 \quad \text{und } F_2 = pA_2 \tag{2.34}$$

Liegen die beiden Kolben auf unterschiedlichen Niveauhöhen h_1 und h_2, dann beträgt das Gleichgewicht für die beiden Niveauhöhen h_1 und h_2, bezogen auf die Bezugslinie, 0–0 entsprechend Abb. 2.15 mit

$$p_1 = p_b + \frac{F_1}{A_1} \quad \text{und } p_2 = p_b + \frac{F_2}{A_2} \tag{2.35}$$

Abb. 2.14 Hydraulische
Kolben

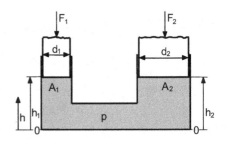

Abb. 2.15 Hydraulische
Kolben mit unterschiedlichen
Niveauhöhen

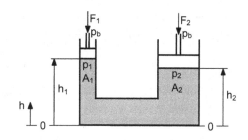

$$p_b + \frac{F_1}{A_1} + g\rho h_1 = p_b + \frac{F_2}{A_2} + g\rho h_2 \qquad (2.36)$$

Das Kräfteverhältnis beträgt dann mit $p = F/A$

$$\frac{F_1}{F_2} = \frac{A_1}{A_2}\left[1 + \frac{g\rho h_2}{p_2}\left(1 - \frac{h_1}{h_2}\right)\right] \qquad (2.37)$$

Befinden sich die beiden Kolben auf gleichem Niveau, dann ist das Verhältnis der Kräfte gleich dem Verhältnis der Kolbenflächen

$$\frac{F_1}{F_2} = \frac{A_1}{A_2} \qquad (2.38)$$

Die beiden Kolben führen bei der Bewegung allerdings unterschiedliche Wege s aus und erreichen auch unterschiedliche Kolbengeschwindigkeiten c. Da die verdrängten Volumina bei der Kolbenbewegung gleich sind, erhält man

$$V = A_1 s_1 = A_2 s_2 \qquad (2.39)$$

Daraus folgt das Verhältnis der Kolbenwege

$$\frac{s_1}{s_2} = \frac{A_2}{A_1} = \left(\frac{d_2}{d_1}\right)^2 \qquad (2.40)$$

für kreisförmige Kolben.

Die Kolbenwege einer hydraulischen Anlage verhalten sich umgekehrt proportional zu den Kolbenflächen und bei kreisförmigen Kolbenflächen umgekehrt proportional zum Quadrat der Kolbendurchmesser.

Das Hubvolumen verhält sich proportional zur Kolbenfläche A und zum Kolbenweg s: $V = A \cdot s$.

Die Bewegungsgeschwindigkeiten der Kolben c verhalten sich proportional zum fließenden Volumenstrom $\dot{V}$ und umgekehrt zur Kolbenfläche A mit

$$c = \frac{\dot{V}}{A} \qquad (2.41)$$

Bei konstantem Volumenstrom im System verhalten sich die Kolbengeschwindigkeiten umgekehrt zu den Kolbenflächen

$$c_1 A_1 = c_2 A_2 \tag{2.42}$$

$$\frac{c_1}{c_2} = \frac{A_2}{A_1} \tag{2.43}$$

2.6 Druckkraft auf Behälterwand mit Flüssigkeitsfüllung

Der Druck wirkt immer senkrecht auf die Begrenzungswand. Damit ist der Druck auf einen horizontalen Behälterboden konstant mit der Größe $p = g\rho h$ und die Bodenkraft beträgt

$$F = pA = g\rho hA \tag{2.44}$$

Auf eine vertikale Behälterwand wirkt der Druck auch normal. Der Druck ist in einem flüssigkeitsgefüllten Behälter von der Füllhöhe h abhängig, sodass sich die Belastung mit der Höhenkoordinate ändert (Abb. 2.16). Sie steigt vom Wert $F = 0$ bei $h = 0$ an der Oberfläche bis zur Bodenkraft $F_B = g\rho hA$ linear an.

Auch auf die geneigte Wand wirkt der höhenabhängige variable Druck $p = g\rho h_1$.

Sind jedoch die Kräfte auf die vertikale oder auf die geneigte Wand zu berechnen, so ist zu beachten, dass sich die Druckbelastung in Abhängigkeit der Höhenkoordinate verändert und es muss auch die Breite der Wand berücksichtigt werden.

2.7 Druckkraft auf Behälterwand mit konstanter Breite

Die hydrostatische Kraft auf die linke vertikale Wand in der Abb. 2.16 beträgt mit $dA = bdh$.

$$F = \int_{h_1=0}^{h} p\,dA = g\rho b \int_{h_1=0}^{h} h\,dh = \frac{1}{2}g\rho bh^2 \tag{2.45}$$

Abb. 2.16 Wandkräfte in einem Flüssigkeitsbehälter

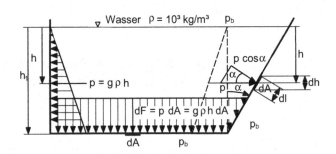

Dabei liegt der Schwerpunkt der Druckfläche auf die vertikale Wand bei

$$y = \frac{1}{A} \int_A y \mathrm{d}A = \frac{h}{2}.$$

Die resultierende Kraft F greift bei $2h/3$ an der vertikalen Wand an. Die hydrostatische Druckkraft auf die rechte unter dem Winkel α geneigte Wand konstanter Breite b in der Abb. 2.16 beträgt mit dem Druck auf die geneigte Wand $p = g\rho h$ und mit $\mathrm{d}A = b\mathrm{d}y$ sowie mit $\mathrm{d}F = g\rho h \mathrm{d}A$:

$$F = \int_A p\mathrm{d}A = g\rho \int_A h\mathrm{d}A = g\rho \cos\alpha \int_A y\mathrm{d}A = g\rho \cos\alpha b \int_{y=0}^{1} y\mathrm{d}y = g\rho b l^2 \frac{\cos\alpha}{2}$$

(2.46)

Mit dem statischen Moment $\int_A l\mathrm{d}A = l_S A$ und $l = h/\cos\alpha$ ergibt sich dann:

$$F = g\rho \cos\alpha l_S A = g\rho h_S b l = g\rho \frac{h^2}{2} \frac{b}{\cos\alpha}$$

(2.47)

Die horizontale Kraft auf die geneigte Wand in der Abb. 2.16 ist gleich der Normalkraft auf die vertikale Wand entsprechend Gl. 2.46.

$$F_x = \frac{1}{2} g\rho b h^2 \cos\alpha$$

(2.48)

Die vertikale Kraftkomponente auf die geneigte Wand mit der konstanten Breite b und mit $\mathrm{d}A = b\mathrm{d}l$ in der Abb. 2.16 beträgt:

$$F_Y = \int_A p\mathrm{d}A = g\rho b h^2 \sin\alpha$$

(2.49)

Wird in die geneigte Behälterwand eine runde oder geometrisch anders geformte Öffnung eingebracht, die mit einem Deckel verschlossen wird (Abb. 2.17), so ergibt sich die hydrostatische Druckkraft auf den Verschlussdeckel durch die Wasserfüllung mit $\mathrm{d}A = b\mathrm{d}y = r \sin\gamma \mathrm{d}y$ aus folgender Beziehung

$$F = g\rho \int_A h\mathrm{d}A = g\rho \cos\alpha \int_A y\mathrm{d}A$$

(2.50)

Für den konstanten Wandwinkel α ergibt sich die Beziehung für die Wandkraft

$$F = g\rho \cos\alpha \int_{y_{min}}^{y_{max}} yr \sin\gamma \mathrm{d}y$$

(2.51)

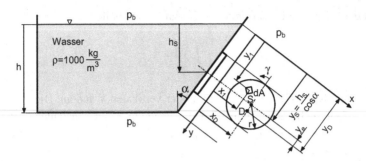

Abb. 2.17 Druckkraft auf einen Deckel in der geneigten Behälterwand

Da der Umgebungsluftdruck p_b sowohl auf die Flüssigkeitsoberfläche als auch auf die Behälteraußenwände wirkt, nimmt der Umgebungsluftdruck keinen Einfluss auf die Wandbelastung. Das gilt für die Notauslassöffnungen in Staumauern von Talsperren ebenso wie für Trockendocks im Schiffbau und im Behälterbau.

Das Integral $\int_A y\,dA$ stellt das statische Moment des Deckels um die horizontale x-Achse dar. Mit dem Schwerpunktabstand des glatten Deckels erhält man die resultierende Druckkraft auf den Deckel mit Gl. 2.46

$$F = g\rho y_S \cos\alpha A = (p - p_b)\,A \tag{2.52}$$

oder mit der Höhe h_S des Flächenschwerpunktes $h_S = y_S \cos\alpha$

$$F = g\rho h_S A = (p - p_b)\,A \tag{2.53}$$

Da der Druck auf den Deckel mit steigender Wassertiefe anwächst, greift die resultierende Druckkraft nicht am Flächenschwerpunkt S, sondern im Druckmittelpunkt D an. Die Flüssigkeit im Behälter übt aber auf den runden Verschlussdeckel eine Druckkraft und ein Drehmoment aus. Die Lage des Druckmittelpunktes ergibt sich aus dem Drehmomentgleichgewicht um die x-Achse. Das Gleichgewicht um die Drehachse x mit dem Abstand y_D beträgt:

$$F_{xD}\,y_D = \int_A y\,dF = \int_A g\rho y^2 \cos\alpha\,dA = g\rho \cos\alpha \int_A y^2\,dA \tag{2.54}$$

Das Integral $\int_A y^2\,dA = I_x$ stellt das Flächenträgheitsmoment des Deckels mit der Fläche A um die x-Achse dar. Mit der Kraft auf den Deckel aus Gln. 2.52 und 2.54 kann der Abstand des Druckmittelpunktes y_D errechnet werden. Er beträgt

$$y_D = \frac{g\rho \cos\alpha\, I_x}{F} = \frac{g\rho \cos\alpha\, I_x}{g\rho y_S \cos\alpha\, A} = \frac{I_x}{y_S A} \tag{2.55}$$

Das Flächenträgheitsmoment um die x-Achse I_{xS} kann mit Hilfe des Steinerschen Satzes aus dem äquatorialen Flächenträgheitsmoment um die x-Achse durch den Schwerpunkt der Fläche, d. h. durch den Flächenmittelpunkt S errechnet werden.

$$I_{xS} = I_S + Ay_S^2 \qquad (2.56)$$

Damit ergibt sich für den Abstand des Druckmittelpunktes y_D mit Gl. 2.56

$$y_D = \frac{I_S + Ay_S^2}{Ay_S} = \frac{I_S}{Ay_S} + y_S \qquad (2.57)$$

Der Abstand des Druckmittelpunktes vom Schwerpunkt S des Deckels beträgt also

$$y_e = y_D - y_S = \frac{I_S}{Ay_S} \qquad (2.58)$$

Infolge des steigenden Druckes auf die Wand mit zunehmender Wassertiefe liegt der Druckmittelpunkt des Deckels immer tiefer als der geometrische Mittelpunkt des Deckels. Das gilt für alle geometrischen Formen des Deckels.

Aus dem Drehmomentgleichgewicht um die y-Achse können die Kraft F_{xD} und der Abstand des Druckmittelpunktes bestimmt werden. Die Kraft um die x-Achse beträgt für $\alpha = $ konst.

$$F_{xD} = \int_A x \, dF = g\rho \cos\alpha \int_A xy \, dA = g\rho \cos\alpha I_{xy} \qquad (2.59)$$

I_{xy} ist das zentrifugale Flächenträgheitsmoment des Deckels mit der Fläche A. Der Abstand des Druckmittelpunkts vom Koordinatenursprung beträgt damit

$$x_D = \frac{I_{xy}}{Ay_S} \qquad (2.60)$$

Für Flächen mit mindestens einer Symmetrieachse ist das Zentrifugalmoment $I_{xy} = 0$ und damit auch $x_D = 0$.

Werden Verschlussdeckel in senkrechten Wänden eingesetzt, so ist $\alpha = 0$, $\cos\alpha = 1$ und $y = h$. Dann beträgt die Kraft auf einen Verschlussdeckel mit dem Schwerpunktabstand h_S von der Wasseroberfläche

$$F = g\rho h_S A \qquad (2.61)$$

Die Verschiebung des Druckmittelpunktes h_D aus dem Schwerpunkt h_S kann dann mit Hilfe von Gl. 2.58 berechnet werden $y_e = y_D - y_S = I_S/(Ay_S)$.

2.8 Druckkraft auf eine gekrümmte Behälterwand

Werden Kontrollöffnungen in Behälter oder zweidimensional gekrümmte Behälterböden
eingebaut, so ergibt sich eine veränderte Deckelbelastung, die nachfolgend bestimmt wird.
Auf die Fläche A des Behälters in der Abb. 2.18 bei der Koordinate $y = h$ wirkt die hydrostatische Druckkraft. Die offene wassergefüllte Wanne ist einfach gekrümmt mit dem
Radius R. Auf das Flächenelement dA in der Tiefe h wirkt die hydrostatische Druckkraft
$dF = g\rho h dA$ mit den beiden Komponenten

$$dF_x = g\rho h \sin\alpha dA = g\rho h dA_x \qquad (2.62)$$

und

$$dF_y = g\rho h \cos\alpha dA = g\rho h dA_y \qquad (2.63)$$

In den Gln. 2.62 und 2.63 stellt $p = g\rho h$ den lokalen statischen Druck bei der Tiefe $y = h$
dar. Dieser Druck wirkt auf das Flächenelement dA bzw. auf die beiden Koordinatenanteile der Fläche $dA_x = \sin\alpha dA$ und $dA_y = \cos\alpha dA$. Die vertikale Kraftkomponente dF_y
stellt die Kraft auf das Flächenelement dA_y aus dem hydrostatischen Druck der Wassersäule dar. Sie beträgt

$$dF_y = g\rho h dA_y = g\rho dV \qquad (2.64)$$

Die vertikale Kraftkomponente F_y ergibt sich also aus der Gewichtskraft des darüber liegenden Flüssigkeitsvolumens V. Sie beträgt:

$$F_y = g\rho \int_{A_y} h dA_y = g\rho V \qquad (2.65)$$

Abb. 2.18 Hydrostatische
Druckkraft in einer wassergefüllten ebenen Kanalwanne

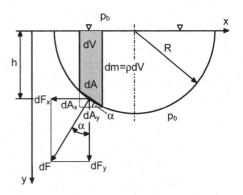

Der Angriffspunkt der resultierenden hydrostatischen Druckkraft liegt im Schwerpunkt der belastenden Masse $dm = \rho dV$. Die horizontale Kraftkomponente F_x auf die Fläche A_x ergibt sich aus Gl. 2.62 zu

$$F_x = g\rho \int_{A_x} h dA_x = g\rho h_S A_x = (p - p_0) A_x \tag{2.66}$$

h_S ist die Flüssigkeitshöhe von der Oberfläche bis zum Schwerpunkt der Fläche S_x der projizierten Fläche A_x. Die resultierende Kraft auf die Wand beträgt dann mit den beiden Kraftkomponenten F_y und F_x

$$F = \left[F_x^2 + F_y^2 \right]^{\frac{1}{2}} = g\rho \left[\left(\int_{A_x} h dA_x \right)^2 + \left(\int_{A_y} h dA_y \right)^2 \right]^{\frac{1}{2}} \tag{2.67}$$

Der Druck und die Belastung auf dreidimensional gekrümmte Flächen, wie sie z. B. am Schiffsrumpf im Bug- und Heckbereich auftreten, können analog zu den Belastungen einfach gekrümmter Flächen berechnet werden. Es werden auch dabei die drei Kraftkomponenten F_x, F_y und F_z berechnet und daraus kann die resultierende Kraft ermittelt werden.

$$F = \sqrt{F_x^2 + F_y^2 + F_z^2} \tag{2.68}$$

Die hydrostatische und hydrodynamische Belastung am Schiffsrumpf wird ebenso wie jene auf räumlich gekrümmten Behälterwänden mit Programmen der Finite Element-Technik (FEM) berechnet, z. B. Ansys Mechanical Utility 10.0.

2.9 Statischer Auftrieb und Schwimmen (Prinzip von Archimedes)

Wird ein fester Körper in ein Fluid eingetaucht, so wirken auf die gesamte benetzte Fläche die hydrostatischen Druckkräfte entsprechend der Eintauchtiefe h. Da der hydrostatische Druck höhenabhängig ist (Abb. 2.19), so sind auch die hydrostatischen Druckkräfte höhenabhängig und es entsteht eine statische Auftriebskraft. Die statische Auftriebskraft eines vollständig in eine Flüssigkeit eingetauchten Körpers mit der Dichte ρ_K ist gleich der Gravitationskraft des durch den Körper verdrängten Flüssigkeitsvolumens mit der Dichte ρ_F.

2.9.1 Statischer Auftrieb

Die hydrostatischen Druckkräfte auf die freien Flächen des Volumenelements in der Abb. 2.19 betragen:

Abb. 2.19 Auftrieb eines
in Flüssigkeit eingetauchten
Körpers

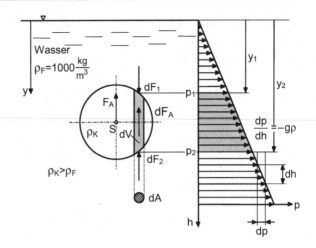

- auf die obere Seite

$$\mathrm{d}F_1 = p_1\mathrm{d}A = g\rho_\mathrm{F}y_1\mathrm{d}A \tag{2.69}$$

- auf die untere Seite

$$\mathrm{d}F_2 = p_2\mathrm{d}A = g\rho_\mathrm{F}y_2\mathrm{d}A \tag{2.70}$$

Die Differenz dieser beiden Kräfte ergibt die Auftriebskraft für das Volumenelement $\mathrm{d}V$.

$$\mathrm{d}F_\mathrm{A} = \mathrm{d}F_2 - \mathrm{d}F_1 = g\rho_\mathrm{F}\mathrm{d}A\,(y_2 - y_1) = g\rho_\mathrm{F}\mathrm{d}V \tag{2.71}$$

Die gesamte statische Auftriebskraft eines Körpers erhält man durch Integration von Gl. 2.71 über $\mathrm{d}V$.

$$F_\mathrm{A} = \int_V g\rho_\mathrm{F}\mathrm{d}V = g\rho_\mathrm{F}V \tag{2.72}$$

F_A stellt die Auftriebskraft eines Körpers der Dichte ρ_K dar. Sie ist gleich der Gravitationskraft des von dem Körper verdrängten Flüssigkeitsvolumens V mit der Dichte ρ_F.

$$F_\mathrm{A} = F_\mathrm{G} \tag{2.73}$$

2.9.2 Schwimmen

Taucht ein Körper wie z. B. ein Schiff nur teilweise in die Flüssigkeit ein, so ist die Auftriebskraft wiederum gleich der Gravitationskraft des vom Körper (Schiff) verdrängten

Abb. 2.20 Auftriebskraft
eines Körpers in Flüssigkeit

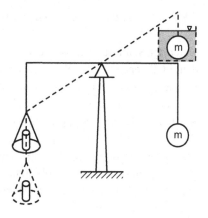

Wasservolumens. Der Auftrieb des Körpers in der Luft kann durch $\rho_L \ll \rho_F$ vernachlässigt werden. Da die mittlere Dichte des gesamten Schiffsvolumens geringer ist als die Dichte des Wassers ρ_F kann das Schiff schwimmen. Aus der Differenz kann die zulässige Beladungsmasse ermittelt werden.

Die Differenz zwischen der Gravitationskraft eines Körpers in Luft und der Auftriebskraft F_A stellt eine scheinbare Gewichtskraft F_{GSch} des Körpers dar (Abb. 2.20)

$$F_{GSch} = F_G - \Delta F_G = F_G - F_A \tag{2.74}$$

$$F_A = F_G - F_{GSch} = g\rho_F V \tag{2.75}$$

Bestimmt man die Gravitationskraft eines Körpers mit der Dichte ρ_K in Luft, so erhält man mit Gl. 2.72

$$F_G = g\rho_K V \tag{2.76}$$

Daraus kann das Körpervolumen bestimmt werden zu

$$V = \frac{F_G - F_{GSch}}{g\rho_F} \tag{2.77}$$

Das Körpervolumen V beträgt aber auch

$$V = \frac{m}{\rho_K} = \frac{F_G}{g}\rho_K \tag{2.78}$$

Aus den Gln. 2.77 und 2.78 erhält man das Dichteverhältnis des Körpers ρ_K zu der der Flüssigkeit ρ_F

$$\frac{\rho_K}{\rho_F} = \frac{F_G}{F_G - F_{GSch}} = \frac{1}{1 - \frac{F_{GSch}}{F_G}} = \frac{F_G}{F_A} = \frac{\rho_K V}{\rho_F V} \tag{2.79}$$

Daraus kann die mittlere Beladungsdichte von Schiffen und Schwimmkörpern bestimmt werden.

2.9.3 Stabilität von Schwimmkörpern

Unter der Stabilität schwimmender Körper wird die Lage des Schwimmkörpers verstanden, in die er nach dem Wegfall auslenkender äußerer Kräfte, wie z. B. Wind- oder Wellenkräfte zurückkehrt. Es ist seine stabile Lage. Daneben gibt es noch die labile und die indifferente Lage. Labil ist eine Schwimmlage, wenn der Schwerpunkt der angreifenden Kraft S_A unterhalb des Köperschwerpunktes S_K liegt (Abb. 2.21). Fallen diese beiden Punkte S_K und S_A zusammen, ist die Lage indifferent und jede auftretende Kraft kann den Körper aus seiner Lage herausbringen. Stabil ist ein schwimmender Körper, wenn der Angriffspunkt der Kraft S_A oberhalb des Körperschwerpunkts S_K liegt (Gewichtsstabilität, Abb. 2.21c) oder wenn das Metazentrum M oberhalb des Körperschwerpunktes S_K liegt (Formstabilität, Abb. 2.22).

Die Auftriebskraft eines Körpers F_A greift stets im Volumenschwerpunkt S_A des Körpers an. Bei homogenen Körpern greifen also Gewichtskraft und Auftriebskraft im

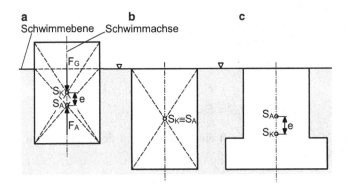

Abb. 2.21 Stabilität schwimmender Körper. **a** Labile Schwimmlage, **b** indifferente Schwimmlage, **c** stabile Schwimmlage

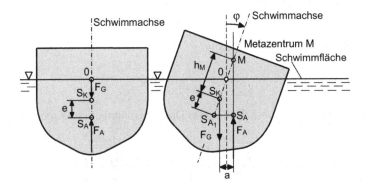

Abb. 2.22 Stabilität eines schwimmenden Körpers ohne und mit Auslenkung

Schwerpunkt an (Abb. 2.21b). Besitzt der Schwimmkörper aber eine inhomogene Massenverteilung wie z. B. beim Schiffskörper oder taucht er nur teilweise in die Flüssigkeit ein, so sind der Massenschwerpunkt S_K als Angriffspunkt der Gewichtskraft und der Schwerpunkt des verdrängten Flüssigkeitsvolumens S_A als Angriffspunkt der Auftriebskraft verschieden (Abb. 2.21a und 2.22). Daraus resultiert im allgemeinen ein Drehmoment. Es verschwindet, wenn die Wirkungslinien beider Kräfte F_G und F_A identisch sind. Die Gewichtslage des Körpers kann dann stabil oder instabil sein.

Wird ein teilweise in Wasser eingetauchter Schwimmkörper (Schiffskörper) durch äußere periodische Wind- oder Wellenkräfte aus seiner Gleichgewichtslage gebracht und dadurch die Schwimmachse um den Winkel φ aus der vertikalen Lage verdreht (Abb. 2.22), so verlagert sich der Auftriebs- und der Verdrängungsschwerpunkt von S_A in den Punkt S_{A1}, weil sich die Form des verdrängten Flüssigkeitsvolumens verändert. Die Größe des verdrängten Flüssigkeitsvolumens V ändert sich dabei nicht.

Die Schwimmlage des ausgelenkten Körpers ist stabil, wenn das Kräftepaar aus Gravitationskraft F_G und Auftriebskraft F_A den Körper mit dem Drehmoment $M = F_G \cdot a$ aufzurichten versucht. Das ist immer dann der Fall, wenn entweder

- der Körperschwerpunkt S_K tiefer liegt als der Verdrängungsschwerpunkt S_A oder
- die metazentrische Höhe, also das Metazentrum M über dem Körperschwerpunkt S_K liegt.

Das Metazentrum M stellt sich im Schnittpunkt der Auftriebskraftlinie und der ausgelenkten Schwimmachse ein (Abb. 2.22). Die metazentrische Höhe von Schiffen ist vom Schiffstyp abhängig und sie beträgt $h_M = 0,45$ bis $1,5\,\text{m}$. Sie ist für Passagierschiffe am geringsten und sie erreicht mit Werten von $h_M = 0,9$ bis $1,5\,\text{m}$ bei Segelschiffen die größten Werte. Würde die metazentrische Höhe bei Schiffen einen negativen Wert annehmen ($h_M < 0$), so liegt das Metazentrum M unterhalb des Körperschwerpunktes S_K und die Schwimmlage wird instabil. Bei $h_M = 0$ liegt eine indifferente Schwimmlage vor.

Für kleine Auslenkwinkel bis etwa $\varphi \leq 10°$ mit $\tan\varphi \approx \varphi$ kann die metazentrische Höhe mit dem Flächenträgheitsmoment I_{xS} der horizontalen Schwimmfläche bezogen auf die Drehachse und mit dem verdrängten Flüssigkeitsvolumen V bestimmt werden zu:

$$I_{xS} = \int_A x^2 \mathrm{d}A \tag{2.80}$$

$$h_M = \frac{\int_A x^2 \mathrm{d}A}{V} - e \tag{2.81}$$

Darin ist e der Abstand zwischen dem Körperschwerpunkt S_K und dem Auftriebsschwerpunkt S_A in der Gleichgewichtslage (Abb. 2.22).

2.10   Aerostatik und thermischer Auftrieb

Ein thermischer Auftrieb kann in Flüssigkeiten und in Gasen auftreten. Ein thermischer Auftrieb in Flüssigkeiten tritt bei Wärmezufuhr an beheizten Flächen, z. B. in Heizkesseln auf. Er bewirkt eine Temperaturschichtung und schließlich eine Wärmeströmung.

Die thermische Auftriebskraft F_A ergibt sich aus dem Dichteunterschied des Fluides $\rho_2 - \rho_1$, der sich bei einer isobaren Wärmeausdehnung wiederum aus der Temperaturdifferenz ΔT und dem isobaren Kompressibilitätskoeffizienten β_P nach Gl. 1.7 ergibt.

$$\Delta\rho = \rho_2 - \rho_1 = \beta_P \rho_1 \, (T_2 - T_1) \qquad (2.82)$$

Damit beträgt die Auftriebskraft:

$$F_A = \int_V \mathrm{d}F_A = g\beta_P \rho_1 \, (T_2 - T_1) \int_V \mathrm{d}V \qquad (2.83)$$

Die thermische Auftriebskraft beträgt nach Integration:

$$F_A = g\beta_P \rho_1 \, (T_2 - T_1) \, V \qquad (2.84)$$

Ballonfahren in der nahen und fernen Erdatmosphäre basiert auf dem Dichteunterschied der Luft der Atmosphäre und der im Ballon (Abb. 2.23).

Der Druck und die Temperatur nehmen in der atmosphärischen Luft von p_0, T_0 mit steigender Höhe ab (Abb. 2.24), so dass in 12 km Höhe ein Druck von $p_1 = 22{,}6$ kPa und eine Temperatur von $t_1 = -56{,}5\,°\mathrm{C}$ ($T_1 = 216{,}7$ K) erreicht werden. In der Erdatmosphäre herrscht also eine polytrope Luftschichtung, die durch eine isentrope Zustandsänderung mit dem Isentropenexponenten $\kappa = 1{,}4$ angenähert werden kann. Die Isentropengleichung lautet:

$$\frac{p}{\rho^\kappa} = p v^\kappa = \text{konstant oder} \quad \frac{\rho}{\rho_0} = \left(\frac{p}{p_0}\right)^{1/\kappa} \qquad (2.85)$$

Abb. 2.23 Statischer Auftrieb
eines Ballons

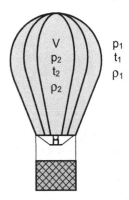

Abb. 2.24 Verlauf von Druck-
und Temperatur in der Erdatmosphäre

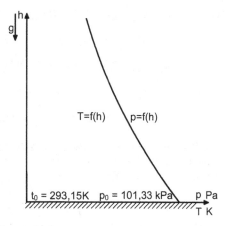

Der Index 0 kennzeichnet den Zustand auf der Erdoberfläche mit $p_0 = 101{,}33\,\text{kPa}$ und $T_0 = 293{,}15\,\text{K}$.

Mit der Grundgleichung der Hydrostatik $\mathrm{d}p = -g\rho\,\mathrm{d}h$ und der thermischen Zustandsgleichung der idealen Gase $\rho = p/RT$ erhält man:

$$\mathrm{d}p = -g\rho\,\mathrm{d}h = -\frac{gp}{RT}\mathrm{d}h = -g\rho_0\left(\frac{p}{p_0}\right)^{1/\kappa}\mathrm{d}h \qquad (2.86)$$

Daraus kann die Höhenkoordinate in Abhängigkeit des Druckes p für die isotherme oder für die isentrope Zustandsänderung errechnet werden. Es gilt:

$$\mathrm{d}h = -\frac{RT}{gp}\mathrm{d}p = -\frac{p_0^{1/\kappa}}{g\rho_0}\int\limits_{p=p_0}^{p}\frac{\mathrm{d}p}{p^{1/\kappa}} \qquad (2.87)$$

Daraus ergeben sich folgende Lösungen für die Höhe h für die isotherme und für die isentrope Luftschichtung

$$h = \frac{p_0}{g\rho_0}\ln\frac{p_0}{p} \qquad (2.88)$$

$$h = -\frac{p_0^{\frac{1}{\kappa}}}{g\rho_0}\frac{p^{\frac{\kappa-1}{\kappa}} - p_0^{\frac{\kappa-1}{\kappa}}}{\frac{\kappa-1}{\kappa}} = +\frac{p_0}{g\rho_0}\frac{\kappa}{\kappa-1}\left[1 - \left(\frac{p}{p_0}\right)^{\frac{\kappa-1}{\kappa}}\right] \qquad (2.89)$$

Aus Gl. 2.89 kann nun der Druck p und auch die Dichte ρ in Abhängigkeit der Höhe ermittelt werden. Der Druck beträgt

$$p = p_0\left[1 - \frac{\kappa-1}{\kappa}\frac{g\rho_0}{p_0}h\right]^{\frac{\kappa}{\kappa-1}} \qquad (2.90)$$

Die höhenabhängige Dichte ergibt sich mit $\rho/\rho_0 = (p/p_0)^{1/\kappa}$ aus Gl. 2.90

$$p_0 \frac{\rho^\kappa}{\rho_0^\kappa} = p_0 \left[1 - \frac{\kappa - 1}{\kappa} \frac{g\rho_0}{p_0} h \right]^{\frac{\kappa}{\kappa-1}} \tag{2.91}$$

$$\rho = \rho_0 \left[1 - \frac{\kappa - 1}{\kappa} \frac{g\rho_0}{p_0} h \right]^{\frac{1}{\kappa-1}} \tag{2.92}$$

Mit Hilfe der thermischen Zustandsgleichung der idealen Gase $p/\rho = RT$ kann auch der höhenabhängige Temperaturverlauf bestimmt werden. Aus den Gln. 2.90 und 2.92 ergibt sich:

$$T = \frac{p}{R\rho} = \frac{p_0}{R\rho_0} \left[1 - \frac{\kappa - 1}{\kappa} \frac{g\rho_0}{p_0} h \right] \tag{2.93}$$

Differenziert man Gl. 2.93 nach der Höhenkoordinate h, so ergibt sich der Temperaturgradient

$$\frac{\mathrm{d}T}{\mathrm{d}h} = -\frac{\kappa - 1}{\kappa} \frac{g\rho_0}{p_0} \frac{p_0}{R\rho_0} = \frac{1 - \kappa}{\kappa} \frac{g}{R} \tag{2.94}$$

Der Temperaturgradient in der Erdatmosphäre ist bei der isentropen Zustandsverteilung unabhängig von der Höhe. Er beträgt für Luft mit $R = 287{,}6\,\mathrm{J/kg\,K}$ und $\kappa = 1{,}4$ sowie für die Erdbeschleunigung von $g = 9{,}81\,\mathrm{m/s^2}$

$$\frac{\mathrm{d}T}{\mathrm{d}h} = -\frac{0{,}4}{1{,}4} \frac{9{,}81\,\mathrm{m/s^2}}{287{,}6\,\mathrm{J/kg\,K}} = -0{,}01\,\mathrm{K/m} \tag{2.95}$$

Die Temperatur sinkt also in der Atmosphäre bei isentroper Zustandsverteilung um $\Delta T = 10\,\mathrm{K}$ pro $1\,\mathrm{km}$ Höhendifferenz. Der Normtemperaturgradient beträgt $\mathrm{d}T/\mathrm{d}h = -0{,}006\,\mathrm{K/m}$. Das bedeutet, dass bei einer Bodentemperatur von $t = 20\,°\mathrm{C}$ in $10\,\mathrm{km}$ Höhe $t = -60\,°\mathrm{C}$ herrschen würden. In Wirklichkeit herrscht infolge der normalverteilten Schichtung in $10\,\mathrm{km}$ Höhe eine Temperatur von $t = -56\,°\mathrm{C}$. Diese Temperaturänderung ist beim Segelflug, beim Drachenfliegen und beim Bergsteigen zu beachten.

2.11 Beispiele

Beispiel 2.11.1 Wie lang muss das U-Rohrmanometer zur Messung des Druckes im Behälter gewählt werden, wenn der Luftdruck im Druckbehälter von $p_0 = 225\,\mathrm{kPa}$ bei einem barometrischen Druck von $p_\mathrm{b} = 100\,\mathrm{kPa}$ mit Wasser $\rho_\mathrm{M} = 1000\,\mathrm{kg/m^3}$ als Messflüssigkeit und nachfolgend mit Quecksilber mit $\rho_\mathrm{M} = 13.546\,\mathrm{kg/m^3}$ als Messflüssigkeit gemessen werden soll (Abb. 2.4). Die Dichte der Luft im Behälter beträgt $\rho_0 = 2{,}67\,\mathrm{kg/m^3}$ bei $t = 20\,°\mathrm{C}$ und $p_0 = 225\,\mathrm{kPa}$.

Wasser als Messflüssigkeit Die Luftdichte von $\rho_L = 1{,}186\,\mathrm{kg/m^3}$ bei $p_b = 100\,\mathrm{kPa}$ im rechten Schenkel des U-Rohres kann vernachlässigt werden. Das Druckgleichgewicht im U-Rohr lautet:

$$p_0 + g\rho_0\Delta h = p_b + g\rho_M\Delta h$$

$$\Delta h = \frac{p_0 - p_b}{g\,(\rho_M - \rho_0)} = \frac{(225 - 100)\cdot 10^3\,\mathrm{Pa}}{9{,}81\,\frac{\mathrm{m}}{\mathrm{s^2}}}\,(1000 - 2{,}67)\,\frac{\mathrm{kg}}{\mathrm{m^3}} = 12{,}78\,\mathrm{mWS},$$

Wasser als Messflüssigkeit

$$\Delta h = \frac{p_0 - p_b}{g\,(\rho_M - \rho_0)} = \frac{(225 - 100)\cdot 10^3\,\mathrm{Pa}}{9{,}81\,\frac{\mathrm{m}}{\mathrm{s^2}}}\,(13.546 - 2{,}67)\,\frac{\mathrm{kg}}{\mathrm{m^3}} = 0{,}9408\,\mathrm{mHg},$$

Quecksilber als Messflüssigkeit

Näherungsrechnung für $\rho_M \gg \rho_0$

$$\Delta h = \frac{p_L - p_b}{g\rho_M} = \frac{(225 - 100)\cdot 10^3\,\mathrm{Pa}}{9{,}81\,\frac{\mathrm{m}}{\mathrm{s^2}}\cdot 13.546\,\frac{\mathrm{kg}}{\mathrm{m^3}}} = 0{,}9400\,\mathrm{mHg}$$

Mit Rücksicht auf die Standardlänge von U-Rohrmanometern und die Ablesesicherheit wird Quecksilber als Messflüssigkeit und ein 1 m langes U-Rohrmanometer verwendet.

Beispiel 2.11.2 Im wassergefüllten Behälter von Abb. 2.25 wird der Wasserspiegel mit dem konstanten absoluten Druck von $p_B = 200\,\mathrm{kPa}$ beaufschlagt. Die Flüssigkeitshöhe im Behälter beträgt $h = 5{,}88\,\mathrm{m}$. Zu bestimmen sind:

a) Bodendruck im Behälter p_{Bo}
b) Druckanzeige im U-Rohrmanometer I in Quecksilbersäule
c) Druckanzeige im U-Rohrmanometer II in Quecksilbersäule

a) Bodendruck im Behälter

$$p_{Bo} = p_B - p_b + g\rho h$$
$$= (200 - 100)\cdot 10^3\,\mathrm{Pa} + 9{,}81\,\frac{\mathrm{m}}{\mathrm{s^2}}\cdot 10^3\,\frac{\mathrm{kg}}{\mathrm{m^3}}\cdot 5{,}88\,\mathrm{m}$$
$$= 157{,}68\,\mathrm{kPa}$$

b) Druckanzeige im U-Rohrmanometer h_1 in Hg-Säule Druckgleichgewicht

$$p_B + g\rho_w h = p_b + g\rho_M h_1$$
$$h_1 = \frac{p_B - p_b + g\rho_w h}{g\rho_M} = \frac{(200 - 100)\cdot 10^3\,\mathrm{Pa} + 9{,}81\,\frac{\mathrm{m}}{\mathrm{s^2}}\cdot 10\,\frac{\mathrm{kg}}{\mathrm{m^3}}\cdot 5{,}88\,\mathrm{m}}{9{,}81\,\frac{\mathrm{m}}{\mathrm{s^2}}\cdot 13.546\,\frac{\mathrm{kg}}{\mathrm{m^3}}}$$
$$= 1{,}1865\,\mathrm{mHg}$$

Abb. 2.25 Druckmessung in Behältern

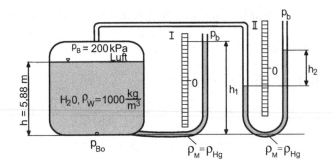

c) **Druckanzeige für den Behälterdruck im U-Rohrmanometer h_2 in Hg-Säule**
Druckgleichgewicht für $\rho_{Hg} \gg \rho_L$

$$p_B = p_b + g\rho_M h_2$$

$$h_2 = \frac{p_B - p_b}{g\rho_M} = \frac{(200 - 100) \cdot 10^3\,\text{Pa}}{9{,}81\,\frac{\text{m}}{\text{s}^2} \cdot 13{.}546\,\frac{\text{kg}}{\text{m}^3}} = 0{,}753\,\text{mHg}$$

$$p_2 = g\rho_{Hg} h_2 = 9{,}81\,\frac{\text{m}}{\text{s}^2} \cdot 13{.}546\,\frac{\text{kg}}{\text{m}^3} \cdot 0{,}753\,\text{m}$$

$$p_2 = 100{,}06\,\text{kPa}$$

Für diese Druckmessungen werden zwei U-Rohrmanometer der Längen von 1,50 und 1,0 m benötigt.

Beispiel 2.11.3 Für die gemessenen Flüssigkeitssäulen von $h_1 = 512$ mm und $h_2 = 638$ mm in der Abb. 2.7 erhält man für die zu bestimmende Dichte

$$\rho = 998{,}2\,\frac{\text{kg}}{\text{m}^3}\frac{0{,}512\,\text{m}}{0{,}638\,\text{m}} = 801{,}1\,\frac{\text{kg}}{\text{m}^3}$$

Die gemessene Dichte der Flüssigkeit entspricht der von Alkohol. Die Dichte von Flüssigkeiten kann auch mit einem Aräometer (Tauchspindel) bestimmt werden, die ebenfalls auf dem hydrostatischen Prinzip beruht.

Um mit Aräometern eine höhere Messgenauigkeit zu erreichen, werden sie für enge Dichtebereiche gefertigt.

Beispiel 2.11.4 Ein zylindrischer Zentrifugenbehälter mit dem Durchmesser von $d = 800$ mm$^\varnothing$ und der Höhe von $h_{max} = 2{,}0$ m wird mit $h = 900$ mm Flüssigkeit gefüllt (Abb. 2.11). Mit welcher Drehzahl darf der Behälter rotieren, wenn der Flüssigkeitsspiegel gerade den oberen Behälterrand von $h_{max} = 2{,}0$ m erreichen darf?

Abb. 2.26 Handpresse

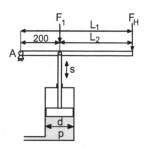

Aus Gl. 2.29 folgt für $z(r_0) = h_{max} = 2{,}0\,\text{m}$, $h = 900\,\text{mm}$ und $r = r_0 = 400\,\text{mm}$.

$$z(r_0) = h + \frac{\omega^2 r_0^2}{4g}$$

$$\omega = \left[\frac{4g\,(z(r_0) - h)}{r_0^2}\right]^{\frac{1}{2}} = \left[\frac{4 \cdot 9{,}81\,\frac{\text{m}}{\text{s}^2}\,(2\,\text{m} - 0{,}9\,\text{m})}{0{,}4^2\,\text{m}^2}\right]^{\frac{1}{2}} = 16{,}42\,\text{s}^{-1}$$

Drehzahl

$$n = \frac{\omega}{2\pi} = \frac{16{,}42\,\text{s}^{-1}}{2\pi} = 2{,}61\,\text{s}^{-1} = 156{,}8\,\text{min}^{-1}$$

Beispiel 2.11.5 Mit Hilfe einer Handpresse mit dem Zylinderdurchmesser von $d = 60\,\text{mm}^{\varnothing}$ entsprechend Abb. 2.26 soll ein Prüfdruck im Zylinder von $p = 12{,}0\,\text{MPa}$ erzeugt werden.

Wie lang ist der Hebelarm L_1 der Handpresse auszuführen, wenn die Handkraft $F_H = 50\,\text{N}$ nicht übersteigen soll?

$$F_1 = pA = p\frac{\pi}{4}d^2 = 12{,}0\,\text{MPa} \cdot \frac{\pi}{4} \cdot 0{,}06^2\,\text{m}^2 = 33{,}93\,\text{kN}$$

Aus dem Drehmoment um den Punkt A folgt

$$L_1 = L_2 + 0{,}2\,\text{m} = \frac{F_1}{F_H} \cdot 0{,}2\,\text{m} = \frac{33{,}93\,\text{kN}}{0{,}05\,\text{kN}} \cdot 0{,}2\,\text{m} = 135{,}72\,\text{m}$$

Beispiel 2.11.6 Wie groß sind der hydrostatische Druck p, die hydrostatische Kraft F und das Drehmoment M auf einen Verschlussdeckel in der Behälterwand von $d = 600\,\text{mm}^{\varnothing}$ bei einer Wasserhöhe im Behälter von $h = 6\,\text{m}$ (Abb. 2.27). Die Dichte des Wassers beträgt $\rho = 999{,}6\,\text{kg/m}^3$.

Lösung Verschlussdeckelfläche

$$A = \frac{\pi d^2}{4} = \frac{\pi \cdot 0{,}6^2\,\text{m}^2}{4} = 0{,}28\,\text{m}^2$$

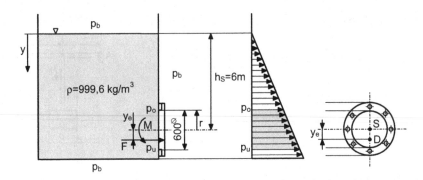

Abb. 2.27 Wassergefüllter Behälter mit einem runden Verschlussdeckel

Der obere und der untere Druck auf den Deckel betragen:

$$p = g\rho h$$

$$p_0 = 9{,}81\,\frac{\mathrm{m}}{\mathrm{s}^2} \cdot 999{,}6\,\frac{\mathrm{kg}}{\mathrm{m}^3} \cdot 5{,}7\,\mathrm{m} = 55.894{,}6\,\mathrm{Pa}$$

$$p_\mathrm{u} = 9{,}81\,\frac{\mathrm{m}}{\mathrm{s}^2} \cdot 999{,}6\,\frac{\mathrm{kg}}{\mathrm{m}^3} \cdot 6{,}3\,\mathrm{m} = 61.778{,}3\,\mathrm{Pa}$$

Der lineare Druckverlauf auf dem Deckel beträgt:

$$p_0 = g\rho\,(h_\mathrm{S} - (0{,}3\,\mathrm{m}\ldots 0\,\mathrm{m}))$$
$$p_\mathrm{u} = g\rho\,(h_\mathrm{S} + (0\ldots 0{,}3\,\mathrm{m}))$$

Die resultierende Kraft als Deckelbelastung beträgt mit $y_\mathrm{S} = h = 6\,\mathrm{m}$

$$F = g\rho \int\limits_{(A)} y\mathrm{d}A = g\rho A y_\mathrm{S} = 9{,}81\,\frac{\mathrm{m}}{\mathrm{s}^2} \cdot 999{,}6\,\frac{\mathrm{kg}}{\mathrm{m}^3} \cdot 0{,}28\,\mathrm{m}^2 \cdot 6\,\mathrm{m} = 16{,}47\,\mathrm{kN}$$

Flächenträgheitsmoment des runden Deckels

$$I_\mathrm{xS} = \frac{\pi d^4}{64} = \frac{\pi \cdot 0{,}6^4\,\mathrm{m}^4}{64} = 0{,}00636\,\mathrm{m}^4$$

Abstand des Druckmittelpunktes vom Mittelpunkt des Deckels Gl. 2.61

$$y_\mathrm{e} = y_\mathrm{D} - y_\mathrm{S} = \frac{I_\mathrm{xS}}{A y_\mathrm{S}} = \frac{0{,}00636\,\mathrm{m}^4}{0{,}28\,\mathrm{m}^2 \cdot 6\,\mathrm{m}} = 0{,}0038\,\mathrm{m} = 3{,}8\,\mathrm{mm}$$

Auf den Verschlussdeckel wirkt das hydraulische Drehmoment $M = F \cdot y_\mathrm{e}$, d. h. die resultierende Kraft auf den Deckel mal den Abstand des Druckmittelpunktes y_e vom Drehpunkt des Deckels:

$$M = F \cdot y_e = g\rho A y_S \frac{I_{xS}}{A y_S} = 9{,}81\,\frac{m}{s^2} \cdot 999{,}6\,\frac{kg}{m^3} \cdot 0{,}00636\,m^4 = 62{,}4\,Nm$$

Das Drehmoment ist also nur von der Erdbeschleunigung g, der Fluiddichte ρ und der Größe des Deckels d abhängig. Es ist aber unabhängig von der Füllhöhe des Behälters.

Beispiel 2.11.7 Ein Ballon besitzt ein Volumen von $V = 680\,m^3$. Er soll eine Masse von $m = 450\,kg$ tragen. Wie hoch kann der Ballon bei isentroper Luftschichtung aufsteigen, wenn der Luftdruck am Boden $p_0 = 101{,}33\,kPa$ und die Temperatur $t_0 = 20\,°C$ ($T = 293{,}15\,K$) beträgt. Die Gaskonstante der Luft beträgt $R = 287{,}6\,J/kg\,K$.

Lösung Dichte der Luft am Boden:

$$\rho_0 = \frac{p_0}{R T_0} = \frac{101.330\,Pa}{287{,}6\,\frac{J}{kg\,K} \cdot 293{,}15\,K} = 1{,}2\,\frac{kg}{m^3}$$

Die notwendige Auftriebskraft des Ballons beträgt $F_A = 4{,}4\,kN$. Daraus kann die erforderliche Dichte im Ballon ermittelt werden, Gl. 2.75

$$\rho = \frac{F_A}{g V} = \frac{g m}{g V} = \frac{m}{V} = \frac{450\,kg}{680\,m^3} = 0{,}66\,\frac{kg}{m^3}$$

Daraus ergibt sich ein Druck im Ballon von:

$$p = p_0 \frac{\rho}{\rho_0} = 101{,}33\,kPa \frac{0{,}66\,\frac{kg}{m^3}}{1{,}2\,\frac{kg}{m^3}} = 55{,}73\,kPa$$

Der Druck von $p = 55{,}73\,kPa$ erlaubt nach Gl. 2.88 für die isotherme Luftschichtung eine Steighöhe von:

$$h = \frac{p_0}{g\rho_0} \ln \frac{p_0}{p} = \frac{101{,}33\,kPa}{9{,}81\,\frac{m}{s^2} \cdot 1{,}2\,\frac{kg}{m^3}} \ln \frac{101{,}33\,kPa}{55{,}73\,kPa} = 5{,}15\,km$$

Wenn der Ballon mit Luft gefüllt ist, muss die Luft im Ballon folgende Temperatur besitzen. Aus der thermischen Zustandsgleichung der Gase folgt:

$$T = \frac{p}{R\rho} = \frac{55.730\,Pa}{287{,}6\,\frac{J}{kg\,K} 0{,}66\,\frac{kg}{m^3}} = 293{,}6\,K = 20{,}44\,°C$$

Literatur

1. Schlichting H (1965) Grenzschichttheorie. 5. Aufl. Braun-Verlag, Karlsruhe
2. Truckenbrodt E (1989) Fluidmechanik. 2 Bände. 3. Aufl. Springer-Verlag, Berlin, Heidelberg New York
3. Albring W (1990) Angewandte Strömungslehre. 6. Aufl. Akademie-Verlag, Berlin
4. Surek D (2003) Schalldruckverteilung in Seitenkanalverdichtern. Forsch Ing-Wesen 68:79–86
5. Surek D, Stempin S (2005) Gasdruckschwingungen und Strömungsgeräusche in Druckbegrenzungsventilen und Rohrleitungen. Vakuum in Forschung und Praxis 17(4):336–344

Grundlagen der Strömungsmechanik

3

Strömungsvorgänge in Maschinen, Apparaten, Anlagen und in der Natur verlaufen in der Regel dreidimensional und viele davon auch instationär, d. h. zeitabhängig wie z. B. An- und Abfahrvorgänge von Maschinen, Start- und Landevorgänge von Flugzeugen oder Tauchgänge von U-Booten. Es gibt genügend Strömungsvorgänge, bei denen zwei Geschwindigkeitskomponenten gegenüber der Hauptströmungsrichtung c_x in erster Näherung vernachlässigt werden können, ohne nennenswerte Fehler zu begehen wie z. B. die Strömung in Trinkwasserversorgungsrohrleitungen, in Pipelines oder in anderen Rohrleitungen für Fluide mit konstanter Dichte ($\rho = $ konst.). Diese Strömungen nennt man stationär, eindimensional und inkompressibel. Ist die stationäre, eindimensionale Strömung kompressibel, wie z. B. in Gasrohrleitungen, Gasturbinen oder in Kompressoren, dann wird sie durch die Gesetze der Strömungsmechanik und der Thermodynamik im Fachgebiet der Gasdynamik beschrieben. Ein elementares Fluidteilchen dm kann sich translatorisch auf einer Stromlinie oder rotatorisch oder in beiden Bewegungsformen fortbewegen (Abb. 3.1). Das reale viskose Fluid kann dabei linear auf Zug oder Druck belastet sein oder durch eine Scherbelastung beansprucht werden.

Alle Strömungsvorgänge verlaufen reibungsbehaftet, besonders in der Nähe angrenzender Wände mit der Wandhaftung. Sie werden als viskose Strömungen bezeichnet. Überwiegen die Trägheitskräfte und die äußeren Kräfte (Druckkräfte, Gravitationskraft und Zentrifugalkraft) gegenüber der Reibungskraft, wie z. B. bei Tragflügelumströmungen, so kann die Kinematik der Strömung mit Hilfe der Potentialtheorie näherungsweise auch reibungsfrei behandelt werden (Kap. 7).

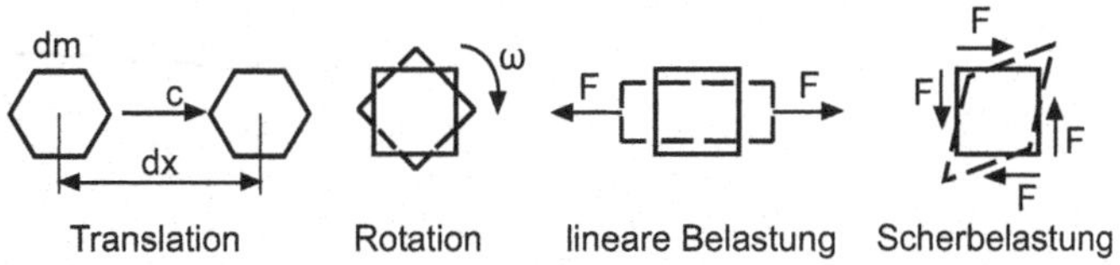

Abb. 3.1 Bewegungs- und Deformationsformen eines Fluidelements

Translation Rotation lineare Belastung Scherbelastung

© Springer Fachmedien Wiesbaden GmbH 2017
D. Surek, S. Stempin, *Technische Strömungsmechanik*,
https://doi.org/10.1007/978-3-658-18757-6_3

3.1   Stromlinie, Bahnlinie (Trajektorie), Stromfaden und Stromröhre

Eine Stromlinie ist eine gerade oder gekrümmte Linie aus Fluidteilchen im Raum, die in jedem Punkt von ihren Geschwindigkeitsvektoren tangiert wird $c(x, t)\, \mathrm{d}s = 0$ (Abb. 3.2). Bei stationären Strömungen ist die Stromlinie eine ortsfeste Raumkurve, z. B. die Mittellinie bei der stationären Rohrströmung (Abb. 3.3a). Sie ist dabei auch mit der Bahnlinie der einzelnen Teilchen identisch.

In einer stationären Strömung sind die Stromlinie, die Bahnlinie und der Stromfaden identisch, nicht aber in instationären Strömungen.

Mehrere Stromlinien, die von einer geschlossenen Kurve umschlungen werden, nennt man eine Stromröhre. In ihr befinden sich die Stromlinien und auch der Stromfaden. Das wichtigste Modell der Strömungsmechanik ist diese Stromröhre (Abb. 3.2). Es ist ein gestrecktes röhrenförmiges Volumen, das von einer Vielzahl von Stromlinien berandet wird, die durch eine ortsfeste geschlossene Raumkurve B laufen. Wird die Querschnittsfläche $\mathrm{d}A$ der Raumkurve B infinitesimal klein, dann geht die Stromröhre in den Stromfaden über mit den konstanten Zustandsgrößen p, ρ, c, T.

Bei instationären, d. h. zeitabhängigen Strömungen, ändern die Stromlinien ihre räumliche Lage mit der Zeit und sie sind nicht mehr mit den Bahnlinien identisch (Abb. 3.3b).

Teile der Stromröhre mit den Querschnitten $\mathrm{d}A$, in denen der Druck p und die Geschwindigkeit c als konstant angenommen werden können, stellen einen Stromfaden dar. Gerade Rohrströmungen mit $p =$ konst. und $c =$ konst. über dem Querschnitt A stellen ebenfalls einen Stromfaden dar. Die Bahnlinien (Trajektorien) sind die Kurven, die von den Fluidteilchen x_0 im Laufe der Zeit beschrieben werden $x = x(x_0, t)$. Sie ergeben sich durch die Langzeitbelichtung eines Fluidteilchens. Die Streichlinien sind jene Kurven aus allen Fluidteilchen, die im Laufe der Zeit Δt durch den selben Punkt x_0 strömen. Sie können an umströmten Wänden (Abb. 3.4) oder in Rauchfahnen von Schornsteinen sichtbar gemacht werden.

Die Stromlinien, Bahnlinien und Streichlinien können mittels Farbstoffen oder Schwebeteilchen (Tracer) in Gasen, z. B. teilchenbeladener Rauch oder in Flüssigkeiten, sichtbar gemacht werden. Mittels einer Hochgeschwindigkeitskamera mit ca. 5000 Bildern pro Sekunde ergeben sich die Richtungen der Geschwindigkeitsvektoren.

Abb. 3.2 Stromröhre mit Stromfaden und Stromlinien

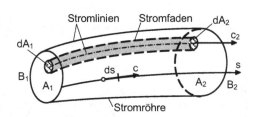

Abb. 3.3 Stromlinie und Bahnlinie bei **a** stationärer Rohrströmung, **b** Laufradströmung im Absolutsystem

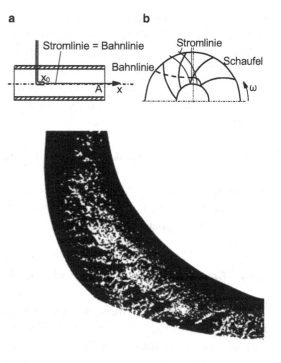

Abb. 3.4 Visualisierung der Streichlinien an der Wand eines Verdichtergehäuses

3.2 Erhaltungssätze der Strömungsmechanik

Liegt der Verlauf eines Strömungsfeldes oder einer Stromlinie $c(s)$ fest, so wird oft nach dem Energieinhalt und nach den Kraftwirkungen oder nach dem auf die Strömung wirkenden Moment gefragt. Die Antwort auf diese Fragen kann mit Hilfe der Erhaltungssätze gegeben werden.

- Die Euler'sche Bewegungsgleichung in Richtung der Stromlinie beschreibt die Bahnlinienkoordinaten in der Strömungsrichtung.
  - Aus der Euler'schen Bewegungsgleichung für die tangentiale Richtung erhält man die Bernoulligleichung.
  - Die Gleichung für die Normalkomponente führt zur radialen Druckgleichung der Strömung auf einer gekrümmten Stromlinie.
- Durch Integration der Euler'schen Bewegungsgleichung in der tangentialen Richtung längs einer Stromlinie erhält man die Energiegleichung (Bernoulligleichung), die Aufschluss über den Energiezustand der Strömung gibt.
  Da die Dichte ρ des Fluids einen wesentlichen Einfluss auf den Energiezustand der Strömung nimmt, wird die Bernoulligleichung
  - für die Strömung des inkompressiblen Fluids, $\rho = $ konst.,
  - für die Strömung des kompressiblen Fluids, $\rho \neq $ konst. abgeleitet.

- Wird die Frage nach der Kraftwirkung auf ein Fluidelement in der Strömung gestellt, so kann die Frage mit Hilfe des Impulssatzes beantwortet werden. Ein Teilchen der Masse dm mit der Geschwindigkeit c besitzt den Impuls $I = c\,dm$. Die Impulskraft ist gleich der zeitlichen Impulsänderung $dF = dI/dt = d(c\,dm)/dt$.

- Schließlich wird für rotierende Strömungen der Drehimpuls mit Hilfe des Drehimpulssatzes zu bilanzieren sein, der die Grundlage für die Strömung in rotierenden radialen Laufrädern darstellt.

In der Strömungsmechanik werden also folgende Erhaltungssätze formuliert:

- Kontinuitätsgleichung, Masseerhaltungssatz;
- Bernoulligleichung, Energieerhaltungssatz;
- Impulserhaltungssatz und Drallsatz.

3.2.1 Bewegungsgleichung für ein Fluidelement

Zur kinematischen Beschreibung der Bewegung eines Fluids in einem Strömungsfeld ist für jeden Ort x und zu jeder Zeit t die Angabe des Geschwindigkeitsvektors $c(x,t)$, des Druckes $p(x,t)$, der Temperatur $T(x,t)$ und der Beschleunigung $\partial c/\partial t(x,t)$ erforderlich. Zur dynamischen Beschreibung der Bewegung ist außer den kinematischen Größen auch die Angabe aller auf das Fluid wirkenden Kräfte notwendig. Das sind die Trägheitskraft, die Volumen- und die Oberflächenkraft. Zur Berechnung der kinematischen Strömungsverläufe kann man zwei Modelle benutzen.

Das Euler'sche Modell
Dabei wird zur Beschreibung der Fluidbewegung zu jedem Zeitpunkt t das Geschwindigkeitsfeld in jedem Raumpunkt $xc(x,t)$ angegeben. Es wird also die zeitliche Entwicklung der Geschwindigkeit c an allen Ortspunkten x angegeben.

Das Lagrange'sche Modell
Das Fluid wird als Punkthaufen angesehen, wobei die Bahnlinien bzw. Trajektorien aller Fluidteilchen angegeben werden. Bei dieser substantiellen Betrachtung wird jedem Fluidelement ein bestimmter Lagevektor x_0 zur Zeit t_0 zugewiesen.

Die Strömungsmechanik benutzt vorrangig die Euler'sche und nicht die Lagrange-Darstellung der Bewegungsvorgänge, d. h. man benutzt die raumfeste Betrachtung der Strömung und nicht die körperbezogene Lagrange-Darstellung. Bei Mehrphasenströmungen mit Feststoffpartikeln ist mitunter die Lagrange-Darstellung vorteilhaft, weil sie jedem Partikel den zeitlichen Bewegungsablauf zuordnet. Die Euler'sche Bewegungsgleichung kann aus dem Kräftegleichgewicht der an einem Fluidteilchen in Strömungsrichtung angreifenden Kräfte, das sich auf der Stromlinie bewegt, mit Hilfe des Newton'schen Grundgesetzes gewonnen werden. Bei Bewegung eines Fluidteilchens auf einer Stromlinie ent-

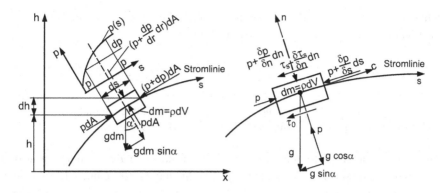

Abb. 3.5 Kräfte an einem Fluidelement $\mathrm{d}m = \rho\,\mathrm{d}V$

sprechend Abb. 3.5 greifen folgende Kräfte in der Bewegungsrichtung eines Fluidteilchens an:

- Trägheitskraft $a\,\mathrm{d}m$,
- Druckkraft $p\,\mathrm{d}A$,
- Potentialkraft aus dem Höhenpotential $g\,m\,\sin\alpha \approx g\,m\,\mathrm{d}h/\mathrm{d}s$ als Gravitationskraft,
- Reibungskraft $\tau_S\,\mathrm{d}A$,
- Kraft aus der Druckschwingung; sie kann gegenüber den anderen Kräften vernachlässigt werden.

3.2.2 Euler'sche Bewegungsgleichung in Strömungsrichtung

Die Bewegungsgleichung für das Fluidteilchen $\mathrm{d}m$ in Abb. 3.5 lautet mit den Kraftanteilen

$$\text{Trägheitskraft} + \text{Druckkraft} + \begin{array}{c}\text{Komponente der}\\\text{Gravitationskraft}\end{array} - \text{Schubspannungskraft} = 0 \qquad (3.1)$$

$$\mathrm{d}m\,a \;+\; \mathrm{d}m\,\frac{1}{\rho}\frac{\partial p}{\partial s} \;+\; \mathrm{d}m\,g\,\frac{\partial h}{\partial s} \;-\; \mathrm{d}m\,\frac{1}{\rho}\frac{\partial \tau_s}{\partial n} = 0 \qquad (3.2)$$

Nach Division der Gl. 3.2 durch $\mathrm{d}m$ erhält man mit $a = \mathrm{d}c/\mathrm{d}t$ die Eulergleichung für die instationäre reibungsbehaftete Strömung eines Fluids

$$\frac{\mathrm{d}c}{\mathrm{d}t} + \frac{1}{\rho}\frac{\partial p}{\partial s} + g\,\frac{\partial h}{\partial s} - \frac{1}{\rho}\frac{\partial \tau_s}{\partial n} = 0 \qquad (3.3)$$

Da die Geschwindigkeit $c(t,s)$ sowohl von der Zeit als auch von der Ortskoordinate s auf der Stromlinie abhängt, muss bei der kinematischen Berechnung der substantiellen

Beschleunigung $a = \mathrm{d}c/\mathrm{d}t$ für die Geschwindigkeitsänderung $\mathrm{d}c$ das totale Differential von $c(t, s)$ eingesetzt werden. Mit $c = \mathrm{d}s/\mathrm{d}t$ folgt:

$$a = \frac{\mathrm{d}c}{\mathrm{d}t} = \frac{\partial c}{\partial t} + \frac{\partial c}{\partial s}\frac{\mathrm{d}s}{\mathrm{d}t} = \frac{\partial c}{\partial t} + c\frac{\partial c}{\partial s} \tag{3.4}$$

$$\begin{array}{ccc} \text{substantielle} & \text{lokale} & \text{konvektive oder advektive} \\ \text{Beschleunigung} & = & \text{Beschleunigung} & + & \text{Beschleunigung} \end{array}$$

Bei einer instationären Strömung setzt sich die substantielle Beschleunigung also aus dem lokalen und dem konvektiven Anteil der Beschleunigung zusammen. Die lokale Beschleunigung eines Fluidteilchens entsteht durch die zeitliche Geschwindigkeitsänderung in einem konstanten Raumpunkt

$$\frac{\partial c}{\partial t} = \left(\frac{\partial c_x}{\partial t}, \frac{\partial c_y}{\partial t}, \frac{\partial c_z}{\partial t}\right) \tag{3.5}$$

Eine lokale Beschleunigung tritt nur in zeitveränderlichen, d. h. instationären Strömungen auf, nicht in stationären Strömungen. Die konvektive Beschleunigung eines Fluidelements resultiert aus der Bewegung des Fluids zum veränderten Raumpunkt des Strömungsfeldes mit veränderlicher Geometrie und veränderlicher Geschwindigkeit, wie z. B. die Strömung in einer Düse, im Diffusor oder in einem Schleusenkanal bei der Füllung der Schleusenkammer.

Für die konvektive Beschleunigung einer räumlichen Strömung kann mit $c = \mathrm{d}s/\mathrm{d}t$ und mit dem Nabla-Operator ∇ (vektorieller Ableitungsoperator) geschrieben werden:

$$\frac{\partial c}{\partial s}\frac{\mathrm{d}s}{\mathrm{d}t} = c\frac{\partial c}{\partial s} = c\,(c \cdot \nabla) = c_x\frac{\partial c}{\partial x} + c_y\frac{\partial c}{\partial y} + c_z\frac{\partial c}{\partial z} \tag{3.6}$$

Für die eindimensionale instationäre Strömung mit der x-Koordinate als Stromlinie lautet die Gleichung für die Trägheitskraft mit Gl. 3.3, mit $\partial c/\partial y = 0$ und mit $\partial c/\partial z = 0$

$$\mathrm{d}m\,a = \rho\,\mathrm{d}V\left(\frac{\partial c}{\partial t} + c\frac{\partial c}{\partial s}\right) \tag{3.7}$$

Für Gl. 3.2 folgt daraus die Form der Bewegungsgleichung:

$$\mathrm{d}m\left(\frac{\partial c}{\partial t} + c\frac{\partial c}{\partial s}\right) + \mathrm{d}m\,\frac{1}{\rho}\frac{\partial p}{\partial s} + \mathrm{d}m\,g\frac{\partial h}{\partial s} - \mathrm{d}m\,\frac{1}{\rho}\frac{\partial \tau_s}{\partial n} = 0 \tag{3.8}$$

Wird diese Gl. 3.8 durch $\mathrm{d}m$ dividiert, so erhält man die Bewegungsgleichung eines Fluidelements auf der Stromlinie in der s-n-Ebene von Abb. 3.5 für die instationäre Strömung.

$$\frac{\partial c}{\partial t} + c\frac{\partial c}{\partial s} + \frac{1}{\rho}\frac{\partial p}{\partial s} + g\frac{\partial h}{\partial s} - \frac{1}{\rho}\frac{\partial \tau_s}{\partial n} = 0 \tag{3.9}$$

Mit dem Ansatz für die Tangentialspannung τ_s für ein Newton'sches Fluid, auch Schubspannung genannt, und mit der dynamischen Viskosität $\eta = \rho \nu$

$$\tau_s = \eta \frac{\partial c}{\partial n} = \rho \nu \frac{\partial c}{\partial n} \tag{3.10}$$

$$\frac{\partial \tau_s}{\partial n} = \frac{\partial}{\partial n}\left[\rho \nu \frac{\partial c}{\partial n}\right] = \rho \nu \frac{\partial^2 c}{\partial n^2} \tag{3.11}$$

erhält man die Euler'sche Bewegungsgleichung in Richtung der Stromlinie s.

$$\frac{\partial c}{\partial t} + c\frac{\partial c}{\partial s} + \frac{1}{\rho}\frac{\partial p}{\partial s} + g\frac{\partial h}{\partial s} - \nu\frac{\partial^2 c}{\partial n^2} = 0 \tag{3.12}$$

Die Euler'sche Bewegungsgleichung des Fluidteilchens für die stationäre Strömung mit der lokalen Beschleunigung $\partial c/\partial t = 0$ lautet für die reibungsbehaftete Strömung:

$$c\frac{\partial c}{\partial s} + \frac{1}{\rho}\frac{\partial p}{\partial s} + g\frac{\partial h}{\partial s} - \nu\frac{\partial^2 c}{\partial n^2} = 0 \tag{3.13}$$

Multipliziert man die Gl. 3.13 mit dem Differential ds auf der Stromlinie, so erhält man die Euler'sche Bewegungsgleichung für die reibungsbehaftete eindimensionale Strömung:

$$c\,dc + \frac{dp}{\rho} + g\,dh - \nu\frac{d^2 c}{dn^2}ds = 0 \tag{3.14}$$

oder:

$$c\,dc + \frac{dp}{\rho} + g\,dh - \frac{\tau}{\rho}\frac{U}{A}ds = 0 \tag{3.15}$$

Das Glied $\nu\frac{d^2 c}{dn^2}ds = \frac{1}{\rho}\frac{\partial\tau}{\partial n} = \frac{\tau}{\rho}\frac{U}{A}\,ds$ stellt die physikalische Reibungsenergie an der Wand und in der Strömung dar.

Für die reibungsfreie eindimensionale Strömung lautet die Euler'sche Bewegungsgleichung sowohl für die inkompressible als auch für die kompressible Strömung:

$$c\,dc + \frac{dp}{\rho} + g\,dh = 0 \tag{3.16}$$

3.2.3 Euler'sche Bewegungsgleichung normal zur Strömungsrichtung

Die Euler'sche Bewegungsgleichung für die reibungsbehaftete Strömung normal zur Hauptströmungsrichtung lautet mit der Zentrifugalkraft

$$dm\,a_n = \rho\,dV\left(\frac{\partial c}{\partial t} + c\frac{\partial c}{\partial n}\right) \tag{3.17}$$

mit der Druckkraft

$$\frac{\partial p}{\partial n} dV = \frac{\partial p}{\partial n} dn \, dA = \partial p \, dA \tag{3.18}$$

mit der Komponente der Gravitationskraft entsprechend Abb. 3.5

$$g \, dm \, \cos \alpha = g \, \rho \, dV \frac{\partial h}{\partial n} \tag{3.19}$$

und mit der Reibungskraft

$$\frac{dm}{\rho} \frac{\partial \tau_n}{\partial s} = dm \, \nu \frac{\partial^2 c}{\partial s^2} \tag{3.20}$$

ergibt sich die Bewegungsgleichung normal zur Strömungsrichtung (in Richtung n)

$$\rho \, dV \frac{c^2}{r} + p \, dA_3 - \left(p + \frac{\partial p}{\partial r} dr \right) dA_3 - g \, \rho \, \sin \alpha \, dA \, dr = 0 \tag{3.21}$$

Nach Division durch $dm = \rho \, dV$ erhält man daraus das radiale Druckgleichgewicht für ein Fluidelement auf einer gekrümmten Stromlinie nach Abb. 3.5:

$$\frac{c^2}{r} = \frac{1}{\rho} \frac{\partial p}{\partial r} + g \frac{\partial h}{\partial r} \tag{3.22}$$

Bei Gasströmungen mit der geringen Dichte von $\rho \ll \rho_{Fl}$ kann die Gravitationskraft vernachlässigt werden, sodass dafür die Gl. 3.22 für das radiale Gleichgewicht geschrieben werden kann:

$$\rho \frac{c^2}{r} = \frac{\partial p}{\partial r} \tag{3.23}$$

Die radialen Druckgleichungen Gl. 3.22 und 3.23 sind für die stationäre reibungsfreie inkompressible ($\rho = $ konst.) und kompressible ($\rho \neq $ konst.) Fluidströmung gültig. Gl. 3.23 besagt, dass der Druckgradient $\rho c^2 / r$ mit den Drücken aus den Feldgrößen im Gleichgewicht steht.

Für eine stationäre horizontale ebene Parallelströmung mit $r \to \infty$ und $\partial h / \partial r = 1$ wird $c^2 / r = 0$ und Gl. 3.22 geht in die hydrostatische Grundgleichung über.

$$\frac{\partial p}{\partial h} = -g \, \rho \tag{3.24}$$

Die Integration der hydrostatischen Grundgleichung ergibt die Potentiallinien (Drucklinien für konstante Höhenlinien h) in einem Flüssigkeitsbehälter nach Abb. 3.6

$$p = g \, \rho \, h + p_b \tag{3.25}$$

Gl. 3.23 für das radiale Druckgleichgewicht zeigt an, dass die Druckverteilung in einer Rohrleitung mit gekrümmter Wand in Strömungsrichtung, ansteigt. Das ist bei einem

Abb. 3.6 Potentiallinien und
Druckverteilung in einem ruhenden Wasserbecken unter
dem Einfluss der Gravitation

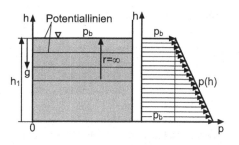

Rohrbogen oder in einer Düse mit der Wandkrümmung in der Hauptströmungsrichtung, infolge der gekrümmten Wandkontur mit steigendem Krümmungsradius zu beachten. Zur Rohrmitte einer Venturidüse (Giovanni Battista Venturi 1746–1822) in Abb. 3.7, steigt die Geschwindigkeit an. Die Gleichungen für die radiale Druckverteilung quer zur Hauptströmungsrichtung (Gl. 3.22 und 3.23) zeigen, dass sich bei einer Strömung auf gekrümmter Bahn ein Druckanstieg quer zur Strömungsrichtung einstellt, der mit zunehmendem Krümmungsradius ansteigt (Abb. 3.7). Deshalb darf der Wanddruck nicht in Rohrkrümmern und in anderen gekrümmten Rohren gemessen werden, da der Druck von der Lage der Messbohrung am Umfang abhängig ist. Nur bei geraden Rohrleitungen und in geraden Kanalströmungen ist der statische Druck im Rohrquerschnitt entsprechend Gl. 3.24 gleich dem Wanddruck.

Analog dazu können die Erhaltungssätze für die instationäre dreidimensionale, kompressible und reibungsbehaftete Strömung formuliert werden, die zu den Navier-Stokes'schen Gleichungen führen, wenn die Bewegungsgleichungen für die beiden anderen Koordinaten y und z analog zu Gl. 3.12 aufgeschrieben werden. Der mathematische Aufwand dafür ist infolge der beiden zusätzlichen Ortskoordinaten y und z sowie der freien Parameter Zeit t, Dichte ρ und der Reibung τ unvergleichlich höher [1–3].

Die Bewegungsgleichungen eines Fluidelements für die dreidimensionale Strömung werden für die drei Koordinaten eines kartesischen Koordinatensystems oder für ein zylindrisches Koordinatensystem aufgestellt. Sie führen zu den Navier-Stokes'schen Bewegungsgleichungen der folgenden Form im kartesischen Koordinatensystem:

$$\frac{\partial c_x}{\partial t} + c_x \frac{\partial c_x}{\partial x} + c_y \frac{\partial c_x}{\partial y} + c_z \frac{\partial c_x}{\partial t} = F_x - \frac{1}{\rho}\frac{\partial p}{\partial x} + \nu \left(\frac{\partial^2 c_x}{\partial x^2} + \frac{\partial^2 c_y}{\partial y^2} + \frac{\partial^2 c_z}{\partial z^2} \right) \quad (3.26)$$

$$\frac{\partial c_y}{\partial t} + c_x \frac{\partial c_y}{\partial x} + c_y \frac{\partial c_y}{\partial y} + c_z \frac{\partial c_y}{\partial t} = F_y - \frac{1}{\rho}\frac{\partial p}{\partial y} + \nu \left(\frac{\partial^2 c_y}{\partial x^2} + \frac{\partial^2 c_y}{\partial y^2} + \frac{\partial^2 c_y}{\partial z^2} \right) \quad (3.27)$$

$$\frac{\partial c_z}{\partial t} + c_x \frac{\partial c_z}{\partial x} + c_y \frac{\partial c_z}{\partial y} + c_z \frac{\partial c_z}{\partial t} = F_z - \frac{1}{\rho}\frac{\partial p}{\partial z} + \nu \left(\frac{\partial^2 c_z}{\partial x^2} + \frac{\partial^2 c_z}{\partial y^2} + \frac{\partial^2 c_z}{\partial z^2} \right) \quad (3.28)$$

mit der Kontinuitätsgleichung

$$\frac{\partial c_x}{\partial x} + \frac{\partial c_y}{\partial y} + \frac{\partial c_z}{\partial z} = 0 \quad (3.29)$$

Abb. 3.7 Radiale Druckverteilung in einer Venturidüse

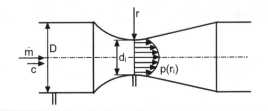

Der Druck beträgt $p = 1/3 \cdot (p_x + p_y + p_z)$. Im Schwerefeld der Erde ohne weitere
äußere Kräfte ist $F_x = F_z = 0$; $F_y = -g\,\partial h/\partial y$.

Die drei Navier-Stokes-Gleichungen und die Kontinuitätsgleichung enthalten die fünf
Unbekannten p, c_x, c_y, c_z und ρ, sodass noch kein geschlossenes System der partiellen
Differentialgleichungen vorliegt. Erst mittels der thermischen Energiegleichung und der
thermodynamischen Zustandsgleichung erhält man ein geschlossenes System der partiel-
len Differentialgleichungen. Diese Gleichungen wurden 1827 von Navier und 1845 von
Stokes abgeleitet.

Für zweidimensionale Strömungen entfällt Gl. 3.28 und in den Gln. 3.26, 3.27 und 3.29
sind die partiellen Ableitungen nach z zu streichen. Damit lauten die Navier–Stokes-Glei-
chungen für die zweidimensionale Strömung:

$$\frac{\partial c_x}{\partial t} + c_x\frac{\partial c_x}{\partial x} + c_y\frac{\partial c_x}{\partial y} + c_z\frac{\partial c_x}{\partial t} = F_x - \frac{1}{\rho}\frac{\partial p}{\partial x} + \nu\left(\frac{\partial^2 c_x}{\partial x^2} + \frac{\partial^2 c_y}{\partial y^2}\right) \tag{3.30}$$

$$\frac{\partial c_y}{\partial t} + c_x\frac{\partial c_y}{\partial x} + c_y\frac{\partial c_y}{\partial y} + c_z\frac{\partial c_y}{\partial t} = F_y - \frac{1}{\rho}\frac{\partial p}{\partial y} + \nu\left(\frac{\partial^2 c_y}{\partial x^2} + \frac{\partial^2 c_y}{\partial y^2}\right) \tag{3.31}$$

$$\frac{\partial c_x}{\partial x} + \frac{\partial c_y}{\partial y} = 0 \tag{3.32}$$

Die Navier–Stokes'schen Bewegungsgleichungen in der allgemeinen Form sind bisher
analytisch nicht geschlossen lösbar. Nur für einige einfache Spezialfälle wurden Lösungen erzielt [1–3]. Mit Hilfe der Rechentechnik, Computational Fluid Dynamics (CFD)
werden numerische Näherungslösungen dieser Gleichungen hoher Genauigkeit erreicht
[4, 5]. Daraus erhält man eine quantitative Beschreibung des realen reibungsbehafteten
Strömungsfeldes.

Die Diskretisierung der Navier-Stokes'schen Gleichungen erfolgt heute rechentech-
nisch mittels dem finiten Differenzenverfahren. Dafür kann z. B. die finite Elementmetho-
de (FEM) genutzt werden. Angewandt wird hauptsächlich die etablierte finite Volumen-
methode (FVM). Die CFD Simulation erfordert folgende Berechnungsschritte:

- Definition des zu berechnenden Strömungsgebietes als 3D-Volumenkörper auf der
  Grundlage eines CAD-Modells.
- Ermittlung eines numerischen Rechenfilters bestehend aus finiten Subvolumina (Volu-
  menzellen), die das Strömungsgebiet ausfüllen.

- Definition der Randbedingungen am Strömungsein- und austritt sowie an den Rändern, z. B. Geschwindigkeits-, Druck-, Temperaturverläufe und Masseströme. Es sind z. B. die Betriebsbedingungen von Maschinen.
- Berechnung der Strömungsgrößen Geschwindigkeit, Druck, Temperatur und Schubspannung in jedem finiten Subvolumen.
- Erstellen der dreidimensionalen Druck- und Strömungsfelder mit den Stromlinien und deren quantitative Auswertung und graphische Darstellung.
- Widerstands- und auch Auftriebsbeiwerte werden durch Integration auf den Körperoberflächen berechnet.

Zunehmend werden auch CFD-Simulationen für die Mehrphasenströmungen z. B. für das Farbspritzen, die Beaufschlagung von Peltonturbinen, für Separatoren und für Biogasreaktoren genutzt.

Als Lösungsalgorithmen werden die direkte numerische Simulation d. h. die Lösung der zeitabhängigen Navier-Stokes-Gleichung oder die Lösung der zeitgemittelten Navier-Stokes-Gleichung (Reynolds-Averaged Navier-Stokes Equipment, RANS) genutzt. Es kann auch die Large Eddy Simulation (LES-Verfahren) genutzt werden, mit der die Strömung um einen Körper einschließlich der Umgebung erfasst wird, bei der aber für die Dissipation der kleinen Wirbel eine Mittelwertbildung analog zum zeitgemittelten RANS-Verfahren erfolgt.

Für spezielle Randbedingungen können damit effektive Rechenverfahren entwickelt werden. Es gibt aber auch leistungsfähige kommerzielle Computational Fluid Dynamics (CFD)-Software wie z. B. CFX TASCflow engineering Software oder auch die Software STAR-CD. Damit können Fahrzeugumströmung, Flugzeugumströmung, Profilumströmung, Laufraddurchströmung berechnet und Strömungs- und Produktoptimierungen vorgenommen werden wie z. B. die Pumpen- und Turbinenauslegung, Berechnung von Kaplan- und Franzisturbinen, Strömungsberechnung eines Rührers, Auslegung und Optimierung von Strömungsgetrieben, Berechnung von Zwei- und Dreiphasengemischen und die Berechnung von Partikelbahnen in einem Zyklon. Nahezu alle technischen Aufgaben der Strömungsmechanik und der Strömungsmaschinen werden heute mit numerischen Berechnungsmethoden wie z. B. CFX TASCflow, STAR-CD, FLUENT oder Fluid Dynamics Analysis Package (FIDAP) gelöst.

3.2.4 Bernoulligleichung

In Strömungen von Fluiden treten vier unterschiedliche Energieformen auf, deren Summe stets konstant ist. Es sind dies die

- spezifische Druckenergie p/ρ,
- spezifische dynamische Energie $c^2/2$,
- spezifische potentielle Energie des Gravitationsfeldes gh,

- spezifische Schwingungsenergie und abgestrahlte Schallenergie $dW/dV = dp\, dt/dA\, ds$ $= I\, dt/ds$ die nur in instationären viskosen Strömungen auftritt.

Da die spezifische Schwingungsenergie (Druckschwingung) gegenüber den anderen drei spezifischen Energieanteilen gering ist, kann sie meist vernachlässigt werden. Der effektiv abgestrahlte Schalldruck beträgt nur $p_{\text{scheff}}/p_{\text{eff}} = 10^{-3}$ bis $6{,}0 \cdot 10^{-3}$ des Effektivwertes der Gas- oder Flüssigkeitsdruckschwingung [6, 7] und Kap. 11.

Gemäß dem Energieerhaltungssatz im Kontrollraum einer Stromlinie oder eines Strömungsfeldes bei Strömungsvorgängen ohne Energie- oder Wärmeaustausch (Strömungsmaschinen oder Wärmetauscher) bleibt die Gesamtenergie konstant. Auf der Stromlinie oder im Strömungsfeld kann also nur eine Umwandlung der Energieformen in eine andere der drei Energieformen erfolgen.

Der Energieerhaltungssatz bzw. die Bernoulligleichung können entweder aus

- dem Newton'schen Grundgesetz bzw. in der Folge aus der Euler'schen Bewegungsgleichung (Gl. 3.9 oder Gl. 3.13)
- oder aus dem Energiesatz abgeleitet werden.

Hier wird die Energiegleichung (Bernoulligleichung) aus dem Newton'schen Grundgesetz bzw. aus der Euler'schen Bewegungsgleichung abgeleitet.

Benutzt man die Euler'sche Bewegungsgleichung für einen Stromfaden bei instationärer reibungsfreier Strömung ($\partial \tau_s/\partial n = 0$), so erhält man nach Umformung von Gl. 3.9 die folgende Beziehung:

$$\frac{\partial c}{\partial t} + c\,\frac{\partial c}{\partial s} + \frac{1}{\rho}\,\frac{\partial p}{\partial s} + g\,\frac{\partial h}{\partial s} = \frac{\partial}{\partial s}\left[\frac{c^2}{2} + \frac{p}{\rho} + gh\right] + \frac{\partial c}{\partial t} = 0 \qquad (3.33)$$

In der eckigen Klammer stehen die spezifischen Energien der drei genannten Energieanteile

$\dfrac{c^2}{2}$	spezifische dynamische Energie	$\dfrac{\text{m}^2}{\text{s}^2} = \dfrac{\text{J}}{\text{kg}}$
$\dfrac{p}{\rho}$	spezifische Druckenergie des statischen Druckes	$\dfrac{\text{Pa}\,\text{m}^3}{\text{kg}} = \dfrac{\text{m}^2}{\text{s}^2} = \dfrac{\text{J}}{\text{kg}}$
$g\,h$	spezifische geodätische Energie des Gravitationsfeldes	$\dfrac{\text{m}^2}{\text{s}^2} = \dfrac{\text{J}}{\text{kg}}$
$\dfrac{\partial c}{\partial t}$	lokale Beschleunigung auf der Stromlinie	$\dfrac{\text{m}}{\text{s}^2}$.

Die Energiegleichung (Bernoulligleichung) erhält man durch Integration der Gl. 3.33 entlang des Weges s auf der Stromlinie von s_1 bis s_2 für die instationäre inkompressible

Abb. 3.8 Kontrollraum einer
Stromröhre mit Stromfaden

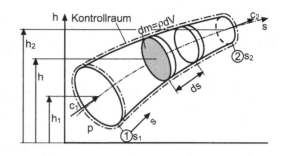

Strömung mit $\rho = $ konst. gemäß Abb. 3.8.

$$\int_{s_1}^{s_2} \frac{\partial}{\partial s} \left[\frac{c^2}{2} + \frac{p}{\rho} + gh \right] ds + \int_{s_1}^{s_2} \frac{\partial c}{\partial t} ds = 0 \tag{3.34}$$

$$\frac{c_1^2}{2} + \frac{p_1}{\rho} + g\,h_1 = \frac{c_2^2}{2} + \frac{p_2}{\rho} + g\,h_2 + \int_{s_1}^{s_2} \frac{\partial c}{\partial t} ds \tag{3.35}$$

Am Eintritt in den Kontrollraum ① ist $s_1 = 0$ und damit auch die spezifische Energie der Beschleunigung an der Stelle ① $\int_{s_1}^{s_2} \frac{\partial c}{\partial t}\, ds = 0$. Gl. 3.35 sagt aus, dass die Summe der drei Energieanteile bei der Strömung, einschließlich der spezifischen Reibungsenergie bei der reibungsbehafteten Strömung im Kontrollraum zwischen ① und ② konstant bleiben muss.

Für eine inkompressible stationäre Strömung mit $\int_{s_1}^{s_2} \frac{\partial c}{\partial t}\, ds = 0$ lautet die Bernoulligleichung:

$$\frac{c_1^2}{2} + \frac{p_1}{\rho} + g\,h_1 = \frac{c_2^2}{2} + \frac{p_2}{\rho} + g\,h_2 = H \tag{3.36}$$

Man nennt diese Gl. 3.36 zu Ehren von Daniel Bernoulli (1700–1782) Bernoulligleichung und die Integrationskonstante die Bernoulli'sche Konstante H.

Die Summe dieser drei Energieanteile auf einer Stromlinie ist konstant. Die Größen der einzelnen spezifischen Energieanteile können jedoch in Abhängigkeit der geometrischen Bedingungen und der Randbedingungen variieren. Dabei können in der Regel beliebig große statische Druckanteile oder Höhenpotentiale in Geschwindigkeit umgesetzt werden, aber nicht umgekehrt Strömungen zum Druckaufbau beliebig verzögert werden, sondern nur in limitierten Grenzen.

Sind fünf Parameter dieser Gleichung bekannt, so kann der sechste Parameter bestimmt werden. Nimmt man die Kontinuitätsgleichung 3.46 hinzu, so lassen sich mit diesen beiden Gleichungen zwei unbekannte Größen eines eindimensionalen Strömungsfeldes berechnen. Damit können viele technische Aufgaben der Rohrströmung und der eindimensionalen Stromfadentheorie in den zu wählenden Grenzen ① und ② gelöst werden.

Gl. 3.36 wurde für die spezifischen Energien aufgeschrieben. Das sind die auf die Masseneinheit von $m = 1$ kg bezogenen Energien $c_1^2/2$; p_1/ρ und die potentielle spezifische

Abb. 3.9 Graphische Darstellung der Höhenanteile der Bernoulligleichung

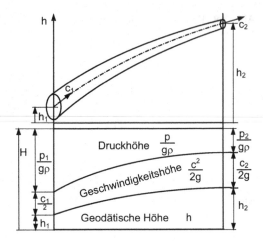

Energie gh. Multipliziert man diese Gleichung mit ρ, so erhält man die Bernoulligleichung für die Drücke:

$$\frac{\rho}{2}c_1^2 + p_1 + g\,\rho\,h_1 = \frac{\rho}{2}c_2^2 + p_2 + g\,\rho\,h_2 \qquad (3.37)$$

Dividiert man Gl. 3.36 durch die Fallbeschleunigung g, so kann diese Gleichung auch als Höhengleichung aufgeschrieben werden, so wie es Daniel Bernoulli ausführte.

$$\frac{c_1^2}{2\,g} + \frac{p_1}{g\,\rho} + h_1 = \frac{c_2^2}{2\,g} + \frac{p_2}{g\,\rho} + h_2 \qquad (3.38)$$

In Abb. 3.9 sind die variablen Höhenanteile der Bernoulligleichung für eine gekrümmte Düse graphisch dargestellt.

Wird die Bernoulligleichung 3.38 für einen offenen Behälter mit konstantem Flüssigkeitsspiegel und Ausfluss aufgeschrieben, so erhält man die Ausflussgleichung von Torricelli (Evangelista Torricelli 1608–1647).

3.2.5 Ausflussgleichung von Torricelli

Wenn die Behälterfläche $A_1 \gg A_2$ ist, kann die Geschwindigkeit des Fluids an der Oberfläche $c_1 \ll c_2$, $c_1 \approx 0$ gesetzt werden und der Ausflussvolumenstrom aus dem Rohr an der Stelle ② in Abb. 3.10 ist nur vom Potential der Gravitation abhängig.

Die Ausflussgeschwindigkeit aus dem Rohr für die verlustfreie Strömung kann also durch Anwendung der Bernoulligleichung 3.36 für Abb. 3.10 errechnet werden. Die Bernoulligleichung für die Anlage in Abb. 3.10 lautet:

$$p_1 + g\,\rho\,h_1 = p_2 + \frac{\rho}{2}c_2^2 \qquad (3.39)$$

Abb. 3.10 Ausfluss aus einem Wasserbehälter mit konstantem Flüssigkeitsspiegel

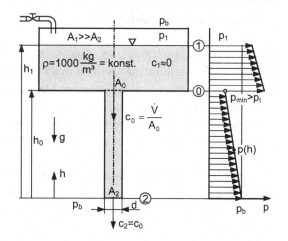

Mit den Randbedingungen $p_1 = p_2 = p_b$, $c_1 \approx 0$ und $h_2 = 0$ erhält man die Ausflussgleichung von Torricelli

$$c_2 = \sqrt{2\,g\,h_1} \qquad (3.40)$$

Die Geschwindigkeit im Rohr ist bei konstantem Rohrquerschnitt konstant. Es ist also $c_2 = c_0$. Der statische Druck am Rohraustritt wird dem gesamten Strahl von dem Umgebungsdruck p_b aufgeprägt. Der geringste statische Druck p_{min} in der Rohrleitung stellt sich unmittelbar nach dem Rohreintritt an der Stelle 0 ein. Er beträgt:

$$p_{min} = p_0 = p_b + g\,\rho\,(h_1 - h_0) - \frac{\rho}{2}\,c^2 \qquad (3.41)$$

Er ist umso geringer, je länger die Ausflussrohrleitung h_0 und je größer die Ausflussgeschwindigkeit ist. Es ist darauf zu achten, dass der minimale statische Druck in der Rohrleitung den Dampfbildungsdruck p_t nicht unterschreitet, weil sonst Kavitation in der Rohrleitung eintritt. Dadurch sind die Rohrlänge und auch der Rohrdurchmesser in den Abmessungen begrenzt. Durch eine Düse oder einen Diffusor wird der statische Druck in der Ausflussleitung gesenkt oder vergrößert. Der ausfließende Massestrom aus einem Behälter durch eine Heberleitung wird durch die Länge der Heberleitung bestimmt, wie sich mit Gl. 3.40 leicht nachweisen lässt.

Erfolgt der Ausfluss des Fluids aus einem geschlossenen Behälter mit konstantem Fluidspiegel und dem statischen Druck $p_1 > p_b$, dann wird die Ausflussgeschwindigkeit vergrößert. Sie beträgt dann nach Gl. 3.39

$$c_2 = \sqrt{2\,g\,h_1 + \frac{2}{\rho}\,(p_1 - p_b)} \qquad (3.42)$$

3.2.6 Kontinuitätsgleichung

Der Masseerhaltungssatz verlangt, dass die Masse in einem geschlossenen System konstant bleibt. In einem offenen System mit Massezu- und -abfluss muss der abfließende Massestrom $\dot{m}_2$ gleich dem zufließenden Massestrom $\dot{m}_1$ sein, wenn die Forderung der konstanten Masse erhalten sein soll.

Die Kontinuitätsgleichung stellt den Masseerhaltungssatz für offene, durchströmte Systeme dar. Sie besagt, dass der ausströmende Massestrom $\dot{m}_2$ aus einem abgegrenzten System entsprechend Abb. 3.11, gleich dem einströmenden Massestrom $\dot{m}_1$ sein muss. Die Bilanzierung des Massestromes erfolgt entlang der Systemgrenzen. Dabei liefern die masseundurchlässigen Düsenwände keinen Beitrag, sondern nur der Eintrittsquerschnitt A_1 mit c_1 und $\dot{m}_1$ und der Austrittsquerschnitt A_2 mit c_2 und $\dot{m}_2$. Es gilt für die Düse in Abb. 3.11:

$$\dot{m}(t) = \int_{\dot{V}} \rho\,(x,t)\,\mathrm{d}\dot{V} \tag{3.43}$$

mit $d\dot{V} = c\,\mathrm{d}A$ erhält man

$$\dot{m}(t) = \int_{A} \rho\,(x,t)\,c\,\mathrm{d}A \tag{3.44}$$

Darin ist $\rho(x,t)$ eine Feldgröße der Strömung. Ist die Feldgröße der Dichte ρ von der Koordinate und von der Zeit unabhängig, so kann für den Massestrom geschrieben werden:

$$\dot{m}(t) = \rho \int_{(\dot{V})} \mathrm{d}\dot{V} = \rho \int_{(A)} c\,\mathrm{d}A = \text{konst.} \tag{3.45}$$

Diese Gleichung ist gültig für die inkompressible Strömung mit $\rho = \text{konst.}$ Für ein Fluid konstanter Dichte kann auch der Spezialfall der Kontinuitätsgleichung mit $c = c(x)$ geschrieben werden:

$$\dot{V} = \frac{\dot{m}}{\rho} = \int_{(A)} c\,\mathrm{d}A \tag{3.46}$$

Für Rohrleitungen mit konstantem Querschnitt $A = \text{konst.}$, ist auch die Strömungsgeschwindigkeit $c(x)$ von der Ortskoordinate unabhängig $c(x) = \text{konst.}$ Dafür gilt die spezielle Form der Kontinuitätsgleichung

$$\dot{V} = c \int_{(A)} \mathrm{d}A = c\,A \tag{3.47}$$

Für eine konstante Dichte ρ und für die konstanten mittleren Geschwindigkeiten c_1 und c_2 über den Querschnitten A_1 und A_2, sowie mit einem kreisförmigen Rohrquerschnitt

Abb. 3.11 Durchströmte Düse
mit Systemgrenzen

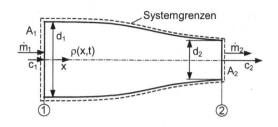

$A_1 = \pi r_1^2$ und $A_2 = \pi r_2^2$ lautet die Gleichung für den Volumenstrom

$$\frac{\dot{m}_1}{\rho} = \dot{V}_1 = \dot{V}_2 = c_1 A_1 = c_2 A_2 \tag{3.48}$$

Gl. 3.48 sagt aus, dass für ein Fluid konstanter Dichte ρ die Geschwindigkeiten an den betrachteten Systemgrenzen ① und ② von Abb. 3.11 umgekehrt proportional zu den Strömungsquerschnitten sind:

$$\frac{c_1}{c_2} = \frac{A_2}{A_1} \tag{3.49}$$

Die Geschwindigkeit in der Düse wird also im Maß des Querschnittsverhältnisses A_1/A_2 beschleunigt auf $c_2 = c_1 A_1/A_2$. Diese Beschleunigung der Geschwindigkeit von

$$\Delta c = c_2 - c_1 = c_1 \left(\frac{A_1}{A_2} - 1 \right) \tag{3.50}$$

führt in der verlustfreien Düsenströmung zur Geschwindigkeitserhöhung und zur Drucksenkung. Durch eine Querschnittserweiterung erhält man einen Diffusor, in dem die Geschwindigkeit verzögert und der Druck gesteigert wird. Diffusoren werden zur Druckerhöhung in Wasserturbinen, Kompressoren, Rohrleitungen und lufttechnischen Anlagen eingesetzt.

Die Anwendung der Bernoulligleichung in Verbindung mit der Kontinuitätsgleichung für die eindimensionale reibungsfreie Strömung erfolgt für eine Vielzahl von Rohr-, Düsen- und Diffusorströmungen.

3.2.7 Impulssatz und Impulskraft für stationäre Strömungen

Der Impuls dI oder die Bewegungsgröße eines Masseteilchens ist das Produkt aus Masse dm und Geschwindigkeit c dieses Teilchens. Da die Geschwindigkeit c einen Vektor darstellt, ist auch der Impuls $dI = c\,dm$ eine vektorielle Größe. Die zeitliche Impulsänderung in einem Betrachtungsgebiet ist gleich der äußeren Kraft auf dieses Gebiet oder auf ein Masseelement. Der Impuls in dem Betrachtungsgebiet entsprechend Abb. 3.12 beträgt mit $dm = \rho\,dV$:

$$I = \int_m c\,dm = \int_V c\,\rho\,dV \tag{3.51}$$

Abb. 3.12 Systemgrenzen
einer Düsenströmung mit Impulskraft

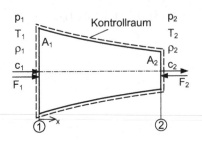

Die Impulskraft kann durch Anwendung des Newton'schen Grundgesetzes für eine Fadenströmung beim Durchströmen eines ortsfesten Kontrollraumes abgeleitet werden
(Abb. 3.12).

Während mit Hilfe der Bernoulligleichung der Energiezustand einer Strömung auf einer Stromlinie berechnet werden kann, können mit Hilfe des Impulssatzes die Kräfte auf
ein Strömungsgebiet errechnet werden.

Die zeitliche Änderung des Impulses für das Betrachtungsgebiet erhält man durch Differenziation des Impulses I nach der Zeit. Sie stellt die Impulskraft dar:

$$F = \frac{dI}{dt} = \frac{d}{dt} \int_m c\, dm = \int_m \frac{d\,(c\, dm)}{dt} = \int_V \frac{d\,(c\, \rho\, dV)}{dt} \tag{3.52}$$

Die Impulskraft kann auch durch die Integration des Impulses dI über alle Masseteilchen
in einem betrachteten Gebiet errechnet werden:

$$F = \int_F dF = \int_{dI} \frac{d}{dt}\,(dI) = \int_m \frac{d}{dt}\,(c\, dm) = \int_V \frac{d\,(c\, \rho\, dV)}{dt} \tag{3.53}$$

Darin besteht das Differenzial des Impulses $d(c\rho\, dV)$ aus dem Produkt der Massestrom-
dichte ρc und dem Volumenelement dV.

Durch Anwendung der Produktregel der Differenzialrechnung ergibt sich aus Gl. 3.53
die Gl. 3.54 für die Impulskraft in der Form:

$$F = \int_V \frac{d\,(c\, \rho\, dV)}{dt} = \int_V \frac{d\,(c\, \rho)\, dV}{dt} + \int_V c\, \rho\, \frac{d\,(dV)}{dt} \tag{3.54}$$

Darin ist das Differenzial $d(dV)/dt = d\dot{V}$ der differenzielle Volumenstrom $d\dot{V}$ im Betrachtungsgebiet.

Hat das betrachtete Kontrollvolumen eine ortsfeste Lage mit fluiddurchlässigen Wänden, so bedeutet das, dass die Ableitung im ersten Integral der Gl. 3.54 eine lokale Differenziation für einen Zeitpunkt darstellt. Es stellt also die lokale zeitliche Änderung des im
Kontrollraum momentan eingeschlossenen Impulses $I = \int_m c\, dm$ dar. Das zweite Integral
in Gl. 3.54 stellt die Kraft dar, die von dem Impulsstrom, der durch die Systemgrenzen

Abb. 3.13 Flächennormalen-
vektor für den Kontrollraum
des Impulses ist der normal auf
der Fläche stehende Vektor

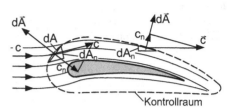

des ortsfesten Kontrollraumes hindurchtritt, verursacht wird. Formt man das Differential $d(\mathrm{d}V)/\mathrm{d}t$ mit $d(\mathrm{d}V) = c_n\,\mathrm{d}A\,\mathrm{d}t$ in Gl. 3.54 in ein Oberflächendifferential um, so erhält man:

$$\frac{d\,(\mathrm{d}V)}{\mathrm{d}t} = \frac{c_n\,\mathrm{d}A\,\mathrm{d}t}{\mathrm{d}t} = c_n\,\mathrm{d}A \tag{3.55}$$

wobei $\mathrm{d}A$ ein Element der Begrenzungsfläche des Kontrollraumes ist und c_n die Normalkomponente der Geschwindigkeit auf der Begrenzungsfläche zum Flächenelement $\mathrm{d}A$ dargestellt (Abb. 3.13).

Die Richtung der Impulskraft kann mathematisch mit Hilfe eines Einheitsflächenvektors ermittelt werden, der stets normal auf der Grenzfläche steht und nach außen gerichtet ist (Abb. 3.13). Sie kann aber auch durch die Anschauung gewonnen werden. Die Kraft des Eintrittsimpulses versucht das betrachtete System stets in Strömungsrichtung zu bewegen. Der Austrittsimpuls aus einem System übt die Impulskraft entgegen der Strömungsrichtung auf das System aus. Damit ergibt sich die Impulskraft zu:

$$F = \int_V \frac{\partial}{\partial t}\,(\rho\,c)\,\mathrm{d}V + \int_A \rho\,c\,c_n\,\mathrm{d}A = \int_V \frac{\partial}{\partial t}\,(\rho\,c)\,\mathrm{d}V + \int_{A_E} \rho\,c\,c_n\,\mathrm{d}A - \int_{A_A} \rho\,c\,c_n\,\mathrm{d}A$$
$$\tag{3.56}$$

Gl. 3.56 stellt den Impulssatz der Strömungsmechanik dar. Er besagt, dass die zeitliche Impulsänderung in einem System gleich ist der Resultierenden aller äußeren Kräfte auf die Begrenzung des Kontrollvolumens.

Der Impulssatz ist auch für reibungsbehaftete Strömungen gültig. Für instationäre Strömungen mit dem lokalen Beschleunigungsanteil der Stromdichte ρc lautet die Impulsgleichung:

$$F = \int_V \frac{d(\rho\,c\,\mathrm{d}V)}{\mathrm{d}t} = \int_{s_1}^{s_2} \frac{\partial\dot{m}}{\partial t}\,\mathrm{d}s + \dot{m}_2\,c_2 - \dot{m}_1\,c_1 \tag{3.57}$$

Die Druckkräfte auf die Endflächen des Kontrollvolumens betragen:

$$F_P = p_1\,A_1 - p_2\,A_2 \tag{3.58}$$

Abb. 3.14 Darstellung des Impulses auf einen schräggeschnittenen Rohrkrümmer

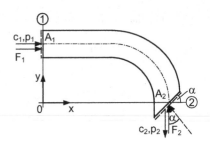

Diese beiden äußeren Druckkräfte stehen mit den Impulskräften im Gleichgewicht, sodass man erhält:

$$\int_{s_1}^{s_2} \frac{\partial \dot{m}}{\partial t}\, ds + \dot{m}_2\, c_2 - \dot{m}_1\, c_1 + p_2\, A_2 - p_1\, A_1 = 0 \tag{3.59}$$

Die beiden Geschwindigkeiten in Gl. 3.56 sind Vektoren und sie sind nur dann gleich groß, wenn beide normal auf der Grenzfläche am Ein- und Austritt von Abb. 3.14 stehen. Das ist am Austritt 2 von Abb. 3.14 und an der geneigten Platte von Abb. 3.15 nicht der Fall. Am Austritt 2 von Abb. 3.14 beträgt die resultierende Kraft im angegebenen kartesischen Koordinatensystem

$$F_y = \rho\, A_2\, c_2\, c_2 \cos\alpha + p_2\, A_2 \tag{3.60}$$

und an der Platte von Abb. 3.15 beträgt die Impulskraft

$$F_I = \rho\, \pi\, \frac{d^2}{4}\, c^2 \cos\alpha = \rho\, c^2\, \frac{\pi\, d^2}{4} \cos\alpha \tag{3.61}$$

Da in Gl. 3.59 die Mittelwerte der Geschwindigkeiten c_1, c_2 und der Drücke p_1 und p_2 stehen, werden keine genauen Verläufe über die Geschwindigkeiten und Drücke im betrachteten Kontrollraum benötigt.

Für eine stationäre Strömung ist der erste Term in den Gln. 3.54 und 3.56 stets Null, sodass die Impulskraft für den Kontrollraum bei stationärer Strömung lautet:

$$F = \int_A \rho\, c\, c_n\, dA \tag{3.62}$$

Abb. 3.15 Impulskraft eines Flüssigkeitsstrahls auf eine geneigte ebene Wand

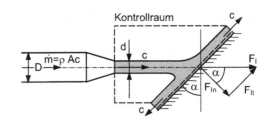

Abb. 3.16 Vektordiagramm
der äußeren Kräfte

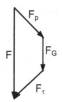

Die resultierende Kraft F bildet einerseits die vektorielle Summe aller äußeren Kräfte und andererseits die vektorielle Summe der inneren Kräfte $\int_{\pm A} \rho\, c\, c_n\, dA$. Die resultierende Kraft F setzt sich aus der Druckkraft F_P auf die Grenzen des Kontrollraumes (Wandungen, Ein- und Austrittsöffnungen), der Komponente der Gravitationskraft F_G und der Reibungskraft F_τ zusammen, die sich aus der Tangentialspannung und der reibenden Fläche ergibt (Abb. 3.16).

Die vektorielle Summe der äußeren Kräfte F_P, F_G und F_τ bildet nach der vektoriellen Addition die resultierende Kraft F, die der vektoriellen Summe der inneren Impulskräfte $\int_{\pm A} \rho\, c\, c_n\, dA$ das Gleichgewicht hält.

3.2.8 Drallsatz

In Wirbelströmungen treten ganz spezielle Druck- und Geschwindigkeitsverteilungen auf, die mit Hilfe der Bernoulligleichung und mit dem Kräftegleichgewicht in radialer Richtung bestimmt werden können.

Für das Kräftegleichgewicht in radialer Richtung einer drehenden Bewegung in der Horizontalebene, in der das Erdpotential keinen Einfluss auf die Drehbewegung nimmt, kann mit der Zentrifugalbeschleunigung senkrecht zur Stromlinie $a_n = \omega^2 r = c_u^2/r$ geschrieben werden:

$$\rho \frac{c_u^2}{r} dr\, dA + p\, dA - (p + dp)\, dA = 0 \qquad (3.63)$$

Multipliziert man Gl. 3.63 mit $1/(dr\, dA)$, so erhält man die Differentialgleichung des Potentialwirbels (Gl. 3.23)

$$\frac{c_u^2}{r} - \frac{1}{\rho} \frac{dp}{dr} = 0 \qquad (3.64)$$

Die Fliehkraft im Potentialwirbel wird durch die auftretende Druckkraft kompensiert (Abb. 3.17). Die Gleichung ist nur vom Radius des Potentialwirbels abhängig. Sie ist nur gültig, wenn der Potentialwirbel senkrecht zur Achse der Erdbeschleunigung liegt, sodass die Erdbeschleunigung keinen Einfluss auf den Potentialwirbel nimmt. Die Stromlinien bilden konzentrische Kreise um die senkrechte Rotationsachse und die Stromröhre stellt einen konzentrischen Torus dar.

Abb. 3.17 Potentialwirbel mit
hyperbolischer Geschwindigkeitsverteilung

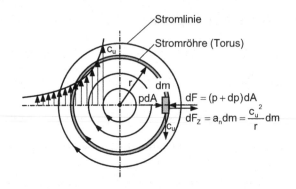

Die Bernoulligleichung für einen Stromfaden mit dem Radius r lautet:

$$d \left(\frac{c_u^2}{2} + \frac{p}{\rho} \right) = H \qquad (3.65)$$

Es wird vorausgesetzt, dass die Totalenergie, d. h. die Bernoulli'sche Konstante, auf allen
Stromlinien des Strömungsfeldes konstant ist. Durch Differenziation der Gl. 3.65 nach
dem Radius r erhält man

$$c_u \frac{dc_u}{dr} + \frac{1}{\rho} \frac{dp}{dr} = 0 \qquad (3.66)$$

Setzt man für den Ausdruck $(1/\rho) \, dp/dr$ die Beziehung aus dem Kräftegleichgewicht
(Gl. 3.64) ein, so ergibt sich Gl. 3.67

$$c_u \frac{dc_u}{dr} + \frac{c_u^2}{r} = 0 \qquad (3.67)$$

Nach Division der Gleichung durch c_u erhält man die Differenzialgleichung

$$\frac{dc_u}{dr} + \frac{c_u}{r} = 0 \qquad (3.68)$$

Die Lösung dieser Gl. 3.68 lautet

$$c_u \, r = \text{konst.} \qquad (3.69)$$

Die Lösung sagt aus, dass der Drall $c_u r$ im Potenzialwirbel konstant ist, d. h. es gilt
$c_u r = c_{u1} r_1 = c_{u2} r_2$ oder $c_u = c_{u1} r_1 / r$.

Wird der Drallsatz $c_u = c_{u1} r_1 / r$ in Gl. 3.64 eingesetzt, so erhält man die Verteilung
des statischen Druckes im Potentialwirbel zu:

$$p = p_1 + \frac{\rho}{2} c_{u1}^2 \, r_1^2 \left(\frac{1}{r_1^2} - \frac{1}{r^2} \right) = 0 \qquad (3.70)$$

Mit den Randbedingungen für $r \to 0$ erhält man $p_0 \to -\infty$; $c_{u0} \to \infty$ und für $r \to \infty$;
$c_{u\infty} = 0$; $p_\infty = p_1 + \rho c_{u1}^2 / 2$. In Abb. 3.18 sind die Druck- und Geschwindigkeitsverteilungen des Potentialwirbels und des Starrkörperwirbels dargestellt.

Abb. 3.18 Druck- und Geschwindigkeitsverteilung in einem — Potentialwirbel und im - - - Starrkörperwirbel

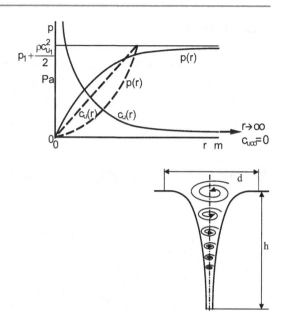

Abb. 3.19 Lufttrichter im Wirbelkern mit $h/d = 2{,}5$ bis 5,0

Die Gleichung des Potentialwirbels $r\,c_u = r_1 c_{u1} = r_2\,c_{u2} =$ konst. beschreibt die Strömung in unbeschaufelten Ringräumen, Kanälen, Laufradkanälen mit einer zentrischen Rotationsachse und in Behältern. Gl. 3.69 stellt die Änderung der Tangentialgeschwindigkeit in Abhängigkeit des Radius von der Drehachse bei der drehenden Fluidbewegung um eine definierte Achse dar. Reale Drallströmungen erstrecken sich bis zu $h/d = 3{,}0$ und darüber (vlg. Abschn. 5.10.2). Die Tangentialgeschwindigkeit c_u sinkt entsprechend der Hyperbelgleichung (Gl. 3.69) mit zunehmendem Radius ab. Der Geschwindigkeitsverlauf ist in Abb. 3.18 dargestellt. Infolgedessen steigt der statische Druck mit zunehmendem Radius $p(r)$ an. Der Druckanstieg beträgt nach Gl. 3.66 $\mathrm{d}p/\mathrm{d}r = -\rho\,c_u\,\mathrm{d}c_u/\mathrm{d}r$.

Da die Gesamtenergie $g\rho H = p_1 + g c_u^2/2$ im Potenzialwirbel konstant ist, wird durch den Druckanstieg $p(r)$ mit steigendem Radius die Geschwindigkeit im Potenzialwirbel $c_u(r)$ verringert, bis schließlich bei $r \to \infty c_{u\infty} = 0$ erreicht wird. Da die Geschwindigkeit im Wirbelkern nicht ins Unendliche steigen kann, begrenzt die Natur die Wirbelgeschwindigkeit im Inneren eines Potentialwirbels dadurch, dass sich ein Lufttrichter bildet (Abb. 3.19, Badewanneneffekt), in dem die Luft wie ein Starrkörperwirbel rotiert. Diese Wirbelgeschwindigkeit beim Behälterausfluss wird durch das Drehmoment der Coriolisbeschleunigung hervorgerufen, das wiederum aus der Erdbeschleunigung resultiert. Ein erdgebundenes Koordinatensystem, wie für die Wirbelströmung vorausgesetzt, ist kein Inertialsystem.

3.2.9   Starrkörperwirbel

Wird das rotierende Fluid in einem Wirbel von radialen Stegen oder Schaufeln z. B. in einem Rührbehälter mitgenommen, so rotiert das Fluid wie ein starrer Körper, dessen Geschwindigkeit mit zunehmendem Radius ansteigt.

$$c_u = \omega\, r = \omega\, r_1 = \frac{c_{u1}}{r_1}\, r \qquad (3.71)$$

Wird diese Gl. 3.71 des Starrkörperwirbels in die Gl. 3.64 eingesetzt, so erhält man

$$\frac{c_{u1}^2}{r_1} - \frac{1}{\rho}\frac{dp}{dr} = 0 \qquad (3.72)$$

Nach der Integration ergibt sich

$$p - p_1 = \frac{\rho}{2}\frac{c_{u1}^2}{r_1^2}\left(r^2 - r_1^2\right) = \frac{\rho}{2}\,\omega^2\left(r^2 - r_1^2\right) = \frac{\rho}{2}\left(c_u^2 - c_{u1}^2\right) \qquad (3.73)$$

Im Mittelpunkt des Starrkörperwirbels bei $r \to 0$ beträgt die Umfangsgeschwindigkeit $c_{u0} = 0$ und der Druck:

$$p_0 = p_1 - \frac{\rho}{2}\,c_{u1}^2 \qquad (3.74)$$

Beim Festkörperwirbel ändert sich die Gesamtenergie, d. h. die Bernoulli'sche Konstante, mit zunehmendem Radius. Der Druck und die Geschwindigkeit steigen also in radialer Richtung an (Abb. 3.18). Die im Starrkörperwirbel auftretende spezifische Energie $\Delta p/\rho$ beträgt dann:

$$Y = \frac{\Delta p}{\rho} = \frac{\omega^2}{2}\left(r^2 - r_1^2\right) = \frac{1}{2}\left(c_u^2 - c_{u1}^2\right) \qquad (3.75)$$

3.3   Fluid-Struktur-Wechselwirkung

Bisher wurden die Strömungen in Maschinen und Anlagen berechnet, ohne die Wirkung der Strömung auf die Verformung oder Bewegung des strömungsführenden Körpers oder seine Struktur zu beachten. Es ist aber hinreichend bekannt, dass jedes Strömungs- oder Druckfeld auch Auswirkungen auf die Bauteilverformung hat, wie z. B. die Laufrad-strömung, auf die Schaufelverformung oder die Lagerspaltströmung von Gleitlagern auf die Spaltgeometrie. Es gibt also eine Kopplung der fluiddynamischen und der struktur-mechanischen Einflüsse, die nach Schäfer und Sieber [16] modellhaft in verschiedenen Vernetzungsgraden ablaufen können, als Einwegekopplung, als Zweiwegekopplung oder in der Form der impliziten Lösung der kontinuummechanischen Gleichungen, wenn keine Trennung der Strömungs- und der strukturdynamischen Berechnung mehr zulässig ist, wie

Abb. 3.20 Gegenüberstellung der gemessenen zu den berechneten Auslenkungen des Laufrades einer Abwasserpumpe mit der Ein- und Zweiwegekopplung [18] o Messung, Δ Einwegekopplung, □ Zweiwegekopplung

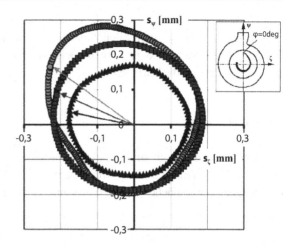

z. B. die Strömung in elastischen Leitungen oder des Blutkreislaufs mit Stoffaustausch in Lebewesen ist die Kopplung nicht mehr zulässig. Auch dort nicht, wo die Wechselwirkungen zwischen Strömung und Struktur der Körper nichtlinear verbunden sind wie z. B. bei einem Flugzeugtragflügel oder in Strömungen mit starker Turbulenz und in Mikropumpen [17].

Die nichtlineare Kopplung der numerischen Simulation einer Laufradströmung und des strukturdynamischen Verhaltens eines Pumpenrotors kann z. B. mittels TASCflow oder mittels CFX und durch Ansys Mechanical Utility erfolgen. Die Fluid-Struktur-Interaktion (FSI) erfordert also stets die Computational Fluid Dynamics (CFD) und die Computational Structural Dynamics (CSD).

In Abb. 3.20 sind die gemessenen Auslenkungsvektoren eines Einschaufellaufrades einer Abwasserpumpe nach [18, 19] den berechneten Auslenkungsvektoren des Laufrades gegenübergestellt, die aus der Einwege- und der Zweiwegekopplung der Fluid-Strukturauslenkung resultieren. Die Ergebnisse in Abb. 3.20 zeigen, dass sich die Resultate der Zweiwegekopplung den experimentell gemessenen Resultaten annähern. Bei der gekoppelten Berechnung des Laufrades wurde in jedem Zeitschritt der numerischen Berechnung der statische Druck auf der Oberfläche des Laufrades vom Strömungssimulationsprogramm an das verwendete Strukturprogramm ANSYS Mechanical Utility 10.0 übertragen und auf das Oberflächengitter des Strukturmodells angepasst [18]. In einer dynamischen Analyse wurde anschließend das Strukturverhalten des Rotors berechnet und die Auslenkung des Laufrades bestimmt [18].

Hieraus wird offenbar, dass die Strömungsmechanik mit der CFD neben der analytischen und der experimentellen Methode ein wesentliches neues Werkzeug für die Simulation von Strömungen auf der Basis der beschreibenden Differenzialgleichungen (NSG) hinzu gewonnen hat. Sie stellt keine Konkurrenz, sondern eine wertvolle Ergänzung der Analysemethoden in der Strömungsmechanik dar. Solche Berechnungen unter Berücksichtigung der Fluid-Strukturwechselwirkung sind notwendig, wenn zukünftig das instationäre Strömungsverhalten von großen axialen Kühlwasserpumpen im Saugbecken oder

von Wasserturbinen bei schwankender Gefällehöhe und Triebwerken im Start- und Lande-
verhalten untersucht werden sollen. Solche Simulationen erfolgen unter Berücksichtigung
des Fan, des Niederdruck- und Hochdruckverdichters, der Brennkammer mit der Kraft-
stoffeinspritzung in die Turbine.

3.4 Beispiele

Beispiel 3.4.1 Wie groß sind die Geschwindigkeiten c_1 und c_2 für die Wasserströmung
mit $\rho = 1000\,\text{kg/m}^3$ in einem Diffusor nach Abb. 3.21?

Die Querschnittsflächen, der Massestrom und die Geschwindigkeiten betragen:

$$A_1 = \frac{\pi}{4}d_1^2\,; \quad A_2 = \frac{\pi}{4}d_2^2\,; \quad \dot{m} = \rho c_1 A_1 = \rho c_2 A_2$$

$$c_2 = c_1 \frac{A_1}{A_2} = c_1 \left(\frac{d_1}{d_2}\right)^2$$

Beispiel 3.4.2 Wasserströmung mit $\rho = 1000\,\text{kg/m}^3$ in einer Rohrverzweigung nach
Abb. 3.22

Zu bestimmen ist der Volumenstrom

$$\dot{V}_1 = c_1 A_1 = \dot{V}_2 + \dot{V}_3 = c_2 A_2 + c_3 A_3$$

für $A_2 = A_3$; $d_2 = d_3$ und $c_2 = c_3$ gilt:

$$c_2 = c_3 = \frac{\dot{V}_1}{A_2 + A_3} = c_1 \frac{A_1}{A_2 + A_3}$$

Abb. 3.21 Wasserströmung im
Diffusor

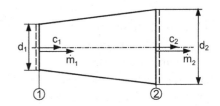

Abb. 3.22 Strömung in einer
Rohrverzweigung

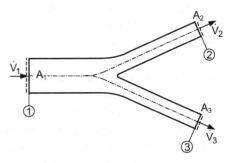

Abb. 3.23 Ausströmvorgang
aus einem Wasserbehälter

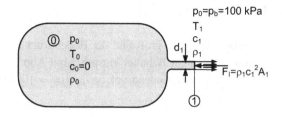

Beispiel 3.4.3 Zu bestimmen ist die resultierende Impulskraft auf den Rohrbogen von $d = 80$ mm und $\alpha = 45°$ entsprechend Abb. 3.14, wenn er von $\dot{V} = 62$ m³/h Wasser mit $\rho = 1000$ kg/m³ reibungsfrei durchströmt wird.

Lösung

$$c_1 = \frac{\dot{V}}{A_1} = \frac{4 \cdot 0{,}0172 \frac{m^3}{s}}{\pi \cdot 0{,}08^2 \, m^2} = 3{,}43 \, \frac{m}{s}$$

Eintrittsimpulskraft, Gl. 3.59:

$$F_{x1} = \dot{m}\, c_1 = \rho\, A_1\, c_1^2 = 10^3 \, \frac{kg}{m^3} \cdot \frac{\pi \cdot 0{,}08^2 \, m^2 \cdot 3{,}43^2 \frac{m^2}{s^2}}{4} = 59{,}14 \, N$$

Austrittsimpulskraft: $c_1 = c_2$, Gl. 3.59

$$F_{y2} = \dot{m}\, c_2 = \rho\, A_2 \sin\alpha \, c_2^2 = \rho\, A_1\, c_2^2 = 10^3 \, \frac{kg}{m^3} \frac{\pi \cdot 0{,}08^2 \, m^2 \, 3{,}43^2 \frac{m^2}{s^2}}{4} = 59{,}14 \, N$$

Größe und Richtung der resultierenden Kraft:

$$F = \sqrt{F_{x1}^2 + F_{y2}^2} = 83{,}64 \, N \qquad \tan\alpha = \frac{F_{y2}}{F_{x1}} = 1 \rightarrow \alpha = 45°$$

Beispiel 3.4.4 Aus einem Wasserbehälter (Abb. 3.23) mit dem Druck $p_0 = 280$ kPa und dem Außendruck $p_1 = p_b = 100$ kPa strömt aus der Düse mit dem Durchmesser von $d_1 = 50$ mm$^\varnothing$ Wasser mit $\rho = 1000$ kg/m³ in die Atmosphäre. Die Temperatur des Wassers beträgt $t_0 = 20$ °C. Wie groß ist die Impulskraft des Austrittsstrahls zu Beginn der Ausströmung und in welche Richtung wirkt sie?

Lösung

$$A_1 = \frac{\pi}{4}\, d^2 = \frac{\pi}{4}\, 0{,}05^2 \, m^2 = 1{,}96 \cdot 10^{-3} \, m^2$$

$$c_1 = \sqrt{\frac{2\,(p_0 - p_1)}{\rho}} = \sqrt{\frac{2\,(280.000 - 100.000)\,\text{Pa}}{1000 \, \frac{kg}{m^3}}} = 18{,}97 \, \frac{m}{s}$$

$$F_1 = \rho\, c_1^2\, A_1 = 1000 \, \frac{kg}{m^3} \cdot \left(18{,}97 \, \frac{m}{s}\right)^2 \cdot 1{,}96 \cdot 10^{-3} \, m^2 = 705{,}33 \, N$$

Die Impulskraft F_1 wirkt als Rückstoßkraft auf den Behälter.

3.5 Aufgaben

Aufgabe 3.5.1 Wie groß sind der Bodendruck p_B und die Austrittsgeschwindigkeit des Wassers aus einem Behälter entsprechend Abb. 3.24, der bei konstantem Wasserspiegel gespeist wird. Der Außendruck beträgt $p_b = 100\,\text{kPa}$.
Zu bestimmen sind:

1. der Wasserdruck p_B am Boden des Behälters,
2. die Austrittsgeschwindigkeit und der Volumenstrom in der Rohrleitung mit einem Durchmesser von $d = 40\,\text{mm}$,
3. der Druck im Rohrleitungseintritt.

Aufgabe 3.5.2

1. Abzuleiten ist die Ausflussgeschwindigkeit aus dem Behälter von Aufgabe 3.5.1.
2. Der Druckverlauf im Behälter und in der Rohrleitung ist aufzuzeichnen.

Aufgabe 3.5.3 Ein zylindrischer Zentrifugenbehälter mit dem Durchmesser von $d = 800\,\text{mm}\,\varnothing$ und der Höhe von $h_{max} = 2,0\,\text{m}$ wird mit $h = 900\,\text{mm}$ Flüssigkeit gefüllt (Abb. 3.25). Mit welcher Drehzahl darf der Behälter rotieren, wenn der Flüssigkeitsspiegel gerade den oberen Behälterrand von $h_{max} = 2,0\,\text{m}$ erreichen darf?

Aufgabe 3.5.4 Ein Ballon besitzt ein Volumen von $V = 680\,\text{m}^3$. Er soll eine Masse von $m = 450\,\text{kg}$ tragen. Wie hoch kann der Ballon bei isentroper Luftschichtung aufsteigen, wenn der Luftdruck am Boden $p_0 = 101,33\,\text{kPa}$ und die Temperatur $t_0 = 20\,^\circ\text{C}$ ($T = 293,15\,\text{K}$) beträgt. Die Gaskonstante der Luft beträgt $R = 287,6\,\text{J}/(\text{kg}\,\text{K})$.

Aufgabe 3.5.5

1. Zu definieren ist der Begriff ideales Fluid gegenüber einem Festkörper.
2. Was ist ein ideales Fluid?

Abb. 3.24 Wasserbehälter

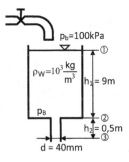

Abb. 3.25 Flüssigkeitsspiegel in einem ruhenden und rotierenden Behälter (Zentrifuge)

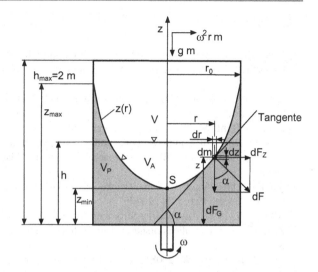

3. Wo und wann wird die Bezeichnung m WS und mm WS benutzt? Wieviel Pa sind 1 mm WS?
4. Zu definieren sind die Systemgrenzen eines Strömungsgebietes.
5. Welche Größen können mit der Bernoulligleichung berechnet werden?
6. Woraus wird die Bernoulligleichung abgeleitet?
7. Wozu dient der Impulssatz und welche Größen können damit berechnet werden?
8. Anzugeben sind alle Schreibformen für die Bernoulligleichung.

Aufgabe 3.5.6 Ein Löschflugzeug nimmt mit einem Hakenrohr gegen die Flugrichtung ruhendes Löschwasser aus einem See auf.

1. Zu berechnen ist die Geschwindigkeit c, mit der das Wasser in das Rohr von $d = 150\,mm$ Durchmesser bei reibungsfreier Strömung eintritt, bei einer Geschwindigkeit des Flugzeuges von $c = 120\,km/h$.
2. Wie lange dauert es, bis $4\,m^3$ Wasser aufgenommen sind?

Abb. 3.26 Flugzeug mit Wasseraufnahmetank

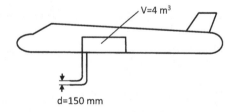

Literatur

1. Oertel H (2001) Prandtl-Führer durch die Strömungslehre, 10. Aufl. Vieweg, Wiesbaden
2. Krause E (2003) Strömungslehre, Gasdynamik und Aerodynamisches Laboratorium. Teubner, Wiesbaden
3. Durst F (2006) Grundlagen der Strömungsmechanik, 1. Aufl. Springer, Berlin
4. Schade H, Kunz E (1989) Strömungslehre, 2. Aufl. de Gruyter, Berlin
5. Oertel H, Böhle M (2004) Strömungsmechanik, 3. Aufl. Vieweg, Wiesbaden
6. Surek D (2000) Strömungsvorgänge und Schwingungen in Seitenkanalverdichtern Beiträge zu Fluidenergiemaschinen, Bd. 5. Sulzbach Verlag und Bildarchiv W. H. Faragallah, Sulzbach-Taunus
7. Surek D (2005) Anteil des Schalldruckes an den Gasdruckschwingungen in Seitenkanalverdichtern. Vak Forsch Prax 17(1):20–29
8. Albring W (1990) Angewandte Strömungslehre, 6. Aufl. Akademie-Verlag, Berlin
9. Zierep J (1991) Ähnlichkeitsgesetze und Modellregeln der Strömungslehre, 3. Aufl. Braun, Karlsruhe
10. Bohl W, Elmendorf W (2008) Technische Strömungslehre, 14. Aufl. Vogel, Würzburg
11. Anderson JD (1995) Computational fluid dynamics. The Basics with applications. McGraw-Hill, New York
12. Achenbach E (1972) Experiments on the flow past spheres of very high Reynolds numbers. J Fluid Mech 54:565–575
13. Kalide W (1990) Einführung in die technische Strömungslehre, 7. Aufl. Hanser, München
14. Kümmel W (2007) Technische Strömungsmechanik, 3. Aufl. Vieweg + Teubner, Wiesbaden
15. Böswirth L, Bschorer S (2012) Technische Strömungslehre, 9. Aufl. Vieweg + Teubner, Wiesbaden
16. Schäfer M, Sieber G, Sieber R, Teschauer I (2001) Coupled Fluid-Solid Problems: Examples and Reliable Numerical Simulation. In: Wall WA, Bletzinger K-U, Schweizerhof K (Hrsg) Trends in Computational Structural Mechanics. CIMNE, Barcelona
17. Griebel M, Dornseifer Th, Neunhoeffer T (1995) Numerische Simulation in der Strömungsmechanik. Vieweg, Wiesbaden
18. Benra F-K, Dohmen HJ, Schneider O (2004) Measurement of flow induced rotor oscillations in a single-blade centrifugal pump. 8th International Symposium on Emerging Technologies for Fluids, Structures and Fluid-Structure Interactions, PVP-Vol. 485–1, PVP2004-2868, American Society of Mechanical Engineers, San Diego, USA
19. Benra F-K, Dohmen HJ (2006) Einsatz von Fluid-Struktur-Interaktionsmethoden zur Berechnung der Orbitkurven von Pumpenrotoren. 7. Tagung. Technische Diagnostik, Merseburg
20. Kuhlmann H (2007) Strömungsmechanik. Pearson Education, München

Ähnlichkeitsgesetze der Strömungsmechanik

4

Bei der theoretischen oder experimentellen Untersuchung von Strömungen besteht die Aufgabe oft darin, die Abhängigkeit einer Größe, z. B. der Geschwindigkeit c, von anderen geometrischen oder strömungstechnischen Größen, z. B. Rohrradius, Druck und Temperatur zu ermitteln. Dabei ist man bestrebt, die Anzahl der unabhängigen Variablen zu reduzieren, um den Rechenaufwand oder den experimentellen Aufwand zu verringern. Das kann mittels der Dimensionsanalyse erfolgen, die vor jeder experimentellen Untersuchung vorzunehmen ist, oder durch die Modellversuchstechnik.

Häufig ist es zweckmäßig, die experimentellen Untersuchungen nicht an der Originalmaschine, sondern an einer Maschine oder Anlage im verkleinerten oder vergrößerten Modell vorzunehmen, wie z. B. im Wasserbau, in lufttechnischen Anlagen, im Wasserturbinenbau, an Flugzeugen oder an Windrädern. Bei solchen Modellversuchen müssen bestimmte Bedingungen eingehalten werden, wie z. B. der Modellmaßstab. Es muss auch beachtet werden, wie die Resultate der Modellmessung auf die Originalausführung übertragen werden können. Bei der Untersuchung des Modells einer Wasserturbine werden die Hauptparameter des Modells, Volumenstrom, Gefällehöhe, Leistung, Wirkungsgrad und die Kavitationskennzahl gemessen. In welcher Form diese Messresultate von der Modellturbine auf eine Großausführung zu übertragen sind, um Aussagen über den Wirkungsgrad und die Leistung zu erhalten, wird von der Ähnlichkeitstheorie bestimmt.

4.1 Modellgesetz

Die geometrische Ähnlichkeit eines Modells mit der Originalausführung ist eine erste grundlegende Voraussetzung für die Übertragbarkeit von Resultaten vom Modell auf die Originalausführung. Sie ist aber noch nicht hinreichend, sondern es müssen weitere Bedingungen für die Übertragbarkeit von Messresultaten auf die Großausführung erfüllt sein, wie z. B. die Ähnlichkeit der Geschwindigkeit, der Beschleunigung und auch die Kräfte oder die kinematische Viskosität des Fluids müssen in einem bestimmten Verhältnis ste-

© Springer Fachmedien Wiesbaden GmbH 2017
D. Surek, S. Stempin, *Technische Strömungsmechanik*,
https://doi.org/10.1007/978-3-658-18757-6_4

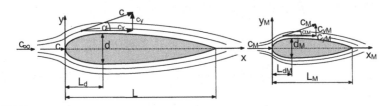

Abb. 4.1 Geometrische und strömungstechnische Ähnlichkeit von zwei umströmten Profilen

hen. Sind diese Bedingungen erfüllt, dann liegt eine strömungstechnische Ähnlichkeit vor. Dabei müssen auch die beteiligten Energieformen (z. B. kinematische Energie, potentielle Energie und Reibungsenergie) bei der Originalausführung und bei der Modellströmung zueinander ähnlich sein. Die wichtigsten Versuchsfluide sind Luft und Wasser mit folgenden Unterschieden der physikalischen Stoffwerte bei $p = 100\,\text{kPa}$ und $t = 20\,°\text{C}$.

Luft $p = 100\,\text{kPa}$, $t = 20\,°\text{C}$, $\rho_\text{L} = 1,186\,\text{kg/m}^3$, $\nu_\text{L} = 15,2 \cdot 10^{-6}\,\text{m}^2/\text{s}$, $\rho_\text{W}/\rho_\text{L} =$
841,62
Wasser $p = 100\,\text{kPa}$, $t = 20\,°\text{C}$, $\rho_\text{W} = 998,16\,\text{kg/m}^3$, $\nu_\text{W} = 1 \cdot 10^{-6}\,\text{m}^2/\text{s}$, $\nu_\text{W}/\nu_\text{L} =$
0,066.

Die beiden geometrisch ähnlichen Profile in Abb. 4.1 müssen bei Erfüllung der strömungstechnischen Ähnlichkeit auch über ein ähnliches Stromlinienfeld verfügen. Das bedeutet, dass die Winkel α der Geschwindigkeiten in einem korrespondierenden Punkt gleich sein müssen und die Geschwindigkeiten der Originalausführung und des Modells im gleichen Verhältnis stehen sollen c/c_M, $c_x/c_{x\text{M}}$, $c_y/c_{y\text{M}}$ (Abb. 4.1). Darüber hinaus müssen auch die strömungsbeeinflussenden Kräfte wie z. B. Trägheits- und Schubspannungskräfte am Originalprofil und am Modell im gleichen Verhältnis stehen (Gl. 4.1).

$$\frac{F_\text{T}}{F_\tau} = \frac{F_\text{TM}}{F_{\tau\text{M}}} \qquad (4.1)$$

4.2 Reynoldsähnlichkeit

Die charakteristischen Größen der Strömung um die Profile in Abb. 4.1 sind die Anströmgeschwindigkeit c_∞, die Hauptabmessungen L, L_M und d, d_M, die Fluiddichte ρ und die kinematische Viskosität ν. Diese Größen wirken in Form der in der Strömung beteiligten Kräfte.

Die wichtigsten Kräfte in einer Strömung sind die Trägheitskraft $F_\text{T} = m \cdot a$, die Zähigkeitskraft $F_\tau = \tau \cdot A$ und die Druckkraft $F_p = p \cdot A$. Bildet man das Verhältnis der Trägheitskraft zur Zähigkeitskraft F_T/F_τ, so erhält man eine dimensionslose Zahl, die den Einfluss dieser beiden Kräfte auf die Strömung kennzeichnet. Die dimensionslose Kennzahl lautet für eine Rohrströmung mit der dynamischen Viskosität $\eta = \rho \cdot \nu$ und mit der Schubspannung τ eines Newton'schen Fluids $\tau = \eta \, dc/dr$ und mit der benetzten Rohrfläche $A = \pi \, dL$.

$$\text{Re} = \frac{F_T}{F_\tau} = \frac{m \, a}{\tau \, A} = \frac{\rho \, \pi \, d^2 L}{4 \, \rho \, \nu \, \frac{dc}{dr} \, \pi \, dL} \frac{dc}{dt} = \frac{c_\infty \, d}{4 \, \nu} \tag{4.2}$$

Sieht man von der 4 im Nenner der Gl. 4.2 ab, so erkennt man die Reynoldszahl.

$$\text{Re} = \frac{d \, c_\infty}{\nu} \tag{4.3}$$

Darin sind nun die geometrische Größe d, die kinematische Größe der Geschwindigkeit c_∞ und die Stoffgröße der kinematischen Viskosität ν enthalten, die eine dimensionslose Größe Re ergeben, die zu Ehren von Osborne Reynolds (1842–1912) als Reynoldszahl bezeichnet wird.

An dieser Stelle soll auch noch auf die Knudsenzahl hingewiesen werden, die die Molekularströmung im Vakuum und im Weltraum charakterisiert. Th. v. Kármán fand 1923 den Zusammenhang zwischen der Machzahl und der Reynoldszahl im Strömungsbereich außerhalb des Kontinuums. Die kinetische Gastheorie für Drücke $p < 0,1 \, \text{Pa}$ liefert den Zusammenhang zwischen der kinematischen Viskosität ν, der mittleren freien Weglänge der Moleküle Λ und der Schallgeschwindigkeit a.

$$\nu = a \, \Lambda \tag{4.4}$$

Mit dieser Beziehung stellt die Knudsenzahl nicht nur das Verhältnis der freien Weglänge der Moleküle zu einer charakteristischen Bezugslänge dar, sondern auch das Verhältnis der Machzahl zur Reynoldszahl in der Form.

$$\text{Kn} = \frac{\Lambda}{d} = \frac{M}{\text{Re}} = \frac{a}{c} \frac{\nu}{cd} = \frac{c}{a} \frac{a \, \Lambda}{c \, d} \tag{4.5}$$

Da die Knudsenzahl im Bereich der kinematischen Gastheorie Werte von $\text{Kn} = \frac{\Lambda}{d} > 0,5$ annimmt und die Kontinuumströmung bei Knudsenzahlen von $\text{Kn} = \frac{\Lambda}{d} < 0,01$ einsetzt [1], folgt für das erforderliche Verhältnis der Machzahl zur Reynoldszahl im Bereich der freien Molekularströmung

$$\text{Kn} = \frac{\Lambda}{d} = \frac{M}{\text{Re}} > 0,5 \Rightarrow M = \text{Kn} \, \text{Re} > 0,5 \, \text{Re} \tag{4.6}$$

Im Bereich der Kontinuumströmung (gasdynamische Strömung) müssen folgende Bedingungen erfüllt sein:

$$\text{Kn} = \frac{\Lambda}{d} = \frac{M}{\text{Re}} < 0,01 \Rightarrow \Lambda < 0,01 \, d \quad \text{und die Machzahl} \quad M < 0,01 \, \text{Re} \tag{4.7}$$

Das Kontinuum beginnt erst, wenn die freie Weglänge der Moleküle Λ wesentlich kleiner ist als die Bezugslänge d ($\Lambda < 0,01\,d$), d. h. die Machzahl M muss wesentlich kleiner sein als die Reynoldszahl Re. Diese Betrachtung ist für Strömungen im hohen Vakuum und beim Übergang vom Weltraum in die Atmosphäre der Erde bedeutsam.

Zwei strömungstechnische oder mechanische Vorgänge sind ähnlich, wenn sie von der gleichen Differenzialgleichung beschrieben werden, wie z. B. das strömungstechnische und das elektrische Potenzialfeld. Im Ergebnis dessen erhält man z. B. die Elektroanalogie von ebenen Strömungsfeldern. Die Euler'sche Bewegungsgleichung ist eine solche Differenzialgleichung, die für Ähnlichkeitsbetrachtungen von Strömungsfeldern geeignet ist. Sie liefert bei Umformung in die dimensionslose Schreibweise eine Reihe wichtiger Ähnlichkeitskennzahlen. Gleichwohl gibt es neben den Differenzialgleichungen weitere Methoden für die Ähnlichkeitsbetrachtung wie z. B. die Dimensionsanalyse und das Buckingham'sche π-Theorem [1, 2].

4.3 Knudsenzahl als Ähnlichkeitskennzahl der Gasdynamik

Wird für die Knudsenzahl Kn $=$ M/Re eine Ebene aus der Reynoldszahl Re von Re $=$ 10^{-1} bis 10^8 und der Machzahl von M $= 0$ oder von 10^{-1} bis 100 im doppeltlogarithmischen Maßstab aufgespannt und Linien konstanter Knudsenzahlen von Kn $=$ M/Re $=$ 10^2 bis 10^{-6} eingetragen, so erhält man ein Feld der unterschiedlichsten Strömungsformen in Abhängigkeit der Reynoldszahl Re, der Machzahl M und der Knudsenzahl Kn mit folgenden Bereichen (Abb. 4.2):

- Inkompressible viskose Strömung für kleine Machzahlen von M $= 0{,}1$ bis 0,25 im gesamten Reynoldszahlbereich Re $= 10^{-1}$ bis 10^8 mit der Reynoldsähnlichkeit.

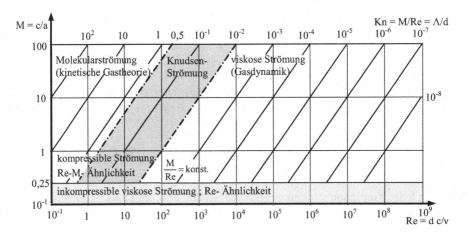

Abb. 4.2 Abgrenzung der unterschiedlichen Strömungsbereiche in Abhängigkeit der Reynoldszahl Re, der Machzahl M und der Knudsenzahl Kn

Darin sind enthalten:
- schleichende Strömung mit Re $= 10^{-1}$ bis 10,
- laminare Strömung mit Re $\leq$ 2,320,
- transiente Strömung laminar-turbulent,
- turbulente Strömung.
- Kompressible Strömung für Machzahlen M $>$ 0,25 bis 100 im gesamten Reynolds-zahlbereich von Re $= 10^{-1}$ bis 10^8 mit der Knudsenzahl Kn als Parameter mit der Re-M-Ähnlichkeit.

Dieser Bereich kann unterteilt werden in:
- Molekularströmung im Vakuum für Kn $= 10^3$ bis 0,5 im Reynoldszahlbereich Re $= 10^{-3}$ bis $2 \cdot 10^2$ und im Machzahlbereich M $=$ 0,25 bis 100. Hierin ist die kinetische Gastheorie gültig.
- Knudsenströmung im Übergangsbereich von der Molekularströmung zur viskosen Gasströmung mit Knudsenzahlen von Kn $=$ 0,5 bis 10^{-2}, Reynoldszahlbereich Re $=$ 0,6 bis 40 und darüber (grau unterlegtes Feld in Abb. 4.2).
- Viskose Gasströmung (Gasdynamik) für Knudsenzahlen Kn $=$ M/Re $\leq 10^{-2}$ bis 10^{-6} mit der Re-M-Ähnlichkeit.

Die viskose Gasströmung kann unterteilt werden in (Abschn. 6.6):
- subsonische kompressible Strömung mit M $=$ 0,25 bis M $<$ 1,0,
- transsonische kompressible Strömung mit M $=$ 1,
- supersonische kompressible Strömung mit M $>$ 1,
- hypersonische kompressible Strömung und Grenzschichtströmung mit M $>$ 5.

Diese Betrachtungen sind für die Versuchstechnik in Überschallkanälen mit großen Reynoldszahlen Re $= 10^6$ bis 10^8 und im höheren Überschallbereich bedeutsam wie die nachfolgende Gleichung für die Reynoldszahl Re mit Hilfe von Gl. 4.5 mit $\rho = p/(RT)$ und M $= c/a$ zeigt:

$$\text{Re} = \frac{c\,d}{\nu} = \frac{c\,a\,d}{a\,\nu} = \frac{M\,a\,d}{\nu} = \frac{M\,d}{\nu}\sqrt{\kappa\,\frac{p}{\rho}} = \frac{M\,d}{\nu}\sqrt{\kappa RT} = \frac{M\,d\,\rho}{\eta}\sqrt{\kappa\,R\,T} \quad (4.8)$$

mit $\nu = f(p, T)$ (Tab. A.4)

Gl. 4.8 zeigt, dass durch die Druckerhöhung und die Temperaturerhöhung die Reynolds-zahl für Versuchszwecke in der Luft- und Raumfahrt über Re $= 10^8$ gesteigert werden kann. Das führt schließlich zu den aufgeladenen Windkanälen.

4.4 Ähnlichkeitskennzahlen

Aus der Euler'schen Gleichung für die eindimensionale, inkompressible, stationäre rei-bungsbehaftete Strömung können die nachfolgenden Ähnlichkeitskennzahlen abgeleitet werden.

Die Euler'sche Bewegungsgleichung für die reibungsbehaftete Strömung für Fluide mit einer Ruheschubspannung τ_0 und mit der tangentialen Gesamtspannung τ lautet:

$$c\,\mathrm{d}c + \frac{\mathrm{d}p}{\rho} + g\,\mathrm{d}h + \frac{1}{\rho}\left(\tau_0 + \eta\frac{\mathrm{d}c}{\mathrm{d}n}\right)\frac{\mathrm{d}s}{r_\mathrm{h}} = 0 \qquad (4.9)$$

Wird Gl. 4.9 mit dem Ausdruck $\dfrac{r_{\mathrm{h}0}\frac{r_\mathrm{h}}{r_{\mathrm{h}0}}}{c\,\nu\,\mathrm{d}(\frac{s}{r_{\mathrm{h}0}})}$ multipliziert, so erhält man Gl. 4.10 [4]

$$\underbrace{\left[\frac{c_m\,r_{\mathrm{h}0}}{\nu}\right]}_{\mathbf{Re}}\frac{c}{c_m}\frac{r_\mathrm{h}}{r_{\mathrm{h}0}}\frac{\mathrm{d}\left(\frac{c}{c_m}\right)}{\mathrm{d}\left(\frac{s}{r_{\mathrm{h}0}}\right)} + \underbrace{\left[\frac{\frac{\mathrm{d}p}{\mathrm{d}s}r_{\mathrm{h}0}^2}{\eta\,c_m}\right]}_{\mathbf{Ha}}\frac{r_\mathrm{h}}{r_{\mathrm{h}0}} + \underbrace{\left[\frac{g\,r_{\mathrm{h}0}^2}{\nu\,c_m}\right]}_{\mathbf{Fr}}\frac{r_\mathrm{h}}{r_{\mathrm{h}0}}\frac{\mathrm{d}\left(\frac{r_\mathrm{h}}{r_{\mathrm{h}0}}\right)}{\mathrm{d}\left(\frac{s}{r_{\mathrm{h}0}}\right)} + \underbrace{\left[\frac{\tau_0\,r_{\mathrm{h}0}}{\eta\,c_m}\right]}_{\mathbf{Bi}} + \frac{\mathrm{d}\left(\frac{c}{c_m}\right)}{\mathrm{d}\left(\frac{r_\mathrm{h}}{r_{\mathrm{h}0}}\right)} = 0$$

$$(4.10)$$

Darin stellen die Ausdrücke in den eckigen Klammern die dimensionslosen Kennzahlen dar, die Ähnlichkeitskennzahlen genannt werden. Alle Ähnlichkeitskennzahlen stellen Kraftverhältnisse dar. Die Ähnlichkeitskennzahlen lauten:

$$\text{Reynoldszahl}\qquad \mathrm{Re} = \frac{\text{Trägheitskraft}}{\text{Zähigkeitskraft}} = \frac{c\,d}{\nu} = 1\ldots 10^8 \qquad (4.11)$$

$$\text{Hagenzahl}\qquad \mathrm{Ha} = \frac{\text{Druckkraft}}{\text{Zähigkeitskraft}} = -\frac{\frac{\mathrm{d}p}{\mathrm{d}s}r_{\mathrm{h}0}}{\bar{c}\,\eta} = -20\ldots +20 \qquad (4.12)$$

$$\text{Froudezahl}\qquad \mathrm{Fr} = \frac{\text{Trägheitskraft}}{\text{Gravitationskraft}} = \frac{c}{\sqrt{g\,r_{\mathrm{h}0}}} = 0{,}1\ldots 1{,}6 \qquad (4.13)$$

Die Froudezahl ist von Bedeutung für Strömungen mit freier Oberfläche, wie die Kanal- und Flussströmungen und für die Wellenströmungen, auf die die Gravitationskraft einwirkt.

$$\text{Binghamzahl}\qquad \mathrm{Bi} = \frac{\text{Ruheschubspannungskraft}}{\text{Trägheitskraft}} = \frac{\tau_0\,r_{\mathrm{h}0}}{\bar{c}\,\eta} \qquad (4.14)$$

$$\text{Rohrreibungsbeiwert}\qquad \lambda = \frac{\text{Hagenzahl}}{\text{Reynoldszahl}} = 2\,\frac{\mathrm{Ha}}{\mathrm{Re}} = 0{,}0070\ldots 0{,}10 \qquad (4.15)$$

Die Reynoldszahl charakterisiert die Strömungsform eines Fluids als schleichende, laminare oder turbulente Strömung. Sie nimmt Werte von $\mathrm{Re} = 1$ (schleichende Strömung) bis 10^8 und darüber für die turbulente Strömung an, bei der die Trägheitskraft dominiert und die Zähigkeitskraft nur noch eine untergeordnete Bedeutung hat wie z. B. bei Tragflügelprofilen oder bei axialen Gasturbinenschaufeln.

Die Hagenzahl charakterisiert den Druckgradienten einer beschleunigten oder verzögerten Strömung. Sie nimmt in freien Strömungen Werte von $\mathrm{Ha} = -20$ bis $+20$ an und kann in erzwungenen turbulenten Strömungen in Strömungsmaschinen weit höhere Werte erreichen.

Die Froudezahl stellt das Verhältnis der Trägheitskraft zur Gravitationskraft dar. Sie charakterisiert damit Strömungen mit freier Oberfläche wie Gerinneströmungen, Kanalströmungen, Beckenströmungen und die Oberflächenwellen dieser Strömungen, die von der Gravitationskraft beeinflusst werden. Sie nimmt Werte von $Fr = 0,1$ bis $1,6$ an.

Bei einer zu hohen Strömungsgeschwindigkeit einer Wasserströmung an einem Wehr wird die kritische Froudezahl $Fr_{krit} = 1,0$ erreicht und das Wasser schießt am Wehr herunter.

Die Binghamzahl stellt das Verhältnis der Ruheschubspannung zur Trägheitskraft dar. Sie charakterisiert damit die Nicht-Newton'schen Fluide der Klasse der Bingham'schen Fluide wie z. B. Harz, Ton, Talg, Zahnpaste, trockener Sand.

Eine Auswahl der wichtigen strömungstechnischen und thermodynamischen Kennzahlen ist in Tab. 4.1 angegeben.

4.5 Beispiele

Beispiel 4.5.1 Welche Bedingungen sind bei der Fertigung von Modellturbinen zu beachten?

Bei der Fertigung und Untersuchung von Modellen sind die Modellbedingungen der geometrischen Ähnlichkeit und der physikalischen Ähnlichkeit zu berücksichtigen, wobei letztere aus den kinematischen (Geschwindigkeiten) und den dynamischen Bedingungen (Kräfte) bestehen.

Die physikalische Ähnlichkeit fordert, dass die kinematischen Bedingungen und die Ähnlichkeitskennzahlen der Strömungsmaschinen für die Modellmaschine und die Originalmaschine gleich groß sind.

Beispiel 4.5.2 Ein Flugzeugrumpf eines Segelflugzeuges von $L_0 = 6\,\mathrm{m}$ Länge soll im Maßstab $1:6$ verkleinert und in einem Windkanal mit $1\,\mathrm{m}$ Modellgröße bezüglich der Geschwindigkeitsverteilung und des Widerstandbeiwertes untersucht werden. Wie groß muss die Anströmgeschwindigkeit c_2 sein, wenn die Großausführung mit $c_0 = 150\,\mathrm{km/h} = 41{,}67\,\mathrm{m/s}$, $\nu_0 = 15{,}1 \cdot 10^{-6}\,\mathrm{m^2/s}$ in $2\,\mathrm{km}$ Höhe bei $t_0 = 18\,^{\circ}\mathrm{C}$ ($T_0 = 291{,}15\,\mathrm{K}$) mit $\kappa = 1{,}4$ fliegen soll? Die geometrische Ähnlichkeit, die Reynoldsähnlichkeit und die Machähnlichkeit sollen gewahrt werden.

$$L_0/L_M = 6\,\mathrm{m}/1\,\mathrm{m} = 6{,}0$$

Reynoldsähnlichkeit:

$$R_0 = R_M = \frac{L_0 c_0}{\nu_0} = \frac{L_M c_M}{\nu_M}$$

$$\nu_0 = \nu_M \rightarrow L_0 c_0 = L_M c_M \rightarrow c_M = \frac{L_0}{L_M} c_0 = \frac{6\,\mathrm{m}}{1\,\mathrm{m}} \cdot 41{,}67\,\frac{\mathrm{m}}{\mathrm{s}} = 250\,\frac{\mathrm{m}}{\mathrm{s}}$$

Tab. 4.1 Wichtige Ähnlichkeitskennzahlen

Kennzahl	Symbol	Gleichung	Kräfteverhältnis	Namensgeber	Anwendung
Reynoldszahl	Re	$\frac{c\,d}{\nu}$	$\frac{\text{Trägheitskraft}}{\text{Zähigkeitskraft}}$	Osborne Reynolds 1842–1912 englischer Physiker	Laminare, turbulente Strömung, Druckverlust infolge Viskosität und Reibung
Hagenzahl	Ha	$-\frac{dp}{dt}\frac{l}{\eta c}$	$\frac{\text{Druckkraft}}{\text{Zähigkeitskraft}}$	Gotthilf Heinrich Ludwig Hagen 1797–1884 deutscher Strömungstechniker	Strömung mit Druckgradient
Froudezahl	Fr	$\frac{c}{\sqrt{g\,h}}\,;\,\frac{c^2}{g\,h}$	$\frac{\text{Trägheitskraft}}{\text{Gravitationskraft}}$	William Froude 1810–1879 englischer Ingenieur	Strömungen mit Schwerkrafteinfluss
Eulerzahl	Eu	$\frac{\Delta p}{\rho c^2}$	$\frac{\text{Druckkraft}}{\text{Trägheitskraft}}$	Leonhard Euler 1707–1773 schweizer Mathematiker	Für Strömungsfelder, bei denen die Reibungskraft vernachlässigbar ist und Druck- und Trägheitskräfte überwiegen, Messtechnik
Machzahl	M	$\frac{c}{a}=\frac{c}{\sqrt{\kappa\frac{p}{\rho}}}$	$\frac{\text{Trägheitskraft}}{\text{Druckkraft}}$	Ernst Mach 1838–1916 österreichischer Mathematiker, Physiker und Philosoph	Gasdynamik
Strouhalzahl	Sr	$\frac{f\,d}{c}$	$\frac{\text{lokale Trägheitskraft}}{\text{konvektive Trägheitskraft}}$	Vincent Strouhal 1850–1922 tschechischer Physiker	Instationäre Bewegung (Turbulenz, Wirbel, Schwingungen), Strömungsakustik
Stokeszahl	St	$\frac{\Delta p\,k}{\eta}$	$\frac{\text{Druckkraft}}{\text{Zähigkeitskraft}}$	George Stokes 1819–1903 englischer Physiker	Strömung mit Druckabfall
Rossbyzahl	Ro	$\frac{c}{\omega L}$	$\frac{\text{Trägheitskraft}}{\text{Corioliskraft}}$	Carl Gustav Rossby 1898–1957 schwedischer Meteorologe	Strömung unter Zentrifugalbeschleunigung (auf gekrümmten Bahnen)
Helmholtzzzahl	He	$\frac{L}{\lambda}$	$\frac{\text{Länge}}{\text{Wellenlänge}}$	Hermann v. Helmholtz 1821–1894 deutscher Mathematiker, Physiker, Physiologe, Philosoph	Strömungsakustik

Tab. 4.1 (Fortsetzung)

Kennzahl	Symbol	Gleichung	Kräfteverhältnis	Namensgeber	Anwendung
Prandtlzahl	$Pr = \dfrac{Pe}{Re}$	$\dfrac{\eta c_p}{\lambda} = \dfrac{\nu}{a_T}$	$\dfrac{\text{innere Reibungskraft}}{\text{Wärmeleitstrom}}$	Ludwig Prandtl 1876–1953 deutscher Strömungsingenieur	Analogie zwischen Geschwindigkeits- und Temperaturfeld
Sommerfeldzahl	So	$\dfrac{p(2s_c/R)^2}{2bR\eta\omega}$	$\dfrac{\text{Druckkraft}}{\text{Reibungskraft}}$	Arnold Sommerfeld 1868–1951 deutscher Physiker	Hydrodynamische Schmierung von Gleitlagern
Kavitationszahl	σ	$\dfrac{2\Delta p}{\rho c^2}$	$\dfrac{\text{Druckkraft}}{\text{dynam. Kraft}}$		Flüssigkeitsströmung in Dampfdrucknähe
Binghamzahl	Bi	$\dfrac{\tau d}{c\eta}$	$\dfrac{\text{Ruheschubspannungskraft}}{\text{Zähigkeitskraft}}$	Eugene Cook Bingham 1878–1945 amerikanischer Chemiker	Zähfließende Stoffe, Rührerauslegung
Knudsenzahl	Kn	$\dfrac{\Lambda}{d} = \dfrac{M}{Re}$	$\dfrac{\text{freie Weglänge}}{\text{charakteristische Bezugslänge}}$	Martin Knudsen 1871–1949 dänischer Physiker	Molekularströmung, Vakuum
Nußeltzahl	Nu	$\dfrac{\alpha l}{\lambda}$	$\dfrac{\text{Wärmeübergangsstrom}}{\text{Wärmeleitstrom}}$	Wilhelm Nußelt 1882–1957 deutscher Ingenieur	Konvektionsströmung, Wärmeübergang
Grashofzahl	Gr	$\dfrac{g\beta\Delta T l^3}{\nu^2}$	$\dfrac{\text{thermische Auftriebskraft}}{\text{Zähigkeitskraft}}$	Franz Grashof 1826–1893 deutscher Ingenieur	Konvektionsströmung, Wärmeübergang
Weberzahl	We	$\dfrac{\rho c^2 l}{\sigma}$	$\dfrac{\text{Inertialkraft}}{\text{Oberflächenspannungskraft}}$	Moritz Weber 1871–1951 deutscher Physiker	Oberflächenwellen, Kapillarwellen
Beckenzahl	Be	$\dfrac{\sqrt{gh^3}}{\nu} = \dfrac{Re}{Fr}$	$\dfrac{\text{Gravitationskraft}}{\text{Zähigkeitskraft}}$		Einlaufströmung in Wasserbecken

Reynoldszahl für Original:

$$\text{Re}_0 = \text{Re}_M; \quad \text{Re}_0 = \frac{c_0 L_0}{\nu_0} = \frac{41{,}67\,\text{m/s} \cdot 6\,\text{m}}{15{,}1 \cdot 10^{-6}\,\text{m}^2/\text{s}} = 16{,}59 \cdot 10^6$$

$$a_0 = 346\,\frac{\text{m}}{\text{s}} \rightarrow a = \sqrt{\kappa R T} = \sqrt{1{,}4 \cdot 287{,}6\,\frac{\text{J}}{\text{kg K}} \cdot 291{,}15\,\text{K}} = 342{,}39\,\frac{\text{m}}{\text{s}}$$

$$M_0 = \frac{c_0}{a_0} = \frac{41{,}67\,\text{m/s}}{342{,}39\,\text{m/s}} = 0{,}122$$

Für die Modellumströmung wird noch zugelassen:

$$M_M = c_M/a_M = 0{,}24; \quad a_M = c_0 = 41{,}67\,\text{m/s}$$

Anströmgeschwindigkeit des Modells für $M_M = 0{,}24$:

$$c_M = M_M \cdot a_M = 0{,}24 \cdot 41{,}67\,\text{m/s} = 10{,}0\,\text{m/s}$$

Beispiel 4.5.3 Wie groß müssen der Rohrdurchmesser d und die mittlere Strömungsgeschwindigkeit einer Luftströmung bei $t_L = 20\,^\circ\text{C}$, $\rho_L = 1{,}215\,\text{kg/m}^3$, $\nu_L = 15{,}1 \cdot 10^{-6}\,\text{m}^3/\text{s}$ gewählt werden, damit sie der Wasserströmung bei $t_W = 20\,^\circ\text{C}$ mit $\nu_W = 10^{-6}\,\text{m}^3/\text{s}$ in einem Rohr mit dem Durchmesser von $d_W = 80\,\text{mm}\,\varnothing$ und $c_W = 2{,}2\,\text{m/s}$ dynamisch ähnlich ist.

Bedingung

$$\text{Re}_L = \text{Re}_W = c\,d/\nu; \text{Re}_W = \frac{c_W\,d_W}{\nu_W} = \frac{2{,}2\,\text{m/s}\,0{,}08\,\text{m}}{10^{-6}\,\text{m}^2/\text{s}} = 176.000 = 176 \cdot 10^5$$

$$c_L\,d_L = \text{Re}_L\,\nu_L = c_W\,d_W\,\frac{\nu_L}{\nu_W} = 2{,}2\,\frac{\text{m}}{\text{s}}\,0{,}08\,\text{m}\,\frac{15{,}1 \cdot 10^{-6}\,\text{m}^2/\text{s}}{10^{-6}\,\text{m}^2/\text{s}} = 2{,}658\,\frac{\text{m}^2}{\text{s}}$$

Für $d_L = d_W = 80\,\text{mm}$ ist:

$$c_L = \frac{c_L d_L}{d_{L3}} = \frac{2{,}658\,\text{m}^2}{0{,}080\,\text{m s}} = 33{,}23\,\frac{\text{m}}{\text{s}}$$

$d_L = 80\,\text{mm}$ mit $c_L = 33{,}23\,\text{m/s}$ erfüllt die Ähnlichkeitsbedingung. Bei diesem Durchmesser und der Geschwindigkeit für die Luftströmung sind beide Strömungen ähnlich.

Literatur

1. Oswatitsch K (1976) Grundlagen der Gasdynamik. Springer, Wien
2. Zierep J (1991) Ähnlichkeitsgesetze und Modellregeln der Strömungslehre, 3. Aufl. Braun, Karlsruhe
3. Zierep J, Bühler K (1991) Strömungsmechanik. Springer, Berlin
4. Albring W (1990) Angewandte Strömungslehre, 6. Aufl. Akademie-Verlag, Berlin

Stationäre inkompressible Strömung; Hydrodynamik

Stationäre inkompressible Strömungen weisen keine zeitlichen Veränderungen und keine Dichteänderungen auf. Das Fluid unterliegt also keiner Beschleunigung oder Verzögerung infolge Zustandsänderung. In einer zeitunabhängigen stationären Strömung sind die Stromlinien, die Strombahnen und die Streichlinien identisch. Die Geschwindigkeit ist eine Funktion der Ortskoordinaten $c(x, y, z)$. Sie ist für die eindimensionale Strömung, z. B. Rohrströmung, nur von der Ortskoordinate x abhängig. Die Stromlinien beschreiben in einem bestimmten Zeitpunkt das Richtungsfeld des Geschwindigkeitsvektors (Abb. 3.1). Die Tangenten an jedem Ort verlaufen parallel zu den Geschwindigkeitsvektoren. Die Bestimmungsgleichung dafür lautet $c \times \mathrm{d}x = 0$.

Inkompressibel ist die Strömung dann, wenn sich die Dichte des inkompressiblen oder des kompressiblen Fluids infolge des Strömungsvorgangs nicht ändert. Das bedeutet, dass auch eine Luft- oder Gasströmung mit geringer Geschwindigkeit und geringer Druckänderung ohne Dichteänderung, also inkompressibel, verläuft. Die Abgrenzung der inkompressiblen Gasströmung von der kompressiblen erfolgt in Kap. 6 „Stationäre kompressible Strömung".

5.1 Stationäre Einlaufströmung in Rohrleitungen

Die realen Fluide (Flüssigkeiten und Gase) sind bei Bewegung durch ihr Materialverhalten, d. h. durch die Viskosität gekennzeichnet, die sich durch die innere Reibung bei der Formänderung und durch die Wandschubspannung darstellt. Flüssigkeiten mit besonders hoher Viskosität sind z. B. Öle, Harze, Sirup, Honig oder Schlamm.

Strömt ein reales Fluid mit hoher Anströmgeschwindigkeit c in ein Rohr oder in einen Kanal ein, so wird sich infolge der Wandschubspannung mit der Haftbedingung $c = 0$ an der Rohrwand und der inneren Fluidreibung in der Einlauflänge der Strömung zunächst an der Vorderkante der Wand eine laminare Grenzschicht bilden. Wenn die Grenzschicht im weiteren Strömungsverlauf laminar bleibt, vergrößert sich die Grenzschichtdicke mit

© Springer Fachmedien Wiesbaden GmbH 2017
D. Surek, S. Stempin, *Technische Strömungsmechanik*,
https://doi.org/10.1007/978-3-658-18757-6_5

Abb. 5.1 Einlaufströmung
in ein zylindrisches Rohr für
eine ausgebildete laminare
Rohrströmung Re < 2320

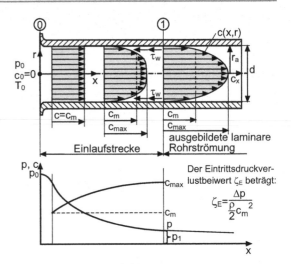

zunehmendem Strömungsweg, bis sich schließlich das charakteristische paraboloidför-
mige Geschwindigkeitsprofil der Hagen-Poiseuille-Strömung mit folgenden Merkmalen
entsprechend Abb. 5.1 ausbildet:

- Geschwindigkeit $c = 0$ an der Wand, Haftbedingung.
- Geringe Geschwindigkeit in Wandnähe, Grenzschicht.
- Maximalgeschwindigkeit in der Rohrmitte, die infolge der Kontinuitätsbedingung im
  Anlaufbereich mit zunehmender Koordinatenlänge ansteigt. In diesem Bereich der
  Rohrmitte (Kernströmung) wird die Strömung beschleunigt.

Am Ende der Einlaufstrecke nach einer Länge von $L = (50 \text{ bis } 60)\, d$ vom Einlauf des
Rohres hat sich das Hagen-Poiseuille-Geschwindigkeitsprofil geformt, das sich bei stationärer Strömung stromab nicht mehr verändert. Zur Beschleunigung der Kernströmung
und Ausbildung des Geschwindigkeitsprofils wird Energie benötigt, die der Druckenergie
entzogen wird und teils in Dissipationsenergie umgesetzt wird. Dadurch sinkt der Druck
in der Anlaufstrecke $\Delta p_v = p_0 - p_1$. Der Druckabfall wird oft durch den Druckverlustbeiwert ζ charakterisiert.

Laminare Strömung tritt in Rohrleitungen nur bei Fluiden mit größerer kinematischer
Viskosität von $\nu \geq 25 \cdot 10^{-6}\, \text{m}^2/\text{s}$ bis $35 \cdot 10^{-6}\, \text{m}^2/\text{s}$ wie z. B. bei der Ölströmung in der Hydraulik, in Ölpipelines, bei der Saftströmung in Zuckerfabriken und in der Lebensmittel-
industrie bei dickflüssigen Lebensmitteln hoher kinematischer Viskosität und demzufolge
großer Zähigkeitskraft auf. Wenn also die kinematische Viskosität eines Fluids hinreichend groß und die mittlere Strömungsgeschwindigkeit in einem Rohr oder in einem Spalt
hinreichend klein ist, dann strömt das Fluid laminar. Bei der laminaren Rohrströmung besitzt das Geschwindigkeitsfeld nur die eine Komponente c_x in axialer Richtung. Steigt die
Strömungsgeschwindigkeit c_x an, so gelangt die Strömung in ein Übergangsgebiet und
wird nachfolgend turbulent.

5.2 Stationäre inkompressible reibungsbehaftete Strömung

Die stationäre reibungsbehaftete Strömung nach der Einlaufströmung wird auch Viskose-
oder Zähigkeitsströmung genannt, weil dabei neben der Trägheitskraft ($a\,m$), der Druckkraft ($p\,A$) und der Gravitationskraft als Potentialkraft ($g\,m$) auch die Zähigkeitskraft
$F_\tau = \tau A$ auf die Strömung einwirkt, die sich aus der Schubspannung und der reibenden Fläche der Strömung A zusammensetzt. Die reibende Fläche ist die von der Strömung
benetzte Fläche. Sie beträgt bei der Rohrströmung $\mathrm{d}A = U\,\mathrm{d}x = 2\pi r_\mathrm{a}\,(\mathrm{d}x)$ (Abb. 5.2).

Die Schubspannung der reibenden Schicht τ ist der dynamischen Viskosität η und dem
Geschwindigkeitsgradienten $\mathrm{d}c/\mathrm{d}n$ proportional, der normal zur Hauptströmungsrichtung
steht. Sie beträgt für Newton'sche Fluide z. B. für Luft, technische Gase, Wasser, Alkohol,
bei denen keine Schubspannung im Ruhezustand ($\tau_0 = 0$) auftritt:

$$\tau = \eta\,\frac{\mathrm{d}c}{\mathrm{d}n} = \rho\,v\,\frac{\mathrm{d}c}{\mathrm{d}n} \tag{5.1}$$

Die dynamische Viskosität in Pa s ergibt sich aus der Stoffdichte ρ und der kinematischen
Viskosität v zu $\eta = \rho v$.

Nicht-Newton'sche Fluide besitzen nicht nur die molekulare Viskosität, sondern auch
eine Ruheschubspannung sowie die Wirbelviskosität. Damit beträgt die Schubspannung
für Nicht-Newton'sche Fluide:

$$\tau = \tau_0 + \eta\,\frac{\mathrm{d}c}{\mathrm{d}n} = \tau_0 + \rho\,v\,\frac{\mathrm{d}c}{\mathrm{d}n} \tag{5.2}$$

Die dynamische Viskosität η Newton'scher Fluide ist temperatur- und druckabhängig,
jedoch unabhängig vom Geschwindigkeitsgradienten (Abb. A.2 und A.7)[1]. Die Schubspannung der vielen Nicht-Newton'schen Fluide, insbesondere der Bingham'schen Fluide
beschreibt die Rheologie[2] [4].

Abb. 5.2 Reibungsbehaftete
laminare Rohrströmung

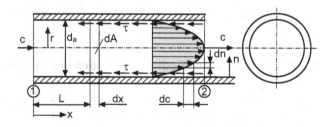

---

[1] Abbildungen in der Anlage.
[2] Rheologie: griechisch, Lehre von den Fließeigenschaften der Stoffe.

Abb. 5.3 Diffusorförmiger
Rohrbogen

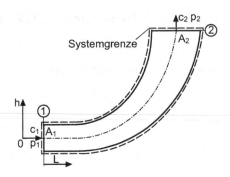

Wird die tangentiale Reibungsspannung Nicht-Newton'scher Fluide nach Gl. 5.2 in die Euler'sche Bewegungsgleichung für die reibungsbehaftete Strömung (Gl. 5.14) eingeführt, so erhält man die Gleichung:

$$c\,\mathrm{d}c + \frac{\mathrm{d}p}{\rho} + g\,\mathrm{d}h + \left(\frac{\tau_0}{\rho} + v\frac{\mathrm{d}c}{\mathrm{d}n}\right)\frac{U}{A}\mathrm{d}s = 0 \tag{5.3}$$

Nach Integration von Gl. 5.3 ergibt sich die Bernoulligleichung für die eindimensionale reibungsbehaftete inkompressible Strömung in der Form:

$$\frac{c^2}{2} + \frac{p}{\rho} + gh + \left(\frac{\tau_0}{\rho} + v\frac{\mathrm{d}c}{\mathrm{d}n}\right)\frac{U}{A}L = H \tag{5.4}$$

Darin stellt τ_0/ρ die spezifische Reibungsenergie dar, die auch als das Quadrat der Schubspannungsgeschwindigkeit bezeichnet wird.

Da die spezifische Reibungsarbeit erst nach Zurücklegen des Strömungsweges L auftritt, lautet die Bernoulligleichung (Gl. 5.5) für die reibungsbehaftete inkompressible Strömung im gekrümmten Diffusor nach Abb. 5.3:

$$\frac{c_1^2}{2} + \frac{p_1}{\rho} + gh_1 = \frac{c_2^2}{2} + \frac{p_2}{\rho} + gh_2 + \left(\frac{\tau_0}{\rho} + v\frac{\mathrm{d}c}{\mathrm{d}n}\right)\frac{L}{\left(\frac{A}{U}\right)} = H \tag{5.5}$$

5.2.1 Hydraulischer Radius und hydraulischer Durchmesser

Das Verhältnis A/U in den Gln. 5.4 und 5.5 stellt die durchströmte Querschnittsfläche bezogen auf den benetzten Umfang dar. Es wird als „hydraulischer Radius" $r_\mathrm{h} = A/U$ bezeichnet. Für ein kreisrundes Rohr mit der Querschnittsfläche $A = \pi d^2/4$ und dem Umfang $U = \pi d$ beträgt der hydraulische Radius:

$$r_\mathrm{h} = A/U = d/4 \tag{5.6}$$

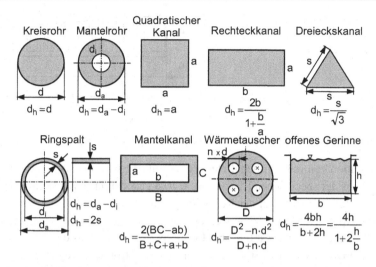

Abb. 5.4 Hydraulischer Durchmesser d_h verschiedener geometrischer Strömungsquerschnitte

Der hydraulische Rohrdurchmesser d_h für einen kreisförmigen Rohrquerschnitt soll gleich dem geometrischen Rohrinnendurchmesser d sein und beträgt damit $d = d_h = 4A/U$.

In Abb. 5.4 sind die hydraulischen Durchmesser weiterer Strömungsquerschnitte angegeben. Beim offenen Gerinne ist zu beachten, dass der benetzte Umfang $U = b + 2h$ beträgt (Abb. 5.4). Die freie Flüssigkeitsoberfläche des Kanals gehört nicht zur Kanalbegrenzung, sondern zur Gravitationskrafteinwirkung.

Der Druckverlust Δp_v tritt erst im Verlauf der Strömung auf. Er wird in spezifische Dissipationsenergie umgesetzt und erhöht die innere Energie des Fluids $du = c_v\,dT$. Die geringe Temperaturerhöhung dT durch die Dissipationsenergie kann bei genauer Temperaturmessung trotz der großen spezifischen Wärmekapazität der Fluide ($c = 4{,}186\,\text{J}/(\text{kg K})$ für Wasser bei $t = 15\,°\text{C}$) experimentell nachgewiesen werden. Dieses Verfahren der Temperaturmessung wird zur Wirkungsgradbestimmung von Wasserturbinen genutzt.

5.3 Reibungsbehaftete Rohrströmung

Bei der Strömung durch ein zylindrisches Rohr können zwei verschiedene Strömungsformen auftreten, die laminare oder geschichtete und die turbulente oder verwirbelte Strömung mit unterschiedlichen Geschwindigkeitsprofilen. Die laminare Rohrströmung wird auch als Hagen-Poiseuille'sche-Strömung bezeichnet, da sie 1838 von Gotthilf Heinrich Hagen (1797–1884) in Berlin und zwei Jahre danach, 1840, von Jean Louis Marie Poiseuille (1797–1869) berechnet und veröffentlicht wurde. Diese Gleichungen nennt man das Hagen-Poiseuille'sche Gesetz.

Die turbulente Strömung in einem Rohr lässt sich nur näherungsweise berechnen.

Abb. 5.5 Druckabfall bei
reibungsbehafteter Strömung
in einer geraden Rohrleitung

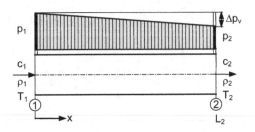

Bei der stationären reibungsbehafteten Rohrströmung wird die spezifische Reibungs-energie τ/ρ aus der spezifischen Druckenergie p/ρ gedeckt. Dadurch sinkt entsprechend Abb. 5.5 der statische Druck in der Rohrleitung, was durch zwei Druckmessrohre in der Rohrleitung experimentell angezeigt werden kann.

Dieser Reibungsdruckverlust führt bei Erdölpipelines dazu, dass der in der Pumpstati-on aufgebaute Druck von $p = 80$ bis 90 bar nach dem Strömungsweg in der Rohrleitung von $L = 80$ bis 100 km durch Reibung aufgebraucht ist und eine nächste Pumpstation in-stalliert werden muss. Gleiches gilt für Gaspipelines, die ebenfalls mit statischen Drücken von ca. $p = 80$ bar betrieben werden und für Trinkwasserversorgungsleitungen, die Be-triebsdrücke von $p = 350$ kPa bis 750 kPa Überdruck besitzen. Die reibungsbehaftete Rohrströmung entsprechend Abb. 5.2 kann bei Beachtung der Haftbedingung $c = 0$ an der Rohrwand mit Hilfe der Eulergleichung berechnet werden.

Die Euler'sche Bewegungsgleichung für die reibungsbehaftete Strömung mit der spe-zifischen Reibungsenergie $\frac{d\tau}{\rho} = \lambda(\frac{c^2}{2})(\frac{dx}{d})$ lautet:

$$c\,dc + \frac{dp}{\rho} + g\,dh + \frac{d\tau}{\rho} = 0 \tag{5.7}$$

Wird die Beziehung für die spezifische Reibungsenergie in Gl. 5.7 eingesetzt, so ergibt sich:

$$c\,dc + \frac{dp}{\rho} + g\,dh + \lambda\frac{c^2}{2}\frac{dx}{d} = 0 \tag{5.8}$$

Daraus erhält man die Bernoulligleichung für die reibungsbehaftete Strömung:

$$\frac{c_1^2}{2} + \frac{p_1}{\rho} + gh_1 = \frac{c_2^2}{2} + \frac{p_2}{\rho} + gh_2 + \lambda\frac{c^2}{2}\frac{L_2}{d} \tag{5.9}$$

5.3.1 Hagen-Poiseuille'sche Strömung

Die Hagen-Poiseuille-Strömung ist die laminare Strömung eines Newton'schen Fluids in einem zylindrischen geraden Rohr. Das Geschwindigkeitsprofil $c(r)$, die Maximalge-schwindigkeit c_{max} in der Kernströmung, die mittlere Geschwindigkeit c_m, der Durchfluss-volumenstrom $\dot{V}$, die Schubspannung τ an der Rohrwand und der Druckverlust $\Delta p(\Delta L)$

Abb. 5.6 Kräftegleichgewicht an einem Fluidelement bei stationärer laminarer Strömung

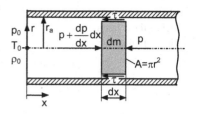

für ein beliebig langes Rohr können aus dem Gleichgewicht der Druck- und Reibungskräfte an einem zylindrischen Fluidelement im horizontalen Rohr für eine stationäre Strömung nach Abb. 5.6 berechnet werden.

Das Kräftegleichgewicht auf das Fluidteilchen der Länge dx in Strömungsrichtung von Abb. 5.6 lautet:

$$A\left(p + \frac{dp}{dx}dx\right) - Ap - \tau 2\pi r\,dx = 0 \tag{5.10}$$

Daraus folgt Gl. 5.11:

$$A\,dp - 2\pi r\tau\,dx = 0 \tag{5.11}$$

Mit der Schubspannung für ein Newton'sches Fluid $\tau = \eta\,dc/dn = \eta\,dc/dr$ und der Fläche $A = \pi r^2$ ergibt sich die Beziehung:

$$\frac{dp}{dx}r\,dr - 2\eta\,dc = 0 \tag{5.12}$$

Nach Integration von Gl. 5.12 erhält man für die Geschwindigkeit:

$$c(r) = \frac{1}{2\eta}\frac{dp}{dx}\int\limits_{r=r}^{r_a} r\,dr \tag{5.13}$$

Daraus ergibt sich die Geschwindigkeitsverteilung im Rohrquerschnitt zu:

$$c(r) = \frac{r_a^2}{4\eta}\frac{dp}{dx}\left[1 - \left(\frac{r}{r_a}\right)^2\right] \tag{5.14}$$

Das ist die Gleichung eines Rotationsparaboloids. Die Geschwindigkeitsverteilung im Rohr verläuft also paraboloidförmig und sie erreicht bei $r = 0$ ihren Maximalwert c_{max} von:

$$c_{max} = \frac{r_a^2}{4\eta}\frac{dp}{dx} \tag{5.15}$$

Bezieht man die Lösung in Gl. 5.14 auf c_{max}, so erhält man die paraboloide Geschwindigkeitsverteilung im Rohrquerschnitt zu:

$$\frac{c(r)}{c_{max}} = 1 - \left(\frac{r}{r_a}\right)^2 \tag{5.16}$$

Abb. 5.7 Geschwindig-
keitsprofil der laminaren
Rohrströmung

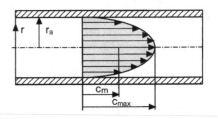

Gl. 5.16 zeigt, dass die Geschwindigkeit an der Rohrwand bei $r = r_\mathrm{a}\,c = 0$ ist (Abb. 5.7).
Die mittlere Geschwindigkeit c_m beträgt:

$$c_\mathrm{m} = \frac{c_\mathrm{max}}{2} \tag{5.17}$$

Damit kann der Druckverlust $\mathrm{d}p$ der Rohrströmung für die laminare Strömung berechnet
werden zu:

$$\mathrm{d}p = \frac{4\,\eta}{r_\mathrm{a}^2} c_\mathrm{max}\,\mathrm{d}x; \quad \frac{\mathrm{d}p}{\mathrm{d}x} = \frac{4\eta}{r_\mathrm{a}^2} c_\mathrm{max} \tag{5.18}$$

Mit Hilfe dieser Gleichung kann auch der Durchflussvolumenstrom $\dot{V}$ durch die Rohrleitung berechnet werden. Der Volumenstrom beträgt:

$$\dot{V} = \frac{\pi\,r_\mathrm{a}^4}{8\eta}\frac{\mathrm{d}p}{\mathrm{d}x} \tag{5.19}$$

Den Zusammenhang von Volumenstrom und Druckgradient bezeichnet man als Hagen-
Poiseuille'sches Gesetz.

Mit Gl. 5.17 für die mittlere Geschwindigkeit ergibt sich der Volumenstrom $\dot{V}$ zu:

$$\dot{V} = \pi\,r_\mathrm{a}^2\,c_\mathrm{m} = A\,c_\mathrm{m} \tag{5.20}$$

Die mittlere Geschwindigkeit c_m im laminar durchströmten Rohr ist gleich der halben
Maximalgeschwindigkeit $c_\mathrm{m} = c_\mathrm{max}/2$.

Aus Gl. 5.11 kann schließlich auch die Schubspannung τ an der Rohrwand für konstanten Druck bestimmt werden zu:

$$\tau = \frac{A}{2\,\pi\,r}\frac{\mathrm{d}p}{\mathrm{d}x} = \frac{r}{2}\frac{\mathrm{d}p}{\mathrm{d}x} \tag{5.21}$$

An der Rohrwand bei $r = r_\mathrm{a}$ beträgt die Wandschubspannung:

$$\tau_\mathrm{W} = \frac{r_\mathrm{a}}{2}\frac{\mathrm{d}p}{\mathrm{d}x} = \frac{r_\mathrm{a}}{2}\frac{4\eta}{r_\mathrm{a}^2} c_\mathrm{max} = 2\eta\frac{c_\mathrm{max}}{r_\mathrm{a}} \tag{5.22}$$

Der Druckverlust in der Rohrleitung beträgt somit:

$$\Delta p = \frac{2\,\tau}{r_\mathrm{a}}\Delta L = \frac{2\eta}{r_\mathrm{a}}\frac{\mathrm{d}c}{\mathrm{d}r}\Delta L = \frac{8\,\eta\,c_\mathrm{m}}{r_\mathrm{a}^2}\Delta L \tag{5.23}$$

5.3.2 Strömungsformen in Rohrleitungen

Außer der Hagen-Poiseuille-Strömung können in Rohrleitungen auch turbulente Strömungsformen auftreten, die durch Geschwindigkeitsschwankungen von Strömungsballen quer zur Hauptströmungsrichtung in der Rohrachse gekennzeichnet sind. Diese Geschwindigkeitsschwankungen sind von makroskopischer Größe, jedoch klein zur mittleren Geschwindigkeit in der Hauptströmungsrichtung. Die Querbewegung der Strömung in einer Rohrleitung entdeckte 1883 der Physiker und Mathematiker Osborne Reynolds (1842–1912).

Somit treten folgende Strömungsformen auf:

- die laminare Strömung (geschichtete Strömung) und
- die turbulente Strömung (lat.: turbulentus – unruhig).

Die unterschiedlichen Strömungsformen laminar oder turbulent stellen sich in unterschiedlichen Geschwindigkeitsprofilen dar [1, 2].

In Abhängigkeit der Reynoldszahl Re, d. h. in Abhängigkeit der in der Strömung wirkenden Trägheits- und Zähigkeitskräfte, tritt in Rohrleitungen eine laminare (geschichtete) Strömung oder eine turbulente (ungeordnete) Strömung auf. Bei kleinen Reynoldszahlen von Re $= 100$ bis ca. 2320 überwiegt der Einfluss der Zähigkeitskräfte $\tau \cdot A$ gegenüber den Trägheitskräften ($m \cdot a$) und die Fluidteilchen strömen auf geschichteten Bahnen ohne merkliche Querbewegung senkrecht zur Hauptströmungsrichtung. Führt man in eine laminare Rohrströmung eine Farbstoffsonde ein, so bleibt die Farbstoffstromlinie nach Austritt aus der Sonde in der Schichtform erhalten (Abb. 5.8).

Führt man diese Farbstoffsonde in eine turbulente Rohrströmung mit Reynoldszahlen von Re > 2320 bis $5 \cdot 10^7$ ein, bei der infolge großer Geschwindigkeiten und geringer kinematischer Viskosität die Trägheitskräfte gegenüber der Zähigkeitskraft überwiegen, dann treten in der turbulenten Strömung starke Querbewegungen zur Hauptströmungsrich-

Abb. 5.8 Darstellung laminarer und turbulenter Strömung in einem Rohr mittels Farbstoffsonden nach M. Van Dyke 2007 [31]

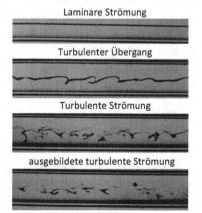

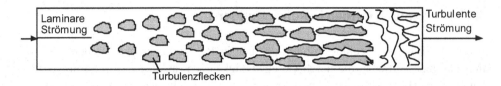

Abb. 5.9 Übergang der laminaren in die turbulente Strömungsform

tung auf, die den Farbstofffaden nach Verlassen der Sonde in die Querbewegung führen. Praktisch tritt dabei nach kurzer Zeit eine intensive Durchmischung des Farbstoffes im gesamten Strömungsquerschnitt ein (Abb. 5.8).

Der Übergang der laminaren in die turbulente Rohrströmung erfolgt bei der kritischen Reynoldszahl von $Re_{krit} = 2320$. Es ist aber kein plötzlich einsetzender Vorgang, sondern der Übergang stellt ein Stabilitätsproblem dar, das von mehreren Einflussgrößen und Störungen abhängig ist. So entstehen zunächst einzelne Turbulenzflecken an der Rohrwand, die von der Strömungsgeschwindigkeit weggeschwemmt werden (Abb. 5.9). Erst wenn die an den Störstellen entstehenden Turbulenzflecken so dicht und stabil sind, dass sie nicht mehr von der Grundströmung mitgenommen werden können und sich in den Rohrquerschnitt hinein ausweiten, ist der turbulente Strömungsübergang vollzogen. Damit erklären sich auch die Übergangsgebiete in dem Nikuradse- und Colebrook-Diagramm (Abb. 5.15).

Dieses Stabilitätsproblem des Strömungsüberganges erklärt auch, weshalb der Übergang der laminaren in die turbulente Strömungsform an umströmten ebenen Platten und sehr schlanken Profilen erst bei Reynoldszahlen von $Re = 4 \cdot 10^5$ bis 10^6 erfolgen kann.

5.3.3 Laminare Rohrströmung

Bei der ausgebildeten laminaren Strömung in Rohrleitungen und Spalten bewegen sich die makroskopischen Fluidteilchen auf parallelen Schichten mit dem charakteristischen parabolischen Geschwindigkeitsprofil ohne Querbewegung. Die Schubspannung, die Geschwindigkeitsverteilung, der Rohrreibungsbeiwert λ und der Druckverlust können berechnet werden.

Der Rohrreibungsbeiwert λ stellt den auf den Staudruck der Strömung $\rho c^2/2$ und auf das Längenverhältnis l/d bezogenen Druckverlust Δp in einem Rohr dar:

$$\lambda = \frac{1}{\frac{\rho}{2}c^2} \frac{dp}{d\left(\frac{l}{d}\right)} \approx \frac{\Delta p \, d}{\frac{\rho}{2}c^2 \, l} \tag{5.24}$$

Der Rohrreibungsbeiwert λ ist von einer großen Zahl von Parametern abhängig, $\lambda = f$ (Geschwindigkeit c, Rohrdurchmesser d, Oberflächenrauigkeit k, kinematische Viskosität des Fluides ν). Eine Einschränkung der Zahl der Einflussgrößen gelingt mit der

Reynoldszahl Re und mit der auf den Rohrdurchmesser bezogenen relativen Oberflächen-rauigkeit k/d.

$$\lambda = f(\text{Re}, k/d) \tag{5.25}$$

Bei laminarer Strömung hat die Rohrrauigkeit keinen Einfluss auf den Rohrreibungsbei-wert. Er ist nur von der Reynoldszahl abhängig. Er beträgt für zylindrische Rohre:

$$\lambda = \frac{64}{\text{Re}} \tag{5.26}$$

Weicht der Strömungsquerschnitt stark von der Kreisform ab, wie z. B. beim Kreisring-querschnitt mit d_a und d_i oder beim Rechteckquerschnitt mit den Abmessungen a und b oder bei elliptischen Querschnitten mit der Breite b und der Höhe a, dann ist die Wand-schubspannung am Umfang nicht mehr konstant und der Rohrreibungswert ändert sich gemäß Gl. 5.27 und Tab. 5.1.

$$\lambda = C \frac{64}{\text{Re}} \tag{5.27}$$

Die Konstante C ist von der Rohrgeometrie abhängig. Sie kann Tab. 5.1 entnommen wer-den.

Der Druckverlust in der Rohrleitung bei laminarer Strömung beträgt:

$$\Delta p = p_1 - p_2 = \lambda \frac{L}{d} \frac{\rho}{2} c^2 = \frac{64}{\text{Re}} \frac{L}{d} \frac{\rho}{2} c^2 = 64 \, v \frac{L}{d^2} \frac{\rho}{2} c = 64 \, \eta \frac{L}{d^2} \frac{c}{2} \tag{5.28}$$

Diese Gleichung ist gültig für glatte und raue Rohrleitungen bei Reynoldszahlen bis zum kritischen Wert von $\text{Re}_{\text{krit}} = 2320$.

Für eine laminare Strömung im ebenen Spalt (Abb. 5.10) zwischen zwei parallelen Platten stellt sich ein größerer Reibungsbeiwert λ ein von

$$\lambda = \frac{96}{\text{Re}} \tag{5.29}$$

Tab. 5.1 Korrekturbeiwerte für den Rohrreibungsbeiwert bei laminarer Strömung in Rohrleitungen mit nicht kreisförmigem Querschnitt $\lambda = C \, 64/\text{Re} = C \, 64v/(c d_{\text{h}})$

	d_a/d_i	1,1	2	5	10	20	50	100
	C	1,50	1,49	1,45	1,40	1,35	1,28	1,25
	a/b	0,05	0,1	0,2	0,3	0,5	0,8	1,0
	C	1,41	1,34	1,20	1,10	0,97	0,90	0,88
	a/b	0,05	0,1	0,2	0,3	0,5	0,8	1,0
	C	1,22	1,20	1,16	1,11	1,05	1,01	1,0
	$\beta°$	2	6	18	30	42	54	60
	C	0,75	0,758	0,828	0,860	0,890	0,890	0,890

Abb. 5.10 Strömung im ebenen Spalt

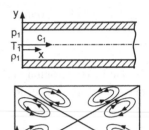

Abb. 5.11 Sekundärströmungen in einem rechteckigen
Kanalquerschnitt

Weitere Gleichungen für Rohrreibungsbeiwerte λ anderer geometrischer Formen sind
in Tab. 5.3 angegeben.

Soll der Druckverlust in Rohrleitungen berechnet werden, die keinen kreisförmigen
Querschnitt besitzen, dann treten in den Ecken des Strömungsquerschnitts Sekundärströmungen auf, die zur Erhöhung der Schubspannung und der Druckverluste führen. In
Abb. 5.11 sind die Sekundärströmungen in den Ecken eines rechteckförmigen Luftka-
nals der Luft- und Klimatechnik dargestellt. Die Schubspannungsenergie muss aus dem
statischen Druck der Strömung gedeckt werden. Diese erhöhten Druckverluste werden
durch vergrößerte Rohrreibungsbeiwerte λ entsprechend Tab. 5.1 berücksichtigt, wobei
die Reynoldszahl Re $= (c \cdot d_{\mathrm{h}})/\nu$ natürlich mit dem hydraulischen Durchmesser $d_{\mathrm{h}} =
4A/U$ gebildet wird. Die Vergrößerung der Rohrreibungsbeiwerte beträgt in Abhängig-
keit der Querschnittsgeometrie $C = 0{,}75$ bis $1{,}50$ (Tab. 5.1).

5.3.4 Turbulente Rohrströmung

Eine turbulente Rohrströmung mit der makroskopischen Querbewegung der Fluidteil-
chen tritt oberhalb der kritischen Reynoldszahl Re $= cd/\nu > 2320$ auf. Der turbulente
Impulsaustausch im Rohrquerschnitt führt außerhalb der Grenzschicht zu einer verän-
derten Geschwindigkeitsverteilung mit einer gleichmäßigen Verteilung und geringerer
Maximalgeschwindigkeit gegenüber dem Geschwindigkeitsprofil bei laminarer Strömung
(Abb. 5.12).

Abb. 5.12 Turbulentes
Geschwindigkeitsprofil

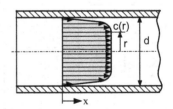

Abb. 5.13 Beispiele technischer und hydraulischer Oberflächenrauigkeiten

Im Gegensatz zur laminaren Strömung kann die Schubspannung und der Druckverlust der turbulenten Strömung nicht theoretisch, sondern nur unter Nutzung von experimentellen Versuchswerten näherungsweise berechnet werden. Eine Ausnahme bildet das Blasiusgesetz für die hydraulisch glatte Wand. Die Querbewegung der Fluidteilchen überlagert sich mit der turbulenten Hauptströmung. Dadurch ist der Druckverlust bei der turbulenten Strömung mit $\Delta p \sim c^{1/4}$ nicht so eindeutig von der Geschwindigkeit abhängig wie bei der laminaren Strömung [3].

Bei der turbulenten Strömung in nichtkreisförmigen Rohr- und Kanalquerschnitten ist durch den turbulenten Austausch der Strömung das Geschwindigkeitsprofil ausgeglichener. Dadurch wird der Schubspannungsanteil auf den Wandbereich beschränkt. Deshalb hat die Geometrie bei der turbulenten Strömung keinen Einfluss mehr auf den Druckverlustbeiwert, allerdings ist die kritische Reynoldszahl für den Umschlag laminar-turbulent kleiner als für die Strömung im kreisförmigen Rohr $Re_{krit} < 2320$ [4].

Johann Nikuradse (1894–1979) [4] hat 1931 erstmals die Reibungsbeiwerte von Rohren mit Sandrauigkeit ausgemessen und in dem nach ihm benannten Nikuradse-Diagramm $\lambda = f(Re, d/k)$ dargestellt. Nachfolgend hat Colebrook in den USA ein gleiches Diagramm mit experimentell bestimmten Rohrreibungsbeiwerten veröffentlicht.

Die Messungen von Nikuradse bei turbulenter Strömung zeigen, dass der Rohrreibungsbeiwert λ neben der Reynoldszahl auch von der Oberflächenrauigkeit der Rohrwand beeinflusst wird. Der Einfluss der Wandrauigkeit ist insofern kompliziert, da von Nikuradse Rauigkeiten mit definierter Sandrauigkeit ausgemessen wurden, die durch gesiebten Sand mit dem Korndurchmesser k und dem Rohrdurchmesser d definiert war.

Die technische Rauigkeit, z. B. gefräster, gedrehter, polierter oder gezogener Oberflächen (Abb. 5.13) weisen eine andere Oberflächengeometrie auf, die hydraulisch durch die Dicke der laminaren Unterschicht δ_L der Grenzschicht charakterisiert wird.

Der Einfluss der Wandrauigkeit in Rohren auf den Rohrreibungsbeiwert λ tritt umso früher ein, je größer die Rauigkeitserhebungen k sind. In Tab. 5.2 sind die Oberflächenrauigkeiten von Rohren angegeben. Für alle turbulenten Rauigkeitsströmungen ergibt sich aber ein Übergangsgebiet zwischen der laminaren und der turbulenten Strömung. In Abb. 5.14 ist die Rauigkeitsfunktion $(1/\sqrt{\lambda} - 2\lg(r_h/k))$ für die Funktion von Nikuradse und von Colebrook in Abhängigkeit der Funktion $\lg(u_\tau k/\nu)$ dargestellt.

Tab. 5.2 Oberflächenrauigkeiten von Rohren aus unterschiedlichen Werkstoffen

Rohrwerkstoff	Zustand der Rohrwand	Rauigkeit k in mm
Gezogene Rohre aus Metall (Cu, Messing, Bronze, Leichtmetall), Glas oder Plexiglas	neu, technisch glatt	0,0012 bis 0,0015
Gummidruckschlauch	neu, unversprödet	0,0016
Nahtlose Stahlrohre	Walzhaut gebeizt, neu verzinkt	0,02 bis 0,06 0,03 bis 0,04 0,07 bis 0,16
Längsgeschweißte Stahlrohre	Walzhaut bituminiert, neu galvanisiert	0,04 bis 0,10 0,01 bis 0,05 0,008
Benutzte Stahlrohre	verrostet oder leicht verkrustet stark verkrustet	0,15 bis 0,20 bis 3,0
Gusseiserne Rohre	neu mit Gusshaut neu bituminiert leicht angerostet verkrustet	0,2 bis 0,60 0,1 bis 0,13 0,5 bis 1,50 bis 4,0
Asbestzementrohre	neu	0,03 bis 0,10
Drainagerohre aus gebranntem Ton	neu	0,07
Betonrohre	neu mit Glattstrich neuer Stahlbeton Schleuderbeton, neu	0,3 bis 0,8 0,10 bis 0,15 0,2 bis 0,8

Danach ergeben sich folgende Bereiche für den Rohrreibungsbeiwert und dessen Abhängigkeit von der Reynoldszahl der Wandrauigkeit $\mathrm{Re_k} = \sqrt{\left(\frac{\tau}{\rho}\right)}\frac{k}{\nu}$ mit der Wandschubspannungsgeschwindigkeit $u_\tau = \sqrt{\frac{\tau}{\rho}}$ und der Oberflächenrauigkeit k:

Hydraulisch glatte Rohrwand:

$$\sqrt{\left(\frac{\tau}{\rho}\right)}\frac{k}{\nu} < 5 \text{ bis } \mathrm{Re} = 28{,}2\,\frac{d}{k}\,\lg\left(5{,}6\,\frac{d}{k}\right); \quad \lambda = f(\mathrm{Re})$$

Übergangsgebiet:

$$5 < \sqrt{\left(\frac{\tau}{\rho}\right)}\frac{k}{\nu} < 70; \quad 5 < \frac{u_\tau k}{\nu} = \mathrm{Re_k} < 70; \quad \lambda = f\left(\mathrm{Re},\frac{d}{k}\right)$$

ausgebildete turbulente Strömung:

$$\sqrt{\left(\frac{\tau}{\rho}\right)}\frac{k}{\nu} > 70 \text{ bis } \mathrm{Re} = 4{,}00\,\frac{d}{k}\,\lg\left(3{,}71\,\frac{d}{k}\right); \quad \lambda = f\left(\frac{d}{k}\right)$$

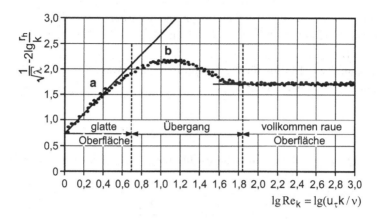

Abb. 5.14 Rauigkeitsfunktion für die Nikuradse'sche Sandrauigkeit **a** hydraulisch glatt, **b** Sandrauigkeit nach Nikuradse

Aus Abb. 5.15 können die Rohrreibungsbeiwerte $\lambda = f(\text{Re}, d/k)$ entnommen werden. Im Übergangsgebiet der laminaren in die turbulente Strömung zwischen $\text{Re} = \text{Re}_{\text{krit}}$ bis zur Grenzkurve in Abb. 5.15 ist der Rohrreibungsbeiwert stets eine Funktion der Reynoldszahl und der relativen Wandrauigkeit $\lambda = f(\text{Re}, d/k)$ (Abb. 5.15 und Tab. 5.3).

Erst wenn die Rauigkeitserhebungen der umströmten Oberfläche so groß werden, dass sie die laminare Unterschicht durchstoßen und die Grenzschichtströmung beeinflussen,

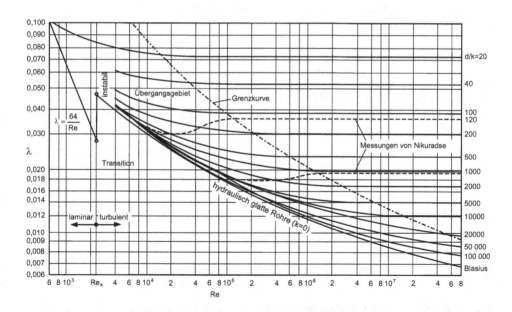

Abb. 5.15 Colebrook-White-Diagramm zur Bestimmung der Rohrreibungsbeiwerte λ

setzt die ausgebildete Rauigkeitsströmung ein und der Rohrreibungsbeiwert ist nur noch eine Funktion der relativen Oberflächenrauigkeit $\lambda = f(d/k)$, aber unabhängig von der Reynoldszahl [5].

Die Gleichung von Blasius für die hydraulisch glatte Wand für den Reynoldszahlbereich von Re $= 2320$ bis 10^5 lautet:

$$\lambda = \frac{0{,}3164}{\mathrm{Re}^{1/4}} \tag{5.30}$$

Die Gleichung von Nikuradse ist ebenfalls für glatte Rohrwände und für Reynoldszahlen von Re $= 10^5$ bis 10^8 gültig. Sie lautet:

$$\lambda = 0{,}0032 + \frac{0{,}221}{\mathrm{Re}^{0{,}237}} \tag{5.31}$$

Zwei Kurven von Nikuradse sind im Colebrook-Diagramm (Abb. 5.15) zum Vergleich angegeben.

Die implizite Gleichung von Ludwig Prandtl und von Theodore v. Kármán ist für den gesamten turbulenten Bereich gültig von Re ≥ 2320 bis Re $= 10^8$.

$$\lambda = \frac{1}{\left[2\ \lg\left(\mathrm{Re}\ \frac{\sqrt{\lambda}}{2{,}51}\right)\right]^2} \tag{5.32}$$

Für den gesamten turbulenten Bereich mit Re > 2320 von der glatten zur rauen Rohrwand kann die implizite Gl. 5.33 von Colebrook benutzt werden $\lambda = f(\mathrm{Re}, k/d)$.

$$\lambda = \frac{1}{\left[2{,}0\ \lg\left(\frac{2{,}51}{\mathrm{Re}\sqrt{\lambda}} + 0{,}27\,\frac{k}{d}\right)\right]^2} \tag{5.33}$$

Für die ausgebildete Rauigkeitsströmung im Rohr, bei der die Rauigkeitserhebungen der Wand die Grenzschichtdicke durchstoßen gilt Gl. 5.34 mit $\lambda = f(d/k)$, die nur von der relativen Rauigkeit abhängig ist.

$$\lambda = \frac{1}{\left[-2{,}0\ \lg\left(0{,}27\,\frac{k}{d}\right)\right]^2} \tag{5.34}$$

Mit Gl. 5.35 ist auch die Grenzkurve für die ausgebildete Rauigkeitsströmung im Colebrook-Diagramm (Abb. 5.15) angegeben. Die Gleichung lautet:

$$\mathrm{Re_G} = 198\,\frac{d}{k}\left[1{,}138 - 2{,}0\ \lg\left(\frac{k}{d}\right)\right] \tag{5.35}$$

Diese Grenzkurve für den Beginn der ausgebildeten Rauigkeitsströmung ist im Colebrook-Diagramm als strichpunktierte Linie in Abb. 5.15 enthalten.

Mit Rücksicht auf die Größe der Zahlenwerte der relativen Rauigkeit wird oft der Kehrwert d/k angegeben.

In Abb. 5.13 sind Beispiele technischer Rauigkeiten mit den Rauigkeitstiefen dargestellt. Die technischen Oberflächenrauigkeiten von Rohren sind im Neuzustand mit $k = 0,0012$ mm sehr gering, sie können nach längerem Gebrauch durch Abrasion und Verkrustungen besonders in Wasserrohrleitungen aber Werte bis $k = 4,0$ mm und darüber erreichen (Tab. 5.2).

Der Rohrreibungsbeiwert für eine wasserdurchströmte Rohrleitung mit dem Innendurchmesser $d_i = 50$ mm, der Oberflächenrauigkeit von $k = 0,1$ mm, der mittleren Strömungsgeschwindigkeit von $c = 3$ m/s und der kinematischen Viskosität von Wasser $\nu = 10^{-6}$ m^2/s beträgt mit der Reynoldszahl Re $= dc/\nu = 1,5 \cdot 10^5$; $\lambda = f(\text{Re}, d/k = 5,00) = 0,0246$.

Die zulässigen mittleren Geschwindigkeiten in Rohrleitungen sind stoffabhängig und sie sollen betragen:

für Flüssigkeiten	$c = 0,5 \dots 3,2$ m/s
für Flüssigkeits-Feststoffgemische	$c = 0,4 \dots 2,0$ m/s
für Luft und technische Gase	$c = 15 \dots 40$ m/s.

Detaillierte Angaben über die zulässigen Geschwindigkeiten verschiedener Fluide sind in Tab. A.11 im Anhang angegeben.

5.3.5 Ermittlung des Rohrreibungsbeiwertes

Um die in den Abschn. 5.3.3 und 5.3.4 dargestellten Gleichungen zur Bestimmung der Rohrreibungsbeiwerte λ für die unterschiedlichen Strömungsformen bei der Berechnung der Druckverluste leichter und sicher nutzen zu können, werden die Berechnungsgleichungen nachfolgend nochmals in Abhängigkeit der Reynoldszahl Re $= cd_\text{h}/\nu$ und der Rohrwandrauigkeit systematisch zusammengestellt (Tab. 5.3).

In der Tab. 5.3 sind alle wesentlichen Berechnungsgleichungen für den Rohrreibungsbeiwert λ für die laminare und turbulente Strömung mit den Gültigkeitsbereichen der Reynoldszahlen für die hydraulisch glatte und die hydraulisch raue Rohrwand zusammengestellt, mit der die Anwendung der Gleichungen zur Berechnung der Rohrreibungsbeiwerte λ erleichtert werden soll. Es sei vermerkt, dass die Schreibweise der Gleichungen für die Rohrreibungsbeiwerte, insbesondere für jene der impliziten Form, von den Autoren unterschiedlich gewählt wird.

Für den gesamten Reynoldszahlbereich der turbulenten Strömung von Re $= 2320$ bis 10^8 sind die in Tab. 5.3 angegebenen Gleichungen von Prandtl und von Kármán, die von Colebrook, von Prandtl-Nikuradse und die Gleichung von Moody [7] gültig.

Die implizite Gleichung von Prandtl-Colebrook für den Übergangsbereich ist für praktische Berechnungen wenig geeignet, da sie iterativ gelöst werden muss. Stattdessen kann

Tab. 5.3 Gleichungen zur Bestimmung der Rohrreibungsbeiwerte bei laminarer und turbulenter Strömung für hydraulisch glatte und hydraulisch raue Rohrwände

laminare Strömung Re<2320	turbulente Strömung Re>2320

Hydraulisch glattes Rohr ($Re^{7/8} k/d<5$)

Druckverlust

$$\Delta p = \lambda \frac{L}{d} \frac{\rho}{2} c^2$$

$$\lambda = \frac{64}{Re}$$

$$\lambda = \frac{57}{Re}$$

$$\lambda = \frac{96}{Re}$$

turbulente Strömung:

2320 10^4 10^5 10^6 10^7 10^8 $Re = \dfrac{c\, d_h}{\nu}$

Blasiusgesetz   Nikuradse

$$\lambda = \frac{0,3164}{Re^{1/4}}$$

$$\lambda = 0,0032 + \frac{0,221}{Re^{0,237}}$$

L. Prandtl u. Th.v. Kármán

$$\lambda = \frac{1}{\left[2\lg\left(Re\, \dfrac{\sqrt{\lambda}}{2,51}\right)\right]^2}$$

Nach Hermann

$$\lambda = 0,0054 + \frac{0,396}{Re^{0,3}} \qquad 1,5\cdot 10^6$$

$$\frac{1}{\sqrt{\lambda}} = 2\lg\left(Re\sqrt{\lambda}\right) - 0,8 \quad \text{für } Re^{\frac{7}{8}}\cdot\frac{k}{d} < 5$$

Hydraulisch raues Rohr

$$\lambda = \frac{64}{Re}$$

Übergangsgebiet
Prandtl-Colebrook

$$\lambda = \frac{1}{\left[2,0\cdot\lg\left(\dfrac{2,51}{Re\sqrt{\lambda}} + 0,27\dfrac{k}{d}\right)\right]^2}$$

Rauigkeitsströmung
Nikuradse für $Re^{7/8}\cdot\dfrac{k}{d} > 225$

$$\lambda = \frac{1}{\left(2\lg\dfrac{d}{k} + 1,138\right)^2}$$

$$5 < Re^{7/8}\frac{k}{d} < 225$$

$$\lambda = \frac{0,25}{\left[\lg\left(3,715\dfrac{d}{k}\right)\right]^2}$$

Moody

$$\lambda = 5,5\cdot 10^{-3} + 0,15\left(\frac{k}{d}\right)^{\frac{1}{3}}$$

die Näherungsgleichung von Moody in der letzten Zeile von Tab. 5.3 genutzt werden, die Abweichungen sind $< 1\,\%$ gegenüber der genauen Gleichung von Colebrook.

Die Rohrreibungsbeiwerte λ können für den gesamten Reynoldszahlbereich von $\mathrm{Re} = 5{,}00$ bis 10^8 für die laminaren und turbulenten Rohrströmungen auch dem Colebrook-Diagramm (Abb. 5.15) entnommen werden. Die Rauigkeitswerte von Rohrleitungen sind vom Werkstoff, von der Rohrart und vom Gebrauchszustand der Rohre abhängig [8]. Die Oberflächenrauigkeit von neuen Stahlrohren beträgt $k = 0{,}0012$ bis $0{,}10\,\mathrm{mm}$ und bei Betonrohren für Abwasserleitungen im Neuzustand $k \approx 0{,}15\,\mathrm{mm}$. Bei längerem Gebrauch von Rohrleitungen, insbesondere für Abwasserrohrleitungen und Rohrleitungen für Flüssigkeits-Feststoffgemische, können Rohrablagerungen, Verkrustungen und Rostansätze im Laufe der Betriebszeit auftreten, die die Wandrauigkeit und dadurch den Rohrreibungsbeiwert λ und die Druckverluste erhöhen. Solche Erscheinungen müssen bei der Dimensionierung der Rohrleitungen und insbesondere bei der Auslegung der zugehörigen Pumpenanlagen berücksichtigt werden. In Tab. 5.2 sind die Oberflächenrauigkeiten verschiedener Rohrleitungen im Neuzustand und nach längerem Gebrauch angegeben. Tab. 5.2 zeigt, dass die Wandrauigkeit verkrusteter Stahlrohre und Gussrohre Oberflächenrauigkeitswerte bis $k = 3{,}0$ bis $4{,}0\,\mathrm{mm}$ annehmen können.

Die Berechnung der Druckverluste in Rohrleitungen soll in dem Beispiel 3.12.8 gezeigt werden, wobei sich der Druckverlust mit der mittleren Geschwindigkeit $c = \dot{V}/A = 4\dot{V}/(\pi d^2)$ ergibt zu:

$$\Delta p = \lambda \frac{L}{d}\frac{\rho}{2}c^2 = \lambda \frac{L}{d}\frac{\rho}{2}\frac{\dot{V}^2}{A^2} = \frac{\lambda\,8\,L\,\rho\,\dot{V}^2}{\pi^2 d^5} \tag{5.36}$$

Gl. 5.36 zeigt, dass der Druckverlust Δp und damit auch die Betriebskosten für den Pumpen- oder Verdichterbetrieb von der 5. Potenz des Rohrdurchmessers abhängig ist. Die Kostenminimierung für den Fluidtransport erfordert also eine sorgfältige Dimensionierung von Rohrleitungen, wobei zu beachten ist, dass die Rohrleitungskosten masseabhängig sind und dadurch mit dem Quadrat des Rohrdurchmessers ansteigen.

Beachtet man noch die Abhängigkeit des Rohrreibungsbeiwertes λ von der Reynoldszahl und ihre Abhängigkeit vom Durchmesser der Rohrleitung und von der Geschwindigkeit $\mathrm{Re} = \frac{c\,d}{\nu} = \frac{4\dot{V}d}{\pi d^2\nu} = \frac{4\dot{V}}{\pi d\nu}$, so ergibt sich die Abhängigkeit des Druckverlustes von der 4. Potenz des Durchmessers für die laminare Strömung mit dem Rohrreibungsbeiwert

$$\lambda = \frac{64}{\mathrm{Re}} = \frac{16\,\pi\,d\,\nu}{\dot{V}} \tag{5.37}$$

$$\Delta p = \frac{128\,\rho\,L\,\nu\,\dot{V}}{\pi\,d^4} \tag{5.38}$$

Für die turbulente Strömung im Rohr mit hydraulisch glatter Wand (Gl. 5.30) beträgt der Rohrreibungsbeiwert λ nach Blasius:

$$\lambda = \frac{0{,}3164}{\mathrm{Re}^{1/4}} = \frac{\pi^{1/4}\cdot 0{,}3164\,d^{1/4}\,\nu^{1/4}}{4^{1/4}\,\dot{V}^{1/4}} = \frac{0{,}298\,\nu^{1/4}\,d^{1/4}}{\dot{V}^{1/4}} \tag{5.39}$$

Damit beträgt der Druckverlust bei der turbulenten Strömung in der Rohrleitung mit der hydraulisch glatten Wand:

$$\Delta p = 0{,}2416 \, \rho \, v^{1/4} \, \dot{V}^{1{,}75} \frac{L}{d^{4{,}75}} \tag{5.40}$$

Gl. 5.40 zeigt, dass der Druckverlust einer Rohrleitung mit hydraulisch glatter Rohrwand $(k/d \to 0)$ bei turbulenter Strömung mit dem Blasiusgesetz mit dem Exponenten 4,75 noch stärker vom Rohrdurchmesser abhängig ist in der Weise, dass der Druckverlust Δp bei Verkleinerung des Rohrdurchmessers mit der 4,75. Potenz und bei turbulenter ausgebildeter Rauigkeitsströmung mit $\lambda = f(d/k)$ mit der 5. Potenz ansteigt (Abschn. 5.11.4).

5.3.6 Geschwindigkeitsverteilung im zylindrischen Rohr

Im Bereich der turbulenten Strömung ist der Druckverlust vom Quadrat der Geschwindigkeit oder von einem geringeren Exponenten abhängig. Durch die Querbewegung und den Impulsaustausch der Fluidteilchen in Gebieten geringerer Geschwindigkeit verlieren diese Teilchen kinetische Energie. Analog zu der laminaren Strömung kann auch für die turbulente Strömung eine Grenzschichtberechnung vorgenommen werden, die auf den Reynoldsgleichungen basiert. Dafür sind die sogenannten Reynoldsspannungen in die Grenzschichtgleichungen einzufügen und es ist zu gemittelten Größen überzugehen. Die Reynoldsspannungen stellen turbulente Spannungen der Art $\rho \overline{c'_x c'_x}$ oder $\rho \overline{c'_x c'_y}$ der Geschwindigkeitsschwankungen dar. Die gemittelten Strömungsgrößen lassen sich mit Hilfe des Prandtl'schen Mischungswegansatzes bestimmen.

Die gemittelten Größen können auch aus den integralen Bilanzen von Masse und Impuls innerhalb eines Volumenbereichs bestimmt werden. Näherungsweise kann der Geschwindigkeitsverlauf in der Rohrleitung bei turbulenter Grenzschicht durch das Potenzgesetz oder genauer durch das 1/7-Potenzgesetz approximiert werden [3].

$$\frac{c(y)}{c_{max}} = \left(\frac{y}{r_a}\right)^n \text{ oder } \frac{c(y)}{y^n} = \frac{c_{max}}{r_a^n}; \text{ mit } n = \frac{1}{7} = 0{,}1428; \frac{c(r)}{c_{max}} = \left(1 - \frac{r}{r_a}\right)^n \tag{5.41}$$

Beim zylindrischen Rohr ist $y = (r_a - r)$ der Abstand von der Rohrwand. Damit ergibt sich die obige Beziehung für die bezogene Geschwindigkeit (Gl. 5.41).

Der Exponent ist von der Reynoldszahl abhängig und er sinkt mit zunehmender Reynoldszahl. Bei der Reynoldszahl von $Re = 2 \cdot 10^4$ beträgt der Exponent $n = 1/7 = 0{,}1428$ (Tab. 5.4). Deshalb wird Gl. 5.41 nach Prandtl als 1/7-Potenzgesetz bezeichnet. Nach den Ergebnissen von Theodore von Kármán [1] ist die Geschwindigkeitsverteilung im zylindrischen Rohr in Wandnähe nur vom Wandabstand abhängig. Bei dieser Voraussetzung ist die Schubspannung unabhängig vom Rohrradius r_a.

Das 1/7-Potenzgesetz wurde von Kármán auf der Grundlage des Blasiusgesetzes für die hydraulisch glatte Wand bis zu Reynoldszahlen von $Re = 2 \cdot 10^4$ ermittelt. Die mit

Tab. 5.4 Verhältniswerte der Geschwindigkeit c_m/c_{max} in Abhängigkeit des Exponenten n

Re	n	c_m/c_{max}
Raue Oberfläche	$1/4 = 0,25$	0,711
	$1/5 = 0,20$	0,757
	$1/6 = 0,167$	0,791
$2 \cdot 10^4$	$1/7 = 0,1428$	0,817
10^5	$1/8 = 0,125$	0,837
$3,5 \cdot 10^5$	$1/9 = 0,111$	0,853
10^6	$1/10 = 0,10$	0,866

Abb. 5.16 Turbulente Geschwindigkeitsverteilung nach 1/7 Potenzgesetz mit $c_m/c_{max} = 0,817$

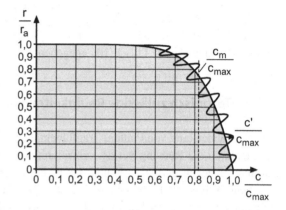

dem 1/7-Potenzgesetz approximierten Geschwindigkeitsprofile geben den Geschwindigkeitsverlauf im Rohrquerschnitt richtig wieder (Abb. 5.16). Nur unmittelbar an der Wand bei $r = r_a (r/r_a = 1)$ strebt der Geschwindigkeitsgradient $dc/dr \to \infty$ zu, sodass die Geschwindigkeit dort nicht richtig dargestellt wird und in der Rohrmitte bei $r = 0$, $y = r_a$ weist der Geschwindigkeitsverlauf einen Knick auf, der in der Realität nicht auftritt. Brauer gibt in [2] spezielle Ansätze an, die im Wandbereich und in der Rohrmitte eine bessere Übereinstimmung ergeben. Näherungsweise kann der Exponent n für die Geschwindigkeitsverteilung bei verkleinerten Reynoldszahlen vergrößert werden auf $n = 1/6$ bis $1/7$ und für größere Reynoldszahlen bis auf Werte von $n = 1/8$ bis $1/9$ verringert werden.

Dieses turbulente Geschwindigkeitsprofil ist für Reynoldszahlen von $5 \cdot 10^5 \leq \text{Re} \leq 10^7$ gültig, weil der Exponent n mit der Reynoldszahl etwas absinkt. Die Verdrängungsdicke δ_1 beträgt:

$$\delta_1 = \frac{1}{c_\infty} \int_0^\infty (c_\infty - c_x)\, dy = \int_0^\delta \left[1 - \left(\frac{y}{\delta} \right)^{\frac{1}{n}} \right] dy = \frac{\delta}{n-1} = \frac{0,37}{n-1} \left[\frac{\nu\,(x - x_0)^4}{c_\infty} \right]^{\frac{1}{5}}$$

$$(5.42)$$

Mit Hilfe des Potenzgesetzes kann auch leicht das Geschwindigkeitsverhältnis c_m/c_{max} berechnet werden. Die mittlere Geschwindigkeit beträgt:

$$c_m = \frac{1}{A} \int_A c \, dA = \frac{2}{(1+n)(2+n)} c_{max} \qquad (5.43)$$

Das Geschwindigkeitsverhältnis mit dem $1/7$-Potenzgesetz mit $n = 1/7$ lautet:

$$\frac{c_m}{c_{max}} = \frac{2}{(1+n)(2+n)} = 0{,}8167 \qquad (5.44)$$

In Tab. 5.4 sind die Verhältniswerte für die Geschwindigkeiten c_m/c_{max} in Abhängigkeit des Exponenten $n = 1/4$ bis $1/10$ angegeben.

5.3.7 Technisch zulässige Rauigkeiten von umströmten Oberflächen

Um den Widerstand von Platten, Tragflügeln, Schaufeln von Laufrädern gering zu halten und dadurch die Reibungsverluste zu minimieren, ist die Oberflächenrauigkeit der umströmten Flächen gering zu halten. Deshalb werden die Schaufeln von Wasserturbinen und von Turboverdichtern, ebenso jene von großen Pumpen mechanisch bearbeitet und teilweise poliert. Dabei braucht jedoch ein Mindestwert der Oberflächenrauigkeit k_{min} nicht unterschritten werden, da durch eine weitere Glättung der Oberfläche bei der turbulenten Grenzschicht keine weitere Reduzierung des Widerstandes erreicht wird.

Bei einer ausgebildeten turbulenten Rauigkeitsströmung im Bereich größerer Reynoldszahlen von $Re > 4 \cdot 10^5$, was für Tragflügel und Turbinenschaufeln zutrifft, ist die Widerstandskraft vom Quadrat der Anströmgeschwindigkeit abhängig.

Nutzt man ein Diagramm von Schlichting [6], in dem die Messergebnisse von Nikuradse in rauen Rohren auf die Strömung an rauen Platten umgerechnet wurden (Abb. 5.17), so erhält man eine Grenze für die zulässige Reynoldszahl Re und den Widerstandsbeiwert für die ausgebildete Rauigkeitsströmung mit dem entsprechenden Übergangsgebiet. Im Übergangsgebiet bleibt die umströmte ebene Platte oder ein Profil umso länger hydraulisch glatt, je geringer die Oberflächenrauigkeit ist. Bei ebenen Platten und bei Profilen wirkt die Oberflächenrauigkeit bedingt durch die variable Grenzschichtdicke in Strömungsrichtung verschieden stark (Abb. 5.18). Infolge der geringen Grenzschichtdicke an der Vorderkante eines Profils oder einer Schaufel muss die Oberflächenrauigkeit in diesem vorderen Bereich besonders gering sein, während mit fortschreitender Lauflänge der Strömung die Grenzschichtdicke und auch die laminare Unterschicht zunimmt und dadurch der Einfluss der Oberflächenrauigkeit geringer wird oder die Oberfläche im hinteren Bereich eines Profils größer sein darf, ohne den Widerstand nennenswert zu erhöhen. Die Grenzkurven für den Kehrwert der relativen Rauigkeit L/k ist in Abb. 5.17 eingetragen.

Bildet man das Produkt aus der Reynoldszahl $Re = cL/v$ und der relativen Rauigkeit k/L auf der Grenzkurve für die turbulente Strömung in Abb. 5.17, so ergeben sich die in

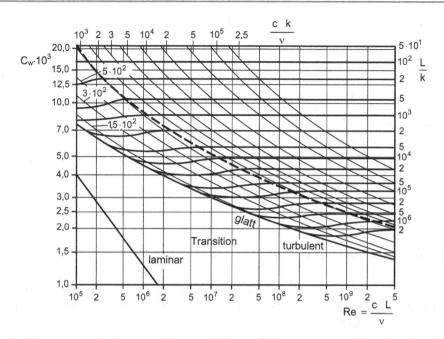

Abb. 5.17 Widerstandsbeiwerte einer sandrauen ebenen Platte nach Schlichting [6]. - - - Grenzkurve für die turbulente Strömung

Abb. 5.18 Geometrie eines
Tragflügels

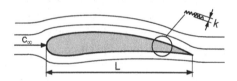

der Skala ck/ν angegebenen Werte von 10^3 bis $2,5 \cdot 10^5$. Aus diesem Grenzwert für die turbulente Strömung kann für Gas- und Wasserumströmungen von Profilen die maximal zulässige Oberflächenrauigkeit ermittelt werden zu:

$$k_{\max} \leq 10^3 \frac{\nu}{c} \leq 10^3 \frac{L}{\mathrm{Re}} \tag{5.45}$$

Die kinematische Viskosität von Luft bei $t = 20\,°\mathrm{C}$ beträgt $\nu = 15{,}2 \cdot 10^{-6}\,\mathrm{m^2/s}$ und die von Wasser bei $t = 20\,°\mathrm{C}$ $\nu = 10^{-6}\,\mathrm{m^2/s}$.

Damit kann die maximal zulässige Oberflächenrauigkeit von Profilen, Platten und Körpern berechnet werden.

Tab. 5.5 zeigt, dass die Oberflächenrauigkeiten von luftumströmten Profilen und Schaufeln im Mikrometerbereich liegen müssen. Im Wasserturbinenbau und bei anderen Flüssigkeitsströmungen sind die Geschwindigkeiten geringer mit Werten von $c = 4\,\mathrm{m/s}$ bis $15\,\mathrm{m/s}$ und die kinematische Viskosität ist mit $\nu = 10^{-6}\,\mathrm{m^2/s}$ ebenfalls geringer, sodass

Tab. 5.5 Zulässige Oberflächenrauigkeit von um- und durchströmten Bauteilen

Tragflügel	$L = 2,20\,\text{m}$	$c = 8,60\,\text{km/h}$ $= 238,89\,\text{m/s}$	$k_{max} \leq 6,36\,\mu\text{m}$
Flugzeugrumpf	$L = 50\,\text{m}$	$c = 9,20\,\text{km/h}$ $= 255,56\,\text{m/s}$	$k_{max} \leq 5,95\,\mu\text{m}$
Gasturbinenschaufel	$L = 0,1\,\text{m}$	$c = 1,00\text{--}1,25\,\text{m/s}$	$k_{max} \leq 19,00\,\mu\text{m}$
Axialverdichterschaufel	$L = 0,08\,\text{m}$	$c = 84\text{--}120\,\text{m/s}$	$k_{max} \leq 24,52\,\mu\text{m}$
Wasserturbinenschaufel	$L = 0,20\,\text{m}$	$c = 14\,\text{m/s}$	$k_{max} \leq 108,57\,\mu\text{m}$

größere Oberflächenrauigkeiten von $k_{max} = 108,57\,\mu\text{m}$ und größer zugelassen werden können.

5.4 Druckverluste in Formstücken und Rohrbögen

Rohrleitungsanlagen werden aus geraden Rohrleitungsstücken, aus Rohrbögen, Rohrverzweigungen, Düsen, Diffusoren und Armaturen, wie z. B. Absperr- und Drosselschiebern sowie Ventilen, aufgebaut.

In Rohrbögen, Rohrverzweigungen, Ventilen, Schiebern und anderen Armaturen treten neben den Wandreibungsverlusten auch Umlenkverluste und Sekundärströmungsverluste auf, die nicht vom Rohrreibungsbeiwert λ erfasst werden. Deshalb werden für diese Bauelemente die experimentell bestimmten Druckverlustbeiwerte ζ angegeben. Der Druckverlustbeiwert stellt den Druckverlust Δp bezogen auf den Staudruck einer charakteristischen Geschwindigkeit $\rho c^2/2$ dar.

$$\zeta = \frac{\Delta p}{\frac{\rho}{2}c^2} \tag{5.46}$$

Die dynamischen Verluste in Formstücken, z. B. Rohrerweiterungen oder Rohrverengungen, werden in der Regel als direkte Druckverluste $\Delta p = p_1 - p_2$ angegeben. Oft werden auch die äquivalenten Rohrlängen für die Druckverluste angegeben.

Ein strömungstechnisch sehr ungünstiges, aber aus Kostengründen oft verwendetes Formstück im Sanitärbereich, ist die plötzliche Rohrerweiterung, bei dem die dynamische Energiedifferenz in Dissipationsenergie umgesetzt wird und somit ein erheblicher Druckverlust eintritt.

Der Druckverlust in einer plötzlichen Rohrerweiterung (Borda-Carnot-Diffusor) nach Abb. 5.19 kann unter Vernachlässigung der Wandschubspannung ($\tau = 0$) mit Hilfe der Kontinuitäts- und der Impulsgleichung in den angegebenen Systemgrenzen zwischen ① und ② abgeschätzt werden.

Die Strömungsbetrachtung in der plötzlichen Rohrerweiterung erfolgt im Bereich der Systemgrenzen zwischen ① und ②. Der Druck p_1 an der Grenze 1 wirkt im gesamten Querschnitt an der Stelle ① auf die Fläche A_2. Infolge der plötzlichen Querschnittserwei-

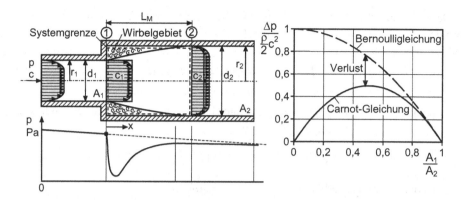

Abb. 5.19 Plötzliche Rohrerweiterung mit dem Wirbelgebiet und dem Druckverlauf (Borda-Carnot-Diffusor)

Abb. 5.20 Einströmvorgang in einen engen offenen Kanal mit dem Borda-Carnot-Effekt

terung an der Stelle ① reißt die Strömung von der Wand ab und in den Randbereichen bildet sich ein Wirbelgebiet aus. In Strömungsrichtung ordnet sich der Fluidstrom, sodass an der Stelle ② wieder der ganze Rohrquerschnitt mit verminderter Geschwindigkeit ausgefüllt wird und an der Rohrwand anliegt. Abb. 5.20 zeigt die Einströmung in einen engen Kanal einer offenen Kanalströmung mit den Wirbelgebieten auf beiden Kanalseiten. Das Wirbelgebiet verursacht einen Druckverlust, der unter Vernachlässigung der Wandreibung berechnet werden soll.

Das Kräftegleichgewicht in x-Richtung des Borda-Carnot-Diffusor erhält man aus dem Impulssatz und aus den Druckkräften für $A_2 = \pi r_2^2$. (Borda (1733–1799), Carnot (1796–1832))

$$\int_A \rho\, c^2\, \mathrm{d}A + p_1\, A_2 - p_2\, A_2 = 0 \qquad (5.47)$$

Nach Integration über die Grenzflächen A_1 und A_2 erhält man mit den Geschwindigkeiten c_1 und $c_2 = c_1 A_1 / A_2$ die Impulsgleichung:

$$\rho\, c_1^2\, A_1 - \rho\, c_2^2\, A_2 + p_1\, A_2 - p_2 A_2 = 0 \qquad (5.48)$$

Nach Division durch A_2 erhält man für die Druckdifferenz $\Delta p = p_2 - p_1$:

$$\Delta p = p_2 - p_1 = \rho\, c_1^2 \left[\left(\frac{A_1}{A_2} \right) - \left(\frac{A_1}{A_2} \right)^2 \right] \qquad (5.49)$$

Das ist der Druckabfall im plötzlich erweiterten Rohr für die abgerissene und verwirbelte Strömung. Der Druckverlustbeiwert bezogen auf den Staudruck der Anströmung $(\rho/2)c_1^2$ beträgt:

$$\zeta = \frac{\Delta p}{\frac{\rho}{2} c_1^2} = 2 \left[\frac{A_1}{A_2} - \left(\frac{A_1}{A_2} \right)^2 \right] = 2 \frac{A_1}{A_2} \left[1 - \frac{A_1}{A_2} \right] \qquad (5.50)$$

Berechnet man nun die Druckdifferenz für die ideale anliegende Strömung zwischen den Querschnitten ① und ② (Abb. 5.21) mit Hilfe der Bernoulligleichung und mit der Kontinuitätsgleichung, so erhält man für eine konstante Höhe h und für $c_2 = c_1 A_1 / A_2$:

$$p_1 + \frac{\rho}{2} c_1^2 = p_2 + \frac{\rho}{2} c_2^2 \qquad (5.51)$$

$$\Delta p_{id} = (p_2 - p_1)_{id} = \frac{\rho}{2} c_1^2 \left[1 - \left(\frac{A_1}{A_2} \right)^2 \right] \qquad (5.52)$$

Abb. 5.21 Borda-Carnot-Mündung

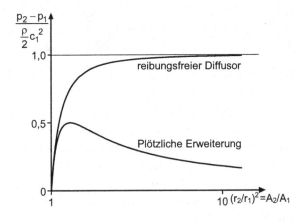

Tab. 5.6 Wirkungsgrad von plötzlichen Querschnittserweiterungen

A_1/A_2	0	0,1	0,2	0,3	0,4	0,5	0,6	0,7	0,8	0,9	1,0
η	0	0,18	0,33	0,46	0,57	0,67	0,75	0,82	0,89	0,95	1,0

Vergleicht man diese beiden Druckabsenkungen, so kann damit ein Wirkungsgrad für die Umsetzung von kinetischer Energie in Druckenergie ermittelt werden. Er beträgt:

$$\eta = \frac{\Delta p}{\Delta p_{id}} = \frac{\zeta}{\zeta_{id}} = \frac{2\frac{A_1}{A_2}\left[1 - \frac{A_1}{A_2}\right]}{\left[1 - \left(\frac{A_1}{A_2}\right)^2\right]} = \frac{2\frac{A_1}{A_2}}{\left[1 + \frac{A_1}{A_2}\right]} \tag{5.53}$$

Daraus ist zu erkennen, dass das Querschnittsverhältnis A_1/A_2 plötzlicher Erweiterungen und Verengungen den Umsetzungswirkungsgrad parabolisch mindert und deshalb möglichst zu vermeiden ist. Sind solche Querschnittserweiterungen unvermeidbar, dann ist das Querschnittverhältnis A_1/A_2 so groß wie möglich zu gestalten (Tab. 5.6).

Ähnlich verhält sich die Strömung in einer plötzlichen Rohrverengung. Die Strahlkontraktion in einer plötzlichen Rohrverengung α beträgt $\alpha = A_2/A_3 = (d_2/d_3)^2$ (Abb. 5.20 und 5.22). In dem Bereich zwischen ① und ② tritt der Carnot'sche Stoßverlust Δp_V auf:

$$\Delta p_V = \frac{\rho}{2}\left(c_2^2 - c_3^2\right) = \frac{\rho}{2}c_2^2\left[1 - \left(\frac{c_3}{c_2}\right)^2\right] \tag{5.54}$$

Mit der Kontinuitätsgleichung $c_2/c_3 = A_3/A_2$, $\alpha = A_2/A_3$ und $c_3 = c_2 \cdot \alpha$ ergibt sich der Druckverlust:

$$\Delta p_V = \frac{\rho}{2}c_3^2\left[\frac{1}{\alpha} - 1\right]^2 = \zeta\frac{\rho}{2}c_3^2 \tag{5.55}$$

Damit beträgt der Druckverlustbeiwert für die Rohrverengung:

$$\zeta = \left[\frac{1}{\alpha} - 1\right]^2 \tag{5.56}$$

Abb. 5.22 Strömung in einer plötzlichen Rohrverengung

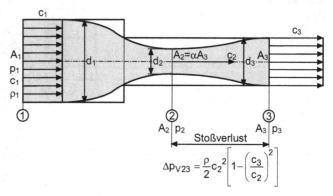

Abb. 5.23 Druckabfall in
einer Rohrverengung von
$A_1/A_3 = 1$ bis 10 ei-
ner Wasserströmung mit
$\rho = 10^3\,\mathrm{kg/m^3}, c = 4\,\mathrm{m/s}$,
$\alpha = 0{,}78$

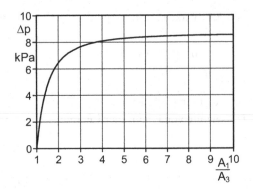

Wenn für die Strahleinschnürung zwischen ① und ② eine reibungsfreie Strömung vorausgesetzt wird und zwischen ② und ③ der Carnot'sche Druckverlust Δp_V (Gl. 5.55)
auftritt, lautet die Bernoulligleichung:

$$p_1 + \frac{\rho}{2}c_1^2 = p_3 + \frac{\rho}{2}c_3^2 + \Delta p_V \qquad (5.57)$$

Mit dem Druckverlust Δp_V nach Gl. 5.55 und $c_3 = c_1(A_1/A_3)$ erhält man den Druckabfall
in der Rohrverengung zwischen ① und ③ (Abb. 5.22 und 5.23) zu:

$$\Delta p = p_3 - p_1 = \frac{\rho}{2}c_1^2\left\{1 - \left(\frac{A_1}{A_3}\right)^2\left[1 + \left(\frac{1}{\alpha} - 1\right)^2\right]\right\} \qquad (5.58)$$

Rohrbögen werden in der Regel, wenn sie sich an eine gerade Rohrleitung anschließen,
symmetrisch mit einem ausgeglichenen Geschwindigkeitsprofil angeströmt (Abb. 5.24).
Durch die Umlenkung der Stromlinien treten in der Strömung Zentrifugalkräfte auf, die
die Stromlinien nach außen drängen. Sie werden durch den zunehmenden Druck mit steigendem Radius im Gleichgewicht gehalten (Abb. 5.24).

Abb. 5.24 Strömungs- und
Druckverlauf in einem Rohrbogen

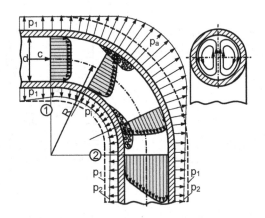

Abb. 5.25 Druckverlust-beiwert von Rohrbögen für $Re = 10^5$

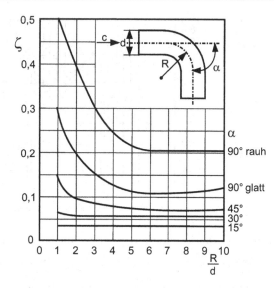

In Abb. 5.25 und in den Tab. A.8 und A.9 des Anhanges sind die Druckverlustbeiwerte von Rohrbögen und von Rohrverzweigungen bei Fluidstromtrennung und Fluidzusammenführung und von weiteren Rohrleitungselementen dargestellt. Weitere Werte findet man z. B. bei Wagner [8–10].

Die Druckverlustbeiwerte von Rohrbögen enthalten die Reibungsdruckverluste als auch die Sekundärströmungsverluste, die sich nur schwer voneinander trennen lassen. Untersucht man die Zusammensetzung der Druckverlustanteile von Rohrbögen, so setzen sie sich aus den Wandreibungsverlusten Δp_W und den Umlenk- und Sekundärströmungsverlusten Δp_U zusammen.

$$\Delta p = \Delta p_W + \Delta p_U = \left(\lambda \frac{L}{d} + \zeta_U \right) \frac{\rho}{2} c^2 \qquad (5.59)$$

Die Umlenkdruckverluste ζ_U können nach Tab. 5.7 abgeschätzt werden. Gl. 5.59 weist auf die Abhängigkeit des Gesamtdruckverlustes und des Druckverlustbeiwertes ζ von Rohrbögen von der

- Reynoldszahl und der Oberflächenrauigkeit $\lambda = f(\text{Re}, k/d)$,
- vom Krümmungsverhältnis R/d

hin, wie die Abb. 5.26 und 5.27 [8] für Rohrkrümmer von $R/d = 1,5$ bis 5,41 und 4 zeigen.

Rohrkrümmer besitzen neben dem Rohrreibungsverlust und dem Umlenkverlust durch die starke Richtungsänderung und die dadurch bedingte Zentrifugalkraft auf die Strömung eine separierende Wirkung, die vorwiegend an der Innenseite des Rohrbogens auftritt (Abb. 5.24). Durch die Zentrifugalkraft werden außerdem auch Sekundärströmungen

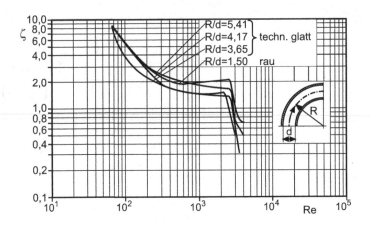

Abb. 5.26 Druckverlustbeiwert von 90°-Rohrbögen bei laminarer Strömung [8]

verursacht, wie in Abb. 5.24 schematisch dargestellt wurde. Wie Abb. 5.25 zeigt, hat ein 90°-Rohrbogen mit einem Krümmungsverhältnis von $R/d = 3,65$ bis 5,41 bei der Reynoldszahl von Re $= 10^3$ Druckverlustbeiwerte von $\zeta = 1,6$ bis 2,0, die bei turbulenter Strömung stark absinken. Durch Leitbleche im Rohrbogen kann der Druckverlustbeiwert bis auf Werte von $\zeta = 0,21$ bis 0,18 verringert werden. Die Leitbleche übernehmen eine

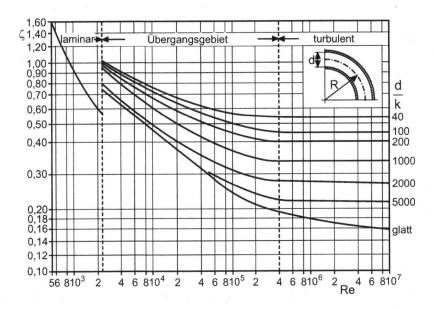

Abb. 5.27 Druckverlustbeiwert von 90° Krümmern mit $R/d = 4$ [8]

Tab. 5.7 Abschätzung der Umlenkverluste für 90°-Rohrbögen nach [12]

Krümmungsverhältnis	Umlenkdruckverlustbeiwert ζ_U
$1 \geq \frac{R}{d} < 2$	$\zeta_U = \lambda \frac{15{,}22}{\left(\frac{R}{d}\right)^{3/4}}$
$2 \geq \frac{R}{d} < 8$	$\zeta_U = \lambda \frac{12{,}8}{\left(\frac{R}{d}\right)^{1/24}}$
$\frac{R}{d} > 8$	$\zeta_U = \lambda\ 1{,}6\ \left(\frac{R}{d}\right)^{1/2}$

Abb. 5.28 Verbesserung von Krümmern durch die verschiedene Krümmergestaltung und Einbauten nach Biolley [11] (für Re $\approx 3 \cdot 10^5$)

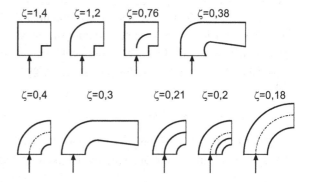

Strömungsführung bei der Umlenkung und sie verhindern die Sekundärströmungen und die dadurch verursachten Druckverluste.

Druckverlustbeiwerte von Rohrbögen mit kreisförmigem Querschnitt sind in den Abb. 5.25 bis 5.27 angegeben. Die Druckverlustbeiwerte von standardisierten Kreisbogenkrümmern, Segmentkrümmern und Faltenrohrbögen sind in Tab. A.8 dargestellt. Für die freie Krümmergestaltung in Lüftungsanlagen sind die Gestaltungshinweise mit geringen ζ-Werten von Biolley [11] hilfreich (Abb. 5.28).

Das Diagramm in Abb. 5.27 zeigt ein ausgeprägtes Übergangsgebiet zwischen dem laminaren Bereich mit Reynoldszahlen von Re = 2320 bis zum turbulenten Bereich mit Re = $4 \cdot 10^5$. Im turbulenten Strömungsbereich bei Re > $4 \cdot 10^5$ ist der Druckverlustbeiwert von Rohrbögen nur noch vom Krümmungsverhältnis und von der relativen Oberflächenrauigkeit abhängig (Abb. 5.27).

Nach Herning [12] kann der Umlenkverlust von 90°-Rohrbögen auch mit folgenden Beziehungen abgeschätzt werden (Tab. 5.7). Daraus wird sichtbar, dass im Umlenkdruckverlustbeiwert auch der Rohrreibungsbeiwert λ enthalten ist und dass der Umlenkdruckverlustbeiwert mit zunehmendem Krümmungsradius verringert wird. Es sind also aus energetischen Gründen möglichst nicht Rohrbögen mit Krümmungsradien von $R/d \leq$ 2,5 zu verwenden.

Im laminaren Strömungsbereich, der insbesondere für die Ölhydraulik mit kinematischen Viskositäten des Öls von $\nu = 26 \cdot 10^{-6}$ m²/s bis $32 \cdot 10^{-6}$ m²/s bedeutsam ist, steigen die Druckverlustbeiwerte von 90°-Rohrbögen mit sinkender Reynoldszahl Re, steigender Rauigkeit k und mit sinkendem relativen Krümmungsradius R/d an (Abb. 5.27) [8]. Weitere Druckverlustbeiwerte können [9] und [10] entnommen werden.

5.5   Druckverluste in Armaturen

Zu den Rohrleitungsarmaturen gehören Schieber, Hähne, Kugelhähne, Ventile und Klappen unterschiedlicher Bauarten, sowie Rückschlagventile und Fußventile für Saugleitungen (Abb. 5.29).

Sie werden als Absperr-, Regel- oder Stellorgane und als Sicherheitsorgane in Rohrleitungen eingebaut. Die Druckverluste von Armaturen sind vom Öffnungsgrad des Stellorgans abhängig. Deshalb werden sie strömungstechnisch mit dem K_V-Wert gekennzeichnet, der einen normierten Durchflussvolumenstrom darstellt.

Der Druckverlust in einem Drosselorgan beträgt mit der Kontinuitätsbeziehung $c = \dot{V}/A$:

$$\Delta p = p_1 - p_2 = \zeta \frac{\rho}{2} c^2 = \zeta \frac{\rho}{2} \frac{\dot{V}^2}{A^2} \tag{5.60}$$

Darin ist ζ der Druckverlustbeiwert bezogen auf eine charakteristische Geschwindigkeit im Absperrorgan, die oft die Spaltgeschwindigkeit der Durchströmung im Ventilsitz ist.

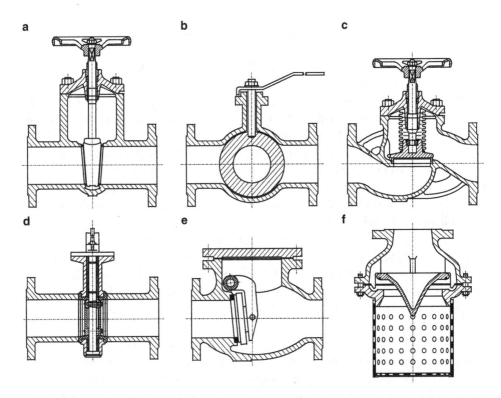

Abb. 5.29 Gebräuchliche Drosselarmaturen. **a** Schieber; **b** Kugelhahn; **c** Ventil mit Faltenbalg; **d** Drosselklappe; **e** Rückschlagklappe; **f** Fußventil mit Saugkorb für Saugleitungen

Abb. 5.30 Beispiel für ein Druckbegrenzungsventil mit geöffnetem Ventilteller

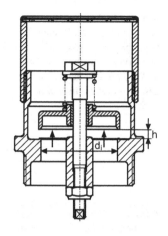

Der Durchströmquerschnitt stellt dabei die variable Durchströmfläche $A = \pi\, d_i h$ dar. Da die Strömung in Drosselorganen stets turbulent ist oder allenfalls bei geringen Geschwindigkeiten noch im Übergangsbereich liegt, kann vorausgesetzt werden, dass der Druckverlustbeiwert näherungsweise von der Reynoldszahl unabhängig ist, denn der Druckverlustbeiwert ζ von Ventilen mit einer Hubbewegung des Ventiltellers (Abb. 5.30) steigt mit sinkendem relativen Hub h/d_i stark an bis auf Werte von $\zeta = 75$ und darüber (Abb. 5.31). Die vollständig geöffneten Drosselventile besitzen also den geringsten Druckverlustbeiwert ζ.

Wird dieser Druckverlustbeiwert in Gl. 5.46 in Abhängigkeit der Spaltgeschwindigkeit c_{sp} dargestellt, so steigt er quadratisch mit der Spaltgeschwindigkeit an (Abb. 5.32).

Bei Druckbegrenzungsventilen kann der Öffnungsdruck und damit auch der abzublasende Volumenstrom $\dot{V}$ durch die Vorspannung einer Druckfeder eingestellt werden, sodass ein variabler Druck erreichbar ist (Abb. 5.33).

Abb. 5.31 Druckverlustbeiwert ζ eines Druckbegrenzungsventils in Abhängigkeit des Ventilöffnungsverhältnisses

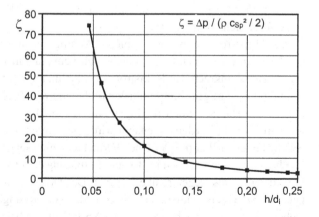

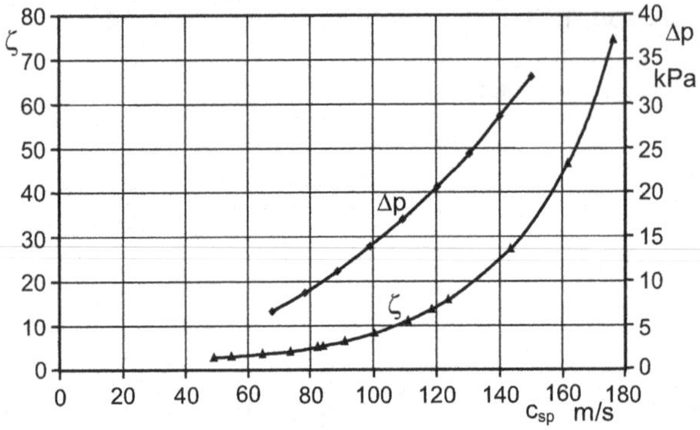

Abb. 5.32 Druckverlust
des vollständig geöffneten
Druckbegrenzungsventils
und Druckverlustbeiwert
in Abhängigkeit der Spaltgeschwindigkeit im Ventil
nach [13]

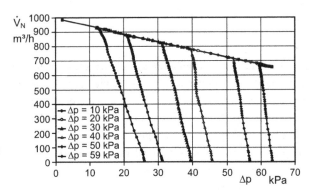

Abb. 5.33 Kennfeld eines
Kompressors mit eingebautem
Druckbegrenzungsventil für
$\Delta p = 10\,\mathrm{kPa}$ bis $\Delta p = 59\,\mathrm{kPa}$

Zu beachten sind die entstehenden Strömungsgeräusche beim Abblasen des Volumen-stromes, die mit dem Quadrat der Geschwindigkeit ansteigen. In Abb. 5.34 sind die Effek-tivwerte der Gasdruckschwingung eines Druckbegrenzungsventils und der Effektivwert der Schalldruckschwingung im Ventil im 1 m-Abstand von der Schallquelle dargestellt. Der Effektivwert des Schalldruckes nimmt bei mittleren Geschwindigkeiten im Ventilspalt von $c = 75\,\mathrm{m/s}$ die sehr hohen Werte von $p_{\mathrm{scheff}} = 3{,}0\,\mathrm{Pa}$ an, sodass Geräuschdämmun-gen erforderlich werden [13].

Als Absperrorgane werden Schieber, Ventile der unterschiedlichen Bauarten, Hähne und Klappen verwendet. Beim Schieber wird ein plattenförmiges Absperrelement (Schie-ber genannt) senkrecht zur Rohrströmungsrichtung bewegt, Ventile werden als Geradsitz-ventile oder Schrägsitzventile mit Ventilplatten, Ventilkegel oder Ventilkugel ausgeführt (Abb. 5.29). Hähne werden als Kugel- oder Kegelhähne ausgeführt. Klappen besitzen eine drehbare Platte, die Klappe genannt wird. Sie werden vorwiegend als Rückschlagorgane bei Ausfall einer Pumpe oder eines Verdichters eingesetzt.

Ebenso werden Klappen in Be- und Entlüftungsleitungen und in Leitungen zur Raum-klimatisierung als Regelorgan eingesetzt. Der Druckverlustbeiwert von Klappen ist vom Quadrat des Querschnittsverhältnisses und vom Öffnungswinkel der Klappe abhängig, wobei der Druckverlustbeiwert $\zeta = 2\Delta p A^2/(\rho \dot{V}^2)$ ebenso wie bei Ventilen Werte von

Abb. 5.34 Vergleich der Effektivwerte der Schalldruckschwingungen und der Effektivwerte der Gasdruckschwingungen in einem Rohr und in einem Ventil

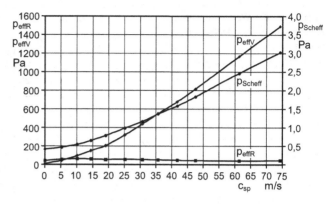

$\zeta = 1{,}0 \dots 1{,}2$ bei geöffneter Klappe und bis $\zeta \to \infty$ bei geschlossener Klappe annimmt (Abb. 5.31).

Wird aus dem Druckverlust in Gl. 5.46 der durchfließende Volumenstrom ermittelt, so ergibt sich:

$$\dot{V} = \sqrt{\frac{2}{\zeta} \frac{\Delta p}{\rho}} \, A \tag{5.61}$$

Wird ein konstanter Druckverlust ζ bei einem bestimmten Öffnungsquerschnitt des Drosselorgans vorausgesetzt, so erhält man mit dem konstanten Druckverlustbeiwert ζ für eine konstante Durchströmfläche eine Beziehung für den Volumenstrom von:

$$\dot{V} = K_{\mathrm{V}} \sqrt{\frac{\Delta p}{\rho}} \tag{5.62}$$

Bezieht man diesen Volumenstrom $\dot{V}$ auf einen Bezugsvolumenstrom $\dot{V}_0$ für den Druckabfall Δp_0 und für die Dichte ρ_0, so erhält man die Beziehung:

$$\frac{\dot{V}}{\dot{V}_0} = \sqrt{\frac{\Delta p}{\Delta p_0} \frac{\rho_0}{\rho}} \tag{5.63}$$

Der Bezugsvolumenstrom $\dot{V}_0$, der in einem Stellorgan bei einem definierten Ventilhub h einen Druckabfall von $\Delta p_0 = 100\,\mathrm{kPa}$ bei der Bezugsdichte des Wassers bei $t = 15\,^\circ\mathrm{C}$ von $\rho_0 = 999\,\mathrm{kg/m^3}$ erzeugt, wird als Durchflusskoeffizient K_{V} in $\mathrm{m^3/h}$ definiert.

$$K_{\mathrm{V}} = \dot{V} \sqrt{\frac{100\,\mathrm{kPa}\,\rho}{\Delta p \, 999\,\frac{\mathrm{kg}}{\mathrm{m^3}}}} = 10{,}0\,\frac{\mathrm{m}}{\mathrm{s}}\,\dot{V}\sqrt{\frac{\rho}{\Delta p}} \tag{5.64}$$

Damit ergibt sich der Volumenstrom eines Drosselorgans mit dem K_{V}-Wert zu:

$$\dot{V} = 0{,}1\,\frac{\mathrm{s}}{\mathrm{m}}\,K_{\mathrm{V}}\sqrt{\frac{\Delta p}{\rho}} \tag{5.65}$$

Abb. 5.35 K_V-Werte für Ventile der Nennweiten DN 15 bis DN 50

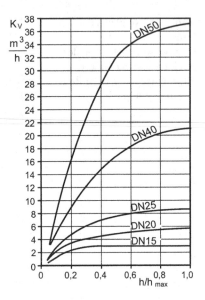

Die K_V-Werte werden von den Ventilherstellern ermittelt und für die Baugrößen eines Ventiltyps in Abhängigkeit des Öffnungsverhältnisses h/h_{max} oder des Hubes h angegeben. Abb. 5.35 zeigt den Verlauf der Durchflusskoeffizienten K_V eines Faltenbalgventils der NW 15, NW 20, NW 25 bis NW 50 in Abhängigkeit des relativen Ventilhubs des Ventiltellers. Sie geben nicht den Druckverlust, sondern den durchfließenden Volumenstrom in m³/h bei dem Druckabfall von $\Delta p = p_2 - p_1 = 100\,\text{kPa}$ für Wasser mit der Dichte von $\rho = 999\,\text{kg/m}^3$ bei $t = 15\,°\text{C}$ an. Sie können zur Ventilauslegung benutzt werden. Der Durchflusskoeffizient K_V kann für andere Ventile auch mit Gl. 5.64 berechnet werden. Um zu geringe Ventilquerschnitte in Anlagen zu vermeiden, wird der Durchflusskoeffizient mitunter um 10 bis 25 % erhöht.

Die Widerstandsbeiwerte von Ventilen sind gültig für die turbulente Strömung im Ventil außerhalb des Reynoldszahleinflusses im Colebrookdiagramm. Eine turbulente Strömung in Ventilen liegt in der Regel immer vor, wenn der relative Druckabfall im Ventil $(1 - p_2/p_1) < 0,25$ und die kinematische Viskosität des Fluids $\nu < 10^{-5}\,\text{m}^2/\text{s}$ beträgt. Beim Einbau muss die Nennweite des Ventils der Nennweite der Rohrleitung gleich sein und es dürfen keine Rohrbögen vor und hinter dem Ventil eingebaut werden. Im Ventil darf auch keine Kavitation eintreten, bei der der Dampfdruck des Fluids unterschritten wird. Die Kavitationsgefahr in Drosselorganen (Ventile, Schieber) besteht besonders in Saugleitungen von Pumpen bei größeren geodätischen Saughöhen von $h_{geo} \geq 5,5\,\text{m}$. Sind Rohrbögen und Fittings in der Nähe des Drosselorgans unvermeidlich, so müssen die Durchflusskoeffizienten K_V korrigiert werden.

5.6 Strömung im ebenen Spalt mit geringer Reynoldszahl

In Fluiden mit konstanter kinematischer Viskosität mit Werten von $\nu \geq 50 \cdot 10^{-6}\,\mathrm{m^2/s}$ oder in strömenden Wasserfilmschichten geringer Dicke von $s = 0{,}01$ bis $1{,}0\,\mathrm{mm}$ und geringer Geschwindigkeit mit kinematischen Viskositäten des Fluids von $\nu = 10^{-6}\,\mathrm{m^2/s}$ dominiert die Zähigkeitskraft gegenüber der Trägheitskraft $(a\,m)$ und sie strömen infolge dessen bei geringen Reynoldszahlen von $\mathrm{Re} = 1$ bis 6. Deshalb kann der Term $c\partial c/\partial s$ in der Euler'schen Bewegungsgleichung (Gl. 5.7) vernachlässigt werden. Man nennt diese geschichtete Strömung deshalb auch eine „schleichende Strömung". Unter Vernachlässigung der spezifischen Gravitationskraft $g\rho$ lautet die Bewegungsgleichung für die stationäre Strömung zwischen zwei ebenen Platten entsprechend Abb. 5.36 mit dem Zähigkeitseinfluss $\tau = \eta\partial c/\partial y$ und $\mathrm{d}p/\mathrm{d}x = \mathrm{d}\tau/\mathrm{d}y = 0$:

$$\eta \frac{\partial^2 c}{\partial y^2} - \frac{\partial p}{\partial x} = 0 \tag{5.66}$$

Gl. 5.66 beschreibt das Gleichgewicht zwischen der Zähigkeits- und Druckkraft der Strömung, wobei die Druckkraft an der Stelle x im Spalt über der Spalthöhe konstant ist und nur von der x-Koordinate abhängt $p(x)$ (Abb. 5.36).

Aus Gl. 5.66 erhält man nach zweimaliger Integration den Verlauf des Geschwindigkeitsprofils in Spaltrichtung x, die von y abhängig ist $c(y) = c_x(y)$:

$$\mathrm{d}c(y) = \left[\frac{\mathrm{d}p}{\mathrm{d}x}\frac{y}{\eta} + C_1\right]\mathrm{d}y \tag{5.67}$$

Die Lösung nach der Integration lautet:

$$c(y) = \int \left[\frac{\mathrm{d}p}{\mathrm{d}x}\frac{y}{\eta} + C_1\right]\mathrm{d}y = \frac{\mathrm{d}p}{\mathrm{d}x}\frac{y^2}{2\eta} + C_1 y + C_2 \tag{5.68}$$

Mit den Randbedingungen in der Mitte des Spaltes bei $y = 0$ ist $\mathrm{d}c(y)/\mathrm{d}y = 0$ und $C_1 = 0$ und an der Wand bei $y = -h$ ist $c(y) = 0$ und $C_2 = -(\mathrm{d}p/\mathrm{d}x)\cdot h^2/(2\eta)$. Damit ergibt sich die Geschwindigkeit $c(y)$ zu:

$$c(y) = -\frac{h^2}{2\eta}\frac{\mathrm{d}p}{\mathrm{d}x}\left[1 - \left(\frac{y}{h}\right)^2\right] \tag{5.69}$$

Abb. 5.36 Laminare Strömung in einem ebenen Spalt

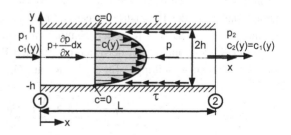

Die Maximalgeschwindigkeit in der Mitte des Spaltes bei $y = 0$ beträgt damit:

$$c_{max} = -\frac{h^2}{2\eta}\frac{dp}{dx} \tag{5.70}$$

Die mittlere Geschwindigkeit im Spalt beträgt:

$$c_m = \frac{\dot{V}}{A} = \frac{h^2}{3\eta}\frac{dp}{dx} = -\frac{h^2}{4\eta}\frac{dp}{dx}\left[1 - \left(\frac{y}{h}\right)^2\right] \tag{5.71}$$

Das Verhältnis c_m/c_{max} beträgt $c_m/c_{max} = 2/3$.

Das Verhältnis der mittleren Geschwindigkeit c_m zur maximalen Geschwindigkeit c_{max} im Spalt beträgt $c_m/c_{max} = 2/3r$. Das Geschwindigkeitsverhältnis weicht somit von dem Geschwindigkeitsverhältnis der Couette-Strömung in Rohrleitungen mit einem Kreisquerschnitt mit dem Geschwindigkeitsverhältnis $c_m/c_{max} = 1/2$ ab. Der Druckabfall im ebenen Spalt beträgt damit:

$$\frac{dp}{dx} \approx \frac{\Delta p_{12}}{L} = -\frac{3\eta c_m}{h^2} \tag{5.72}$$

Für einen ebenen Spalt der Breite b und der Höhe $y = 2h$ kann durch Integration der Geschwindigkeit $c(y)$ über die Spalthöhe auch der Volumenstrom bestimmt werden. Er beträgt:

$$\dot{V} = -b\int_{y=-h}^{+h} y\,c(y)dy = -b\frac{h^3}{2\eta}\frac{dp}{dx}\left[1 - \left(\frac{y}{h}\right)^2\right] = 2\,b\,h\,c_m \tag{5.73}$$

Die Bewegungsgleichung (Gl. 5.66) ist auch für ebene Spalte mit einer ruhenden und einer bewegten Wand entsprechend Abb. 5.37 gültig, nur ändern sich dafür die Randbedingungen $c(-h) = 0$ und $c(h) = c_0$. Die Durchströmung des ebenen Spaltes wird insbesondere durch die Schleppwirkung der oberen bewegten Wand beeinflusst, während an der unteren ruhenden Wand die Haftbedingung mit $c = 0$ gültig ist.

Für diese Randbedingungen lautet die Lösung von Gl. 5.66:

$$c(y) = c_x(y) = -\frac{h^2}{2\eta}\frac{dp}{dx}\left[1 - \left(\frac{y}{h}\right)^2\right] + \frac{c_0}{2h}(h+y) \quad \text{mit } \frac{dp}{dx} = \text{konst.} \tag{5.74}$$

Dabei überlagert sich die Durchflussströmung infolge des Druckgradienten mit der Scherströmung der oberen bewegten Platte mit $c = c_0$ (Abb. 5.37a). Bei der Strömung ohne Druckgradient in der Hauptströmungsrichtung $dp/dx = 0$ verschwindet der Durchfluss $\dot{V}$ und es stellt sich nur die Scherströmung, verursacht durch die Schleppströmung infolge der Schubspannung an der oberen bewegten Platte, ein (Abb. 5.37d). Die lineare Geschwindigkeitsverteilung dafür ergibt sich aus Gl. 5.74 für $dp/dx = 0$ zu:

$$c(y) = \frac{c_0}{2}\left(1 + \frac{y}{h}\right) \quad \text{für } \frac{dp}{dx} = 0 \tag{5.75}$$

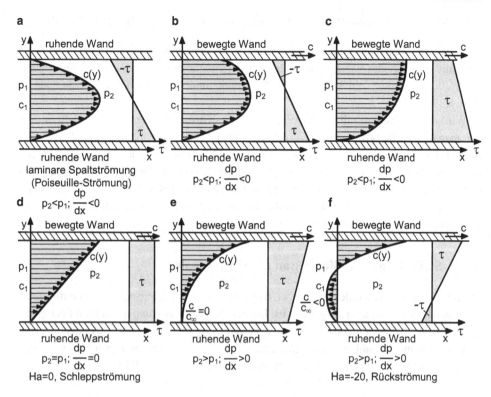

Abb. 5.37 Geschwindigkeitsprofile einer Spaltströmung zwischen ruhender und bewegter Wand mit Druckabfall und Druckanstieg

Diese Strömung nennt man Couetteströmung. Maurice Couette (1848–1943) berechnete diese Strömung 1890. Sie wird mitunter auch als Schichtenströmung bezeichnet.

Gl. 5.74 zeigt, dass sich das Geschwindigkeitsprofil im ebenen Spalt mit einer ruhenden und einer bewegten Wand aus der Überlagerung der durch einen Druckgradienten $\mathrm{d}p/\mathrm{d}x$ hervorgerufenen Geschwindigkeit und der Geschwindigkeit der Schleppströmung infolge der Schubspannung an der bewegten Wand zusammensetzt. In Abb. 5.37 sind sechs Geschwindigkeitsprofile mit verschieden großen negativen und positiven Druckgradienten $\mathrm{d}p/\mathrm{d}x$ mit jeweils einer ruhenden oder bewegten Wand dargestellt. Abb. 5.37 zeigt auch, dass bei großen Druckgradienten in der Nähe der ruhenden Wand Rückströmungen auftreten können, während die Zähigkeitsströmung an der bewegten Wand das Fluid in positiver Richtung gegen den Druckanstieg bewegt. Diese Strömung weist auf große Zähigkeitskräfte $\eta \mathrm{d}c/\mathrm{d}y$ an der Wand hin. Die dünnen Wasserfilmschichten unter dem Einfluss der Gravitationskraft und der Viskositätskraft können an umströmten Steinflächen oder Zylindern beobachtet werden.

5.7   Strömung in keilförmigen Axial- und Radialspalten von Lagern

In keilförmigen Spalten mit einer bewegten und einer ruhenden Wand, wie sie in Gleitlagern mit dem ruhenden Gleitschuh oder mit der ruhenden Lagerschale und der bewegten Welle auftreten, stellt sich ein anderer Druck- und Geschwindigkeitsverlauf als in Abb. 5.37 ein.

Wird der Gleitschuh mit einem Winkel α in der Strömungsrichtung angestellt, so erhält man daraus die Strömung in hydrodynamischen Gleitlagern und die Lagertheorie von Arnold Sommerfeld (1868–1951) [6, 7], die sowohl für radiale als auch axiale Gleitlager angewandt wird. Die Strömung im engen Lagerspalt erzeugt einen so hohen Druck im dünnen Schmierfilm (Öl, Wasser oder in neuerer Zeit auch Luft für hochtourige Gleitlager), dass die rotierende Wellenscheibe auf dem Schmierfilm im ruhenden Gleitschuh berührungsfrei laufen kann (Abb. 5.38).

5.7.1   Strömung im keilförmigen Axiallagerspalt

In Abb. 5.38 ist ein axiales Gleitlager dargestellt, das als Kippsegmentlager mit zehn ruhenden Lagersegmenten ausgeführt ist. Die Kippsegmentlagerung ist im Punkt der größten Flächenpressung angeordnet, die sich zwischen $x/L = 0,58$ bis $0,60$ einstellt. Der Schmierfilm mit variablem Druckgradienten $\mathrm{d}p/\mathrm{d}x$ stellt sich im konischen Spalt der variablen Spaltweite von h_0 bis h_1 ein und trägt die rotierende Wellenscheibe mit der Umfangsgeschwindigkeit u, die fest mit der Welle verbunden ist.

In Abb. 5.39 ist der angestellte Gleitschuh eines axialen Kippsegmentlagers, der um den Zapfen kippen kann, mit der Geschwindigkeits- und Druckverteilung im keilförmigen Spalt dargestellt.

Zur Berechnung der Geschwindigkeit im konischen Spalt kann Gl. 5.66 herangezogen werden. Die Strömung im keilförmigen Spalt ist aber keine Parallelströmung. Deshalb ist der Geschwindigkeitsverlauf aus Kontinuitätsgründen von zwei Ortskoordinatenrichtungen abhängig $c(x, y)$, während der Druck im ebenen konischen Spalt nur von der x-Koordinate abhängig ist $p(x)$, aber nicht mehr konstant bleibt, wie die folgende Differentialgleichung zeigt:

$$\eta \frac{\partial^2 c(x, y)}{\partial y^2} = \frac{\partial p(x)}{\partial x} \tag{5.76}$$

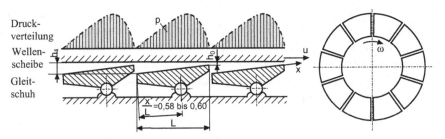

Abb. 5.38 Kippbewegliche Segmente eines axialen Gleitlagers

Abb. 5.39 Geschwindigkeitsprofile und Druck-
verteilung im geneigten
Axiallagerspalt

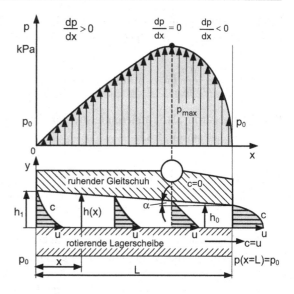

Um einen Druck im Spalt aufzubauen, muss eine Beziehung zwischen der Spaltweite $h(x)$ und dem Druckgradienten $dp/dx(x)$ vorgegeben werden. Im Spalt mit konstanter Spaltweite stellt sich kein Druckgradient ein.

Aus Abb. 5.39 können folgende Geometriebedingungen für den geringen Winkel $\alpha \approx \tan\alpha$ entnommen werden:

$$\tan\alpha \approx \alpha = \frac{h_1 - h(x)}{x} = \frac{h_1 - h_0}{L} \tag{5.77}$$

$$h(x) = h_1 - x\tan\alpha$$

$$\approx h_1 - \frac{h_1 - h_0}{L}x = h_1 - \alpha dx \tag{5.78}$$

$$dh = -\tan\alpha dx \approx -\alpha dx \tag{5.79}$$

Durch zweimalige Integration von Gl. 5.76 erhält man den Geschwindigkeitsgradienten und die Geschwindigkeit:

$$\eta\frac{\partial c}{\partial y} = \frac{\partial p(x)}{\partial x}y + C_1 \quad c = \frac{1}{2\eta}\frac{\partial p}{\partial x}y^2 + \frac{C_1}{\eta}y + C_2 \tag{5.80}$$

Aus den Randbedingungen $y = 0$: $c(x, 0) = u = \omega r$ folgt

$$C_2 = c = u \tag{5.81}$$

$y = h(x) : c(x, h) = 0$ liefert

$$C_1 = -\frac{h(x)}{2}\frac{dp}{dx} - \eta\frac{u}{h(x)} \tag{5.82}$$

Die Geschwindigkeitsverteilung im Spalt ist von y und x bzw. von y und h abhängig $c(x, y)$. Somit ergibt sich die Geschwindigkeitverteilung im Spalt zu:

$$c\,(x, y) = \frac{1}{2\eta}\frac{\mathrm{d}p}{\mathrm{d}x}\left(y^2 - y\,h(x)\right) + u\left(1 - \frac{y}{h(x)}\right) = \left(1 - \frac{y}{h(x)}\right)\left(u - \frac{h(x)}{2\eta}y\frac{\mathrm{d}p}{\mathrm{d}x}\right)$$

(5.83)

Der Volumenstrom als Schmiermittelstrom im Spalt beträgt nach Einsetzen der Geschwindigkeit $c(x, y)$ aus Gl. 5.83:

$$\dot{V} = b\int\limits_0^h c(x, y)\,\mathrm{d}y = b\int\limits_0^h\left(1 - \frac{y}{h(x)}\right)\left(u - \frac{h(x)}{2\eta}y\frac{\mathrm{d}p}{\mathrm{d}x}\right)\mathrm{d}y$$

(5.84)

Wird der Volumenstrom $\dot{V}$, der durch den Lagerspalt strömt, auf die Lagerbreite b bezogen und integriert, so erhält man für den bezogenen Volumenstrom:

$$\frac{\dot{V}}{b} = \frac{h(x)}{2}\left[u - \frac{h^2(x)}{6\eta}\frac{\mathrm{d}p}{\mathrm{d}x}\right] = \frac{h(x)}{2}u - \frac{h^3(x)}{12\eta}\frac{\mathrm{d}p}{\mathrm{d}x}$$

(5.85)

Die Reibungskraft an der rotierenden Lagerscheibe und am ruhenden Gleitschuh bei $y = 0$ beträgt:

$$F_{\mathrm{R}} = A\,\tau_0 = b\,L\,\eta\left.\frac{\partial c}{\partial y}\right|_{y=0} = b\,L\,C_1 = -bL\left[\eta\frac{u}{h(x)} + \frac{h}{2}\frac{\mathrm{d}p}{\mathrm{d}x}\right]$$

(5.86)

Die Reibungskraft am oberen ruhenden Gleitschuh bei $y = h$ beträgt:

$$F_{\mathrm{RG}} = A\,\tau_{\mathrm{G}} = bL\,\eta\left.\frac{\partial c}{\partial y}\right|_{y=h} = -b\,L\left[\eta\frac{u}{h(x)} - \frac{h}{2\eta}\frac{\mathrm{d}p}{\mathrm{d}x}\right]$$

(5.87)

Der Druckgradient $\mathrm{d}p/\mathrm{d}x$ kann für die ebene Strömung nach Reynolds angegeben werden zu:

$$\frac{\mathrm{d}p}{\mathrm{d}x} = 6\eta\left(\frac{u}{h^2(x)} - \frac{2}{h^3(x)}\frac{\dot{V}}{b}\right)$$

(5.88)

Für eine vorgegebene oder bekannte Spaltgeometrie $h(x)$ (Abb. 5.39) kann nun auch der Druckverlauf $p(x)$ bzw. der Überdruckverlauf $p(x) - p_0$ im Spalt berechnet werden, wenn der äußere Druck im Lager außerhalb des Spalts p_0 bekannt ist. Der Druck p_0 entspricht in der Regel dem Ölversorgungsdruck der Ölpumpe. Der Druckverlauf im Spalt ist abhängig von der Spaltgeometrie $h(x)$, der Lagerbreite b, von der Geschwindigkeit der rotierenden Lagerscheibe u, von dem Ölvolumenstrom $\dot{V}$ und von der dynamischen Viskosität des Öls η.

Aus Gl. 5.85 kann nach Umstellen für den Druckgradienten $\mathrm{d}p$ und nach Integration der Druckverlauf errechnet werden:

$$p(x) - p_0 = \int\limits_{x=0}^{L} \mathrm{d}p = \int\limits_{x=0}^{L} \frac{12\,\eta}{h^3(x)} \left[\frac{h(x)}{2} u - \frac{\dot{V}}{b} \right] \mathrm{d}x$$

$$= 6\,\eta\,u \int\limits_{x=0}^{L} \frac{\mathrm{d}x}{h^2(x)} - \frac{12\,\eta\,\dot{V}}{b} \int\limits_{x=0}^{L} \frac{\mathrm{d}x}{h^3(x)} \tag{5.89}$$

$$p(x) - p_0 = \frac{12\eta\,\dot{V}}{\alpha\,b} \int\limits_{h_1}^{h} \frac{\mathrm{d}h}{h^3(x)} - \frac{6\eta\,u}{\alpha} \int\limits_{h_1}^{h} \frac{\mathrm{d}h}{h^2(x)} \tag{5.90}$$

$$p(x) - p_0 = \frac{6\eta}{\alpha} \left[u\left(\frac{1}{h(x)} - \frac{1}{h_1} \right) - \frac{\dot{V}}{b} \left(\frac{1}{h^2(x)} - \frac{1}{h_1^2} \right) \right] \tag{5.91}$$

Außerhalb des Lagerspalts beträgt der Druck im Lagergehäuse $p = p(x = 0) = p(x = L) = p_0$. Daraus folgt aus Gl. 5.91 für den Volumenstrom durch den Spalt für $p(x) - p_0 = 0$ (Abb. 5.39):

$$0 = u\left(\frac{1}{h_0} - \frac{1}{h_1} \right) - \frac{\dot{V}}{b} \left(\frac{1}{h_0^2} - \frac{1}{h_1^2} \right) \tag{5.92}$$

$$\frac{\dot{V}}{b} = u\frac{h_0 h_1}{(h_0 + h_1)} \tag{5.93}$$

Der Volumenstrom $\dot{V}$ im konischen Spalt ist also nur von der Umfangsgeschwindigkeit der rotierenden Lagerscheibe und von der Spaltgeometrie abhängig. Er ist auf die Breite b des Lagers bezogen. Wird der Volumenstrom $\dot{V}$ aus Gl. 5.93 in Gl. 5.91 eingesetzt, so erhält man für den Druckverlauf im Spalt:

$$p(x) - p_0 = \frac{6\eta u}{\alpha} \left[\frac{(h_1 - h(x))(h(x) - h_0)}{h^2(x)(h_0 + h_1)} \right] \tag{5.94}$$

Der Druckgradient im Schmierspalt beträgt:

$$\frac{\mathrm{d}p}{\mathrm{d}x} = \frac{6\eta u}{h^3(x)} \left[h(x) - \frac{2h_0 h_1}{(h_0 + h_1)} \right] \tag{5.95}$$

Am Anfang des Spaltes bei $x = 0$ mit $h(x) = h_1$ ist der Druckgradient im Koordinatensystem von Abb. 5.39 positiv ($\mathrm{d}p/\mathrm{d}x > 0$). Der Druckverlauf weist ein Maximum auf, bevor er wieder absinkt und bei $x = L$ den größten negativen Druckgradienten annimmt (Abb. 5.39).

Die Stelle des Druckmaximums im Spalt folgt aus Gl. 5.95 für $dp/dx = 0$ zu:

$$h(x)_{p\,max} = \frac{2h_0 h_1}{h_0 + h_1} \tag{5.96}$$

Aus Gl. 5.94 und 5.96 erhält man das Druckmaximum, das die Bewegung der rotierenden Lagerscheibe erzeugt. Es ist:

$$p_{max} - p_0 = \frac{3}{2}\frac{\eta u}{\alpha}\frac{(h_1 - h_0)^2}{h_0 h_1 (h_0 + h_1)} = \frac{3}{2}\eta u L \frac{h_1 - h_0}{h_0 h_1 (h_0 + h_1)} \tag{5.97}$$

Das Druckmaximum wird entsprechend Gl. 5.96 bei $h(x) = 2h_0 h_1/(h_0 + h_1)$ erreicht. Die bezogene Koordinate x/L für den Maximaldruck folgt aus Gl. 5.98:

$$\frac{x}{L} = \frac{h_1}{\alpha L}\left[1 - \frac{2h_0}{(h_0 + h_1)}\right] = \frac{h_1}{h_1 - h_0}\left[1 - \frac{2h_0}{(h_0 + h_1)}\right] \tag{5.98}$$

Die Gl. 5.98 zeigt, dass ein Druckaufbau im Schmierspalt des Lagers nur bei keilförmigen Schmierspalten mit $\alpha \approx \tan\alpha = (h_1 - h_0)/L$ erfolgen kann. In einem parallelwandigen Spalt mit $\tan\alpha = 0$ ist der Druck gleich dem aufgeprägten äußeren Druck $p(x) = p_0$ und es stellt sich die Scherströmung im Spalt entsprechend Abb. 5.37d ein. Der Druckaufbau im konischen Spalt ist vom Kehrwert der dritten Potenz der Spaltweite $(1/h_1^3)$ abhängig (Gl. 5.90). Diese Abhängigkeit zeigt, dass der Druck im Spalt umso größer wird, je kleiner die Spaltweite ist, d. h. der Druckaufbau im Gleitlager steigt mit zunehmender Lagerbelastung und zunehmender Exzentrizität der Welle in der Lagerschale in Radiallagern an und zwar mit der dritten Potenz des Kehrwertes der Spaltweite. Ebenso kann ein zähes Fluid durch Rotation eines Zylinders mit ruhender Zylinderschale im zylindrischen Spalt deformiert werden und man erhält bei einem laminaren Geschwindigkeitsprofil im Spalt die Taylor-Wirbel, die eine Intensität der Strömung darstellen, weil die Zentrifugalkräfte durch einen rotierenden inneren und einen ruhenden äußeren Zylinder destabilisierend auf die Spaltströmung wirken. Geoffrey Taylor (1886–1975) untersuchte diese Strömung theoretisch und experimentell. Dabei stellen sich oberhalb einer unteren Reynoldszahl, charakteristische, wechselnde rechts und links drehende Wirbel mit der Breite des Radialspalts und etwa gleicher Höhe ein. Lässt die Rotation des inneren Zylinders nach, so stellt sich wieder der Ausgangszustand der Strömung ein.

Wird mit dem Druck $p(x)$, mit der Lagergeometrie h_0 und b sowie mit der dynamischen Viskosität η des Fluids eine Belastungszahl $p\, h_0^2/(\eta u_m b)$ gebildet, die auch als Tragzahl bezeichnet wird und über der Spaltgeometrie $h_0/t = h_0(h_1 - h_0)$ dargestellt ist (Abb. 5.40), so erkennt man den Belastungsverlauf in einem Axiallager, das nach dem Erfinder als Mitchellager bezeichnet wird. Das günstigste Spalthöhenverhältnis eines Kippsegmentlagers soll $h_1/h_0 \approx 1,25$ betragen, wobei sich bei einem Wellendurchmesser von $d = 200\,mm$ ein Keilwinkel von $\alpha = 0,36°$ einstellt. Werden die Keilflächen in das Gleitstück eines Axiallagers fest eingebaut, so kann das Höhenverhältnis größer

Abb. 5.40 Tragzahl $10^2 ph_0^2 / \eta u_m b$ und Reibkennzahl $\mu [pb/\eta u_m]^{1/2}$ in Abhängigkeit von h_0/t und L/b nach Drescher [19]

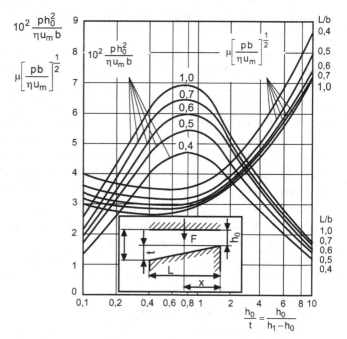

ausgeführt werden bis zu $h_1/h_0 = 1{,}50$. Der Keilwinkel des Schmierspalts beträgt dann $\alpha = 0{,}01°$ bis $2°$. Der Stützpunkt des Gleitstücks soll entsprechend der Druckverteilung im Spalt bei $x/L = 0{,}58$ bis $0{,}60$ angeordnet werden [19]. Durch die endliche Breite b der Gleitstücke wird in den ausgeführten Gleitlagern nur eine geringere zulässige Belastungszahl erreicht. Darin ist t die geometrische Keilerweiterung (Abb. 5.40).

Aus der Druckverteilung im Lagerspalt kann durch Integration auch die resultierende Druckkraft und damit die zulässige Belastungskraft des Gleitstückes ermittelt werden. Die Normalkraft F_N beträgt:

$$F_N = b \int_{x=0}^{L} (p(x) - p_0)\, dx = \frac{6\eta u b}{\alpha^2}\left[\ln \frac{h_1}{h_0} - 2\frac{h_1 - h_0}{h_1 + h_0}\right] \tag{5.99}$$

Die tangentiale Kraft im Axiallager F_T beträgt für den ruhenden Gleitschuh bei $y = h$:

$$F_T = -\int_{x=0}^{L} \eta \frac{dc}{dy} dx = \frac{\eta u b}{\alpha}\left[6\frac{h_1 - h_0}{h_1 + h_0} - 2\ln\left(\frac{h_1}{h_0}\right)\right] \tag{5.100}$$

Die Tangentialkraft an der rotierenden Lagerscheibe bei $y = 0$ beträgt:

$$F_T = \int_{x=0}^{L} \eta \left(\frac{dc}{dy}\right)_{y=0} dx = \frac{\eta u b}{\alpha}\left[6\frac{h_1 - h_0}{h_1 + h_0} - 4\ln\left(\frac{h_1}{h_0}\right)\right] \tag{5.101}$$

5.7.2 Strömung im radialen Gleitlager

Eine unbelastete Welle ohne Eigenlast ($F = 0$) läuft bei Rotation in einer Lagerschale zentrisch und der Fluiddruck des Schmiermittels ist im gesamten Lagerspalt konstant (Abb. 5.41a). Die zentrische Wellenlage stellt sich real für die unbelastete Welle bei hoher Drehzahl ein ($\omega \to \infty$). Die ruhende Welle liegt auf der Lagerschale auf (Abb. 5.41c). Wird die rotierende Welle belastet, so weicht sie von der Mittenlage ab (Abb. 5.41b), sodass das Schmiermittel von der Welle infolge der Schubspannung durch den Spalt veränderlicher Höhe $h(\varphi)$ mitgenommen wird. Dadurch entsteht eine ungleichförmige Druckverteilung im Lagerspalt mit einer resultierenden Kraft, die im stationären Betrieb mit der äußeren radialen Wellenbelastung im Gleichgewicht steht.

Unter der Vorraussetzung, dass die Spaltweite h klein ist gegenüber dem Wellenradius r_W ($h/r_W \ll 1$), kann die Spaltströmung lokal als ebene Strömung betrachtet werden. Dafür gilt für $r_W + h(\varphi)$ nach Abb. 5.41b mit $h_2 = h_{min}$:

$$r_W + h(\varphi) = r_W + h_{min} + e \,(1 + \cos\varphi) \tag{5.102}$$

e stellt die Exzentrizität der Welle dar,
φ den Umfangswinkel und
h_0 ist die Spaltweite bei zentrischer Wellenlage (Abb. 5.41a).

Daraus folgt für die winkelabhängige Spaltweite:

$$h\,(\varphi) = h_{min} + e\,(1 + \cos\varphi) \tag{5.103}$$

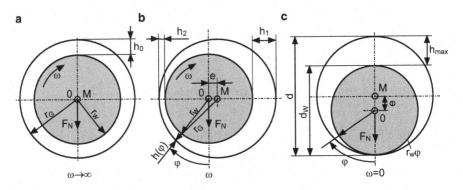

Abb. 5.41 Exzentrizität der Welle und Spalthöhe im Lager in Abhängigkeit der Drehzahl. **a** Unbelastete Welle im Lager, **b** belastete und ausgelenkte Welle im Lager, **c** belastete Welle im Ruhezustand bei $\omega = 0$

Dabei ist der tangentiale Geschwindigkeitsgradient wesentlich kleiner als der radiale $(1/r)\partial u/\partial \varphi \ll \partial u/\partial r$, sodass für die örtlich ebene Strömung die folgende Differentialgleichung geschrieben werden kann:

$$\frac{1}{r}\frac{\partial p}{\partial \varphi} = \eta \frac{\partial^2 u_\varphi}{\partial r^2} \tag{5.104}$$

Für den Radius r kann näherungsweise der konstante Wellenradius r_W genutzt werden. Damit vereinfacht sich die Gl. 5.104 weiter zu:

$$\frac{1}{r_W}\frac{\partial p}{\partial \varphi} = \eta \frac{\partial^2 u_\varphi}{\partial r^2} \tag{5.105}$$

Durch diese Vereinfachung kann das radiale Gleitlager ebenso wie das axiale Gleitlager berechnet werden.

Der Lagerschalenradius beträgt $r_G = r_W + h(\varphi)$ mit $dr = dh$. Dabei ist $h(\varphi)$ die variable Spaltweite. Damit kann die Differentialgleichung 5.105 geschrieben werden:

$$d^2 u_\varphi = \frac{1}{\eta r_W}\frac{dp}{d\varphi}dh^2 \tag{5.106}$$

Nach zweimaliger Integration der Gl. 5.106 erhält man:

$$u_\varphi(h) = \frac{1}{2\eta r_W}\frac{dp}{d\varphi}h^2(\varphi) + C_1 h(\varphi) + C_2 \tag{5.107}$$

Die Randbedingungen für Gl. 5.107 lauten:
Für $h = 0$ ist:

$$u_\varphi(h) = \omega r_W = C_2 \quad \text{und für} \quad h = h_1 : u_\varphi(h_1) = 0$$
$$C_1 = -\frac{1}{2\eta r_W}\frac{dp}{d\varphi}h_1 - \frac{u}{h_1}$$

Damit lautet die Gleichung für die tangentiale Geschwindigkeitsverteilung im Spalt:

$$u_\varphi(h) = \frac{1}{2\eta r_W}\left(\frac{dp}{d\varphi}\right) h(\varphi)\,(h(\varphi) - h_1) + \frac{u}{h_1}(h_1 - h(\varphi)) \tag{5.108}$$

Mit Hilfe dieser Gleichung kann der Volumenstrom im Spalt ermittelt werden, wenn eine konstante mittlere Spaltweite h_0 und $\dot{V}/b = u h_0/2$ eingeführt werden.

$$\frac{\dot{V}}{b} = \int\limits_{r_W}^{r_W+h} u_\varphi(h)\,dr = \int\limits_{h=0}^{h} u_\varphi(h)\,dh = \frac{u h(\varphi)}{2} - \frac{h^3(\varphi)}{12\eta r_W}\frac{\partial p}{\partial \varphi} \tag{5.109}$$

Der Druckgradient in Umfangsrichtung im Spalt beträgt für die mittlere Spaltweite h_0 und $\dot{V}/b = uh_0/2$:

$$\frac{\partial p}{\partial \varphi} = 6\,\eta\,u\,r_{\text{W}} \left(\frac{1}{h^2(\varphi)} - \frac{h_0}{h^3(\varphi)} \right) \tag{5.110}$$

Damit ergibt sich die Druckdifferenz im Lagerspalt zu:

$$\Delta p\,(\varphi) = p_1 - p_2 = 6\,\eta\,u\,r_{\text{W}} \int\limits_{\varphi=0}^{2\pi} \left(\frac{1}{h^2(\varphi)} - \frac{h_0}{h^3(\varphi)} \right) d\varphi \tag{5.111}$$

Die Geschwindigkeit im Spalt c_φ lässt sich näherungsweise mit Gl. 5.69 für die konstante Spaltweite bestimmen.

$$c_\varphi = \frac{1}{2}\omega r_{\text{W}} \frac{(h_0 + y)}{h_0} = \frac{\omega r_{\text{W}}}{2} \left(1 + \frac{y}{h_0} \right) \tag{5.112}$$

Die Schubspannung an der Wellenoberfläche mit $u = \omega r_{\text{W}}$ beträgt damit:

$$\tau\,(\varphi) = \eta \frac{\partial c_x(y)}{\partial y} = \eta \frac{\omega r_{\text{W}}}{h\,(\varphi)} \tag{5.113}$$

Somit kann die tangentiale Reibungskraft auf der Welle mit der Lagerfläche $A = 2\pi r_{\text{W}} b$ ermittelt werden:

$$F_{\text{T}}\,(\varphi) = \tau\,(\varphi)\,A = \frac{2\,\pi\,\eta}{h\,(\varphi)} \omega r_{\text{W}}^2 b \tag{5.114}$$

Darin ist b die Lagerbreite, die etwa $b/r_{\text{W}} = 0{,}8 \ldots 1{,}2$ betragen soll.

Das Reibmoment der Welle im Lager beträgt:

$$M\,(\varphi) = F_{\text{T}}\,(\varphi)\,r_{\text{W}} = \frac{2\,\pi\,b\,\eta\,\omega\,r_{\text{W}}^3}{h\,(\varphi)} \tag{5.115}$$

Diese Gl. 5.115 stellt das Reibmoment für den Grenzfall mit konstanter Spaltweite $h_0 = \text{konst.}$ dar, die sich bei gering belasteten schnelllaufenden Wellen ohne exzentrischer Wellenlage im Lager einstellen (Abb. 5.41a).

Wird die Welle mit der Normalkraft F_{N} belastet, so weicht die Welle seitlich zu dieser Kraft aus und es stellt sich eine exzentrische Lage e mit der keilförmigen Spaltgeometrie ein.

Mit Gl. 5.72 beträgt der Druckgradient im Spalt mit $p = F_{\text{N}}/2r_{\text{W}} b$:

$$\frac{dp}{dx} = \frac{dp}{r\,d\varphi} = 3\,u\,\eta \left[\frac{1}{h^2\,(\varphi)} - \frac{\dot{V}}{b\,u\,h^3\,(\varphi)} \right] \tag{5.116}$$

Darin ist die x-Koordinate in Umfangsrichtung gerichtet $x = r\varphi$ oder $dx = r\,d\varphi$ (Abb. 5.42). Diese Rechnung wurde erstmals von Arnold Sommerfeld 1904 ausgeführt. Sie führt zu dem Reibmoment M entsprechend Gl. 5.115.

Abb. 5.42 Druckverteilung entlang des Radiallager- umfanges bei konstanter Kraftrichtung F

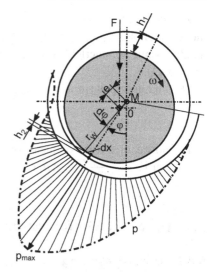

Wird daraus ein dimensionsloses Reibmoment gebildet, so erhält man die Kennzahl, die zu Ehren von Arnold Sommerfeld als Sommerfeld'sche Zahl bezeichnet wird.

$$\text{So} = \frac{4 F_N h_0^2}{2 b \omega \eta r_W^3} = \frac{2 F_N h_0^2}{b \omega \eta r_W^3} = \frac{2 F_N h_0^2}{M} \tag{5.117}$$

Die Sommerfeldzahl stellt das Verhältnis der Druckkraft zur Reibungskraft im Lagerspalt dar. Georg Vogelpohl (1900–1975) [17] stellte die Abhängigkeit der Reibungskennzahl $M/(h_0 F_N)$ von der Sommerfeldzahl dar. Sie bewegt sich im Zahlenbereich von So $= 2 \cdot 10^{-3}$ bis 10^3 (Abb. 5.43).

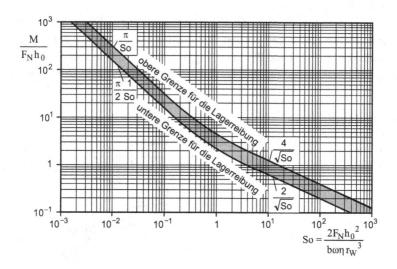

Abb. 5.43 Auslegungsdiagramm für radiale Gleitlager nach Vogelpohl [17]

Je größer die Sommerfeldzahl ist, desto geringer wird das dimensionslose Reibungsmoment von $M/(h_0 F_N) = 0{,}1$ bis $2{,}0$ für So $= 10^3$ bis 2. Deshalb sind die Gleitlager möglichst mit Sommerfeldzahlen von So $= F_N h_0^2/(2b\omega\eta r_W^3) = 2$ bis 10^3 auszulegen (Abb. 5.43).

Der im Lagerspalt strömende Fluidvolumenstrom beträgt:

$$\dot{V} = \omega\, r_W\, h_0\, b \qquad\qquad (5.118)$$

Der notwendige Kühlvolumenstrom kann nach Angaben von Vogelpohl [17] berechnet werden zu $\dot{V}_K = \dfrac{\omega\, M}{1700\,\frac{kg}{K\,m\,s^2}\,\Delta T}$; mit $\dot{V}$ in l/s; ω in s^{-1}; M in N m und ΔT in K.

5.8 Düsen- und Diffusorströmung

5.8.1 Düsenströmung

In Düsen erfolgt eine Beschleunigung der Strömung zur Erzeugung hoher Geschwindigkeit. Dabei wird die statische Druckenergie $\Delta p/\rho$ in dynamische Energie $c^2/2$ gemäß Abb. 5.44 umgesetzt. Beispiele ausgeführter Düsen sind z. B. die Düsen in Peltonwasserturbinen, die Spritzdüsen für Feuerwehrschläuche oder Düsen von Springbrunnen und Wasserfontänen sowie Düsen für Triebwerke von Flugzeugen und Raketen.

In Dampf- und Gasturbinen werden ebenfalls zur Beschleunigung der Eintrittströmung in das Laufradschaufelgitter besonders geformte Düsen eingesetzt (Abb. 5.44b).

Charakteristisch für Düsen ist, dass eine beliebig große Druckenergie $\Delta p/\rho$ in dynamische Energie umgewandelt werden kann.

Bei der Düsenströmung treten Reibungsverluste auf, die mit dem Druckverlustbeiwert ζ beschrieben werden können.

Durch den Druckabfall bei der beschleunigten Strömung in Düsen wird auch Energie in die Grenzschichtbereiche transportiert, sodass die Geschwindigkeitsprofile in der Düse fülliger werden (Abb. 5.45) und die Strömung nicht von der Wand ablöst. Düsen werden für Querschnittverhältnisse von $A_2/A_1 = 0{,}06$ bis $0{,}50$ gestaltet, wobei die bezogene

Abb. 5.44 Düsen zur Beschleunigung der Eintrittsströmung. **a** Spritzdüse, **b** Turbineneintrittsdüse

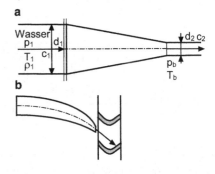

Abb. 5.45 Geschwindigkeitsprofil am Düsenaustritt

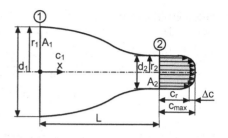

Düsenlänge $L/r_1 = 1{,}60$ bis $2{,}50$ beträgt (Abb. 5.45). Besonders hohe Anforderungen an das Geschwindigkeitsprofil am Düsenaustritt und den Gleichförmigkeitsgrad werden an die Austrittsdüsen von Windkanälen gestellt, damit ein großer Messquerschnitt mit gleichförmiger Geschwindigkeit bereitgestellt werden kann. Die Abweichung von der Gleichförmigkeit des Geschwindigkeitsprofils soll dabei $\Delta c/c_{max} \leq 0{,}02$ betragen.

Düsen sollten möglichst immer mit kreisförmigem Querschnitt ausgeführt werden, weil in quadratischen und rechteckigen Düsenquerschnitten Sekundärströmungen und dadurch höhere Verluste auftreten.

Düsen, sogenannte Normdüsen, werden auch als Messeinrichtungen für Gas- und Flüssigkeitsvolumenströme eingesetzt, wobei der Druckabfall in der Düse als äquivalente Messgröße für die Strömungsgeschwindigkeit und für den Volumenstrom benutzt wird.

Zu beachten ist, dass in Düsen beträchtliche Impulskräfte auftreten, sodass sie entsprechend zu befestigen sind. Das gilt insbesondere auch für ortsveränderliche Düsen an flexiblen Schläuchen, wie z. B. Feuerlöschdüsen (Abb. 5.44). Deshalb werden die Spritzdüsen und der Feuerwehrschlauch aus Sicherheitsgründen stets von zwei Personen gehalten.

Mit dem axialen Impuls am Diffusoraustritt soll eine möglichst hohe Geschwindigkeit des Austrittstrahls erreicht werden. Die erste Nutzung der Strahlgeschwindigkeit geht auf Ernst Körting im Jahre 1878 zurück, der danach die bekannte Firma für Wasser- und Dampfstrahlpumpen gründete.

Um den Impuls der Düse nicht auf eine flexible Rohrwand zu lenken, sollen flexible Schläuche keine scharfen Bögen aufweisen.

Die Kontinuitätsgleichung ergibt:

$$c_1 A_1 = c_2 A_2 \tag{5.119}$$

$$c_2 = c_1 \frac{A_1}{A_2} \tag{5.120}$$

Die Druckkräfte betragen mit den absoluten Drücken p_1 und p_2:

$$p_1 A_1 = \frac{\pi}{4} d_1^2 p_1 \tag{5.121}$$

$$p_2 A_2 = \frac{\pi}{4} d_2^2 p_2; \quad p_2 = p_b \tag{5.122}$$

Abb. 5.46 Kräftegleichgewicht an der Düse mit Druck-
und Impulskräften

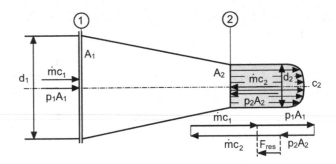

Die Impulskräfte betragen nach Abb. 5.46:

$$\dot{m}\,c_1 - \dot{m}\,c_2 = F_{\text{res}} \tag{5.123}$$

Damit erhält man die Kräftebilanz aus dem Impulssatz:

$$\dot{m}\,c_1 + p_1\,A_1 - \dot{m}\,c_2 - p_2\,A_2 = 0 \tag{5.124}$$

Wird eine Düse durch Öffnen des Wasserhahns angefahren, so kommt noch die instationäre Kraft

$$\int_{s_1}^{s_2} \frac{\partial \dot{m}}{\partial t}\,\mathrm{d}s = \frac{\partial \dot{m}}{\partial t} \int_{s_1}^{s_2} \mathrm{d}s \tag{5.125}$$

hinzu.

5.8.2 Kegeldiffusoren

Diffusoren dienen zur Verzögerung der Strömung und zum Druckrückgewinn aus der Strömung. Die Verzögerung der Strömung erfolgt entsprechend der Kontinuitätsgleichung
(Gl. 1-48) durch Querschnittsvergrößerung. Da die Strömung in Diffusoren reibungsbehaftet verläuft, wird nicht der gesamte Verzögerungsanteil der dynamischen Energie
$(\rho/2)(c_1^2 - c_2^2)$ in Druck umgesetzt, sondern nur ein Anteil, vermindert um den Druckverlust $\Delta p = \zeta\,\frac{\rho}{2}\,c_{\text{m}}^2$. Da die Strömung nur eine begrenzte Verzögerung verträgt, müssen
vorgegebene Verzögerungsverhältnisse c_2/c_1 oder bestimmte Erweiterungswinkel von ko-
nischen Diffusoren eingehalten werden, weil sonst die Strömung von der Wand ablöst und
größere Verluste verursacht.

Diffusoren werden als Kegeldiffusoren, als kegelförmige Multidiffusoren, als einfache
oder mehrfache Rechteckdiffusoren, als Radialdiffusoren oder auch als spezielle Diffusoren, wie z. B. Kaplankrümmer in axialen Wasserturbinen, ausgeführt.

Sie werden zur Verzögerung der Strömung in Gas- und Flüssigkeitsrohrleitungen, in
lufttechnischen und in verfahrenstechnischen Anlagen, als Radialdiffusoren in ein- und

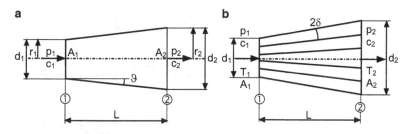

Abb. 5.47 Diffusorströmung. **a** Kegeldiffusor, **b** Multidiffusor

mehrstufigen Radialverdichtern, in mehrstufigen Radialpumpen, in Wasserturbinen zur Vergrößerung der Gefällehöhe auf der Saugseite und in Strahlpumpen (Gas-, Dampf- und Flüssigkeitsstrahlpumpen) eingesetzt. In Strahlpumpen dienen sie außer zum Druckaufbau auch zur Strahlmischung des Treibstrahls hoher Geschwindigkeit mit dem Schleppstrahl geringerer Geschwindigkeit.

In Abb. 5.47 sind ein Kegeldiffusor und ein zylindrischer Multidiffusor dargestellt.

In Diffusoren (Abb. 5.47) wird die Strömung verzögert und der Verzögerungsanteil der Strömung $c_1^2 \rho / 2 \, [1 - (c_2/c_1)^2]$ in Druck umgesetzt (Austrittsdiffusoren in Strömungsmaschinen, in Wasserturbinen oder in lufttechnischen Anlagen).

5.8.3 Verluste und Wirkungsgrad von Diffusoren

Da die Grenzschicht einer Strömung zwar eine beliebige Beschleunigung und damit verbunden eine beliebige Druckumsetzung in Geschwindigkeit verträgt, aber nur eine begrenzte Geschwindigkeitsverzögerung, darf der Erweiterungswinkel von Diffusoren einen kritischen Wert von $\vartheta = (1/U)\,\mathrm{d}A/\mathrm{d}s$ nicht überschreiten, wenn die Grenzschichtablösung von der Diffusorwand vermieden werden soll (Diffusorkriterium). Der Erweiterungswinkel des Kegeldiffusors soll in der Regel $\vartheta = 6°$ bis $7°$ nicht überschreiten, wenn die Grenzschichtablösung von der Diffusorwand vermieden werden soll. Der Druckverlustbeiwert ζ oder der Diffusorwirkungsgrad η_D für kegelförmige Diffusoren kann in Abhängigkeit des Erweiterungswinkels ϑ Abb. 5.48 entnommen werden [20–23].

Soll eine starke Verzögerung auf kurzer Länge erreicht werden, so können Multidiffusoren gemäß Abb. 5.47b eingebaut werden. Dabei wird aber der Reibungsdruckverlust vergrößert.

Die Diffusorverluste und auch der Diffusorwirkungsgrad können mit Hilfe der Bernoulligleichung für die Hydrodynamik (Gl. 3.36) abgeschätzt werden, wobei ein horizontal liegender Kegeldiffusor auf konstantem Höhenniveau nach Abb. 5.47 betrachtet wird.

$$p + \frac{\rho c^2}{2} = g \rho H \qquad (5.126)$$

Abb. 5.48 Abhängigkeit des Diffusorwirkungsgrades vom Erweiterungswinkel ϑ und der relativen Diffusorlänge L/d_1

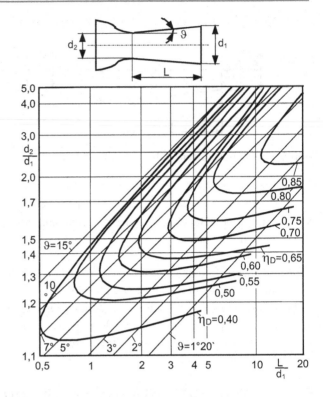

Der Volumenstrom $d\dot{V}$ im Kegeldiffusor beträgt:

$$d\dot{V} = 2\,\pi\,r\,c_{\mathrm{m}}\,dr \qquad (5.127)$$

Bei hydrodynamischer Strömung stellt der Totaldruck $p_{\mathrm{t}} = g\rho H_{\mathrm{P}} = p + (\rho/2)c^2$ multipliziert mit dem Volumenstrom $d\dot{V}$ die hydraulische Leistung dar, die schließlich für den Kegeldiffusor zwischen den Grenzen ① und ② in Abb. 5.47 bilanziert werden kann. Für den Verlust im Diffusor kann mit dem Druckverlustbeiwert ζ_{D} und dem Wirkungsgrad $\eta_{\mathrm{D}} = 1 - \zeta_{\mathrm{D}}$ geschrieben werden:

$$\zeta_{\mathrm{D}}\frac{\rho}{2}\int\limits_{r=0}^{r_1} c_1^2\, c_{m1}\, r\, dr = \int\limits_{r=0}^{r_1} p_1\, c_{m1}\, r\, dr + \frac{\rho}{2}\int\limits_{r=0}^{r_1} c_1^2\, c_{m1}\, r\, dr - \int\limits_{r=0}^{r_2} p_2\, c_{m2}\, r\, dr - \frac{\rho}{2}$$

$$- \int\limits_{r=0}^{r_2} c_2^2\, c_{m2}\, r\, dr \qquad (5.128)$$

Für die Verlustleistung im Diffusor kann mit dem Diffusorwirkungsgrad η_D auch geschrieben werden:

$$\zeta \frac{\rho}{2} \int\limits_{r=0}^{r_1} c_1^2 \, c_{m1} r \, \mathrm{d}r = (1 - \eta_D) \frac{\rho}{2} \int\limits_{r=0}^{r_1} c_1^2 \, c_{m1} \, r \, \mathrm{d}r \qquad (5.129)$$

Aus den Gln. 5.128 und 5.129 kann der Wirkungsgrad eines Kegeldiffusors berechnet werden. Der Diffusorwirkungsgrad beträgt:

$$\eta_D = \frac{\int\limits_{r=0}^{r_2} p_2 \, c_{m2} \, r \, \mathrm{d}r - \int\limits_{r=0}^{r_1} p_1 \, c_{m1} \, r \, \mathrm{d}r + \frac{\rho}{2} \int\limits_{r=0}^{r_2} c_{m2} \, c_2^2 \, r \, \mathrm{d}r}{\frac{\rho}{2} \int\limits_{r=0}^{r_1} c_{m1} \, c_1^2 \, r \, \mathrm{d}r} \qquad (5.130)$$

Der Diffusorwirkungsgrad η_D in Gl. 5.130 berücksichtigt, dass die am Diffusorende enthaltene dynamische spezifische Energie $\frac{\rho}{2} \int_{r=0}^{r_2} c_{m2} \, c_2^2 \, r \, \mathrm{d}r$ noch nutzbar in der nachfolgenden Anlage oder Rohrleitung verwendet werden kann (Abb. 5.49). Wird der Kegeldiffusor als Enddiffusor einer Anlage verwendet, aus dem die restliche dynamische Energie in die Atmosphäre ausgeblasen wird oder in ein Flüssigkeitsbecken bei Wasserturbinen strömt und verwirbelt wird, so wird der Wirkungsgrad um diesen Anteil gemindert. Er wird als unterer Diffusorwirkungsgrad η_{DU} bezeichnet und er beträgt:

$$\eta_{DU} = \frac{\int\limits_{r=0}^{r_2} p_2 \, c_{m2} \, r \, \mathrm{d}r - \int\limits_{r=0}^{r_1} p_1 \, c_{m1} \, r \, \mathrm{d}r}{\frac{\rho}{2} \int\limits_{r=0}^{r_1} c_{m1} \, c_1^2 \, r \, \mathrm{d}r} \qquad (5.131)$$

Dieser untere Diffusorwirkungsgrad η_{DU} berücksichtigt nur den bezogenen Druckgewinn im Diffusor.

Werden Diffusoren als Endbauteile von Anlagen verwendet, so kann die Geschwindigkeit und damit auch die in die freie Atmosphäre ausgeblasene kinetische Energie vermindert werden.

In den Gln. 5.130 und 5.131 ist berücksichtigt, dass der Diffusor drallbehaftet durchströmt wird. Die Drallkomponente der Strömung geht nicht in den Diffusorwirkungsgrad η_D ein. Mit dem Diffusorwirkungsgrad η_D kann auch der Druckverlustbeiwert ζ_D angegeben werden. Er beträgt:

$$\zeta_D = 1 - \eta_D \qquad (5.132)$$

Mitunter wird der geringere Diffusorwirkungsgrad η_D nach Gl. 5.131 als Druckrückgewinnungskoeffizient bezeichnet. In Abb. 5.49 ist der untere Diffusorwirkungsgrad ebener Kegeldiffusoren konstanter Breite mit dem Breitenverhältnis von $b/h_1 \geq 8$ angegeben, wie sie in der Luft- und Klimatechnik verwendet werden.

Abb. 5.49 Diffusorwirkungs-
grade rechteckiger Diffusoren
konstanter Breite ($b/h_1 \geq 8$)

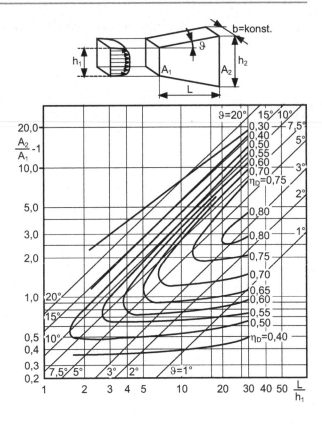

5.8.4 Radiale Diffusoren

In radialen Turbokompressoren und in mehrstufigen Radialkreiselpumpen werden zur Verzögerung der Austrittsströmung aus dem Laufrad parallelwandige oder konische Radialdiffusoren eingesetzt (Abb. 5.50).

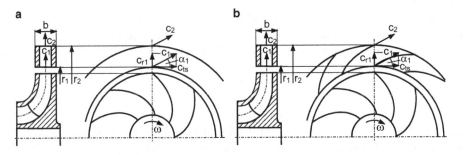

Abb. 5.50 Laufrad einer mehrstufigen Radialpumpe mit **a** schaufellosem Radialdiffusor und **b** beschaufeltem Radialdiffusor

Abb. 5.51 Laufrad und beschaufelter Radialdiffusor eines Radialkompressors

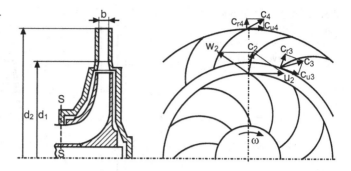

Abb. 5.52 Konischer unbeschaufelter Radialdiffusor eines Radialkompressors

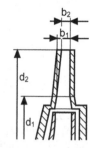

Bei parallelwandigen Radialdiffusoren mit radialer Durchströmung und $b = b_1 = b_2$ ist das Geschwindigkeitsverhältnis c_2/c_1 entsprechend der Kontinuitätsgleichung dem Reziprokwert des Radienverhältnisses proportional.

$$\frac{c_2}{c_1} = \frac{A_1}{A_2} = \frac{2\,\pi\,r_1\,b_1}{2\,\pi\,r_2\,b_2} = \frac{r_1}{r_2} \quad \text{für} \quad b_1 = b_2 \tag{5.133}$$

In Radialkompressoren werden Radialdiffusoren mit beträchtlich größerem Radienverhältnis bis zu $r_2/r_1 = 1{,}20$ bis $1{,}40$ verwendet, um eine größere Verzögerung der Geschwindigkeit zu erreichen (Abb. 5.51). Das Verzögerungsverhältnis in Radialkompressoren kann mit Hilfe der Kontinuitätsgleichung in Abhängigkeit des Durchmesser- und Breitenverhältnisses angegeben werden.

$$\dot{m}_1 = \rho_1\,\dot{V}_1 = \rho_1\,c_{m1}\,2\,\pi\,r_1\,b_1 = \rho_2\,c_{m2}\,2\,\pi\,r_2\,b_2 \tag{5.134}$$

Daraus erhält man das Verzögerungsverhältnis der Meridiangeschwindigkeit c_{m2}/c_{m1}.

$$\frac{c_{m2}}{c_{m1}} = \frac{\rho_1}{\rho_2}\,\frac{r_1}{r_2}\,\frac{b_1}{b_2} \tag{5.135}$$

Soll der Radialdiffusor mit konischen Seitenwänden entsprechend Abb. 5.52 ausgeführt werden, so beträgt das Breitenverhältnis b_2/r_2 am Diffusoraustritt:

$$\frac{b_2}{r_2} = \frac{\rho_1}{\rho_2}\,\frac{c_{m1}}{c_{m2}}\,\frac{b_1}{r_1}\left(\frac{r_1}{r_2}\right)^2 \tag{5.136}$$

Abb. 5.53 Wirkungsgrad eines Radialdiffusors in Abhängigkeit des Breiten- und Durchmesserverhältnisses

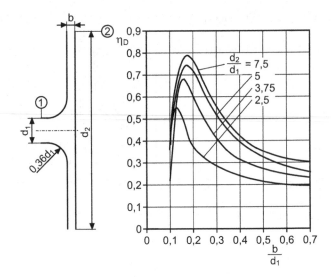

Abb. 5.54 Kaplandiffusor für Wasserturbinen. **a** Schnitt durch den Kaplandiffusor, **b** Draufsicht, **c** Übergang vom runden zum rechteckigen Diffusorquerschnitt

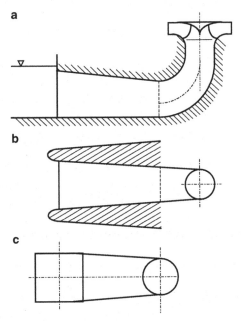

Dabei ist zu beachten, dass der Diffusorwirkungsgrad η_D nach Messungen von Ruchti [24] mit steigendem Radienverhältnis bis zu Werten von $r_2/r_1 = 7{,}5$ ansteigt und mit zunehmendem Breitenverhältnis b/d_1 stark abnimmt (Abb. 5.53).

Um auch bei Axialturbinen (Kaplanturbinen) mit der geringeren Gefällehöhe einen Teil der Austrittsenergie nutzen zu können, werden gekrümmte Diffusoren eingesetzt, die nach ihrem Erfinder Viktor Kaplan (1876–1934) als Kaplankrümmer oder Kaplandiffusor bezeichnet werden (Abb. 5.54).

5.9 Freistrahl

Tritt ein Fluidstrahl aus einer Öffnung eines Druckbehälters in die freie Atmosphäre oder in einen Raum geringeren Druckes ein, der aber mit dem gleichen ruhenden Fluid gleicher Temperatur gefüllt ist, z. B. Luft in Luft, dann kann man Folgendes beobachten: Die Strahlgeschwindigkeit des Freistrahls nimmt mit zunehmender Entfernung von der Austrittsöffnung ab, wobei sich die Strahlbreite vergrößert. Von dem Strahl wird das ruhende Fluid in der Strahlumgebung mitgerissen und es bildet sich eine vergrößerte Strahlgrenze aus (Abb. 5.55). Dabei mischt sich der Strahl mit dem umgebenden Fluid. Dieser Mischvorgang kann in Abhängigkeit der Geschwindigkeit laminar oder turbulent sein. In der Regel ist der austretende Strahl zunächst mit Reynoldszahlen von $Re = c_0 d_h / \nu \geq 8{,}5 \cdot 10^3$ bis 10^4 nach einer kurzen laminaren Anlaufstrecke turbulent.

Am Strahlrand bildet sich ein Wirbelgebiet aus und durch die Reibungswirkung am Strahlrand wird ruhendes Fluid aus der Strahlumgebung in den Freistrahl aufgenommen und mitbewegt (Abb. 5.55).

Dadurch breitet sich der Strahl aus, während sich die Geschwindigkeit am Strahlrand verringert und der vom Strahl transportierte Massestrom $\dot{m}$ ansteigt. In der Strahlmitte

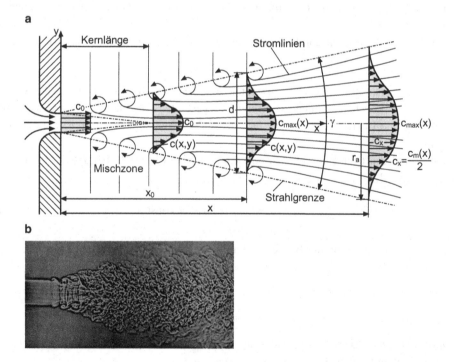

Abb. 5.55 Freistrahl. **a** Geschwindigkeitsprofile und Wirbelschicht eines Freistrahls, **b** Austrittsstrahl von CO_2 aus einer Düse in die Atmosphäre nach Fred Landis, Ascher H. Shapro aus M. Van Dyke 2007 [31]

bildet sich ein Strahlkern bis zur Länge von $x_0 = d/m$, in dem die Austrittsgeschwindigkeit c_0 erhalten bleibt. Außerhalb des Strahlkerns bildet sich eine Mischzone. Bei Strahllängen von $x > x_0$ nimmt die Geschwindigkeit in der Strahlmitte ab. Es wird $c_{max}(x) < c_0$. Für das Geschwindigkeitsverhältnis $c_{max}(x)/c_0$ ergibt sich:

$$\frac{c_{max}(x)}{c_0} = \frac{x_0}{x} = \frac{d}{K\,x}, \text{ wobei } K \text{ die dimensionslose Mischungszahl ist} \qquad (5.137)$$

Freistrahlen bilden sich in der Luft- und Klimatechnik aus, bei der Raumbelüftung, in der Fahrzeugbelüftung (Auto, Eisenbahnwagen, Flugzeug), in der Kanal- und Tunnelbelüftung. Beispiele für die Nutzung und Anwendung von Freistrahlen in der Heizungs- und Klimatechnik sind in [14] enthalten. Auch die Windkanalmesstechnik nutzt den gut ausgebildeten Freistrahl, der jedoch im gesamten Strahl nur eine geringe Ungleichförmigkeit für die Geschwindigkeit von $\Delta c/c_{max} = 0{,}02$ aufweisen soll.

Für den Freistrahl können folgende Voraussetzungen getroffen werden:

- Der Druck p im Strahl und außerhalb ist gleich groß.
- In einem Gasstrahl und in der Umgebung gilt das Zustandsverhalten eines idealen Gases $p = R\rho T$. Da die Gaskonstante R und der Druck p konstant sind, ist das Produkt $\rho T = $ konstant. Im isothermen Freistrahl mit $T = $ konst. ist auch die Dichte $\rho = $ konstant.
- Da der Freistrahl nicht durch Wände begrenzt wird und $p = $ konst. ist, ist auch der Impulsstrom in Strahlrichtung $\dot I = dI/dt = $ konstant.

Auf den Freistrahl wirken keine äußeren Kräfte, sodass sich auch der Impuls des Strahles $I = mc = $ konstant nicht ändert. Er muss im gesamten Freistrahl konstant sein. Somit erhält man eine Beziehung zwischen der Maximalgeschwindigkeit im Freistrahl und der Strahllänge.

Die Impulskraft für einen ebenen oder kreisförmigen Freistahl beträgt mit $dI/dt = \rho c_x d\dot V = \rho c_x^2 dA$:

$$F = \frac{dI}{dt} = \rho \int\limits_{-\infty}^{+\infty} c_x^2 \, dA = \text{konst.} \qquad (5.138)$$

Für den ebenen Strahl mit der Breite b kann für die Impulskraft geschrieben werden:

$$F = \frac{dI}{dt} = \rho\,b \int\limits_{-\infty}^{+\infty} c_x^2 \, dy = \text{konst.} \qquad (5.139)$$

Bezieht man die zeitliche Impulsänderung dI/dt auf die Längeneinheit des Strahls $\dot I/x$, dann erhält man für den ebenen Strahl:

$$\frac{\dot I}{x} = \frac{\rho\,b}{x} \int\limits_{-\infty}^{+\infty} c_x^2 dy \approx K \frac{\rho\,b}{x} c_{max}^2 \qquad (5.140)$$

Abb. 5.56 Bezogener Geschwindigkeitsverlauf c/c_m im Freistrahl nach der Strahllänge von $x = 9d$ für Reynoldszahlen $\text{Re} = c_0 d/v = 2{,}5 \cdot 10^4$ bis $6{,}7 \cdot 10^5$ nach [25] und berechneter Verlauf nach Gl. 5.143

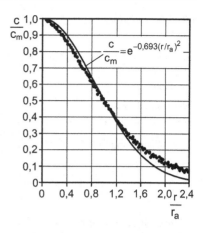

Für den turbulenten Strahl, ebenso für den Nachlauf umströmter Körper kann man den Mischungsweg L des Strahls der Strahlbreite b proportional setzen, $L/b = $ konst. Die zeitliche Zunahme der Breite der Vermischungszone ist der Schwankungsgeschwindigkeit c_y der Querbewegung proportional. Damit kann eine qualitative Größe der Maximalgeschwindigkeit im Strahlkern angegeben werden. Wird Gl. 5.140 nach c_{max} umgestellt und berücksichtigt, dass $K = \int c_x^2 \mathrm{d}y$ die Dimension m besitzt, so ergibt sich die Maximalgeschwindigkeit in der Mitte des runden oder des ebenen Freistrahls zu:

$$c_{max} = \sqrt{\dot{I}/(\rho\,K\,b)} \tag{5.141}$$

Für den runden Freistrahl mit dem Strahldurchmesser $d = b$ beträgt die Impulskraft:

$$\mathrm{d}I/\mathrm{d}t = \dot{I} = K\,\rho\,c_{max}^2\,d \tag{5.142}$$

Der Strahlkern mit der konstanten Mittengeschwindigkeit erreicht beim kreisförmigen Freistrahl eine Länge von $x_{max} = d/m$, wobei m den Turbulenz- oder Mischungsfaktor darstellt. Er beträgt $m = 0{,}14$ bis $0{,}25$ und er nimmt für den kreisförmigen Freistrahl mit $m = 0{,}14$ bis $0{,}18$ die geringsten Werte an. Bei einem rechteckigen Freistrahl beträgt der Turbulenzfaktor $m = 0{,}17$ bis $0{,}20$. Er wird bei einem ebenen Freistrahl mit dem Breitenverhältnis von $b/h \geq 20$ noch größer und nimmt Werte an von $m = 0{,}20$ bis $0{,}25$.

In Tab. 5.8 sind die wichtigsten Gleichungen für die Berechnung der geometrischen und kinematischen Größen kreisförmiger und ebener Freistrahlen angegeben. Mit diesen Gleichungen kann die Wirkung kreisförmiger und ebener Freistrahlen bestimmt werden. Unmittelbar nach dem Austritt des Freistrahls bis zu Lauflängen von etwa $x/d = 5$ bis 6 ist das Geschwindigkeitsprofil des Freistrahls noch von der Vorgeschichte des Freistrahls vor dem Düsenaustritt und von der Reynoldszahl abhängig [25]. Erst nach Freistrahlwegen von $x/d = 9$ ist das Geschwindigkeitsprofil des Freistrahls nach Messungen von Wille [25] von der Vorgeschichte des Freistrahls und der Reynoldszahl unabhängig

Tab. 5.8 Strahlformen für kreisförmige und rechteckige Freistrahlen mit dem Turbulenzfaktor $m = 0{,}14$ bis $0{,}20$

	Kreisförmiger Freistrahl	Ebener Freistrahl der Strahlbreite b
Kernlänge x_0	$x_0 = d/m$	$x_0 = b/m$
bezogene Mitten-geschwindigkeit $c_m(x)/c_0$	$\dfrac{c_m(x)}{c_0} = \dfrac{x_0}{x}$ bei $x > x_0$	$\dfrac{c_m(x)}{c_0} = \sqrt{\dfrac{x_0}{x}}$ bei $x > x_0$
Strahlausbreitung für $\dfrac{c_x}{c_m(x)} = 0{,}5$	$d_a = 2m\sqrt{\dfrac{\ln 2}{2}}\,x$ $d_a = 2d\sqrt{\dfrac{\ln 2}{2}\dfrac{x}{x_0}}$	$y_a = m\sqrt{\dfrac{2\ln 2}{\pi}}\,x$ $y_a = b\sqrt{\dfrac{2\ln 2}{\pi}\left(\dfrac{x}{x_0}\right)}$
Strahlvolumen, Ausström-volumen $\dot V_0 +$ Schlepp-volumenstrom	$\dot V = 2\dot V_0\dfrac{x}{x_0} = 2\dot V_0 m\dfrac{x}{d}$	$\dot V = \dot V_0\sqrt{2\dfrac{x}{x_0}} = \dot V_0\sqrt{2m\dfrac{x}{h}}$
Ausbreitungswinkel γ	$\tan\gamma = m\sqrt{\dfrac{1}{2}\ln\dfrac{c_x}{c_m(x)}}$	$\tan\gamma = m\sqrt{\dfrac{2}{\pi}\ln\dfrac{c_x}{c_m(x)}}$

	$\dfrac{c_x}{c_m(x)}$	γ	γ
für verschiedene Werte	0,5	10,0°	11,4°
von	0,2	15,1°	17,1°
$c_x/c_m(x)$	0,1	17,8°	20,1°
	0,05	20,1°	22,7°

	Kreisförmiger Freistrahl	Ebener Freistrahl der Strahlbreite b
K	$K = 2\pi\int_0^\infty c_x^2 r\,\mathrm dr = c_0\dot V_0$	$K = \int_{-\infty}^{+\infty} c_x^2\,\mathrm dy = c_0\dot V_0/b$
Energieabnahme	$E = \dfrac{2}{3}E_0\dfrac{x_0}{x}$	$E = E_0\sqrt{\dfrac{2}{3}\dfrac{x_0}{x}}$

(Abb. 5.56). Nach [26] kann das Geschwindigkeitsprofil im Freistrahl näherungsweise mit der folgenden Exponentialfunktion bestimmt werden (Abb. 5.55):

$$\frac{c}{c_m} = e^{-(r/r_a)^2\ln 2} = e^{-0{,}693\,(r/r_a)^2} \tag{5.143}$$

In Abb. 5.57 ist ein ebener Halbstrahl für die reibungsbehaftete laminare Strömung nach Ausbreitung einer geführten Strömung dargestellt.

Die Vorgeschichte des Freistrahls wird durch die Form und das Querschnittsverhältnis A_2/A_1 der Düse, sowie durch die Höhe der Beschleunigung in der Düse beeinflusst [25–27].

Freistrahlen und die Strahlmischung finden in vielen technischen Bereichen wie z. B. in der Pumpentechnik bei Strahlpumpen und Injektoren, in der Vakuumtechnik, in der Heiz- und Klimatechnik und in der Belüftungstechnik und auch beim Bunsenbrenner Anwendung [14].

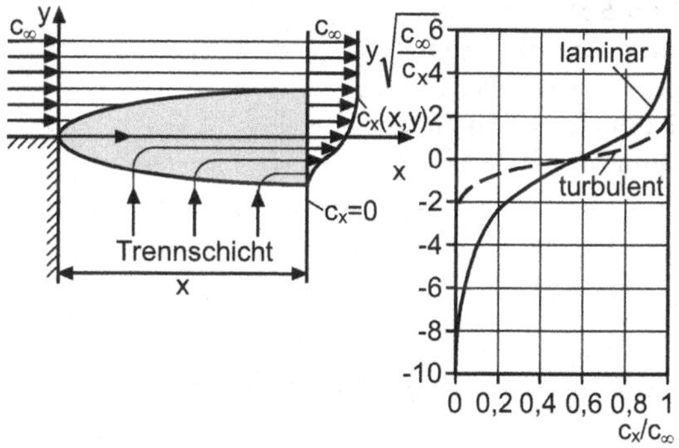

Abb. 5.57 Ebener Halbstrahl und Geschwindigkeitsprofile einer reibungsbehafteten laminaren und turbulenten Strömung

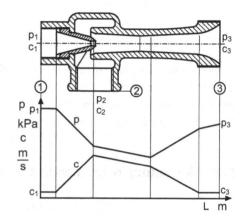

Abb. 5.58 Schnittbild einer Wasserstrahlpumpe mit dem Druck- und Geschwindigkeitsverlauf in der Pumpe

Im Folgenden soll die Nutzung der Strahl- und Mischtechnik für Strahlpumpen dargestellt werden. In Strahlpumpen wird die Druckenergie eines Gas-, Dampf- oder Flüssigkeitsstrahls durch die Beschleunigung in einer Düse in Geschwindigkeitsenergie umgesetzt, sodass damit ein zweiter Fluidstrahl angesaugt und gefördert wird.

Abb. 5.58 zeigt den Schnitt durch eine Wasserstrahlpumpe mit dem Druck- und Geschwindigkeitsverlauf innerhalb der Strahlpumpe. Sie besteht aus dem Treibstrahlanschluss mit der Treibdüse, dem Schleppstrahlanschluss, der Fangdüse für den Gemischstrahl und dem Diffusor zum Druckaufbau des gemischten Förderstrahls. Druck- und Geschwindigkeitsverlauf zeigen den Wechsel von Druck- und Geschwindigkeitsenergie in den Düsen und im Diffusor. In der Treibdüse wird der Druck von p_1 (Abb. 5.58) herabgesetzt und der Treibstrahl auf hohe Werte beschleunigt. Die Geschwindigkeit am Austritt der Treibdüse saugt den Schleppstrom des zu fördernden Fluids aus beachtlichen geodätischen Höhen bis zu $h = 6\,\mathrm{m}$ an. In der Fangdüse 3 wird der angesaugte Förderstrahl durch den Treibstrahl beschleunigt, sodass die Geschwindigkeit des Treibstrahls vermindert wird. Die Mischung des Treib- mit dem Schleppstrahl in der Fangdüse erfolgt durch Impulsaustausch und durch einen Turbulenzaustausch.

In der Mischungsschicht der beiden Strahlen (Treib- und Schleppstrahl) bildet sich ein Turbulenzaustausch, der mit erheblicher Dissipation verbunden ist. Dadurch entstehen

Abb. 5.59 Schnittbild
einer Flüssigkeitsstrahlpumpe. *1* Saugstrahlanschluss,
2 Treibdüse, *3* Mischdüse mit
Diffusor, *4* Diffusor

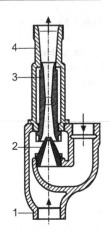

größere Verluste, sodass Strahlpumpen nur Wirkungsgrade von $\eta = 0{,}33$ bis $0{,}42$ erreichen [27, 28]. Ihr Vorteil ist jedoch, dass sie ohne bewegte Teile auskommen und deshalb
für die Verfahrenstechnik und für die Lebensmitteltechnologie geeignet sind. In Abb. 5.59
ist das Schnittbild einer Flüssigkeitsstrahlpumpe dargestellt.

5.10   Strömung in Kanälen mit freier Oberfläche

Strömungen in offenen Kanälen und Flüssen werden oft als Gerinneströmungen bezeichnet. Besonderes Merkmal dieser Strömung ist, dass sie außer der Trägheitskraft und der
Reibungskraft auch der Gravitationskraft $g \cdot m$ unterliegen, da der Flüssigkeitsspiegel eine freie Oberfläche bildet. Auch Strömungen in teilweise gefüllten Rohrleitungen wie
z. B. Abwasser- oder Regenwasserströmungen in Städten oder Hochwasserströmungen am
Meeresufer gehören zu dieser Kategorie der Strömung. Die mittlere Geschwindigkeit in
Flussläufen wird durch das natürliche Gefälle $\tan \alpha = \Delta h / L$ bestimmt, das im Gebirge
groß ist und mit zunehmender Größe der Flüsse in der ebenen Landschaft mit Gefälle-
werten von $0{,}40\,‰$ bis $1{,}0\,\%$ geringer wird, sodass sich mittlere Strömungsgeschwindigkeiten von $c_m = 0{,}5\,\text{m/s}$ bis $1{,}8\,\text{m/s}$ einstellen. Ein Gefälle von $0{,}40\,‰$ bedeutet ein
Gefälle von $0{,}4\,\text{m}$ bei $1000\,\text{m}$ Flusslänge und $1\,\%$ $10\,\text{m}$ Gefälle für $1\,\text{km}$ Flusslänge bei
reißenden Gebirgsflüssen. In künstlich errichteten Kanälen und Schifffahrtskanälen wird
das Gefälle so vorgegeben, dass die zulässigen oder geforderten Fließgeschwindigkeiten
eingehalten werden.

    In Abb. 5.60 ist eine Kanalströmung mit der freien Spiegeloberfläche dargestellt. Das
Gefälle des Flüssigkeitsspiegels $\Delta h / L$ ist von dem Druckgefälle bezogen auf die waagerechte x-Koordinate abhängig, das dem Gravitationseinfluss

$$\frac{\mathrm{d}p}{\mathrm{d}h} = g\,\rho \qquad\qquad (5.144)$$

Abb. 5.60 Strömung in einem offenen Kanal mit freier Oberfläche

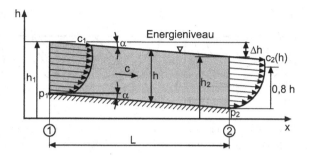

entspricht. Die Druckänderung $\mathrm{d}p$ beträgt also:

$$\mathrm{d}p = g\,\rho\,(h_1 - h_2) = g\,\rho\,\mathrm{d}h \tag{5.145}$$

$$\mathrm{d}p = g\,\rho\,L\,\tan\alpha \tag{5.146}$$

Die Wandschubspannung an den rechteckigen oder elliptischen Querschnittsformen des Flussbetts oder des Kanals beträgt:

$$\tau_{\mathrm{W}} = \lambda'\,\frac{\rho}{2}c^2 \tag{5.147}$$

Die Reibungskraft $\tau_{\mathrm{W}}A$ steht mit der Gravitationskraft $\Delta p A = g\rho\Delta h A$ im Gleichgewicht, sodass man für die Gleichgewichtsbeziehung schreiben kann:

$$\tau_{\mathrm{W}}A = \lambda'\frac{\rho}{2}c^2 A = \Delta p\,A \tag{5.148}$$

Daraus folgt das auf die Länge bezogene Druckgefälle $\Delta p/L = g\rho\Delta h/L$, wenn die Reibungskraft auf den hydraulischen Radius r_{h} bezogen wird.

$$\frac{\Delta p}{L} = \frac{\lambda'}{r_{\mathrm{h}}}\frac{\rho}{2}c^2 \tag{5.149}$$

Daraus kann die Strömungsgeschwindigkeit c im offenen Kanal ermittelt werden zu:

$$c = \sqrt{\frac{2\,r_{\mathrm{h}}}{\rho\,\lambda'}\frac{\Delta p}{L}} \tag{5.150}$$

Im Wasserbau wird diese Gleichung mit dem Gefälle $i = \Delta h/L = \lambda'c^2/(8\,\mathrm{g}\,A/U)$ in der Form geschrieben:

$$c = \mathrm{konst.}\,\sqrt{\frac{\Delta p}{L}} = \mathrm{konst.}\,\sqrt{g\,\rho\,i} \tag{5.151}$$

r_{h} ist der hydraulische Radius mit $r_{\mathrm{h}} = A/U$,
i ist das Gefälle in m/km, $i = 0{,}2$ bis $4{,}2\,\mathrm{m/km}$ und
U der benetzte Umfang des Kanals.

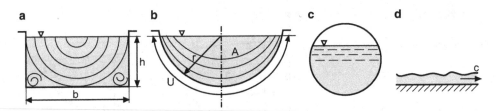

Abb. 5.61 Strömung in **a** einem Rechteckkanal; **b** in einem halbkreisförmigen Kanal; **c** in einer teilgefüllten Rohrleitung und **d** an einer Oberfläche

Bei Fluss- und Kanalströmungen gehört also der freie Oberflächenspiegel nicht zum benetzten Umfang. Der hydraulische Radius beträgt damit für den Kanal nach Abb. 5.61a:

$$r_h = \frac{A}{U} = \frac{b\,h}{b+2h} = \frac{h}{1+2\frac{h}{b}} \text{ oder } d_h = \frac{2\,b\,h}{h+\frac{b}{2}} \tag{5.152}$$

Für den halbkreisförmigen Kanalquerschnitt nach Abb. 5.61b mit $A = \pi\,r^2/2$ und $U = \pi\,r$ beträgt der hydraulische Radius r_h:

$$r_h = \frac{A}{U} = \frac{\pi\,r^2}{2\pi\,r} = \frac{r}{2} \tag{5.153}$$

Gl. 5.151 ist die Gleichung von Antoine Chézy (1718–1798). Die Konstante in Gl. 5.151 wird Chézy-Konstante genannt. Sie beträgt für den Rechteckkanal:

$$\text{konst.} = \sqrt{\frac{2}{\rho}\frac{r_h}{\lambda'}} = \sqrt{\frac{2\,h}{\rho\,\lambda'\left(1+2\frac{h}{b}\right)}} \tag{5.154}$$

Die Konstante ist eine Funktion der Kanalgeometrie b und h und damit des hydraulischen Radius r_h, dem Wandreibungsbeiwert λ' und der Fluiddichte. Sie beträgt für Wassertiefen in Kanälen von $h = 1$ bis $3\,\mathrm{m}$ konst. $= 25\,m^3/\mathrm{kg}^{1/2}$

Die vorstehende Betrachtung gilt für die turbulente Strömung in offenen Kanälen.

Die Bernoulligleichung für den Kanal in Abb. 5.62b für die Grenzen ① und ② lautet:

$$h_1 + \frac{c_1^2}{2\,g} = h_0 + \frac{c_0^2}{2\,g} = h_2 + \frac{c_2^2}{2\,g} + \Delta h_v = H \tag{5.155}$$

Die Bernoulli'sche Konstante beträgt mit der Kontinuitätsgleichung $c = \dot{V}/A = \dot{V}/(bh)$ für den rechtigen Kanalquerschnitt entsprechend Abb. 5.61a:

$$H = h_0 + \frac{c_0^2}{2\,g} = h_0 + \frac{\dot{V}^2}{2\,g\,b^2\,h^2} \tag{5.156}$$

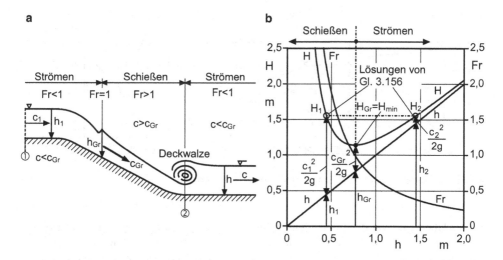

Abb. 5.62 Verlauf der Wasserspiegelhöhe h, der Geschwindigkeitsenergie $c_2/2g$, der Bernoulli'schen Konstante H und der Froudezahl von Wasserströmungen. **a** Strömung am Wehr; **b** Kennlinien für $\dot{V} = 25\,\text{m}^3/\text{s}$ und $b = 12\,\text{m}$

Diese quadratische Gleichung besitzt zwei Lösungen H bei großen und geringen Wasserspiegelhöhen, d. h. unterhalb und oberhalb der kritischen Froudezahl. Wird diese Bernoulli'sche Konstante H für einen Kanal der Breite $b = 12\,\text{m}$ und für den konstanten Volumenstrom von $\dot{V} = 25\,\text{m}^3/\text{s}$ mit $(\dot{V}/b) = 2{,}083\,\text{m}^2/\text{s}$ in Abgängigkeit der Wasserspiegelhöhe h dargestellt, so ergibt sich der in Abb. 5.62 gezeichnete Verlauf für die Bernoulli'sche Konstante H, die sich unterhalb der kritischen Froudezahl Fr = 1 asymptotisch an die Gerade unter 45° annähert. Unterhalb der minimalen Bernoulli'schen Konstante $H_{Gr} = H_{min}$ besitzt Gl. 5.156 keine Lösung. Im Wendepunkt der Funktion bei der Grenzhöhe h_{Gr} stellt sich die Grenzgeschwindigkeit c_{Gr} ein, bei der der Volumenstrom von $\dot{V} = 25\,\text{m}^3/\text{s}$ gerade noch strömen kann, da die Froudezahl Fr < 1,0 ist. Bei größeren Volumenströmen $\dot{V}$ und größeren Geschwindigkeiten steigt die Froudezahl über den kritischen Wert Fr > 1 und der Volumenstrom schießt nach unten. Die beiden Lösungen der Bernoulli'schen Gl. 5.156 lauten für $\dot{V}/b = 2{,}083\,\text{m}^2/\text{s}$ mit $H_1 = 1{,}58\,\text{m}$ für $h_1 = 0{,}40\,\text{m}$ und Fr = 2,276 und mit $H_2 = 1{,}58\,\text{m}$ für $h_2 = 1{,}42\,\text{m}$ und Fr = 0,369, d. h. bei schießender Strömung (Abb. 5.63). Die Bernoulli'sche Konstante ist von der Kanaltiefe h und vom Quadrat der Geschwindigkeit c^2 bzw. vom Quadrat des Durchflussstromes $\dot{V}^2$, vom Quadrat der Kanalbreite b^2 und der Wasserspiegelhöhe h^2 abhängig.

- Die unterkritische Strömung für $h > h_{Gr}$ mit Fr < 1,0 nennt man fließende Strömung. Sie tritt in Kanälen und Flüssen nach Abb. 5.60 auf.
- Die überkritische Strömung für $h < h_{Gr}$ mit Fr > 1,0 nennt man schießende Strömung. Sie tritt am Wehr von Flüssen oder bei starkem Gefälle in Gebirgsbächen (Abb. 5.62a) oder bei Bodenerhebungen im Kanalbett auf (Abb. 5.63).

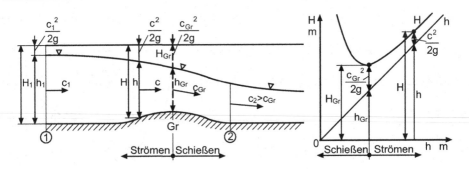

Abb. 5.63 Kanalströmung und Schießen über einer Bodenerhebung

Der Übergang von der fließenden Strömung zum Schießen erfolgt bei Froudezahlen von Fr $\geq$ 1 bis 1,6. Bei Froudezahlen von Fr > 1,6 bildet sich eine energiereiche Strömungswalze am Grund eines Wehres aus, die alle schwimmenden Gegenstände an sich bindet.

Die Froudezahl (William Froude (1810–1879) englischer Schiffbauingenieur) stellt das Verhältnis der Trägheitskraft der Strömung zur Gravitationskraft dar.

$$\text{Fr} = \frac{\text{Trägheitskraft}}{\text{Gravitationskraft}} = \frac{c}{\sqrt{g\,h}} = \frac{c_{\text{Gr}}}{\sqrt{g\,h_{\text{Gr}}}} \tag{5.157}$$

Die Froudezahl wird also umso größer, je größer die Trägheitskraft gegenüber der Gravitationskraft ist, die vom Gefälle bestimmt wird.

Die schießende Strömung im flachen Fluss oder Kanal mit geringer Wasserspiegelhöhe mit der Froudezahl von Fr > 1,0 ist ein analoger Vorgang zum Verdichtungsstoß bei der gasdynamischen Strömung. Daraus leitet sich auch die Flachwasseranalogie für gasdynamische Strömungen ab, mit der gasdynamische Strömungen nachgebildet werden können.

Zwischen der Flachwasserströmung mit freier Oberfläche und der ebenen Gasströmung besteht folgende Analogie:

Flachwasserströmung		Kompressible Strömung	
Wellengeschwindigkeit	$c = \sqrt{g\,h}$	Schallgeschwindigkeit	$a = (\partial p/\partial \rho)_s$
Strömungsgeschwindigkeit c		Strömungsgeschwindigkeit c	
Froudezahl	$\text{Fr} = c/\sqrt{g\,h}$	Machzahl	$M = c/a$
Strömendes Wasser	$\text{Fr} < 1$	Unterschallströmung	$M < 1$
Grenzzustand	$\text{Fr} = 1,\ h_{\text{Gr}} = 0,762\,\text{m}$	Kritische Machzahl	$M^* = 1$
Wassersprung	Deckwalze	Verdichtungsstoß	$\hat{p}_2/p_1 > 1$
schießende Strömung	$\text{Fr} > 1$	Überschallströmung	$M > 1$
Höhenverhältnis	h/h_0	Dichteverhältnis	$\rho/\rho_0 = (T/T_0)^{1/(\kappa-1)}$
Höhenverhältnis	$(h/h_0)^2$	Druckverhältnis	p/p_0

Tab. 5.9 Strömungsgeschwindigkeit $c = \sqrt{2\,r_h\,g\,/\,\lambda'}$ bei $i = 1$, Gefälle i und mittlere Strömungsgeschwindigkeit c_m für vier verschiedene Flussläufe

Fluss	c für $i = 1$	Gefälle $i = \Delta h / L$	Mittlere Strömungsgeschwindigkeit c_m
Saale	40 m/s	$1,64 \cdot 10^{-3}$	1,62 m/s
Mosel	46 m/s	$1,20 \cdot 10^{-3}$	1,59 m/s
Elbe	65 m/s	$1,27 \cdot 10^{-3}$	2,32 m/s
Rhein	71 m/s	$1,78 \cdot 10^{-3}$	2,99 m/s

Bei schießendem Wasser steigt die Strömungsgeschwindigkeit c und die Froudezahl bis auf Werte von Fr $\approx 1,6$ und darüber an.

Da die Tiefe von schiffbaren Kanälen und Flüssen zwischen den Werten von $h = 1,90$ m bis 2,50 liegt, mit dem Mittelwert von $h = 2,20$ m, kann die Größe $\dot{V}^2/b^2$ als variable Größe für europäische Flüsse mit $\dot{V}/b = 4$ bis 20 m²/s bzw. $(\dot{V}/b)^2 = 16$ bis 400 m⁴/s² angesetzt werden, wobei die geringen Werte für große Flüsse gültig sind und die großen Werte für kleine Flüsse. Damit kann die Bernoulli'sche Konstante H für die Fluss- und Kanalparameter $(\dot{V}/b)^2$ in Abhängigkeit der Wassertiefe h nach Gl. 5.156 ermittelt werden.

Die Strömungsgeschwindigkeit im Kanal erhält man aus der Kontinuitätsgleichung für einen Kanal mit rechteckigem Querschnitt $A = b\,h$ zu:

$$c = \frac{\dot{V}}{b\,h} \quad \text{oder für den halbkreisförmigen Querschnitt} \quad c = \frac{2\,\dot{V}}{\pi\,r^2} \qquad (5.158)$$

Die Strömungsgeschwindigkeit im Kanal wird aber durch das Gefälle $i = \Delta h / L$ und durch den Reibungseinfluss bestimmt, wobei die Konstante für den Reibungseinfluss $k = \sqrt{2\,r_h\,g\,/\,\lambda'}$ die Strömungsgeschwindigkeit für das Gefälle $i = \Delta h / L = 1$ dargestellt. Diese Geschwindigkeit nimmt Werte von $\sqrt{2\,r_h\,g\,/\,\lambda'} = 40$ m/s bis 71 m/s an (Tab. 5.9).

Eine neuere empirische Strömungsgleichung für die Bestimmung des Gefälles i für Kanäle wurde von Manning und Strickler aufgestellt [36, 37] $i = c_m^2/(r_h^{4/3}\,K_{MS})$.

Darin geht der hydraulische Radius mit dem Exponenten $4/3 = 1,333$ und der Manning-Strickler-Beiwert K_{MS} quadratisch ein. K_{MS} beträgt 20 bis 100 für Kanalwandrauigkeiten von $k = 200$ mm bis 0,1 mm für ein Flussbett bis zu glatten Kanälen.

Aus Gl. 5.144 folgt mit $\Delta p = g\rho\Delta h$ für die Strömungsgeschwindigkeit im Fluss oder Kanal:

$$c = \sqrt{\frac{2\,g\,r_h}{\lambda'}\frac{\Delta h}{L}} \qquad (5.159)$$

Die Strömungsgeschwindigkeit ist in Abhängigkeit der variablen Wasserspiegelhöhe von $h = 1$ m bis 5 m in Abb. 5.64 dargestellt. Die Schnittpunkte der Funktion $c_{th} = \sqrt{gh}$ mit den Geschwindigkeitslinien c in Abb. 5.64 aus der Kontinuitätsgleichung nach Gl. 5.158 ergeben die oberen Grenzwerte der Strömungsgeschwindigkeiten, die für das Strömen der bezogenen Volumenströme $\dot{V}/b = 4$ bis 30 m²/s nötig sind. Auf der Abszisse stellen sich dafür auch die zugehörigen Mindestwasserspiegelhöhen h_{Gr} und h_{Grth} ein (Abb. 5.64).

Abb. 5.64 Geschwindigkeitsverlauf c und Verlauf der Froudezahl Fr von Strömungen in Abhängigkeit der Wasserspiegelhöhe h in Flüssen, graues Feld Strömen, weißes Feld Schießen

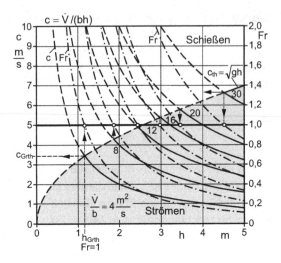

Setzt man die Grenzhöhe h_{Gr} und die Grenzgeschwindigkeit c_{Gr} in die Froude'sche Kennzahl Gl. 5.157 ein, so stellt sich im Grenzzustand der Strömung die kritische Froudezahl Fr = 1 ein. Bei größeren Froudezahlen Fr > 1,0 geht die Strömung in Schießen mit $c > c_{Gr}$ und $h < h_{Gr}$ über (Abb. 5.64).

Wird Gl. 5.156 für die Bernoulli'sche Konstante H nach der variablen Höhe h abgeleitet und Null gesetzt $dH/dh = 0$, so erhält man daraus die Grenzhöhe des Wasserspiegels h_{Gr} beim Schießen des Wassers mit der kritischen Froudezahl Fr = 1. Bei $h > h_{Gr}$ stellt sich Strömen und für $h < h_{Gr}$ schießendes Fließen ein.

$$\frac{dH}{dh} = 1 - \frac{\dot{V}^2}{g\,b^2\,h^3} = 0 \tag{5.160}$$

Aus Gl. 5.160 kann der notwendige Grenzwert der Wasserspiegelhöhe h für Strömen errechnet werden zu:

$$h_{Gr} = \left[\frac{\dot{V}^2}{g\,b^2}\right]^{1/3} \tag{5.161}$$

Strömen in Flüssen tritt auf bei Wasserspiegelhöhen $h > h_{Gr}$ und $c < c_{Gr}$. Der erforderliche Mindestwert der Bernoulli'schen Konstante H_{min} eines offenen Fließgewässers mit freiem Fluidspiegel beträgt entsprechend Gl. 5.162:

$$H_{min} = h_{Gr} + \frac{\dot{V}^2}{g\,b^2\,2\,h_{Gr}^2} = \frac{3}{2}h_{Gr} = \frac{3}{2}\left[\frac{\dot{V}^2}{g\,b^2}\right]^{1/3} \tag{5.162}$$

Im Grenzzustand bei der geringsten Bernoulli'schen Konstante $H_{min} = 3h_{Gr}/2$ und bei der minimalen Wasserspiegelhöhe $h = h_{Gr} = 0{,}742\,\text{m}$ bis $2{,}25\,\text{m}$ für $\dot{V}/b = 4$ bis

Abb. 5.65 Verlauf der theoretischen Grenzgeschwindigkeit c_{Grth} und der minimalen Bernoulli'schen Konstante H_{min} in Abhängigkeit der Wasserspiegelhöhe h für Strömen mit $c < c_{Grth}$

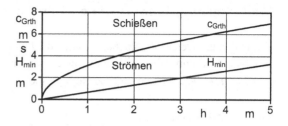

20 m^2/s nach Gl. 5.161 stellt sich im Kanal die zulässige Grenzgeschwindigkeit $c_{Gr} = \dot{V}/(b\,h_{Gr})$ für eine fließende Strömung ein (Gl. 5.163 und Abb. 5.64).

$$c_{Gr} = \sqrt{2\,g\,(H_{min} - h_{Gr})} = \sqrt{g\,h_{Gr}} = \sqrt[3]{\frac{g\,\dot{V}}{b}} \qquad (5.163)$$

Strömungsformen in Kanälen und Flüssen mit freier Oberfläche:

- strömendes Fließen bei Fr $< 1{,}0$, $c < c_{Gr}$ und $h > h_{Gr}$,
- kritisches Fließen bei Fr $= 1{,}0$, $c = c_{Gr}$ und $h = h_{Gr}$,
- schießendes Fließen bei Fr $> 1{,}0$, $c > c_{Gr}$ und $h > h_{Gr}$.

In sehr flachen Kanälen mit freier Oberfläche und geringer Wasserspiegelhöhe ist die Gefahr des Schießens groß. In großen Flüssen mit $c < c_{Gr}$ und $h > h_{Gr}$ tritt Strömen auf. Die Strömungsgeschwindigkeit im Kanal beträgt:

$$c = \sqrt{2\,g\,(H - h)} = \frac{\dot{V}}{b\,h} \qquad (5.164)$$

In Abb. 5.65 ist die theoretische Grenzgeschwindigkeit c_{Grth} und der Mindestwert der Bernoulli'schen Konstante H_{min} in Abhängigkeit der Wasserspiegelhöhe von $h = 0$ bis 5 m für fließende Strömung dargestellt.

Die Grenzgeschwindigkeit stimmt mit der Ausbreitungsgeschwindigkeit c von Flüssigkeitswellen infolge Störung (z. B. Steinwurf) in flachen Gewässern der Tiefe von $h = 0{,}2$ m bis 5 m überein. Die Ausbreitungsgeschwindigkeit der Störung beträgt $c = \sqrt{g\,h}$. Die Übereinstimmung der Gl. 5.163 mit der Ausbreitungsgeschwindigkeit $c = \sqrt{g\,h}$ besagt, dass sich Störungen in einem flachen Fließgewässer stromaufwärts nicht ausbreiten können, sondern nur in Strömungsrichtung.

Strömungen mit freier Oberfläche in Kanälen und Flüssen sowie die Wellenbewegungen können mit den Programmen ANSYS CFX oder STAR-CD berechnet werden. Dabei wird das Gefälle in Kanälen mit Rücksicht auf den Strömungswiderstand und auf den Schiffswiderstand mit geringen Werten ausgeführt.

5.10.1   Reibungsbeiwerte für die Gerinneströmung

In Kanälen mit freier Oberfläche tritt auch die laminare, die Übergangsströmung oder die turbulente Strömung ein. In einem rechteckigen Strömungskanal entsprechend Abb. 5.61 mit $r_h = h/(1 + 2h/b)$ beträgt der Reibungsbeiwert für die

laminare Strömung:

$$\lambda = \frac{96}{\text{Re}} = \frac{96\,\nu}{c\,r_h} = \frac{96\,\nu}{c\,h}\left(1 + 2\,\frac{h}{b}\right) \tag{5.165}$$

turbulente Kanalströmung:
Hydraulisch glatte Wand für Re = 2320 bis 10^8; implizite Gleichung

$$\lambda = \frac{1}{\left[-2,0\ \lg\frac{3,39}{\text{Re}\,\sqrt{\lambda}}\right]^2} \tag{5.166}$$

Übergangsbereich hydraulisch glatt mit rauer Wand, $\lambda = f(\text{Re}, k/d_h)$ für Re = 2320 bis 10^8; mit der impliziten Gleichung

$$\lambda = \frac{1}{\left[-2,0\ \lg\left(\frac{3,39}{\text{Re}\,\sqrt{\lambda}} + 0,32\,\frac{k}{d_h}\right)\right]^2} \tag{5.167}$$

Raue Kanalwand $\lambda = f(k/d_h)$; explizite Gleichung

$$\lambda = \frac{1}{\left[-2,0\ \lg\left(0,32\,\frac{k}{d_h}\right)\right]^2} \tag{5.168}$$

Das Kanalprofil soll hydraulisch günstig gestaltet werden. Das ist der Fall, wenn der benetzte Umfang $U = \pi r$ mit einem halbkreisförmigen Querschnitt ausgeführt wird oder wenn in das Kanalprofil ein Halbkreis eingeschrieben werden kann.

5.10.2   Strömung in offenen Saugbecken mit freier Oberfläche

In der Strömung in offenen Becken, wie z. B. Schwimmbecken, Saug- und Zulaufbecken mit atmosphärisch freier Oberfläche, in Flüssen und Kanälen wirken folgende dynamische Kräfte, die Gravitationskraft, die Druckkraft, die Trägheitskraft und die Zähigkeitskraft, wobei die Gravitationskraft mit der großen Beschleunigung g den entscheidenden Einfluss auf die Strömung nimmt. Eine entscheidende dimensionslose Kennzahl zur Charakterisierung ist die bekannte Froudezahl (Fr $= c/\sqrt{g \cdot r_{ho}}$). Die Froudezahl hat sich in der Schifffahrt, im Schiffbau und beim Studium der Wellenbewegung auf freien Flüssigkeitsoberflächen bestens bewährt. Im Folgenden wird gezeigt, dass mit Hilfe der Froudezahl

Abb. 5.66 Zulaufbecken mit offenem Wasserspiegel für eine Tauchmotorpumpe

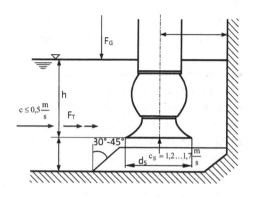

auch die Strömung in Zulauf- oder Saugbecken für die in die Flüssigkeit eintauchenden Pumpen (Tauchmotorpumpen) berechnet werden kann und daraus schließlich technisch wichtige Strömungsparameter wie z. B. die Zulaufhöhe zur Pumpe abgeleitet werden können. Schließlich ist es dann nur noch ein geringer Schritt, um die Wellenbewegung in solchen Becken zu bestimmen. Die Wellenbewegung auf der freien Wasseroberfläche wird von der Oberflächenspannung des Wassers bestimmt, die bei der Wassertemperatur von $t = 20\,°C$, $\cdot\sigma_0 = 0,073\,\text{N/m}$ beträgt.

In einem Saugbecken mit freiem Fluidspiegel nach Abb. 5.66 wirken im Betrieb folgende Kräfte

$$\text{Gravitationskraft} \qquad F_G = g \cdot m \qquad (5.169)$$

$$\text{Trägheitskraft} \qquad F_T = a \cdot m = \frac{dc}{dt} m \qquad (5.170)$$

$$\text{Zähigkeitskraft oder Reibungskraft} \quad F_R = \tau A = \eta A \frac{\delta c}{\delta n} \qquad (5.171)$$

$$\text{Druckkraft} \qquad F_p = p \cdot A \qquad (5.172)$$

Nun soll dafür nicht das Kräftegleichgewicht aufgestellt werden, sondern für diese Kräfte werden die bekannten Ähnlichkeitskennzahlen eingesetzt, in denen diese Kräfte enthalten sind.

Für die Strömung im Einlaufbecken mit freier Fluidoberfläche unter dem Einfluss der Gravitation und im Pumpeneinlauf einer vertikalen Tauchmotorpumpe (Abb. 5.66) können zwei Froudezahlen definiert werden, die unterschiedlich große Werte annehmen. Im Einlaufbecken ist die charakteristische geometrische Größe die Flüssigkeitshöhe $h = 0,2\,\text{m}$ bis 2,5 m mit der Geschwindigkeit $c = 0,1\,\text{m/s}$ bis 0,5 m/s (bis 0,8 m/s).

Daraus resultiert die Froudezahl für die Beckenströmung:

$$\text{Fr} = \frac{c}{\sqrt{g \cdot h}} \qquad (5.173)$$

Im Pumpeneinlauf entsprechend Abb. 5.66 mit dem Einlaufdurchmesser von $d_S = 0,1\,\text{m}$ bis 2,0 m treten folgende Sauggeschwindigkeiten auf von $c_S = 0,8\,\text{m/s}$ bis 2,6 m/s.

Diese Einlaufdurchmesser d_S und Eintrittsgeschwindigkeiten c_S werden in Abhängigkeit der Pumpenbaugröße nochmals unterteilt:

- Pumpenbaugrößen mit $d_S \leq 0,5$ m mit Geschwindigkeiten $c_S = 1,6$ m/s bis $2,0$ m/s und Volumenströmen von $Q = 0,3\,\mathrm{m}^3/\mathrm{s} = 1080\,\mathrm{m}^3/\mathrm{h}$,
- Pumpenbaugrößen mit $d_S = 0,5$ m bis $1,0$ m mit Geschwindigkeiten $c_S = 0,5$ m/s bis $1,6$ m/s und Volumenströmen von $Q = 0,3$ bis $1,0\,\mathrm{m}^3/\mathrm{s} = 1080$ bis $3600\,\mathrm{m}^3/\mathrm{h}$,
- Pumpenbaugrößen mit $d_S \geq 1,0$ m bis $2,0$ m mit Geschwindigkeiten $c_S = 1,0$ m/s bis $2,6$ m/s und Volumenströmen von $Q \geq 1,0\,\mathrm{m}^3/\mathrm{s} \geq 3600\,\mathrm{m}^3/\mathrm{h}$.

Dafür ergibt sich die Froudezahl für den Einlauf in die Tauchmotorpumpe:

$$\mathrm{Fr} = \frac{c_S}{\sqrt{g \cdot d_S}} \tag{5.174}$$

In beiden Fluidströmungen im Einlaufbecken und in der Pumpeneinlaufströmung ist die Gravitationskraft $F_G = g \cdot m$ wesentlich größer als die Trägheitskraft $a \cdot m$ mit $g \gg a$ bei der geringen Geschwindigkeit und der geringen Beschleunigung des Fluids im Einlaufbecken.

Gleiches gilt für die Reynoldszahl Re, für die ebenfalls für die Strömung im Einlaufbecken und im Pumpeneinlauf zwei unterschiedliche Reynoldszahlen zu definieren sind.

Für die Reynoldszahl im Einlaufbecken gilt

$$\mathrm{Re} = \frac{\text{Trägheitskraft}}{\text{Zähigkeitskraft}} = \frac{a \cdot m \cdot \delta n}{\eta \cdot A \cdot \delta c} = \frac{\delta c \cdot \delta n \cdot m}{\delta t \cdot \delta c \cdot \eta \cdot A} = \frac{\dot{m} \cdot \delta n}{A \cdot \eta} \tag{5.175}$$

mit $\dot{m} = \rho \cdot \dot{V} = \rho \cdot c \cdot A$ erhält man mit $\eta = \rho \cdot \nu$

$$\mathrm{Re} = \frac{\rho \cdot c \cdot A \cdot \delta n}{A \cdot \rho \cdot \nu} = \frac{c \cdot \delta n}{\nu} = \frac{c \cdot h}{\nu} \tag{5.176}$$

Für die Einlaufströmung in die Pumpe muss mit der größeren Geschwindigkeit c_S und der charakteristischen geometrischen Größe d_S die Reynoldszahl wie folgt definiert werden:

$$\mathrm{Re_P} = \frac{c_S \cdot d_S}{\nu} \tag{5.177}$$

Bei turbulenter Strömung mit Reynoldszahlen $\mathrm{Re} \geq 10^5$ ist die Trägheitskraft in der Regel beträchtlich größer als die Zähigkeitskraft. Mit den beiden dimensionslosen Kennzahlen Reynoldszahl Re und Froudezahl Fr können die Verhältniswerte gebildet werden.

$$\frac{\mathrm{Re}}{\mathrm{Fr}} = \frac{\sqrt{g \cdot h} \cdot h}{\nu} = \frac{\sqrt{g \cdot h^3}}{\nu} \qquad \frac{\mathrm{Re_E}}{\mathrm{Fr_E}} = \frac{c_S d_S \sqrt{g d_S^3}}{\nu \cdot c_S} = \frac{\sqrt{g d_S^3}}{\nu} \tag{5.178}$$

Abb. 5.67 Froudezahl Fr für $c = 1{,}2$ bis $2{,}4 \, \text{m/s}$ und Beckenzahl Be für $\nu = 10^{-4}$ bis $10^{-6} \, \text{m}^2/\text{s}$ in Abhängigkeit der Zulaufhöhe h; \\\\\ große Flüsse; ═ mittelgroße Flüsse mit großem Gefälle; ░░ großes Gefälle und Becken

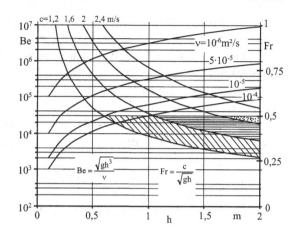

Das sind die bekannten dimensionslosen Kennzahlen für alle Strömungen mit freier Oberfläche und mit Gravitationseinfluss [11].

Die neue dimensionslose Kennzahl Reynoldszahl zu Froudezahl soll als Beckenzahl definiert werden mit

$$Be = \frac{Re}{Fr} = \frac{\sqrt{g \cdot h^3}}{\nu} \qquad (5.179)$$

Mit den beiden dimensionslosen Kennzahlen Reynoldszahl Re und Froudezahl Fr können die Verhältniswerte gebildet werden.

Die dimensionslose Beckenzahl ist eine Funktion der Erdbeschleunigung g, der Zulaufhöhe h und der kinematischen Viskosität ν. Für Wasser und leicht verschmutztes Wasser bei $t = 20\,^\circ\text{C}$ beträgt die kinematische Viskosität $\nu = 10^{-6} \, \text{m}^2/\text{s}$ und h ist die Zulaufhöhe des Wassers zur Pumpe oder die Pumpenüberdeckung.

Die Beckenzahl Be kann in Abhängigkeit von h in m für $\nu = 10^{-6} \, \text{m}^2/\text{s}$ und in Abhängigkeit der Reynoldszahl und der Froudezahl berechnet werden (Abb. 5.67).

Für gleiche Reynoldszahlen der Strömungen im Saugbecken und im Pumpeneinlauf gilt die Beziehung:

$$Re = \frac{c \cdot h}{\nu} = Re_P = \frac{c_S \cdot d_S}{\nu} \qquad (5.180)$$

$$h_s = \frac{c_S}{c} d_S \qquad (5.181)$$

Die Weberzahl ist definiert als:

$$We = \frac{\text{Trägheitskraft}}{\text{Oberflächenkraft}} = \frac{a \cdot m}{\sigma \cdot L} = \frac{\rho c^2 l}{\sigma} \qquad (5.182)$$

$$We = \frac{\rho \cdot c^2 \cdot l}{\sigma} > 10 \qquad (5.183)$$

Dabei beträgt die Oberflächenspannung des Wassers bei $t = 20\,^\circ\text{C}$ gegenüber Luft $\sigma = 0{,}073 \, \text{N/m}$.

Die Weberzahl beträgt ca. We > 10, sodass nur ein geringer Einfluss der Grenzflächenspannung bzw. der Kapillarität auf die Beckenströmung auftritt. Aus den zwei erstgenannten dimensionslosen Kennzahlen erkennt man, dass die Gravitationskraft und die Zähigkeitskraft entscheidenden Einfluss auf die Strömung im Zulaufbecken nehmen. In den beiden Kennzahlen Fr und Re sind die drei Kräfte im Saugbecken mit freier Oberfläche enthalten, wobei die Trägheitskraft in jeder der dimensionslosen Kennzahlen auftritt. Damit kann für die Geschwindigkeit c im Einlaufbecken und c_E in dem Pumpeneinlauf auch geschrieben werden

$$c = \mathrm{Fr}\sqrt{g \cdot h} = \mathrm{Re}\frac{\nu}{h} \qquad (5.184)$$

und für die Geschwindigkeit im Pumpeneinlauf c_E

$$c_E = \mathrm{Fr_P}\sqrt{g \cdot d_E} \qquad (5.185)$$

Nun muss der Ansatz für die erforderliche Zulaufhöhe unter dem Einfluss der Beckenströmung mit dem Gravitationseinfluss $F_G = gm$ auf den Einfluss der Saugströmung in den Tauchmotorpumpeneintritt formuliert werden. Mit den oben definierten dimensionslosen Ähnlichkeitskennzahlen Reynoldszahl und Froudezahl kann für die in Serie liegende Beckenströmung und die Einlaufströmung in die Tauchmotorpumpe formuliert werden.

Die Reynoldszahl der Beckenströmung $\mathrm{Re} = ch/\nu$ beeinflusst die Reynoldszahl $\mathrm{Re_p} = c_S d_S/\nu$ und die Froudezahl der Pumpeneintrittsströmung $\mathrm{Fr_P} = c_S/\sqrt{gd_S}$. Daraus ergibt sich

$$\mathrm{Re} = \mathrm{Re_P} + \mathrm{Fr_P} = \frac{c_S d_S}{\nu} + \frac{c_S}{\sqrt{gd_S}} \qquad (5.186)$$

$$\frac{ch}{\nu} = \frac{c_S d_S}{\nu} + \frac{c_S}{\sqrt{gd_S}} \qquad (5.187)$$

Somit kann die erforderliche Zulaufhöhe zur Abwassertauchmotorpumpe berechnet werden. Sie beträgt:

$$h = \frac{c_S}{c}d_S + \frac{c_S}{c}\frac{\nu}{\sqrt{gd_S}} = \frac{c_S}{c}d_S\left[1 + \frac{\nu}{\sqrt{gd_S^3}}\right] \qquad (5.188)$$

Gl. 5.188 zeigt, dass die erforderliche Zulaufhöhe h von der Größe des Zulaufdurchmessers d_S, also von der Pumpenbaugröße, von der spezifischen Gravitationskraft $\sqrt{gd_S}$ und von dem Reibungsfluss bestimmt wird. Das Geschwindigkeitsverhältnis c_S/c der Pumpeneinlaufströmung und der Beckenströmung, d. h. bei vorgegebener Beckengeometrie auch die Beschleunigung der Strömung von der Beckengeschwindigkeit c auf die Einlaufgeschwindigkeit c_S ist erwartungsgemäß in der Bestimmungsgleichung für die erforderliche Zulaufhöhe enthalten.

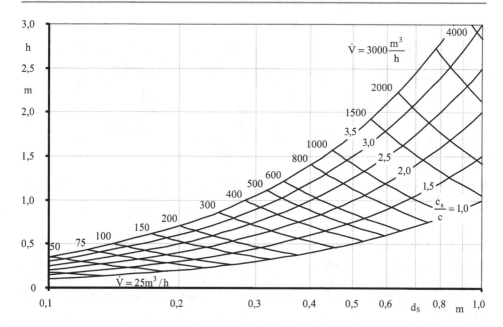

Abb. 5.68 Erforderliche Zulaufhöhe zu Tauchmotorpumpen in Abhängigkeit von d_S, c_S/c und $\dot{V}$ für $c = 0,5\,\mathrm{m/s}$ und die kinematische Viskosität von Wasser mit $\nu = 10^{-6}\,\mathrm{m^2/s}$

Mit dem Volumenstrom der Pumpe $\dot{V}$, mit dem Saugmunddurchmesser d_S und der Eintrittsgeschwindigkeit c_S

$$\dot{V} = c_S A = c_S \frac{\pi}{4} d_S^2 = \frac{c_S}{c} c \frac{\pi}{4} d_S^2 \qquad (5.189)$$

erhält man den Einlaufdurchmesser der Pumpe

$$d_S^2 = \frac{4\dot{V}}{\pi c_S} = \frac{4\dot{V}}{\pi \frac{c_S}{c} c} \qquad (5.190)$$

Der Volumenstrom der Pumpe ist abhängig von c_S/c, c und von d_S.

Die erforderliche Zulaufhöhe h wird also von c_S/c, von dem Volumenstrom $\dot{V}$ und von dem Gravitationseinfluss $\sqrt{g d_S^3}$ bestimmt. Darin ist die kinematische Viskosität ν für Abwasser und Reinwasser mit $\nu = 8 \cdot 10^{-5}\,\mathrm{m^2/s}$ bis $10^{-6}\,\mathrm{m^2/s}$ eine Konstante.

In Abb. 5.68 ist die erforderliche Zulaufhöhe in Abhängigkeit des Saugmunddurchmessers d_S der Tauchpumpe, des Volumenstroms $\dot{V}$ und des Geschwindigkeitsverhältnisses $c_S/c = 1,0$ bis $3,5$ entsprechend Gl. 5.188 dargestellt für die zulässige Beckengeschwindigkeit von $c = 0,5\,\mathrm{m/s}$, wie sie vom Hydraulic Institut empfohlen wird. Aus Abb. 5.68 kann also die erforderliche Zulaufhöhe zur Tauchmotorpumpe $h = f(d_S, c_S/c, c = 0,5\,\mathrm{m/s}, \dot{V}, \nu)$ entnommen werden.

Für andere Beckengeschwindigkeiten c kann die erforderliche Zulaufhöhe mit Gl. 5.188 berechnet werden.

a   b

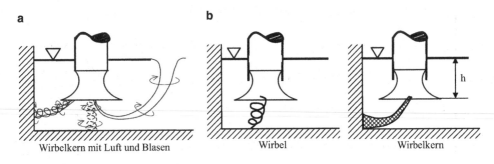

Wirbelkern mit Luft und Blasen   Wirbel   Wirbelkern

Abb. 5.69 Klassifikation von **a** freien Oberflächenwirbeln und **b** von Einlaufwirbeln in das Pumpensaugrohr

In Abb. 5.69 sind drei schematische Abbildungen von Wirbeln und Wirbelkernen dargestellt, die durch Fluidrotation an der Fluidoberfläche, vom Beckenboden oder von der Beckenseitenwand ausgehen können, wenn die erforderliche Zulaufhöhe zum Pumpeneinlauf zu gering ist oder der Beckenboden oder die Beckenwände uneben oder zu rau sind.

5.11   Rohrverzweigungen und Rohrnetzberechnung

Für die Wasser- und Gasversorgung in Städten und Gemeinden, ebenso für die Abwasser- und Regenwasserentsorgung und für die Fernwärmeversorgung werden Rohrnetze unterschiedlicher Struktur aufgebaut. Ebenso werden in Bereichen der petrochemischen Industrie Rohrnetze für die Rohölversorgung und Netze für die Produkte aufgebaut.

Rohrnetze bestehen aus Rohrleitungen unterschiedlicher Durchmesser, die sich in Knotenpunkten treffen. Mehrere Rohrleitungen, die sich in einem Knotenpunkt treffen, werden als Maschen bezeichnet. Sie ergeben einen geschlossenen Kreis. Die Rohrnetze können als Ringnetze mit Reihenschaltung von Rohrleitungen oder als verzweigte Rohrnetze mit Parallelschaltung oder als Netze aufgebaut sein, in denen sowohl die Reihenschaltung als auch die Parallelschaltung enthalten ist (Abb. 5.70). Die Rohrleitungsnetze werden heute mit speziellen CFD-Programmen z. B. mit STANET oder teilweise auch mit der kommerziellen Software STAR-CD oder Fluid- Dynamics Analysis Package (FIDAP) berechnet.

Mit diesen Programmen wie z. B. mit STANET werden auch quasidynamische Netzberechnungen und Tagessimulationen der Rohrnetzbelastung einschließlich der Speicherbehälter vorgenommen. Mit dem Programm STANET können Trink- und Abwassernetze, Gasleitungen, Dampf-, Fernwärme- und Kühlwasserleitungen ausgelegt werden. Dabei kann die Speicherfähigkeit von Behältern ermittelt werden. Ausgehend von einem stationären Anfangszustand werden in vorgegebenen, variablen Zeitschritten die Drücke, Geschwindigkeiten, Volumenströme und Druckverluste berechnet. Es können auch die Ein- und Ausschaltpunkte der gestaffelten Pumpen ermittelt werden. Bei der Berech-

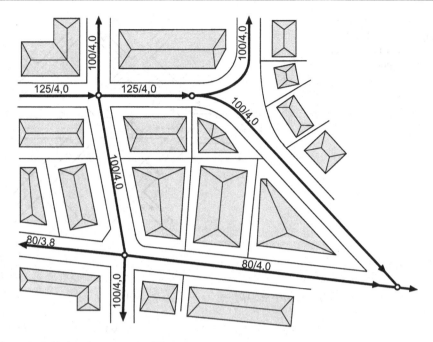

Abb. 5.70 Teil eines kommunalen Wasserversorgungsnetzes

nung von Gas- und Fernwärmeversorgungsnetzen kann die Temperaturabhängigkeit und die Kompressibilität des Fluids modelliert werden. Die Versorgung der Verbraucher mit Trinkwasser erfolgt durch Kreiselpumpen und die Gasversorgung erfolgt durch Kompressoren.

Für die Berechnung von Rohrnetzen sind folgende Bedingungen einzuhalten:

- Durch jeden Rohrstrang zwischen zwei Knotenpunkten strömt ein konkreter Volumenstrom, der mit dem Druckverlustbeiwert einen konkreten Druckverlust bedingt.
- In jedem Knotenpunkt ist die Summe der zu- und abströmenden Masseströme Null.
- Die Strömung von einem Knoten über eine Masche zurück zum Ausgangsknoten darf keine Druckunterschiede ergeben.
- Bei einer Reihenschaltung von Rohrleitungen ist der Masse- oder der Volumenstrom in allen Rohrleitungen gleich (Masseerhaltungssatz) und die Druckverluste der einzelnen Rohrleitungen addieren sich zum Gesamtdruckverlust.

$$\dot{V} = \dot{V}_1 = \dot{V}_2 = \cdots = \dot{V}_n = \text{konst} \tag{5.191}$$

$$\Delta p_{\text{ges}} = \Delta p_1 + \Delta p_2 + \cdots + \Delta p_n = \sum_{i=1}^{n} \Delta p_i \tag{5.192}$$

- Bei einer Parallelschaltung von Rohrleitungen ist der Druckverlust Δp in allen parallelen Strängen gleich groß und die Volumenströme $\dot{V}_i$ addieren sich zum Gesamtvolu-

Abb. 5.71 Verzweigtes Rohr-
leitungsnetz bestehend aus
Elementen der Parallel- und
Reihenschaltung

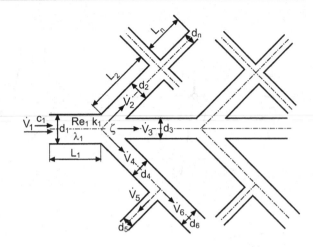

menstrom.

$$\Delta p = \Delta p_1 = \Delta p_2 = \cdots = \Delta p_n = \text{konst.} \qquad (5.193)$$

$$\dot{V} = \dot{V}_1 + \dot{V}_2 + \ldots + \dot{V}_n = \sum_{i=1}^{n} \dot{V}_i = \text{konst.} \qquad (5.194)$$

- Bei Rohrleitungsnetzen mit kombinierter Reihen- und Parallelschaltung werden die Maschen mit den obigen Regeln nacheinander berechnet (Abb. 5.71).

Daraus ergibt sich eine Zahl einfacher algebraischer Gleichungen für die Volumenströme (Kontinuitätsgleichungen) und Druckgleichungen für die Knotenpunkte, die einfach zu lösen sind. Für die Rohrleitungsnetze großer und mittlerer Städte ist eine große Zahl von Gleichungen notwendig, sodass sich die Lösung aufwendig gestalten wird. Die Lösung der Gleichungen erfolgt deshalb mit speziellen Berechnungsprogrammen.

Die Rohrleitungsnetze bestehen in der Regel aus den beiden wesentlichen Elementen

- der Serienschaltung von Rohrleitungen und
- der Parallelschaltung von Rohrleitungen.

Wird analog zum Ohm'schen Gesetz $R = U/I$ und dem elektrischen Leitungswiderstand

$$R_{\text{el}} = \frac{\rho_{\text{el}} L}{A} \qquad (5.195)$$

ein hydraulischer Widerstand mit der folgenden Definition eingeführt

$$R = \frac{\Delta p}{\dot{V}^2}, \qquad (5.196)$$

so ist eine vereinfachte Schreibweise der Gleichung für den Druckverlust in der folgenden
Form möglich:

$$\Delta p = \lambda \frac{L}{d} \frac{\rho}{2} c^2 = \lambda \frac{L}{d} \frac{\rho}{2} \frac{\dot{V}^2}{A^2} = R \dot{V}^2 \tag{5.197}$$

In den Gln. 5.195 bis 5.197 bedeuten die Symbole:

R_{el}	Ω	elektrischer Widerstand,
R	$Pa \cdot s^2/m^6$	hydraulischer Widerstand,
ρ_{el}	$\Omega\,m$	elektrischer Einheitswiderstand,
L	m	Leitungslänge,
U	V	Spannung,
A	m^2	Draht- oder Rohrquerschnitt,
Δp	Pa	Druckabfall,
$\dot{V}$	m^3/h	Volumenstrom

Dabei entsprechen folgende Größen der elektrischen und hydraulischen Leitungen einander:

$U = \Delta p$ Spannung und Druckabfall,
$I = \dot{V}^2$ Strom und Volumenstrom.

Entsprechend Gl. 5.197 beträgt der hydraulische Rohrleitungswiderstand

$$R = \lambda \frac{L}{d} \frac{\rho}{2} \frac{1}{A^2} = \lambda\, 8\, \rho \frac{L}{\pi^2 d^5} \tag{5.198}$$

Der hydraulische Rohrleitungswiderstand R ist von der Geometrie der Rohrleitung mit
der Länge L und dem Durchmesser d^5, von der Fluiddichte ρ und dem Rohrreibungsbeiwert $\lambda = f(Re, k/d)$ abhängig. Dabei ist bei der Projektierung von Rohrleitungen
und Rohrnetzen zu beachten, dass der Rohrleitungswiderstand von der fünften Potenz des
Rohrleitungsdurchmessers abhängig ist.

Der Rohrreibungsbeiwert $\lambda = f(Re, d/k)$, die Fluiddichte ρ und die Rohrgeometrie d und L werden dadurch im Rohrwiderstand zusammengefasst und vereinfachen die
Schreibweise.

Der Rohrleitungswiderstand R ist also eine Funktion von folgenden vier Größen $R =
f(\lambda, d, L, \rho)$. Der Rohrreibungsbeiwert λ zeigt an, dass der Rohrleitungswiderstand von
der Strömungsform, laminar, turbulent, hydraulisch glatt oder turbulent mit ausgebildeter
Rauigkeitsströmung, abhängig ist. Damit muss vor jeder Berechnung die Strömungsform
mittels der Reynoldszahl bestimmt werden. Der Druckabfall ist linear vom Widerstand R
und vom Quadrat des Volumenstroms abhängig. Die Rohrleitungskennlinien stellen also
Parabeln in Abhängigkeit des Volumenstromes $\dot{V}$ dar (Abb. 5.72).

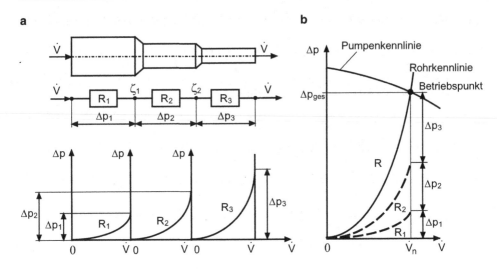

Abb. 5.72 Kennlinien **a** der Rohrabschnitte und **b** des Rohrstranges

5.11.1 Reihenschaltung von Rohrleitungen

In einem nichtverzweigten Rohrleitungsstrang entsprechend Abb. 5.72 beträgt der Druckabfall Δp für $\dot{V} = \text{konst.}$:

$$\Delta p = \sum_{i=1}^{n} \Delta p_i = \dot{V}^2 \sum_{i=1}^{n} R_i \tag{5.199}$$

Der Gesamtwiderstand R eines Rohrstrangs beträgt mit dem Widerstand R_i (Gl. 5.198):

$$R = \sum_{i=1}^{n} R_i = \sum_{i=1}^{n} \left(\frac{8\rho}{\pi^2} \lambda_i \frac{L_i}{d_i^5} \right) \tag{5.200}$$

Nimmt man noch die Druckverlustbeiwerte ζ_i der Übergangsstücken hinzu, so beträgt der Rohrleitungswiderstand:

$$R = \sum_{i=1}^{n} \frac{8\rho}{\pi^2} \left(\zeta_i + \lambda_i \frac{L_i}{d_i^5} \right) \tag{5.201}$$

Der Druckabfall beträgt damit:

$$\Delta p = \frac{8\rho}{\pi^2} \dot{V}^2 \sum_{i=1}^{n} \left(\zeta_i + \lambda_i \frac{L_i}{d_i^5} \right) \tag{5.202}$$

Die Bedingung der Rohrkennlinie in Abb. 5.72 wird erfüllt, wenn die Pumpenkennlinie, die Rohrleitungskennlinie im Punkt ($\dot{V}_n$ und Δp_{ges}) schneidet, sodass sich der Betriebspunkt dort einstellen kann. Da die Widerstände und der Druckabfall von der Strömungsform abhängig sind, sollen sie nun für die drei Strömungsformen berechnet werden.

5.11.2 Laminare Strömung

Der Rohrreibungsbeiwert für die laminare Strömung beträgt mit $\lambda = 64/\mathrm{Re}$ und mit der Reynoldszahl

$$\mathrm{Re} = \frac{d\,c}{\nu} = \frac{4\,d\,\dot{V}}{\pi\,d^2\,\nu} \tag{5.203}$$

$$\lambda = \frac{64}{\mathrm{Re}} = \frac{16\,\pi\,d\,\nu}{\dot{V}}. \tag{5.204}$$

Der Widerstand R_i lautet mit den Gln. 5.193 und 5.199:

$$R_i = \frac{8\,\rho}{\pi^2}\,\frac{16\,\pi\,d_i\,\nu}{\dot{V}}\,\frac{L_i}{d_i^5} = \frac{128\,\rho\,\nu\,L_i}{\pi\,\dot{V}\,d_i^4} \tag{5.205}$$

Der Druckabfall beträgt damit:

$$\Delta p = \frac{128\,\rho\,\nu}{\pi}\,\dot{V}\sum_{i=1}^{n}\left(\frac{L_i}{d_i^4}\right) \tag{5.206}$$

Der Rohrleitungswiderstand R_i und der Druckabfall Δp sind bei laminarer Strömung von der vierten Potenz des Rohrdurchmessers d abhängig, d. h. der Druckabfall Δp und auch der erforderliche Leistungsbedarf zum Betreiben der Rohrleitung steigen reziprok mit der vierten Potenz des Rohrdurchmessers.

5.11.3 Turbulente Strömung im hydraulisch glatten Rohr

Für die turbulente Strömung im hydraulisch glatten Rohr ist das Blasiusgesetz Gl. 5.30 gültig. Mit $\mathrm{Re} = \mathrm{d}c/\nu = 4\dot{V}/\pi d\nu$ nach Gl. 5.203 und mit

$$\lambda = \frac{0{,}3164}{\mathrm{Re}^{0{,}25}} = 0{,}298\,\frac{d^{0{,}25}\,\nu^{0{,}25}}{\dot{V}^{0{,}25}} \tag{5.207}$$

ergibt sich der Widerstand des Rohrabschnitts zu:

$$R_i = \frac{0{,}2416\,\nu^{0{,}25}}{\dot{V}^{0{,}25}}\,\frac{L_i}{d_i^{4{,}75}} \tag{5.208}$$

und der Gesamtdruckverlust beträgt:

$$\Delta p = 0{,}2416\,\rho\,\nu^{0{,}25}\,\dot{V}^{1{,}75}\sum_{i=1}^{n}\left(\frac{L_i}{d_i^{4{,}75}}\right) \tag{5.209}$$

Bei der turbulenten Strömung im hydraulisch glatten Rohr sind der Rohrreibungswiderstand R_i und der Druckabfall von $(L_i/d_i^{4{,}75})$ also noch stärker als bei der laminaren Strömung vom Rohrdurchmesser abhängig.

5.11.4   Turbulente Strömung bei ausgebildeter Rauigkeitsströmung mit $\lambda = f(d/k)$

Bei der turbulenten Strömung mit ausgebildeter Rauigkeitsströmung beträgt der Rohrleitungswiderstand des Rohrabschnitts mit $\lambda(d/k)$:

$$R_i = \frac{8\,\rho}{\pi^2} \lambda_i \frac{L_i}{d_i^5} \qquad (5.210)$$

Der Gesamtdruckverlust Δp beträgt damit:

$$\Delta p = \frac{8\,\rho}{\pi^2} \dot{V}^2 \sum_{i=1}^{n} \left(\lambda_i \frac{L_i}{d_i^5} \right) = \frac{\rho}{2} c^2 d^4 \sum_{i=1}^{n} \left(\lambda_i \frac{L_i}{d_i^5} \right) \qquad (5.211)$$

5.11.5   Parallelschaltung von Rohrleitungen

In Abb. 5.73 ist die Parallelschaltung von drei Rohrleitungen in einem Verzweigungspunkt mit den Widerständen, den Einzelrohrkennlinien und der resultierenden Rohrleitungskennlinie dargestellt.

Der Druckabfall ist in den parallelen Rohrleitungszweigen gleich groß, da in den Knoten K_1 und K_2 für alle Leitungen die gleichen Drücke herrschen.

$$\Delta p_1 = \Delta p_2 = \Delta p_3 = \text{konst.} \qquad (5.212)$$

Der Gesamtvolumenstrom $\dot{V}$ setzt sich aus der Summe der einzelnen Volumenströme $\dot{V}_i$ zusammen. Er ist:

$$\dot{V} = \sum_{i=1}^{n} \dot{V}_i \qquad (5.213)$$

Damit kann der Druckabfall in den parallelgeschalteten Rohrleitungen berechnet werden. Es gilt mit $c = \dot{V}/A = 4\dot{V}/(\pi d^2)$:

$$\Delta p = \left(\zeta + \lambda \frac{L}{d} \right) \frac{\rho}{2} c^2 = \left(\zeta + \lambda \frac{L}{d} \right) \rho \frac{8\dot{V}^2}{\pi^2 d^4} \qquad (5.214)$$

Darin beträgt der Rohrwiderstand R_i:

$$R_i = \left(\zeta_i + \lambda_i \frac{L_i}{d_i} \right) \frac{\rho}{2} \frac{1}{A^2} = \frac{8}{\pi^2} \frac{\rho}{d_i^4} \left(\zeta_i + \lambda_i \frac{L_i}{d_i} \right) \qquad (5.215)$$

Die Beziehung für den Druckverlust lautet also mit dem Rohrwiderstand R:

$$\Delta p = R\,\dot{V}^2 \qquad (5.216)$$

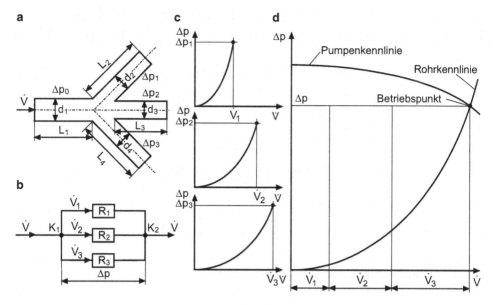

Abb. 5.73 Parallelschaltung von Rohrleitungen. **a** Rohrverzweigung, **b** Schema der Parallelschaltung, **c** Druckverluste der drei parallelen Rohrleitungen, **d** Kennlinie des gesamten Druckverlustes mit Pumpenkennlinie

Daraus erhält man den Gesamtvolumenstrom zu:

$$\dot{V} = \sqrt{\frac{\Delta p}{R}} = \sqrt{\frac{\Delta p}{\sum\limits_{i=1}^{n} R_i}} \tag{5.217}$$

Da der Druckabfall Δp in allen parallel geschalteten Leitungen gleich ist, kann Gl. 5.217 auch als Summe der Einzelwerte $\sqrt{\frac{\Delta p_i}{R_i}}$ aufgeschrieben werden.

$$\dot{V} = \sqrt{\frac{\Delta p}{R}} = \sum\limits_{i=1}^{n} \sqrt{\frac{\Delta p_i}{R_i}} \tag{5.218}$$

Somit kann für den Gesamtwiderstand bestehend aus den Einzelwiderständen R_i bis R_n geschrieben werden:

$$\frac{1}{\sqrt{R}} = \sum\limits_{i=1}^{n} \frac{1}{\sqrt{R_i}} \rightarrow R = \frac{1}{\left[\sum\limits_{i=1}^{n} \frac{1}{\sqrt{R_i}} \right]^2} \tag{5.219}$$

Wird in diese Gl. 5.219 der in Gl. 5.215 ermittelte Einzelwiderstand R_i eingesetzt, so erhält man für den Gesamtwiderstand für die parallelgeschalteten Rohrleitungen Gl. 5.220.

$$R = \cfrac{1}{\left[\displaystyle\sum_{i=1}^{n} \cfrac{1}{\sqrt{\frac{8}{\pi^2}\frac{\rho}{d_i^4}\left(\zeta_i + \lambda_i \frac{L_i}{d_i}\right)}}\right]^2} = \cfrac{8\rho}{\pi^2} \cfrac{1}{\left[\displaystyle\sum_{i=1}^{n} \sqrt{\cfrac{d_i^4}{\zeta_i + \lambda_i \frac{L_i}{d_i}}}\right]^2} \tag{5.220}$$

Der Druckverlust Δp der parallelgeschalteten Rohrleitungen beträgt mit Gl. 5.220:

$$\Delta p = R\,\dot{V}^2 = \frac{8\,\rho}{\pi^2} \cfrac{\dot{V}^2}{\left[\displaystyle\sum_{i=1}^{n} \sqrt{\cfrac{d_i^4}{\zeta_i + \lambda_i \frac{L_i}{d_i}}}\right]^2} \tag{5.221}$$

Die durch jeden Rohrleitungsstrang strömenden Einzelvolumenströme betragen:

$$\dot{V}_i = \sqrt{\frac{\Delta p}{R_i}} \tag{5.222}$$

Die Druckverlustbeiwerte ζ_i müssen für die Rohrverzweigungen oder für die Knoten ermittelt werden (Tab. A.8). Die Rohrreibungsbeiwerte λ werden entsprechend Abschn. 5.3 für die verschiedenen Strömungsformen ermittelt.

Rohrnetze für die Gas- und Wasserversorgung werden heute mit speziell entwickelten Programmen berechnet, die gleichzeitig auch die Rohrleitungsoptimierung und die Verlustminimierung ermöglichen, wie z. B. das Iterationsverfahren von Hardy-Cross. Für kleinere Rohrleitungsnetze können auch kommerzielle CFD-Programme, z. B. ANSYS CFX eingesetzt werden.

5.12 Beispiele

Beispiel 5.12.1 In einer Rohrleitung von $d = 18\,\text{mm}\ \varnothing$ einer Hydraulikanlage strömt Öl bei der Temperatur von $t = 20\,°\text{C}$, der Dichte von $\rho = 846\,\text{kg/m}^3$ und der kinematischen Viskosität von $\nu = 29{,}5 \cdot 10^{-6}\,\text{m}^2/\text{s}$. Der bezogene Druckabfall in der Rohrleitung beträgt $\text{d}p/\text{d}x = 2{,}10\,\text{kPa/m}$.
Zu bestimmen sind:

1. das Geschwindigkeitsprofil $c(r)$, der Schubspannungsverlauf $\tau(r)$ und die Wandschubspannung τ_w,
2. die maximale und mittlere Geschwindigkeit c_{max}, c_m,
3. der Ölvolumen- und Ölmassestrom im Rohr.

Abb. 5.74 Geschwindigkeitsprofil und Schubspannungsverlauf im Rohr

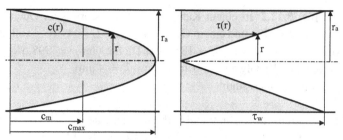

Lösung

1. Geschwindigkeitsprofil $c(r)$ im Rohr Gl. 5.14

Dynamische Viskosität $\eta = \rho v = 846 \frac{kg}{m^3} \cdot 29{,}5 \cdot 10^{-6} \frac{m^2}{s} = 24{,}96 \cdot 10^{-3}$ Pa s

$$c(r) = \frac{r_a^2}{4\eta} \frac{dp}{dx} \left[1 - \left(\frac{r}{r_a}\right)^2\right] = \frac{0{,}009^2 \, m^2}{4 \cdot 24{,}96 \cdot 10^{-3} \, Pa \, s} \cdot 2100 \frac{Pa}{m} \left[1 - \left(\frac{r}{r_a}\right)^2\right]$$

$$= 1{,}704 \frac{m}{s} \left[1 - \left(\frac{r}{r_a}\right)^2\right]$$

Schubspannungsverlauf $\tau(r)$, Gl. 5.21

$$\tau(r) = \frac{r}{2} \frac{dp}{dx} = \frac{r}{2} \cdot 2100 \frac{Pa}{m} = 1050 \frac{Pa}{m} \cdot r$$

Wandschubspannung, Gl. 5.22

$$\tau_W = \frac{r_a}{2} \frac{dp}{dx} = 2\eta \frac{c_{max}}{r_a}$$

r	mm	0	1	2	3	4	5	6	7	8	9
r/r_a		0	0,111	0,222	0,333	0,444	0,556	0,667	0,778	0,889	1
$c(r)$	m/s	1,704	1,683	1,619	1,515	1,367	1,178	0,947	0,673	0,358	0
$\tau(r)$	Pa	0	1,05	2,10	3,15	4,20	5,25	6,30	7,35	8,40	9,45

Geschwindigkeitsprofil und Schubspannungsverlauf im Rohr (Abb. 5.74)
mit $\tau_w = 9{,}45$ Pa

2. Maximale Geschwindigkeit $c_{max} = c(r = 0) = 1{,}704$ m/s

Mittlere Geschwindigkeit, Gl. 5.17 $c_m = \frac{c_{max}}{2} = \frac{1{,}704 \, m/s}{2} = 0{,}852$ m/s

3. Ölvolumenstrom, Gl. 5.20 $\dot{V} = \pi \, r_a^2 c_m = \pi \cdot 0{,}009^2 \, m^2 \cdot 0{,}852 \frac{m}{s} = 2{,}17 \cdot 10^{-4} \frac{m^3}{s}$

$= 0{,}781 \frac{m^3}{h}$

Ölmassestrom, Gl. 3.46 $\dot{m} = \rho \, \dot{V} = 846 \frac{kg}{m^3} \cdot 0{,}781 \frac{m^3}{h} = 660{,}3 \frac{kg}{h}$

Beispiel 5.12.2 In einem Kanal mit halbkreisförmigem Querschnitt der Breite 2,50 m, der Länge 1,6 km und einem Gefälle von $\Delta h/L = 4 \cdot 10^{-3}$ soll ein Wasservolumenstrom von $\dot{V} = 5,0\,\mathrm{m^3/s}$ bei $t = 18\,°\mathrm{C}$ der Dichte von $\rho = 998{,}6\,\mathrm{kg/m^3}$ und $\nu = 10^{-6}\,\mathrm{m^2/s}$ fließen. Die Kanalwand ist betoniert mit $k = 4\,\mathrm{mm}$.

Zu bestimmen sind:

1. Strömungsquerschnitt und hydraulischer Radius,
2. mittlere Kanalgeschwindigkeit und Reynoldszahl,
3. Froudezahl und Art der Strömung, Kanaltiefe $h = r = 1{,}25\,\mathrm{m}$,
4. Druckverlust in dem 1,6 km langen Kanal.

Lösung

1. Strömungsquerschnitt: $A = \pi r^2/2 = \pi \cdot 1{,}25^2\,\mathrm{m^2}/2 = 2{,}45\,\mathrm{m^2}$
2. Damit beträgt die Kanaltiefe $h = r = 1{,}25\,\mathrm{m}$

   Hydraulischer Radius r_h

$$r_\mathrm{h} = \frac{A}{U} = \frac{\pi\,r^2}{2\pi r} = \frac{r}{2} = \frac{1{,}25\,\mathrm{m}}{2} = 0{,}625\,\mathrm{m}$$

Hydraulischer Durchmesser d_h

$$d_\mathrm{h} = \frac{4A}{U} = 4 \cdot r_\mathrm{h} = 4 \cdot 0{,}625\,\mathrm{m} = 2{,}5\,\mathrm{m}$$

Mittlere Kanalgeschwindigkeit

$$\bar{c} = \frac{\dot{V}}{A} = \frac{2\dot{V}}{\pi \cdot 1{,}25^2\,\mathrm{m^2}} = \frac{2 \cdot 5{,}0\,\mathrm{m^3}}{\pi \cdot 1{,}25^2\,\mathrm{m^2\,s}} = 2{,}04\,\frac{\mathrm{m}}{\mathrm{s}}$$

Reynoldszahl nach Gl. 5.180

$$\mathrm{Re} = \frac{\bar{c} \cdot r_\mathrm{h}}{\nu} = \frac{2{,}04\,\mathrm{m/s} \cdot 0{,}625\,\mathrm{m}}{10^{-6}\,\mathrm{m^2/s}} = 1{,}275 \cdot 10^6$$

3. Froudezahl: $\mathrm{Fr} = \dfrac{\bar{c}}{\sqrt{g \cdot h}} = \dfrac{2{,}04\,\mathrm{m/s}}{\sqrt{g \cdot 1{,}25\,\mathrm{m}}} = 0{,}582 \rightarrow \mathrm{Fr} < 1;$ unterkritisch
4. Druckverlustbeiwert λ nach Gl. 5.34 und Druckverlust Δp:

$$\lambda = \frac{1}{\left[-2{,}0\,\lg\left(0{,}32\,\frac{k}{d_\mathrm{h}}\right)\right]^2} = \frac{1}{\left[-2{,}0\,\lg\left(0{,}32\,\frac{4\,\mathrm{mm}}{2500\,\mathrm{mm}}\right)\right]^2} = 0{,}023$$

$$\Delta p = \lambda\,\frac{\rho}{2}\bar{c}^2\,\frac{L}{d_\mathrm{h}} = 0{,}023\,\frac{998{,}6\,\frac{\mathrm{kg}}{\mathrm{m^3}}}{2}\,2{,}04^2\,\frac{\mathrm{m^2}}{\mathrm{s^2}}\,\frac{1600\,m}{2{,}5\,\mathrm{m}} = 30{,}60\,\mathrm{kPa}$$

Beispiel 5.12.3 In eine Rohrleitungsmasche mit vier Knoten und fünf Rohrleitungsabschnitten mit den Nennweiten DN 80 eines Trinkwasserversorgungsnetzes entsprechend Abb. 5.75 tritt am Knoten 1 ein Wasservolumenstrom von 120 m^3/h mit $t = 10\,°C$, $\rho = 999{,}65\,kg/m^3$ und $\nu = 10^{-6}\,m^2/s$ ein. Die Rohrlängen der Maschen betragen $L_1 = L_5 = 200\,m$, $L_2 = 447\,m$ und $L_3 = L_4 = 400\,m$.

Mit Hilfe der Kirchhoff'schen Knoten- und Maschenbedingung sind die Wasserverteilungsströme für die reibungsbehaftete Rohrströmung zu berechnen.

Das Kirchhoff'sche Knotengesetz lautet $\sum_{i=1}^{n} \dot{V}_i = 0$ und das Maschengesetz lautet $\sum_{i=1}^{n} \Delta p_i = 0$.

Zur Lösung der Aufgabe werden auch die Gl. 5.214 für den Druckverlust, die implizite Prandtl-Colebrook-White-Gleichung (Gl. 5.33) zur Berechnung des Rohrreibungsbeiwertes λ sowie die Gl. 4.11 für die Reynoldszahl benötigt. Die Rohrrauigkeit soll für alle Rohrleitungen $k = 0{,}1\,mm$ betragen. Die Berechnung beginnt mit folgenden Startwerten $\lambda = 0{,}022$ für die ausgebildete turbulente Rauigkeitsströmung, $\dot{V} = 120\,m^3/h = 0{,}0333\,m^3/s$, $\dot{V}_1 = 50\,m^3/h = 0{,}01389\,m^3/s$, $\dot{V}_2 = 40\,m^3/h = 0{,}0111\,m^3/s$, $\dot{V}_3 = 40\,m^3/h = 0{,}0111\,m^3/s$, $\dot{V}_4 = 28\,m^3/h = 0{,}00778\,m^3/s$, $\dot{V}_5 = 25\,m^3/h = 0{,}00694\,m^3/s$ mit einem Iterationsschritt.

Eingangsdaten: $d = 0{,}08\,m$; $L_1 = 200\,m$; $L_2 = 447\,m$; $L_3 = 400\,m$; $L_4 = 400\,m$; $L_5 = 200\,m$; $\lambda = 0{,}022$

Lösung $a_i = \pi^2 R_i / 8\,\rho = \lambda_i\,L_i/d_i^5$; Gl. 5.205 für $i = 1 \ldots 5$ und $k = 10^{-4}\,m$

Aus dem Kirchhoff'schen Knotengesetz folgt:

Knoten 1: $Q_1 = \dot{V} = \dot{V}_1 + \dot{V}_2 + \dot{V}_3$,
Knoten 2: $Q_2 = \dot{V}_1 = \text{out2} + \dot{V}_4$,
Knoten 3: $Q_3 = \dot{V}_3 = \text{out3} + \dot{V}_5$.

Abb. 5.75 Masche mit vier Knoten 1 bis 4 eines Wasserverteilungsnetzes

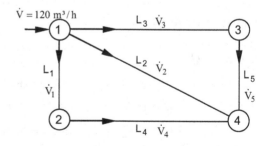

Find Root (Berechnung):

$$[\{Q_1, Q_2, Q_3, a_1 \ \dot{V}_1 \text{abs}[\dot{V}_1] + a_4 \ \dot{V}_4 \text{ abs}[\dot{V}_4] - a_2 \ \dot{V}_2 \text{ abs}[\dot{V}_2] = 0;$$
$$a_3 \dot{V}_3 \text{ abs}[\dot{V}_3] + a_5 \dot{V}_5 \text{abs}[\dot{V}_5] - a_2 \dot{V}_2 \text{ abs}[\dot{V}_2] = 0\};$$
$$\{(0,01, \dot{V}_1), (0,01, \dot{V}_2), (0,01, \dot{V}_3), (0,01, \dot{V}_4), (0,01, \dot{V}_5)\}]$$

$$\text{out}: = \left\{ \dot{V}_1 \to 0{,}01245 \, \frac{\text{m}^3}{\text{s}}, \ \dot{V}_2 \to 0{,}010578 \, \frac{\text{m}^3}{\text{s}}, \ \dot{V}_3 \to 0{,}01030 \, \frac{\text{m}^3}{\text{s}}, \right.$$
$$\left. \dot{V}_4 \to 0{,}006895 \, \frac{\text{m}^3}{\text{s}}, \ \dot{V}_5 \to 0{,}006139 \, \frac{\text{m}^3}{\text{s}} \right\}$$

$$\text{out}: = 3{,}600 \, \frac{\text{s}}{\text{h}} \, \dot{V}_i$$

$$\text{out}: = \left\{ \dot{V}_1 = 45 \, \frac{\text{m}^3}{\text{h}}, \ \dot{V}_2 = 38{,}08 \, \frac{\text{m}^3}{\text{h}}, \ \dot{V}_3 = 37{,}10 \, \frac{\text{m}^3}{\text{h}}, \ \dot{V}_4 = 24{,}82 \, \frac{\text{m}^3}{\text{h}}, \right.$$
$$\left. \dot{V}_5 = 22{,}10 \, \frac{\text{m}^3}{\text{h}} \right\}$$

Erste Iteration:

$$a_i = \pi^2 \, R_i / 8 \, \rho = \lambda_i \, L_i / d_i^5 \quad \text{Gl. 5.122 für} \quad i = 1 \ldots 5 \quad \text{und} \quad k = 10^{-4} \, \text{m}$$

Eingang:

$$Q_1 = \dot{V} = \frac{120 \, \text{m}^3/\text{h}}{3600 \, \text{s/h}}; \quad \text{out2}: \dot{V}_2 = \frac{20 \, \text{m}^3/\text{h}}{3600 \, \text{s/h}}; \quad \text{out3}: \dot{V}_3 = \frac{15 \, \text{m}^3/\text{h}}{3600 \, \text{s/h}};$$

$$\text{out4}: \dot{V}_4 = \frac{85 \, \text{m}^3/\text{h}}{3600 \, \text{s/h}}$$

$$Q_1 = \text{in} = \dot{V}_1 + \dot{V}_2 + \dot{V}_3; \quad Q_2 = \dot{V}_1 = \text{out2} + \dot{V}_4; \quad Q_3 = \dot{V}_3 = \text{out3} + \dot{V}_5$$

Find Rood (Berechnung):

$$\left[\left\{ Q_1, Q_2, Q_3, \right. \right.$$
$$\lambda_1^{-0,5} = -2{,}0 \log[10, \{2{,}51/(4 \cdot 10^6 \, \text{s/m}^2 \, \text{abs}[\dot{V}_1] \sqrt{\lambda_1}/(\pi \cdot d))\} + \{k/(3{,}71 \cdot d)\}],$$
$$\lambda_2^{-0,5} = -2{,}0 \log[10, \{2{,}51/(4 \cdot 10^6 \, \text{s/m}^2 \, \text{abs}[\dot{V}_2] \sqrt{\lambda_2}/(\pi \cdot d))\} + \{k/(3{,}71 \cdot d)\}],$$
$$\lambda_3^{-0,5} = -2{,}0 \log[10, \{2{,}51/(4 \cdot 10^6 \, \text{s/m}^2 \, \text{abs}[\dot{V}_3] \sqrt{\lambda_3}/(\pi \cdot d))\} + \{k/(3{,}71 \cdot d)\}],$$
$$\lambda_4^{-0,5} = -2{,}0 \log[10, \{2{,}51/(4 \cdot 10^6 \, \text{s/m}^2 \, \text{abs}[\dot{V}_4] \sqrt{\lambda_4}/(\pi \cdot d))\} + \{k/(3{,}71 \cdot d)\}],$$
$$\lambda_5^{-0,5} = -2{,}0 \log[10, \{2{,}51/(4 \cdot 10^6 \, \text{s/m}^2 \, \text{abs}[\dot{V}_5] \sqrt{\lambda_5}/(\pi \cdot d))\} + \{k/(3{,}71 \cdot d)\}]$$
$$a_1 \dot{V}_1 \text{ abs}[\dot{V}_1] + a_4 \dot{V}_4 \text{ abs}[\dot{V}_4] - a_2 \dot{V}_2 \text{ abs}[\dot{V}_2] = 0;$$
$$a_3 \dot{V}_3 \text{ abs}[\dot{V}_3] + a_5 \dot{V}_5 \text{ abs}[\dot{V}_5] - a_2 \dot{V}_2 \text{ abs}[\dot{V}_2] = 0$$

$\{(0{,}001, \dot{V}_1)\,; (0{,}001, \dot{V}_2)\,; (0{,}001, \dot{V}_3)\,; (0{,}001, \dot{V}_4)\,; (0{,}001, \dot{V}_5)\,; (0{,}01, \lambda_1)\,; (0{,}01, \lambda_2)\,;$

$0{,}01, \lambda_3)\,; (0{,}01, \lambda_4)\,; (0{,}01, \lambda_5)\}\big\}\big]$

$\text{out} :=$

$$\left\{ \dot{V}_1 \to 0{,}01244\,\frac{m^3}{s},\ \dot{V}_2 \to 0{,}01060\,\frac{m^3}{s},\ \dot{V}_3 \to 0{,}01029\,\frac{m^3}{s}, \right.$$

$$\left. \dot{V}_4 \to 0{,}006887\,\frac{m^3}{s},\ \dot{V}_5 \to 0{,}006124\,\frac{m^3}{s} \right\}$$

$$\left\{ \lambda_1 \to 0{,}02196,\ \lambda_2 \to 0{,}022149,\ \lambda_3 \to 0{,}02219\,\frac{m^3}{s},\ \lambda_4 \to 0{,}0228, \right.$$

$$\left. \lambda_5 \to 0{,}023022 \right\}$$

$\text{out} := \dot{V}_i = 3600\,\text{s/h}\,\dot{V}_i$

$\text{out} := \dot{V}_1 = 44{,}793\,\text{m}^3/\text{h}\,; \dot{V}_2 = 38{,}16\,\text{m}^3/\text{h}\,; \dot{V}_3 = 37{,}046\,\text{m}^3/\text{h}\,;$

$\qquad \dot{V}_4 = 24{,}793\,\text{m}^3/\text{h}\,; \dot{V}_5 = 22{,}046\,\text{m}^3/\text{h}$

Vergleicht man die Resultate der ersten Iteration mit den Ergebnissen der ersten Berechnung, so stellt man bereits nach der ersten Iteration eine gute Übereinstimmung fest, sodass die iterative Berechnung abgeschlossen werden kann.

Beispiel 5.12.4 Zu bestimmen ist der Staudruck im Staupunkt eines Flugzeuges, das mit der Geschwindigkeit von $c = 860\,\text{km/h} = 238{,}89\,\text{m/s}$ in 8 km Höhe fliegt. Die Dichte in 8 km Höhe beträgt $\rho = \rho_0[1 - \frac{\kappa - 1}{\kappa}\frac{g\,\rho_0}{p_0}h]^{\frac{\kappa}{\kappa - 1}}$ und $\kappa = 1{,}4$. Wie groß ist der Totaldruck an der Wand in der Mitte des Flugkörpers? Mit welcher Geschwindigkeit strömt die Luft am Flugkörper vorbei bei einem Unterdruck auf der Saugseite von $\Delta p = 10\,\text{kPa}$ (Abb. 5.76).

Lösung

$$\rho = \rho_0 \left[1 - \frac{\kappa - 1}{\kappa}\frac{g\,\rho_0}{p_0}h \right]^{\frac{\kappa}{\kappa - 1}}$$

$$= 1{,}184\,\frac{\text{kg}}{\text{m}^3} \left[1 - \frac{1{,}4 - 1}{1{,}4} \cdot \frac{9{,}81\,\text{m/s}^2\,1{,}184\,\text{kg/m}^3}{10^5\,\text{Pa}} \cdot 8000\,\text{m} \right]^{3{,}5}$$

$$= 0{,}402\,\frac{\text{kg}}{\text{m}^3}$$

1. $p = \frac{\rho\,c^2}{2} = 0{,}402\,\frac{\text{kg}}{\text{m}^3} \cdot \frac{57.067{,}90\,\text{m}^2}{2\,\text{s}^2} = 0{,}402\,\frac{\text{kg}}{\text{m}^3} \cdot 28.533{,}95\,\frac{\text{m}^2}{\text{s}^2} = 11.473{,}94\,\text{Pa} = 11{,}47\,\text{kPa}$

Abb. 5.76 Staupunktströmung

$\Delta p = 10\,\text{kPa}$
$\rho_0 = 1{,}184\,\text{kg/m}^3$

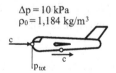

Abb. 5.77 Behälterentleerung

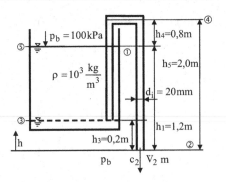

2. $p_{tot} = p = 11.473,94\,\text{Pa}$; der Totaldruck im Betrachtungsgebiet ist konstant
3. $p_{abs} = p - \Delta p = 11.473,94\,\text{Pa} - 10.000\,\text{Pa} = 1473,94\,\text{Pa}$

Beispiel 5.12.5 Mit Hilfe einer Rohrleitung mit $d_i = 20\,\text{mm}$ soll ein offener Wasserbehälter durch Heberwirkung geleert werden (Abb. 5.77). Zu berechnen sind:

1. die Anfangsaustrittsgeschwindigkeit bei $h_1 = 1,2\,\text{m}$,
2. die Austrittsgeschwindigkeit bei $h_3 = 0,2\,\text{m}$ für reibungsfreie Strömung,
3. der Anfangsvolumenstrom $\dot{V}_A$,
4. der Endvolumenstrom $\dot{V}_E$,
5. der statische Druck an der höchsten Stelle der Rohrleitung.

Lösung

1. $p_1 + g\,\rho\,h_1 + \frac{\rho}{2}c_1^2 = p_b + g\,\rho\,h_2 + \frac{\rho}{2}c_2^2$ für $p_1 = p_b = 10^5\,\text{Pa}$, $h_2 = 0$, $c_1 = 0$

    $c_2 = \left\{ \frac{2}{\rho}(p_1 - p_b + g\,\rho\,h_1) + \frac{\rho}{2}c_1^2 \right\}^{1/2} = \left\{ \frac{2\,\text{m}^3}{10^3\,\text{kg}} \cdot 9,81\,\frac{\text{m}}{\text{s}^2} \cdot 10^3\,\frac{\text{m}^3}{\text{kg}} \cdot 1,2\,\text{m} \right\}^{1/2}$

    $= 4,85\,\frac{\text{m}}{\text{s}}$

2. $c_{2E} = \left\{ \frac{2}{\rho} \cdot 9,81\,\frac{\text{m}}{\text{s}^2}\,10^3\,\frac{\text{kg}}{\text{m}^3}\,0,2\,\text{m} \right\}^{1/2} = 1,981\,\frac{\text{m}}{\text{s}}$;

3. $\dot{V}_A = c_2\,A = c_2\,\frac{\pi}{4}\,d^2 = 4,85\,\frac{\text{m}}{\text{s}} \cdot \frac{\pi}{4} \cdot 0,020^2\,\text{m}^2 = 15,24 \cdot 10^{-4}\,\frac{\text{m}^3}{\text{s}} = 5,49\,\frac{\text{m}^3}{\text{h}}$

4. $\dot{V}_E = c_{2E}\,\frac{\pi}{4}d^2 = 1,981\,\frac{\text{m}}{\text{s}} \cdot \frac{\pi}{4} \cdot 0,020^2\,\text{m}^2 = 2,24\,\frac{\text{m}^3}{\text{h}}$

5. $p_{0A} = p_b - g\,\rho\,h - \frac{\rho}{2}c_2^2 = 100\,\text{kPa} - 9,81\,\frac{\text{m}}{\text{s}^2}\,10^3\,\frac{\text{kg}}{\text{m}^3}\,0,8\,\text{m} - \frac{10^3\,\text{kg}}{2\,\text{m}^3} \cdot 4,85^2\,\frac{\text{m}^2}{\text{s}^2} = 80,38\,\text{kPa}$

$p_{0E} = 92,15\,\text{kPa} - 1,962\,\text{kPa} = 90,19\,\text{kPa}$.

Beispiel 5.12.6 Wie verhalten sich Wasser und Quecksilber, wenn man ein Glasrohr in die Flüssigkeiten eintaucht?

Lösung Taucht man ein enges Röhrchen in ein Fluid, dann kann man Folgendes beobachten (Abb. 5.78):

Abb. 5.78 Benetzungsarten von Flüssigkeiten im Glasrohr. **a** Kapillaraszension, **b** Kapillardepression

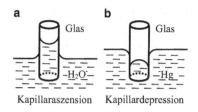

Kapillaraszension   Kapillardepression

1. Bei benetzenden Fluiden (Wasser-Glas) erfolgt ein Hochsteigen des Fluides.
2. Bei nicht benetzenden Fluiden (Quecksilber-Glas) erfolgt ein Absinken gegenüber der freien Oberfläche.

Beispiel 5.12.7 Durch einen halbkreisförmigen Kanal soll kaltes Wasser von $t = 20\,°C$ und $\dot{V} = 5\,m^3/s$ mit einer Geschwindigkeit $c = 2,2\,m/s$ abfließen. Wie groß muss das Gefälle ausgeführt werden, wenn die Kanalsohle und die Kanalwände aus Beton mit $k = 3,0\,mm$ bestehen?

Lösung

1. Die Querschnittfläche A ergibt sich aus Volumenstrom $\dot{V}$ und Geschwindigkeit c:

$$A = \frac{\dot{V}}{c} = \frac{5\,m^3/s}{2,2\,m/s} = 2,27\,m^2 \ ;$$

$$\text{Kanalradius:} \quad r = \sqrt{\frac{2 \cdot A}{\pi}} = \sqrt{\frac{2 \cdot 2,27\,m^2}{\pi}} = 1,203\,m \to d_h = 2,406\,m$$

(Abb. 5.79)

2. hydraulischer Radius r_h: $r_h = \frac{A}{U} = \frac{\pi r^2}{2\pi r} = \frac{r}{2} = \frac{1,203\,m}{2} = 0,601\,m$

3. Der Reibungsbeiwert λ beträgt für raue Wände

$$\lambda = \frac{1}{\left[-2,0 \cdot \lg\left(0,27\,\frac{k}{d}\right)\right]^2} = \frac{1}{\left[-2,0 \cdot \lg\left(0,27\,\frac{3,0}{2406}\right)\right]^2} = \frac{1}{\left[-2,0 \cdot \lg 0,0003367\right]^2}$$

$$= 0,0207$$

$\lambda = 0,0225$ nach Colebrook-Diagramm (Abb. 5.15) und Gl. 5.34

4. Gefälle: $i = \frac{\Delta h}{L} = \frac{\lambda\,c^2}{8\,g\,r_h} = \frac{0,0207 \cdot 2,2^2 m^2}{8 \cdot 9,81\,m/s^2 \cdot 0,601\,m\,s^2} = 0,00213 \cong 0,213\,\%$

Abb. 5.79 Kanal

Beispiel 5.12.8 Durch eine gerade horizontale Trinkwasserleitung der NW 150 mit dem Innendurchmesser von $d_i = 159\,\text{mm}$ und der Länge $L = 2{,}2\,\text{km}$ wird der Volumenstrom von $\dot{V} = 120\,\text{m}^3/\text{h} = 0{,}033\,\text{m}^3/\text{s}$ bei der Temperatur von $t = 12\,°\text{C}$ gefördert. Wie groß muss der absolute Eintrittsdruck in die Rohrleitung sein, wenn am Ende der Rohrleitung ein statischer Druck von $p_2 = 880\,\text{kPa}$ gefordert wird? Die Gussrohrleitung ist bereits 10 Jahre in Benutzung und ist mit Ablagerungen belegt, sodass die Rohrrauigkeit nach Tab. 5.2 $k = 0{,}4\,\text{mm}$ beträgt (Abb. 5.80).
Zu bestimmen sind:

1. Der Druckverlust in der Rohrleitung.
2. Der absolute Druck am Eintritt in die Rohrleitung.
3. Das Geschwindigkeitsprofil in der Rohrleitung.
4. Zum Vergleich ist das laminare Geschwindigkeitsprofil für die gleiche mittlere Geschwindigkeit zu berechnen.
5. Die Rohrleitungskennlinie und der erforderliche Pumpendruck bei dem Nennvolumenstrom von $\dot{V} = 120\,\text{m}^3/\text{h}$.

Die Dichte des Wassers bei $t = 12\,°\text{C}$ beträgt $\rho = 999{,}4\,\text{kg/m}^3$, die kinematische Viskosität des Wassers bei $t = 12\,°\text{C}$ beträgt $\nu = 10^{-6}\,\text{m}^2/\text{s}$.

Lösung
1. Mittlere Geschwindigkeit, Gl. 3.38:

$$c_\text{m} = \frac{\dot{V}}{A} = \frac{4\dot{V}}{\pi d^2} = \frac{4 \cdot 0{,}033\,\text{m}^3/\text{s}}{\pi \cdot 0{,}159^2\,\text{m}^2} = 1{,}66\,\text{m/s}$$

Reynoldszahl:

$$\text{Re} = \frac{c d_i}{\nu} = \frac{1{,}66\,\text{m/s} \cdot 0{,}159\,\text{m}}{10^{-6}\,\text{m}^2/\text{s}} = 2{,}64 \cdot 10^5\,;\quad \text{turbulente Strömung}\,;$$

$$d/k = 397{,}5$$

Abb. 5.80 Gegenüberstellung des laminaren zum turbulenten Geschwindigkeitsprofil der Rauigkeitsströmung

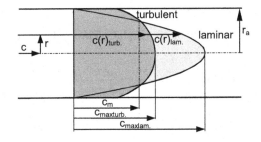

Rohrreibungsbeiwert für die ausgebildete Rauigkeitsströmung:

$$\lambda = \frac{1}{[-2,0 \cdot \lg(0,27\frac{k}{d})]^2} = 0,0249$$

Aus dem Colebrook-Diagramm (Abb. 5.15) ergibt sich der Rohrreibungsbeiwert zu $\lambda = 0,025$.

Druckverlust: $\Delta p = \lambda \frac{L}{d} \frac{\rho}{2} c^2 = 0,025 \cdot \frac{2200\,\text{m}}{0,159\,\text{m}} \cdot \frac{999,4\,\text{kg/m}^3}{2} \cdot 1,66^2 \frac{\text{m}^2}{\text{s}^2} = 476,31\,\text{kPa}$

2. Absoluter Eintrittsdruck in der Rohrleitung: $p_1 = p_2 + \Delta p = 880\,\text{kPa} + 476,31\,\text{kPa} = 1356,31\,\text{kPa}$

3. Geschwindigkeitsprofil in der Rohrleitung nach dem 1/7-Potenzgesetz:

$$c = c_{\max}(y/r_a)^n = c_{\max}(1 - (r/r_a))^n$$

Nach Tab. 5.4 beträgt das Geschwindigkeitsverhältnis für die Reynoldszahl Re $= 2 \cdot 10^4$ und für den Exponenten $n = 1/7 = 0,1428$; $c_m/c_{\max} = 0,817$. Die mittlere Geschwindigkeit wurde mit $c_m = 1,66\,\text{m/s}$ berechnet. $c_{\max} = c_m/0,817 = 2,03\,\text{m/s}$ Geschwindigkeitsprofil:

r	mm	0	10	20	30	40	50	60	70	74	78
r/r_a		0	0,126	0,252	0,377	0,503	0,629	0,755	0,881	0,931	0,981
$c(r)_{\text{turb.}}$	m/s	2,03	1,99	1,95	1,89	1,84	1,76	1,66	1,49	1,39	1,15
$c(r)_{\text{lam.}}$	m/s	3,32	3,27	3,11	2,85	2,48	2,01	1,43	0,74	0,44	0,12

4. Laminares Geschwindigkeitsprofil für $c_m = 1,68\,\text{m/s}$:
Bei laminarer Strömung ist $c_{\max} = 2c_m$ (Gl. 5.16).

$$c(r) = c_{\max}\left[1 - \left(\frac{r}{r_a}\right)^2\right]$$

Die beiden Geschwindigkeitsprofile werden in der nebenstehenden Abbildung gegenübergestellt.

5. Rohrkennlinie mit dem dynamischen Druck. Der Druck im Betriebspunkt beträgt (Abb. 5.81):

$$p = p_2 + \Delta p = 880\,\text{kPa} + \lambda L \frac{\rho}{2} c^2 = 880\,\text{kPa} + \lambda L \frac{8\rho \dot{V}^2}{\pi^2 d^4}$$

$$= 880\,\text{kPa} + 4,38 \cdot 10^8 \frac{\text{kg}}{\text{m}^7} \dot{V}^2$$

Abb. 5.81 Rohrleitungs- und
Pumpenkennlinie

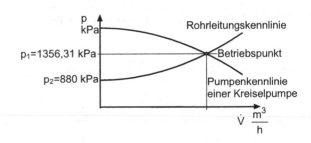

5.13 Aufgaben

Aufgabe 5.13.1 Das konisch erweiterte Saugrohr der Länge von $h = 6\,\mathrm{m}$ einer Wasserturbine wird von dem Volumenstrom von $\dot V = 8\,\mathrm{m^3/s}$ und Wasser der Dichte $\rho = 1000\,\mathrm{kg/m^3}$ durchströmt (Abb. 5.82).
Zu berechnen sind:

1. die Geschwindigkeit im Saugrohreintritt beim Durchmesser $d_1 = 1{,}0\,\mathrm{m}$ und am Saugrohraustritt 2,
2. der Absolutdruck und der Unterdruck am Beginn des Saugrohres ①,
3. die Verzögerung der Strömung im Saugrohr $b = \mathrm{d}c/\mathrm{d}t$.

Aufgabe 5.13.2 Zwei parallel geschaltete Trinkwasserverbraucher werden durch zwei Abzweigleitungen der $\mathrm{NW_1}$ 65 und $\mathrm{NW_2}$ 80 und einer Länge von $L_1 = 25\,\mathrm{m}$ und $L_2 = 30\,\mathrm{m}$ aus einer Versorgungsleitung mit $\dot V_0 = 90\,\mathrm{m^3/h}$ versorgt (Abb. 5.83). Der erste Verbraucher liegt auf dem Niveau der Versorgungsleitung. Der zweite Verbraucher liegt auf einem 16 m höheren Niveau als der Verbraucher 1 in einer Entfernung von $L_2 = 30\,\mathrm{m}$ vom Abzweig. Mit welchem Druck p_0 muss das Wasser an der Verzweigungsstelle ankommen, wenn der Verbraucher 1 mit dem Volumenstrom von $\dot V_1 = 50\,\mathrm{m^3/h}$ und $p_1 = 300\,\mathrm{kPa}$ und der Verbraucher 2 mit $\dot V_2 = 40\,\mathrm{m^3/h}$ und $p_2 = 220\,\mathrm{kPa}$ versorgt werden soll?

Die Wandrauigkeiten der neuen Leitungen betragen $k = 0{,}2\,\mathrm{mm}$. Wie groß muss der Durchmesser d_1 sein, damit die Versorgungsbedingung mit $\dot V_1 = 50\,\mathrm{m^3/h}$ und $p_1 =$

Abb. 5.82 Saugrohr der
Wasserturbine

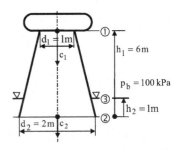

Abb. 5.83 Leitungsverzweigung

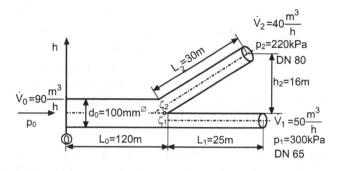

300 kPa für gleiche Strömungsgeschwindigkeiten in beiden Leitungen ($c_1 = c_2$) erfüllt wird?

Gegeben sind: Wasser von $t = 14\,°C$; $\rho = 998{,}4\,kg/m^3$; $\nu = 10^{-6}\,m^2/s$; $\zeta_1 = 0{,}84$; $\zeta_2 = 0{,}89$; $k = 0{,}2 \cdot 10^{-3}\,m$

In allen Leitungen kann turbulente Strömung erwartet werden.

$\dot{V}_0 = 90\,m^3/h = 0{,}025\,m^3/s$	$d_0 = 0{,}1\,m$	$L_0 = 120\,m$	
$\dot{V}_1 = 50\,m^3/h = 0{,}0139\,m^3/s$	$d_1 = 0{,}065\,m$	$L_1 = 25\,m$	$p_1 = 300\,kPa$
$\dot{V}_2 = 40\,m^3/h = 0{,}0111\,m^3/s$	$d_2 = 0{,}08\,m$	$L_2 = 30\,m$	$p_2 = 220\,kPa$

Gesucht werden:

1. p_0 für $p_1 = 300\,kPa$ und $p_2 = 220\,kPa$,
2. d_1 für $c_1 = c_2$.

Aufgabe 5.13.3 Aus einem Flusswehr strömt Wasser durch einen Spalt des Wehres von $b = 6\,m$ Breite und einer Höhe von $h = 2{,}0\,m$ aus. Die Wasserdichte beträgt $\rho = 998\,kg/m^3$ (Abb. 5.84).

Zu berechnen sind:

1. Ableitung der Torricelligleichung.
2. Austrittsgeschwindigkeit c_2.
3. Ausfließender Volumen- und Massestrom.
4. Darf der Reibungsdruckverlust bei $\zeta = 0{,}2$ näherungsweise vernachlässigt werden?

Abb. 5.84 Flusswehr

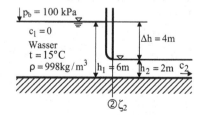

Aufgabe 5.13.4

1. Anzugeben und zu erläutern ist die Gleichung zur Bestimmung der Dichte einer Flüssigkeit in Abhängigkeit der Temperatur.
2. Anzugeben sind die dynamische Viskosität η, die Schubspannung und die scheinbare Viskosität von Newton'schen Fluiden, Bingham-Fluid und einem plastischen Fluid.
3. Die Gleichung zur Berechnung der Schallgeschwindigkeit in einer Flüssigkeit ist anzugeben und zu erläutern.

Aufgabe 5.13.5 Anzugeben ist die zulässige Saughöhe einer Flüssigkeit in Abhängigkeit des Atmosphärendruckes p_b, der Temperatur der Flüssigkeit t und der Dichte ρ.

Aufgabe 5.13.6 Anzugeben ist die Impulsgleichung. Welche Größen können mit dieser Gleichung ermittelt werden?

Aufgabe 5.13.7 Aus einem zylindrischen Behälter mit $h_1 = 8\,\mathrm{m}$ Wasserfüllung fließt aus einer zylindrischen Bodenöffnung mit $d = 50\,\mathrm{mm}$ $\varnothing$ Wasser mit $\rho = 999{,}6\,\mathrm{kg/m^3}$ aus (Abb. 5.85).

Für einen konstanten Wasserspiegel sind zu berechnen:

1. die Ausflussgeschwindigkeit c_2,
2. der ausfließende Volumenstrom und
3. der ausfließende Massestrom.

Aufgabe 5.13.8 Für das offene Saugbecken mit dem rechteckigen Zuströmquerschnitt von $A = 2{,}0\,\mathrm{m^2} = 2\,\mathrm{m} \cdot 1\,\mathrm{m}$ und die Ausströmgeschwindigkeit von $c = 0{,}5\,\mathrm{m/s}$ mit einer Tauchmotorpumpe der Nennweite DN 800 ist für den Volumenstrom von $\dot{V} = 2400\,\mathrm{m^3/h}$ und Wasser von $t = 20\,^\circ\mathrm{C}$ und der kinematischen Viskosität von $\nu = 10^{-6}\,\mathrm{m^2/s}$ zu berechnen:

1. die Strömungsgeschwindigkeit im Saugbecken,
2. die Reynoldszahl der Beckenströmung,
3. die Froudezahl der Beckenströmung,
4. die Beckenzahl.

Abb. 5.85 Zylindrischer Behälter

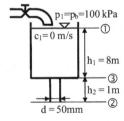

5. Es ist zu prüfen, ob die Wasserspiegelhöhe von 1,5 m als Zulaufhöhe für die Tauchmotorpumpe ausreicht.

Aufgabe 5.13.9 Auf eine Rohrleitung mit dem Innendurchmesser von $d_i = 25$ mm $\varnothing$ und der Länge $l = 4,5$ m wirkt ein Druckstoß von 80 bar. Die dadurch bedingte Volumenänderung des Hydrauliköls der Dichte $\rho = 850$ kg/m^3 mit dem Kompressibilitätskoeffizienten $\beta = 75 \cdot 10^{-11}$ Pa^{-1} und die relative Volumenänderung $\Delta V / V_0$ ist zu berechnen.

Aufgabe 5.13.10 In einer Hydraulikleitung von $L = 12$ m Länge und $d = 20$ mm $\varnothing$ mit 10 Stück 90°-Krümmern wird $\dot{V} = 52$ l/min Öl der Temperatur $t = 20$ °C mit $\eta = 25 \cdot 10^{-3}$ Pa s, $\beta_T = 75 \cdot 10^{-11}$ Pa^{-1} und $\rho = 850$ kg/m^3 gefördert. Dafür sind zu berechnen:

1. die mittlere Ölgeschwindigkeit in der Rohrleitung,
2. die Reynoldszahl der Ölströmung und das Geschwindigkeitsprofil in der Rohrleitung,
3. der Druckverlust Δp in der Ölleitung von $L = 12$ m Länge, wenn der Druckverlustbeiwert eines Krümmers $\zeta_{Kr} = 0,9$ beträgt,
4. der erforderliche Pumpendruck, wenn in einer Höhe von $h = 8$ m ein Druck von $p = 16$ MPa gefordert wird,
5. der auftretende Druckstoß in der Leitung, wenn sie innerhalb von $t = 0,8$ s abgesperrt wird,
6. das Kompressionsvolumen in der Leitung bei dem Druckstoß und die relative Volumenänderung $\Delta V / V_0$.

Aufgabe 5.13.11 Für die reibungsfreie, stationäre Strömung ist für den Volumenstrom von $\dot{V}_W = 4,5$ l/s der theoretisch erreichbare Druck im Mischraum K der Wasserstrahlpumpe, für den Ausgangsvolumenstrom $\dot{V}_L = 0$ zu berechnen (Abb. 5.86). Am Diffusoraustritt ② herrscht Atmosphärendruck $p_b = 98,7$ kPa.

Zu bestimmen sind:

1. die Geschwindigkeiten in den Querschnitten ① und ②,
2. der erreichbare Saugdruck $p_K = p_1$ im Mischraum.

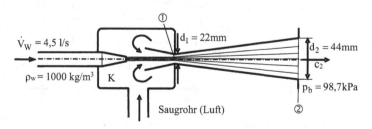

Abb. 5.86 Wasserstrahlpumpe

Aufgabe 5.13.12 In einem halbkreisförmigen Kanal der Breite von 2,50 m, der Länge von 1,6 km und dem Gefälle von $\Delta h / L = 4 \cdot 10^{-3}$ soll ein Wasservolumenstrom von $\dot{V} = 5{,}0 \, \text{m}^3/\text{s}$ bei $t = 18\,°\text{C}$ der Dichte von $\rho = 998{,}6 \, \text{kg/m}^3$ und $\nu = 10^{-6} \, \text{m}^2/\text{s}$ fließen. Die Kanalwand ist betoniert mit $k = 4$ mm.

Zu bestimmen sind:

1. Strömungsquerschnitt und hydraulischer Radius,
2. Mittlere Kanalgeschwindigkeit und Reynoldszahl,
3. Froudezahl und Art der Strömung,
4. Druckverlust in dem 1,6 km langen Kanal.

Aufgabe 5.13.13 Das Radiallager eines Turbokompressors mit dem Lagerdurchmesser von $d_{\text{G}} = 2 r_{\text{G}} = 180_0^{+0{,}06}$ mm, der Lagerbreite von $b = 500$ mm und der Drehzahl von $n = 3000 \, \text{min}^{-1}$ ist auszulegen. Das Gleitlager ist mit einer Sn-Legierung ausgekleidet. Die Welle hat einen Durchmesser von $d_{\text{w}} = 2 r_{\text{w}} = 179{,}82^{-0{,}06}$ mm. Die Lagerbelastung beträgt $F_{\text{N}} = 220.000$ N. Bei einer Umgebungstemperatur von $t_{\text{b}} = 20\,°\text{C}$ beträgt die Viskosität des Schmieröls bei der Lagertemperatur von $t = 60\,°\text{C}$ $\eta = 36 \cdot 10^{-3}$ Pa s. In der Abb. 5.87 sind die Verläufe Lagerspalt $h(\varphi)$, Druck $p(\varphi)$, Schubspannung $\tau(\varphi)$ und das Reibmoment $M(\varphi)$ angegeben.

Abb. 5.87 Spaltweitenverlauf $h(\varphi)$, Druckverlauf $p(\varphi)$, Schubspannungsvelauf $\tau(\varphi)$ und Reibmomentenverlauf $M(\varphi)$ der Welle im Lager bei einer Exzentrizität von $e = 0{,}18$ mm

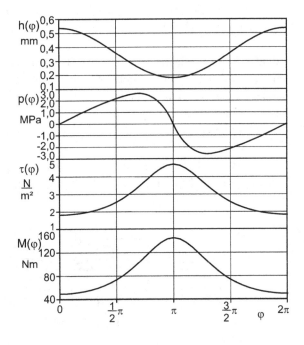

Zu bestimmen sind:

1. der zentrische Lagerspalt h_0,
2. die Sommerfeldzahl So,
3. das Reibmoment im Lager M,
4. Verlauf der Spaltweite $h(\varphi)$, des Druckes $p(\varphi)$, der Schubspannung $\tau(\varphi)$ und des Reibmomentes M für $\varphi = 0$ bis 2π,
5. der umlaufende Schmierölvolumenstrom $\dot{V}$,
6. der erforderliche Kühlvolumenstrom $\dot{V}_K$.

Aufgabe 5.13.14 Bis zu welcher Oberflächenrauigkeit müssen Laufradschaufeln von Axialverdichtern und umströmte Flächen geglättet werden, um die Reibungsverluste zu minimieren?

Aufgabe 5.13.15 Für welchen Reynoldszahlbereich ist die Gleichung zur Bestimmung des Rohrreibungsbeiwertes von Prandtl-Colebrook gültig?

Aufgabe 5.13.16 Wofür und für welchen Reynoldszahlbereich ist die Gleichung von Blasius gültig?

Aufgabe 5.13.17 Welche Gleichungen zur Bestimmung des Rohrreibungsbeiwertes bei turbulenter Strömung sind für den gesamten Reynoldszahlbereich gültig?

Aufgabe 5.13.18 Wann dürfen Turbinenschaufeln und Tragflächen mit guter Näherung potentialtheoretisch berechnet werden?

Aufgabe 5.13.19 Von welcher Kraft und von welchen Ähnlichkeitskennzahlen werden Fluss- und Kanalströmungen beeinflusst?

Aufgabe 5.13.20 Welche Aussage enthält die Gleichung von Chézy?

Aufgabe 5.13.21 Welche Gesetze müssen bei der Auslegung von Wasserversorgungsnetzen eingehalten werden?

Aufgabe 5.13.22 Von wem wurden die ersten experimentellen Untersuchungen über die Rohrreibungsbeiwerte unter welchen Bedingungen durchgeführt?

5.14 Modellklausuren

Modellklausur 5.14.1

1. Die Gleichungen für die hydrostatische Druckverteilung im Potentialfeld der Erde und in einem rotierenden Zentrifugalfeld sind anzugeben und die Einflussgrößen sind zu erläutern.
2. Wie ist der statische Druck definiert und wie verhält er sich in einer Hohlkugel?
3. Unter welchen Voraussetzungen sind die beiden Gleichungen der Kontinuitätsbedingung gültig?
   a) $\dot{m} = \int \rho c \, dA$ und b) $\dot{V} = \int c \, dA$
4. Durch welche Einflussgrößen wird die stationäre Ausflussgeschwindigkeit aus einem offenen Behälter bei reibungsfreier Strömung bestimmt?
5. Wo und wann tritt eine Impulskraft in einer endlichen Schlauchleitung mit dem Radius R und flexibler Wand auf? Geben Sie die Gleichung für den Impuls an.
6. Es ist zu prüfen, ob die beiden Strömungen von Wasser mit $\nu = 10^{-6} \, \text{m}^2/\text{s}$ und Öl mit $\nu = 28 \cdot 10^{-6} \, \text{m}^2/\text{s}$ ähnlich sind (Abb. 5.88). Welche Größen müssen sich ähnlich verhalten?
7. Was stellt der Rohrreibungsbeiwert im allgemeinen Fall einer Strömung dar und wie ist er definiert? Erläutern Sie die Einflussgrößen.
8. Für den dargestellten wassergefüllten Behälter mit Ausflussrohr und Düse (Abb. 5.89) ist die Ausflussgeschwindigkeit in der Düse und im Rohr sowie der absolute statische Druckverlauf im Behälter, im Rohr und in der Düse für eine reibungsfreie Strömung bei konstantem Wasserspiegel zu bestimmen und graphisch darzustellen.
9. Aus einer in $h = 6 \, \text{m}$ Höhe angeordneten horizontalen Rohrleitung der Nennweite DN 80 tritt ein Wasserstrahl mit der Geschwindigkeit von $c = 6 \, \text{m}/\text{s}$ aus (Abb. 5.90). In welcher horizontalen Entfernung vom Rohraustritt trifft der Wasserstrahl auf dem Boden auf und wie groß ist die Austrittsimpulskraft auf die Rohrleitung.
10. Aus einem oberen Becken mit konstantem Wasserspiegel in $h_1 = 180 \, \text{m}$ Höhe strömt Wasser der Temperatur von $t = 18\,°\text{C}$, der Dichte $\rho = 1000 \, \text{kg/m}^3$ und $\nu = 10^{-6} \, \text{m}^2/\text{s}$ mit der Geschwindigkeit von $c = 4,2 \, \text{m}/\text{s}$ durch die Rohrleitung und durch die Wasserturbine in das Unterbecken (Abb. 5.91).
    Zu berechnen sind:
    10.1 der Volumenstrom und der Massestrom in der Rohrleitung,

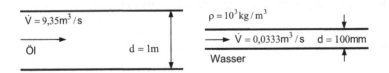

Abb. 5.88 Ähnlichkeitsvergleich

Abb. 5.89 Auslauf aus Behälter

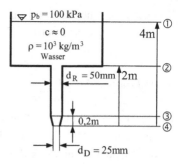

$p_b = 100\,\text{kPa}$
$c \approx 0$
$\rho = 10^3\,\text{kg/m}^3$
Wasser
$d_R = 50\,\text{mm}$ ↑2m
0,2m
$d_D = 25\,\text{mm}$
4m ①
②
③
④

Abb. 5.90 Strömungsweg des Austrittsstrahles

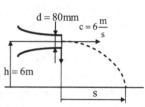

$d = 80\,\text{mm}$ $c = 6\,\dfrac{\text{m}}{\text{s}}$
$h = 6\,\text{m}$
s

10.2 die Reynoldszahl in der Rohrleitung und im Diffusorein- und -austritt bei $d = 900\,\text{mm}$ und $d = 1200\,\text{mm}$,

10.3 die Druckverluste in der Zulaufleitung zur Turbine bei einer Wandrauigkeit von $k = 0{,}5\,\text{mm}$,

10.4 die spezifische Nutzarbeit und die Nutzleistung, die in der Turbine bei reibungsfreier und reibungsbehafteter Strömung in der Zulaufleitung genutzt werden kann,

10.5 der statische Druck am Eintritt in die Rohrleitung und in die Turbine,

10.6 der statische Druck am Diffusoreintritt für die reibungsfreie Diffusorströmung,

Abb. 5.91 Wasserturbinenzulauf

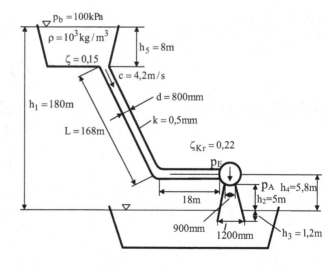

$p_b = 100\,\text{kPa}$
$\rho = 10^3\,\text{kg/m}^3$
$\zeta = 0{,}15$
$c = 4{,}2\,\text{m/s}$
$h_5 = 8\,\text{m}$
$d = 800\,\text{mm}$
$h_1 = 180\,\text{m}$
$k = 0{,}5\,\text{mm}$
$L = 168\,\text{m}$
$\zeta_{Kr} = 0{,}22$
p_E
p_A $h_4 = 5{,}8\,\text{m}$
18m
$h_2 = 5\,\text{m}$
900mm
1200mm
$h_3 = 1{,}2\,\text{m}$

10.7 die nutzbare Leistung in der Turbine bei reibungsfreier Strömung und Reibungsverlustleistung in der Zulaufleitung bei einem Turbinenwirkungsgrad von $\eta_T = 0{,}91$.

Modellklausur 5.14.2

1. Drei Kugeln sind in die Flüssigkeit der Dichte ρ vollständig oder nur bis zur Hälfte eingetaucht (Abb. 5.92). Vergleichen Sie die angreifenden Auftriebskräfte quantitativ miteinander, wenn $d_1 = d_2 = 0{,}5\,d_3$ und $\rho_1 = \rho_3 = 2\rho_2$ sind.
Begründen Sie Ihre Antwort!

2. Welche Vorraussetzungen sind zutreffend, um aus dem Masseerhaltungssatz die Kontinuitätsgleichung in der Form $\dot{V} = c \cdot A = \text{konstant}$ zu erhalten?

3. Skizzieren Sie für das dargestellte System in Abb. 5.93 die Druck- und Geschwindigkeitsverläufe für eine reibungsbehaftete Strömung.

4. Geben Sie den Energiesatz für eine stationäre inkompressible Fadenströmung an!

5. Zur Durchmischung in einem geschlossenen Tank wird Öl an der Oberfläche abgesaugt und mit Hilfe einer Pumpe am Boden des Tanks wieder eingespritzt (Abb. 5.93).
Zu bestimmen sind:

   5.1 Welcher Volumenstrom $\dot{V}$ muss umgewälzt werden, um die erforderliche Einspritzgeschwindigkeit an der Düse mit $d_D = 50\,\text{mm}$ von $c = 4{,}5\,\text{m/s}$ zu erreichen?

   5.2 Wie groß muss die spezifische Nutzarbeit der Pumpe unter Berücksichtigung der Reibungswirkungen in der Rohrleitung der Gesamtlänge L als auch durch den Einlauf und durch die Einbauteile sein?
   Gegeben: $p_1 = 150\,\text{kPa}$; $\rho = 890\,\text{kg/m}^3$; $\nu = 4{,}9 \cdot 10^{-6}\,\text{m}^2/\text{s}$; $c_D = 4{,}5\,\text{m/s}$; $L = 20\,\text{m}$; $h_1 = 10\,\text{m}$

Abb. 5.92 Eingetauchte Kugeln

Abb. 5.93 Durchmischungstank

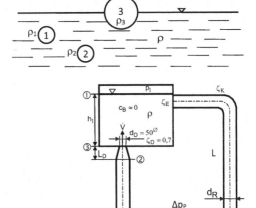

Abb. 5.94 Lüftungskanal

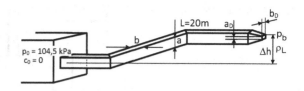

$d_R = 200\,\text{mm}$; $d_D = 50\,\text{mm}$; $k = 0{,}05\,\text{mm}$; $\zeta_E = 0{,}2$; $\zeta_K = 1{,}2$ (je Krümmer); $\zeta_D = 0{,}7$; $L_D = 200\,\text{mm}$

6. Ein rechteckiger Lüftungskanal mit den Seitenlängen a und b und der gestreckten Länge $L = 20\,\text{m}$ dient zum Transport von Luft in eine Lagerhalle. Versorgt wird dieser Kanal aus einem Druckraum. Die Luft strömt aus einer Düse mit ebenfalls rechteckigem Querschnitt der Seitenlänge a_D und b_D als Freistrahl in den Lagerraum mit Umgebungsdruck p_b aus (Abb. 5.94).

Zu bestimmen sind:

6.1 Die Geschwindigkeit der Luft im Kanal c_K und am Austritt aus der Düse c_A, der Massestrom $\dot{m}$ unter Annahme konstanter mittlerer Luftdichte von $\rho_L = 1{,}324\,\text{kg/m}^3$. Dabei sind die Reibungsverluste im Kanal zu berücksichtigen. Verluste an den Krümmern, am Einlauf und in die Düse können vernachlässigt werden. Der Rohrreibungsbeiwert beträgt $\lambda = 0{,}021$.

6.2 Prüfen Sie ob die Strömung im Kanal turbulent ist.

Gegeben:

$p_0 = 104{,}5\,\text{kPa}$

$p_b = 100{,}0\,\text{kPa}$

$T_0 = 275{,}0\,\text{K}$

$\rho_L = 1{,}324\,\text{kg/m}^3$

$R_{LT} = 287{,}6\,\text{J/(kg K)}$

$\eta = 10^{-3}\,\text{Pa s}$

$\Delta h = 6{,}0\,\text{m}$

$a = 0{,}1\,\text{m}$

$a_D = 0{,}01\,\text{m}$

$b = 0{,}2\,\text{m}$

$b_D = 0{,}05\,\text{m}$

Modellklausur 5.14.3

1. Wie lautet der Energieerhaltungssatz für Fluide und aus welcher Gleichung wird er abgeleitet? Anzugeben sind die Ausgangsgleichung und die Gleichung für die Energieerhaltung.

2. Anzugeben ist die Gleichung für den Impulssatz für Fluide. Welche physikalische Aussage wird damit getroffen?

3. Leiten sie die Ausflussgleichung von Torricelli an Hand eines Ausflussbehälters ab.

Abb. 5.95 Ausflussbehälter

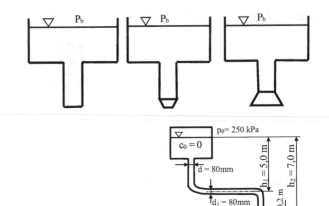

Abb. 5.96 Behälterausfluss

4. Aufzuzeichnen ist der absolute statische Druckverlauf in den Behältern und in den Ausflussrohren der drei wassergefüllten Behälter bei konstantem Wasserspiegel (Abb. 5.95).

5. Zu bestimmen ist die Schallgeschwindigkeit von trocken gesättigtem Dampf in einem Kessel bei der Dampftemperatur von $t = 180\,°C$. Der Isentropenkoeffizient des Sattdampfes beträgt $\kappa = 1,135$ und die Gaskonstante beträgt $R = 462\,J/(kg\,K)$.

6. Ein Flüssigkeitsbehälter steht unter dem absoluten Druck von $p_a = 250\,kPa$. Durch das Ausflussrohr strömt Wasser der Dichte von $\rho = 1000\,kg/m^3$. Das Ausflussrohr ist am Ende durch einen Diffusor auf $d_2 = 95\,mm$ erweitert (Abb. 5.96).
   Zu bestimmen sind:
   6.1 die Austrittsgeschwindigkeit am Diffusorende und im Rohrquerschnitt mit $d_1 = 80\,mm$,
   6.2 das Austrittsvolumen und der Massestrom,
   6.3 der statische Druck am Diffusoreintritt.

7. Für ein Schrägrohr-Manometer (Abb. 5.97) ist die Verschiebung der Flüssigkeitshöhe Δh in Abhängigkeit der Drücke $p_1 = 9,6\,kPa$, $p_2 = 4,0\,kPa$ zu bestimmen. Der Durchmesser des Behälters beträgt $d_B = 200\,mm$, der des Messrohres $d_R = 6\,mm$.

Abb. 5.97 Druckmessung mit Schrägrohr-Manometer

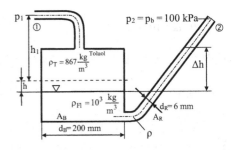

Der Messbehälter ist im unteren Teil mit Wasser gefüllt $\rho_{Fl} = 1000\,\text{kg/m}^3$ und im oberen Teil mit Toluol $\rho_T = 867\,\text{kg/m}^3$, $h_1 = 320\,\text{mm}$; $h = 50\,\text{mm}$.

Modellklausur 5.14.4

1. Zeichnen Sie ein Druckmessgerät auf und erläutern Sie die Funktion.
2. Was verstehen sie unter Hydrostatik? Gehen Sie auf zwei Beispiele ein, an denen Sie Ihre Antwort verdeutlichen können.
   Wann lassen sich solche Zusammenhänge auf Gasströmungen übertragen?
3. Für welche Berechnungsgruppen benötigen Sie den Impulssatz?
   Notieren Sie eine mathematische Beziehung dafür!
   Wie reagieren Sie, wenn Sie feststellen, dass es in einer Aufgabe mehr Unbekannte als Gleichungen gibt?
4. Bei vielen Technologien sind strömungstechnische Kenntnisse erforderlich. Führen Sie Beispielklassen hierfür an und belegen sie die getroffenen Aussagen.
5. Ein dreikantiges Holzstück mit gleichen Querschnitts-Seitenlängen schwimmt in destilliertem Wasser mit einer Spitze nach unten (Abb. 5.98).
   Was geschieht, wenn eine konzentrierte Salzlauge hinzu gegeben wird?
6. Hydrostatik. Hydraulischer Heber (Abb. 5.99)
   6.1 Begründen Sie, dass auf diese Art Flüssigkeit aus dem höheren Gefäß befördert werden kann.
   6.2 Beweisen Sie ihre Aussage mit entsprechenden Berechnungen.
   6.3 Berechnen Sie $\Delta p = p_1 - p_2$ für die gegebenen Parameter.
7. Tauchglocke (Abb. 5.100)
   Unter der Wasseroberfläche zu tätigende Arbeiten lassen sich durch den Einsatz von Tauchglocken erleichtern. Für eine zylindrische Glocke, die mit atmosphärischer Luft gefüllt und mit geschlossenem Ventil in ein Wasserreservoir abgesenkt wird, soll der Zusammenhang zwischen den Wasserhöhen H und Δh in der Tauchglocke ermittelt werden.

Abb. 5.98 Holzdreikant im Wasser

Abb. 5.99 Hydraulischer Heber

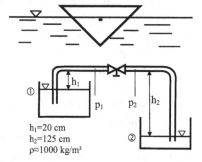

$h_1 = 20\,\text{cm}$
$h_2 = 125\,\text{cm}$
$\rho \approx 1000\,\text{kg/m}^3$

Abb. 5.100 Tauchglocke

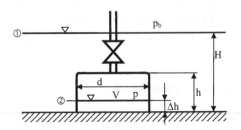

Die Parameter der Tauchglocke sind: $d = 3,20\,\mathrm{m}\ \varnothing$; $h = 2,50\,\mathrm{m}$; $\Delta h = 0,80\,\mathrm{m}$ und des Wassers: $p_0 = 1\,\mathrm{bar}$; $\rho_W = 1000\,\mathrm{kg/m^3}$.

7.1 Es soll die Wassertiefe H errechnet werden und das Volumen in der Tauchglocke nach dem Eintauchen.

7.2 Welches Luftvolumen (umgerechnet auf den Atmosphärendruck p_b) muss in die Tauchglocke gepumpt werden, um das Wasser aus ihr zu verdrängen?

Modellklausur 5.14.5

1. Anzugeben ist die Gleichung für den statischen Auftrieb und die Grenzbedingung für die Schwimmfähigkeit eines festen Körpers der Dichte ρ_K.

2. Es ist die Gleichung für den hydrostatischen Druck im Potentialfeld der Erde anzugeben und der Bodendruck in je einem mit Wasser $\left(\rho = 1000\,\mathrm{kg/m^3}\right)$ und Öl $\left(\rho = 846\,\mathrm{kg/m^3}\right)$ auf $h = 6\,\mathrm{m}$ gefüllten offenem Behälter zu bestimmen.

3. Ein Newton'sches und ein Nicht-Newton'sches Fluid sind mit den charakteristischen Eigenschaften zu beschreiben. Die zugehörigen Gleichungen sind anzugeben und graphisch darzustellen.

4. Anzugeben sind die Gleichungen für den Druck- und den Reibungswiderstand.

5. Ein Wasserstahl tritt mit einer Geschwindigkeit von $c = 6,2\,\mathrm{m/s}$ aus einer Düse mit einem Durchmesser von $d = 100\,\mathrm{mm}$ aus und trifft auf eine unter einem Winkel $\alpha = 50°$ zur Strahlrichtung geneigten Platte auf (Abb. 5.101). Zu bestimmen sind die Austrittsimpulskraft an der Düse, die Impulskraft und die Reaktionskraft auf die Platte.

6. Aus einem geschlossenem Behälter mit großem Durchmesser und dem Innendruck von $p_B = 2,40\,\mathrm{bar}$ absolut bei konstantem Wasserspiegel der Höhe $h_1 = 6,0\,\mathrm{m}$ strömt durch eine angeschlossene Rohrleitung der vertikalen Länge von $h_2 = 2,4\,\mathrm{m}$ mit $d = 40\,\mathrm{mm}\ \varnothing$ ein Wasserstrom in die freie Atmosphäre mit $p_b = 100\,\mathrm{kPa}$ (Abb. 5.102). Für die reibungsfreie Strömung sind zu berechnen:

   6.1 Die Ausflussgeschwindigkeit, der Volumenstrom und der Massestrom für $\rho = 1000\,\mathrm{kg/m^3}$.

   6.2 Der statische Druck unmittelbar nach Eintritt in das Rohr und in der Mitte des Rohres bei $h_3 = 1,2\,\mathrm{m}$.

   6.3. Aufzuzeichnen ist der statische Druckverlauf im Behälter und in der Rohrleitung.

7. Aus einem geschlossenen Behälter mit dem konstanten absoluten Druck von $p_B = 350\,\mathrm{kPa}$ und einem konstanten Wasserspiegel von $h_1 = 6,8\,\mathrm{m}$ strömt durch eine

Abb. 5.101 Strahleinrichtung
mit geneigter Platte

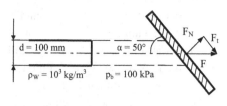

Abb. 5.102 Geschlossener
Behälter mit Rohrleitungsab-
fluss

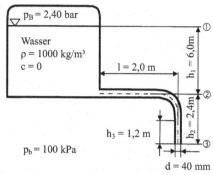

Abb. 5.103 Ausflussbehälter

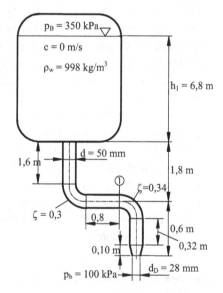

angeschlossene Rohrleitung mit Düse entsprechend Zeichnung ein Wasserstrom (Abb. 5.103). Die Wassertemperatur im geschlossenen Behälter beträgt $t = 20\,°C$, $\rho = 998\,kg/m^3$ und $\nu = 10^{-6}\,m^2/s$. Der Umgebungsdruck beträgt $p_b = 100\,kPa$, der Rohrdurchmesser $d = 50\,mm$, der Düsendurchmesser $d_D = 28\,mm$ und die Rohrrauigkeit $k = 0,1\,mm$. Die Strömungsgeschwindigkeit im Behälter ist $c \approx 0$.

Zu berechnen sind für die reibungsbehaftete Strömung:

7.1 die Strömungsgeschwindigkeit am Düsenaustritt und in der Rohrleitung für die reibungsfreie und die reibungsbehaftete Strömung für $\lambda = 0,023$,

7.2 der ausfließende Volumen- und Massestrom,

7.3 die Reynoldszahlen in der Rohrleitung und im Düsenaustritt,

7.4 der absolute statische Druck am Ende der horizontalen Rohrleitung (Stelle 1) für die reibungsbehaftete Strömung,

7.5 die Austrittsimpulskraft am Düsenaustritt,

7.6 eine graphische Darstellung des statischen Druckverlaufs im Behälter und in der Rohrleitung.

Modellklausur 5.14.6

1. Anzugeben sind die Gleichungen und die Geschwindigkeitsverteilungen für einen Potentialwirbel und für eine Zentrifugenströmung.

2. Anzugeben ist die Eulergleichung für eine reibungsfreie und für eine reibungsbehaftete eindimensionale inkompressible Strömung.

3. Die Gleichung für den hydrostatischen Druck im Potentialfeld der Erde ist anzugeben und zu erläutern. Der Bodendruck ist in je einem mit Wasser ($\rho = 1000\,\text{kg/m}^3$) und Öl ($\rho = 886\,\text{kg/m}^3$) auf $h = 8{,}5\,\text{m}$ gefüllten offenen Behälter zu berechnen.

4. Wie lautet die Gleichung für die Hagenzahl und was stellt sie dar?

5. Mit welcher Geschwindigkeit muss ein horizontaler Wasserstrahl der Dichte $\rho = 1000\,\text{kg/m}^3$ mit einem Durchmesser von $d = 80\,\text{mm}$ auf den oberen Rand einer ebenen Platte der Masse von $m = 15{,}0\,\text{kg}$ auftreffen, damit die unter dem Winkel von $\alpha = 15°$ zur vertikalen geneigte Platte im Gleichgewicht gehalten wird?

6. Aus einem Behälter mit konstantem Wasserspiegel von $h_2 = 2{,}0\,\text{m}$ soll mit einem Schlauch von $d = 30\,\text{mm}$ Durchmesser Wasser mit $\rho = 10^3\,\text{kg/m}^3$ in einen 2,5 m tiefer gelegenen offenen Behälter abgeleitet werden (Abb. 5.104)

   Zu bestimmen sind:

   6.1 die Austrittsgeschwindigkeit c aus dem Schlauch,

   6.2 der abgeleitete Volumenstrom,

   6.3 die absoluten Drücke im Schlauch an der höchsten Stelle ① und in Höhe des Behälterbodens.

Abb. 5.104 Wasserbehälter
mit Schlauchüberlauf

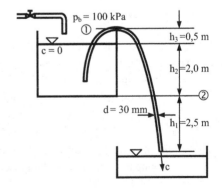

Modellklausur 5.14.7

1. Zu erläutern sind die Stromlinie und die Bahnlinie eines Fluids. Unter welchen Bedingungen sind die Strom- und die Bahnlinie identisch?
2. Welcher Zusammenhang besteht zwischen der Schallgeschwindigkeit und dem Elastizitätsmodul von Flüssigkeiten?
3. Wie ist die Reynoldszahl definiert und welche Größen stellt sie dar. Anzugeben ist die kritische Reynoldszahl für den Umschlag einer laminaren in die turbulente Rohrströmung. Aufzuzeichnen sind die Geschwindigkeitsprofile für die laminare und die turbulente Strömung.
4. Es ist zu prüfen, ob die beiden Strömungen von Wasser in einem Rohr mit $d = 125\,\text{mm}$ Ø, $c = 3,5\,\text{m/s}$ und $\nu = 10^{-6}\,\text{m}^2/\text{s}$ sowie von Öl bei $d = 15\,\text{mm}$ Ø, $c = 4,2\,\text{m/s}$ und $\nu = 28 \cdot 10^{-6}\,\text{m}^2/\text{s}$ ähnlich sind. Welche Größen müssen für ähnliche Strömungen gleich groß sein?
5. Welche Fragen der Strömungslehre können mit Hilfe der Bernoulligleichung und mit Hilfe des Impulssatzes beantwortet werden? Geben Sie bitte beide Gleichungen an!
6. Aus einer Rohrverzweigung strömt Wasser mit der Dichte $\rho = 10^3\,\text{kg/m}^3$ stationär ins Freie (Abb. 5.105). In der Zuströmleitung ist der Druck p_1 um $\Delta p = 10^4\,\text{Pa}$ höher als in der Umgebung mit $p_a = 100\,\text{kPa}$.
   Weiterhin sind $A_1 = 0,2\,\text{m}^2$, $A_2 = 0,03\,\text{m}^2$, $A_3 = 0,07\,\text{m}^2$, $\alpha_2 = 30°$ und $\alpha_3 = 20°$.
   Zu bestimmen sind:
   6.1 die Geschwindigkeiten c_1, $c_2 = c_3$,
   6.2 die Kräfte F_{Sx} und F_{Sy} auf die Rohrverzweigung,
   6.3 der Winkel α_3, bei dem die Kraft F_{Sy} für $c_2 = c_3$ gleich Null ist.
7. In einen Behälter mit konstantem Wasserspiegel der Höhe von $H = 1,0\,\text{m}$ und dem konstanten Innendruck von $p_i = 120\,\text{kPa}$ fließt Wasser mit $\rho = 1000\,\text{kg/m}^3$ durch eine angeschlossene vertikale Leitung zu (Abb. 5.106). Durch eine weitere Leitung an der Unterseite des Behälters der Länge von $L = 2,0\,\text{m}$ und $d = 50\,\text{mm}$ Ø fließt soviel Wasser ab, dass der Wasserspiegel im Behälter konstant ist.
   Zu berechnen sind für eine reibungsfreie eindimensionale Strömung:
   7.1 die Ausflussgeschwindigkeit c aus dem unteren Rohr,

Abb. 5.105 Rohrverzweigung

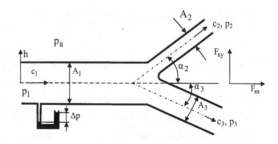

Abb. 5.106 Wasserbehälter
mit Ausfluss

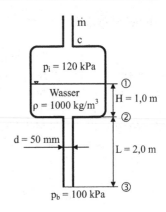

7.2 der zufließende Wassermassestrom $\dot{m}$, damit sich der Wasserspiegel im Behälter bei $H = 1,0\,\text{m} = $ konstant einstellt,

7.3 die sich einstellende Wasserspiegelhöhe, wenn sich der zufließende Wassermassestrom um 40 % erhöht bei gleichen Leitungsdurchmessern und Leitungslängen,

7.4 der statische Druck in der unteren Rohrleitung von $d = 50\,\text{mm}$ ∅ unmittelbar nach Rohreintritt bei $h = 1,999\,\text{m}$.

Modellklausur 5.14.8

1. Anzugeben sind die zwei Formen der Bernoulligleichungen für eine eindimensionale reibungsfreie und reibungsbehaftete inkompressible Strömung. Unter welchen Voraussetzungen sind diese Gleichungen gültig?

2. Wie groß ist der Elastizitätsmodul von Wasser bei $t = 20\,°\text{C}$ mit dem Kompressibilitätskoeffizienten von $\beta_T = 46 \cdot 10^{-11}\,\text{Pa}^{-1}$?

3. Anzugeben sind die Gleichungen für die Froudezahl und die Hagenzahl. Für welche Strömungen sind diese Kennzahlen zu nutzen?

4. Wie lautet die Euler'sche Bewegungsgleichung einer inkompressiblen und einer kompressiblen eindimensionalen Strömung?

5. Für die Düse mit $D_2 = 180\,\text{mm}$ ∅, mit $d_1 = 40\,\text{mm}$ ∅ und dem Rohrleitungsdruck $p_2 = 480\,\text{kPa}$ sind für eine Wasserströmung mit $\rho = 1000\,\text{kg/m}^3$ und mit $p_b = 100\,\text{kPa}$ zu berechnen (Abb. 5.107):

   5.1 die Austrittsgeschwindigkeit c_1 und der Volumenstrom $\dot{V}$,

   5.2 die Impulskraft auf die Rohrleitung und die Kraft auf den Flansch.

6. Wie groß muss der Pumpendruck einer Anlage mit dem Rohrleitungsdurchmesser von $d = 50\,\text{mm}$ und $k = 0,1\,\text{mm}$, $\zeta_{Kr} = 0,30$ nach Skizze sein. Der zu fördernde Wasservolumenstrom mit $\rho = 1000\,\text{kg/m}^3$, $\nu = 10^{-6}\,\text{m}^2/\text{s}$ beträgt $\dot{V} = 48\,\text{m}^3/\text{h}$. Der absolute Behälterdruck beträgt $p_B = 280\,\text{kPa}$ und der Füllstand im Behälter $h = 2\,\text{m}$. Gegeben sind die geometrischen Größen $L_1 = 3\,\text{m}$; $L_2 = 2,5\,\text{m}$; $L_3 = 0,5\,\text{m}$ und $R/d = 2,0$ (Abb. 5.108). Zu berechnen sind:

Abb. 5.107 Düse

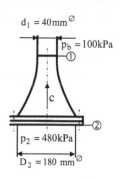

6.1 Geschwindigkeit in der Rohrleitung,

6.2 Staudruck in der Rohrleitung,

6.3 erforderlicher Pumpendruck p_2 für reibungsfreie Strömung,

6.4 erforderlicher Pumpendruck p_2 für reibungsbehaftete Strömung.

7. In einen Behälter mit konstantem Wasserspiegel der Höhe von $H = 2,0$ m und dem konstanten Innendruck von $p_1 = 160$ kPa fließt Wasser mit $\rho = 1000$ kg/m^3 durch eine angeschlossene vertikale Leitung zu. Durch eine weitere Leitung an der Unterseite des Behälters der Länge von $L = 4,0$ m und $d = 40$ mm $\varnothing$ fließt soviel Wasser ab, dass der Wasserspiegel im Behälter konstant ist (Abb. 5.109). Zu berechnen sind für eine reibungsfreie eindimensionale Strömung:

7.1 die Ausflussgeschwindigkeit c aus dem unteren Rohr,

7.2 der zufließende Wassermassestrom $\dot{m}$, damit sich der Wasserspiegel im Behälter bei $H = 2,0$ m = konstant einstellt,

7.3 die sich einstellende Wasserspiegelhöhe, wenn sich der Wassermassestrom um 10 % erhöht bei gleichem Innendruck p_1 bei gleichen Leitungsdurchmessern und Leitungslängen,

Abb. 5.108 Pumpenanlage

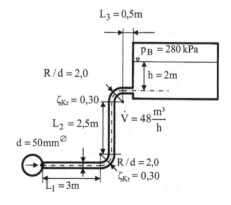

Abb. 5.109 Wasserbehälter
mit Ausfluss

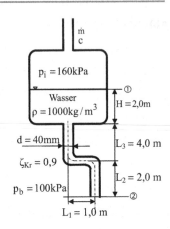

7.4 der statische Druck in der unteren Rohrleitung von $d = 40\,\text{mm}$ Ø unmittelbar
nach Rohreintritt bei $L_2 + L_3 = 5{,}999\,\text{m}$ und in der Mitte der Rohrleitung bei
$L_2 = 2{,}0\,\text{m}$.

Modellklausur 5.14.9

1. Wie verändert sich die Dichte von Wasser in Abhängigkeit der Temperatur? Anzugeben ist die zugehörige Gleichung! Was ist bei Wasser zu beachten?
2. Anzugeben sind die Schubspannungen und die dynamische Viskosität für eine Newton'sche und eine Bingham'sche Flüssigkeit.
3. Welcher Zusammenhang besteht zwischen der Schallgeschwindigkeit und dem Kompressibilitätskoeffizienten von Wasser?
4. Wie wirkt sich die Oberflächenspannung von Flüssigkeiten bei der Strömung in Kapil-
laren aus? Geben sie bitte 2 Beispiele an!
5. Wie beeinflusst der Atmosphärendruck und die Temperatur einer Flüssigkeit die An-
saugfähigkeit einer Pumpe und die Ansaughöhe der Flüssigkeit.
6. Ein Behälter ist 8 m mit Wasser der Dichte von $\rho = 999{,}6\,\text{kg/m}^3$ gefüllt. Wie groß
ist die Ausflussgeschwindigkeit wenn im Behälterboden ein Abfluss von $d = 50\,\text{mm}$
geöffnet wird und der Wasserspiegel konstant bleibt. Wie groß sind der abfließende
Volumen- und Massestrom?
7. Aus einem mit Wasser gefüllten geschlossenen Behälter mit konstantem Wasserspiegel, einem Durchmesser von $d = 1\,\text{m}$ und dem absoluten Druck $p_B = 280\,\text{kPa}$ strömt
das Wasser mit $\rho = 1000\,\text{kg/m}^3$ und $\nu = 10^{-6}\,\text{m}^2/\text{s}$ über eine Rohrleitung in einen
unteren Behälter mit dem absoluten Druck $p_2 = 95\,\text{kPa}$ (Abb. 5.110). Der Rohrdurchmesser beträgt $d = 80\,\text{mm}$ Ø und verjüngt sich auf $d = 50\,\text{mm}$ Ø. Die Rauigkeit
der Rohrinnenwand beträgt $k = 0{,}1\,\text{mm}$. Für die reibungsfreie Strömung und danach
auch für die reibungsbehaftete Strömung mit $\zeta_{Kr} = 0{,}32$ und $\zeta_D = 0{,}50$ und $\zeta_A = 1$
am Austritt sind zu bestimmen:

Abb. 5.110 Wasserbehälter
mit Ausfluss

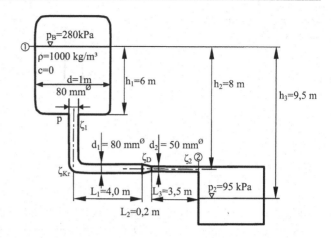

Abb. 5.111 Wasserstrahl und
Ablenkvorrichtung

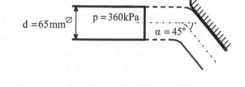

7.1 die Strömungsgeschwindigkeit in beiden Rohrabschnitten mit $d_1 = 80\,\text{mm}$ und
$d_2 = 50\,\text{mm}$,

7.2 Ausflussvolumenstrom und Massestrom aus dem oberen Behälter,

7.3 Reynoldszahl und die Strömungsform in beiden Rohrabschnitten,

7.4 Absoluter Druck auf dem Behälterboden von Behälter ①, in der Rohrleitung unmittelbar nach Rohreintritt und hinter der Übergangsdüse,

7.5 Größe des Druckverlustes in der Rohrleitung bei reibungsbehafteter Strömung.

7.6 Aufzuzeichnen ist der Druckverlauf vom oberen Behälter bis unteren Behälter.

8. Aus einer Rohrleitung mit dem Innendurchmesser von $d = 65\,\text{mm}$ und dem absoluten Druck von $p = 360\,\text{kPa}$ tritt ein Wasserstrahl, der Temperatur von $t = 20\,°\text{C}$ und $\rho = 1000\,\text{kg/m}^3$ horizontal in die freie Atmosphäre mit dem Druck von $p_b = 100\,\text{kPa}$ aus. Der Wasserstrahl wird durch eine Vorrichtung um den Winkel $\alpha = 45°$ aus der Strömungsrichtung abgelenkt (Abb. 5.111). Welche Kräfte wirken dabei auf die Rohrleitung und auf die Ablenkvorrichtung.

Modellklausur 5.14.10

1. Welche Bedeutung hat die Reynoldszahl für die Strömungslehre?

2. Die Gleichungen für den Impuls und die Impulskraft einer stationären Strömung sind anzugeben und zu erläutern.

3. Anzugeben ist die Gleichung für den statischen Auftrieb.

Abb. 5.112 Wasserbehälter
mit Ausfluss

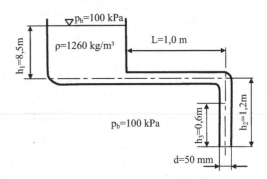

4. Ein Newton'sches und ein Nicht-Newton'sches Fluid sind mit den charakteristischen Eigenschaften zu beschreiben. Die zugehörigen Schubspannungsgleichungen sind anzugeben.

5. Aus einem offenen Behälter mit großem Durchmesser (Abb. 5.112) von $d = 2,5$ m $\varnothing$ strömt bei konstantem Flüssigkeitsspiegel der Höhe $h_1 = 8,5$ m durch eine geschlossene horizontale Rohrleitung der Länge von 1,0 m und der vertikalen Länge von $h_2 = 1,2$ m mit $d = 50$ mm $\varnothing$ ein Flüssigkeitsstrahl in die freie Atmosphäre mit $p_b = 100$ kPa. Für die reibungsfreie Strömung sind zu berechnen.

5.1 Die Ausflussgeschwindigkeit, der Volumenstrom und der Massestrom der Flüssigkeit mit $\rho = 1260$ kg/m^3.

5.2 Der statische Druck unmittelbar nach Eintritt in das Rohr und in der Mitte des Rohres bei $h_3 = 0,6$ m.

5.3 Aufzuzeichnen ist der statische Druckverlauf im Behälter und in der vertikalen Rohrleitung.

Literatur

1. Kármán T v (1921) Über laminare und turbulente Reibung. Z angew Math Mech 4:233–252
2. Brauer H (1959) Strömungsverhältnisse bei dünnen Flüssigkeitsschichten. Institut für den Wissenschaftlichen Film, Göttingen
3. Prandtl L (1933) Neue Ergebnisse der Turbulenzforschung. VDI-Zeitschrift 77:105–114
4. Nikuradse J (1933) Strömungsgesetze in rauhen Rohren VDI-Forschungsheft, Bd. 361.
5. Nikuradse J (1930) Untersuchungen über turbulente Strömungen in nicht-kreisförmigen Rohren. Ing-Arch 1:306–332
6. Schlichting H (1965) Grenzschichttheorie, 5. Aufl. Braun, Karlsruhe
7. Moody LF (1950) Some pipe charakteristics of engineering interest. La Houille Blanche, Grenoble (Mai/Juni)
8. Wagner W (1992) Strömung und Druckverlust, 3. Aufl. Vogel, Würzburg
9. Wagner W (2000) Rohrleitungstechnik, 8. Aufl. Vogel, Würzburg
10. Idelchik IE (1991) Fluid dynamics of industrial equipment: flow distribution design methods, Hemisphere Publishing Corp., New York

11. Biolley A (1941) Hilfsmittel zur Verringerung der Verluste in scharfen Krümmern. Schweizer Bauzeitschrift 118(8):85–86
12. Herning F (1966) Stoffströme in Rohrleitungen, 4. Aufl. VDI-Verlag, Düsseldorf
13. Surek D, Stempin S (2005) Gasdruckschwingungen und Strömungsgeräusche in Druckbegrenzungsventilen und Rohrleitungen. Vak Forsch Prax 17(4):336–344
14. Recknagel H, Sprenger E, Schramek ER (2014) Taschenbuch für Heizung und Klimatechnik, 77. Aufl., Deutscher Industrieverlag GmbH, München
15. Sommerfeld A (1904) Zur hydrodynamischen Theorie der Schmiermittelreibung. Z Math Phys 50:97–155
16. Vogelpohl G (1956) Das Reibungsverhalten von Gleitlagern. Konstruktion 8(3):82–86
17. Vogelpohl G (1958) Betriebssichere Gleitlager. Springer, Berlin, Göttingen, Heidelberg
18. Vogelpohl G (1949) Ähnlichkeitsbeziehungen der Gleitlagerreibung und untere Reibungsgrenze. VDI-Zeitschrift 91(16):379–384
19. Drescher H (1956) Zur Berechnung von Axiallagern mit Hydrodynamischer Schmierung. Konstruktion 8(3):94–104
20. Rippl E (1956) Experimentelle Untersuchungen über Wirkungsgrade und Abreißverhalten von schlanken Kegeldiffusoren. Maschinenbautechnik 5:241–246
21. Liepe F (1960) Wirkungsgrade von schlanken Kegeldiffusoren bei drallbehafteten Strömungen. Maschinenbautechnik 9:405–412, Verlag Technik, Berlin
22. Sovran G, Klomp E (1967) Experimentally determined optimum geometries for rectilinear diffusors with rectangular, conical or annular cross-section. Fluid Mechanics of Internal Flow. Elsevier, Amsterdam, London, New York, S 272–319
23. Runstadler PW, Dolan FX, Dean RC (1975) Diffusor data book Creare Technical Note, Bd. 186., Creare Inc., Hannover/New Hampshire
24. Ruchti O (1944) Versuche mit Radialdiffusoren. Technische Berichte Zentrale für Wissenschaftliches Berichtwesen der Luftfahrtforschung Berlin-Adlershof 11(5):129–133
25. Wille R (1963) Beiträge zur Phänomenologie der Freistrahlen. Z Flugwiss 11(6):222–233, Springer-Verlag, Berlin
26. Reichardt H (1942) Gesetzmäßigkeiten der freien Turbulenz. Forsch Ing-Wes 30:133–139 (Forsch. Ing.-Wes., VDI-Heft 414)
27. Becker HA, Massaro TA (1968) Vortex evolution in a round jet. J Fluid Mech 31(3):435–627
28. Flügel G (1951) Berechnung von Strahlapparaten VDI-Forschungsheft, Bd. 395.
29. Weydanz W (1963) Die Vorgänge in Strahlapparaten. VDI-Verlag, Düsseldorf
30. Horlacher H-B, Lüdecke H-J (2006) Strömungsberechnung für Rohrsysteme, 2. Aufl. expert-Verlag, Renningen
31. Van Dyke M (2007) An album of fluid motion. Parabolic Press, Stanford, California
32. Miller DS (1990) Internal Flow Systems, 2. Aufl. BHRA (Information Services), Cranfield
33. Surek D (2009) Einsatzbereiche von mobilen Flusswasserkraftwerken. Wasserkr Energ 4/09:2–19
34. Surek D, Stempin S (2011) Dimensionslose Kennzahlen und Cordierdiagramm für mobile Flusswasserturbinen. Wasserkr Energ 3/11:14–26
35. Surek D (2014) Pumpen für Abwasser- und Kläranlagen. Springer, Berlin
36. Carlier M (1986) Hydraulique générale et appliquée. Editions Eyrolles, Paris
37. Preissler G, Bollrich G (1985) Technische Hydromechanik Bd. 1. Verlag für Bauwesen, Berlin

Stationäre kompressible Strömung; Gasdynamik

6

6.1 Einführung

Bei der stationären kompressiblen Strömung c (x, y, z, ρ) ist die Dichte des Kontinuums eine variable Größe. Sie verändert sich entsprechend der Euler'schen Bewegungsgleichung in Abhängigkeit des Druckes, der Geschwindigkeit und der Temperatur.

Mit den Gesetzen der Gasdynamik werden Unterschall- und Überschallströmungen in den Schaufelgittern von Gas- und Dampfturbinen, in Schaufelgittern von Axial- und Radialkompressoren, in den Überschalldüsen nach de Laval, in Gasrohrleitungen und in Pipelines, in Ausströmvorgängen aus Behältern und Rohrleitungen, an den Tragflächen und in den Triebwerken von Flugzeugen sowie an den Weltraumshuttles und Raketen berechnet. So werden z. B. die Triebwerke von Raketen mit Überschalldüsen ausgerüstet. Auch ballistische Geschosse werden mit den Gesetzen der Gasdynamik beschrieben. Extreme Bodenfahrzeuge mit Geschwindigkeiten von $c \geq 500\,\text{km/h} = 138{,}89\,\text{m/s}$ und Machzahlen von $M \geq 0{,}40$ reichen ebenfalls in den Bereich der kompressiblen Strömung hinein. Die kompressiblen Fluide können bei den üblichen Drücken in der Größe des Atmosphärendruckes als Kontinuum und als viskoses Fluid behandelt werden.

Im Vakuum bei absoluten Drücken von $p \leq 0{,}1\,\text{Pa}$ und im Weltraum stellt das Gas kein Kontinuum mehr dar, sondern es herrscht die freie Molekularströmung. Bei absoluten Drücken von $p \leq 0{,}1\,\text{Pa}$ stellt sich die Molekularströmung bei Gasdichten von $\rho \leq 1{,}21 \cdot 10^{-6}\,\text{kg/m}^3$ ein, die den Gesetzen der kinetischen Gastheorie stark verdünnter Gase gehorcht und die bei Knudsenzahlen von $\text{Kn} = \Lambda/d = M/\text{Re} > 0{,}5$ liegt. Die Knudsenzahl $\text{Kn} = \Lambda/d$ gibt das Verhältnis der mittleren freien Weglänge Λ der Moleküle im Gas zu einer charakteristischen Länge an (Rohrdurchmesser d oder Länge eines umströmten Körpers). Die freie Weglänge der Gasmoleküle ist dabei größer als der Durchmesser einer Vakuumleitung oder eines Vakuumbehälters. Am Rand der viskosen Strömung zur freien Molekularströmung beträgt die Reynoldszahl nur noch $\text{Re} \approx 0{,}12$ und die Knudsenzahl $\text{Kn} = 0{,}5$. Es stellt sich ein Übergangsbereich bei Knudsenzahlen von $10^{-2} < \text{Kn} < 0{,}5$ ein, der nur näherungsweise zu beschreiben ist. Er wird als Knud-

© Springer Fachmedien Wiesbaden GmbH 2017
D. Surek, S. Stempin, *Technische Strömungsmechanik*,
https://doi.org/10.1007/978-3-658-18757-6_6

senströmung bezeichnet. Beim Atmosphärendruck von $p = 100\,\text{kPa}$ und $T = 293,16\,\text{K}$ beträgt die freie Weglänge von Luftmolekülen $\Lambda = 68\,\text{nm}$ bei der Molekülgröße von $d = 0,361\,\text{nm}$. Damit beträgt die mittlere freie Weglänge eines Moleküls $188,365d$.

Somit ergeben sich folgende kompressiblen Strömungsbereiche, die auch die Vakuum- und Weltraumtechnik berücksichtigen und die dem Gesetz M/Re = konst. gehorchen (Abb. 4.2):

- nichtviskose Fluide (Euler-Gleichung für Re $\rightarrow \infty$; reibungsfreie Strömung),
- viskose Strömung (Navier-Stokes-Gleichung, Gasdynamik) als Kontinuumströmung für Kn $= \Lambda/d = 10^{-4}$ bis 10^{-2},
- Übergangsströmung (Knudsenströmung) für Kn $= \Lambda/d = 0,01$ bis $0,5$ bis $(1,0)$,
- Molekularströmung (kinetische Gastheorie) für Kn $= \Lambda/d > 0,5$.

Das Modell der Molekularströmung kann unterteilt werden in:

- statistische Methode (Liouville-Gleichung; Boltzmann-Gleichung; Direktsimulation mittels Monte Carlo),
- dynamische Molekularsimulation.

Da in der Kontinuitätsgleichung $\dot{m}_1 = \dot{m}_2$, die Dichte ρ mit der Geschwindigkeit c und mit dem Strömungsquerschnitt A gekoppelt ist, bewirkt die Änderung einer Zustandsgröße oder die Veränderung des Strömungsquerschnitts, gemäß Gl. 6.1, auch die Änderung der anderen beiden Zustandsgrößen $\rho(c, A)$, $c(\rho, A)$, $A(\rho, c)$

$$d\dot{m} = d(\rho \dot{V}) = d(\rho A c) \tag{6.1}$$

Beschreibt man nun die Zustandsänderung des Gases während des Strömungsvorganges mit den Gesetzen der Thermodynamik, so können die Erhaltungssätze der kompressiblen Strömung formuliert werden. Mit dem Gibbs'schen Gesetz werden die Gleichungen für die spezifische innere Energie $du = T\,ds - p\,d(1/\rho)$ und für die spezifische Enthalpie $dh = T\,ds + dp/\rho$ eingeführt. Die Bernoulligleichung für kompressible Strömungen ist sowohl für isentrope als auch für adiabate Strömungen gültig, d. h. für reibungsfreie und reibungsbehaftete Strömungen.

Vorangestellt werden einige Zustandsbezeichnungen. Es gelten folgende Fuß- und Kopfzeichen:

0 Ruhezustand für p_0, T_0, ρ_0, a_0 bei $c = 0$,
∗ kritischer Zustand für p^*, T^*, ρ^*, a^*, M^* bei $c^* = a^*$,
∧ Zustandsgrößen nach dem Verdichtungsstoß $\hat{p}$, $\hat{T}$, $\hat{\rho}$, $\hat{a}$, $\hat{c}$, $\hat{M}$.

6.2 Thermodynamische Grundlagen

In der Gasdynamik wird die Bewegung der gasförmigen Fluide behandelt, d. h. ihr Bewegungsverhalten wird im offenen aber abgegrenzten System untersucht.

Das offene System muss durch Grenzen (Betrachtungsgrenzen oder Bilanzräume) eindeutig gekennzeichnet werden. Das kann mit der Eintrittsgrenze ① und der Austrittsgrenze ② entsprechend Abb. 6.1 erfolgen. Für das System in Abb. 6.1 können folgende Größen bilanziert werden:

- Massestrom,
- Energiestrom,
- Impulsstrom,
- Kräfte.

Der Zustand eines gasförmigen Fluids eines reinen Stoffes wird durch zwei freie spezifische Zustandsgrößen Druck p und Temperatur T und durch eine extensive Größe, die Masse m oder den Massestrom $\dot{m}$ festgelegt.

6.2.1 Thermische Zustandsgleichung idealer Gase

Die drei Zustandsgrößen eines idealen gasförmigen Fluids werden durch die thermische Zustandsgleichung beschrieben.

$$p\dot{V} = \dot{m}RT \qquad (6.2)$$

Dividiert man Gl. 6.2 durch den Massestrom $\dot{m}$, so erhält man die thermische Zustandsgleichung für die idealen Gase mit den Zustandsgrößen Druck p, Temperatur T und die Dichte ρ.

$$pv = \frac{p}{\rho} = RT \qquad (6.3)$$

Die differentielle Form der thermischen Zustandsgleichung lautet nach der logarithmischen Differentiation:

$$\frac{dp}{p} - \frac{d\rho}{\rho} - \frac{dT}{T} = 0 \qquad (6.4)$$

Abb. 6.1 Abgrenzung eines offenen Systems

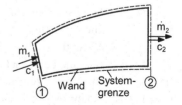

Tab. 6.1 Abweichung der mit der thermischen Zustandsgleichung für ideale Gase berechneten Gaskonstante für verschiedene Gasarten

Gasart	p MPa	T °C	ρ kg/m³	R J/(kg K)	$R_{\text{berechnet}}$ J/(kg K)	ΔR J/(kg K)	$\Delta R/R$	Z
Luft	2,0	50	21,59	287,60	286,65	0,95	0,00330	0,998
Sauerstoff O_2	2,0	100	20,67	259,84	259,29	0,55	0,00212	0,998
Stickstoff N_2	2,0	30	22,26	296,80	296,37	0,43	0,00145	0,999

Es ist eine universell gültige Zustandsgleichung, die für alle Gase mit idealem Verhalten gilt. Das ideale Gas ist ein Modellgas, dass das Verhalten der realen Gase bei verschwindend kleinem Druck p und sehr kleiner Dichte ρ, also in der Nähe des absoluten Nullpunkts (im hohen Vakuum), annähert. Die Dichte ist eine Funktion der beiden unabhängigen Größen $\rho(p, T)$. Exakt lautet also die thermische Zustandsgleichung:

$$\lim_{p \to 0} \left(\frac{p}{\rho} \right)_T = RT \qquad (6.5)$$

Die thermische Zustandsgleichung idealer Gase kann für alle realen Gase angewandt werden, so lange der Druck unter $p < 1{,}0$ bis $1{,}5$ MPa bleibt. Steigt der Druck während der Zustandsänderung über diese Werte, so muss das reale Verhalten des Gases in Form des Realgasfaktors Z berücksichtigt werden und die thermische Zustandsgleichung für reale Gase lautet:

$$pv = \frac{p}{\rho} = ZRT \qquad (6.6)$$

Der Realgasfaktor ist von der Gasart, dem Druck p und der Temperatur T abhängig Z (Gasart, p, T). Die Realgasfaktoren einiger Gase sind in Abb. A.14 der Anlage angegeben.

Zur Berechnung des Druckes p realer Gase kann die kubische Zustandsgleichung oder eine verkürzte Gleichung verwendet werden [15], Abschn. 15, Abb. A14. Darin sind u und w konstante dimensionslose Größen und nur $\alpha(T)$ ist temperaturabhängig.

Tab. 6.1 soll den Gültigkeitsbereich der thermischen Zustandsgleichung der idealen Gase für Luft, Sauerstoff und Stickstoff bei unterschiedlichen thermodynamischen Zustandsgrößen zeigen. Die Abweichung kann bei veränderten ähnlich großen Drücken und Temperaturen bereits größer werden. Einblick in den Gültigkeitsbereich der thermischen Zustandsgleichung für die idealen Gase vermitteln die Realgasfaktoren. Weitere Werte für Realgasfaktoren von Gasen können dem VDI-Wärmeatlas [1] und [2] entnommen werden. Die thermische Zustandsgleichung der realen Gase wird für die Auslegung von Hubkolbenverdichtern, Turboverdichtern, Gasturbinen und thermischen Anlagen bei höheren Drücken benötigt.

Vergleicht man die berechneten Werte der Gaskonstante mit den Werten der Gaskonstanten aus Tab. A.6, so zeigen die geringen Abweichungen von $\Delta R = 0{,}95$ J/(kg K) bzw. mit der relativen Abweichung von $0{,}330\,\%$ für Luft, $\Delta R = 0{,}55$ J/(kg K), entspricht $0{,}212\,\%$ für Sauerstoff und $\Delta R = 0{,}43$ J/(kg K), entspricht $0{,}145\,\%$ für Stickstoff, dass die thermische Zustandsgleichung der idealen Gase auch noch bei dem Druck von $p = 2,0$ MPa genutzt werden kann, wenn die angegebenen Abweichungen zugelassen werden können.

6.2.2 Kalorische Zustandsgleichungen

Die spezifische innere Energie eines Fluids ist von zwei thermischen Zustandsgrößen T und ρ abhängig $u = f(T, \rho)$.

Das vollständige Differential der spezifischen inneren Energie lautet:

$$\mathrm{d}u = \left(\frac{\partial u}{\partial T}\right)_v \mathrm{d}T + \left(\frac{\partial u}{\partial v}\right)_T \mathrm{d}v \qquad (6.7)$$

Die partielle Ableitung $(\partial u/\partial T)_v$ stellt die spezifische Wärmekapazität bei konstantem Volumen dar.

$$c_v\,(T, v) = \left(\frac{\partial u}{\partial T}\right)_v \qquad (6.8)$$

Die spezifische innere Energie idealer Gase bei einer konstanten Temperatur ist nicht von der Dichte des Fluids abhängig, d. h. es ist $(\partial u/\partial v)_T \equiv 0$.

Damit beträgt die Änderung der spezifischen inneren Energie idealer Gase:

$$\mathrm{d}u = \left(\frac{\partial u}{\partial T}\right)_v \mathrm{d}T = c_v\,\mathrm{d}T \qquad (6.9)$$

Dieses Differential der spezifischen inneren Energie beträgt auch

$$\mathrm{d}u = T\,\mathrm{d}s - p\,\mathrm{d}v = T\,\mathrm{d}s - p d\left(\frac{1}{\rho}\right) \qquad (6.10)$$

und die spezifische innere Energie beträgt:

$$u(T) = \int\limits_{T_0}^{T} c_v(T)\,\mathrm{d}T + u_0 = c_v\,(T - T_0) + u_0 \qquad (6.11)$$

Die spezifische Enthalpie $\mathrm{d}h$ folgt aus dem vollständigen Differential der Enthalpie $h(T, p)$.

$$\mathrm{d}h = \left(\frac{\partial h}{\partial T}\right)_p \mathrm{d}T + \left(\frac{\partial h}{\partial p}\right)_T \mathrm{d}p \qquad (6.12)$$

Die spezifische Enthalpie $\mathrm{d}h$ stellt die spezifische Gesamtenergie eines Fluids dar, die aus der spezifischen inneren Energie und der spezifischen Arbeit $\mathrm{d}(pv) = p\,\mathrm{d}v + v\,\mathrm{d}p$

besteht. Darin enthalten ist sowohl die Volumenänderungsarbeit $p\,\mathrm{d}v = p\,\mathrm{d}(1/\rho)$ als auch die spezifische technische Arbeit $v\,\mathrm{d}p = \mathrm{d}p/\rho$ (Gl. 6.13, Abb. 6.2).

$$\mathrm{d}h = \mathrm{d}u + \mathrm{d}\,(pv) = \mathrm{d}u + p\,\mathrm{d}\left(\frac{1}{\rho}\right) + \frac{\mathrm{d}p}{\rho} = c_\mathrm{p}\,\mathrm{d}T \tag{6.13}$$

Wird damit die spezifische Energie $\mathrm{d}q$ bilanziert, so erhält man mit den Gln. 6.10 und 6.13

$$\mathrm{d}q = \mathrm{d}u + p\,\mathrm{d}v = \mathrm{d}h - p\,\mathrm{d}v - v\,\mathrm{d}p + p\,\mathrm{d}v = \mathrm{d}h - v\,\mathrm{d}p = \mathrm{d}h - \frac{\mathrm{d}p}{\rho} \tag{6.14}$$

Mit Gl. 6.12 ergibt sich:

$$\mathrm{d}q = \mathrm{d}h - v\,\mathrm{d}p = \left(\frac{\partial h}{\partial T}\right)_\mathrm{p}\mathrm{d}T + \left[\left(\frac{\partial h}{\partial p}\right)_T - v\right]\mathrm{d}p \tag{6.15}$$

Der Differentialquotient $(\partial h/\partial T)_\mathrm{p}$ bei isobarer Zustandsänderung mit $p = $ konst. stellt die spezifische Wärmekapazität $c_\mathrm{p} = (\partial h/\partial T)_\mathrm{p}$ dar. Bei der isobaren Zustandsänderung beträgt die übertragene spezifische Wärme $\mathrm{d}q$:

$$\mathrm{d}q = \left(\frac{\partial h}{\partial T}\right)_\mathrm{p}\mathrm{d}T = c_\mathrm{p}\,\mathrm{d}T \tag{6.16}$$

Die spezifische Entropie eines idealen Gases kann aus der thermischen Zustandsgleichung $\rho(T, p)$ und der spezifischen Wärmekapazität bei konstantem Druck hergeleitet werden. Das Differential der spezifischen Entropie $\mathrm{d}s$ beträgt:

$$\mathrm{d}s = \frac{\mathrm{d}q}{T} = \frac{\mathrm{d}u}{T} + \frac{p}{T}\mathrm{d}\left(\frac{1}{\rho}\right) = \frac{\mathrm{d}h}{T} - \frac{v\,\mathrm{d}p}{T} \tag{6.17}$$

Mit Gl. 6.13 für $\mathrm{d}h = c_\mathrm{p}\,\mathrm{d}T$ und $v/T = 1/(\rho T) = R/p$ ergibt sich die Definitionsgleichung für die spezifische Entropie zu.

$$\mathrm{d}s = c_\mathrm{p}\frac{\mathrm{d}T}{T} - R\frac{\mathrm{d}p}{p} \tag{6.18}$$

Nach Integration zwischen den Punkten 0 und 1 erhält man für die spezifische Entropie

$$s_1 - s_0 = c_\mathrm{p}\ln\frac{T_1}{T_0} - R\ln\frac{p_1}{p_0} \tag{6.19}$$

oder mit der spezifischen Wärmekapazität bei konstantem Volumen c_v

$$s_1 - s_0 = c_\mathrm{v}\ln\frac{T_1}{T_0} + R\ln\frac{v_1}{v_0} \tag{6.20}$$

Die auf die spezifische Wärmekapazität bei konstantem Volumen c_v bezogene spezifische Entropie beträgt:

$$\frac{s_1 - s_0}{c_v} = \ln \frac{T_1}{T_0} + (\kappa - 1) \ln \frac{v_1}{v_0} = \ln \frac{T_1}{T_0} - (\kappa - 1) \ln \frac{\rho_1}{\rho_0} \qquad (6.21)$$

Darin ist s_0 die spezifische Entropie des idealen Gases im Bezugszustand (T_0, ρ_0). Gemäß dem zweiten Hauptsatz der Thermodynamik kann die Entropie nur konstant bleiben für reversible Prozesse oder zunehmen $ds > 0$ für irreversible Prozesse. Die Entropie kann jedoch nicht vermindert werden.

Die Differenz der spezifischen Wärmekapazitäten bei konstantem Druck und bei konstantem Volumen ist gleich der Gaskonstante

$$R = c_p - c_v \qquad (6.22)$$

Das Verhältnis der beiden spezifischen Wärmekapazitäten ergibt den Isentropenexponent eines Fluids:

$$\kappa = \frac{c_p}{c_v} = 1 + \frac{R}{c_v} = \frac{1}{1 - \frac{R}{c_p}} = \frac{\kappa}{\kappa - \frac{R}{c_v}} \qquad (6.23)$$

Aus der Kombination dieser beiden Beziehungen ergibt sich eine Zahl nützlicher Gleichungen wie z. B.:

$$R = \frac{\kappa - 1}{\kappa} c_p = \left(1 - \frac{1}{\kappa}\right) c_p = (\kappa - 1) c_v; \ \frac{c_p}{R} - \frac{c_v}{R} = 1; \ c_p = \frac{\kappa}{\kappa - 1} R \qquad (6.24)$$

Die spezifischen Wärmekapazitäten der einatomigen Gase (Edelgase He, Ne, Ar, Kr, Xe) sind nicht von der Temperatur abhängig sondern nur vom Stoff und besitzen somit konstante Werte für den gesamten Druck- und Temperaturbereich. Das gilt in analoger Weise auch für die zweiatomigen und für die dreiatomigen Gase, die eine weitreichende technische Bedeutung besitzen. In Tab. 6.2 sind die spezifischen Wärmekapazitäten bei konstantem Druck c_p, die bei konstanter Dichte c_v und die Isentropenexponenten κ, sowie die Gleichungen für die spezifische innere Energie der ein-, zwei- und dreiatomigen Gase dargestellt. Die spezifischen Wärmekapazitäten und die innere Energie der Gase steigen mit zunehmender Atomzahl an. Der Isentropenexponent κ als Verhältniswert der beiden spezifischen Wärmekapazitäten sinkt mit steigender Atomzahl ab.

Tab. 6.2 Spezifische Wärmekapazitäten, Isentropenexponenten sowie die Gleichungen für die spezifische innere Energie für einatomige, zweiatomige und dreiatomige Gase

Gasart	c_p	c_v	κ	u
Einatomige Gase (He, Ne, Ar, Kr, Xe)	$\frac{5}{2}R$	$\frac{3}{2}R$	$1{,}66\overline{6}$	$\frac{3}{2}RT$
Zweiatomige Gase (O_2, N_2, H_2, Cl_2, CO, HCl)	$\frac{7}{2}R$	$\frac{5}{2}R$	$1{,}40$	$\frac{5}{2}RT$
Dreiatomige Gase (CO_2, SO_2, H_2S, NO_2)	$\frac{8}{2}R$	$\frac{6}{2}R$	$1{,}33\overline{3}$	$\frac{6}{2}RT$

6.2.3 Isentropengleichung

Die Gleichung für die isentrope Zustandsänderung folgt aus der Gleichung für die Entropieänderung $ds = 0$ entsprechend Gl. 6.18 für $ds = 0$, also ohne Entropieänderung.

$$c_p \frac{\mathrm{d}T}{T} = R \frac{\mathrm{d}p}{p} \tag{6.25}$$

Mit $c_p = \kappa c_v$ und $R = c_p - c_v$ ergibt sich die Gl. 6.26

$$\kappa \frac{\mathrm{d}T}{T} = (\kappa - 1) \frac{\mathrm{d}p}{p} \tag{6.26}$$

Mit Hilfe der thermischen Zustandsgleichung in der differentiellen Form (Gl. 6.4) kann die Isentropengleichung auch mit zwei unabhängigen Zustandsgrößen in der isobaren Form geschrieben werden. Die Isentropengleichung lautet:

$$\frac{\mathrm{d}p}{p} = \kappa \frac{\mathrm{d}\rho}{\rho} = \frac{\kappa}{\kappa - 1} \frac{\mathrm{d}T}{T} \tag{6.27}$$

Umgeformt kann die Isentropengleichung in der Form von Gl. 6.28 geschrieben werden.

$$\frac{\mathrm{d}p}{p} = \frac{c_p}{R} \frac{\mathrm{d}T}{T} = \frac{c_p}{c_p - c_v} \frac{\mathrm{d}T}{T} = \frac{\kappa}{\kappa - 1} \frac{\mathrm{d}T}{T} \tag{6.28}$$

Wird der Ausdruck $\mathrm{d}T/T$ aus der thermischen Zustandsgleichung (Gl. 6.4)

$$\frac{\mathrm{d}T}{T} = \frac{\mathrm{d}p}{p} - \frac{\mathrm{d}\rho}{\rho} \tag{6.29}$$

in Gl. 6.28 eingesetzt, so ergibt sich die Isentropengleichung in der Form:

$$\frac{\mathrm{d}p}{p} = \frac{\kappa}{\kappa - 1} \left(\frac{\mathrm{d}p}{p} - \frac{\mathrm{d}\rho}{\rho} \right) \tag{6.30}$$

Durch Integration von Gl. 6.27 zwischen den Zustandspunkten ① bis ② erhält man:

$$\ln \frac{p_2}{p_1} = \kappa \ln \frac{\rho_2}{\rho_1} = \frac{\kappa}{\kappa - 1} \ln \frac{T_2}{T_1} \tag{6.31}$$

Durch Umformung ergibt sich die Isentropengleichung für zwei Zustandspunkte in Abb. 6.2

$$\frac{p_2}{p_1} = \left(\frac{v_1}{v_2} \right)^{\kappa} = \left(\frac{\rho_2}{\rho_1} \right)^{\kappa} = \left(\frac{T_2}{T_1} \right)^{\frac{\kappa}{\kappa - 1}} \tag{6.32}$$

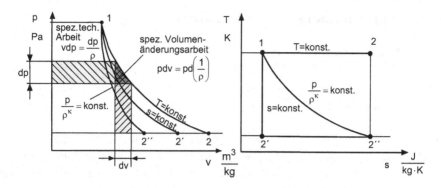

Abb. 6.2 Zustandsgrößen eines Gases im p-v-Diagramm und T-s-Diagramm

Für zwei Punkte ① und ② im p-v-Diagramm lautet die Gleichung:

$$p_1 v_1^\kappa = p_2 v_2^\kappa; \qquad \frac{p_1}{\rho_1^\kappa} = \frac{p_2}{\rho_2^\kappa} \tag{6.33}$$

oder in anderer Schreibform

$$\frac{v_1}{v_2} = \frac{\rho_2}{\rho_1} = \left(\frac{p_2}{p_1}\right)^{\frac{1}{\kappa}} = \left(\frac{T_2}{T_1}\right)^{\frac{1}{\kappa-1}} \tag{6.34}$$

Das Temperaturverhältnis beträgt:

$$\frac{T_2}{T_1} = \left(\frac{p_2}{p_1}\right)^{\frac{\kappa-1}{\kappa}} \tag{6.35}$$

Ohne Bezug auf die Zustandspunkte lautet die Isentropengleichung:

$$pv^\kappa = \frac{p}{\rho^\kappa} = \frac{p}{T^{\frac{\kappa}{\kappa-1}}} = \frac{T}{\rho^{\kappa-1}} = \text{konst.} \tag{6.36}$$

In der allgemeinen Form lautet die Gleichung für die Zustandsänderungen $p/\rho^n = $ konst., wobei n den Polytropenexponenten darstellt.

Der Polytropenexponent n ist für die fünf möglichen thermodynamischen Zustandsänderungen in Tab. 6.3 dargestellt.

Tab. 6.3 Polytropenexponent verschiedener Zustandsänderungen

Zustandsänderung	Zustandsgröße	Polytropenexponent
Isochore	$\rho = $ konst.	$n = \infty$
Isobare	$p = $ konst.	$n = 0$
Isotherme	$T = $ konst.	$n = 1$
Isentrope	$s = $ konst.	$n = \kappa$
Polytrope	s steigend, $ds > 0$	$n > 0$ bis $\pm\infty$

6.3 Schallgeschwindigkeit und Schallausbreitung

6.3.1 Schallgeschwindigkeit

Schall besteht aus kleinen Druckschwankungen im mPa-Bereich (Abb. 6.3), die sich in einem elastischen Kontinuum in Wellenform mit der Schallgeschwindigkeit kugelförmig ausbreiten.

Wegen der Kopplung des Druckes p mit der Dichte ρ und der Geschwindigkeit c durch die Euler'sche Bewegungsgleichung bzw. der Navier-Stokes'schen Gleichungen verursachen die Druckschwankungen auch Schwankungen der Dichte und der Geschwindigkeit. Vernachlässigt man die Dämpfung der geringen Druckschwankungen durch Reibung, so kann der Vorgang reibungsfrei, isentrop berechnet werden, da auch kein Wärmeaustausch stattfindet. Zur Berechnung des Zusammenhangs zwischen der örtlichen und zeitlichen Abhängigkeit der Schallfeldgrößen p und c stehen folgende Gleichungen zur Verfügung:

- die Kontinuitätsgleichung, die den Zusammenhang zwischen Geschwindigkeit (Schallschnelle c) und Dichteänderung angibt
- und die Impulsgleichung, die den Schalldruck mit der Schallschnelle c verknüpft,
- die Isentropengleichung, die die Verbindung von Dichte- und Druckänderung angibt.

Für die Strömung im mitbewegten Kontrollraum des Zylinders in Abb. 6.4 kann die Kontinuitätsgleichung und der Impulssatz längs einer Stromlinie aufgeschrieben werden.

$$\dot{m} = \rho \dot{V} = \rho c A = \text{konst.} \tag{6.37}$$

Abb. 6.3 Schalldruck-schwingung einer männlichen Stimme, eines Flötentones und eines Turbokompressors im 5 m-Abstand

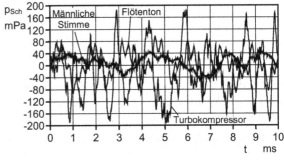

Abb. 6.4 Ausbreitung einer Druckstörung im Fluid eines Zylinders

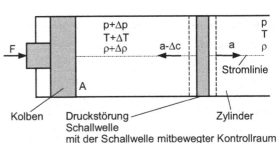

Für $A =$ konstant erhält man die Stromdichte $\rho c =$ konstant:

$$\dot{m}/A = \rho c = \text{konst.} \tag{6.38}$$

Die Kontinuitätsgleichung in der differenziellen Form lautet:

$$\frac{d\rho}{\rho} + \frac{dc}{c} + \frac{dA}{A} = 0 \tag{6.39}$$

Sie zeigt, dass die drei Zustandsgrößen Dichte ρ, Geschwindigkeit c und Querschnittsfläche A voneinander abhängig sind.
Wird die Stromdichte in Gl. 6.38 differenziert, so erhält man:

$$\rho\, dc + c\, d\rho = 0 \rightarrow c\, d\rho = -\rho\, dc \tag{6.40}$$

Der Impulssatz längs der horizontalen Stromlinie in Abb. 6.4 lautet:

$$\dot{m}c + pA = \text{konst.} \tag{6.41}$$

Nach Division durch A lautet Gl. 6.41 mit $\dot{m} = \rho c A$ und einer neuen Konstante konst_1

$$\rho c^2 + p = \text{konst}_1. \tag{6.42}$$

Nach Differentiation von Gl. 6.42 ergibt sich:

$$2\rho c\, dc + c^2\, d\rho + dp = 0 \tag{6.43}$$

Mit $c\, d\rho = -\rho\, dc$ aus Gl. 6.40 erhält man die Gleichungen:

$$\rho c\, dc + dp = 0 \quad \text{und} \tag{6.44}$$
$$-c^2\, d\rho + dp = 0 \rightarrow c^2 = a^2 = dp/d\rho \tag{6.45}$$

Für die vorausgesetzte isentrope Strömung ($s =$ konst.) kann die Gl. 6.45 für die Fortpflanzungsgeschwindigkeit der Druckstörung, die wir fortan als Schallgeschwindigkeit a bezeichnen werden, geschrieben werden:

$$a^2 = \left(\frac{\partial p}{\partial \rho}\right)_s \tag{6.46}$$

Mit der Isentropengleichung $p/\rho^\kappa =$ konst. bzw. in der differenziellen Schreibweise

$$\frac{dp}{p} = \kappa \frac{d\rho}{\rho} \tag{6.47}$$

und mit der thermischen Zustandsgleichung der idealen Gase $p/\rho = RT$ bzw.:

$$\frac{\mathrm{d}p}{\mathrm{d}\rho} = \kappa\frac{p}{\rho} = \kappa RT \tag{6.48}$$

kann die Schallgeschwindigkeit für ideale Gase bei isentroper Ausbreitung angegeben werden zu:

$$a = \sqrt{\left(\frac{\partial p}{\partial \rho}\right)_s} = \sqrt{\kappa\frac{p}{\rho}} = \sqrt{\kappa RT} = \sqrt{\kappa p\frac{\rho^{\kappa-1}}{\rho^{\kappa}}} \tag{6.49}$$

Für feste Stoffe ergibt sich die Schallgeschwindigkeit mit Hilfe des Hooke'schen Gesetzes $\sigma = E\varepsilon = \varepsilon/\beta_T$ und mit dem Elastizitätsmodul $E = 1/\beta_T$ zu:

$$a = \sqrt{\left(\frac{\partial p}{\partial \rho}\right)_s} = \sqrt{\frac{E}{\rho}} = \sqrt{\frac{1}{\rho\beta_T}} \tag{6.50}$$

Die Tabellen A5 und A6 der Anlage enthalten die Größen der Schallgeschwindigkeit von einigen Stoffen bei $t_0 = 25\,°C$ und $p_0 = 101{,}3\,kPa$.

6.3.2 Schallausbreitung und Machzahl

Schallquellen (Druckstörungen) erzeugen eine periodische Aufeinanderfolge von Druckschwankungen definierter Frequenz, die sich als longitudinale Schallwellen ausbreiten. Dabei werden die von der Schallwelle erreichten Teilchen zu Schwingungen angeregt (Abb. 6.5). Die schwingenden Teilchen bleiben an ihrem Ort. Die Krümmung der Schalldrucklinien (Mach'sche Linien) in Abb. 6.5a ist durch die Temperatur- und Dichteschichtung in der Luft bedingt.

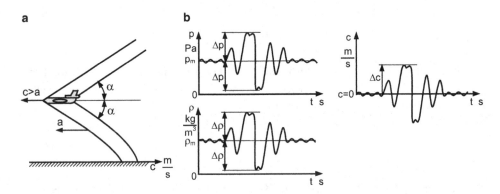

Abb. 6.5 Druck-, Dichte- und Geschwindigkeitsstörung in der Luft durch ein Überschallflugzeug. **a** Mach'sche Linien, **b** Druck-, Dichte- und Geschwindigkeitssprung durch Überschalldurchgang

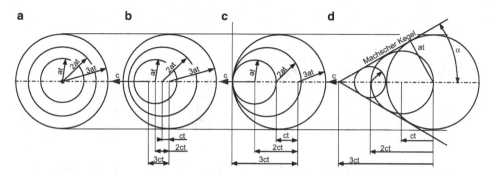

Abb. 6.6 Ausbreitung von Druckstörungen bei verschiedenen Geschwindigkeiten der bewegten Störquelle **a** im ruhenden Gas, Ruhezustand, der mit 0 bezeichnet wird, **b** Störquelle bewegt sich mit Unterschallgeschwindigkeit $c < a$, **c** Störquelle bewegt sich mit Schallgeschwindigkeit $c = a$, **d** Störquelle bewegt sich mit Überschallgeschwindigkeit $c > a$ (Mach'scher Kegel). Die Störquelle bewegt sich während der Zeit t um den Weg $s = ct$ und die Schallwelle um $s = at$

Je nachdem, ob die Schallquelle ortsfest ist oder sich bewegt, wie z. B. an einem Fahrzeug oder Flugzeug, erfolgt die Ausbreitung der Schallwellen unterschiedlich.

Die Form der Ausbreitung der Druckstörung ist vor allem von der Größe der Bewegungsgeschwindigkeit der Störquelle abhängig, $c = 0$, $c < a$, $c = a$ oder $c > a$ (Abb. 6.6), wobei c die Geschwindigkeit der Störquelle und a die Schallgeschwindigkeit ist.

Die Veränderung des Schalldruckes und der Amplitudenanteile des Schalldruckes im Frequenzspektrum bei der Schallausbreitung in Abhängigkeit der Entfernung von der Schallquelle ist in Abb. 6.7 für eine männliche Stimme im Abstand von 1 bis 5 m dar-

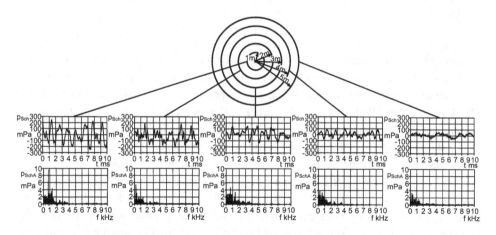

Abb. 6.7 Schalldruckschwingung und Frequenzspektrum einer männlichen Stimme im Abstand von einem bis 5 m von der Schallquelle

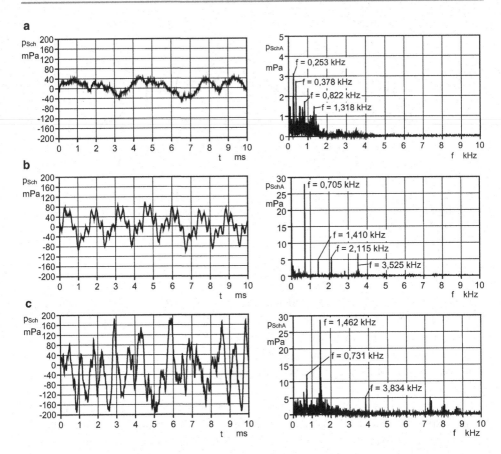

Abb. 6.8 Schalldruckschwingungen und Frequenzspektren im Abstand von 5 m **a** einer männlichen Stimme, **b** eines Flötentones, **c** eines Turbokompressors

gestellt. Abb. 6.7 zeigt die von jedem gemachte Erfahrung, dass der Schalldruck und die Lautstärke mit steigender Entfernung abnehmen. Die Abnahme des Schalldruckes mit zunehmender Entfernung ist beim Gesang, der sprachlichen Verständigung und bei der Musik zu beachten. Während der Schalldruck entfernungsabhängig ist, bleibt die Schallleistung auf den verschiedenen kugelförmigen Ausbreitungsflächen konstant.

Um die Parameter, Schalldruck und Frequenz verschiedener Schallquellen deutlich zu veranschaulichen, sind die Schalldruckverläufe einer männlichen Stimme, eines Flötentons und eines Kompressors jeweils im 5 m-Abstand in Abb. 6.8 für eine Messzeit von $t = 10$ ms dargestellt. Erst durch die starke zeitliche Auflösung der Schalldruckschwingung für $t = 10$ ms wird der stochastische Verlauf der Schalldruckschwingung und der Frequenz sichtbar. In den Abb. 6.8a bis 6.8c sind die Schalldruckschwingungsverläufe mit ihren Frequenzspektren für die männliche Stimme, den Flötenton und den Turbokompressor mit den charakteristischen Amplitudenanteilen von $p_{SchA} = 3{,}2$ bis 29 mPa bei den

Frequenzen von $f = 253\,\text{Hz}$, $f = 705\,\text{Hz}$ und $f = 1462\,\text{Hz}$ sichtbar. Die dominante Frequenz von $f = 253\,\text{Hz}$ in der männlichen Stimme entspricht dem Ton H. Der Flötenton liegt in der Nähe des Tones F. Das Frequenzspektrum des Turbokompressors zeigt dagegen den Schaufelton bei der Erregerfrequenz von $f = zf = 1462\,\text{Hz}$, der dem dreigestrichenen F entspricht und der isoliert vom menschlichen Ohr als störend empfunden wird.

Das Verhältnis der Geschwindigkeit c zur Schallausbreitungsgeschwindigkeit a wird zu Ehren von Ernst Mach (1838–1916) Machzahl $\text{M} = c/a$ genannt.

Die Machzahl kann entsprechend der Geschwindigkeit der Druckstörung c oder der Anströmgeschwindigkeit der Druckstörung Werte von $\text{M} = 0$ (ruhendes Fluid) bis $\text{M} = \infty$ annehmen für $c = c_{\text{max}}$. In diesem Bereich unterscheidet man die Gebiete von:

$\text{M} = 0$ ruhendes Fluid, Aerostatik
$\text{M} < 1$ Unterschallströmung, subsonische Strömung
$\text{M} = 1$ Schallströmung, transsonische Strömung
$\text{M} > 1$ Überschallströmung, supersonische Strömung
$\text{M} > 5$ Hyperschallströmung, hypersonische Strömung.

Die Schallausbreitungslinien in Abb. 6.6 stellen Kugelflächen dar, die bei Überschallströmung mit $\text{M} > 1{,}0$ in Abb. 6.6d von dem Mach'schen Kegel eingehüllt werden. Der Mach'sche Kegel wird umso schlanker, je größer die Bewegungsgeschwindigkeit der Störquelle c, d. h. je größer die Machzahl des Flugobjektes ist.

Der halbe Öffnungswinkel α des Mach'schen Kegels beträgt (Abb. 6.6d)

$$\sin\alpha = \frac{at}{ct} = \frac{a}{c} = \frac{1}{\text{M}} \tag{6.51}$$

Die Beziehung für die Machzahl lautet:

$$\text{M} = \frac{c}{a} = \frac{1}{\sin\alpha} = \left(\frac{\rho c^2}{\kappa p}\right)^{\frac{1}{2}} = \frac{c}{\sqrt{\kappa R T}} \tag{6.52}$$

6.4   Energiegleichung der kompressiblen eindimensionalen Strömung

Die Euler'sche Bewegungsgleichung wurde im vorangehenden Abschnitt aus dem Kräftegleichgewicht an einem Fluidteilchen für die stationäre Strömung abgeleitet. Da keine Voraussetzungen über die Stoffdichte ρ getroffen wurden, gilt die Euler'sche Bewegungsgleichung auch für die kompressible Strömung; sie lautet:

$$c\,\text{d}c + \frac{\text{d}p}{\rho} + g\,\text{d}h = 0 \tag{6.53}$$

Da die Thermodynamik verschiedene Zustandsänderungen von der isochoren über die isobare, die isotherme, die isentrope bis zur polytropen Zustandsänderung kennt, muss die nachfolgende Berechnung für eine diskrete thermodynamische Zustandsänderung erfolgen. Dafür wird die isentrope Zustandsänderung gewählt, bei der keine Wärme mit der Umgebung ausgetauscht wird und keine Entropieänderung auftritt (s = konst.). Da die Höhenkoordinate bei den gasdynamischen Betrachtungen infolge der geringen Gasdichte nur sehr geringen Einfluss auf die Strömung nimmt, wenn man meteorologische Vorgänge mit großen Höhendifferenzen oder Flüge von Flugzeugen oder Shuttles ausschließt, kann die Euler'sche Bewegungsgleichung in der folgenden Form vereinfacht geschrieben werden:

$$c \, \mathrm{d}c + \frac{\mathrm{d}p}{\rho} = 0 \tag{6.54}$$

Die Druckänderung in Gasen infolge Höhenänderung $\mathrm{d}p = g\rho\mathrm{d}h$ ist gegenüber den anderen beiden Größen vernachlässigbar klein. Das lehrt auch die Erfahrung, wenn man bedenkt, dass das Fliegen von Vögeln und Flugzeugen auf dem aerodynamischen Prinzip und Ballonfahren auf dem thermischen Prinzip basiert, d. h. auf der Dichtedifferenz zweier Stoffe im Ballon und in der atmosphärischen Luft beruht.

Nach der Integration von Gl. 6.54 erhält man die Bernoulligleichung der Gasdynamik

$$\frac{c^2}{2} + \int_{p_1}^{p_2} \frac{\mathrm{d}p}{\rho} = H \tag{6.55}$$

Die Integrationskonstante H ist auch hier die Bernoulli'sche Konstante.

Bezieht man die Isentropengleichung (Gl. 6.32) auf den Ruhezustand 0, so ergibt sich das Druckverhältnis:

$$\frac{p}{p_0} = \left(\frac{\rho}{\rho_0} \right)^{\kappa} \tag{6.56}$$

Wird diese Beziehung in Gl. 6.55 eingeführt, so erhält man nach Integration die Energiegleichung (Bernoulligleichung) der Gasdynamik, die für die reibungsfreie als auch für die reibungsbehaftete Strömung gültig ist.

$$\frac{c^2}{2} + \frac{\kappa}{\kappa - 1} \frac{p_0}{\rho_0} \left(\frac{p}{p_0} \right)^{\frac{\kappa-1}{\kappa}} = H \tag{6.57}$$

Wird die Energiegleichung für die Ausströmung des Gases aus einem Behälter mit den Parametern des Gases im Ruhezustand bei $c_0 \approx 0$ und p_0, T_0, ρ_0 entsprechend Abb. 6.9 in die Atmosphäre mit den Zustandsgrößen p_2, T_2 und ρ_2 aufgeschrieben, so erhält man Gl. 6.58

$$\frac{\kappa}{\kappa - 1} \frac{p_0}{\rho_0} = \frac{c_2^2}{2} + \frac{\kappa}{\kappa - 1} \frac{p_0}{\rho_0} \left(\frac{p_2}{p_0} \right)^{\frac{\kappa-1}{\kappa}} \tag{6.58}$$

Abb. 6.9 Ausströmen von Gas aus einem Druckbehälter

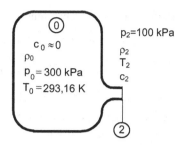

Die Ausströmgeschwindigkeit aus dem Behälter beträgt am Düsenaustritt von Abb. 6.9:

$$c_2 = \sqrt{\frac{2\kappa}{\kappa - 1} \frac{p_0}{\rho_0} \left[1 - \left(\frac{p_2}{p_0} \right)^{\frac{\kappa-1}{\kappa}} \right]} \qquad (6.59)$$

Diese Ausströmgleichung wurde bereits 1839 von Barré de Saint-Venant (1797 bis 1886) und Pierre Wantzel (1814 bis 1848) abgeleitet.

Wie Gl. 6.59 zeigt, wird die höchste Ausströmgeschwindigkeit bei $p_2 = 0$ erreicht, d. h. beim Ausströmen aus einem Druckbehälter in ein vollständiges Vakuum mit $p = 0$ und $T = 0$. Die Maximalgeschwindigkeit beträgt dann

$$c_{\max} = \left[\frac{2\kappa}{\kappa - 1} \frac{p_0}{\rho_0} \right]^{\frac{1}{2}} = \left[\frac{2\kappa}{\kappa - 1} R T_0 \right]^{\frac{1}{2}} = \left[\frac{2}{\kappa - 1} a_0^2 \right]^{\frac{1}{2}} = \left[c_p T_0 \right]^{\frac{1}{2}} \qquad (6.60)$$

Die Gln. 6.59 und 6.60 sagen aus, dass die gesamte im Kessel enthaltene spezifische Energie $c_p T_0 = 2\kappa p_0 / (\kappa - 1) \rho_0$ gegenüber der Umgebung in Geschwindigkeit umgesetzt wird. Die spezifische Energie im Kessel entspricht der spezifischen Ruheenthalpie $h_0 = c_p T_0$.

6.4.1 Formen der Energiegleichung der Gasdynamik

Wenn sich die spezifische Energie eines Systems mit den Gesetzen der Thermodynamik in unterschiedlicher Form, z. B. durch die spezifische innere Energie $du = c_v \, dT$ und die spezifische technische Arbeit oder durch die spezifische Enthalpie $dh = c_p \, dT$ ausdrücken lässt, dann kann die Energiegleichung für die kompressible Gasströmung mit der spezifischen Enthalpie $dh = T \, ds + dp/\rho = du + p \, d(1/\rho) - (1/\rho) \, dp$ auch noch in den folgenden Formen geschrieben werden.

$$h_1 + \frac{c_1^2}{2} = h_2 + \frac{c_2^2}{2} \qquad (6.61)$$

oder mit der spezifischen inneren Energie $h = u + pv = u + p/\rho$

$$u_1 + \frac{p_1}{\rho_1} + \frac{c_1^2}{2} = u_2 + \frac{p_2}{\rho_2} + \frac{c_2^2}{2} \tag{6.62}$$

Darin ist h die spezifische Enthalpie des Stromfadens mit $h = c_p T = (c_p/R)(p/\rho) = (2\kappa/(\kappa - 1))(p/\rho)$. Die Summe der spezifischen Enthalpie h und der spezifischen Bewegungsenergie $c^2/2$ wird mitunter auch als spezifische Totalenthalpie $h_t = h + c^2/2$ bezeichnet. Die spezifische Totalenergie bleibt während eines Strömungsvorgangs auf der Stromlinie konstant. Gl. 6.61 zeigt, dass die Energiegleichung der kompressiblen Strömung auch für adiabate, reibungsbehaftete Strömungen gültig ist.

Der Ausdruck $\kappa p/\rho$ entspricht nach Gl. 6.49 dem Quadrat der Schallgeschwindigkeit a^2.

Werden die Beziehungen für die spezifische Enthalpie h und für die Schallgeschwindigkeit a (Gl. 6.49) in Gl. 6.61 eingesetzt, so erhält man für die Energiegleichung der Gasdynamik eine weitere Schreibweise für die Düsenströmung gemäß Abb. 6.10

$$\frac{a_1^2}{\kappa - 1} + \frac{c_1^2}{2} = \frac{a_2^2}{\kappa - 1} + \frac{c_2^2}{2} \tag{6.63}$$

Ersetzt man in Gl. 6.63 die Geschwindigkeit durch die Machzahl $c = a\mathrm{M}$, so erhält man die folgende Form der Energiegleichung:

$$\frac{a_1^2}{\kappa - 1}\left[1 + \frac{\kappa - 1}{2}\mathrm{M}_1^2\right] = \frac{a_2^2}{\kappa - 1}\left[1 + \frac{\kappa - 1}{2}\mathrm{M}_2^2\right] \tag{6.64}$$

Für Ausströmvorgänge aus Behältern entsprechend Abb. 6.9 mit $c_0 = 0$ und mit der Ruheschallgeschwindigkeit $a_0 = \sqrt{\kappa R T_0}$ erhält man eine weitere Form der Energiegleichung, in der die Ruhegrößen p_0, ρ_0, T_0, a_0, die Austrittsschallgeschwindigkeit a_2 und die Austrittsmachzahl M_2 aus der Düsenströmung enthalten sind.

$$\frac{a_0^2}{\kappa - 1} = \frac{\kappa}{\kappa - 1}\frac{p_0}{\rho_0} = c_p T_0 = \frac{a_2^2}{\kappa - 1}\left[1 + \frac{\kappa - 1}{2}\mathrm{M}_2^2\right] \tag{6.65}$$

Abb. 6.10 Systemgrenzen einer Düsenströmung mit den Grenzen ① und ②

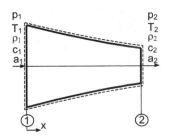

Mit Hilfe dieser Gleichung kann die Austrittsschallgeschwindigkeit a_2 an der Austrittsöffnung eines Behälters berechnet werden, wenn die Ruhedaten im Behälter und die Austrittsmachzahl M_2 bekannt sind.

Will man den Einfluss einer Gasströmung, besonders bei hohen Machzahlen, auf die Temperatur von umströmten Körpern, wie sie bei Überschallflugzeugen auftritt und bei Weltraumshuttles beim Wiedereintritt in die Erdatmosphäre, mit der viskosen Strömung erkennen, so kann Gl. 6.61 mit der spezifischen Enthalpie $h = c_p T$ auch in der folgenden Form geschrieben werden:

$$T_1 + \frac{c_1^2}{2c_p} = T_2 + \frac{c_2^2}{2c_p} \tag{6.66}$$

Der Term $c^2/(2c_p)$ stellt den Temperaturanstieg eines Gasteilchens auf einer Stromlinie mit der Geschwindigkeit c dar, wenn es im Staupunkt eines Körpers isentrop auf $c = 0$ verzögert wird. Diese Temperaturerhöhung tritt auch in der Grenzschicht eines umströmten Körpers unmittelbar an der Körperwand mit der Haftbedingung $c = 0$ auf. Gl. 6.66 zeigt aber auch, dass sich Gasströmungen bei Beschleunigung um den gleichen Betrag abkühlen, wie sie sich bei Verzögerung aufheizen. Dadurch besteht Vereisungsgefahr bei der Beschleunigung feuchter Gase in technischen Anlagen und in Fahrzeugen. Der Ausdruck $T + c_1^2/(2 \cdot c_p) = T_t$ wird auch als Totaltemperatur bezeichnet. Die Gln. 6.61 bis 6.66 stellen also unterschiedliche Schreibformen der Bernoulligleichung der Gasdynamik dar.

Die Machzahl $M^* = 1{,}0$ wird die kritische Machzahl M^* genannt. Sie stellt sich bei der kritischen Geschwindigkeit von $c^* = a^*$ ein, die der kritischen Schallgeschwindigkeit a^* gleich ist. Die allgemeine Schreibweise von Gl. 6.63 lautet:

$$\frac{a^2}{\kappa - 1} + \frac{c^2}{2} = H \tag{6.67}$$

Wird Gl. 6.67 für den Ruhezustand, z. B. in einem Behälter mit $c_0 = 0$ und für einen Strömungszustand in einer Austrittsöffnung mit der Geschwindigkeit c aufgeschrieben, so lautet die Gleichung

$$\frac{a_0^2}{\kappa - 1} = \frac{a^2}{\kappa - 1} + \frac{c^2}{2} \tag{6.68}$$

Strömt das Gas in einen Behälter mit dem absoluten Vakuum von $p = 0$ und $T = 0$, so ist dafür auch die Schallgeschwindigkeit mit $a = \sqrt{\kappa R T} = 0$ und es würde sich die erreichbare Maximalgeschwindigkeit c_{max} einstellen (Gl. 6.60).

Die maximal erreichbare Ausströmgeschwindigkeit von Luft mit $t = 20\,°C$, $\kappa = 1{,}40$, $R = 287{,}6\,J/(kg\,K)$ und $a_0 = 343{,}57\,m/s$ in ein absolutes Vakuum würde damit $c_{max} = 768{,}245\,m/s = 2765{,}685\,km/h$ betragen. Diese Geschwindigkeit stellt einen theoretischen Grenzwert dar, der nicht erreicht werden kann, da der Druck $p = 0$ und die Temperatur $T = 0$ des absoluten Nullpunktes nicht erreichbar sind und nur angenähert werden können. In Hyperschallwindkanälen werden bisher maximale Geschwindigkeiten von $c_{max} \approx 670\,m/s = 2412\,km/h$ erreicht. Bei der Maximalgeschwindigkeit $c^* = c_{max}^*$ und bei a^* beträgt die maximale kritische Machzahl mit Gl. 6.68 $M_{max}^* = [(\kappa + 1)/(\kappa - 1)]^{1/2}$.

Für einen Ausströmvorgang mit dem kritischen Zustand $c^* = a^*$ und $a = a^*$ in der Austrittsöffnung entsprechend Abb. 6.9 lautet die Energiegleichung:

$$\frac{a_0^2}{\kappa - 1} = \frac{\kappa + 1}{\kappa - 1}\frac{a^{*2}}{2} = M_{\max}^{*2}\frac{a^{*2}}{2}; \ a^* = \sqrt{\frac{\kappa - 1}{\kappa + 1}2c_p T_0} = \sqrt{\frac{2\kappa}{\kappa + 1}RT_0} \qquad (6.69)$$

Das Verhältnis einer Strömungsgröße a, p, ρ oder T in einem beliebigen Punkt auf der Stromlinie zu der entsprechenden Ruhegröße auf der Stromlinie a_0, p_0, ρ_0, T_0 ist nur vom Stoff (κ) und von der Machzahl in dem betrachteten Punkt abhängig, wie nachfolgend gezeigt wird.

6.5 Ruhegrößen und kritischer Zustand

6.5.1 Definition der Ruhegrößen

Der Ruhezustand eines Gases ist definiert als Zustand des Gases in einem geschlossenen Raum, in dem keine Bewegung herrscht, $c = 0$ mit den Parametern p_0, T_0, ρ_0, a_0.

Aus Gl. 6.65 ergibt sich für den Ruhezustand und für den Strömungszustand am Behälter entsprechend Abb. 6.9:

$$\frac{a_0^2}{\kappa - 1} = \frac{a^2}{\kappa - 1}\left[1 + \frac{\kappa - 1}{2}\left(\frac{c}{a}\right)^2\right] = \frac{a^2}{\kappa - 1}\left[1 + \frac{\kappa - 1}{2}M^2\right] = \frac{a^2}{\kappa - 1} + \frac{c^2}{2} \qquad (6.70)$$

Daraus folgt mit der Gleichung für die Schallgeschwindigkeit $a^2 = \kappa RT$ und für das Verhältnis der Schallgeschwindigkeiten:

$$\left(\frac{a_0}{a}\right)^2 = \frac{T_0}{T} = 1 + \frac{\kappa - 1}{2}M^2 = 1 + \frac{\kappa - 1}{2}\frac{c^2}{a^2}; \ \frac{dM}{M} = \left(1 + \frac{\kappa - 1}{2}M^2\right)\frac{dc}{c} \qquad (6.71)$$

Mit der Isentropengleichung $p_0/p = (T_0/T)^{\frac{\kappa}{\kappa - 1}}$ erhält man die Verhältniswerte der Ruhegrößen für den Druck p_0 und die Dichte ρ_0, bezogen auf die örtlichen Zustandsgrößen p und ρ auf einer Stromlinie, die nur von der Gasart in Form des Isentropenexponenten κ und von der Machzahl abhängig sind.

$$\frac{p_0}{p} = \left(\frac{T_0}{T}\right)^{\frac{\kappa}{\kappa - 1}} = \left[1 + \frac{\kappa - 1}{2}M^2\right]^{\frac{\kappa}{\kappa - 1}} = \frac{\left[2 + (\kappa - 1)M^2\right]^{\frac{\kappa}{\kappa - 1}}}{2^{\frac{\kappa}{\kappa - 1}}} \qquad (6.72)$$

$$\frac{\rho_0}{\rho} = \left(\frac{T_0}{T}\right)^{\frac{1}{\kappa - 1}} = \left[1 + \frac{\kappa - 1}{2}M^2\right]^{\frac{1}{\kappa - 1}} \qquad (6.73)$$

Gl. 6.73 sagt aus, dass die Dichteänderung $\Delta\rho = \rho_0 - \rho$ eines strömenden Gases auf der Stromlinie umso größer ist, je größer die Geschwindigkeit c bzw. die Machzahl M

Tab. 6.4 Spezifische Änderung der Dichte und des Druckes bei kompressibler Rechnung für Luft von $p_0 = 100\,\text{kPa}$, $T_0 = 293{,}15\,\text{K}$, $R = 287{,}6\,\text{J}/(\text{kg K})$ gegenüber inkompressibler Rechnung in Abhängigkeit der Machzahl

Machzahl M	0,1	0,2	0,3	0,4	0,5	0,6	0,7	0,8	0,9	1,0
Geschwindig-keit c m/s	34,32	68,64	102,98	137,30	171,63	205,96	240,28	274,61	308,93	343,26
spez. Dichteän-derung $1 - \rho/$ $\rho_0 = \Delta\rho/\rho_0$	0,005	0,020	0,044	0,076	0,115	0,160	0,208	0,260	0,313	0,366
spez. Druckän-derung $1 - p/$ $p_0 = \Delta p/p_0$	0,007	0,028	0,061	0,104	0,157	0,216	0,279	0,344	0,409	0,472

der Strömung sind. Nun stellt sich die Frage, welchen Fehler begeht man bei der Berechnung von üblichen Geschwindigkeiten von Luft- oder Gasströmungen mit Werten von $c = 15\,\text{m/s}$ bis $70\,\text{m/s}$, wenn die Dichteänderung nicht berücksichtigt wird, d. h. wenn die Strömung inkompressibel berechnet wird, wie z. B. bei Niederdruckventilatoren üblich. Die Fehler der bezogenen Dichte- und Druckänderungen sind in Abhängigkeit der Machzahl von M $= 0{,}1$ bis $1{,}0$ bzw. von der Geschwindigkeit c in der Tab. 6.4 angegeben.

Ventilatoren mit geringen Totaldruckverhältnissen bis zu $p_{tD}/p_{tS} = 1{,}18$ und geringen Geschwindigkeiten bis $c = 40\,\text{m/s}$ können demzufolge inkompressibel ausgelegt werden ohne nennenswerte Fehler zu begehen, wie die erste Spalte der Tab. 6.4 zeigt. Bei Hochdruckventilatoren mit Druckverhältnissen von $p_{tD}/p_{tS} > 1{,}20$ und hoher Geschwindigkeit muss jedoch die Kompressibilität bei der Auslegung der Ventilatoren berücksichtigt werden. Dabei muss nicht unbedingt die strenge kompressible Rechnung ausgeführt werden. Die Auslegungsrechnung von Ventilatoren kann auch mit dem Mittelwert der Dichte ρ_m zwischen dem Saug- und Druckstutzen vorgenommen werden. Turboverdichter, Dampf- und Gasturbinen werden dagegen stets kompressibel berechnet.

6.5.2 Kritischer Zustand

Der kritische Zustand eines Gases ist als Zustand des Gases definiert, in dem die Gasgeschwindigkeit die Schallgeschwindigkeit erreicht $c^* = a^*$ mit den Zustandsgrößen p^*, T^*, ρ^*, a^* und M^*.

Ebenso wie die Ruhegrößen (Gl. 6.68) eines Fluids charakterisieren auch die kritischen Größen die Bernoulli'sche Konstante auf einer Stromlinie. Deshalb muss auch das Verhältnis dieser beiden Bernoulli'schen Konstanten wieder eine konstante Größe sein, die für alle Stromlinien den gleichen Wert hat, d. h. sie ist von der Strömung unabhängig und nur von der Stoffgröße κ des Fluids abhängig (Gln. 6.74 bis 6.77).

Aus Gl. 6.69 für den Ruhezustand und für den kritischen Zustand können die folgenden Verhältniswerte im kritischen und im Ruhezustand mit $a^2 = \kappa R T$ ermittelt werden. Verhältnis der Schallgeschwindigkeiten im kritischen Zustand a^* und im Ruhezustand a_0:

$$\left(\frac{a^*}{a_0}\right)^2 = \frac{2}{\kappa + 1}; \quad \frac{a^*}{a_0} = \sqrt{\frac{2}{\kappa + 1}} \tag{6.74}$$

Temperaturverhältnis für den kritischen Zustand und den Ruhezustand:

$$\frac{T^*}{T_0} = \left(\frac{a^*}{a_0}\right)^2 = \frac{2}{\kappa + 1} \tag{6.75}$$

Druckverhältnis für den kritischen Zustand und den Ruhezustand:

$$\frac{p^*}{p_0} = \left(\frac{2}{\kappa + 1}\right)^{\frac{\kappa}{\kappa - 1}} = \left(\frac{a^*}{a_0}\right)^{\frac{2\kappa}{\kappa - 1}} \tag{6.76}$$

Dichteverhältnis für den kritischen Zustand und den Ruhezustand:

$$\frac{\rho^*}{\rho_0} = \left(\frac{2}{\kappa + 1}\right)^{\frac{1}{\kappa - 1}} = \left(\frac{a^*}{a_0}\right)^{\frac{2}{\kappa - 1}} \tag{6.77}$$

Bei diesen Verhältniswerten bezogen auf die Zustandsgrößen im Ruhezustand a_0, T_0, p_0 und ρ_0 wird der kritische Zustand einer Luftströmung erreicht, d. h. wenn der Druck in einem Behälter beim Ausströmvorgang von $p_0 = 100\,\text{kPa}$ auf $p = p^* = 52,8\,\text{kPa}$ ($p^*/p_0 = 0{,}528$) abgesenkt wird, so erreicht die Strömung an der Austrittsöffnung die Schallgeschwindigkeit $c = c^* = a^*$ und die Machzahl erreicht den Wert $M^* = 1{,}0$. Die kritischen Verhältniswerte sind nur von der Gasart abhängig und sie stellen damit Stoffwerte dar.

In Tab. 6.5 sind die kritischen Verhältniswerte für einige gebräuchliche Gase und Dämpfe zusammengestellt. Hervorzuheben sind darin die Werte für Luft und für zweiatomige Gase mit $\kappa = 1{,}40$.

$\kappa = 1{,}40$	$\frac{p^*}{p_0} = 0{,}528$	$\frac{\rho^*}{\rho_0} = 0{,}634$	$\frac{T^*}{T_0} = 0{,}833$	$\frac{a^*}{a_0} = 0{,}913$

Der Isentropenexponent κ von Gasen nimmt mit steigendem Druck zu und er sinkt mit steigender Temperatur ab. In Abb. A.5 der Anlage ist der Isentropenexponent von Luft in Abhängigkeit der Temperatur und des Druckes nach Baehr, H. D. und Schwier, K. [3] angegeben. Daraus wird sichtbar, dass für Luftströmungen bei $p = 100\,\text{kPa}$ im Temperaturbereich von $T = 175\,\text{K}$ bis $450\,\text{K}$ mit dem Isentropenexponent $\kappa = 1{,}40$ gerechnet werden kann.

Tab. 6.5 Kritische Zustandsgrößen einiger Gase und Dämpfe

Gasart	κ	$\kappa/(\kappa-1)$	p^*/p_0	ρ^*/ρ_0	T^*/T_0	a^*/a_0
Einatomig	1,666	2,502	0,487	0,649	0,750	0,866
Zweiatomig	1,400	3,500	0,528	0,634	0,833	0,913
Dreiatomig	1,333	4,003	0,540	0,630	0,857	0,926
Helium	1,666	2,502	0,487	0,649	0,750	0,866
Luft	1,400	3,500	0,528	0,634	0,833	0,913
Heißdampf	1,333	4,003	0,546	0,630	0,857	0,926
Sattdampf	1,135	8,407	0,577	0,616	0,937	0,968

6.6 Geschwindigkeitsdiagramm der Energiegleichung

Wird die Energiegleichung (Gl. 6.68) für den Ruhezustand und für einen beliebigen Strömungszustand auf einer Stromlinie umgeformt und auf die Schallgeschwindigkeit a_0 bezogen, so erkennt man, dass die Energiegleichung eine Ellipsengleichung mit den Koordinatenabschnitten a_0 und $a_0\sqrt{\frac{2}{\kappa-1}}$ darstellt (Gl. 6.78).

$$\left(\frac{a}{a_0}\right)^2 + \left(\frac{c}{a_0\sqrt{\frac{2}{\kappa-1}}}\right)^2 = 1 \qquad (6.78)$$

Der Ausdruck $a_0\sqrt{\frac{2}{\kappa-1}} = c_{max}$ stellt nach Gl. 6.60 die maximale Ausströmgeschwindigkeit aus einem Druckbehälter in das absolute Vakuum bei $p = 0$ und $T = 0$ dar, sodass die Ellipsengleichung auch in der Form geschrieben werden kann.

$$\left(\frac{a}{a_0}\right)^2 + \left(\frac{c}{c_{max}}\right)^2 = 1 \rightarrow \left[\frac{a}{a_0}\right]^2 = 1 - \left[\frac{c}{c_{max}}\right]^2 \qquad (6.79)$$

Diese Gleichung stellt das Quadrat der Schallgeschwindigkeit auf einer Stromlinie zum Quadrat der Ruheschallgeschwindigkeit und das Quadrat der Geschwindigkeit c zum Quadrat der erreichbaren Maximalgeschwindigkeit dar. Gl. 6.79 sagt aus, dass

für $c = 0$: $a = a_0 = \sqrt{\kappa R T_0}$ ist,

für $c = c_{max}$: $a = 0$ ist,

für $c = a$: $M = c/a = 1$ ist mit $c = 605{,}71\,\text{m/s}$.

Wird diese Ellipsengleichung mit den Koordinatenabschnitten $a_0 = \sqrt{\kappa\frac{p_0}{\rho_0}}$ und $c_{max} = a_0\sqrt{\frac{2}{\kappa-1}}$ in Abb. 6.11 grafisch dargestellt, so erhält man eine Viertelellipse, in der das gesamte Spektrum der kompressiblen Strömung vom Ruhezustand aus über die Unterschallströmung bis zum kritischen Zustand und der Überschallströmung enthalten ist. Die Ellipsenkontur zeigt auch, wie sich die örtliche Schallgeschwindigkeit a in einem Punkt der Stromlinie mit steigender Geschwindigkeit c und steigender Machzahl verringert, bis

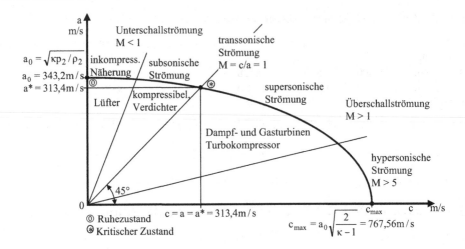

Abb. 6.11 Geschwindigkeitsellipse mit den Bereichen der kompressiblen Strömung

sie bei der Maximalgeschwindigkeit c_{max} im Schnittpunkt der Ellipsenkontur mit der Geschwindigkeitsachse den Wert $a = 0$ annimmt. Die Erhöhung der Machzahl $M = c/a$ von Null bis Unendlich ist also ein Ergebnis der Geschwindigkeitserhöhung und der Machzahlverkleinerung mit steigender Geschwindigkeit [4–6].

In der Ellipsendarstellung der Energiegleichung sind der Ruhezustand, der Unterschall- und der Überschallbereich der kompressiblen Strömung mit folgenden Strömungsbereichen dargestellt:

- Ruhezustand im Koordinatenursprung
- Unterschallströmung
  - Inkompressible Näherung mit $M < 0{,}25$
  - Subsonische Strömung mit $M < 1$
  - Transsonische Strömung (schallnahe Strömung) $M \approx 1$
  - Kritische Strömung mit $M^* = 1$
- Überschallströmung
  - Supersonische Strömung mit $M > 1$
  - Hypersonische Strömung mit $M > 5$
  - Maximalgeschwindigkeit c_{max} in der Abszissenachse mit $M = \infty$ und mit der maximalen kritischen Machzahl von $M_{max}^* = [(\kappa + 1)/(\kappa - 1)]^{1/2} = 2{,}45$

Die grafische Darstellung der Ellipsengleichung zeigt auch sehr anschaulich, dass die örtliche Machzahl $M = c/a$ bei der Maximalgeschwindigkeit $c_{max} = a_0 \sqrt{2/(\kappa - 1)}$ dem Wert $M \to \infty$ zustrebt.

6.7 Beschleunigte kompressible Strömung

In Düsen, Blenden, verengten Kanälen, in Schaufelgittern von Strömungsmaschinen (Dampf- und Gasturbinen) treten durch Querschnittveränderungen oder durch Umsetzung potentieller Energie, z. B. der Enthalpie in Geschwindigkeitsenergie, beschleunigte Strömungen auf (Abb. 6.12). In Messdüsen, Venturidüsen und in Messblenden wird die beschleunigte Strömung zur Messung von Volumenströmen und Masseströmen genutzt. Das h-s-Diagramm in Abb. 6.13 zeigt die Enthalpieumsetzung $\Delta h = h_1 - h_2$ in dynamische Energie in einer Düse (Abb. 6.14).

Eine beschleunigte Gasströmung kann aber auch durch Wärmezufuhr oder bei der reibungsbehafteten Rohrströmung mit konstantem Querschnitt $A_1 = A_2 = A$ (Abb. 6.12) auftreten. Die spezifische Reibungsarbeit (spezifische Enthalpiedifferenz) $\Delta h_V = \lambda \frac{L}{d} \frac{c^2}{2}$ wird dem Gas als Dissipationswärme zugeführt (Abb. 6.13). Dadurch steigt die Temperatur und die Dichte des Gases $\rho = p/(RT)$ sinkt bei konstantem Druck (Verlauf der Zustandsänderung auf der Drucklinie $p_2 = $ konst. in Abb. 6.13).

Die Bernoulligleichung der Gasdynamik in der Schreibweise von Gl. 6.66 zeigte, dass sich die Wand im Staupunkt und in der Grenzschicht mit der Haftbedingung an der Wand $c = 0$ umströmter Körper bei hohen Geschwindigkeiten aufheizen kann. Diese Erscheinung erfordert, dass die Schaufeln von Gasturbinen gekühlt und das Weltraumshuttles mit einer hitzebeständigen Wand ausgerüstet werden müssen, damit sie beim Eintritt in die Erdatmosphäre mit der viskosen Strömung, den enganliegenden Stoßfronten mit $\alpha \leq 12°$ (Abb. 6.53) und mit Machzahlen von $M = 20$ bis 25 durch Temperaturerhöhung nicht beschädigt werden.

Abb. 6.12 Beschleunigte reibungsbehaftete Gasströmungen im Rohr mit konstantem Querschnitt

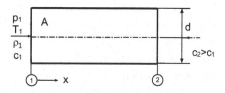

Abb. 6.13 Zustandsverlauf einer isentropen (reibungsfreien) und einer polytropen (reibungsbehafteten) beschleunigten Düsenströmung

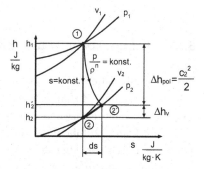

Abb. 6.14 Beschleunigte reibungsbehaftete Gasströmungen in einer Unterschalldüse

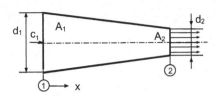

Die Dichteveränderung führt aus Kontinuitätsgründen $\dot{m} = \rho\dot{V} = \rho c A$ bei konstantem Rohrquerschnitt zur Beschleunigung der Strömung im Maß der Dichteabsenkung.

$$\frac{c_2}{c_1} = \frac{\rho_1 A_1}{\rho_2 A_2} = \frac{\rho_1}{\rho_2} \tag{6.80}$$

Nachfolgend werden folgende charakteristische beschleunigte Gasströmungen untersucht:

- reibungsbehaftete kompressible Rohrströmung,
- reibungsbehaftete isotherme kompressible Rohrströmung,
- reibungsbehaftete adiabate kompressible Rohrströmung,
- Aus- und Durchflussfunktion von Gasen,
- isentrope und adiabate Strömung in Düsen und Blenden,
- Flächen-Geschwindigkeitsbeziehung für beschleunigte Strömung in Düsen, Überschalldüsen,
- Betriebsverhalten von Überschalldüsen.

Expandierende beschleunigte Strömungen sind auch die Verbrennungsströmungen, die Flammenströmungen und Explosionsströmungen, die stets in Verbindung mit chemischen Reaktionen verlaufen. Sie treten auf in Brennkammern von Kraftwerken und von Gasturbinen, in den Zylindern von Verbrennungsmotoren (Otto- und Dieselmotoren) und im Treibstrahl von Flugzeugtriebwerken und Weltraumraketen. Diese Strömungen sind mathematisch zugänglich. Sie stellen instationäre Spezialgebiete der Strömungsmechanik dar, z. B. [7–11]. Sie werden hier nicht behandelt.

6.7.1 Reibungsbehaftete kompressible Rohrströmung

Die reibungsbehaftete kompressible Strömung in Gasleitungen mit konstantem oder variablem Querschnitt A stellt eine beschleunigte Strömung mit Wärmezufuhr dar. Die Reibungsarbeit an der Rohrwand $\Delta h_V = \lambda \frac{L}{d} \frac{c^2}{2}$ wird dem Gas als Dissipationsenergie zugeführt. Die Energiezufuhr führt zur Temperaturerhöhung dT, zur Dichteabsenkung und damit zur Beschleunigung der Strömung auch bei konstantem Rohrquerschnitt. Diese beschleunigte Gasströmung tritt in Luft-, Gas- und Dampfrohrleitungen sowie in Gaspipelines auf. Übliche mittlere Strömungsgeschwindigkeiten betragen $c = 12$ bis $45\,\text{m/s}$

Abb. 6.15 Geschwindigkeits-
und Temperaturverlauf bei reibungsbehafteter Rohrströmung

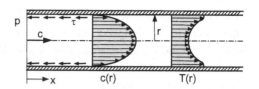

(s. Tab. A.11). In Gas- und Dampfrohrleitungen tritt bei den geringen kinematischen Viskositäten von $\nu = 10^{-6}\,\mathrm{m^2/s}$ bis $\nu = 20 \cdot 10^{-6}\,\mathrm{m^2/s}$ eine turbulente Strömung mit Reynoldszahlen von $Re = 8 \cdot 10^4$ bis $8 \cdot 10^5$ auf. Infolge der Wandschubspannung τ und der Wandhaftung mit $c = 0$ stellt sich in Gasrohrleitungen ein parabolisches Temperaturprofil ein mit der Maximaltemperatur an der Wand und mit der geringsten Temperatur in der Rohrmitte (Abb. 6.15).

Die Energiezufuhr der spezifischen Reibungsarbeit führt infolge der Dichteänderung zur Beschleunigung der Strömung auch bei konstantem Rohrquerschnitt.

Die Euler'sche Bewegungsgleichung für die reibungsbehaftete Strömung eines Newton'schen Fluids lautet unter Vernachlässigung des Gravitationsanteils gemäß Abb. 6.15:

$$c\,\mathrm{d}c + \frac{\mathrm{d}p}{\rho} + \frac{\mathrm{d}\tau}{\rho} = 0 \tag{6.81}$$

Mit der thermischen Zustandsgleichung der idealen Gase $p/\rho = RT$ in der differentiellen Schreibweise $\mathrm{d}(p/\rho) = R\,\mathrm{d}T$ erhält man nach der Differentiation

$$\frac{\mathrm{d}p}{p} - \frac{\mathrm{d}\rho}{\rho} = \frac{\mathrm{d}T}{T} \tag{6.82}$$

und mit der Kontinuitätsgleichung $\dot{m} = \rho c A$ in der differentiellen Form für die Rohrleitung mit konstantem Rohrquerschnitt, $A = $ konst. folgt:

$$\frac{\mathrm{d}\rho}{\rho} + \frac{\mathrm{d}c}{c} = 0 \tag{6.83}$$

Setzt man die Kontinuitätsgleichung für $A = $ konst. (Gl. 6.83) in Gl. 6.82 ein und ersetzt den Druck p durch $p = R\rho T$, so ergibt sich die Gleichung für die Druckänderung infolge einer Temperatur- und Geschwindigkeitsänderung durch Zufuhr von Wärme- oder Dissipationsenergie:

$$\frac{\mathrm{d}p}{\rho} = RT\left(\frac{\mathrm{d}T}{T} - \frac{\mathrm{d}c}{c}\right) \tag{6.84}$$

Wird Gl. 6.84 in Gl. 6.81 eingeführt, so erhält man mit der spezifischen Reibungsenergie $\tau/\rho = \lambda(c^2/2)(x/d_\mathrm{h})$ die Differentialgleichung für die kompressible reibungsbehaftete Rohrströmung

$$c\,\mathrm{d}c + R\,\mathrm{d}T - RT\frac{\mathrm{d}c}{c} + \lambda\frac{c^2}{2}\frac{\mathrm{d}x}{d_\mathrm{h}} = 0 \tag{6.85}$$

Wenn der Temperaturverlauf $T(x)$ entlang der Rohrachse bekannt ist, liefert diese Gleichung die Geschwindigkeit entlang der Rohrachse $c(x)$. Sie kann in einfacher Weise zunächst für die isotherme Rohrströmung für $T = $ konst. gelöst werden.

Die Integration dieser Gleichung ergibt die Bernoulligleichung für die reibungsbehaftete kompressible Strömung.

$$\frac{c_1^2}{2} + RT_1 + RT_1 \ln \frac{c_2}{c_1} = \frac{c_2^2}{2} + RT_2 + \lambda \frac{c^2}{2} \frac{LU}{4A} \qquad (6.86)$$

6.7.2 Reibungsbehaftete isotherme kompressible Rohrströmung

In langen erdverlegten nichtisolierten Gasrohrleitungen wie z. B. in Pipelines und Gasversorgungsleitungen mit gutem Wärmeaustausch mit dem Erdreich nehmen die Rohrleitungen und das Gas annähernd die konstante Temperatur des Erdreichs an und es findet ein Wärmeaustausch dq statt (Abb. 6.16).

Bei konstanter Temperatur vereinfacht sich die Euler'sche Bewegungsgleichung für die kompressible reibungsbehaftete Rohrströmung (Gl. 6.85) zu:

$$\left(1 - \frac{RT}{c^2}\right) c \, dc + \lambda \frac{c^2}{2} \frac{dx}{d_h} = 0 \qquad (6.87)$$

Der Rohrreibungsbeiwert λ ist auch bei kompressibler Unterschallströmung (M < 1,0) unabhängig von der Machzahl und nur eine Funktion der Reynoldszahl Re und der relativen Oberflächenrauigkeit $\lambda = f(\text{Re}, d/k)$. Er kann dem Nikuradse- oder Colebrook-Diagramm entnommen werden und er ist vom Strömungsweg x unabhängig. Damit kann Gl. 6.87 in den Grenzen von 1 bis 2 in Abb. 6.16 berechnet werden.

Abb. 6.16 Isotherme reibungsbehaftete Rohrströmung mit konstantem Rohrquerschnitt $A = $ konst.

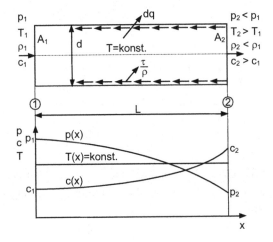

Die Lösung von Gl. 6.87 lautet nach der Integration:

$$2\ln\frac{c_2}{c_1} - 2RT\left[\frac{1}{c_2^2} - \frac{1}{c_1^2}\right] + \lambda\frac{L}{d_h} = 0 \tag{6.88}$$

Mit dem Quadrat der Schallgeschwindigkeit $a_1^2 = \kappa RT_1$ und der Machzahl am Rohranfang $M_1^2 = c_1^2/a_1^2 = c_1^2/\kappa RT_1$ kann Gl. 6.88 mit der Eintrittsmachzahl M_1 in der Form geschrieben werden:

$$2\ln\frac{c_1}{c_2} + \frac{1}{\kappa M_1^2}\left[1 - \left(\frac{c_1}{c_2}\right)^2\right] = \lambda\frac{L}{d_h} \tag{6.89}$$

Für $T = $ konstant ist auch $a = [\kappa RT]^{1/2} = $ konst. und die Machzahl $M \sim c$. Damit lautet Gl. 6.89 auch

$$2\ln\frac{M_1}{M_2} + \frac{1}{\kappa M_1^2}\left[1 - \left(\frac{M_1}{M_2}\right)^2\right] = \lambda\frac{L}{d_h} \tag{6.90}$$

Diese implizite Gleichung kann iterativ gelöst werden.

Der erste Term von Gl. 6.89 $2\ln(c_1/c_2)$ stellt die Beschleunigung des Gases durch den kompressiblen Einfluss dar. Er kann bei der iterativen Lösung der Gleichung zunächst näherungsweise Null gesetzt werden. Mit Hilfe der Kontinuitätsgleichung $\dot{m} = \rho_1 c_1 A_1 = \rho_2 c_2 A_2$ für $A = $ konst. und mit der thermischen Zustandsgleichung der Gase $p = R\rho T$ können die Verhältniswerte der Dichte ρ_2/ρ_1 und der Drücke p_2/p_1 sowie die Zustandsgrößen am Ende der Rohrleitung bestimmt werden. Für $A = $ konst. folgt $\frac{p_2}{\rho_1} = \frac{c_1}{c_2}$ und $\frac{p_2}{p_1} = \frac{\rho_2}{\rho_1} = \frac{c_1}{c_2}$. Wird die vollständige Gl. 6.89 iterativ gelöst, so können die Resultate in Abhängigkeit der Rohrgeometrie $\lambda L/d_h$ und der Machzahl in einem Diagramm dargestellt werden. In Abb. 6.17 ist das Geschwindigkeitsverhältnis für die kompressible isotherme Rohrströmung c_1/c_2 dargestellt. Das Verhältnis der Geschwindigkeit am Anfang und am Ende der Rohrleitung c_1/c_2, ist im Bereich von 0 bis 1, über der Rohrgeometrie $\lambda L/d$ mit Werten von 10^{-1} bis 10^3, für verschiedene Eintrittsmachzahlen von $M_1 = 0{,}02$ bis $0{,}50$ dargestellt. Ebenfalls dargestellt ist der Verlauf der erreichbaren Grenzmachzahl am Ende der Rohrleitung, die sich aus der Grenzwertbetrachtung von Gl. 6.89 für $d(\lambda L/d)/d(c_1/c_2) = 0$.

$$\left(\frac{c_1}{c_2}\right)_{Gr} = \left(\frac{M_1}{M_2}\right)_{Gr} = \sqrt{\kappa}M_1 \tag{6.91}$$

ergibt zu:

$$M_{2Gr} = \frac{1}{\sqrt{\kappa}} \tag{6.92}$$

Abb. 6.17 zeigt die Beschleunigung der Strömung infolge von Wärmezufuhr durch Reibung. Bei sehr langen Rohrleitungen bzw. sehr großen Werten $\lambda L/d > 10$ bis 10^3 führt diese Strömung zur Grenzmachzahl $M_{2Gr} = 1/\sqrt{\kappa}$. Danach kann der isotherme reibungsbehaftete Strömungsvorgang von neuem beginnen.

Abb. 6.17 Geschwindigkeitsverlauf bei kompressibler
isothermer Rohrströmung für
Luft und zweiatomige Gase
mit $\kappa = 1{,}4$

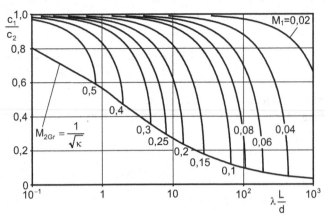

Eine beschleunigte Strömung in nichtisolierten Rohrleitungen mit Wärmeaustausch dq und isothermem Verhalten ($T = $ konst.) kann nur bei Anfangsmachzahlen in der Rohrleitung von $M_1 < 1/\sqrt{\kappa}$ auftreten. Beginnt die isotherme kompressible Strömung in einer Rohrleitung mit der Machzahl $M_1 > 1/\sqrt{\kappa}$, so wird sich eine verzögerte Strömung bis zum Grenzwert $M_{2Gr} = 1/\sqrt{\kappa}$ einstellen. Für Luft und zweiatomige Gase mit dem Isentropenexponent $\kappa = 1{,}4$ beträgt die Grenzmachzahl $M_{2Gr} = 0{,}845$. Aus der Bernoulligleichung für die Gasdynamik (Gl. 6.66) und der Enthalpiegleichung $dh = c_p\, dT$ erhält man für die isotherme Rohrströmung für $T = $ konst., $T_2 = T_1$ und $h_2 = h_1$ die Größe der zugeführten Wärme

$$dq = c\, dc \qquad (6.93)$$

und die absolute zugeführte spezifische Wärme beträgt:

$$q = \frac{1}{2}\left(c_2^2 - c_1^2\right) \qquad (6.94)$$

Der Grenzwert der Machzahl $M_{2Gr} = 1/\sqrt{\kappa}$ wird nach einem Strömungsweg in der Rohrleitung von

$$L = \frac{d_h}{\lambda}\left[\ln \kappa M_1^2 - \frac{\kappa - \frac{1}{M_1}}{\kappa}\right] \qquad (6.95)$$

erreicht. Die mögliche isotherme kompressible Rohrströmung ist also vom Rohrdurchmesser, der Gasart, der Anströmmachzahl M_1 und dem Rohrreibungsbeiwert λ, d. h. von der Rohrrauigkeit abhängig.

Wird das Beschleunigungsglied in Gl. 6.88 vernachlässigt, so ergibt die Lösung der vereinfachten Gl. 6.88 den Druckverlust für die reibungsbehaftete kompressible Strömung zu:

$$\Delta p = p_1 - p_2 = p_1\left\{1 - \sqrt{1 - \lambda\frac{L}{d}\frac{\rho_1}{p_1}c_1^2}\right\} \qquad (6.96)$$

Gl. 6.96 zeigt, dass der Druckverlust Δp bei kompressibler Rohrströmung und sonst gleichen Rohrparametern und Anfangsbedingungen stets größer ist als der Druckverlust bei inkompressibler reibungsbehafteter Strömung mit $\Delta p = \lambda (L/d) c_1^2 \rho/2$. Bei kompressibler Strömung mit Machzahlen von $M_1 > 0{,}2$ ist der Druckverlust also stets kompressibel mit Gl. 6.89 oder Gl. 6.96 zu berechnen. Dabei ist zu beachten, dass sich für das Geschwindigkeitsverhältnis c_1/c_2 und für die Rohrlänge Grenzwerte ergeben, die nicht überschritten werden sollen, da sie zu Verdichtungsstößen führen können.

Ein anderer Grenzwert für die unbedingte kompressible Berechnung von Druckverlusten in Gasrohrleitungen ist das Verhältnis des Druckverlustes Δp zum absoluten Eintrittsdruck p_1 von $\Delta p/p_1 \geq 0{,}08$, bei dem die kompressible Berechnung notwendig ist.

Durch Reihenentwicklung von Gl. 6.96 erhält man den Druckverlust für die inkompressible Rohrströmung für $\rho = $ konst. [12] zu:

$$\Delta p = p_1 - p_2 = \lambda \frac{L}{d} \frac{\rho}{2} c_1^2 \qquad (6.97)$$

6.7.3 Reibungsbehaftete adiabate kompressible Rohrströmung

Bei isolierten Gasrohrleitungen, aber auch bei kurzen nichtisolierten Gasversorgungsleitungen, bei Anlagen für den pneumatischen Transport oder bei Rohrpostanlagen kann der Wärmeaustausch durch die Rohrwand näherungsweise vernachlässigt werden, sodass die kompressible Rohrströmung adiabat für $q = $ konst. berechnet werden kann.

Bei einer reibungsbehafteten adiabaten Gasströmung im Rohr bleibt die Totaltemperatur $T_t = T + c^2/(2c_p) = T + (\kappa-1)M^2 T/2$ konstant, d. h. $dT_t = dT + c \, dc/c_p = 0$ bzw. $T = T_t - c^2/(2c_p)$. Führt man den Isentropenexponent $\kappa = c_p/c_v$ und die Gaskonstante R aus Gl. 6.24 in Gl. für $dT_t = 0$ ein, so erhält man für die Temperaturänderung

$$dT = -\frac{(\kappa - 1)}{\kappa R} c \, dc = (1 - \kappa) \frac{c_v}{c_p R} c \, dc \qquad (6.98)$$

Die kompressible adiabate Rohrströmung kann auch mit der Euler'schen Bewegungsgleichung für die eindimensionale Strömung

$$c \, dc + \frac{dp}{\rho} + \lambda \frac{c^2}{2} \frac{dx}{d_h} = 0 \qquad (6.99)$$

mit der Kontinuitätsgleichung $\dot{m} = \rho c A$ oder mit der Stromdichte $\dot{m}/A = \rho c$ für $A = $ konst. und mit der thermischen Zustandsgleichung für die idealen Gase $p = R\rho T$ in der Form von Gl. 6.84 berechnet werden.

Daraus erhält man für den konstanten Rohrquerschnitt A und einen konstanten Rohrreibungsbeiwert λ die Differentialgleichung

$$\frac{dc}{c} + \frac{RT}{c^2} \left(\frac{dT}{T} - \frac{dc}{c} \right) + \frac{\lambda}{2} \frac{dx}{d_h} = 0 \qquad (6.100)$$

Führt man in die vorstehende Differentialgleichung (Gl. 6.100) den Ausdruck dT/T aus Gl. 6.84 unter Beachtung der Totaltemperatur $T = T_t - (\kappa - 1)c^2/(2\kappa R)$ ein, so ergibt sich nach Umformung die folgende Beziehung (Gl. 6.101):

$$\frac{\kappa + 1}{\kappa}\frac{dc}{c} - 2RT_t\frac{dc}{c^3} + \lambda\frac{dx}{d_h} = 0 \qquad (6.101)$$

Nach Integration von Gl. 6.101 und Umformung erhält man Gl. 6.102

$$\frac{\kappa + 1}{\kappa}\ln\frac{c_2}{c_1} - \frac{RT_t}{c_1^2}\left[1 - \left(\frac{c_1}{c_2}\right)^2\right] + \lambda\frac{L}{d_h} = 0 \qquad (6.102)$$

Mit den Definitionsgleichungen für die Schallgeschwindigkeit $a = (\kappa p/\rho)^{1/2} = (\kappa RT)^{1/2}$ und für die Machzahl $M = c/a$ erhält man unter Berücksichtigung der Gleichung für die Totaltemperatur $T_t/T = 1 + (\kappa - 1)M^2/2$ die implizite Bestimmungsgleichung für die adiabate Rohrströmung (Gl. 6.103). Eine explizite Schreibweise von Gl. 6.103 für $M = f(x)$ ist nicht möglich.

$$\frac{1}{\kappa M^2}\left(1 + \frac{\kappa - 1}{2}M^2\right)\left[1 - \left(\frac{c_1}{c_2}\right)^2\right] + \frac{\kappa + 1}{\kappa}\ln\left(\frac{c_1}{c_2}\right) - \lambda\frac{L}{d_h} = 0 \qquad (6.103)$$

Eine beschleunigte Strömung mit Zunahme der Machzahl im adiabat durchströmten Rohr kann nur im Unterschallbereich $(M^2 - 1) < 0$, d. h. $M < 1{,}0$ auftreten (Abb. 6.18).

Für praktische Berechnungen adiabater Rohrströmungen kann in erster Näherung das logarithmische Glied des Geschwindigkeitsverhältnisses c_1/c_2 von geringer Größe vernachlässigt werden. Damit erhält man die explizite Näherungsgleichung Gl. 6.104 für das

Abb. 6.18 Adiabate reibungsbehaftete Rohrströmung ($q = $ konst.) mit konstantem Rohrquerschnitt $A = $ konst

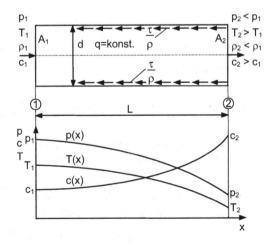

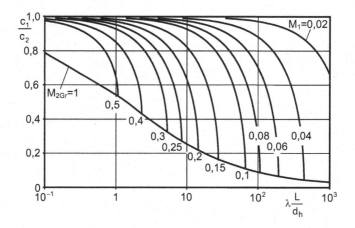

Abb. 6.19 Geschwindigkeitsverhältnis bei kompressibler adiabater Rohrströmung für Luft und zweiatomige Gase mit $\kappa = 1{,}4$

Geschwindigkeitsverhältnis c_1/c_2 zu:

$$\frac{c_1}{c_2} = \left\{ 1 - \frac{2\lambda \frac{L}{d_h} \kappa M_1^2}{2 + (\kappa - 1) M_1^2} \right\}^{\frac{1}{2}} \tag{6.104}$$

Abb. 6.19 zeigt das Geschwindigkeitsverhältnis für die kompressible adiabate Rohrströmung. Das Geschwindigkeitsverhältnis c_1/c_2 ist für den Bereich von $c_1/c_2 = 0$ bis 1, über $\lambda L/d$ mit Werten von 10^{-1} bis 10^3 dargestellt. Bei variierten Machzahlen von $M_1 = 0{,}02$ bis 0,5 stellen sich die abfallenden Verläufe c_1/c_2 ein (Abb. 6.19). Ebenfalls aufgetragen ist der Verlauf der Grenzmachzahl mit $M_{2Gr} = 1$. Löst man Gl. 6.104 nach $\lambda L/d_h$ auf, so erhält man:

$$\lambda \frac{L}{d_h} = \frac{1}{\kappa} \left[\left(\frac{1}{M_1^2} + \frac{(\kappa - 1)}{2} \right) \left(1 - \left(\frac{c_1}{c_2} \right)^2 \right) \right] \tag{6.105}$$

In Abb. 6.20 ist die Lösung von Gl. 6.105 für die Eintrittsmachzahl M_1 in Abhängigkeit der Rohrleitungsgeometrie $\lambda L/d_h$ für die adiabate Strömung von Luft ($\kappa = 1{,}4$) und für die isotherme Strömung von Luft ($\kappa = 1{,}0$) dargestellt.

Nach Kenntnis des Machzahlverlaufs $M = f(x)$ können das Temperatur-, Druck-, Dichte- und Geschwindigkeitsverhältnis T/T_1; p/p_1; ρ/ρ_1 und c/c_1 für die adiabate Rohrströmung ermittelt werden.

Das Temperaturverhältnis folgt aus dem Energiesatz (Gl. 6.71)

$$\frac{T}{T_1} = \frac{2 + (\kappa - 1) M_1^2}{2 + (\kappa - 1) M^2} \tag{6.106}$$

Abb. 6.20 Machzahlverlauf einer Gasströmung im Rohr mit konstantem Querschnitt bei adiabater und isothermer Zustandsänderung

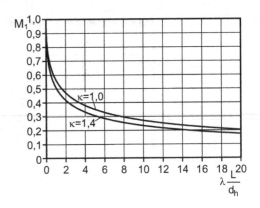

Das Temperaturverhältnis T_2/T_1 zwischen den Punkten ① und ② von Abb. 6.18 beträgt:

$$\frac{T_2}{T_1} = 1 + \frac{\kappa - 1}{2}M_1^2 \left[1 - \left(\frac{c_2}{c_1}\right)^2 \right] \qquad (6.107)$$

Das Verhältnis der Temperatur T zur Ruhe- oder Totaltemperatur $T_0 = T_t = c^2/(2c_p)$ folgt aus der Bernoulligleichung (Gl. 6.66) zu:

$$\frac{T}{T_t} = \frac{T}{T + \frac{c^2}{2c_p}} = \frac{1}{1 + \frac{\kappa-1}{2}M^2} \qquad (6.108)$$

Das Druckverhältnis beträgt für die adiabate Rohrströmung:

$$\frac{p}{p_1} = \frac{c_1}{c}\frac{T}{T_1} = \frac{M_1}{M}\sqrt{\frac{T}{T_1}} \qquad (6.109)$$

Aus der thermischen Zustandsgleichung und der Kontinuitätsgleichung für $A = $ konst. folgt das Dichteverhältnis für die adiabate Rohrströmung:

$$\frac{\rho}{\rho_1} = \frac{c_1}{c} = \frac{M_1}{M}\sqrt{\frac{T_1}{T}} \qquad (6.110)$$

Das Geschwindigkeitsverhältnis c/c_1 beträgt für die adiabate Rohrströmung:

$$\frac{c}{c_1} = \frac{\rho_1}{\rho} = \frac{M}{M_1}\sqrt{\frac{T}{T_1}} \qquad (6.111)$$

Die Verhältniswerte von Gln. 6.106 bis 6.111 sind in Abb. 6.21 in Abhängigkeit des Machzahlverhältnisses M/M_1 dargestellt. Das Bild zeigt, dass das Druck- und das Temperaturverhältnis mit steigender Machzahl abnehmen und das Geschwindigkeitsverhältnis c/c_1

Abb. 6.21 Zustandsgrößen in Abhängigkeit des Machzahlverhältnisses für die adiabate Rohrströmung

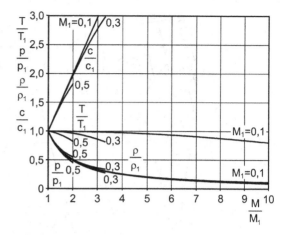

sowie die Machzahl mit zunehmendem Machzahlverhältnis ansteigen. Mit den Gln. 6.109 bis 6.111 können für $T = T_1$ auch die Verhältniswerte für die isothermen Gasströmungen in Rohrleitungen, d. h. für erdverlegte Gasrohrleitungen, mit Wärmeaustausch ermittelt werden.

Bei der adiabaten Rohrströmung stellt sich natürlich auch eine Entropieerhöhung ein, die zu beachten ist. Mit Hilfe von Gl. 6.18 für die spezifische Enthalpie, mit der thermischen Zustandsgleichung für die idealen Gase (Gl. 6.3) und mit der Beziehung für die Gaskonstante $R = c_p - c_v = (\kappa - 1)c_v$ lautet die Gleichung für die spezifische Entropie:

$$ds = c_p \frac{dT}{T} - R \frac{dp}{p} = c_v \frac{dT}{T} + c_v(\kappa - 1)\frac{d\left(\frac{1}{\rho}\right)}{\left(\frac{1}{\rho}\right)} \tag{6.112}$$

Nach der Integration zwischen den Stellen 1 und 2 in Abb. 6.18 erhält man die spezifische Entropieänderung bezogen auf die spezifische Wärmekapazität bei konstantem Volumen:

$$\frac{\Delta s}{c_v} = \frac{s - s_1}{c_v} = \ln \frac{T_2}{T_1} - (\kappa - 1)\ln \frac{\rho_2}{\rho_1} = \kappa \ln \frac{T_2}{T_1} - (\kappa - 1)\ln \frac{p_2}{p_1} \tag{6.113}$$

Diese Gl. 6.113 gibt Auskunft über die Entropieerhöhung bei der adiabaten Rohrströmung von Gasen. Der Ruhedruckverlust in einer Rohrleitung bei adiabater Strömung beträgt:

$$\frac{p_0}{p_{0,1}} = e^{-\frac{\Delta s}{R}} \tag{6.114}$$

Die spezifische Entropieänderung kann auch in der folgenden Form geschrieben werden:

$$\frac{s - s_0}{c_v} = \ln \frac{h/h_0}{h_1/h_0} + \frac{\kappa - 1}{2} \ln \frac{1 - h/h_0}{1 - h_1/h_0} \tag{6.115}$$

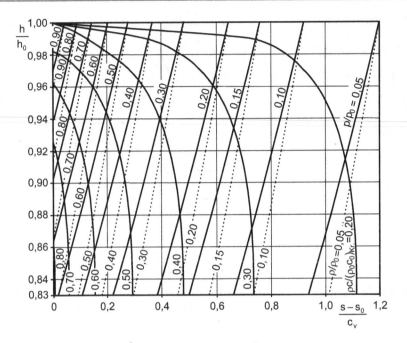

Abb. 6.22 h/h_0-$\Delta s/c_V$-Diagramm für adiabate Zustandsänderungen in Rohrleitungen mit konstantem Querschnitt (Fanno-Kurven)

Die spezifische Entropieänderung ist im $h/h_0 - \Delta s/c_v$-Diagramm (Abb. 6.22) grafisch dargestellt. Eingetragen sind Linien konstanter bezogener Stromdichte $\rho c/(\rho_0/c_0)_{kr}$, also die möglichen Zustandskurven des Rohres. Nach Gl. 6.114 lassen sich Kurven konstan-

Abb. 6.23 Abhängigkeit der bezogenen spezifischen Enthalpie vom Machzahlverhältnis

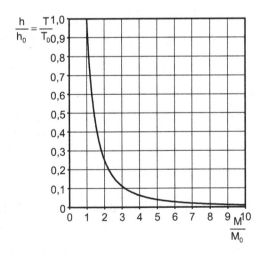

Abb. 6.24 Geschwindigkeits-, Druck-, Dichte- und Temperaturverlauf in einer isolierten Dampfleitung bei adiabater Strömung

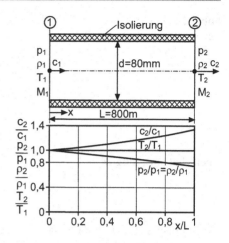

ten Druckabfalls vom jeweils zuzuordnenden Druck p_1 und allgemein von $p_{0,1}$ angeben. Die Abszisse kann auch als Drosselfaktorkoordinate und die Ordinate als Machzahlkoordinate interpretiert werden. Die Abhängigkeit der bezogenen spezifischen Enthalpie h/h_0 von der bezogenen Machzahl M/M_0 ist entsprechend Gl. 6.61 in Abb. 6.23 dargestellt. Der Zustandsverlauf entlang des Rohres ergibt sich vom zuzuordnenden Ausgangspunkt auf der Ordinate entlang der eingetragenen Linien für $A = $ konst. Der jeweilige Ruhezustand p_0, T_0, ρ_0 folgt über die Parallele zur Ordinate ($\Delta s = 0$) bei $h/h_0 = 1$. Zur Ermittlung des Ausgangszustands auf der Ordinate wurden für die dimensionslose Darstellung auch die $A = $ konst.- bzw. $\rho c = $ konst.-Linien (sog. Fanno-Kurven) genutzt. Sie werden auf die „Kritische Stromdichte" $(\rho_0 c_0)_{kr}$ bezogen. Bei isentroper Entspannung vom Ausgangzustand ($p_{0,1}$ bzw. $h_{0,1}$) gelangt man mit zunehmender Geschwindigkeit und abnehmendem Druck über die bekannte Gleichung von Saint Venant und Wantzel zur erreichten Geschwindigkeit (Abb. 6.24).

6.7.4 Kompressible reibungsfreie Rohrströmung mit Wärmeaustausch

Für die kompressible reibungsfreie Rohrströmung mit Wärmeaustausch stellt sich sowohl für die Unterschallströmung $M < 1$ als auch für die Überschallströmung $M > 1$ der Grenzwert $M = c/a = c^*/a^* = 1$ ein mit folgenden charakteristischen Parametern

Unterschallströmung $M < 1$:

$$\frac{dp}{dx} < 0\,;\ \frac{d\rho}{dx} < 0\,;\ \frac{dM}{dx} > 1$$

Abb. 6.25 Kompressible reibungsfreie Rohrströmung mit
Wärmezufuhr q

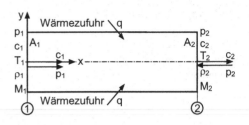

Überschallströmung M > 1:

$$\frac{\mathrm{d}p}{\mathrm{d}x} > 0 \; ; \; \frac{\mathrm{d}\rho}{\mathrm{d}x} > 0 \; ; \; \frac{\mathrm{d}M}{\mathrm{d}x} < 1$$

Die Impulsgleichung für das Rohr entsprechend Abb. 6.25 lautet für $\dot{m} =$ konst.

$$\dot{m}\,c_1 + p_1 A_1 = \dot{m}\,c_2 - p_2\,A_2 = \dot{m}\,c_2 + p_2\frac{\dot{m}}{\rho_2\,c_2} = \dot{m}\left(c_2 + \frac{p_2}{\rho_2\,c_2}\right) \qquad (6.116)$$

Die Impulsgleichung lautet mit der allgemeinen Zustandsgleichung der Gase $p = RT\rho$,
mit der kritischen Machzahl $M^* = c^*/a^*$ und der kritischen Schallgeschwindigkeit $a^* = [2\kappa p_0/(\kappa + 1)\rho_0]^{1/2}$

$$\dot{m}c + pA = \dot{m}a\left(M + \frac{\kappa + 1}{2\kappa}\frac{1}{M}\right) = \dot{m}a^*\left(M^* + \frac{\kappa + 1}{2\kappa}\frac{1}{M^*}\right) \qquad (6.117)$$

Aus Gl. 6.117 erhält man nach Division durch $\dot{m}$ für die kritischen Werte:

$$\left(M_1^* + \frac{1}{M_1^*}\right)a_1^* = \left(M_2^* + \frac{1}{M_2^*}\right)a_2^* \qquad (6.118)$$

Das Verhältnis der kritischen Schallgeschwindigkeiten a_1^*/a_2^* beträgt mit $a^* = \sqrt{\kappa RT}$
und mit der Temperatur T $a_1^*/a_2^* = [T_1^*/T_2^*]^{1/2}$
    Für die Machzahl M_2 am Ende des Betrachtungsraumes erhält man die quadratische
Gleichung

$$M_2 + \frac{\kappa + 1}{2\kappa}\frac{1}{M_2} = \sqrt{\frac{T_1}{T_2}}\left(M_1 + \frac{\kappa + 1}{2\kappa}\frac{1}{M_1}\right) \qquad (6.119)$$

oder für den kritischen Zustand erhält man

$$M_2^* + \frac{\kappa + 1}{2\kappa}\frac{1}{M_2^*} = \sqrt{\frac{T_1^*}{T_2^*}}\left(M_1^* + \frac{\kappa + 1}{2\kappa}\frac{1}{M_1^*}\right). \qquad (6.120)$$

Aus Gl. 6.117 und mit der idealen Gasgleichung $\rho = p/RT$ erhält man für $A =$ konst.
das Druckverhältnis:

$$\frac{p_2}{p_1} = \frac{\frac{2\kappa}{\kappa+1}M_1^2 + 1}{\frac{2\kappa}{\kappa+1}M_2^2 + 1} \qquad (6.121)$$

6.7.5 Aus- und Durchflussfunktion für Gase

Mit Hilfe der Kontinuitätsgleichung $\dot{m} = \rho c A$ und der Ausströmgeschwindigkeit in Gl. 6.59 kann der ausfließende theoretische Massestrom aus einem Druckbehälter (Abb. 6.26) oder der durchfließende Massestrom durch eine Düse berechnet werden. Er beträgt mit Gl. 6.59:

$$\dot{m} = \rho_1 A_2 c_2 = A_2 \left\{ \frac{2\kappa}{\kappa - 1} p_1 \rho_1 \left[\left(\frac{p_2}{p_1} \right)^{\frac{2}{\kappa}} - \left(\frac{p_2}{p_1} \right)^{\frac{\kappa+1}{\kappa}} \right] \right\}^{\frac{1}{2}} \qquad (6.122)$$

$$\dot{V} = \frac{\dot{m}}{\rho_1} = A_2 \left\{ \frac{2\kappa}{\kappa - 1} \frac{p_1}{\rho_1} \left[\left(\frac{p_2}{p_1} \right)^{\frac{2}{\kappa}} - \left(\frac{p_2}{p_1} \right)^{\frac{\kappa+1}{\kappa}} \right] \right\}^{\frac{1}{2}} \qquad (6.123)$$

Die Geschwindigkeit c_2 ist die theoretische Ausströmgeschwindigkeit aus dem Behälter unter dem Ruhedruck p_1. Gln. 6.122 und 6.123 sagen aus, dass der aus dem Behälter austretende Masse- und Volumenstrom $\dot{V}$ umso größer sind, je größer der Behälterdruck p_1 und der Austrittsquerschnitt A_2 sind. Das Produkt $p_1 A_2$ in $\text{Pa m}^2 = \text{N}$ bestimmt also die Größe des austretenden Volumenstroms. Verändert sich der Behälterdruck p_1 während des Ausströmvorganges, so stellt sich ein instationärer Ausströmvorgang entsprechend Kap. 10 (Gl. 10.7) und dem h-s-Diagramm (Abb. 6.27) ein.

Abb. 6.26 Ausströmen aus einem Behälter

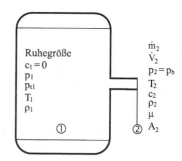

Abb. 6.27 Ausströmvorgang aus Behälter im h-s-Diagramm

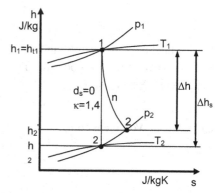

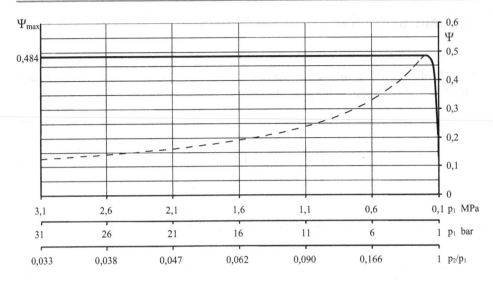

Abb. 6.28 Ausflussfunktion Ψ für Luft aus Behälter bei konstantem Aussendruck p_2 entsprechend Abb. 6.27

In den Gln. 6.122 und 6.123 ist die Durch- oder Ausflussfunktion Ψ enthalten, sie lautet entsprechend Abb. 6.28 und 6.29:

$$\Psi = \left\{ \frac{\kappa}{\kappa - 1} \left[\left(\frac{p_2}{p_1} \right)^{\frac{2}{\kappa}} - \left(\frac{p_2}{p_1} \right)^{\frac{\kappa+1}{\kappa}} \right] \right\}^{\frac{1}{2}} \tag{6.124}$$

Ist die Ausflussfunktion Ψ bekannt, so kann der theoretisch ausfließende Massestrom $\dot{m}$ bestimmt werden. Er beträgt:

$$\dot{m} = \Psi A_2 \sqrt{2 p_1 \rho_1} \tag{6.125}$$

Der theoretisch ausfließende Volumenstrom beträgt:

$$\dot{V} = \Psi A_2 \sqrt{2 \frac{p_1}{\rho_1}} \tag{6.126}$$

Wird schließlich noch die Strahlkontraktion ε und der Düsenbeiwert α mit $\alpha = f(\mathrm{Re},$ $(d/D)) = 0{,}60$ bis $1{,}20$ oder der Druckverlustbeiwert ζ berücksichtigt, so beträgt der ausfließende Massestrom:

$$\dot{m} = \varepsilon \alpha \Psi A_2 \sqrt{2 p_1 \rho_1} \tag{6.127}$$

und der reale Volumenstrom:

$$\dot{V} = \frac{\dot{m}}{\rho_1} = \mu \Psi A_2 \sqrt{2 \frac{p_1}{\rho_1}} \tag{6.128}$$

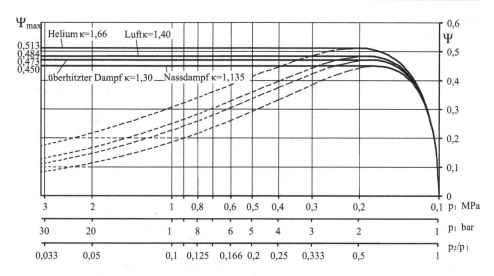

Abb. 6.29 Ausflussfunktion Ψ für Helium, Luft, überhitzten und Nassdampf aus Behälter in logarithmischer Darstellung bei konstantem Aussendruck p_2

Die Strahlkontraktion ε und der Düsenbeiwert α der Öffnung können zur Ausflusszahl $\mu = \varepsilon\alpha$ zusammengefasst werden.

6.7.6 Berechnung der Durchflussfunktion

Die Durchflussfunktion in Gl. 6.124 für eine Venturidüse (Abb. 6.30) ist nur abhängig vom Isentropenexponent κ, d. h. von der Gasart und vom Druckverhältnis p_2/p_1; $\Psi = f(\kappa, p_2/p_1)$.

Die Durchflussfunktion steigt mit sinkendem Druckverhältnis p_2/p_1 an und sie erreicht beim kritischen Druckverhältnis

$$p^*/p_1 = \left(\frac{2}{\kappa + 1}\right)^{\frac{\kappa}{\kappa-1}}$$

ihren Maximalwert. Danach sinkt sie wieder ab, weil die Flächen-Geschwindigkeitsbeziehung in dieser Gleichung unberücksichtigt blieb. In Wirklichkeit bleibt jedoch der erreichte Maximalwert der Durchflussfunktion Ψ und auch der erreichte maximal ausströmende Volumen- und Massestrom im gesamten Druckbereich p_2/p_1 unterhalb des kritischen Druckverhältnisses $(p_2/p_1)_{krit}$ konstant, vergleiche Abb. 6.28 und Abb. 6.29.

Wie Gl. 6.124 und auch Abb. 6.31 zeigen, betragen die Werte der Aus- und Durchflussfunktion Ψ für die Druckverhältnisse $p_2/p_1 = 0$ und $p_2/p_1 = 1$ Null. Die abfallenden Werte unterhalb des kritischen Druckverhältnisses $p_2/p_1 < (p_2/p_1)_{krit}$ sind nicht realistisch. Besitzt die Ausströmöffnung keine de Laval-Düse, so nimmt der ausströmende

Abb. 6.30 Durchfluss durch
eine Venturidüse

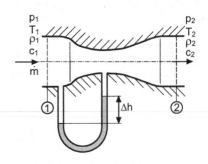

Massestrom auch unterhalb des kritischen Druckverhältnisses den Maximalwert ψ_{max} an (Abb. 6.31). Der erreichbare Maximalwert der Ausflussfunktion ψ_{max} steigt mit zunehmendem Isentropenexponenten κ an (Gl. 6.129), wobei gleichzeitig das kritische Druckverhältnis entsprechend Gl. 6.76 kleinere Werte annimmt (Abb. 6.29).

Die Durchflussgeschwindigkeit c, die Durchflussfunktion Ψ und der durchfließende Massestrom können unterhalb des kritischen Druckverhältnisses $p_2/p_1 < (p_2/p_1)_{krit}$ weiter erhöht werden, wenn entsprechende technische Vorkehrungen in Form einer Überschalldüse (de Laval-Düse) getroffen werden. In Abb. 6.31 sind die Verläufe der Durchflussfunktion für zwei Gase und für zwei Dämpfe in Abhängigkeit des Druckverhältnisses p_2/p_1 dargestellt.

Das kritische Druckverhältnis in Gl. 6.76 bestimmt den Maximalwert der Durchflussfunktion.

Abb. 6.31 Durchflussfunktion Ψ für Gase und Dämpfe

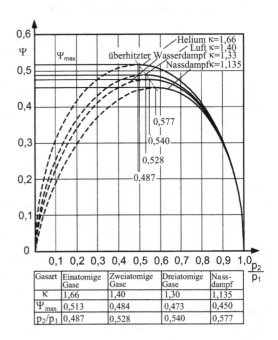

Gasart	Einatomige Gase	Zweiatomige Gase	Dreiatomige Gase	Nass-dampf
κ	1,66	1,40	1,30	1,135
Ψ_{max}	0,513	0,484	0,473	0,450
p_2/p_1	0,487	0,528	0,540	0,577

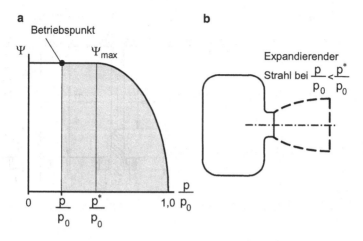

Abb. 6.32 **a** Ausflussfunktion für überkritisches Ausströmen ohne Überschalldüse, **b** Behälter mit Strahlexpansion

Damit wird der Maximalwert von Ψ_{max} (Abb. 6.31):

$$\Psi_{\mathrm{max}} = \left(\frac{2}{\kappa+1}\right)^{\frac{1}{\kappa-1}} \sqrt{\frac{\kappa}{\kappa+1}} \tag{6.129}$$

Der maximale Massestrom $\dot{m}_{\mathrm{max}}$ beträgt damit:

$$\dot{m}_{\mathrm{max}} = \varepsilon \alpha A_2 \sqrt{2\,p_1\rho_1}\left[\left(\frac{2}{\kappa+1}\right)^{\frac{1}{\kappa-1}} \sqrt{\frac{\kappa}{\kappa+1}}\right] \tag{6.130}$$

Bei dem überkritischen Druckverhältnis $p_2/p_1 < p^*/p_1$ bleibt der Maximalwert der Ausflussfunktion Ψ_{max} erhalten (Abb. 6.32a) und der Gasstrahl expandiert nach dem Austritt aus der Öffnung und erweitert sich (Abb. 6.32b).

6.7.7 Isentrope Strömung in Düsen und Blenden

Mit Hilfe der Durchflussfunktion kann auch der Durchfluss durch Blenden und Düsen (Abb. 6.33) berechnet werden.

Somit kann die Durchflussgleichung und die Durchflussfunktion für die Volumenstrommessung bzw. für die Massestrommessung in Düsen und Blenden benutzt werden. Um den Massestrom genau ermitteln zu können, muss auch der Düsenbeiwert α und die Strahlkontraktion berücksichtigt werden. In Abb. 6.34 ist die Strahlkontraktion für einige Aus- und Durchflussöffnungen dargestellt.

Abb. 6.33 Normblende und Normdüse

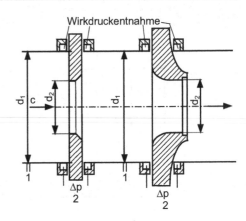

Der Massestrom berechnet sich nach Gl. 6.125, wobei zu beachten ist, dass der Düsenbeiwert α eine Funktion der Reynoldszahl Re und damit der Rohrgeschwindigkeit c ist.

6.7.8 Flächen-Geschwindigkeits-Beziehung

Bei der kompressiblen reibungsfreien beschleunigten Strömung in Düsen ändern sich die Zustandsgrößen p, T, ρ, c und auch der Strömungsquerschnitt A in Abhängigkeit von der Größe der Geschwindigkeit c bzw. von der Machzahl entlang der Wegkoordinate x (Abb. 6.35). Solche Strömungen treten in Überschalldüsen nach de Laval (Abb. 6.35 und 6.37) und in Schaufelgittern von Dampf- und Gasturbinen auf, wenn große spezifische Energieströme in Geschwindigkeit umgesetzt werden sollen (Abb. 6.36).

Im Enthalpie–Entropie-Diagramm (Abb. 6.38) ist die Umsetzung der spezifischen Enthalpie $\Delta h = h_1 - h_2$ in spezifische Geschwindigkeitsenergie $c^2/2$ in einer Überschalldüse nach de Laval für eine isentrope und für eine polytrope Strömung dargestellt. Im ersten konvergierenden Teil der Überschalldüse wird die Strömung bis auf das kritische Druckverhältnis $(p/p_0)_{krit} = p^*/p_0$ entspannt, wobei die Geschwindigkeit c bis zur kritischen Schallgeschwindigkeit a^* ansteigt. Die Machzahl erreicht dabei den kritischen Wert $M^* = 1{,}0$. Soll die Strömung über die Schallgeschwindigkeit a^* hinaus weiter beschleunigt werden und der Expansionsdruck weiter abgesenkt werden, was für Gleichdruckdampf-

Abb. 6.34 Strahlkontraktion in verschiedenen Aus- und Durchflussöffnungen

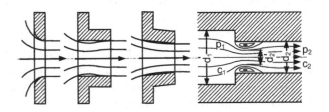

Abb. 6.35 Eindimensionale Düsenströmung in einer de Laval-Düse

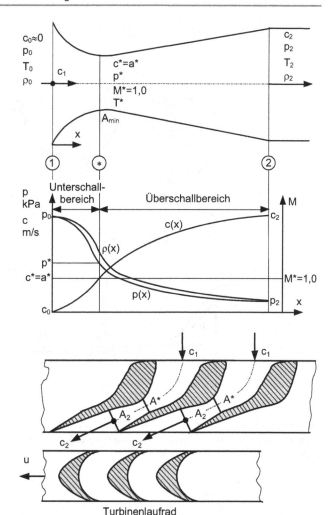

Abb. 6.36 Leitapparat mit de Laval-Düsen einer Dampfturbine

turbinen nötig ist, so muss der Düsenquerschnitt nach dem kritischen Querschnitt A_{min} vergrößert werden. Für Gleichdruckdampfturbinen (ein- bis dreistufige Curtis-Turbinen oder Turbinenstufen) wird in den Überschalldüsen ein großes Druck- und Enthalpiegefälle in spezifische Geschwindigkeitsenergie $c^2/2$ umgesetzt. Diese Geschwindigkeit $c_1 = \sqrt{2\Delta h}$ treibt die erste Laufradstufe an und wird dabei von c_1 auf c_2 verzögert (Abb. 6.37). Δh ist die Differenz der spezifischen Enthalpie.

Nach der Umlenkung in einem ruhenden Leitradgitter wird der Strömung in der zweiten Laufradstufe durch Verzögerung erneut kinetische Energie entzogen, sodass die Strömung nur noch mit der notwendigen axialen Geschwindigkeit entsprechend der Kontinuitätsgleichung abströmt. In Abb. 6.37b sind der Druck- und Enthalpieverlauf sowie der

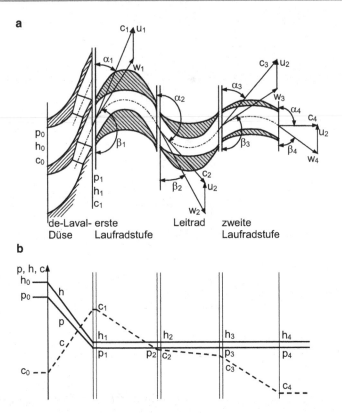

Abb. 6.37 Überschalldüsen und Schaufelgitter mit Druck- und Geschwindigkeitsverlauf einer zweistufigen Gleichdruckturbine (Curtis-Turbine). **a** de-Laval-Düsen mit Beschaufelung, **b** Druck-, Enthalpie- und Geschwindigkeitsverlauf

Abb. 6.38 Isentrope und polytrope Expansion in einer Überschalldüse nach de Laval

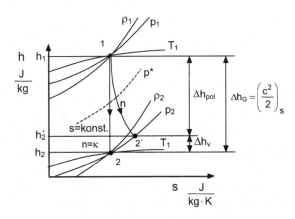

Geschwindigkeitsverlauf in der de Laval-Düse und in den beiden Gleichdruckstufen dargestellt.

Diese Querschnittsvergrößerung ermöglicht die weitere Expansion über das kritische Druckverhältnis hinaus mit der weiteren Geschwindigkeitserhöhung entsprechend Gl. 6.131. Mit dem totalen Differential des Massestromes $d\dot{m}/m = d(c\rho A)/c\rho A$ erhält man

$$\frac{dc}{c} + \frac{d\rho}{\rho} + \frac{dA}{A} = 0 = \frac{d(c\rho A)}{c\rho A} = \frac{\rho A\, dc + cA\, d\rho + c\rho dA}{c\rho A} \tag{6.131}$$

Dafür wird eine eindimensionale isentrope Strömung entlang eines Stromfadens gemäß Abb. 6.35 betrachtet.

Die Kontinuitätsgleichung für die kompressible Strömung $\dot{m} = \rho c A$ ist in der differentiellen Schreibweise in Gl. 6.131 angegeben.

Gl. 6.131 zeigt, dass eine Geschwindigkeitsänderung auch die Dichteänderung der Strömung und die Änderung des Strömungsquerschnitts bedingt. Die Dichteänderung verursacht wiederum eine Druck- und Temperaturänderung, wie die thermische Zustandsgleichung in der differentiellen Form (Gl. 6.132) zeigt:

$$\frac{dp}{p} - \frac{d\rho}{\rho} - \frac{dT}{T} = 0 \tag{6.132}$$

Eliminiert man aus der differentiellen Form der Energiegleichung der Gasdynamik $dp + \rho c\, dc = 0$ (Gl. 6.133), die das Gleichgewicht zwischen der Druckkraft und der Trägheitskraft darstellt,

$$\frac{\kappa}{\kappa - 1} \frac{p}{\rho} \left(\frac{dp}{p} - \frac{d\rho}{\rho} \right) + c\, dc = 0 \tag{6.133}$$

den Druck dp/p und aus der Isentropengleichung ebenfalls $dp/p = \kappa d\rho/\rho$, so erhält man Gleichungen für die Dichte-Geschwindigkeitsbeziehung und die Flächen-Geschwindigkeitsbeziehung einer Überschalldüse. Aus Gl. 6.133 folgt:

$$\frac{dp}{p} = -\frac{\kappa - 1}{\kappa} \frac{\rho}{p} c\, dc + \frac{d\rho}{\rho} = \kappa \frac{d\rho}{\rho} \tag{6.134}$$

Mit dem Quadrat der Schallgeschwindigkeit $a^2 = \kappa p/\rho$ und mit der Machzahl $M = c/a$ erhält man die Dichte-Geschwindigkeitsbeziehung in der die kinematische und der Trägheitseinfluss ($-M^2\, dc/c = c\, dc/a^2 < 0$) enthalten ist und die vom Quadrat der Machzahl M^2 und vom bezogenen Geschwindigkeitsgradienten bestimmt wird.

$$\frac{d\rho}{\rho} = -\frac{c^2}{a^2} \frac{dc}{c} = -M^2 \frac{dc}{c} \tag{6.135}$$

Gl. 6.135 sagt aus, dass im kritischen Zustand bei $M = 1{,}0$ die relative Änderung der Dichte $d\rho/\rho$ gerade entgegengesetzt, aber im Betrag gleich groß der relativen Geschwindigkeitsänderung dc/c ist. Das bedeutet, dass die Stromdichte ρc konstant bleibt und auch

Tab. 6.6 Wirkung der Größe der Machzahl auf die Dichte- und Querschnittsänderung einer kompressiblen Strömung

M = 0	Ruhezustand	$\left\|\dfrac{\mathrm{d}\rho}{\rho}\right\| = 0$	$\dfrac{\mathrm{d}A}{A} = -\dfrac{\mathrm{d}c}{c} = \dfrac{\mathrm{d}p}{p} = 0$
M < 1,0	Unterschallgeschwindigkeit	$\left\|\dfrac{\mathrm{d}\rho}{\rho}\right\| < \left\|\dfrac{\mathrm{d}c}{c}\right\|$	$\dfrac{\mathrm{d}A}{A} < \dfrac{\mathrm{d}c}{c};\ \dfrac{\mathrm{d}p}{p} > \dfrac{\mathrm{d}\rho}{\rho}$
M = M* = 1,0	kritischer Zustand	$\left\|\dfrac{\mathrm{d}\rho}{\rho}\right\| = \left\|\dfrac{\mathrm{d}c}{c}\right\| = \left\|\dfrac{\mathrm{d}p}{p}\right\|$	$\dfrac{\mathrm{d}A}{A} = 0;\ \dfrac{\mathrm{d}A}{\mathrm{d}c} = 0$
M > 1,0	Überschallgeschwindigkeit	$\left\|\dfrac{\mathrm{d}\rho}{\rho}\right\| > \left\|\dfrac{\mathrm{d}c}{c}\right\|$	$\dfrac{\mathrm{d}A}{A} > \dfrac{\mathrm{d}c}{c};\ \dfrac{\mathrm{d}p}{p} > \dfrac{\mathrm{d}\rho}{\rho}$

der Querschnitt des Stromfadens konstant ist. Für die de Laval-Düse bedeutet das, dass der Düsenquerschnitt bei M = 1,0 keine Änderung erfährt $\mathrm{d}A/A = 0$ (Tab. 6.6).

Wird diese Dichteänderung in die Kontinuitätsgleichung (Gl. 6.131) eingeführt, so erhält man die Flächen-Geschwindigkeitsbeziehung für die isentrope Strömung, die ebenfalls vom Quadrat der Machzahl M^2 und vom bezogenen Geschwindigkeitsgradienten geprägt wird. Mit der differentiellen Energiegleichung $c\,\mathrm{d}c = -\mathrm{d}p/\rho$

$$\frac{\mathrm{d}A}{A} = (\mathrm{M}^2 - 1)\frac{\mathrm{d}c}{c} = (1 - \mathrm{M}^2)\frac{\mathrm{d}p}{\rho c^2} = \frac{\mathrm{d}c}{c} + \frac{\mathrm{d}\rho}{\rho} \qquad (6.136)$$

Die Größe der Machzahl beeinflusst sowohl die Dichteänderung als auch die Querschnittsänderung $\mathrm{d}A$ der Düse, wie Tab. 6.6 für vier verschiedene Zustände (verschieden große Machzahlen) entsprechend Gln. 6.135 und 6.136 zeigt.

Erhöht sich die Geschwindigkeit entlang eines Stromfadens $\mathrm{d}c/c > 0$ so trägt der zweite Summand der rechten Seite von Gl. 6.136 zu einer Verkleinerung des Stromfadenquerschnitts $\mathrm{d}A/A < 0$ bei. Außer diesem kinematischen Einfluss tritt mit dem ersten Summanden auf der rechten Seite von Gl. 6.136 auch der Trägheitseffekt auf ($-\mathrm{M}^2\,\mathrm{d}c/c = -c\,\mathrm{d}c/a^2 < 0$), der einer Verringerung des Stromfadenquerschnitts entgegenwirkt. Diese Trägheitsgröße $-\mathrm{M}^2\,\mathrm{d}c/c$ entspricht dem Druckgradienten, der die Strömung beschleunigt. Damit verbunden ist auch die Verdünnung des Fluids ($\mathrm{d}\rho/\rho < 0$). Zur Gewährleistung der Kontinuität muss das Fluid expandieren, was zur Vergrößerung des Stromfadenquerschnitts $\mathrm{d}A/A > 1$ führt.

Bei der beschleunigten Gasströmung treten also der kinematische- und der Trägheitseinfluss auf. Der kinematische Einfluss ($\mathrm{d}c/c$) in Gl. 6.136 führt zur Verkleinerung des Stromfadenquerschnitts, während der Trägheitseinfluss ($-\mathrm{M}^2\,\mathrm{d}c/c$), d. h. die Expansion des Gases zur Vergrößerung des Stromfadenquerschnitts führt. Gl. 6.136 zeigt, dass bei der Unterschallströmung M < 1 der kinematische Einfluss und bei der Überschallströmung M > 1 der Trägheitseinfluss (Gasverdünnung) dominiert.

Abb. 6.39 Querschnittsverlauf in einer Düse bei kompressibler und inkompressibler Strömung

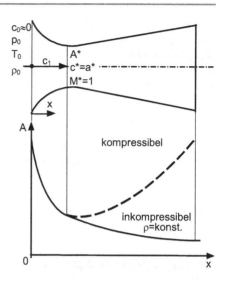

Der Querschnittsverlauf einer Düse ist in Abb. 6.39 in Abhängigkeit der Düsenlänge für die kompressible Strömung und für eine inkompressible Strömung dargestellt. Die Flächen-Geschwindigkeits-Beziehung (Gl. 6.136) kann nun gelöst werden und man erhält für eine konstante Machzahl M das Querschnittsverhältnis A_2/A_1 einer Überschalldüse.

$$\ln \frac{A_2}{A_1} = (M^2 - 1) \ln \frac{c_2}{c_1} = \ln \left(\frac{c_2}{c_1} \right)^{(M^2 - 1)} \tag{6.137}$$

Daraus folgt für das Querschnittsverhältnis von Überschalldüsen (de Laval-Düsen)

$$\frac{A_2}{A_1} = \left(\frac{c_2}{c_1} \right)^{(M^2 - 1)} \tag{6.138}$$

oder

$$\frac{A}{c^{(M^2 - 1)}} = \text{konst.} \tag{6.139}$$

Für den Unterschallbereich M < 1,0 lautet Gl. 6.139

$$\frac{A_2}{A_1} = \frac{c_1^{(1 - M_1^2)}}{c_2^{(1 - M_2^2)}} \tag{6.140}$$

Gl. 6.140 zeigt, dass die Beschleunigung einer Strömung im Unterschallgebiet die Verengung und im Überschallbereich die Erweiterung des Düsenquerschnitts erfordert (Abb. 6.39 und 6.40).

Die Dichte- und Druckänderungen im Überschallbereich einer de Laval-Düse betragen:

$$\frac{d\rho}{\rho} = -\frac{M^2}{(M^2 - 1)} \frac{dA}{A} \tag{6.141}$$

Abb. 6.40 Druck- und Geschwindigkeitsverlauf in
einer de Laval-Düse bei un-
terkritischer, kritischer und
überkritischer Expansion

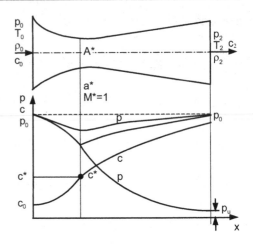

Die Dichteänderung beträgt damit:

$$\frac{\rho_2}{\rho_1} = \left(\frac{A_1}{A_2}\right)^{\frac{M^2}{M^2-1}} ; \quad \frac{A_2}{A_1} = \left(\frac{\rho_1}{\rho_2}\right)^{\frac{M^2-1}{M^2}} \tag{6.142}$$

Wird die Dichteänderung $d\rho/\rho$ aus Gl. 6.141 in die Isentropengleichung in der differentiellen Form $\frac{dp}{p} = \kappa \frac{d\rho}{\rho}$ eingeführt, so erhält man die Gleichung für den bezogenen
Druckgradienten

$$\frac{dp}{p} = -\kappa M^2 \frac{dc}{c} = -\frac{\kappa M^2}{(M^2-1)}\frac{dA}{A} \rightarrow \frac{dc}{c} = \frac{1}{(M^2-1)}\frac{dA}{A} \tag{6.143}$$

Daraus ergibt sich das Druckverhältnis durch Integration:

$$\frac{p_2}{p_1} = \left(\frac{A_1}{A_2}\right)^{\frac{\kappa M^2}{M^2-1}} \tag{6.144}$$

Für die de Laval-Düse mit kreisförmigem Querschnitt $A = \pi d^2/4$ beträgt das Druckverhältnis:

$$\frac{p_2}{p_1} = \left(\frac{d_1}{d_2}\right)^{\frac{2\kappa M^2}{M^2-1}} \tag{6.145}$$

Erwartungsgemäß sinkt der Druck in der Überschalldüse, während die Geschwindigkeit
ansteigt (Gl. 6.140). In Abb. 6.40 sind der Druck- und Geschwindigkeitsverlauf in einer
de Laval-Düse mit der Beschleunigung der Strömung über die kritische Geschwindigkeit
c^* hinaus dargestellt. Wird die kritische Geschwindigkeit c^* im engsten Querschnitt A^*
nicht erreicht, so wirkt der Erweiterungsteil der Düse als Diffusor und der Druck p steigt
bei reibungsfreier Strömung wieder auf den Anfangswert p_0 an (Abb. 6.40). In der realen
reibungsbehafteten Strömung steigt der Druck im Diffusor auch an, erreicht aber nicht den

Abb. 6.41 Bezogene Zustandsgrößen bei isentroper Strömung von Luft mit $\kappa = 1{,}4$ in Abhängigkeit des Geschwindigkeitsverhältnisses c/c_{max}

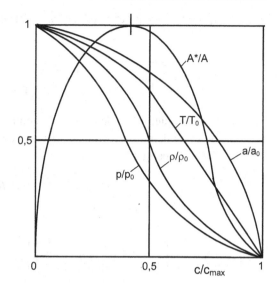

Anfangswert p_0. Die erreichbare Maximalgeschwindigkeit bei Ausströmen in das totale Vakuum ist in Gl. 6.60 angegeben. Unter Benutzung der Bernoulligleichung (Gl. 6.79) und der Gleichungen für die Verhältniswerte im Ruhezustand (Gln. 6.71 bis 6.72) lässt sich die Änderung der Zustandsgrößen in Abhängigkeit des Geschwindigkeitsverhältnisses c/c_{max} darstellen (Abb. 6.41).

$$\left(\frac{c}{c_{max}}\right)^2 = 1 - \left(\frac{a}{a_0}\right)^2 = 1 - \frac{T}{T_0} = 1 - \left(\frac{\rho}{\rho_0}\right)^{\kappa-1} = 1 - \left(\frac{p}{p_0}\right)^{\frac{\kappa-1}{\kappa}} \tag{6.146}$$

Abb. 6.41 zeigt, dass die örtliche Schallgeschwindigkeit a bzw. das Verhältnis a/a_0 mit zunehmender Strömungsgeschwindigkeit c von dem Wert $a/a_0 = 1{,}0$ im Ruhezustand absinkt und bei der Maximalgeschwindigkeit von $c = c_{max}$, die erst im absoluten Vakuum bei $p = 0$, $\rho = 0$ und $T = 0$ erreicht wird, den Wert $a = \sqrt{\kappa R T} = 0$ mit $a/a_0 = 0$ annehmen würde.

Daraus wird auch sichtbar, dass es unterschiedliche Schallgeschwindigkeiten in Strömungen gibt, die streng auseinander zu halten sind:

Es sind dies die Ruheschallgeschwindigkeit im ruhenden Fluid,

$$a_0 = \sqrt{\kappa \frac{p_0}{\rho_0}} = \sqrt{\kappa R T_0} \tag{6.147}$$

die örtliche Schallgeschwindigkeit in einem Punkt der Stromlinie,

$$a = \sqrt{\kappa \frac{p}{\rho}} = \sqrt{\kappa R T} = \sqrt{\kappa \frac{p_0}{\rho_0} \left(\frac{p}{p_0}\right)^{\frac{\kappa-1}{\kappa}}} \tag{6.148}$$

und die kritische Schallgeschwindigkeit a^* im kritischen Punkt mit der Machzahl M = M* = 1

$$a^* = \sqrt{\frac{2}{\kappa + 1}} a_0 = \sqrt{\frac{\kappa - 1}{\kappa + 1}} c_{\max} = \sqrt{\frac{2\kappa}{\kappa + 1} \frac{p_0}{\rho_0}} = \sqrt{\frac{2\kappa}{\kappa + 1} R T_0} \qquad (6.149)$$

Mit diesen unterschiedlichen Schallgeschwindigkeiten lassen sich auch zwei unterschiedliche Machzahlen definieren, wobei die Ruhemachzahl bei $c = 0$ stets $M_0 = 0$ ist. Die örtliche Machzahl beträgt

$$M = \frac{c}{a} = \frac{c}{\sqrt{\kappa R T}} \qquad (6.150)$$

und die kritische Machzahl beträgt:

$$M^* = \frac{c^*}{a^*} = \left\{ \frac{\kappa + 1}{\kappa - 1} \left[1 - \left(\frac{p}{p_0} \right)^{\frac{\kappa - 1}{\kappa}} \right] \right\}^{\frac{1}{2}} = \left\{ \frac{\kappa + 1}{\kappa - 1} \left[1 - \left(\frac{a}{a_0} \right)^2 \right] \right\}^{\frac{1}{2}}$$

$$\text{mit } \left(\frac{a}{a_0} \right)^2 = \frac{T}{T_0} \qquad (6.151)$$

Damit erhält man unter Berücksichtigung der Isentropengleichung $p/p_0 = (\rho/\rho_0)^\kappa = (T/T_0)^{\kappa/(\kappa-1)}$ die Beziehung für das exponierte Druckverhältnis:

$$\left(\frac{p}{p_0} \right)^{\frac{\kappa - 1}{\kappa}} = \left(\frac{\rho}{\rho_0} \right)^{\kappa - 1} = \frac{1}{1 + \frac{\kappa - 1}{2} M^2} \qquad (6.152)$$

Führt man Gl. 6.152 in Gl. 6.59 ein und betrachtet die Kontinuitätsgleichung (Gl. 6.131) für einen beliebigen Punkt auf der Stromlinie und für den kritischen Zustand $\rho c A = \rho^* c^* A^*$, so kann für das Flächenverhältnis im kritischen Querschnitt A^*/A geschrieben werden:

$$\frac{A^*}{A} = \frac{\rho c}{\rho^* c^*} \qquad (6.153)$$

Das Dichteverhältnis im kritischen Querschnitt einer Überschalldüse ρ/ρ^* beträgt:

$$\frac{\rho}{\rho^*} = \frac{1}{M^*} \frac{A^*}{A} = \left[\frac{1 - \frac{\kappa - 1}{\kappa + 1} M^{*2}}{1 - \frac{\kappa - 1}{\kappa + 1}} \right]^{\frac{1}{\kappa - 1}} \qquad (6.154)$$

Für das Querschnittsverhältnis im kritischen Querschnitt (geringster Querschnitt $A^* = A_{\min}$) ergibt sich für $c^* = a^*$ und M* = 1 aus Gln. 6.153 und 6.154

$$\frac{A^*}{A} = \frac{\rho}{\rho^*} \frac{c^*}{a^*} = \frac{\rho}{\rho^*} M^* = M^* \left[\frac{1 - \frac{\kappa - 1}{\kappa + 1} M^{*2}}{1 - \frac{\kappa - 1}{\kappa + 1}} \right]^{\frac{1}{\kappa - 1}} = \frac{M}{\left[\frac{2}{\kappa + 1} \left(1 + \frac{\kappa - 1}{2} M^2 \right) \right]^{\frac{\kappa + 1}{2(\kappa - 1)}}} \qquad (6.155)$$

Für die kritische Machzahl $M^* = 1$ ergibt sich aus Gl. 6.155 das Querschnittsverhältnis $A^*/A = 1{,}0$, d. h. im kritischen Punkt erfährt der Querschnitt einer Überschalldüse keine Änderung in Abhängigkeit der Ortskoordinate. Der Düsenquerschnitt befindet sich in diesem Punkt im Wendepunkt zwischen dem konvergierenden und dem danach folgenden divergierenden Teil der Überschalldüse (Abb. 6.40). Im engsten Querschnitt der Überschalldüse für $A = $ konst. lautet die Kontinuitätsgleichung $\dot{m}/A = \rho c = $ konst. Das Produkt ρc wird als Stromdichte bezeichnet mit der Dimension Pa/(m/s). Die Stromdichte erreicht im kritischen Punkt bei $M^* = 1$ den größten Wert. Diese spezielle Form der Kontinuitätsgleichung ρc hat zwei Lösungen. Die erste im Unterschallgebiet mit großer Dichte und geringer Geschwindigkeit und die zweite im Überschallgebiet mit hoher Geschwindigkeit $c \geq a^*$ und geringer Dichte (de Laval-Düse).

Der Massestrom $\dot{m}$ in der de Laval-Düse ergibt sich aus der Kontinuitätsgleichung entsprechend Gl. 6.124 zu:

$$\dot{m} = A_2 \sqrt{2 p_0 \rho_0} \Psi\left(\kappa, \frac{p}{p_0}\right) = A_2 \sqrt{2 p_0 \rho_0} \left\{ \frac{\kappa}{\kappa - 1} \left[\left(\frac{p}{p_0}\right)^{\frac{2}{\kappa}} - \left(\frac{p}{p_0}\right)^{\frac{\kappa-1}{\kappa}} \right] \right\}^{\frac{1}{2}}$$

(6.156)

Der kritische Querschnitt der de Laval-Düse ist vom Druckverhältnis p/p_0 und von der Gasart κ abhängig. Er kann ebenfalls aus der Kontinuitätsgleichung (Gl. 6.156) berechnet werden zu:

$$A^* = \frac{\dot{m}}{\Psi_{\max} \rho^* c_s^*}$$

(6.157)

Das Flächenverhältnis $A_x/A_{\min} = A_x/A^* = \Psi_{\max}/\Psi_{xs}$ beträgt mit den Gleichungen für Ψ (Gl. 6.124) und $\Psi_{\max}$ (Gl. 6.129)

$$\frac{A_x}{A^*} = \frac{\sqrt{\frac{\kappa}{\kappa+1}} \left(\frac{2}{\kappa+1}\right)^{\frac{1}{\kappa-1}}}{\left\{ \frac{\kappa}{\kappa-1} \left[\left(\frac{p}{p_0}\right)^{\frac{2}{\kappa}} - \left(\frac{p}{p_0}\right)^{\frac{\kappa+1}{\kappa}} \right] \right\}^{\frac{1}{2}}} = \frac{\sqrt{\frac{\kappa-1}{\kappa+1}} \left(\frac{2}{\kappa+1}\right)^{\frac{\kappa}{\kappa-1}}}{\left\{ \left[\left(\frac{p}{p_0}\right)^{\frac{2}{\kappa}} - \left(\frac{p}{p_0}\right)^{\frac{\kappa+1}{\kappa}} \right] \right\}^{\frac{1}{2}}}$$

(6.158)

Darin ist der örtliche Druck $p = p_{xs}$ für die isentrope Expansion und p_0 der Totaldruck $p_t = p_{st} + \rho c^2/2$ am Düsenaustritt.

Der kritische Querschnitt A^* beträgt für zweiatomige Gase und für Luft $A^*/A = 1{,}460$. Für ein vorgegebenes Druckverhältnis $p/p_0 = p_{xs}/p_{t0}$ können alle Strömungsparameter mit Hilfe der Energiegleichung und mit der Isentropengleichung oder mit Hilfe der Ausflussgleichung von Saint-Venant und Wanzel berechnet werden.

Abb. 6.42 Zustandsgrößen bei isentroper Strömung von Luft ($\kappa = 1{,}4$) in Abhängigkeit der kritischen Machzahl M*

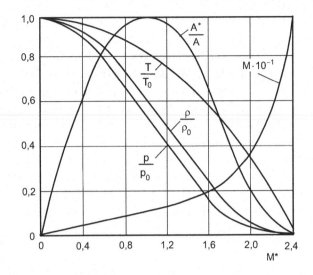

Die lokale Machzahl in der de Laval-Düse am Ort x mit dem Druck p $\mathrm{M}_x = M(p/p_0)$ erhält man in der Düsenmitte:

$$M_x = \frac{c_x}{a_x} = \frac{1}{\sqrt{\kappa R T_x}} \left\{ \frac{2\kappa}{\kappa - 1} \frac{p}{p_0} \left[1 - \left(\frac{p}{\rho_0} \right)^{\frac{\kappa - 1}{\kappa}} \right] \right\}^{\frac{1}{2}} \quad \text{oder} \quad (6.159)$$

$$M_x = \left\{ \frac{2}{\kappa - 1} \left[\left(\frac{p}{p_0} \right)^{\frac{1-\kappa}{\kappa}} - 1 \right] \right\}^{\frac{1}{2}} \quad (6.160)$$

Die lokale Machzahl M_x steigt bis zum Düsenaustritt bei 2 stetig an. Im kritischen Querschnitt bei M* = 1 (engster Düsenquerschnitt) beträgt das kritische Druckverhältnis

$$\left(\frac{p^*}{p_0} \right) = \left(\frac{p_{\mathrm{krit}}}{p_0} \right) = \left(\frac{2}{\kappa + 1} \right)^{\frac{\kappa}{\kappa + 1}} \quad (6.161)$$

Für vier Fluide sind die kritischen Druckverhältnisse in Tab. 6.5 dargestellt.

Der lokale Druck in der de Laval-Düse bestimmt auch die örtliche Dichte in der Düse ρ^* für die isentrope Expansion $ds = 0$, die stetig abnimmt. Entsprechend der Kontinuitätsgleichung $\dot{m} = \rho c A$ muss für den Entwurf der de Laval-Düse mit einem vorgegebenen Druckverlauf $p(x)$ eine entsprechende Querschnittsfläche $A(x) = A(p)$ verfügbar sein, die mit der Düsenkoordinate entsprechend Abb. 6.42 zeigt, dass der kritische Querschnitt der Überschalldüse mit einem unendlichen Wert A^* bei $p/p_0 = 0$ beginnt und bei $p/p_0 = 1{,}0$ endet.

Bei dem kritischen Druckverhältnis $p^*/p_0 = 0{,}528$ für Luft beträgt der kritische Düsenquerschnitt $A^*/A = 1{,}460$. Für einen Massestrom von $\dot{m} = 1\,\mathrm{kg/s}$ würde bei einer geringen Anfangsdruckabsenkung ein unendlich großer Düsenanfangsquerschnitt benötigt, zumal auch die erzeugte Düsengeschwindigkeit sehr gering wäre. Tatsächlich ist die Strömung in der Düse dreidimensional und benötigt infolge dessen einen unendlich großen Querschnitt.

Im Überschallbereich der de Laval-Düse mit $M > 1,0$ ist $A^*/A < 1$, d. h. der Querschnitt erweitert sich. Der Zusammenhang der kritischen Machzahl M^* und der örtlichen Machzahl M ergibt sich aus den Schallgeschwindigkeiten der Gl. 6.74 mit der Definition der Machzahlen $M^* = c^*/a^*$ und $M = c/a$ (Gl. 6.52) zu

$$M^* = \frac{c^*}{a^*} = \frac{c^*}{\left[\frac{2}{\kappa+1}\right]^{\frac{1}{2}} a_0} = \left[\frac{(\kappa + 1)\,M^2}{2 + (\kappa - 1)\,M^2}\right]^{\frac{1}{2}} \qquad (6.162)$$

Daraus kann auch die Machzahl M in Abhängigkeit der kritischen Machzahl M^* angegeben werden:

$$M = \left[\frac{2M^{*2}}{(\kappa + 1) - (\kappa - 1)\,M^{*2}}\right]^{\frac{1}{2}} = \left[\frac{M^{*2}}{1 - \frac{\kappa-1}{2}\,(M^{*2} - 1)}\right]^{\frac{1}{2}} \qquad (6.163)$$

Gl. 6.163 zeigt, dass die örtliche Machzahl M für den Grenzwert der kritischen Machzahl von $M^* = 2,45$ dem Wert $M \to \infty$ zustrebt (Abb. 6.42).

Die Verhältniswerte der Zustandsgrößen bezogen auf die Ruhegrößen p_0, T_0 und ρ_0 p/p_0, T/T_0, ρ/ρ_0 können auch in Abhängigkeit der kritischen Machzahl M^* dargestellt werden, deren Maximalwert bei $M^* = 2,45$ erreicht wird (Abb. 6.42).

In Tab. 6.7 sind die Gleichungen für die örtlichen und die kritischen Machzahlen sowie für die gasdynamischen Verhältniswerte a/a_0, T/T_0, p/p_0 und ρ/ρ_0 mit den zugehörigen Bestimmungsgleichungen für die isentrope Strömung idealer Gase mit konstanter spezifischer isobarer Wärmekapazität c_p = konst. nach [4] zusammengestellt. Tab. 6.7 ist hilfreich bei der Durchführung gasdynamischer Berechnungen. Der dick umrandete Bereich der Tab. 6.7 mit den ersten vier Zeilen und Spalten gilt auch für adiabate Zustandsänderungen der Strömung ohne Energieaustausch mit der Umgebung (q = konst.), bei der die Ruhetemperatur T_0 konstant ist. Diese Gleichungen können also auch für adiabate reibungsbehaftete Strömungsvorgänge benutzt werden.

In Abb. 6.43 sind die geometrischen Formen der Düsen und Diffusoren für die Unterschall- und Überschallströmung dargestellt.

Bei der Unterschallströmung $M < 1$, $c < a^*$ wird die Strömung in der Düse mit $dA(x) < 0$ beschleunigt und im Diffusor mit $dA > 0$ verzögert und der Druck erhöht. Bei einer Überschallströmung mit $M > 1$ erfordert die Düse zur Beschleunigung der Strömung eine Querschnittserweiterung $dA(x) > 0$ und der Diffusor zur Verzögerung der Strömung eine Querschnittsverengung $dA < 0$.

Tab. 6.7 Verhältniswerte der Strömungsparameter idealer Gase mit konstanter spezifischer isobarer Wärmekapazität $c_\mathrm{p} = $ konst. nach Oswatitsch [4]

	M^2	M^{*2}	$\dfrac{a}{a_0}$	$\dfrac{T}{T_0}$	$\dfrac{p}{p_0}$	$\dfrac{\rho}{\rho_0}$
M^2	M^2	$\dfrac{M^{*2}}{1-\dfrac{\kappa-1}{2}\left(M^{*2}-1\right)}$	$\dfrac{2}{\kappa-1}\left[\left(\dfrac{a_0}{a}\right)^2-1\right]$	$\dfrac{2}{\kappa-1}\left(\dfrac{T_0}{T}-1\right)$	$\dfrac{2}{\kappa-1}\left[\left(\dfrac{p_0}{p}\right)^{\frac{\kappa-1}{\kappa}}-1\right]$	$\dfrac{2}{\kappa-1}\left[\left(\dfrac{\rho_0}{\rho}\right)^{\kappa-1}-1\right]$
M^{*2}	$\dfrac{M^2}{1+\dfrac{\kappa-1}{\kappa+1}\left(M^2-1\right)}$	M^{*2}	$\dfrac{\kappa+1}{\kappa-1}\left[1-\left(\dfrac{a}{a_0}\right)^2\right]$	$\dfrac{\kappa+1}{\kappa-1}\left(1-\dfrac{T}{T_0}\right)$	$\dfrac{\kappa+1}{\kappa-1}\left[1-\left(\dfrac{p}{p_0}\right)^{\frac{\kappa-1}{\kappa}}\right]$	$\dfrac{\kappa+1}{\kappa-1}\left[1-\left(\dfrac{\rho}{\rho_0}\right)^{\kappa-1}\right]$
$\dfrac{a}{a_0}$	$\dfrac{1}{\sqrt{1+\dfrac{\kappa-1}{2}M^2}}$	$\sqrt{1-\dfrac{\kappa-1}{\kappa+1}M^{*2}}$	$\dfrac{a}{a_0}$	$\sqrt{\dfrac{T}{T_0}}$	$\left(\dfrac{p}{p_0}\right)^{\frac{\kappa-1}{2\kappa}}$	$\left(\dfrac{\rho}{\rho_0}\right)^{\frac{\kappa-1}{2}}$
$\dfrac{T}{T_0}$	$\dfrac{1}{1+\dfrac{\kappa-1}{2}M^2}$	$1-\dfrac{\kappa-1}{\kappa+1}M^{*2}$	$\left(\dfrac{a}{a_0}\right)^2$	$\dfrac{T}{T_0}$	$\left(\dfrac{p}{p_0}\right)^{\frac{\kappa-1}{\kappa}}$	$\left(\dfrac{\rho}{\rho_0}\right)^{\kappa-1}$
$\dfrac{p}{p_0}$	$\dfrac{1}{\left(1+\dfrac{\kappa-1}{2}M^2\right)^{\frac{\kappa}{\kappa-1}}}$	$\left(1-\dfrac{\kappa-1}{\kappa+1}M^{*2}\right)^{\frac{\kappa}{\kappa-1}}$	$\left(\dfrac{a}{a_0}\right)^{\frac{2\kappa}{\kappa-1}}$	$\left(\dfrac{T}{T_0}\right)^{\frac{\kappa}{\kappa-1}}$	$\left(\dfrac{p}{p_0}\right)$	$\left(\dfrac{\rho}{\rho_0}\right)^{\kappa}$
$\dfrac{\rho}{\rho_0}$	$\dfrac{1}{\left(1+\dfrac{\kappa-1}{2}M^2\right)^{\frac{1}{\kappa-1}}}$	$\left(1-\dfrac{\kappa-1}{\kappa+1}M^{*2}\right)^{\frac{1}{\kappa-1}}$	$\left(\dfrac{a}{a_0}\right)^{\frac{2}{\kappa-1}}$	$\left(\dfrac{T}{T_0}\right)^{\frac{1}{\kappa-1}}$	$\left(\dfrac{p}{p_0}\right)^{\frac{1}{\kappa}}$	$\left(\dfrac{\rho}{\rho_0}\right)$

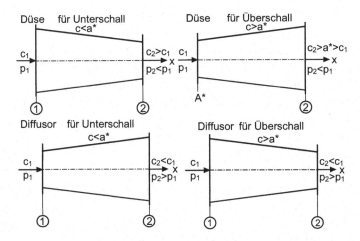

Abb. 6.43 Geometrische Formen von Düsen und Diffusoren für die Unterschall- und Überschallströmung

6.7.9 Betriebsverhalten von Überschalldüsen

De Laval-Düsen müssen exakt im Auslegungspunkt, d. h. bei dem vorgegebenen Druckverhältnis p_1/p_2 betrieben werden, ansonsten setzt bei zu hohem Gegendruck p_2 ein Verdichtungsstoß mit einer Strahlablösung in der Düse ein und die vorgesehene Endgeschwindigkeit wird nicht erreicht oder bei zu geringem absoluten Druck hinter der Düse

Abb. 6.44 Druckänderung in einer de Laval-Düse bei variablem Gegendruck p_2' kleiner oder größer p_2 mit Strahlexpansion und Verdichtungsstoß

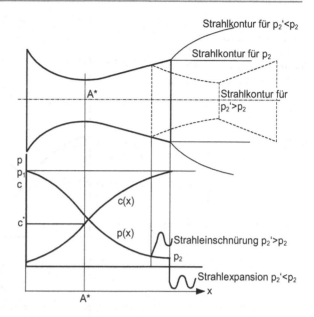

gibt es am Austritt eine Strahlexpansion, wobei der Druck sprungartig auf den Austrittsdruck sinkt (Abb. 6.44).

Folgt der Druck in einer Überschalldüse im überkritischen Bereich nicht dem Druckverlauf $p(x)$ gemäß Gl. 6.145, kann sich die Strömung in der Düse nicht isentrop an den Austrittszustand p_2 annähern, sondern sie verändert sich sprunghaft auf den Druck p_2', die Dichte ρ_2' und die Temperatur T_2'. Sinkt der Druck p_2' am Düsenaustritt unter den Auslegungsdruck $p_2' < p_2$, so expandiert die Strömung am Düsenaustritt. Steigt der Druck am Düsenaustritt über den Auslegungsdruck $p_2' > p_2$, so führt das zu einem Verdichtungsstoß in der de Laval-Düse und die Strömung löst von der Düsenwand ab (Abb. 6.45).

Abb. 6.45 Druckänderung in einer de Laval-Düse. Verdichtungsstoß des Gases beim Düsenaustritt mit $p_2 = 3{,}13$ bar und M = 1,4 von N. Johannesen aus M. Van Dyke [15]

Abb. 6.46 Machzahl- und
Entropieverlauf in einer
de Laval-Düse bei zu hohem
Gegendruck $p_2' > p_2$ mit Ablösung und Verdichtungsstoß

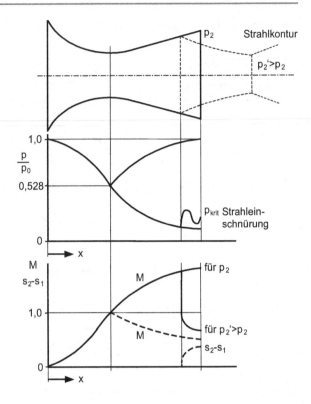

Dieser Stoßvorgang verursacht Strömungsverluste, die sich als Entropieerhöhung gemäß
Gl. 6.164 darstellen.

$$s_2 - s_1 = c_p \ln \frac{T_2}{T_1} - R \ln \frac{p_2}{p_1} \qquad (6.164)$$

In Abb. 6.46 sind der dimensionslose Druckverlauf p/p_0, der Verlauf der Machzahl
M und der Entropieverlauf $s_2 - s_1$ in einer de Laval-Düse bei erhöhtem Druck hinter der
Düse für $p_2' > p_2$ dargestellt.

6.8 Verdichtungsstoß

Verdichtungsstöße treten auf, wenn die Geschwindigkeit einer Überschallströmung plötzlich verzögert wird, dabei die Schallgeschwindigkeit des Fluids durchschreitet und eine
geringere Geschwindigkeit $c < a^*$ annimmt, wobei der Druck plötzlich ansteigt. Verdichtungsstöße können in de Laval-Düsen, in Schaufelgittern von Gas- und Dampfturbinen,
in Turboverdichtern, bei Überschallflugzeugen und Weltraumfahrzeugen als Überschallknall mit der Druck- und Dichteänderung, bei Gasexplosionen, beim Gewitter (Donner)
und beim Peitschenknall auftreten. Der Verdichtungsstoß ist stets mit einem Druckstoß
verbunden, der akustisch hörbar ist.

Betrachten wir eine kompressible Strömung in einem Rohr konstanten Querschnitts A, so kann die Kontinuitätsgleichung in der Form geschrieben werden:

$$\frac{\dot{m}}{A} = \rho c = \text{konst.} \tag{6.165}$$

Die Stromdichte ρc ist darin eine konstante Größe, die durch $\rho = \text{konst.}$ und $c = \text{konst.}$ erfüllt werden kann (inkompressible Strömung). Die Gleichung $\rho c = \text{konst.}$ kann aber auch für eine sinkende Dichte ρ und entsprechend steigende Geschwindigkeit $c = \text{konst.}/\rho$ erfüllt werden. Die Dichteänderung kann durch einen Wärmeaustausch durch die Rohrwand oder durch die Dissipationsenergie der reibungsbehafteten Strömung in einem Rohr bedingt sein. Bei der Druckabsenkung dp durch Reibung wird die Dichteveränderung umso größer sein, je größer die Stromdichte der Rohrströmung $\rho c = \dot{m}/A$ ist.

Differenziert man Gl. 6.165, so erhält man:

$$\rho \, dc + c \, d\rho = 0 \tag{6.166}$$

oder umgeformt:

$$\frac{d\rho}{\rho} = -\frac{dc}{c} \tag{6.167}$$

Gl. 6.167 zeigt, dass eine Absenkung der Dichte in einer Rohrleitung konstanten Querschnitts zu einer Geschwindigkeitserhöhung führt, die bis zum Maximalwert der Schallgeschwindigkeit $a^2 = (\partial p/\partial \rho)_s = -(1/\rho^2)(\partial p/\partial(1/\rho))_s$ im Punkt A reichen kann, wie die Fanno-Kurve in Abb. 6.47b für die adiabate reibungsbehaftete Strömung zeigt. Eine weitere Geschwindigkeitssteigerung über die Schallgeschwindigkeit hinweg mit der damit verbundenen Drucksenkung ist nicht möglich, weil dabei die Entropie der adiabaten Rohrströmung abnehmen müsste, was dem 2. Hauptsatz der Thermodynamik widersprechen würde (Abb. 6.47b).

Bei dem Druck $p = p_S$ erreicht die Geschwindigkeit im Punkt A gerade die Schallgeschwindigkeit $c = a$ mit der Machzahl M = 1. Tritt nun aber ein Fluid mit Überschallgeschwindigkeit $c_0 > a$ in ein Rohr mit $A = \text{konst.}$ ein, so liegt der Eintrittszustand p_0, T_0, c_0, h_0 auf dem unteren Teil der Fanno-Kurve im h-s-Diagramm (Abb. 6.47b). Bei der weiteren Rohrströmung nimmt die Geschwindigkeit entsprechend Abb. 6.47 ab, während sich der Druck p_2 und die spezifische Entropie s_2 erhöhen. Im Punkt A mit der senkrechten Tangente an der Fanno-Kurve erreicht die Geschwindigkeit c die Schallgeschwindigkeit a^* und der Druck den Schalldruck p_S. Höhere Austrittsdrücke über dem Schalldruck $p_2 > p_S$ und damit kleinere Geschwindigkeiten $c < a$ können nur durch einen Verdichtungsstoß im Rohr unter Wirbelbildung erreicht werden.

Dabei ändert sich der Zustand des Fluids vom unteren Teil der Fanno-Kurve im Punkt 0 sprungartig unter Entropiezunahme von s_0 auf den Punkt 2 der Fanno-Kurve jenseits des Punktes A mit $c \leq a$ und s_2 (Abb. 6.47b). Dadurch erhöhen sich der Druck, die Temperatur, die spezifische Enthalpie unstetig und irreversibel $ds > 0$. Die Geschwindigkeit

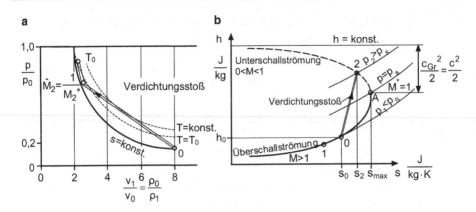

Abb. 6.47 Verdichtungsstoß für eine adiabate Überschallströmung mit Reibung im Rohr mit konstantem Querschnitt A **a** im p/p_0-ρ_0/ρ-Diagramm und **b** im h-s-Diagramm mit der Fannokurve

wird dabei von der Überschallgeschwindigkeit $c_1 > a$ auf eine Unterschallgeschwindigkeit herabgesetzt $c < a$. Die Zustandsänderung beim Verdichtungsstoß löst sich also von der Zustandskurve $\rho c = \dot{m}/A = \text{konst.}$ und verläuft in einer dünnen Fluidschicht von einigen freien Weglängen der Moleküle des Fluids.

6.8.1 Senkrechter Verdichtungsstoß

Der Verdichtungsstoß ist eine charakteristische Erscheinung bei Überschallströmungen. Dazu wird eine kompressible isentrope eindimensionale Strömung in einem Rohr mit konstantem Querschnitt A im Kontrollraum zwischen 1 und 2 entsprechend Abb. 6.48 betrachtet. Dafür werden die Erhaltungssätze für den Massestrom, für den Energiestrom und für den Impulsstrom genutzt, die zwei Lösungen liefern. Die bekannte triviale Lösung für konstante spezifische Entropie $s = \text{konst.}$, bei der außer Reibungsverlusten in der realen Strömung keine Dissipationsenergie entsteht und eine Lösung mit unstetiger Druck- und Dichteerhöhung, die mit einer beträchtlichen Verzögerung der Geschwindigkeit mit einer Druckerhöhung und mit einer Entropieerhöhung verbunden ist. Die zweite Lösung wird nachfolgend betrachtet.

Der Abstand der Ein- und Austrittsflächen des Kontrollraumes für den Verdichtungsstoß soll klein sein und im Bereich von 1 mm bis 3 mm liegen, wie die Schlierenbilder der Dichteänderungen von Verdichtungsstößen zeigt (Abb. 6.49). Das sind bei einer mittleren freien Weglänge der Moleküle eines idealen Gases von $\lambda = 68\,\text{nm}$ ein bis zwei Schichten der mittleren freien Weglänge von $\lambda = 68\,\text{nm}$, eines idealen Gases bei $p_0 = 100\,\text{kPa}$ und $t = 293,16\,\text{K}$ (Abb. 6.48). Diese Dichten von beobachteten Verdichtungsstoßfronten decken sich auch mit den gemessenen Schichtdicken der Druckstoßfronten in Seitenkanalverdichtern (Abb. 6.50). In diesen Verdichtungsstoßfronten können sich in realen Gasen

Abb. 6.48 Zustandsänderung p, T, ρ, c einer Überschall-strömung beim senkrechten Verdichtungsstoß im realen Gas eines Rohres mit $A = $ konstant

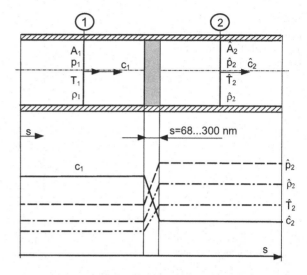

Abb. 6.49 Schlierenbild der Verdichtungsstoßlinien an einer Kugel die sich in Luft mit der Machzahl von $M = 4{,}01$ bewegt, nach A. C. Charters (Van Dyke 2007)

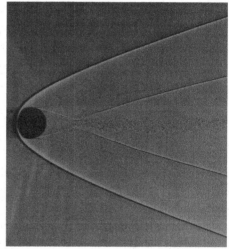

die plötzlichen Druck-, Dichte-, Temperatur- und Geschwindigkeitsänderungen in der Zeit von 10 bis 50 μs ausbilden. Verdichtungsstöße laufen stets bei polytroper Zustandsänderung mit Entropiezuwachs $\Delta s = \hat{s}_2 - s_1$ ab. Wie das Rankine-Hugoniot-Diagramm (Abb. 6.51) zeigt, sind die Zustandsänderungen der Stoßadiabate und der isentropen Zustandsänderung für Verdichtungsstöße mit kleinen Dichteänderungen bis $\hat{\rho}_2/\rho_1 \leq 2{,}2$ nahezu gleich, sodass die Art der Zustandsänderung beim Verdichtungsstoß ohne Belang ist. Das gilt allerdings nicht mehr für Verdichtungsstöße mit größerer Dichteänderung $\hat{\rho}_2/\rho_1 > 2{,}2$ und $\hat{p}_2/p_1 = (\hat{\rho}_2/\rho_1)^\kappa = 3{,}016$ (Abb. 6.51).

Bei reibungsfreier inkompressibler Strömung folgt die Lösung aus der Kontinuitätsgleichung für $A = $ konst. $c_2 = c_1$ und $p_2 = p_1$, die auch für kompressible Strömungen

Abb. 6.50 Druckverlauf
beim Verdichtungsstoß mit
$\hat{p}_2/p_1 = 1{,}02$ in einem Seitenkanalverdichter

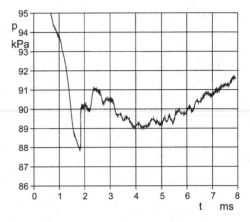

Abb. 6.51 Zustandsänderungen bei Verdichtungsstößen

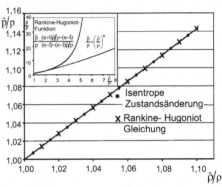

bei geringer Geschwindigkeit Gültigkeit besitzt. Für kompressible Fluide gibt es aber noch
eine weitere Lösung mit $c_2 \neq c_1$ und $p_2 \neq p_1$, wie die nachfolgenden Betrachtungen zeigen werden [4].

Die Bilanzgleichungen zur Bilanzierung des senkrechten Verdichtungsstoßes lauten:

Impulsgleichung

$$\rho_1 c_1^2 + p_1 = \rho_2 \hat{c}_2^2 + \hat{p}_2 \tag{6.168}$$

Energiegleichung (Bernoulligleichung)

$$\frac{\kappa}{\kappa - 1} \frac{p_1}{\rho_1} + \frac{c_1^2}{2} = \frac{\kappa}{\kappa - 1} \frac{\hat{p}_2}{\hat{\rho}_2} + \frac{\hat{c}_2^2}{2} \tag{6.169}$$

Die Kontinuitätsgleichung für konstanten Strömungsquerschnitt $A = A_1 = A_2$ lautet:

$$\rho_1 c_1 = \hat{\rho}_2 \hat{c}_2 = \frac{\dot{m}}{A} \tag{6.170}$$

Ist der Strömungszustand vor dem Stoß mit p_1, c_1, T_1 und ρ_1 bekannt, so können mit Hilfe
der drei Bilanzgleichungen die Stoßbeziehungen für $\hat{p}_2/p_1$, $\hat{c}_2/c_1$ und $\hat{\rho}_2/\rho_1$ als Lösungen
der Stoßbeziehungen angegeben werden.

Aus der Impulsgleichung (Gl. 6.168), der Energiegleichung (Gl. 6.169) und der Kontinuitätsgleichung (Gl. 6.170) erhält man mit der thermischen Zustandsgleichung der idealen Gase $p/\rho = RT$ und mit der Machzahl $M = c/a = c/\sqrt{\kappa RT}$ das Druckverhältnis für den Stoßvorgang:

$$\frac{\hat{p}_2}{p_1} = 1 + \frac{2\kappa}{\kappa + 1}\left(M_1^2 - 1\right) \tag{6.171}$$

Gl. 6.171 zeigt, dass für Überschallströmungen mit $M_1 > 1{,}0$ auch $\hat{p}_2/p_1 > 1{,}0$ ist, d. h. der Druck steigt an (Verdichtungsstoß).

Bei Strömungen im Unterschallbereich $M_1 < 1$; $\hat{p}_2/p_1 < 1{,}0$ oder für $M_1 = 1$ mit $\hat{p}_2/p_1 = 1$ ergibt Gl. 6.171 keine physikalisch sinnvollen Lösungen.

Aus der Energiegleichung (Bernoulligleichung) (Gl. 6.169) und der Kontinuitätsgleichung (Gl. 6.170) erhält man die zweite und dritte Stoßbeziehung für den senkrechten Verdichtungsstoß:

$$\frac{\hat{c}_2}{c_1} = \frac{\rho_1}{\hat{\rho}_2} = 1 - \frac{2}{(\kappa + 1)}\frac{(M_1^2 - 1)}{M_1^2} = \frac{2 + (\kappa - 1)M_1^2}{(\kappa + 1)M_1^2} \tag{6.172}$$

Beim Verdichtungsstoß der Überschallströmung mit $M_1 > 1{,}0$ wird die Geschwindigkeit verringert $\hat{c}_2 < c_1$ bzw. $\hat{M}_2 < 1$. Bei einer Luftströmung von $t = 20\,°C$, $\kappa = 1{,}4$ und $M_1 = 1{,}6$ sinkt das Verhältnis der Geschwindigkeiten nach und vor dem Verdichtungsstoß aus Gl. 6.162 auf $\hat{c}_2/c_1 = 0{,}492$, d. h. die Geschwindigkeit sinkt nach dem Verdichtungsstoß etwa auf den halben Wert ab und die Dichte verdoppelt sich.

Aus der thermischen Zustandsgleichung für ideale Gase $p/\rho = RT$ und aus den Stoßbeziehungen (Gln. 6.171 und 6.172) erhält man für das Temperaturverhältnis beim senkrechten Verdichtungsstoß die folgende Beziehung:

$$\frac{\hat{T}_2}{T_1} = \frac{\hat{a}_2^2}{a_1^2} = \frac{\hat{p}_2}{p_1}\frac{\rho_1}{\hat{\rho}_2} = \frac{\hat{p}_2}{p_1}\frac{\hat{c}_2}{c_1} = \left[1 + \frac{2\kappa}{\kappa + 1}\left(M_1^2 - 1\right)\right] \cdot \left[1 - \frac{2}{\kappa + 1}\frac{M_1^2 - 1}{M_1^2}\right] \tag{6.173}$$

Die dritte Stoßbeziehung sagt aus, dass die Temperatur beim Verdichtungsstoß im Verhältnis des Druckes $\hat{p}_2/p_1$ und der Geschwindigkeit $\hat{c}_2/c_1$ ansteigt. Das Temperaturverhältnis beträgt $\hat{T}_2/T_1 > 1$ für $M_1 > 1$ und das Verhältnis der Schallgeschwindigkeiten steigt ebenfalls an $\hat{a}_2/a_1 > 1$. Das Verhältnis der Machzahlen nach und vor dem Stoß beträgt damit:

$$\frac{\hat{M}_2}{M_1} = \frac{\hat{c}_2}{c_1}\frac{a_1}{\hat{a}_2} < 1, \quad \text{da} \quad \frac{\hat{c}_2}{c_1} < 1 \quad \text{und} \quad \frac{a_1}{\hat{a}_2} < 1 \tag{6.174}$$

Beim Verdichtungsstoß wird also die Überschallmachzahl M_1 vor dem Stoß in den Unterschallbereich transformiert (Tab. 6.8). Schließlich erhält man die Gleichung für die Machzahl $\hat{M}_2$ nach dem senkrechten Verdichtungsstoß, die in den Unterschallbereich $\hat{M}_2 < 1$ sinkt, bezogen auf die Machzahl vor dem Verdichtungsstoß M_1 aus Gln. 6.171

und 6.172.

$$\frac{\hat{M}_2}{M_1} = \left[\frac{\frac{2}{M_1^2} + (\kappa - 1)}{2\kappa M_1^2 - (\kappa - 1)} \right]^{\frac{1}{2}}$$

(6.175)

Das Verhältnis des Totaldruckes nach dem Stoß $\hat{p}_{t2}$ zum Druck $\hat{p}_2$ beträgt:

$$\frac{\hat{p}_{t2}}{\hat{p}_2} = \left[1 + \frac{\kappa - 1}{2} \hat{M}_2^2 \right]^{\frac{\kappa}{\kappa-1}}$$

(6.176)

Mit Hilfe der Gleichung für die spezifische Entropieänderung (Gl. 6.164) kann die Entropieänderung beim senkrechten Verdichtungsstoß berechnet werden. Sie beträgt:

$$\hat{s}_2 - s_1 = R \left[\frac{\kappa}{\kappa - 1} \ln \frac{\hat{T}_2}{T_1} - \ln \frac{\hat{p}_2}{p_1} \right] \geq 0$$

(6.177)

Werden das Druck- und das Temperaturverhältnis durch die Machzahlen der Gln. 6.171 und 6.173 ausgedrückt, so kann die Entropieänderung beim senkrechten Verdichtungsstoß auch angegeben werden als:

$$\hat{s}_2 - s_1 = R \ln \left\{ \frac{\left[1 + \frac{2\kappa}{\kappa+1}(M_1^2 - 1) \right]^{\frac{1}{\kappa-1}}}{\left[\frac{(\kappa+1)M_1^2}{2+(\kappa-1)M_1^2} \right]^{\frac{\kappa}{\kappa-1}}} \right\}$$

(6.178)

Gl. 6.178 zeigt, dass die Entropieerhöhung $\hat{s}_2 - s_1$ beim geraden Verdichtungsstoß nur von der Machzahl vor dem Stoß M_1 und der Gasart (κ, R) abhängt. Die Entropieerhöhung ist also umso höher, je größer die Machzahl der Ausgangsströmung ist, die zum geraden Verdichtungsstoß führt (Abb. 6.52).

Da nach dem zweiten Hauptsatz der Thermodynamik die Entropieänderung für reale Strömungsvorgänge $\hat{s}_2 - s_1$ nur ansteigen kann, folgt aus der Beziehung Gl. 6.177 für das Temperaturverhältnis $\hat{T}_2/T_1 > 1$ und für das Druckverhältnis ebenfalls $\hat{p}_2/p_1 > 1$ der Anstieg der Entropie beim Verdichtungsstoß. Somit können Verdichtungsstöße nur in Überschallströmungen auftreten. Unstetige Druckänderungen in kompressiblen Strömungen können entsprechend dem zweiten Hauptsatz der Thermodynamik nur in Form der Druckerhöhung auftreten. Verdünnungsstöße mit Drucksenkung sind nicht möglich, wohl aber schwache und starke Verdichtungsstöße.

In Tab. 6.8 sind die Verhältniswerte der Zustandsgrößen von senkrechten Verdichtungsstößen zusammengestellt. Zu beachten ist, dass beim senkrechten Verdichtungsstoß der Druck ansteigt und die Geschwindigkeit des Gases unter die Schallgeschwindigkeit herabgesetzt wird. Mit dem Druckanstieg beim Verdichtungsstoß ist auch der Anstieg der Gasdichte verbunden (Zeile 3 in Tab. 6.8). Die Temperatur und damit auch die Schallgeschwindigkeit $\hat{a}_2 = \sqrt{\kappa R \hat{T}_2}$ steigen nach dem Verdichtungsstoß an. Die spezifische Enthalpie des Gases steigt nach dem Verdichtungsstoß ebenfalls an. Der Entropieanstieg

Tab. 6.8 Zustandsgrößen nach einem senkrechten Verdichtungsstoß

Druckverhältnis	$\hat{p}_2/p_1 > 1 \to \hat{p}_2 > p_1$
Geschwindigkeitsverhältnis	$\hat{c}_2/c_1 < 1 \to \hat{c}_2 < c_1$
Dichteverhältnis	$\hat{\rho}_2/\rho_1 > 1 \to \hat{\rho}_2 > \rho_1$
Temperaturverhältnis	$\hat{T}_2/T_1 > 1 \to \hat{T}_2 > T_1$
Spezifische Enthalpie	$\hat{h}_2/h_1 > 1 \to \hat{h}_2 > h_1$
Schallgeschwindigkeitsverhältnis	$\hat{a}_2/a_1 > 1 \to \hat{a}_2 > a_1$
Machzahl	$M_1 > 1, \hat{M}_2 < 1$
Kritische Machzahl	$\hat{M}_2^* = 1/M_1^*$
Entropieänderung	$\hat{s}_2 - s_1 > 0 \to \hat{s}_2 > s_1$
Ruhedruckverhältnis	$\hat{p}_{02}/p_{01} = \hat{\rho}_{02}/\rho_{01} < 1 \to \hat{p}_{02} < p_{01}$
Ruhedichteverhältnis	$\hat{\rho}_{02}/\rho_{01} < 1 \to \hat{\rho}_{02} < \rho_{01}$
Ruhetemperaturverhältnis	$\hat{T}_{02}/T_{01} = \hat{a}_{02}/a_{01} = 1 \to \hat{T}_{02} = T_{01}$
Ruheschallgeschwindigkeit	$\hat{a}_{02} = a_{01}$

$\hat{s}_2 > s_1$ weist auf die verlustbehaftete Zustandsänderung während des Verdichtungsstoßes hin (Gln. 6.177 und 6.178). Zu beachten ist auch, dass der Ruhedruck $\hat{p}_{02}$ nach dem Verdichtungsstoß verringert wird und demzufolge auch die Ruhedichte verkleinert wird, aber die Ruhetemperatur konstant bleibt $\hat{T}_{02} = T_{01}$.

Für das Totaldruckverhältnis nach dem Verdichtungsstoß $\hat{p}_{t2}/p_1$ erhält man mit dem Totaltemperaturverhältnis und mit $c_p = \kappa R/(\kappa - 1)$

$$\frac{T_t}{T} = 1 + \frac{c^2}{2 c_p T} = 1 + \frac{\kappa - 1}{2} \frac{c^2}{\kappa R T} = 1 + \frac{\kappa - 1}{2} M_1^2 \qquad (6.179)$$

Mit der Isentropengleichung

$$\frac{T_t}{T} = \left(\frac{p_t}{p}\right)^{\frac{\kappa-1}{\kappa}} = 1 + \frac{\kappa - 1}{2} M^2 \qquad (6.180)$$

und mit der Stoßgleichung $\hat{p}_2/p_1$ (Gl. 6.171) erhält man für das Totaldruckverhältnis nach dem Stoß zu dem Druck p_1 vor dem Stoß:

$$\frac{\hat{p}_{t2}}{p_1} = \frac{\hat{p}_2}{p_1} \frac{\hat{p}_{t2}}{\hat{p}_2} = \left[1 + \frac{2\kappa}{\kappa + 1}\left(M_1^2 - 1\right)\right]\left[1 + \frac{\kappa - 1}{2} M^2\right]^{\frac{\kappa}{\kappa - 1}} \qquad (6.181)$$

Der Druck $\hat{p}_{t2}$ ist der mit einem Pitot- oder Prandtlrohr gemessene Totaldruck einer Überschallströmung nach dem geraden Verdichtungsstoß. p_1 ist der statische Druck der ungestörten Anströmung vor dem Verdichtungsstoß. Das Verhältnis $\hat{p}_{t2}/p_1$ steigt mit zunehmender Anströmmachzahl an (Abb. 6.52).

In Abb. 6.52 sind die Verhältniswerte der Stoßbeziehungen in Abhängigkeit der Anströmmachzahl vor dem Stoß im Bereich von $M_1 = 1$ bis 5 dargestellt. Das Druckverhält-

Abb. 6.52 Zustandsänderungen beim senkrechten
Verdichtungsstoß in Abhängigkeit der Anströmmachzahl
M_1

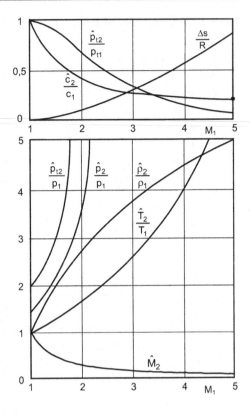

nis $\hat{p}_2/p_1$, das Druckverhältnis $\hat{p}_{t2}/p_1$, das Temperaturverhältnis $\hat{T}_2/T_1$ und das Dichte-verhältnis $\hat{\rho}_2/\rho_1$ steigen beim senkrechten Verdichtungsstoß mit zunehmender Anström-machzahl M_1 zunehmend stärker an (Abb. 6.52). Das Geschwindigkeitsverhältnis $\hat{c}_2/c_1$ und auch das Totaldruckverhältnis $\hat{p}_{t2}/p_{t1}$ nehmen ab. Die Energiegleichung (Gl. 6.169) und auch die Bernoulli'sche Konstante gelten über den Verdichtungsstoß hinweg. Aus die-ser Bedingung können auch die Ruhegrößen $\hat{p}_0$, $\hat{\rho}_0$, $\hat{T}_0$ und $\hat{a}_0$ nach dem Verdichtungsstoß abgeleitet werden. Bei konstanter Größe der Bernoulli'schen Konstante bleiben folgende Größen konstant:

Ruheenthalpie $h_0 = c_p T_0$, Ruhetemperatur T_0, Ruheschallgeschwindigkeit $a_0 = \sqrt{\kappa R T_0}$.

Das Verhältnis der Ruhedrücke ist gleich dem Verhältnis der Ruhedichten $\hat{p}_{02}/p_{01} = \hat{\rho}_{02}/\rho_{01} < 1$. Für das Ruhedruckverhältnis beim senkrechten Stoß gilt:

$$\frac{p_{01}}{\hat{p}_{02}} = \frac{\rho_{01}}{\hat{\rho}_{02}} = \left[1 + \frac{2\kappa}{\kappa + 1} \left(M_1^2 - 1 \right) \right]^{\frac{1}{\kappa - 1}} \cdot \left[1 - \frac{2}{\kappa + 1} \frac{\left(M_1^2 - 1 \right)}{M_1^2} \right]^{\frac{\kappa}{\kappa - 1}} \tag{6.182}$$

Der Verdichtungsstoß verläuft nicht isentrop sondern polytrop mit dem Entropieanstieg. Allerdings ist die Zunahme der spezifischen Entropie $\Delta s / R$ bei geringer Anströmmachzahl M_1 gering, jedoch stets größer als beim schiefen Verdichtungsstoß.

Mittels de Laval-Düsen kann der Druck der Strömung stark herabgesetzt werden und die Geschwindigkeit auf Werte über der Schallgeschwindigkeit gesteigert werden. Jedoch muss darauf geachtet werden, dass de Laval-Düsen im Auslegungspunkt betrieben werden und am Austritt keine Verdichtungsstöße auftreten.

6.8.2 Schiefer Verdichtungsstoß

Schiefe Verdichtungsstöße entstehen bei der Umlenkung von Überschallströmungen an konkaven oder konvexen Kanalumlenkungen (Abb. 6.53), an Ecken, in de Laval-Düsen, an Schaufelprofilen und an Flugkörpern (Abb. 6.54). Während eine Stromlinie durch einen senkrechten Verdichtungsstoß ohne Richtungsänderung hindurch tritt, erfährt sie bei dem schiefen Verdichtungsstoß eine Richtungsänderung zur Stoßfront hin (Abb. 6.53). Beim schiefen Verdichtungsstoß erfährt also nur die normal auf der Stoßfront stehende Geschwindigkeitskomponente c_{1n} einen senkrechten Verdichtungsstoß, während die Tangentialkomponente der Geschwindigkeit unbeeinflusst bleibt (Abb. 6.54a).

Mit den Bilanzgleichungen (Gln. 6.168 bis 6.170) für den senkrechten Verdichtungsstoß können auch die Zustandsänderungen für den schiefen Verdichtungsstoß bestimmt werden, wenn man beachtet, dass nur die Normalkomponente c_{1n} der Anströmgeschwindigkeit zur Stoßfront einen senkrechten Stoß mit der Verzögerung auf $\hat{c}_{2n}$ erfährt und die parallel zur Stoßfront verlaufende Geschwindigkeitskomponente unverändert bleibt $c_{2t} = c_{1t}$ (Abb. 6.54). Dabei wird die eindimensionale Strömung auf eine zweidimensionale Überschallströmung erweitert.

Sind die Anströmparameter c_1, c_{1n}, p_1, ρ_1, der Stoßwinkel α und der Isentropenexponent κ bekannt, weiterhin auch c_2 und c_{2n}, p_2 und ρ_2, dann können die Stoßbeziehungen und die Bernoulligleichung für ein ideales Gas bei adiabater Zustandsänderung abgeleitet werden.

Es gilt:

Impulsgleichung für den schiefen Verdichtungsstoß in Normalrichtung zur Stoßfront (Abb. 6.53 und 6.54):

$$\rho_1 c_{1n}^2 + p_1 = \rho_2 \hat{c}_{2n}^2 + p_2 \tag{6.183}$$

Abb. 6.53 Verdichtungsstoß an einer konkaven Wandecke mit Strömungsablenkung

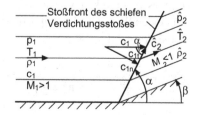

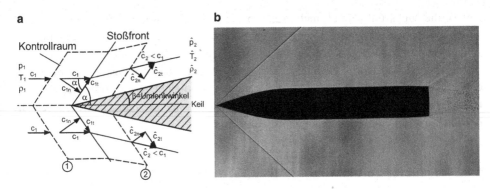

Abb. 6.54 **a** Kontrollraum für einen schiefen Verdichtungsstoß mit den Normal- und Tangentialkomponenten der Geschwindigkeit, **b** Stoßfront an einem spitzen Körper als Mach'sche Linien für die Machzahl von M = 2,58 aus US Army Ballistic Reseach Laboratory aus M. Van Dyke (2007) [15]

In der Tangentialrichtung ist die Geschwindigkeit nach dem Stoß unverändert: $c_{1t} = c_{2t}$
Die Kontinuitätsgleichung für den schiefen Verdichtungsstoß lautet:

$$\rho_1 c_{1n} = \rho_2 \hat{c}_{2n} \tag{6.184}$$

Mit den Geschwindigkeitsbeziehungen nach Abb. 6.54

$$c_1^2 = c_{1n}^2 + c_{1t}^2$$
$$\hat{c}_2^2 = \hat{c}_{2n}^2 + c_{2t}^2 \quad \text{und}$$
$$c_{1t} = c_{2t} = c_1 \cos\alpha$$

erhält man die Energiegleichung

$$\frac{c_{1n}^2}{2} + \frac{\kappa}{\kappa - 1}\frac{p_1}{\rho_1} = \frac{\hat{c}_{2n}^2}{2} + \frac{\kappa}{\kappa - 1}\frac{p_2}{\rho_2} \tag{6.185}$$

Da die tangentiale Geschwindigkeitskomponente beim schiefen Verdichtungsstoß keine Verdichtung erfährt, können die folgenden Winkelbeziehungen aufgeschrieben werden.
Die Stoßbeziehungen lauten mit $\tan\alpha = c_{1n}/c_{1t}$, $\tan(\alpha - \beta) = \hat{c}_{2n}/c_{2t}$ und $c_{1t} = c_{2t}$

$$\frac{\tan(\alpha - \beta)}{\tan\alpha} = \frac{\hat{c}_{2n}}{c_{2t}}\frac{c_{1t}}{c_{1n}} = \frac{\hat{c}_{2n}}{c_{1n}} \tag{6.186}$$

Das Geschwindigkeitsverhältnis $\hat{c}_2/c_1$ für den schiefen Verdichtungsstoß erhält man mit den beiden Winkelbeziehungen und mit dem Geschwindigkeitsverhältnis für den geraden Stoß $\hat{c}_2/c_1$ in Gl. 6.187:

$$\frac{\hat{c}_2}{c_1} = \frac{\frac{\hat{c}_{2n}}{\sin(\alpha - \beta)}}{\frac{c_{1n}}{\sin\alpha}} = \frac{\sin\alpha}{\sin(\alpha - \beta)}\frac{\hat{c}_{2n}}{c_{1n}} = \frac{\sin\alpha}{\sin(\alpha - \beta)} \cdot \left[1 - \frac{2}{\kappa + 1}\left(\frac{(M_1 \sin\alpha)^2 - 1}{(M_1 \sin\alpha)^2}\right)\right] \tag{6.187}$$

Die Geschwindigkeit hinter dem schiefen Verdichtungsstoß beträgt damit:

$$\hat{c}_2 = \sqrt{\hat{c}_{2n}^2 + c_{2t}^2} = c_1 \sqrt{\cos^2 \alpha + \left(\frac{\rho_1}{\rho_2} \sin \alpha \right)^2} \tag{6.188}$$

Wenn nur noch die Normalkomponenten der Geschwindigkeit c_{1n} und $\hat{c}_{2n}$ den Verdichtungsstoß beeinflussen, wird auch die kritische Schallgeschwindigkeit a_n^* beim schiefen Verdichtungsstoß verändert. Die Temperatur des Gases vor dem Stoß T_1 wird nicht verändert, jedoch die Geschwindigkeit von c_1 auf c_{1n} und $\hat{c}_2$ auf $\hat{c}_{2n}$.

Mit den beiden Beziehungen für die örtliche Schallgeschwindigkeit a (Gln. 6.49 und 6.68)

$$a = \sqrt{\kappa \frac{p}{\rho}} = \sqrt{\kappa \frac{p_0}{\rho_0} - \frac{\kappa - 1}{2} c^2} = \sqrt{a_0^2 - \frac{\kappa - 1}{2} c^2} \tag{6.189}$$

und für die kritische Schallgeschwindigkeit a^* mit Gl. 6.74

$$a^* = \sqrt{\frac{2\kappa}{\kappa + 1} \frac{p_0}{\rho_0}} = \sqrt{\frac{2}{\kappa + 1} a_0^2} = \sqrt{\frac{2\kappa}{\kappa + 1} R T_0} \tag{6.190}$$

erhält man für die kritische Schallgeschwindigkeit a_n^* nach dem schiefen Verdichtungsstoß

$$a_n^* = \sqrt{\frac{2}{\kappa + 1} a^2 + \frac{\kappa - 1}{\kappa + 1} c_n^2} \tag{6.191}$$

Damit können auch die kritischen Machzahlen vor und nach dem schiefen Verdichtungsstoß angegeben werden. Sie betragen vor dem schiefen Verdichtungsstoß $M_n^* = c_{1n}/a_n^*$ und nach dem schiefen Verdichtungsstoß $\hat{M}_n^* = \hat{c}_{2n}/a_n^*$.

Die Machzahl hinter dem schiefen Verdichtungsstoß beträgt analog zu Gl. 6.175:

$$\hat{M}_2 = \frac{\hat{M}_{2n}}{\sin(\alpha - \beta)} = \frac{1}{\sin(\alpha - \beta)} \sqrt{\frac{2 + (\kappa - 1) M_1^2 \sin^2 \alpha}{2\kappa M_1^2 \sin^2 \alpha - (\kappa - 1)}} \tag{6.192}$$

Die Machzahl hinter dem schiefen Verdichtungsstoß ist in der Regel $\hat{M}_2 < 1{,}0$, da eine Verzögerung der Geschwindigkeit einsetzt. Es wird aber nur die Normalkomponente $\hat{M}_{2n} < 1$ in den Unterschallbereich verzögert. Dadurch kann hinter dem Verdichtungsstoß in Abhängigkeit vom Stoßwinkel α durchaus Überschallgeschwindigkeit herrschen $\hat{M}_2 > 1{,}0$ (Abb. 6.60). Beim schiefen Verdichtungsstoß steigt die spezifische Entropie um den folgenden bezogenen Betrag an:

$$\frac{\hat{s}_2 - s_1}{R} = \ln \left\{ \frac{\left[1 + \frac{2\kappa}{\kappa+1} \left(M_1^2 \sin^2 \alpha - 1 \right) \right]^{\frac{1}{\kappa-1}}}{\left[\frac{(\kappa+1) M_1^2 \sin^2 \alpha}{2 + (\kappa-1) M_1^2 \sin^2 \alpha} \right]^{\frac{\kappa}{\kappa-1}}} \right\} \tag{6.193}$$

Abb. 6.55 Mach'sche Linien
unter α_M und Stoßfronten mit
α von schiefen Verdichtungsstößen an unterschiedlichen
Körperformen α – Stoßwinkel; α_M – Mach'scher Winkel;
β – Keilwinkel

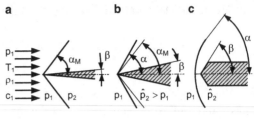

Abb. 6.56 Stoßwinkel α anliegender Verdichtungsstöße
am Keil, abhängig von M_∞
und $\beta < \beta_{max}$ für $\kappa = 1{,}4$

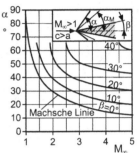

Da beim schiefen Verdichtungsstoß nur die Normalkomponente der Geschwindigkeit
c_{1n} und die Anströmmachzahl $M_{1n} > 1$ auf Unterschall verzögert werden ($\hat{c}_{2n} < c_{1n}$,
$\hat{M}_{2n} < 1$), ist $\hat{M}_{2n}$ immer kleiner als eins.

Der Stoßwinkel des schiefen Verdichtungsstoßes ist stets größer als der Mach'sche
Winkel α_M beim Übergang einer Strömung in den Überschallbereich. Trifft eine Strömung
mit Überschallgeschwindigkeit auf einen sehr schlanken Keil mit geringem Keilwinkel β,
so verläuft die von der Keilspitze ausgehende Strömung als Mach'sche Linie unter dem
Mach'schen Winkel α_M (Abb. 6.55a). Der Druck ist auf beiden Seiten der Mach'schen
Linie gleich $p_2 = p_1$. Wird der angeströmte Keilwinkel vergrößert, so entsteht bei der Anströmung mit Überschallgeschwindigkeit ein schiefer Verdichtungsstoß mit $\hat{p}_2 > p_1$ und
$\hat{c}_2 < c_1$, wobei sich mit dem Winkel α eine steilere Stoßlinie einstellt als dem Mach'schen
Winkel entspricht, $\alpha > \alpha_M$ (Abb. 6.55b). Wird ein stumpfer Keil mit einem großen Keilwinkel β von der Überschallströmung angeströmt, so löst sich die Stoßlinie vom Keil ab
und stellt sich als gekrümmte Stoßfront vor dem Keil ein (Abb. 6.55c).

Der Zusammenhang zwischen dem Keilwinkel β und dem Stoßwinkel α ist im
Abb. 6.56 in Abhängigkeit der Ausströmmachzahl angegeben. Aus Abb. 6.57 ergibt
sich mit $c_{2t} = c_{1t}$ aus Gl. 6.194:

$$\frac{\tan(\alpha - \beta)}{\tan \alpha} = \frac{\hat{c}_{2n}}{c_{2t}}\frac{c_{1t}}{c_{1n}} = \frac{\hat{c}_{2n}}{c_{1n}} = \frac{(\kappa - 1)M_1^2 \sin^2 \alpha + 2}{(\kappa + 1)\,M_1^2 \sin^2 \alpha} \tag{6.194}$$

Daraus kann nun schließlich der Keilwinkel β als Maß für die Umlenkung der Strömung
ermittelt werden zu:

$$\beta = \arctan\left[\frac{2\cot\alpha\,(M_1^2 \sin^2 \alpha - 1)}{M_1^2\,(\kappa + \cos(2\alpha)) + 2}\right] \tag{6.195}$$

Abb. 6.57 Zusammenhang zwischen Stoßwinkel α, Umlenkwinkel β, sowie Zu- und Abströmmachzahl M_1 und M_2

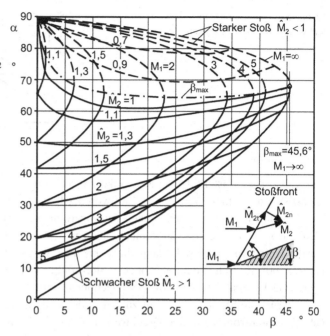

Werden die Resultate von Gln. 6.192 und 6.195 für konstante Parameter der An- und Abströmmachzahlen M_1 und $\hat{M}_2$ ausgewertet und graphisch dargestellt, so ergibt sich das Diagramm in Abb. 6.57. Das Ergebnis zeigt, dass bei kleinen Keilwinkeln von $\beta = 0$ bis $45{,}6°$ für alle Anströmmachzahlen von $M_1 = 1{,}2$ bis ∞ zwei Lösungen, d. h. zwei unterschiedliche schiefe Verdichtungsstöße mit unterschiedlichen Stoßwinkeln α auftreten.

Die Stoßintensität für den schiefen Verdichtungsstoß kann aus der Entropiebedingung $(\hat{s}_2 - s_1) \geq 0$ abgeleitet werden.

Für eine Anströmmachzahl von $M_1 \sin\alpha > 1$ ist der Stoßwinkel α durch den Mach'schen Winkel $\alpha_M = \arcsin(1/M_1)$ nach unten begrenzt. Der Stoßwinkel des schiefen Verdichtungsstoßes bewegt sich also zwischen

$$\alpha_M = \arcsin\left(\frac{1}{M_1}\right) \leq \alpha \leq 90° \qquad (6.196)$$

Den schiefen Verdichtungsstoß mit dem geringen Stoßwinkel $\alpha = 0$ bis $\approx 61°$ nennt man den schwachen Verdichtungsstoß (ausgezogene Linien für $M_1 = $ konst. im Abb. 6.57), hinter dem auch nach dem Verdichtungsstoß Überschallgeschwindigkeit ($\hat{M}_2 > 1{,}0$) herrscht.

Bei großen Stoßwinkeln von $\alpha > 61°$ bis $90°$ tritt ein starker schiefer Verdichtungsstoß auf, bei dem die Strömungsgeschwindigkeit in den Unterschallbereich transformiert wird ($\hat{M}_2 < 1$) (gestrichelte Linien für $M_1 = $ konst. in Abb. 6.57). Abb. 6.57 zeigt auch, dass sich in Abhängigkeit von der Anströmmachzahl M_1 ein Maximalwert für den Um-

Abb. 6.58 Maximaler Umlenkwinkel β in Abhängigkeit
von M_1

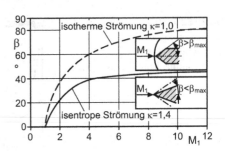

lenkwinkel β_{max} einstellt. Ist der Keilwinkel des angeströmten Körpers β größer als β_{max}, so löst sich der schiefe Verdichtungsstoß von der Körperkontur ab. Dieser Maximalwert des Keilwinkels liegt in Abhängigkeit der Anströmmachzahl zwischen $\beta_{max} = 4°$ und 45,6° für $\kappa = 1,40$ und Anströmmachzahlen von $M_1 \rightarrow \infty$ (Abb. 6.58). Unmittelbar vor der Körperkontur entsteht dann ein senkrechter Verdichtungsstoß mit dem Stoßwinkel $\alpha = 90°$. Zwischen der abgehobenen Stoßfront und der Körperkontur bildet sich ein begrenztes Unterschallgebiet aus. Der abgehobene Verdichtungsstoß hat im Allgemeinen eine gekrümmte Stoßfront, die mit zunehmender Entfernung in eine gerade Linie übergeht. Die Stoßfront stellt eine Druckwelle dar. Die in der Stoßfront enthaltene Energie nimmt mit zunehmender Entfernung vom Stoßkörper ab. Dadurch geht die Stoßwelle mit dem Winkel α in die Mach'sche Linie über und der Stoßwinkel α geht in den Mach'schen Winkel α_M über. Zunehmende Entfernung vom Stoßkörper:

Stoßwelle $\Rightarrow$ Mach'sche Welle $\qquad a = \sqrt{\left(\dfrac{\partial p}{\partial \rho}\right)_s} = \sqrt{\kappa \dfrac{p}{\rho}}$

Stoßwinkel α $\Rightarrow$ Mach'scher Winkel, $\qquad \alpha_M = \arcsin\left(\dfrac{a}{c}\right) = \arcsin\left(\dfrac{1}{M_1}\right)$
unterer Grenzwinkel
für den schiefen Stoß

Praktisch stellt sich bei Überschallströmungen von $M_1 = 1,0 \ldots 3,0$ ein schwacher Verdichtungsstoß mit geringen Stoßwinkeln bis $\alpha = 60°$ ein. Bei sehr kleinen Umlenkwinkeln bzw. Keilwinkeln von $\beta < 2°$ entsteht ein schwacher schiefer Verdichtungsstoß, der sich als Mach'sche Linie unter dem Mach'schen Winkel α_M mit geringer Druckstörung ∂p ausbreitet (Abb. 6.59a).

Bei stufenweiser konkaver Umlenkung einer Überschallströmung können mehrere Mach'sche Verdichtungslinien entstehen, die einen Fächer bilden (Abb. 6.59b).

Ist der Keilwinkel β eines mit Überschall angeströmten Körpers groß ($\beta \geq 60°$ bis 68°), wie bei stumpfen Körpern, so bildet sich an der Körperspitze kein anliegender schiefer Verdichtungsstoß aus, wie aus Abb. 6.60 hervorgeht. Die Stoßlinie hebt von der Körperspitze nach vorn ab und sie hat eine gekrümmte Form, wie in Abb. 6.60 dargestellt. Bei den stumpfen Körpern entsteht unmittelbar vor der Körperspitze ein senkrechter Ver-

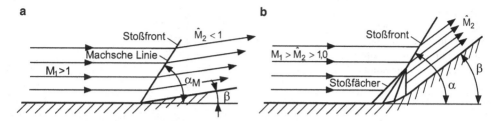

Abb. 6.59 Formen von schiefen Verdichtungsstößen. **a** Schiefer Verdichtungsstoß mit $\beta < 2°$ und Mach'scher Linie, **b** schiefe Stoßfächer an einer gekrümmten Umlenkkontur

Abb. 6.60 Abgehobener Verdichtungsstoß mit gekrümmter Stoßfront am stumpfen Körper

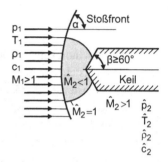

dichtungsstoß mit dem Stoßwinkel $\alpha = 90°$ und einem lokal begrenzten Unterschallgebiet $\hat{M}_2 < 1$, das danach wieder in ein Überschallgebiet übergeht (Abb. 6.60).

Die beim schiefen Verdichtungsstoß umgesetzte Strömungsenergie der Druckwelle wird durch den Reibungseinfluss mit zunehmender Entfernung von der Stoßfront vermindert, sodass die starke Druckstörung des Stoßes bei großer Entfernung in die Ausbreitungsgeschwindigkeit der Schallwelle mit a und dem Mach'schen Winkel α_M übergeht.

6.8.3 Schiefer Verdichtungsstoß in der Hodographenebene

Durch die Nichtlinearität der Stoßbeziehungen kann das Druckverhältnis nicht explizit in Abhängigkeit vom Umlenkwinkel angegeben werden. Jedoch kann das Druckverhältnis $\hat{p}_2/p_1$ und β für alle Werte der Stoßintensität berechnet werden, sodass $\hat{p}_2/p_1 = f(\beta)$ graphisch dargestellt werden kann. Es ergibt sich eine herzförmige Kurve (Strophoide), deren unterer Teil die schwache und deren oberer Teil die starke Lösung wiedergibt (Abb. 6.61). Damit kann für jeden Umlenkwinkel β das Druckverhältnis aus der Graphik abgelesen werden. Zur Ergänzung der Darstellung der Strömung in der physikalischen Ebene wird die Hodographenebene benutzt. In ihr bilden die Geschwindigkeitskomponenten c_x/a^* und c_y/a^* die Koordinaten. Die Hodographenebene ermöglicht ein einfaches Bild der Lösung der Sprungbedingungen für den schrägen Verdichtungsstoß.

Abb. 6.61 Stoßpolare (Strophoide) mit den bezogenen Geschwindigkeitskomponenten vor und hinter dem schiefen Verdichtungsstoß

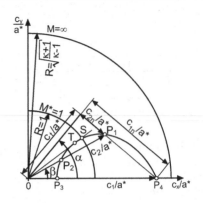

Die Geschwindigkeitsvektoren werden in der Hodographenebene für alle Werte eingetragen. Die entstehende Kurve stellt die Stoßpolare dar. Gebräuchlich ist die Darstellung mit den dimensionslosen Geschwindigkeiten c_n und c_t, die auf die kritische Schallgeschwindigkeit a^* bezogen sind. Die Hodographenebene wird dann durch einen Kreis mit dem Radius $R = [(\kappa + 1)/(\kappa - 1)]^{1/2}$ begrenzt. Die Schalllinie ($M_1^* = 1$) stellt sich als ein Kreis mit dem Radius $R = 1$ für $M_1^* = 1$ dar (Abb. 6.61). Die schwache Lösung ist durch den Punkt P_1, die starke Lösung durch den Punkt P_2 und die Geschwindigkeit beim Durchgang der Strömung durch den senkrechten Stoß durch den Punkt P_3 gegeben (Abb. 6.61 und 6.62). Für jede Anströmmachzahl M_1 ergibt sich eine Stoßpolare.

Zur Ermittlung von c_2/a^* trägt man den Umlenkwinkel β ein und findet auf den Stoßpolaren den Punkt P_1. Fällt man das Lot vom Koordinatenursprung 0 auf die Verlängerung der Linie $P_1 - P_4$, so erhält man die Tangentialkomponente c_t/a^* der Geschwindigkeit und die beiden Normalkomponenten der Strömung vor (c_{1n}/a^*) und nach dem schiefen Verdichtungsstoß (c_{2n}/a^*).

Die Gleichungen für den schiefen Verdichtungsstoß lassen sich nach dem Vorschlag von Busemann [14] in Form der Stoßpolaren auch graphisch darstellen (Abb. 6.62). In dem Polarendiagramm liegen die Endpunkte der Geschwindigkeiten vor und hinter dem Verdichtungsstoß auf der Strophoide (Herzkurve) und zeigen den Unter- und Überschallbereich an. Jeder Strahl unter dem Keilwinkel β ergibt zwei Lösungen. Der Punkt P_1 in Abb. 6.62 kennzeichnet die schwache Lösung der größeren Geschwindigkeit mit c_1/a^* zwischen 0 und P_1 und dem geringeren Druck p_2. Der Punkt P_2 kennzeichnet die starke Lösung mit der Geschwindigkeit c_2/a^*. Der Punkt P_3 für $\beta = 0$ zeigt die Geschwindigkeit für den geraden Verdichtungsstoß an und der Punkt P_4 mit der Geschwindigkeit c_1/a^* bei $\beta = 0$ gibt die bezogene Geschwindigkeit vor dem Verdichtungsstoß an. Dies ist die triviale Lösung mit unveränderter Geschwindigkeit. Die Tangente an die Strophoide im Punkt S kennzeichnet den größtmöglichen Ablenkwinkel β_{max}. Für größere Umlenkwinkel $\beta > \beta_{max}$ existiert keine geschlossene Lösung für den geraden Verdichtungsstoß und die Umlenkung erfolgt über einen gekrümmten Verdichtungsstoß. Die Änderung des

Abb. 6.62 Stoßpolare für den schiefen Verdichtungsstoß nach Busemann [14]

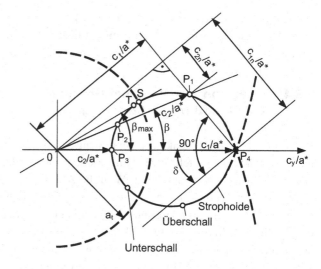

Abb. 6.63 Druckverhältnis $\hat{p}_2/p_1 = f(\beta)$ in Abhängigkeit des Keilwinkels β mit der trivialen Lösung im Nullpunkt P_4

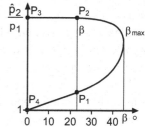

Druckverhältnisses $\hat{p}_2/p_1$, erkennt man deutlich aus der Darstellung $\hat{p}_2/p_1 = f(\beta)$ in Abb. 6.63 mit den analogen Punkten P_1 bis P_4 wie in Abb. 6.62.

Die Druckerhöhung beim Verdichtungsstoß kann auch in Stoßdiffusoren genutzt werden. Solche Vorschläge gehen auf Oswatitsch [4] zurück (Abb. 6.64). Um den spezifischen Entropieanstieg Δs und die Verluste bei der Stoßverdichtung gering zu halten, werden dafür mehrere schiefe Verdichtungsstöße (1; 2; 3) genutzt, mit denen die Geschwindig-

Abb. 6.64 Stoßdiffusor mit drei schiefen Verdichtungsstößen und einem senkrechten Verdichtungsstoß nach Oswatitsch [4]

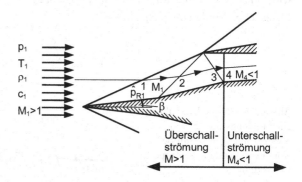

keit bis in die Nähe der kritischen Schallgeschwindigkeit a^* abgesenkt wird und danach ein senkrechter Verdichtungsstoß (4) mit geringer Machzahl den Stoßvorgang abschließt (Abb. 6.64).

6.8.4 Expansion von Überschallströmungen und Prandtl-Meyer-Strömung

Bei kontinuierlicher Umlenkung einer reibungslosen Überschallströmung durch viele infinitesimal schwache schiefe Verdichtungsstöße kann die Entropiezunahme verringert werden bis sie nahezu konstant bleibt. Wird die Anzahl der Strömungssegmente erhöht, so stellen sich schwache Verdichtungsstöße ein und die Stoßlinien gehen in die Mach'sche Linie über. Die umlenkende Kontur ist dann kontinuierlich gekrümmt, wie in Abb. 6.65 dargestellt. Eine Vergrößerung des Umlenkwinkels hat eine Abnahme der Geschwindigkeit und eine Zunahme des Druckes zur Folge. Umgekehrt kann der Umlenkwinkel auch kontinuierlich bis auf die Horizontalströmung verkleinert, die Geschwindigkeit vergrößert und der Druck abgesenkt werden, sodass das Gas expandiert (Abb. 6.65b).

Eine stetig gekrümmte Kontur erzeugt in einer Überschallströmung eine isentrope Kompression, wenn der Umlenkwinkel zunimmt und eine Expansion, wenn der Umlenkwinkel abnimmt.

Würde man eine diskontinuierliche Expansion annehmen, wie in Abb. 6.65b gezeigt, müsste die Normalkomponente der Geschwindigkeit zunehmen und Druck, Dichte und Temperatur müssten abnehmen. Aus den Stoßbeziehungen würde dann eine Entropieabnahme folgen. Das steht aber im Widerspruch zum zweiten Hauptsatz der Thermodynamik; deshalb kann eine Expansion nur isentrop und somit nur stetig verlaufen.

Für isentrope Strömungen reduziert sich die Gleichung für die Geschwindigkeitsänderung über einen schwachen Verdichtungsstoß zu einer Differentialgleichung der Form:

$$d\beta = -\cot\alpha \frac{dc}{c} = -\sqrt{M^2 - 1}\frac{dc}{c} \qquad (6.197)$$

Das Integral dieser Gleichung wurde 1908 von Ludwig Prandtl und Theodor Meyer angegeben. Deshalb nennt man diese Strömung die Prandtl-Meyer-Strömung. Zur Integration wird zunächst das Quadrat der Geschwindigkeit mit Hilfe der Energiegleichung durch den Mach'schen Winkel α_M ausgedrückt.

$$c^2 = \frac{a*^2}{\sin^2\alpha_M \left(\frac{\kappa-1}{\kappa+1}\right)^2 \cos^2\alpha_{2M}} \qquad (6.198)$$

Abb. 6.65 Stetige Umlenkung einer reibungsfreien Überschallströmung. **a** Isentrope Kompression und **b** isentrope Expansion

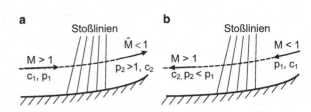

Abb. 6.66 Umströmung
einer Ecke mit Über-
schallgeschwindigkeit
(Prandtl-Meyer-Strömung)

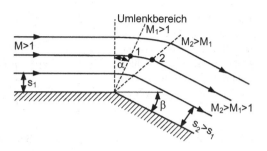

Durch Differentiation dieses Ausdrucks kann die Differentialgleichung für die Geschwindigkeitsänderung umgeformt werden:

$$\frac{\left(\frac{\kappa-1}{\kappa+1}\right)^2 - 1}{\left(\frac{\kappa-1}{\kappa+1}\right)^2 + \tan^2\alpha}\, d\alpha = -d\beta \tag{6.199}$$

Die Integration dieser Gl. 6.199 liefert den sogenannten Prandtl-Meyer-Winkel γ und den Zusammenhang zwischen dem Prandtl-Meyer-Winkel γ und dem Umlenkwinkel α bzw. dem Keilwinkel β, mit denen man die Strömung mit den Radien $R = 1$ für $M_1 = 1$ und $R = \sqrt{\frac{\kappa+1}{\kappa-1}}$ für $M_1 = \infty$ mit den Epizykloiden darstellen kann (Abb. 6.61).
Der Radius $R = [(\kappa + 1)/(\kappa - 1)]^{1/2}$ für $M_1 = \infty$ stellt die maximale kritische Machzahl $M^*_{max} = 2,45$ dar.
Werden konvexe Ecken oder Kanten von einem Gas mit Überschallgeschwindigkeit umströmt, so wird das Gas auf eine höhere Geschwindigkeit beschleunigt und es tritt eine isentrope Expansion des Gases ein. Bei der Umströmung von konkaven Ecken erfolgt dagegen eine Kompression der Überschallströmung.
Erfolgt die Zuströmung an einer Ecke mit der Schallgeschwindigkeit $c = a$, $M^* = 1$, so geht die ebene Parallelströmung hinter der Ecke wiederum in eine expandierte Parallelströmung mit vergrößerter Geschwindigkeit und größerem Stromlinienabstand s_2 über (Abb. 6.66).
Die beiden Überschallströmungen vor- und hinter der Ecke werden durch das sektorförmige Übergangsgebiet verbunden, das von den strahlenförmig ausgehenden Mach'schen Linien (gestrichelte Linien in Abb. 6.66) begrenzt wird.
Jede Mach'sche Linie schneidet die Stromlinien unter dem gleichen Winkel, d. h. auf jeder Mach'schen Linie, die vom Eckpunkt ausgeht ist die Machzahl M und auch der Gaszustand gleich. Der Gaszustand und damit auch die Gasgeschwindigkeit im Umlenkbereich ist nur von der Winkelkoordinate α abhängig $c(\alpha)$. Da sich die Strömung im Überschallbereich befindet und M > 1 ist, kann auch die kritische Machzahl in Abhängigkeit der Winkelkoordinate α oder günstiger in Abhängigkeit des Keil- oder Eckenwinkels β angegeben werden $M^*(\beta)$.

Abb. 6.67 Betriebszustände
einer de Laval-Düse mit der
Prandtl-Meyer-Strömung bei
Strahlexpansion und Strahleinschnürung für abweichende
Austrittsdrücke p_2' kleiner oder
größer als p_2

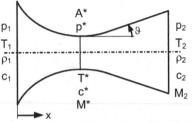

Strahlexpansion mit schiefem Verdichtungsstoß

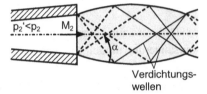

Strahleinschnürung mit schiefem Verdichtungsstoß

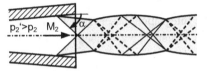

Die Prandtl-Meyer-Strömung stellt sich ein zwischen den beiden Grenzströmungen:

- Kompressible Parallelströmung ohne Ablenkung $\beta = 0$, $M_1 = M_1^* = 1$, $p_1/p_2 = 1$, $T_1/T_2 = 1$ mit dem kritischen Zustand $p_2^*/p_t = 0{,}528$ und $T_2^*/T_t = 0{,}833$, $\rho^*/\rho_t = 0{,}634$ und $a^*/a_t = 0{,}913$.
- Expansionsströmung ins totale Vakuum mit $M_1 = 1$, $p_2 = 0$, $M_2 = \infty$, $M_{max}^* = 2{,}45$, $\beta = 129{,}3°$, $p_2/p_t = 0$, $T_2/T_t = 0$ und $c_2 = c_{max}$.
- Bei $M_1 > 1$ wird der Grenzzustand bereits bei kleineren Umlenkwinkeln $\beta < 129{,}3°$ erreicht.

Diese Prandtl-Meyer-Strömung führt auch bei Überschalldüsen nach de Laval bei Betrieb mit zu geringem Druck $p_2' < p_2$ oder zu hohem Austrittsdruck $p_2' > p_2$ zur Strahlexpansion oder Strahleinschnürung mit der Strahlablenkung an den Düsenkanten und somit zum Phänomen der Prandtl-Meyer-Strömung (Abb. 6.67).

6.9 Zweidimensionale kompressible Potentialströmung

Um zweidimensionale kompressible, also ebene Strömungen mit den unbekannten Größen c_x, c_y und dem Druck p berechnen zu können, werden drei Gleichungen benötigt.

Verfügbar sind:

- Kontinuitätsgleichung,
- Eulergleichung bzw. Energiegleichung,
- Gleichung für die Drehungsfreiheit des Fluids.

Die Gleichung für die Drehungsfreiheit des Fluids erlaubt wie bei der zweidimensionalen inkompressiblen Strömung die Einführung des Potentials $\Phi(x, y)$ und der Stromfunktion $\Psi(x, y)$ als Integral der Kontinuitätsgleichung.

Die Kontinuitätsgleichung für eine ebene stationäre kompressible Strömung lautet:

$$\frac{\partial (\rho c_x)}{\partial x} + \frac{\partial (\rho c_y)}{\partial y} = 0 \tag{6.200}$$

Die Eulergleichung 6.201 lautet:

$$c \, dc = -\frac{dp}{\rho} = -a^2 \frac{d\rho}{\rho} \tag{6.201}$$

Zur Ableitung der Gleichung für die Drehungsfreiheit in einer zweidimensionalen Strömung muss in der Energiegleichung (Gl. 6.55) die Geschwindigkeit c in ihre beiden Komponenten c_x und c_y zerlegt werden.

Damit lautet die Energiegleichung für die ebene kompressible Strömung:

$$\frac{c^2}{2} + \frac{p}{\rho} + gh = \frac{c_x^2}{2} + \frac{c_y^2}{2} + \frac{1}{\rho} \int\limits_0^p p \, dp + g \int\limits_0^h dh = \text{konst} \tag{6.202}$$

Darin sind die Unbekannten c_x, c_y und p enthalten. Die Kontinuitätsgleichung und die Energiegleichung reichen also zur Lösung nicht aus. Es wird eine weitere Bestimmungsgleichung benötigt über das Drehungsverhalten infinitesimaler Fluidteilchen. Die gasdynamische Grundgleichung für die dreidimensionale Strömung in kartesischen Koordinaten lautet nach [3]:

$$\left(c_x^2 - a^2\right)\frac{\partial c_x}{\partial x} + \left(c_y^2 - a^2\right)\frac{\partial c_y}{\partial y} + \left(c_z^2 - a^2\right)\frac{\partial c_z}{\partial z} + c_y c_z \left(\frac{\delta c_y}{\partial z} + \frac{\partial c_z}{\partial y}\right)$$
$$+ c_x c_y \left(\frac{\partial c_x}{\partial y} + \frac{\partial c_y}{\partial x}\right) + c_x c_y \left(\frac{\partial c_x}{\partial z} + \frac{\partial c_z}{\partial x}\right) = 0 \tag{6.203}$$

Betrachtet man das Fluidteilchen einer reibungs- und drehungsfreien Strömung in einem radialen Laufrad (Abb. 6.68), das mit der Winkelgeschwindigkeit ω um die z-Achse rotiert, so kann die Geschwindigkeit c durch die im rotierenden Laufrad auftretende Relativgeschwindigkeit w ersetzt werden, die durch die Umfangsgeschwindigkeit des Laufrades

Abb. 6.68 Absolut- und Relativgeschwindigkeit in einem rotierenden Pumpenlaufrad

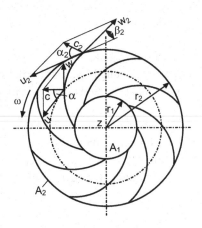

$u = \omega r$ mit der Absolutgeschwindigkeit c im ruhenden Koordinatensystem verbunden ist (Abb. 6.68). Die vektorielle Verknüpfung der Geschwindigkeiten lautet:

$$c = u + w \qquad (6.204)$$

Für ein rotierendes Laufrad können für die mittlere Drehung die Geschwindigkeitskomponenten der Absolutgeschwindigkeit durch die Komponenten der Relativgeschwindigkeit ersetzt werden. $c_x = u_x + w_x$ und $c_y = u_y + w_y$ (Abb. 6.68). Damit lautet die Gleichung für die ebene Drehungsfreiheit der Fluidteilchen im rotierenden Laufrad mit

$$\frac{\partial c_y}{\partial x} - \frac{\partial c_x}{\partial y} = \frac{\partial \left(w_y + u_y\right)}{\partial x} - \frac{\partial \left(w_x + u_x\right)}{\partial y} = \frac{\partial w_y}{\partial x} + \omega - \frac{\partial w_x}{\partial y} + \omega = 0 \qquad (6.205)$$

$$\frac{\partial w_y}{\partial x} - \frac{\partial w_x}{\partial y} = -2\omega \qquad (6.206)$$

Gl. 6.205 zeigt, dass die Relativströmung in einer Ebene des radialen Laufrades drehungsbehaftet ist, während die instationäre Absolutströmung c drehungsfrei ist.

Daraus erhält man nach Umformung und Differentiation die Gleichung

$$\frac{w}{R} - \frac{\partial w}{\partial n} = -2\omega \qquad (6.207)$$

analog zur Potentialströmung im Absolutsystem, in dem $\omega = 0$ ist und $w \to c$ geht, d. h. $u = 0$ ist.

$$\frac{c}{R} - \frac{\partial c}{\partial n} = 0 \qquad (6.208)$$

6.9.1 Potentialgleichung der zweidimensionalen Strömung

In die Gleichung für die Drehungsfreiheit Gl. 6.205 kann eine Potentialfunktion $\Phi(x, y)$ eingeführt werden, wenn die Potentialfunktion folgende Bedingungen erfüllt.

Die partiellen Ableitungen der Potentialfunktion müssen die Geschwindigkeitskomponenten der Strömung ergeben.

$$\frac{\partial \Phi}{\partial x} = c_x \; ; \; \frac{\partial \Phi}{\partial y} = c_y \tag{6.209}$$

Differenziert man diese beiden Gleichungen für die Geschwindigkeitskomponenten c_x und c_y und führt sie in die Gleichung für die Drehungsfreiheit Gl. 6.205 ein, so erhält man folgende Differentialgleichung, die eine Potentialgleichung darstellt.

$$\frac{\partial^2 \Phi}{\partial y \partial x} - \frac{\partial^2 \Phi}{\partial x \partial y} = 0 \tag{6.210}$$

Werden nun die Geschwindigkeitskomponenten aus Gl. 6.209 in die Kontinuitätsgleichung der zweidimensionalen Strömung Gl. 6.200 $\partial c_x / \partial x + \partial c_y / \partial y = 0$ für die inkompressible Strömung mit $\rho = $ konst. eingeführt, so erhält man die Beziehung:

$$\frac{\partial^2 \Phi}{\partial x^2} + \frac{\partial^2 \Phi}{\partial y^2} = 0 \tag{6.211}$$

Diese Laplace'sche Differentialgleichung (Jean-Baptiste de La Place 1754–1793) stellt die Potentialgleichung der ebenen inkompressiblen Strömung für $\rho = $ konst. mit der Potentialfunktion Φ dar, von der die Potentialströmung beschrieben wird. In der Gl. 6.211 sind die beiden Bedingungen der Kontinuität und der Drehungsfreiheit zusammengefasst.

Die gasdynamische Grundgleichung für die dreidimensionale Strömung als Potentialgleichung für stationäre kompressible Strömungen lautet:

$$\left(c_x^2 - a^2\right) \frac{\partial^2 \Phi}{\partial x^2} + \left(c_y^2 - a^2\right) \frac{\partial^2 \Phi}{\partial y^2} + \left(c_z^2 - a^2\right) \frac{\partial^2 \Phi}{\partial z^2} + 2c_x c_y \frac{\partial^2 \Phi}{\partial x \partial y}$$
$$+ 2c_x c_z \frac{\partial^2 \Phi}{\partial x \partial z} + 2c_y c_z \frac{\partial^2 \Phi}{\partial y \partial z} = 0 \tag{6.212}$$

In dieser Gleichung erkennt man leicht in den ersten zwei Summanden und im vierten Summanden die Potentialgleichung für die kompressible zweidimensionale Strömung. Beide Gleichungen sind nicht linear. Die Differentialgleichung für die zweidimensionale Strömung lautet:

$$\left(c_x^2 - a^2\right) \frac{\partial^2 \Phi}{\partial x^2} + \left(c_y^2 - a^2\right) \frac{\partial^2 \Phi}{\partial y^2} + 2\,c_x c_y \frac{\partial^2 \Phi}{\partial x \partial y} = 0 \tag{6.213}$$

oder in der Schreibweise mit den Geschwindigkeitskomponenten:

$$\left(1 - \frac{c_x^2}{a^2}\right) \frac{\partial c_x}{\partial x} + \frac{\partial c_y}{\partial y} \underbrace{- \frac{c_y^2}{a^2} \frac{\partial c_y}{\partial y} - \frac{c_x c_y}{a^2} \left(\frac{\partial c_x}{\partial y} + \frac{\partial c_y}{\partial x}\right)}_{\text{vernachlässigbar}} = 0 \tag{6.214}$$

Für die Lösung der Potentialgleichung müssen Potentialfunktionen $\Phi(x, y)$ im Strömungsfeld gefunden werden, die den vorliegenden Randbedingungen genügen. Mit Hilfe von Gl. 6.214 lassen sich die Geschwindigkeitskomponenten c_x und c_y in beliebiger Dichte im zweidimensionalen Strömungsfeld ermitteln. Der Zusammenhang zum Druck wird mit Hilfe der Bernoulligleichung der Gasdynamik Gl. 6.63 hergestellt.

Als Lösungen der Potentialgleichung existieren Stromfunktionen $\Psi(x, y)$ für die ebene Strömung, die Integrale der Kontinuitätsgleichung darstellen. Damit betragen die Geschwindigkeitskomponenten der zweidimensionalen kompressiblen Strömung:

$$c_x = \frac{\rho_0}{\rho} \frac{\partial \Psi}{\partial y} \quad \text{und} \quad c_y = -\frac{\rho_0}{\rho} \frac{\partial \Psi}{\partial x} \tag{6.215}$$

Die Stromfunktionen $\Psi(x, y)$ stellen Stromlinien dar und sie stehen senkrecht auf den Äquipotentiallinien $\Phi(x, y)$.

Die Anzahl vorhandener Lösungen der Potentialgleichungen ist stark beschränkt.

6.9.2 Linearisierung der zweidimensionalen kompressiblen Potentialströmung

Eine größere Zahl von Lösungen für die Potentialgleichung erhält man, wenn man die Differentialgleichung für die Potentialfunktion linearisiert, indem alle zweiten Potenzen der Potentialfunktionen in der Potentialgleichung der kompressiblen ebenen Strömung vernachlässigt werden. In Gl. 6.214 verschwindet dann auch das Produkt $\frac{c_y^2}{a^2} \frac{\partial c_y}{\partial y}$ und das Produkt $\frac{c_x c_y}{a^2} \left(\frac{\partial c_x}{\partial y} + \frac{\partial c_y}{\partial x} \right)$.

Nach der Linearisierung erhält man die Gleichung in der folgenden Form:

$$\left(1 - \frac{c_x^2}{a^2} \right) \frac{\partial c_x}{\partial x} + \frac{\partial c_y}{\partial y} = 0 \tag{6.216}$$

Diese Vereinfachung der Potentialgleichung kann vorgenommen werden für Stromlinien, deren Hauptströmungsvektor (Größe und Richtung) nur geringfügig von der ungestörten Anströmung c_∞ abweicht. Solche Strömungen treten z. B. auf

- bei der Plattenumströmung,
- bei der Umströmung schlanker Tragflügelprofile mit geringer Wölbung, wie z. B. bei Tragflügeln von Flugzeugen, Flügeln von Windrädern, Axialverdichterschaufeln.

Wird das Potential $\Phi(x, y)$ in Gl. 6.216 eingeführt, so erhält man die Gleichung:

$$\left[1 - \left(\frac{c_x}{a} \right)^2 \right] \frac{\partial^2 \Phi}{\partial x^2} + \frac{\partial^2 \Phi}{\partial y^2} = 0 \tag{6.217}$$

Abb. 6.69 Geschwindigkeitsvektoren an einem schlanken Tragflügelprofil

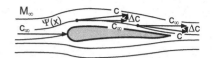

Das Verhältnis $\left(\frac{c_x}{a}\right)^2 = M_x^2$ stellt das Quadrat der örtlichen Machzahl auf der Stromlinie Ψ_x dar (Abb. 6.69), das durch die Anströmmachzahl $M_\infty \approx M_x = c_x/a$ angenähert werden kann. Damit beträgt die lineare Potentialgleichung der zweidimensionalen kompressiblen Strömung:

$$\left(1 - M_\infty^2\right) \frac{\partial^2 \Phi}{\partial x^2} + \frac{\partial^2 \Phi}{\partial y^2} = 0 \tag{6.218}$$

Das ist eine lineare Differentialgleichung zweiter Ordnung, die sich einfacher lösen lässt als die nichtlinearen Ausgangsgleichungen (Gln. 6.213 und 6.216).

Für die Unterschallströmung mit $M_\infty < 1$ stellt die Potentialgleichung die Laplace-Differentialgleichung der Hydrodynamik multipliziert mit dem konstanten Faktor $(1 - M_\infty^2)$ dar. Die Lösung gelingt mit Hilfe des Singularitätenverfahrens und mit der konformen Abbildung (Abschn. 7.3). Dafür muss aber auch die Bernoulligleichung linearisiert werden.

6.9.3 Zweidimensionale Überschallströmung um schlanke Profile

Die nachfolgende Berechnung ist für kompressible reibungsfreie stationäre Strömungen um schlanke Profile gültig, bei denen die Geschwindigkeit in Größe und Richtung nur wenig von der ungestörten Anströmung c_∞ abweicht.

Die Euler'sche Bewegungsgleichung lautet dafür nach Gl. 6.54:

$$c \, dc + \frac{dp}{\rho} = 0 \tag{6.219}$$

Mit der Erweiterung $\frac{dp}{\rho} = \frac{dp}{d\rho} \frac{d\rho}{\rho} = a^2 \frac{d\rho}{\rho}$ erhält man die Dichteabhängigkeit von der Geschwindigkeit in der Form:

$$\frac{d\rho}{\rho} = -\frac{c^2}{a^2} \frac{dc}{c} = -M^2 \frac{dc}{c} \tag{6.220}$$

Diese Gl. 6.220 gilt für alle drehungsfreien Strömungen, d. h. für Strömungen mit einheitlicher Bernoullikonstante. Sie tritt in dieser Form auch bei der Strömung in de Laval-Düsen auf Gl. 6.135. Die relative Dichteänderung verschwindet für kleine Machzahlen $M < 0{,}2$, sodass dann inkompressibel gerechnet werden kann.

Durch eine Linearisierung in erster Näherung erhält man mit der Machzahl $M_\infty = c_\infty/a$ wieder die linearisierte gasdynamische Gl. 6.221

$$\left(1 - M_\infty^2\right) \frac{\partial c_x}{\partial x} + \frac{\partial c_y}{\partial y} = 0 \qquad (6.221)$$

oder mit dem Potential $\Phi(x, y)$ und den Geschwindigkeiten $c_x = \partial\Phi/\partial x$ und $c_y = \partial\Phi/\partial y$ die erweiterte bereits bekannte Potentialgleichung 6.218.

Im Unterschallbereich $M_\infty < 1$ unterscheidet sich die Differentialgleichung für $M_\infty = $ konst. nur um einen konstanten Faktor von der Potentialgleichung der inkompressiblen Strömung der Hydrodynamik. Dafür hat die Differentialgleichung einen elliptischen Charakter. Für Überschallströmungen mit $M_\infty > 1$ erhält das Glied $\partial^2\Phi/\partial x^2$ ein negatives Vorzeichen und die Differentialgleichung ist vom hyperbolischen Typ. Für die hyperbolische Differentialgleichung mit $M_\infty > 1$

$$-\left(M_\infty^2 - 1\right) \frac{\partial^2\Phi}{\partial x^2} + \frac{\partial^2\Phi}{\partial y^2} = 0 \qquad (6.222)$$

stellen stetige Funktionen f mit dem Argument $y = x \tan\alpha$ Lösungen von Gl. 6.222 dar. Um Gl. 6.222 zu erfüllen, muss die Lösungsfunktion lauten:

$$\left(M_\infty^2 - 1\right) \tan^2\alpha = 1 \qquad (6.223)$$

bzw.

$$\tan\alpha = \pm\frac{1}{\sqrt{M_\infty^2 - 1}} \qquad (6.224)$$

Mit dem Differentialquotienten dy/dx für die Stromlinie oder die Strömungskontur entsprechend Abb. 6.70 erhält man

$$\frac{dy}{dx} = \tan\alpha = \frac{1}{\sqrt{M_\infty^2 - 1}}, \qquad (6.225)$$

worin α die Neigung der Stromlinie ist (Abb. 6.70).

Die Gl. 6.225 fordert, dass die Profilkontur für die Lösung der hydrodynamischen Potentialgleichung gegenüber der inkompressiblen Umströmung in der Koordinatenhöhe y

Abb. 6.70 Differentialquotienten und Stromlinienwinkel

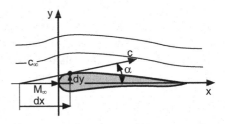

um den Faktor $\frac{1}{\sqrt{1-M_\infty^2}}$ verdichtet wird. Das bedeutet bezüglich des Geschwindigkeitsfeldes, dass die Stromlinienneigung α bei der kompressiblen Strömung um den Faktor
$\sqrt{1 - M_\infty^2}$ kleiner ist als bei inkompressibler Strömung.
Diese Linearisierung der gasdynamischen Gleichung wird als Prandtlsche Regel bezeichnet.

6.9.4 Zweidimensionale Unterschallströmung um schlanke Profile

Die gasdynamische Grundgleichung als Potentialgleichung mit dem Potential Φ ist in
Gl. 6.213 angegeben.

Darin stellen die partiellen Ableitungen des Potentials $\Phi(x, y)$ nach den Ortskoordinaten die Geschwindigkeiten in den beiden Koordinatenrichtungen dar $c_x = \partial\Phi/\partial x$ und
$c_y = \partial\Phi/\partial y$. Diese Gl. 6.213 kann leicht für die dreidimensionale Strömung erweitert
werden. Infolge der quadratischen Koeffizienten in der Differentialgleichung 6.213 z. B.
$c_x^2 = (\partial^2\Phi/\partial_x^2)^2$ liegt auch hier eine nichtlineare Differentialgleichung vor, für die es
keine geschlossene Lösung gibt.

Es gibt aber Strömungen, z. B. um schlanke Tragflügelprofile, ebene Platten oder Axialverdichterschaufeln von Endstufen, bei denen die Geschwindigkeitskomponente c_y klein
ist gegenüber der Hauptströmungsgeschwindigkeit c_x und die nur geringfügig von der
Anströmgeschwindigkeit abweicht (Abb. 6.69 und 6.70). Für solche Strömungen ist eine
Vereinfachung der Potentialgleichung (Gl. 6.213) in der Weise möglich, dass Störge-
schwindigkeiten $c_x' = c_x - c_\infty$ und $c_y' = c_y$ eingeführt werden, mit denen Störpotentiale
der folgenden Form definiert werden.

$$c_x' = \frac{\partial\Phi}{\partial x} \quad \text{und} \quad c_y' = \frac{\partial\Phi}{\partial y} \tag{6.226}$$

Unter dieser Voraussetzung können in der gasdynamischen Grundgleichung alle Quadrate
der kleinen Größen und auch die Summanden der Geschwindigkeitsgradienten vernachlässigt werden. Als linearisierte Näherung der gasdynamischen Grundgleichung bleibt
dann die Gl. 6.227:

$$\left(1 - \frac{c_x^2}{a^2}\right)\frac{\partial c_x}{\partial y} + \frac{\partial c_y}{\partial x} = 0 \tag{6.227}$$

Setzt man dafür die Potentiale ein und setzt die Machzahl $M_\infty = c_x/a$, so erhält man eine
Potentialgleichung, die mit dem Koeffizienten $(1 - M_\infty^2)$ erweitert ist.

$$\left(1 - M_\infty^2\right)\frac{\partial c_x}{\partial y} + \frac{\partial c_y}{\partial x} = 0 \tag{6.228}$$

Eine weitere Vereinfachung kann dadurch getroffen werden, dass der Koeffizient $(1 - M_\infty^2)$
durch eine konstante Machzahl dargestellt wird. Diese lineare Differentialgleichung lässt

sich einfacher lösen als die nichtlineare Differentialgleichung (Gl. 6.213). Für Unter-
schallströmungen mit Anströmmachzahlen von $M_\infty < 1$ stellt Gl. 6.228 die Laplace'sche
Differentialgleichung der Hydrodynamik dar, die um den Faktor $(1 - M_\infty^2)$ erweitert ist.
Diese Gleichung kann durch eine Koordinatentransformation in die Form der Laplaceglei-
chung überführt und dadurch mit Hilfe des Singularitätenverfahrens und der konformen
Abbildung gelöst werden. Folgende zwei Einschränkungen sind dabei zu beachten:
    Infolge der Linearisierung der Gleichung dürfen Bereiche stärkerer Stromlinienkrüm-
mungen, z. B. in Staupunktnähe von Profilen, nicht berechnet werden.
    Soll auch die Druckverteilung in dem Strömungsbereich berechnet werden, so muss
dafür auch die Bernoulligleichung in der nachfolgenden Form linearisiert werden.

$$p - p_\infty = -\rho_\infty c_\infty \int\limits_{c_\infty}^{c_\infty + \Delta c_x} \mathrm{d}c = -\rho_\infty c_\infty \Delta c_\infty \tag{6.229}$$

Der Unterschallbereich erstreckt sich entsprechend der Geschwindigkeitsellipse bis zur
subsonischen Strömung mit Machzahlen von $M \approx 0,25$ bis 1,0. In diesem Bereich hat
die Geschwindigkeit c bereits einen merklichen Einfluss auf die Dichte- und Temperaturänderung der Strömung, wobei auch die Schallgeschwindigkeit verringert wird. Im
Unterschallgebiet der Strömung (z. B. Tragflügelumströmung oder Schaufelgitterdurch-
strömung) treten entsprechend Tab. 6.6 auch Dichte- und Querschnittsänderungen auf,
die zwar geringer sind als die Geschwindigkeitsänderung $\mathrm{d}c/c$, die aber mit zunehmender Machzahl M ansteigen und deshalb berücksichtigt werden müssen. Die Dichteänderung der Unterschallströmung $M < 1$ beträgt mit Gln. 6.135 und 6.141, vergleiche auch
Gln. 6.140 und 6.142 (Abschn. 6.7.8):

$$\frac{\rho}{\rho_\infty} = \left(\frac{A}{A_\infty}\right)^{\frac{M^2}{1-M^2}} \tag{6.230}$$

Die Querschnittsänderung beträgt:

$$\frac{A}{A_\infty} = \frac{c_1^{\left(1-M_\infty^2\right)}}{c^{\left(1-M^2\right)}} \tag{6.231}$$

Das bedeutet, dass die Stromlinien bei der kompressiblen Umströmung eines Tragflügelprofils stärker gekrümmt werden als bei inkompressibler Umströmung des Profils
(Abb. 6.71), d. h. die Wölbung des Profils wird durch den Kompressibilitätseinfluss vergrößert.
    Die Berechnung der Druckverteilung und des Stromlinienverlaufs erfolgt vorwiegend
mit den folgenden Programmen: ANSYS CFX, Fluent, Fluid Dynamics Analysis Package
oder mit dem CFD-Programm STAR-CD der CD adapco Group.

Abb. 6.71 Stromlinienver-
lauf bei einer kompressiblen
und inkompressiblen Um-
strömung eines Tragflügels
—— kompressible Strömung
- - - inkompressible Strömung

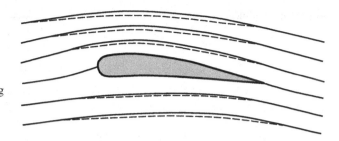

6.10 Beispiele

Beispiel 6.10.1 Wie groß sind die Gaskonstanten von Luft bei $t = 50\,°C$, Sauerstoff bei $t = 100\,°C$ und Stickstoff bei $t = 30\,°C$ unter der Voraussetzung, dass bei dem angegebenen Druck von $p = 2,0\,MPa$ noch die thermische Zustandsgleichung für ideale Gase Gültigkeit besitzt?

Lösungsbeispiel für Luft mit $\rho_L = 21,59\,kg/m^3$:

$$R = \frac{p}{\rho T} = \frac{2 \cdot 10^6\,Pa}{21,59\,\frac{kg}{m^3} \cdot 323,15\,K} = 286,66\,\frac{J}{kg\,K}$$

Die anderen Resultate sind in Tab. 6.1 angegeben.

Beispiel 6.10.2 Mit Hilfe einer Messblende (Abb. 6.72) wird in einer Druckluftleitung mit $d = 150\,mm$ ein Massestrom von $\dot{m} = 2,0\,kg/s$ gemessen. Vor der Blende herrscht der Luftzustand von $p_1 = 800\,kPa$, $T_1 = 293,15\,K$, der spezifischen Wärmekapazität $c_p = 1004\,J/(kg\,K)$, der Gaskonstante $R = 287,6\,J/(kg\,K)$ und $\rho_2 = 2,4\,kg/m^3$. Der Druckverlustbeiwert der Blende soll $\zeta_B = 45$ betragen bei $d_i/d = 0,45$ (Tab. A.8).

Zu berechnen sind:

1. Dichte, Volumenstrom und Geschwindigkeit der Luft in der Rohrleitung,
2. Druckabfall in der Blende $\Delta p_B = p_1 - p_2$,
3. Druck in der Rohrleitung hinter der Blende,
4. Temperatur hinter der Blende infolge Expansion.

Lösung

1.

$$\rho_1 = \frac{p_1}{R T_1} = \frac{800 \cdot 10^3\,Pa\,kg}{287,6\,J\,K \cdot 293,15\,K} = 9,49\,\frac{kg}{m^3}$$

$$\dot{V}_1 = \frac{\dot{m}}{\rho} = \frac{2,0\,kg\,m^3}{9,49\,kg\,s} = 0,211\,\frac{m^3}{s} = 758,69\,\frac{m^3}{h};$$

$$c_1 = \frac{\dot{V}_1}{A} = \frac{4\dot{V}_1}{\pi d^2} = \frac{4 \cdot 758,69\,m^3/h}{\pi \cdot 0,15^2\,m^2} = 11,95\,\frac{m}{s}$$

Abb. 6.72 Messblende

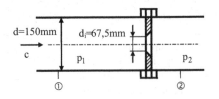

2. $\Delta p_{\mathrm{B}} = p_1 - p_2 = \zeta_{\mathrm{B}} \dfrac{\rho_1}{2} c_1^2 = 45 \dfrac{9{,}49\,\mathrm{kg}}{2\,\mathrm{m}^3} \cdot 11{,}95^2 \dfrac{\mathrm{m}^2}{\mathrm{s}^2} = 30.482{,}24\,\mathrm{Pa} = 30{,}482\,\mathrm{kPa}$

3. $p_2 = p_1 - \Delta p_{\mathrm{B}} = 800 \cdot 10^3\,\mathrm{Pa} - 30{,}482\,\mathrm{kPa} = 769{,}52\,\mathrm{kPa}$

4. Energiegleichung der Gasdynamik $\Delta T = T_2 - T_1 = \dfrac{c_2^2 - c_1^2}{2c_{\mathrm{p}}} = \dfrac{\Delta c^2}{2c_{\mathrm{p}}}$

$$c_2 = \frac{4\dot{m}}{\pi d_1^2 \rho_2} = \frac{4 \cdot 2{,}0\,\mathrm{kg}\,\mathrm{m}^3}{\pi \cdot 0{,}15^2\,\mathrm{m}^2 \cdot 2{,}4\,\mathrm{kg}} = 47{,}16\,\frac{\mathrm{m}}{\mathrm{s}}$$

$$T_2 = T_1 + \frac{c_2^2 - c_1^2}{2c_{\mathrm{p}}} = 293{,}15\,\mathrm{K} + \frac{(47{,}16^2 - 11{,}95^2)\,\mathrm{m}^2\,\mathrm{kg}\,\mathrm{K}}{2 \cdot 1004\,\mathrm{J}\,\mathrm{s}^2} = 294{,}19\,\mathrm{K}$$

Beispiel 6.10.3 In einer isolierten Fernheizleitung der Nennweite NW 400 strömt $\dot{m} = 7{,}5\,\mathrm{kg/s}$ leicht überhitzter Niederdruckdampf in der Rohrlänge von $L = 3{,}0\,\mathrm{km}$. Die Rohrrauigkeit beträgt $k = 0{,}4\,\mathrm{mm}$. Der Dampf tritt mit dem Überdruck von $p_{1\ddot{u}} = 250\,\mathrm{kPa}$ und der Temperatur von $T_1 = 455\,\mathrm{K}$ in die Fernleitung ein. Der Wärmeverlust in der isolierten Dampfleitung beträgt $65\,\mathrm{J/m}^2\,\mathrm{s}$.

Zu berechnen sind:

1. Dichte und Geschwindigkeit des Dampfes,
2. Reynoldszahl der Dampfströmung,
3. Rohrreibungsbeiwert,
4. Temperaturabfall des Dampfes bei $c_{\mathrm{P}} = 2136\,\mathrm{J/(kg\,K)}$ und $R = 461\,\mathrm{J/(kg\,K)}$ beim Isolationsdurchmesser $d_2 = 600\,\mathrm{mm}$,
5. Druckabfall in der Rohrleitung und der Enddruck.

Lösung

1. Dampfdichte am Rohreintritt: $\rho_1 = \dfrac{p_1}{RT_1} = \dfrac{350 \cdot 10^3\,\mathrm{Pa}}{461\,\mathrm{J/kg\,K} \cdot 455\,\mathrm{K}} = 1{,}67\,\dfrac{\mathrm{kg}}{\mathrm{m}^3}$; aus Mollier-$h$-$s$-Diagramm: $\rho_1 = 1{,}67\,\dfrac{\mathrm{kg}}{\mathrm{m}^3}$; kinematische Viskosität $\nu_1 = 14 \cdot 10^{-6}\,\mathrm{m}^2/\mathrm{s}$; mittlere Geschwindigkeit in der Rohrleitung: $c_1 = \dfrac{\dot{V}}{A} = \dfrac{4\dot{m}}{\pi \rho d_1^2} = \dfrac{4 \cdot 7{,}5\,\mathrm{kg/s}\,\mathrm{m}^3}{\pi \cdot 1{,}67\,\mathrm{kg} \cdot 0{,}4^2\,\mathrm{m}^2} = 35{,}81\,\dfrac{\mathrm{m}}{\mathrm{s}}$

2. Reynoldszahl: $\mathrm{Re} = \dfrac{c_1 d_1}{\nu} = \dfrac{35{,}81\,\mathrm{m/s} \cdot 0{,}4\,\mathrm{m\,s}}{14 \cdot 10^{-6}\,\mathrm{m}^2} = 1{,}02 \cdot 10^6$; $\dfrac{d}{k} = \dfrac{400\,\mathrm{mm}}{0{,}4\,\mathrm{mm}} = 1000$ rel. Rohrrauigkeit

3. Rohrreibungsbeiwert nach von Kármán-Nikuradse:

$$\lambda = f\,(\mathrm{Re};\,d/k) = \frac{1}{[2 \cdot \lg(d/k) + 1{,}14]^2} = \frac{1}{7{,}14^2} = 0{,}0196$$

4. Temperaturabfall tritt ein durch Wärmeverlust von $65\,\mathrm{J/m^2s}$, Druckabfall und Dampf-expansion:

Aus $\dot{Q} = c_p \dot{m} \Delta T$ folgt: $\Delta T = \Delta t = \frac{\pi d_2 L \dot{q}}{c_p \dot{m}} = \frac{\pi \cdot 0{,}6\,\mathrm{m} \cdot 3000\,\mathrm{m} \cdot 65\,\mathrm{J\,s}}{2136\,\mathrm{J/kg\,K} \cdot 7{,}5\,\mathrm{kg\,m^2\,s}} = 22{,}94\,\mathrm{K}$

$$T_2 = T_1 - \Delta T = 455\,\mathrm{K} - 22{,}94\,\mathrm{K} = 432{,}06\,\mathrm{K}$$

mittlere Temperatur: $T_m = \frac{T_1 + T_2}{2} = \frac{455\,\mathrm{K} + 432{,}06\,\mathrm{K}}{2} = 443{,}53\,\mathrm{K}$

5. Druckabfall in der Rohrleitung Δp:

$$\Delta p = \lambda \frac{L}{d} \frac{\rho}{2} c_1^2 \frac{T_m}{T_1} = 0{,}0196 \cdot \frac{3000\,\mathrm{m}}{0{,}4\,\mathrm{m}} \cdot \frac{1{,}67\,\mathrm{kg}}{2\,\mathrm{m^3}} \cdot 35{,}81^2 \frac{\mathrm{m^2}}{\mathrm{s^2}} \cdot \frac{443{,}53\,\mathrm{K}}{455\,\mathrm{K}}$$

$$= 153{,}24\,\mathrm{kPa}$$

$$p_2 = p_1 - \Delta p = 350\,\mathrm{kPa} - 153{,}24\,\mathrm{kPa} = 196{,}76\,\mathrm{kPa}$$

Beispiel 6.10.4 In einer isolierten Rohrleitung der NW 250 und der Länge von $L = 1\,\mathrm{km}$ strömt überhitzter Wasserdampf mit dem Eintrittsdruck von $p_1 = 8{,}0\,\mathrm{MPa}$ und $T_1 = 500\,^\circ\mathrm{C}$. Der Dampfmassestrom beträgt $\dot{m} = 120\,\mathrm{t/h}$. Die Rohrrauigkeit beträgt innen $k = 0{,}2\,\mathrm{mm}$ und Gaskonstante des Wasserdampfes $R = 461\,\mathrm{J/(kg\,K)}$.

Zu berechnen sind:

1. die Reynoldszahl der Dampfströmung,
2. der Druckabfall bei isothermer Rohrströmung,
3. der Druckabfall bei polytroper Rohrströmung.

Lösung

1. Dampfdichte $\rho_1 = \frac{p_1}{R T_1} = \frac{8 \cdot 10^6\,\mathrm{Pa\,kg\,K}}{461\,\mathrm{J} \cdot 773{,}15\,\mathrm{K}} = 22{,}45\,\frac{\mathrm{kg}}{\mathrm{m^3}}$

Aus dem Mollier-h-s-Diagramm folgt für überhitzten Dampf: $\rho_1 = 22{,}45\,\mathrm{kg/m^3}$

kinematische Viskosität: $\nu = 1{,}5 \cdot 10^{-6}\,\mathrm{m^2/s}$

mittlere Strömungsgeschwindigkeit am Eintritt:

$$c_1 = \frac{\dot{V}_1}{A_1} = \frac{\dot{m}}{\rho_1 A_1} = \frac{33{,}33\,\mathrm{kg/s} \cdot 4}{22{,}45\,\mathrm{kg/m^3} \cdot \pi \cdot 0{,}25^2\,\mathrm{m^2}} = 30{,}25\,\frac{\mathrm{m}}{\mathrm{s}}$$

$\mathrm{Re} = \frac{c_1 d}{\nu} = \frac{30{,}25\,\mathrm{m/s} \cdot 0{,}25\,\mathrm{m}}{1{,}5 \cdot 10^{-6}\,\mathrm{m^2/s}} = 5{,}04 \cdot 10^6$; relative Rohrrauigkeit: $\frac{d}{k} = \frac{250\,\mathrm{mm}}{0{,}2\,\mathrm{mm}} = 1250$

Rohrreibungsbeiwert: $\lambda = f\,(\mathrm{Re}; d/k) = \frac{1}{[2 \cdot \lg(d/k) + 1{,}14]^2} = \frac{1}{7{,}33^2} = 0{,}0186$

2. Druckabfall bei isothermer Rohrströmung:

$$\Delta p_{is} = \lambda \frac{L}{d} \frac{\rho}{2} c_1^2 = 0{,}0186 \cdot \frac{1000\,\mathrm{m}}{0{,}25\,\mathrm{m}} \cdot \frac{22{,}45}{2} \cdot 30{,}25^2 \frac{\mathrm{m^2}}{\mathrm{s^2}} = 763{,}94\,\mathrm{kPa}$$

Druck am Rohrende: $p_2 = p_1 - \Delta p = 8000\,\mathrm{kPa} - 763{,}94\,\mathrm{kPa} = 7236{,}06\,\mathrm{kPa}$

Temperatur am Rohrende bei isentroper Strömung:

$$T_2 = T_1 \, (p_2/p_1)^{\frac{\kappa-1}{\kappa}} = 773{,}15\,\text{K} \, (7236{,}06\,\text{kPa}/8000\,\text{kPa})^{(1{,}3-1)/1{,}3} = 755{,}45\,\text{K}$$

mittlere Temperatur in der Dampfrohrleitung: $T_\text{m} = \frac{T_1+T_2}{2} = \frac{773{,}15\,\text{K}+755{,}45\,\text{K}}{2} =$ 764,30 K

3. Druckabfall bei polytroper Rohrströmung:

$$\Delta p_\text{pol} = \lambda \frac{L}{d} \frac{\rho}{2} c_1^2 \frac{T_\text{m}}{T_1} = 0{,}0186 \cdot \frac{1000\,\text{m}}{0{,}25\,\text{m} \cdot \frac{22{,}45}{2} \cdot 30{,}25^2} \cdot \frac{\text{m}^2}{\text{s}^2} \cdot \frac{764{,}30\,\text{K}}{773{,}15\,\text{K}} = 755{,}20\,\text{kPa}$$

Beispiel 6.10.5 Ein Überschallflugzeug fliegt mit der Machzahl von $M = 1{,}8$ in 10 km Höhe bei der Lufttemperatur von $t = -48\,°\text{C}$ horizontal über einen Beobachter auf der Erde.

Wie groß sind die Geschwindigkeit des Flugzeugs und der Mach'sche Winkel? Wie weit ist das Flugzeug horizontal vom Beobachter entfernt, wenn dieser den Überschallknall hört und welche Zeit ist bis dahin vergangen, wenn die Dichte der Luft ρ in Abhängigkeit der Höhe als konstant betrachtet wird? Die Gaskonstante von Luft beträgt $R = 287{,}6\,\text{J}/(\text{kg K})$ und der Isentropenexponent beträgt $\kappa = 1{,}4$.

Lösung

Schallgeschwindigkeit in Luft: $\quad a = \sqrt{\kappa R T} = \sqrt{1{,}4 \cdot 287{,}6 \, \dfrac{\text{J}}{\text{kg K}} \cdot 225{,}15\,\text{K}} =$
$\qquad\qquad\qquad\qquad\qquad\qquad 301{,}09 \, \dfrac{\text{m}}{\text{s}}$

Geschwindigkeit des Flugzeugs: $\quad c = M\,a = 1{,}8 \cdot 301{,}09 \, \dfrac{\text{m}}{\text{s}} = 541{,}96 \, \dfrac{\text{m}}{\text{s}} = 1951{,}1 \, \dfrac{\text{km}}{\text{h}}$

Mach'scher Winkel: $\qquad\qquad\qquad \sin\alpha = \dfrac{1}{M} = 0{,}555 \to \alpha = 33{,}75°.$

Horizontale Entfernung des Flugzeugs vom Beobachter, wenn von der veränderlichen Dichte über der Höhe $\rho(h)$ abgesehen wird:

$$s = \frac{h}{\tan\alpha} = \frac{10\,\text{km}}{0{,}6674} = 14.966{,}6\,\text{m} = 14{,}97\,\text{km}$$

Flugzeit:

$$t = \frac{s}{c} = \frac{14.966{,}6\,\text{m}}{541{,}96\,\text{m/s}} = 27{,}62\,\text{s}$$

Beispiel 6.10.6 Aus dem Stickstoffbehälter (Abb. 6.73) mit $d_2 = 50\,\text{mm}\,\varnothing$, $p_0 = 180\,\text{kPa}$, $R = 296{,}8\,\text{J}/(\text{kg K})$, $T_0 = 293{,}15\,\text{K}$, $c_\text{p} = 1039{,}7\,\text{J}/(\text{kg K})$ und $\kappa = 1{,}40$ ist die Ausströmgeschwindigkeit c in die freie Atmosphäre mit $p_2 = 100\,\text{kPa}$, der Massestrom $\dot{m}$, die Rückstoßkraft, die Austrittstemperatur, die Abkühlung des Gases und die Austrittsmachzahl zu berechnen.

Abb. 6.73 Ausströmvorgang
aus einem Stickstoffbehälter

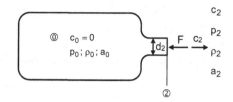

Dichte des Stickstoffs im Behälter:

$$\rho_0 = \frac{p_0}{RT_0} = \frac{180\,\text{kPa}}{296,8\,\text{J}/(\text{kg K}) \cdot 293,15\,\text{K}} = 2,07\,\frac{\text{kg}}{\text{m}^3}$$

Druckverhältnis aus Tab. 6.5: $p_2/p_0 = 0,556 > p^*/p_0 = 0,528$, unterkritische Ausströmung
Ausströmgeschwindigkeit:

$$c_2 = \left\{ \frac{2\kappa}{\kappa-1} \frac{p_0}{\rho_0} \left[1 - \left(\frac{p_2}{p_0}\right)^{\frac{\kappa-1}{\kappa}} \right] \right\}^{1/2} = \left\{ \frac{2,8}{0,4} \frac{180\,\text{kPa}}{2,07\frac{\text{kg}}{\text{m}^3}} \left[1 - \left(\frac{100}{180}\right)^{\frac{0,4}{1,4}} \right] \right\}^{1/2}$$
$$= 306,85\,\frac{\text{m}}{\text{s}}$$

Massestrom $\dot{m}$: $\dot{m} = \frac{\pi}{4} d_2^2 c_2 \rho_0 = \frac{\pi}{4} \cdot 0,050^2\,\text{m}^2 \cdot 306,85\,\frac{\text{m}}{\text{s}} \cdot 2,07\,\frac{\text{kg}}{\text{m}^3} = 1,25\,\frac{\text{kg}}{\text{s}}$

Rückstoßkraft F: $F = \dot{m}c_2 = 1,25\,\frac{\text{kg}}{\text{s}} \cdot 306,85\,\frac{\text{m}}{\text{s}} = 382,47\,\text{N}$

Austrittstemperatur: $T_2 = T_0 - \frac{c_2^2}{2c_p} = 293,15\,\text{K} - \frac{(306,85\,\text{m/s})^2}{2 \cdot 1039,7\,\text{J}/(\text{kg K})} = 247,87\,\text{K}$

Abkühlung des Gases um $\Delta T = T_0 - T_2 = 293,15\,\text{K} - 247,87\,\text{K} = 45,28\,\text{K}$ auf $t_2 = -25,28\,°\text{C}$

Austrittsmachzahl: $\text{M}_2 = \frac{c_2}{a_2} = \frac{c_2}{\sqrt{\kappa R T_2}} = \frac{306,85\,\text{m/s}}{\sqrt{1,4 \cdot 296,8\,\text{J}/(\text{kg K}) \cdot 247,87\,\text{K}}} = 0,956$.

Beispiel 6.10.7 Für eine Luftströmung mit der spezifischen Wärmekapazität von $c_p = 1004,7\,\text{J}/(\text{kg K})$ und der Geschwindigkeit von $c_1 = 160\,\text{m/s}$ bei $T_1 = 305\,\text{K}$ ist die Temperaturerhöhung im Staupunkt $\Delta T = T_2 - T_1$ eines umströmten Körpers bei $c_2 = 0\,\text{m/s}$ zu errechnen.

Aus der Bernoulligleichung folgt: $\Delta T = T_2 - T_1 = \frac{c_1^2}{2c_p} = \frac{160^2\,\text{m}^2/\text{s}^2}{2 \cdot 1004,7\,\text{J}/(\text{kg K})} = 12,74\,\text{K}$.

Beispiel 6.10.8 Für eine Erdgasverteilungsleitung mit dem Innendurchmesser von $d = 65\,\text{mm}\;\varnothing$ und der Länge von $L = 1,2\,\text{km}$, die nicht isoliert bei $13\,°\text{C}$ in $1,20\,\text{m}$ Tiefe im

Erdreich verlegt wurde, ist der Druckverlust für die Gasgeschwindigkeit von $c = 16\,\text{m/s}$ in einer neuen Kunststoffrohrleitung mit der Oberflächenrauigkeit von $k = 0{,}10\,\text{mm}$ zu berechnen. Der absolute Druck beträgt $p = 480\,\text{kPa}$, die Gaskonstante des Erdgases beträgt $R = 461{,}52\,\text{J/(kg\,K)}$ und die kinematische Viskosität $\nu = 15{,}8 \cdot 10^{-6}\,\text{m}^2/\text{s}$.

Reynoldszahl: $\text{Re} = \dfrac{cd}{\nu} = \dfrac{16\,\text{m/s} \cdot 0{,}065\,\text{m}}{15{,}8 \cdot 10^{-6}\,\text{m}^2/\text{s}} = 6{,}58 \cdot 10^4$

Die Gasdichte beträgt: $\rho = \dfrac{p}{RT} = \dfrac{480\,\text{kPa}}{461{,}52\,\text{J/(kg\,K)} \cdot 286{,}16\,\text{K}} = 3{,}63\,\dfrac{\text{kg}}{\text{m}^3}$.

Relative Oberflächenrauigkeit und Rohrreibungsbeiwert aus dem Colebrookdiagramm:

$$\frac{d}{k} = \frac{0{,}065\,\text{m}}{0{,}10\,\text{mm}} = 650; \quad \lambda = f\left(\text{Re}, \frac{d}{k}\right) = 0{,}025$$

Druckverlust: $\Delta p = \lambda \dfrac{L}{d}\dfrac{\rho}{2}c^2 = 0{,}025\dfrac{1200\,\text{m}}{0{,}065\,\text{m}}\dfrac{3{,}63\,\text{kg/m}^3}{2}16^2\,\dfrac{\text{m}^2}{\text{s}^2} = 214{,}45\,\text{kPa}$

Druckverlust, kompressibel: $\Delta p = p_1 - p_2 = p_1 \cdot \left\{1 - \sqrt{1 - \lambda \dfrac{L}{d}\dfrac{\rho_1}{p_1}c^2}\right\}$

$$\Delta p = 480\,\text{kPa} \cdot \left\{1 - \sqrt{1 - 0{,}025 \cdot \frac{1200\,\text{m}}{0{,}065\,\text{m}}\frac{3{,}63\,\text{kg/m}^3}{480\,\text{kPa}} \cdot 16^2\,\frac{\text{m}^2}{\text{s}^2}}\right\} = 324{,}22\,\text{kPa}$$

Die inkompressible Rechnung ergibt einen Druckverlust von $\Delta p = 214{,}45\,\text{kPa}$. Daraus ergibt sich eine Differenz für den Druckverlust der kompressiblen und der inkompressiblen Rechnung von $\Delta(\Delta p) = 109{,}7\,\text{kPa}$. Bezogen auf den Druckverlust der kompressiblen Rechnung von $\Delta p = 324{,}22\,\text{kPa}$ entspricht dieser Wert einer Abweichung von $33{,}9\,\%$. Das Verhältnis des Druckverlustes Δp zum Eintrittsdruck nimmt den folgenden Wert an:

$$\frac{\Delta p}{p_1} = \frac{324{,}22\,\text{kPa}}{480\,\text{kPa}} = 0{,}675$$

Somit beträgt der absolute Druck am Ende der betrachteten Erdgasleitung

$$p_2 = p_1 - \Delta p = 480\,\text{kPa} - 324{,}22\,\text{kPa} = 155{,}78\,\text{kPa}$$

Beispiel 6.10.9 In einer horizontalen Rohrleitung DN 200 strömt Luft von $\dot{V} = 860\,\text{m}^3/h = 0{,}2389\,\text{m}^3/\text{s}$ mit den Parametern $R = 287{,}6\,\text{J/(kg\,K)}$, $\rho_1 = 1{,}21\,\text{kg/m}^3$, $t_1 = 80\,°\text{C}$, $\kappa = 1{,}4$ und $p_1 = 240\,\text{kPa}$. In die Leitung ist eine Blende eingebaut.

Zu bestimmen sind:

1. mittlere Strömungsgeschwindigkeit und Machzahl vor der Blende,
2. Geschwindigkeit in der Blende bei der kritischen Machzahl von $M = 1,0$,
3. Druckabsenkung in der Blende,
4. Blendendurchmesser bei $M = 1,0$.

Lösung

1. Mittlere Strömungsgeschwindigkeit

$$c_1 = \frac{\dot{V}}{A} = \frac{4\dot{V}}{\pi d^2} = \frac{4 \cdot 0,2389\,\text{m}^3/\text{s}}{\pi \cdot 0,2^2\,\text{m}^2} = 7,6\,\frac{\text{m}}{\text{s}}$$

$$a = \sqrt{\kappa R T} = \sqrt{1,4 \cdot 287,6\,\frac{\text{J}}{\text{kg}\,\text{K}} \cdot 353,15\,\text{K}} = 377,1\,\frac{\text{m}}{\text{s}}$$

Machzahl $M_1 = \frac{c_1}{a} = \frac{7,6\,\text{m/s}}{377,1\,\text{m/s}} = 0,02$

2. Geschwindigkeit in der Blende bei der kritischen Machzahl von $M = 1,0$

$$M* = \frac{c*}{a} = 1 \rightarrow a = c* = 377,1\,\frac{\text{m}}{\text{s}}$$

3. Druckabsenkung in der Blende $\dot{m} = \rho_1 c_1 A_1 = 1,21\,\frac{\text{kg}}{\text{m}^3} \cdot 7,6\,\frac{\text{m}}{\text{s}}\,\frac{\pi}{4} \cdot 0,2^2\,\text{m}^2 = 0,29\,\frac{\text{kg}}{\text{s}}$

Bernoulligleichung $\dfrac{\kappa}{\kappa - 1}\dfrac{p_1}{\rho_1} + \dfrac{c_1^2}{2} = \dfrac{\kappa}{\kappa - 1}\dfrac{p_2}{\rho_2} + \dfrac{c_2^2}{2}$

Isentropengleichung   Bernoulligleichung

$\dfrac{p_2}{\rho_2^\kappa} = \dfrac{p_1}{\rho_1^\kappa} \rightarrow p_2 = p_1 \dfrac{\rho_2^\kappa}{\rho_1^\kappa};$ $\dfrac{\kappa}{\kappa - 1}\dfrac{p_1}{\rho_1} + \dfrac{c_1^2}{2} - \dfrac{c_2^2}{2} = \dfrac{\kappa}{\kappa - 1} \cdot p_1 \dfrac{\rho_2^\kappa}{\rho_1^\kappa}$

$$\rho_2 = \left[\frac{\left(\frac{\kappa}{\kappa-1}\frac{p_1}{\rho_1} + \frac{c_1^2 - c_2^2}{2}\right) \cdot \rho_1^\kappa}{\frac{\kappa}{\kappa-1} \cdot p_1} \right]^{\frac{1}{\kappa-1}} = 0,924\,\frac{\text{kg}}{\text{m}^3};\quad p_2 = p_1\frac{\rho_2^\kappa}{\rho_1^\kappa} = 164,46\,\text{kPa}$$

4. Blendendurchmesser

$$\dot{m} = \rho_2 c_2 A_2 = \rho_2 c_2 \frac{\pi}{4} d_2^2 \rightarrow d_2$$

$$= \sqrt{\frac{4 \cdot \dot{m}}{\pi \rho_2 c_2}} = \sqrt{\frac{4 \cdot 0,29\,\text{kg/s}}{\pi \cdot 0,924\,\text{kg/m}^3 \cdot 377,1\,\text{m/s}}} = 0,033\,\text{m} = 32,5\,\text{mm}$$

Abb. 6.74 Venturidüse

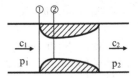

Beispiel 6.10.10 In einer horizontalen Rohrleitung DN 80 mit $d_i = 80$ mm strömt Helium mit der Geschwindigkeit von $c_1 = 60$ m/s und folgenden Parametern $R = 2077,3$ J/(kg K); $c_p = 5193,1$ J/(kg K); $c_v = 3115,8$ J/(kg K); $\rho_1 = 0,179$ kg/m³; $p_1 = 180$ kPa.

Zur Messung des Volumenstromes ist eine Venturidüse einzubauen (Abb. 6.74).

Wie groß ist der Druckabfall in der Düse, wenn die Machzahl den Wert $M_2 = 0,9$ bei $T_2 = 374,5$ K nicht überschreiten darf?

Zu bestimmen sind weiterhin die Temperatur, der Druck und die Dichte des Gases hinter der Normdüse sowie der Massestrom.

Es ist zu prüfen, ob das kritische Druckverhältnis nicht unterschritten wird.

Lösung

$$\kappa = \frac{c_p}{c_v} = \frac{5193,1\,\text{J/(kg K)}}{3115,8\,\text{J/(kg K)}} = 1,66$$

$$a_2 = \sqrt{\kappa R T_2} = \sqrt{1,66 \cdot 2077,3\,\frac{\text{J}}{\text{kg K}} \cdot 374,5\,\text{K}} = 1136,4\,\frac{\text{m}}{\text{s}}$$

$$c_2 = M_2 a_2 = 0,9 \cdot 1136,4\,\frac{\text{m}}{\text{s}} = 1022,76\,\frac{\text{m}}{\text{s}}$$

Bernoulligleichung: $\quad \dfrac{\kappa}{\kappa-1}\dfrac{p_1}{\rho_1} + \dfrac{c_1^2}{2} = \dfrac{\kappa}{\kappa-1}\dfrac{p_2}{\rho_2} + \dfrac{c_2^2}{2}$

Isentropengleichung:

$$\frac{p}{\rho^\kappa} = \frac{p_1}{\rho_1^\kappa} = \frac{p_2}{\rho_2^\kappa} = \frac{p*}{\rho*^\kappa} \qquad \frac{\rho_1}{\rho_2} = \left(\frac{p_1}{p_2}\right)^{1/\kappa}$$

$$\frac{p_1}{\rho_1} - \frac{p_2}{\rho_2} = \frac{c_2^2 - c_1^2}{2}\frac{\kappa}{\kappa-1} \qquad \frac{p_2}{p_1}\frac{\rho_1}{\rho_2} = \frac{p_2}{p_1}\left(\frac{p_1}{p_2}\right)^{1/\kappa} = \frac{p_2}{p_2^{1/\kappa}}\frac{p_1^{1/\kappa}}{p_1} = \left(\frac{p_2}{p_1}\right)^{(\kappa-1)/\kappa}$$

$$\frac{p_1}{\rho_1}\left(1 - \frac{p_2}{p_1}\frac{\rho_1}{\rho_2}\right) = \frac{p_1}{\rho_1}\left[\left(1 - \frac{p_2}{p_1}\right)^{\frac{\kappa-1}{\kappa}}\right] = \frac{\kappa}{\kappa-1}\frac{c_2^2 - c_1^2}{2}$$

$$\left(\frac{p_2}{p_1}\right)^{\frac{\kappa-1}{\kappa}} = 1 - \frac{\kappa-1}{2\kappa}\frac{\rho_1}{p_2}(c_2^2 - c_1^2) = 1 - \frac{\kappa-1}{2}\frac{1}{a_1^2}(c_2^2 - c_1^2)$$

Druck am Austritt:

$$\frac{p_2}{p_1} = \left[1 - \frac{\kappa - 1}{2}\left(\frac{c_2^2}{a_1^2} - M_1^2\right)\right]^{\frac{\kappa}{\kappa - 1}} = \left[1 - \frac{\kappa - 1}{2\kappa}\frac{\rho_1}{p_1}\left(c_2^2 - c_1^2\right)\right]^{\frac{\kappa}{\kappa - 1}}$$

$$\frac{p_2}{p_1} = \left[1 - \frac{0,66}{3,32} \cdot \frac{0,179\,\text{kg/m}^3}{180\,\text{kPa}} \cdot \left(1022,76^2 - 60^2\right)\frac{\text{m}^2}{\text{s}^2}\right]^{\frac{1,66}{0,66}} = 0,7839^{2,515} = 0,5597$$

$$p_2 = \frac{p_2}{p_1} \cdot p_1 = 0,5597 \cdot 180\,\text{kPa} = 100,746\,\text{kPa}; \qquad \frac{p*}{p_1} = \frac{p_\text{krit}}{p_1} = \left(\frac{2}{\kappa + 1}\right)^{\frac{\kappa}{\kappa - 1}}$$

$$= 0,4881$$

Temperatur:

$$T_1 = \frac{p_1}{R\rho_1} = \frac{180\,\text{kPa}}{2077,3\,\text{J/(kg K)} \cdot 0,179\,\text{kg/m}^3} = 484,08\,\text{K}$$

Massestrom: $\quad \dot{m} = \rho_1 \dot{V}_1 = \rho_1 \cdot \frac{\pi}{4}d_1^2 c_1 = 0,179\,\frac{\text{kg}}{\text{m}^3} \cdot \frac{\pi}{4} \cdot 0,08^2\,\text{m}^2 \cdot 60\,\frac{\text{m}}{\text{s}} = 0,05399\,\frac{\text{kg}}{\text{s}}$

Dichte des Gases hinter der Düse: $\quad \rho_2 = \frac{p_2}{RT_2} = \frac{100,746\,\text{kPa}}{2077,3\,\text{J/(kg K)} \cdot 374,5\,\text{K}}$

$= 0,1295\,\frac{\text{kg}}{\text{m}^3}$

Engster Durchmesser der Düse:

$$d_2 = \sqrt{\frac{4\dot{m}}{\pi\rho_2 c_2}} = \sqrt{\frac{4 \cdot 0,05399\,\text{kg/s}}{\pi \cdot 0,1295\,\text{kg/m}^3 \cdot 1022,76\,\text{m/s}}} = 0,0228\,\text{m} = 22,78\,\text{mm}$$

Beispiel 6.10.11 Bei einem Innendruck $p_0 = 150\,\text{kPa}$ und einer Temperatur $T_0 = 350\,\text{K}$ wird der Heißdampf über eine kurze Rohrleitung konstanten Querschnitts aus einem Druckkessel isentrop entspannt.

1. Bestimmen Sie, ob die Entspannung im unterkritischen Bereich erfolgt.
2. Berechnen Sie für die gegebenen thermodynamischen Ruhegrößen
   - die Temperatur T_2 am Austritt,
   - die Dampfgeschwindigkeit c_2,
   - die örtliche a_2 und die kritische $a*$ Schallgeschwindigkeit des Dampfes,
   - die örtliche M_2 und die kritische $M*$ Machzahl wenn am Austritt die Freistrahlbedingung $p_A = p_\text{b}$ festliegt.
3. Welcher Massestrom $\dot{m}$ entweicht dabei in die Atmosphäre?
4. Berechnen Sie bei feststehenden Bedingungen am Austritt ($p_A = p_\text{b}$, T_2 und d_2 bleiben konstant) den maximal möglichen Massestrom $\dot{m}_\text{max}$ des Dampfes.

geg.: $p_0 = 150\,\text{kPa}$; $T_0 = 350\,\text{K}$; $d_2 = 10\,\text{mm}$; $\kappa = 1{,}333$; $R = 595\,\text{J/(kg\,K)}$; $c_p = 2398\,\text{J/(kg\,K)}$; $p_2 = 100\,\text{kPa}$

ges.: T_2; c_2; a_2; a^*; M_2; M^*; $\dot{m}$; $\dot{m}_{\text{max}}$

Hinweis: Heißdampf kann als ideales Gas betrachtet werden.

Lösung

1. $p* = p_0 \left(\frac{2}{\kappa+1}\right)^{\frac{\kappa}{\kappa-1}} = 150\,\text{kPa} \cdot 0{,}858^{4{,}030} = 81{,}055\,\text{kPa}$; $p_2 > p^* \rightarrow$ Unterschall-strömung

2. Temperatur am Austritt: $T_2 = T_0 \left(\frac{p_2}{p_0}\right)^{\frac{\kappa-1}{\kappa}} = 350\,\text{K} \cdot 0{,}666^{0{,}248} = 316{,}50\,\text{K}$

   Dampfgeschwindigkeit c_2:

$$c_p T_0 = c_p T_2 + \frac{c_2^2}{2} \rightarrow c_2 = \sqrt{2c_p\,(T_0 - T_2)} = \sqrt{2 \cdot 2398\,\frac{\text{J}}{\text{kg\,K}} \cdot 33{,}50\,\text{K}} = 400{,}8\,\frac{\text{m}}{\text{s}}$$

Örtliche Schallgeschwindigkeiten a_2 und kritische Schallgeschwindigkeit a^*

$$a_2 = \sqrt{\kappa R T_2} = \sqrt{1{,}333 \cdot 595\,\frac{\text{J}}{\text{kgK}} \cdot 316{,}5\,\text{K}} = 501{,}0\,\frac{\text{m}}{\text{s}};$$

$$c_{\text{max}} = \sqrt{c_p T_0} = \sqrt{\frac{2}{\kappa-1} a_0^2}$$

$$a^* = c^* = \sqrt{\frac{\kappa-1}{\kappa+1} \cdot c_p T_0} = \sqrt{\frac{0{,}333}{2{,}333} \cdot 2398\,\frac{\text{J}}{\text{kg\,K}} \cdot 350\,\text{K}} = 346{,}12\,\frac{\text{m}}{\text{s}}$$

Machzahlen M_2 und M^*

$$M_2 = \frac{c_2}{a_2} = \frac{400{,}8\,\text{m/s}}{501{,}0\,\text{m/s}} = 0{,}8; \quad M^* = \frac{c^*}{a^*} = 1{,}0$$

3. Massestrom der an die Atmosphäre entweicht

$$\rho_2 = \frac{p_2}{R T_2} = \frac{100\,\text{kPa}}{595\,\text{J/(kg\,K)} \cdot 316{,}5\,\text{K}} = 0{,}531\,\frac{\text{kg}}{\text{m}^3}$$

$$\dot{m} = \rho_2 c_2 \frac{\pi}{4} d_2^2 = 0{,}531\,\frac{\text{kg}}{\text{m}^3} \cdot 400{,}8\,\frac{\text{m}}{\text{s}} \cdot \frac{\pi}{4} \cdot 0{,}01^2\,\text{m}^2 = 0{,}0167\,\frac{\text{kg}}{\text{s}} = 60{,}18\,\frac{\text{kg}}{\text{h}}$$

4. Maximal möglicher Massestrom des Dampfes am Austritt

$$\dot{m}_{\text{max}} = (\rho c)_{\text{max}} \cdot A_2$$

$$(\rho c)_{\text{max}} = \rho^* c^* = \rho^* a_{\text{neu}}^* = \rho^* a_2; \quad \rho^* = \frac{p^*}{R T^*} = \rho_2$$

   da $T^* = T_2$ und $p^* = p_2$

$$\dot{m}_{\text{max}} = \rho_2 a_2 \frac{\pi}{4} d_2^2 = 0{,}531\,\frac{\text{kg}}{\text{m}^3} \cdot 501{,}0\,\frac{\text{m}}{\text{s}} \cdot \frac{\pi}{4} \cdot 0{,}01^2\,\text{m}^2 = 0{,}0209\,\frac{\text{kg}}{\text{s}}$$

6.11 Aufgaben

Aufgabe 6.11.1 Wie groß ist die Austrittsgeschwindigkeit c und der Volumenstrom aus einem Druckluftbehälter mit $p_0 = 1\,\text{MPa}$, der Gaskonstante für Luft mit $R = 287{,}6\,\text{J}/(\text{kg K})$, $d = 50\,\text{mm}$ und $t_0 = 20\,°\text{C}$ für die verlustfreie Austrittsströmung und für reibungsbehaftete Austrittsströmung mit $\zeta = \zeta_E + \zeta_A = 0{,}75 + 1{,}0 = 1{,}75$?

Aufgabe 6.11.2 In einer isolierten Rohrleitung mit dem Innendurchmesser von $d = 400\,\text{mm}$ und $k = 0{,}2\,\text{mm}$, der Länge von $1\,\text{km}$ strömen $\dot{m} = 50\,\text{t/h}$ überhitzter Wasserdampf von $p_1 = 10\,\text{bar}$ und $T_1 = 600\,\text{K}$, $\kappa = 1{,}33$
Zu berechnen sind für

das spezifische Volumen $v = 0{,}27\,\text{m}^3/\text{kg}$ aus Mollier-h-s-Diagramm,
die Dampfdichte $\rho = 1/v = 1/0{,}27\,\text{m}^3/\text{kg} = 3{,}70\,\text{kg/m}^3$,
dynamische Viskosität des Wasserdampfes $\eta = 2{,}1 \cdot 10^{-5}\,\text{Pa s}$,
kinematische Viskosität des Wasserdampfes $v = \eta/\rho = 2{,}1 \cdot 10^{-5}\,\text{Pa s}/3{,}7\,\text{kg/m}^3 = 5{,}68 \cdot 10^{-6}\,\text{m}^2/\text{s}$

1. die Geschwindigkeit des Dampfes in der Rohrleitung,
2. die Reynoldszahl der Dampfströmung,
3. der Rohrreibungsbeiwert λ für $k = 0{,}2\,\text{mm}$,
4. die Austrittstemperatur T_2,
5. der Druckabfall in der Rohrleitung $\Delta p = p_1 - p_2$,
6. der Dampfdruck p_2 am Ende der Rohrleitung.

Aufgabe 6.11.3 Aus einem Behälter mit dem konstanten absoluten Innendruck von $p_0 = 860\,\text{kPa}$ und der Temperatur von $t_0 = 380\,°\text{C}$ strömt überhitzter Dampf durch eine Öffnung mit dem Durchmesser von $d = 45\,\text{mm}\,\varnothing$ isentrop in eine Anlage mit dem Druck von $p_2 = 520\,\text{kPa}$ abs. Zu bestimmen sind für die Dampfströmung mit der Gaskonstante $R = 461{,}52\,\text{J}/(\text{kg K})$ und $\kappa = 1{,}333$; die Dampftemperatur und die Dichte der Austrittsströmung, die Dampfgeschwindigkeit am Austritt, die örtliche Machzahl und die kritische Schallgeschwindigkeit sowie die Abkühlung des Dampfes bei der Ausströmexpansion.

Aufgabe 6.11.4 Die de Laval-Düse einer Dampfturbine wird mit überhitztem Dampf beaufschlagt mit $p_1 = 2{,}80\,\text{MPa}$, der Eintrittstemperatur von $T_1 = 673{,}15\,\text{K}$ ($t_1 = 400\,°\text{C}$), der Eintrittsdichte von $\rho_1 = 9{,}26\,\text{kg/m}^3$, der Gaskonstante von $R = 461{,}52\,\text{J}/(\text{kg K})$ und dem Isentropenexponenten von $\kappa = 1{,}333$. Der Dampf soll in der de Laval-Düse auf $p_2 = 700\,\text{kPa}$ und $T_2 = 483{,}15\,\text{K}$ ($t_2 = 210\,°\text{C}$) entspannt werden. Dabei erreicht die Dampfdichte den Wert von $\rho_2 = 3{,}28\,\text{kg/m}^3$. Die de Laval-Düse besitzt einen engsten Querschnitt von $A^* = 0{,}0030\,\text{m}^2$ und ein Querschnittsverhältnis von $A_2/A^* = 20$.
Zu prüfen und zu berechnen sind:

1. Arbeitet die de Laval-Düse im überkritischen Bereich?
2. Die Zustandsgrößen am Düsenaustritt c_2, a_2 und M_2 bei isentroper Expansion.

3. Der Volumen- und Massestrom in der Düse.
4. Das erforderliche Querschnittsverhältnis A_1/A_2' der de Laval-Düse und den neuen Austrittsquerschnitt A_2' für einen Entspannungsdruck von $p_2' = 420\,\text{kPa}$ (Abb. 6.44).

Aufgabe 6.11.5 Wie groß sind das Druck- und Geschwindigkeitsverhältnis $\hat{p}_2/p_1$; $\hat{c}_2/c_1$ einer Überschallströmung von Luft mit $M_1 = 1{,}8$, $T_1 = 293{,}15\,\text{K}$, $p_1 = 200\,\text{kPa}$, $\kappa = 1{,}4$ und $R = 287{,}6\,\text{J}/(\text{kg K})$ nach einem senkrechten Verdichtungsstoß? Anzugeben sind auch der Druck und die Geschwindigkeit nach dem Verdichtungsstoß.

Aufgabe 6.11.6 Ein Überschallwindkanal wird in der Messstrecke mit der Machzahl von $M_1 = 2{,}0$ betrieben. Der statische Druck im Luftstrahl beträgt $p_1 = 105\,\text{kPa}$ und die Temperatur $t_1 = 20\,^\circ\text{C}$, $T_1 = 293{,}15\,\text{K}$, $\kappa = 1{,}4$. In der Versuchsstrecke stellt sich ein senkrechter Verdichtungsstoß ein. Wie groß sind

1. der statische Druck hinter dem Verdichtungsstoß $\hat{p}_2$,
2. die Machzahl $\hat{M}_2$,
3. das Totaldruckverhältnis $\hat{p}_{t2}/\hat{p}_2$ und der Totaldruck $\hat{p}_{t2}$,
4. die Totaltemperatur T_{t2}?

Aufgabe 6.11.7 Die Druckluft in einem Behälter von $V = 0{,}5\,\text{m}^3$ liegt mit folgendem Zustand vor: $p_1 = 10\,\text{MPa}$, $t_1 = 20\,^\circ\text{C}$, $R = 287{,}6\,\text{J}/(\text{kg K})$
Nach der Entspannung der Druckluft durch Öffnen des Ventils entsteht ein Druck von 5 MPa. Durch langsames Abblasen wird ein Temperaturausgleich mit der Umgebung erreicht. Zu berechnen ist die verbleibende Luftmasse m im Behälter.

Aufgabe 6.11.8 Für eine isolierte Dampfleitung mit dem Innendurchmesser von $d = 80\,\text{mm}\,\varnothing$ und der Länge von 800 m sind zu berechnen:

1. das Geschwindigkeitsverhältnis c_1/c_2, für $q = 0$, für die Dampfgeschwindigkeit von $c_1 = 22\,\text{m/s}$ und $t_1 = 250\,^\circ\text{C}$ in der Stahlrohrleitung mit der Oberflächenrauigkeit von $k = 0{,}1\,\text{mm}$
2. das Temperaturverhältnis T_2/T_1,
3. das Druckverhältnis p_2/p_1 am Ende der Rohrleitung zum Anfangsdruck sowie
4. der Druckverlust für die Unterschallströmung.

Die Dampfparameter betragen $p_1 = 1{,}0\,\text{MPa}$, $t_1 = 250\,^\circ\text{C}$, $T_1 = 523{,}15\,\text{K}$, Dichte $\rho_1 = 4{,}29\,\text{kg/m}^3$, die kinematische Viskosität $\nu = 51{,}6 \cdot 10^{-6}\,\text{m}^2/\text{s}$ und der Isentropenexponent $\kappa = 1{,}333$, Gaskonstante $R = 461{,}52\,\text{J}/(\text{kg K})$. Prüfen Sie die angegebenen Dampfparameter.

Aufgabe 6.11.9 Eine de Laval-Düse soll so ausgelegt werden, dass keine Nachexpansion auftritt, sondern der Druck im austretenden Strahl gleich dem Umgebungsdruck $p_b = 0,1\,\text{MPa}$ ist. Bei einem Innendruck von $p_0 = 0,6\,\text{MPa}$ im Behälter ($T_0 = 500\,\text{K}$) entweicht unter stationären Bedingungen ein Massestrom $\dot{m} = 10\,\text{kg/s}$. Die Strömung sei adiabatisch und reibungsfrei.

Gegeben sind: $p_b = 0,1\,\text{MPa}$; $p_0 = 0,6\,\text{MPa}$; $T_0 = 500\,\text{K}$; $\kappa = 1,4$; $R = 287,6\,\text{kJ/kg K}$; $c_P = 1,0\,\text{kJ/kg K}$.

Zu berechnen sind:

1. die Austrittsgeschwindigkeit c_2, die örtliche Schallgeschwindigkeit am Austritt a_2 und die kritische Schallgeschwindigkeit a^* sowie die örtliche und die kritische Machzahl am Austritt M_2 und M_2^*,
2. die charakteristischen Durchmesser am Austritt d_2 und im engsten Querschnitt d^* der Düse.

Aufgabe 6.11.10 Eine Entnahmedampfturbine soll bei einem Dampfmassestrom von $\dot{m} = 10\,\text{t/h} = 2,778\,\text{kg/s}$ eine Wellenleistung von $520\,\text{kW}$ bei einem mittleren Laufraddurchmesser von $d = 700\,\text{mm}$ erreichen. Der Frischdampfzustand beträgt $p_1 = 1,6\,\text{MPa}$ bei der Temperatur von $t_1 = 375\,°\text{C}$, $T_1 = 648,15\,\text{K}$. Der Entnahmedruck soll $p_2 = 350\,\text{kPa}$ bei isentroper Entspannung betragen.

Zu berechnen sind:

1. die Düsenabmessungen und die Strahlablenkung am Düsenaustritt für eine Gleichdruckturbine,
2. die Turbinenleistung.

Diese Aufgabe dient zur Nutzung des Mollier-h-s-Diagrammes. Sie kann nur mit Hilfe des h-s-Diagrammes gelöst werden (Abb. 6.75).

Aufgabe 6.11.11 Aus einem Druckbehälter von $V = 50\,\text{m}^3$ bei dem absoluten Druck von $p_0 = 1,2\,\text{MPa}$ und der Temperatur von $T_0 = 433,15\,\text{K}$ ($160\,°\text{C}$) soll der Luftmassestrom von $\dot{m} = 0,15\,\text{kg/s}$ durch eine de Laval-Düse in die freie Atmosphäre bei $p_2 = 100\,\text{kPa}$ und $t_2 = 20\,°\text{C}$ ausströmen (Abb. 6.76). $R_L = 287,6\,\text{J/(kg K)}$, $d_1 = 15\,\text{mm}\,\varnothing$

Zu berechnen und zu entwerfen sind die de Laval-Düse mit dem kritischen Querschnitt A^* und dem Austrittsquerschnitt A_2, mit T_2 und der Austrittsmachzahl M_2 sowie der Düsenlänge L für den Erweiterungswinkel der Düse von $\alpha = 7°$.

Aufgabe 6.11.12 Ein Druckluftbehälter ist mit einem absoluten Druck von $p_0 = 1000\,\text{kPa}$ und der Temperatur von $T_0 = 311,15\,\text{K}$ aufgeladen. Die Gaskonstante beträgt $R = 287,6\,\text{J/(kg K)}$, $\kappa = 1,4$

Abb. 6.75 Mollier h-s-
Diagramm für Wasserdampf

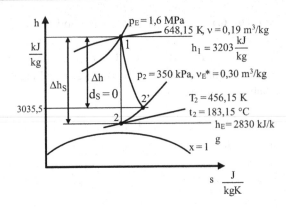

$p_E = 1,6$ MPa
648,15 K, $v = 0,19$ m³/kg
$h_1 = 3203 \dfrac{kJ}{kg}$
$p_2 = 350$ kPa, $v_E^* = 0,30$ m³/kg
$T_2 = 456,15$ K
$t_2 = 183,15\,°C$
$h_E = 2830$ kJ/kg
$x = 1$

Abb. 6.76 Druckbehälter mit
de Laval-Düse

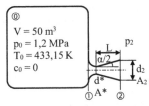

$V = 50$ m³
$p_0 = 1,2$ MPa
$T_0 = 433,15$ K
$c_0 = 0$

Nach Öffnen des Ventils strömt die Luft aus der Blende von $d = 6$ mm aus und der Behälterdruck entspannt (Abb. 6.77).
Zu berechnen sind:

1. das Druckverhältnis p_1/p_0 für den Druckbereich $p_0 = 1$ MPa bis 100 kPa,
2. die theoretische Ausströmgeschwindigkeit c_1 für den genannten Druckbereich,
3. der theoretische Volumen- und Massestrom,
4. die reale Austrittsgeschwindigkeit c_1, der Masse- und Volumenstrom für den Geschwindigkeitsbeiwert $\varphi = 0,97$ und die Kontraktionszahl von $\varepsilon = 0,86$.

Aufgabe 6.11.13 Zu berechnen ist die Abweichung der inkompressiblen gegenüber der kompressiblen Berechnung der Druck- und Dichteänderung einer Luftströmung durch eine Düse in die Atmosphäre mit $p_b = 100$ kPa und $t_b = 18\,°C$. Die Strömungsgeschwindigkeit beträgt $c = 100$ m/s, vor der Düse beträgt der Druck $p_0 = 125$ kPa und die Temperatur $t_0 = 50\,°C$. Die Gaskonstante beträgt $R = 287,6$ J/(kg K), $\kappa = 1,40$.

Abb. 6.77 Druckbehälter mit
Ventil

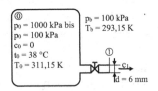

$p_0 = 1000$ kPa bis
$p_0 = 100$ kPa
$c_0 = 0$
$t_0 = 38\,°C$
$T_0 = 311,15$ K
$p_b = 100$ kPa
$T_b = 293,15$ K
$d = 6$ mm

Aufgabe 6.11.14 Wann tritt in einer Gasrohrleitung für Erdgas mit der Strömungsgeschwindigkeit von $c = 140\,\text{m/s}$, dem Druck von $p_1 = 250\,\text{kPa}$, der Dichte von $\rho = 1,88\,\text{kg/m}^2$, der Temperatur von $t = 25\,°\text{C}$, $R = 446\,\text{J/(kg K)}$ und $\kappa = 1,31$ ein gerader Verdichtungsstoß auf und was bewirkt er?

Aufgabe 6.11.15 Anzugeben ist die Definitionsgleichung für die kritische Schallgeschwindigkeit $a*$. Zu berechnen sind die kritischen Schallgeschwindigkeiten für Stickstoff $\kappa = 1,40$; Helium mit $\kappa = 1,66$ und überhitztem Wasserdampf mit $\kappa = 1,333$. Die Ruhetemperatur beträgt $T_0 = 293,15\,\text{K}$. Wie groß ist in der Stickstoffströmung die örtliche Schallgeschwindigkeit bei $p = 100\,\text{kPa}$ und $T = 320,15\,\text{K}$?

Aufgabe 6.11.16 Wie groß ist die Temperaturerhöhung im Staupunkt einer Dampfturbinenschaufel, die mit der Umfangsgeschwindigkeit von $u = 245\,\text{m/s}$ bei $t = 245\,°\text{C}$ und $c_\text{p} = 1860,06\,\text{J/(kg K)}$ rotiert und mit $w_1 = 235\,\text{m/s}$ angeströmt wird?

Aufgabe 6.11.17 Was geschieht in einer Überschalldüse mit dem Austrittsquerschnitt von $A = 24\,\text{dm}^2$, wenn der Druck hinter der Düse um $\Delta p = 12\,\text{kPa}$ über den Auslegungsdruck von $p_2 = 124\,\text{kPa}$, also auf $p_2 = 136\,\text{kPa}$ steigt. Der Druckverlauf und der Strahlverlauf in der Überschalldüse sind aufzuzeichnen. Der physikalische Strömungsvorgang ist zu beschreiben.

6.12 Modellklausuren

Modellklausur 6.12.1

1. Zu erläutern ist der Unterschied einer Schallausbreitungskugel und eines Schallausbreitungskegels. Wann treten sie auf?
2. Die Flächen-Geschwindigkeitsbeziehung und die Flächen-Dichtebeziehung einer eindimensionalen Gasströmung sind anzugeben. Die Gleichungen sind für M = 0,6, das Geschwindigkeitsverhältnis $c_2/c_1 = 0,8$ und für das Dichteverhältnis $\rho_2/\rho_1 = 0,8$ zu ermitteln. Der Querschnitt des Strömungskanals ist für den Ausgangsdurchmesser von $d_1 = 80\,\text{mm}$ und für die Düsenlänge von $L = 420\,\text{mm}$ aufzuzeichnen.
3. Wie hoch ist die verlustfreie und die verlustbehaftete Drucksteigerung in einem Unterschalldiffusor mit den Abmessungen $d_1 = 220\,\text{mm}$ und $d_2 = 460\,\text{mm}$, der Länge $L = 1200\,\text{mm}$, der von einem Luftvolumenstrom von $\dot{V}_1 = 2400\,\text{m}^3/\text{h}$ bei $p_1 = 140\,\text{kPa}$, $\rho_1 = 1,66\,\text{kg/m}^3$ und $T_1 = 293,15\,\text{K}$ durchströmt wird. Der Diffusorwirkungsgrad soll $\eta_\text{Diff} = 0,88$ betragen. Zu berechnen sind für $R = 287,6\,\text{J/(kg K)}$ und $\kappa = 1,40$
   3.1 die Ein- und Austrittsgeschwindigkeit im Diffusor,
   3.2 der Austrittsdruck aus dem Diffusor,
   3.3 Austrittstemperatur aus dem Diffusor für die isentrope Strömung,
   3.4 Eintrittsmachzahl und Austrittsmachzahl aus dem Diffusor.

4. Bei einem mit Druckluft gefülltem Kesselwagen wird bei dem konstanten absoluten Innendruck von $p_0 = 165\,\mathrm{kPa}$ und der Temperatur von $t_0 = 45\,°\mathrm{C}$ ein Ventil von DN 50 geöffnet, sodass die Luft in die Atmosphäre bei $p_\mathrm{b} = 99{,}8\,\mathrm{kPa}$ und $t_\mathrm{b} = 20\,°\mathrm{C}$ ausströmt. Zu bestimmen sind für die Luftströmung mit $c_\mathrm{p} = 1004\,\mathrm{J/(kg\,K)}$, $R = 287{,}6\,\mathrm{J/(kg\,K)}$ und $\kappa = 1{,}40$:

4.1 die unter- oder überkritische Expansionsströmung der Luft,

4.2 die Luftgeschwindigkeit, die Dichte und die Temperatur der Luft am Austritt des Ventils, die örtliche und die kritische Machzahl an der Austrittsöffnung,

4.3 der Masse- und Volumenstrom bezogen auf den Austrittszustand,

4.4 die Abkühlung der Luft bei der Ausströmung,

4.5 der maximal mögliche Austrittsmassestrom bei der kritischen Austrittsgeschwindigkeit,

4.6 die Größe des Kesseldruckes für den kritischen Zustand,

4.7 die Impulskraft am Austrittsventil.

Modellklausur 6.12.2

1. Anzugeben ist die Bernoulligleichung für eine eindimensionale kompressible Strömung in Abhängigkeit der Schallgeschwindigkeit. Unter welchen Voraussetzungen ist diese Gleichung gültig? Anzugeben sind auch alle Schreibformen der Bernoulligleichung.

2. Anzugeben ist der Unterschied zwischen einer isentropen und einer polytropen Kanalströmung.

3. Wie groß sind die Oberflächenspannungen von Wasser und Quecksilber zu Luft? Wie wird die Oberflächenspannung bestimmt?

4. Beschreiben Sie bitte eine subsonische, eine transsonische und eine supersonische Gasströmung und nennen Sie praktische Beispiele dafür.

5. Wann tritt in einer Gasrohrleitung ein gerader Verdichtungsstoß auf und was bewirkt er?

6. Die Druck-Geschwindigkeitsbeziehung und die Druck-Flächenbeziehung einer eindimensionalen Gasströmung sind anzugeben. Die Gleichungen sind für $M = 0{,}8$ und den Druckgradienten $\mathrm{d}p/p = 0{,}12$ für Luft mit $\kappa = 1{,}4$ zu lösen. Der Querschnittsverlauf des Strömungskanals ist für den Austrittsdurchmesser von $d_2 = 50\,\mathrm{mm}\ \varnothing$ und für eine Kanallänge von $L = 80\,\mathrm{mm}$ aufzuzeichnen.

7. Die Geschwindigkeiten und der Massestrom von Öl mit $\rho = 856\,\mathrm{kg/m^3}$ und $\nu = 28\cdot10^{-6}\,\mathrm{m^2/s}$ in den Rohrleitungen eines geschlossenen, auf 2,5 m gefüllten Behälters mit dem Durchmesser von $d = 5{,}0\,\mathrm{m}\ \varnothing$ und dem konstanten Ölspiegel ist reibungsbehaftet zu berechnen. Das verzweigte Ausflussrohr ist 5,0 m lang und hat die Nennweite DN 80, nach der Verzweigung besitzen die zwei gleichen Rohrleitungen die Nennweite DN 40. Der absolute statische Druck im Behälter beträgt $p_\mathrm{B} = 280\,\mathrm{kPa}$. Der Eintrittsdruckverlustbeiwert in das Ausflussrohr beträgt $\zeta_\mathrm{E} = 0{,}34$, der Druckverlust-

Abb. 6.78 Ölbehälter mit
verzweigtem Ausfluss

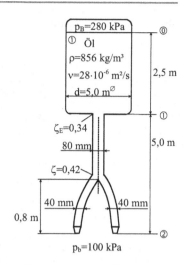

beiwert der Rohrverzweigung beträgt $\zeta = 0,42$ und die Rohrrauigkeit $k = 0,1$ mm
(Abb. 6.78).

8. Bei einem wasserstoffgefüllten Kesselwagen mit dem konstanten Innendruck von
$p_0 = 280$ kPa absolut und der Temperatur von $t_0 = 35\,°C$ wird ein Ventil von DN 40
geöffnet, sodass Wasserstoff isentrop in die Atmosphäre bei $p_b = 99,8$ kPa und $t_b = 20\,°C$ ausströmt. Zu bestimmen sind für den Wasserstoff mit $c_p = 14.380\,J/(kg\,K)$,
$R = 4124,5\,J/(kg\,K)$ und $\kappa = 1,40$:

8.1 Angabe der unter- oder überkritischen Expansionsströmung des Wasserstoffgases,

8.2 die Gasgeschwindigkeit, die Dichte und die Temperatur des Gases am Austritt des
Ventils, die örtliche und die kritische Machzahl an der Austrittsöffnung,

8.3 Masse- und Volumenstrom bezogen auf den Austrittszustand,

8.4 Abkühlung des Gases bei der Ausströmung,

8.5 maximal möglicher Austrittsmassestrom bei der kritischen Austrittsgeschwindigkeit,

8.6 die Impulskraft am Austrittsventil.

Modellklausur 6.12.3

1. Welche technischen Erscheinungen treten in einer Austrittsströmung von Luft aus einer Düse in die ruhende atmosphärische Luft auf?

2. Wie hoch ist die verlustfreie und die verlustbehaftete Drucksteigerung in einem Unterschalldiffusor mit den Abmessungen $d_1 = 80$ mm $\varnothing$ und $d_2 = 150$ mm $\varnothing$, der
Länge $L = 1200$ mm, der von einem Luftvolumenstrom von $\dot{V}_1 = 4500\,m^3/h$ bei
$p_1 = 140$ kPa und $T_1 = 293,15$ K durchströmt wird. Der Diffusorwirkungsgrad soll
$\eta_{Diff} = 0,88$ betragen (Abb. 6.79).
Zu bestimmen sind für $R = 287,6\,J/kg\,K$ und $\kappa = 1,4$

2.1 die Ein- und Austrittsgeschwindigkeit im Diffusor,

Abb. 6.79 Unterschalldiffusor

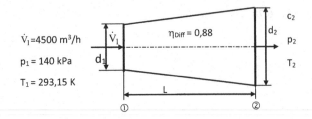

$\dot{V}_1 = 4500 \text{ m}^3/\text{h}$

$p_1 = 140 \text{ kPa}$

$T_1 = 293{,}15 \text{ K}$

$\eta_{\text{Diff}} = 0{,}88$

c_2 d_2 p_2 T_2

$\dot{V}_1$ d_1

L

① ②

2.2 die Austrittstemperatur aus dem Diffusor für die isentrope Strömung,

2.3 die Eintrittsmachzahl und die Austrittsmachzahl aus dem Diffusor,

2.4 der Austrittsdruck aus dem Diffusor für die verlustfreie und die verlustbehaftete Diffusorströmung.

Modellklausur 6.12.4

1. Anzugeben ist die Abhängigkeit des Reibungsdruckverlustes vom Durchmesser einer Rohrleitung für eine laminare und eine turbulente Strömung.

2. Nach welchem Gesetz verteilt sich der Wasservolumenstrom in einer verzweigten Rohrleitung?

3. Wie groß sind die kritische Temperatur, der kritische Druck und die Bernoulli'sche Konstante im Staupunkt einer Gasströmung mit $\kappa = 1{,}4$, dem Ruhedruck von $p_0 = 98 \text{ kPa}$ und der spezifischen Wärmekapazität von $c_p = 1004 \text{ J}/(\text{kg K})$ bei $t = 45\,°\text{C}$ und $M^* = 1{,}0$?

4. In einer Luftströmung mit der Machzahl von $M_1 = 1{,}85$ und dem Druck von $p = 210 \text{ kPa}$ tritt ein gerader Verdichtungsstoß auf. Welche Druck- und Geschwindigkeitsänderung in kPa und in m/s stellt sich beim Verdichtungsstoß ein, wenn die Lufttemperatur $t = 34\,°\text{C}$ beträgt? Die Gaskonstante der Luft beträgt $R = 287{,}6 \text{ J}/(\text{kg K})$.

5. Was geschieht in einer de Laval-Düse für Luft mit dem engsten Durchmesser von $d^* = 20 \text{ mm}$ und dem Austrittsdurchmesser von $d_2 = 54 \text{ mm}$, die für eine Machzahl von $M_2 = 1{,}5$, $\rho_0 = 8{,}4 \text{ kg/m}^3$, $T_0 = 360 \text{ K}$, $R = 287{,}6 \text{ J}/(\text{kg K})$ und $\kappa = 1{,}4$ ausgelegt ist, wenn der Druck am Düsenaustritt auf den doppelten Auslegungsdruck p_2 ansteigt? Der Druck im engsten Querschnitt beträgt $p^* = 450 \text{ kPa}$. Zu berechnen sind: Anfangsdruck ρ_0, a_0, a^*, ρ^*, p_2/p_1, p_2, unter- oder überkritische Expansion und $\dot{m}$.

6. Anzugeben und gegenüberzustellen sind die Formen der Kontinuitätsgleichung für die Unterschall- und für die Überschallströmung.

7. Worin unterscheiden sich die örtliche und die kritische Machzahl einer Strömung? Anzugeben sind die Gleichungen für die unterkritische und die kritische Strömung.

8. Für eine Luftströmung der Geschwindigkeit $c = 160 \text{ m/s}$ bei $T_0 = 305 \text{ K}$ und der spezifischen Wärmekapazität von $c_p = 1004 \text{ J}/(\text{kg K})$ ist die Temperaturerhöhung im Staupunkt eines umströmten Körpers zu errechnen.

9. Aus einem Dampfbehälter mit dem konstanten absoluten Innendruck von $p_0 = 860\,kPa$ und der Temperatur von $t_0 = 380\,°C$ strömt überhitzter Dampf durch eine Öffnung mit dem Durchmesser von $d = 38\,mm$ isentrop in einen zweiten Behälter mit dem Druck von $p_2 = 480\,kPa$ abs. und $t = 120\,°C$. Zu bestimmen sind für die Dampfströmung mit $c_p = 2113{,}42\,J/(kg\,K)$, $R = 461{,}52\,J/(kg\,K)$ und $\kappa = 1{,}333$:

9.1 Prüfung ob die Expansionsströmung überkritisch erfolgt,

9.2 Dampfgeschwindigkeit am Austritt, örtliche und kritische Machzahl sowie die Dampftemperatur und die Dichte der Austrittsströmung,

9.3 Volumenstrom und Dichte bezogen auf die Austritts- und Normbedingungen von $p_0 = 760\,Torr$ und $t_0 = 0\,°C$,

9.4 Abkühlung des Dampfes bei der Ausströmexpansion,

9.5 Maximal möglicher Austrittsmasse- und Volumenstrom aus der Öffnung von $d = 38\,mm\ \varnothing$.

Modellklausur 6.12.5

1. Anzugeben sind die Definitionsgleichungen für die Reynoldszahl und die Froudezahl. Erläutern Sie, was diese Gleichungen darstellen und wofür sie benutzt werden.

2. Darzustellen ist die Schubspannung und die dynamische Viskosität von Luft bei $t = 20\,°C$ und $p = 200\,kPa$ absolut in Abhängigkeit der Schergeschwindigkeit dc/dn.

3. Die Schallausbreitungslinien eines Flugzeugs, das mit $M = 0{,}8$ und danach mit $M = 1{,}6$ fliegt sind aufzuzeichnen. Der Mach'sche Winkel für $M = 1{,}6$ ist zu berechnen.

4. Anzugeben ist die Bernoulligleichung für eine eindimensionale kompressible Strömung in Abhängigkeit der Machzahl. Geben Sie den Gültigkeitsbereich dieser Gleichung an.

5. Wie groß ist die spezifische Energie der Bernoulli'schen Konstante einer eindimensionalen Luftströmung mit $t_0 = 25\,°C$ im kritischen Zustand $M^* = 1{,}0$.

6. Anzugeben ist die Flächen-Geschwindigkeitsbeziehung einer gasdynamischen eindimensionalen Strömung. Die Gleichung ist für $M = 0{,}6$ und $M = 2{,}0$ zu konkretisieren.

7. Für die Luftströmung durch einen Rechteckspalt mit ruhenden Wänden der Länge $L = 2{,}4\,m$, mit der Breite von $b = 250\,mm$ und der Spalthöhe von $s = 2{,}5\,mm$ sind die Druckverluste der reibungsbehafteten Strömung mit $\eta = 18{,}1 \cdot 10^{-6}\,Pa\,s$ bei $t = 20\,°C$ für den Volumenstrom von $\dot{V} = 18\,m^3/h$ zu ermitteln. Das Geschwindigkeitsprofil im Spaltquerschnitt ist anzugeben.

8. Die Ausflussgeschwindigkeit von Wasser mit $\rho = 10^3\,kg/m^3$, $\nu = 10^{-6}\,m^2/s$ und $\eta = 10^{-3}\,Pa\,s$ aus einem 4,0 m hohen Behälter mit dem Durchmesser von $d_1 = 2{,}5\,m$ $\varnothing$ durch ein 3,2 m langes Rohr der Nennweite DN 80 ist für die reibungsbehaftete Strömung mit einem Iterationsschritt zu berechnen. Der Eintrittsdruckverlustbeiwert in das Ausflussrohr beträgt $\zeta = 0{,}38$, die Rohrrauigkeit $k = 0{,}2\,mm$ und der Atmosphärendruck beträgt $p_b = 100\,kPa$ (Abb. 6.80).

Abb. 6.80 Wasserbehälter mit
Ausfluss

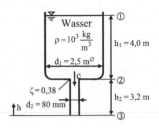

9. Aus einem Druckluftbehälter mit dem konstanten absoluten Innendruck von $p_0 = 160\,kPa$ und der Temperatur von $t_0 = 150\,°C$ strömt die Luft durch eine Öffnung mit dem Durchmesser von $d = 24\,mm$ isentrop in die Atmosphäre bei $p_b = 99,8\,kPa$ und $t_b = 20\,°C$. Zu bestimmen sind für die Luftströmung mit $c_p = 1004\,J/(kg\,K)$, $R = 287,6\,J/(kg\,K)$ und $\kappa = 1,4$:

   9.1 die Prüfung, ob die Expansionsströmung überkritisch erfolgt,

   9.2 die Luftgeschwindigkeit am Austritt, die örtliche und kritische Machzahl sowie die Lufttemperatur und die Dichte der Austrittsströmung,

   9.3 der Masse- und Volumenstrom bezogen auf Austritts- und Normbedingungen von $p_N = 760\,Torr$ und $t_N = 0\,°C$,

   9.4 die Abkühlung der Luft bei der Ausströmexpansion,

   9.5 der maximal mögliche Austrittsmasse- und Volumenstrom aus der Öffnung von $d = 24\,mm\,\varnothing$.

Modellklausur 6.12.6

1. Anzugeben ist die Euler'sche Gleichung und ihr Gültigkeitsbereich für eine eindimensionale kompressible reibungsbehaftete Strömung.

2. Wie groß ist die kritische Temperatur und die spezifische Energie der Bernoulli'schen Konstante einer eindimensionalen Luftströmung von $t_0 = 35\,°C$, $c_p = 1004\,J/(kg\,K)$ und $\kappa = 1,4$ im kritischen Zustand bei $M^* = 1,0$?

3. Die Flächen-Geschwindigkeitsbeziehung einer gasdynamischen eindimensionalen Strömung ist anzugeben. Die Gleichung ist für $M = 0,5$ mit $dc/c = 0,18$ und für $M = 1,6$ mit $dc/c = 0,32$ zu konkretisieren und zu erläutern. Die Querschnittsverläufe der Strömungskanäle sind für einen Ausgangsdurchmesser von $d = 80\,mm\,\varnothing$ und für eine Kanallänge von $L = 50\,mm$ maßstäblich aufzuzeichnen.

4. Wann tritt in einer horizontalen Gasleitung ein gerader Verdichtungsstoß auf und was bewirkt er?

5. Die Ausflussgeschwindigkeit von Wasser mit $\rho = 1000\,kg/m^3$ und $\nu = 10^{-6}\,m^2/s$ aus einem geschlossenen auf 6,0 m gefüllten Behälter mit einem Durchmesser von $d = 2,8\,m\,\varnothing$, konstantem Wasserspiegel in die Atmosphäre mit $p_b = 100\,kPa$ und einem absoluten statischen Druck im Behälter von $p_B = 260\,kPa$ durch ein 2,5 m langes Rohr der Nennweite DN 50 ist für die reibungsbehaftete Strömung mit einem Iterati-

Abb. 6.81 Druckwasser-
behälter mit Ausfluss

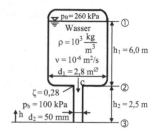

onsschritt zu berechnen. Der Eintrittsdruckverlustbeiwert in das Ausflussrohr beträgt $\zeta = 0{,}28$ und die Rohrrauigkeit $k = 0{,}1$ mm (Abb. 6.81).

Modellklausur 6.12.7

1. Von welchen Kräften wird die reibungsbehaftete hydrodynamische Strömung in einem Rohr und in einem offenen Kanal mit freier Oberfläche wesentlich beeinflusst? Geben Sie die zugehörigen dimensionslosen Kennzahlen mit ihren Definitionen und ihren Wertebereichen an.
2. Wann ist der Wandreibungsbeiwert einer Strömung im rauen Rohr von $d = 80$ mm Durchmesser und der Rauigkeit $k = 0{,}4$ mm von der Reynoldszahl unabhängig?
3. Anzugeben und aufzuzeichnen ist das Schubspannungsgesetz für eine Newton'sche und nicht-Newton'sche Plattenumströmung. Zu beschreiben ist die Analogie zum Hooke'schen Gesetz.
4. Geben Sie die Bernoulligleichung für eine eindimensionale kompressible Strömung mit der Machzahl an und leiten Sie daraus die Gleichung für die Strömung im kritischen Zustand ab.
5. Wie verhalten sich Druck, Dichte und Temperatur bei einer isentropen Zustandsänderung für $c = 0$ in einem Kessel?

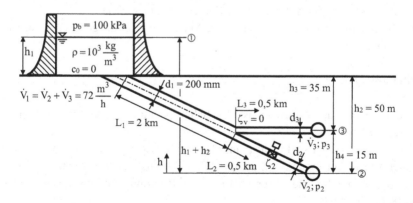

Abb. 6.82 Becken mit verzweigtem Ausfluss

6. Wie groß dürfen der Druck, die Temperatur und die Dichte in einem Luftkessel sein, wenn beim Öffnen zur Atmosphäre mit $p_b = 100\,\text{kPa}$ und $t_b = 20\,°\text{C}$ gerade Schallgeschwindigkeit erreicht werden soll. Geben Sie die zugehörigen Berechnungsgleichungen an. Die Gaskonstante für Luft beträgt $R = 287,6\,\text{J}/(\text{kg K})$.

7. Aus einem Becken sollen zwei Verbraucher über eine verzweigte Rohrleitung mit $d_1 = 200\,\text{mm}$, $d_2 = d_3 = 100\,\text{mm}$ mit $\dot{V}_2 = \dot{V}_3 = 36\,\text{m}^3/\text{h} = 0,01\,\text{m}^3/\text{s}$, bei unterschiedlichen Drücken von $p_2 = 200\,\text{kPa}$ und $p_3 = 230\,\text{kPa}$ versorgt werden (Abb. 6.82). Die Rauigkeit aller Rohrinnenwände beträgt $k_1 = k_2 = k_3 = 1,0\,\text{mm}$. Die Wasserverbraucher liegen bei $h_2 = 50\,\text{m}$ und $h_3 = 35\,\text{m}$ unter dem Beckengrund. Die Rohrleitungslängen betragen $L_1 = 2\,\text{km}$ und $L_2 = L_3 = 0,5\,\text{km}$. Die Wasserdaten betragen $t = 20\,°\text{C}$, $\rho = 1000\,\text{kg}/\text{m}^3$, $\nu = 10^{-6}\,\text{m}^2/\text{s}$. Auf dem Wasserspiegel ruht der Atmosphärendruck von $p_b = 100\,\text{kPa}$. Die Reibung am Rohreintritt und an der Verzweigungsstelle können vernachlässigt werden, ζ_2 des offenen Ventils $\zeta_2 = 1,2$.

Zu berechnen sind:

7.1 erforderliche Wasserhöhe h_1 im Becken für die Bedingungen $\dot{V}_2 = \dot{V}_3 = 36\,\text{m}^3/\text{h}$ für die reibungsbehaftete Rohrströmung,

7.2 Druckverlust in den Rohrleitungen 2 und 3.

8. Aus einem Dampfkessel mit dem Innendruck $p_0 = 150\,\text{kPa}$ und der Temperatur $T_0 = 350\,\text{K}$ strömt Heißdampf mit $\kappa = 1,333$ über eine kurze Rohrleitung konstanten Querschnitts mit dem Durchmesser $d = 10\,\text{mm}$ isentrop in die Atmosphäre mit $p_2 = 100\,\text{kPa}$. Die Stoffwerte des Heißdampfes betragen $c_p = 2398\,\text{J}/(\text{kg K})$ und $R = 595\,\text{J}/(\text{kg K})$.

Zu berechnen sind:

8.1 Erfolgt die Expansion unterkritisch oder überkritisch?

8.2 Die Austrittstemperatur T_2.

8.3 Die Dampfgeschwindigkeit c_2, die örtliche Schallgeschwindigkeit a_2 und die kritische Schallgeschwindigkeit a^* am Austritt.

8.4 Die örtliche und die kritische Machzahl am Rohraustritt.

8.5 Der ausströmende Volumen- und Massestrom am Austritt.

8.6 Der maximal mögliche Volumen- und Massestrom für die gegebenen Austrittsbedingungen.

Modellklausur 6.12.8

1. Anzugeben und aufzuzeichnen ist das Schubspannungsgesetz für ein Nicht-Newton'sches Fluid.

2. Wie ändert sich der Druckverlust einer laminaren ($\text{Re} = 900$) und einer turbulenten Rohrströmung mit hydraulisch glatter Rohrwand mit $\text{Re} = 1,5 \cdot 10^5$ in Abhängigkeit des Rohrdurchmessers d und der relativen Rohrrauigkeit im Bereich von $d/k = 40.000$ bis 90.000?

3. Eine transsonische Strömung ist zu beschreiben und eine Analogie aus der hydrodynamischen Strömung ist zu nennen und zu beschreiben.

4. Zeichnen Sie die Schallausbreitungslinien eines Körpers, der mit Überschallgeschwindigkeit $c = 1{,}4a^*$ fliegt und geben Sie den Mach'schen Winkel an.

5. Aus einem dampfgefüllten Druckkessel mit dem Innendruck von $p_0 = 150\,\text{kPa}$ und der Wasserdampftemperatur von $T_0 = 350\,\text{K}$ strömt aus einer Öffnung des Durchmessers $d = 10\,\text{mm}$ Dampf isentrop in die Umgebung mit $p_b = p_2 = 100\,\text{kPa}$ und $t_b = 20\,°\text{C}$, $\kappa = 1{,}333$.

Zu bestimmen sind für $c_p = 2398\,\text{J}/(\text{kg K})$, $R = 595\,\text{J}/(\text{kg K})$:

5.1 Nachweis der unterkritischen oder überkritischen Ausströmung,

5.2 die Austrittstemperatur des Wasserdampfes an der Öffnung,

5.3 die Austrittsgeschwindigkeit am Austritt,

5.4 die Schallgeschwindigkeit des Wasserdampfes am Austritt und die kritische Schallgeschwindigkeit a^*,

5.5 die Austrittsmachzahl und die kritische Machzahl am Austritt,

5.6 der Dampfmassestrom, wenn der Dampfdruck im Kessel konstant gehalten wird.

Literatur

1. VDI-Wärmeatlas (2013), 11. Aufl. Springer-Vieweg,
2. Frenkel MI (1969) Kolbenverdichter. VEB Verlag Technik, Berlin
3. Baehr HD, Schwier K (1961) Die thermodynamischen Eigenschaften der Luft. Springer, Berlin
4. Oswatitsch K (1976) Grundlagen der Gasdynamik. Springer, Wien
5. Ganzer U (1988) Gasdynamik. Springer, Berlin
6. Sauer R (1960) Einführung in die theoretische Gasdynamik. Springer, Berlin
7. Keller-Sornig, P (1997) Berechnung der turbulenten Flammenausbreitung bei der ottomotorischen Verbrennung mit einem Flamelet-Modell. Dissertation, Technische Hochschule Aachen
8. Ashurst WT (1995) Modelling turbulent flame propagation. Proceedings of the Combustion Institute 25:1075
9. Dekena, M (1998) Numerische Simulation der turbulenten Flammenausbreitung in einem direkt einspritzenden Benzinmotor mit einem Flamelet-Modell. Dissertation, Technische Hochschule Aachen
10. Kasch, Th (2000) Untersuchungen zum Einfluss der Strömung auf Flammenausbreitungsvorgänge in Staub/Luft-Gemischen. Dissertation, Universität Halle
11. Peters N, Warnatz J (1982) Numerical Methods in Laminar Flame Propagation. Vieweg, Braunschweig, Wiesbaden
12. Eck B (1988) Grundlagen Technische Strömungslehre, Bd. I. Springer, Berlin
13. Krause E (2003) Strömungslehre, Gasdynamik und Aerodynamisches Laboratorium, 1. Aufl. Teubner, Wiesbaden
14. Busemann A (1930) Gasdynamik in Handbuch der Experimentalphysik Bd. III. Verlagsgesellschaft, Leipzig
15. Baehr HD, Kabelac S (2006) Thermodynamik, 13. Aufl. Springer, Berlin, Heidelberg
16. Van Dyke M (2007) An album of fluid motion. Parabolic Press, Stanford, California

Zweidimensionale Potentialströmung

Untersucht man Strömungen in Rohrleitungen mit starken Querschnittsänderungen (Abb. 7.1a) oder Strömungen mit großen Geschwindigkeitsgradienten, wie z. B. im Staupunkt eines Tragflügelprofils (Abb. 7.1b), so stellen sich große Geschwindigkeitsgradienten senkrecht zur Kontur und zur Strömungsrichtung und folglich auch große Druckdifferenzen ein, die bei der eindimensionalen Berechnung der Strömung zwischen den Grenzen ① und ② nicht erfasst werden können.

Mit der eindimensionalen Berechnung der Strömung zwischen den Grenzen ① und ② können die Strömungsvorgänge an der Querschnittsverengung von Abb. 7.1a und in Staupunktnähe des Profils von Abb. 7.1b nicht erfasst werden, sondern nur das Gesamtbild zwischen den Grenzen ① und ②. Will man die Strömung direkt im Verengungsgebiet von Abb. 7.1a oder in Staupunktnähe von Abb. 7.1b berechnen, so muss man die rotationssymmetrische zweidimensionale Strömung für die rotationssymmetrische Rohrverengung oder für die Strömung in der x-y-Ebene in Staupunktnähe des Profils berechnen.

Dafür müssen die Kontinuitätsgleichung und die Gleichung für die Drehungsfreiheit in der x-y-Ebene oder im Raum x-y-z bereitgestellt werden.

Die Volumenstromänderungen an einem Volumenelement in der x-y-Ebene nach Abb. 7.2 ergeben sich aus der Geschwindigkeitsänderung $(\partial c_x/\partial x)\mathrm{d}x \cdot A$. Die Fläche beträgt $\mathrm{d}A = \mathrm{d}x\mathrm{d}y$.

Aus Abb. 7.2 kann auch die Volumenänderung in den drei Koordinatenrichtungen x, y und z abgelesen werden. Da die Masse konstant bleiben muss, ergibt sich für die Summe der Änderungen aus der Geschwindigkeitsänderung und der Fläche:

$$\frac{\partial c_x}{\partial x}\mathrm{d}x\,(\mathrm{d}y\mathrm{d}z) + \frac{\partial c_y}{\partial y}\mathrm{d}y\,(\mathrm{d}x\mathrm{d}z) + \frac{\partial c_z}{\partial z}\mathrm{d}z\,(\mathrm{d}x\mathrm{d}y) = 0 \tag{7.1}$$

Dividiert man diese Gl. 7.1 durch das Volumen dxdydz so erhält man die Kontinuitätsgleichung als Differentialgleichung für die dreidimensionale Strömung.

$$\frac{\partial c_x}{\partial x} + \frac{\partial c_y}{\partial y} + \frac{\partial c_z}{\partial z} = 0 \tag{7.2}$$

© Springer Fachmedien Wiesbaden GmbH 2017
D. Surek, S. Stempin, *Technische Strömungsmechanik*,
https://doi.org/10.1007/978-3-658-18757-6_7

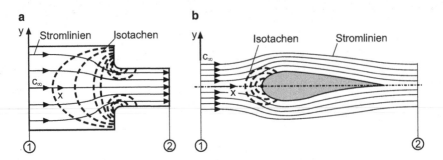

Abb. 7.1 Stromlinien und Isotachen **a** in einer Rohrleitung mit starker Querschnittsänderung, **b** im Staupunktgebiet eines Tragflügelprofils

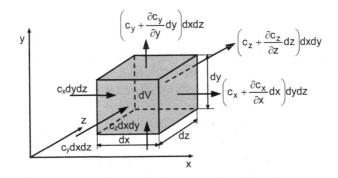

Abb. 7.2 Ableitung der Kontinuitätsgleichung an einem Fluidelement im räumlichen Koordinatensystem

Für die zweidimensionale Strömung in der x-y-Ebene lautet die Kontinuitätsgleichung für die stationäre und instationäre Strömung:

$$\frac{\partial c_x}{\partial x} + \frac{\partial c_y}{\partial y} = 0 \tag{7.3}$$

Gl. 7.3 stellt die Kontinuitätsgleichung der zweidimensionalen Hydrodynamik mit $\rho = $ konst. dar.

Für die energetische Nachrechnung der zweidimensionalen Strömung muss die Geschwindigkeit c in der Energiegleichung (Gl. 3.26) in die zwei Komponenten der zweidimensionalen Strömung zerlegt werden. Damit lautet die Energiegleichung (Bernoulligleichung) für die zweidimensionale Strömung:

$$p + \frac{\rho}{2}c^2 + g\rho h = p + \frac{\rho}{2}c_x^2 + \frac{\rho}{2}c_y^2 + g\rho h = H \tag{7.4}$$

Damit haben wir zwei Gleichungen zur Berechnung der ebenen Strömung, in der drei unbekannte Größen p, c_x, c_y enthalten sind. Es wird aber noch eine dritte Bestimmungsgleichung benötigt. Diese dritte Gleichung erhält man aus der Drehungsbedingung infinitesimaler Flüssigkeitsteilchen nach Hermann v. Helmholtz (1821–1894). Die Drehung bezeichnet darin die Winkelgeschwindigkeit ω kleiner Fluidteilchen, die für einen kurzen Zeitabschnitt dt gebildet wird (Gl. 7.5). In idealer verlustfreier und zähigkeitsfreier Strömung ist die Drehung $\omega = 0$. Sie wird als Potentialströmung bezeichnet. In einem rotierenden Bezugssystem, wie z. B. in einem rotierenden Laufrad, ist die Drehung endlich groß mit $\omega = \Omega$ und sie ist im gesamten Strömungsfeld des Laufrades konstant.

Die Drehung eines Fluids ist eine kinematische Eigenschaft der Strömung. Sie kann betragen:

$\omega = 0$ in der Potentialströmung, das ist ein ideales reibungsfreies Fluid ohne Viskosität und ohne Schubspannung τ, in dem keine Reibung und folglich auch keine Drehung entstehen kann. Auch die Molekularströmung im Vakuum bei Drücken $p \leq 0{,}1\,\mathrm{Pa}$ ist drehungsfrei.

Im rotierenden Bezugssystem (z. B. im Pumpenlaufrad) ist die Drehung im gesamten Strömungsfeld mit $\omega = \Omega$ gleich groß.

$\omega > 0$ In der viskosen reibungsbehafteten Strömung kann die Drehung eine zeitliche Änderung $d\omega/dt$ erfahren, wenn in der Strömung die Zähigkeitskraft wirkt. Die zeitliche Änderung der Drehung beträgt dann:

$$\frac{d\omega}{dt} = \frac{\partial \omega}{\partial t} + \frac{\partial \omega}{\partial x}c_x + \frac{\partial \omega}{\partial y}c_y \tag{7.5}$$

Von Helmholtz stellte auf der Grundlage der nachfolgenden Gl. 7.6 die folgenden drei Wirbelsätze auf:

$$\frac{D}{Dt}\left(\frac{\omega}{\rho}\right) = \frac{\omega}{\rho}\nabla c \quad \textbf{Helmholtz-Gleichung} \tag{7.6}$$

Darin ist $D\,(\omega/\rho)/Dt$ und ∇c der Geschwindigkeitsgradientenvektor, der sich in die Dehn- und Rotationsrate zerlegen lässt.

Die **Helmholtz'schen Wirbelsätze** sind wie folgt definiert:

- Erster Helmholtz'scher Wirbelsatz:
  Ist ein substantielles Fluidelement wirbelfrei, so bleibt es auch für die Zukunft wirbelfrei: $\omega\,(t = 0) = 0 \rightarrow \omega(t) = 0$.
- Zweiter Helmholtz'scher Wirbelsatz:
  Liegt ein substantielles Fluidelement bei $t = 0$ auf einer Wirbellinie, so liegt es auch für alle Zukunft auf dieser Wirbellinie. Anders formuliert: vorhandene Wirbel bewegen sich mit der strömenden Masse.
- Dritter Helmholtz'scher Wirbelsatz:
  Die Zirkulation einer Wirbelröhre ist zeitunabhängig und bleibt konstant. Die Wirbelröhre wird also ständig aus den gleichen Masseteilchen gebildet. Daraus resultiert, dass die Drehung eine kinematische Eigenschaft ist, die an die Fluidteilchen gebunden ist und mit diesen strömt.

Abb. 7.3 Drehung eines
Massepunktes im kartesischen
Koordinatensystem

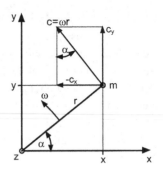

Die Winkelbeschleunigung $\dot{\omega} = d\omega/dt$ in Gl. 7.5 wirkt auf das Fluid in Strömungsbereichen mit großen Geschwindigkeitsgradienten und bewirkt einen Umsatz von kinetischer Energie in Dissipationsenergie (erhöhte Wärmebewegung der Moleküle).

Bei der Drehung eines Massepunktes m um die Drehachse (z-Achse) beträgt die Geschwindigkeit $c = \omega r$. Die Geschwindigkeitskomponenten c_x und c_y im kartesischen
Koordinatensystem nach Abb. 7.3 betragen mit $c = \omega r$:

$$c_x = -c \sin\alpha = -\omega r \sin\alpha = -\omega y \tag{7.7}$$

$$c_y = c \cos\alpha = \omega r \cos\alpha = \omega x \tag{7.8}$$

Darin betragen der sin und cos des Winkels α: $\sin\alpha = y/r$ und $\cos\alpha = x/r$.

Die partiellen Ableitungen der Geschwindigkeitskomponenten nach den beiden Ortskoordinaten x und y ergeben die beiden Drehungen

$$\frac{\partial c_y}{\partial x} = \omega \quad \text{und} \quad \frac{\partial c_x}{\partial y} = -\omega \,. \tag{7.9}$$

Der arithmetische Mittelwert aus beiden Winkelgeschwindigkeiten ergibt die mittlere Drehung eines Fluidteilchens.

$$\frac{1}{2}\left(\frac{\partial c_y}{\partial x} - \frac{\partial c_x}{\partial y}\right) = \frac{1}{2}(\omega + \omega) = \omega \tag{7.10}$$

Die Bedingung der Drehungsfreiheit für eine Potentialströmung lautet für $\omega = 0$:

$$\frac{\partial c_y}{\partial x} - \frac{\partial c_x}{\partial y} = \text{rot}\, c = 0 \tag{7.11}$$

Analog können die Bedingungen der Drehungsfreiheit für das dreidimensionale Strömungsfeld um die z- und y-Achse des kartesischen Koordinatensystems entsprechend

Abb. 7.3 formuliert werden.

$$\frac{\partial c_z}{\partial y} - \frac{\partial c_y}{\partial z} = 0 \quad \text{und} \tag{7.12}$$

$$\frac{\partial c_x}{\partial z} - \frac{\partial c_z}{\partial x} = 0 \quad \text{oder} \quad \frac{\partial c}{\partial r} = -\frac{c}{r} \tag{7.13}$$

Sind diese Bedingungsgleichungen nicht erfüllt, so drehen die Fluidteilchen um die entsprechenden Koordinatenachsen. Damit steht nun mit Gl. 7.11 die dritte erforderliche Bestimmungsgleichung zur Verfügung, mit der die Strömungsparameter der zweidimensionalen Strömung c_x, c_y und p berechnet werden können.

Längs von Stromlinien ist die Drehung konstant, sie kann sich nur normal zu einer Stromlinie Ψ ändern.

Die Geschwindigkeitsänderungen in den Koordinatenrichtungen eines infinitesimalen Fluidbereiches betragen:

$$\mathrm{d}c_x = \frac{\partial c_x}{\partial x}\mathrm{d}x + \frac{\partial c_x}{\partial y}\mathrm{d}y \tag{7.14}$$

$$\mathrm{d}c_y = \frac{\partial c_y}{\partial x}\mathrm{d}x + \frac{\partial c_y}{\partial y}\mathrm{d}y \tag{7.15}$$

Sie werden durch die Streckung, die Verformung und durch die Drehung eines Fluidteilchens verursacht.

Die partiellen Differentiale $(\partial c_x/\partial x)\mathrm{d}x$ und $(\partial c_y/\partial x)\mathrm{d}x$ stellen die Streckung eines Fluidelements dar. Dagegen stellen die partiellen Differentiale $(\partial c_x/\partial y)\mathrm{d}y$ und $(\partial c_y/\partial y)\mathrm{d}y$ die Verformung und die Drehung des Fluidelements dar. Wenn Gl. 7.11 nach Helmholtz die Drehung darstellt, dann ist

$$\frac{\partial c_x}{\partial y} = \frac{\partial c_y}{\partial x} \tag{7.16}$$

die halbe Drehung eines Fluidteilchens und die Hälfte des Ausdrucks $\partial c_x/\partial y$ stellt die Deformation des Teilchens in Abb. 7.4 dar. Werden die x- und y-Begrenzungen eines infinitesimalen Fluidteilchens um die gleichen Winkel $\mathrm{d}\alpha = \mathrm{d}\beta$ verdreht, dann erfährt das Fluidteilchen keine Drehung (Abb. 7.4a). Das quadratische Fluidelement bleibt in seiner Form quadratisch erhalten. Werden die beiden Begrenzungslinien durch die wirkenden Geschwindigkeitsgradienten $\partial c_x/\partial y$ und $\partial c_y/\partial x$ und mit $\partial c_y/\partial x > \partial c_x/\partial y$ um unterschiedliche Winkel verdreht, $\mathrm{d}\alpha > \mathrm{d}\beta$, dann erfährt das Teilchen eine Drehung (Abb. 7.4b). Das Fluidelement wird aus der quadratischen in die rhombische Geometrie verformt.

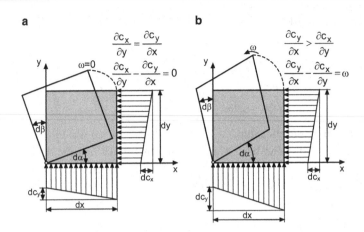

Abb. 7.4 Verformung eines flächenhaften Fluidelements durch Streckung und Drehung. **a** Potential drehungsfrei, **b** drehungsbehaftet

7.1 Differentialgleichung von Laplace

Für potentialtheoretische Strömungen kann mit Hilfe der Kontinuitätsgleichung und der Bedingung der Drehungsfreiheit $\omega = 0$ für vorgegebene Randbedingungen das Strömungs- und Potentiallinienfeld und daraus mittels $c_x = \partial\Phi/\partial x$ das Geschwindigkeitsfeld in jedem Punkt ermittelt werden.

Aus diesem Geschwindigkeitsfeld kann mit Hilfe der Bernoulligleichung auch das Druckfeld (Druck in jedem Punkt des Strömungsfeldes) berechnet werden.

Die Differentialgleichungen für die Drehungsfreiheit (Gln. 7.11 bis 7.13) stellen die Laplace'schen Differentialgleichungen dar, die nun zu lösen sind. Die Lösung der Laplace'schen Differentialgleichungen gelingt mit einer Potentialfunktion $\Phi(x, y)$, die nachfolgend eingeführt wird.

7.1.1 Potentialfunktion

Die Potentialfunktion $\Phi(x, y)$ zur Lösung der Laplace'schen Differentialgleichung muss folgende Bedingungen erfüllen.

Die erste partielle Ableitung der Potentialfunktion $\partial\Phi/\partial x$ muss gleich der Geschwindigkeitskomponente in der x-Richtung sein und die partielle Ableitung der Potentialfunktion $\Phi(x, y)$ nach der y-Koordinate $\partial\Phi/\partial y$ ist gleich der y-Komponente der Geschwindigkeit.

Es gilt also:

$$c_x = \frac{\partial\Phi}{\partial x} \quad \text{und} \quad c_y = \frac{\partial\Phi}{\partial y} \tag{7.17}$$

Werden die Geschwindigkeitskomponenten aus Gl. 7.17 in die **Gleichung für die Dre-hungsfreiheit** (Gl. 7.11) eingesetzt, so erhält man:

$$\frac{\partial^2 \Phi}{\partial y \partial x} - \frac{\partial^2 \Phi}{\partial x \partial y} = 0 \tag{7.18}$$

Damit ist die Bedingung der Drehungsfreiheit für die Potentialströmung, die durch das Potential $\Phi(x, y)$ beschrieben wird, erfüllt. Werden die Geschwindigkeitskomponenten c_x und c_y aus Gl. 7.17 in die Kontinuitätsgleichung der zweidimensionalen Strömung $(\partial c_x / \partial x) + (\partial c_y / \partial y) = 0$ (Gl. 7.3) eingesetzt, so erhält man die **Potentialgleichung**.

$$\frac{\partial^2 \Phi}{\partial x^2} + \frac{\partial^2 \Phi}{\partial y^2} = 0 \tag{7.19}$$

Diese Potentialgleichung stellt die **Laplace'sche Differentialgleichung** dar. In dieser Gleichung sind die beiden Bedingungen der Drehungsfreiheit und der Kontinuitätsbedingung vereinigt. Mit dem **Laplace-Operator** $\Delta = \frac{\partial^2}{\partial x^2} + \frac{\partial^2}{\partial y^2} + \frac{\partial^2}{\partial z^2}$ kann die Laplace'sche Differentialgleichung für die räumliche Strömung geschrieben werden.

$$\Delta \Phi = 0 \tag{7.20}$$

Mit den beiden Gln. 7.14 und 7.15 können nun die Geschwindigkeitskomponenten c_x und c_y an jeder Stelle des Geschwindigkeitsfeldes, z. B. in denen der Abb. 7.1a und b bestimmt werden. Dafür muss aber die Potentialfunktion $\Phi(x, y)$ gefunden werden, die die Potentialgleichung, d. h. die Kontinuitätsbedingung und die Drehungsfreiheit erfüllt. Das Potential kann ebenso zur Lösung instationärer Potentialströmungen benutzt werden.

7.1.2 Stromfunktion

Die Potentialfunktion Φ stellt die Lösung der Differentialgleichung für die Drehungsfreiheit (Gl. 7.11) dar.

Nun wird eine Funktion $\Psi(x, y)$, die Stromfunktion gesucht, die die Kontinuitätsgleichung (Gl. 7.3) erfüllt.

$$\frac{\partial c_x}{\partial x} + \frac{\partial c_y}{\partial y} = 0 \tag{7.21}$$

Die Kontinuitätsgleichung weist darauf hin, dass die Stromfunktion $\Psi(x, y)$ die folgenden Bedingungen erfüllen muss:

$$c_x = \frac{\partial \Psi}{\partial y} \quad \text{und} \quad c_y = -\frac{\partial \Psi}{\partial x} \tag{7.22}$$

Die Gl. 7.17 und 7.22 sind die Cauchy-Riemannschen Differentialgleichungen.

Abb. 7.5 Potential Φ und
Stromlinien Ψ einer Potentialströmung

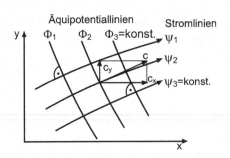

Setzt man diese Geschwindigkeitskomponenten nach Differenziation in die Kontinuitätsgleichung (Gl. 7.21) ein, so ist sie erfüllt, wie Gl. 7.23 zeigt.

$$\frac{\partial^2 \Psi}{\partial y \partial x} - \frac{\partial^2 \Psi}{\partial x \partial y} = 0 \tag{7.23}$$

Setzt man die Ableitungen der Geschwindigkeitskomponenten c_x und c_y aus Gl. 7.22 in
die Differentialgleichung für die Drehungsfreiheit ein, so erhält man:

$$\frac{\partial^2 \Psi}{\partial x^2} + \frac{\partial^2 \Psi}{\partial y^2} = 0 \tag{7.24}$$

Das ist die Differentialgleichung der Stromfunktion $\Psi(x, y)$. Mit dem Laplace-Operator
Δ lautet die Gleichung für die dreidimensionale Potentialgleichung:

$$\Delta \Psi(x, y) = 0 \tag{7.25}$$

Die Linien $\Psi(x, y) =$ konstant im Strömungsfeld stellen die Stromlinien dar. Die Linien
$\Phi(x, y) =$ konstant im Strömungsfeld stellen die Äquipotentiallinien dar, die orthogonal
zu den Stromlinien verlaufen (Abb. 7.5).

Das Potentialnetz mit den Potential- und Stromlinien vermittelt einen Einblick in das
Strömungsfeld. In Bereichen kleiner Maschenfelder strömt das Fluid schneller als in Gebieten mit großen Maschen.

Bildet man von der Stromfunktion $\Psi(x, y)$ das totale Differential

$$\mathrm{d}\Psi = \frac{\partial \Psi}{\partial x}\,\mathrm{d}x + \frac{\partial \Psi}{\partial y}\,\mathrm{d}y = -c_y\,\mathrm{d}x + c_x\,\mathrm{d}y \tag{7.26}$$

und setzt es für die $\Psi(x, y) =$ konstant-Linie ($\Psi(x, y) =$ konst.) mit $\mathrm{d}\Psi = 0$ ein, so
erhält man aus Gl. 7.26 das Geschwindigkeitsverhältnis c_y/c_x.

$$\frac{c_y}{c_x} = \frac{\mathrm{d}y}{\mathrm{d}x} \tag{7.27}$$

Gl. 7.27 sagt aus, dass die Tangente an die Linie $\Psi(x, y) = $ konstant in jedem Punkt mit der Richtung der Geschwindigkeit $c = c_x + c_y$ übereinstimmt. Deshalb stellen die $\Psi(x, y) = $ konstant-Linien definitionsgemäß Stromlinien dar.

Bildet man von der Potentialfunktion $\Phi(x, y)$ das totale Differential, so erhält man:

$$d\Phi = \frac{\partial \Phi}{\partial x}dx + \frac{\partial \Phi}{\partial y}dy = c_x dx + c_y dy = 0 \tag{7.28}$$

Daraus folgt für das Geschwindigkeitsverhältnis:

$$\frac{c_x}{c_y} = -\frac{dy}{dx} \tag{7.29}$$

Aus dem Vergleich der beiden Gln. 7.27 und 7.29 ist ersichtlich, dass die Äquipotentiallinien stets orthogonal zu den Stromlinien $\Psi(x, y) = $ konstant-Linien verlaufen.

7.2 Potentialströmung um Kreiszylinder

Die potentialtheoretische Umströmung eines Kreiszylinders stellt eine einfache Anwendung der Potentialtheorie dar.

Wird ein unendlich langer Kreiszylinder von einer Parallelströmung mit c_∞ entsprechend Abb. 7.6 angeströmt und umströmt, so erfüllt die Potentialfunktion $\Phi(x, y)$ die Bedingung der Umströmung mit:

$$\Phi = c_\infty x \left[1 + \frac{r^2}{x^2 + y^2}\right] \tag{7.30}$$

r ist der Vektor für den Zylinder im Polarkoordinatensystem.

c_∞ ist die Anströmgeschwindigkeit des Zylinders in unendlicher Entfernung.

Die Potentialfunktion muss folgende Bedingungen erfüllen:

- In großer Entfernung vom Kreiszylinder muss die Störung durch den Zylinder abklingen, d. h. es sind: $c_x = c_\infty$ und $c_y = 0$.
- Auf dem gesamten Kreis, d. h. auch im Lee-Bereich verläuft die Richtung der Geschwindigkeit in Richtung der Tangente an den Kreiszylinder (Abb. 7.6).

Daraus ergeben sich die beiden Geschwindigkeitskomponenten auf dem unendlich langen Kreiszylinder zu:

$$c_x = \frac{\partial \Phi}{\partial x} = c_\infty \left[1 + \frac{y^2 - x^2}{(x^2 + y^2)^2}r^2\right] \tag{7.31}$$

$$c_y = \frac{\partial \Phi}{\partial y} = -c_\infty \frac{2xyr^2}{(x^2 + y^2)^2} \tag{7.32}$$

Abb. 7.6 Potentialtheoretische Umströmung eines
unendlich langen Kreis-
zylinders

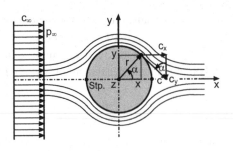

Der Kreiszylinder soll unendlich lang sein, um Einflüsse der Randabströmung an den
Zylinderenden auszuschließen. Diese beiden Gleichungen müssen die beiden o. g. Bedingungen erfüllen.

Es ist

- $r = (x^2 + y^2)^{1/2} \rightarrow \infty$: $c_x = c_\infty$; $c_y = 0$.
- Auf der Kreiskontur ist: $x = r\cos\alpha$; $y = r\sin\alpha$; $r = (x^2 + y^2)^{1/2} = r(\cos^2\alpha + \sin^2\alpha)^{1/2}$

$$c_x = 2c_\infty \sin^2\alpha \tag{7.33}$$

$$c_y = -2c_\infty \sin\alpha \cos\alpha = -c_\infty \sin 2\alpha \tag{7.34}$$

Damit beträgt die resultierende Geschwindigkeit auf der Kreiskontur:

$$c = \left(c_x^2 + c_y^2\right)^{\frac{1}{2}} = 2c_\infty \left[\left(\sin^2\alpha\right)^2 + \sin^2\alpha \cos^2\alpha\right]^{\frac{1}{2}} = 2c_\infty \sin\alpha \tag{7.35}$$

Der Tangens der Geschwindigkeit auf der Kreiskontur beträgt:

$$\tan\alpha = \frac{dy}{dx} = -\frac{c_x}{c_y} = \frac{2c_\infty \sin^2\alpha}{2c_\infty \sin\alpha \cos\alpha} = \frac{\sin\alpha}{\cos\alpha} \tag{7.36}$$

Die Stromfunktion $\Psi(x, y)$ für die Umströmung des unendlich langen Kreiszylinders
lautet:

$$\Psi = c_\infty y \left[1 - \frac{r^2}{x^2 + y^2}\right] \tag{7.37}$$

Durch die partielle Ableitung der Stromfunktion nach den beiden Koordinaten x und y
können ebenfalls die Geschwindigkeitskomponenten errechnet werden. Sie betragen:

$$c_x = \frac{\partial\Psi}{\partial y} = c_\infty \left[1 - \frac{\left(x^2 + y^2\right) - 2y^2}{\left(x^2 + y^2\right)^2} r^2\right] = c_\infty \left[1 + \frac{y^2 - x^2}{\left(x^2 + y^2\right)^2} r^2\right] \tag{7.38}$$

$$c_y = -\frac{\partial\Psi}{\partial x} = -c_\infty \frac{2xyr^2}{\left(x^2 + y^2\right)^2} \tag{7.39}$$

7.2.1 Geschwindigkeits- und Druckverteilung um den Kreiszylinder

In den beiden Staupunkten des Kreiszylinders bei $\alpha = 0$ und $\alpha = \pi$ ist die Geschwindigkeit nach Gl. 7.35 $c = 0$. Das Maximum der Geschwindigkeit wird bei $\alpha = \pi/2$ für $\sin \pi/2 = 1$ mit $c = 2c_\infty$ erreicht. Der potentialtheoretische Geschwindigkeits- und Druckverlauf auf dem Kreiszylinder ist in Abb. 7.7 dargestellt.

Mit Hilfe der Bernoulligleichung kann auch die Druckverteilung auf der Oberfläche des Kreiszylinders ermittelt werden. Für die inkompressible Strömung lautet die Bernoulligleichung für $h =$ konstant:

$$p_\infty + \frac{\rho}{2}c_\infty^2 = p + \frac{\rho}{2}c^2 \tag{7.40}$$

Daraus folgt die auf den Staudruck der Anströmung bezogene Druckdifferenz auf der Zylinderoberfläche $\Delta p/(\frac{\rho}{2}c_\infty^2)$

$$\frac{\Delta p}{\frac{\rho}{2}c_\infty^2} = \frac{p - p_\infty}{\frac{\rho}{2}c_\infty^2} = 1 - \left(\frac{c}{c_\infty}\right)^2 = 1 - \left(\frac{2c_\infty \sin \alpha}{c_\infty}\right)^2 = 1 - 4\sin^2 \alpha \tag{7.41}$$

Das bezogene Druckmaximum auf dem Kreiszylinder stellt sich als Staudruck bei den Winkeln $\alpha = 0$ und $\alpha = \pi$ mit $\Delta p = p - p_\infty = (\rho/2)c_\infty^2$ in den Staupunkten ein. Das Druckminimum wird bei $\alpha = \pi/2$ und $\alpha = (3/2) \cdot \pi$ mit $\Delta p/c_\infty^2(\rho/2) = -3$ erreicht (Abb. 7.7). Am Außendurchmesser des Kreiszylinders stellt sich also bei der Umströmung ein erheblicher Unterdruck ein. Die aus der Potentialtheorie ermittelte Druckverteilung stimmt nur im Staupunktbereich mit dem Druckverlauf der viskosen Strömung überein. Durch Reibungsverluste und durch Strömungsablösung bei Verzögerung der Strömung im hinteren Teil des Zylinders ergibt sich ein anderer Druckverlauf, als potentialtheoretisch

Abb. 7.7 Druck- und Geschwindigkeitsverteilung der Potentialströmung auf einem Kreiszylinder und Druckverlauf der viskosen Strömung mit Strömungsablösung

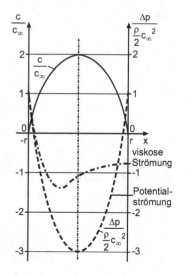

Abb. 7.8 Strom- und
Äquipotentiallinien der Kreis-
zylinderumströmung

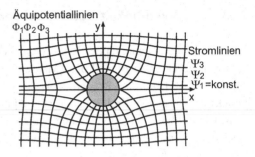

errechnet (Abb. 7.7). Die Strom- und Äquipotentiallinien der Zylinderumströmung sind in Abb. 7.8 dargestellt.

Potentialtheoretische Staupunktströmung
Ein einfacher Ansatz für das Potential einer ebenen Staupunktströmung lautet:

$$\Phi = ax^2 - by^2 \tag{7.42}$$

Aus der Laplace-Gleichung (Gl. 7.19) folgt die Bedingung $a + b = 0$. Für symmetrische ebene Strahlen oder auch für rotationssymmetrische Fluidstrahlen ist $a = b$. Daraus folgt die Potential- und Stromfunktion der ebenen Strömung in der Nähe eines Staupunktes.

$$\Phi = a(x^2 - y^2) \tag{7.43}$$

$$\Psi = 2axy \tag{7.44}$$

Die Stromlinien in der x-y-Ebene werden durch die folgende Differentialgleichung bestimmt:

$$\frac{dy}{dx} = \frac{c_y}{c_x} = -\frac{y}{x} \tag{7.45}$$

Es sind die gleichseitigen Hyperbeln (Abb. 7.9). Nach Integration der Gl. 7.45 erhält man

$$\ln y = -\ln x + \text{konst.} \quad \text{bzw.} \quad xy = \text{konst.} \rightarrow y = \frac{\text{konst.}}{x} \tag{7.46}$$

Das ist die Hyperbelgleichung. Die Stromlinien der ebenen Staupunktströmung stellen also gleichseitige Hyperbeln (Abb. 7.9) und für die räumliche Staupunktströmung eines kreisrunden Fluidstrahls kubische Hyperbeln der Funktion $xyz = \text{konst.}$ dar.

Die Äquipotentiallinien $\Phi(x, y)$ sind die dazu orthogonalen Hyperbeln.

$$x^2 - y^2 = \frac{\Phi}{a} \tag{7.47}$$

Abb. 7.9 Äquipotential- und
Stromlinien einer Staupunktströmung

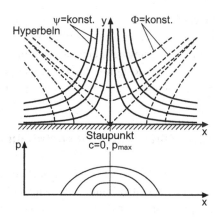

Die Geschwindigkeitskomponenten der ebenen Staupunktströmung betragen $c_x = 2ax$,
$c_y = -2ay$:

$$c_x = \frac{\partial \Phi}{\partial x} = 2ax \qquad (7.48)$$

$$c_y = \frac{\partial \Phi}{\partial y} = -2ay \qquad (7.49)$$

Für die räumliche Staupunktströmung betragen die drei Geschwindigkeitskomponenten
$c_x = 2ax$; $c_y = -2ay$ und $c_z = 2az$.
Der Druck beträgt für eine stationäre Strömung (Abb. 7.9):

$$p = p_\infty - \frac{\rho}{2}\left(c_x^2 + c_y^2\right) = p_\infty - \frac{\rho a^2}{2}\left(x^2 + 4y^2\right) \qquad (7.50)$$

Die Potentialtheorie behandelt nur ideale, d. h. reibungslose Strömungen. Deshalb ist sie
auch nur dort erfolgreich anwendbar, wo reale Strömungen mit geringer Reibung, ohne
Strömungsablösung vorliegen, wie z. B. im vorderen Bereich der Kreiszylinder- oder Kugelumströmung. Die Abweichungen steigen aber auf der Leeseite des Zylinders, wo in
Wirklichkeit das Wirbelgebiet der abgerissenen Strömung vorliegt, das potentialtheoretisch nicht erfasst werden kann. Die Potentialströmung kann aber bei der Anwendung für
ein schlankes Profil erfolgreich genutzt werden.

7.3 Singularitätenverfahren

Das Singularitätenverfahren befasst sich mit singulären[1] Punkten im mathematischen Sinn
wie z. B. Quellen, Senken, Wirbel und ihren Auswirkungen auf die Umgebung. In den
singulären Punkten oder Linien ist die Kontinuitätsbedingung nicht mehr erfüllt. Durch

---

[1] Singulär, lat. singularis – vereinzelt, zum Einzelnen gehörig.

unterschiedliche geometrische Anordnung solcher Singularitäten in einem geometrischen Gebiet oder durch Überlagerung verschiedener Singularitäten, wie z. B. Quelle mit einer Parallelströmung oder einer Senke mit einer Parallelströmung oder einer Senke mit einem Wirbel (einer Rotation) können verschiedene Strömungsfelder generiert werden und auf deren Konturen die Geschwindigkeits- und Druckverteilungen bestimmt werden.

7.3.1 Quell- und Senkenströmung

Quell- und Senkenströmungen stellen Elementarströmungen im Raum dar. Abb. 7.10 zeigt eine Quellströmung mit dem Quellvolumenstrom $\dot{V}$, der aus dem singulären Punkt entspringt und der durch die folgende Potentialfunktion beschrieben wird. Die Äquipotentiallinien sind konzentrische Kreise und die Radialstrahlen sind die Stromlinien.

$$\Phi = \frac{\dot{V}}{2\pi b} \ln\left(\sqrt{x^2 + y^2}\right) \tag{7.51}$$

Fließt der Volumenstrom zum singulären Punkt hin, dann liegt keine Quelle sondern eine Senkenströmung mit negativem Volumenstrom vor.

$$\Phi = -\frac{\dot{V}}{2\pi b} \ln\left(\sqrt{x^2 + y^2}\right) \tag{7.52}$$

Die Wurzel aus den Quadraten x^2 und y^2 stellt den Radius $r = \sqrt{x^2 + y^2}$ der Äquipotentiallinien dar. Somit sind die Äquipotentiallinien der Quellströmung konzentrische Kreise um den singulären Punkt mit den Radien r_1 bis r_n für die Potentiallinien Φ_1 bis Φ_n. Die Geschwindigkeitskomponenten in der Quellströmung ergeben sich aus den partiellen Ableitungen der Potentialfunktion nach den beiden freien Variablen x und y.

$$c_x = \frac{\partial \Phi}{\partial x} = \frac{\partial \Psi}{\partial y} = \frac{\dot{V} x}{2\pi b(x^2 + y^2)} \tag{7.53}$$

$$c_y = \frac{\partial \Phi}{\partial y} = -\frac{\partial \Psi}{\partial x} = \frac{\dot{V} y}{2\pi b(x^2 + y^2)} \tag{7.54}$$

Abb. 7.10 Strom- und Äquipotentiallinien einer Quellströmung

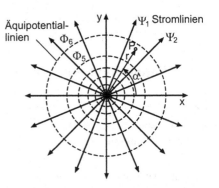

Daraus ergibt sich die resultierende Geschwindigkeit der Quellströmung mit $c = \sqrt{c_x^2 + c_y^2}$.

$$c = \sqrt{c_x^2 + c_y^2} = \frac{\dot{V}\sqrt{x^2 + y^2}}{2\pi b(x^2 + y^2)} = \frac{\dot{V}}{2\pi b r} \tag{7.55}$$

Für die Senkenströmung beträgt die resultierende Geschwindigkeit:

$$c = \sqrt{c_x^2 + c_y^2} = -\frac{\dot{V}}{2\pi b r} \tag{7.56}$$

Die Geschwindigkeiten der Quell- und Senkenströmung sind bei konstanter Ergiebigkeit dem Radius der Quelle bzw. Senke umgekehrt proportional, d. h. sie steigen mit Annäherung an die Singularität an und sie nehmen im Nullpunkt des Koordinatensystems den Wert unendlich an. Der Nullpunkt stellt den singulären Punkt dar, der sich als Faden über die gesamte Breite erstreckt. Die unendliche Geschwindigkeit im singulären Punkt stellt nur einen theoretischen Wert der Potentialströmung dar, der tatsächlich nicht erreicht wird. Außerhalb der Singularität gilt in jedem Punkt $P(x, y)$ des Strömungsfeldes die Kontinuitätsgleichung für die inkompressible Strömung im Kreiszylinder der Breite b mit $\dot{V} = 2\pi r b c$. Da der Volumenstrom eine konstante Größe darstellt, nimmt die Strömungsgeschwindigkeit bei der Quelle und bei der Senke mit abnehmendem Radius zu.

$$c = \frac{\dot{V}}{2\pi b r} \tag{7.57}$$

Schließlich ist zu prüfen, ob die Quell- und Senkströmungen drehungsfrei sind. Dafür muss die Potentialfunktion $\Phi(x, y)$ die Laplace'sche Differentialgleichung (Gl. 7.19) erfüllen. Die zwei partiellen Ableitungen der Potentialfunktion lauten:

$$\frac{\partial^2 \Phi}{\partial x^2} = \frac{\dot{V}}{2\pi b} \frac{(x^2 + y^2) - 2x^2}{(x^2 + y^2)^2} \tag{7.58}$$

$$\frac{\partial^2 \Phi}{\partial y^2} = \frac{\dot{V}}{2\pi b} \frac{(x^2 + y^2) - 2y^2}{(x^2 + y^2)^2} \tag{7.59}$$

Die Summe dieser beiden partiellen Ableitungen ist Null, wie Gl. 7.60 zeigt.

$$\frac{\partial^2 \Phi}{\partial x^2} + \frac{\partial^2 \Phi}{\partial y^2} = \frac{\dot{V}\left(x^2 + y^2 - 2x^2 + x^2 + y^2 - 2y^2\right)}{2\pi b(x^2 + y^2)^2} = 0 \tag{7.60}$$

Die Stromfunktion der Quellströmung kann durch Integration der Beziehung $c_y = \frac{\partial \Phi}{\partial x} = -\frac{\partial \Psi}{\partial x}$ berechnet werden. Es gilt:

$$\Psi = -\int_0^x c_y \, \partial x = -\frac{\dot{V}}{2\pi b} \int_0^x \frac{y \, \mathrm{d}x}{(x^2 + y^2)} = -\frac{\dot{V}}{2\pi b} \arctan \frac{x}{y} \tag{7.61}$$

7.3.2 Überlagerung von Parallel- und Quellströmung

Durch die Überlagerung verschiedener Grundströmungen können neue Potentialströmungsfelder entwickelt werden, die eine technische Bedeutung haben können. Dazu gehören Parallelströmungen mit Singularitätenströmungen folgender Art:

- Parallelströmung mit Quellströmung zur Entwicklung von Stromlinienkonturen,
- Parallelströmung mit Senkenströmung,
- Quellströmung mit Senkenströmung als Dipolströmung,
- Potentialwirbel durch Vertauschen der Strom- und Potentiallinien einer Quellströmung,
- Aufbau von Stromlinienkörpern durch Quell- und Senkenverteilungen,
- Profilentwicklung und Schaufelentwurf durch Quell- und Senkenverteilungen,
- potentialtheoretische Berechnung der instationären Flüssigkeitsbewegungen bewegter Flüssigkeitsoberflächen (Wellenbewegung).

Auf den Konturen der entwickelten Körper und in ihrer Umgebung können mit Hilfe des Singularitätenverfahrens die Druck- und Geschwindigkeitsverteilungen berechnet werden. Dafür kann die CFD-Software ANSYS CFX, Fluid Dynamics Analysis Package (FIDAP) in den Versionen FIDAP 8.7.2 oder Fluent benutzt werden.

Wird eine Parallelströmung mit der Strömungsgeschwindigkeit $c_{x\infty} = c_\infty$ und $c_{y\infty} = 0$, die parallel zur x-Achse verläuft mit dem Potential $\Phi_P = c_{x\infty}x$ und mit der Stromfunktion $\Psi_P = c_{x\infty}y$ mit einer Quellströmung mit der Äquipotentialfunktion

$$\Phi_Q = \frac{\dot{V}}{2\pi b} \ln r \qquad (7.62)$$

und der Stromfunktion

$$\Psi_Q = \frac{\dot{V}}{2\pi b}\alpha \qquad (7.63)$$

überlagert, so erhält man die Gesamtfunktion durch Addition beider Funktionsanteile

$$\Phi = \Phi_P + \Phi_Q = c_{x\infty}x + \frac{\dot{V}}{2\pi b} \ln r \qquad (7.64)$$

und

$$\Psi = \Psi_P + \Psi_Q = c_{x\infty}y + \frac{\dot{V}}{2\pi b}\alpha \qquad (7.65)$$

Der lineare Charakter der Laplace'schen Differentialgleichung erlaubt die Addition der Potentialfunktions- oder Stromfunktionsanteile unterschiedlicher Grundströmungen, sodass dadurch neue Strömungen generiert werden können.

Aus Gl. 7.65 können für vorgegebene Stromfunktionswerte Ψ_1 bis Ψ_n die Stromlinien berechnet werden. Im Staupunkt der überlagerten Quell- und Parallelströmung der Abb. 7.11 teilt sich die Staupunktstromlinie zu beiden Seiten der Randstromlinie $\Psi_2 = 0$

Abb. 7.11 Geschwindigkeitskomponenten und
resultierende Geschwindigkeit auf der Kontur $\Psi = 0$
von zwei überlagerten Potentialströmungen Quell- und
Parallelströmung

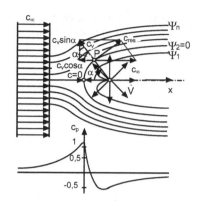

und trennt das von der Parallelströmung transportierte Fluid von jenem der Quellströmung. Die Druckverteilung auf der Kontur kann mit Hilfe der Bernoulligleichung potentialtheoretisch berechnet werden. Die Kontur, die von der Stromlinie $\Psi_2 = 0$ beschrieben
wird, bezeichnet man als Halbkörper. Diese Stromlinien sind masseundurchlässig, d. h.
jede Stromlinie könnte auch durch eine reibungslose Wand ersetzt werden. Dadurch würde an der übrigen Strömung und auch an der Druck- und Geschwindigkeitsverteilung der
Potentialströmung nichts verändert werden. Die Geschwindigkeitsverteilung auf der Kontur für $\Psi_2 = 0$ oder $\Psi = $ konstant erhält man wieder durch die Superpositionierung der
beiden Grundströmungen. Die beiden Geschwindigkeitsanteile der überlagerten Parallel-
und Quellströmung ergeben sich aus Abb. 7.11.

Die Geschwindigkeitskomponenten im kartesischen Koordinatensystem im Punkt P bei
α in Abb. 7.11 betragen:

$$c_x = c_\infty - c_v \cos\alpha \qquad (7.66)$$

$$c_y = c_v \sin\alpha \qquad (7.67)$$

Die resultierende Geschwindigkeit auf der Kontur der Stromlinie $\Psi_2 = 0$ beträgt:

$$c_{\text{res}} = \sqrt{c_x^2 + c_y^2} = \sqrt{(c_\infty - c_v \cos\alpha)^2 + c_v^2 \sin^2\alpha}$$

$$= \sqrt{c_\infty^2 - 2c_\infty c_v \cos\alpha + c_v^2 (1 - 2\sin^2\alpha)} \qquad (7.68)$$

Innerhalb der Kontur mit der Stromfunktion $\Psi_2 = 0$ fließt der Quellstrom $\dot{V}$ und außerhalb
der Stromfunktion $\Psi_2 = 0$ die von der Quellströmung beeinflusste Parallelströmung.

7.3.3 Überlagerung von Parallel- und Senkenströmung

Wird eine x-parallele Strömung mit dem Potential einer Senke mit

$$\Phi = -\frac{\dot{V}}{2\pi b} \ln r \qquad (7.69)$$

Abb. 7.12 Überlagerung einer
Parallelströmung mit einer
Senkenströmung

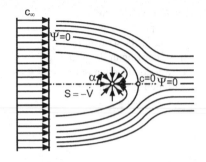

und

$$\Psi = -\frac{\dot{V}}{2\pi b}\alpha \tag{7.70}$$

überlagert, so erhält man das Spiegelbild von Abb. 7.11, das in Abb. 7.12 dargestellt ist.
Werden die Strömungskonturen $\Psi = 0$ der überlagerten Parallelströmungen mit der Quelle und der Senke gleicher Ergiebigkeit zusammengefügt, so erhält man einen Stromlinienkörper, auf dessen Kontur die Druck- und Geschwindigkeitsverteilung berechnet werden kann. Wird eine Parallelströmung mit einer Quell- und Senkenströmung mit verteilter Ergiebigkeit $\dot{V}$ und $-\dot{V}$ überlagert, so lassen sich Trag- oder Schaufelprofile potentialtheoretisch entwickeln, deren Druck- und Geschwindigkeitsverteilungen leicht bestimmt werden können. Günstige Profile erhält man, wenn die Quell- und Senkenverteilungen z. B. nach einer Glauert'schen Reihe angeordnet werden [1] und mit einer Parallelströmung überlagert werden.

Werden auf der x-Achse in einigem Abstand eine Quelle und eine Senke gleicher Ergiebigkeit angeordnet und von einer Parallelströmung überlagert, so wird der aus der Quelle ausströmende Volumenstrom $\dot{V}$ von der Senke aufgenommen und es entsteht ein geschlossener umströmter Körper mit der Stromlinie $\Psi = 0$. Der Körper wird umso schlanker, je geringer die Ergiebigkeiten der Quelle und der Senke sind und je größer ihr Abstand ist (Abb. 7.13). Das Stromlinienbild der überlagerten Parallel- und Quellströmung kann für vorgegebene $\Delta\Psi = \text{konstant}$ und $\Delta\Phi = \text{konstant}$ auch grafisch entworfen werden.

Abb. 7.13 Überlagerung einer Parallelströmung mit einer Quell- und einer Senkenströmung

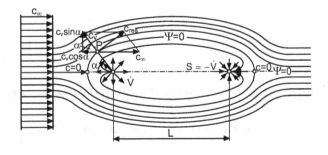

Durch Anordnung mehrerer Quellen und Senken unterschiedlicher Intensität auf der x-Achse können stromlinienförmige Körper wie z. B. Profile entwickelt werden, deren Druckverteilung auf der Oberfläche potentialtheoretisch bestimmt werden kann.

7.3.4 Gestaltung umströmter Körper mittels Singularitäten

Werden auf einer Linie der Parallelströmung (z. B. auf der Stromlinie einer Parallelströmung) viele Quellen und Senken angeordnet, so erhält man eine Quell-Senken-Strecke an der die örtliche Quellintensität durch den Ausdruck $\mathrm{d}\dot{V}(s)/\mathrm{d}s$ angegeben werden kann. Die örtliche Quellstärke auf der Quellstrecke beträgt dann $\mathrm{d}\dot{V} = [\mathrm{d}\dot{V}(s)/\mathrm{d}s]\,\mathrm{d}s$.

In einem beliebigen Punkt des Potentialfeldes P kann dafür die differentielle Potential- und Stromfunktion angegeben werden, die von einer auf der Linie angeordneten Quelle induziert wird. Werden in den Gleichungen für die Äquipotentiallinien $\Phi(x, y)$, die Stromlinien $\Psi(x, y)$ und die Geschwindigkeitskomponenten c_x und c_y für die Punktquelle (Gln. 7.51, 7.53, 7.54 und 7.61) die Koordinate x durch die Koordinate $(x - s)$ und die Quellstärke $\dot{V}$ durch die differentielle Größe der linear verteilten Quellstärke $\mathrm{d}\dot{V} = [\mathrm{d}\dot{V}(s)/\mathrm{d}s]\,\mathrm{d}s$ ersetzt (Abb. 7.14), so ergeben sich die Gln. 7.71 bis 7.72

$$\mathrm{d}\Phi = \frac{\sqrt{(x - s)^2 + y^2}}{2\pi b}\frac{\mathrm{d}\dot{V}(s)}{\mathrm{d}s}\mathrm{d}s \tag{7.71}$$

$$\mathrm{d}\Psi = \frac{\arctan[(x - s)/y]}{2\pi b}\frac{\mathrm{d}\dot{V}(s)}{\mathrm{d}s}\mathrm{d}s \tag{7.72}$$

Die Geschwindigkeitskomponenten betragen dafür:

$$\mathrm{d}c_x = \frac{\partial\Phi}{\partial x} = \frac{(x - s)}{2\pi b[(x - s)^2 + y^2]}\frac{\mathrm{d}\dot{V}(s)}{\mathrm{d}s}\mathrm{d}s \tag{7.73}$$

$$\mathrm{d}c_y = \frac{\partial\Phi}{\partial y} = \frac{y}{2\pi b\left[(x - s)^2 + y^2\right]}\frac{\mathrm{d}\dot{V}(s)}{\mathrm{d}s}\mathrm{d}s \tag{7.74}$$

Abb. 7.14 Symmetrisches Tropfenprofil mit der stetigen Quell- und Senkenströmung $\pm\dot{V}(s)$

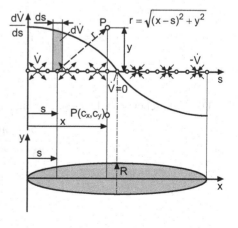

Abb. 7.15 Tropfenprofil mit Ellipsoidkontur $[x/(l/2)]^2 + y^2/R^2 = 1$ mit der linearen Quell- und Senkenverteilung

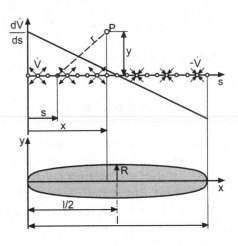

Durch Integration der Äquipotentialfunktion $d\Phi$, der Stromfunktion $d\Psi$ und der Geschwindigkeitskomponenten über die Linienlänge $s = 0$ bis l für eine vorgesehene Quell- und Senkenbelegung kann die Kontur und die Geschwindigkeitsverteilung auf einem ebenen oder rotationssymmetrischen Vollkörper oder Halbkörper (Abb. 7.11, 7.14 und 7.15) errechnet werden. Die Gestaltung eines Vollkörpers erfordert im vorderen Teil abnehmende Quellverteilung und im hinteren Körperteil eine zunehmende Senkenverteilung (Abb. 7.15).

7.3.5 Potentialwirbel

Vertauscht man in der ebenen Quellströmung das Potential $\Phi(x, y)$ und die Stromfunktion $\Psi(x, y)$, so erhält man den Potentialwirbel, dessen Intensität als Zirkulation Γ bezeichnet wird (Abb. 7.16). Sie ist ein Maß für die Wirbelstärke. Das Potential lautet:

$$\Phi = \frac{\Gamma}{2\pi b}\alpha \tag{7.75}$$

und die Stromfunktion

$$\Psi = -\frac{\Gamma}{2\pi b}\ln r = -\frac{\Gamma}{2\pi b}\ln\left(\sqrt{x^2 + y^2}\right) \tag{7.76}$$

mit

$$r = \sqrt{x^2 + y^2} \tag{7.77}$$

Daraus ergeben sich die Geschwindigkeitskomponenten mit:

$$c_x = \frac{\partial\Phi}{\partial x} = \frac{\partial\Psi}{\partial y} = \frac{\Gamma}{2\pi b}\frac{y}{r^2} \tag{7.78}$$

$$c_y = \frac{\partial\Phi}{\partial y} = -\frac{\partial\Psi}{\partial x} = -\frac{\Gamma}{2\pi b}\frac{x}{r^2} \tag{7.79}$$

Abb. 7.16 Strom- und Äquipotentiallinien eines Potentialwirbels mit dem Geschwindigkeitsverlauf

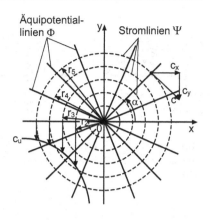

Abb. 7.17 Geschwindigkeitsverlauf im Potentialwirbel und beim starren Körper

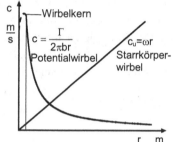

Anschaulicher wird das Geschwindigkeitsfeld, wenn es in Polarkoordinaten geschrieben wird. Dann beträgt die Radialkomponente $c_r = 0$ und die Tangentialkomponente $c_u = c$ stellt die resultierende Geschwindigkeit des Wirbels dar.

$$c = c_u = \frac{\Gamma}{2\pi b r} \qquad (7.80)$$

b ist darin die Tiefe des Wirbelfadens in der z-Koordinate.

Gl. 7.80 sagt aus, dass die Geschwindigkeit im Potentialwirbel mit steigendem Radius r abnimmt. Im Unendlichen ($r \to \infty$) erreicht die Geschwindigkeit den Wert $c = 0$ und im Koordinatenursprung bei $r = 0$ den Wert $c \to \infty$ (Abb. 7.17). Dieser Wert $c(r = 0) \to \infty$ wird im realen Wirbel natürlich nicht erreicht. Er reißt im Kern auf und erreicht dadurch nur einen endlichen Wert. Der Potentialwirbel liefert also das besonders im Turbinenbau für die Zirkulationsverteilung genutzte Gesetz der Zirkulation:

$$c_u r = \text{konstant}; \quad c_{u1} r_1 = c_{u2} r_2 = c_u r = \text{konstant} \qquad (7.81)$$

Die resultierende bzw. die Umfangsgeschwindigkeit eines Wirbels beträgt nach Gl. 7.81

$$c_u = c_{u1} \frac{r_1}{r} = \frac{\Gamma_1}{2\pi b} \frac{1}{r} \qquad (7.82)$$

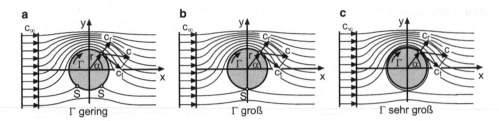

Abb. 7.18 Geschwindigkeitsfeld einer Wirbelströmung in einer Parallelströmung **a** mit zwei Staupunkten, schwacher Wirbel, **b** mit einem Staupunkt, starker Wirbel, **c** ohne Staupunkt, sehr starker Wirbel

Die Überlagerung der Wirbelströmung $\Phi = \frac{\Gamma}{2\pi b}\alpha$ mit einer Parallelströmung $\Phi = c_\infty x$ liefert das Stromlinienbild in Abb. 7.18 mit der Erklärung des Magnuseffektes z. B. am Flettner-Rotor. Je nach Intensität der Wirbelströmung können sich auf dem Zylinder des Wirbels ein oder zwei Staupunkte oder bei sehr starker Zirkulation kein Staupunkt einstellen (Abb. 7.18). Die Potentialfunktion für diese Überlagerung lautet:

$$F = c_\infty \left(z + \frac{R^2}{z} \right) - \frac{i\Gamma}{2\pi b} \ln z + iC \tag{7.83}$$

Die Äquipotentialfunktion lautet für die Wirbelströmung in der Parallelströmung

$$\Phi = c_\infty \left(r + \frac{R^2}{r} \right) \cos\alpha - \frac{\Gamma}{2\pi b}\alpha \tag{7.84}$$

und die Stromfunktion

$$\Psi = c_\infty \left(r - \frac{R^2}{r} \right) \sin\alpha + \frac{\Gamma}{2\pi b} \ln\left(\frac{r}{R} \right) \tag{7.85}$$

Die radialen und die tangentialen Geschwindigkeitskomponenten betragen dann im Polarkoordinatensystem:

$$c_r = c_\infty \left[1 - \left(\frac{R}{r} \right)^2 \right] \cos\alpha \tag{7.86}$$

$$c_t = -c_\infty \left[1 - \left(\frac{R}{r} \right)^2 \right] \sin\alpha + \frac{\Gamma}{2\pi br} \tag{7.87}$$

Die resultierende Geschwindigkeit auf dem rotierendem Kreis beträgt

$$c = \sqrt{c_r^2 + c_t^2} = c_\infty \sqrt{\left[1 - \left(\frac{R}{r} \right)^2 \right]^2 \cos^2\alpha + \left\{ \left[1 - \left(\frac{R}{r} \right)^2 \right] \sin\alpha + \frac{\Gamma}{2\pi brc_\infty} \right\}^2} \tag{7.88}$$

Auf der Zylinderoberfläche bei $r = R$ ist die Geschwindigkeit $c_r = 0$.

Die dimensionslose Druckverteilung auf der Kontur $r = R$ beträgt:

$$c_p = \frac{\Delta p}{\frac{\rho}{2}c_\infty^2} = 1 - \left[\frac{\Gamma}{2\pi b R c_\infty} - 2\sin\alpha\right]^2 \tag{7.89}$$

Das Stromlinienbild ist von der Größe der Zirkulation Γ abhängig. Dafür kann man folgende drei Fälle unterscheiden:

Zirkulation $|\Gamma| < 4\pi R c_\infty$ Auf der Kontur der Wirbelströmung stellen sich zwei Staupunkte S ein (Abb. 7.18a).

Zirkulation $|\Gamma| = 4\pi R c_\infty$ Es stellt sich nur ein Staupunkt auf der y-Achse ein (Abb. 7.18b).

Zirkulation $|\Gamma| > 4\pi R c_\infty$ Es stellt sich kein Staupunkt auf der Kontur ein (Abb. 7.18c).

Oberhalb der Wirbelströmung sind die Stromlinien sehr dicht. Folglich ist die Geschwindigkeit entsprechend der Kontinuitätsgleichung sehr groß und der statische Druck klein. Unterhalb des Zylinders mit dem großen Stromlinienabstand ist die Geschwindigkeit geringer und dafür der statische Druck größer. Die resultierende Strömung aus Parallelströmung und Zirkulationsströmung übt also eine Kraft F aus, deren Richtung im ersten Quadranten des kartesischen Koordinatensystems liegt (Wirkung des Flettner-Rotors, der für Schiffsantriebe eingesetzt werden sollte).

7.3.6 Wirbelsenke

Durch Superposition einer Senkenströmung (Abschn. 7.3.1) und eines Potentialwirbels (Abschn. 7.3.5) entsteht die Wirbelsenke, die bei der Zyklonabscheidung praktische Bedeutung erlangte (Kap. 13). Aus der Überlagerung einer Quellströmung mit dem Potentialwirbel entsteht die Wirbelquellströmung.

Wird die zum Zentrum gerichtete radiale Geschwindigkeit $c_r = -\dot{V}/2\pi br$ (Gl. 7.56) der Senkenströmung mit der Wirbelströmung $c_u = \Gamma/2\pi br$ (Gl. 7.80) überlagert, so stellt sich im gesamten Strömungsfeld ein Geschwindigkeitsverhältnis $\tan\alpha = (c_1/r) \cdot (r/c_2) = c_r/c_u = $ konst. ein, dass im gesamten Strömungsfeld der Wirbelsenke konstant ist. Die Stromlinien dieser Wirbelsenkenströmung stellen logarithmische Spiralen mit dem Neigungswinkel α und der Gleichung $r = r_0 e^{(\varphi-\varphi_0)\tan\alpha}$ dar (Abb. 7.19). Der Tangens des Winkels α an die logarithmische Spirale kann mit dem Radiusvektor r auch geschrieben werden $\tan\alpha = dr/(r\,d\varphi)$. Damit ergibt sich der Druckgradient in tangentialer Richtung zu $dr/d\varphi = r\tan\alpha$. Auf konzentrischen Kreisen der Wirbelsenke sind der Druck und die Geschwindigkeit konst.

Abb. 7.19 Stromlinien einer
Wirbelsenke als logarithmische
Spiralen mit $\alpha =$ konst.

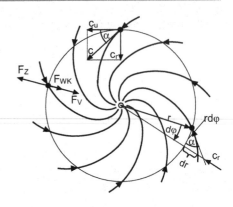

7.3.7 Dipolströmung

Ordnet man auf der x-Achse eine Quelle mit dem Volumenstrom $\dot{V}$ und eine Senke mit der gleichen Intensität $-\dot{V}$ im Abstand von $2x_0$ an, so erhält man folgendes komplexe Strömungspotential:

$$F(z) = \frac{\dot{V}}{2\pi b} \ln \frac{z + x_0}{a} - \frac{\dot{V}}{2\pi b} \ln \frac{z - x_0}{a} = \frac{2x_0 \dot{V}}{2\pi b} \left[\frac{\ln \frac{z+x_0}{a} - \ln \frac{z-x_0}{a}}{2x_0} \right] \qquad (7.90)$$

Lässt man nun den Abstand zwischen der Quelle und der Senke $2x_0$ so gegen Null gehen, dass das Produkt aus dem Volumenstrom der Quelle $\dot{V}$ und dem Abstand $2x_0\dot{V} = M$ konstant bleibt, dann lautet die Funktion des Strömungspotentials

$$F(z) = \frac{M}{2\pi b} \lim_{x_0 \to 0} \frac{\ln \frac{z+x_0}{a} - \ln \frac{z-x_0}{a}}{2x_0} = \frac{M}{2\pi b z}. \qquad (7.91)$$

M wird als Dipol bezeichnet. Dabei muss die Ergiebigkeit der Quelle ins unendliche ansteigen. Die Äquipotential- und Strömungsfunktion lauten dafür mit $x = r \cos \alpha$ und $r^2 = x^2 + y^2$:

$$\Phi = \frac{M}{2\pi b} \frac{\cos \alpha}{r} = \frac{M}{2\pi b} \frac{r \cos \alpha}{r^2} = \frac{M}{2\pi b} \frac{x}{(x^2 + y^2)} \qquad (7.92)$$

Stromfunktion mit $y = r \sin \alpha$ und $r^2 = x^2 + y^2$:

$$\Psi = -\frac{M}{2\pi b} \frac{\sin \alpha}{r} = -\frac{M}{2\pi b} \frac{r \sin \alpha}{r^2} = -\frac{M}{2\pi b} \frac{y}{(x^2 + y^2)} \qquad (7.93)$$

Die Äquipotentiallinien Φ stellen Kreise dar, deren Mittelpunkte auf der x-Achse liegen und die alle den Koordinatenursprung tangieren.

Die Stromlinien Ψ des Dipols stellen Kreise dar, die durch den Koordinatenursprung verlaufen und deren Mittelpunkte auf der y-Achse liegen (Abb. 7.20b). Diese Strömung nennt man eine Dipolströmung und die x-Achse, auf der die Quelle und Senke einander

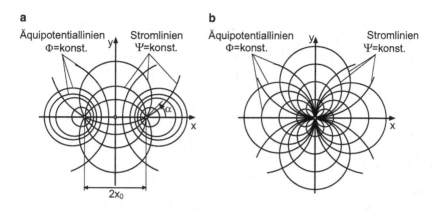

Abb. 7.20 Potentialfeld. **a** Quell- und Senkenpotential gleicher Ergiebigkeit, **b** Dipol

angenähert werden, nennt man die Dipolachse. Dabei geht die Umströmung einer Ellipse in Abb. 7.13 in eine Umströmung eines Zylinders über. Überlagert man das komplexe Potential der Dipolströmung mit dem Potential der Parallelströmung in der x-Richtung, so erhält man durch die lineare Überlagerung der beiden Potentialfelder das Potentialfeld der Umströmung eines unendlich langen Zylinders. Dipole kommen außer in der Strömungslehre auch in der Akustik als akustische Dipolquellen (Kap. 14), in der Nachrichtentechnik und in der Empfangstechnik als Sender und Empfangsantennen vor. Die Geschwindigkeitskomponenten eines Dipols betragen:

$$c_x = -\frac{M}{2\pi b r^2} \cos\alpha \tag{7.94}$$

$$c_y = -\frac{M}{2\pi b r^2} \sin\alpha \tag{7.95}$$

In Tab. 7.1 sind die Potential- und Stromfunktionen einiger wichtiger zweidimensionaler Strömungen zusammengestellt.

7.4 Strömungskraft auf einen Körper

Die Kraftwirkung auf einen Körper (Abb. 7.21) kann man mit Hilfe des Impulssatzes oder aus der Druckverteilung auf einer Körperkontur ermitteln. Da die Potentialtheorie die Geschwindigkeits- und die Druckverteilung auf den Körperkonturen (Stromlinie $\Psi = 0$) liefert, kann die Kraftwirkung errechnet werden.

Der Druckverlauf folgt aus der Bernoulligleichung für eine Stromlinie (Körperkontur).

$$p + \frac{\rho}{2}c_n^2 = H \tag{7.96}$$

Tab. 7.1 Wichtige Potentialfunktionen

Singularität	Stromlinien ψ = konst.	Potential $\Phi(x,y)$	Stromfunktion $\psi(x,y)$	c_x	c_y
Parallel-strömung		$c_\infty x$	$c_\infty y$	c_∞	0
Quelle $\dfrac{\dot V}{2\pi b}\ln z$		$\dfrac{\dot V}{2\pi b}\ln\sqrt{x^2+y^2}$	$-\dfrac{\dot V}{2\pi b}\arctan\dfrac{y}{x}$	$\dfrac{\dot V}{2\pi b}\dfrac{x}{x^2+y^2}$	$\dfrac{\dot V}{2\pi b}\dfrac{y}{x^2+y^2}$
Senke $-\dfrac{\dot V}{2\pi b}\ln z$		$-\dfrac{\dot V}{2\pi b}\ln\sqrt{x^2+y^2}$	$\dfrac{\dot V}{2\pi b}\arctan\dfrac{y}{x}$	$-\dfrac{\dot V}{2\pi b}\dfrac{x}{x^2+y^2}$	$-\dfrac{\dot V}{2\pi b}\dfrac{y}{x^2+y^2}$
Wirbel $\dfrac{\Gamma}{2\pi b}i\ln z$		$-\dfrac{\Gamma}{2\pi b}\arctan\dfrac{y}{x}$	$\dfrac{\Gamma}{2\pi b}\ln\sqrt{x^2+y^2}$	$\dfrac{\Gamma}{2\pi b}\dfrac{y}{x^2+y^2}$	$-\dfrac{\Gamma}{2\pi b}\dfrac{x}{x^2+y^2}$
Dipol $\dfrac{M}{2\pi bz}$		$\dfrac{M}{2\pi b}\dfrac{x}{x^2+y^2}$	$-\dfrac{M}{2\pi b}\dfrac{y}{x^2+y^2}$	$\dfrac{M}{2\pi b}\dfrac{y^2-x^2}{(x^2+y^2)}$	$-\dfrac{M}{2\pi b}\dfrac{2xy}{(x^2+y^2)}$
Ecken-strömung $\dfrac{a}{2}z^2$		$\dfrac{a}{2}(x^2-y^2)$	axy	ax	$-ay$
Parallel-strömung und Quelle		$c_\infty x+\dfrac{\dot V}{2\pi b}\ln r$	$c_\infty y+\dfrac{\dot V}{2\pi b}\alpha$	$c_\infty+\dfrac{\dot V}{2\pi b}\dfrac{x}{x^2+y^2}$	$\dfrac{\dot V}{2\pi b}\dfrac{y}{x^2+y^2}$
Parallel-strömung und Dipol, Zylinder-umströmung		$c_\infty x\left(1+\dfrac{r^2}{x^2+y^2}\right)$	$c_\infty y\left(1-\dfrac{r^2}{x^2+y^2}\right)$	$2c_\infty\sin^2\alpha$	$-2c_\infty\sin\alpha\cos\alpha$
Zylinder-umströmung und Wirbel		$c_\infty x\left(1+\dfrac{r^2}{x^2+y^2}\right)-\dfrac{\Gamma}{2\pi b}\alpha$	$c_\infty y\left(1-\dfrac{r^2}{x^2+y^2}\right)+\dfrac{\Gamma}{2\pi b}\ln r$	$2c_\infty\sin^2\alpha+\dfrac{\Gamma}{2\pi br}\sin\alpha$	$-2c_\infty\sin\alpha\cos\alpha-\dfrac{\Gamma}{2\pi br}\cos\alpha$
Parallel-strömung und Wirbel		$c_\infty x+\dfrac{\Gamma}{2\pi b}\alpha$	$c_\infty y+\dfrac{\Gamma}{2\pi b}\ln r$	$c_\infty+\dfrac{\Gamma}{2\pi b}\dfrac{y}{x^2+y^2}$	$-\dfrac{\Gamma}{2\pi b}\dfrac{x}{x^2+y^2}$

Abb. 7.21 Strömungskörper
und umliegendes Kontrollvolumen

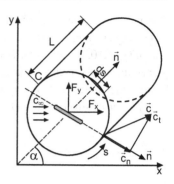

Damit beträgt die Strömungskraft auf den Körper:

$$F = -\int_A \rho c\,(cn)\;\mathrm{d}A + \int_A \frac{\rho}{2}c^2 n\,\mathrm{d}A \tag{7.97}$$

wobei n der Normalenvektor auf der Kontur des Kontrollraumes ist (Abb. 7.21). Die Potentialfunktion $\Phi(x,y)$ der ebenen Strömung soll betragen

$$\Phi(x,y) = c_x x + f(x,y) \tag{7.98}$$

Darin muss die Funktion $f(x,y)$ die Laplace'sche Differenzialgleichung (Gl. 7.19) erfüllen. Die Geschwindigkeitskomponenten c_x und c_y in den Koordinatenrichtungen betragen:

$$c_x = c_\infty + \frac{\partial f(x,y)}{\partial x} \tag{7.99}$$

$$c_y = \frac{\partial f(x,y)}{\partial y} \tag{7.100}$$

Die Geschwindigkeitskomponenten in Normalen- und Tangentialrichtung des Kontrollraumes, also auf der Kreiskontur in Abb. 7.21 betragen:

$$c_n = \left(c_\infty + \frac{\partial f(x,y)}{\partial x}\right)\cos\alpha + \frac{\partial f}{\partial y}\cos\left(\frac{\pi}{\alpha} - \alpha\right) \tag{7.101}$$

$$c_t = -\left(c_\infty + \frac{\partial f(x,y)}{\partial x}\right)\cos\left(\frac{\pi}{2} - \alpha\right) + \frac{\partial f}{\partial y}\cos\alpha \tag{7.102}$$

Die partiellen Ableitungen der Funktion $f(x,y)$ nach ∂x und ∂y verschwinden im Unendlichen. Der Kontrollraum in Abb. 7.21 kann also so groß gewählt werden, dass die Quadrate der Ableitungen von $f(x,y)$ vernachlässigbar klein werden. Damit können die Komponenten F_x und F_y für die auf die Längeneinheit bezogene Kraft geschrieben werden.

$$F_x = \rho \int_C \left(\frac{c^2}{2}\cos\alpha - c_x c_n\right)\mathrm{d}s \tag{7.103}$$

$$F_y = \rho \int_C \left(\frac{c^2}{2}\cos\left(\frac{\pi}{2} - \alpha\right) - c_x c_n\right)\mathrm{d}s \tag{7.104}$$

Darin ist das Element des Kontrollraumes $ds = dy/\cos\alpha$ und $ds = dx/\cos[(\pi/2) - \alpha]$. Damit verschwinden die ersten Integrale in den Gln. 7.103 und 7.104. Das zweite Integral in Gl. 7.103 für die Kraftkomponente F_x stellt den Volumenfluss durch die Kontrollgrenze dar und verschwindet ebenfalls. Das Profil erfährt also in der Potentialströmung keine Widerstandskraft ($F_x = 0$). Die auf die Längeneinheit bezogene Kraftkomponente F_y quer zur Anströmrichtung beträgt mit $c_x = c_\infty$ und $c_n = c_t$:

$$F_y = -\rho c_\infty \int_0^l c_t \, ds \qquad (7.105)$$

Das Integral $\oint c_t \, ds = \Gamma$ stellt die Zirkulation dar. Die Gleichung $F_y = -\rho c_\infty \Gamma = -\rho c_\infty \oint c_t \, ds$ ist die Gleichung von Kutta-Joukowski, die zur Auftriebsberechnung von Profilen dient.

7.5 Wellenbewegung

Wellen entstehen durch eine oszillierende Bewegung eines Fluids um eine Gleichgewichtslage. Sie breiten sich in der Regel räumlich aus. Man unterscheidet Druckwellen, Schallwellen, Oberflächenwellen, Schwerewellen oder Kapillarwellen. Wellen können sich longitudinal oder transversal ausbilden. Bei den Longitudinalwellen (z. B. Schallwellen) werden die Fluidteilchen in Richtung der Wellenausbreitung ausgelenkt (Abb. 11.4), sodass periodisch eine Verdichtung und Verdünnung der Fluidteilchen entsteht. Dabei erfolgt kein Transport der Fluidteilchen. Bei Transversalwellen (z. B. Oberflächenwellen von Flüssigkeiten) werden die Fluidelemente senkrecht zur Ausbreitungsrichtung x der Welle ausgelenkt (Abb. 7.22).

Schallwellen werden durch das Verhältnis von Druckänderungen zur Dichteänderung $\partial p/\partial \rho$ ausgelöst, wobei die Druckänderung als Rückstellkraft wirkt. Oberflächenwellen entstehen an den Grenzflächen von zwei nichtmischbaren Fluiden unterschiedlicher Dichte (z. B. Wasser–Luft, Öl–Luft). Die Auftriebskraft und die Oberflächenkraft wirken als Rückstellkräfte der Auslenkung der Fluidteilchen aus der Ruhelage. Oberflächenwellen, die durch Auftriebskräfte verursacht werden, nennt man Schwerewellen, da sie nur von der Schwerkraft verursacht werden. Wird die Auslenkung der Fluidteilchen durch die Kapillarwirkung der Oberflächenspannung verursacht, so nennt man sie Kapillarwellen.

Bei Gerinneströmungen und in teilgefüllten Kanälen besitzen die Strömungen eine freie Oberfläche, sodass die Gravitationskraft die Strömung besonders stark beeinflusst. Danach können sich in offenen Kanälen zwei verschiedene Strömungsformen einstellen. Die Strömung mit geringer Geschwindigkeit und großer Wassertiefe und die Strömung mit hoher Geschwindigkeit und geringer Wassertiefe bei gleichem Volumendurchsatz, das „Schießen" (Abschn. 5.10). Die sich einstellende Strömungsform ist von der Froudezahl $Fr = c/c_0$, d. h. dem Verhältnis der Strömungsgeschwindigkeit c zur Ausbreitungsgeschwindigkeit der Grundwelle im Flachwasser $c_0 = \sqrt{gh}$ abhängig. Die Grundwelle im

Abb. 7.22 Oberflächenwelle
im flachen Wasser $h/\lambda < 1$

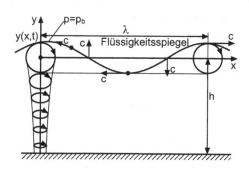

Abb. 7.23 Beispiel für
Kapilarwellen auf einer Wasseroberfläche

Flachwasser mit $c_0 = \sqrt{gh}$ oder $c_0 = \sqrt{g\lambda}$ wird **Schwerewelle** genannt. Dabei wirkt die
Gravitationskraft $F_G = \dot{m}c_0 = \dot{m}\sqrt{gh}$ als Einflussgröße.

Tritt die Oberflächenspannung der Flüssigkeit σ_{12} gegenüber der Gravitationskraft hervor, so entstehen Kapillarwellen (Abb. 7.23) deren Froudezahlen Fr bei überkritischer
Strömung oberhalb derjenigen von Schwerewellen liegen mit Fr > $Fr_{krit} = 1$. Die Wellenlänge λ von Flachwasserwellen ist also groß im Vergleich zur Wassertiefe h ($\lambda \gg h$).
In der Gleichgewichtslage ist eine Flüssigkeitsoberfläche eben und stets orthogonal zur
Erdbeschleunigung (Abb. 5.10). Bei wellenförmiger Bewegung der Flüssigkeitsoberfläche
entsteht ein Geschwindigkeitsfeld in der gesamten Flüssigkeit. Eine reibungsfreie zweidimensionale Flüssigkeitsströmung ist wirbelfrei und deren Geschwindigkeitsfeld wird
durch die folgende Gleichung beschrieben $c(x, y, t) = \nabla\Phi$, wobei Φ das Geschwin-
digkeitspotential darstellt, das der Laplace-Gleichung (Gl. 7.18) gehorcht. Die vertikale
Auslenkung $y(x, t)$ der Flüssigkeitsoberfläche aus der Ruhelage resultiert aus dem Geschwindigkeitsfeld des gesamten Fluids.

7.5.1 Hydraulischer Sprung

Der hydraulische Sprung stellt eine besondere Wellenform als ein lokaler plötzlicher Anstieg des Höhenniveaus einer Flüssigkeitsoberfläche dar. Er tritt immer dann auf, wenn
z. B. eine dünne Flüssigkeitsschicht hoher Geschwindigkeit plötzlich auf eine geringe Geschwindigkeit im Wehrauslauf verzögert wird. Aus Kontinuitätsgründen muss dann die

Abb. 7.24 Hydraulischer
Sprung

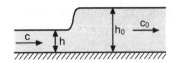

strömende Flüssigkeitshöhe h bei $b = $ konst. mit $A = b \cdot h$ ansteigen (Abb. 7.24).

$$\dot{V} = cbh = c_0 b h_0 \qquad (7.106)$$

Dieser Anstieg des Flüssigkeitsspiegels kann sich durch die entstehenden Oberflächenwellen auch stromaufwärts bis zu einem Punkt ausbreiten, bei dem die Phasengeschwindigkeit der Schwerewellen $c_0 = \sqrt{gh}$ gleich der mittleren Strömungsgeschwindigkeit c
ist. An diesem Punkt wird die kritische Froudezahl Fr $= c/\sqrt{gh} = 1{,}0$ erreicht und es
findet der hydraulische Sprung statt (z. B. am Wehr oder beim Tsunami). Die Strömung
hoher Geschwindigkeit, an der ein hydraulischer Sprung auftritt, wird mit Fr $> 1{,}0$ als
überkritisch bezeichnet. Die Strömung geringer Geschwindigkeit vor dem hydraulischen
Sprung wird als unterkritische Strömung Fr $< 1{,}0$ bezeichnet.

7.5.2 Oberflächenwellen

Oberflächenwellen werden entweder von der Gravitationskraft $F_G = \dot{m}\sqrt{gh}$ (Schwerkraft) oder von der Kapillarkraft, d. h. von der Kraft der Oberflächenspannung oder von
beiden Einflüssen gleichzeitig verursacht. Dementsprechend unterscheidet man Schwere-
und Kapillarwellen. Schwerewellen lassen sich weiter unterteilen in Schwingungswellen
und Übertragungswellen, wie z. B. Brandungswellen oder Einzelwellen im Flachwasser.

Die Wellenbewegungen können mit Hilfe der Impulsgleichung und der Kontinuitätsgleichung unter Beachtung der Randbedingungen berechnet werden. Die wichtigsten
Randbedingungen der Wellenbewegung sind der Bodenverlauf des Fluidraumes (tiefes
oder flaches Gewässer) und die freie Oberfläche als Grenze zwischen dem Flüssigkeits-
und dem Luftraum. An der Oberfläche kann das Fluid als reibungsfrei und auch als drehungsfrei betrachtet werden, sodass eine potentialtheoretische Berechnung der Wellen
möglich ist (Abschn. 7.3.5). Diese potentialtheoretische Wellenbewegung kann auf eine
zweidimensionale (ebene) Wellenbewegung reduziert werden.

Für eine ebene drehungsfreie Potentialströmung der Wellenbewegung kann die Kontinuitätsgleichung mit Gl. 7.18 und Gl. 7.16 angegeben werden,

$$\frac{\partial^2 \Phi}{\partial x^2} + \frac{\partial^2 \Phi}{\partial y^2} = 0 \quad \text{mit} \quad c_x = \frac{\partial \Phi}{\partial x} \quad \text{und} \quad c_y = \frac{\partial \Phi}{\partial y} \qquad (7.107)$$

wobei für das Potential $\Phi(x, y, t)$ und für die Geschwindigkeiten $c_x(x, y, t)$ und $c_y(x, y, t)$
geschrieben werden kann.

Die kinematische Randbedingung auf der Sohle des Kanals (Flüssigkeitsgrund) beträgt: $c_y = 0$ bei $y = -h$.

An der freien Oberfläche bei $y = y_0(x, t)$ ist: $\mathrm{d}y_0/\mathrm{d}t = c_y(y_0, t)$ (Abb. 7.22); $\mathrm{d}/\mathrm{d}t$ ist die substantielle Änderung der Geschwindigkeit.

Die Geschwindigkeitskomponente c_y beträgt:

$$c_y = \frac{\mathrm{d}y_0}{\mathrm{d}t} = \frac{\partial y_0}{\partial t} + c_x \frac{\partial y_0}{\partial x} = \frac{\partial y_0}{\partial t} \tag{7.108}$$

Die Ausbreitungsgeschwindigkeit c einer Oberflächenwelle im flachen Wasser unter dem Einfluss der spezifischen Schwerkraft gh und der spezifischen Kapillarkraft $2\pi\sigma/(\rho\lambda)$ beträgt nach [3] unter der Voraussetzung von Wellen mit $y = y_0 = 0$ und $c_y = 0$ sowie $\partial\Phi/\partial y = \alpha\Phi\tanh(\alpha h)$:

$$c = \left\{\left[\frac{g\lambda}{2\pi} + \frac{2\pi\sigma}{\rho\lambda}\right]\tanh\left(\frac{2\pi h}{\lambda}\right)\right\}^{0,5} \tag{7.109}$$

Die Wellengeschwindigkeit ist von der Wellenlänge λ und von der Flüssigkeitstiefe h, von der Erdbeschleunigung g, von der Fluiddichte ρ und von der Oberflächenspannung σ abhängig. Die Ausbreitungsgeschwindigkeit der Welle c wird oft als Dispersion bezeichnet. Aus den beiden Summanden in der eckigen Klammer geht hervor mit welchen Anteilen die Gravitationskraft und die Oberflächenspannung des Fluids die Dispersion beeinflussen. Verschwindet der zweite Summand $2\pi\sigma/(\rho\lambda) \to 0$, für sehr große Wellenlängen, so entstehen die nur von der Gravitationskraft abhängigen reinen **Schwerewellen** mit der Wellengeschwindigkeit nach Gl. 7.110:

$$c = \sqrt{\frac{g\lambda}{2\pi}} \tag{7.110}$$

Die Abb. 7.25 und 7.26 zeigen die von einem Motorboot verursachten Oberflächenwellen (Schwerewellen) im tiefen Wasser.

Verschwindet die Schwerkraft, z. B. im tiefen Wasser, so entstehen reine **Kapillarwellen**, die mitunter auch Kräuselwellen genannt werden.

Bei sehr kleinen Wellenlängen überwiegt der zweite Summand aus Gl. 7.109 gegenüber dem ersten. Diese Wellen sind nur von der Oberflächenspannung abhängig, da der Einfluss der Gravitationskraft nur sehr gering ist. Man bezeichnet diese Wellen als **Kapillarwellen** mit der Kapillarwellengeschwindigkeit nach Gl. 7.111:

$$c = \sqrt{\frac{2\pi\sigma}{\rho\lambda}} \tag{7.111}$$

Bei großer Wassertiefe h im Vergleich zur Wellenlänge $h/\lambda \gg 1$ nimmt der Ausdruck $\tanh(2\pi h/\lambda) \approx 1$ den Wert 1 an, dann beträgt die Ausbreitungsgeschwindigkeit c in Abhängigkeit der Wellenlänge:

$$c = \sqrt{\frac{g\lambda}{2\pi} + \frac{2\pi\sigma}{\rho\lambda}} \tag{7.112}$$

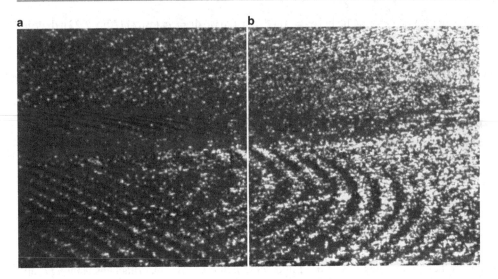

Abb. 7.25 Von einem Boot im tiefen Wasser $h/\lambda \gg 1$ verursachtes System von Oberflächenwellen als Schwerewellen, die sich mit Geschwindigkeiten von $c > c_{min} = 0{,}231$ m/s fortpflanzen. **a** Vom Bug verursachte Wellen, **b** vom Heck verursachte Wellen

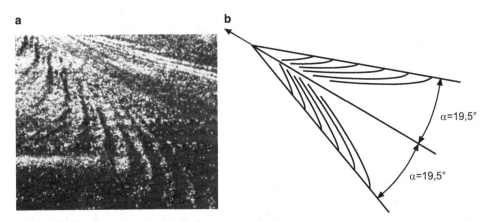

Abb. 7.26 Vom Heck eines Bootes im tiefen Wasser ($h/\lambda \gg 1$) verursachte **a** Oberflächenwellen als Schwerewellen mit ihrer schematischen Darstellung (**b**)

Die geringste Wellenausbreitungsgeschwindigkeit in tiefem Wasser beträgt für die Wellenlänge $\lambda_0 = 2\pi \sqrt{\sigma/g\rho}$:

$$c_{min} = \sqrt[4]{\frac{4g\sigma}{\rho}} \qquad (7.113)$$

Bei Ausbreitungsgeschwindigkeiten c, die kleiner als die minimale Geschwindigkeit c_{min} sind, kann keine Wellenbewegung durch die Kapillarwirkung auftreten. Während Schwerewellen durch die Froudezahl $Fr = c/\sqrt{gh}$ charakterisiert werden, charakterisiert man Kapillarwellen durch die dimensionslose Weberzahl (Moritz Weber 1871–1951):

$$We = \frac{\rho l c^2}{\sigma} = \frac{\text{Trägheitskraft}}{\text{Oberflächenkraft}} \qquad (7.114)$$

Die Oberflächenspannung von Wasser gegen Luft bei $t = 20\,°C$ beträgt $\sigma_{12} = 0{,}073\,N/m$ und die Dichte von Wasser bei $t = 20\,°C$ beträgt $\rho = 998{,}3\,kg/m^2$. Auf dieser Wasseroberfläche beträgt die minimal notwendige Geschwindigkeit für die Bildung von Kapillarwellen $c = 0{,}231\,m/s$ und die mittlere Wellenlänge $\lambda = 17\,mm$. Diese Grenzen der Geschwindigkeit und der Wellenlänge sind im Versuchswesen in Schleppkanälen für Schiffe zu beachten, weil sich unterhalb dieser Grenzwerte keine Oberflächenwellen ausbilden können, wie sie z. B. von Schiffsbewegungen verursacht werden (Abb. 7.25 und 7.26). Kapillarwellen treten an der Wasseroberfläche erst auf, wenn die Schleppgeschwindigkeit c eines Schiffes im Kanal mit ruhendem Wasser die minimale Geschwindigkeit von $c > c_{\min} = 0{,}231\,m/s$ überschreitet.

Wird der Einfluss der Oberflächenspannung und auch der Schwerkraft auf die Ausbreitungsgeschwindigkeit c bei großer Wassertiefe $h \gg \lambda$ in Abhängigkeit der Wellenlänge λ oder der dimensionslosen Wellenlänge $\frac{\lambda}{2\pi}\sqrt{\frac{g\rho}{\sigma}}$ dargestellt, so ergibt sich der in Abb. 7.27 gezeigte Verlauf für die dimensionslose Ausbreitungsgeschwindigkeit der Welle von $c/c_{\min} = c/\sqrt[4]{4g\sigma/\rho}$.

Im **flachen Wasser** (geringe Wassertiefe $h/\lambda \ll 1$) kann für $\tanh(2\pi h/\lambda) \approx 2\pi h/\lambda$ geschrieben werden und die Gleichung für die Ausbreitungsgeschwindigkeit c geht in die folgende Form über:

$$c = \sqrt{gh\left[1 + \frac{\sigma}{g\rho}\left(\frac{2\pi}{\lambda}\right)^2\right]} = \sqrt{gh + \frac{4\pi^2}{\lambda^2}\frac{\sigma h}{\rho}} \qquad (7.115)$$

In Gl. 7.115 stellt das erste Glied unter der Wurzel $c = \sqrt{gh}$ den Schwereeinfluss auf die Oberflächenwelle und $4\pi^2\sigma h/(\lambda^2\rho)$ den Einfluss der Oberflächenspannung dar (Kapillareinfluss). Die Bewegung der Fluidteilchen verläuft vorwiegend auf horizontalen Bahnen und die vertikale Geschwindigkeitskomponente wird nahezu Null (Abb. 7.28). Im Flachwasser ist die Fortpflanzungsgeschwindigkeit der Schwerewelle nur von der Wassertiefe h abhängig und unabhängig von der Wellenlänge λ. Entwickelt man den Ausdruck in Gl. 7.115 in eine Taylor-Reihe, so erhält man für die Wellenausbreitungsgeschwindigkeit die Gleichung $c = (g \cdot h)^{1/2}$.

Die Wassertiefe h ist eine relative Größe. Ein Tsunami im pazifischen Ozean entsteht durch Beben im Meeresboden oder durch Unterwasservulkanausbrüche in 400 m bis 5 km Tiefe. Die Wellenlänge beträgt dabei $\lambda \approx 80\,km$ bis $500\,km$, sodass sich auch diese Vorgänge im Flachwasser, verglichen mit der Wellenlänge, abspielen mit Wellenausbreitungsgeschwindigkeiten von $c = 63\,m/s$ bis $221{,}5\,m/s$.

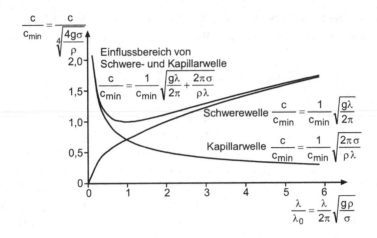

Abb. 7.27 Dimensionslose Ausbreitungsgeschwindigkeit in Abhängigkeit der bezogenen Wellen-länge für unterschiedliche Wellenstrukturen, Schwerewellen und Kapillarwellen im tiefen Wasser

Abb. 7.28 Wellenverlauf von
Schwerewellen im flachen
Wasser mit $h/\lambda \ll 1$

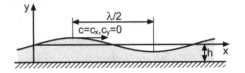

Im tiefen Wasser mit $h/\lambda \gg 1$ sind die horizontale und die vertikale Geschwindig-keitskomponente etwa gleich groß, sodass die Bahnlinien der Fluidteilchen kreisähnliche Ellipsen darstellen (Abb. 7.22). Der Tangens Hyperbolicus von $2\pi h/\lambda$ strebt dem Wert $\tanh(2\pi h/\lambda) = 1$ zu. Dazwischen stellen sich bei mittleren Wassertiefen mit $h/\lambda \approx 1{,}0$, bei dem die Wellenlänge λ etwa gleich der Wassertiefe h ist, Wellenfortpflanzungsge-schwindigkeiten ein, deren horizontale Komponente etwa gleich der vertikalen Kompo-nente ist. Die Ausbreitungsgeschwindigkeit der Welle c kann dabei nach Gl. 7.110 oder mit Gl. 7.116 berechnet werden.

$$c = \sqrt{\frac{g\lambda}{2\pi} \tanh \frac{2\pi h}{\lambda}} \qquad (7.116)$$

7.6 Beispiele

Beispiel 7.6.1 Für die gegebenen Potential- und Stromfunktionen $\Phi(x, y)$ und $\Psi(x, y)$ sind die Strom- und Äquipotentiallinien des Potentialströmungsfeldes und die Geschwin-digkeit zu ermitteln. Gegeben sind:

Potentialfunktion $\Phi = c_{x\infty}x + c_{y\infty}y$ und Stromfunktion $\Psi = c_{x\infty}y - c_{y\infty}x$ mit $c_{x\infty} = 12\,\text{m/s}$, $c_{y\infty} = 3{,}2\,\text{m/s}$. Das sind geneigte Geraden im kartesischen Koordinatensystem.

Abb. 7.29 Potentialfeld einer
zweidimensionalen Parallelströmung

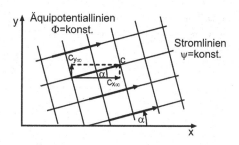

Die Geschwindigkeiten betragen:

$$c_x = \frac{\partial \Phi}{\partial x} = c_{x\infty} \tag{7.117}$$

$$c_y = \frac{\partial \Phi}{\partial y} = c_{y\infty} \tag{7.118}$$

Die Stromlinien $\Psi(x, y) =$ konst. stellen nach Gl. 7.36 Geraden mit dem Anstieg von

$$\arctan \alpha = \frac{\mathrm{d}y}{\mathrm{d}x} = \frac{c_{y\infty}}{c_{x\infty}} = \frac{3{,}2\frac{\mathrm{m}}{\mathrm{s}}}{12\frac{\mathrm{m}}{\mathrm{s}}} = 15° \tag{7.119}$$

dar.

Das Geschwindigkeitsfeld ist im Abb. 7.29 dargestellt.

Eine zur x-Achse des kartesischen Koordinatensystems parallele Strömung besitzt die Potentialfunktion und die Stromfunktion mit $c_{y\infty} = 0$, also:

$$\Phi = c_{x\infty} x \tag{7.120}$$

$$\Psi = c_{x\infty} y \tag{7.121}$$

Ebenso kann das Geschwindigkeitsfeld und das Druckfeld einer Staupunktströmung mit der Potentialfunktion $\Phi = a(x^2 - y^2)$ und der Stromfunktion $\Psi = 2axy$ potentialtheoretisch berechnet werden.

Beispiel 7.6.2 Eine vertikale Stauwand für eine Schleusenkammer staut das Wasser mit $\rho = 1000\,\mathrm{kg/m^2}$ vom Boden aus bis zu einer Höhe von $h_0 = 10\,\mathrm{m}$. Diese Stauwand wird um die Höhe $h_a \ll h_0$ hochgezogen. Die abfließende Strömung durch den entstehenden Spalt der Breite $b = 1\,\mathrm{m}$ und einer Höhe $h_a = 0{,}2 \ldots 2\,\mathrm{m}$ kann näherungsweise als Senkenströmung betrachtet werden (Abb. 7.30).

Zu bestimmen sind:

a) die statische Druckverteilung p_h entlang der Stauwand,
b) die auf die Stauwand wirkende Druckkraft bezogen auf eine Breite von $b = 1\,\mathrm{m}$.

Abb. 7.30 Stauwand mit Senkenströmung im Ausflussbereich

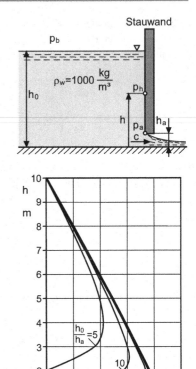

Abb. 7.31 Druckverlauf über der Stauwand für die Stauhöhe von $h_0 = 10$ m bei unterschiedlichen, relativen Spaltweiten am Ausfluss $h_0/h_a = 5$ bis 50

Lösung

a) Bernoulligleichung von h_0 bis h

$$p_b + \frac{c_0^2}{2}\rho + g\rho h_0 = p + \frac{c^2}{2}\rho + g\rho h$$

mit $p = p_h + p_b$ und aus der Geschwindigkeit für die Senkenströmung Gl. 7.60 resultierend $c_0 \sim 1/h_0$, $c \sim 1/h$ und $c_a \sim 1/h_a \Rightarrow c \cdot h = c_0 \cdot h_0 = c_a \cdot h_a$ erhält man für die statische Druckverteilung an der Stauwand (Abb. 7.31):

$$p_h = \rho g \left[h_0 - h - \frac{h_a^2}{h_0 + h_a}\left(\frac{h_0^2}{h^2} - 1\right)\right] \tag{7.122}$$

Abb. 7.32 Verlauf der Druckkraft F_p über der Stauwand
für die relative Stauhöhe von
$h_0 = 10\,\mathrm{m}$ und $b = 1\,\mathrm{m}$ für
unterschiedliche relative Spalt-
weiten am Ausfluss $h_0/h_a = 5$
bis 50

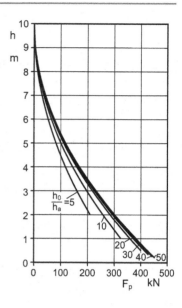

b) Die bezogene Druckkraft F_p beträgt:

$$F_p = \rho g \int\limits_{h_a}^{h_0} \left[h_0 - h - \frac{h_a^2}{h_0 + h_a} \left(\frac{h_0^2}{h^2} - 1 \right) \right] \mathrm{d}h \tag{7.123}$$

Nach der Integration erhält man für die bezogene Druckkraft F_p (Abb. 7.32):

$$F_p = \rho g \left[(h_0 - h_a)^2 \left(\frac{1}{2} - \frac{h_a}{h_0 + h_a} \right) \right] \tag{7.124}$$

Literatur

1. Glauert H (1929) Grundlagen der Tragflügel- und Luftschraubentheorie. VDI-Zeitschrift 1929, Berlin
2. Prandtl L (1933) Neue Ergebnisse der Turbulenzforschung. VDI-Zeitschrift 77:105–114
3. Truckenbrodt E (1996) Fluidmechanik, 4. Aufl. Springer, Berlin

Grenzschichtströmung

Durch das Haften des Fluids an der Wand von umströmten und durchströmten Körpern wird eine dünne Fluidschicht in der Wandnähe durch die Reibungskraft bis auf $c = 0$ abgebremst. In dieser dünnen Schicht steigt die Geschwindigkeit von $c = 0$ an der Wand auf den Wert der Geschwindigkeit der reibungsarmen oder reibungslosen Außenströmung c_∞. Für diese Schicht hat Ludwig Prandtl 1904 den Begriff der Grenzschicht eingeführt, die eine Reibungsschicht darstellt (Abb. 8.1). Die Dicke der abgebremsten Schicht, der Grenzschicht, wird mit $\delta(x)$ bezeichnet. Sie nimmt mit zunehmendem Strömungsweg x zu, da immer mehr Fluid von der Reibung erfasst wird. Die Grenzschichtdicke $\delta(x)$ ist also umso größer, je größer die Zähigkeit des Fluids ist. Bei sehr kleiner Zähigkeit wie z. B. bei Luft mit $\nu = 15{,}2 \cdot 10^{-6}\ \mathrm{m^2/s}$, aber großer Anströmgeschwindigkeit c_∞, kann die tangentiale Schubspannung τ in der Grenzschicht infolge des großen Geschwindigkeitsgradienten $\partial c/\partial y$ zwischen der Wand mit $c = 0$ und der reibungslosen Außenströmung, also normal zur Hauptströmungsrichtung, ebenfalls erhebliche Werte erreichen.

Die tangentiale Reibungsspannung ist für Newton'sche Fluide von der dynamischen Viskosität η und dem Geschwindigkeitsgradienten in der reibenden Schicht normal zur Hauptströmungsrichtung $\partial c/\partial y$ abhängig. Sie beträgt:

$$\tau = \eta \frac{\partial c}{\partial y} = \rho\,\nu\,\frac{\partial c}{\partial y} \tag{8.1}$$

Damit liegt bei der Umströmung von Körpern oder bei der Durchströmung von Rohren oder Kanälen durch Fluide mit geringer Viskosität ein Modell vor, in dem die Strömung in zwei Bereiche unterteilt werden kann:

- Die Grenzschicht in Wandnähe, in der die Reibungskraft $F_R = \tau A$ zu berücksichtigen ist und die innerhalb der Grenzschicht noch weiter unterteilt werden kann.
- Die Strömung außerhalb der Reibungsschicht als Potentialströmung, in der die tangentiale Reibungskraft infolge ihrer geringen Größe vernachlässigt werden kann.

© Springer Fachmedien Wiesbaden GmbH 2017
D. Surek, S. Stempin, *Technische Strömungsmechanik*,
https://doi.org/10.1007/978-3-658-18757-6_8

Abb. 8.1 Laminare Grenzschicht an einer längs
angeströmten dünnen ebenen
Platte

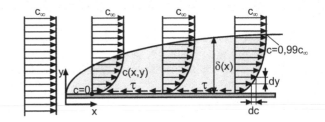

Durch diese Aufteilung von Strömungen ist die theoretische Berechnung der Grenzschicht (reibungsbehaftete wandnahe Schicht) möglich geworden.

Zur Berechnung der reibungsbehafteten Strömung muss eine Gleichung bereitgestellt
werden, weil die Eulergleichung diesem Anspruch nicht mehr genügt. Dafür wurden die
Navier-Stokes-Gleichungen zu Verfügung gestellt, mit denen die reale, reibungsbehaftete
Fluidbewegung berücksichtigt wird.

Gleichwohl kann festgestellt werden, dass die dreidimensionalen reibungsbehafteten
Strömungen durch die Navier-Stokes'schen Gleichungen beschrieben werden und berechnet werden können. Durch die analytische Lösung der Navier-Stokes'schen Gleichungen
können eine Reihe von technischen Anwendungen berechnet [1] oder durch Näherungslösungen mit Hilfe von Lösungsprogrammen der Navier-Stokes-Gleichungen abgeschätzt
werden. Die Grenzschicht wächst mit zunehmender Lauflänge am umströmten Körper an,
bleibt aber am Körper anliegend (Abb. 8.1). Werden die Zähigkeitskräfte in der Grenzschicht sehr groß, die Grenzschicht sehr dick und der Druckanstieg infolge dessen größer,
so treten Rückströmungen auf. Dadurch wird das verzögerte Fluid in die reibungsarme
Außenströmung getragen und die Grenzschicht löst sich vom umströmten Körper ab. Diese Grenzschichtablösung vom Körper geht stets mit einer Wirbelbildung und mit einem
hohen Energieverlust einher und sie führt zu einem so genannten Totwassergebiet, wie
z. B. hinter Zylindern, Kugeln oder Brückenpfeilern (Abb. 8.2).

Abb. 8.2 Strömungsablösung
und Totwassergebiet an einer
angeströmten Kugel mit Re =
$1{,}5 \cdot 10^4$ von ONERA aus
M. Van Dyke 2007

In der Grenzschicht ist die Zähigkeitskraft $F_\tau = A\eta \mathrm{d}c/\mathrm{d}y$ von der gleichen Größenordnung wie die Trägheitskraft $F_\mathrm{T} = m \, \mathrm{d}c/\mathrm{d}x = \rho c A \, \mathrm{d}c/\mathrm{d}x$. Außerhalb der Grenzschicht verschwindet die Zähigkeitskraft und es wirkt nur noch die Trägheitskraft. In der Grenzschicht ist der Geschwindigkeitsgradient orthogonal zur Wandoberfläche $\partial c/\partial y$ von der Größenordnung des Geschwindigkeitsprofils c_∞/δ, sodass für die auf die Volumeneinheit bezogene Reibungskraft geschrieben werden kann:

$$\frac{F_\tau}{V} = \frac{\partial \tau}{\partial y} \approx \eta \, \frac{c}{\delta^2} \qquad (8.2)$$

8.1 Begriffe der Grenzschichtströmung

Die drei wesentlichen Begriffe der Grenzschichtströmung sind die Grenzschichtdicke, die Verdrängungsdicke und die Impulsverlustdicke. Sie werden nachfolgend definiert.

8.1.1 Grenzschichtdicke

Die Grenzschicht beginnt an der Wandoberfläche mit $c = 0$ und sie reicht definitionsgemäß bis zu dem Punkt in der Außenströmung in dem die Geschwindigkeit auf den Wert von 99 % der ungestörten Außenströmung angestiegen ist (Abb. 8.1). Der Übergang von der Grenzschicht zur ungestörten Potentialströmung erfolgt asymptotisch.

$$c(x, \, y) = 0{,}99 \, c_\infty(x) \qquad (8.3)$$

Die Grenzschichtdicke ist von der Lauflänge x an dem umströmten Körper abhängig.

Aus dem Gleichgewicht der auf die Plattenlänge l bezogenen Trägheitskraft und der auf die Grenzschichtdicke δ bezogenen Reibungskraft in der Grenzschicht kann die Grenzschichtdicke abgeschätzt werden. Es gilt:

$$\frac{\rho c^2}{l} = \eta \, \frac{c}{\delta^2} \qquad (8.4)$$

und aus Gl. 8.2 folgt mit der kinematischen Viskosität $\nu = \eta/\rho$ für die Grenzschichtdicke

$$\delta(x) = 5 \sqrt{\frac{\nu \, l}{c}} \delta(x) = \sqrt{\frac{\eta \, l}{\rho \, c}} = \sqrt{\frac{\nu \, l}{c}} = \frac{l}{\sqrt{\mathrm{Re}}} = l \sqrt{\frac{\nu \, x}{c}} \sim \sqrt{x}; \qquad (8.5)$$

mit der Reynoldszahl der Plattenströmung $\mathrm{Re} = c \cdot l/\nu$. Die Grenzschichtdicke ist also proportional zu $1/\sqrt{\mathrm{Re}}$ oder genauer proportional zur Wurzel der kinematischen Viskosität $\sqrt{\nu}$ und proportional zur Wurzel der Plattenlänge $\sqrt{l}$. Sie kann Werte bis zu einigen mm Dicke ($\delta = 2$ bis 8 mm) annehmen.

Die Geschwindigkeit der Grenzschicht hat bereits nach einem sehr geringen Abstand von der Wand von $\delta = 2\,\text{mm}$ bis $5\,\text{mm}$ je nach Plattenlänge von $l = 0,4\,\text{m}$ bis $l = 1,0\,\text{m}$ die Geschwindigkeit der Außenströmung c_∞ erreicht. Als Grenzschicht kann man also den Wandabstand definieren, in dem die durch Reibung verringerte Strömungsgeschwindigkeit $c(x, y)$ herrscht.

8.1.2 Verdrängungsdicke

Die Verdrängungsdicke δ_1 einer Grenzschicht ergibt sich aus Gl. 8.6, indem das Geschwindigkeitsdefizit in der Grenzschicht gegenüber der ungestörten Außenströmung der Vergleichsgröße δ_1 (Verdrängungsdicke) gleich gesetzt wird.

$$c_\infty \, \delta_1(x) = \int\limits_{y=0}^{\infty} (c_\infty - c_x)\,\mathrm{d}y \qquad (8.6)$$

Darin ist δ_1 die Verdrängungsdicke (Abb. 8.3).

$$\delta_1(x) = \int\limits_{y=0}^{\infty} \left(1 - \frac{c_x}{c_\infty}\right)\mathrm{d}y \qquad (8.7)$$

Die Verdrängungsdicke einer Grenzschicht gibt an, um welchen Betrag die Stromlinien der Außenströmung durch den Einfluss der Grenzschicht mit geringerer Geschwindigkeit nach außen verdrängt werden. Bei einer längs angeströmten ebenen Platte beträgt die Verdrängungsdicke etwa $1/3$ der Grenzschichtdicke.

Abb. 8.3 Geschwindigkeitsverlauf für eine laminare und turbulente Grenzschicht an einer ebenen Platte mit den entsprechenden Verdrängungsdicken δ_1

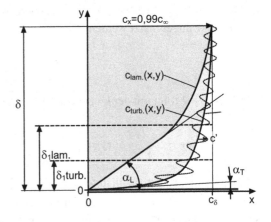

8.1.3 Impulsverlustdicke

Wendet man für den Kontrollraum der Grenzschicht (Abb. 8.4) den Impulssatz an, so kann damit eine weitere geometrische Größe der Grenzschicht ermittelt werden, die Impulsverlustdicke δ_2. Die in einer Grenzschicht mit der Dicke δ verzögerte Strömung besitzt gegenüber der ungestörten Außenströmung gleicher Dicke einen geringeren Impulsstrom. Die Differenz dieser beiden Impulsströme stellt den Impulsstromverlust dar, die als Impulsverlustdicke δ_2 angegeben wird. Die Impulsverlustdicke δ_2 ist jene Schicht in der die ungestörte Außenströmung c_∞ wirksam sein müsste. Der Druck ist im gesamten Grenzschichtgebiet konstant, er wird der Grenzschicht von der Außenströmung aufgeprägt, wie später gezeigt wird. Die Volumenkräfte können infolge ihrer geringen Größe vernachlässigt werden. Damit können die Impulskräfte und die Reibungskraft für die Grenzschicht angegeben werden.

Der Eintrittsimpulsstrom in die Grenzschicht ① beträgt für die Plattenbreite b:

$$\dot{I}_E = \frac{\mathrm{d}I_E}{\mathrm{d}t} = F = \rho\, A\, c_\infty^2 = \rho\, c_\infty^2 b\, h \qquad (8.8)$$

Es gibt zwei Austrittsimpulsstromanteile. An der Grenze ② tritt der Impulsstrom $\dot{I}_{A_1}$ aus:

$$\dot{I}_{A_1} = \rho b \int_{y=0}^{h} c_x^2(y)\,\mathrm{d}y \qquad (8.9)$$

und am äußeren Begrenzungsrand des Kontrollraumes zur Außenströmung tritt der Austrittsimpulsstrom $\dot{I}_{A_2}$ aus:

$$\dot{I}_{A_2} = \rho\, b\, c_\infty \int_{y=0}^{h} (c_\infty - c_x)\,\mathrm{d}y = \rho\, b\, c_\infty^2 \int_{y=0}^{h} \left(1 - \frac{c_x}{c_\infty}\right)\mathrm{d}y \qquad (8.10)$$

Die Differenz dieser Ein- und Austrittsimpulsströme $\dot{I}_E - \dot{I}_{A_1} - \dot{I}_{A_2} = F_W$ stellt den Impulsstromverlust $\dot{I}_V$ dar, der die Widerstandskraft F_W an der Platte durch Reibung darstellt.

Abb. 8.4 Kontrollraum für die Grenzschicht an einer ebenen Platte mit Impulsgrößen

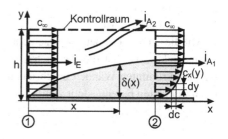

Die Impulskraft beträgt damit:

$$F = \frac{dI}{dt} = \dot{I}_V = F_W = \rho\, b \int\limits_{y=0}^{h} c_x\, (c_\infty - c_x)\, dy \qquad (8.11)$$

Da der Integrand außerhalb der Grenzschicht verschwindet, kann die Integration auch bis ins Unendliche erfolgen. Somit beträgt die Widerstandskraft durch die Grenzschicht an der Platte:

$$F_W = \rho\, b \int\limits_{y=0}^{\infty} c_x\, (c_\infty - c_x)\, dy \qquad (8.12)$$

Führt man nun für das Integral in Gl. 8.12 $\int_{y=0}^{\infty} c_x\, (c_\infty - c_x)\, dy = c_\infty^2\, \delta_2$ den spezifischen Impulsstrom mit der Impulsverlustdicke δ_2 ein, so erhält man für die Impulsverlustdicke $\delta_2(x)$:

$$\delta_2(x) = \int\limits_{y=0}^{\infty} \frac{c_x(x,y)}{c_\infty} \left[1 - \frac{c_x(x,y)}{c_\infty} \right] dy \qquad (8.13)$$

Die so definierte Impulsverlustdicke $\delta_2(x)$ ist ein Maß für den durch die Haftung an der Wand verursachten Impulsverlust, d. h. die Wandhaftung einer Strömung übt auf den umströmten Körper eine Reibungskraft aus, die von der Strömung aufgebracht werden muss. Man kann also die Reibungskraft der Strömung an einem Körper durch die Ermittlung des Geschwindigkeitsprofils an der Hinterkante von Abb. 8.9 ermitteln, wie aus Gl. 8.13 sichtbar wird. Die Impulsverlustdicke für eine Plattenströmung beträgt etwa $\delta_2 = 1/8\,\delta = 0{,}125\,\delta$ der Grenzschichtdicke.

Die Impulsverlustdicke kann für die Strömung längs einer ebenen oder schwach gekrümmten Wand mit einem Druckgradienten verallgemeinert werden, indem in der Gl. 8.13 die Anströmgeschwindigkeit c_∞ durch die Geschwindigkeit am Rande der Grenzschicht c_δ ersetzt wird.

$$\delta_2(x) = \int\limits_{0}^{\delta(x)} \frac{c_x}{c_\delta} \left[1 - \frac{c_x}{c_\delta} \right] dy \qquad (8.14)$$

Die an einer laminar umströmten ebenen Platte auftretende Impulsverlustdicke beträgt $\delta_2(x) = 0{,}665\, x / \sqrt{Re_x}$.

Mit diesen drei Größen Grenzschichtdicke $\delta(x)$, Verdrängungsdicke $\delta_1(x)$ und Impulsverlustdicke $\delta_2(x)$ ist die Geometrie der Grenzschicht an dünnen ebenen Platten oder leicht gekrümmten Wänden beschrieben. Nun sollen die Berechnungsgrundlagen für die Grenzschichten bereitgestellt werden.

8.2 Grenzschichtgleichungen

Ludwig Prandtl zeigte 1904 [2] in welcher Art die Viskosität in Strömungen mit großen Reynoldszahlen (Re $> 10^6$) Einfluss auf die Strömung nimmt und wie man dafür die Navier-Stokes'schen Gleichungen und die Kontinuitätsgleichung vereinfachen kann, um Näherungslösungen für diese Strömungen mit großen Reynoldszahlen zu erhalten [1, 2]. Prandtl richtete seine Betrachtungen auf zweidimensionale Strömungen mit geringem Viskositätseinfluss, d. h. für große Reynoldszahlen mit großen Trägheits- und geringen Zähigkeitskräften.

Dabei können folgende zwei Bereiche unterschieden werden.

- Eine sehr dünne Strömungsschicht in Wandnähe, in der der Geschwindigkeitsgradient normal zur Wand $\partial c_x/\partial y$ groß ist. Diese Strömungsschicht wird **Grenzschicht** genannt. In dieser Grenzschicht erreicht die Tangentialspannung $\tau = \eta \mathrm{d}c_x/\mathrm{d}y$ infolge des großen Geschwindigkeitsgradienten auch bei Fluiden mit geringer dynamischer Viskosität beträchtlich große Werte. Bei dünnen Schichten können auch gekrümmte Oberflächen (Tragflügel) als eben betrachtet werden.
  Diese Grenzschicht baut sich aus folgenden Schichten auf (Abb. 8.5):
  – aus der laminaren Anlaufschicht,
  – aus der laminaren Unterschicht geringer Dicke,
  – aus der Übergangsschicht,
  – aus der turbulenten Grenzschicht mit starker Querbewegung und intensivem Impulsaustausch.
- Im Bereich außerhalb der Grenzschicht treten keine großen Geschwindigkeitsgradienten normal zur Hauptströmungsrichtung auf, sodass für geringe Viskositäten auch keine nennenswerten Tangentialspannungen auftreten und die Strömung näherungsweise als **reibungsfreie Potentialströmung** betrachtet werden kann.

Die Grenzschicht ist umso dünner, je kleiner die kinematische Viskosität des Fluids ist und je größer die Reynoldszahl Re $= c\delta/\nu = c\rho\delta/\eta$ ist (Abb. 8.5).

Die Grenzschicht ist auch stets wesentlich kleiner als die umströmte Körperlänge $\delta \ll l$.

Die Navier-Stokes-Gleichungen für die zweidimensionale Strömung lauten:

$$\frac{\partial c_x}{\partial t} + c_x \frac{\partial c_x}{\partial x} + c_y \frac{\partial c_x}{\partial y} = -\frac{1}{\rho}\frac{\partial p}{\partial x} + \nu\left(\frac{\partial^2 c_x}{\partial x^2} + \frac{\partial^2 c_x}{\partial y^2}\right) \tag{8.15}$$

$$\frac{\partial c_y}{\partial t} + c_x \frac{\partial c_x}{\partial x} + c_y \frac{\partial c_y}{\partial y} = -\frac{1}{\rho}\frac{\partial p}{\partial y} + \nu\left(\frac{\partial^2 c_y}{\partial x^2} + \frac{\partial^2 c_y}{\partial y^2}\right) \tag{8.16}$$

Die Kontinuitätsgleichung lautet:

$$\frac{\partial c_x}{\partial x} + \frac{\partial c_y}{\partial y} = 0 \tag{8.17}$$

Abb. 8.5 Aufbau der Grenzschicht an der ebenen Platte

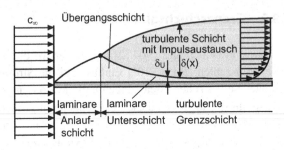

Abb. 8.6 Grenzschicht auf
einem umströmten Tragflügelprofil

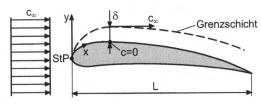

Mit den Randbedingungen entsprechend Abb. 8.6 folgt für:

$y = 0$: $c_x = c_y = 0$, Staupunkt

$y = \infty$: $c_x = c_\infty$

Außerdem muss zur Zeit $t = 0$

- im gesamten Strömungsbereich eine Grenzschichtströmung vorgegeben sein.
- Die Geschwindigkeitskomponente c_y normal zur Wand muss klein sein gegenüber der Geschwindigkeit c_x parallel zur Wand $c_y < c_x$ im Verhältnis

$$\frac{c_y}{c_x} \sim \frac{\delta}{l} . \tag{8.18}$$

- Damit werden alle partiellen Ableitungen von c_y in Gl. 8.16 vernachlässigbar und Gl. 8.16 vereinfacht sich zu:

$$\frac{\partial p}{\partial y} = 0 . \tag{8.19}$$

Diese Gleichung sagt aus, dass in der Grenzschicht senkrecht zur Wand kein Druckgradient auftritt. Der statische Druck in der Grenzschicht senkrecht zur Wand ist konstant. Er wird der Grenzschicht von der Potentialströmung am Grenzschichtrand aufgeprägt.

Da die statischen Drücke p in der Grenzschicht und in der Potentialströmung gleich sind, können sie also durch eine Wandanbohrung im umströmten Bauteil gemessen werden.

Durch die getroffenen Vereinbarungen und durch die Randbedingungen konnte das Gleichungssystem der Navier-Stokes'schen Gleichungen für die zweidimensionale Strömung von drei Gleichungen mit den Unbekannten c_x, c_y und p auf zwei Gleichungen mit den Unbekannten c_x und p reduziert werden. Die Bewegungsgleichung für die Geschwindigkeit senkrecht zur Wand mit c_y entfällt. Der Druck kann aus der Bernoulligleichung für die bekannte Potentialströmung ermittelt werden. Für die instationäre Strömung gilt also die Gl. 8.20:

$$\frac{\partial c_x}{\partial t} + c_x \frac{\partial c_x}{\partial x} + \frac{1}{\rho} \frac{\partial p}{\partial x} = 0 \tag{8.20}$$

Für die stationäre Strömung mit $\partial c_x / \partial t = 0$ ist der Druck auch nur noch von der x-Koordinate abhängig, sodass sich Gl. 8.20 weiter vereinfacht.

$$c_x \frac{\partial c_x}{\partial x} + \frac{1}{\rho} \frac{dp}{dx} = 0 \tag{8.21}$$

Diese Gl. 8.21 integriert, ergibt die Bernoulli'sche Gleichung

$$\frac{\rho}{2} c_x^2 + p = \text{konst.} \tag{8.22}$$

aus der der Druck ermittelt werden kann.

Die vereinfachten Navier-Stokes'schen Gleichungen werden als *Prandtl'sche Grenzschichtgleichungen* bezeichnet. Sie lauten für die **instationäre zweidimensionale Strömung**:

$$\frac{\partial c_x}{\partial t} + c_x \frac{\partial c_x}{\partial x} + c_y \frac{\partial c_x}{\partial y} = -\frac{1}{\rho} \frac{\partial p}{\partial x} + \nu \frac{\partial^2 c_x}{\partial y^2} \tag{8.23}$$

$$\frac{\partial c_x}{\partial x} + \frac{\partial c_y}{\partial y} = 0 \tag{8.24}$$

Für die **stationäre zweidimensionale Strömung** lauten die Prandtl'schen Grenzschichtgleichungen:

$$c_x \frac{\partial c_x}{\partial x} + c_y \frac{\partial c_y}{\partial y} = -\frac{1}{\rho} \frac{\partial p}{\partial x} + \nu \frac{\partial^2 c_x}{\partial y^2} \tag{8.25}$$

$$\frac{\partial c_x}{\partial x} + \frac{\partial c_y}{\partial y} = 0 \tag{8.26}$$

Gültigkeitsbereich:

Die Prandtl'schen Grenzschichtgleichungen sind nur für die wandnahen Grenzschichten der zweidimensionalen inkompressiblen Strömungen bei $\delta \ll l$ gültig. In größerer Entfernung von der Wand im Bereich der Potentialströmung ist die Voraussetzung $\delta \ll l$ verletzt und die Bewegungsgleichung in y-Richtung des kartesischen Koordinatensystems darf nicht mehr vernachlässigt werden. Für diesen Bereich dürfen die Prandtl'schen Grenzschichtgleichungen nicht mehr angewandt werden. Die getroffenen Vernachlässigungen sind umso besser erfüllt, je größer die Reynoldszahl der Strömung ist, d. h. je größer die Trägheitskraft gegenüber der Zähigkeitskraft ist. Damit sind die Glieder in den Navier-Stokes'schen Gleichungen in denen Ableitungen von c_y in Normalenrichtung zur

Oberfläche auftreten (Gln. 8.15 bis 8.17) vernachlässigbar klein. Dadurch vereinfacht sich die Gl. 8.16 zu $\partial p/\partial y = 0$, d. h. der Druckgradient in der Grenzschicht quer zur Hauptströmungsrichtung ist von geringer Größe $\partial p/\partial y \sim \delta^2$, also praktisch Null. Der Druck in der Grenzschicht ist konstant.

Solange die Grenzschichtdicke dünner als der Radius r ist ($\delta \ll r$), können die Prandtl'schen Grenzschichtgleichungen auch für rotationssymmetrische Strömungen, z. B. um Zylinder benutzt werden, wobei die Kontinuitätsgleichung in der folgenden Form zu schreiben ist:

$$\frac{\partial (r c_x)}{\partial x} + \frac{\partial (r c_y)}{\partial y} = 0 \tag{8.27}$$

Ungeachtet dessen gibt es zunehmend mehr Ansätze dafür, die Grenzschichten mit Hilfe der Navier- Stokes'schen Gleichungen analytisch oder numerisch zu berechnen [2–4]. Dafür können die CFD-Programme ANSYS CFX oder STAR-CD mit einem der zahlreichen Turbulenzmodelle genutzt werden. Das CFD-Programm ANSYS CFX enthält mehrere Turbulenzmodelle, die sich in vielen Rechnungen bewährt haben und die empfohlen werden können. Dazu gehören das k-ε-Modell, das Large Eddy Simulations (LES)-Modell, das Detached Eddy Simulations (DES)-Modell und mehrere Reynoldsspannungsmodelle (RSM). Mit dem Transitionsmodell für die Turbulenz $\gamma - \theta$ lässt sich der laminarturbulente Umschlag der Grenzschicht in beliebigen geometrischen Strömungsformen vorausberechnen. Die Turbulenzmodelle bei der numerischen Strömungsberechnung dienen dazu, das Gleichungssystem aus Navier-Stokes'schen Gleichungen, Kontinuitätsgleichung und Impulsgleichung für die diskrete Aufgabe zu schließen. Zur Berechnung der Turbulenz werden in der Regel sehr feine Gitterstrukturen und geringe Zeitschritte benötigt, wodurch der Rechenaufwand relativ groß ist.

8.3 Eigenschaften der Grenzschichten

Grenzschichten verfügen über eine Reihe besonderer Eigenschaften, die man kennen muss, wenn entsprechende Strömungen berechnet und beurteilt werden sollen.

Das sind:

- Die Wandhaftung $\frac{dp}{dx} = \eta(\frac{\partial^2 c_x}{\partial y^2})_{y=0}$. Dieses Gesetz wird als universelles Wandgesetz bezeichnet.
- Die Schubspannung $\tau = \eta \frac{dc_x}{dy}$.
- Der innere Aufbau aus laminarer Unterschicht $0 < \text{Re} < 5$
  - aus Übergangsschicht mit beginnendem Impulsaustausch quer zur Hauptströmungsrichtung $5 < \frac{y c}{\nu} < 70$,
  - aus turbulenter Schicht mit ausgebildetem Impulsaustausch $70 < \frac{y c}{\nu}$.
- Die Wandablösung der Grenzschicht bei dem Geschwindigkeitsgradienten $(\frac{\partial c_x}{\partial y})_{y=0} = 0$.

Wenn in unmittelbarer Wandnähe der Grenzschicht eine konstante Tangentialspannung vorliegt $\tau \approx \tau_W$, so folgt nach Integration der Newton'schen Gleichung für die Tangentialspannung $\tau = \eta \frac{dc}{dy}$ (Gl. 8.1) nach y die Geschwindigkeit normal zur Hauptströmungsrichtung y.

$$c(y) = \frac{\tau_W}{\eta} y = \frac{\tau_W}{\rho} \frac{y}{\nu} \tag{8.28}$$

$(\tau_W / \rho)^{1/2}$ hat die Dimension einer Geschwindigkeit, man bezeichnet sie als Schubspannungsgeschwindigkeit. Der Ausdruck y/ν ist der Kehrwert einer Geschwindigkeit. Somit kann die Geschwindigkeit in der Grenzschicht normal zur Hauptströmungsrichtung $c(y)$ für eine konstante Tangentialspannung berechnet werden. Das in der Grenzschicht verzögerte Fluid wird also nach außen in die gesunde Potentialströmung transportiert.

8.3.1 Ablösung der Grenzschicht

Liegt in Strömungsrichtung eines umströmten Körpers ein Druckanstieg dp/dx vor, so kann das verzögert strömende Fluid in der Grenzschicht mit der geringen kinetischen Energie nicht weit in den Bereich steigenden Druckes vordringen, sondern es weicht diesem Gebiet aus. Dabei löst es sich vom Körper ab und wird in die gesunde Potentialströmung abgedrängt (Abb. 8.7). In der Grenzschicht selbst kommt es dabei zu einer Rückströmung.

Der Ablösepunkt A wird an der Stelle definiert, an der die Tangentialspannung an der Wand $\tau_W = \eta \partial c_x / \partial y = 0$ wird, d. h. der Geschwindigkeitsgradient senkrecht zur Hauptströmungsrichtung $(\frac{\partial c_x}{\partial y})_{y=0}$ Null wird, also die Haftbedingung Gl. 8.29 verletzt ist. Bis zum Ablösepunkt A reicht die Rückströmung der abgelösten Grenzschicht.

$$\textbf{Ablösung:} \quad \left(\frac{\partial c_x}{\partial y}\right)_{y=0} = 0 \tag{8.29}$$

Zeichen für den Ablösepunkt ist ein Geschwindigkeitsgradient an der Wand von Null in Folge dessen das Geschwindigkeitsprofil einen Wendepunkt aufweist (Abb. 8.7).

Die Grenzschichtrechnung kann nur bis zum Ablösepunkt A durchgeführt werden. Nach der Grenzschichtablösung wird die Reibungsschicht so dick, dass die getroffenen Voraussetzungen für die Prandtl'schen Grenzschichtgleichungen nicht mehr zutreffen und die Gleichungen dafür nicht mehr genutzt werden dürfen.

Aus der Bewegungsgleichung Gl. 6.12 und Gl. 8.15 erhält man für die unmittelbare Wandnähe bei $y = 0$ mit $\partial c / \partial t = 0$ (stationäre Strömung) $h = $ konst. (kein Höhenunterschied) und $c = 0$ (Wandhaftung) die Gleichung für die Wandhaftung.

$$\frac{dp}{dx} = \eta \left(\frac{\partial^2 c_x}{\partial y^2}\right)_{y=0} \tag{8.30}$$

Die zweite Ableitung der Geschwindigkeit normal zur Hauptströmungsrichtung $(\frac{\partial^2 c_x}{\partial y^2})$ stellt die Krümmung des Geschwindigkeitsprofils dar (Abb. 8.8). Gl. 8.30 stellt also die

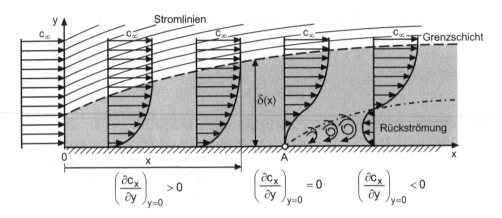

Abb. 8.7 Grenzschichtverlauf und Ablösung der Grenzschicht an einer Wand

Verbindung des Druckgradienten dp/dx mit der Krümmung des Geschwindigkeitsprofils dar. An einer dünnen ebenen Platte ist der Druckgradient in Strömungsrichtung $dp/dx = 0$, d. h. die Krümmung des Geschwindigkeitsprofils an der Wand darf bis auf den Wert Null absinken.

Die Ablösung der Grenzschicht tritt in einer stationären Strömung nur bei Verzögerungen mit positiven Druckgradienten $dp/dx > 0$ auf, wie die Grenzschichtgleichung (Gl. 8.25) mit $c_x = c_y = 0$ für $y = 0$ zeigt.

Für den Druckgradienten in der Grenzschicht $dp/dx = 0$ ist auch die Krümmung des Grenzschichtprofils unmittelbar an der Wand Null (Abb. 8.8).

$$\left(\frac{\partial^2 c_x}{\partial y^2}\right)_{y=0} = 0 \tag{8.31}$$

Daraus folgt für eine

Beschleunigte Strömung $\frac{dp}{dx} < 0$, Krümmung des Profils $\left(\frac{\partial^2 c_x}{\partial y^2}\right)_{y=0} < 0$

Gleichförmige Strömung $\frac{dp}{dx} = 0$, Krümmung des Profils $\left(\frac{\partial^2 c_x}{\partial y^2}\right)_{y=0} = 0$

Verzögerte Strömung $\frac{dp}{dx} > 0$, Krümmung des Profils $\left(\frac{\partial^2 c_x}{\partial y^2}\right)_{y=0} > 0$

Bei der beschleunigten Strömung mit einem Druckabfall in Strömungsrichtung $dp/dx < 0$ ist die Krümmung des Geschwindigkeitsprofils im gesamten Bereich der Grenzschichtdicke negativ. Dagegen ist bei einer verzögerten Strömung mit Druckanstieg in Strömungsrichtung $dp/dx > 0$ die Krümmung des Geschwindigkeitsprofils positiv (Abb. 8.8).

Da in größerem Wandabstand die Krümmung des Geschwindigkeitsprofils negativ sein muss $\frac{\partial^2 c_x}{\partial y^2} < 0$ (Abb. 8.8), muss in der Grenzschicht eine Stelle mit $\frac{\partial^2 c_x}{\partial y^2} = 0$ erreicht werden, die einen Wendepunkt des Grenzschichtprofils darstellt. Ein Wendepunkt im Grenzschichtprofil ist wesentlich für die Stabilität des Geschwindigkeitsprofils.

Abb. 8.8 Geschwindigkeitsverteilung und Geschwindigkeitsgradienten in der Grenzschicht bei Druckabfall und Druckanstieg in der Grenzschicht ——— beschleunigte Strömung, Druckabfall $\mathrm{d}p/\mathrm{d}x < 0$ - - - - verzögerte Strömung, Druckanstieg $\mathrm{d}p/\mathrm{d}x > 0$

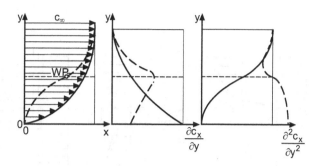

Mit Hilfe der Reynolds'schen Gleichungen kann nachgewiesen werden, dass der Druckgradient in der Grenzschicht im Mittel konstant ist und nur von der Lauflänge x abhängt. Die mittlere Schubspannung in der Grenzschicht τ ist linear vom Wandabstand y abhängig.

Da die Strömungsablösung stets mit Verlusten verbunden ist, gibt es Bemühungen, die Strömungsablösung zu vermeiden oder so weit wie möglich an das Ende des Strömungsgebietes zu verschieben. Das kann durch folgende Maßnahmen erfolgen:

- Tangentiales Einblasen eines Wandstrahls in die Grenzschicht in der Hauptströmungsrichtung. Dadurch wird der Grenzschicht kinetische Energie zugeführt, die eine Ablösung der Grenzschicht verhindert. Dadurch kann auch der Auftrieb von Tragflügeln oder von Axialschaufeln vergrößert werden.

- Absaugen der Grenzschicht an ablösegefährdeten Stellen von Profilen oder Schaufeln durch schmale Schlitze an der Körperwand in den inneren Profilraum. Dadurch wird eine Konzentration verzögerten, energiearmen Fluids vermieden und die Ablösung verhindert.

- Rotation eines quer umströmten Zylinders. Durch die Rotation eines Zylinders mit der Umfangsgeschwindigkeit u, die der maximalen Anströmgeschwindigkeit am Zylinderumfang gleichgerichtet ist, erfolgt auf der Seite gleichsinniger Geschwindigkeiten der Anströmung und der Umfangsgeschwindigkeit eine Beschleunigung der Grenzschicht, wodurch eine Ablösung vermieden wird.

Auf der Zylinderseite mit entgegengesetzten Geschwindigkeiten wird die Grenzschicht verzögert, bis eine Rückströmung einsetzt und danach die Ablösung eines Wirbels erfolgt. Dadurch bleibt am Zylinder entsprechend dem Wirbelgesetz eine zum Wirbel gegenläufige Zirkulationsströmung erhalten, die mit geringen Verlusten verbunden ist.

8.3.2   Tangentialspannung an der Wand und Reibungswiderstand

Die Integration der Grenzschichtgleichungen für zweidimensionale Strömungen erfolgt zweckmäßiger Weise nach der Einführung einer Stromfunktion $\psi(x, y)$ für die Potenti-

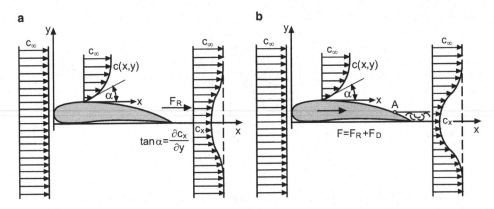

Abb. 8.9 Reibungswiderstand und Gesamtwiderstand an einem umströmten Tragflügelprofil. **a** Reibungswiderstand, **b** Gesamtwiderstand, bestehend aus Reibungswiderstand und Druckwiderstand

alströmung (Kap. 7). Als Resultat der Lösung der Grenzschichtgleichungen ergibt sich die Geschwindigkeitsverteilung $c_x(x, y)$ und damit auch der Ablösepunkt x_A. Daraus kann der Reibungswiderstand an der Oberfläche durch Integration der Wandschubspannung $\tau_W = \eta(\frac{\partial c_x}{\partial y})_{y=0}$ berechnet werden. Die Tangential- oder Reibungskraft beträgt für eine ebene Platte der Breite b

$$F_R = \int_{l=0}^{l} \tau_W dA = b\,\eta \int_{l=0}^{l} \left(\frac{\partial c_x}{\partial y} \right)_{y=0} dx \qquad (8.32)$$

Die Integration muss über die gesamte Körperoberfläche von $x = 0$ bis $x = l$ und über die Breite b erfolgen. Den Geschwindigkeitsgradienten an der Wand $(\frac{\partial c_x}{\partial y})_{y=0}$ erhält man aus der Grenzschichtgleichung (Gl. 8.25).

Die Berechnung erfolgt nur bis zur Ablösestelle oder bis zum Umschlagpunkt der laminaren in die turbulente Strömung.

Der dimensionslose Reibungswiderstand (Abb. 8.9a) beträgt entsprechend Gl. 8.33:

$$c_W = \frac{F_R}{\frac{\rho}{2} c_\infty^2} = \frac{2\,b\,\eta}{\rho\,c_\infty^2} \int_{l=0}^{l} \left(\frac{\partial c_x}{\partial y} \right)_{y=0} dx \qquad (8.33)$$

Wenn die Strömung vom Profil ablöst, ändert sich im abgelösten Gebiet auch die Druckverteilung gegenüber der potentialtheoretischen Druckverteilung und verursacht eine Druckwiderstandskraft F_D. Die Grenzschichttheorie führt also sowohl zum Reibungswiderstand F_R als auch zum Druckwiderstand F_D von Körpern hin.

Der Gesamtwiderstand umströmter Körper besteht also aus dem Reibungs- und Druck-widerstand, der als Profilwiderstand bezeichnet wird (Abb. 8.9). Er beträgt

$$F = b\,\rho \int\limits_{-\infty}^{+\infty} c_x\,(c_\infty - c_x)\,\mathrm{d}y \tag{8.34}$$

und er kann aus der Differenz der Geschwindigkeiten des An- und Abströmprofils ($c_\infty - c_x$) ermittelt werden (Abb. 8.9).

8.4 Strömungen mit großer Reynoldszahl

Charakteristische Strömungserscheinungen sind die

- Strömungen mit kleinen Reynoldszahlen, $\mathrm{Re} = 1$ bis 6, „schleichende Strömung" in engen ruhenden und bewegten Spalten (Abschn. 5.6) und Lagerströmungen (Abschn. 5.7),
- Strömungen mit großen Reynoldszahlen, $\mathrm{Re} \geq 10^6$, in denen die Trägheitskraft $m \cdot a$ die Zähigkeitskraft $\tau \cdot A$ beträchtlich übersteigt (Gln. 4.2 und 4.10).

Bei Strömungen mit großen Reynoldszahlen, wie z. B. die Tragflügelumströmung von Flugzeugen oder die Umströmung von axialen Turbinen- und Turbokompressorenschau-feln ist die Wirkung der Schaufeloberflächen oder der Gehäusewandungen auf die Strö-mung nur auf die wandnahen Bereiche beschränkt.

In Abb. 8.10 sind die Wirkungen einer ebenen Platte auf die Strömung mit geringer Reynoldszahl von $\mathrm{Re} = 5$ und solcher mit großen Reynoldszahlen $\mathrm{Re} = 1{,}656 \cdot 10^7$ bis $\mathrm{Re} = 5{,}0 \cdot 10^8$ schematisch dargestellt. Bei großen Reynoldszahlen $\mathrm{Re} \geq 10^8$ ist der Einfluss der Viskosität und der geringen Reibungsgröße auf ein eng begrenztes Gebiet in der Plattennähe begrenzt. Strömungen mit großer Reynoldszahl Re können also in ein wandnahes Gebiet und in das wandferne Gebiet unterteilt werden, in dem kein Viskosi-tätseinfluss mehr wirksam wird. Der Viskositätseinfluss der realen Strömung bleibt auf die wandnahen Bereiche beschränkt, in denen große Geschwindigkeitsgradienten $\partial c / \partial y$ bis zur Wand mit der Haftbedingung $c = 0$ auftreten (Abb. 8.11). Der große Geschwindig-keitsgradient $\partial c / \partial y$ führt nach dem Schubspannungsgesetz (Gln. 8.1 und 8.2) zu großen Tangentialspannungen τ. Außerhalb dieser viskosen Reibungsschicht (Grenzschicht) ist der Geschwindigkeitsgradient quer zur Hauptströmungsrichtung $\partial c / \partial y$ so gering, dass die Tangentialspannung τ und damit die Reibung vernachlässigbar sind. Die Schubspannung an der ebenen Platte kann bei hydraulisch glatter Strömung im Bereich der Reynoldszahl von $\mathrm{Re} = 10^5$ mit Hilfe des 1/7-Potenzgesetzes bestimmt werden. Die Grenzschichtdicke beträgt danach

$$\delta = 0{,}37\,x\,[c_x\,x/\nu]^{-1/5} = 0{,}37\,x\,\mathrm{Re}^{-1/5} \sim x^{4/5} \tag{8.35}$$

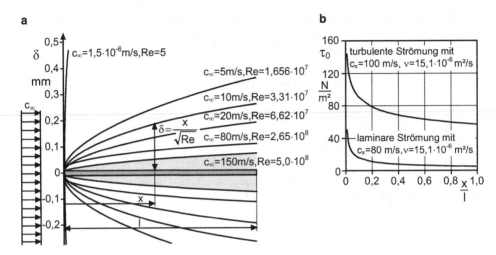

Abb. 8.10 a Grenzschichtdicke an einer ebenen Platte in Abhängigkeit der Reynoldszahl Re $=$ $c_\infty x/v$ Vergleich der Wandschubspannung bei laminarer und turbulenter Strömung

Die Wandschubspannung beträgt dabei

$$\tau_0 = 0{,}0288\,\rho\,c_x^2/\mathrm{Re}^{1/4} = 0{,}0288\,\rho\,c_x^{-9/5}\,\frac{x^{-1/5}}{v^{1/5}} \qquad (8.36)$$

Die Schubspannung für die laminare Strömung mit $\tau_0 \sim 1/x^{1/2}$ ist geringer als jene für die turbulente Strömung mit $\tau_0 \sim 1/x^{-1/5}$ (Abb. 8.10b).

Die Außenströmung kann mit guter Näherung als Potentialströmung betrachtet werden.

Bezieht man die Geschwindigkeit in der Grenzschicht c_x der Prandtl'schen Grenzschichtgleichung für die zweidimensionale stationäre Strömung in Gl. 8.25 auf die ungestörte Anströmgeschwindigkeit c_∞, die Koordinate x auf eine charakteristische Körperlänge l (z.B. auf die Profillänge in Abb. 8.11) und die Koordinate y auf die Grenzschichtdicke δ, so können die Prandtl'schen Grenzschichtgleichungen nach [1] in dimensionsloser Form geschrieben werden.

$$\frac{c_x}{c_\infty}\frac{\partial\left(\frac{c_x}{c_\infty}\right)}{\partial\left(\frac{x}{l}\right)} + \frac{l}{\delta}\frac{c_y}{c_\infty}\frac{\partial\left(\frac{c_x}{c_\infty}\right)}{\partial\left(\frac{y}{\delta}\right)} = -\frac{l}{\rho\,c_\infty^2}\frac{\partial p}{\partial x} + \frac{1}{\mathrm{Re}}\left(\frac{l}{\delta}\right)^2\frac{\partial^2\left(\frac{c_x}{c_\infty}\right)}{\partial\left(\frac{y}{\delta}\right)^2} \qquad (8.37)$$

Die Kontinuitätsgleichung lautet in der dimensionslosen Schreibweise:

$$\frac{\partial\left(\frac{c_x}{c_\infty}\right)}{\partial\left(\frac{x}{l}\right)} + \frac{\partial\left(\frac{c_y}{c_\infty}\right)}{\partial\left(\frac{y}{l}\right)} = 0 \quad \text{oder in der Form} \quad \frac{\partial\left(\frac{c_x}{c_\infty}\right)}{\partial\left(\frac{x}{l}\right)} + \frac{l}{\delta}\frac{\partial\left(\frac{c_y}{c_\infty}\right)}{\partial\left(\frac{y}{\delta}\right)} = 0 \qquad (8.38)$$

Für den Grenzschichtbeginn auf der Wand bei $y/l = 0$ gilt: $c_x/c_\infty = c_y/c_\infty = 0$.
Für $y/l = \infty$ gilt: $c_x/c_\infty = c_\infty/c_\infty = 1$.

In Gl. 8.37 ist die Reynoldszahl wie folgt definiert $\text{Re} = c_\infty l / \nu$.

Aus Gl. 8.37 erkennt man, dass der Verlauf der Grenzschicht für eine gegebene Körpergeometrie (z. B. die ebene Platte) und für eine vorgegebene Potentialströmung $c/c_\infty (x/l)$ nur von der Reynoldszahl $\text{Re} = c_\infty l / \nu$ abhängt. Durch weitere Transformationen kann gezeigt werden, dass die Grenzschicht bei Änderung der Reynoldszahl im Bereich großer Reynoldszahlen $\text{Re} > 10^6$ nur eine affine Veränderung erfährt, d. h. die dimensionslose Querkoordinate y/δ zur Wand und die Geschwindigkeit c_y/c_∞ verändern sich mit der Wurzel aus der Reynoldszahl der Grenzschicht:

$$\sqrt{\text{Re}} = (c_\infty\, l/\nu)^{1/2} \tag{8.39}$$

Daraus folgt, dass die Grenzschicht für vorgegebene Profile mit den dimensionslosen Beziehungen nur einmal berechnet werden muss und daraus unmittelbar der Grenzschichtverlauf für alle diskreten Reynoldszahlen im laminaren Bereich ermittelt werden kann. Daraus folgt, dass auch die Lage des Ablösepunktes der Grenzschicht unabhängig von der Reynoldszahl ist [5]. Anders formuliert kann ausgesagt werden, dass die Lösung der Differentialgleichungen (Gln. 8.37 und 8.38) für alle Strömungen mit gleicher Reynoldszahl gültig ist.

Differenziert man Gl. 8.1 partiell nach y so erhält man mit $\eta = \rho\nu$ die Beziehung 8.40:

$$\frac{1}{\rho}\frac{\partial \tau}{\partial y} = \nu \left(\frac{\partial^2 c_x}{\partial y^2} \right) \tag{8.40}$$

Der Ausdruck $\nu(\partial^2 c_x/\partial y^2)$ in Gl. 8.25 kann also durch Gl. 8.40 ersetzt werden. Somit kann die **Prandtl'sche Grenzschichtgleichung** für die stationäre zweidimensionale Strömung mit der Ableitung der Schubspannung auch in der folgenden Form geschrieben werden.

$$c_x \frac{\partial c_x}{\partial x} + c_y \frac{\partial c_x}{\partial y} = \frac{1}{\rho} \left(-\frac{\partial p}{\partial x} + \frac{\partial \tau}{\partial y} \right) \tag{8.41}$$

Die Kontinuitätsgleichung (Gl. 8.26) bleibt unverändert.

8.5 Plattengrenzschicht

Die Lösung der Umströmung einer ebenen geraden parallel umströmten Platte stellt den ersten Fall der Lösung der Prandtl'schen Grenzschichtgleichungen dar, die 1908 von Blasius vorgenommen worden ist [6]. Die Lösung kann auch für reale ebene Platten außer dem Staupunktgebiet genutzt werden (Abb. 8.11). Der statische Druck in der Grenzschicht ist konstant und gleich dem Druck in der Außenströmung $p = p_\infty = \text{konst}$.

Die Geschwindigkeit der äußeren Potentialströmung ist ebenfalls $c_\infty = \text{konst}$. und der Druckgradient in Plattenrichtung ist $dp/dx = 0$.

Abb. 8.11 Grenzschicht an einer ebenen parallel umströmten Platte

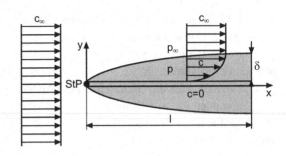

Die Grenzschichtgleichung lautet für diese Bedingungen:

$$c_x \frac{\partial c_x}{\partial x} + c_y \frac{\partial c_x}{\partial y} = \nu \frac{\partial^2 c_x}{\partial y^2} \tag{8.42}$$

$$\frac{\partial c_x}{\partial x} + \frac{\partial c_y}{\partial y} = 0 \tag{8.43}$$

Die Randbedingungen für die Grenzschicht lauten (Abb. 8.11):

$$y = 0: \ c_x = c_y = 0$$

$$y = \infty: \ c_x = c_\infty$$

Die Geschwindigkeitsprofile $c(y)$ sind bei allen Koordinaten x affin zueinander, d. h. sie sind mit geeigneten Maßstabsfaktoren deckungsgleich.

Bezugsgrößen dafür sind: c_∞ für c_x: c_x/c_∞,
und $\delta(x)$ für y: $y/\delta(x)$.

Die Ähnlichkeitsbeziehung für die Geschwindigkeitsprofile lautet:

$$\frac{c_x}{c_\infty} = f\left(\frac{y}{\delta(x)}\right) \tag{8.44}$$

Die Grenzschichtdicke kann mit Hilfe von Gl. 8.5 errechnet werden $\delta = l/\sqrt{\mathrm{Re}_x}$.

Wird die Stromfunktion $\psi(x, y)$ für die ungestörte Potentialströmung eingeführt, so erhält man

$$\Psi = \sqrt{\nu \, x \, c_\infty} \, f(\eta) \tag{8.45}$$

wobei $f(\eta)$ eine dimensionslose Stromfunktion darstellt. Daraus kann mit Gl. 7.21 die Geschwindigkeitskomponente c_x in der Grenzschicht ermittelt werden. Sie beträgt

$$c_x = \frac{\partial \Psi}{\partial y} = \frac{\partial \Psi}{\partial \eta} \frac{\partial \eta}{\partial y} = c_\infty \frac{\partial \eta}{\partial y} \tag{8.46}$$

Für die Normalkomponente der Geschwindigkeit in der Grenzschicht c_y erhält man mit Gl. 7.21

$$c_y = -\frac{\partial \Psi}{\partial x} = \frac{1}{2} \sqrt{\frac{c_\infty \nu}{x}} \left[\eta \frac{\partial \eta}{\partial y} - f(\eta)\right] \tag{8.47}$$

Abb. 8.12 Laminares Grenzschichtprofil für die ebene
Platte

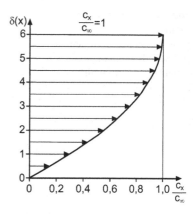

Mit c_x und c_y können auch alle partiellen Ableitungen gebildet werden, die in den Gln. 8.42 und 8.43 vorkommen.

Damit kann schließlich die Differentialgleichung für die Stromfunktion Ψ in der folgenden Form aufgeschrieben werden:

$$f\,f'' + 2\,f''' = 0 \tag{8.48}$$

Gl. 8.48 stellt eine gewöhnliche nichtlineare Differentialgleichung 3. Ordnung dar, die mittels Reihenansatz von Blasius gelöst wurde [6]. Die laminare Grenzschicht für eine ebene Platte ist in Abb. 8.12 dargestellt. Die auf die Lauflänge x bezogene Grenzschichtdicke beträgt damit

$$\frac{\delta}{x} = \frac{5}{\sqrt{\frac{c_\infty x}{\nu}}} = \frac{5}{\mathrm{Re}_x^{1/2}} \tag{8.49}$$

Die Grenzschichtdicke einer ebenen Platte nimmt mit der Wurzel aus der Lauflänge gedämpft zu $\delta \sim x^{1/2}$.

8.6 Umschlag der Strömung laminar–turbulent

Die Erhöhung der Reynoldszahl Re in Rohrleitungen und Kanälen ebenso wie bei der Umströmung von Körpern führt zum Übergang der laminaren in die turbulente Strömungsform. Der Übergang der laminaren in die turbulente Strömungsform wird als Transition bezeichnet. Eine Erhöhung der Reynoldszahl wird durch die Vergrößerung der Trägheitskraft $m\,\partial c/\partial x$ und die Senkung der Zähigkeitskraft erreicht, wobei die Turbulenz der Strömung zunimmt. Während der Umschlag der laminaren in die turbulente Strömung in der kreisrunden Rohrleitung bei $\mathrm{Re}_{\mathrm{krit.}} = 2320$ (Re $= 2300$ bis 2550) erfolgt (vgl. Kap. 5), beginnt der Umschlag laminaren in die turbulente Strömung an einer ebenen Platte erst bei größeren Reynoldszahlen. Der Umschlag der laminaren in die turbulente

Abb. 8.13 Laminare und
turbulente Grenzschicht.
a Grenzschichtverlauf laminar-
turbulent, **b** laminare und
turbulente Geschwindig-
keitsprofile

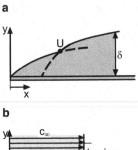

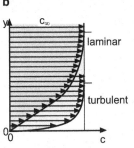

Grenzschicht kann auch mit der CFD-Software ANSYS CFX für beliebige geometrische
Formen berechnet werden.

Bei der Transition können sich unterschiedliche Formen der Turbulenzentstehung einstellen, die von den Anströmbedingungen abhängig sind. Dabei können vor dem Umschlag die sogenannten Tollmien-Schlichting-Wellen entstehen, wie sie in Abb. 8.14 schematisch angedeutet sind. Sie stellen instabile Formen dar, die in Strömungsrichtung rasch
zerfallen und turbulente Bewegungen bilden. Bei sehr großen Reynoldszahlen von Re >
10^6 kann sich der Übergang in die turbulente Grenzschicht auch plötzlich vollziehen. Bei
mittleren Reynoldszahlen können laminare und turbulente Grenzschichtflecken nebeneinander existieren, solange diese Grenzschichtflecken von der Grundströmung weggeschwemmt werden. Es bilden sich dann sogenannte turbulente Strömungsflecken. Erfolgt
die Transition bei geringen Reynoldszahlen von etwa Re $= 10^3$ bis $2 \cdot 10^3$, so bildet sich
noch keine vollständige Grenzschicht aus.

Bei der parallel angeströmten ebenen Platte mit scharfer Vorderkante erfolgt der Grenzschichtumschlag laminar-turbulent bei Reynoldszahlen von

$$\mathrm{Re_{krit}} = \left(\frac{c_\infty x}{\nu}\right)_{krit} = 3{,}5 \cdot 10^5 \text{ bis } 10^6 \qquad (8.50)$$

Durch Verkleinerung des Turbulenzgrades in der Zuströmung (Abschn. 8.8.1) kann die
kritische Reynoldszahl weiter erhöht werden.

Der Übergang der laminaren in die turbulente Strömung geht am deutlichsten aus der
Geschwindigkeitsverteilung in der Grenzschicht (Abb. 8.13) und aus dem plötzlichen An-
wachsen der Grenzschichtdicke δ hervor.

Der Übergang von der laminaren in die turbulente Strömung wird in Abb. 8.14 schematisch als Stabilitätsproblem dargestellt.

Abb. 8.14 Übergang der laminaren in die turbulente Grenzschichtströmung, **a** schematisch, **b** Grenzschichtablösung an einer ebenen Platte bei steigendem Druck nach R. E. Falco aus M. Van Dyke 2007 [23]

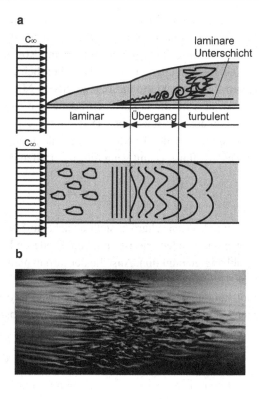

8.7 Turbulente Grenzschicht

Bei der kritischen Reynoldszahl schlägt die laminare Grenzschicht in die turbulente Grenzschicht um, wobei sich durch die unregelmäßigen Geschwindigkeitsschwankungen ein größerer Impulsaustausch gegenüber der laminaren Grenzschicht einstellt. Dadurch steigt die mittlere Geschwindigkeit und der Geschwindigkeitsgradient in der Wandnähe gegenüber dem laminaren Geschwindigkeitsprofil an (Abb. 8.13b). Durch den vergrößerten Geschwindigkeitsgradienten quer zur Hauptströmungsrichtung $(\mathrm{d}c/\mathrm{d}y)_{y=0}$ wird auch die Wandschubspannung in der Grenzschicht vergrößert

$$\tau_{\mathrm{w}} = \eta \left(\frac{\mathrm{d}c}{\mathrm{d}y} \right)_{y=0} = \rho v \left(\frac{\mathrm{d}c}{\mathrm{d}y} \right)_{y=0} \tag{8.51}$$

Der Beginn der turbulenten Grenzschicht ist von der Wandgeometrie, von der Wandrauigkeit, von der Wandtemperatur und von Störungen in der reibungsfreien Außenströmung (Potentialströmung) abhängig.

Treten Störungen in der reibungsfreien Außenströmung unterhalb der kritischen Reynoldszahl auf, so klingen sie im Laufe der Zeit ab. Oberhalb der kritischen Reynoldszahl werden auftretende Störungen durch Unregelmäßigkeiten im Geschwindigkeitsprofil oder erhöhte Rauigkeiten angefacht.

Eine turbulente Mischbewegung bewirkt nicht nur den stärkeren Impulsaustausch zwischen der wandnahen Schicht und der Potentialströmung, sie fördert auch den Stoff- und Wärmeaustausch in Strömungsfeldern mit Konzentrations- oder Temperaturschichtungen.

Die Berechnungsverfahren dafür beruhen auf empirischen Ansätzen, die die turbulenten Zähigkeitskräfte mit den zeitlichen Mittelwerten der Geschwindigkeit verbinden. Die Ansätze für die Impulsübertragung stammen aus dem Jahr 1877 von Boussinesq [7] (Valentin Joseph Boussinesq 1842–1929). Analog zur Schubspannung der molekularen Viskosität $\tau = \eta \, dc/dy$ wurde die turbulente Schubspannung τ_t als eine Impulsaustauschgröße eingeführt. Damit kann für die turbulente Schubspannung geschrieben werden:

$$\tau_t = -\rho \, \overline{c'_x \, c'_y} = C_\tau \, \frac{d\bar{c}_x}{dy} \qquad (8.52)$$

Die Impulsaustauschgröße stellt aber keine Stoffeigenschaft wie die dynamische Viskosität η dar, sondern sie ist eine von Größe und von der Verteilung der Geschwindigkeit $\bar{c}_x$ abhängige Funktion. Anstelle der turbulenten Austauschgröße C_τ wird zweckmäßigerweise die scheinbare turbulente kinematische Viskosität $\nu_t = C_\tau/\rho$ verwendet, die der molekularen, kinematischen Viskosität $\nu = \eta/\rho$ entspricht [8] aber größere Werte annehmen kann. Damit kann für die turbulente Schubspannung geschrieben werden:

$$\tau_t = \rho \, \nu_t \, \frac{d\bar{c}_x}{dy} \qquad (8.53)$$

Mit dieser Gl. 8.53 kann die Bewegungsgleichung der zweidimensionalen inkompressiblen turbulenten Strömung nach [1] geschrieben werden:

$$c_x \frac{\partial c_x}{\partial x} + c_y \frac{\partial c_x}{\partial x} + \frac{1}{\rho} \frac{\partial p}{\partial x} = \frac{\partial}{\partial y} \left[(\nu + \nu_t) \, \frac{\partial c_x}{\partial y} \right] \qquad (8.54)$$

$$\frac{\partial c_x}{\partial x} + \frac{\partial c_y}{\partial y} = 0 \qquad (8.55)$$

Die Lösung dieser Gleichung erfordert die Kenntnis von ν_t bzw. C_τ des Geschwindigkeitsfeldes. Den Ansatz für die Lösung dieses Gleichungssystems stellt der Prandtl'sche Mischungsweg dar.

8.7.1 Prandtl'scher Mischungsweg

Einen Ansatz für den Zusammenhang zwischen der turbulenten Austauschgröße C_τ und dem Geschwindigkeitsfeld gab Prandtl 1925 an [9].

Dafür wird eine zweidimensionale Strömung betrachtet, die im gesamten Strömungsfeld die gleiche Richtung hat und deren Geschwindigkeitsbetrag sich nur auf unterschiedlichen Stromlinien ändert. Die Gleichung für diese Kanalströmung lautet:

$$\bar{c}_x = \bar{c}_x(y) \, ; \quad \bar{c}_y = 0 \, ; \quad \bar{c}_z = 0 \qquad (8.56)$$

In dieser Kanalströmung tritt die folgende Schubspannungskomponente auf

$$\tau_t = -\rho \overline{c_x' \, c_y'} = \rho \, \nu_t \frac{d\bar{c}_x}{dy} \tag{8.57}$$

Der Prandtl'sche Mischungsweg lässt sich wie folgt deuten.

Die Größe der turbulenten Wirbelzähigkeit ν_t berücksichtigt den gegenüber der laminaren reibungsbehafteten Strömung größeren Energiebedarf in den Wirbeln und beim Wirbelzerfall. Das Verhältnis der turbulenten Wirbelviskosität zur molekularen Viskosität kann einem Reynoldszahlverhältnis entsprechend der Energiebilanz der Wirbel gleich gesetzt werden

$$\frac{\nu_t}{\nu} = \frac{\text{Re}}{\text{Re}_{\min}} = \frac{c_x \, l}{\nu \, \text{Re}_{\min}} \sim c_x \, l \tag{8.58}$$

Setzt man diese turbulente Wirbelzähigkeit ν_t in die Gl. 8.57 ein, so erhält man die Beziehung

$$\frac{\tau_t}{\rho} \sim c \, l \, \frac{d\bar{c}_x}{dy} \tag{8.59}$$

Gl. 8.59 stellt den spezifischen Energieverbrauch je Masseeinheit der turbulenten Wirbelströmung dar. Das Verhältnis der turbulenten Schubspannung τ_t bezogen auf die Fluiddichte besitzt die Dimension des Quadrats einer Geschwindigkeit.

Die turbulenten Strömungen können in zwei Bereiche eingeteilt werden:

- freie turbulente Strömung,
- turbulente Wandgrenzschichten.

In freien turbulenten Strömungen ist die turbulente Wirbelzähigkeit ν_t unabhängig vom Geschwindigkeitsgradienten dc_x/dy der Hauptströmung (z. B. Einzelwirbel und Überlagerungen von Wirbelfeldern mit einer Parallelströmung).

Mit dem Ansatz für die turbulente Wirbelzähigkeit $\nu_t \sim c_x l \nu$ kann auch die Grenzschichtgleichung des zweidimensionalen und des kreisrunden Freistrahls gelöst werden.

Die turbulente Wirbelzähigkeit ist von der Geschwindigkeit im Wirbelinneren c_W, dessen Wellenlänge $\lambda = 1/f$ und von der minimalen Reynoldszahl $\text{Re}_{\min}$ abhängig.

$$\nu_t = \frac{c_W \, \lambda}{\text{Re}_{\min}} \tag{8.60}$$

Schließlich kann die turbulente Wirbelzähigkeit entsprechend Gl. 8.60 auch der mittleren Geschwindigkeit der Hauptströmung c_m und einer charakteristischen Länge l, z. B. dem Rohr- oder Strahldurchmesser d proportional gesetzt werden $\nu_t \sim c_m l$ (Abb. 8.15).

Dividiert man die turbulente Wirbelzähigkeit ν_t durch die Schubspannungsgeschwindigkeit $\sqrt{\tau/\rho}$, so erhält man eine Länge, die als Bezugslänge in Grenzschichten verwendet werden kann. Es ist:

$$\frac{\nu_t}{\sqrt{\tau/\rho}} = \sqrt{\frac{\rho \, \nu_t^2}{\tau}} = \sqrt{\frac{\eta \, \nu_t}{\tau}} \tag{8.61}$$

Abb. 8.15 Schema des
Prandtl'schen Mischungsweges
und der Impulsübertragung

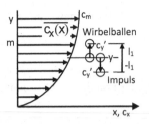

Die innere Geschwindigkeit im Wirbel c_W in einer Grenzschicht ist proportional dem Geschwindigkeitsgradienten dc_x/dy auf einer Weglänge y, die proportional der Wirbelgröße l ist. Folglich ist die turbulente Wirbelzähigkeit

$$\nu_t = y^2 \left(\frac{dc_x}{dy} \right) \tag{8.62}$$

Unmittelbar an der Wand bei $y = 0$ und $c_x = 0$ (Haftbedingung) muss auch die Wirbelgröße gegen Null gehen, sodass in unmittelbarer Wandnähe laminares Fließen, in der laminaren Unterschicht einsetzt. Der Mischungswegansatz lautet damit:

$$\tau = \rho \, y^2 K \left(\frac{dc_x}{dy} \right)^2 \tag{8.63}$$

Wenn sich die Grenzschicht in Strömungsrichtung nur wenig ändert, so gilt $\partial c_x/\partial x \to 0$, $c_y \to 0$ und $\partial p/\partial x \to 0$, es tritt also kein Druckgradient in Strömungsrichtung auf, dann ist auch die Schubspannung in der Grenzschicht konstant $\partial \tau/\partial y = 0$. Mit diesem Gradienten $\partial \tau/\partial y = 0$ kann die Gl. 8.63 für den Mischungswegansatz integriert werden. Nach der Trennung der Variablen in Gl. 8.63 ergibt sich

$$dc_x = \sqrt{\frac{\tau}{\rho \, K}} \frac{dy}{y} \tag{8.64}$$

Die Integration der Gl. 8.64 liefert das Ergebnis

$$c_x = \sqrt{\frac{\tau}{\rho \, K}} \ln y + \text{konst.} \tag{8.65}$$

Diese Gleichung ist für die gesamte Grenzschicht gültig außer der laminaren Unterschicht in unmittelbarer Wandnähe, in der die Wirbelgröße gegen Null geht. In der laminaren Unterschicht ist der Newton'sche Schubspannungsansatz gültig

$$\tau = \eta \, (\partial c_x/\partial y) \tag{8.66}$$

Nach Integration von Gl. 8.66 über y erhält man

$$\tau \, y = \eta \, c_x + \text{konst.} = \rho \, \nu \, c_x + \text{konst.} \tag{8.67}$$

Abb. 8.16 Geschwindigkeitsprofil in der turbulenten Grenzschicht an einer ebenen Platte für eine Luftströmung mit $c = 25 \, \text{m/s}$ und eine Wasserströmung mit $c = 4 \, \text{m/s}$

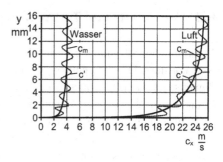

Die Integrationskonstante ist Null, weil für $y = 0$ auch $c_x = 0$ ist. Wird die Geschwindigkeit c_x in Gl. 8.65 auf die Schubspannungsgeschwindigkeit $\sqrt{\tau/\rho}$ und die Koordinate y auf die Länge $\sqrt{\eta \nu_t / \tau}$ bezogen, so erhält man mit $\nu_t \approx \nu = \eta/\rho$ die Gl. 8.68

$$\frac{c_x}{\sqrt{\tau/\rho}} = \frac{1}{\sqrt{K}} \ln \frac{y \sqrt{\tau/\rho}}{\nu} + \text{konst.} \tag{8.68}$$

Den Ausdruck $1/\sqrt{K}$ hat Nikuradse in [10, 11] mit dem Wert $1/\sqrt{K} = 2{,}5$ und die Konstante in Gl. 8.68 mit 5,5 ermittelt. Somit lautet die Mischungsweggleichung:

$$\frac{c_x}{\sqrt{\tau/\rho}} = 2{,}5 \ln \frac{y \sqrt{\tau/\rho}}{\nu} + 5{,}5 = 2{,}5 \ln y \sqrt{\frac{\tau}{\eta \nu}} + 5{,}5 \tag{8.69}$$

Damit kann der Geschwindigkeitsverlauf in der turbulenten Grenzschicht berechnet werden. In Abb. 8.16 sind die Grenzschichtprofile für eine Luft- und Wasserströmung an einer ebenen Platte für folgende Parameter dargestellt.

Luft: $\rho_L = 1{,}24 \, \text{kg/m}^3$; $\nu = 15{,}2 \cdot 10^{-6} \, \text{m}^2/\text{s}$; $\tau = 1{,}135 \, \text{Pa}$, $c_\infty = 25 \, \text{m/s}$
Wasser: $\rho_W = 1000 \, \text{kg/m}^3$; $\nu = 1 \cdot 10^{-6} \, \text{m}^2/\text{s}$; $\tau = 0{,}159 \, \text{Pa}$, $c_\infty = 4 \, \text{m/s}$

Häufig wird die Gl. 8.67 durch die folgende Potenzgleichung angenähert, die das Verhältnis der Geschwindigkeit in der Hauptströmungsrichtung c_x zur Schubspannungsgeschwindigkeit darstellt.

$$\frac{c_x}{\sqrt{\tau/\rho}} = 2{,}5 \left[\frac{y \sqrt{\tau/\rho}}{\nu} \right]^{\frac{1}{n}} \tag{8.70}$$

Der Exponent n ist reynoldszahlabhängig $\text{Re} = cl/\nu$. Er nimmt für Reynoldszahlen von $\text{Re} = 10^5$ bis $2 \cdot 10^6$ Werte von $n = 7$ bis 10 an und er führt somit zum bereits bekannten 1/7-Potenz-Gesetz für turbulente Strömungen (Abschn. 5.3.6 und Tab. 5.4).

8.8 Turbulenz und Turbulenzgrad

In turbulenten Strömungen ist nur die lokale Geschwindigkeit in ihrem zeitlichen Mittelwert konstant. Die momentanen Geschwindigkeiten eines dreidimensionalen Geschwindigkeitsfeldes $c_x(t)$, $c_y(t)$ und $c_z(t)$ setzen sich aus den jeweiligen Mittelwerten $\overline{c_x}$, $\overline{c_y}$, $\overline{c_z}$ und den überlagerten zeitabhängigen Schwankungsgeschwindigkeiten $c_x'(t)$, $c_y'(t)$ und $c_z'(t)$ zusammen, wie der aufgelöste Geschwindigkeitsverlauf einer turbulenten Strömung in Abb. 8.17 für eine eindimensionale Strömung im Bereich von $t = 5$ ms zeigt. Die momentane lokale Geschwindigkeit einer eindimensionalen Strömung besteht also aus dem Mittelwert $\overline{c_x}$ und der Schwankungsgeschwindigkeit $c_x'(t)$. Die Turbulenz kann mit dem Reynolds'schen Spannungstensor modelliert werden.

$$c_x(t) = \overline{c_x} + c_x'(t) \tag{8.71}$$

Die mittlere Geschwindigkeit wird durch Integration der lokalen Momentangeschwindigkeit über ein Zeitintervall von $t = 0$ bis T berechnet:

$$\overline{c_x} = \frac{1}{T} \int_0^T c_x(t)\, dt \tag{8.72}$$

Der zeitliche Mittelwert der Schwankungsgeschwindigkeit im betrachteten Zeitintervall ist Null.

$$\overline{c_x'}(t) = \frac{1}{T} \int_0^T c_x(t)\, dt = 0 \tag{8.73}$$

Das Zeitintervall muss groß gegenüber der Schwankungszeit sein, sodass mindestens 40.000 bis 50.000 Einzelwerte erfasst werden, um von der Integrationszeit unabhängig zu sein. Wird aller 5 μs ein Messwert einer instationären turbulenten Strömung gewonnen, so soll die Integrationszeit mindestens 0,2 s bis 0,5 s betragen. Günstiger ist natürlich eine Integrationszeit von $T = 0,5$ s bis 1 s. Wird die Auswertung für kleinere Datensätze vorgenommen, so können sich Unterschiede im Ergebnis einstellen. Der RMS-Wert (root-mean-square-Wert) charakterisiert die Intensität der Schwankungsgeschwindigkeit der turbulenten Strömung.

$$\text{RMS} = \sqrt{\frac{1}{T} \int_0^T c_x'(t)^2\, dt} \tag{8.74}$$

In Abb. 8.18 ist ein vergrößerter Auszug der Geschwindigkeitsschwankung mit dem RMS-Wert von $c_x'(t)$ angegeben.

Wesentlich für die Turbulenz ist die Reynolds'sche oder turbulente Schubspannung,

$$\tau_t = -\rho\, \overline{c_x' c_y'} \tag{8.75}$$

die aus dem Reynolds'schen Spannungstensor resultiert.

Abb. 8.17 Zeitlich aufgelöster Geschwindigkeitsverlauf einer turbulenten Strömung

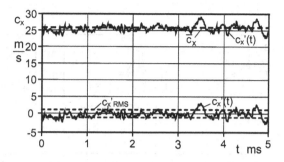

Abb. 8.18 Schwankungsgrößen $c_x'(t)$, $(c_x')^2$ und RMS-Wert von $c_x'(t)$

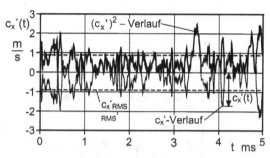

Die turbulente Schubspannung kann die molekulare Schubspannung $\tau = \eta\, dc_x/dy$ eines Stoffes übersteigen. In turbulenten Strömungen setzt sich die Schubspannung aus der Summe der molekularen und der turbulenten Schubspannung zusammen.

$$\tau = \tau + \tau_\mathrm{t} = \eta \frac{dc_x}{dn} - \rho\, \overline{c_x' c_y'} \tag{8.76}$$

Die turbulente Schubspannung τ_t ist proportional zur Dichte des Fluids und zum Produkt der Schwankungsgeschwindigkeiten c_x', c_y' und c_z'.

8.8.1 Turbulenzgrad

Mit Hilfe der turbulenten Geschwindigkeitsschwankungen kann auch der Turbulenzgrad einer Strömung bestimmt werden. Er ergibt sich aus der Wurzel der quadratischen Schwankungsgrößen bezogen auf die ungestörte Anströmgeschwindigkeit c_∞

$$\mathrm{Tu} = \frac{\sqrt{\frac{1}{3}\left(\overline{c_x'^2} + \overline{c_y'^2} + \overline{c_z'^2}\right)}}{c_\infty} \tag{8.77}$$

Der Turbulenzgrad kann Werte von $\mathrm{Tu} = 0{,}001$ bis $0{,}05$ annehmen. In Windkanälen wird der Turbulenzgrad der Strömung durch Strömungsgleichrichter und Siebe besonders klein gehalten mit Werten von $\mathrm{Tu} \leq 5 \cdot 10^{-4}$. In abgelösten Strömungen und in Seitenkanalverdichtern können Turbulenzgrade mit Werten von $\mathrm{Tu} = 0{,}60$ bis $0{,}95$ auftreten.

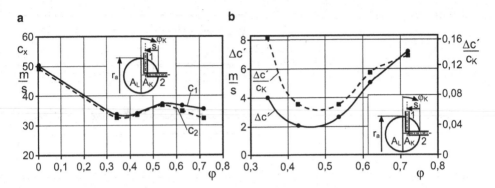

Abb. 8.19 **a** Geschwindigkeitsverlauf und **b** Differenz der mittleren Geschwindigkeit sowie Verhältnis aus der Differenz der mittleren Geschwindigkeiten an den Messstellen 1 und 2 zur mittleren Geschwindigkeit c_K bei $s/r_K = 0,91$ und $n = 3000\,\mathrm{min}^{-1}$ eines Seitenkanalverdichters [12]

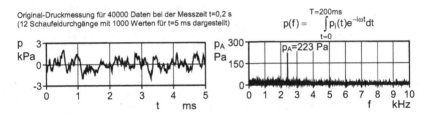

Abb. 8.20 Gasdruckschwingung für 12 Schaufeldurchgänge und dazugehöriges Frequenzspektrum für $t = 200\,\mathrm{ms}$

In einer isotropen turbulenten Strömung gibt es keine Vorzugsrichtung der Strömung. Darin ist $\overline{c_x'^2} = \overline{c_y'^2} = \overline{c_z'^2}$. In unmittelbarer Wandnähe ist die turbulente Strömung stets anisotrop.

Der Turbulenzgrad für die isotrope Turbulenz beträgt:

$$\mathrm{Tu} = \frac{\sqrt{\overline{c_x'^2}}}{c_\infty} \tag{8.78}$$

Mittels zweier hochfrequenter Geschwindigkeitssonden kann die Isotropie bzw. die angenäherte Isotropie einer hochgradig turbulenten Maschinenströmung experimentell nachgewiesen werden [12, 13]. In Abb. 8.19 sind zwei Geschwindigkeitskomponenten der turbulenten Strömung in einem Seitenkanalverdichter in Abhängigkeit der Lieferzahl φ und auch die Abweichungen der beiden Geschwindigkeitskomponenten $\Delta c'$ und $\Delta c'/c_K$ dargestellt.

Die Abweichungen von der Isotropie werden neben dem stochastischen Einfluss von der Durchflussgeschwindigkeit $c_m \sim \varphi$ und von der erzwungenen turbulenten Wirbelströmung beeinflusst. Die Mittelwerte der Geschwindigkeit nehmen dabei Werte von $c_m = 32$ bis $52\,\mathrm{m/s}$ an. Daraus kann gefolgert werden, dass es keine mathematisch

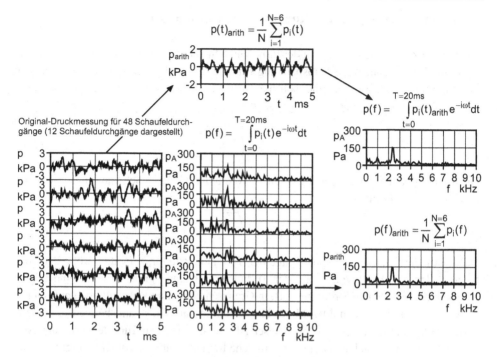

Abb. 8.21 Vergleich der Mittelwertbildung im Frequenzbereich einer Messung für 6 aufeinander-folgende Zeitsignale im Seitenkanal eines Seitenkanalverdichters [12, 13]

strenge isotrope Turbulenz gibt. Da an der turbulenten Strömung ein großes Spektrum von Geschwindigkeitsschwingungen beteiligt ist, kann die Geschwindigkeitsschwankung und auch die zugehörige instationäre Druckschwankung im Frequenzspektrum dargestellt werden (Abb. 8.20). Bei einer typischen Erregerfrequenz von $f = 2,40\,\text{kHz}$ stellt sich eine herausragende Amplitude von 223 Pa ein.

Wird ein Mittelwert der Schwankungsgrößen im Frequenzspektrum gefordert, so kann die Mittelwertbildung sowohl im Zeitbereich als auch im Frequenzbereich vorgenommen werden (Abb. 8.21). Die Mittelwertbildung im Zeitbereich lautet:

$$\overline{c'_x(t)} = \frac{1}{T} \int\limits_{t=0}^{T} c'_x(t)\, \mathrm{d}t \tag{8.79}$$

Die Mittelwertbildung im Frequenzbereich lautet:

$$\overline{c'_x(t)} = \frac{1}{T} \int\limits_{t=0}^{T} c'_x(t)\, e^{-\mathrm{i}\omega t}\, \mathrm{d}t \tag{8.80}$$

Mit Hilfe der turbulenten Schwankungsgrößen $\overline{c'^2_x}$, $\overline{c'^2_y}$ und $\overline{c'^2_z}$ kann die turbulente kineti-sche Energie E der Strömung definiert werden.

8.8.2 Energietransport in turbulenten Strömungen

Die Schwankungsgeschwindigkeit der turbulenten Strömung entzieht der mittleren Bewegung durch die turbulente Schubspannung Energie, die schließlich durch Dissipation in Wärme umgesetzt wird. Für eine isotrope Turbulenz kann die Dissipation nach C. Taylor [14] in der folgenden Form angegeben werden:

$$e = 15\,\nu\,\overline{\left(\frac{\partial c_x'}{\partial x}\right)^2} \tag{8.81}$$

Die Reynoldszahl der isotropen Turbulenz wird mit der mittleren Schwankungsgeschwindigkeit $\overline{c_x'}$ in der Form gebildet

$$\mathrm{Re} = \frac{\sqrt{\overline{c_x'^2}}\,l}{\nu} \tag{8.82}$$

Darin ist l eine charakteristische Länge der Turbulenzstruktur, z. B. die Größe der Turbulenzballen. Ist die Reynoldszahl der Turbulenz genügend groß, so kann eine lokale Isotropie der turbulenten Strömung z. B. in Grenzschichten und Rohrleitungen auftreten.

Bei der kritischen Reynoldszahl der Kugel beträgt der Widerstandsbeiwert $c_w = 0{,}4$ und er fällt plötzlich ab (Abb. 9.3). Dieser Abfall ist stark vom Turbulenzgrad der Anströmung im Windkanal abhängig. Die kritische Reynoldszahl der Kugel beträgt $\mathrm{Re}_{\mathrm{krit}} = cd/\nu = 1{,}5 \cdot 10^5$ bis $3{,}8 \cdot 10^5$.

Die turbulente Schubspannung wird vorwiegend von den großen Turbulenzballen erzeugt. Infolge der Instabilität der turbulenten Strömung mit den großen Turbulenzelementen zerfallen diese Turbulenzelemente (Wirbel) in Wirbel kleinerer Abmessungen, wobei die Geschwindigkeitsgradienten der Schwankungen $\partial c_x'/\partial x$, $\partial c_y'/\partial y$ und $\partial c_z'/\partial z$ immer größer werden, sodass eine Dissipation in Wärmeenergie stattfindet (Abb. 8.22).

Die von der Hauptströmung durch die turbulente Schubspannung von den großen Turbulenzelementen übertragene Energie ist von der Viskosität des Fluids abhängig. Diese Energie wird von den großen Turbulenzelementen an die kleineren übertragen (Abb. 8.22), wobei die Spektraldichte der Energie von der Wellenzahl $k = \omega/c = 2\pi/\lambda$ mit der Wellenlänge λ, d. h. von der Größe der Turbulenzballen abhängig ist und bei einer mittleren Größe der Turbulenzballen die größten Werte erreicht. Das Energiespektrum der Turbulenzballen erstreckt sich über alle Wellenzahlen k bzw. über die Größe aller Turbulenzballen λ. Der Energietransfer der Wirbel in der Energiekaskade turbulenter Strömungen stellt eine stetige Energieübertragung von großen zu kleinen Turbulenzballen dar, d. h. von kleinen Wirbelzahlen $k = 2\pi/\lambda$ zu großen Werten k (Abb. 8.22). Das Energiespektrum der Wirbelströmung wird bei großer Wellenzahl von $k = 2\pi/\lambda$ begrenzt, weil die Wirbelabmessungen infolge der zunehmenden Wirkung der molekularen Viskosität nicht beliebig klein werden können. Die kleinsten Wirbelabmessungen werden als charakteristische Längen oder als Kolmogorov-Längen λ_k bezeichnet. Mit der kinematischen Viskosität des Fluids ν und mit der spezifischen turbulenten Dissipation e kann die charakteristische Länge der Wirbel abgeschätzt werden zu $\lambda_k = \nu^{3/4}/\varepsilon^{1/4}$. Für das

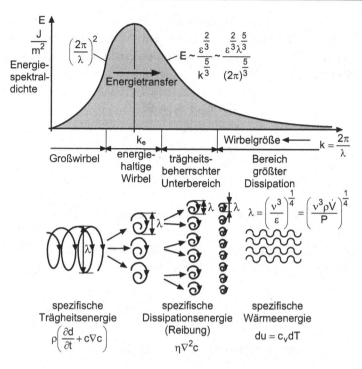

Abb. 8.22 Energiespektrum als Funktion der Wellenzahl und schematische Darstellung des Wirbelzerfalls einer Strömung mit der Wellenlänge und der spezifischen Energiedissipation $\varepsilon = P/(\rho\dot{V})$

Verhältnis der charakteristischen Längen von großen Wirbelstrukturen in Maschinen mit ca. $L = 100\,\mathrm{mm}$ und der charakteristischen Länge L_k der kleinen Wirbelstrukturen kann nach [24] die folgende Beziehung angegeben werden: $L/\lambda_k = \mathrm{Re}^{3/4}$. Damit betragen die charakteristischen Längen für die Reynoldszahl von $\mathrm{Re} = 10^4\,\lambda = 0{,}1\,\mathrm{mm} = 10^{-4}\,\mathrm{m}$ und $k = 2\pi/\lambda = 6{,}28 \cdot 10^4\,\mathrm{1/m}$ und für $\mathrm{Re}10^7\,\lambda = 5{,}62 \cdot 10^{-7}\,\mathrm{m} = 0{,}562\,\mu\mathrm{m}$ und $k = 2\pi/\lambda = 1{,}12 \cdot 10^7\,\mathrm{1/m}$, die außerordentlich kleine Wirbelstrukturen darstellen, die 8,26 μm mittlere freie Weglängen der Luftmoleküle im Normalzustand betragen. Zwischen diesen beiden charakteristischen Längen werden die Wirbelstrukturen technischer Strömungen liegen. Dieser Mechanismus ist der Grund dafür, dass bei turbulenten Strömungen der Reibungswiderstand c_w und die Verteilung der mittleren Geschwindigkeit nur schwach von der Reynoldszahl abhängig sind, obwohl die Energieverluste in der turbulenten Strömung von der Viskosität verursacht werden.

8.9 Beispiele

Beispiel 8.9.1 Wer untersuchte und löste in vereinfachter Form erstmalig die Navier-Stokes-Gleichungen und was entstand daraus?

Lösung Ludwig Prandtl 1904 in Göttingen in stark vereinfachter Form in der Arbeit „über Flüssigkeitsbewegung bei sehr kleinen Reibungen". Verhandlung des III. Intern. Math. Kongresses in Heidelberg. Daraus entstanden die Prandtl'schen Grenzwertgleichungen für die Randbedingungen

$$y = 0; \; c_x = c_y = 0;$$

$$\frac{\delta c_x}{\delta t} + c_x \frac{\delta c_x}{\delta x} + c_y \frac{\delta c_x}{\delta y} = -\frac{1}{\rho} \frac{\delta p}{\delta x} + y \frac{\delta^2 c_x}{\delta y^2}$$

$$\frac{\delta c_x}{\delta x} + \frac{\delta c_y}{\delta y} = 0$$

Beispiel 8.9.2 Welche Aussage enthält das 1/7-Potenzgesetz und wofür ist es gültig?

Lösung Das 1/7-Potenzgesetz beschreibt das Geschwindigkeitsprofil in der Rohrleitung bei turbulenter Strömung mit der Reynoldszahl von $\mathrm{Re} = 2 \cdot 10^4$; $n = 1/7 = 0{,}1428$;

$$\frac{c_m}{c_{max}} = \left(1 - \frac{r}{r_a}\right)^n = \left(1 - \frac{r}{r_a}\right)^{1/7} \; ; \quad \frac{c_m}{c_{max}} = 0{,}817$$

Es stellt ein Wandgesetz für die turbulente Strömung dar.

8.10 Modellklausuren

Modellklausur 8.10.1

1. Geben Sie die minimale Reynoldszahl für laminar fließende Wirbel an und erläutern Sie den Grenzwert!
2. Wie wird die Wirbelzähigkeit einer turbulenten Strömung bestimmt?
3. Berechnen Sie die Wirbelzähigkeit in der turbulenten Grenzschicht einer ebenen Platte, die mit Wasser von $t = 20\,°C$ und einer Reynoldszahl von $\mathrm{Re} = 2 \cdot 10^5$ angeströmt wird!
4. Ein gerades hydraulisch glattes Rohr vom Durchmesser $d = 200\,\mathrm{mm}$ und der Länge von 6 m wird von $\dot{V} = 15\,\mathrm{m^3/h}$ Luft mit $t = 20\,°C$, $\rho = 1{,}21\,\mathrm{kg/m^3}$ und $v = 15{,}5 \cdot 10^{-6}\,\mathrm{m^2/s}$ durchströmt. Gesucht sind:
   4.1 die mittlere Durchflussgeschwindigkeit, die Strömungsform und das Strömungsprofil,
   4.2 die Maximalgeschwindigkeit in der Rohrmitte,
   4.3 die Druckverluste je m Rohrlänge, der Gesamtdruckverlust und der prozentuale Anteil des Druckverlustes bei laminarer Strömung gegenüber einer turbulenten Strömung mit $\dot{V} = 800\,\mathrm{m^3/h}$,
   4.4 die Anlaufstrecke der laminaren Strömung.

5. Eine ebene Platte der Länge $L = 1,5\,\text{m}$ wird von einem Luftstrom $\dot{V} = 15\,\text{m}^3/\text{h} = 4,1671\,\text{l/s}$ bei $t = 20\,°\text{C}$, $\rho = 1,21\,\text{kg/m}^3$ und $\nu = 15,5 \cdot 10^{-6}\,\text{m}^2/\text{s}$ mit der Geschwindigkeit $c_\infty = 8\,\text{m/s}$ angeströmt. Für das Plattenende sind zu bestimmen:

   5.1 die Grenzschichtdicke für lineare Geschwindigkeitsverteilungen in der Grenzschicht, Verhältnis der Grenzschichtdicke zur Plattenlänge,

   5.2 die Mittlere Grenzschichtdicke über der Plattenlänge und die Größe der Schubspannung.

6. Ein Gleitklotz für oszillierende Bewegung mit $L = 100\,\text{mm}$ und $60\,\text{mm}$ Breite ist mit $\alpha = 1°$ angestellt und soll bei einer Gleitgeschwindigkeit von $c_0 = 2,5\,\text{m/s}$ eine Last von $F_N = 240\,\text{N}$ tragen. Er wird mit Öl von $\rho_{\text{Öl}} = 856\,\text{kg/m}^3$ und $\nu_{\text{Öl}} = 24 \cdot 10^{-4}\,\text{m}^2/\text{s}$ geschmiert. Zu bestimmen sind:

   6.1 der erforderliche Schmierölstrom pro Minute,

   6.2 die tangentiale Reibungskraft F_T und der Anteil der Reibungskraft zur Tragkraft.

Modellklausur 8.10.2

1. Anzugeben ist die Definitionsgleichung und die Größe der Wirbelviskosität in einer freien Strömung im Vergleich zur molekularen kinematischen Viskosität.

2. Geben Sie bitte die Definitionsgleichung der Strouhalzahl und deren Größe im unterkritischen und überkritischen Bereich an. Wofür wird die Strouhalzahl benutzt?

3. Wie ist der Turbulenzgrad definiert?

4. Wo tritt der Umschlag der laminaren in die turbulente Grenzschicht ein? Der Grenzschichtumschlag ist zu skizzieren!

5. Für eine Luftströmung von $c_\infty = 20\,\text{m/s}$ an einer ebenen Platte der Länge $L = 1,5\,\text{m}$ mit $\rho = 1,24\,\text{kg/m}^3$ und mit $\nu = 15,2 \cdot 10^{-6}\,\text{m}^2/\text{s}$ sowie der Schubspannung von $\tau = 44\,\text{N/m}^2$ sind die Schubspannungsgeschwindigkeit und die Dicke der laminaren Unterschicht anzugeben.

6. Wie groß sind die laminare und die turbulente Grenzschicht an einem schlanken Plattenkörper, der im Wasser mit $\nu = 10^{-6}\,\text{m}^2/\text{s}$ mit der ungestörten Geschwindigkeit von $c_\infty = 4,6\,\text{m/s}$ angeströmt wird nach den Strömungswegen von $L = 120\,\text{mm}$ und $L = 900\,\text{mm}$. Nach welcher Strömungslänge erfolgt der Umschlag der Grenzschicht in die turbulente Form?

7. Was beinhaltet das 1/7-Potenzgesetz der Grenzschichtströmung und wofür ist es gültig?

8. Bei welchen umströmten Körpern überwiegt der Reibungsanteil und bei welchen der Druckanteil des Reibungswiderstandes, schätzen Sie die genannten Verhältniswerte bei den unterschiedlichen Körpern ab.

9. Ein Tragflügel eines Segelflugzeuges hat eine Länge von $b = 9\,\text{m}$ und eine Profillänge von $l = 0,6\,\text{m}$. Die Oberflächenrauigkeit beträgt $k = 0,08\,\text{mm}$. Die Geschwindigkeit des Segelflugzeugs in der Luft beträgt $c = 180\,\text{km/h}$ bei $t = 20\,°\text{C}$, $\rho = 1,23\,\text{kg/m}^3$ und $\nu = 15,2 \cdot 10^{-6}\,\text{m}^2/\text{s}$.

Zu bestimmen sind:

9.1 die Dicke der laminaren Grenzschicht am Umschlagpunkt für $\text{Re}_x = 9 \cdot 10^5$,

9.2 die Grenzschichtdicke und die Verdrängungsdicke am Tragflügelprofilende von $l = 0{,}6\,\text{m}$,

9.3 der Widerstandsbeiwert c_w und die Widerstandskraft des Tragflügels.

10. Für eine turbulente Grenzschicht auf einer luftumströmten ebenen Platte mit $c_\infty = 24\,\text{m/s}$, $\rho = 1{,}24\,\text{kg/m}^3$, $\nu = 15{,}2 \cdot 10^{-6}\,\text{m}^2/\text{s}$ ist die Wandschubspannung τ_0 bei der Grenzschichtdicke von $\delta = 1{,}4\,\text{mm}$ zu berechnen.

Modellklausur 8.10.3

1. Wie sind die Grenzschichtdicke und die Verdrängungsdicke einer Grenzschicht definiert?

2. Mit welchen Ansätzen kann die Euler'sche Turbinengleichung abgeleitet werden?

3. Wie wird die Einlaufströmung in einer Rohrleitung charakterisiert und an welchem Punkt ist die Anlaufströmung beendet?

4. Aus welchen Anteilen besteht der Widerstand eines umströmten Körpers? Welche Anteile bestimmen den Widerstand von Tragflügelprofilen und welche den Widerstand eines Zylinders?

5. Wie groß darf die Beschleunigung der Strömung in einer Düse und wie groß die Verzögerung in einem Diffusor sein?

6. Bei welcher Grenzschichtausbildung wird der geringste Widerstandsbeiwert erreicht und mit welcher Beziehung kann er berechnet werden?

7. Wodurch kann die Ablösung einer Grenzschicht auf einem Zylinder verhindert oder verzögert werden? Wie verhält sich dabei der Widerstandsbeiwert?

8. Unter welchen Bedingungen entsteht an einem Industrieschornstein eine Kármánsche Wirbelstraße? Wie kann die Kármánsche Wirbelstraße definiert werden?

9. Was beschreibt die Indifferenzkurve einer Strömung an einer längs angeströmten ebenen Platte?

10. Erläutern Sie die Impulsverlustdicke einer Grenzschicht und geben Sie die Berechnungsgleichung für die Impulsverlustdicke an!

11. Was beinhaltet der Prandtl'sche Mischungswegansatz? Wie kann die Mischungsweglänge berechnet werden?

12. Wie wird die Grenzschichtablösung einer Strömung definiert?

13. Anzugeben ist die Prandtl'sche Grenzschichtgleichung für eine stationäre Strömung. Welchen Charakter besitzt diese Gleichung?

14. Erläutern Sie eine Couetteströmung und geben Sie an, unter welchen Bedingungen sie auftritt?

15. Welche Voraussetzungen müssen erfüllt sein, damit ein axiales Gleitlager die Lagerkraft aufnehmen kann?

Literatur

1. Schlichting H (1965) Grenzschichttheorie, 5. Aufl. Braun, Karlsruhe
2. Prandtl L (1904) Flüssigkeitsbewegung bei sehr kleiner Reibung. Abhandlung auf dem III. Intern. Mathem. Kongress in Heidelberg 1904. Kongressband Mathematik. Leipzig
3. Oertel H (2012) Prandtl-Führer durch die Strömungslehre, 13. Aufl. Springer-Vieweg Verlag, Wiesbaden
4. Oertel H, Böhle M, Reviol T (2011) Strömungsmechanik, 6. Aufl. Vieweg + Teubner, Wiesbaden
5. Loitsianski LG (1967) Laminare Grenzschichten. Akademie-Verlag, Berlin
6. Blasius H (1907) Grenzschichten in Flüssigkeiten mit kleiner Reibung. Dissertation, Universität Göttingen
7. Boussinesq J (1877) Theorie de L´écoulement touribillant Mém. Prés Acad. Sei, Bd. XXIII 46., Paris
8. Schmidt W (1925) Der Massenaustausch in freier Luft und verwandte Erscheinungen. H. Grand, Hamburg
9. Prandtl L (1925) Über die ausgebildete Turbulenz. ZAMM 5:136–139
10. Nikuradse J (1933) Strömungsgesetze in rauhen Rohren VDI-Forschungsheft, Bd. 361.
11. Nikuradse J (1932) Gesetzmäßigkeiten der turbulenten Strömung in glatten Rohren Forsch. Ing.wesen, Bd. 356.
12. Surek D (2002) Gasdruckschwingungsverteilung im Meridianschnitt von Seitenkanalverdichtern. Forsch Ingwesen 67:175–187
13. Surek D (2001) Isotropie der turbulenten Wirbelströmung in Seitenkanalverdichtern. Forsch Ingwesen 66:165–178
14. Tayler GI (1932) The transport of vorticity and heat trough fluids in turbulent motion. Proc R Soc A 132:499–523
15. Hansen M (1928) Die Geschwindigkeitsverteilung in der Grenzschicht an einer längsangeströmten ebenen Platte. ZAMM 8:185–199
16. Schrenk O (1935) Versuche mit Absaugeflügeln. Luftfahrtforschung XII:10–27
17. Görtler H (1939) Weiterentwicklung eines Grenzschichtprofiles bei gegebenem Druckverlauf. ZAMM 19:129–140
18. Görtler H (1948) Ein Differenzenverfahren zur Berechnung laminarer Grenzschichten. Ing-Arch 16:173–187
19. Hahnemann H, Ehret L (1942) Der Strömungswiderstand in geraden, ebenen Spalten unter Berücksichtigung der Einlaufverluste. Jahrb Dtsch Luftfahrtforsch I:186–207
20. Boltze E (1908) Grenzschichten an Rotationskörpern. Dissertation, Universität Göttingen
21. Prandtl L (1941) Zur Berechnung der Grenzschichten. ZAMM 18:77–82
22. Potter OE (1957) Laminar boundary layers at the interface of co-current parallel streams. Quart J Mech Appl Math 10:302
23. Van Dyke M (2007) An album of fluid motion. Parabolic Press, Stanford, California
24. Panton R (1996) Incompressible flow. Wiley, New York

Stationäre Umströmung von Körpern und Profilen

Alle ruhenden und festeingebauten Körper wie z. B. zylindrische Masten, Drähte, Gebäude, Türme werden von Luft unterschiedlicher Geschwindigkeit umströmt. Fahrzeuge, Flugzeuge und Schiffe bewegen sich in das ruhende oder bewegte Fluid hinein. Der Umströmungsvorgang eines Körpers ist unabhängig davon, ob er ruhend umströmt wird wie z. B. im Windkanal oder ob er in das ruhende Fluid hineinbewegt wird wie z. B. das Flugzeug und das Auto. Deshalb können die Modelle oder auch die Großausführungen von Fluggeräten, Shuttles oder Autos in Windkanälen untersucht werden. Die Modelle werden mit definierten Anströmbedingungen (c_∞, p_∞, T_∞) und mit einem definierten Turbulenzgrad Tu angeströmt.

9.1 Widerstand umströmter Körper

Potentialtheoretisch tritt bei der Umströmung von Körpern kein Widerstand auf, weil der Strömungs- und Druckverlauf bei symmetrischen Körpern auf der Druck- und Saugseite gleich ist (Abb. 9.1a). In der realen Strömung um einen Kreiszylinder oder eine Kugel wird das Fluid in der Grenzschicht außer der viskosen Verzögerung auch durch den ansteigenden Druck verzögert. Bei genügend großem Druckanstieg kann es zur Umkehr der Strömungsrichtung und zur Ablösung der Strömung kommen. Die tangentiale Wandschubspannung beträgt $\tau_{y=0} = \eta \mathrm{d}c / \mathrm{d}y$.

Wesentlich für die Umströmung und für den Strömungswiderstand sind also die Ausbildung der Grenzschicht auf dem umströmten Körper und die Art der Strömungsablösung, wenn sie auftritt. In Abb. 9.1 ist die Umströmung einer Kugel und eines nichtgewölbten Tragflügelprofils dargestellt.

Bei der größten Dicke des Körpers wird die maximale Geschwindigkeit erreicht (Abb. 9.1). Die Umströmung und besonders der Widerstandsbeiwert des umströmten Körpers sind auch von der Reynoldszahl und der Oberflächenrauigkeit des Körpers abhängig [1, 2]. Nur bei der Potentialströmung stellt sich bei der Kugelumströmung

© Springer Fachmedien Wiesbaden GmbH 2017
D. Surek, S. Stempin, *Technische Strömungsmechanik*,
https://doi.org/10.1007/978-3-658-18757-6_9

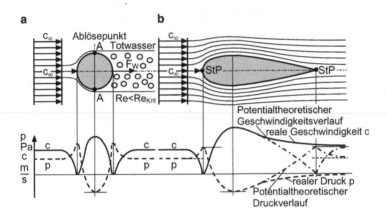

Abb. 9.1 Druck- und Geschwindigkeitsverlauf an ruhenden Körpern. **a** Umströmung einer Kugel, **b** Umströmung eines nichtgewölbten Tragflügelprofils

der in Abb. 9.1a symmetrische Druck- und Geschwindigkeitsverlauf mit dem starken Druckanstieg im hinteren Teil der Kugel und auch hinter dem Profil ein. Bei der realen Strömung im viskosen Fluid löst die Strömung bei dem Druckanstieg im hinteren Teil des Körpers ab und es bildet sich ein „Totwassergebiet" in dem der Druck nicht ansteigen kann (Abb. 9.1a). Der Ablösepunkt und damit die Größe des Totwassergebietes, das oft als Nachlauf bezeichnet wird und damit auch die Größe des Widerstandsbeiwertes c_w sind reynoldszahlabhängig. Bei laminarer Körperumströmung mit der Reynoldszahl Re < Re$_{krit}$ = 2,4·10^5 für die glatte Kugel mit der Oberflächenrauigkeit von $k \leq 0,08$ mm löst die Strömung beim größten Kugeldurchmesser ab und der Widerstandsbeiwert der umströmten Kugel beträgt $c_w \geq 0,4$. Steigt die Reynoldszahl Re $= c_\infty d_h/\nu = c_\infty d/\nu$ über die kritische Reynoldszahl, so verschiebt sich der Ablösepunkt der Strömung infolge der energiereicheren Querbewegung der Grenzschicht in den hinteren Bereich der Kugel, weil die Strömung eine größere Drucksteigerung verträgt. Dadurch werden das Totwassergebiet und der Widerstandsbeiwert der Strömung geringer (Abb. 9.2 und 9.3).

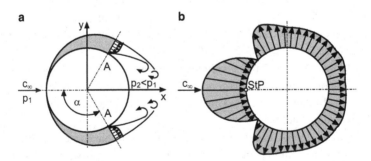

Abb. 9.2 Turbulente reibungsfreie Umströmung einer Kugel mit Re > Re$_{Kr}$ = (2,0 ... 3,8) · 10^5. **a** Grenzschichtablösung bei $\alpha = 120°$, **b** Druckverteilung auf der Kugel

Abb. 9.3 Widerstandsbeiwert einer glatten Kugel und eines glatten Kreiszylinders in Abhängigkeit der Reynoldszahl

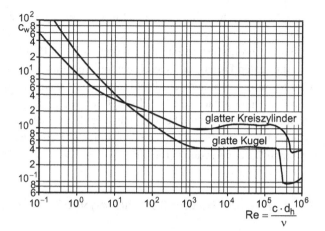

In Abb. 9.2 sind die Grenzschicht und der Ablösepunkt an einer Kugel für die turbulente Grenzschichtströmung und die Druckverteilung auf der Kugel für die turbulente viskose Strömung dargestellt.

Bei einem genügend großen Druckanstieg wie z. B. im rückwärtigen Teil der Kugel kann nach der Strömungsablösung eine Umkehr der Strömungsrichtung eintreten. Das führt schließlich dazu, dass die äußere Strömung immer weiter von der Wand abgehoben wird und nicht mehr der Körperkontur folgen kann wie die reibungsfreie Potentialströmung.

Abb. 9.3 zeigt, dass die kritische Reynoldszahl Re_{krit} und auch die Größe des Widerstandsbeiwertes c_w von der Körpergeometrie abhängig sind.

Der Druck- oder Geschwindigkeitsverlauf auf umströmten Körpern kann für die inkompressible Potentialströmung mit Hilfe der Bernoulligleichung ermittelt werden. Für schlanke Körper oder für Körper mit geringer Höhenausdehnung ($h_\infty \approx h$) lautet die Bernoulligleichung:

$$p_\infty + \frac{\rho}{2}c_\infty^2 = p(x) + \frac{\rho}{2}c^2 \tag{9.1}$$

Daraus kann bei bekanntem Druck p_∞, bekannter Geschwindigkeit c_∞ und bekanntem Druckverlauf $p(x)$ die Geschwindigkeit entlang der x-Achse des Körpers ermittelt werden.

$$c = \left[c_\infty^2 + \frac{2}{\rho}\left(p_\infty - p(x)\right) \right]^{\frac{1}{2}} \tag{9.2}$$

Gl. 9.2 zeigt, dass sich im vorderen Bereich umströmter Körper bei Drucksenkung stets eine Geschwindigkeitserhöhung einstellt. Das Geschwindigkeitsmaximum wird bei dem geringsten statischen Druck auf dem Körper erreicht. Für die laminare Kugelumströmung sind die potentialtheoretischen Druck- und Geschwindigkeitsverteilungen in Abb. 9.1 angegeben. Bei der überkritischen turbulenten Kugelumströmung verschiebt sich der Ablösepunkt der Strömung weiter nach hinten, weil die turbulente Strömung mit der starken Querbewegung eine größere Drucksteigerung verträgt als die laminare Strömung (Abb. 9.2).

Für die Profilumströmung im hinteren Teil des Profils sind die potentialtheoretischen und die realen Druck- und Geschwindigkeitsverläufe in Abb. 9.1b dargestellt. Die reale Geschwindigkeit hinter dem Profil sinkt nicht mehr auf den geringen Wert ab und der statische Druck hinter dem Profil steigt nur noch geringfügig an. Eine Ablösung an umströmten Körpern tritt nur bei Druckanstieg der Außenströmung wie z. B. hinter der Kugel oder hinter dem Zylinder auf. Die Ablösung der Strömung ist stets mit Dissipation und mit erhöhten Druckverlusten verbunden [3].

9.1.1 Entstehung und Berechnung von Widerstand

Umströmte Körper wie z. B. Flugkörper, Schiffe, Straßenfahrzeuge, Schienenfahrzeuge, Fallschirmspringer, Schornsteine und Maste von Windrädern oder Leitungen erfahren einen Strömungswiderstand und sie werden durch die Widerstandskraft beansprucht bzw. in der Fortbewegungsgeschwindigkeit beeinträchtigt.

Als Widerstandskraft F_w wird die durch ein strömendes Fluid oder durch einen im ruhenden Fluid mit der Geschwindigkeit c_∞ bewegten Körper ausgeübte Kraft bezeichnet wie z. B. beim Fahrzeug, Flugzeug oder Schiff. Die Widerstandskraft oder der Strömungswiderstand sind unter anderem auch wesentlich von der Geometrie des umströmten Körpers abhängig. Die geometrischen Formen umströmter Körper lassen sich in zwei Gruppen einteilen:

- Schlanke Körper mit $d/l \leq 0{,}20$ wie z. B. längs angeströmte ebene Platten, Tragflügelprofile, Fische und stromliniengeführte Körper mit geringem Strömungswiderstand entsprechend Abb. 9.4,
- Voluminöse Körper mit $d/l \geq 0{,}25$ bis $1{,}0$ wie z. B. Kugel, Zylinder, Quader, Schornstein oder Fahrzeuge und Lastkraftfahrzeuge mit großem Strömungswiderstand.

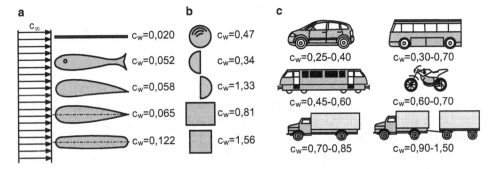

Abb. 9.4 Klassen umströmter Körper. **a** Schlanke Körper; $c_{wR} \approx (5\ldots 10)c_{wD}$, **b** voluminöse Körper; $c_{wD} \approx (6\ldots 10)c_{wR}$, **c** Fahrzeuge mit voluminöser Körperform; $c_{wD} \approx (5\ldots 10)c_{wR}$

Abb. 9.5 Druckwiderstand am umströmten Körper

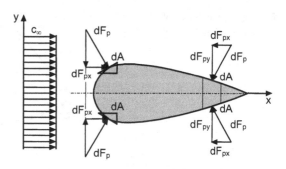

Es gibt vier verschiedene Widerstandsarten, von denen zwei bei den unterschiedlichen Körperformen dominieren:

Reibungswiderstand

Der Reibungswiderstand c_{wR} entsteht durch die Reibungskraft in der körpernahen Strömungsschicht, der Grenzschicht. Er tritt bei allen umströmten Körpern auf. Durch glatte Oberflächen mit geringer Rauigkeit oder durch Laminarprofilstrukturen auf der Oberfläche kann er gering gehalten werden. Der Reibungswiderstand von schlanken Körpern erreicht Werte bis zum fünf- bis zehnfachen Wert des Druckwiderstandes. Der Reibungswiderstand beträgt mit der Schubspannung $\tau = \eta \, \mathrm{d}c / \mathrm{d}y$ und der Normalkomponente $\mathrm{d}y$:

$$F_{wR} = \tau_w \, A = \rho \, \nu \, A \, \frac{\mathrm{d}c}{\mathrm{d}y} \qquad (9.3)$$

Druckwiderstand

Durch die unterschiedlichen Druckverteilungen auf der Vorder- und Rückseite von umströmten Körpern entsprechend Abb. 9.5 tritt eine Druckwiderstandskraft F_{wp} und ein Druckwiderstandsbeiwert c_{wp} auf. Er erreicht die dominanten Werte bei voluminösen Körpern, bei denen die Grenzschichtströmung auf der Rückseite ablöst, wie z. B. an der Kugel, am Zylinder oder am Fahrzeug. Dadurch entstehen erhebliche Druckunterschiede auf der Vorder- und Rückseite des Körpers. Sie führen zum Druckwiderstand. Die Druckwiderstandskraft ist bei voluminösen Körpern sechs bis zehn Mal größer als die Reibungswiderstandskraft und deshalb vorrangig zu beachten. Sie beträgt:

$$F_{wP} = \Delta p \, A \qquad (9.4)$$

Induzierter Widerstand

Am Ende von endlich langen Tragflügeln, von Flügeln der Windkraftanlagen und im Heckbereich von Kraftfahrzeugen, ebenso an den Kanten von Außenspiegeln der Kraftfahrzeuge werden durch die Umströmung Wirbel induziert, die einen Widerstand hervorrufen (Abb. 9.6). Er muss zu den anderen Widerstandsanteilen addiert werden.

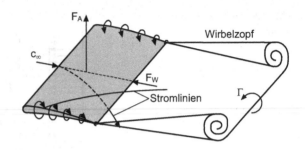

Abb. 9.6 Induzierter Widerstand durch Seitenwirbel

Wellenwiderstand

Wird ein Schwimmkörper oder ein Schiff von einer Flüssigkeit umströmt, so entstehen an der freien Oberfläche Oberflächenwellen, deren Bewegungsenergie vom Schwimmkörper aufgebracht werden muss. Dadurch entsteht für den Schwimmkörper ein zusätzlicher Widerstand (Wellenwiderstand), der vor allem im William Froude-National Institut und in der Schiffsversuchsanstalt Berlin untersucht worden ist. Gleiches tritt bei der Umströmung von Flugkörpern in Luft mit hohen Geschwindigkeiten bzw. Machzahlen von M = 0,55 bis 0,90 auf. Die entstehenden Druckwellen am Körpervorderteil von Flugzeugen und Geschossen führen zu den Mach'schen Wellen, die ebenfalls den Widerstand erhöhen (vgl. Abb. 6.45).

Der Widerstandsbeiwert umströmter Körper stellt die Widerstandskraft bezogen auf den Staudruck $c^2 \rho / 2$ und auf die Fläche A dar.

$$c_\mathrm{w} = \frac{F_\mathrm{w}}{A \, \frac{\rho}{2} c^2} \tag{9.5}$$

Beim Druckwiderstand beträgt der Widerstandsbeiwert:

$$c_\mathrm{wp} = \frac{2 \, \Delta p}{\rho \, c^2} \tag{9.6}$$

In Tab. A.10 sind die Widerstandsbeiwerte c_wp umströmter technischer Körper mit unterschiedlicher geometrischer Form dargestellt. Weitere Widerstandsbeiwerte können [4] und [5] entnommen werden. Die gesamte Widerstandskraft besteht aus der Summe der angegebenen Einzelwiderstände

$$F_\mathrm{w} = \sum_{i=1}^{n} F_{\mathrm{w}i} \tag{9.7}$$

Die größten Anteile der Widerstandskraft sind die Reibungswiderstandskraft, verursacht durch die Tangentialspannung auf der Oberfläche F_wR, und die Druckwiderstandskraft F_wD. An einer unendlich langen, dünnen, ebenen Platte tritt nur die Reibungskraft F_wR und keine Druckwiderstandskraft auf und an einer querangeströmten ebenen Platte tritt nur die Druckwiderstandskraft F_wD auf (Abb. 9.7). Der Reibungswiderstand in Abb. 9.7a beträgt für die Plattenbreite b und die Plattenfläche $A = bl$ mit den Gln. 9.3 und 9.5:

$$c_\mathrm{wR} = \frac{F_\mathrm{wR}}{A \, \frac{\rho}{2} c_\infty^2} = \frac{2 \, \nu}{c_\infty^2} \frac{\mathrm{d}c}{\mathrm{d}y} \tag{9.8}$$

Abb. 9.7 Widerstandskräfte an einer **a** längs- und **b** querangeströmten ebenen Platte

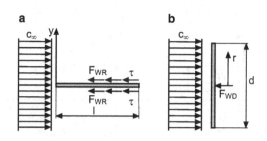

Der Druckwiderstand an der runden Scheibe in Abb. 9.7b beträgt:

$$F_{wD} = \int\limits_A p(r)\,dA = 2\pi \int\limits_{r=0}^{r_a} p(r)r\,dr \qquad (9.9)$$

Der Druckwiderstand c_{wD} beträgt

$$c_{wD} = \frac{F_{wD}}{A\frac{\rho}{2}c_\infty^2} = \frac{4\pi\int\limits_{r=0}^{r_a} p(r)\,r\,dr}{A\,\rho\,c_\infty^2} \qquad (9.10)$$

mit $c_{wD} = 1{,}12$ (Tab. A.10), wobei sich hinter der Scheibe ein Totwassergebiet einstellt. Für einen konstanten Staudruck p auf der Scheibe ist $c_{wD} = 2p/(\rho c_\infty^2)$

9.1.2 Änderung von Druck- und Reibungswiderstand an Körpern

In Gl. 9.10 ist der Druckwiderstandsbeiwert für die quer angeströmte unendlich dünne kreisrunde Scheibe angegeben, der sich aus dem Druckverlauf $p(r)$ vor der Scheibe und dem Druckverlauf im Totwassergebiet hinter der Scheibe ergibt.

Verformt man nun die unendlich dünne Kreisscheibe zu einem Zylinder endlicher Länge l (Abb. 9.8), so kommt zu der Druckwiderstandskraft F_{wD} noch der Reibungswiderstand nach Gl. 9.3 am Zylinderumfang mit der Reibungsfläche $A = \pi\,dl$ hinzu. Wie die experimentell bestimmten Widerstandsbeiwerte c_W für den längs angeströmten Zylinder unterschiedlicher Weite l/d zeigen, sinkt der Widerstandsbeiwert bis auf $c_w = 0{,}85$ bei $l/d = 2$ ab, um danach wieder leicht anzusteigen bis auf $c_W = 0{,}99$ bei $l/d = 7$,

Abb. 9.8 Widerstandskraft an einem Zylinder

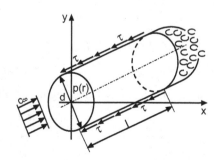

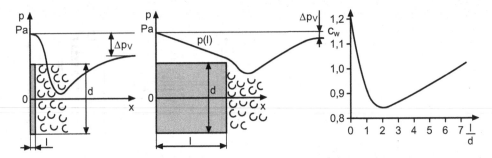

Abb. 9.9 Druckverlauf und Widerstandsbeiwert im Totwassergebiet hinter einer Scheibe und hinter einem Zylinder

obwohl der Reibungsbeiwert zum Druckverlustbeiwert hinzukommt. Diese Erscheinung in Abb. 9.9 ist durch den Druckverlauf im Totwassergebiet hinter unterschiedlich langen Zylindern bedingt.

9.1.3 Kugelumströmung und Auftrieb

Befindet sich eine Kugel größerer Dichte ρ als singuläres Teilchen in einem Luft- oder Gasstrom, so erfährt sie einen Widerstand und die Sinkgeschwindigkeit wird gegenüber dem freien Fall vermindert. Als singulär kann die Kugel betrachtet werden, wenn sie weit genug von der Wand und von Nachbarkugeln entfernt ist, sodass sie von dort keine Beeinflussung der Geschwindigkeit erfährt. Bei nichtrunden Körpern können auch Drehmomente auf das Teilchen wirken, was etwa bei einem unsymmetrischen oder eckigen Körper der Fall wäre.

An einer Festkörperkugel im aufwärts gerichteten Luftstrom greifen folgende Kräfte an, die einen Gleichgewichtszustand der Ruhe, des Sinkens oder des Steigens herstellen, wie ihn z. B. auch ein Fallschirmspringer im freien Fall bei geschlossenem Schirm erfährt. Die Gravitationskraft F_G (Abb. 9.10) beträgt:

$$F_G = g\,m = g\,\rho_K\,\frac{\pi\,d^3}{6} \tag{9.11}$$

die Widerstandskraft F_w

$$F_w = c_w\,A\,\frac{\rho}{2}\,c_S^2 = c_w\,\frac{\pi\,d^2}{4}\,\frac{\rho}{2}\,c_S^2 \tag{9.12}$$

und die Auftriebskraft F_A

$$F_A = g\,\rho\,V = g\,\rho\,\frac{\pi\,d^3}{6} \tag{9.13}$$

Aus der Gleichgewichtsbedingung erhält man $F_w + F_A - F_G = 0$.

$$c_w\,\frac{\rho}{2}\,c_S^2\,\frac{\pi\,d^2}{4} - g\,(\rho_K - \rho)\,\frac{\pi\,d^3}{6} = 0 \tag{9.14}$$

Abb. 9.10 Kräfte an einer Kugel im Gleichgewichtszustand beim freien Fall

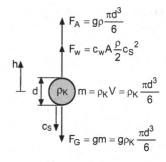

$$F_A = g\rho \frac{\pi d^3}{6}$$

$$F_w = c_w A \frac{\rho}{2} c_S^2$$

$$m = \rho_K V = \rho_K \frac{\pi d^3}{6}$$

$$F_G = gm = g\rho_K \frac{\pi d^3}{6}$$

Daraus kann die Sinkgeschwindigkeit der Kugel ermittelt werden. Sie beträgt:

$$c_S = \left\{ \frac{4}{3} \left(\frac{\rho_K}{\rho} - 1 \right) \frac{g\,d}{c_W} \right\}^{\frac{1}{2}} \tag{9.15}$$

Der Widerstandsbeiwert für eine umströmte Kugel wurde 1851 von Stokes (1819 bis 1903) für kleine Reynoldszahlen Re $\leq$ 1 durch Integration der vereinfachten Navier-Stokes-Gleichung berechnet. Der Druckverlauf auf der Kugel beträgt:

$$\frac{\Delta p\,r}{\eta\,c_S} = \frac{(p - p_\infty)\,r}{\rho\,v\,c_S} = -\frac{3}{2}\frac{x}{r} \tag{9.16}$$

Bei $x = \pm r$, also beim größten Durchmesser der Kugel beträgt der Druckabfall durch die Beschleunigung auf der Kugeloberfläche mit dem Staudruck $\rho c_S^2/2$ der Fallgeschwindigkeit

$$\frac{\Delta p\,r}{\eta\,c_S} = \frac{(p - p_\infty)\,r}{\rho\,v\,c_S} = \pm\frac{3}{2} \tag{9.17}$$

Damit ergibt sich für den auf den Staudruck bezogenen Druckabfall auf der Kugeloberfläche:

$$\frac{(p - p_\infty)}{\frac{\rho}{2} c_S^2} = \pm\frac{3}{2}\frac{v}{r\,c_S} = \pm\frac{6}{\frac{c_S\,d}{v}} = \pm\frac{6}{Re} \tag{9.18}$$

mit der Reynoldszahl der umströmten Kugel Re $= c_S d / v$.

Durch Integration des Druckes und der Schubspannung an der Kugeloberfläche errechnete Stokes den Widerstandsbeiwert der Kugel zu:

$$c_w = \frac{F_w}{\frac{\rho}{2} c_S^2 A} = \frac{F_w \cdot 4}{\frac{\rho}{2} c_S^2 \pi\,d^2} = \frac{24}{\frac{c_S\,d}{v}} = \frac{24}{Re} \tag{9.19}$$

Weil bei der Berechnung des Widerstandsbeiwertes das Verhältnis der Trägheitskraft F_T zur Zähigkeitskraft F_τ gebildet wurde, tritt die Reynoldszahl Re als Ähnlichkeitskennzahl für den Widerstandsbeiwert auf, dessen Abhängigkeit von der Reynoldszahl in Abb. 9.3 dargestellt ist.

Allgemein kann also für den Widerstandsbeiwert die Abhängigkeit von der Reynoldszahl angegeben werden.

$$c_w = \frac{K}{Re} = \frac{K\,v}{c_S\,d} \tag{9.20}$$

Damit beträgt die Sinkgeschwindigkeit c_S einer Kugel im Bereich der Stokes'schen Strömung von Re ≤ 1 und $K = 24$ mit Gln. 9.15 und 9.19

$$c_S = \left\{ \frac{g}{18} \frac{d^2}{\nu} \left(\frac{\rho_K}{\rho} - 1 \right) \right\}^{1/2} \tag{9.21}$$

Im Reynoldszahlbereich Re $= 10^3$ bis 10^4, in dem der Widerstandsbeiwert der Kugel konstant ist und die Konstante $K = 0,4$ beträgt, ergibt sich die Sinkgeschwindigkeit der Kugel zu

$$c_S = \left\{ \frac{10}{3} g \, d \left(\frac{\rho_K}{\rho} - 1 \right) \right\}^{1/2} \tag{9.22}$$

In den Abb. A.16 und A.17 des Anhangs sind die Sinkgeschwindigkeiten von Kugeln mit dem Durchmesser $d_K = 2,0 \cdot 10^{-3}$ mm bis 10 mm und der Dichte von $\rho_K = 500$ bis 8000 kg/m³ in ruhender Luft und in Wasser dargestellt. Die Sinkgeschwindigkeit beträgt $c_S = 1$ mm/s bis 40 m/s für größere Kugeln mit Durchmessern von $d_K = 4$ bis 10 mm. Diese Werte können für die Auslegung pneumatischer und hydraulischer Transportanlagen genutzt werden.

9.2 Tragflügelprofile und Auftrieb

Die ersten selbsttragenden Profile wurden 1918 von Kármán und Trefftz in Aachen entwickelt. Sie wurden unter dem Namen Kármán-Trefftz-Profile bekannt. 1918 begann also die Entwicklung und Systematisierung der Tragflügelprofile der Göttinger Reihe (z. B. das Göttinger Profil 296 oder Göttinger Profil 386). Für diese Profile hat Lilienthal die Polardiagramme zur Darstellung des Auftriebs- c_A und des Widerstandsbeiwertes c_w eingeführt. Danach folgte die große Reihe der NACA-Profile für die Unterschall- und die transsonische Strömung und schließlich folgten die Überschallprofile für Machzahlen $M_\infty > 1,5$ [6].

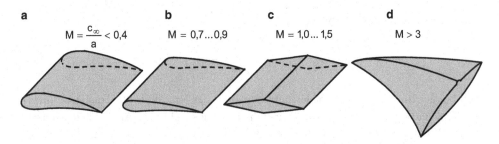

Abb. 9.11 Profilformen für Unterschall- und Überschallgeschwindigkeiten. **a** Tragflügelprofil und Schaufelprofil für Unterschall, **b** Tragflügelprofil und Schaufelprofil für subsonische Strömung, **c** Tragflügelprofil und Schaufelprofil für supersonische Strömung, **d** Tragflügelprofil für Hyperschallströmung

In jüngster Zeit werden Flugkörper mit neuen Profilformen gestaltet, die für den Überschallflug und für das Hyperschallgebiet besonders geeignet sind (Abb. 9.11).

9.2.1 Tragflügel unendlicher Spannweite

Durch die Umströmung eines Profils und die Zirkulationsströmung Γ stellt sich die in Abb. 9.12 dargestellte Druckverteilung auf der Druck- und Saugseite des Profils ein, die einen Auftrieb F_A bewirkt der im Schwerpunkt des Profils angreift. Diese Eigenschaft von Tragflügeln und Schaufelprofilen führte zur Nutzung dieser Profilformen als Tragflügelprofile von Flugzeugen, als Schaufelprofile von Axialturbinen, Axialverdichtern und Axialpumpen, sowie für die Profilierung von Fluggeräten für sehr hohe Geschwindigkeiten mit Machzahlen von M > 2. Durch die Umströmung der Flugzeugtragflächen von $146\,\text{m}^2$ kann ein Flugzeug mit 72.000 kg bei einer Geschwindigkeit von $c = 840\,\text{km/h} = 233{,}33\,\text{m/s}$ getragen werden.

Die Profilformen der Abb. 9.11a und 9.11b liegen systematisiert bezüglich ihrer Druckverteilung Δp, der Auftriebs-c_A und der Widerstandsbeiwerte c_w als Göttinger Profile Gö mit drei Ordnungsziffern und als NACA[1]-Profile mit vier oder fünf Ordnungsziffern vor [6–8].

Diese NACA-Profilreihen werden mit vierstelligen Ziffern bezeichnet. Die bekanntesten davon sind die symmetrischen Profilreihen NACA 0009 und NACA 0012 mit 30 % Dickenrücklage, d. h. die größte Profildicke d / l wird bei $0{,}3x / l$ erreicht. Das Entwurfsprinzip beruht auf der Zeichnung von Kreisen auf der Profilmittellinie mit den Radien $r = y_0 = y_u$ in den dimensionslosen Längenkoordinaten x / l um die die Profillinie gezeichnet wird. Die Profilnase wird mit einem speziell angegebenen Radius gestaltet.

Abb. 9.12 Druckverlauf auf einem angeströmten Tragflügelprofil

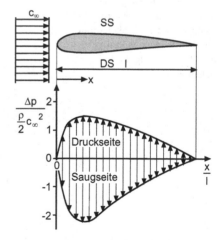

---

[1] NACA National Advisory Committee for Aeronautics.

Weitere Profilreihen erhält man durch die Wölbung der Profilmittellinie in Abhängigkeit der Profillänge. Außerdem kann der größte Wölbungspunkt auf der Profillänge zur Vergrößerung des Auftriebsbeiwertes in beiden Richtungen verschoben werden. Die bekannten Profilreihen Gö resultieren aus Windkanalmessungen und sie werden als dreistellige Göttinger Profile bezeichnet z. B. Gö 623.

Die Profile können mit unterschiedlicher geometrischer Form, d. h. der Profillänge l, der Profildicke d und der Profilform durch die Wölbung der Skelettlinie aufgebaut werden. Die einzelnen geometrischen Grundformen bewirken bereits bei der Umströmung eine Auftriebskraft F_A, sodass mit diesen geometrischen Grundelementen bezüglich der Auftriebskraft optimierte Profile entworfen werden können. Ungeachtet dessen können auch mit Hilfe der Singularitätentheorie (Kap. 7) Profile entworfen werden, deren Druckverteilung z. B. nach dem Verfahren von Walter Birnbaum (1897–1925) [9] oder mit modernen Entwurfsverfahren berechnet werden können. Der Profilentwurf vorgegebener oder gewählter Länge kann mit Hilfe der dimensionslosen Längenkoordinaten x/l, den dimensionslosen Koordinaten der Profilkontur y_0/x und y_u/x und mit den Wölbungskoordinaten der Skelettlinie y_s/x entworfen werden (Abb. 9.13).

x_d ist die Profilkoordinate für die maximale Profildicke $d_{max} = y_{0\,max} + y_{u\,max}$, sie wird Dickenrücklage genannt.

x_f ist die Koordinate für die größte Wölbung f des Profils, sie heißt Wölbungsrücklage.

x_P ist der Angriffspunkt für die Auftriebskraft.

Abb. 9.13 Gestaltung eines gewölbten NACA-Tragflügelprofils der Länge l oder eines Schaufelprofils. **a** Profilkontur mit den Koordinaten y_0 und y_u, **b** Skelettlinie mit dem Wölbungspfeil y_S und f, **c** Tragflügel oder Schaufelprofil

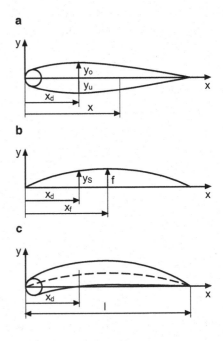

l ist die Sehnenlänge des Profils.
b Schaufel- oder Tragflügellänge.
$\Lambda b / l$ Seitenverhältnis.

9.2.2 Auftrieb und Profilwiderstand

Diese Profile können an einem Flugkörper als Einzelprofil oder in einer axialen Strömungsmaschine im Schaufelgitter von der Geschwindigkeit c_∞ angeströmt werden. Die Anströmung des Profils kann in der Sehnenrichtung erfolgen oder das Profil kann zur Vergrößerung der Auftriebskraft unter dem Winkel α zur Strömungsrichtung von c_∞ angestellt werden (Abb. 9.14). Übliche Anstellwinkel von Profilen liegen im Winkelbereich von $-10° \leq \alpha \leq +12°$.

Die Kräfte auf einen Körper in einer viskosen Strömung können infolge der Grenzschicht nicht analytisch berechnet werden. Um die Auftriebskraft und die Widerstandskraft eines Profils berechnen zu können, nutzt man den integralen Impulssatz für ein genügend großes Kontrollvolumen in der Form

$$\int_A \rho\, \boldsymbol{c}\, c\, \mathrm{d}A + \int_A p\, \mathrm{d}A - F = 0 \qquad (9.23)$$

Die resultierende Auftriebskraft bei den umströmten Profilen greift bei $0{,}25 x / l$ der Profillänge vom vorderen Staupunkt an (Abb. 9.14).

Welchen Einfluss die Anstellung und die Wölbung eines Profils haben, kann bereits beim Vergleich einer angestellten ebenen Platte und einer angestellten Kreisbogenplatte potentialtheoretisch ermittelt werden. Das Ergebnis ist in Abb. 9.15 dargestellt. Für kleine Anstellwinkel $\alpha \leq 6°$ und Reynoldszahlen von $\mathrm{Re} \geq 5 \cdot 10^4$ beträgt der reibungsfrei berechnete Auftriebsbeiwert für die angestellte ebene Platte

$$c_A = 2\,\pi\,\alpha \qquad (9.24)$$

Abb. 9.14 Druckverteilung auf Schaufelprofilen. **a** Nichtangestelltes und **b** unter dem Winkel angestelltes Profil

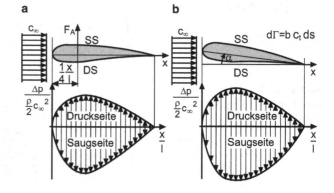

Abb. 9.15 Potentialtheoretisch bestimmte Auftriebsbeiwerte einer angestellten ebenen Platte, einer angestellten Kreisbogenplatte und eines ungewölbten Profils

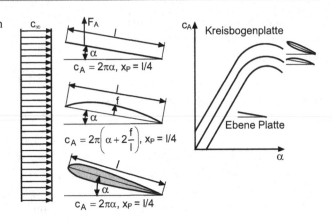

und für die angestellte Kreisbogenplatte (Abb. 9.15)

$$c_A = 2\pi \left(\alpha + 2\,\frac{f}{l} \right). \tag{9.25}$$

Diese Gegenüberstellung der Auftriebsbeiwerte zeigt, dass die relative Pfeilhöhe f/l der gewölbten Platte einen beträchtlichen Beitrag zum Auftriebsbeiwert liefert.

Durch die Druckverteilung auf der Saug- und Druckseite des Profils stellt sich eine Auftriebs- und Widerstandskraft am Profil ein, die in der Lage sind, ein Flugzeug bei der entsprechenden Geschwindigkeit zu tragen oder die Arbeit in einem Schaufelgitter zu übertragen.

Durch die geometrische Form und die Umströmung des Tragflügels stellen sich folgende Kräfte ein (Abb. 9.16):

Die Auftriebskraft

$$F_A = \int\limits_A p \, dA = \int\limits_0^l p \, b \, dl = c_A \frac{\rho}{2} c_\infty^2 \, A \tag{9.26}$$

Die Widerstandskraft

$$F_w = \int\limits_A p_l \, dA = c_w \frac{\rho}{2} \, c_\infty^2 \, A \tag{9.27}$$

Abb. 9.16 Kräfte an einem angestellten Tragflügelprofil mit dem Gleitwinkel γ

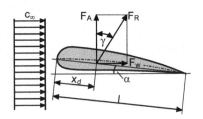

Die resultierende Kraft F_R beträgt:

$$F_R = \sqrt{F_A^2 + F_w^2} \tag{9.28}$$

Die Tragflügelfläche in den Definitionsgleichungen für den Auftriebsbeiwert c_A stellt die Projektionsfläche des Tragflügels $A = bl$ dar.

Der Auftriebsbeiwert beträgt:

$$c_A = \frac{F_A}{\frac{\rho}{2} c_\infty^2 A} \tag{9.29}$$

Der Widerstandsbeiwert des Profils beträgt:

$$c_w = \frac{F_w}{\frac{\rho}{2} c_\infty^2 A} \tag{9.30}$$

Die Integration der Gln. 9.26 und 9.27 für den Druck p muss allerdings über die Gesamt-fläche des Tragflügels erfolgen.

Das Verhältnis der Widerstandskraft F_w zur Auftriebskraft F_A ist verantwortlich für die Gleitfähigkeit eines Profils in einer Strömung. Deshalb wird das Verhältnis als **Gleitzahl** ε bezeichnet.

$$\varepsilon = \frac{F_w}{F_A} = \frac{c_w}{c_A} = \tan \gamma \tag{9.31}$$

Der Gleitwinkel γ ist der Winkel zwischen der Auftriebskraft F_A und der resultierenden Kraft eines Profils (Abb. 9.16). Unter dem Gleitwinkel γ würden die Tragflächen eines Segelflugzeugs in der ruhenden Luft (Windstille) beim Landeanflug gleiten.

Die Gleitzahl ε ist besonders bei Tragflächen von Segelflugzeugen mit $\varepsilon \lesssim 0{,}01$ sehr klein, damit ein hoher Auftrieb bei geringem Widerstand erreicht wird [8]. Ebenso bei Gleitschirmen, bei denen sich die Gleitzahl gut variieren lässt.

9.2.3 Tragflügel endlicher Spannweite

Tragflügel und Axialschaufeln endlicher Spannweite werden geometrisch durch das Sei-tenverhältnis $\Lambda = b^2/A = b/l$ charakterisiert, wobei b die Flügellänge, l die Profiltiefe und $A = bl$ die Tragflügel- oder Schaufelfläche ist. Strömungstechnisch muss festgestellt werden, dass die Auftriebskraft F_A und der Auftriebsbeiwert c_A infolge der Randumströ-mung an den Flügelenden und durch den induzierten Widerstand c_{wi} kleiner sind, als für ein vergleichbares Flügelstück aus einem Flügel unendlicher Länge (Abb. 9.17).

In Abb. 9.17 ist der mittels der Potentialtheorie berechnete induzierte Widerstandsbei-wert von Tragflügelprofilen in Abhängigkeit des Auftriebsbeiwertes c_A und dem Seiten-verhältnis Λ dargestellt. Daraus erkennt man, dass der induzierte Widerstandsbeiwert mit geringerem Seitenverhältnis beträchtlich ansteigt, sodass Tragflächen oder Schaufeln mit Werten von $\Lambda < 3$ kaum noch verwendet werden. Diese c_w-Werte sind sowohl für die reibungsfreie als auch für die viskose Strömung gültig.

Abb. 9.17 Veränderung des Auftriebs-c_A und Widerstandsbeiwertes c_w von Tragflügelprofilen endlicher Länge in Abhängigkeit des Seitenverhältnisses Λ

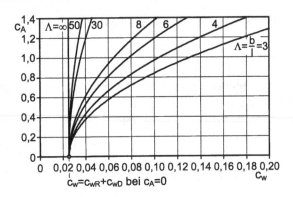

Die induzierte Widerstandskraft beträgt:

$$F_{wi} = p\, c_{wi}\, A = \frac{\rho}{2}\, c_\infty^2\, b\, l\, c_{wi} \tag{9.32}$$

Der induzierte Widerstand beträgt mit $\Lambda = b/l$

$$c_{wi} = \frac{2\, F_{wi}}{\rho\, c_\infty^2\, \Lambda\, l^2} = \frac{c_a^2}{\pi\, \Lambda} \tag{9.33}$$

Für Seitenverhältnisse bis zu Werten von $\Lambda = b/l = 3$ stimmen die potentialtheoretischen und die gemessenen Auftriebs- und Widerstandsbeiwerte gut überein.

9.2.4 Induzierter Widerstand an Tragflächen und Axialschaufeln

Durch die Druckdifferenz auf der Druck- und Saugseite werden die Flügelenden von der unteren Druckseite zur oberen Saugseite umströmt und es bilden sich Wirbel. Aus diesen Wirbeln entstehen schließlich am Profilende die abströmenden Wirbelzöpfe. Das Wirbelsystem eines endlichen Tragflügels besteht aus einem gebundenen Wirbel am Profil mit der Wirbelstärke Γ_G und den beiden Randwirbeln gleicher Stärke an den Schaufelenden Γ_F. Durch die Umströmung der Schaufelenden stellt sich in der Mitte der Schaufel oder des Profils eine größere Geschwindigkeit ein als an den Schaufelenden. Daraus folgt, dass auch der Auftrieb $F_A = \rho l c_\infty \Gamma_G$ entsprechend der Kutta-Joukowski-Bedingung zum Flügelende hin abnimmt. Zur Berechnung des dadurch veränderten Auftriebs eines endlichen Flügels kann also der Flügel und auch die beiden seitlichen Wirbel der Endumströmung jeweils durch einen Wirbelfaden ersetzt werden, der an den beiden Flügelenden rechtwinklig in die Profillinie abknickt. Die beiden Seitenwirbel erstrecken sich bis ins Unendliche (Abb. 9.18). Die am endlichen Profil anliegenden Wirbel nennt man „gebundene Wirbel" und die beiden Wirbelzöpfe „freie Wirbel". Aus beiden ergibt sich schließlich der sogenannte Hufeisenwirbel mit der Einheit m^2/s (Abb. 9.18).

a   b

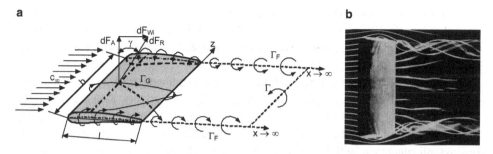

Abb. 9.18 Umströmung der Tragflügel- und Schaufelenden. **a** Randwirbel mit dem gebundenen Wirbel Γ_G und dem freien Wirbel Γ_F, **b** Randwirbel eines Profils für Re $= 10^5$ nach Head 1982 aus M. Van Dyke 2007 [12]

Abb. 9.19 Gewölbtes angestelltes Profil mit dem
effektiven Anstellwinkel

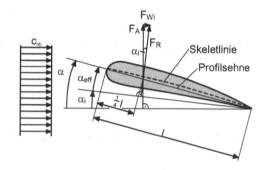

Durch die Umströmung der Flügelenden von der unteren Druckseite zur Saugseite werden auf der Druckseite des Flügels auch die Stromlinien zum Rand hin abgelenkt und
auf der Saugseite nach innen abgelenkt, wodurch eine Sekundärströmung induziert wird
(Abb. 9.18). Diese Sekundärströmung führt zur Bildung von Hinterkantenwirbeln, die an
den Flügelenden in den Randwirbel eingerollt werden. Nach dem Wirbelsatz von Helmholtz (1821–1894) ist die Zirkulation Γ_G entlang eines Wirbelfadens konstant. Dadurch
stellt sich mit abnehmender Zirkulation des gebundenen Wirbels eine Zirkulation des frei-
en Wirbelfadens ein $d\Gamma_G = d\Gamma_F$, die sich schließlich zu den energiereichen Wirbelzöpfen
aufrollen und dem Tragflügel Energie entziehen. So entsteht der induzierte Widerstand,
der parallel zur Anströmgeschwindigkeit c_∞ verläuft und der auch in der reibungsfreien
Strömung auftritt (Abb. 9.19). Theoretisch verläuft der Hufeisenwirbel bis ins Unendliche.
In der viskosen Strömung wird die Energie durch die Reibung aufgebraucht. Bei Flugzeugen können sich die Wirbelzöpfe über mehrere km hinweg erstrecken. Deshalb dürfen
große Flugzeuge nicht zu dicht aufeinander folgen.
Die induzierte Widerstandskraft beträgt mit $\Gamma_G = (\pi/2)c_i b^2$:

$$F_{wi} = \rho \int_{-\frac{b}{2}}^{\frac{b}{2}} c_i \, \Gamma_G \, dz = \int_{-\frac{b}{2}}^{\frac{b}{2}} \tan \alpha_i \, dF_A \qquad (9.34)$$

Sie vermindert den Anstellwinkel α um den induzierten Winkel α_i, sodass der effektive Winkel nur noch $\alpha_{eff} = \alpha - \alpha_i$ beträgt (Abb. 9.19). Darin sind b Flügelbreite in der Koordinatenrichtung z, Γ_G die Zirkulation des gebundenen Wirbels und c_i die induzierte Geschwindigkeit.

Der induzierte Widerstand F_{wi} am Rand eines Tragflügelprofils ist dem Quadrat der Auftriebskraft F_A proportional und linear vom Kehrwert des Seitenverhältnisses $\Lambda = b/L$ abhängig. Der induzierte Widerstand eines Tragflügelprofils oder einer axialen Schaufel wird also wesentlich durch die geometrische Gestaltung der Schaufel bestimmt. Er sinkt mit zunehmender Schaufellänge und er wird schließlich bei $b \to \infty c_{wi} = 0$.

Da der induzierte Widerstand durch die Abwärtsgeschwindigkeit c_i auch eine Änderung des Anstellwinkels α_i bewirkt, wird der wirksame Anstellwinkel α_{eff} verändert. Er beträgt:

$$\alpha_i = \Delta\alpha = \frac{\frac{c_i}{2}}{c_\infty} = \frac{c_{wi}}{c_A} = \frac{c_A}{\pi}\frac{A}{b^2} = \frac{c_A}{\pi}\frac{l}{b} \tag{9.35}$$

Daraus ergibt sich der tatsächlich notwendige Anstellwinkel α zu

$$\alpha = \alpha_{eff} + \Delta\alpha = \alpha_{eff} + \frac{c_A}{\pi}\frac{l}{b} \tag{9.36}$$

9.3 Profilpolare für Tragflügel und Schaufelprofile

Das Auftriebsverhalten und auch das Gleitverhalten von Tragflügelprofilen wird in Diagrammen $c_A = f(\alpha)$ und $c_w = f(\alpha)$ als Funktion des Anstellwinkels α oder im Polardiagramm $c_A = f(c_w, \alpha)$ dargestellt. Der Anstellwinkel von Tragflügelprofilen und

Abb. 9.20 Auftriebsbeiwert c_A und Widerstandsbeiwert c_w in Abhängigkeit des Anstellwinkels für $Re = 4{,}2 \cdot 10^5$ des Göttinger Tragflügelprofils Gö 596

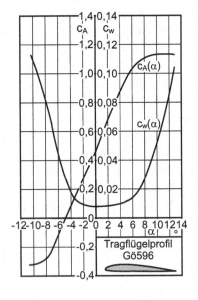

Schaufelprofilen von Axialmaschinen kann Werte annehmen von $-10° \leq \alpha \leq +12°$. Für die praktische Anwendung von Tragflügelprofilen wird vorwiegend das Polardiagramm $c_A = f(c_w, \alpha)$ für die endliche Flügelbreite benutzt, weil darin auch die Gleitzahl $\varepsilon \approx \tan\gamma$ graphisch dargestellt ist und insbesondere auch der Bestpunkt erkennbar ist (Best-Efficiency-Point.BEP).

Der Bestpunkt eines Tragflügelprofils BEP wird dort erreicht, wo das Profil den größten Auftriebsbeiwert c_A bei geringstem Widerstandsbeiwert c_w annimmt. Den Bestpunkt erreicht man, wenn man eine Tangente vom Nullpunkt des Polarendiagrammes an die Kurve $c_A = f(c_w, \alpha)$ anlegt. Die Tangente nimmt mit der Ordinate des Polarendiagramms den Gleitwinkel γ ein und zeigt damit das beste Gleitverhalten an. In Abb. 9.20 ist der Auftriebsbeiwert $c_A = f(\alpha)$ und $c_w = f(\alpha)$ für das Profil Gö 596 in Abhängigkeit des Anstellwinkels α von $-10,5° \leq \alpha \leq 12,8°$ dargestellt. Der Auftriebsbeiwert erreicht einen Maximalwert von $c_A = 1,14$ bei einem Widerstandsbeiwert von $c_w = 0,01$ bis 0,114. Dabei nimmt die Gleitzahl den Wert von $\varepsilon = 0,011$ an. Es ist also ein Tragflügelprofil mit sehr guten Gleiteigenschaften. In Abb. 9.21 ist das Polardiagramm für das gleiche Profil angegeben, aus dem auch der Gleitwinkel γ und die Gleitzahl ε entnommen werden können. Zum Vergleich der Profileigenschaften c_A, c_w und ε sowie der möglichen Anstellwinkel α und der dadurch beginnenden Vergrößerung des Auftriebsbeiwertes ist in Abb. 9.22 auch das Polardiagramm für das Göttinger Profil Gö 623 nach [6] dargestellt.

Die Zirkulation des gebundenen Wirbels Γ_G beträgt:

$$\Gamma_G = \frac{1}{\rho\,c_\infty} \frac{dF_A}{dz} \tag{9.37}$$

Abb. 9.21 Polardiagramm des Tragflügelprofils Gö 596 für $Re = 4,2 \cdot 10^5$

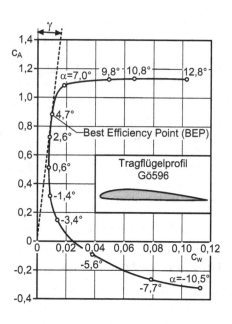

Abb. 9.22 Polardiagramm des
Tragflügelprofiles Gö 623

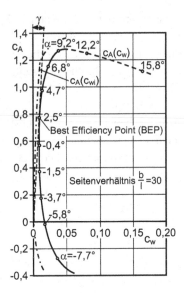

Abb. 9.23 Elliptische Zirkulationsverteilung Γ_G an einem
Flügel endlicher Breite

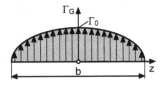

Die Zirkulation des gebundenen Wirbels $\Gamma_G(z)$ beträgt für eine elliptische Verteilung
(Abb. 9.23):

$$\Gamma_G(z) = \Gamma_0 \sqrt{1 - \left(\frac{2z}{b}\right)^2} \qquad (9.38)$$

Die induzierte Abwärtsgeschwindigkeit für diese Zirkulationsverteilung beträgt:

$$c_i(z) = \frac{\Gamma_0}{2b} = \text{konst.} \qquad (9.39)$$

Damit kann für die Auftriebskraft F_A geschrieben werden:

$$F_A = c_A \frac{\rho}{2} c_\infty^2 A \qquad (9.40)$$

Der Auftriebsbeiwert c_A beträgt:

$$c_A = \frac{\pi}{2} \frac{b}{A} \frac{\Gamma_0}{c_\infty} \qquad (9.41)$$

Der Widerstandsbeiwert c_w beträgt damit:

$$c_w = \frac{F_w}{\frac{\rho}{2} c_\infty^2 A} \qquad (9.42)$$

Abb. 9.24 Tragflügelumströmung. **a** Anliegende
Umströmung eines Pro-
fils NACA 64A015 bei
$\mathrm{Re} = 7 \cdot 10^3$ ohne Anstellung, **b** mit einer Anstellung
von $\alpha = 5°$ und Strömungsablösung nach ONERA aus
M. Van Dyke 2007 [12]

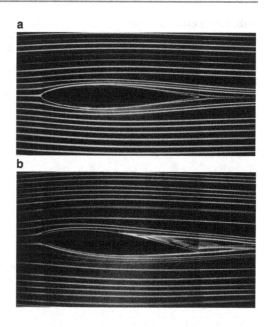

Der Widerstandsbeiwert des induzierten Wirbels ergibt sich zu:

$$c_{\mathrm{wi}} = \frac{F_{\mathrm{wi}}}{\frac{\rho}{2} c_\infty^2 A} = \frac{\pi}{4} \frac{\Gamma_0^2}{c_\infty^2 A} = \frac{c_{\mathrm{A}}^2}{\pi \Lambda} = \frac{c_{\mathrm{A}}^2 A}{\pi b^2} \qquad (9.43)$$

mit dem Breitenverhältnis des Tragflügels $\Lambda = \frac{b}{l} = \frac{b^2}{A}$.

Der Gesamtwiderstand eines Tragflügels ergibt sich aus der Summe der beiden Einzelwiderstände, dem reibungsbedingten Profilwiderstand c_{w} und dem induzierten Widerstand
c_{wi}

$$c_{\mathrm{wGes}} = c_{\mathrm{w}} + c_{\mathrm{wi}} \qquad (9.44)$$

Beim unendlich langen Tragflügelprofil mit $\Lambda = b/l = \infty$ ist $c_{\mathrm{wi}} = 0$. Bei den Tragflächen von Passagierflugzeugen mit $\Lambda = 1,6$ bis 4 sind die beiden Widerstandsanteile
$c_{\mathrm{w}} \approx c_{\mathrm{wi}}$ etwa gleich groß. Segelflugzeuge verfügen über Tragflächen mit größerem
Breitenverhältnis oder Spannweiten bis zu $\Lambda = 8$ und darüber bis $\Lambda = 14$ für Hoch-
leistungsflugzeuge und dadurch über ein gutes Gleitverhalten (Abb. 9.25).

9.4 Einfluss der Reynoldszahl auf die Tragflügelumströmung

Die Profildicke d, die Größe der Wölbung f, die Dickenrücklage und auch die Wölbungsrücklage sowie der Anstellwinkel beeinflussen die Auftriebs- und Widerstandsbeiwerte
des Tragflügels und die Grenzschicht auf dem Profil. Die Grenzschicht (laminar oder
turbulent) beeinflusst den Profilwiderstand c_{w}. Die Ablösung der Grenzschicht auf der

Abb. 9.25 Polardiagramme
des Tragflügelprofils FX 60
126 des Stuttgarter Profilkatalogs in Abhängigkeit der
Reynoldszahl [1]

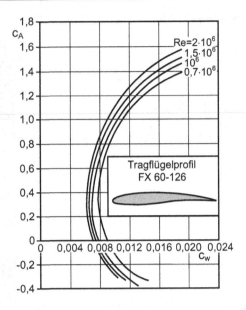

Saugseite des Profils bei zu großem Anstellwinkel α begrenzt das erreichbare Maximum
des Auftriebsbeiwertes.

Bei zu großem Anstellwinkel von $\alpha > 10°$ bis $12°$ kann die Strömung der erforder-
lichen Drucksteigerung auf der Saugseite nicht mehr folgen und die Strömung löst ab
(Abb. 9.24). Dadurch verändert sich die Druckverteilung auf der Saugseite und der Auftriebsbeiwert c_A wird vermindert (Abb. 9.20 und 9.21). Bei zu starker negativer Anstellung
des Profils reißt die Strömung auf der Druckseite des Profils ab.

Die Profilpolaren wurden bei Reynoldszahlen $\mathrm{Re} = c_\infty l/\nu = (0,7 \text{ bis } 2,0) \cdot 10^6$ aufgenommen. Die Profilpolaren und besonders die erreichbaren Auftriebsbeiwerte steigen mit
zunehmender Reynoldszahl an. In Abb. 9.25 sind die Profilpolaren des Tragflügelprofils
FX 60-126 des Stuttgarter Profilkatalogs in Abhängigkeit der Reynoldszahl dargestellt.
Das Polardiagramm zeigt, dass der Auftriebsbeiwert c_A mit steigender Reynoldszahl ansteigt und der Widerstandsbeiwert c_w vermindert wird. Dadurch verbessert sich die Gleitzahl ε des Profils und auch das Gleitverhalten. Die Profilpolare für das Tragflügelprofil
NACA 23015 mit großer Dickenverteilung zeigt einen stärkeren Reynoldszahleinfluss auf
die Profilpolare (Abb. 9.26). Der Einfluss der Reynoldszahl auf die Profilpolare wird umso
größer, je geringer die Oberflächenrauigkeit ist. Bei Profilen mit großer Oberflächenrauigkeit bestimmt die relative Oberflächenrauigkeit die Grenzschichtströmung, sodass die
Reynoldszahl analog zur Rohrströmung nur noch einen geringen Einfluss auf die Grenzschichtströmung und auf den Auftriebsbeiwert nimmt. Damit ist auch die Gleitzahl von
der Reynoldszahl abhängig, wobei sie mit sinkender Reynoldszahl ansteigt (Abb. 9.26b).

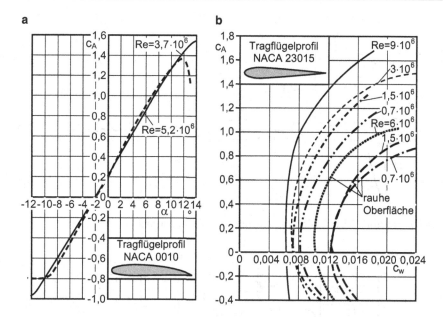

Abb. 9.26 Reynoldszahleinfluss auf den Auftriebsbeiwert c_A für **a** das Profil NACA 0010 und **b** das Profil NACA 23015

9.5 Tragflügelumströmung bei hoher Anströmmachzahl

Bei kompressibler Umströmung von Profilen mit subsonischer oder transsonischen Anströmgeschwindigkeiten von $M = 0,5$ bis $1,0$ treten durch die Geschwindigkeitserhöhung auf der Saugseite des Profils Druck- und Dichteänderungen auf, die zur Überschallströmung $M > 1$ und zu Verdichtungsstößen führen können (Abb. 9.27). Um das zu vermeiden, werden Tragflügelprofile für transsonische Anströmung dünn ausgeführt, damit der Übergang von der Unterschall- in die Überschallströmung auf der Saugseite des Profils möglichst erst am Profilende erfolgt und der hohe Auftriebsbeiwert c_A erhalten bleibt. Treten bei transsonischen oder supersonischen Strömungen auf den Profilen Verdichtungsstöße auf, so können der Widerstand und die Stoßverluste durch Anschärfen der Profilvorder- und Hinterkante verringert werden (Abb. 9.27c und Abschn. 6.8.2).

In Abb. 9.28 ist der Einfluss der Machzahl auf den Auftriebsbeiwert c_A und auf die Profilpolare für das Profil NACA 23015 nach [6] gezeigt. Mit steigender Machzahl von $M = 0,30$ bis $0,825$ sinkt der erreichbare Auftriebsbeiwert c_A des dicken Profils ab und die Profilpolare verändert sich stark. Wie Abb. 9.28 zeigt, vertragen die konventionellen Tragflügelprofile wie z. B. das Profil NACA 23015 mit einer geringen Dickenrücklage bei höheren Machzahlen zwischen $M = 0,60$ bis $0,825$ keine Anstellung des Profils. Bereits bei einer Machzahl von $M = 0,8$ reißt die Strömung auf der Profilsaugseite bei

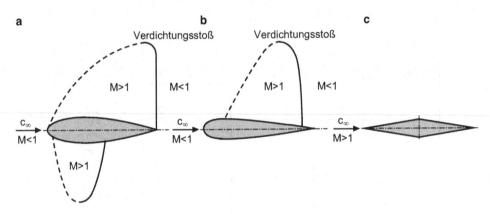

Abb. 9.27 Anströmung verschiedener Tragflügelprofile im transonischen Bereich

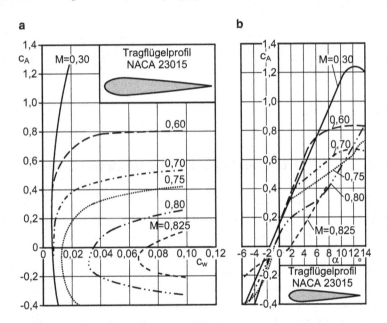

Abb. 9.28 Profilpolaren und Auftriebsbeiwerte c_A für das unendlich lange Profil NACA 23015 als Funktion der Anströmmachzahl. **a** Profilpolare, **b** Auftriebsbeiwert c_A als Funktion des Anstellwinkels und der Machzahl

Anstellwinkeln von $\alpha = 1°$ bis $2°$ ab und der Auftriebsbeiwert c_A wird stark vermindert (Abb. 9.28b).

Das ist der Grund dafür, dass für die subsonische und die transsonische Strömung spezielle schlanke Profile entwickelt wurden.

Bei subsonischen Strömungen mit Anströmmachzahlen von $M < 1,0$ kann der ansteigende Auftriebsbeiwert in Abhängigkeit der Machzahl mit Hilfe der Prandtl-Glauert-

Abb. 9.29 Wirksame Anströmmachzahl $M_{\infty n} = M \sin\varphi$ für einen schiefen Verdichtungsstoß an einem pfeilförmigen Tragflügel [10]

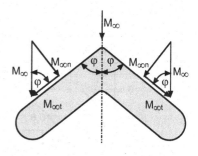

Gleichung, mit dem Programm ANSYS CFX oder STAR-CD, bestimmt werden.

$$c_a = \frac{2\pi}{\sqrt{1 - M_\infty^2}} \quad (9.45)$$

Bei der Überschallströmung mit $M > 1$ kann die Abnahme des Auftriebsbeiwertes c_A nach der Überschalltheorie von Ackeret berechnet werden zu:

$$c_a = \frac{4}{\sqrt{M_\infty^2 - 1}} \quad \text{für } M_\infty > 1 \quad (9.46)$$

Wird die Dickenrücklage und die Wölbungsrücklage von Profilen zu größeren Werten x/l in den mittleren oder hinteren Bereich des Tragflügels verlegt, so wird der Anstieg des Widerstandsbeiwertes zu höheren Machzahlen verschoben und es wird eine höhere Druckverteilung auf dem Profil erreicht.

Entsprechend der Theorie des schiefen Verdichtungsstoßes (Abschn. 6.8.2), bei der nur die Normalkomponente der Geschwindigkeit auf der Stoßfront an dem Verdichtungsstoß beteiligt ist, kann der Tragflügel zur Anströmrichtung oder zur Flugrichtung entsprechend Abb. 9.29 mit einem Winkel von $\varphi = 30°$ bis $45°$ gepfeilt werden. Dadurch wird die Anströmmachzahl des Tragflügels von M_∞ auf $M_{\infty n} = M_\infty \sin\varphi$ herabgesetzt und die Anströmmachzahl kann für einen gepfeilten Tragflügel mit dem Pfeilungswinkel φ erhöht werden, ohne dass Kompressibilitätseinflüsse mit einem Verdichtungsstoß auf dem Tragflügel auftreten.

In Abb. 9.30 sind die Polardiagramme für einen geraden und einen pfeilförmigen Tragflügel mit dem Pfeilwinkel von $\varphi = 45°$ nach Messungen von Betz [10] für Machzahlen von $M_\infty = 0{,}70$ und $M_\infty = 0{,}90$ für Anstellwinkel $\alpha = -8{,}6°$ bis $\alpha = 17{,}4°$ dargestellt. Abb. 9.30b zeigt die Profilpolaren für das pfeilförmige Tragflügelprofil mit den größeren Auftriebsbeiwerten c_A, dem größeren möglichen Anstellwinkel von $\alpha = 17{,}4°$ und dem wesentlich geringeren Widerstandsbeiwert von $c_w = 0{,}022$ gegenüber dem des geraden Tragflügels mit $c_w = 0{,}03$ bis $0{,}10$.

Subsonisch angeströmte Profilgitter verzeichnen einen steilen Anstieg des Widerstandsbeiwertes nach dem lokalen Überschreiten der Schallgeschwindigkeit auf der Profiloberfläche. Die Anströmmachzahl, bei der auf dem Schaufelprofil gerade Schallgeschwindigkeit a^* oder $M_0 = 1{,}0$ erreicht wird, nennt man die kritische Machzahl M_{krit}.

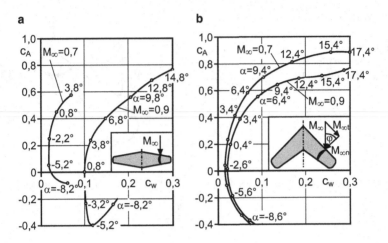

Abb. 9.30 Auftriebsbeiwert c_A über dem Widerstandsbeiwert c_w für **a** einen ungepfeilten und **b** einen gepfeilten Flügel [10]

9.6 Beispiele

Beispiel 9.6.1 Berechnung von Axialrührern für Wasser (Abb. 6.31)
Gegeben:
Anströmgeschwindigkeit: $c_1 = 1,20\,\mathrm{m/s}$; Drehzahl: $n = 145\,\mathrm{min}^{-1}$
Laufradaußendurchmesser: $d_2 = 0,78\,\mathrm{m}$
Nabendurchmesser: $d_N = 0,117\,\mathrm{m}$; Schaufelzahl: $z = 2$
Durchmesserzahl: $\delta = 1,0$; Dichte des Wassers: $\rho = 1000\,\mathrm{kg/m}^3$

Lösung

Abströmgeschwindigkeit:	$c_2 = \dfrac{16}{27}c_1 = c_{2\,\mathrm{m}}$
Kreisfrequenz:	$\omega = 2\pi n$
Lieferzahl:	$\varphi = \dfrac{c_2}{u_2} = \dfrac{c_2}{\pi d_2 n}$
Nabenverhältnis:	$\nu = \dfrac{d_N}{d_2} = \dfrac{r_N}{r_2} = 0,15$
Abströmwinkel:	$\alpha_2 = 90°$
Spezifische Nutzarbeit:	$Y = \dfrac{c_2^2}{2} = \left(\dfrac{16}{27}\right)^2 \dfrac{c_1^2}{2}$

Abb. 9.31 Rührer 90-2-19
4/8V der Fa. WILO SE Werk
Hof

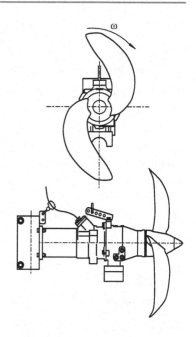

Theoretische spezifische Nutzarbeit: $Y_{\text{th}} = \dfrac{c_1^2}{2}$

Schnelllaufzahl: $\sigma = \dfrac{\varphi^{1/2}}{\psi^{3/4}}$ $\sigma = \dfrac{1}{\varphi}$ für $\delta = 1{,}0$

Druckzahl: $\psi = \varphi^2$ für $\delta = 1{,}0$

Spezifische Drehzahl: $n_q = 157{,}8 \text{ min}^{-1} \cdot \sigma$

Umfangsgeschwindigkeit: $u_2 = \pi d_2 n$

Durchströmfläche: $A = \dfrac{\pi}{4} d_2^2 \left(1 - \nu^2\right)$

Volumenstrom: $\dot{V} = c_1 A = \dfrac{\pi}{4} d_2^2 \left(1 - \nu^2\right) c_1$

Theoretische Leistung: $P_{\text{th}} = m \cdot Y = \rho \dot{V} Y = \rho \left(\dfrac{16}{27}\right)^2 \dfrac{\pi}{8} d_2^2 \left(1 - \nu^2\right) c_1^3$

Tab. 9.1 Vorgegebene Auslegungsparameter

c_1	c_2	n	n	ω	φ	δ	ν	Y	Y_{th}	σ
m/s	m/s	min^{-1}	s^{-1}	s^{-1}				J/kg	J/kg	
1,20	0,711	145,0	2,417	15,184	0,120	1,0	0,15	0,253	0,720	8,328

ψ	n_q	d_2	u_2	A	$\dot{V}$	P_{th}	z	r_2	d_{N}	
	min^{-1}	M	m/s	m^2	m^3/s	kW		m	m	
0,014	1314,1	0,78	5,92	0,47	0,56	0,142	2	0,39	0,117	

Tab. 9.2 Schaufelberechnung in 10 Koaxialschnitten von $r/r_2 = 0,15$ bis $1,0$

Abschnitt i	–	1	2	3	4	5	6	7	8	9	10
Radienverhältnis r/r_2	–	0,15	0,20	0,30	0,40	0,50	0,60	0,70	0,80	0,90	1,00
Umfangsgeschwindig- keit $u = \pi n d$	m/s	1,26	1,68	2,51	3,35	4,19	5,03	5,86	6,70	7,54	8,38
$c_{u1} = Y_{th}/u$	m/s	0,90	0,67	0,45	0,34	0,27	0,22	0,19	0,17	0,15	0,13
Relativgeschwindigkeit am Eintritt $w_1 = \sqrt{c_m^2 + (u - c_{u1})^2}$	m/s	1,54	1,81	2,55	3,37	4,20	5,03	5,87	6,70	7,54	8,38
Relativgeschwindigkeit am Austritt $w_2 = \sqrt{c_m^2 + u^2}$	m/s	1,96	2,25	2,93	3,67	4,45	5,25	6,05	6,87	7,69	8,51
$w_\infty = \sqrt{c_m^2 + (u - c_{u1})^2}$	m/s	1,70	2,01	2,74	3,52	4,32	5,14	5,96	6,79	7,61	8,45
$\beta_1 = \arctan \frac{c_m}{u - c_{u1}}$	°	76,45	56,20	35,99	26,45	20,94	17,34	14,81	12,93	11,47	10,31
$\beta_2 = \arctan \frac{c_m}{u}$	°	50,05	41,84	30,83	24,11	19,70	16,62	14,35	12,62	11,25	10,15
$\beta_\infty = \arctan \frac{c_m}{u - \frac{c_{u1}}{2}}$	°	61,66	48,23	33,23	25,23	20,30	16,97	14,58	12,77	11,36	10,23
$\alpha_1 = \arctan \frac{c_m}{c_{u1}}$	°	59,17	65,89	73,38	77,38	79,85	81,51	82,71	83,61	84,32	84,88
$\alpha_\infty = \arctan \frac{c_m}{\frac{c_{u1}}{2}}$	°	73,38	77,38	81,51	83,61	84,88	85,73	86,34	86,80	87,15	87,44
$w_{u1} = \cos \beta_1 \cdot w_1$	m/s	0,36	1,00	2,07	3,02	3,92	4,80	5,67	6,53	7,39	8,24
$w_{u2} = \cos \beta_2 \cdot w_2$	m/s	1,26	1,68	2,51	3,35	4,19	5,03	5,86	6,70	7,54	8,38
$\Delta w_u = \frac{Y_{th\infty}}{u} = w_{u1} - w_{u2} = \Delta c_u$	m/s	0,90	0,67	0,45	0,34	0,27	0,22	0,19	0,17	0,15	0,13

Literatur

1. Kármán T v (1911) Über den Mechanismus des Widerstandes, den ein bewegter Körper in einer Flüssigkeit erzeugt Nachr. Ges. Wiss. Göttingen, Math. Phys. Klasse., S 509–517
2. Prandtl L (1914) Der Luftwiderstand von Kugeln Nachr. Ges. Wiss. Göttingen, Math. Phys. Klasse., S 177–190
3. Bammert K, Kläukens H (1949) Nabentotwasser hinter Leiträdern von axialen Strömungsmaschinen. Ing-Arch 17:367
4. Idelchik IE (1991) Fluid dynamics of industrial equipment: flow distribution design methods. Hemisphere Publishing Corp., New York Publishing, Washington DC

Tab. 9.3 Berechnung der Schaufelgitterbelastung, des Auftriebsbeiwertes der Schaufelkräfte und der Leistung

Abschnitt i	–	1	2	3	4	5	6	7	8	9	10
Lieferzahl: $\varphi = \frac{c_m}{u}$	–	1,194	0,895	0,597	0,448	0,358	0,298	0,256	0,224	0,199	0,179
Druckzahl: $\psi = \frac{2 \cdot Y_{th\infty}}{u^2} =$ φ^2	–	1,425	0,801	0,356	0,200	0,128	0,089	0,065	0,050	0,040	0,032
$\frac{\psi}{\varphi^2}$	–	1,0	1,0	1,0	1,0	1,0	1,0	1,0	1,0	1,0	1,0
$\frac{\psi}{\varphi}$	–	1,194	0,895	0,597	0,448	0,358	0,298	0,256	0,224	0,199	0,179
Schaufelteilung: $t = \frac{\pi \cdot d}{z}$	m	0,236	0,314	0,471	0,628	0,785	0,942	1,100	1,257	1,414	1,571
Vorgabe der Profillänge l	m	0,204	0,204	0,196	0,188	0,180	0,172	0,164	0,156	0,148	0,140
Belastungszahl: $c_a \cdot \frac{l}{t}$ $= \frac{2 \cdot Y_{th\infty}}{u \cdot w_\infty}$	–	1,051	0,668	0,327	0,191	0,124	0,087	0,064	0,049	0,039	0,032
Reynoldszahl: Re $= \frac{w_\infty \cdot l}{\nu}$	10^6	0,35	0,41	0,53	0,66	0,78	0,88	0,97	1,06	1,12	1,18
bezogene Profillänge: $\frac{l}{t}$	–	0,866	0,649	0,416	0,299	0,229	0,182	0,149	0,124	0,105	0,089
Auftriebsbeiwert: c_a	–	1,21	1,03	0,79	0,64	0,54	0,48	0,43	0,40	0,37	0,36
$P_{m_{ges}}$	kW	1,295									

5. Wagner W (2012) Strömung und Druckverlust, 7. Aufl. Vogel, Würzburg
6. Riegels FW (1958) Aerodynamische Profile; Windkanal-Messergebnisse. Oldenbourg, München
7. Althaus D (1981) Messergebnisse aus dem Laminarwindkanal des Instituts für Aerodynamik und Gasdynamik. Stuttgarter Profilkatalog. Vieweg, Wiesbaden
8. Hepperle M (1979) NACA-Profile, 4. Aufl. Verlag für Technik und Handwerk, Stuttgart
9. Birnbaum W (1923) Die tragende Wirbelfläche als Hilfsmittel zur Behandlung des ebenen Problemes der Tragflügeltheorie nach Rechnungen von W. Ackermann. S. 290–297, ZAMM 3, Berlin
10. Betz A (1954) Die Entwicklung der Fluggeschwindigkeit. Naturwissenschaften 5:101
11. Dubs F (1975) Hochgeschwindigkeits-Aerodynamik, 2. Aufl. Birkhäuser, Basel, Stuttgart
12. Van Dyke M (2007) An album of fluid motion. Parabolic Press, Stanford, California

Instationäre Strömungen treten bei allen An- und Abfahrvorgängen von Turbomaschinen, von Apparaten und Rohrleitungen sowie bei Ausflussvorgängen aus Behältern mit variablem Flüssigkeitsspiegel auf, ebenso bei Flüssigkeitsschwingungen und bei Druckstoßvorgängen in Rohrleitungen. Letztere können nach der Theorie von Joukowski (1847–1921) und Allievi (1856–1942) berechnet werden. Bei instationären Strömungsvorgängen besteht die totale Geschwindigkeitsänderung $\mathrm{d}c$ eines Flüssigkeitselements aus der Geschwindigkeitsänderung längs des Weges $(\partial c/\partial s)\,\mathrm{d}s$ und der lokalen zeitabhängigen Geschwindigkeitsänderung $(\partial c/\partial t)\,\mathrm{d}t$ (Kap. 3).

10.1 Bewegungs- und Energiegleichung der eindimensionalen instationären Strömung

Aus dem Kräftegleichgewicht der Trägheitskraft $m \cdot \mathrm{d}c/\mathrm{d}t$ mit der Druckkraft $A\,\mathrm{d}p$ und der Gravitationskraft $F_\mathrm{G} = g\,m = g\rho A\,\mathrm{d}h$ erhält man die Euler'sche Bewegungsgleichung für ein reibungsfreies Flüssigkeitselement mit der Querschnittsfläche A und der Länge $\mathrm{d}s$ entsprechend Abb. 3.3

$$\rho\, A\, \mathrm{d}s\, \frac{\mathrm{d}c}{\mathrm{d}t} + A\, \mathrm{d}p + g\,\rho\,A\,\mathrm{d}h = 0 \tag{10.1}$$

Nach Division durch A erhält man die Euler'sche Bewegungsgleichung

$$\rho\, \mathrm{d}s\, \frac{\mathrm{d}c}{\mathrm{d}t} + \mathrm{d}p + g\,\rho\,\mathrm{d}h = 0 \tag{10.2}$$

Mit dem totalen Geschwindigkeitsdifferential $\mathrm{d}c(s,t)/\mathrm{d}t$ nach Gl. 3.3 erhält man die Euler'sche Bewegungsgleichung für die instationäre Strömung

$$\rho \left(\frac{\partial c}{\partial s}\frac{\mathrm{d}s}{\mathrm{d}t} + \frac{\partial c}{\partial t} \right) \mathrm{d}s + \mathrm{d}p + g\,\rho\,\mathrm{d}h = 0 \tag{10.3}$$

© Springer Fachmedien Wiesbaden GmbH 2017
D. Surek, S. Stempin, *Technische Strömungsmechanik*,
https://doi.org/10.1007/978-3-658-18757-6_10

Die Integration dieser Gleichung für inkompressible Fluide ($\rho = $ konst.) führt mit $\rho \int_c c \, \mathrm{d}c = \rho c^2/2 + $ konst. zur Bernoulligleichung der eindimensionalen instationären inkompressiblen Strömung

$$\rho \frac{c^2}{2} + \rho \int\limits_0^s \frac{\partial c}{\partial t} \, \mathrm{d}s + p + g\,\rho\,h = g\,\rho\,H \qquad (10.4)$$

Darin stellt das Integral $\rho \int_0^s \frac{\partial c}{\partial t} \, \mathrm{d}s$ den Beschleunigungsdruck der Strömung dar. Der Gesamtdruck $p_{\mathrm{ges}}(t) = g\rho H(t)$ ist ebenso wie die Bernoulli'sche Konstante zeitabhängig. Die Zeitabhängigkeit des Beschleunigungsdruckes $p_{\mathrm{ges}}(t)$ wird der Strömung meist von außen aufgeprägt, wie z. B. die Spiegelhöhe H beim Ausfluss aus einem Behälter oder beim Druckstoß mit $\mathrm{d}p = \rho a \, \mathrm{d}c$ und $c = \mathrm{d}s/\mathrm{d}t$. Für die instationäre Geschwindigkeit $\mathrm{d}c(s,t)/\mathrm{d}t = 0$ und $\rho \int_0^s \frac{\mathrm{d}c(s,t)}{\mathrm{d}t} \mathrm{d}s = 0$ geht die Bernoulligleichung der instationären Strömung in die Bernoulligleichung für die stationäre Strömung über, Gl. 3.25.

Für den reibungsfreien Ausfluss einer Flüssigkeit aus einem offenen Behälter mit veränderlicher Flüssigkeitsspiegelhöhe lautet die Bernoulligleichung:

$$\rho \frac{c_1^2}{2} + p_1 + g\,\rho\,h_1 + \rho \int\limits_{s=0}^{s_1} \frac{\partial c}{\partial t} \, \mathrm{d}s = \frac{\rho}{2} c^2 + p + g\,\rho\,h + \rho \int\limits_{s=0}^{s_2} \frac{\partial c}{\partial t} \, \mathrm{d}s \qquad (10.5)$$

Das Integral in der Bernoulligleichung (Gl. 10.5) kann mit Hilfe der Kontinuitätsgleichung $cA = c_i A_i$ umgeformt werden. An der Stelle i (z. B. 1) ist die Geschwindigkeit $c_i(t)$ nur noch von der Zeit abhängig. Somit ergibt sich die partielle Differenziation der Kontinuitätsgleichung

$$A \frac{\partial c}{\partial t} = A_i \frac{\mathrm{d}c_i(t)}{\mathrm{d}t} \text{ und } \frac{\partial c}{\partial t} = \frac{A_i}{A} \frac{\mathrm{d}c_i(t)}{\mathrm{d}t} \qquad (10.6)$$

Da die Integration von Gl. 10.5 über den Weg $\mathrm{d}s$ erfolgt, kann das Differential $\mathrm{d}c_i(t)/\mathrm{d}t$ vor das Integral gesetzt werden, weil es wegunabhängig ist ($c = c_1 = c_2$). Damit lautet die Bernoulligleichung für die instationäre Strömung

$$\rho \frac{c_1^2}{2} + p_1 + g\rho h_1 + \rho \frac{\mathrm{d}c_i(t)}{\mathrm{d}t} A_i \int\limits_{s=0}^{s_1} \frac{\mathrm{d}s}{A} = \rho \frac{c^2}{2} + p + g\rho h + \rho \frac{\mathrm{d}c_i(t)}{\mathrm{d}t} A_i \int\limits_{s=0}^{s_2} \frac{\mathrm{d}s}{A} \qquad (10.7)$$

Die Glieder mit dem Integral stellen den Beschleunigungsdruck beim Ausfließen dar. Der Gesamtdruck in Gl. 10.7 kann ebenfalls zeitabhängig sein ($p_{\mathrm{ges}}(t)$) durch einen zeitvariablen Druck $p_1(t)$ oder durch die zeitabhängige Spiegelhöhe $h_1(t)$ im Behälter. Die instationären und transienten Strömungen können bequem mit den Programmen ANSYS CFX oder STAR-CD berechnet werden.

10.2 Instationärer Ausfluss aus einem Behälter mit variabler Spiegelhöhe

Die Bernoulligleichung für den instationären Ausfluss aus einem Behälter mit zeitvariabler Spiegelhöhe lautet für $h = 0$ und mit dem Atmosphärendruck $p_1 = p_2 = p_b = 10^5\,\text{Pa} = \text{konst.}$ und $\int_{s_1}^{s_2} \frac{\mathrm{d}s}{A} = 0$ nach Abb. 10.1 mit Gl. 10.7

$$\frac{c_1^2}{2} + g h_1 = \frac{c_2^2}{2} + \frac{\mathrm{d}c_i(t)}{\mathrm{d}t} A_i \int\limits_{s_1}^{s_2} \frac{\mathrm{d}s}{A} \tag{10.8}$$

Die Geschwindigkeit c_2 an der Ausflussöffnung kann mit Hilfe der Kontinuitätsgleichung durch c_1 ausgedrückt werden. Sie beträgt:

$$c_2 = c_1 \frac{A_1}{A_2} = c_1 \left(\frac{d_1}{d_2}\right)^2 \quad \text{und} \quad \frac{\mathrm{d}c_2}{\mathrm{d}t} = \frac{\mathrm{d}c_1}{\mathrm{d}t}\left(\frac{d_1}{d_2}\right)^2 \tag{10.9}$$

Damit kann Gl. 10.8 wie folgt geschrieben werden

$$\frac{c_1^2}{2}\left[1 - \left(\frac{d_1}{d_2}\right)^4\right] + g\,h_1 - \frac{\mathrm{d}c_1}{\mathrm{d}t}\int\limits_{s_1}^{s_2}\left(\frac{d_1}{d_2}\right)^2 \mathrm{d}s = 0 \tag{10.10}$$

Die Anfangsbetrachtung zur Zeit $t = 0$ ergibt mit $c_1 = c_2 = 0$ eine Anfangsbeschleunigung des Fluids von $\mathrm{d}c_1/\mathrm{d}t = g$. Mit fortschreitender Zeit t steigt die Geschwindigkeit c an und die Beschleunigung der Strömung nimmt ab bis sie bei $h \to 0$ in den stationären Zustand der Torricelliströmung mit $c = \sqrt{2\,g\,h}$ gelangt.

Die Geschwindigkeit der Spiegelbewegung an der Grenze 1 in Abb. 10.1 beträgt $c_1 = -\mathrm{d}h_1/\mathrm{d}t$, $c_1^2 = (-\mathrm{d}h_1/\mathrm{d}t)^2$. Die Beschleunigung a_1 der Spiegelbewegung beträgt $a_1 = \mathrm{d}c_1/\mathrm{d}t = -\mathrm{d}^2h_1/\mathrm{d}t^2$. Damit kann die Differentialgleichung (Gl. 10.10) geschrieben werden

$$\frac{\mathrm{d}^2h_1}{\mathrm{d}t^2} + \frac{\left[1 - \left(\frac{d_1}{d_2}\right)^4\right]}{2\int\limits_{s_1}^{s_2}\left(\frac{d_1}{d_2}\right)^2 \mathrm{d}s}\left(\frac{\mathrm{d}h_1}{\mathrm{d}t}\right)^2 + \frac{g\,h_1}{\int\limits_{s_1}^{s_2}\left(\frac{d_1}{d_2}\right)^2 \mathrm{d}s} = 0 \tag{10.11}$$

Für das Integral im Nenner von Gl. 10.11 kann $\int_{s_1}^{s_2}\left(\frac{d_1}{d_2}\right)^2 \mathrm{d}s = L$ geschrieben werden.

In den Grenzen 1 und 2 ändert sich das Integral für $d_1 = d_2$ nur geringfügig, sodass man es in erster Näherung konstant setzen kann. Damit lautet die gewöhnliche Differentialgleichung zweiter Ordnung

$$\frac{\mathrm{d}^2h_1}{\mathrm{d}t^2} + \frac{\left[1 - \left(\frac{d_1}{d_2}\right)^4\right]\left(\frac{\mathrm{d}h_1}{\mathrm{d}t}\right)^2}{2L} + \frac{g\,h_1}{L} = 0 \tag{10.12}$$

Abb. 10.1 Instationärer Ausfluss aus einem Behälter mit
variabler Spiegelhöhe

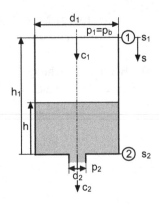

Substituiert man nun in der Gl. 10.12 $(dh_1/dt)^2$ durch $y = (dh_1/dt)^2$, dann ist

$$\frac{dy}{dh_1} = 2 \frac{dh_1}{dt} \frac{d^2h_1}{dt^2} \frac{dt}{dh_1} = 2 \frac{d^2h_1}{dt^2} \qquad (10.13)$$

Damit erhält man eine lineare Differentialgleichung erster Ordnung

$$\frac{1}{2} \frac{dy}{dh_1} - \left[\left(\frac{d_1}{d_2} \right)^4 - 1 \right] \frac{y}{2L} + g \frac{h_1}{L} = 0 \qquad (10.14)$$

Die Lösung dieser Gl. 10.14 lautet

$$\sqrt{y} = \frac{dh_1}{dt} = c_1 = \sqrt{\frac{g\,h_1}{\left[\left(\frac{d_1}{d_2} \right)^4 - 1 \right]} + \frac{g\,h_1}{2 \left[\left(\frac{d_1}{d_2} \right)^4 - 1 \right]^2} + C\, e^{2\left[1 - \left(\frac{d_1}{d_2} \right)^4 \right]}} \qquad (10.15)$$

Die Anfangsbedingungen für die Lösung dieser Gleichung lauten:
    Zur Zeit $t = 0$, soll $c_1 = c_2 = dh_1/dt = 0$ sein und die Funktion in Gl. 10.15 ist
$e^{2[1-(\frac{d_1}{d_2})^4]} = 0$.

10.3 Flüssigkeitsschwingungen

Flüssigkeitsschwingungen können in kommunizierenden Rohren und Behältern auftreten,
wenn eine Schwingungserregung durch einen zeitlich veränderlichen Oberflächen- oder
Behälterdruck oder durch eine periodische Veränderung des Flüssigkeitsspiegels vorgenommen wird. Ein typisches Beispiel dafür ist die Spiegelschwankung der Messflüssigkeit
in einem U-Rohrmanometer bei Druckschwankungen. Infolge der Gravitationskraft auf eine ruhende Flüssigkeit ist die Frequenz von Flüssigkeitsschwingungen in U-Rohren sehr
gering. Sie beträgt in der Regel $f = 0{,}4$ bis $2\,\text{Hz}$.

Die periodischen hydraulischen Strömungsvorgänge wurden und werden auch für praktische Zwecke genutzt. Beispiele dafür sind die periodische Behälterentleerung in der Verfahrenstechnik, der hydraulische Stoßheber (hydraulischer Widder) und der hydraulische Kippschwinger.

10.3.1 Schwingung der Flüssigkeit in einem U-Rohr

Die Schwingungsdauer einer Flüssigkeitssäule oder die Frequenz in einem U-Rohr lässt sich für die reibungsfreie Flüssigkeitsbewegung mittels der Bernoulligleichung leicht ermitteln. In Abb. 10.2 ist ein gefülltes U-Rohr mit konstantem Durchmesser dargestellt.

Die Bernoulligleichung für die reibungsfreie Bewegung lautet für $p_1 = p_2 = p_b$ nach Gl. 10.7

$$h_1 + \frac{c_1^2}{2\,g} = h_2 + \frac{c_2^2}{2\,g} + \frac{1}{g} \int\limits_{s=0}^{L} \frac{\mathrm{d}c_2(s,t)}{\mathrm{d}t}\,\mathrm{d}s \qquad (10.16)$$

Bei konstantem Rohrdurchmesser $d = d_1 = d_2$ ist $c_1 = c_2$ und $c_1 = \mathrm{d}z/\mathrm{d}t$. Damit ergibt sich aus Gl. 10.16 mit $(h_2 - h_1) = 2z$ die Differenzialgleichung (Gl. 10.17)

$$2\,z + \frac{1}{g}\frac{\mathrm{d}^2 z}{\mathrm{d}t^2} \int\limits_{s=0}^{L} \mathrm{d}s = 0 \qquad (10.17)$$

oder umgeformt mit dem Integral, das die Schwingungsamplitude enthält $\int_{s=0}^{L} \mathrm{d}s = L$

$$\frac{\mathrm{d}^2 z}{\mathrm{d}t^2} + \frac{2\,g\,z}{L} = 0 \quad \text{oder} \quad \frac{\mathrm{d}c}{\mathrm{d}t} + \frac{2\,g\,z}{L} = 0 \qquad (10.18)$$

Die Lösung der Differentialgleichung für die Bewegung des Flüssigkeitsspiegels lautet mit der Anfangsamplitude z_0, der Länge des Flüssigkeitsfadens L und der Phasenverschie-

Abb. 10.2 Periodisch schwingende Flüssigkeit in einem U-Rohr mit der Anfangsamplitude z_0 ohne Phasenverschiebung φ. **a** U-Rohr, **b** Schwingungsverlauf

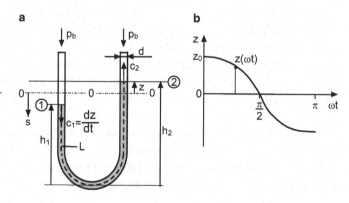

bung φ:

$$z = z_0 \cos\left[\sqrt{\frac{2g}{L}}\, t + \varphi\right] \tag{10.19}$$

Für die Schwingungsfrequenz f und die Schwingungszeit T ergibt sich damit:

$$f = \frac{1}{T} = \frac{1}{2\pi}\sqrt{\frac{2g}{L}} \tag{10.20}$$

Soll die Reibung der Flüssigkeitssäule im Rohr berücksichtigt werden, so lautet die Bernoulligleichung für die reibungsbehaftete Strömung mit der Reibungsverlusthöhe $\tau/(g\rho)$:

$$h_1 + \frac{c_1^2}{2g} = h_2 + \frac{c_2^2}{2g} + \frac{1}{g}\frac{dc_2}{dt}\int_{s=0}^{L} ds + \frac{\tau}{g\rho} \tag{10.21}$$

Für den konstanten Rohrquerschnitt $A_1 = A_2$ und $c_1 = c_2$ mit $c_1 = dz/dt$ lautet die Differentialgleichung mit $\tau/(g\,\rho) = (\eta\, dc/dn)/(g\,\rho)$ und $\eta = \rho v$

$$(h_2 - h_1) + \frac{1}{g}\frac{d^2z}{dt^2}\int_{s=0}^{L} ds + \frac{v}{g}\frac{dc}{dn} = 0 \tag{10.22}$$

Für die Reibungsverlusthöhe $\tau/g\rho = (v/g)(dc/dn)$ kann auch geschrieben werden $\lambda\frac{L}{d}\frac{c^2}{2g}$

$$2z + \frac{1}{g}\frac{d^2z}{dt^2}\int_{s=0}^{L} ds + \lambda\frac{L}{d}\frac{c^2}{2g} = 0 \tag{10.23}$$

Umgeformt lautet die Differentialgleichung mit $\int_{s=0}^{L} ds = L$

$$\frac{d^2z}{dt^2} + \frac{2gz}{L} + \lambda\frac{L}{d}\frac{c^2}{2L} = 0 \tag{10.24}$$

Die Lösung dieser Differenzialgleichung erfolgt analog zur obigen Lösung [1–4].

Es gibt weitere selbsterregte hydraulische Schwingungssysteme mit geringer Frequenz wie z. B. den hydraulischen Kippschwinger mit Flüssigkeitsverdampfung, die periodische Entleerung von Flüssigkeitsbehältern (Abb. 10.3), oder den hydraulischen Stoßheber, der unter dem Namen hydraulischer Widder bekannt wurde und der zum periodischen Fördern von Flüssigkeiten genutzt wurde. Wird eine Flüssigkeitssäule in kommunizierenden Gefäßen mit der Resonanzfrequenz erregt, so wird dafür eine sehr geringe Energie benötigt.

Wie durch turbulente Strömungsvorgänge der Wärmeübergang von Fluiden an festen Wänden verbessert werden kann, so wird auch der Stoffaustausch durch die Strömungsvorgänge bei schwingender Bewegung erhöht. Die Schwingungsbewegung wird bei Stoffübergangsvorgängen in der Verfahrenstechnik nutzbar gemacht.

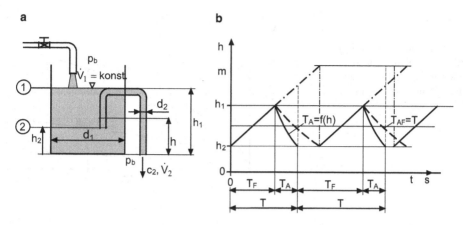

Abb. 10.3 Periodische Behälterentleerung. **a** Behälteranordnung, **b** periodische Spiegelbewegung

10.3.2 Periodische Behälterentleerung

Erfolgt der Wasserzulauf in einen Behälter wie in Abb. 10.3 dargestellt, fortwährend mit konstantem Volumenstrom $\dot{V}_1$ und die Entleerung periodisch, jeweils nach Erreichen der Spiegelhöhe h_1, so lautet die Bernoulligleichung für die variable Spiegelhöhe h:

$$p_b + g\,\rho\,(h_1 - h) = p_b + \frac{\rho}{2}c^2 + \frac{dc_i(t)}{dt}A_i \int_{s_1}^{s_2} \frac{ds}{A} \tag{10.25}$$

h ist die variable Spiegelhöhe im Behälter während des Ausfließens T_F ist die reine Füllzeit, T_A ist die Ausflusszeit, $T = T_F + T_A$ ist die Periodenzeit

Der instationäre Ausfluss aus dem Behälter zwischen den Flüssigkeitsspiegelhöhen h_1 und h_2 über die Heberleitung mit absinkendem Flüssigkeitsspiegel erfolgt entsprechend Gl. 10.8

$$\frac{c_1^2}{2} + gh_1 = \frac{c_2^2}{2} + \frac{dc_i(t)}{dt}A_i \int_{s_1}^{s_2} \frac{ds}{A} \tag{10.26}$$

Die Lösung dieser Gleichung für die variable Spiegelhöhe $c_1(h)$ stellt Gl. 10.15 dar. Reicht die Heberleitung bis zum Behälterboden, so kann die variable Ausflussgeschwindigkeit auch mit der variablen Flüssigkeitsspiegelhöhe h näherungsweise bestimmt werden zu

$$c_2 = \sqrt{2\,g\,h} \tag{10.27}$$

Der variable Ausflussvolumenstrom aus dem Behälter beträgt damit:

$$\dot{V}_2 = A\,c_2 = \frac{\pi}{4}d_2^2 \sqrt{2\,g\,h} \tag{10.28}$$

Abb. 10.4 Ausfluss-
geschwindigkeit c_2 und
Ausflussvolumenstrom $\dot{V}_2$ in
Abhängigkeit der Spiegelhöhe
h für die Rohrdurchmesser von
$d = 32$ mm und 50 mm

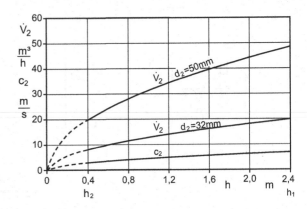

In Abb. 10.4 sind die veränderliche Ausflussgeschwindigkeit c_2 und der Ausflussvolumenstrom $\dot{V}_2$ für die Rohrdurchmesser von $d_2 = 32$ mm und $d_2 = 50$ mm in Abhängigkeit
der Flüssigkeitsspiegelhöhe dargestellt. Beide Werte steigen proportional zu $\sqrt{h}$ an. Der
Bewegungsablauf des Flüssigkeitsspiegels h stellt einen Schwingungsvorgang zwischen
den Grenzwerten h_1 und h_2 dar mit der Schwingungszeit $T = T_\mathrm{F} + T_\mathrm{A}$. Bei $h = h_2$ wird
der Abfluss durch Eindringen von Luft in die Heberleitung unterbrochen.

Das Behältervolumen zwischen dem maximalen und minimalen Flüssigkeitsspiegel beträgt

$$V = \frac{\pi}{4} d_1^2 \left(h_1 - h_2 \right) = \frac{\pi}{4} d_1^2 h_1 \left(1 - \frac{h_2}{h_1} \right) \tag{10.29}$$

Die Füllzeit des Behälters beträgt für einen konstanten Zuflussvolumenstrom $\dot{V}_1 = $ konst.

$$T_\mathrm{F} = \frac{V}{\dot{V}_1} = \frac{\pi \, d_1^2 \, (h_2 - h_1)}{4 \, \dot{V}_1} \tag{10.30}$$

Die Ausflusszeit T_A erhält man aus dem Ausflussvolumen, das aus dem Behältervolumen V und dem während der Ausflusszeit zufließenden Volumen $\dot{V}_1 \, T_\mathrm{A}$ besteht und dem
variablen Ausflussvolumenstrom $\dot{V}_2$

$$T_\mathrm{A} = \frac{V + \dot{V}_1 \, T_\mathrm{A}}{\dot{V}_2} \tag{10.31}$$

Daraus folgt für die Ausflusszeit Gl. 10.32:

$$T_\mathrm{A} = \frac{V}{(\dot{V}_2 - \dot{V}_1)} = \left(\frac{d_1}{d_2} \right)^2 \frac{h_1 \left(1 - \frac{h_2}{h_1} \right)}{\sqrt{2 \, g \, h} - \frac{4 \, \dot{V}_1}{\pi \, d_2^2}} \tag{10.32}$$

In Abb. 10.5 sind die Füll- und Ausflusszeiten in Abhängigkeit der veränderlichen Füllhöhe dargestellt. Da das Füllvolumen für den konstanten Durchmesser $d_1 = 1{,}0$ m und die

Abb. 10.5 Füll- und Ausflusszeiten T_F und T_A in Abhängigkeit der Spiegelhöhe h für verschiedene Durchmesserverhältnisse d_1/d_2 bei einem Füllvolumenstrom von $\dot{V}_1 = 12\,\mathrm{m^3/h}$

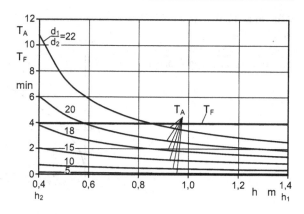

konstante Füllhöhe $\Delta h = h_1 - h_2 = 1{,}0\,\mathrm{m}$ konstant gehalten wird, ändert sich auch die Füllzeit T_F nicht. Die veränderliche Ausflusszeit T_A ist für die Durchmesserverhältnisse von $d_1/d_2 = 5$ bis 22 in Abb. 10.5 dargestellt. Sie steigt mit zunehmendem Durchmesserverhältnis an.

Die Schwingungszeit des Behältervolumens beträgt damit

$$T = T_F + T_A = \frac{\pi d_1^2\,(h_2 - h_1)}{4\,\dot{V}_1} + \left(\frac{d_1}{d_2}\right)^2 \frac{h_1\left(1 - \frac{h_2}{h_1}\right)}{\sqrt{2\,g\,h} - \frac{\dot{V}_1}{A_2}} \tag{10.33}$$

Das Verhältnis der Schwingungszeit T zur Ausflusszeit T_A beträgt:

$$\frac{T}{T_A} = \frac{T_F}{T_A} + 1 = 1 + \frac{\frac{\pi}{4}d_1^2 h_1\left(1 - \frac{h_2}{h_1}\right)}{\dot{V}_1\,\frac{\pi}{4}d_1^2 h_1\left(1 - \frac{h_2}{h_1}\right)}\left[\frac{\pi}{4}\,d_2^2\,\sqrt{2\,g\,h} - \dot{V}_1\right] = 1 + \left[\frac{\pi}{4}\frac{d_2^2}{\dot{V}_1}\,\sqrt{2\,g\,h} - 1\right] \tag{10.34}$$

Werden gleiche Zufluss- und Abflusszeiten angestrebt ($T_F = T_A$), so muss das Verhältnis der Schwingungszeiten $T/T_A = 2$ sein.

Diese Bedingung für gleiche Zeitanteile $T_F = T_A$ wird erfüllt, für die Flüssigkeitsspiegelhöhe h mit der fiktiven Ausflussgeschwindigkeit c_{i2} aus der Heberleitung (Abb. 10.6) von $c_{i2} = \dot{V}_1/A_1 = \dot{V}_1/(\pi d_2^2/4) = \sqrt{2\,g\,h}/2$.

$$h = \frac{1}{g}\left(\frac{4}{\pi}\frac{\dot{V}_1}{d_2^2}\right)^2 = \frac{c_{i2}^2}{g} \tag{10.35}$$

Darin ist c_{i2} die fiktive Ausflussgeschwindigkeit im Heberrohr nur für den zufließenden Volumenstrom $\dot{V}_1$.

Abb. 10.6 Fiktive Ausflussgeschwindigkeit c_{i2} in
Abhängigkeit von der variablen Flüssigkeitsspiegelhöhe h

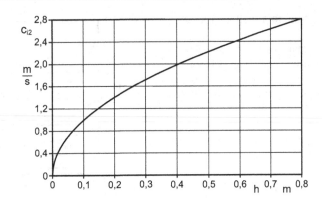

10.4   Druckstoß in Rohrleitungen

Wird ein Fluid mit der Geschwindigkeit c durch Schließen von Absperrorganen wie
z. B. Ventil, Schieber oder Kugelschieber in Rohrleitungen von Wasserkraftanlagen oder
Wegeventile in Hydraulikanlagen plötzlich am Weiterströmen gehindert, so entsteht ein
Druckstoß in der Rohrleitung, der mit der Schallgeschwindigkeit a durch die Leitung
wandert und am Ende der Rohrleitung reflektiert wird (Abb. 10.7). Wird eine unter Druck
stehende Flüssigkeitsleitung (z. B. der Hydrant einer Wasserleitung), in der sich das Fluid
im Ruhezustand befindet ($c = 0$), plötzlich geöffnet, so muss beim Öffnen der Leitung das gesamte in der Rohrleitung befindliche Fluid beschleunigt werden. Dafür ist
ein Beschleunigungsdruck notwendig, der aus dem statischen Druck des Fluids in der
Rohrleitung oder von einer Pumpe aufgebracht werden muss.

Den Druckstoß in Rohrleitungen aus nichtelastischem Werkstoff ($E \rightarrow \infty$) und inkompressibler Flüssigkeit ($E_{Fl} = 1/\beta_T \rightarrow \infty$) oder mit dem Kompressibilitätskoeffizienten
($\beta_T \rightarrow 0$) lösten unabhängig voneinander Joukowski 1899 und Allievi 1903.

Der Druckstoß in der Rohrleitung kann mit Hilfe des Newton'schen Grundgesetzes
ermittelt werden. Die Beschleunigungskraft beträgt mit der Beschleunigung $a = dc/dt$
und mit der Masse m

$$F = m\,a = m\,\frac{dc}{dt} = \rho\,V\,\frac{dc}{dt} = \rho\,A\,dx\,\frac{dc}{dt} = A\,dp \qquad (10.36)$$

Abb. 10.7 Druckstoß beim
Verschließen einer Rohrleitung

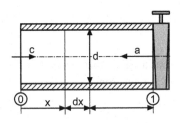

Tab. 10.1 Maximaler Druckstoß in einer Rohrleitung für unterschiedliche Schließzeiten

Schließ- bzw. Öffnungsvorgang	Schließ-/Öffnungszeit	Max. Druckstoß
Plötzliches Totalschließen oder Totalöffnen	$\Delta t \leq 0,1$ s	$\Delta p_{max} = \rho a c_0$
Plötzliches Teilschließen oder Teilöffnen	$\Delta t \leq 0,1$ s	$\Delta p_{max} = \rho a (c_0 - c)$
Langsames Totalschließen oder Totalöffnen	$\Delta t \geq 20$ s	$\Delta p_{max} = \rho L \frac{c_0}{\Delta t}$
Langsames Teilschließen oder Teilöffnen	$\Delta t \geq 20$ s	$\Delta p_{max} = \frac{L}{A} \frac{\Delta \dot{m}}{\Delta t}$

Daraus folgt die Druckänderung $dp = F/A$ infolge der Flüssigkeitsverzögerung a

$$dp = \frac{F}{A} = \frac{\rho A \, dx}{A} \frac{dc}{dt} = \rho \frac{dx}{dt} dc = \rho \, a_F \, dc \qquad (10.37)$$

In Gl. 10.37 stellt das Differential $dx/dt = a_F$ die Fortpflanzungsgeschwindigkeit der Druckstörung in der Rohrleitung dar, die gleich der Schallgeschwindigkeit ist (Gl. 6.49). Der Druckstoß dp beträgt mit der Schallgeschwindigkeit $a^2 = E/\rho$ (Gl. 6.50):

$$dp = \rho \, a_F \, dc \quad \text{bzw.} \quad \Delta p = \rho \, a_F \, (c_0 - c) \qquad (10.38)$$

$$\Delta p_{max} = \rho \, a_F \, c_0 = \rho \, c_0 \sqrt{\frac{E}{\rho}} = c_0 \sqrt{\rho \, E} \qquad (10.39)$$

Die Gln. 10.38 und 10.39 stellen das Stoßgesetz von Joukowski und Allievi dar.

Der Druckstoß ist also von der Fluiddichte ρ, der Größe der Schallgeschwindigkeit a und von der Schließgeschwindigkeit abhängig, die in der Regel einem Schließgesetz folgt. In Tab. 10.1 sind einige Lösungen des Stoßgesetzes für unterschiedliche Schließzeiten angegeben.

Die Eigenfrequenz f der sich ausbildenden stehenden Welle beträgt:

$$f = \frac{1}{T} = \frac{1}{2\pi} \sqrt{\frac{g}{L}} \qquad (10.40)$$

Die Schließzeit eines Ventils soll mindestens sechsfach größer sein als die Laufzeit der Druckwelle, um Überlastungen der Rohrleitung durch die Druckwelle zu vermeiden.

10.4.1 Druckstoß in elastischen Leitungen unter Berücksichtigung der Kompressibilität der Flüssigkeit

Langsames Schließen eines Ventils und auch die Elastizität einer Rohrleitung dämpfen den Druckerhöhungsvorgang und vermindern somit den Druckstoß in einer Rohrleitung.

Nach Gl. 6.50 ist die Schallgeschwindigkeit a, d. h. die Druckwellengeschwindigkeit eines Fluids auch von der Kompressibilität β_T, von der Dichte ρ des strömenden Fluids

Abb. 10.8 Gedämpfter Druckstoß unter dem Einfluss der
Kompressibilität des Fluids β_T
und der Elastizität der Rohrleitung

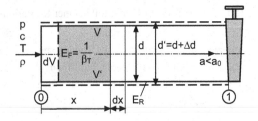

und von der Elastizität der Rohrwand E_R abhängig $a = f(\rho, \beta_T, E_R)$ mit $\beta_T = 1/E_F$ (Abb. 10.8).

Der nach dem Abschließen eines Absperrorgans noch strömende Volumenstrom

$$d\dot{V}_F = A\,(c_0 - c) \tag{10.41}$$

muss durch die Kompression des Fluids

$$d\dot{V}_K = V_0\,\beta_T\,\mathrm{d}p = A\,\mathrm{d}x\,\beta_T\,\mathrm{d}p \tag{10.42}$$

und durch die elastische Aufweitung der Rohrleitung

$$d\dot{V}_R = \frac{\pi}{4}\frac{\mathrm{d}x}{E_R}\frac{d^3}{s}\mathrm{d}p \tag{10.43}$$

ausgeglichen werden. Aus diesen drei Volumenanteilen erhält man mit $d\dot{V}_F - d\dot{V}_K - d\dot{V}_R = 0$ die folgende Gleichung:

$$A\,(c_0 - c) = A\,\beta_T\,\mathrm{d}p\,\mathrm{d}x + A\,\frac{d}{s}\frac{\mathrm{d}x}{E_R}\mathrm{d}p \tag{10.44}$$

Dividiert man Gl. 10.44 durch A und beachtet, dass $\mathrm{d}x/\mathrm{d}t = a_F$ die Schallgeschwindigkeit des strömenden Fluids ist, so erhält man für die Fortpflanzungsgeschwindigkeit im elastischen Rohr die Gl. 10.45 mit $\beta_T = 1/E_F$

$$a_F = \frac{\mathrm{d}x}{\mathrm{d}t} = \frac{c_0 - c}{\Delta p\left[\frac{1}{E_F} + \frac{d}{s}\frac{1}{E_R}\right]} \tag{10.45}$$

Mit dem Stoßgesetz von Joukowski und Allievi $\Delta p = \rho a_F(c_0 - c)$ (Gl. 10.38), erhält man für die Fortpflanzungsgeschwindigkeit im elastischen Rohr unter Berücksichtigung der Kompressibilität des Fluids und der Elastizität der Rohrleitung:

$$a_F = \frac{1}{\left\{\rho_F\left[\frac{1}{E_F} + \frac{d}{s}\frac{1}{E_R}\right]\right\}^{1/2}} = \frac{1}{\left\{\rho_F\left(\beta_F + \frac{d}{s}\frac{1}{E_R}\right)\right\}^{1/2}} \tag{10.46}$$

Der Druckstoß im elastischen Rohr beträgt unter Berücksichtigung der Kompressibilität des Fluids und der Elastizität der Rohrleitung:

$$\Delta p = \rho_F \, a_F \, (c_0 - c) = \frac{\sqrt{\rho_F}\,(c_0 - c)}{\sqrt{\left(\beta_F + \frac{d}{s}\frac{1}{E_R}\right)}} \qquad (10.47)$$

10.4.2 Druckstoß bei Ausfluss aus einem offenen Behälter

Aus einem Behälter mit der konstanten Flüssigkeitsspiegelhöhe h_1 (z. B. Wasserschloss eines Pumpspeicherwerkes) fließt Wasser durch die horizontale Rohrleitung mit dem Durchmesser d und mit der Länge L (Abb. 10.9). Das Ventil am Ende der horizontalen Leitung wird nach einem linearen Gesetz $c_3(t)$ geschlossen. Der Behälterdurchmesser D ist wesentlich größer als der Rohrdurchmesser d, $D \gg d$.

Zu bestimmen ist der Druckstoß beim Schließen der Rohrleitung.

Die Bernoulligleichung für die Ausflussströmung lautet mit $c_1 \gg c_2$, also $c_1 \approx 0$

$$p_1 + g\,\rho\,h_1 = p_3 + \rho\,\frac{c_3^2}{2} + \rho \int_{s_1}^{s_2} \frac{\partial c}{\partial t}\,\mathrm{d}x \qquad (10.48)$$

Mit dem linearen Schließgesetz für das Ventil $c_3(t) = (1 - t/\Delta t)\sqrt{2gh_1}$ beträgt die spezifische dynamische Energie $c_3^2/2$ in Gl. 10.48

$$\frac{c_3^2}{2} = g\,h_1 \left(1 - \frac{t}{\Delta t}\right)^2 \qquad (10.49)$$

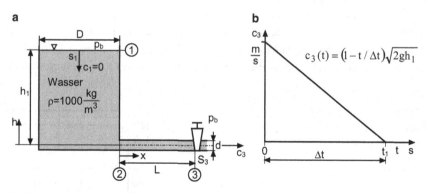

Abb. 10.9 Stoßvorgang beim Schließen der Rohrleitung. **a** Ausfluss aus einem Behälter, **b** Schließverhalten des Ventils beim Schließen der Rohrleitung

Der instationäre Anteil in Gl. 10.48 kann wie folgt geschrieben werden

$$\int\limits_{s_1}^{s_3} \frac{\partial c}{\partial t} dx = \frac{A_3}{A} \int\limits_{s=0}^{L} \frac{dc_3}{dt} dx = \frac{A_3}{A} \frac{dc_3}{dt} \int\limits_{s=0}^{L} dx \qquad (10.50)$$

Aus dem linearen Schließgesetz des Ventils (Abb. 10.9b) erhält man den Geschwindig-keitsgradienten für die Strömung in der Rohrleitung

$$\frac{dc_3}{dt} = -\frac{\sqrt{2 g h_1}}{\Delta t} \qquad (10.51)$$

Wird dieser Geschwindigkeitsgradient in die Gl. 10.50 für das Integral eingesetzt, so erhält man für die Rohrleitung mit konstantem Querschnitt $A_3 = A = A_2(A_3/A = 1)$

$$\int\limits_{0}^{l} \frac{\partial c}{\partial t} dx = -\frac{\sqrt{2 g h_1}}{\Delta t} \int\limits_{s=0}^{L} dx = -\sqrt{2 g h_1} \frac{L}{\Delta t} \qquad (10.52)$$

Setzt man diesen Anteil der instationären Strömung in die Bernoulligleichung für die instationäre Strömung ein (Gl. 10.48), so erhält man für den Druckanstieg am Ventil $\Delta p = p_3 - p_1$:

$$\Delta p = p_3 - p_1 = g \rho h_1 \left[1 - \left(1 - \frac{t}{\Delta t} \right)^2 \right] + \frac{\rho \sqrt{2 g h_1}}{\Delta t} L \qquad (10.53)$$

Der Druckanstieg $\Delta p = p_3 - p_1$ ist von der Schließzeit Δt abhängig. Der Druck steigt bei sinkender Schließzeit Δt an und er erreicht bei $t/\Delta t = 1$ den Maximalwert Δp_{max}.

$$\Delta p_{max} = (p_3 - p_1)_{max} = g \rho h_1 + \frac{\rho \sqrt{2gh_1}}{\Delta t} L = g \rho h_1 \left[1 + \frac{2 L}{\Delta t \sqrt{2 g h_1}} \right] \qquad (10.54)$$

Beim Druckstoß instationärer Strömungen kommt also der instationäre Anteil $\rho\sqrt{2gh_1}L/\Delta t$ zum stationären Anteil $g\rho h_1$ hinzu.

In Abb. 10.10 ist die Größe des Druckstoßes Δp in der Ausflussleitung des Behälters mit $h_1 = 4\,m$; $L = 5\,m$ in Abhängigkeit der Schließzeit von $\Delta t = 0,4\,s$ bis 12 s dar-gestellt. Man erkennt, dass die Schließzeitverlängerung bis auf $t = 6\,s$ eine wesentliche

Abb. 10.10 Druckstoß beim Verschließen einer Rohrlei-tung in Abhängigkeit der Schließzeit für $h_1 = 4\,m$ und $\Delta t = 0,4\,s$

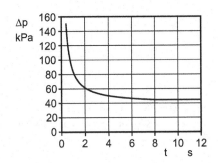

Verminderung des Druckstoßes bewirkt. Plötzliche Schließ- und Öffnungsvorgänge von Rohrleitungen bewirken eine große Druckänderung und damit eine große zusätzliche Beanspruchung der Rohrleitung. Deshalb sind sie möglichst durch größere Schließzeiten zu vermeiden. Im vorliegenden Beispiel soll die Schließzeit $t \geq 4\,\mathrm{s}$ betragen.

10.5 Wirbelablösung hinter umströmten Körpern

Werden stumpfe, kugelförmige oder zylindrische Körper von einem Fluid angeströmt, so löst die Strömung infolge des statischen Druckanstiegs hinter dem Körper ab und es bilden sich paarweise Wirbel, die den Strömungswiderstand des Körpers erhöhen und eine Wirbelzone ausfüllen. In Abb. 10.11 ist ein gegenläufiges Wirbelpaar hinter einer querangeströmten Platte von B. Eck [5] dargestellt. Dieses instationäre Wirbelpaar wird oft auch als Anfahrwirbel der Platte bezeichnet, wenn die Platte in der Strömung nach links bewegt wird. Die Strömung löst an den Plattenkanten ab und es bildet sich ein Wirbelpaar mit der inneren Rückströmung des Fluids. Die Gesamtzirkulation aller Wirbel in einem unendlich ausgedehnten Strömungsgebiet ist nach dem Helmholtz'schen Wirbelsatz Null.

Diskontinuitäts- oder Trennflächen im Geschwindigkeitsfeld hervorgerufen durch Profil- oder Körperumströmungen führen ebenfalls zur Wirbelbildung (Kap. 9).

10.5.1 Kármán'sche Wirbelstraße

Löst die Strömung an den Kanten umströmter Körper, wie z. B. an Brückenpfeilern in Flüssen, an Einbauten in strömungstechnischen Anlagen, an Schornsteinen oder an engen Fjordeinläufen bei Flut infolge eines zu großen Druckanstiegs ab, so bilden sich paarweise Wirbel, die sich zu einer Wirbelstraße formieren. Sie wurden von Theodore von Kármán

Abb. 10.11 Wirbelpaar hinter einer querangeströmten Platte nach Eck [5]

Abb. 10.12 Kármán'sche
Wirbelstraße hinter einem
umströmten Körper

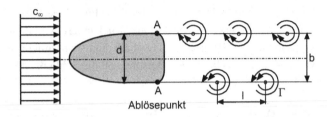

Abb. 10.13 Strouhalzahl in
Abhängigkeit der Anström-
reynoldszahl

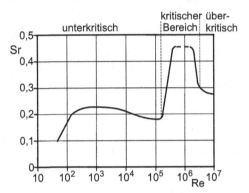

(1881–1963) entdeckt und werden deshalb nach ihm als Kármán'sche Wirbelstraße be-
nannt (Abb. 10.12).

Die periodische Wirbelablösung beginnt bei Reynoldszahlen von Re $\approx$ 40. Sie bleibt
bis zur kritischen Reynoldszahl von $Re_{krit.} = 2 \cdot 10^5$ stabil erhalten [6–8].

Aus der Anströmgeschwindigkeit c_∞, der Ablösefrequenz f und der Körperdicke d
kann die Strouhalzahl Sr als Verhältnis der lokalen zur konvektiven Beschleunigung bzw.
als Verhältnis der beiden Trägheitskräfte ermittelt werden. Sie beträgt:

$$Sr = \frac{f\,d}{c_\infty} \approx \frac{0,21}{c_w^{3/4}} \tag{10.55}$$

Im Reynoldszahlbereich von Re $= 100$ bis $2 \cdot 10^5$ stellt sich entsprechend Abb. 10.13
eine Strouhalzahl von Sr $\approx$ 0,2 ein. Entsprechend den Ablösepunkten stellt sich ein
Abstandsverhältnis der Wirbel von $l/b \approx 3{,}558$ für den unterkritischen Reynoldszahlbereich von Re $= 100$ bis $2 \cdot 10^5$ ein. Die periodische Wirbelablösung an einem Profilstab
in einem durchströmten Messgerät wird auch für die Volumenstrommesstechnik in dem
Reynoldszahlbereich von Re $= 100$ bis $2 \cdot 10^5$ genutzt. In Strömungsmaschinen, insbesondere in Seitenkanalverdichtern, treten ebenfalls instationäre Strömungsvorgänge mit
hochfrequenten Druckschwingungen auf, die vorwiegend experimentell untersucht werden [9, 10]. Dabei treten Druckschwingungen mit Frequenzen bis zu $f = 10\,kHz$ auf.
Dominant sind die Schaufelerregerfrequenzen, die sich aus der Schaufelzahl und der Drehfrequenz $f_S = zf$ ergeben und die Werte von $f_S = 1{,}5\,kHz$ bis $2{,}8\,kHz$ annehmen
können [10].

10.6 Beispiele

Beispiel 10.6.1 Für den Ausfluss von Wasser mit $\rho = 1000\,\text{kg/m}^3$ aus einem Behälter (Abb. 10.1) mit dem Durchmesser von $d_1 = 0,8\,\text{m}\,\varnothing$, der Höhe von $h_1 = 2,0\,\text{m}$ und dem Ausflussrohrdurchmesser von $d_2 = 0,080\,\text{m}\,\varnothing$ sind die Ausflussgeschwindigkeit c_2 und die Spiegelgeschwindigkeit c_1 zu berechnen. Nach Gl. 10.15 ist

$$c_1 = \sqrt{\frac{9,81\frac{\text{m}}{\text{s}^2}\cdot 2\,\text{m}}{\left[\left(\frac{0,8\,\text{m}}{0,08\,\text{m}}\right)^4 - 1\right]} + \frac{9,81\frac{\text{m}}{\text{s}^2}\cdot 2\,\text{m}}{2\left[\left(\frac{0,8\,\text{m}}{0,08\,\text{m}}\right)^4 - 1\right]^2}} = 0,0443\,\frac{\text{m}}{\text{s}}$$

$$c_2 = c_1\,(d_1/d_2)^2 = 4,43\,\frac{\text{m}}{\text{s}} \quad \text{für} \quad (d_1/d_2)^2 = (0,8\,\text{m}/0,08\,\text{m})^2 = 100$$

ist die Ausflussgeschwindigkeit für die Flüssigkeitsspiegelhöhe von $h = 2,0\,\text{m}$ und $d_1/d_2 = 10$ (Abb. 10.14).

Abb. 10.14 zeigt den Geschwindigkeitsverlauf des variablen Wasserspiegels im offenen Behälter für die Durchmesserverhältnisse $d_1/d_2 = 5$ bis 15. Die instationäre Ausflussgeschwindigkeit aus dem Behälter ist im Gegensatz zum stationären Ausströmen von der Behältergeometrie abhängig.

Beispiel 10.6.2 Für den instationären Ausfluss aus einem großen Behälter (Abb. 10.15) mit einer Ausflussdüse mit d/D und der Länge L ist die zeitabhängige Ausflussgeschwindigkeit an der Düse $c_2(t)$ für $d/D = 0,25$ bis 1,5 und $L = 1,0\,\text{m}$ zu berechnen.

Die Bernoulligleichung für die Grenzen 1 und 2 lautet nach Gl. 10.7:

$$p_1 + \frac{\rho}{2}c_1^2 + g\,\rho\,h_1 = p_2 + \frac{\rho}{2}c_2^2(t) + \rho\int_{s=0}^{L}\frac{\partial c(s,t)}{\partial t}\,\mathrm{d}s \tag{10.56}$$

Der Behälterquerschnitt A_1 ist wesentlich größer als A_2 ($A_2 \ll A_1$). Somit ist $c_1 \ll c_2$ und damit vereinfacht sich Gl. 10.56. Mit Hilfe der Kontinuitätsgleichung für die Düse

Abb. 10.14 Geschwindigkeitsverlauf der variablen Wasserspiegelhöhe im offenen Behälter

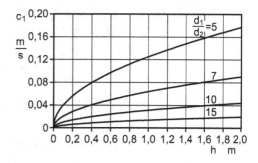

Abb. 10.15 Instationärer
Ausfluss aus einem großen
Behälter mit Ausflussdüse

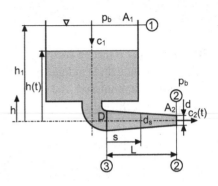

in den Grenzen 3 und 2 $c_2(s,t)\pi D^2/4 = c_3(t)\pi d^2/4$ und mit dem Düsendurchmesser
$d_S = d + (D - d)s/L$ erhält man die Geschwindigkeit $c(s,t)$:

$$c(s,t) = c_2(t) \left(\frac{d}{d_S}\right)^2 = c_2(t) \left[\frac{1}{1 + (D/d - 1)\,s/L}\right]^2 \qquad (10.57)$$

Differenziert man diese Geschwindigkeit $c(s,t)$ partiell nach t, so ergibt sich

$$\frac{\partial c(s,t)}{\partial t} = \left[\frac{1}{1 + (D/d - 1)\,s/L)}\right]^2 \frac{dc_2(t)}{dt} \qquad (10.58)$$

Das Integral der Gl. 10.58 lautet:

$$\int_{s=0}^{L} \frac{\partial c(s,t)}{\partial t}ds = \frac{dc_2(t)}{dt} \int_{s=0}^{L} \left[\frac{L}{L + (D/d - 1)s}\right]^2 ds = \frac{dc_2(t)}{dt} \frac{d}{D} L \qquad (10.59)$$

Setzt man die Lösung dieses Integrals in Gl. 10.56 mit den getroffenen Voraussetzungen
ein, so erhält man die Differenzialgleichung erster Ordnung

$$\frac{dc_2(t)}{dt} = \frac{d}{D} \frac{1}{L} \left[gh - \frac{c_2^2(t)}{2}\right] = \frac{d}{D} \frac{1}{2L} \left[2gh - c_2^2(t)\right] \qquad (10.60)$$

Der Ausdruck $2gh = c_2^2$ stellt das Quadrat der Ausflussgeschwindigkeit aus dem Behälter
nach Torricelli für eine Konstante Spiegelhöhe dar. Nach Trennung der Variablen und
Integration erhält man die Lösung der Differentialgleichung (Gl. 10.60)

$$t = \frac{2DL}{d\,2gh} \arctan h\left(\frac{c_2(t)}{c_2}\right) \qquad (10.61)$$

Die Ausflussgeschwindigkeit $c_2(t)$ beträgt damit

$$c_2(t) = \sqrt{2gh} \tan h\left[\frac{\sqrt{2gh}}{2} \frac{d}{D} \frac{t}{L}\right] \qquad (10.62)$$

Abb. 10.16 Instationäre Ausflussgeschwindigkeit aus einem großen Behälter mit Ausflussdüse für $h = 2,0\,\mathrm{m}$, $L = 1,0\,\mathrm{m}$ und $d/D = 0,25$ bis 1,5

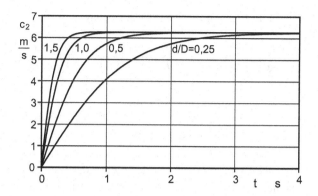

Die Lösung dieser Gl. 10.62 ist für eine Anlage mit $h = 2\,\mathrm{m}$, $L = 1\,\mathrm{m}$ und $d/D = 0,25$ bis 1,5 in Abb. 10.16 dargestellt. Die Endgeschwindigkeit erreicht die stationäre Ausflussgeschwindigkeit von Torricelli mit $c_2 = \sqrt{2gh} = 6{,}264\,\mathrm{m/s}$.

Mit der Geschwindigkeit $c_2(t)$ kann mit Hilfe der Bernoulligleichung für den Behälter zwischen 1 und 3 auch der zeitliche Druckverlauf $p_3(t)$ am Rohreintritt ermittelt werden.

$$\frac{p_3(t) - p_1}{g\,\rho\,h(t)} = 1 - \frac{c^2}{2\,g\,h(t)} = 1 - \frac{c^2}{c_{\mathrm{Torr}}^2} = 1 - \tan h\left[\frac{\sqrt{2\,g\,h}}{2}\frac{d}{D}\frac{t}{L}\right] \qquad (10.63)$$

Für $h_1 = h_2$ kann geschrieben werden:

$$\int_{s_1}^{s} \frac{\mathrm{d}c}{\mathrm{d}t}\,\mathrm{d}s + \frac{p(s,t)}{\rho} = \frac{p_3(t)}{\rho} \qquad (10.64)$$

Der Druck $p(s,t)$ ist linear von s abhängig und er hat die Form

$$p(s,t) = p_3(t) - \frac{x}{L}[p_3(t) - p_1] \qquad (10.65)$$

Abb. 10.17 Bezogene zeitliche Druckdifferenzen im Ausflussrohr der Länge L für das Durchmesserverhältnis $d/D = d_2/D_3 = 1,0$ an fünf verschiedenen Stellen in einer Rohrleitung bei instationärem Ausfluss

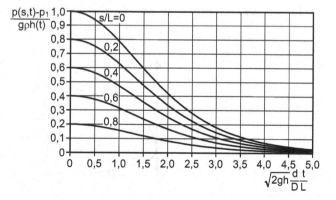

Für die bezogenen zeitlichen Druckdifferenzen $p(s,t) - p_1$ im Ausflussrohr erhält man:

$$\frac{p(s,t) - p_1}{g\,\rho\,h(t)} = \left(1 - \frac{x}{L}\right)\frac{p_3(t) - p_1}{g\,\rho\,h(t)} = \left(1 - \frac{s}{L}\right)\left[1 - \tan h^2\left(\frac{\sqrt{2\,g\,h}}{2}\frac{d}{D}\frac{t}{L}\right)\right]$$

(10.66)

Die bezogenen zeitlichen Druckdifferenzen im Ausflussrohr sind in Abb. 10.17 für die bezogenen Längen von $s/L = 0;\ 0,2;\ 0,4;\ 0,6$ und $0,8$ für das Durchmesserverhältnis $d/D = d_2/D_3 = 1,0$ dargestellt.

Beispiel 10.6.3 In einer Schiffschleuse der Länge von $L = 60\,\text{m}$, der Breite von $12\,\text{m}$ und der Wasserspiegeldifferenz von $h_1 = 8\,\text{m}$ wird ein Schiff mit $200\,\text{t}$ von der Unterseite zur Oberseite gehoben. Nachdem das untere Schleusentor geschlossen wurde, wird im oberen Schleusentor unter Wasser eine Ausflussöffnung von $A_3 = 2,0\,\text{m} \cdot 2,0\,\text{m} = 4\,\text{m}^2$ geöffnet für den Wassereinlauf in die Schleuse. Die Kontraktionszahl der Öffnung beträgt $\alpha = \text{Düsenquerschnitt}/\text{Öffnungsquerschnitt} = A_\text{D}/A_\text{St} = 0,68$.

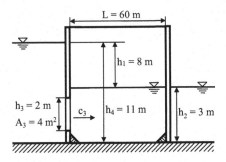

Zu berechnen sind:

1. Das vom Schiff verdrängte Wasservolumen und der Anstieg des Wasserspiegels h_1,
2. die Geschwindigkeit c_3 in der Austrittsöffnung unmittelbar nach Ausgleichsöffnung,
3. Anstiegsgeschwindigkeit des Unterwasserspiegels zur Zeit $t = 0$,
4. Differentialgleichung des quasistationären Füllablaufs der Schleuse,
5. Lösung der Differentialgleichung durch Trennung der Variablen.

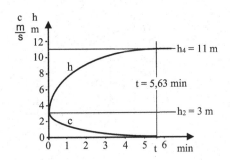

Lösung

1. $V = \dfrac{m}{\rho_W} = \dfrac{2 \cdot 10^5 \,\mathrm{kg}\,\mathrm{m}^3}{10^3 \,\mathrm{kg}} = 200 \,\mathrm{m}^3$

$$h = \frac{V}{A_K} = \frac{V}{L \cdot b} = \frac{m}{\rho \cdot L \cdot b} = \frac{2 \cdot 10^5 \,\mathrm{kg}\,\mathrm{m}^3}{10^3 \,\mathrm{kg} \cdot 60 \,\mathrm{m} \cdot 12 \,\mathrm{m}} = 0{,}278 \,\mathrm{m}$$

2. $c_3 = \alpha \sqrt{2 g h_1} = 0{,}68 \cdot \sqrt{2 \cdot 9{,}81 \dfrac{\mathrm{m}}{\mathrm{s}^2} \cdot 8 \,\mathrm{m}} = 8{,}52 \dfrac{\mathrm{m}}{\mathrm{s}}$

3. $\dfrac{\mathrm{d}h}{\mathrm{d}t} = \dot{h} = \dfrac{\dot{V}}{L \cdot b} = \dfrac{A_3 c_3}{L \cdot b} = \dfrac{4 \,\mathrm{m}^2 \cdot 8{,}52 \frac{\mathrm{m}}{\mathrm{s}}}{60 \,\mathrm{m} \cdot 12 \,\mathrm{m}} = 0{,}0473 \dfrac{\mathrm{m}}{\mathrm{s}} = 2{,}84 \dfrac{\mathrm{m}}{\mathrm{min}}$

4. $\dfrac{\mathrm{d}h_1}{\mathrm{d}t} = \dfrac{\alpha A_3}{A_K} \sqrt{2 g h_1(t)} \quad \dfrac{\mathrm{d}h_1}{\sqrt{2 g h_1(t)}} = \dfrac{\alpha A_3}{A_K} \mathrm{d}t \rightarrow h_1^{-\frac{1}{2}}(t)\,\mathrm{d}h_1 = \sqrt{2g}\,\alpha \dfrac{A_3 \mathrm{d}t}{60 \,\mathrm{m} \cdot 12 \,\mathrm{m}}$

$$\frac{\mathrm{d}h_1}{\sqrt{h_1}} = \sqrt{2 \cdot 9{,}81 \frac{\mathrm{m}}{\mathrm{s}^2}} \cdot 0{,}68 \frac{4 \,\mathrm{m}^2 \,\mathrm{d}t}{60 \,\mathrm{m} \cdot 12 \,\mathrm{m}} = 4{,}43 \frac{\mathrm{m}^{1/2}}{\mathrm{s}} \cdot 0{,}68 \frac{4 \,\mathrm{m}^2 \,\mathrm{d}t}{720 \,\mathrm{m}}$$

$$\int \frac{\mathrm{d}h_1}{h_1^{1/2}} = \frac{1}{1/2} h_1^{n\frac{\mathrm{m}^{1/2}}{\mathrm{s}}+1} = 2 h_1^{1/2} = 2\sqrt{h_1} = 0{,}01673 \frac{\mathrm{m}^{1/2}}{\mathrm{s}} \cdot t$$

$$t = \frac{2\sqrt{h_1}\,\mathrm{s}}{0{,}01673 \,\mathrm{m}^{1/2}} = \frac{2\sqrt{8}\,\mathrm{m}^{1/2}\,\mathrm{s}}{0{,}01673 \,\mathrm{m}^{1/2}} = 338{,}06 \,\mathrm{s} = 5{,}63 \,\mathrm{min}$$

10.7 Aufgaben

Aufgabe 10.7.1 Ein atmosphärisch offener Ölbehälter mit Kreisquerschnitt und mit dem konstanten Durchmesser von $d_1 = 4\,\mathrm{m}$ soll von $h_1 = 4\,\mathrm{m}$ auf $h_2 = 1\,\mathrm{m}$ teilweise über eine kreisrunde Öffnung von $d_2 = 65\,\mathrm{mm}$ entleert werden. Zu bestimmen ist die Ausflusszeit t. Die Ausflussöffnung besitzt einen Druckverlustbeiwert von $\zeta = 0{,}64$.

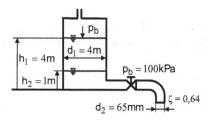

Aufgabe 10.7.2 Zwei offene und unterschiedlich große Wasserspeicher sind durch eine Rohrleitung DN 65 miteinander verbunden. Der Wasserspiegel des großen Speichers mit

$A_1 = 10^4\,\text{m}^2$ liegt $\Delta h = 4\,\text{m}$ über dem kleineren Wasserspeicher und es soll Wasser in den kleineren Speicher mit $A_2 = 200\,\text{m}^2$ fließen bis die beiden Wasserspiegel gleich hoch sind. Wie groß ist die Ausgleichszeit t für $\zeta = 0{,}60$, $d_3 = 65\,\text{mm}$ und für $d_3 = 200\,\text{mm}$?

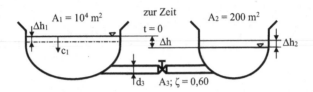

Aufgabe 10.7.3 Aus einem offenen Behälter mit Zufluss und konstantem Flüssigkeitsspiegel strömt Wasser von $T = 283{,}15\,\text{K}$ ($10\,^\circ\text{C}$) mit $\rho = 1000\,\text{kg/m}^3$ durch eine $60\,\text{m}$ lange Rohrleitung mit $d_2 = 80\,\text{mm}$ in die freie Atmosphäre von $p_b = 100\,\text{kPa}$ an deren Ende ein Motorschieber angebracht ist, der innerhalb von $t = 20\,\text{s}$ stetig schließt. Der Wasserspiegel im Behälter liegt bei $h_1 = 30\,\text{m}$ über der Rohrmitte.

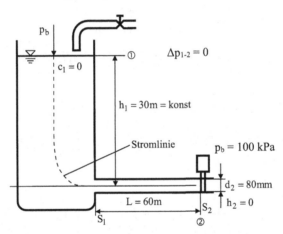

Zu berechnen sind für eine reibungsfreie Strömung mit $\nu = 10^{-6}\,\text{m}^2/\text{s}$:

1. Austrittsgeschwindigkeit c_2 am Ende der Rohrleitung,
2. statischer Druck vor dem geschlossenen Motorschieber im Ruhezustand nach Abklingen des Druckstoßes,
3. statischer Druck vor dem Schieber nach Abschluss des Schließvorgangs für $\Delta t = 20\,\text{s}$ und maximaler Druckstoß,
4. Berechnung dieser drei Größen für die Reibungsbehaftete Strömung mit $k = 0{,}1\,\text{mm}$ und $\nu = 10^{-6}\,\text{m}^2/\text{s}$,
5. graphische Darstellung des Schließvorgangs für reibungsfreie Strömung.

Literatur

1. Domansky IW (2004) Eindimensionales mathematisches Modell einer homogenen inkompressiblen Flüssigkeit in einem Resonanzpulsationsapparates. Chim Prom 81(7):364–367, Moskau
2. Uchida S (1956) The pulsating viscous flow superposed on the steady laminar motion of incompressible fluid in a circularpipe. ZAMP V11:403–422, Warschau
3. Ostrovsky GM (1998) Resonanz – Pulsationsapparate für Flüssigphasenprozesse. Chim Prom 8:10, St. Petersburg
4. Fritsch H (2004) Mathematische Modelle für einen nichtlinearen Fluidschwinger. Vortrag auf der 4. Tagung Vibration und Verfahrenstechnik, Selbstverlag, Merseburg
5. Eck B (1988) Technische Strömungslehre, 9. Aufl. Springer, Berlin
6. Kármán T v, Rubach H (1912) Über den Mechanismus des Flüssigkeits- und Luftwiderstandes. Phys Z 13:49–59, Springer, Berlin
7. Frimberger R (1957) Experimentelle Untersuchungen an Kármánschen Wirbelstraßen. ZFW 5:355–359
8. Domm U (1954) Ein Beitrag zur Stabilitätstheorie der Wirbelstraßen unter Berücksichtigung endlicher und zeitlicher anwachsender Wirbelkerndurchmesser. Ing-Arch 22:400–410, Düsseldorf
9. Surek D (2000) Strömungsvorgänge und Schwingungen in Seitenkanalverdichtern. Beiträge zu Fluidenergiemaschinen Bd. 5. und Bildarchiv W. H. Faragallah, Sulzbach Verlag, Sulzbach-Taunus
10. Surek D (1997) Turbulente Wirbelströmung und dynamische Druckschwankungen in Seitenkanalverdichtern. Forsch Ingwesen 63(4):85–101, Springer, Berlin
11. Van Dyke M (2007) An album of fluid motion. Parabolic Press, Stanford, California

Grundlagen der Akustik und Aeroakustik

Bevor die Akustik und Aeroakustik behandelt werden, sollen einige akustische Grundbegriffe wie die Tonskala, die Tonintervalle und die Frequenzen reiner Töne erläutert werden, die jedem musikalisch orientierten Menschen wohl vertraut sind.

11.1 Tonskala und Frequenzen von Tönen

Die Frequenz des Kammertones a wurde 1939 von der Stimmtonkonferenz bei $f = 440\,\mathrm{Hz}$ festgelegt (ISO 16). Die Orchester wählen unterschiedliche Frequenzen für den Kammerton, je nach Musikgattung oder Instrumenten, meist aber den mit der Frequenz von $f = 443\,\mathrm{Hz}$ oder $f = 444\,\mathrm{Hz}$. Die Musik umfasst neun Oktaven mit folgenden Frequenzen vom Subkontra bis zum fünffach gestrichenen c, die mehr als den Bereich der menschlichen Stimme umfassen.

Subkontra	$,,C$	mit	$f = 16\,\mathrm{Hz}$
Kontra	$,C$	mit	$f = 32\,\mathrm{Hz}$
großes	C	mit	$f = 64\,\mathrm{Hz}$
kleines	c	mit	$f = 128\,\mathrm{Hz}$
einfach gestrichenes	c'	mit	$f = 256\,\mathrm{Hz}$
zweifach gestrichenes	c''	mit	$f = 512\,\mathrm{Hz}$
dreifach gestrichenes	c'''	mit	$f = 1024\,\mathrm{Hz}$
vierfach gestrichenes	c''''	mit	$f = 2048\,\mathrm{Hz}$
fünffach gestrichenes	c'''''	mit	$f = 4096\,\mathrm{Hz}$

Die Frequenz (Schwingungszahl) der Grundtöne in der Tonskala verdoppelt sich mit jeder Oktave. Die Frequenzen der acht reinen Töne einer Oktave von c bis c' oder von c' bis c'' stehen entsprechend der Tonskala der reinen Dur- und Molltonleiter in einem konstanten Verhältnis zueinander, die vom Kammerton mit der Frequenz $f = 440\,\mathrm{Hz}$

© Springer Fachmedien Wiesbaden GmbH 2017
D. Surek, S. Stempin, *Technische Strömungsmechanik*,
https://doi.org/10.1007/978-3-658-18757-6_11

Tab. 11.1 Bezogene Frequenzen der reinen Dur- und Molltonleiter

Durtonleiter	c	d	E	F	g	a	h	c'
$\dfrac{f}{f_c} = \dfrac{f}{130{,}8\,\text{Hz}}$	1	9/8	5/4	4/3	3/2	5/3	15/8	2
Molltonleiter	c	d	Es	F	g	as	b	c'
$\dfrac{f}{f_c} = \dfrac{f}{130{,}8\,\text{Hz}}$	1	9/8	6/5	4/3	3/2	8/5	9/5	2

Tab. 11.2 Tonintervalle

Oktave	Duo-dezime	Quinte	Quarte	Terz		Sexte		Septime		Sekunde	
				große	kleine	große	kleine	große	kleine	große	kleine
$\dfrac{2}{1}$	$\dfrac{3}{1}$	$\dfrac{3}{2}$	$\dfrac{4}{3}$	$\dfrac{5}{4}$	$\dfrac{6}{5}$	$\dfrac{5}{3}$	$\dfrac{8}{5}$	$\dfrac{15}{8}$	$\dfrac{9}{5}$	$\dfrac{9}{8}$	$\dfrac{16}{15}$

ausgehen. Deshalb weichen die Frequenzen der Töne C und c mitunter von den oben angegebenen Frequenzen ab, wie Tab. 11.3 zeigt.

Die auf die Frequenz des Tones c mit $f = 128\,\text{Hz}$ oder $f = 130{,}8\,\text{Hz}$ bezogenen Frequenzen der reinen Dur-Tonleiter und der reinen Molltonleiter stehen in einem festen Verhältnis zueinander (Tab. 11.1).

Daraus erkennt man, dass in der Molltonleiter die Frequenzen von drei Tönen gegenüber der Durtonleiter verschoben sind und somit ein anderes musikalisches Klangbild ergeben.

Wesentlich für die Musik und auch für die technische Akustik sind die Toninteralle nach Tab. 11.2.

Zu beachten sind die Oktave und die Terz, weil in diesen Toninterallen die Frequenzspektren $A = f(f)$ von Strömungsgeräuschen und technischen Geräuschen erstellt werden.

Die Oktave wird also in 12 gleiche Interalle geteilt, wobei die Frequenz jedes Halbtons das $\sqrt[12]{2} = 1{,}0594631$ fache des vorhergehenden beträgt. Damit ergeben sich die Frequenzen der Töne und Halbtöne in der temperierten Stimmung mit dem Kammerton a

Tab. 11.3 Frequenzen der Töne für die neun Oktaven in der temperierten Stimmung

	C	Cis	D	Dis	E	F	Fis	G	Gis	A	Ais	H
,,C	16,35	17,32	18,35	19,45	20,60	21,83	23,12	24,50	25,96	27,50	29,14	30,87
,C	32,70	34,65	36,71	38,89	41,20	43,65	46,25	49,00	51,91	55,00	58,27	61,74
C	65,41	69,30	73,42	77,78	82,41	87,31	92,50	98,00	103,8	110,00	116,5	123,5
c	130,8	138,6	146,8	155,6	164,8	174,6	185,0	196,0	207,6	222,0	233,1	246,9
c′	261,6	277,2	293,7	311,1	329,6	349,2	369,9	392,0	415,3	440,0	466,2	493,9
c″	523,2	554,4	587,3	622,2	659,3	698,5	739,9	783,9	830,6	880,0	932,3	987,8
c‴	1046	1109	1175	1244	1318	1397	1480	1568	1661	1760	1865	1975
c⁗	2093	2217	2349	2489	2637	2794	2960	3136	3322	3520	3729	3951
c⁗′	4186	4435	4699	4978	5274	5588	5920	6272	6645	7040	7459	7902

Abb. 11.1 Frequenzen und Wellenlängen des hörbaren Frequenz

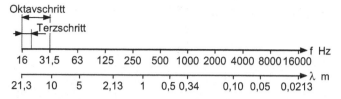

von $f = 440\,\text{Hz}$. In der Tab. 11.3 sind die Frequenzen der Töne für die neun Oktaven von der Subkontra C bis zum fünffach gestrichenen c''''' angegeben.

Die Frequenzen der Töne dieser neun Oktaven zeigen die strenge Ordnung aber eben auch den Wohlklang beim zusammenfügen der Töne im Einklang mit der Tonlänge von $1/32$ bis zum ganzen Ton. Während die Tonhöhe durch den Grundton bestimmt wird, ergibt sich die Klangfarbe mehrerer Töne aus der relativen Zuordnung der Amplitudenverhältnisse. Zu den Frequenzen der Töne im Bereich von $f = 16\,\text{Hz}$ bis an die Hörgrenze von $f = 16\,\text{kHz}$ gehören auch die Wellenlängen der longitudinal abgestrahlten Schallwellen einer Schallquelle. Die Wellenlängen von $\lambda = 21,3\,\text{mm}$ bis $21,3\,\text{m}$, ergeben ein Verhältnis von 10^3 (Abb. 11.1).

Die Töne werden durch schwingende Saiten oder schwingende Luftsäulen erzeugt. Die Schallwellen breiten sich in einem kompressiblen Fluid aus, das als Schallfeld bezeichnet wird. Eine Wellenausbreitung liegt aber nur dann vor, wenn die zeitliche Änderung einer Schallfeldgröße, z. B. die zeitliche Änderung des Schalldruckes mit der räumlichen Änderung einer anderen Schallfeldgröße z. B. $\partial \rho'/\partial x_i$ gekoppelt ist.

11.2 Hörbereich und Schalldruck

In Tab. 11.4 sind einige Beispiele des Schalldruckes und des Schalldruckpegels (Lautstärkepegel) von Geräuschquellen angegeben.

In Abb. 11.2 sind die zeitlichen Druckschwingungen und die Frequenzspektren einer männlichen Stimme, eines schwingenden Tones, einer Blockflöte und eines Turbokompressors im 1 m-Abstand gegenübergestellt.

Werden drei unterschiedliche Schallquellen, das Stimmband eines Mannes, die Töne einer Flöte und das Geräusch eines Kompressors im 1m-Abstand mit Schalldrücken bis $p_{\text{sch}}(t) = 280\,\text{mPa}$, mit Spitzenwerten bis $\hat{p}_{\text{sch}} = 450\,\text{mPa}$ mit den zugehörigen Frequenzspektren gegenübergestellt (Abb. 11.2), so erkennt man die sinusähnliche Schwingungsstruktur der drei Schallquellen und auch die Frequenzspektren der drei unterschiedlichen Schallquellen.

Beim Turbokompressor wird der Schall vom Laufrad mit großer Schaufelzahl an den Unterbrecherkanten durch eine Massestrompulsation $\partial \dot{m}/\partial t$ erzeugt. Er ist von der Schaufeldrehfrequenz $f_{\text{S}} = zf$ abhängig und er enthält ein ganzes Spektrum von turbulenten

Tab. 11.4 Schalldruck p_{sch} und Schalldruckpegel L_p einiger Schallquellen

p_{sch}	$L_p = 20 \lg \left(\dfrac{p_{sch}}{p_{sch\,0}} \right)$	Schallquelle
mPa	dB	
0,020	0	Hörgrenze des Menschen
0,10	14	Leises Flüstern, Blätter rauschen im Baum
1,0	34	Bibliothek
4,0	46	Wohnraum
10,0	54	Gespräch
20,0	60	Fernseher in Zimmerlautstärke
70,0	70,9	Orchestermusik
100,0	74	Zulässiger Maschinenlärm
400,0	86	Straßenverkehr
ab 630,0	ab 90	Gehörschäden bei langfristiger Einwirkung
3000	103,5	Presslufthammer, Diskothek
ab $2 \cdot 10^4$	ab 120	Gehörschäden bei kurzfristiger Einwirkung
$10 \cdot 10^4$	134	Schmerzgrenze
$60 \cdot 10^4$	149,5	Start von Düsenflugzeug in 120 m Entfernung

Schwingungen bis $f = 2\,\text{kHz}$, die aus der Verteilung im Frequenzspektrum sichtbar werden (Abb. 11.2c).

Auf einer Orgel können Töne mit Frequenzen bis $f = 2100\,\text{Hz}$ also bis zum viergestrichenen c'''' gespielt werden. Weit höhere Frequenzen von $f = 7\,\text{kHz}$ bis $120\,\text{kHz}$ werden von Fledermäusen und Delphinen erzeugt und gehört, die sie zur Orientierung benötigen.

Die Reichweite des Schalls ist von der Form der Schallwellen, ebene Welle, Zylinder- oder Kugelwelle, von dem Absorptionsgrad im Ausbreitungsfluid (Luft oder Wasser) und von der Beschaffenheit der Bodenoberfläche abhängig. Der Absorptionsgrad und die Strömungs- und Reflexionseigenschaften der Bodenoberfläche beeinflussen die Reichweite des Schalls ebenso, wie die Temperatur und der Feuchtigkeitsgehalt der Luft und die Frequenz der Schallwelle. Grundsätzlich kann festgestellt werden, dass sich niederfrequente Schallwellen mit Frequenzen von $f = 10\,\text{kHz}$ stärker ausbreiten als hochfrequente Schallwellen und die Reichweite des Schalls im Wasser größer ist als in Luft.

11.3 Schallfeld und Schallfeldgrößen

Ein Schallfeld stellt ein instationäres Feld dar, das mit Hilfe folgender skalarer und vektorieller Größen beschrieben werden kann: Schalldruck p_{sch}, Schallschnelle v, Schallintensität I, Schallleistung P_{ak} und durch die entsprechenden Pegelwerte.

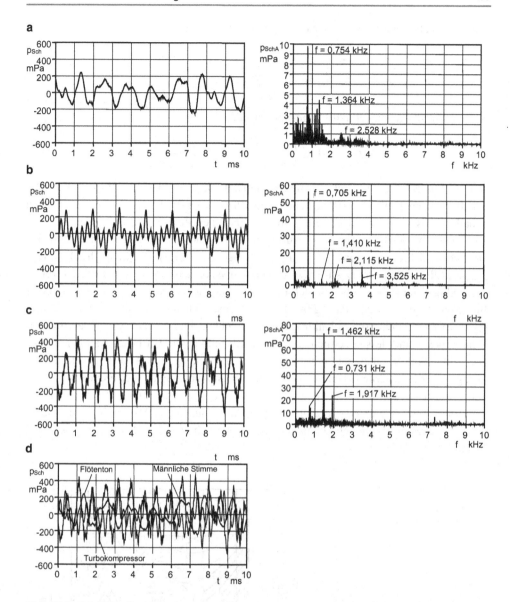

Abb. 11.2 Schalldruckschwingungen und Frequenzspektren **a** einer männlichen Stimme, **b** eines Flötentons und **c** eines Turbokompressors in 1 m Abstand, **d** Gegenüberstellung der drei Schalldruckschwingungen

11.3.1 Schalldruck und Schalldruckpegel

Der Schalldruck p_{sch} ist der Wechseldruck geringer Größe, der dem statischen Druck des umgebenden ruhenden oder strömenden Fluids überlagert ist $p_{sch}(x, y, z, t)$. Der Schalldruck kann als zeitabhängige Größe $p_{\text{sch}}(t)$, als Effektivwert

$$p_{\text{sch eff}} = \sqrt{\frac{1}{T} \int\limits_0^T p_{\text{sch}}^2(t)\, \mathrm{d}t} \qquad (11.1)$$

oder als Schalldruckpegel in dB angegeben werden.

$$L_p = 10 \lg \left(\frac{p_{\text{sch1}}}{p_{\text{sch0}}}\right)^2 = 20 \lg \left(\frac{p_{\text{sch1}}}{p_{\text{sch0}}}\right) \qquad (11.2)$$

Der Referenzwert des Schalldruckes beträgt $p_{\text{sch0}} = 20\,\mu\text{Pa} = 2 \cdot 10^{-5}\,\text{Pa}$. Der Schalldruckpegel gibt den dekadischen Logarithmus des Verhältnisses des quadrierten Schalldruckes in einem Schallfeld zum Quadrat eines Referenzschalldruckes $p_{\text{sch0}} = 20\,\mu\text{Pa}$ an. Der Referenzwert p_{sch0} wurde an der Hörbarkeitsschwelle des menschlichen Ohres bei der Frequenz von $f = 1\,\text{kHz}$ festgelegt (Abb. 11.3). Der Schalldruck wird in Dezibel (dB) angegeben. Das Dezibel ist keine physikalische Größe, sondern kennzeichnet die logarithmische Größe, die den Pegel, d. h. den Schalldruck im Verhältnis zu einer Bezugsgröße $p_{\text{sch0}} = 20\,\mu\text{Pa}$ angibt. Die vom menschlichen Ohr wahrgenommene Lautstärke ist nicht allein vom Schalldruckpegel abhängig, sondern auch vom Spektrum des Schalldruckes und dessen zeitlichem Verlauf. Einzeltöne werden lauter wahrgenommen als breitbandige Schallsignale mit gleichem Schalldruckpegel. In Abb. 11.3 sind die Linien gleicher Lautstärke für ein menschliches Ohr in Abhängigkeit der Frequenz und des Schalldruckes sowie die Frequenz und der Schallpegelbereich der menschlichen Sprache dargestellt. Wie die Kurven der Lautstärkepegel für Sinustöne in Abb. 11.3 zeigen, ist die Hörbarkeit des menschlichen Ohres im Frequenzbereich von $f = 1{,}5\,\text{kHz}$ bis $4\,\text{kHz}$ am besten.

Abb. 11.3 Kurven gleicher Lautstärkepegel und Hörschwelle für Sinustöne

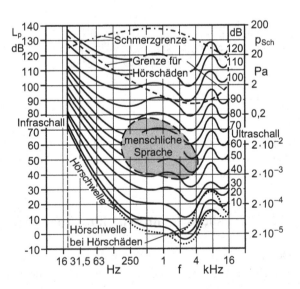

11.3.2 Schallschnelle und Schallschnellepegel

Die Schallschnelle ist eine vektorielle Schallfeldgröße, die angibt, mit welcher Wechselgeschwindigkeit die Teilchen des Schallübertragungsfluids (Luft oder Wasser) um ihre Ruhelage auf der Longitudinalwelle schwingen (Abb. 11.4). Es ist die Momentangeschwindigkeit des schwingenden Teilchens, die sich aus der zeitlichen Ableitung des Schwingweges ξ des Teilchens ergibt:

$$v = \frac{d\xi}{dt} = \dot{\xi} \tag{11.3}$$

Um Zahlenwerte für die Schallschnelle angeben zu können, wird vom Betrag der Schallschnelle oder von den Komponenten des Schnellevektors der Effektivwert

$$v_{\text{eff}} = \sqrt{\frac{1}{T} \int_0^T v^2(t)\, dt} \tag{11.4}$$

gebildet. Damit kann der Schallschnellepegel ermittelt werden zu:

$$L_v = 10 \lg \left(\frac{v_{\text{eff}}}{v_0} \right)^2 = 20 \lg \left(\frac{v_{\text{eff}}}{v_0} \right) \tag{11.5}$$

v_0 **ist der Bezugswert der Schallschnelle mit** $v_0 = 5 \cdot 10^{-8}\,\text{m/s} = 0{,}05\,\mu\text{m/s}$, er entspricht etwa der Schallschnelle in einer ebenen Schallwelle in Luft bei dem Schalldruckpegel von 0 dB, der den Effektivwert des Schalldruckes von $p_{\text{sch0}} = 2 \cdot 10^{-5}\,\text{Pa} = 20\,\mu\text{Pa}$ darstellt.

Die Messung der Schallschnelle ist schwierig, weil die Membran des Mikrofons der Bewegung der Fluidteilchen nicht trägheitsfrei folgen kann. Sie kann aber zuverlässig mit Hilfe von zwei Mikrofonen, die gegeneinander entsprechend Abb. 11.14 geschaltet sind, bestimmt werden. Dabei kann der Mikrofonabstand mit einer Stellschraube justiert werden. Schallgeschwindigkeit a (Abschn. 6.3).

Abb. 11.4 Schematische Darstellung einer Longitudinalwelle mit Schallauslenkung ξ, Schallschnelle v und dem Schalldruck p

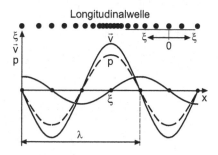

11.3.3 Schallintensität

Die momentane Schallintensität $I(x, t)$ ist ein Vektor der den Energieanteil in einem Raumpunkt des Schallfeldes kennzeichnet. Sie ergibt sich aus dem Schalldruck und der Schallschnelle zu:

$$I = p_{sch} v \tag{11.6}$$

Die momentane Schallintensität gibt an in welche Richtung sich die Schallenergie ausbreitet, sie gibt also den Energiefluss in Schallfeldern an.

Im Schallfeld einer ebenen Welle ergibt sich die Schallintensität aus dem Produkt der Effektivwerte von Schalldruck p_{scheff} und Schallschnelle v_{eff}

$$I_{eff} = \frac{1}{T} \int_0^T I(x, t) \mathrm{d}t = \frac{1}{T} \int_0^T p_{scheff}(t) v_{eff}(t) \mathrm{d}t \tag{11.7}$$

Die Schallintensität besitzt die Maßeinheit W/m², bestehend aus dem Skalarprodukt des Schallintensitätsvektors mit dem Flächenvektor, wobei der Flächenvektor stets orthogonal zum Flächenelement ausgerichtet ist (Abb. 11.5).

$$P_{ak} = \int_A I \, \mathrm{d}A \tag{11.8}$$

Für eine kugelförmige Schallquelle beträgt die Intensität im Abstand r

$$I(r) = \frac{P_{ak}}{A} = \frac{P_{ak}}{4 \pi r^2} \tag{11.9}$$

Die Schallintensität als spezifische Schallleistungsgröße im Freifeld nimmt mit dem Reziprokwert des Quadrates der Entfernung von einer punktförmigen Schallquelle ab.

$$\frac{I_1(r)}{I_2(r)} = \frac{r_2^2}{r_1^2} \tag{11.10}$$

Abb. 11.5 Ausschnitt eines Schallfeldes mit dem Normalenvektor der Schallschnelle und der Schallintensität

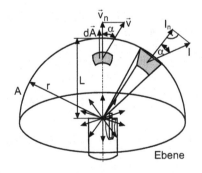

Die Schallintensität dient zur Bestimmung der durch eine Fläche tretenden Schallleistung und als Zwischenstufe zur Bestimmung der Schallleistung einer Schallquelle.

Für eine ebene fortschreitende Welle besteht für die Schallintensität folgender Zusammenhang mit anderen Schallfeldgrößen

$$I = p_{sch}\, v = E\, a = \frac{P_{ak}}{A} \tag{11.11}$$

wobei

E die Schallenergiedichte in $\mathrm{W\,s/m^3} = \mathrm{J/m^3}$,
a die Schallgeschwindigkeit in $\mathrm{m/s}$ und
I die Schallintensität in $\mathrm{W/m^2}$ darstellen.

11.3.4 Schallleistung und Schallleistungspegel

Die Schallleistung einer Schallquelle stellt die je Zeiteinheit von einer Schallquelle abgegebene Schallenergie dar. Sie beschreibt die Quellstärke einer Schallquelle, aber nicht des Schallfeldes. Durch jede geschlossene Hüllfläche um eine Schallquelle tritt die gleiche Schallleistung hindurch, unabhängig von ihrer Entfernung und ihrer Form.

Damit beträgt die Schallleistung in W:

$$P_{ak} = \int\limits_V \operatorname{div} I \, \mathrm{d}V = \int\limits_A I_n \, \mathrm{d}A = \int\limits_A p\, v \, \mathrm{d}A \tag{11.12}$$

Der Schallleistungspegel ermöglicht die Angabe der Schallemission einer Schallquelle. Der Schallleistungspegel ist das logarithmierte Verhältnis der Schallleistung P_{ak} einer Schallquelle zu einer **Bezugsschallleistung von $P_{ak0} = 10^{-12}\,\mathrm{W} = 1\,\mathrm{pW}$.**

$$L_{ak} = 10 \lg \frac{P_{ak}}{P_{ak0}} = 10 \lg \frac{P_{ak}}{10^{-12}\,W} \tag{11.13}$$

Damit ergibt sich für eine Schallleistung von $P_{ak} = 1\,\mathrm{W}$ ein Schallleistungspegel von $L_{ak} = 120\,\mathrm{dB}$.

11.4 Schallquellen

Eine Schallquelle sendet einen Wechseldruck aus und prägt ihn dem atmosphärischen Umgebungsdruck auf. Der Wechseldruck wird Schalldruck genannt. Jeder schwingende Körper, jede schwingende Saite, jedes schwingende Fluid und jede schwingende Luftsäule stellen eine Schallquelle dar. Schallquellen entstehen im ruhenden und im bewegten Fluid durch

- Massestromschwankungen und durch ein äußeres instationäres Kraftfeld,
- Schwankungen der Drücke, der Impulsgrößen $\rho v_i v_j$ und der Schubspannungen τ in der Grenzschicht,
- Entropiespannungen in der Strömung durch Wärmetransport.

Diese Schallquellen entstehen in folgenden Strömungen:

- Wirbelströmungen.
- Turbulente Grenzschichtströmungen.
- Freistrahlen.
- Aeropulsive Strömungen.
- Durch äußere Kräfte.
- Resonanztöne entstehen bei der Anregung von Strömungsgebieten mit der Eigenfrequenz, durch schwingende Luftsäulen oder durch rotierende Schaufeln in Maschinen.

Beispiele für Schallquellen sind Musikinstrumente (Streich- und Blasinstrumente), Orchester, Stimmbänder, Lautsprecher, Pressluftwerkzeuge, Maschinen, Fahrzeuge, Flugzeuge. Die ersten vier sind angestrebte Schallquellen, die übrigen sind meist störende Schallquellen.

In Strömungen treten in den Grenzschichten und in Wirbeln örtliche oder auch ausgedehnte instationäre Strömungsvorgänge auf, die mit instationären Druckschwankungen verbunden sind. Ein geringer Teil dieser Gasdruckschwankungen wird als Luftschall in Form von Longitudinalwellen an die Umgebung abgestrahlt.

11.4.1 Aeroakustische Schallquellen

Die aeroakustischen Schallquellen sind in die Strömungsformen eingebet, die von den Navier-Stokes-Gleichungen beschrieben werden. Zur Berechnung aeroakustischer Vorgänge werden diese Schallquellen auf bekannte Schallabstrahler (Quelltherme) zurückgeführt. Diese Reduzierung wird als aeroakustische Analogie bezeichnet.

Da Strömungsvorgänge durch die Navier-Stokes-Gleichungen beschrieben werden, können die aeroakustischen Analogien auch aus den Navier-Stokes-Gleichungen abgeleitet werden und sie führen zu der inhomogenen akustischen Wellengleichung für die Lösungen bekannt sind. In der inhomogenen akustischen Wellengleichung werden die akustischen Quellen durch Quellterme beschrieben, die aus Druck- und Geschwindigkeitsfluktuationen, aus Impulsgrößen, aus Spannungsfluktuationen und aus äußeren Kräften bestehen.

Um diese Quellterme von der akustischen Variablen unabhängig zu machen, werden Näherungsansätze eingeführt, die schließlich zur linearisierten Gleichung führen, die die

Ausbreitung der akustischen Wellen in einem ruhenden homogenen Fluid beschreibt. Das Fluid selbst wird durch die turbulenten Fluktuationen und durch die äußeren Kräfte akustisch angeregt.

Die Strömungsakustischen Vorgänge resultieren also aus der Strömung, die durch folgende Gleichungen beschrieben werden:

- Kontinuitätsgleichung

$$\frac{\partial \rho}{\partial t} + \frac{\partial (\rho\, v_i)}{\partial x_i} = \dot{m} \tag{11.14}$$

mit $\dot{m}$ als dem äußeren Massefluss,

- Bewegungsgleichung

$$\rho \frac{\partial v_i}{\partial t} + \rho\, c_j \frac{\partial\, v_i}{\partial x_j} = -\frac{\partial p}{\partial x_i} + \frac{\partial}{\partial x_j} \left[\eta \left(\frac{\partial v_i}{\partial x_j} + \frac{\partial v_j}{\partial x_i} \right) - \frac{2}{3} \frac{\partial}{\partial x_i} \left(\eta \frac{\partial v_j}{\partial x_j} \right) \right] + f_i \,, \tag{11.15}$$

- Impulskontinuitätsgleichung

$$\frac{\partial (\rho\, v_i)}{\partial t} + \frac{\partial}{\partial x_j} \left(\rho\, v_i\, v_j + p_{i\,j} \right) = f_i + \dot{m}\, v_i \tag{11.16}$$

mit $p_{i\,j} = p\delta_{i\,j} - \tau_{i\,j}$.

Darin ist $\tau_{i\,j}$ die Schubspannung und $\delta_{i\,j}$ das Kronecker-Delta.

11.4.2 Akustische Wellengleichung

Schwingungen, die sich wellenförmig ausbreiten, verknüpfen immer zwei Zustandsgrößen derart miteinander, dass jede zeitliche Änderung einer Zustandsgröße eine entsprechende örtliche Änderung der anderen Zustandsgröße bewirkt.

Solche Abhängigkeiten gibt es bei der kompressiblen Strömung zwischen der Geschwindigkeit c und der Dichte ρ, in der Akustik im ruhenden homogenen Schallfeld zwischen dem Schalldruck p_{sch} und der Schallschnelle v_i oder auch der Dichte ρ und im elektromagnetischen Feld zwischen der elektrischen Feldstärke C und der magnetischen Feldstärke H.

Die Abhängigkeiten können immer von zwei Gleichungen beschrieben werden.

Für ein Schallfeld in einem ruhenden elastischen Fluid können diese Gleichungen aus den Erhaltungssätzen der Strömungsmechanik (Gln. 11.14 bis 11.16) abgeleitet werden. Dafür wird das ruhende Strömungsfeld additiv in die mittleren Größen und die Schwankungsgrößen für die Geschwindigkeit, den Druck und die Dichte aufgespalten.

$$v = \bar{v}_i + v_i'$$
$$p = \bar{p}_i + p_i'$$
$$\rho = \bar{\rho}_i + \rho_i'$$

Da im ruhenden Fluid die mittlere Geschwindigkeit $\bar{v}_i = 0$ ist, können die Erhaltungsgleichungen der Strömungsmechanik für die Schwankungsgrößen (akustische Störungsgrößen) aufgeschrieben werden, z. B. $p_i = p_{\text{sch}}$ für den Schalldruck.

Die Massekontinuitätsgleichung für die Schwankungsgrößen lautet dann:

$$\frac{\partial \rho'}{\partial t} + \rho \frac{\partial v_i'}{\partial x_i} = 0 \tag{11.17}$$

Die Impulskontinuitätsgleichung für die Schwankungsgrößen lautet:

$$\frac{\partial v_i'}{\partial t} + \frac{a_0^2}{\rho} \frac{\partial \rho'}{\partial x_i} = 0 \tag{11.18}$$

Wird Gl. 11.17 partiell nach der Zeit abgeleitet, so erhält man:

$$\frac{\partial^2 \rho'}{\partial t^2} + \rho \frac{\partial v_i'}{\partial x_i \partial t} = 0 \tag{11.19}$$

Gl. 11.18 partiell nach der Ortskoordinate x_i abgeleitet und mit ρ multipliziert, ergibt:

$$a_0^2 \frac{\partial^2 \rho'}{\partial x_i^2} + \rho \frac{\partial v_i'}{\partial x_i \partial t} = 0 \tag{11.20}$$

Wird der Ausdruck $\rho \partial v_i'/(\partial x_i \partial t)$ in Gl. 11.19 durch den gleichen Ausdruck in Gl. 11.20 substituiert, dann ergibt sich die Bestimmungsgleichung für die Dichteschwankung ρ':

$$\frac{\partial^2 \rho'}{\partial t^2} - a_0^2 \frac{\partial^2 \rho'}{\partial x_i^2} = 0 \tag{11.21}$$

Die partielle Ableitung der Gl. 11.17 nach x_i ergibt die folgende Gleichung:

$$\frac{\partial \rho'}{\partial t \, \partial x_i} + \rho \frac{\partial^2 v_i'}{\partial x_i^2} = 0 \tag{11.22}$$

Differenziert man nun die Gl. 11.18 partiell nach t und multipliziert sie mit ρ/a_0^2, so erhält man:

$$\frac{\partial \rho'}{\partial t \, \partial x_i} + \frac{\rho}{a_0^2} \frac{\partial^2 v_i'}{\partial t^2} = 0 \tag{11.23}$$

Wird wiederum der Ausdruck $\partial \rho'/(\partial t \, \partial x_i)$ in Gl. 11.23 durch den gleichen Ausdruck in Gl. 11.22 ersetzt, so erhält man nach Division durch ρ die Gl. 11.24 als Bestimmungsgleichung für die Geschwindigkeitsschwankung v_i', die als Schallschnelle bezeichnet wird:

$$\frac{1}{a_0^2} \frac{\partial^2 v_i'}{\partial t^2} - \frac{\partial^2 v_i'}{\partial x_i^2} = \frac{\partial^2 v_i'}{\partial t^2} - a_0^2 \frac{\partial^2 v_i'}{\partial x_i^2} = 0 \tag{11.24}$$

Die Bestimmungsgleichungen für die Dichteschwankung ρ' (Gl. 11.21) und die Schall-schnelleschwankung v_i' (Gl. 11.24) besitzen die gleiche Struktur. Damit weisen die Dich-teschwankung ρ' und die Schallschnelleschwankung v_i' die gleiche Abhängigkeit von Ort und Zeit auf und gehören somit zur gleichen Schallwelle, deren allgemeine Lösung mit der akustischen Wegauslenkung ξ lautet (Abb. 11.4):

$$\frac{\partial^2 \xi}{\partial t^2} - a_0^2 \frac{\partial^2 \xi}{\partial x_i^2} = 0 \tag{11.25}$$

Aus der partiellen Differenzialgleichung für die Dichteschwankung Gl. 11.21 kann mit $\partial \rho' = \partial p'/a_0^2$ und $\partial^2 \rho' = \partial^2 p'/a_0^2$ auch die partielle Differenzialgleichung für die Druck-schwankung p' angegeben werden:

$$\frac{1}{a_0^2} \frac{\partial^2 p'}{\partial t^2} - \frac{\partial^2 p'}{\partial x_i^2} = 0 \tag{11.26}$$

11.4.3 Analogie von Lighthill

Eine akustische Analogie wurde erstmalig 1952 von Lighthill (1924–1998) erstellt [1, 2]. In der Analogie von Lighthill werden die instationären turbulenten Fluktuationen einer freien Strömung, z. B. eines Freistrahls oder eines Triebwerkstrahles durch Monopol-, Dipol- und Quadrupolquellen in dem selben Volumen beschrieben (Abb. 11.6).

Weitere akustische Analogien sind die Curle-Analogie, die eine Lösung der Lighthill-Analogie für schallharte Oberflächen darstellt und die Analogie von Ffowcs Williams-Hawkings [3] für aeroakustische Quellen mit relativer Bewegung zu einer schallharten Oberfläche.

Ausgangspunkt für die Entstehung von Strömungsgeräuschen ist ein instationäres Strömungsfeld mit Druckwechselvorgängen, Massestrom- oder Volumenstrompulsatio-nen, Schubspannungsfluktuationen und Entropieänderungen.

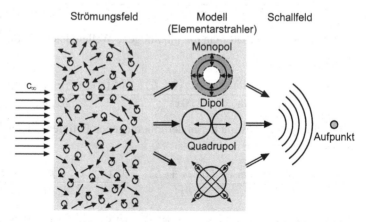

Abb. 11.6 Modell der Lighthill-Analogie für Strömungsfelder

Lighthill führt die Schallerzeugung durch Strömungsvorgänge auf einen akustischen Vorgang zurück, in dem er die stochastischen Strömungserscheinungen in pulsierende Teilchen transformiert. Dieses Vorgehen wird Lighthill-Analogie genannt. Die daraus abgeleitete inhomogene Wellengleichung stellt die Hauptgleichung der Strömungsakustik dar, mit deren Hilfe eine Analogie, zwischen der Wellengleichung der klassischen Akustik für ein ruhendes Fluid und einer turbulenzbehafteten Fluidströmung hergestellt wird. Die Turbulenz führt darin zu den nichtlinearen Gliedern der inhomogenen Wellengleichung. Bei der Ableitung der inhomogenen Wellengleichung werden keinerlei Voraussetzungen getroffen, sodass die Gleichung eine allgemeine Gültigkeit besitzt. Es werden auch keine Voraussetzungen für spezielle Zustandsänderungen getroffen, wie z. B. bei der Ableitung der Schallgeschwindigkeit in Kap. 6. Dadurch werden von der inhomogenen Wellengleichung alle Strömungsvorgänge von Fluiden mit ihren strömungsmechanischen und strömungsakustischen Wirkungen erfasst.

11.4.4 Inhomogene akustische Wellengleichung

Lighthill leitete die aerodynamische Schallerzeugung aus den Grundgleichungen der Strömungsmechanik ab (Gln. 11.14 bis 11.16). Daraus ergibt sich die inhomogene Wellengleichung, indem die Kontinuitätsgleichung partiell nach der Zeit und die Impulsgleichungen partiell nach den Ortskoordinaten abgeleitet werden. Die Differenz dieser beiden differenzierten Gleichungen ergibt die folgende Gleichung:

$$\frac{\partial^2 \rho}{\partial t^2} - \frac{\partial^2 p}{\partial x_i^2} = \frac{\partial \dot{m}}{\partial t} - \frac{\partial (\dot{m} v_i + f_i)}{\partial x_i} + \frac{\partial^2 (\rho v_i v_j - \tau_{i\,j})}{\partial x_i \, \partial x_j} \qquad (11.27)$$

Um Gl. 11.27 in eine Wellengleichung für die Fluiddichte zu überführen muss auf beiden Seiten der Ausdruck $a_0^2 \frac{\partial^2 \rho}{\partial x_i^2}$ subtrahiert werden.

Damit ergibt sich die Gl. 11.27 zu:

$$\frac{\partial^2 \rho}{\partial t^2} - \frac{\partial^2 p}{\partial x_i^2} - a_0^2 \frac{\partial^2 \rho}{\partial x_i^2} = \frac{\partial \dot{m}}{\partial t} - \frac{\partial (\dot{m} v_i + f_i)}{\partial x_i} + \frac{\partial^2 (\rho v_i v_j - \tau_{i\,j})}{\partial x_i \, \partial x_j} - a_0^2 \frac{\partial^2 \rho}{\partial x_i^2} \qquad (11.28)$$

Nach Umformung erhält man die inhomogene Wellengleichung für die Dichte mit $\tau_{ij} = -p_{ij}$:

$$\frac{\partial^2 \rho}{\partial t^2} - a_0^2 \frac{\partial^2 \rho}{\partial x_i^2} = \frac{\partial \dot{m}}{\partial t} - \frac{\partial (\dot{m} v_i + f_i)}{\partial x_i} + \frac{\partial^2 (\rho v_i v_j + p_{i\,j} - a_0^2 \rho \delta_{i\,j})}{\partial x_i \, \partial x_j} = q \qquad (11.29)$$

Der nachfolgende Ausdruck q in der inhomogenen Differenzialgleichung stellt den akustischen Quellterm dar.

$$q = \frac{\partial \dot{m}}{\partial t} - \frac{\partial (\dot{m} v_i + f_i)}{\partial x_i} + \frac{\partial^2 (\rho v_i v_j + p_{i\,j} - a_0^2 \rho \delta_{i\,j})}{\partial x_i \, \partial x_j} \qquad (11.30)$$

Der Ausdruck $T_{ij} = \rho v_i v_j + p_{ij} - a_0^2 \rho \delta_{ij}$ wird als **Lighthill-Tensor** bezeichnet [4–6].

Wird zur Gl. 11.27 der Ausdruck $(1/a_0^2)(\partial^2 p/\partial t^2)$ addiert, so erhält man eine **inhomogene Wellengleichung** für den Druck in der folgenden Form:

$$\frac{1}{a_0^2}\frac{\partial^2 p}{\partial t^2} - \frac{\partial^2 p}{\partial x_i^2} = \frac{\partial \dot{m}}{\partial t} - \frac{\partial(\dot{m}\,v_i + f_i)}{\partial x_i} + \frac{\partial^2\left(\rho\,v_i\,v_j - \tau_{i\,j}\right)}{\partial x_i\,\partial x_j} + \frac{1}{a_0^2}\frac{\partial^2\left(p - \rho\,a_0^2\right)}{\partial t^2} \qquad (11.31)$$

Diese beiden Gleichungen stellen Wellengleichungen dar, denn die Variablen Dichte ρ und Druck p erscheinen auf beiden Seiten der Gleichungen. Sie enthalten die elementare Aussage, dass in der Strömung die Massestrom- und die Impulskontinuität besteht. Vergleicht man diese beiden Gleichungen (Gln. 11.29 und 11.31) mit der homogenen Wellengleichung (Gl. 11.21 und Gl. 11.26), so erkennt man, dass die linken Seiten der Gl. 11.29 und Gl. 11.31 die Ausbreitungseigenschaften von akustischen Wellen beschreiben und die rechten Seiten die akustischen Quellterme im Fluid enthalten.

Untersucht man das Inhomogenitätsfeld der akustischen Wellengleichung im Bereich außerhalb des Strömungsbereiches, d. h. im ruhenden akustischen Feld, dann können dafür folgende Feststellungen getroffen werden.

- In diesem Gebiet sind der Massestromfluss $\dot{m}$ und die Kräfte f_i Null.
- In diesem Bereich ist auch die Impulsstromdichte $\rho v_i\,v_j$ mit den Schallschnellen v_i und v_j vernachlässigbar.
- In diesem Gebiet sind auch die Zähigkeitswirkungen vernachlässigbar ($\tau_{i\,j} = 0$).
- Bei isentroper Zustandsänderung im Strömungsfeld gilt für das Schallfeld $p - a_0^2\rho = p' - a_0^2\rho' = 0$.

Die Quellglieder auf der rechten Seite der inhomogenen Wellengleichung können also als akustische Elementarstrahler betrachtet werden, für die Lighthill die Multipole einführte. Monopol als pulsierende Kugel, Dipol als schwingende Kugeln mit starrer Oberfläche und den Quadrupol als verformende und pulsierende Kugel (Abb. 11.6).

Die drei Glieder des Quellterms stellen folgende physikalischen Strömungsgrößen dar [1, 2].

$$\frac{\partial \dot{m}}{\partial t} \quad \text{Monopolquelle}$$

stellt die zeitliche Änderung des Masseflusses bezogen auf das Volumen dar. Sie kann als pulsierende Kugel aufgefasst werden, die expandiert und sich wieder zusammenzieht und dabei Longitudinalwellen räumlich aussendet (Abb. 11.6).

$$-\frac{\partial(\dot{m}\,c_i + f_i)}{\partial x_i} \quad \text{Dipolquelle}$$

stellt ein Feld von volumenbezogenen Wechselkraftquellen oder Impulskraftquellen dar. Das Modell ergibt zwei entgegengesetzt pulsierende Kugeln (Abb. 11.6).

$$-\frac{\partial^2}{\partial x_i \partial x_j}\left(\rho\, c_i\, c_j + p_{ij} - \rho\, a_0^2\, \delta_{ij}\right) \quad \text{Quadrupolquelle}$$

stellt ein Feld von Spannungsfluktuationen und Druckschwankungen je Volumeneinheit dar. Das Modell ist eine sich deformierende Kugel ohne Masse- und Schwerpunktänderung (Abb. 11.6).

Die Schallquellen bewegen sich im ruhenden Fluid oder relativ zum bewegten Fluid.

Die Ableitung der inhomogenen Wellengleichung zeigt, dass auch in den Quelltermen die reale Strömung und die Schallerzeugung in der Strömung mit dem Wechseldruck des Schalls enthalten sind.

In Tab. 11.5 sind die drei Elementarstrahler, mit der Abhängigkeit ihrer Leistungsgröße P_{ak} von der Fluiddichte ρ, der Machzahl M und der Geschwindigkeit c dargestellt. Darin sind auch die Strömungsformen angegeben, die durch die verschiedenen Elementarstrahler charakterisiert werden können. Die Schallleistung der drei verschiedenen Elementarquellen steigt mit der Fluiddichte ρ, mit der dritten Potenz der Geschwindigkeit c und mit unterschiedlicher Potenz der Machzahl von M bis M^5. Der instationäre Volumenoder Massefluss beeinflusst das Strömungsgeräusch als Monopol mit der dritten Potenz der Geschwindigkeit und linear mit der Machzahl (Tab. 11.5).

Wechselkräfte und Impulskräfte einer Strömung (Dipolquellen) beeinflussen die Schallleistung mit der dritten Potenz der Geschwindigkeit und mit der dritten Potenz

Tab. 11.5 Charakterisierung von Strömungsformen durch Elementarstrahler und die Abhängigkeit der Schallleistung P_{ak}

Elementarstrahler	Strömungsform	Schallleistung
Monopol (Volumenfluss, Masse- und Volumenstrompulsation) Modell: pulsierende Kugel	Pulsierende Ausströmung aus Rohren, Ventilen von Kolbenmaschinen, Kavitationsblasen, Sirenen, Verbrennungsmotoren	$P_{ak} \sim \rho \frac{c^4}{a} \sim \rho M c^3$
Dipol (Wechselkraft, Impulskraft) Modell: 2 pulsierende Kugeln Mit $+, -$	Wirbelablösung an umströmten Körpern, Wirbelstraßen, Ungleichmäßigkeiten in der Anströmung von Körpern und Schaufelgittern von Turboverdichtern, Ventilatoren und Kreiselpumpen	$P_{ak} \sim \rho \frac{c^6}{a^3} \sim \rho M^3 c^3$
Quadrupol (freie Wirbel) Modell: eine sich verformende und pulsierende Kugel	Turbulente Mischzonen von Freistrahlen, turbulente Strömungen und turbulente Grenzschichten, Ausströmgeräusche aus Überdruck- und Sicherheitsventilen, Armaturen und Rohrleitungen	$P_{ak} \sim \rho \frac{c^8}{a^5} \sim \rho M^5 c^3$

der Machzahl. Die Quadrupolquelle als Modell der freien Wirbel beeinflusst die Schallleistung mit der Dichte, mit der dritten Potenz der Geschwindigkeit und mit der fünften Potenz der Machzahl der Strömung.

In einem realen Schallfeld, z. B. in einer turbulenten Wirbelströmung oder bei einer Druckschwingung in einer Strömungsmaschine treten alle drei Elementarstrahler mit unterschiedlicher Intensität gleichzeitig auf. Tab. 11.5 zeigt, dass die Wechselkräfte einer Dipolquelle und die freien Wirbel einer Quadrupolquelle in Gasströmungen mit höherer Machzahl die Schallleistung stärker beeinflussen (mit der dritten bzw. mit der fünften Potenz) als die Volumenpulsation der Monopolquelle. Dies ist auch der Grund dafür, dass in Wasserströmungen mit den geringeren Geschwindigkeiten freie Wirbel und Freistrahlen mit Quadrupolcharakter nur geringe oder unbedeutende Wirkung auf die Schallleistung nehmen.

11.5 Akustische Umsetzung von Strömungen

Die Abhängigkeit der akustischen Vorgänge von den strömungsmechanischen Abläufen kann durch einen Umsetzungsgrad η als Verhältnis der entstehenden Schallleistung der Strömung zur Leistung des Strömungsfeldes angegeben werden [6, 7]:

$$\eta = \frac{P_{ak}}{P_{mech}} \qquad (11.32)$$

mit den **Bezugswerten** $P_{ak0} = 10^{-12}\,\text{W}$ und $P_{mech0} = 10^{3}\,\text{W}$.

Der Schallleistungspegel beträgt:

$$L_p = 10\,\lg\frac{P_{ak}}{P_{ak0}} \qquad (11.33)$$

In Tab. 11.6 sind die strömungsmechanisch-akustischen Leistungsumsetzungsgrade einiger Strömungen angegeben.

Nützlich für die Beurteilung eines Strömungsfeldes ist auch das Verhältnis der Effektivwerte des Schalldruckpegels zum Effektivwert der Druckschwingung eines Strömungsfeldes

$$\eta_p = \frac{p_{sch\,eff}}{p_{eff}} \qquad (11.34)$$

der Werte von 10^{-3} bis $6 \cdot 10^{-3}$ erreicht [8–10].

In Tab. 11.7 und in Abb. 11.7 sind die Druckschwingungsverhältnisse einer Ventilströmung und eines Seitenkanalkompressors angegeben.

Die Leistungsschallwirkungsgrade nehmen in Abhängigkeit des Strömungsfeldes Werte an von $\eta = 10^{-7}$ bis $5 \cdot 10^{-3}$, die mit steigender Machzahl zwischen M $= 0,3$ bis 6 ansteigen.

Tab. 11.6 Strömungsmechanisch-akustischer Umsetzungsgrad

Strömung	Leistungsumsetzungsgrad $\eta = P_{ak}/P_{mech}$
Rotierender Zylinder mit glatter Oberfläche	$3 \cdot 10^{-7}$
Turbulente Grenzschicht	$6{,}5 \cdot 10^{-5}\,M^3$
Wirbellärm einer Versuchsschallquelle	$10^{-5} \ldots 6 \cdot 10^{-6}$
Freistrahl	$10^{-4}\,M$
Ventilatoren	$3 \cdot 10^{-6}$
Schiffsschraube	$10^{-7} \ldots 10^{-9}$
Hubkolbenverdichter	$5 \cdot 10^{-3}$

Tab. 11.7 Verhältnis der Effektivwerte des Schalldruckes und der Fluidschwingung

Strömung	Effektivwertverhältnis $\eta_p = p_{sch.eff}/p_{eff}$
Ventilströmung	$(2 \ldots 6)10^{-3}$
Kompressor	$(4 \ldots 19)10^{-4}$ (Abb. 11.7)

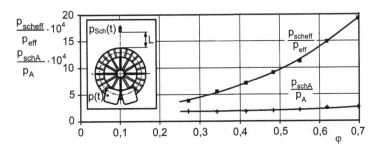

Abb. 11.7 Verhältniswerte der Effektivwerte des Schalldruckes zum Effektivwert der Gasdruckschwingung in einem Kompressor und Verhältniswert der Amplitudenanteile der Druckschwingungen in Abhängigkeit der Lieferzahl $\varphi = c_K/u$

11.6 Schallmessung

Zur Beurteilung von Schall und Schallquellen werden die Schallfeldgrößen genutzt. Diese aus Messungen oder Berechnungen gewonnenen Schallfeldgrößen ermöglichen die Beurteilung von Schallfeldern und Geräuschen unterschiedlicher Art unter einheitlichen Gesichtspunkten, insbesondere in Hinsicht auf vorgeschriebene Grenzwerte. Es gibt drei Verfahren zur Messung der Schallfeldgrößen:

- kontinuierliche Messung während des gesamten Beurteilungszeitraumes,
- Messung während ausgewählter Zeiten innerhalb des Beurteilungszeitraumes und
- die Stichprobenmessung.

Die Schallmessung kann
- im schallabsorbierenden Raum,
- im Direktfeld oder
- im Freifeld mit reflektierender Ebene

meist mit dem Hüllflächenverfahren vorgenommen werden. Für die Schalldruckmessung gibt es genormte Messverfahren, z. B. DIN EN ISO 45630-1 und 2, die einzuhalten sind.

Als Direktfeld wird das Schallfeld in einem geschlossenen Raum bezeichnet, in dem der Schall ohne Reflexion zum Messort gelangt. Das Freifeld wird auch als Direktfeld bezeichnet, da auch hier keine Reflexionen auftreten. Freifeldbedingungen können künstlich in reflexionsarmen Räumen geschaffen werden, da der gemessene Schall nur von der Schallquelle abgestrahlt wird und keine Reflexionsanteile enthält.

Während das Direktfeld oder das Diffusfeld durch die raumakustischen Eigenschaften des Umgebungsraumes bestimmt werden, wird die Schallquelle von einem Nahfeld und einem Fernfeld umgeben. Das Nahfeld ist ein in unmittelbarer Nähe der Schallquelle vorhandener Bereich des Schallfeldes (Abb. 11.8). Danach folgt das Fernfeld. Die Abgrenzung zwischen Nahfeld und Fernfeld einer Schallquelle ist nur bedingt möglich. Sie hängt davon ab, welcher Restphasenwinkel zwischen Schalldruck und Schallschnelle zugelassen wird. Übersichtlich ist die Grenze zwischen beiden Feldern am Beispiel eines Strahlers nullter Ordnung als Monopol (pulsierende Kugel) darzustellen. Dieses Feld ist gekennzeichnet durch die Bedingung $\omega \cdot r \ll 1$, wobei ω die Kreisfrequenz und r die Entfernung von der Schallquelle darstellt. Im Fernfeld einer sich ausbreitenden Kugelwelle sind der Schalldruck p_{sch} und die Schallschnelle v phasengleich. Der ortsabhängige Amplitudenverlauf des Schalldruckes p_{sch} verändert sich umgekehrt proportional zur Ent-

Abb. 11.8 Schallfeldstruktur in einem halbhalligen Raum

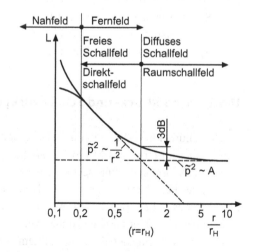

fernung von der Schallquelle. Die Ortsabhängigkeit der Schallschelle ist definiert durch Gl. 11.35:

$$v \approx \frac{1}{r} \sqrt{1 + \left(\frac{1}{\omega r}\right)^2} \qquad (11.35)$$

Bei Schallquellen, die nicht auf einen Strahler nullter Ordnung zurückzuführen sind, ist die Angabe einer Nahfeld-Fernfeld-Grenze schwieriger. Hierbei sind auch die Größenabmessungen der Schallquelle zu berücksichtigen. Bei Maschinenmessungen geht man davon aus, dass das Fernfeld ($\omega \cdot r \gg 1$) beginnt, wenn der Abstand des Messpunktes das zweifache der größten Maschinenabmessung beträgt.

11.6.1 Schallmessgrößen

Die wichtigsten Messgrößen in der Akustik sind der Schalldruck p_{sch}, der Schalldruckpegel L_p in dB sowie die Leistungsgrößen Schallintensität I, Schallleistung P_{ak} und der Schallleistungspegel L_{ak}.

Entsprechend der Maschinenrichtlinie müssen in Abhängigkeit des Schalldruckpegels eines Gerätes folgende Werte angegeben werden:

Für Maschinen mit einem Schalldruckpegel unter 70 dB(A): $L_{pA} < 70$ dB(A)

Für Maschinen mit einem Schalldruckpegel über 70 dB(A): konkreter Wert für L_p

$L_{pA} = 78$ dB(A)

Für Maschinen mit einem Schalldruckpegel über 85 dB(A): konkrete Werte für L_p und L_{ak}

$L_{pA} = 94$ dB(A); $L_{ak} = 108$ dB(A)

Für Maschinen mit einem Spitzenwert von $\hat{L}_{pA} > 130$ dB(A):

konkrete Werte für L_p, L_{ak}, $\hat{L}_{pA}$

Schalldruckpegel $L_{pA} = 95$ dB(A);

Schallleistungspegel $L_{ak} = 110$ dB(A);

Spitzenwert des Schalldruckpegels $\hat{L}_{pA} = 132$ dB(A).

11.6.2 Schalldruck- und Schalldruckpegelmessung

Die Schalldruckmessung kann mittels eines hochfrequenten Drucksensors (z. B. Kulitesonde) oder mittels eines Mikrofons als Schalldruck p_{sch} oder als Schalldruckpegel mit einem Schalldruckpegelmessgerät gemessen werden. Bei der Schalldruckpegelmessung beginnt der Pegelbereich meist bei 0 dB und endet bei ca. 150–160 dB (180 dB). Bei der Messung des Schalldruckes geht man davon aus, dass sich die Schallquelle im Fernfeld wie ein Kugelstrahler nullter Ordnung verhält.

Befindet sich eine Schallquelle in einem geschlossenen Raum mit ideal reflektierenden Wänden, so wird in jedem Punkt des Raumes der gleiche Schalldruckpegel gemessen,

Abb. 11.9 Messpunkte für die Schalldruck- und Schallpegelmessung im 1 m-Abstand an einem Kompressor

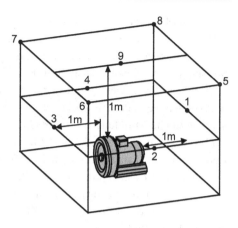

weil die von der Schallquelle abgestrahlten Schallwellen von den Wänden vollständig reflektiert werden. Es liegt ein diffuses Feld vor, das auch als Hallfeld bezeichnet wird. Ein Hallfeld liegt dann vor, wenn folgende Bedingung erfüllt ist:

$$\text{Raumvolumen } V > \left(\frac{1000}{f_{min}}\right)^3 \tag{11.36}$$

wobei f_{min} in Hz die kleinste zu berücksichtigende Frequenz ist und V das Raumvolumen in m^3.

Bei Schallmessungen in Maschinenräumen wird das Hüllflächenverfahren genutzt. Dabei werden die Maschinen durch die Oberfläche eines Quaders, einer Halbkugel oder eines Zylinders umhüllt. Auf diesen Hüllflächen werden im Abstand von 1m die Messpunkte angeordnet. In den Abb. 11.9 und 11.10 sind die Beispiele zweier Messflächen für die Genauigkeitsklasse 2 angegeben. Die Quaderförmige Messfläche wird in der Regel mit neun Messpunkten belegt, die beispielhaft in den Abb. 11.9 und 11.10 angegeben sind. Dabei soll mindestens ein Messpunkt je m^2 Messfläche A angeordnet werden, wobei die Standfläche des Prüflings nicht mitgezählt wird. Die Zahl der Messpunkte auf der Hüllfläche soll so groß gewählt werden, dass die Differenz der Schalldruckpegelwerte in den

Abb. 11.10 Anordnung der 9 Messpunkte auf einer Halbkugelfläche bei einer Freifeldmessung

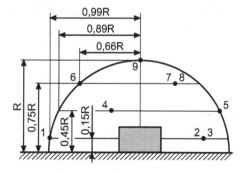

einzelnen Messpunkten geringer ist als die Anzahl der Messpunkte. Für die Genauigkeits-klasse 2 sind mindestens neun Messpunkte auf der Hüllfläche anzuordnen.

Die halbkugelförmige Hüllfläche mit mindestens 6 Messpunkten und maximal 12 Messpunkten wird hauptsächlich für Freifeldmessungen genutzt.

In jedem der n Messpunkte wird der Schalldruck oder Schalldruckpegel gemessen. Bei zeitlich veränderlichem Schalldruckpegel wird der äquivalente Schalldruckpegel durch zeitliche Mittelung bestimmt. Bei Messungen in Maschinenräumen tritt mitunter ein Fremdgeräusch auf, sodass die Messwerte einer Fremdgeräuschkorrektur unterzogen werden müssen. Dazu wird für jeden Messpunkt ein Korrekturwert K_1 ermittelt. Dazu wird in jedem Messpunkt bei abgeschaltetem Messobjekt der äquivalente Fremdgeräusch-pegel L_2 bestimmt und von dem gemessenen Wert abgezogen $\Delta L = L_1 - L_2$. Mit dieser Differenz kann der Korrekturwert K_1 für jeden Messpunkt n mit Gl. 11.37 oder aus Abb. 11.11 ermittelt werden:

$$K_1 = -10\lg\left(1 - \frac{1}{10^{0,1\Delta L}}\right) \tag{11.37}$$

Der für jeden Messpunkt n ermittelte Fremdgeräuschkorrekturwert K_1 wird von dem gemessenen Wert L_1 subtrahiert $L_{pAn} = L_1 - K_1$ und aus den für alle Messpunkte ermittelten Schalldruckpegeln wird dann ein räumlich gemittelter Schalldruckpegel mit Gl. 11.38 errechnet:

$$\overline{L_{pA}} = 10\lg\left(\frac{1}{n}\sum_{i=1}^{n}10^{0,1\,L_{pAn}}\right)\,\mathrm{dB} \tag{11.38}$$

Der Einfluss des Messraumes muss durch einen weiteren Korrekturfaktor berücksichtigt werden. Er umfasst den Einfluss der Umgebung des Messobjektes z. B. Schallreflexionen an Decken, am Boden an Wänden und durch Gegenstände in der Umgebung außerhalb der Hüllfläche sowie die Schallabsorption im Raum zwischen Messobjekt und der Hüll-fläche. Unter Schallabsorption wird die Umsetzung der kinetischen Schwingungsenergie des Schallfeldes in Wärme verstanden.

Abb. 11.11 Korrekturfaktor K_1
von Fremdgeräuschen

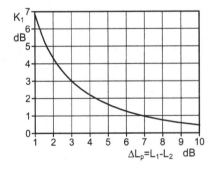

Der Schallabsorptionsgrad α, auch Dämpfung genannt, beträgt:

$$\alpha = \frac{\text{absorbierte Schallenergie}}{\text{auftretende Schallenergie}} = 1 - \exp^{-\left(\frac{55,3\,V}{T_1\,S_1\,a}\right)} \qquad (11.39)$$

mit der Schallgeschwindigkeit a nach Gl. 6.49.

Mit Hilfe des Schallabsorptionsgrades α können akustische Messräume beurteilt werden.

Der Hallradius r_H ist ein Maß für den Übergang des Direktfeldes in ein diffuses Schallfeld (Abb. 11.8). Der Hallradius beträgt

$$r_H = 0,1\,\sqrt{\frac{V}{\pi\,T_h}} \qquad (11.40)$$

Darin sind V der Rauminhalt des Messraumes in m³, T_h die Nachhallzeit in s und r_H der Hallradius in m.

Die Schallabsorptionsfläche A_A lässt sich durch Messen der Nachhallzeit T_h des Raumvolumens V (Abb. 11.12) nach Gl. 11.41 bestimmen:

$$A_A = 0,163\,\frac{V}{T_h} \qquad (11.41)$$

Darin ist T_h die Nachhallzeit des Raumes, in der der Schalldruckpegel um 60 dB nach Abschalten der Schallquelle abfällt. V ist das Raumvolumen. Damit ergibt sich der Korrekturfaktor mit dem Messflächeninhalt A der Hüllfläche und der Schallabsorptionsfläche A_A:

$$K_2 = 10\lg\left(1 + \frac{4}{A_A/A}\right) \text{ dB} \qquad (11.42)$$

Der korrigierte Schalldruckpegel beträgt:

$$L_{pA} = \overline{L_{pA}} + K_2 = \overline{L_{pA}} + 10\lg\left(1 + \frac{4}{A_A/A}\right) \qquad (11.43)$$

Abb. 11.12 Abnahme des Schalldruckpegels nach Abschalten der Schallquelle

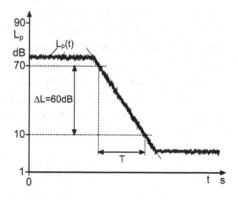

Abb. 11.13 Einfluss der Analysebandbreite (Filter) auf das Schalldruckpegelspektrum, Schmalbandspektrum für $\Delta f_{n\text{Schmal}} = 1{,}028$ $\Delta f_{n-1\text{Schmal}}$, Terzspektrum für $\Delta f_{n\text{Terz}} = 1{,}26$ $\Delta f_{n-1\text{Terz}}$ und Oktavspektrum $\Delta f_{n\text{Oktav}} = 2\Delta f_{n-1\text{Oktav}}$

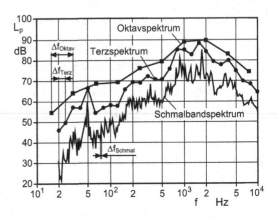

Der Schalldruckpegel L_p in dB kann mit Hilfe der Gl. 11.2 auch aus dem Schalldruck errechnet werden. Um tiefer gehende Informationen über die im Schall enthaltenen Frequenz- und Energieanteile zu erhalten, reicht die Kenntnis des Gesamtschalldruckpegels nicht aus. Dazu wird der Schall in seine Frequenzanteile zerlegt und eine Frequenzanalyse vorgenommen oder die spektrale Leistungsdichte bestimmt. Je nach Breite der Frequenzbänder $B = f_o - f_u$, in die das Geräusch zerlegt wird, erhält man ein Schmalband-, das Terz- oder das Oktavspektrum (Abb. 11.13). Das Schmalbandspektrum besitzt eine Frequenzbandbreite von $\Delta f_{n\text{Schmal}} = 1{,}028\ \Delta f_{n-1\text{Schmal}}$ Beim Terzspektrum beträgt die Bandbreite mit $\Delta f_{n\text{Terz}} = 1{,}26\ \Delta f_{n-1\text{Terz}}$ (Abschn. 11.1). Sie nimmt ebenfalls mit steigender Mittenfrequenz zu. Beim Oktavspektrum beträgt die Bandbreite der Frequenz $\Delta f_{n\text{Oktav}} = 2{,}0\Delta f_{n-1\text{Oktav}}$, sodass sich ein relativ grobes Frequenzspektrum ergibt. Für Maschinenuntersuchungen wird vorzugsweise das Terzspektrum genutzt.

11.6.3 Schallintensitäts- und Schallgeschwindigkeitsmessung

Da sich die Schallintensität als Produkt des Schalldruckes p_{sch} und der Schallschnelle v darstellt (Gl. 11.11), müssen bei der Ermittlung der Schallintensität beide Schallfeldgrößen gemessen werden. Sie wird als Zweimikrofontechnik bezeichnet. Die Messung des Schalldruckes erfolgt mit einem Mikrofon. Für die Messung der Schallschnelle werden Miniatur-Ultraschallempfänger verwendet. Sie werden nah beieinander in Messrichtung angeordnet. Die im Empfängersignal auftretende Frequenzänderung des Ultraschallsignals durch den Dopplereffekt kann als Maß für die Schallschnelle benutzt werden. Gebräuchlich ist auch, den in der Euler'schen Bewegungsgleichung enthaltenen Zusammenhang zwischen Schalldruck und Schallschnelle $dp/dr = -\rho\, dv_n/dt$ auszunutzen. Damit berechnet sich die Schallschnelle-Komponente in einer beliebigen Raumrichtung r nach Integration zu:

$$v_n(t) = -\frac{1}{\rho_0} \int_0^T \frac{\mathrm{d} p_{\text{sch}}(t)}{\mathrm{d} r}\, \mathrm{d}t \qquad (11.44)$$

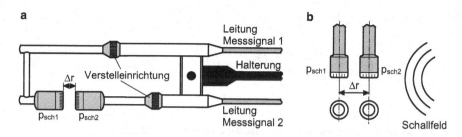

Abb. 11.14 Mikrofonanordnung für die Zweimikrofontechnik zur Messung der Schallintensität. **a** Axiale Anordnung, **b** parallele Anordnung

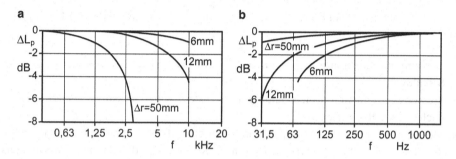

Abb. 11.15 Messfehler des Schalldruckpegels durch **a** Mikrofonabstand Δr bei axialer Anordnung, **b** den Phasenfehler φ bei unterschiedlichen Mikrofonabständen Δr nach [11]

Zur Bestimmung des Differenzialquotienten des Schalldrucks $\mathrm{d}p_{\mathrm{sch}}(t)/\mathrm{d}r$, wird der Schalldruck an zwei dicht benachbarten Orten, deren Verbindungslinie in der Raumrichtung r liegt, gemessen. Die hierbei eingesetzten Mikrofone weisen ein spezielles Phasenverhalten auf und sind in einem kleinen Abstand Δr auf einer Achse oder nebeneinander angeordnet (Abb. 11.14). Die Mikrofone messen sowohl die Schalldrücke p_{sch1} und p_{sch2} an beiden Orten oder die Schalldruckpegel. Daraus ergibt sich ein Messfehler, der vom Mikrofonabstand, von der Frequenz und von der Anordnung der Mikrofone abhängig ist und für die Schalldruckpegelwerte in Abb. 11.15 als Funktion der Frequenz dargestellt ist. Somit kann die Gl. 11.44 auch geschrieben werden als:

$$v_n(t) = -\frac{1}{\rho_0} \int_0^T \frac{p_{\mathrm{sch2}}(t) - p_{\mathrm{sch1}}(t)}{\Delta r} \mathrm{d}t \qquad (11.45)$$

Der Schalldruck $p_{\mathrm{sch}}(t)$ wird aus dem arithmetischen Mittelwert der beiden gemessenen Schalldrücke $p_{\mathrm{sch1}}(t)$ und $p_{\mathrm{sch2}}(t)$ bestimmt.

$$p_{\mathrm{sch}}(t) = \frac{p_{\mathrm{sch1}}(t) + p_{\mathrm{sch2}}(t)}{2} \qquad (11.46)$$

Die Schallintensität ergibt sich damit zu:

$$I(t) = -\frac{p_{\text{sch1}}(t) + p_{\text{sch2}}(t)}{2\rho_0 \Delta r} \int\limits_0^T [p_{\text{sch2}}(t) - p_{\text{sch1}}(t)]\, dt \qquad (11.47)$$

11.6.4 Schallleistungs- und Schallleistungspegelmessung

Zur Messung der Schallleistung wird die Schallquelle von einer Fläche A umhüllt. Auf dieser Hüllfläche wird das Schallfeld gemessen.

Zur Messung der abgestrahlten Schallleistung einer Schallquelle werden folgende Messverfahren genutzt:

- Messung im reflexionsarmen Raum auf der Hüllfläche der Schallquelle für hängende Schallquelle.
- Messung im reflexionsarmen Halbraum mit festem, schallhartem Boden auf der Hüllfläche oberhalb des Bodens.
- Messung im Hallraum. Da sich im Hallraum ein Diffusfeld ausbreitet, indem überall der gleiche Schalldruck herrscht, kann nach Kalibrierung des Raumes die Schallleistung der Schallquelle bestimmt werden.
- Messung in beliebiger Umgebung mit Fremdschall oder Reflexionen. Diese Messung erfasst die nach außen abgestrahlte Schallleistung und auch die von außen durch die Hüllfläche durchstrahlende Störschallleistung.

Zur Messung der Schallleistung können Mikrofone und Schallintensitätsmessgeräte verwendet werden, z. B. der Zweikanal-Echtzeit-Analysator 2144 mit Schallintensitätssonde 3548 und mit zwei Mikrofonen 4181 der Fa. Brühl & Kjaer. Bei Messungen nach dem Intensitätsverfahren ist der Messpunktabstand so zu wählen, dass die Richtcharakteristik erfasst wird.

Der Schallleistungspegel L_{ak} einer Maschine kann mit der folgenden Gleichung berechnet werden:

$$L_{\text{ak}} = L_{\text{pA}} + 10\lg\left(\frac{A}{A_0}\right) - K_1 - K_2 \quad \text{in} \quad \text{dB(A)} \qquad (11.48)$$

Darin sind:

L_{pA} der mittlere Schalldruckpegel auf der Messfläche A in dB(A),
A die Messfläche in m^2,
A_0 die Bezugsfläche in m^2,
K_1 der Korrekturwert für Fremdgeräusche $K_1 = 1{,}3\,\text{dB}$ bis $3\,\text{dB}$,
K_2 der Korrekturwert für die Raumrückwirkung $K_2 \leq 0{,}5\,\text{dB}$ bis $5\,\text{dB}$.

Tab. 11.8 Bedingungen zur Festlegung der Genauigkeitsklasse

	Messumgebung/ Maschinenabmessung	Messfläche	Fremdgeräusch-korrektur K_1	Raumrückwir-kungskorrektur K_2
Genauigkeits-klasse 1 DIN EN ISO 3745	Akustisches Freifeld oder Freifeld über reflekt. Ebene/ $V_{Maschine}$ $\leq 0,5\%$ V_{Raum}	Kugel- oder Halbkugel-oberfläche	für $\Delta L \geq 6$ dB	$K_2 \leq 0,5$ dB
Genauigkeits-klasse 2 DIN EN ISO 3744	Überwiegend akustisches Freifeld über reflekt. Ebene; Keine Einschränkung		$K_1 \leq 1,3$ dB	$K_2 \leq 2$ dB
Genauigkeits-klasse 3 DIN EN ISO 3746	Keine Einschränkung	Quader-oberfläche	für $\Delta L \geq 3$ dB $K_1 \leq 3$ dB	$K_2 \leq 0,7143$ dB

Tab. 11.9 Schallgeschwindigkeit für einige Stoffe bei $T = 298,15$ K ($t = 25\,°C$)

Stoff	κ	R J/(kg K)	E MPa	β_T 1/Pa	ρ kg/m^3	a m/s
Kohlendioxid	1,289	188,92	$a = \sqrt{\frac{E}{\rho}} = \sqrt{\frac{1}{\rho \cdot \beta_T}}$			258
Luft	1,4	287,60				346
Wasserdampf	1,333	461,52				495
Wasserstoff	1,405	4124,50				1314
Wasser	$a = \sqrt{\kappa \cdot R \cdot T}$		2079	$481 \cdot 10^{-12}$	999,8	1449
Quecksilber			28.531	$35 \cdot 10^{-12}$	13.546	1451
Aluminium			71.000	$13,8 \cdot 10^{-12}$	2700	5128
Eisen			210.000	$4,76 \cdot 10^{-12}$	7870	5166

Die Größe der Korrekturwerte ist abhängig von der Genauigkeitsklasse (Tab. 11.8).

Für die meist gewählte Genauigkeitsklasse 2 für Betriebsmessungen nach DIN EN ISO 3744 auf einer Quaderoberfläche im akustischen Freifeld über einer reflektierenden Ebene betragen die Korrekturwerte $K_1 = 1,3$ dB und $K_2 = 2$ dB.

Die Fremdgeräuschkorrektur K_1 kann nach der Messung des Gesamtgeräusches einschließlich dem Prüfling und der nachfolgenden Fremdgeräuschmessung mit Hilfe der Differenz aus beiden Messungen $\Delta L = L_1 - L_2$ aus der Schalldrucksubtraktion nach Abb. 11.11 ermittelt werden.

In Tab. 11.9 sind die Stoffwerte und die Schallgeschwindigkeiten einiger Stoffe angegeben.

Die Schallintensitätsmessgeräte liefern nur dann ein korrektes Ergebnis, wenn der Schall senkrecht durch die Hüllfläche tritt und kein Störschall vorhanden ist. Die emittierte Schallleistung einer Schallquelle ist für alle Entfernungen gleich.

Die abgestrahlte Schallleistung kann auch mit Hilfe der Schallintensität berechnet werden, indem um das Objekt eine geschlossene Kontrollfläche gelegt wird, innerhalb derer keine andere Schallquelle vorhanden sein darf. Befindet sich die Schallquelle auf einem schallharten Untergrund, so kann sie von einer Halbkugel mit beliebigem Radius als Kontrollfläche umschlossen werden (Abb. 11.5).

Wird die Schallleistung durch Integration der Schallintensität ermittelt, so hat eine außerhalb der Kontrollfläche liegende Störquelle keinen Einfluss auf die Schallleistung des Messobjektes innerhalb der Kontrollfläche. Diese Methode erfordert einen hohen Messaufwand.

Der Schallleistungspegel L_{ak} gibt die Schallemission einer Schallquelle als Schallenergiegröße an.

11.7 Messauswertung, Frequenzanalyse und spektrale Leistungsdichte

Da der Schalldruckpegel mit Gl. 11.2 und auch die Schallleistung mit Gl. 11.12 aus dem Schalldruck berechnet werden können, bestehen für vorgegebene Schalldruckverhältnisse p_{sch1}/p_{sch2} auch bestimmte Schallleistungsverhältnisse P_{ak1}/P_{ak2}, die mit dem Quadrat des Schalldruckverhältnisses ansteigen. Der Schalldruck p_{sch} ist dabei stets der Effektivwert des zeitlich schwankenden Schalldruckes $p_{sch}(t)$. Für diese Verhältniswerte des Schalldruckes kann auch die zugehörige Schallpegeldifferenz $\Delta L_p = L_1 - L_2$ angegeben werden.

In Tab. 11.10 sind die Schallleistungswerte und die Schalldruckpegelwerte in Abhängigkeit des Schalldruckverhältnisses angegeben. Diese Tabelle zeigt, dass eine Verdopplung des Schalldruckes einer Schallquelle eine Schalldruckpegelerhöhung von $\Delta L_p = 6\,\text{dB}$ ergibt. Die Schallleistung steigt mit dem Quadrat des Schalldruckes an, sodass die Schallleistung den vierfachen Wert bei der Verdopplung des Schalldruckes annimmt (Tab. 11.10).

Wird der Schalldruck oder der Schalldruckpegel in neun Messpunkten der Oberfläche für die Genauigkeitsklasse 2 gemessen, so muss daraus der arithmetische Mittelwert gebildet werden, wenn sich der Maximalwert und der Minimalwert der Messung nicht um mehr als 5 dB voneinander unterscheiden. Bei größeren Differenzen $\Delta L > 5\,\text{dB}$ muss die Mittelwertbildung für den Schalldruckpegel mit Hilfe der Gl. 11.31 erfolgen.

Tab. 11.10 Schalldruckpegeldifferenzen ΔL_p und Schallleistungen in Abhängigkeit der Schalldruckverhältnisse p_{sch1}/p_{sch2}

Schalldruckverhältnis $\frac{p_{sch1}}{p_{sch2}}$	1	1,12	1,26	1,4	1,58	1,8	2,0	3,2	10	31,6
Schallleistungsverhältnis $\frac{P_{ak1}}{P_{ak2}} = (\frac{p_{sch1}}{p_{sch2}})^2$	1	1,26	1,58	2,0	2,51	3,2	4	10	100	1000
Schalldruckpegeldifferenz in dB $\Delta L_p = L_1 - L_2$	0	1	2	3	4	5	6	10	20	30

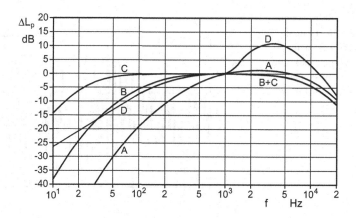

Abb. 11.16 Bewertungskurven A, B, C und D für den Schallpegel

Da die Schallempfindlichkeit des menschlichen Ohres im Frequenzbereich unterschiedlich ist, wird der Schall im Frequenzbereich bewertet. Die Kurven gleicher Lautstärke in Abb. 11.3 zeigen, dass die Lautstärke nicht nur von der Frequenz (Tonhöhe), sondern auch vom absoluten Schalldruck abhängig ist. Um diese Einflüsse zu berücksichtigen, werden für die Schallbewertung vier Bewertungskurven A, B, C und D herangezogen, die in Abb. 11.16 und in Tab. 11.11 dargestellt sind. Der Schall wird mit der Bewertungskurve A bewertet und als Schallpegel in dB(A) angegeben. Wird von einer Schallquelle ein Ton mit konstantem Schalldruck und der Frequenz von 1000 Hz (etwa der Ton H'') ausgesandt, so entsteht beim Hören ein bestimmtes Lautstärkeempfinden (Bewertungskurve A). Sendet die Schallquelle nun einen Ton von 100 Hz (etwa den Ton *Gis* der dritten Oktave) mit gleichem Schalldruck wie beim 1000 Hz-Ton aus, so empfindet das Ohr eine um 19 dB geringere Lautstärke (Abb. 11.16). Diesen Einfluss berücksichtigt die Bewertungskurve A, indem sie den aufgenommenen Schalldruckpegel in dieser Weise frequenzabhängig bewertet. Für die Aeroakustik und für den Flugzeuglärm ist es sinnvoll die Bewertungscharakteristik D heranzuziehen, die im Frequenzbereich zwischen $f = 25$ bis 1000 Hz in der Nähe der Bewertungskurve B liegt. Der zeitliche Verlauf der Schalldruckmessung wird in der Regel in einem Diagramm dargestellt (Abb. 11.2 und 11.17). Dafür wird auch das Frequenzspektrum angefertigt (Abb. 11.2).

11.7.1 Frequenzanalyse

Bei der Frequenzanalyse wird die Lautstärke der Schallquelle in mehrere Frequenzbänder der Fouriertransformation unterteilt und in jedem Frequenzband der Schalldruck gemäß Abb. 11.2 und 11.17 oder der Schalldruckpegel L_p bestimmt.

Während bei der Fouriertransformation üblicherweise konstante Bandbreiten für die Frequenz gewählt werden, nimmt die Bandbreite der Frequenz beim Oktav- und beim

Abb. 11.17 Schalldruck und
Frequenzspektren. **a** Zeitsignal
eines Schalldruckes, **b** Terzspektrum und Oktavspektrum
eines Turbokompressors für
neun Messpunkte im 1 m-
Abstand

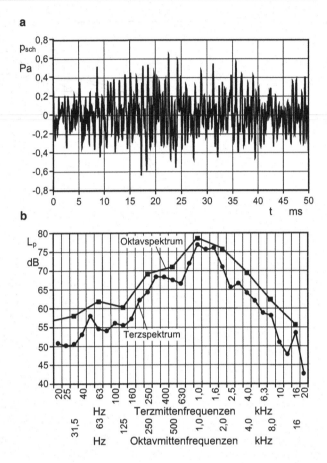

Terzspektrum proportional zur Mittenfrequenz zu, wie die Angaben der Mittenfrequenzen
und die jeweiligen unteren und oberen Frequenzen für das Oktav- und Terzspektrum in
Tab. 11.12 zeigen. Die Mittenfrequenz ist der geometrische Mittelwert der unteren f_u und
oberen Grenzfrequenz f_o mit $f_m = \sqrt{f_u\, f_o}$.

Drei benachbarte Terzen bilden eine Oktave. Deshalb werden für die Frequenzanalyse von Strömungsgeräuschen Terzspektren mit Frequenzbereichen von $f = 20\,\text{Hz}$ bis
20 kHz genutzt (Abb. 11.17 und Abschn. 11.1).

In Tab. 11.12 sind die unteren und oberen Frequenzen sowie die Mittenfrequenzen als
geometrische Mittelwerte für ein Oktav- und Terzspektrum nach IEC 225 angegeben. Das
in Tab. 11.12 angegebene Terzspektrum kann entsprechend dieser Systematik zu kleineren
und größeren Frequenzen erweitert werden.

In Abb. 11.18 ist das Zeitsignal des Schalldruckes, die Fast-Fourier-Transformation
(FFT) und vier verschiedene Spektren eines Freistrahlgeräusches mit Schallgeschwindigkeit $c^* = a^*$, $M = 1{,}0$ an einer Blende mit $d = 1{,}6\,\text{mm}$ und einem Behälterdruck von

Tab. 11.11 Bewertungskurven A, B, C, und D für den Schallpegel im Bereich $f = 500\,\text{Hz}$ bis $20\,\text{kHz}$

Frequenz Hz	A dB	B dB	C dB	D dB
500	−3,2	−0,3	0,0	0,0
630	−1,9	−0,1	0,0	0,0
800	−0,8	0,0	0,0	0,0
1000	0,0	0,0	0,0	0,0
1250	0,6	0,0	0,0	2,0
1600	1,0	0,0	−0,1	5,5
2000	1,2	−0,1	−0,2	8,0
2500	1,3	−0,2	−0,3	10,0
3150	1,2	−0,4	−0,5	11,0
4000	1,0	−0,7	−0,8	11,0
5000	0,5	−1,2	−1,3	10,0
6300	−0,1	−1,9	−2,0	8,5
8000	−1,1	−2,9	−3,0	6,0
10.000	−2,5	−4,3	−4,4	3,0
12.500	−4,3	−6,1	−6,2	0,0
16.000	−6,6	−8,4	−8,5	−4,0
20.000	−9,3	−11,1	−11,2	−7,5

Tab. 11.12 Mittenfrequenzen $f_m = \sqrt{f_u\,f_o}$, untere f_u und obere Frequenzen f_o der Oktav- und Terzspektren nach IEC 225

Oktavspektrum	f_m Hz	16	31,5	63	125	250	500	1000	2000	4000	8000	16.000
	f_u Hz	11,2	22,4	44	90	180	355	710	1400	2800	5600	11.200
	f_o Hz	22,4	44	90	180	355	710	1400	2800	5600	11.200	22.400
Terzspektrum	f_m Hz	1000	1250	1600	2000	2500	3150	4000	5000	6300	8000	10.000
	f_u Hz	891	1122	1413	1778	2239	2818	3548	4467	5623	7079	8913
	f_o Hz	1122	1413	1778	2239	2818	3548	4467	5623	7079	8913	11.220

$p_ü = 400\,\text{kPa}$, $p_b/p_k = 100\,\text{kPa}/500\,\text{kPa} = 0{,}2 < p^*/p_k = 0{,}528$ dargestellt, die einen charakteristischen Frequenzbereich zwischen $f = 20$ bis $40\,\text{kHz}$ zeigen.

In Abb. 11.19 ist das Verhältnis des Effektivwertes des Schalldruckes zum Maximalwert des Schalldruckes für das Terz- und Oktavspektrum in Abhängigkeit des Druckes $p_ü$ dargestellt. Nur bei geringen Drücken zwischen $p_ü = 25\,\text{kPa}$ bis $150\,\text{kPa}$ unterscheiden sich die Verhältniswerte $L_{P\,\text{eff}}/L_{P\,\text{max}}$, nicht aber bei höheren Drücken $p_ü > 150\,\text{kPa}$.

In Abb. 11.20 sind je 8 Frequenzspektren eines Freistrahls mit der Austrittsöffnung von $d = 10\,\text{mm}$ und $18{,}4\,\text{mm}$ und den Drücken für die Freistrahlerzeugung von $p = 125\,\text{kPa}$ bis $500\,\text{kPa}$ dargestellt, wobei sichtbar ist, dass sich für die Drücke von $p_ü = 400\,\text{kPa}$ und $450\,\text{kPa}$ die größten Schalldruckamplituden von $L_P = 0{,}68\,\text{mPa}$ bis $0{,}74\,\text{mPa}$ einstellen.

In Abb. 11.21 sind die Oktavspektren bis zu dem Schmalbandspektrum von $200\,\text{Hz}$ als Schalldruck- und Schallpegelspektren angegeben. In Abb. 11.21 sind die Schmalbandspektren für $200\,\text{Hz}$ den Oktav-, 1/3-Oktav- und 1/24-Oktavspektren gegenübergestellt. Daraus erkennt man, dass der Freistrahl aus der Austrittsöffnung von $d = 5\,\text{mm}$ bei dem

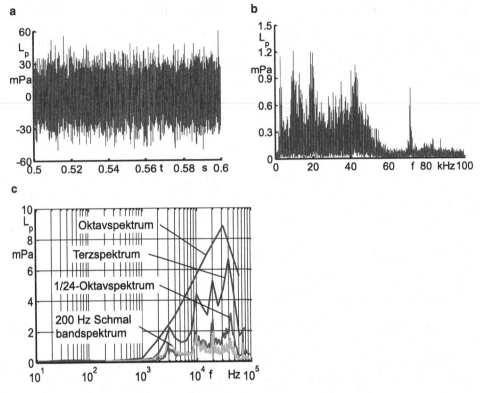

Abb. 11.18 Zeitsignal des Schalldruckes L_p, FFT und Spektren vom Oktavspektrum bis zum 200 Hz Schmalbandspektrum eines Ausströmgeräusches einer Blende von $d = 1,6$ mm und $p_ü = 400$ kPa. **a** Zeitsignal, **b** Frequenzspektrum FFT, **c** Spektren

Abb. 11.19 Verhältnis des Effektivwertes des Schalldruckes zum Maximalwert für das Terz- und Oktavspektrum in Abhängigkeit des Druckes $p_ü$ für $d = 3,0$ mm

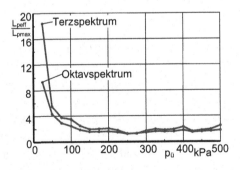

Austrittsdruck von $p = 200$ kPa eine Amplitude von $L_p = 7,5$ mPa bei der Frequenz von $f = 31,0$ kHz im Ultraschallbereich ergibt.

In den Abb. 11.22, 11.23 und 11.24 sind drei Leistungsdichtespektren (power spectrum density, PSD) für einen Turbokompressor bei der Drehfrequenz von $f = 50$ Hz (Abb. 11.22) und das Leistungsdichtespektrum eines Freistrahlgeräusches aus einer Blen-

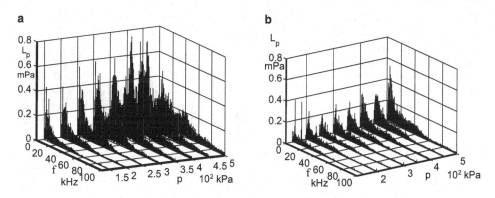

Abb. 11.20 Gegenüberstellung der FFT in Abhängigkeit des Druckes p für die Öffnungsdurchmesser von **a** $d = 10\,\text{mm}$, $p = 150 \ldots 500\,\text{kPa}$, **b** $d = 18,4\,\text{mm}$, $p = 150 \ldots 500\,\text{kPa}$

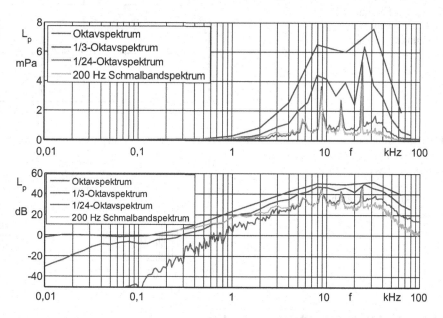

Abb. 11.21 Gegenüberstellung des Schmalbandspektrum im 200 Hz-Bereich zum Oktav-, Terz- und 1/24-Oktavspektrum als Schalldruck L_p und Schalldruckpegel für $d = 5\,\text{mm}$ und $p = 200\,\text{kPa}$

de mit $d = 1,6\,\text{mm}$ Austrittsöffnung und dem Austrittsdruck von $p_{\ddot{u}} = 400\,\text{kPa}$ in linearer und logarithmisches Form (Abb. 11.24) dargestellt. Die Diagramme zeigen die vier Amplitudenspitzen und auch die Erkenntnis, dass für die Darstellung der unteren Frequenzbereiche von $f = 10$ bis $1000\,\text{Hz}$ (Abb. 11.22) bzw. bis $4000\,\text{Hz}$ (Abb. 11.24) die logarithmische Darstellung besonders geeignet ist.

Abb. 11.22 Leistungsdichtespektrum PSD (power
spectrum density) eines
Turbokompressors bei der
Drehfrequenz von $f = 50\,\mathrm{Hz}$
in logarithmischer Darstellung

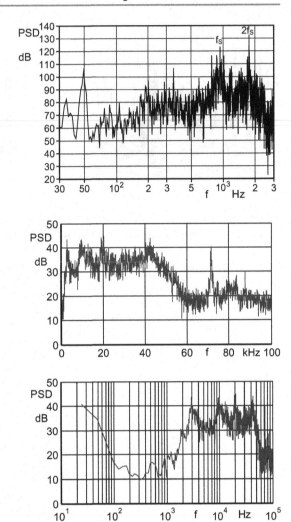

Abb. 11.23 Spektrale
Leistungsdichte eines Ausströmgeräusches einer Blende
von $d = 1,6\,\mathrm{mm}$ und
$p_{\ddot{u}} = 400\,\mathrm{kPa}$ in linearer

Abb. 11.24 Spektrale
Leistungsdichte eines Ausströmgeräusches einer Blende
von $d = 1,6\,\mathrm{mm}$ und
$p_{\ddot{u}} = 400\,\mathrm{kPa}$ in logarithmischer Darstellung

11.7.2   Spektrale Schallleistungsdichte

Neben dem fouriertransformierten Frequenzspektrum wird zur frequenzabhängigen
Schallbewertung auch die spektrale Schallleistungsdichte (power spectrum density, PSD)
genutzt [12]. Die spektrale Leistungsdichte ist die Fouriertransformation der zeitlichen
Kreuzkorrelationsfunktion, z. B. $p_{\mathrm{sch1}}(t)\,p_{\mathrm{sch2}}(t + \tau)$. Sie gibt die frequenzbezogene spe-
zifische Leistung für Frequenzintervalle oder für den entsprechenden Pegelwert in dB an.
Sie bietet eine höhere Auflösung der Spektralanalyse.

Die Kreuzkorrelationsfunktion für ein stochastisches und stationäres Drucksignal lautet:

$$S_{\text{psch}}(\tau) = \lim_{T \to \infty} \frac{1}{T} \int\limits_0^T p_{\text{sch1}}(t)\, p_{\text{sch2}}(t + \tau)\, \mathrm{d}t \tag{11.49}$$

Wird diese Korrelationsfunktion $S_{\text{psch}}(\tau)$ einer erneuten Fouriertransformation unterzogen, so erhält man die spektrale Schallleistungsdichte oder das entsprechende Leistungsdichtespektrum:

$$G_{\text{psch}}(f) = 2 \int\limits_{-\infty}^{\infty} S_{\text{psch}}(\tau)\, \mathrm{e}^{-j\,2\pi f \tau}\, \mathrm{d}\tau \quad \text{für } f > 0 \tag{11.50}$$

Mit der Kreuzkorrelationsdichte entsprechend Gl. 11.50 kann auch die Kohärenz $\varphi_{xy}^2(f)$ zwischen zwei Signalen berechnet werden. In Abb. 11.22 ist der Pegel der spektralen Leistungsdichte des Schalldruckes für eine Maschinenuntersuchung dargestellt, in dem die Amplitudenspitze bei der Schaufeldrehfrequenz von $f_S = z\,f = 900\,\text{Hz}$ sichtbar ist.

11.8 Wavelets der Aeroakustik

Die Wavelet-Transformation ist eine modulierte Fensterfunktion, die eine Frequenzinformation enthält. Als Wavelets werden die in einer kontinuierlichen oder diskreten Wavelet-Transformation vorgegebenen Funktionen bezeichnet. Sie verallgemeinern die Short-Time-Fourier-Transformation. Im Gegensatz zu den Sinus- und Kosinus-Funktionen der Fouriertransformationen besitzen die Wavelets nicht nur eine Lokalität im Frequenzbereich, sondern auch im Zeitbereich und erschließen dadurch neue Bereiche von Signalen, wie z. B. Turbulenz- oder Schallsignale. Das Integral einer Wavelet-Funktion ist stets Null.

Wavelet als erzeugende Funktion eines affinen Systems von Funktionen lautet:

$$\psi_{j,k}(x) = 2^{j/2}\psi(2^j x - k) \tag{11.51}$$

Das Integral der Wavelet-Funktion ist:

$$\int \psi_{j,k}(t) \cdot \psi_{j,k}^*(t)\,\mathrm{d}t = \delta_{jj,kk} \tag{11.52}$$

oder die Doppelsumme $\psi_{j,k}(t)$ als Doppelintegral

$$x(t) \sum_j \sum_k v_{j,k}\psi_{j,k} \tag{11.53}$$

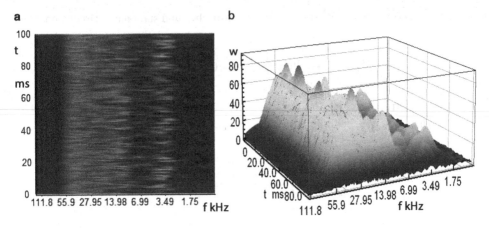

Abb. 11.25 Gabor-Wavelet für den Ausströmvorgang aus einem Druckbehälter bei $p = 5$ bar, $d = 1,6$ mm. **a** Ebene Darstellung, **b** räumliche Darstellung

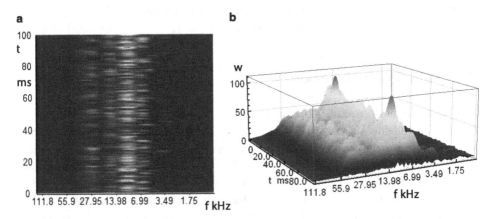

Abb. 11.26 Gabor-Wavelet für den Ausströmvorgang aus einem Druckbehälter bei $p = 5$ bar, $d = 2$ mm, $L = 12,57$ mm. **a** Ebene Darstellung, **b** räumliche Darstellung

Der Faltungssatz und das Faltungsintegral lauten

$$\hat{Y}(f) = \hat{F}(f) \cdot \hat{G}(f) \tag{11.54}$$

Faltung:

$$y(\tau) - f(\tau) \overset{\otimes}{} g(\tau) - \int\limits_{-\infty}^{+\infty} f(t)g(\tau - t)\mathrm{d}t \tag{11.55}$$

Die Faltung mit der Zeitfunktion des Filters als Impulsantwort ist die Filterung.

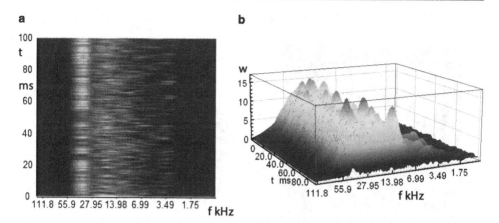

Abb. 11.27 Gabor-Wavelet für den Ausströmvorgang aus einem Druckbehälter bei $p = 4{,}25$ bar, $d = 1{,}6$ mm. **a** Ebene Darstellung, **b** räumliche Darstellung

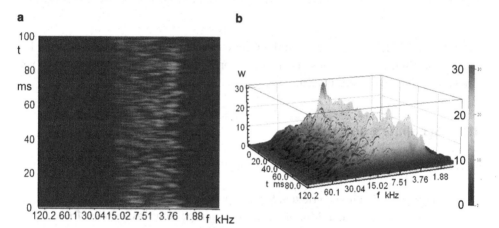

Abb. 11.28 Gauss-Wavelet für den Ausströmvorgang aus einem Druckbehälter durch eine Schlitzöffnung bei $p = 2$ bar, $d = 3$ mm, $L = 14{,}4$ mm. **a** Ebene Darstellung, **b** räumliche Darstellung

Es gibt mehrere Wavelets, begonnen vom Daubechies-Wavelet über das Morlet-Wavelet bis zum Gabor- und Gauss-Wavelet. Mit Hilfe des zweidimensionalen Gabor- und Gauss-Wavelets werden einige Resultate der Strömungsakustik dargestellt.

In den Abb. 11.25, 11.26 und 11.27 sind die ebenen und die räumlichen Gabor-Wavelets für die Messpunkte des Schalldruckes einer turbulenten Strömung mit der mittleren Geschwindigkeit von $c = 118$ m/s bis $c = 265$ m/s dargestellt. Aus diesen Darstellungen erkennt man das Ineinanderfließen der Frequenzbereiche der Schalldruckschwingungen der turbulenten Strömung. Die dreidimensionalen Gabor-Wavelets in den Abb. 11.25, 11.26 und 11.27 zeigen auch die Amplitudengröße der Schalldruckschwingung mit Werten bis zu 75 dB.

a   b

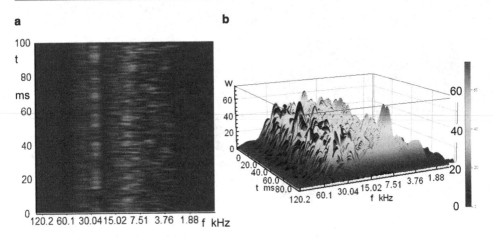

Abb. 11.29 Gauss-Wavelet für den Ausströmvorgang aus einem Druckbehälter durch eine Schlitzöffnung bei $p = 5\,\text{bar}$, $d = 3\,\text{mm}$, $L = 14{,}4\,\text{mm}$. **a** Ebene Darstellung, **b** räumliche Darstellung

In den Abb. 11.28 und 11.29 sind die Gauss-Wavelets für die Unterschiedlichen Parameter Durchmesser und Druck der Ausströmvorgänge dargestellt, die sich deutlich von den Gabor-Wavelets unterscheiden.

11.9 Schallmessgeräte

Als Schallmessgeräte werden verwendet:

- Schallanalysatoren mit integriertem Schallpegelmesser,
- Mikrofone mit Analysator, Mikrofone als hochwertige Kondensatormikrofone,
- Lärmdosimeter und Pegelschreiber.

Ein Messgerät für die Schall- oder Schwingungsmessung besteht aus einem oder mehreren elektromechanischen Wandlern, den elektrischen Verstärkern und den Bewertungs-

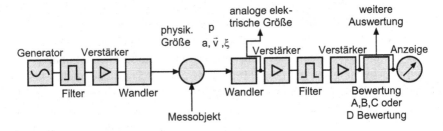

Abb. 11.30 Aufbau einer Messkette zur Ermittlung von Schallkenngrößen

filtern, die zur Signalverarbeitung und zur Umwandlung in eine geeignete Anzeigegröße dienen (Abb. 11.30). Diese Messkette muss kalibriert oder geeicht werden. Ein Schallpegelmessgerät für den Luftschall darf möglichst nicht auf mechanische Schwingungen und Erschütterungen ansprechen. Umgekehrt muss ein Messgerät für den Körperschall unempfindlich gegen Luftschall sein.

11.9.1 Mikrofon

Der wichtigste Sensor für die Schallmessung ist das Mikrofon. Es gibt

- Kondensatormikrofone,
- piezoelektrische Mikrofone,
- elektrodynamische Mikrofone.

Die Übertragungseigenschaften der Mikrofone werden durch die Relativbewegung von zwei elastisch verbundenen Körpern erzeugt, der Membran mit der geringen Masse m_M und dem Gehäuse mit der großen Masse m_G. Gehäuse und Membran bilden einen mechanischen Resonator. Der Schalldruck p_{sch} der geringen Größe von $p_{sch} = 0,1$ mPa bis 6 mPa übt auf die Membran die Kraft aus, die in der Messeinrichtung verarbeitet wird.

Bevorzugt verwendet werden für genaue Messungen Kondensatormikrofone mit großer Kapazität von 20 pF und sehr geringem Elektrodenabstand von ca. 20 μm, um eine hohe Empfindlichkeit und einen Frequenzgang für 31,5 Hz bis 10 kHz zu erreichen. Die Empfindlichkeit steigt linear mit der Membranfläche. Die Resonanzfrequenz wird von der Größe der Membranfläche kaum beeinflusst.

Piezoelektrische Mikrofone (Kristallmikrofone) bestehen aus einer dünnen Membran aus piezoresistivem Werkstoff, die vom Schalldruck p_{sch} auf Biegung beansprucht wird. Die dadurch hervorgerufene Ladungsänderung in der Keramik wird als Messgröße von den Elektroden weitergeleitet.

11.10 Addition von Schallpegeln und Summenregel

Befinden sich in einem Raum (Fertigungs- oder Maschinenhalle) mehrere Schallquellen unterschiedlicher Schallintensität, so überlagern sich die Schalldruck- und die Schallleistungspegelwerte. Bei der Bildung des Summenpegels eines zusammengesetzten Schallfeldes werden die Schallleistungsgrößen $p_{\mathrm{eff}\,i}^2$, v_i^2, die Schallintensität I und die Schallleistung P_{ak} der beteiligten Schallquellen des überlagerten Schallfeldes aufsummiert. Liegen von den zu addierenden Einzelschallquellen nur die Schalldruckpegel vor, so müssen daraus vorerst die quadrierten Schalldrücke berechnet werden

$$p_{sch}^2 = p_{sch\,0}^2\, 10^{L_p/10} \tag{11.56}$$

Der Summenpegel des Schalldruckes für die überlagerten inkohärenten Schallquellen beträgt:

$$L_{\mathrm{p}\Sigma} = 10 \lg_{10} \left(\frac{p_{\mathrm{sch}1}^2 + p_{\mathrm{sch}2}^2 + p_{\mathrm{sch}3}^2 + \cdots + p_{\mathrm{sch}n}^2}{p_{\mathrm{sch}0}^2} \right) = 10 \lg \frac{\sum\limits_{i=1}^{n} I_i}{I_0} = 10 \lg \sum_{i=1}^{n} 10^{0,1 L_{\mathrm{pi}}}$$

$$(11.57)$$

Werden z. B. zwei Schallpegel $L_{\mathrm{p}1} + L_{\mathrm{p}2}$ addiert, so erhält man

$$L_{\mathrm{pI}} = 10 \lg \left(10^{0,1\, L_{\mathrm{p}1}} + 10^{0,1\, L_{\mathrm{p}2}} \right) = 10 \lg \left[10^{0,1\, L_{\mathrm{p}1}} \left(1 + 10^{\frac{L_{\mathrm{p}2} - L_{\mathrm{p}1}}{10}} \right) \right] \qquad (11.58)$$

Der Schallpegel der Schallquelle 1 beträgt

$$L_{\mathrm{p}1} = 10 \lg 10^{0,1\, L_{\mathrm{p}1}} \qquad (11.59)$$

Damit kann für den Gesamtschallpegel der beiden Schallquellen geschrieben werden:

$$L_{p\,1+2} = L_{\mathrm{p}1} + \Delta L_{\mathrm{p}} = L_{\mathrm{p}1} + 10 \lg \left(1 + 10^{\frac{L_{\mathrm{p}2} - L_{\mathrm{p}1}}{10}} \right) \qquad (11.60)$$

$\Delta L_{\mathrm{p}} = 10 \lg (1 + 10^{\frac{L_{\mathrm{p}2} - L_{\mathrm{p}1}}{10}})$ stellt einen Korrekturschallpegel dar, der die Erhöhung des Schalldruckpegels L_{p} in dB durch den Schallpegel der Schallquelle 2 angibt. In Abb. 11.31 ist der Korrekturschallpegel ΔL_{p} in Anhängigkeit der Schallpegeldifferenz $L_{\mathrm{p}1} - L_{\mathrm{p}2} = 0$ bis 15 dB für das Schalldruckpegelverhältnis $L_{\mathrm{p}1}/L_{\mathrm{p}2} > 1,0$ dargestellt. Der Korrekturschallpegel nimmt Werte von $\Delta L_{\mathrm{p}} = 0,20$ bis 3,0 dB an.

Diese Beziehungen können ebenso für die Schallschnelle v, die Schallintensität I und für die Schallleistung P_{ak} ermittelt werden.

Abb. 11.31 Korrektur-
schallpegel ΔL_{p} für zwei
Schallquellen in Abhängig-
keit der Schallpegeldifferenz
$L_{\mathrm{p}1} - L_{\mathrm{p}2}$

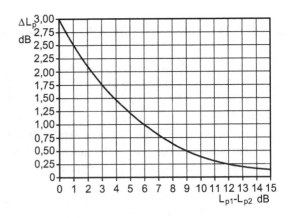

11.11 Aufgaben

Aufgabe 11.11.1 Was ist Schall?

Aufgabe 11.11.2 Was ist ein Schallfeld und durch welche Größen wird es beschrieben?

Aufgabe 11.11.3 Was sind reine Töne und in welchem Frequenzbereich kann das menschliche Ohr Töne und Geräusche wahrnehmen?

Aufgabe 11.11.4 Welche Bedeutung haben die Tonintervalle Oktave und Terz für die akustische Messtechnik?

Aufgabe 11.11.5 Was ist bei der messtechnischen Schallanalyse zu beachten?

Aufgabe 11.11.6 Notieren Sie die Formel für den Schalldruckpegel und erläutern Sie die Gleichung.

Aufgabe 11.11.7 Welche Art von Mikrofonen werden Sie für eine genaue Schalldruckmessung verwenden?

Literatur

1. Lighthill MJ (1952) On sound generated aerodynamically. Part I: General theory. Proc R Soc London (A) 211:564–587
2. Lighthill MJ (1954) On sound generated aerodynamically. Part II: Turbulence as a source of sound. Proc R Soc London (A) 222:1–31
3. Ffowcs Williams JE, Hawkings DL (1969) Sound generation by turbulence and surfaces in arbitrary motion. Phil Trans R Soc (London) 264 (A):321–342
4. Költzsch P, Bauer M, Witing A, Zeibig A, Kettlitz MW (2004) Beitrag zur Modellierung von Strömungsschallquellen mit akustischen Elementarstrahlern Vortrag Deutscher Luft- und Raumfahrtkongress, Dresden, 20.–23. September 2004. (CD bzw. Vortragsband Jahrbuch 2004)
5. Költzsch P (1984) Geräusche von Strömungsmaschinen Freiberger Forschungshefte, Bd. A 697. VEB Deutscher Verlag für Grundstoffindustrie, Leipzig
6. Költzsch P (1988) Beiträge zur Strömungsmechanik und Strömungsakustik Freiberger Forschungshefte, Bd. A 762. VEB Deutscher Verlag für Grundstoffindustrie, Leipzig
7. Kollmann FG (2000) Maschinenakustik, 2. Aufl. Springer, Berlin
8. Surek D (2005) Anteil des Schalldruckes an den Gasdruckschwingungen in Seitenkanalverdichtern. Vak Forsch Prax 17(1):20–29
9. Surek D (2003) Schalldruckverteilung in Seitenkanalverdichtern. Forsch Ingwesen 68:79–86
10. Surek D, Stempin S (2005) Gasdruckschwingungen und Strömungsgeräusche in Druckbegrenzungsventilen und Rohrleitungen. Vak Forsch Prax 6:336–344
11. Schirmer W (1996) Technischer Lärmschutz. VDI Verlag, Düsseldorf
12. Günther BC, Hansen KH, Veit I (2000) Technische Akustik – Ausgewählte Kapitel, 6. Aufl. expert-Verlag, Renningen
13. Heckel M, Müller HA (1975) Taschenbuch der technischen Akustik. Springer, Berlin

Grundlagen der Strömung in Turbomaschinen

Zu den Turbomaschinen gehören rotierende Maschinen mit beschleunigter Strömung: Gasturbinen, Dampfturbinen, Wasserturbinen, Windturbinen und Maschinen mit verzögerter Strömung: Turboverdichter, Kreiselpumpen, Ventilatoren, Turbolader, Strömungswandler (Strömungsgetriebe, Strömungskupplungen und Retarder, die ein Turbinen- und ein Pumpenlaufrad enthalten).

Im rotierenden Laufrad von Turbomaschinen wird die Energie des strömenden Fluids verändert.

In Turbinen wird die Energie und auch die spezifische Energie des Gases, des Dampfes oder des Wassers vermindert, um daraus mechanische Arbeit an der Welle zu gewinnen zum Antrieb von Generatoren oder von anderen Maschinen.

Turboverdichter und Kreiselpumpen werden von Elektromotoren, Gasturbinen oder Verbrennungsmotoren angetrieben, wobei mechanische Arbeit an der Welle zugeführt wird, um die Fluidenergie des Gases kompressibel oder inkompressibel bei Pumpen und Ventilatoren zu erhöhen.

Im Laufrad wird die Arbeit durch Dralländerung übertragen. Dabei wird die Zuströmung des Fluids in die Abströmrichtung mit dem Winkel β_2 umgelenkt. Entsprechend dem Drallmoment stellt die zeitliche Dralländerung des Fluids im Laufrad das Drehmoment M dar, das mit der Winkelgeschwindigkeit $\omega = 2\pi n$ die mechanische Leistung $P = \omega M$ ergibt. Diese mechanische Leistung ist eine abgegebene Leistung bei Turbinen und eine zugeführte Leistung bei Kompressoren und Pumpen.

12.1 Bauarten von Turbomaschinen

Entsprechend der geometrischen Gestaltung der Turbomaschinen und besonders der Laufräder und der Durchströmrichtung des Fluids unterscheidet man die folgenden Grundbauarten (Abb. 12.1):

© Springer Fachmedien Wiesbaden GmbH 2017
D. Surek, S. Stempin, *Technische Strömungsmechanik*,
https://doi.org/10.1007/978-3-658-18757-6_12

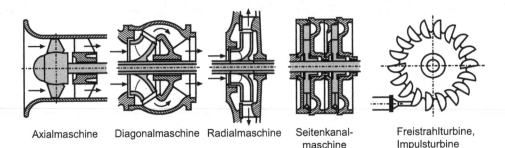

Axialmaschine   Diagonalmaschine Radialmaschine   Seitenkanal-   Freistrahlturbine,
                                                    maschine   Impulsturbine
                                                                        nach Pelton

Abb. 12.1 Bauarten von Strömungsmaschinen

- Axialmaschinen mit axialer Zu- und Abströmung des Fluids,
- Diagonalmaschinen mit diagonaler Abströmrichtung des Fluids,
- Radialmaschinen mit radialer Abströmrichtung des Fluids,
- Seitenkanalmaschinen,
- Sonderbauarten wie z. B. Freistrahl-, Impuls- oder Peltonturbinen oder Dériazturbinen.

In diesen geometrischen Formen werden sowohl Turbinen als auch Pumpen und Kompressoren gebaut.

Diese Grundbauformen fächern sich weiter auf in ein- und mehrstufige Maschinen (Abb. 12.2) und in Maschinenkombinationen aus Kompressoren und Turbinen (Flugzeugtriebwerke) aus Flüssigkeitspumpe und Turbine wie beim Strömungswandler (Abb. 12.3a) oder aus Gasturbine und Kompressor (Abgasturbolader für Verbrennungsmotoren) (Abb. 12.4a).

Den unterschiedlichen geometrischen Bauformen sind unterschiedliche Hauptparameter und Drehzahlen zugeordnet, aus denen sich auch konkrete Einsatz- und Betriebsbereiche ergeben.

Abb. 12.2 Ausführungen radialer Strömungsmaschinen. **a** Einstufige Radialmaschine, **b** Stufe einer mehrstufigen Radialmaschine

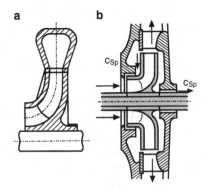

Abb. 12.3 Kombinationen unterschiedlicher Stufen. **a** Strömungswandler mit Pumpe P und Turbine T, **b** Strömungswandler in einem Siebengangautomatikgetriebe „7G-TRONIC" der Daimler AG

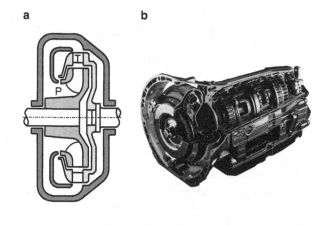

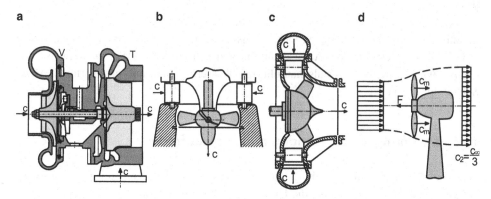

Abb. 12.4 Radial- und Axialmaschinen mit verstellbaren Leit- oder Laufschaufeln. **a** Abgasturbolader mit Abgasturbine T und Verdichter V, **b** Kaplanturbine mit verstellbaren Laufschaufeln, **c** Diagonalmaschine z. B. Dériazturbine, **d** Windturbine mit verstellbaren Laufschaufeln

Abb. 12.5 Radiale Laufräder mit unterschiedlicher Schaufelgeometrie. **a** Einfach gekrümmte Schaufel, **b** räumlich gekrümmte Schaufel

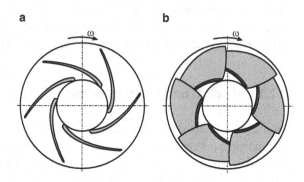

Abb. 12.6 Schaufelformen
a profilierte Schaufel, **b** unprofilierte Schaufel mit konstanter
Dicke

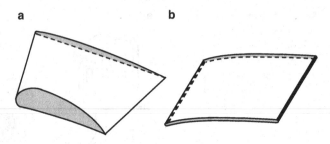

Auch Axialmaschinen, z. B. Axialpumpen, können unterschiedlich mit feststehen-den Laufschaufeln oder mit verstellbaren Laufschaufeln als Kaplanwasserturbinen oder Kaplanpumpen hergestellt werden (Abb. 12.4).

Bezüglich der Schaufelgitter in den Laufrädern existieren unterschiedliche Bauformen, z. B. radiale Laufräder mit einfach oder räumlich gekrümmten Schaufeln (Abb. 12.5), profilierten- oder nichtprofilierten Schaufeln (Abb. 12.6).

Axiale Laufräder mit profilierten Schaufeln werden vorrangig als NACA-Profile aus-geführt oder als unprofilierte Schaufeln ausgestattet, wie z. B. für Axialventilatoren (Abb. 12.6b). Feststehende Axialschaufeln und einstellbare Axialschaufeln werden ebenso wie verstellbare Axialschaufeln für Wasserturbinen mit profilierten NACA-Schaufelprofilen ausgerüstet.

12.2 Strömung im rotierenden radialen Laufrad

Das Laufrad und damit auch die Schaufeln und das Fluid rotieren mit der Winkelge-schwindigkeit $\omega = 2\pi n$, wobei die Umfangsgeschwindigkeit des Laufrades $u = \omega r = 2\pi n r$ beträgt. Dadurch ändert sich die Umfangsgeschwindigkeit des Fluids im radialen Laufrad vom Laufradeintritt mit $u_1 = 2\pi n r_1$ von $u_1 = 20$ bis $100\,\mathrm{m/s}$ bis zum Lauf-radaustritt $u_2 = 2\pi n r_2$ von $u_2 = 80$ bis $520\,\mathrm{m/s}$. Durch dieses rotierende Laufrad fließt der Volumenstrom des Fluids hindurch mit zwei Geschwindigkeiten, mit der Re-lativgeschwindigkeit w und der Absolutgeschwindigkeit c, die vom Betrachtungspunkt im rotierenden oder ruhenden System abhängig sind (Abb. 12.7).

12.2.1 Absolut- und Relativgeschwindigkeit

Ein auf dem Laufrad mitrotierender Beobachter (Relativsystem) würde die Relativge-schwindigkeit w beobachten. Der vom ruhenden Standort betrachtende Beobachter (Abso-lutsystem) sieht im durchsichtigen Laufrad nur die Absolutgeschwindigkeit c (Abb. 12.7 und 12.8). Er erkennt nicht die Relativgeschwindigkeit w.

Die Absolutgeschwindigkeit im ruhenden Beobachtungssystem setzt sich vektoriell aus der Umfangsgeschwindigkeit und der Relativgeschwindigkeit $c = u + w$ zusammen (Abb. 12.8).

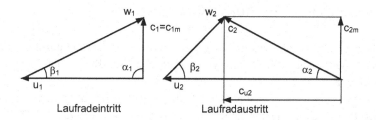

Abb. 12.7 Geschwindigkeitsdreiecke am Ein- und Austritt des Laufrades für drallfreie Eintrittsströmung

Abb. 12.8 Geschwindigkeiten und Kräfte im rotierenden radialen Laufrad

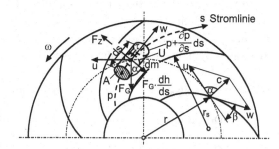

Dabei liegt zwischen der Umfangsgeschwindigkeit u und der Relativgeschwindigkeit w der Schaufelwinkel β und zwischen der Umfangsgeschwindigkeit u und der Absolutgeschwindigkeit c der Strömungswinkel α.

12.2.2 Geschwindigkeitsdreiecke am Laufradein- und Austritt

Ein hoher Wert der übertragenen spezifischen Nutzarbeit erfordert eine große Umfangsgeschwindigkeit $u_2 = \omega r_2 = 2\pi n r_2$, d. h. einen großen Laufradradius r_2, eine hohe Drehzahl und einen geringen Austrittswinkel α_2 bzw. einen großen Schaufelaustrittswinkel β_2, damit c_{u2} groß wird.

Wie Abb. 12.7 zeigt, lassen sich die Strömungsverläufe im rotierenden Laufrad sehr einfach mit der Relativgeschwindigkeit $w = c - u$ beschreiben, die ein mitrotierender Beobachter wahrnimmt. Er bewegt sich mit der Umfangsgeschwindigkeit u und sieht die Relativgeschwindigkeit w im Schaufelkanal.

In ruhenden Leiträdern oder in Umlenkkanälen von Strömungsmaschinen ist $\omega = 0$. In diesen Bauteilen wird keine Energie mit dem Fluid ausgetauscht. Es ist also $Y = 0$ und $\Delta p = \rho Y = 0$. Leiträder und Umlenkkanäle müssen neben der Verzögerung und der Umlenkung der Strömung die Reaktionsmomente der Strömung aufnehmen und an das Maschinengehäuse übertragen.

12.3 Eulergleichung der Turbomaschinen

An einem Fluidelement $dm = \rho dV = \rho A\,ds$, das sich im Laufrad auf der Stromlinie s mit der Geschwindigkeit w im Relativsystem (mitrotierender Beobachter) bewegt, greifen folgende sechs Kräfte an (Abb. 12.8):

Trägheitskraft, Druckkraft, Gravitationskraft, Zentrifugalkraft, Corioliskraft und Reibungskraft, deren Komponenten in Stromlinienrichtung miteinander im Gleichgewicht stehen.

Da die Corioliskraft senkrecht auf der Stromlinie und damit auch senkrecht auf der Relativgeschwindigkeit steht, nimmt sie keinen Einfluss auf die Bewegung des Teilchens auf der Stromlinie.

Die Kräfte und die Kraftkomponenten der Gravitationskraft und der Zentrifugalkraft in Bewegungsrichtung der Stromlinie in Abb. 12.8 betragen

Trägheitskraft $\qquad F_{\mathrm{T}} = ma = \rho A\,ds\,\dfrac{dw}{dt}$

Druckkraft $\qquad F_{\mathrm{P}} = \left(p + \dfrac{\partial p}{\partial s}ds \right) A - pA = A\dfrac{\partial p}{\partial s}\,ds$

Gravitationskraftkomponente $\qquad F_{\mathrm{G}} = gm\sin\alpha = g\rho A\,ds\,\dfrac{dh}{ds}$

Zentrifugalkraftkomponente $\qquad F_z = ma_z\sin\alpha = \rho A\,ds\omega^2 r\,\dfrac{dr}{ds}$

Reibungskraft $\qquad F_\tau = \tau A = \tau U\,ds$

Für das Kräftegleichgewicht in Bewegungsrichtung auf der Stromlinie s kann geschrieben werden:

$$\rho A\,ds\,\frac{dw}{dt} + A\frac{\partial p}{\partial s}\,ds + g\rho A\,ds\frac{dh}{ds} - \rho A\,ds\omega^2 r\frac{dr}{ds} + \tau U\,ds = 0 \qquad (12.1)$$

Die Lösung der Gl. 12.1 erfolgt analog zur Lösung der Euler'schen Bewegungsgleichung in Kap. 3 [1, 2]. Sie führt zur Eulergleichung der Turbomaschinen, die jedoch nachfolgend eleganter aus dem Drehmomentensatz der Turbomaschinen abgeleitet wird.

Für Turbomaschinen zur Förderung kompressibler Fluide (Gase und Dämpfe), wie Turboverdichter, Gas- und Dampfturbinen, ist die äußere spezifische Arbeit, die auch als technische Arbeit bezeichnet wird $\int_{p_1}^{p_2}\frac{dp}{\rho}$, von der Art der Zustandsänderung während der Kompression oder Expansion abhängig. Bei der verlustbehafteten Expansion in Turbinen wird die spezifische Nutzarbeit gegenüber der isentropen Expansion verringert und bei der verlustbehafteten Kompression muss die aufgewandte spezifische Arbeit gegenüber der isentropen Zustandsänderung vergrößert werden, um die Verluste zu decken.

Die schwierigste Aufgabe bei der Lösung der Eulergleichung der Turbomaschinen ist die Berechnung der spezifischen Reibungsarbeit im Laufrad $\tau U\,ds$ bzw. der integralen Größe $\int_0^s \frac{\tau}{\rho}\frac{U}{A}\,ds$, die aus der spezifischen Reibungsarbeit auf den Schaufelflächen, der spezifischen Reibungsarbeit an den Innen- und Außenseiten der Trag- und Deckscheiben und aus den Sekundärströmungsverlusten im Laufrad besteht. Zu deren Berechnung benutzt man heute zwei- bzw. dreidimensionale Verfahren auf der Grundlage der Navier-Stokes'schen Gleichungen in Verbindung mit verschiedenen Turbulenzmodellen.

Wissenswert ist aber, dass die spezifische Reibungsarbeit bei der beschleunigten Strömung in Turbinen infolge nichtauftretender Strömungsablösung auf den Laufschaufeln geringer ist als bei der verzögerten Strömung mit Druckerhöhung in Pumpen und Kompressoren.

12.4 Drehmomentensatz für Turbomaschinen

Die Eulergleichung der Turbomaschinen kann in einfacher Form mit Hilfe des Drehmomentsatzes abgeleitet werden.

Das vom Laufrad einer Pumpe auf die Strömung ausgeübte Drehmoment zwischen dem Schaufeleintritt 1 und dem Schaufelaustritt 2 kann aus dem Drehimpulssatz $r c_u = $ konst. abgeleitet werden (Abb. 12.9). Das Drehmoment beträgt:

$$M = \dot{m}\frac{Y}{\omega} = \dot{m}\left(c_{u2}r_2 - c_{u1}r_1\right) \tag{12.2}$$

Darin ist $\dot{m}$ der Massestrom, $c_{u2}r_2$ der Austrittsdrall aus dem Laufrad und $c_{u1}r_1$ der Eintrittsdrall (Abschn. 3.2.7).

Die vom Laufrad abgegebene theoretische mechanische Leistung beträgt damit:

$$P = \omega M = \dot{m}\left(u_2 c_{u2} - u_1 c_{u1}\right) \tag{12.3}$$

Die theoretische Laufradleistung kann aber auch aus der umgesetzten Strömungsenergie berechnet werden zu $P = \dot{m}Y$, wobei $\dot{m}$ der durchströmende Massestrom ist und Y die auf die Masseeinheit bezogene spezifische Nutzarbeit Y.

Durch Gleichsetzen beider Leistungen $P = \omega M = \dot{m}, \left(u_2 c_{u2} - u_1 c_{u1}\right) = \dot{m}Y$ erhält man die übertragene spezifische Nutzarbeit.

$$Y = \frac{P}{\dot{m}} = \left(u_2 c_{u2} - u_1 c_{u1}\right) = \omega r_2 \left(c_{u2} - \frac{r_1}{r_2}c_{u1}\right) \tag{12.4}$$

Mit Hilfe dieser Euler'schen Turbinengleichung kann die im Laufrad einer Radialpumpe an das Fluid übertragene spezifische Nutzarbeit entsprechend Abb. 12.9 berechnet werden, wenn die Geometrie des Laufrades und die Umfangskomponenten der absoluten Ein- und Austrittsgeschwindigkeiten bekannt sind.

Die Umfangskomponenten der absoluten Ein- und Austrittsgeschwindigkeiten c_1 und c_2 betragen mit den Zu- und Abströmwinkeln α_1 und α_2 der Absolutgeschwindigkeiten am Ein- und Austritt $c_{u1} = c_1 \cos\alpha_1$ und $c_{u2} = c_2 \cos\alpha_2$. Führt man diese Komponenten in die Euler'sche Turbinengleichung ein, so erhält man für die übertragene spezifische Nutzarbeit mit $u = \omega r$:

$$Y = \omega\left(r_2 c_2 \cos\alpha_2 - r_1 c_1 \cos\alpha_1\right) \tag{12.5}$$

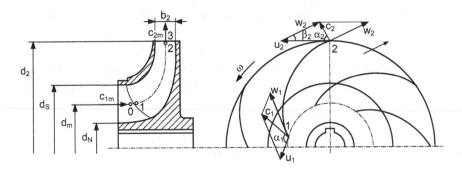

Abb. 12.9 Meridianschnitt und Zirkularprojektion eines Pumpenlaufrades

Das übertragene Drehmoment ergibt sich aus Gl. 12.3 und Gl. 12.5 für die mittlere Stromlinie bei r_{1m}

$$M = \dot{m}\frac{Y}{\omega} = \dot{m}\,(r_2 c_2 \cos\alpha_2 - r_{1m} c_1 \cos\alpha_1) \tag{12.6}$$

und die im Laufrad übertragene verlustlose Leistung ergibt sich zu

$$P = \omega M = \dot{m}Y = \omega\dot{m}\,(r_2 c_2 \cos\alpha_2 - r_{1m} c_1 \cos\alpha_1) \tag{12.7}$$

Damit kann die Berechnung einer Strömungsmaschine (Pumpe oder Turbine) erfolgen. Eine große spezifische Nutzarbeit wird durch eine hohe Winkelgeschwindigkeit ω bzw. hohe Drehzahl, durch einen drallfreien Eintritt in das Laufrad mit dem Eintrittswinkel $\alpha_1 = 90°$ ($r_{1m} c_1 \cos\alpha_1 = 0$) und durch eine hohe Umfangskomponente der Austrittsströmung c_{u2} erreicht (Abb. 12.8 und 12.9).

12.5 Strömung in Axialmaschinen

12.5.1 Axiale ebene Schaufelgitter

Die Strömung in den Schaufelgittern axialer und radialer Turbomaschinen wird zunächst als Potentialströmung betrachtet. Wird das Schaufelgitter in einem koaxialen Zylinderschnitt bei dem Radius r abgewickelt, so entsteht ein ebenes unendlich langes Schaufelgitter (Abb. 12.10) mit den angegebenen Geschwindigkeitsverhältnissen für den Kontrollraum zwischen 0 und 3. Die Meridiangeschwindigkeit c_m beträgt:

$$c_m = c_0 \sin\alpha_0 = c_3 \sin\alpha_3 = c_{m0} = c_{m3} \tag{12.8}$$

Abb. 12.10 Axialmaschine mit dem abgewickelten ebenen Schaufelgitter mit Geschwindigkeitsdreiecken. **a** Axialmaschine (Axialpumpe), **b** abgewickeltes ebenes Schaufelgitter als Verzögerungsgitter, **c** Geschwindigkeitsdreiecke für ein Verzögerungsgitter

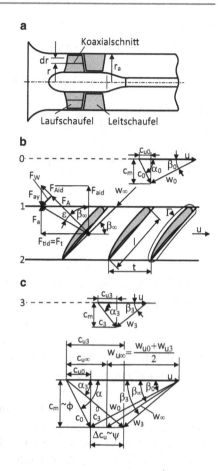

Die Umfangskomponenten der Absolutgeschwindigkeiten in den Punkten 0 und 3 von Abb. 12.10 betragen:

$$c_{u0} = c_0 \cos \alpha_0 = c_m \cot \alpha_0 \qquad (12.9)$$

$$c_{u3} = c_3 \cos \alpha_3 = c_m \cot \alpha_3 \qquad (12.10)$$

Die Ebenen 0 und 3 sind Ebenen, in denen die Zu- und Abströmgeschwindigkeiten vom Schaufelgitter noch unbeeinflusst sind.

Werden diese Gleichungen in die Eulergleichung eingeführt, so erhält man mit $u_3 = u_0$ und $\Delta c_u = c_{u3} - c_{u0}$ die übertragene reibungsfreie spezifische Nutzarbeit ΔY

$$\Delta Y = u c_m (\cot \alpha_3 - \cot \alpha_0) = u \Delta c_u \qquad (12.11)$$

bzw. die Förderhöhe der reibungsfreien Strömung

$$H = \frac{u c_m}{g}(\cot \alpha_3 - \cot \alpha_0) = \frac{u \Delta c_u}{g} \qquad (12.12)$$

Mit der Druckzahl $\Psi = Y/(u_2^2/2)$ und mit der Lieferzahl $\varphi = c_m/u$ erhält man die Eulergleichung in der dimensionslosen Form:

$$\Psi = 2\varphi(\cot\alpha_3 - \cot\alpha_0) \tag{12.13}$$

Die relative Anströmgeschwindigkeit w_∞ beträgt mit $\Delta c_u = \Delta w_u$ und $w_{u\infty} = u - \Delta c_u/2 - c_{u0}$ (Abb. 12.10)

$$w_\infty^2 = c_m^2 + w_{u\infty}^2 = c_m^2 + \left(u - \left(\frac{\Delta c_u}{2}\right) - c_{u0}\right)^2 = c_m^2 + \left[\frac{w_{u3} + w_{u0}}{2}\right]^2 \tag{12.14}$$

Der Strömungswinkel β_∞ der ungestörten Anströmung beträgt:

$$\tan\beta_\infty = \frac{c_m}{w_{u\infty}} = \frac{c_m}{\left(u - \frac{\Delta c_u}{2} - c_{u0}\right)} \tag{12.15}$$

Pumpen und Verdichter werden in der Regel mit $c_{u0} = 0$ ausgelegt, sodass man für den Strömungswinkel β_∞ erhält

$$\tan\beta_\infty = \frac{c_m}{\left(u - \frac{\Delta c_u}{2}\right)} \tag{12.16}$$

Die Umlenkung der Strömung im Schaufelgitter erfolgt durch die geometrische Form der Schaufeln und durch die unterschiedlichen Druckverteilungen auf den Schaufelsaug- und Druckseiten bzw. durch die Schaufelkräfte in dem Verzögerungsgitter für Pumpen oder in dem Beschleunigungsgitter für Turbinen. Der infinitesimale Massestrom zwischen zwei Schaufeln mit dem Abstand t beträgt $d\dot{m} = \rho c_m t\,dr$ im ebenen Schnitt des Schaufelkanals beim Radius r. Er erfährt die Umlenkung $\Delta c_u = \Delta w_u = w_{u3} - w_{u0}$ und er verursacht dadurch die tangentiale Schaufelkraft F_t, die beim Pumpengitter der Umfangsgeschwindigkeit entgegengerichtet ist.

$$\begin{aligned} F_t &= d\dot{m}(w_{u3} - w_{u0}) = \rho t b c_m(w_{u3} - w_{u0}) \\ &= \rho t b c_m(c_{u3} - c_{u0}) \end{aligned} \tag{12.17}$$

Vom Schaufelelement wird die gleich große Schaufelkraft als Reaktionskraft entsprechend der Geschwindigkeitsdifferenz $\Delta w_u = (w_{u3} - w_{u0}) = c_{u3} - c_{u0}$ ausgeübt.

In axialer Richtung wirkt an der Schaufel die Kraft F_a, hervorgerufen durch die Differenz des statischen Druckes und die Geschwindigkeitsdifferenz

$$F_a = (p_0 - p_3)tb + \frac{\rho}{2}(c_{m0}^2 - c_{m3}^2)tb \tag{12.18}$$

Aus der Bernoulligleichung folgt die Druckdifferenz im Kontrollraum zwischen den Ebenen 0 und 3 in Abb. 12.10b:

$$(p_0 - p_3) = \frac{\rho}{2}\left(w_3^2 - w_0^2\right) \tag{12.19}$$

und aus Abb. 12.10 kann für die Relativgeschwindigkeit entnommen werden:

$$w_3^2 - w_0^2 = c_m^2 + w_{u3}^2 - \left(c_m^2 + w_{u0}^2\right) = w_{u3}^2 - w_{u0}^2 \tag{12.20}$$

sodass die Gleichung für die Axialkraft mit $c_{m0} = c_{m3} = c_m$ lautet:

$$F_a = \frac{\rho}{2} t b (w_{u3}^2 - w_{u0}^2) \tag{12.21}$$

Der Quotient aus Normal- und Tangentialkraft ist dem Kotangens des Winkels β_∞ gleich, d. h. die resultierende Kraft $F_A = \sqrt{F_t^2 + F_a^2}$ steht bei reibungsfreier Strömung senkrecht auf dem Geschwindigkeitsvektor w_∞ und sie stellt die Auftriebskraft der Schaufel dar.

Das Verhältnis der Axialkraft F_a zur Tangentialkraft F_t beträgt:

$$\frac{F_a}{F_t} = \frac{1}{2} \frac{\left(w_{u3}^2 - w_{u0}^2\right)}{c_m (w_{u3} - w_{u0})} = \frac{1}{2} \frac{w_{u3} + w_{u0}}{c_m} = \frac{1}{2}(\cot \beta_3 - \cot \beta_0) \tag{12.22}$$

mit dem Kotangens des ungestörten Anströmwinkels β_∞

$$\cot \beta_\infty = \frac{1}{2}(\cot \beta_3 + \cot \beta_0) \tag{12.23}$$

Die resultierende Auftriebskraft F_A beträgt mit Gln. 12.18 und 12.21

$$F_A = \rho t b (w_{u3} - w_{u0}) \left[c_m^2 + \frac{1}{4} (w_{u3} + w_{u0})^2 \right]^{\frac{1}{2}} \tag{12.24}$$

Darin ist

$$\Gamma = t(w_{u3} - w_{u0}) = t \, \Delta w_u \tag{12.25}$$

die Zirkulation Γ um das radiale Schaufelelement dr und der Ausdruck in der eckigen Klammer von Gl. 12.24 stellt entsprechend Abb. 12.10 die Umlenkung der Relativgeschwindigkeit w_∞ dar. Die resultierende Auftriebskraft ergibt sich aus der Dichte ρ, der **Zirkulation** $\Gamma = \oint_s w \, ds$, der mittleren relativen Geschwindigkeit w_∞ und der Breite des Schaufelelements b zu:

$$F_A = \rho b \Gamma w_\infty \tag{12.26}$$

12.5.2 Belastungszahl von Schaufelgittern

Analog zum Auftrieb des Einzelprofils in Gl. 12.26 kann auch die Auftriebskraft bei reibungsfreier Strömung mit w_∞ und $A = bl$ ermittelt werden.

$$F_A = \frac{\rho}{2} c_A w_\infty^2 l b \tag{12.27}$$

Der Auftriebsbeiwert c_A als dimensionslose Größe der Auftriebskraft ist nach Kutta-Joukowski proportional der Zirkulation Γ. Mit den Gln. 12.25, 12.26 und 12.27 ergibt sich das Produkt aus dem Auftriebsbeiwert c_A und dem Teilungsverhältnis l/t als **Belastungszahl** zu

$$c_A \frac{l}{t} = 2\frac{\Delta w_{u\infty}}{w_\infty} = \frac{2Y}{uw_\infty} = \frac{\Psi}{\varphi}\frac{c_m}{w_\infty} \tag{12.28}$$

Mit $\sin\beta_\infty = c_m/w_\infty$ folgt für $c_A l/t$

$$c_A\frac{l}{t} = \frac{\Psi}{\varphi}\sin\beta_\infty \tag{12.29}$$

12.5.3 Belastungszahl und Widerstandsbeiwert unter Berücksichtigung der Reibung

Bei reibungsbehafteter Strömung wirkt außer der Auftriebskraft auch die Widerstandskraft F_W auf das Schaufelelement der Breite b, die durch den Reibungsdruckverlust $\zeta_v\frac{\rho}{2}c_m^2$ verursacht wird und in Richtung von w_∞ wirkt. Der Druckverlustbeiwert ζ_v setzt sich aus dem Profil- und dem Randverlust der Schaufel im Gitter zusammen. Dadurch wird sowohl die Auftriebskraft als auch die Axialkraft der reibungsbehafteten Strömung gegenüber der reibungslosen Strömung beeinflusst. Durch die reibungsbehaftete Strömung wird die Tangentialkraft für eine unveränderte Umlenkung $\Delta w_u = w_{u3} - w_{u0}$ nicht beeinflusst. Damit ergibt sich die resultierende Kraft für die reibungsbehaftete Strömung

$$F = \sqrt{F_A^2 + F_W^2} \tag{12.30}$$

Der Widerstandsbeiwert c_w wird analog zum Auftriebsbeiwert c_A definiert als

$$c_w = \frac{2F_w}{\rho w_\infty^2 lb} \tag{12.31}$$

Das Verhältnis der Widerstandskraft zur Auftriebskraft bzw. der dimensionslosen Werte beträgt

$$\tan\varepsilon = \frac{F_W}{F_A} = \frac{c_w}{c_A} = \tan\gamma \tag{12.32}$$

Da $c_A \gg c_w$ ist und sich nur kleine Gleitwinkel einstellen, kann $\tan\varepsilon \approx \varepsilon$ gesetzt werden.

ε wird als **Gleitzahl** bezeichnet (Kap. 9),
γ ist der Gleitwinkel.

Damit betragen die Schaufelkräfte in tangentialer und axialer Richtung des Schaufelgitters:

$$F_t = F_A\sin\beta_\infty + F_w\cos\beta_\infty = \frac{\rho}{2}c_Aw_\infty^2lb\,(\sin\beta_\infty + \varepsilon\cos\beta_\infty) \tag{12.33}$$

Mit Gl. 12.33 erhält man die tangentiale Kraft F_t und die axiale Kraft F_a mit $c_m = w_\infty \sin \beta_\infty$:

$$F_t = \rho t b c_m (c_{u3} - c_{u0}) = \rho t b w_\infty \Delta c_u \sin \beta_\infty \qquad (12.34)$$

$$F_a = F_{aid} - F_{ay} = F_A \cos \beta_\infty - F_w \sin \beta_\infty \qquad (12.35)$$

$$F_a = \frac{\rho}{2} c_A w_\infty^2 l b \left(\cos \beta_\infty - \varepsilon \sin \beta_\infty \right) \qquad (12.36)$$

Die im Schaufelgitter erreichbare Umlenkung der Strömung Δc_u und die daraus resultierende spezifische Arbeitsübertragung bei reibungsbehafteter Strömung für $r_0 = r_3$ ergibt sich aus den Gln. 12.33 und 12.34 zu:

$$\Delta c_u = c_{u3} - c_{u0} = \Delta w_u = c_A \frac{l}{t} \frac{w_\infty}{2} \left(1 + \varepsilon \cot \beta_\infty \right) \qquad (12.37)$$

Für die vorgegebene Umlenkung Δc_u bzw. für die spezifische Arbeitsübertragung kann die **Belastungszahl** $c_A l / t$ bei reibungsbehafteter verzögerter Gitterströmung ermittelt werden:

$$c_A \frac{l}{t} = \frac{2\Delta c_u}{w_\infty} \left[\frac{1}{1 + \varepsilon \cot \beta_\infty} \right] \qquad (12.38)$$

Die Auftriebsbeiwerte können Profiltafeln oder Polardiagrammen entnommen werden (Kap. 9). Sie betragen etwa $c_A \approx 0{,}8 \ldots 1{,}4$. Für das Teilungsverhältnis t/l wird mit Rücksicht auf eine geringe Gleitzahl ε von $\varepsilon = \tan \gamma = 0{,}024$ bis $0{,}08$ bzw. einen hohen Wirkungsgrad $t/l \geq 0{,}5 \ldots 0{,}6$ gewählt, sodass die zulässige Belastungszahl $c_A l / t \approx 1{,}6 \ldots 2{,}33$ beträgt.

Damit können die Schaufelschnitte des Profils von r_i bis r_a bei $r = $ konst. bestimmt werden. Die Auslegung der Gitter erfolgt meist für konstante Arbeitsübertragung für alle Schaufelschnitte $\Delta c_u(r) = $ konst. Werden bekannte Profile wie z. B. NACA-Profile (Kap. 9) verwendet, so sind damit die Beiwerte c_A und c_W bekannt, sodass das Gitter mit l/t gestaltet werden kann. Für ruhende Leitradgitter von radialen Leiträdern sind in Gl. 12.38 w_∞ durch c_∞ und β_∞ durch α_∞ zu ersetzen.

Die Auslegung von Axialgittern kann entsprechend der Gitterbelastung nach verschiedenen Verfahren erfolgen:

1. nach der Theorie der Einzelprofile unter Berücksichtigung der Nachbarschaufeln für $\psi/\varphi = 0 \ldots 0{,}6 \, (1{,}6)$,
2. nach dem Singularitätenverfahren für $\psi/\varphi = 0{,}6 \ldots 2{,}0 \, (4{,}5)$,
3. mittels der CFD-Programme ANSYS, CFX, FIDAP oder STAR-CD, wie heute meist üblich.

Erfolgt die Auslegung von Windturbinen oder Schiffsschrauben nach der Theorie der Einzelprofile, so muss der Einfluss der Nachbarschaufeln auf die Strömungsverhältnisse

Abb. 12.11 Gitterein-
flussfaktor c_{AG}/c_{AE} für
Kreisbogenschaufeln

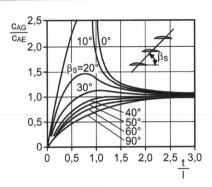

am Profil und auf die Zirkulation berücksichtigt werden. Der Einfluss von Nachbarschaufeln auf die Strömung des zu betrachtenden Profils wird nach [3, 4] durch Korrektur der
Auftriebsbeiwerte

$$c_{AG} = c_{AE}\left(\frac{c_{AG}}{c_{AE}}\right)$$
(12.39)

berücksichtigt, wobei die Verhältniswerte c_{AG}/c_{AE} als Funktion des Staffelungswinkels
und des Teilungsverhältnisses gegeben sind (Abb. 12.11). Die Berechnung der radialen
und axialen Pumpen-, Verdichter- und Turbinenlaufräder sowie der gesamten Maschinen
erfolgt heute mit Hilfe der CFD-Programme ANSYS CFX, FIDAP oder STAR-CD.

12.6 Ähnlichkeitskennzahlen von Turbomaschinen

Die Strömungsvorgänge und die Energieübertragung in Turbomaschinen werden durch
die Gesetze der Strömungsmechanik und der Thermodynamik beschrieben. Vielfach lassen sich bekannte Resultate von Turbomaschinen auch auf geometrisch ähnliche Maschinen übertragen, wenn neben der geometrischen Ähnlichkeit auch die physikalische
Ähnlichkeit der Strömungsmaschinen gegeben ist und die dafür beschreibenden Größen
bekannt sind.

Die geometrische Ähnlichkeit von Körpern und Maschinen wird durch einen dimensionslosen Maßstabsfaktor der charakteristischen Abmessungen bestimmt. Für die physikalische Ähnlichkeit muss analog dazu für jede physikalische Einflussgröße wie z. B.
Geschwindigkeit, Druck, Temperatur, Dichte, Viskosität und spezifische Energie ein dimensionsloser Maßstabsfaktor gebildet werden, der Ähnlichkeitskennzahl oder Ähnlich-
keitskenngröße genannt wird.

Stimmen die Ähnlichkeitskennzahlen zweier Maschinen bei der Modellbetrachtung
überein, so sind die beiden Maschinen ähnlich.

Die Ähnlichkeitsmechanik bietet also den Vorteil, dass für große Wasserturbinen oder
für große Radialpumpen zunächst eine geometrisch und physikalisch ähnliche Modellmaschine gebaut und experimentell untersucht werden kann, bevor die Großausführung

Tab. 12.1 Hauptparameter und dimensionslose Kennzahlen von Kreiselpumpen

Hauptparameter	Symbol		Dimensionslose Kennzahl
Nennvolumenstrom	$\dot{V}$	$\dfrac{m^3}{h}$	Lieferzahl $\varphi = \dfrac{c_{m2}}{u_2} = \dfrac{\dot{V}}{2\pi n r_2 A_2}$
Spezifische Nutzarbeit oder Förderhöhe	Y H	$\dfrac{J}{kg}$ m	Druckzahl $\Psi = \dfrac{Y}{u_2^2/2} = \dfrac{gH}{2\pi^2 n^2 r_2^2}$
Antriebsdrehzahl	n	min^{-1}	Spezifische Drehzahl $n_q = n\dfrac{\dot{V}^{1/2}}{H^{3/4}}$
			Schnelllaufzahl $\sigma = \dfrac{\varphi^{1/2}}{\Psi^{3/4}} = \dfrac{n_q}{157{,}8\,min^{-1}}$
Laufraddurchmesser	d_2	m	Durchmesserzahl $\delta = \dfrac{\Psi^{1/4}}{\varphi^{1/2}}$
Antriebsleistung	P	W	Leistungszahl $\nu = \varphi\Psi$
Wirkungsgrad	$\eta = \rho\dot{V}Y/P_K$		η
Kavitationsempfindlichkeit	NPSH	m	Kavitationszahl $\sigma = \dfrac{2g\,NPSH}{u_1^2}$

gebaut wird. Die Vielzahl der physikalischen Einflussgrößen auf die Turbomaschinen erlaubt nicht immer die strenge Einhaltung der physikalischen Ähnlichkeit zwischen der Modell- und der Originalmaschine. Deshalb wird häufig nur eine teilweise Ähnlichkeit für die Haupteinflussgrößen eingehalten.

Die Ähnlichkeitskennzahlen werden analog zu den Hauptparametern der Maschinen ermittelt, die in Tab. 12.1 für eine Kreiselpumpe angegeben sind.

12.6.1 Lieferzahl

Die Lieferzahl φ ist definiert als die Meridiangeschwindigkeit am Laufradaustritt c_{m2} bezogen auf die Umfangsgeschwindigkeit u_2.

$$\varphi = \frac{c_{m2}}{u_2} \tag{12.40}$$

Nur im Ausnahmefall wird die Lieferzahl φ bei Pumpen für den Laufradeintritt definiert als $\varphi' = c_{m1}/u_1$, z. B. dann, wenn das Kavitationsverhalten der Maschine zu beurteilen ist.

Für Radialverdichter wird die Lieferzahl $\varphi = c_m/u_2$ mit einer fiktiven Meridiangeschwindigkeit definiert. Das ist jene Meridiangeschwindigkeit c_m, die sich ergeben würde, wenn der Volumenstrom des Verdichters im Druckstutzen bezogen auf den Zustand im Saugstutzen p_S, T_S durch den Stirnquerschnitt des Laufrades strömt $A = (\pi/4)d_2^2$.

Abb. 12.12 Geschwindigkeitsdreieck für den Ein- und
Austritt eines Axialgitters

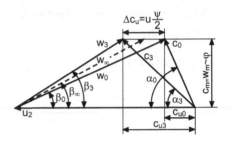

Daraus folgt die Lieferzahl φ für Turbokompressoren, für die sich sehr kleine Beträge einstellen.

$$\varphi = \frac{c_\mathrm{m}}{u_2} = \frac{\dot{V}}{Au_2} = \frac{4\dot{V}}{\pi^2 d_2^3 n} \qquad (12.41)$$

Bei Axialmaschinen ist die Meridiangeschwindigkeit c_m entsprechend der Maschine konstant. Für die Radien $r = r_0 = r_1 = r_2 = r_3$ gilt $c_\mathrm{m} = c_{\mathrm{m}0} = c_{\mathrm{m}1} = c_{\mathrm{m}2} = c_{\mathrm{m}3}$. Entsprechend dem Geschwindigkeitsdreieck für ein Axialgitter gilt (Abb. 12.12):

$$c_\mathrm{u} = u - w_\mathrm{u}; \quad c_{\mathrm{u}0} = u - w_{\mathrm{u}0}; \quad c_{\mathrm{u}3} = u - w_{\mathrm{u}3} \qquad (12.42)$$

$$u = c_{\mathrm{u}0} + w_{\mathrm{u}0} = c_\mathrm{m}(\cot\alpha + \cot\beta) \qquad (12.43)$$

$$\varphi = \frac{c_\mathrm{m}}{u} = \frac{1}{\cot\alpha + \cot\beta} \qquad (12.44)$$

12.6.2 Energieübertragungszahl, Druckzahl

Die Energieübertragungszahl Ψ stellt die übertragene spezifische Nutzarbeit Y, bezogen auf die spezifische Energie des Laufrades am Umfang des Laufrades $u_2^2/2$ dar.

$$\Psi = \frac{Y}{u_2^2/2} = \frac{\Delta p}{2\pi^2 n^2 r_2^2 \rho} \qquad (12.45)$$

Bezieht man die Euler'sche Turbinenhauptgleichung auf $u_2^2/2$, dann erhält man eine dimensionslose Schreibweise der Euler'schen Turbinenhauptgleichung für ein Verzögerungsgitter einer Pumpe mit dem ungestörten Eintritt 0 und dem ungestörten Austritt 3 in der folgenden Form:

$$\Psi = \frac{2\Delta Y}{u_2^2} = \frac{2u_3}{u_2^2}\left[c_{\mathrm{u}3} - \frac{r_0}{r_3}c_{\mathrm{u}0} \right] = \frac{2c_{\mathrm{m}2}}{u_2}\frac{c_{\mathrm{m}3}}{c_{\mathrm{m}2}}\left(\frac{r_3}{r_2}\cot\alpha_3 - \frac{r_0}{r_2}\frac{c_{\mathrm{m}0}}{c_{\mathrm{m}3}}\cot\alpha_0 \right) \qquad (12.46)$$

oder mit der Lieferzahl $\varphi = c_{\mathrm{m}2}/u_2$ umgeformt

$$\Psi = 2\varphi\frac{c_{\mathrm{m}3}}{c_{\mathrm{m}2}}\left(\frac{r_3}{r_2}\cot\alpha_3 - \frac{r_0}{r_2}\frac{c_{\mathrm{m}0}}{c_{\mathrm{m}3}}\cot\alpha_0 \right) \qquad (12.47)$$

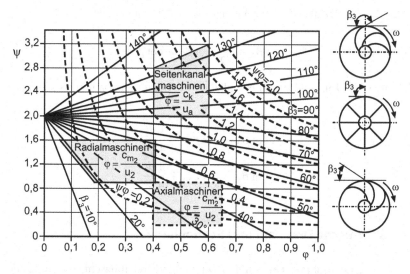

Abb. 12.13 Darstellung der dimensionslosen Eulergleichung für eine drallfreie Zuströmung mit den Arbeitsbereichen verschiedener Pumpenbauarten

Die Winkel α_0 und α_3 stellen die Strömungswinkel im Laufrad, β_0 und β_3 dagegen die Schaufelwinkel, die über die Umfangsgeschwindigkeit u und die Meridiangeschwindigkeit gemäß Gl. 12.44 miteinander verknüpft sind.

$$\cot\alpha = \frac{u}{c_{\mathrm{m}}} - \cot\beta = \frac{1}{\varphi} - \cot\beta \qquad (12.48)$$

Damit kann die Energieübertragungszahl in Gl. 12.47 auch in folgender Form geschrieben werden:

$$\Psi = 2\varphi\frac{c_{\mathrm{m}3}}{c_{\mathrm{m}2}}\left\{\frac{r_3}{r_2}\left(\frac{r_0}{r_3}\frac{c_{\mathrm{m}0}}{c_{\mathrm{m}3}}\cot\beta_0 - \cot\beta_3\right) - \frac{1}{\varphi}\frac{c_{\mathrm{m}2}}{c_{\mathrm{m}3}}\left[\left(\frac{r_0}{r_3}\right)^2 - \left(\frac{r_3}{r_2}\right)^2\right]\right\} \qquad (12.49)$$

In Abb. 12.13 sind die dimensionslosen Kennlinien $\Psi = f(\varphi)$ einstufiger Kreiselpumpen mit unterschiedlicher Schaufelgeometrie, d. h. mit vorwärts- und rückwärtsgekrümmten Schaufeln und mit Radialschaufeln, dargestellt.

Für Axialmaschinen (Axialturbinen, Axialpumpen und Axialverdichter) mit den geometrischen und den kinematischen Bedingungen $r_0 = r_1 = r_2 = r_3$ und $c_{\mathrm{m}0} = c_{\mathrm{m}1} = c_{\mathrm{m}2} = c_{\mathrm{m}3}$ ergibt sich die Gl. 12.50 mit den Schaufelwinkeln β_3 und β_0

$$\frac{\Psi}{\varphi} = 2\left(\cot\beta_3 - \cot\beta_0\right) \qquad (12.50)$$

Der Kotangens des Winkels β_∞ für die ungestörte Anströmung beträgt:

$$\cot\beta_\infty = \frac{1}{2}(\cot\beta_0 + \cot\beta_3) \tag{12.51}$$

Damit können die Ein- und Austrittswinkel eines Axialgitters β_0 und β_3 angegeben werden zu:

$$\cot\beta_0 = \cot\beta_\infty - \frac{1}{4}\frac{\Psi}{\varphi} \tag{12.52}$$

$$\cot\beta_3 = \cot\beta_\infty + \frac{1}{4}\frac{\Psi}{\varphi} \tag{12.53}$$

12.6.3 Spezifische Drehzahl und Schnelllaufzahl

Die spezifische Drehzahl n_q stellt die Drehzahl einer Modellmaschine (Pumpe oder Wasserturbine) mit dem Volumenstrom von $\dot{V}_q = 1\,\mathrm{m^3/s}$ und dem Gefälle oder der Förderhöhe von $H_q = 1\,\mathrm{m}$ dar.

Die spezifische Drehzahl einer Modellmaschine steht zur Drehzahl einer geometrisch ähnlichen Maschine (z. B. einer Großausführung) im Verhältnis von:

$$\frac{n_q}{n} = \left(\frac{\dot{V}}{\dot{V}_q}\right)^{1/2}\left(\frac{H_q}{H}\right)^{3/4} \tag{12.54}$$

Damit beträgt die spezifische Drehzahl der Strömungsmaschine mit $\dot{V}_q = 1\,\mathrm{m^3/s}$ und $H_q = 1\,\mathrm{m}$:

$$n_q = n\frac{\dot{V}^{1/2}}{H^{3/4}} \qquad
\begin{array}{|c|c|c|c|}
\hline
n_q & n & \dot{V} & H \\
\hline
\mathrm{min^{-1}} & \mathrm{min^{-1}} & \mathrm{m^3} & \mathrm{m} \\
\hline
\end{array}
\tag{12.55}$$

Die spezifische Drehzahl ist nicht dimensionslos, sondern hat die Dimension $\mathrm{min^{-1}}$. Gl. 12.55 stellt eine Zahlenwertgleichung dar, in der die Drehzahl in $\mathrm{min^{-1}}$, der Volumenstrom in $\mathrm{m^3/s}$ und die Förderhöhe H in m einzusetzen ist. Zur Benutzung empfohlen wird die dimensionslose spezifische Drehzahl in der folgenden dimensionslosen Form:

$$n_q = 2\pi n\frac{\dot{V}^{1/2}}{Y^{3/4}} = 2\pi n\frac{\dot{V}^{1/2}}{(gH)^{3/4}} \tag{12.56}$$

Die spezifische Drehzahl n_q wird mitunter auch als Radformkennzahl bezeichnet, weil sie die Laufradform von Strömungsmaschinen derart charakterisiert, dass die spezifische Drehzahl für Seitenkanal- und Radialmaschinen die geringsten Werte und für Axialmaschinen die höchsten Werte bis $n_q = 500\,\mathrm{min^{-1}}$ und darüber annimmt.

Eine dimensionslose Größe zur Beschreibung der Laufradgeometrie und damit auch der Schnellläufigkeit stellt die Schnelllaufzahl σ dar.
Die Schnelllaufzahl σ ist definiert als

$$\sigma = \frac{\varphi^{1/2}}{\psi^{3/4}} \tag{12.57}$$

Mit Gl. 12.41 für φ und Gl. 12.45 für ψ erhält man für die Schnelllaufzahl

$$\sigma = \frac{2\left(\pi d_2 \dot{V}_S\right)^{1/2} n}{(2Y)^{3/4} b_2} \tag{12.58}$$

12.6.4 Durchmesserzahl

Die Durchmesserzahl charakterisiert die Größe des Laufrades. Sie ist definiert als Verhältnis des Laufradaußendurchmessers d_2 zum Durchmesser einer Düse, durch die der Volumenstrom der Turbomaschine bei verlustloser Umsetzung der übertragenen spezifischen Arbeit in kinetische Energie hindurchströmt.

$$\delta = \frac{\psi^{1/4}}{\varphi^{1/2}} \tag{12.59}$$

Für eine Radialmaschine kann die Durchmesserzahl geschrieben werden

$$\delta = \frac{2^{1/4} (\pi d_2 b_2)^{1/2} Y^{1/4}}{2\dot{V}^{1/2}} \tag{12.60}$$

Die Abhängigkeit der spezifischen Drehzahl von der Schnelllaufzahl σ und der Durchmesserzahl δ beträgt

$$n_q = 157{,}8\,\text{min}^{-1}\sigma \tag{12.61}$$

Die dimensionslosen Kennzahlen für verschiedene Bauformen von Strömungsmaschinen sind in Tab. 12.2 angegeben.

12.6.5 Cordierdiagramm

Cordier hat 1953 die Schelllaufzahl σ und die Durchmesserzahl δ für Strömungsmaschinen unterschiedlicher Bauart mit hohem Wirkungsgrad zusammengetragen und in dem nach ihm benannten Cordierdiagramm $\sigma = f(\delta)$ dargestellt. Strömungsmaschinen mit einem hohen Wirkungsgrad stellen optimale Konstruktionen dar. Im Cordierdiagramm wird die Schnelllaufzahl σ in Abhängigkeit der Durchmesserzahl δ dargestellt (Abb. 12.14).

Tab. 12.2 Dimensionslose Kennzahlen von Strömungsmaschinen

Bauart	Druckzahl	Lieferzahl	Schnell-laufzahl	Spezifische Drehzahl	Durch-messerzahl	Kavitations-zahl für Pumpen
	ψ	φ	σ	n_q in min^{-1}	δ	$\sigma = 2g\mathrm{NPSH}/u_1^2$
Axialrad	0,1...0,6	0,30...1,00	0,70...2,50	110...500	1,4...3,0	0,50...3,50
Diagonal-rad	0,4...0,8	0,15...0,55	0,30...0,80	50...150	1,6...7,0	0,20...0,70
Doppel-flutiges Radialrad	0,6...1,1	0,08...0,35	0,16...0,51	25...80	2,0...8,0	0,05...0,40
Radialrad mit räum-lich gekr. Schaufeln	0,75...1,3	0,04...0,30	0,127...0,41	20...65	3,0...8,0	0,04...0,40
Radialrad mit ein-fach gekr. Schaufeln	0,90...1,4	0,02...0,20	0,064...0,20	10...35	5,0...14,0	0,02...0,10
Radialrad mit vor-wärts gekr. Schaufeln	1,60...2,5	0,02...0,15	0,064...0,16	9...25	5,0...14,0	0,02...0,10
Seitenka-nalrad	3,0...12	0,005...0,1	0,012...0,076	2...10	8,0...24,0	0,02...0,06

Abb. 12.14 zeigt, dass die Schnelllaufzahl σ für axiale Maschinen die größten Werte annimmt, die aber die geringsten Durchmesserzahlen besitzen, also die geringste Baugröße aufweisen. Für radiale Strömungsmaschinen gilt das Umgekehrte. Im Cordierdiagramm sind auch die Druck- und Lieferzahlen ψ und φ von Strömungsmaschinen eingezeichnet.

Wichtig ist auch, dass Maschinen mit beschleunigter Strömung, also Turbinen, bei gleicher Schnelllaufzahl mit geringeren Durchmesserzahlen δ, d. h. mit geringerer Baugröße ausgeführt werden können als Pumpen und Turbokompressoren mit der verzögerten Strömung (Abb. 12.14). Dieses Diagramm dient also zur ersten Orientierung bei der Auslegung von Turbomaschinen. In Tab. 12.2 sind die erreichbaren dimensionslosen Kennzahlen für verschiedene Bauarten von Strömungsmaschinen angegeben.

In Abb. 12.15 sind die Verläufe der dimensionslosen Momentenwerte $\lambda_{P,T}$ des Pumpen- und des Turbinenlaufrades eines Strömungswandlers in Abhängigkeit des Drehzahlverhältnisses $\nu = n_T/n_P$ dargestellt.

Abb. 12.14 Cordierdiagramm für Strömungsmaschinen. **a** Beschleunigte Strömung (Turbinen), **b** verzögerte Strömung (Pumpen, Kompressoren)

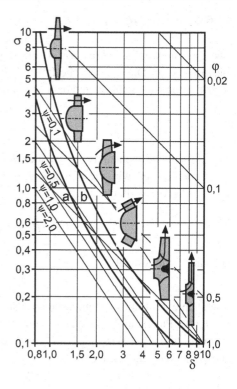

Abb. 12.15 Dimensionslose Momentenwerte $\lambda_{P,T}$ für die Pumpe und Turbine eines Strömungswandlers

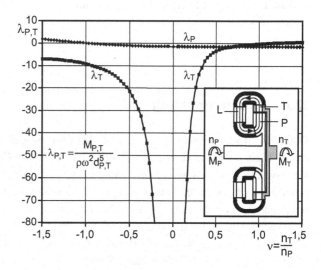

12.6.6 Leistungszahl

Die Leistungszahl λ charakterisiert die Leistung einer Strömungsmaschine in dimensionsloser Form. Die theoretische Leistung einer Strömungsmaschine ergibt sich aus der spezifischen Nutzarbeit Y und dem Massestrom.

$$P_{th} = \dot{m} Y = \rho \dot{V} Y \tag{12.62}$$

Die tatsächliche Wellenleistung ist auch vom Wirkungsgrad η abhängig.

Bei der Turbine wird die abgegebene Wellenleistung um den Wirkungsgrad vermindert, also beträgt die Wellenleistung

$$P = P_{th}\eta = \dot{m} Y \eta = \rho \dot{V} Y \eta \tag{12.63}$$

und die Leistungszahl

$$\lambda_{T} = \varphi \Psi \eta \tag{12.64}$$

Die Dichte des Fluids beeinflusst die Leistungszahl nicht.

Bei der Pumpe und beim Turbokompressor wird die erforderliche zugeführte Antriebsleistung durch den Wirkungsgrad η um die Verluste in der Maschine vergrößert, sodass die Wellenleistung beträgt

$$P = \frac{P_{th}}{\eta} = \frac{\dot{m} Y}{\eta} = \frac{\rho \dot{V} Y}{\eta} \tag{12.65}$$

und die Leistungszahl beträgt für Pumpen und Turbokompressoren

$$\lambda_{P} = \frac{\varphi \Psi}{\eta} \tag{12.66}$$

12.7 Radseitenreibung

Durch die Rotation des Laufrades wird das Fluid in den Seitenräumen zwischen Laufrad und ruhendem Gehäuse von radialen Strömungen in Bewegung versetzt, die von der Geschwindigkeit des Laufrads ωr, der Spaltweite b_a, dem Radius r, der Oberflächenbeschaffenheit der Wände, dem Durchfluss und den Randbedingungen der Spaltbegrenzung bei r_i und $r_a = D_2/2$ abhängig ist (Abb. 12.16).

Dadurch bilden sich in radialer und tangentialer Richtung des Seitenraumes Geschwindigkeitsprofile aus (Abb. 12.17). Bei kleinen Spaltweiten zwischen Laufrad und Gehäuse $b_a/r_2 \leq 0,03$ stellt sich bei laminarer Strömung im gesamten Spalt eine Grenzschichtströmung mit annähernd konstantem Geschwindigkeitsgradienten ein. Bei größerem Abstand zwischen Laufrad und Gehäuse bilden sich am Laufrad und im Gehäuse Grenzschichten

Abb. 12.16 Strömungsvorgang in den Seitenräumen einer einstufigen Spiralgehäusepumpe bei rotierender Scheibe

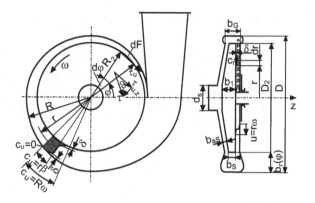

mit großen Geschwindigkeitsgradienten und ein Kerngebiet aus, das mit einer Geschwindigkeit von etwa $(0,42\ldots0,70)r\omega$ tangential umläuft, wenn der Spalt radial nicht durchströmt wird (Abb. 12.18). Eine Durchströmung des Spaltraumes von außen nach innen vergrößert die Umfangsgeschwindigkeit des Kerngebietes im Bereich kleiner Radien bis etwa $1,5\omega r$. Dadurch bilden sich im Seitenraum entsprechende Druckverteilungen, die im Bereich $r/r_2 = 1,0\ldots0,5$ nach dem quadratischen Gesetz verteilt sind und bei kleineren Radien von diesem Verteilungsgesetz abweichen. Durch ungleiche Rauigkeit der Oberflächen des Laufrades und der Gehäusewand werden die Umlaufgeschwindigkeiten der Kernzone derart beeinflusst, dass sie bei geringerer Rauigkeit des Laufrades bis auf

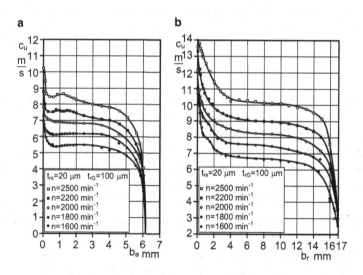

Abb. 12.17 Geschwindigkeitsverlauf cu zwischen Laufrad und Gehäuse im **a** axialen Spalt bei $r = 75\,\text{mm}$ und $b_a = 6\,\text{mm}$ **b** radialen Spalt bei $b_r = 17\,\text{mm}$ [5, 6]

Abb. 12.18 Winkelgeschwindigkeit β der Flüssigkeit zwischen Scheibe und Gehäusewand außerhalb der Grenzschicht als Funktion der Scheibenrauigkeit im Reynoldszahlenbereich Re $= 1{,}5 \cdot 10^6 \ldots 4{,}5 \cdot 10^6$ [5]

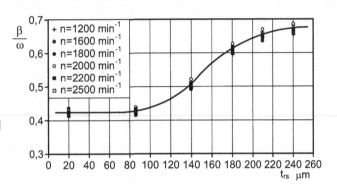

Werte von etwa $0{,}7\omega r$ steigen und bei größerer Rauigkeit der Gehäusewand gegenüber dem Laufrad bis auf etwa $0{,}4\omega r$ sinken (Abb. 12.18).

Durch die Spaltströmung zwischen Laufrad und Gehäuse und die Schubspannung in der Grenzschicht sowie durch die Druckverteilung treten Reibungsmomente und Axialkräfte an den Laufrädern auf, die bei der Laufradauslegung zu beachten sind.

Die Tangentialspannung in den Grenzschichten ist Ursache für ein Reibungsmoment M_R. Mit Hilfe der Grenzschichttheorie sind einige Spezialfälle von rotierenden Scheiben in [7–11] nachgerechnet und mit Messungen verglichen worden. Das sind rotierende Scheiben mit folgenden Randbedingungen:

- eine im unbegrenzten Fluid rotierende Scheibe,
- eine rotierende Scheibe im engen zylindrischen Gehäuse bei laminarer Strömung.

Zwei Parameter beeinflussen die Radreibungsmomentenbeiwerte $C_m = f(\text{Re})$ wesentlich:

- Das Breitenverhältnis b_a/r_2, besonders bei laminarer Strömung im Bereich kleiner Reynoldszahlen; darin ist b_a der axiale Abstand zwischen Laufrad- und Gehäusewand.
- Das Rauigkeitsverhältnis k_S/r_2, besonders im Bereich großer Reynoldszahlen bei turbulenter Grenzschichtströmung.
- Im Bereich mittlerer Reynoldszahlen von Re $= 3 \cdot 10^3$ bis $2 \cdot 10^5$ verschwindet die Abhängigkeit von beiden Parametern (Abb. 12.19).

Maschinen mit weiten Spalten sowie hydraulisch glatten Laufrädern verursachen die geringsten Reibungsmomente.

Die Reibungsmomente können für zylindrische Scheiben in zylindrischen Gehäusen und für Scheiben in Spiralgehäusen mit dem Momentenbeiwert C_m (Abb. 12.19) bestimmt werden. Das Radreibungsmoment rotierender Scheiben beträgt für die gesamte Scheibe

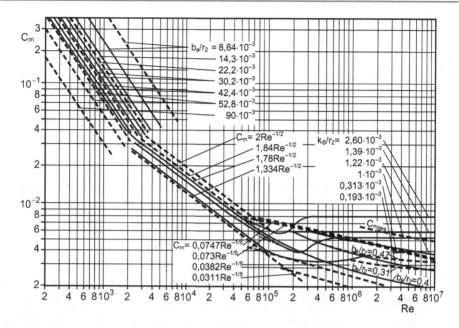

Abb. 12.19 Radreibungsmomentenbeiwerte für eine Scheibenseite [5, 6] theoretische Werte; experimentelle Werte

(zwei Seiten) unter Berücksichtigung des Zylindermantels

$$M_R = \frac{\rho}{2}\omega^2 r_2^5 C_m \left[2 - \left(\frac{r_{1S}}{r_2}\right)^4 - \left(\frac{r_{1D}}{r_2}\right)^4 + \left(\frac{C_{mu}}{C_m}\right)\left(\frac{b_S}{r_2}\right) \right] \qquad (12.67)$$

wobei das Verhältnis der beiden Momentenbeiwerte $C_{mu}/C_m = 5$ beträgt.

Der Radseitenreibungsmomentenbeiwert für eine Scheibenseite beträgt:

$$C_m = \frac{2M_R}{\omega^2 r_a^5 \rho} \qquad (12.68)$$

Die spezifische Leistung $P_R/\dot{m}$ bzw. der Leistungsverlustbeiwert durch die Radseitenreibung beträgt:

$$\frac{P_R}{\dot{m}} = \frac{2\Psi\omega M_R}{\rho c_m \pi r_a^2 u_2^2 \left[1 - \left(\frac{r_i}{r_a}\right)^2\right]} \qquad (12.69)$$

In Abb. 12.19 sind die Momentenbeiwerte C_m als Funktion der Reynoldszahl Re $= u_2 r_2/\nu$, der relativen Oberflächenrauigkeit k_S/r_2 und der Spaltweite für verschiedene Bedingungen dargestellt. Wird ein Reibungsverlustbeiwert

$$\zeta_R = \frac{2\,M_R}{\rho\,c_{m2}^3\pi\,d_2 b_2} \qquad (12.70)$$

Tab. 12.3 Radreibungsverlustbeiwerte ζ_R und Radreibungswirkungsgrade η_R von Radial- und Diagonalpumpen

n_q in min^{-1}	81,8	46,6	26,9	17,3	13,6	17,95	11,71
φ	0,1027	0,0862	0,0868	0,0847	0,0853	0,0801	0,0714
Ψ	0,756	0,93	1,153	1,080	1,090	0,875	1,028
ζ_R	1,26	4,22	9,23	25,8	44,4	76,8	86,5
η_R	0,984	0,966	0,942	0,854	0,772	0,76	0,70

eingeführt, so kann auch ein Radreibungswirkungsgrad in der folgenden Form definiert werden:

$$\eta_R = \frac{1}{\left[1 + \Psi \zeta_R \left(\frac{c_{m2}^2}{u_2^2}\right)\right]} = \frac{1}{[1 + \varphi^2 \Psi \zeta_R]} \qquad (12.71)$$

Der Radreibungswirkungsgrad ist umso kleiner, je kleiner das Radienverhältnis r_1/r_2 des Laufrads und die Lieferzahl der Maschine, d. h. je kleiner die spezifische Drehzahl ist (Tab. 12.3). In Tab. 12.3 sind die Radreibungsbeiwerte und die Radreibungswirkungsgrade von Radial- und Diagonalpumpen in Abhängigkeit der spezifischen Drehzahl eingetragen.

Für Überschlagsrechnungen kann das Radreibungsmoment nach der folgenden Beziehung bestimmt werden:

$$M_R = 5{,}65 \cdot 10^{-4} \rho \omega^2 d_2^5$$
$$P_R = \omega M_R = 5{,}56 \cdot 10^{-4} \rho \omega^3 d_2^5 \qquad (12.72)$$

Weit größer sind die Momentenbeiwerte von Rührsystemen, die in Abb. 12.20 dargestellt sind.

Abb. 12.20 Drehmomenten-beiwert von Rührern nach [12]

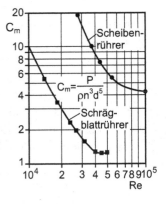

12.8 Verluste in inneren und äußeren Dichtspalten

Der im Laufrad geförderte Volumenstrom wird durch den vom Laufradaustritt zum Laufradeintritt zurückströmenden Teil des Volumenstromes und durch den durch die Wellendichtungen nach außen strömenden Volumenstrom gemindert (Abb. 12.2b). Bei mehrstufigen Turbomaschinen mit Ausgleichscheibe tritt an der Ausgleichscheibe ebenfalls ein zusätzlicher Volumenstromverlust auf, der zur Saugseite der Maschine zurückgeführt werden muss.

Der innere Spaltverlustmassestrom $\dot{m}_{\mathrm{sp\,i}}$ ergibt sich für inkompressible Fluide ($\rho =$ konst.) unter Vernachlässigung des Expansionseinflusses nach Kap. 5

$$\dot{m}_{\mathrm{sp\,i}} = \mu_{\mathrm{sp}} A_{\mathrm{sp}} \sqrt{2\rho \Delta p_{\mathrm{sp}}} \qquad (12.73)$$

Der Spaltvolumenstrom beträgt dann:

$$\dot{V}_{\mathrm{sp\,i}} = \mu_{\mathrm{sp}} A_{\mathrm{sp}} \sqrt{\frac{2}{\rho} \Delta p_{\mathrm{sp}}} \qquad (12.74)$$

Die Durchflussziffer beträgt:

$$\mu_{\mathrm{sp}} = \frac{1}{\sqrt{\zeta_{\mathrm{E}} + \frac{\lambda_{\mathrm{sp}} L}{2b} + \zeta_{\mathrm{A}}}} \qquad (12.75)$$

In glatten Spaltdichtungen mit rotierender Innenwand treten folgende Druckverlust- und Reibungsbeiwerte auf:

$$\zeta_{\mathrm{E}} = 0{,}4 \ldots 1{,}2 ; \quad \zeta_{\mathrm{A}} = 1{,}0 \ldots 1{,}5$$

Der Spaltreibungsbeiwert $\lambda_{\mathrm{sp}} = f(\mathrm{Re}_{\mathrm{r}}; s) = 0{,}1 \ldots 0{,}5$ kann Abb. 12.21 entnommen werden.

Die Spaltfläche A_{sp} beträgt bei Einspaltdichtungen $A_{\mathrm{sp}} = \pi d_{\mathrm{sp}} s$, wobei die Spaltweite etwa $s = 0{,}1 \ldots 1{,}0$ mm betragen soll. Bei Pumpen und Turbinen mit großen Dichtspaltdurchmessern beträgt die Spaltweite $s \approx 0{,}6 \cdot 10^{-6} d_{\mathrm{sp}} + 0{,}1$ mm.

Für kompressible Strömungen in Labyrinthdichtungen mit z Dichtungselementen wird der Massestrom $\dot{m}_{\mathrm{sp}}$ näherungsweise mit Gl. 12.76 bestimmt [10]:

$$\dot{m}_{\mathrm{sp}} = A_{\mathrm{sp}} \sqrt{\rho \left(p_2^2 - p_1^2 \right) / (z p_1)} \qquad (12.76)$$

wobei z die Zahl der Dichtkammern angibt.

Innerer Dichtheitsgrad λ_{D}

Für inkompressible Fluide beträgt der innere Dichtheitsgrad:

$$\lambda_{\mathrm{D}} = \frac{\dot{V}_{\mathrm{S}}}{\dot{V}_i} = \frac{\dot{V}_{\mathrm{S}}}{\dot{V}_{\mathrm{S}} + \dot{V}_{\mathrm{sp\,i}}} = 0{,}92 \ldots 0{,}98 \qquad (12.77)$$

Abb. 12.21 Spaltreibungsbei-
werte $\lambda_{sp} = f(\text{Re}_r; s)$ [6]

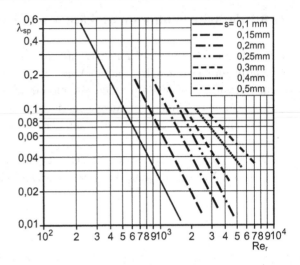

Äußerer Dichtheitsgrad λ_{Da}

Er stellt das Verhältnis des in die Druckleitung geförderten Nutzmassestroms $\dot{m} = \dot{m}_S - \dot{m}_{spa}$ zum angesaugten Massestrom $\dot{m}_S$ in der Saugleitung dar:

$$\lambda_{Da} = \frac{\dot{m}_S - \dot{m}_{spa}}{\dot{m}_S} = \frac{\dot{m}}{\dot{m}_S} \qquad (12.78)$$

Für $\rho = $ konst. beträgt der Dichtheitsgrad

$$\lambda_{Da} = \frac{\dot{V}_{DS}}{\dot{V}_S} \qquad (12.79)$$

$\dot{V}_{DS}$ stellt den Nutzvolumenstrom am Druckstutzen der Maschine bezogen auf den Zustand im Saugstutzen p_S, T_S dar. Der äußere Dichtheitsgrad ist von der Art der Wellendichtung abhängig. Der äußere Dichtheitsgrad beträgt $\lambda_{Da} = 0{,}96\ldots 1{,}0$. Der gesamte Dichtheitsgrad einer Strömungsmaschine beträgt:

$$\lambda_{Dges} = \frac{\dot{m}_S}{\dot{m}_S + \dot{m}_{sp}} \qquad (12.80)$$

Für inkompressible Fluide nimmt der gesamte Dichtheitsgrad folgende Werte an:

$$\lambda_{Dges} = \frac{\dot{V}_S}{\dot{V}_S + \dot{V}_{sp}} = \lambda_D \lambda_{Da} = 0{,}90\ldots 0{,}98 \qquad (12.81)$$

12.9 Nutzleistung und Wirkungsgrad

Die spezifische Nutzarbeit stellt die auf die Masseeinheit bezogene übertragene Energie dar. Damit ergibt sich die Nutzleistung einer Strömungsmaschine durch Multiplikation des geförderten Massestromes $\dot{m} = \rho \dot{V}$ mit der spezifischen Nutzarbeit Y für die Pumpe

$$P_N = \rho Y \dot{V} = \rho g H \dot{V} \tag{12.82}$$

Die notwendige Antriebsleistung P_K einer Pumpe ist um die Verluste größer als die Nutzleistung, das Verhältnis beider Leistungen stellt den Pumpenwirkungsgrad dar.

$$\eta_P = \frac{P_N}{P_K} = \frac{\dot{m} Y}{P_K} = \frac{g \rho H \dot{V}}{P_K} \tag{12.83}$$

Bei der Turbine wird die abgegebene Wellenleistung gegenüber der hydraulischen Leistung um die Verluste vermindert. Der Turbinenwirkungsgrad beträgt:

$$\eta_P = \frac{P_K}{P_N} = \frac{P_K}{\dot{m} Y} = \frac{P_K}{g \rho H \dot{V}} \tag{12.84}$$

12.10 Leiteinrichtungen (Diffusoren)

12.10.1 Radialdiffusor

Radialdiffusoren dienen zur Verzögerung der Strömung und zur weiteren Druckerhöhung hinter radialen und diagonalen Laufrädern. Mit ihrer Hilfe wird auch die Umfangskomponente der absoluten Austrittsgeschwindigkeit aus dem Laufrad verringert. Mehrstufige Radialpumpen und Radialkompressoren werden ausgeführt mit

- schaufellosen Radialdiffusoren (Abb. 5.48 bis 5.51),
- beschaufelten Radialdiffusoren in der Regel mit einfach gekrümmten Schaufeln (Abb. 12.1 bis 12.13 und 5.48, 5.49).

12.10.2 Strömung im Spiralgehäuse

Spiralgehäuse werden als Eintrittsleiteinrichtungen für radiale Wasserturbinen (Francisturbinen) und als Austrittsleiteinrichtung für einstufige Kreiselpumpen benutzt. Sie werden für beide Maschinenbauarten mit der Kontur einer logarithmischen Spirale ausgelegt. Bei dem Eintrittsspiralgehäuse für radiale Wasserturbinen strömt das Fluid aus der Zuführrohrleitung als Parallelströmung mit konstantem Druck dem Spiralgehäuse zu. Das Austrittsspiralgehäuse von einstufigen Kreiselpumpen wird so ausgelegt, dass sich im Druckstutzen ebenfalls eine Parallelströmung mit konstantem Druck über dem Querschnitt

Abb. 12.22 Strömung in einem Spiralgehäuse

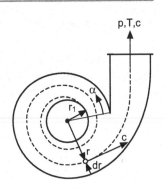

einstellt, d. h. die Bernoulli'sche Konstante H muss auch im Spiralgehäuse auf allen Stromlinien den gleichen Wert annehmen. Setzt man für den Krümmungsradius der einzelnen Stromlinie im Spiralgehäuse näherungsweise den Radius vom Gehäusemittelpunkt r und das Element dr, dann beträgt die Druckgleichung normal zur Hauptströmungsrichtung (Abb. 12.22):

$$\frac{dc}{dr} + \frac{c}{r} = 0 \tag{12.85}$$

Nach Integration der Gl. 12.85 erhält man

$$\ln c = -\ln r + \ln K \text{ oder } c = \frac{K}{r} \tag{12.86}$$

mit der Integrationskonstante K.

Die Geschwindigkeit im Spiralgehäuse nimmt also zum Mittelpunkt hin zu und zur Außenkontur hin ab. Die Umfangskomponente c_u der Geschwindigkeit ist ebenfalls $1/r$ proportional, was von der Kontinuitätsgleichung für den Durchfluss gefordert wird. Aus dieser Bedingung ergibt sich der gleiche Winkel α der Stromlinien auf allen Radien, d. h. die Stromlinien und auch die Randstromlinie (Gehäusewand) sind logarithmische Spiralen.

Mit Hilfe der Bernoulligleichung erhält man den Druckverlauf im Spiralgehäuse zu

$$p = \frac{\rho}{2} \frac{K^2}{r^2} + \text{const.} = \frac{\rho}{2} c_\mathrm{u}^2 \tag{12.87}$$

Die Spiralgehäusewand übt also keine Kraft auf die Strömung mit spiralförmigen Stromlinien aus.

Der Volumenstrom in einem Austrittsspiralgehäuse für eine Kreiselpumpe beträgt:

$$\dot{V} = \frac{360°}{\varphi} r_2 c_{\mathrm{u}2} \int_{r_2}^{r} \frac{b}{r}\, dr \tag{12.88}$$

Wenn die Funktion b/r nicht in analytischer Form vorliegt, muss das Integral näherungsweise durch die numerische Integration mit Schrittweiten von $\Delta\varphi = 5°$ gelöst werden.

12.11 Kavitation

In Strömungsmaschinen erreicht das Fluid unterschiedliche Strömungszustände (p, T, c). Erreicht ein Strömungszustand in der Maschine einen Grenzzustand (p, T), so kann das Fluid örtlich verdampfen und es entstehen einzelne Dampfblasen oder Dampfblasenwolken, die bei der Strömung in Bereiche höheren statischen Druckes gelangen und dort wieder eine Phasenänderung (Dampf-Flüssig) durch die nachfolgende Kondensation erfahren. Die Dampfblasen brechen dabei unter Entstehung eines hohen örtlichen Druckes zusammen. Sie werden dabei von einem Jet hoher Energiedichte durchbrochen (Abb. 12.23).

12.11.1 Blasendynamik in Kavitationsströmungen

Strömt eine Dampfblase oder eine Blasenwolke eines Kavitationsgebietes in einer Strömungsmaschine durch ein Gebiet höheren Druckes $p > p_t$, der den Sättigungsdruck des Fluids übersteigt, so ist das Phasengleichgewicht zwischen der Dampfblase und der Flüssigkeit gestört, sodass der in der Blase enthaltene Dampf schlagartig kondensiert. Dadurch wird die Blasenwand durch den höheren Druck der umgebenden Flüssigkeit nach innen beschleunigt. Am Ende der Blasenimplosion erreicht die Geschwindigkeit hohe Werte, die sich mit Hilfe der Rayleigh'schen Gleichung bestimmen lässt. Sie beträgt:

$$c = \sqrt{\frac{2}{3}\frac{p - p_t}{\rho}\left[\left(\frac{R_0}{R_e}\right)^3 - 1\right]} \qquad (12.89)$$

Darin ist p der Druck der umgebenden Flüssigkeit, p_t der Dampfdruck in der Blase, R_0 und R_e sind die Blasenradien zu Beginn und am Ende der Blasenimplosion. Die Berechnung der konzentrischen Blasenimplosion nach Rayleigh geht von idealisierten Voraussetzungen aus und sie stellt damit eine Modellvorstellung entsprechend Abb. 12.23a dar [13]. In realen Strömungen implodieren die Kavitationsblasen asymmetrisch entsprechend Abb. 12.23b. Beim Durchstoßen des Flüssigkeitsstrahls durch die Blase entstehen kurzzeitig sehr hohe örtliche Drücke bis zu 100 MPa und darüber, die die Festigkeit metallischer Werkstoffe übersteigen können. Implodieren Kavitationsblasen in der Nähe metallischer Wände, so kommt es zur Werkstoffzerstörung. Die Asymmetrie der Blasendeformation wird durch Druckgradienten der Strömung oder durch den Einfluss angrenzender

Abb. 12.23 Implosion von Kavitationsblasen. **a** Kugelförmige Kavitationsblase, **b** Blasenimplosion

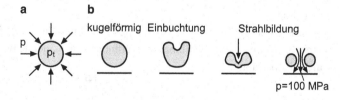

Abb. 12.24 Druckverlauf auf einer Pumpenschaufel **a** ohne Kavitation, **b** bei Kavitation auf der Schaufel

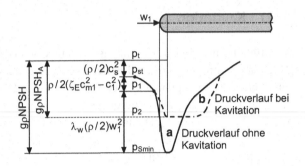

Wände verursacht. Der Druckverlauf am Eintritt einer Laufschaufel ist mit und ohne Kavitation am Schaufeleintritt in Abb. 12.24 dargestellt. Die Größe der Blasen zu Beginn der Implosion beträgt etwa 1 mm bis 5 mm Durchmesser. Kavitation kann in Flüssigkeitspumpen, vorwiegend in Axialpumpen, in Wasserturbinen auf der Austrittsseite des Laufrades oder im Nachleitrad, an Schiffsschrauben, in Rohrleitungen mit stark beschleunigter Strömung in Ventilen und Armaturen von Flüssigkeitsleitungen und z. B. auch in Ausläufen von Talsperren auftreten. Die Kavitation wird zuerst akustisch mit Hilfe eines Unterwassermikrofons hörbar. Für die technische Feststellung von Kavitation in Maschinen werden folgende Kavitationskriterien genutzt:

- Akustischer Kavitationsbeginn.
- Visueller Kavitationsbeginn, wenn erste Kavitationsblasen sichtbar werden.
- Beginnender Förderhöhenabfall, z. B. in einer Pumpe.
- Förderhöhenabfall von 3 %.
- Vollkavitation, dabei wird der Strömungsquerschnitt teilweise versperrt, die Förderhöhe einer Kreiselpumpe wird vermindert oder sie sinkt auf $H \to 0$ ab und der Wirkungsgrad wird ebenfalls vermindert.
- Durch die Blasenimplosion setzen typische, knisternde Kavitationsgeräusche und Schwingungen ein.
- Es setzt eine Kavitationserosion mit Materialabtrag am Laufrad oder Gehäuse ein mit begrenzter Lebensdauer des Laufrades von etwa 40.000 bis 60.000 Betriebsstunden.

Das meist genutzte Kavitationskriterium für Kreiselpumpen ist der Förderhöhenabfall von 3 %, weil es sich auf einfache Weise experimentell bestimmen lässt. Bei der numerischen Laufradauslegung wird in der Regel auch die Druckverteilung und das Kavitationsverhalten berechnet. Die NPSE- oder NPSH-Kennlinien werden für Kreiselpumpen angegeben.

Die Kavitationsströmung in Strömungsmaschinen unterliegt auch den Ähnlichkeitsgesetzen bei geometrisch ähnlichen Maschinen, sodass der Kavitationsbeiwert σ definiert wurde. Er beträgt:

$$\sigma = \frac{2g\,\mathrm{NPSH}}{u_1^2} \tag{12.90}$$

Mit Hilfe des Kavitationsbeiwertes σ können auch NPSE[1]- bzw. NPSH[2]-Werte auf andere geometrisch ähnliche Maschinen mit dem Quadrat des Laufraddurchmessers d_2 und der Drehzahl umgerechnet werden.

Die NPSH-Werte von zwei Pumpen verhalten sich bei gleicher Flüssigkeit wie:

$$\frac{\text{NPSH}}{(\text{NPSH})_M} = \left(\frac{d_2}{d_{2M}}\frac{n}{n_M}\right)^2 \tag{12.91}$$

Die dimensionslose Kavitationszahl σ wird hauptsächlich im Wasserturbinenbau und in Wasserkraftanlagen wie z. B. in Pumpspeicherwerken benutzt.

Die Definitionsgleichung lautet:

$$\sigma = \frac{p - p_t}{\frac{\rho}{2}c^2} \tag{12.92}$$

Darin ist c die lokale Geschwindigkeit im Kavitationsgebiet und p_t der thermodynamische Sättigungsdruck der Förderflüssigkeit. Sinkt die Kavitationszahl unter ($\sigma < 0$), kann die Verdampfung der Flüssigkeit einsetzen.

Im Pumpenbau wird die Kavitation hauptsächlich durch den NPSE- oder NPSH-Wert charakterisiert.

$$\text{NPSE}_{\text{vorh}} = \frac{1}{\rho}\left(p_S + p_b - p_t\right) + \frac{c_S^2}{2} + g\,h; \ \text{NPSH} = \frac{\text{NPSE}_{\text{vorh}}}{g} \tag{12.93}$$

$\text{NPSE}_{\text{vorh}}$ ist die in der Strömungsmaschine vorhandene Gesamtenergie, um Kavitation zu vermeiden. Der Mindestwert der Halteenergie, bei dem eine Strömungsmaschine (Pumpe oder Turbine) im Betriebszustand arbeiten kann, wird als erforderliche Gesamthaltedruckenergie NPSE_{erf} bezeichnet. Die Differenz aus $\text{NPSE}_{\text{vorh}} - \text{NPSE}_{\text{erf}}$ charakterisiert die Kavitationssicherheit, um Kavitation zu vermeiden [13, 14].

12.12 Kennlinien von Strömungsmaschinen

Da Strömungsmaschinen vorwiegend durch Antriebsmaschinen mit konstanter Drehzahl angetrieben werden, erfolgt die Kennliniendarstellung $\Psi = f(\varphi, n = \text{konst})$. Zur Charakterisierung einer Maschine gehören weiterhin die Kennlinien des Wirkungsgrades $\eta = f(\varphi, n = \text{konst})$, der Wellenleistung $P_K = f(\varphi, n = \text{konst})$ und spezieller Größen für Pumpen wie z. B. des NPSH_{erf}-Wertes oder der zulässigen Saughöhe $\text{NPSH}_{\text{erf}} = f(\varphi, n = \text{konst})$ bzw. $H_S = f(\varphi, n = \text{konst})$.

---

[1] NPSE Net positive suction energy.
[2] NPSH Net positive suction head.

An Kennlinien von Strömungsmaschinen werden folgende Forderungen gestellt:

1. Erfüllung der geforderten Hauptparameter p_D, $\dot{V}$,
2. stabiler Verlauf der Kennlinie im gesamten Bereich, d. h. negativer Gradient $dY/d\dot{V}$ der Kennlinie,
3. erreichen eines hohen Wirkungsgrades in einem weiten Kennlinienbereich,
4. optimale Anpassung an die geforderten Betriebsbedingungen.

Die theoretische Kennlinie kann mit Hilfe der Euler'schen Gleichung berechnet werden. Sie stellt die ideale Kennlinie entsprechend Gl. 12.5 dar. Wird der Volumenstrom einer Strömungsmaschine mit konstanter Gittergeometrie β und konstanter Umfangsgeschwindigkeit geändert, so stellen sich neue Größen für die Meridiangeschwindigkeit c_m, die absolute Abströmgeschwindigkeit c_2 und den absoluten Abströmwinkel vom Laufrad α_2 entsprechend Gl. 12.94 ein.

$$c_{m2} = \frac{\dot{V}}{\pi d_2 b_2}; \quad \tan \alpha_2 = \frac{c_{m2}}{c_{u2}} = \frac{\dot{V}}{\pi d_2 b_2 c_{u2}} \tag{12.94}$$

Damit ändert sich auch die Umfangskomponente c_{u2} und bei konstanter Minderablenkung auch c_{u3} sowie die Umlenkung der Strömung $\Delta c_u = f(c_m)$ bzw. entsprechend der Eulergleichung auch die spezifische Arbeitsübertragung $Y = f(\dot{V})$. Mit der Druckzahl $\Psi = Y/(u_2^2/2)$ und der Lieferzahl φ kann auch die dimensionslose Kennlinie $\Psi = f(\varphi)$ dargestellt werden.

Aus den Geschwindigkeitsdreiecken der eindimensionalen Strömung folgen die Ein- und Austrittswinkel der Schaufel eines radialen Laufrades:

$$\cot \beta_1 = \frac{(u_1 - c_{u1})}{c_{m1}} = \frac{1}{\varphi} \frac{r_1}{r_2} \frac{c_{m2}}{c_{m1}} - \cot \alpha_1 \tag{12.95}$$

$$\cot \beta_2 = \frac{(u_2 - c_{u2})}{c_{m2}} = \frac{1}{\varphi} - \frac{c_{u2}}{c_{m2}} \tag{12.96}$$

Damit lautet die Eulergleichung in dimensionsloser Form für die reibungsfreie Strömung

$$\Psi = 2\mu \left\{ 1 - \varphi \left[\cot \beta_2 + \frac{r_1}{r_2} \frac{c_{m0}}{c_{m3}} \cot \alpha_1 \right] \right\} \tag{12.97}$$

Analog erhält man die Druckzahl Ψ auch aus den Parametern für die Stellen 0 und 3

$$\Psi = 2 \left\{ 1 - \varphi \left[\cot \beta_3 + \frac{r_1}{r_2} \frac{c_{m0}}{c_{m3}} \cot \alpha_0 \right] \right\} \tag{12.98}$$

Für eine drallfreie Zuströmung mit $\alpha_0 = 90°$, $c_{u0} = 0$ ergibt sich:

$$\Psi = 2 \left(1 - \varphi \cot \beta_3 \right) \tag{12.99}$$

Diese Kennliniengleichung ist in Abhängigkeit von φ und β_3 in Abb. 12.13 dargestellt. Gleichzeitig sind die idealen dimensionslosen Leistungslinien Ψ, φ und die typischen Auslegungsbereiche angegeben.

Werden aus gemessenen Kennlinien $\Psi = f(\varphi, n = \text{konst})$ die idealen Kennlinien ermittelt und in Abb. 12.13 eingetragen, so kann bei Verschiebung des Arbeitspunktes die Änderung des relativen Abströmwinkels β_3 und mit Hilfe der Beziehungen aus dem Geschwindigkeitsdreieck der absolute Abströmwinkel α_3 ermittelt werden. Mit sinkendem φ werden der relative Abströmwinkel β_3 und der absolute Abströmwinkel α_3 kleiner. Die dimensionslose Kennlinie für eine Pumpe mit unendlicher Schaufelzahl ergibt sich mit der Minderumlenkgröße μ zu:

$$\Psi_\infty = \frac{\Psi}{\mu} \qquad (12.100)$$

Während Pumpen gewöhnlich im gesamten Kennlinienbereich arbeiten können, wenn von der Wirkungsgradverschlechterung abgesehen wird (Abb. 12.25b), erreichen Turbokompressoren und Axialpumpen mit verzögerter Strömung bei der Drosselung eine Arbeitsgrenze, bei der kein stabiler Betrieb mehr möglich ist. Die Strömung reißt im Schaufelgitter ab und es entstehen periodische Rückströmungen, die mit dem Begriff „Pumpen" oder „Rotating Stall" bezeichnet werden. An der Pumpgrenze dürfen Maschinen nicht betrieben werden, weil dabei starke Stoßbelastungen auftreten, die den Läufer und besonders die Schaufeln gefährden. Die Pumpgrenze wird je nach Bauart bei $\dot{V}/\dot{V}_n = 0{,}30 \ldots 0{,}65$ erreicht. Das Kennfeld eines Radialkompressors mit der eingezeichneten Pumpgrenze ist in Abb. 12.25c dargestellt.

Die Kennlinien verschiedener Kompressorbauarten sind der Kennlinie eines Kolbenkompressors in Abb. 12.25a gegenübergestellt. Der Arbeitspunkt der Maschine wird durch den Schnittpunkt der Maschinenkennlinie mit der Anlagenkennlinie bestimmt.

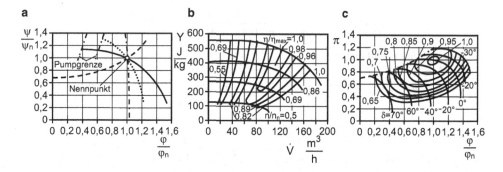

Abb. 12.25 Kennlinien und Kennfelder von Strömungsmaschinen **a** verschiedener Kompressorbauarten — Radial-; ...... Axial-; ----- Hubkolbenkompressor und - - - Anlagenkennlinie, **b** einstufige Radialpumpe mit variabler Drehzahl, **c** Radialkompressor mit Vordrallregler

12.13 Beispiele

Beispiel 12.13.1 In einer Anlage arbeitet eine einstufige Radialpumpe mit $d_2 = 450\,\text{mm}\,\varnothing$ und der Laufradsaustrittsbreite von $b_2 = 20\,\text{mm}$ bei dem Volumenstrom von $\dot V = 180\,\text{m}^3/\text{h} = 0{,}05\,\text{m}^3/\text{s}$, der Förderhöhe von $H_n = 20\,\text{m}$ und der Drehzahl von $n = 2950\,\text{min}^{-1}$. Es soll eine geometrisch ähnliche Radialpumpe mit der Drehzahl von $n = 2950\,\text{min}^{-1}$ entworfen werden für einen Volumenstrom von $\dot V = 90\,\text{m}^3/\text{h} = 0{,}025\,\text{m}^3/\text{s}$ mit dem Laufraddurchmesser von $d_2 = 220\,\text{mm}\,\varnothing$.

Wie groß werden dafür die Förderhöhe H, die Schnelllaufzahl σ, die Umfangsgeschwindigkeit u_2, die Lieferzahl φ, die Druckzahl ψ und die Laufradaustrittsbreite b_2 bei gleicher Meridiangeschwindigkeit am Laufradsaustritt?

Lösung

Spezifische Drehzahl:

$$n_q = n\frac{\dot V^{1/2}}{H^{3/4}} = 49{,}167\,\text{s}^{-1} \cdot \frac{\sqrt{0{,}05\,\text{m}^3/s}}{(20\,\text{m})^{3/4}} = 1{,}16\,\text{s}^{-1} = 69{,}75\,\text{min}^{-1}$$

Förderhöhe H:

$$H^{3/4} = \frac{n}{n_q} \cdot \dot V^{1/2} \rightarrow H = \left[\frac{n}{n_q} \cdot \sqrt{\dot V}\right]^{4/3} = \left[\frac{2950\,\text{min}^{-1}}{69{,}75\,\text{min}^{-1}} \cdot \sqrt{0{,}025\,\frac{\text{m}^3}{\text{s}}}\right]^{1{,}333}$$

$$= 12{,}60\,\text{m}$$

Schnelllaufzahl:

$$\sigma = \frac{n_q}{157{,}8\,\text{min}^{-1}} = \frac{69{,}75\,\text{min}^{-1}}{157{,}8\,\text{min}^{-1}} = 0{,}442$$

Meridiangeschwindigkeit c_{m2}:

$$c_{m2} = \frac{\dot V}{\pi d_2 b_2} = \frac{0{,}05\,\text{m}^3/\text{s}}{\pi \cdot 0{,}45\,\text{m} \cdot 0{,}02\,\text{m}} = 1{,}77\,\frac{\text{m}}{\text{s}}$$

Umfangsgeschwindigkeit:

$$u_2 = \omega r_2 = 2\pi n r_2 = \pi n d_2 = \pi \cdot 49{,}167\,\text{s}^{-1} \cdot 0{,}22\,\text{m} = 33{,}98\,\frac{\text{m}}{\text{s}}$$

Lieferzahl:

$$\varphi = \frac{c_{m2}}{u_2} = \frac{1{,}77\,\text{m/s}}{\pi \cdot 49{,}167\,\text{s}^{-1} \cdot 0{,}22\,\text{m}} = \frac{1{,}77\,\text{m/s}}{33{,}98\,\text{m/s}} = 0{,}052$$

Druckzahl:

$$\psi = \frac{2gH}{u_2^2} = \frac{2 \cdot 9{,}81\,\text{m/s}^2 \cdot 12{,}60\,\text{m}}{33{,}98^2\,\text{m}^2/\text{s}^2} = 0{,}214$$

Laufradaustrittsbreite:

$$b_2 = \frac{\dot{V}}{\pi d_2 c_{\mathrm{m}}} = \frac{0,025\,\mathrm{m}^3/\mathrm{s}}{\pi \cdot 0,22\,\mathrm{m} \cdot 1,77\,\mathrm{m/s}} = 0,02045\,\mathrm{m} = 20,45\,\mathrm{mm}$$

Beispiel 12.13.2 Für eine Axialpumpe mit $d_2 = 600\,\mathrm{mm}\,\varnothing$, $d_{\mathrm{N}} = 180\,\mathrm{mm}\,\varnothing$, dem Volumenstrom von $\dot{V} = 1800\,\mathrm{m}^3/\mathrm{h} = 0,5\,\mathrm{m}^3/\mathrm{s}$ der Förderhöhe von $H = 15\,\mathrm{m}$ und der Antriebsdrehzahl $n = 975\,\mathrm{min}^{-1} = 16,25\,\mathrm{s}^{-1}$ sind zu berechnen:

1. Umfangsgeschwindigkeit des Laufrades und die Meridiangeschwindigkeit in der Pumpe,
2. die Druckzahl ψ und die Lieferzahl φ,
3. die Schnelllaufzahl σ und die Durchmesserzahl δ,
4. die spezifische Drehzahl n_q.

Lösung

1. $u_2 = \omega r_2 = 2\pi n r_2 = \pi n d_2 = \pi \cdot 16,25\,\mathrm{s}^{-1} \cdot 0,6\,\mathrm{m} = 30,63\,\mathrm{m/s}$

$$c_{\mathrm{m}} = \frac{\dot{V}}{A} = \frac{4 \cdot \dot{V}}{\pi \left(d_2^2 - d_{\mathrm{N}}^2\right)} = \frac{4 \cdot 0,50\,\mathrm{m}^3/\mathrm{s}}{\pi \cdot (0,36 - 0,0324)\,\mathrm{m}^2} = 1,943\,\frac{\mathrm{m}}{\mathrm{s}}$$

2. $\psi = \dfrac{2gH}{u_2^2} = \dfrac{2 \cdot 9,81\,\mathrm{m/s}^2 \cdot 15\,\mathrm{m}}{30,63^2\,\mathrm{m}^2/\mathrm{s}^2} = 0,3137;\quad \varphi = \dfrac{c_{\mathrm{m}}}{u_2} = \dfrac{1,943\,\mathrm{m/s}}{30,63\,\mathrm{m/s}} = 0,0634$

3. $\sigma = \dfrac{\varphi^{1/2}}{\psi^{3/4}} = \dfrac{0,0634^{1/2}}{0,3137^{3/4}} = 0,6009;\quad \delta = \dfrac{\psi^{1/4}}{\varphi^{1/2}} = \dfrac{0,3137^{1/4}}{0,0634^{1/2}} = 2,9712$

4. $n_q = n\,\dfrac{\dot{V}^{1/2}}{H^{3/4}} = 16,25\,\mathrm{s}^{-1} \cdot \dfrac{\sqrt{0,5\,\mathrm{m}^3/\mathrm{s}}}{(15\,\mathrm{m})^{3/4}} = 1,51\,\mathrm{s}^{-1} = 90,45\,\mathrm{min}^{-1}$

Beispiel 12.13.3 Für eine Diagonalpumpe mit der Drehzahl von $2900\,\mathrm{min}^{-1}$ und einem relativen Gleichdrall von 0,8 zur Förderung von Wasser bei $20\,^\circ\mathrm{C}$ mit der Dichte von $\rho = 998\,\mathrm{kg/m}^3$ soll am Aufstellungsort $720\,\mathrm{m}$ über NN die Saughöhe $4,3\,\mathrm{m}$ und die Förderhöhe $H = 12\,\mathrm{m}$ erreicht werden. Die Zuströmgeschwindigkeit im Saugbehälter beträgt $1,2\,\mathrm{m/s}$, bei dem Volumenstrom von $720\,\mathrm{m}^3/\mathrm{h}$. Die spezifischen Energieverluste der Saugleitung betragen $18,6\,\mathrm{m}^2/\mathrm{s}^2$ und im Laufradeintritt $10\,\mathrm{m}^2/\mathrm{s}^2$ bei $d_2 = 0,28\,\mathrm{m}$.
Zu berechnen sind:

1. die geforderte zulässige Saughöhe bei optimaler Saugkantengestaltung,
2. die Hauptparameter Y, H, $\dot{V}$, n_q, Energieübertragungszahl ψ und die Schnelllaufzahl σ.

Lösung

1. $h_{S\,max} \leq \dfrac{1}{g}\left(\dfrac{p_b}{\rho} + \dfrac{c_s^2}{2} - \dfrac{p_t}{\rho} - Y_{SL} - Y_H\right)$

Atmosphärendruck in $h = 720\,\text{m}$ Höhe:

$$p_b = p_{b0} - 2{,}4 \cdot 10^{-5} \cdot h_{pb0} = 101{,}33\,\text{Pa}\left(1 - 2{,}4 \cdot 10^{-5} \cdot 720\,\text{m}\right) = 99{,}57\,\text{Pa}$$

spezifischer Energieverlust in der Saugleitung: $Y_{SL} = 18{,}6\,\text{J/kg}$
spezifischer Energieverlust im Laufradeintritt: $Y_L = 10\,\text{J/kg}$.

Maximal zulässige Saughöhe:
$$h_{S\,max} \leq \dfrac{1\,s^2}{9{,}81\,\text{m}}\left(\dfrac{99{,}57\,\text{Pa}\,\text{m}^3}{998\,\text{kg}} + \dfrac{1{,}2^2\text{m}^2}{2\,s^2} - \dfrac{236\,\text{Pa}\,\text{m}^3}{998\,\text{kg}} - 10\dfrac{\text{m}^2}{s^2}\right) = 7{,}12\,\text{m} > h_{Serf}$$
also zulässig

2. spezifische Nutzarbeit der Pumpe: $Y = gH + \dfrac{\Delta p_A}{\rho} + Y_V = g(H_S + H_D) + \dfrac{\Delta p_A}{\rho} + Y_{LS}$

$$Y = 9{,}81\,\dfrac{\text{m}}{\text{s}^2} \cdot 16{,}3\,\text{m} + \dfrac{85 \cdot 10^3\,\text{Pa}}{998\,\text{kg/m}^3} + 18{,}6\,\dfrac{\text{m}^2}{\text{s}^2} = (159{,}9 + 85{,}17 + 18{,}6)\,\dfrac{\text{m}^2}{\text{s}^2}$$

$$= 263{,}67\,\dfrac{\text{m}^2}{\text{s}^2}$$

$$H = \dfrac{Y}{g} = \dfrac{263{,}67\,\text{m}^2/\text{s}^2}{9{,}81\,\text{m/s}^2} = 26{,}88\,\text{m}; \quad \dot{V} = 720\,\dfrac{\text{m}^3}{\text{h}} = 0{,}2\,\dfrac{\text{m}^3}{\text{s}}$$

spezifische Drehzahl: $n_q = n\dfrac{\dot{V}^{1/2}}{H^{3/4}} = 48{,}33\,\text{s}^{-1} \cdot \dfrac{(0{,}2\,\frac{\text{m}^3}{\text{s}})^{1/2}}{(26{,}88\,\text{m})^{3/4}} = 1{,}83\,\text{s}^{-1} =$
$109{,}87\,\text{min}^{-1}$

$$u_2 = 2\pi n r_2 = 2\pi \cdot 48{,}33\,\text{s}^{-1} \cdot \dfrac{0{,}28\,\text{m}}{2} = \dfrac{85{,}03\,\text{m/s}}{2} = 42{,}52\,\dfrac{\text{m}}{\text{s}};$$

$$u_2^2 = 1807{,}63\,\text{m}^2/\text{s}^2$$

Energieübertragungszahl: $\psi = \dfrac{2Y}{u_2^2} = \dfrac{2 \cdot 263{,}67\,\text{m}^2/\text{s}^2}{1807{,}63\,\text{m}^2/\text{s}^2} = 0{,}292 \rightarrow$ Es ist eine
Diagonalpumpe.

Beispiel 12.13.4 Eine Kreiselpumpe mit der Drehzahl von $n = 940\,\text{min}^{-1} = 15{,}67\,\text{s}^{-1}$
fördert $1200\,\text{m}^3/\text{h} = 0{,}333\,\text{m}^3/\text{s}$ Wasser von $20\,°\text{C}$ auf $6{,}4\,\text{m}$ Höhe bei $p_b = 100\,\text{kPa}$ und
$\rho = 1000\,\text{kg/m}^3$. Die spezifische Verlustenergie der Förderleitung wird zu $12\,\text{m}^2/\text{s}^2$ und
die der Saugleitung zu $6\,\text{m}^2/\text{s}^2$ angegeben, die Sauggeschwindigkeit beträgt $c_S = 1{,}5\,\text{m/s}$
und der Dampfdruck $p_t = 2{,}34\,\text{kPa}$.
Zu bestimmen sind:

1. Spezifische Nutzarbeit und spezifische Drehzahl,
2. Haltedruckenergie für $S_y = 0,47$,
3. NPSH-Wert,
4. Maximal zulässige Saughöhe.

Lösung

1. Spezifische Nutzarbeit

$$Y = gH + Y_{\text{V,RL}} = gH + Y_{\text{V,SL}} + Y_{\text{V,DL}} = 9,81\frac{\text{m}}{\text{s}^2} \cdot 6,4\,\text{m} + 6 + 12\frac{\text{m}^2}{\text{s}^2} = 80,78\,\frac{\text{m}^2}{\text{s}^2}\,;$$

$$H = 8,23\,\text{m}$$

spezifische Drehzahl:

$$n_q = n\frac{\dot{V}^{1/2}}{H^{3/4}} = 940\,\text{min}^{-1} \cdot \frac{(0,333\,\frac{\text{m}^3}{\text{s}})^{1/2}}{(6,4\,\text{m})^{3/4}} = 2,25\,\text{s}^{-1} = 134,88\,\text{min}^{-1}$$

Diagonalpumpe

2. Haltedruckenergie: $\quad Y_{\text{H,M}} = \left(\dfrac{n\sqrt{\dot{V}}}{S_y}\right)^{4/3} = \left(\dfrac{15,67\sqrt{0,333}}{0,47}\right)^{4/3} = 51,57\,\dfrac{\text{m}^2}{\text{s}^2}$

3. Haltedruckhöhe: $\quad \text{NPSH} = \dfrac{Y_{\text{H,M}}}{g} = \dfrac{51,57\,\text{m}^2/\text{s}^2}{9,81\,\text{m/s}^2} = 5,26\,\text{m}$

$$p_s = p_b - \rho Y_{\text{VSL}} = 100\,\text{kPa} - 10^3\,\text{kg/m}^3 \cdot 6\,\text{m}^2/\text{s}^2 = 94\,\text{kPa}$$

4. $h_s = \dfrac{p_s - p_t}{g\rho} + \dfrac{c_s^2}{2g} - \text{NPSH}_\Delta - \Delta h_v = 9,34\,\text{m} - 0,11\,\text{m} - 5,26\,\text{m} = 3,97\,\text{m}$

Beispiel 12.13.5 Ein Radialventilator mit Spiralgehäuse ist in einer Klimaanlage für folgende Parameter einzusetzen.

Luftvolumenstrom $\dot{V} = 6000\,\text{m}^3/\text{h} = 1,667\,\text{m}^3/\text{s}$
Lufttemperatur $t_\text{S} = 20\,°\text{C}$, $T_\text{S} = 293,15\,\text{K}$
Totaldruckerhöhung $\Delta p = 60\,\text{kPa}$
Laufradaußendurchmesser $d_2 = 1250\,\text{mm}$
Laufradaustrittsbreite $b_2 = 200\,\text{mm}$
Schaufelaustrittswinkel $\beta_2 = 62°$
Radienverhältnis $r_1/r_2 = 0,40$
Schaufelzahl $z = 13$
Schaufeldicke $s = s_1 = s_2 = 4\,\text{mm}$.

Zu berechnen sind:

1. die erforderliche Druckzahl ψ,
2. die Nutzleistung und die erforderliche Kupplungsleistung für $\eta_K = 0{,}78$.

Lösung

1. $u_2 = \omega r_2 = 2\pi n r_2 = \dfrac{c_{m2}}{2\tan\beta_2} + \sqrt{Y_{th} + \left(\dfrac{c_{m2}}{2\tan\beta_2}\right)^2}$; $c_{m2} = \dfrac{\dot{V}}{A_2} = \dfrac{\dot{V}}{2\pi r_2 t_2}\dfrac{t_2}{- \sigma_2}$

Schaufelteilung $t_2 = \dfrac{2\pi r_2}{z} = \dfrac{2\pi \cdot 0{,}625m}{13} = 302{,}08\,\text{mm}$

Schaufelverengung $\dfrac{t_2}{t_2 - \sigma_2} = \dfrac{t_2}{t_2 - \frac{4\,\text{mm}}{\sin\beta_2}} = \dfrac{302{,}08\,\text{mm}}{302{,}08,\ \text{mm} - \frac{4\,\text{mm}}{0{,}8829}} = 1{,}015$

Schaufelaustrittsfläche $A_2 = \dfrac{2\pi r_2 b_2}{\frac{t_2}{t_2 - \sigma_2}} = \dfrac{2\pi \cdot 0{,}625\,\text{m} \cdot 0{,}2\,\text{m}}{1{,}015} = 0{,}774\,\text{m}^2$

Meridiangeschwindigkeit am Laufradaustritt $c_{m2} = \dfrac{\dot{V}}{A_2} = \dfrac{1{,}667\,\text{m}^3}{0{,}774\,\text{m}^2\,\text{s}} = 2{,}15\,\dfrac{\text{m}}{\text{s}}$

Spezifische Schaufelarbeit $Y = \dfrac{\Delta p}{\rho} = \dfrac{60\cdot 10^3\,\text{Pa}\,\text{m}^3}{1{,}189\,\text{kg}} = 50{,}46\cdot 10^3\,\dfrac{\text{J}}{\text{kg}}$

Bei geringer Druckerhöhung kann die Kompressibilität von Luft vernachlässigt werden und $\rho = 1{,}189\,\text{kg/m}^3$ konstant gesetzt werden.
Spezifische theoretische Nutzarbeit Y_{th} für einen hydraulischen Wirkungsgrad von $\eta_h = 0{,}84$ und $\eta_k = 0{,}78$: $Y_{th} = Y/\eta_h = 50.463\,\text{J}/0{,}84\,\text{kg} = 60.074\,\text{J/kg}$
Umfangsgeschwindigkeit u_2

$$u_2 = \dfrac{2{,}15\,\text{m/s}}{2\cdot 1{,}881} + \sqrt{60.074\,\dfrac{\text{J}}{\text{kg}} + \left(\dfrac{2{,}15\,\text{m/s}}{2\cdot 1{,}881}\right)^2} = 245{,}66\,\dfrac{\text{m}}{\text{s}};$$

$$n = u_2/\pi d_2 = 62{,}55\,\text{s}^{-1} = 3753{,}40\,\text{min}^{-1}$$

Druckzahl $\Psi = \dfrac{2Y}{u_2^2} = \dfrac{2\cdot 60.074\,\text{J/kg}}{(245{,}66\,\text{m/s})^2} = 1{,}99$

Frequenzumrichterantrieb mit $f = 62{,}55\,\text{Hz}$ erforderlich oder $f = 60\,\text{Hz}$-Motor
2. Nutzleistung: $P_N = \dot{m}Y = \dot{V}\Delta p = 1{,}667\,\frac{\text{m}^3}{\text{s}} \cdot 60\,\text{kPa} = 100{,}0\,\text{kW}$
Kupplungsleistung: $P_K = P_N/\eta_K = 100\,\text{kW}/0{,}78 = 128{,}2\,\text{kW}$.

Beispiel 12.13.6 Eine Axialpumpe soll bei der Antriebsdrehzahl von $n = 375\,\text{min}^{-1} = 6{,}25\,\text{s}^{-1}$ Wasser von einem Volumenstrom von $\dot{V} = 1800\,\text{m}^3/\text{h} = 30\,\text{m}^3/\text{min} = 0{,}5\,\text{m}^3/\text{s}$ bei der Förderhöhe von $H = 4{,}0\,\text{m}$ fördern (Abb. 12.26).

Abb. 12.26 Axialpumpe

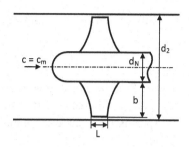

Zu berechnen sind:

1. Laufradaußendurchmesser d_2 für das Nabenverhältnis von $r_N/r_2 = d_N/d_2 = 0{,}55$ und die Geschwindigkeit von $c_{m0} = \sqrt[3]{\dot{V} n^2}$ nach [29],
2. Schaufelprofil der Schaufeln für 5 Laufschaufeln,
3. Nutzleistung und Antriebsleistung P_K für den Gesamtwirkungsgrad von $\eta_K = 0{,}82$ und den hydraulischen Wirkungsgrad von $\eta_h = 0{,}92$.

Lösung

1. Meridiangeschwindigkeit nach Troskolanski [29]:

$$c_{m0} = 1{,}0 \cdot \sqrt[3]{\dot{V} n^2} = \sqrt[3]{0{,}5\,\frac{m^3}{s} \cdot 6{,}25^2\,s^{-2}} = 2{,}69\,\frac{m}{s}$$

Laufraddurchmesser d_2:

$$\dot{V} = A c_{m2} = \frac{\pi}{4} d_2^2 c_{m2} \left[1 - \left(\frac{d_N}{d_2} \right)^2 \right]; \quad d_2 = \sqrt{\frac{4\dot{V}}{\pi c_{m2} \left[1 - \left(\frac{d_N}{d_2} \right)^2 \right]}} = 0{,}582\,m$$

Nabendurchmesser d_N:

$$d_N = \frac{d_N}{d_2} d_2 = 0{,}55 \cdot 0{,}582\,m = 0{,}32\,m$$

Meridiangeschwindigkeit c_m:

$$c_m = \frac{4\dot{V}}{\pi (d_2^2 - d_N^2)} = \frac{4\dot{V}}{\pi d_2^2 \left[1 - \left(\frac{d_N}{d_2} \right)^2 \right]} = \frac{4 \cdot 0{,}5\,m^3/s}{\pi \cdot 0{,}582^2\,m^2 \cdot [1 - 0{,}55^2]} = 2{,}69\,\frac{m}{s}$$

Profilberechnung für einen Gleitwinkel von $\gamma = 1{,}4°$ und der Gleitzahl $\varepsilon = \tan \gamma = 0{,}024$

Auftriebsbeiwert · Teilungsverhältnis = Belastungszahl mit $\Delta w_u = Y_{th}/u_2$

$$c_a \frac{L}{t} = \frac{2Y}{w_\infty \cdot u \cdot (1 + \varepsilon \cdot \cot \beta_\infty)}$$

Die Profilberechnung wird nun für den Nabenschnitt bei $r_N = 0,16\,\text{m}$ und für den Außenschnitt bei $r_2 = 0,29\,\text{m}$ vorgenommen.
Spezifische Schaufelarbeit mit $\eta_h = 0,92$:

$$Y_h = \frac{Y}{\eta_h} = \frac{gH}{\eta_h} = \frac{9,81\,\text{m/s}^2 \cdot 4\,\text{m}}{0,92} = 42,65\,\frac{\text{J}}{\text{kg}}$$

Umfangsgeschwindigkeit: $u_2 = \omega r_2 = 2\pi n r_2 = 2\pi \cdot 6,25\,\text{s}^{-1} \cdot 0,29\,\text{m} = 11,43\,\frac{\text{m}}{\text{s}}$

$$c_{u3} = \frac{Y_h}{u_2} = \frac{42,65\,\text{m}^2/\text{s}^2}{11,43\,\text{m/s}} = 3,73\,\frac{\text{m}}{\text{s}}$$

Schaufelwinkel für unendliche Strömung β_∞:

$$\tan \beta_\infty = \frac{c_m}{u_2 - \frac{c_{u3}}{2}} = \frac{2,69\,\text{m/s}}{11,43\,\text{m/s} - \frac{3,73\,\text{m/s}}{2}} = 0,2815 \quad \rightarrow \quad \beta_\infty = 15,72°$$

Schaufeleintrittswinkel $\tan \beta_0 = \dfrac{c_m}{u_2} = \dfrac{2,69\,\text{m/s}}{11,43\,\text{m/s}} = 0,2356 \quad \rightarrow \quad \beta_0 = 13,26°$

Schaufelaustrittswinkel

$$\tan \beta_3 = \frac{c_m}{u_2 - c_{u3}} = \frac{2,69\,\text{m/s}}{11,43\,\text{m/s} - 3,73\,\text{m/s}} = 0,3498 \quad \rightarrow \quad \beta_3 = 19,28°$$

2. Schaufelprofil: $w_\infty^2 = c_m^2 + \left(u_2 - \dfrac{c_{u3}}{2}\right)^2 = 2,69^2\,\dfrac{\text{m}^2}{\text{s}^2} + \left(11,43\,\dfrac{\text{m}}{\text{s}} - \dfrac{3,73\,\text{m/s}}{2}\right)^2$

$$= 98,74\,\frac{\text{m}^2}{\text{s}^2} \quad \rightarrow \quad w_\infty = 9,94\,\text{m/s}$$

$$c_a \frac{L}{t} = \frac{2Y}{w_\infty \cdot u \cdot \sin(\beta_\infty - \gamma)} = \frac{2 \cdot 42,65\,\text{m}^2/\text{s}^2}{9,94\,\text{m/s} \cdot 11,43\,\text{m/s} \cdot \sin(15,72° - 1,4°)} = 3,035$$

Berechnung für den Naben- und Außenschnitt

| | r | u | c_{u3} | β_0 | β_3 | β_∞ | ω_∞ | $c_a\frac{L}{t}$ | t | L | $\frac{L}{t}$ | c_a |
	m	m/s	m/s	°	°	°			m			
r_N	0,16	6,29	6,78	23,19	−79,54	42,93	3,95	3,34	0,20	0,56	2,79	1,2
r_2	0,29	12,43	3,73	13,26	19,28	15,72	9,94	0,69	0,37	0,56	1,54	0,45

3. Theoretische Leistung: $P_{th} = \dot{m}Y = \rho\dot{V}gH = 10^3\,\frac{\text{kg}}{\text{m}^3} \cdot 0,5\,\frac{\text{m}^3}{\text{s}} \cdot 9,81\,\frac{\text{m}}{\text{s}^2} \cdot 4\,\text{m} =$ 19,62 kW

Effektive Leistung: $P_{eff} = \eta_K P_{th} = 0,82 \cdot 19,62\,\text{kW} = 16,09\,\text{kW}$.

12.14 Aufgaben

Aufgabe 12.14.1 In einem Flusslauf wird eine radiale Francisturbine mit der spezifischen Drehzahl von $n_q = 64\,\mathrm{min}^{-1}$ für den Wasservolumenstrom von $\dot{V} = 0,86\,\mathrm{m}^3/\mathrm{s} = 3096\,\mathrm{m}^3/\mathrm{h}$ und für eine Gefällehöhe von $H = 18\,\mathrm{m}$ eingesetzt. Mit welcher Drehzahl wird die Francisturbine angetrieben?

Welche Umfangsgeschwindigkeit erreicht das Laufrad mit der Druckzahl von $\psi = 0,96$ und welchen Durchmesser besitzt das Laufrad?

Aufgabe 12.14.2 Ein Wärmetauscher für Luft–Wasser soll auf der Luftseite von einem Luftvolumenstrom von $\dot{V} = 3600\,\mathrm{m}^3/\mathrm{h} = 1,0\,\mathrm{m}^3/\mathrm{s}$ mit einer mittleren Geschwindigkeit von $c_\mathrm{m} = 18\,\mathrm{m/s}$ und der Dichte von $\rho = 1,23\,\mathrm{kg/m}^3$ durchströmt werden.

Die erforderliche Totaldruckdifferenz soll $\Delta p_\mathrm{t} = 240\,\mathrm{Pa}$ betragen. Wie groß muss der Laufradaussendurchmesser bei dem Nabenverhältnis von $r_\mathrm{N}/r_2 = 0,28$ ausgeführt werden. Welche Umfangsgeschwindigkeit, Druck- und Lieferzahl erreicht der Ventilator bei der Drehzahl von $n = 2950\,\mathrm{min}^{-1}$?

Wie groß ist die spezifische Drehzahl des Ventilators?

Aufgabe 12.14.3 Turboverdichter:

An einem Turboverdichter für Luft wurden folgende Werte ermittelt:

Druck am Saugstutzen	$p_\mathrm{S} = 100\,\mathrm{kPa}$
Temperatur im Saugstutzen	$t_\mathrm{S} = 15\,°\mathrm{C}$; $T_\mathrm{S} = 288,15\,\mathrm{K}$
Druck im Druckstutzen	$p_\mathrm{D} = 400\,\mathrm{kPa}$
Temperatur im Druckstutzen	$t_\mathrm{D} = 142\,°\mathrm{C}$; $T_\mathrm{D} = 415,15\,\mathrm{K}$
Volumenstrom im Zustand vom Saugstutzen	$\dot{V}_\mathrm{S} = 5,55\,\mathrm{m}^3/\mathrm{s}$
Mechanischer Wirkungsgrad	$\eta_\mathrm{m} = 0,96$
Spezifische Gaskonstante für Luft	$R = 287,6\,\mathrm{J/(kg\,K)}$
Isentropenexponent	$\kappa = 1,4.$

Zu bestimmen sind:

1. der Polytropenexponent der Verdichtung,
2. die isentrope Temperaturerhöhung,
3. die spezifische technische Arbeit bei polytroper, isentroper und isothermer Verdichtung,
4. die relative Mehrarbeit der polytropen gegenüber der isentropen und isothermen Verdichtung,
5. die isothermen, polytropen und isentropen Zustandsänderungen sind im p-v- und im T-s-Diagramm zu skizzieren.

Aufgabe 12.14.4 Für eine Wasserturbinenanlage sind folgende Parameter und Abmessungen gegeben.

Gefällhöhe	$H = 480\,\text{m}$
Drehzahl	$n = 750\,\text{min}^{-1} = 12{,}5\,\text{s}^{-1}$
Verluste in der Druckleitung	8 % von $H = 480\,\text{m}$; $\Delta H = 38{,}4\,\text{m}$; $H_{\text{eff}} = 441{,}6\,\text{m}$
Absolutstromwinkel am Laufrad	$\alpha_1 = 21°$, $\alpha_2 = 22°$
Laufradbreite	$b_1 = 320\,\text{mm}$, $b_2 = 310\,\text{mm}$
Schaufelzahl	$z = 13$ Schaufelerregung beachten
Schaufeldicke	$s = 40\,\text{mm}$.

Zu berechnen sind:

1. Laufradaußendurchmesser d_2,
2. Durchströmvolumenstrom $\dot{V}$,
3. Turbinenleistung bei einem Gesamtwirkungsgrad von $\eta = 0{,}92$.

Aufgabe 12.14.5 Eine Druckluftanlage soll einen Druck von $p_2 = 600\,\text{kPa}$ liefern. Die Ansauggeschwindigkeit des Turboverdichters beträgt $c = 20\,\text{m/s}$ bei $p_1 = 100\,\text{kPa}$ und $t_1 = 20\,°\text{C}$ ($T_1 = 293{,}15\,\text{K}$). Die Abströmgeschwindigkeit soll $c_2 = 45\,\text{m/s}$ betragen. Der Polytropenexponent der Verdichtung beträgt $n = 1{,}24$ und $R = 287{,}6\,\text{J/(kg K)}$.

Zu berechnen sind:

1. die spezifische Arbeitsübertragung,
2. die Verdichtungsendtemperatur,
3. die Verdichtungsdichte der Luft ρ_2.

Aufgabe 12.14.6 Eine Kreiselpumpe für den Volumenstrom von $\dot{V}_n = 260\,\text{m}^3/\text{h}$ Wasser bei $t = 20\,°\text{C}$ und $\nu = 10^{-6}\,\text{m}^2/\text{s}$ fördert $H_n = 60\,\text{m}$ bei der Drehzahl von $n = 2900\,\text{min}^{-1}$. Dafür ist die spezifische Drehzahl n_q und die Schnelllaufzahl σ zu berechnen. Mit welcher Drehzahl n muss die Pumpe angetrieben werden, wenn der Volumenstrom auf $\dot{V} = 250\,\text{m}^3/\text{h}$ reduziert wird. Wie groß ist dabei die Förderhöhe H?

Aufgabe 12.14.7 Eine Kreiselradpumpe, mit dem Pumpenlaufraddurchmesser von $d_2 = 180\,\text{mm}$, erreicht den Nennvolumenstrom von $\dot{V}_n = 53\,\text{m}^3/\text{h}$ bei der Förderhöhe von $H_n = 35\,\text{m}$ und der Drehzahl von $n = 2900\,\text{min}^{-1}$. Welche Parameter $\dot{V}$, H und P_K werden erreicht, wenn die Antriebsdrehzahl auf $n = 1450\,\text{min}^{-1}$ reduziert wird?

Aufgabe 12.14.8 Eine Kreiselpumpe soll bei der Drehzahl von $n = 2900\,\text{min}^{-1}$ einen Wasservolumenstrom von $\dot{V} = 160\,\text{m}^3/\text{h}$ auf eine Förderhöhe von $H = 80\,\text{m}$ fördern und eine Druckzahl von $\psi = 1{,}15$ erreichen. Daten des Wassers: $t = 20\,°\text{C}$, $\rho = 998{,}6\,\text{kg/m}^3$, $\nu = 10^{-6}\,\text{m}^2/\text{s}$.

Zu bestimmen sind:

Abb. 12.27 Schwimmbehälter

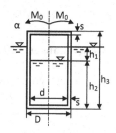

1. Die spezifische Nutzarbeit der Pumpe.
2. Umfangsgeschwindigkeit, erforderlicher Laufraddurchmesser und Laufradaustrittbreite, wenn die Meridiangeschwindigkeit am Laufradaustritt $c_{m2} = 2{,}8\,\text{m/s}$ betragen soll.
3. Die Durchmesserzahl des Laufrades, Schnelllaufzahl und die spezifische Drehzahl.
4. Die erforderliche Antriebsleistung bei einem Gesamtwirkungsgrad von $\eta = 0{,}78$.

Aufgabe 12.14.9 Ein Turboverdichter soll Luft von $t_s = 20\,°\text{C}$ und $p_s = 100\,\text{kPa abs.}$ $R = 287{,}6\,\text{J/(kg K)}$, $\kappa = 1{,}4$ auf $p_D = 700\,\text{kPa abs.}$ verdichten und einen Volumenstrom von $\dot{V}_S = 160\,\text{m}^3/\text{h}$ fördern. Zu bestimmen sind für isotherme und isentrope Zustandsänderungen:

1. spezifische Verdichtungsarbeit,
2. Verdichtungsendtemperatur,
3. Massestrom am Druckstutzen,
4. erforderliche Verdichtungsleistung bei $\eta = 0{,}74$,
5. Zustandsänderungen im p-v- und T-s-Diagramm.

Aufgabe 12.14.10 Ein umrichtergespeister Asynchronmotor mit den Nenndaten $P_M = 190\,\text{kW}$, $n_N = 980\,\text{min}^{-1}$ und der Nennspannung von $U = 440\,\text{V}$ wird bei dem konstanten Pumpendrehmoment von $M_p = 1852{,}393\,\text{N m}$ durch einen Frequenzumrichter angefahren. Die Umrichterspannung wird so eingestellt, dass der Anlaufstrom $I_A = 1{,}45 I_N$ beträgt. Das Trägheitsmoment der Pumpe und des Motors beträgt $I = 600\,\text{kg m}^2$. Während welcher Anlaufzeit t_A fließt der maximale Anlaufstrom I_A und wie groß ist die Winkelbeschleunigung des Pumpenaggregates?

Aufgabe 12.14.11 Wie hoch muss ein zylindrischer Behälter (Abb. 12.27) mit dem Durchmesser $d = 1{,}20\,\text{m}$, $D = d + 2s = 1{,}208\,\text{m}$, der Wanddicke von $s = 4\,\text{mm}$, der Höhe von $h_1 = 0{,}20\,\text{m}$, $h_2 = 1{,}20\,\text{m}$, $h_3 = 1{,}80\,\text{m}$ und der Dichte $\rho_K = 2500\,\text{kg/m}^3$ mit Wasser gefüllt werden, damit er senkrecht im Wasser mit $\rho_W = 1000\,\text{kg/m}^3$ schwimmt?

12.15 Modellklausuren

Modellklausur 12.15.1

1. Anzugeben ist die Gleichung zur Bestimmung des effektiv geförderten Gasvolumenstromes eines Kompressors bezogen auf den Zustand im Saugstutzen. Welche Zustandsgrößen und Volumenströme müssen dafür gemessen werden?

2. Definieren Sie den Beharrungszustand einer Kreiselpumpe und eines Turboverdichters und beschreiben Sie, wie Sie diese Beharrungszustände feststellen können.

3. Mit welchen Schaufelein- und Austrittswinkeln β_1 und β_2 werden die Laufräder von Radialpumpen und Radialkompressoren ausgeführt? Welchen Einfluss nimmt ein geringer Schaufelaustrittswinkel β_2 einer Radialpumpe und welchen Einfluss ein großer Schaufelaustrittswinkel β_2 auf den Volumenstrom und auf die spezifische Arbeitsübertragung?

4. Aufzuzeichnen ist ein radiales Pumpenlaufrad mit dem Schaufelverlauf und den Ein- und Austrittsgeschwindigkeitsdreiecken im Laufrad und getrennt vom Laufrad.

5. Anzugeben sind die Gleichungen für die Nutzleistung einer Kreiselpumpe und die isotherme und isentrope Nutzleistung eines Turbokompressors. Die drei Leistungen sind in einem p-V-Diagramm darzustellen und die isotherme und isentrope Nutzleistung zusätzlich auch im T-s-Diagramm.

6. Aus dem angegebenen symmetrischen Geschwindigkeitsverlauf im Druckrohr eines Ventilators sind der durchströmende Volumenstrom und die mittlere Geschwindigkeit zu berechnen.

r	mm	0	20	40	60	80	100	120	130	140	150	160	170
c	m/s	9,4	9,4	9,5	9,6	9,7	9,8	9,9	9,5	8,0	6,4	4,9	3,20

7. Für den Eintritt eines radialen Pumpenlaufrades mit $d_S = 120\,\text{mm}$, dem Nabendurchmesser von $d_N = 40\,\text{mm}$, dem Fördervolumenstrom von $\dot{V}_S = 78\,\text{m}^3/\text{h}$ sind die mittlere Eintrittsgeschwindigkeit und die Eintrittsdurchmesser von vier Stromlinien am Eintritt zu berechnen. Wie groß ist die Relativgeschwindigkeit auf den sechs Stromlinien am Eintritt w_1 bei drallfreier Eintrittsströmung $\alpha_1 = 90°$ und der Drehzahl von $n = 2950\,\text{min}^{-1}$.

8. Wie wirkt sich die Minderumlenkung eines radialen Schaufelgitters für $\alpha_1 = 90°$ auf die Arbeitsübertragung aus? Wie stark verändert sich der Austrittsdrall $u_2 c_{u2}$ eines radialen Laufrades mit $d_2 = 500\,\text{mm}$, $\beta_2 = 36°$, $z = 7$ Schaufeln, statisches Moment $M_{St} = 5600\,\text{cm}^2$, spezifische Nutzarbeit $Y_n = 480\,\text{J/kg}$ und $\eta_h = 0,82$ gegenüber dem Drall $u_2 c_{u3}$?

9. Für eine Kreiselpumpe zur Wasserförderung mit $\rho = 1000\,\text{kg/m}^3$ und $Y_n = 2500\,\text{J/kg}$ mit $d_2 = 420\,\text{mm}$ und $b_2 = 24\,\text{mm}$, $n = 2950\,\text{min}^{-1}$, $\eta = 0,78$ ist für drallfreie Zuströmung zu berechnen:

   9.1 Umfangsgeschwindigkeit, Drallgröße und Umfangskomponente der Austrittsströmung c_{u2},

9.2 erreichbare Förderhöhe, Volumenstrom $\dot{V}_S$ bei $c_{m2} = 4,8\,\mathrm{m/s}$ und spezifische Nutzleistung,

9.3 Druckzahl, Lieferzahl, Schnelllaufzahl und spezifische Drehzahl,

9.4 Durchmesserzahl,

9.5 statisches Moment der mittleren Stromlinie für $d_1 = 60\,\mathrm{mm}$.

Modellklausur 12.15.2

1. Für einen Turbokompressor ist die Leistung mit allen Energiestromanteilen anzugeben.
2. Anzugeben ist die Euler'sche Gleichung für die eindimensionale reibungsbehaftete Strömung.
3. Anzugeben und zu erläutern sind die dimensionslosen Kennzahlen der Strömungsmaschinen. Wofür können sie genutzt werden?
4. Das Cordierdiagramm ist für die Turbinen und die Turbokompressoren anzugeben und zu erläutern.
5. Zeichnen Sie die abgewickelten Koaxialschnitte eines axialen Turbinen- und eines axialen Pumpenlaufradgitters mit den zugehörigen Ein- und Austrittsgeschwindigkeitsdreiecken und den Strömungswinkeln auf.
6. Wie wirkt sich die Reynoldszahl der Strömung in einem Axialgitter auf die Profilpolare der Axialschaufel aus. Das Polardiagramm ist aufzuzeichnen.
7. Für eine Axialpumpe mit $d_2 = 300\,\mathrm{mm}$, $d_N = 140\,\mathrm{mm}$, der Drehzahl von $n = 1450\,\mathrm{min}^{-1}$, dem Volumenstrom von $\dot{V} = 2600\,\mathrm{m^3/h}$ und der Druckdifferenz von $\Delta p = 120\,\mathrm{kPa}$, sowie der Förderhöhe von 5 m und der Dichte von $\rho = 1000\,\mathrm{kg/m^3}$ sind zu berechnen:

7.1 die Meridiangeschwindigkeit und die Lieferzahl,

7.2 die spezifische Nutzarbeit der Pumpe und die Druckzahl Ψ,

7.3 die Schnelllaufzahl σ und die Leistungszahl ν für einen Wirkungsgrad von $\eta = 0,89$.

7.4 Die dimensionslosen Kennzahlen sind zu beurteilen.

8. Ein axialer Grubenlüfter soll bei der Drehzahl $n = 1460\,\mathrm{min}^{-1}$ einen Volumenstrom von $\dot{V}_S = 120.000\,\mathrm{m^3/h}$ bei $t = 20\,^\circ\mathrm{C}$, $\rho_L = 1,22\,\mathrm{kg/m^3}$ bei dem Totaldruck von $p_{t2} = 680\,\mathrm{kPa}$ fördern. Wie groß muss der Laufradaußendurchmesser ausgeführt werden bei $\nu = d_N/d_2 = 0,40$, wenn die Meridiangeschwindigkeit $c_{m1} = 34\,\mathrm{m/s}$ nicht überschritten werden soll. Der Axialventilator saugt aus der ruhenden Luftumgebung an. Welche Umfangsgeschwindigkeit erreicht das Laufrad.
9. Das Axialrad einer Wasserturbine ist mit $z = 4$ Schaufeln und mit der Profillänge von $l = 180\,\mathrm{mm}$ ausgeführt. Der Auftriebsbeiwert des Profils beträgt $c_A = 0,82$ und der Widerstandsbeiwert $c_w = 0,014$. Welche verlustfreie spezifische Nutzarbeit und welche Druckzahl erreicht das Laufrad bei dem Außendurchmesser von $d_2 = 950\,\mathrm{mm}$, $d_N/d_2 = 0,38$, der Drehzahl von $n = 1500\,\mathrm{min}^{-1}$ und der Meridiangeschwindigkeit von $c_m = 5,8\,\mathrm{m/s}$. Wie groß ist der durchfließende Volumenstrom?

Modellklausur 12.15.3

1. Zeichnen Sie das Schaufelprofil einer Axialschaufel mit allen charakteristischen Größen und die Profilpolaren eines Schaufelprofils NACA mit 12 % Wölbung für $Re = 6 \cdot 10^6$. Mit welchen charakteristischen Profilgrößen wird die Reynoldszahl berechnet? Stellen Sie die Gleitzahl graphisch dar und geben Sie die Definitionsgleichung an.

2. Für ein axiales Schaufelprofil der Tiefe $t = 180\,mm$ und der Schaufellänge von $b = 480\,mm$ mit dem Widerstandsbeiwert von $c_w = 0{,}012$ ist die induzierte Widerstandskraft für eine relative Anströmgeschwindigkeit der Luft von $c = 26\,m/s$ bei $t = 20\,°C$ und $p = 101{,}2\,kPa$ zu bestimmen. Die Gaskonstante der Luft beträgt $R = 287{,}6\,J/(kg\,K)$.

3. Mit dem Außenschnitt eines axialen Laufrades mit $r_2 = 280\,mm$, $n = 1450\,min^{-1}$ und 5 Schaufeln soll eine theoretische Nutzarbeit von $Y_{th} = 80\,J/kg$ erreicht werden. Geschwindigkeit $c = 11\,m/s$, Profillänge $l = 280\,mm$, Gleitzahl $\varepsilon = 0{,}070$, Auftriebsbeiwert $c_A = 1{,}10$, Winkel $\beta_\infty = 22°$.
   Zu berechnen sind:
   3.1 die Schaufelteilung t, die Belastungszahl $c_A l / t$ die erreichbare Umlenkung der Strömung Δc_u, die Meridiangeschwindigkeit c_m und die Relativgeschwindigkeit w_∞.

4. Für eine Radialpumpe mit $\dot{V}_n = 80\,m^3/h$, $Y_n = 480\,J/kg$, $n = 2950\,min^{-1}$ sind zu bestimmen:
   4.1 die spezifische Drehzahl, Schnelllaufzahl, Druckzahl und Durchmesserzahl bei einem Laufraddurchmesser $d_2 = 220\,mm$ und $b_2 = 32\,mm$,
   4.2 der Saugmunddurchmesser und die Saugmundgeschwindigkeit für eine drallfreie Zuströmung für $\varepsilon = 0{,}12$ und $\lambda_L = 0{,}94$ bei einem Nabenverhältnis $d_N/d_S = 0{,}38$,
   4.3 die Meridiangeschwindigkeit und die Relativgeschwindigkeit am mittleren Laufradeintritt,
   4.4 das Geschwindigkeitsdreieck am mittleren Schaufeleintritt und den Schaufeleintrittswinkel β_0 und β_1 für den Schaufelverengungsbeiwert von $t_1/(t_1 - \sigma_1) = 1{,}15$,
   4.5 die näherungsweise Bestimmung der Laufradaustrittsbreite und die Austrittsgeschwindigkeit aus dem Laufrad c_{m2} für den Schaufelverengungsbeiwert von $t_2/(t_2 - \sigma_2) = 1{,}10$.

5. Ein Axialventilator mit $d_2 = 600\,mm$ und $d_N = 300\,mm$, soll einen Volumenstrom von $\dot{V} = 21.000\,m^3/h$ bei einer Totaldruckerhöhung von $\Delta p_1 = 1260\,Pa$ und einer Drehzahl von $n = 2950\,min^{-1}$ fördern. Die Schaufelzahl beträgt $z = 9$ und der innere Wirkungsgrad beträgt $\eta_i = 0{,}86$. Auszulegen ist der Mittelschnitt des Laufrades für eine gleichmäßige Geschwindigkeitsverteilung c_m mit und ohne Berücksichtigung der Minderumlenkung.

Modellklausur 12.15.4

1. Skizzieren Sie drei Bauarten von Strömungsmaschinen und nennen Sie die Einsatzgebiete.

2. Die polytrope Verdichtung mit $n = 1,45$ eines Turbokompressors ist im p-v-Diagramm und im T-s-Diagramm im Vergleich zur isentropen Verdichtung darzustellen.

3. Anzugeben sind die Euler'schen Turbinengleichungen für eine drallfreie und für eine drallbehaftete Zuströmung mit $c_{u1} = 0,12 \cdot u_1$ Gleichdrall. Für beide Strömungen sind die Eintrittsgeschwindigkeitsdiagramme in das radiale Laufrad qualitativ aufzuzeichnen.

4. Mit dem Außenschnitt eines axialen Laufrades mit $r_2 = 320\,\text{mm}$, $n = 1450\,\text{min}^{-1}$, 5 Schaufeln, dem Nabenverhältnis von $r_N/r_2 = 0,35$ und dem relativen Strömungswinkel $\beta_\infty = 26°$ soll eine theoretische Nutzarbeit von $Y_{th} = 120\,\text{J/kg}$ übertragen werden, $\varepsilon = 0,012$.

   4.1 Wie groß muss der Auftriebsbeiwert c_A des Profils sein, wenn es mit $c_1 = 11\,\text{m/s}$ unter dem Winkel von $\alpha_1 = 60°$ angeströmt wird und eine Länge von $l = 280\,\text{mm}$ aufweist.

   4.2 Wie groß ist der Widerstandsbeiwert bei einer Gleitzahl von $\varepsilon = 0,012$.

5. Eine einstufige Radialpumpe mit $d_2 = 420\,\text{mm}$ Laufradaußendurchmesser, der Laufradaustrittsbreite von $b_2 = 24\,\text{mm}$ soll einen Wasservolumenstrom von $\dot{V} = 160\,\text{m}^3/\text{h}$ bei einer Förderhöhe von $H = 58\,\text{m}$ bei der Drehzahl von $n = 2950\,\text{min}^{-1}$ fördern. Dafür sind zu bestimmen:

   5.1 die Umfangsgeschwindigkeit des Laufrades,

   5.2 die Druckzahl und die Lieferzahl,

   5.3 die spezifische Drehzahl und die Schnelllaufzahl der Pumpe,

   5.4 die Meridiangeschwindigkeit am Laufradaustritt,

   5.5 die Umfangskomponente der absoluten Austrittsgeschwindigkeit c_{u2} für $c_{u1} = 0$,

   5.6 die mittlere Eintrittsgeschwindigkeit für den Saugmunddurchmesser von $d_s = 200\,\text{mm}$ und den Nabendurchmesser von $d_N = 60\,\text{mm}$,

   5.7 die Geschwindigkeitsdreiecke am Laufradein- und Austritt für drallfreie Zuströmung.

6. In einer Talsperre wird eine radiale Francisturbine mit der spezifischen Drehzahl von $n_q = 42\,\text{min}^{-1}$ für den Wasservolumenstrom von $\dot{V} = 1,4\,\text{m}^3/\text{s}$ und für das Gefälle von $H = 40\,\text{m}$ eingebaut.
   Mit welcher Drehzahl und mit welcher Umfangsgeschwindigkeit wird die Turbine bei der Druckzahl von $\Psi = 0,82$ angetrieben? Wie groß muss der Laufradaußendurchmesser sein? Aufzuzeichnen ist das Turbinenlaufrad mit einem Eintrittsleitrad.

Modellklausur 12.15.5

1. In einem Turboverdichter wird Luft von $t_S = 20\,°C$, $p_S = 99\,kPa$ abs, $R = 287,6\,J/(kg\,K)$ und $\kappa = 1,4$ auf $p_D = 250\,kPa$ abs verdichtet. Der Volumenstrom bezogen auf den Zustand im Saugstutzen soll $\dot{V} = 240\,m^3/h$ betragen. Die Verdichtung erfolgt mit einem Polytropenexponenten von $n = 1,35$.

   Zu berechnen sind für die polytrope und isotherme Verdichtung:

   1.1 der Massestrom am Druckstutzen,

   1.2 die Verdichtungstemperatur und die Dichte des Gases im Druckstutzen bei polytroper Verdichtung und der Volumenstrom am Druckstutzen,

   1.3 die spezifische Verdichtungsarbeit für die polytrope und isotherme Verdichtung,

   1.4 die polytrope und isotherme Verdichterleistung bei einem Wirkungsgrad von $\eta = 0,78$,

   1.5 die Darstellung der Zustandsänderung im p-v und T-s-Diagramm.

2. Ein Ventilator mit dem Laufradaußendurchmesser von $d_2 = 1000\,mm$ soll bei einer Drehzahl von $n = 2950\,min^{-1}$ einen Volumenstrom von $\dot{V} = 6000\,m^3/h$ vom Atmosphärenzustand $p_S = 101,33\,kPa$, $T_S = 293,15\,K$ bei $c = 0$ auf einen Druck im Druckstutzen von $p_D = 116,38\,kPa$ fördern.

   Zu bestimmen sind:

   2.1 die Umfangsgeschwindigkeit, die spezifische Nutzarbeit und die Druckzahl,

   2.2 die erforderliche Laufradaustrittsbreite für $\varphi = 0,27$,

   2.3 die Nutzleistung,

   2.4 der dynamische und der statische Druckanteil im Druckstutzen bei $d_2 = 350\,mm$,

   2.5 die spezifische Drehzahl, Schnelllaufzahl und Durchmesserzahl,

   2.6 die erforderliche Kupplungsleistung bei einem Gesamtwirkungsgrad von $\eta = 0,82$.

3. Gegeben ist eine Kreiselpumpe für folgende Parameter bei Wasserförderung von $t = 20\,°C$, $\rho = 999\,kg/m^3$, Volumenstrom $= 125\,m^3/h$, $Y = 500\,J/kg$, $p_s = 60\,kPa$, $n = 2950\,min^{-1}$, $\eta_K = 0,79$.

   Zu bestimmen sind:

   3.1 die spezifische Drehzahl und die Kupplungsleistung bei Wasserförderung,

   3.2 den Laufraddurchmesser bei einer Druckzahl von $\Psi = 1,12$,

   3.3 die notwendige Antriebsdrehzahl, die spezifische Nutzarbeit, die Förderhöhe und die Antriebsleistung, wenn die Pumpe durch Drehzahländerung auf einen Wasservolumenstrom von $\dot{V} = 85\,m^3/h = 0,0236\,m^3/s$ eingestellt werden soll,

   3.4 die erforderliche Kupplungsleistung, wenn die Pumpe bei $Y = 500\,J/kg$ zur Förderung von $\dot{V} = 125\,m^3/h$ Ameisensäure mit $\rho = 1220,1\,kg/m^3$ bei $t_S = 20\,°C$ eingesetzt werden soll.

Modellklausur 12.15.6

1. In einer Gasturbine mit dem Eintrittsstutzen von $d_E = 500\,\text{mm} \varnothing$ wird ein Gas
   mit $c_p = 2580\,\text{J}/(\text{kg K})$, $R = 946\,\text{J}/(\text{kg K})$ und dem Volumenstrom von $\dot{V} = 16.000\,\text{m}^3/\text{h}$ von $p_E = 0{,}8\,\text{MPa}$, $t_E = 820\,°\text{C}$ auf $p_A = 0{,}10\,\text{MPa}$ polytrop mit dem
   Polytropenexponenten $n = 1{,}46$ entspannt.
   Zu bestimmen sind:
   1.1 die spezifische Nutzarbeit für isentrope ($\kappa = 1{,}58$) und polytrope Entspannung
       mit $n = 1{,}46$,
   1.2 die isentrope und polytrope Leistung,
   1.3 die isentrope und polytrope Entspannungstemperatur.
   1.4 Stellen Sie die Zustandsänderungen im h-s-Diagramm und die spezifischen Nutz-
       arbeiten im p-v-Diagramm dar.

2. Eine einstufige Kreiselpumpe besitzt folgende Nennparameter:
   Förderfluid: Wasser bei $t = 20\,°\text{C}$, $\rho = 998{,}6\,\text{kg/m}^3$
   Nennvolumenstrom: $\dot{V}_n = 80\,\text{m}^3/\text{h}$
   Nennförderhöhe: $H_n = 50\,\text{m}$
   Nenndrehzahl: $n = 2950\,\text{min}^{-1}$
   Druckzahl des Laufrades: $\Psi = 1{,}24$.

   Für diese Kreiselpumpe sind zu bestimmen:
   2.1 die spezifische Nutzarbeit der Kreiselpumpe,
   2.2 der Absolutdruck am Druckstutzen bei $p_S = 54\,\text{kPa}$ absolut am Saugstutzen,
   2.3 Laufraddurchmesser, Umfangsgeschwindigkeit des Laufrades und Laufrad-
       austrittsbreite bei einer Meridiangeschwindigkeit von $c_{2m} = 3{,}2\,\text{m/s}$ unter
       Vernachlässigung der Schaufeldicke,
   2.4 Durchmesserzahl, Schnelllaufzahl und spezifische Drehzahl der Pumpe,
   2.5 erforderliche Motorleistung bei einem Gesamtwirkungsgrad der Pumpe von $\eta_K = 0{,}82$.

3. Ein Turboverdichter soll Gas mit folgenden Parametern und Stoffdaten verdichten:
   absoluter Druck am Saugstutzen: $p_S = 98\,\text{kPa}$,
   absoluter Druck am Druckstutzen: $p_D = 380\,\text{kPa}$,
   Temperatur am Saugstutzen: $T_S = 293\,\text{K}$,
   Volumenstrom im Saugstutzen: $\dot{V}_S = 8{,}6\,\text{m}^3/\text{s}$,
   mechanischer Wirkungsgrad: $\eta_m = 0{,}96$,
   spezifische Wärmekapazität bei $p = $ konst. $c_p = 2580\,\text{J}/(\text{kg K})$,
   spezifische Wärmekapazität bei $v = $ konst. $c_v = 1634\,\text{J}/(\text{kg K})$.

   Für den Verdichter sind zu bestimmen:
   3.1 die Verdichtungsendtemperatur T_D bei isentroper Verdichtung,
   3.2 die spezifische Nutzarbeit bei isentroper Verdichtung,
   3.3 die erforderliche Antriebsleistung bei isentroper Verdichtung,

3.4 der Polytropenexponent bei einer Verdichtungsendtemperatur von $T_D = 495\,K$,

3.5 die spezifische Nutzarbeit bei polytroper Verdichtung,

3.6 die erforderliche Antriebsleistung bei polytroper Verdichtung,

3.7 das Leistungsverhältnis der polytropen zur isentropen Verdichtung,

3.8 die Darstellung der Verdichtungsverläufe im T-s-Diagramm.

Modellklausur 12.15.7

1. Nennen Sie vier Bauarten von Pumpen, geben Sie die wichtigsten Kennzahlbereiche an.

2. Mit welchen Gleichungen werden Turboverdichter ausgelegt?

3. Für einen Radialverdichter entsprechend Abb. 12.28 ist die Massenstrom- und Leistungsbilanz aufzustellen.

4. Bis zu welchen Druckverhältnissen werden Ventilatoren gebaut und eingesetzt? Wie wird die Förderluft bei der Auslegungsrechnung behandelt?

5. Eine Kreiselpumpe saugt aus einem 6 m tiefer gelegenen offenen Behälter $\dot{V} = 160\,m^3/h$ Wasser von $t = 20\,°C$ durch eine Saugleitung mit $d_S = 120\,mm$ an und fördert diesen in ein 12 m hoch gelegenen geschlossenen Druckbehälter, in dem ein absoluter statischer Druck von $p_{stat} = 400\,kPa$ herrscht. Der Umgebungsdruck beträgt $p_b = 99{,}6\,kPa$. Zu bestimmen sind nach Abb. 12.29:

   5.1 Die spezifische Nutzarbeit der Pumpe unter Vernachlässigung der Rohrleitungsverluste für $d_D = d_S$.

Abb. 12.28 Radialverdichter

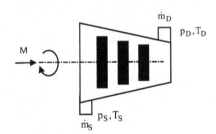

Abb. 12.29 Kreiselpumpenanlage

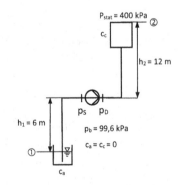

5.2 Der statische Druck am Saugstutzen.

5.3 Erforderliche Nutz- und Kupplungsleistung der Pumpe bei einem Kupplungswirkungsgrad von $\eta_K = 0{,}88$.

5.4 Bei welchem Volumenstrom tritt Kavitationsgefahr ein, wenn der Dampfdruck des Wassers von $t = 20\,°C$, $p_t = 2{,}538\,kPa$ beträgt?

5.5 Spezifische Drehzahl und Druckzahl für eine Drehzahl von $n = 2900\,min^{-1}$ und $d_2 = 420\,mm$.

5.6 Nutz- und Kupplungsleistung bei Förderung von Ameisensäure mit $\rho = 1212\,kg/m^3$ bei gleichen Parametern $\dot{V}$ und H.

6. Ein Radialverdichter verdichtet Luft von $t_s = 20\,°C$, $R = 287{,}67\,J/(kg\,K)$, $p_s = 98{,}6\,kPa$ abs. auf ein Druckverhältnis von $\pi = p_D/p_S = 2{,}8$. Der Ansaugvolumenstrom beträgt $\dot{V}_S = 6800\,m^3/h = 1{,}889\,m^3/s$.

Zu bestimmen sind:

6.1 Verdichtungsenddruck und Verdichtungsendtemperatur bei isentroper und polytroper Verdichtung mit $n = 1{,}32$,

6.2 isentrope spezifische Nutzarbeit des Verdichters,

6.3 erforderliche Nutz- und isentrope Kupplungsleistung bei einem isentropen Kupplungswirkungsgrad von $\eta_{sK} = 0{,}84$,

6.4 abzuführender Wärmeenergiestrom, wenn die Luft mit $c_p = 1004\,J/(kg\,K)$ nach der Verdichtung auf $t_K = 28\,°C$ gekühlt wird.

Modellklausur 12.15.8

1. Welche spezifischen Energieanteile beinhaltet die spezifische Enthalpie. Geben Sie die Gleichungen für diese Anteile an.

2. Für einen Turbokompressor ist die Energiestrombilanz mit allen Energiestromanteilen anzugeben.

3. Zeichnen Sie die abgewickelten Koaxialschnitte eines axialen Turbinen- und eines axialen Pumpenlaufradgitters mit den zugehörigen Ein- und Austrittsgeschwindigkeitsdreiecken und der Umfangsbewegungsrichtung auf.

4. Wie wirkt sich eine steigende Reynoldszahl der Strömung in einem Axialgitter auf die Profilpolare der Axialschaufel aus. Das Polardiagramm ist für ein Schaufelprofil für drei Reynoldszahlen aufzuzeichnen.

5. Aufzuzeichnen sind die Eintrittsgeschwindigkeitsdreiecke eines radialen Pumpenlaufrades für $u_1 = 28\,m/s$ und $c_m = 4{,}2\,m/s$ bei drallfreier Zuströmung und bei einem Gleichdrall von $\delta_r = c_{u1}/u_1 = 0{,}18$.

6. Für eine Axialpumpe mit $d_2 = 400\,mm\,\varnothing$, $d_N = 180\,mm\,\varnothing$, der Drehzahl von $n = 1450\,min^{-1}$, dem Volumenstrom von $\dot{V} = 5800\,m^3/h = 1{,}611\,m^3/s$, der Druckdifferenz von $\Delta p = 180\,kPa$ und der Dichte von $\rho = 1000\,kg/m^3$ sind zu berechnen:

6.1 Die spezifische Nutzarbeit der Pumpe und die Druckzahl.

6.2 Die Meridiangeschwindigkeit und die Lieferzahl.

6.3 Die Schnelllaufzahl und die Leistungszahl für einen Wirkungsgrad von $\eta = 0{,}89$.

6.4 Die Größen der dimensionslosen Kennzahlen sind zu bewerten.

7. Ein Axialrad einer Wasserturbine ist mit $d_2 = 900\,\text{mm}\,\varnothing$, $z = 5$ Schaufeln und mit der Profillänge von $l = 500\,\text{mm}$ ausgeführt. Der Auftriebsbeiwert des Profils beträgt $c_A = 1{,}15$ und der Widerstandsbeiwert $c_w = 0{,}010$. Welche verlustfreie spezifische Nutzarbeit erreicht das Laufrad bei $d_N/d_2 = 0{,}38$, der Drehzahl von $n = 750\,\text{min}^{-1}$ und der relativen Anströmgeschwindigkeit von $w_\infty = 6{,}2\,\text{m/s}$ sowie der Meridiangeschwindigkeit von $c_m = 4{,}6\,\text{m/s}$.

Modellklausur 12.15.9

1. Zeichnen Sie die Kennlinien einer Kreiselpumpe, einer Hubkolbenpumpe und eines Turboverdichters auf.
2. Nennen Sie zwei Pumpenbauarten zur Förderung von Klärschlamm und zeichnen Sie das Konstruktionsprinzip.
3. Eine Kreiselpumpe für den Volumenstrom von $\dot{V} = 360\,\text{m}^3/\text{h}$, die spezifische Nutzarbeit von $Y = 460\,\text{J/kg}$ und $n = 1450\,\text{min}^{-1}$ bei Wasserförderung mit $\rho = 998{,}6\,\text{kg/m}^3$ soll zur Förderung von $\dot{V} = 340\,\text{m}^3/\text{h}$ Schwefelsäure mit $\rho = 2930\,\text{kg/m}^3$ bei $t = 18\,°\text{C}$ eingesetzt werden.
   Zu bestimmen sind:
   3.1 die Nutzleistung und Kupplungsleistung der Kreiselpumpe bei Wasserförderung mit $\rho = 998{,}6\,\text{kg/m}^3$ und $\eta = 0{,}82$,
   3.2 die Nutzleistung und die erforderliche Kupplungsleistung bei Förderung von Schwefelsäure,
   3.3 die erforderliche Drehzahl der Pumpe bei Förderung von Schwefelsäure, die Förderhöhe und der Druck am Druckstutzen bei $p_S = 96\,\text{kPa}$.
4. Ein Luftverdichter saugt bei $p_S = 99\,\text{kPa}$ abs. und $t_S = 20\,°\text{C}$ an und verdichtet auf $p_D = 1{,}2\,\text{MPa}$ abs. einen Volumenstrom von $\dot{V}_s = 800\,\text{m}^3/\text{h}$. Für eine isentrope und polytrope Zustandsänderung mit $\kappa = 1{,}4$; $n = 1{,}48$ und $R = 287{,}6\,\text{J/(kg\,K)}$ sind zu bestimmen:
   4.1 die Verdichtungstemperatur und die Dichte am Druckstutzen,
   4.2 der Massestrom des Verdichters,
   4.3 die spezifische Verdichtungsarbeit isentrop und polytrop,
   4.4 die erforderliche Verdichterleistung bei $\eta = 0{,}82$,
   4.5 die Zustandsänderungen für die isentrope und polytrope Verdichtung sind im p-v- und h-s-Diagramm darzustellen.
5. Eine Kreiselpumpe für den Volumenstrom von $\dot{V} = 86\,\text{m}^3/\text{h}$, die spezifische Nutzarbeit von $Y = 580\,\text{J/kg}$ und der Antriebsdrehzahl von $n = 1450\,\text{min}^{-1}$ fördert Wasser mit drallfreier Zuströmung, $c_{u1} = 0$, $t = 20\,°\text{C}$, $\rho = 998{,}6\,\text{kg/m}^3$ und einem hydraulischen Wirkungsgrad von $\eta_h = 0{,}88$.
   Zu bestimmen sind:
   5.1 die erforderliche Umfangsgeschwindigkeit u_2 des Laufrades, der Laufradaußendurchmesser d_2 und die Laufradaustrittsbreite für $c_{2m} = 2{,}8\,\text{m/s}$ sowie das Ge-

schwindigkeitsdreieck am Laufradaustritt für $\beta_2 = 27°$ bei drallfreier Abströmung und Vernachlässigung der Schaufeldicke,

5.2 die Druckzahl, die Lieferzahl und die spezifische Drehzahl,

5.3 die erforderliche Antriebsleistung bei einem Gesamtwirkungsgrad von $\eta_k = 0,82$.

Literatur

1. Albring W (1989) Strömungstechnische Grundlagen und Auslegung von Turbomaschinen Taschenbuch Maschinenbau, Bd. 5. Verlag Technik, Berlin
2. Pfleiderer C, Petermann H (2005) Strömungsmaschinen, 7. Aufl. Springer, Berlin
3. Eckert B, Schnell E (1961) Axialkompressoren und Radialkompressoren, 2. Aufl. Springer, Berlin
4. Traupel W (1977) Thermische Turbomaschinen Bd. 1. Springer, Berlin
5. Surek D (1966) Untersuchungen der Radreibungs- und Undichtheitsverluste in Radialpumpen. Maschinenbautechnik Berlin 15(7):353–358 (und H. 8, S. 415–422)
6. Surek D (1965) Untersuchung der Radreibungs- und Undichtheitsverluste in Radialpumpen. Dissertation, TU Dresden
7. Schultz-Grunow F (1935) Der Reibungswiderstand rotierender Scheiben in Gehäusen. Z angew Math Mech 15:191–204
8. Daily JW, Nece RE (1960) Chamber dimension effects on induced flow and frictional resistance of enclosed rotating disks. Trans. ASME, Series D. J Basic Eng 82:217–232
9. Naue G (1962) Kühlung von rotierenden Scheiben bei zentraler Anblasung. Dissertation, TU Dresden 1962
10. Broderson S (1993) Reduzierung der Scheibenreibung bei Strömungsmaschinen. Forsch Ingwesen 59:184–186
11. Stepanoff AJ (1955) Turboblowers. Wiley, New York
12. Zlokarnik M (2001) Stirring, theory and practice. Wiley-VCH, Weinheim
13. Gülich JF (2010) Kreiselpumpen, 3. Aufl. Springer, Berlin
14. Raabe J (1970) Hydraulische Maschinen und Anlagen, Teil 3. VDI-Verlag, Düsseldorf
15. Traupel W (1982) Thermische Turbomaschinen Bd. 2. Springer, Berlin
16. Fister W (1984) Fluidenergiemaschinen Bd. 1. Springer, Berlin
17. Fister W (1986) Fluidenergiemaschinen Bd. 2. Springer, Berlin
18. Nece RE, Daily JW (1960) Roughness effects on frictional resistance of enclosed rotating disks. Trans. ASME, Series D. J Basic Eng 82:553–560
19. Pantell K (1949/50) Versuche über Scheibenreibung. Forsch Ingwesen 16(4):97–108
20. Trutnovsky K (1964) Berührungsfreie Dichtungen, 2. Aufl. VDI-Verlag, Berlin
21. Eck B (1988) Technische Strömungslehre, 9. Aufl. Springer, Berlin
22. Kármán T v (1921) Über laminare und turbulente Reibung. Z angew Math Mech 4:233–252
23. Spannhake W (1931) Kreiselräder als Pumpen und Turbinen Bd. 1. Springer, Berlin
24. Prospekt der Firma WILO SE (EMU) für Rührer
25. Surek D (2013) Kompendium Kreiselpumpen, 1. Aufl. bookboon.com, London
26. Surek D (2014) Pumpen für Abwasser- und Kläranlagen. Springer, Berlin
27. Surek D (2011) Diagnose an Turbomaschinen Beiträge zu Fluidenergiemaschinen, Bd. 9. Sulzbach Verlag und Bildarchiv W. H. Faragallah, Sulzbach-Taunus
28. Surek D (2013) 15 Jahre Forschung im An-Institut FPT Beiträge zu Fluidenergiemaschinen, Bd. 10. Sulzbach Verlag und Bildarchiv W. H. Faragallah, Sulzbach-Taunus
29. Troskolanski AT, Lazarkiewicz S (1976) Kreiselpumpen, Berechnung und Konstruktion. Birkhäuser, Basel

Grundlagen der Mehrphasenströmung

In vielen technologischen Bereichen fallen Gas-Feststoffgemische (z. B. bei der Rauch- und Abgasreinigung, bei der Staub- oder Späneabsaugung) oder Flüssigkeits-Gasgemische (z. B. beim Lackieren, im Sprühstrahl, bei der Kraftstoffzerstäubung im Motorzylinder) oder in der Verfahrenstechnik und bei der Zuckerrübenreinigung Flüssigkeits- Gasgemische oder Flüssigkeits-Feststoffgemische an, die transportiert oder auch separiert werden müssen.

Feinkörnige Güter wie z. B. Getreide, Mehl, Zucker, Sand, Kies oder Zement werden als Feststoffkomponenten pneumatisch transportiert. Ebenso werden fein verteilte Flüssigkeitstropfen im Luftstrom gefördert. Beim Rohrleitungstransport unterscheidet man den hydraulischen Transport mit Flüssigkeit als Transportmittel und den pneumatischen Transport mit Luft als Transportmittel vorwiegend für den Nahtransport. In Tab. 13.1 ist eine Klassifizierung der Mehrphasenströmungen vorgenommen worden und Tab. 13.2 zeigt die Güter die in Rohrleitungen hydraulisch oder pneumatisch bei unterschiedlichen Entfernungen transportiert werden.

Obwohl der Energieaufwand beim hydraulischen Transport etwas höher ist als beim mechanischen Feinguttransport mittels Transportband oder Fahrzeug, wird er doch vielfältig technisch genutzt. Die Transportgeschwindigkeiten beim hydraulischen Transport betragen $c = 1,5$ bis $4,0\,\text{m/s}$ und beim pneumatischen Transport $c = 0,6$ bis $60\,\text{m/s}$. Der Druck des Trägerfluids beträgt beim hydraulischen Transport $p = 0,5$ bis $12\,\text{MPa}$ Überdruck und beim pneumatischen Transport $p = 4$ bis $120\,\text{kPa}$ Überdruck.

13.1 Charakterisierung von Mehrphasenströmungen

In Mehrphasengemischen treten gasförmige, flüssige oder feste disperse Stoffe in einem Gas oder in einer Flüssigkeit als Dispersionsmittel als Aerosol oder Suspension auf. Die Partikel können darin Abmessungen von $d_\text{K} = 1\,\text{nm}$ bis zu $80\,\text{mm}$ besitzen (Abb. 13.1).

© Springer Fachmedien Wiesbaden GmbH 2017
D. Surek, S. Stempin, *Technische Strömungsmechanik*,
https://doi.org/10.1007/978-3-658-18757-6_13

Tab. 13.1 Klassifizierung von Zwei- und Dreiphasenströmungen mit zwei oder drei Komponenten

Fluid-Feststoff-Strömungen $d_K = 1\,\mu m \ldots 5\,mm$ $d_K = 1\,mm \ldots 60\,mm$	Hydraulischer Transport Feststoff-Flüssigkeits-Trennung Suspendieren Sedimenttransport	Suspension
Gas-Feststoff-Strömungen z. B. Rauchgas $d_K = 1\,nm \ldots 50\,nm$	Pneumatischer Transport Staubabscheidung Wirbelschichten Schneelawinen Durchströmte Schüttungen (Trocknung)	Gemisch
Gas-Flüssigkeits-Strömungen $d_K = 1\,nm \ldots 50\,nm$	Gas-Flüssigkeits-Gemisch Blasenströmungen Regen, Nebel, Sprühnebel	Gemisch Aerosol
Dreiphasen-Strömungen $d_K = 0,1\,mm \ldots 80\,mm$	Nasswäsche von Gestein und Erzen Flotation Blasensäulen-Reaktoren mit Feststoff	Suspension

Tab. 13.2 Güter die hydraulisch oder pneumatisch transportiert werden

Feststoffe	Anwendungsgebiet	Transportentfernung km
Hydraulischer Transport		
Sand, Kies, Schlamm	Bauwirtschaft	0,1 bis 2,0
Kohle, Erz, Abraum, Gestein, Phosphat Bohrschlamm, Tonerde	Bergbau	0,1 bis 5,0 0,1 bis 0,5
Holzfaser	Papierindustrie	0,1 bis 0,3
Fische, Rüben, Gemüse, Obst, Schokoladenmasse, Zucker, breiartige Zwischen- und Endprodukte	Lebensmittelindustrie	0,1 bis 0,2
Schlacke und Asche	Kraftwerke	0,5 bis 5,0
Schlamm, Abfall, Fäkalien	Kanalisation Abwassertechnik	0,1 bis 10
Pneumatischer Transport		
Plastikgranulate, Pulver, Zwischenprodukte, Abprodukte, Schlämme	Chemische Industrie	0,1 bis 2,0
Getreide, Mehl, Grieß, Kaffee, Malz	Lebensmittelindustrie	0,1 bis 1,0
Futtermittel, Getreide, Gülle	Landwirtschaft	0,1 bis 3,0

Ein Partikel ist eine geringe zusammenhängende Masse im festen oder flüssigen Aggregatzustand mit definiertem Volumen und definierter Oberfläche, aber meist mit unregelmäßiger Form. Um diesen Partikeln unregelmäßiger Form charakteristische geometrische Abmessungen zuordnen zu können, bildet man einen Äquivalentdurchmesser als den Durchmesser eines sphärischen Partikels, der das gleiche geometrische, aerodynamische oder optische Verhalten hat wie die untersuchten realen Partikel. Bei der Feststoffabscheidung aus Gasgemischen z. B. in einem Zyklon wird der aerodynamische Durchmesser als äquivalenter Durchmesser für ein Partikel unregelmäßiger Form und bestimmter Dichte

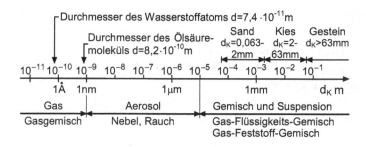

Abb. 13.1 Korngröße disperser Stoffe in gasförmigen Dispersionsmitteln nach VDI Richtlinie 3676

verwendet. Der aerodynamische Durchmesser ist der Durchmesser einer Kugel der Dichte von $\rho = 1000\,\mathrm{kg/m^3}$, deren Sinkgeschwindigkeit c_S gleich der Sinkgeschwindigkeit der betrachteten Partikel ist. Die technische Aufgabe besteht in der Beschreibung der Strömungsvorgänge beim Transport von Mehrphasengemischen und bei der Trennung von Gemischkomponenten. Dafür gelten die im Kap. 3 dargestellten Erhaltungssätze, die aber für die physikalischen Eigenschaften von Mehrphasenströmungen zu modifizieren sind. Homogene Fluide wie z. B. Wasser oder Luft können als Kontinuum betrachtet werden. Sie dienen bei der Mehrphasenströmung als Trägerfluid. Sobald Gasblasen oder Feststoffpartikel im Wasser enthalten sind, liegt ein Mehrphasengemisch vor, deren Phasen unterschiedliche Stoff- und Strömungseigenschaften besitzen. Gleiches gilt für Flüssigkeitstropfen oder Feststoffpartikel in einem Luftstrom, wie z. B. Regen oder Pulverschneelawinen. Deshalb müssen sowohl die einzelnen Komponenten der Mehrphasenströmung durch ihre physikalischen Stoffeigenschaften als auch die Gemischanteile durch ihre geometrische Form, Größe und Dichte beschrieben werden.

13.2 Partikelform, Sphärizität und Formfaktoren

In den meisten Schüttgütern und Suspensionen besitzt jedes Partikel eine andere Form. Die wichtigsten technischen Größen von Partikeln sind der Formfaktor und die Sphärizität.

Feststoffpartikel können kugelförmig, kubisch, unregelmäßig, platt, nadelförmig oder faserig sein.

Geht man von der Kugelform aus, so lässt sich ein äquivalenter Durchmesser definieren wie d_v als äquivalenter Durchmesser der volumengleichen Kugel und d_S als äquivalenter Durchmesser der oberflächengleichen Kugel mit der Oberfläche S.

$$V = \frac{\pi}{6}d_v^3 \rightarrow d_v = \sqrt[3]{\frac{6\,V}{\pi}} \text{ und } S = \pi\,d_S^2 \rightarrow d_S = \sqrt{\frac{S}{\pi}} \tag{13.1}$$

Bei der Kugel sind zwei unabhängig voneinander gemessene geometrische Größen d_1 und d_2 stets gleich. Das Verhältnis dieser beiden Größen $\Psi_{1,2} = d_1/d_2$ wird Formfaktor genannt. Er beträgt für die Kugel mit $d_1 = d_2\Psi_{1,2} = 1$ und für andere Feststoffe wie z. B. Sand, Kies, Zement, Kohlenstaub oder Flugstaub $\Psi = 0{,}60$ bis $0{,}85$. Die Indizes 1 und 2 sind vereinbarte Größen.

Praktisch genutzte Formfaktoren sind die Sphärizität Ψ_{wa} nach Wadell, der Heywoodfaktor und der Formfaktor φ nach DIN 66141, die stets das Korn mit einer Kugel vergleichen.

Die Sphärizität ist definiert als das Verhältnis der Oberfläche einer volumengleichen Kugel zur Oberfläche des Partikels.

$$\Psi_{wa} = \frac{\text{Oberfläche der volumengleichen Kugel}}{\text{Oberfläche des Partikels}} = \frac{S_K}{S} = \left(\frac{d_v}{d_S}\right)^2 \tag{13.2}$$

Der Heywoodfaktor Ψ wird mit den spezifischen Oberflächen definiert als

$$\Psi = \frac{\text{Spezifische Oberfläche der Partikel}}{\text{Spezifische Oberfläche einer Kugel mit } d} = \frac{S_v\, d}{6} \tag{13.3}$$

Der Heywoodfaktor Ψ kann Werte von $\leqslant 1$ annehmen. Die Porosität ε einer Schüttung gibt den Anteil des Hohlraumes der Schüttung am Gesamtvolumen als Volumenporosität an. Sie beträgt mit dem Gesamtvolumen V_G, dem Feststoffvolumen V_K und mit dem Hohlraumvolumen V

$$\varepsilon = \frac{V}{V_G} = \frac{V_G - V_K}{V_G} = 1 - \frac{V_K}{V_G} \tag{13.4}$$

Wesentliche technische Größen von Schüttgütern sind die

- Schüttdichte,
- Reindichte und die
- Gemischdichte.

Weitere wichtige Größen sind die Sphärizität der Feststoffpartikel, die Oberfläche O und der Widerstandsbeiwert c_W (Kap. 9).

Die Oberfläche von 1 kg Schüttgut (Sand, Kies, Getreide) beträgt:

$$O = \frac{1}{\rho_K} \int\limits_{d_{K\,min}}^{d_{K\,max}} \frac{y_H(x)}{d_K}\, \mathrm{d}(d_K) \tag{13.5}$$

Darin stellt K die relative Häufigkeit dar, die sich aus der Klassenmenge in % bezogen auf die Klassenbreite ergibt.

13.3 Partikelgrößenverteilung und mittlere Partikelgröße

Feststoffe werden durch den mittleren Korndurchmesser d_{Km}, die Form oder die Sphärizität bzw. durch die Abweichung von der Kugelform, die Dichte ρ, die Sinkgeschwindigkeit c_S (bedingt durch die Dichtedifferenz zum Trägerfluid), die Konzentration in Form des Volumen- oder Masseverhältnisses und den Reibungskoeffizienten charakterisiert. Die Kornverteilung für den Durchmesser erhält man aus der Verteilungsdichte $q(d)$.

Verwendete Formfaktoren sind die Sphärizität Ψ_{wa} nach Wadell, der Heywoodfaktor Ψ und der Formfaktor φ.

Der Anteil an der Gesamtmenge, der unterhalb der Partikelgröße d liegt, wird Verteilungssumme $Q(d)$ genannt. Er beträgt nach Abb. 13.2:

$$Q(d) = \frac{\text{Teilmenge } (d_{min}...d_i)}{\text{Gesamtmenge } (d_{min}...d_{max})} \qquad (13.6)$$

Der bezogene Mengenanteil wird Verteilungsdichte q genannt (Abb. 13.3)

$$q = \frac{\text{Teilmenge } (d_{i-1}...d_i)}{\text{Gesamtmenge Intervallbreite}} \qquad (13.7)$$

Die Teilmengen werden durch Siebe mit den Maschenweiten d_i bestimmt.

Die Verteilungssummen von Partikelgrößen ergeben meist geschwungene Kurvenverläufe (Abb. 13.4). Zur numerischen Annäherung dieser Verteilungssummen wurden Approximationsfunktionen zur Darstellung der Korngrößenverteilung ausgewählt. Die wichtigsten sind nach [38]:

Abb. 13.2 Verteilungssumme $Q(d)$ von Schüttgut in Abhängigkeit des Partikeldurchmessers d

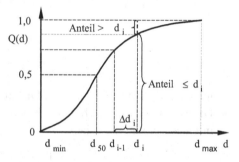

Abb. 13.3 Bezogener Mengenanteil als Verteilungsdichte $q(d)$ von Schüttgut

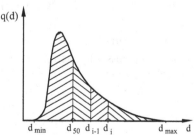

Abb. 13.4 Kornverteilungs-
kurven (Siebdurchgangs-
kennlinien) für Sand und
Kupfererz gleicher Dichte von
$K = 2650\,\mathrm{kg/m^3}$

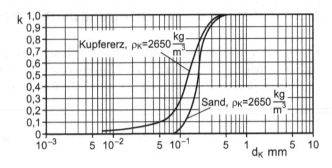

Abb. 13.5 Gegenüberstellung
der drei Verteilungsfunktionen,
logarithmische Normalvertei-
lung lg.NV, Rosin, Rammler,
Sperling, Bohnet Funktion
RRSB und Potenzfunktion
nach Gates, Gaudin und Schu-
mann GGS Funktion [39]

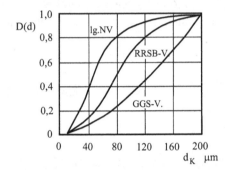

- Die Potentialfunktion GGS-Funktion nach Gates, Gaudin, Schuhmann

$$\lg D(d) = m \lg d - m \lg d_{\max}. \tag{13.8}$$

- Die logarithmische Normalverteilungsfunktion (Gauß'sche Fehlerverteilungsfunktion)

$$q(d) = \frac{1}{\sqrt{2\,\pi\,\sigma}} \exp\left[-\frac{1}{2}\left(\frac{d - \bar{d}}{\sigma}\right)^2 \right] \tag{13.9}$$

mit dem Medianwert $\bar{d}$ und der Standardabweichung σ.
- Die RRSB Funktion nach Rosin, Rammler, Sperling, Bohnet stellt ein doppeltlogarith-
  misches Körnungsnetz dar.

$$\lg\lg\left(\frac{1}{R}\right) = n \lg d - n \lg d' + \lg\lg e \tag{13.10}$$

Die drei Verteilungsfunktionen sind in Abb. 13.5 gegenübergestellt. Der mittlere Parti-
keldurchmesser für stetige Verteilungsfunktionen beträgt

$$\bar{d}_{\mathrm{m}} = \int\limits_{d_{K\min}}^{d_{K\max}} x\, q(d)\, \mathrm{d}(d) \tag{13.11}$$

und für nicht stetige Verteilungsfunktionen

$$\bar{d}_m = \sum_{i=1}^{n} \bar{d}_m \, q \, \Delta d_m = \sum_{i=1}^{n} \bar{d}_m \, \Delta Q \, . \tag{13.12}$$

Gase in Flüssigkeiten oder Flüssigkeiten in Gasen werden durch die Blasen- bzw. Tropfengröße, die Dichte ρ, die Viskosität und durch die Volumen- und Massekonzentration angegeben.

Der mittlere Korndurchmesser d_{Km} einer Feststoffschüttung beträgt (Abb. 13.4):

$$d_{Km} = \frac{1}{100} \int_{d_{K\,min}}^{d_{K\,max}} d_{Ki} \, dm_i \, . \tag{13.13}$$

13.4 Schüttdichte und Gemischdichte

Zur Charakterisierung von Mehrphasenströmungen werden die folgenden Geschwindigkeiten definiert:

c Geschwindigkeit des Trägerfluids Flüssigkeit oder Gas,

c_K Geschwindigkeit der Feststoff-, Korn- oder Flüssigkeitspartikel,

c_G Gemischgeschwindigkeit,

w Relativgeschwindigkeit zwischen Trägerfluid und Partikel,

s Schlupf zwischen Trägerfluid und Partikel,

c_S Sinkgeschwindigkeit von Feststoffpartikeln,

c_{Kr} kritische Geschwindigkeit, das ist die mittlere Gemischgeschwindigkeit, bei der gerade die stationäre Ablagerung der Feststoffpartikel auf der Rohrsohle beginnt.

Bei Schüttgütern wie z. B. Sand, Kies, Getreide, Mehl wird als Dichte die sich einstellende Schüttdichte benutzt, die für die mechanische Förderung wie z. B. die Bandförderung charakteristisch ist. Für die Mehrphasenströmung in Rohrleitungen benutzt man die Dichte der mit Feststoff gefüllten Rohrleitung. Somit ergeben sich folgende Dichten und die Porosität ε:

$$\text{Feststoffdichte} \quad \rho_F = \frac{m_K}{V_K} \qquad \text{Schüttdichte} \quad \rho_{Sch} = \frac{m_K}{V_K + V} \tag{13.14}$$

$$\text{Raumkonzentration} \quad c_R = \frac{V_K}{V_K + V} = \frac{V_K}{V_G}$$

$$\text{spez. Lückenvolumen (Porosität)} \quad \varepsilon = \frac{V}{V_K + V} = \frac{V}{V_G} \tag{13.15}$$

Darin sind:

m_K Feststoffmasse,

V_K Feststoffvolumen,

V Lückenvolumen,
V_G Gemischvolumen,
c_R Raumkonzentration,
ε spez. Lückenvolumen, Porosität, Volumenporosität.

Die Konzentration bzw. das spezifische Lückenvolumen V für Schüttgüter beträgt in Abhängigkeit der Stoffart und der Korngröße $c_R = 0{,}26$ bis $0{,}56$. Das geringste spezifische Lückenvolumen wird mit $c_R = 0{,}26$ bei der Kugelpackung erreicht.

Die Transportkonzentration c_T unterscheidet sich von der Raumkonzentration c_R und beträgt:

$$c_T = \frac{\dot{V}_K}{\dot{V}_G} = c_R \frac{c_K}{c_G} \tag{13.16}$$

Ebenfalls benutzt werden die auf die Masseeinheit bezogenen Raum- und Transportkonzentrationen mit folgenden Definitionen:

$$\text{Massebezogene Raumkonzentration } \mu_R = \frac{m_K}{m_G} = \frac{\rho_K \, A_K}{\rho_G \, A} \tag{13.17}$$

$$\text{Massebezogene Transportkonzentration } \mu_T = \frac{\dot{m}_K}{\dot{m}_G} = \mu_R \frac{c_K}{c_G} \tag{13.18}$$

Durch die unterschiedlichen Geschwindigkeiten für das Fluid c und den Feststoff c_K stellt sich ein Schlupf und ein relativer Schlupf s zwischen beiden Phasen ein.

$$s = \frac{c - c_K}{c} = 1 - \frac{c_K}{c} = \frac{c_R - c_T}{c_R \, (1 - c_T)} = 1 - c_R \tag{13.19}$$

13.5 Bewegungsverhalten von Feststoffen in Fluiden

Das Bewegungsverhalten von Feststoffteilchen in Fluiden bei grobdispersen Gemischen wird durch folgende Parameter bestimmt:

- Korngröße und Korndichte,
- Fluiddichte,
- Feststoffkonzentration in Form der Transportkonzentration c_T,
- Sinkgeschwindigkeit c_S,
- Transportgeschwindigkeit c und die kritische Geschwindigkeit c_{Kr},
- Rohrleitungsgeometrie, horizontale, geneigte oder vertikale Rohrleitung.

Beim horizontalen Transport grobdisperser Gemische kann sich bei geringer Transportkonzentration eine homogene Feststoffverteilung mit Schwebe- oder springender Feststoffbewegung einstellen bis zur Ablagerung des Feststoffs auf der Rohrsohle entsprechend den Abb. 13.6 und 13.7, wenn die Transportgeschwindigkeit die kritische Geschwindigkeit unterschreitet (Abb. 13.7) [1–5].

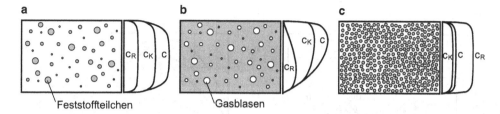

Abb. 13.6 Strömungsformen horizontaler Mehrphasenströmung. **a** Gas-Feststoffgemischströmung, **b** Flüssigkeits-Gasgemischströmung, **c** kompakte stationäre Feststoffförderung

Abb. 13.7 Horizontaler Transport grobdisperser Gemische mit den Rohrkennlinien

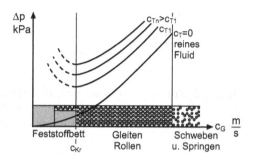

Um Absetzen von Feststoff und Verstopfen der Rohrleitung zu vermeiden, muss die Gemischgeschwindigkeit stets größer sein als die kritische Geschwindigkeit c_{Kr}. Die kritische Geschwindigkeit bezogen auf die Schallgeschwindigkeit des reinen Gases beträgt für den kompressiblen pneumatischen Transport mit geringer Feststoffbeladung:

$$\frac{c_{Kr}}{a} = \sqrt{\frac{1}{1 + \mu_R \frac{c_K}{c}}} \tag{13.20}$$

Die kritische Geschwindigkeit ist von der Rohranordnung horizontal oder vertikal und von der Transportkonzentration abhängig. Sie liegt zwischen $c_{Kr} = 0{,}7\,\text{m/s}$ bis $2{,}4\,\text{m/s}$ (Abb. 13.8).

Beim Gemischtransport in vertikalen Rohrleitungen greifen die Transportkräfte am Feststoffteilchen an und wirken der Sinkgeschwindigkeit der Feststoffteilchen entgegen. Bei der Feststoffgemischförderung bilden sich die in Abb. 13.9 dargestellten Strömungsformen heraus, wobei leicht instabile Bewegungszustände mit Entmischungserscheinungen auftreten können. Steigt der Schlupf s der Feststoffteilchen bei abnehmender Fluidgeschwindigkeit c an, so wird die Entmischung eingeleitet, die zur Strähnen- oder Pfropfenströmung führt (Abb. 13.9). Dieses Strömungsverhalten, auch als Phasengeschwindigkeit bezeichnet, wird von Druckpulsationen begleitet und führt zu einem erhöhten Energiebedarf. Dieser Vorgang setzt bei der kritischen Geschwindigkeit c_{Kr} ein, die beträchtlich über der Sinkgeschwindigkeit liegt. In Abb. 13.9 sind auch die Geschwindigkeitsprofile

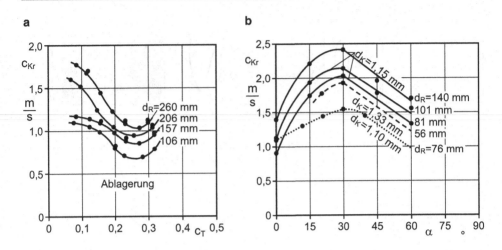

Abb. 13.8 Kritische Geschwindigkeit von **a** Magnetit in Abhängigkeit der Transportkonzentration c_T nach [6]. **b** Quarzsand in geneigten Rohrleitungen in Abhängigkeit der Rohrneigung für Korndurchmesser von $d_K = 1{,}10$ mm bis 1,33 mm bei $c_R = 0{,}20$ nach [7]

für die Fluid- und die Feststoffgeschwindigkeit c_K sowie die Raumkonzentration c_R für die verschiedenen Strömungsformen dargestellt.

Bei der Förderung von Flüssigkeits-Gasgemischen stellen sich etwas veränderte Strömungsformen ein entsprechend Abb. 13.9b mit einer Blasen- oder Nebelströmung, einer Kolben- oder Pfropfenströmung bis zur strähnenförmigen Wand- bzw. Filmströmung. Die Strömungsform ist auch hier abhängig von der Transportkonzentration, von der Phasendichte ρ, vom Blasendurchmesser und von der Geschwindigkeit c. Die unterschiedlichen Strömungsformen wirken sich auf die erreichbare Transportkonzentration und auf den Druckverlust aus, sodass der pneumatische und hydraulische Transport zu optimieren ist.

Für den horizontalen und vertikalen pneumatischen Transport können für unterschiedliches Fördergut und unterschiedliche mittlere Korngrößen bezogene Druckverlustdiagramme errechnet werden, mit deren Hilfe die auf 1 m Rohrlänge bezogenen Druckverluste in Abhängigkeit der Strömungsgeschwindigkeit c, der Transportkonzentration c_T und der Strömungsform ermittelt werden können.

In Abb. 13.10 ist das bezogene Druckverlustdiagramm für den horizontalen pneumatischen Transport von feinkörnigem Fördergut mit Korngrößen bis $d_K = 0{,}35$ mm nach [8] dargestellt. In dem Diagramm ist der relative Druckverlust $\Delta p / \Delta l$ in Abhängigkeit der Fluidgeschwindigkeit c und dem Mischungsverhältnis μ_T dargestellt. In dem Diagramm ist das gesamte Spektrum der Mehrphasenströmung von der reinen Gasströmung mit $\mu_T = 0$ in der rechten geraden Linie in Abb. 13.10 über die Dünnstromförderung mit $\mu_T = 1$ bis 30, die Dichtstromförderung mit der Konzentration von $\mu_T = 40$ bis 450 bis zur Schüttgutdurchströmung bei Trocknungsvorgängen in Getreidesilos dargestellt.

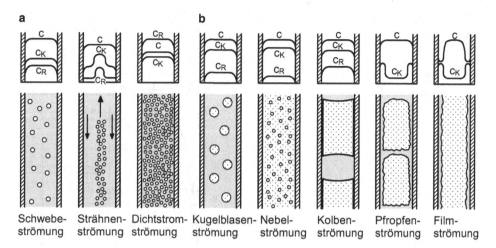

Abb. 13.9 Strömungsformen bei der vertikalen Zweiphasenströmung. **a** Hydraulische Feststoffgemischströmung, **b** Flüssigkeits-Gasströmung mit c Geschwindigkeit des Trägerfluids, c_K des Feststoffes und c_R der Raumkonzentration

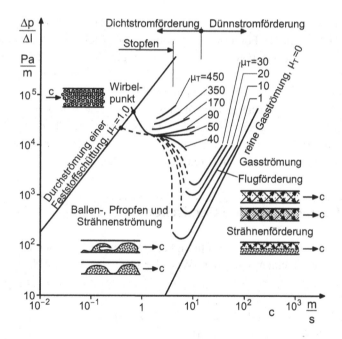

Abb. 13.10 Bezogener Druckverlust für die horizontale pneumatische Förderung von kugelförmigen Partikeln der Größe von $d_K = 0{,}35$ mm mit Mischungsverhältnissen von $\mu_T = 0$ bis 450 nach [8]

Abb. 13.11 Hydraulische Förderzustände von Feststoffpatikeln $d_K = 10^{-3}$ mm bis 12 mm in Rohrleitungen von $d = 25{,}4$ mm ∅ bis $d = 152{,}4$ mm nach [9]

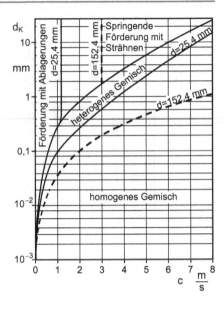

Newitt [9] hat erstmals eine Zuordnung von Korndurchmessern von Sand zur Fördergeschwindigkeit c bei der Förderung homogener und heterogener Gemische und daraus Förderzustände in den untersuchten Rohrleitungen von $d = 25{,}4$ mm und $d = 152{,}4$ mm für die Förderung angegeben (Abb. 13.11). Die Abbildung zeigt, dass der zulässige Korndurchmesser des homogenen und des heterogenen Gemisches mit sinkender Fördergeschwindigkeit verringert werden muss, wenn keine Ablagerung auftreten soll. Bei Strömungsgeschwindigkeiten von $c > 1{,}1$ m/s treten schließlich Ablagerungen des Feststoffs auf der Rohrsohle auf. Springende Förderung und Strähnenbildung tritt erst bei größeren Korndurchmessern und höheren Geschwindigkeiten von $c > 1{,}1$ m/s auf.

13.6 Kräfte in strömenden Gemischen

Auf das Trägerfluid (Luft, Gas oder Flüssigkeit) mit dem spezifischen Lückenvolumen ε (Gl. 13.15) wirken in einem unter dem Winkel α geneigten Rohr (Abb. 13.12) folgende Kräfte:

Trägheitskraft $F_T = \varepsilon m \, dc/dt$, Druckkraft $F_P = \varepsilon A \, dp$,
Gravitationskraft $F_G = \varepsilon g \, dm = \varepsilon g \rho \, dV$,
Reibungskraft des Fluids im Rohr $F_R = \varepsilon \tau A = \varepsilon \lambda A \, (\rho/2) \, c^2 dl/d$,
Reibungskraft des Feststoffes F_{RK} im Rohr mit der Feststoffkonzentration $(1-\varepsilon)$ mit der Größe $F_{RK} = (1-\varepsilon)\lambda' A \, (\rho/2)c^2 \, dl/d = (1-\varepsilon)\lambda' m_K c^2/2d$.

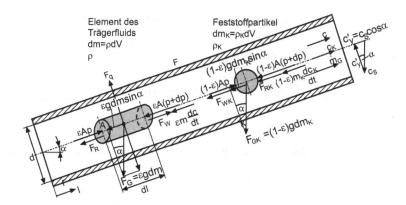

Abb. 13.12 Kräfte am Fluidelement und am Feststoffpartikel bei Gemischförderung in einer geneigten Rohrleitung

Der Feststoffanteil beeinflusst mit seiner Widerstandskraft $F_{WK} = (1 - \varepsilon)c_W \pi r_K^2 c^2 \rho/2$ das Trägerfluid und wirkt deshalb entgegen der Strömungsrichtung.

Die Querkraft des Feststoffes auf das Förderfluid bei Schwebeförderung beträgt $F_q = (1 - \varepsilon)F_G c_S \cos^2 \alpha / c'_y$ mit $c'_y = c_S \cos \alpha$.

Kräftegleichgewicht für die Feststoffpartikel:
Das Kräftegleichgewicht für die Feststoffe mit dem Anteil $(1 - \varepsilon)$ ergibt die Bewegungsgleichung:

$$(1 - \varepsilon) \, m_K \frac{dc_K}{dt} + (1 - \varepsilon) \, A \, dp + F_{GK} \sin \alpha + F_{RK} + F_{WK} = 0 \qquad (13.21)$$

Leistungsbilanz für das Trägerfluid ($P = F \, c$):
Da das Trägerfluid mit dem Anteil ε auch die Bewegungsenergie für die Querbewegung $F_q c'_y$ der Feststoffpartikel aufbringen muss, ist es notwendig, für das Trägerfluid die Energie- oder Leistungsbilanz aufzuschreiben. Die Leistungsbilanz für das Trägerfluid beträgt:

$$- \varepsilon m \frac{dc}{dt} c - \varepsilon A c \, dp - F_G \sin \alpha \, c - F_R \, c + F_W \, c - \varepsilon g \, m \, c_S \cos^2 \alpha = 0 \qquad (13.22)$$

Führt man diese beiden Gleichungen für das Kräftegleichgewicht des Feststoffes und die Bewegungsgleichung für das Trägerfluid zusammen, die über die Druckänderung dp und die Widerstandskraft F_R bzw. F_{RK} miteinander gekoppelt sind, so erhält man die folgende allgemeine Euler'sche Bewegungsgleichung für den Feststofftransport.

$$\varepsilon m \frac{dc}{dt} + (1 - \varepsilon) \, m_K \frac{dc_K}{dt} + (1 - \varepsilon)A \, dp + F_{GK} \sin \alpha + F_{RK} + F_{WK} + \varepsilon A \, dp$$
$$+ F_G \sin \alpha + F_R - F_W + \varepsilon g \, m \, \frac{c_S}{c} \cos^2 \alpha = 0 \qquad (13.23)$$

Eliminiert man mit Hilfe von Gl. 13.23 die Widerstandskraft F_W in den Gln. 13.21 und 13.22, so ergibt sich die Gleichung für den notwendigen Druckgradienten beim Gemischtransport in einer geneigten Rohrleitung nach oben.

$$dp = -\frac{1}{A}\left[\varepsilon\, m\, \frac{dc}{dt} + F_G \sin\alpha + F_R + \varepsilon\, g\, m\, \frac{c_S}{c}\cos^2\alpha + (1-\varepsilon)m_K\frac{dc_K}{dt}\right.$$

$$\left. + F_{GK}\sin\alpha + F_{RK}\right] \tag{13.24}$$

Für die Masse des Trägerfluids m und des Feststoffes m_K kann geschrieben werden:

$$m = \varepsilon\,\rho\,V \text{ und } m_K = (1-\varepsilon)\ \rho_K V \tag{13.25}$$

Für die Beschleunigung des Trägerfluids dc/dt und des Feststoffes dc_K/dt können mit $c = dl/dt$ folgende Beziehungen angegeben werden.

$$\frac{dc}{dt} = \frac{dl}{dt}\frac{dc}{dl} = c\frac{dc}{dl} \tag{13.26}$$

$$\frac{dc_K}{dt} = \frac{dl}{dt}\frac{dc_K}{dl} = c_K\frac{dc_K}{dl} \tag{13.27}$$

Für die Reibungskräfte des Fluids F_R und des Feststoffes F_{RK} kann geschrieben werden:

$$F_R = \varepsilon\lambda\,\frac{\rho}{2}c^2 A\,\frac{dl}{d} = \varepsilon\lambda\,\frac{c^2}{2d}\,dm \tag{13.28}$$

$$F_{RK} = (1-\varepsilon)\,\lambda'\,\frac{\rho_K}{2}c^2 A\,\frac{dl}{d} = (1-\varepsilon)\lambda'\,\frac{c^2}{2d}\,dm_K \tag{13.29}$$

λ' wurde unter Berücksichtigung der Stöße der Partikel miteinander und mit der Wand nach [5] ermittelt. Die Widerstandskraft der Feststoffpartikel beträgt:

$$F_{WK} = (1-\varepsilon)\,c_W\,\pi\,r_K^2\,\frac{\rho_K}{2}\,(c_K - c)^2 \tag{13.30}$$

Der Widerstandsbeiwert $c_W = f(\text{Re})$ kann für kugel- oder zylinderförmige Partikel der Abb. 9.3 in Abhängigkeit der Reynoldszahl entnommen werden.

Damit kann die Euler'sche Bewegungsgleichung für den Feststofftransport einschließlich Trägerfluid in einer geneigten Rohrleitung wie folgt geschrieben werden:

$$\rho_K\,(c - c_K)\,|\,(c - c_K)\,|$$

$$= \frac{4}{3}\,\varepsilon\,\frac{d_K}{c_W}\left\{\begin{array}{l}\rho_K\left[g\sin\alpha + c_K\frac{dc_K}{dl} + \lambda'\frac{c^2}{2d} - g\frac{\rho}{\rho_K}\sin\alpha - \frac{\rho}{\rho_K}c\frac{dc}{dl}\right] \\ -\lambda\frac{\rho}{2}\frac{c^2}{d} + \left(1 - \frac{1}{\varepsilon}\right)g\,(\rho_K - \rho)\frac{c_S}{c}\cos^2\alpha\end{array}\right\} \tag{13.31}$$

Die Berechnung der Mehrphasenströmung und die Auslegung von hydraulischen und pneumatischen Förderanlagen erfolgt heute vorwiegend mit den CFD-Programmen Fluent, ANSYS CFX oder STAR-CD zur Lösung von Flüssigkeits-Feststoff-Gemisch-Modellen mit der Phasenkopplung.

13.7 Sinkgeschwindigkeit eines kugelförmigen Einzelpartikels

Die Sinkgeschwindigkeit c_S stellt die Fallgeschwindigkeit eines Feststoffpartikels in einem ungestörten ruhenden Fluid dar. Sie kann mit Hilfe der Bewegungsgleichung für den freien Fall im stationären Zustand ermittelt werden. Diese Bewegungsgleichung folgt aus dem Kräftegleichgewicht $F_A + F_W - F_G = 0$ und sie ist im Kap. 9 angegeben.

Bei der Bewegung einer Kugel in der Mehrphasenströmung lautet die Gleichgewichtsbedingung einer Feststoffkugel mit der Strömungsfläche der Kugel $A_K = \pi r_K^2 = \pi d_K^2/4$ und mit dem Kugelvolumen von $V = 4/3\pi r_K^3$ im Gemischstrom:

$$c_W\,(\text{Re})\,\frac{\pi}{4}\,d_K^2\,\frac{\rho_K}{2}\,(c - c_S)^2 - \frac{\pi}{6}\,g\,\varepsilon d_K^3\,(\rho_K - \rho) = 0 \qquad (13.32)$$

Im ruhenden Fluid ist die Fluidgeschwindigkeit $c = 0$, sodass die Sinkgeschwindigkeit eines Partikels aus dem Kräftegleichgewicht $F_G - F_A = F_W$ errechnet werden kann zu:

$$c_S = \sqrt{\frac{8}{3}\,g\varepsilon\,\frac{r_K}{c_W\,(\text{Re})}\left(\frac{\rho_K}{\rho} - 1\right)} = \sqrt{\frac{4}{3}\,g\,\varepsilon\,\frac{d_K}{c_W\,(\text{Re})}\left(\frac{\rho_K}{\rho} - 1\right)} \qquad (13.33)$$

Die Sinkgeschwindigkeit eines kugelförmigen Teilchens ist vom Korndurchmesser d_K, von der Feststoffkonzentration $(1 - \varepsilon)$ und vom Dichteverhältnis des Trägerfluids ρ und des Feststoffes ρ_K abhängig sowie vom Widerstandsbeiwert. Der Widerstandsbeiwert c_W ist eine Funktion der Reynoldszahl $\text{Re} = d_K c_S/\nu$. Er kann für die laminare Strömung (Bereich des Stokes'schen Widerstands $\text{Re} \le 0{,}2$) errechnet werden mit $c_W = 24/\text{Re}$. In einer Gemischströmung ist die Sinkgeschwindigkeit der kugelförmigen Partikel mit einer Einflussfunktion nach [15] zu korrigieren. Im laminaren Bereich beträgt also die Sinkgeschwindigkeit

$$c_S = \frac{g}{18}\,\frac{d_K^2 \varepsilon}{\nu}\left(\frac{\rho_K}{\rho} - 1\right) \qquad (13.34)$$

Für den Newton'schen Bereich bei turbulenter Strömung im Reynoldszahlbereich von $10^3 \le \text{Re} \le 2{\cdot}10^5$ kann der Widerstandsbeiwert einer Kugel im Luftstrom nach Abb. 12.6 $c_W = 0{,}4$ gesetzt werden. Damit beträgt die Sinkgeschwindigkeit:

$$c_S = 1{,}83\,\sqrt{g\,d_K\varepsilon\left(\frac{\rho_K}{\rho} - 1\right)} \qquad (13.35)$$

In den Abb. A.16 und A.17 sind die Sinkgeschwindigkeiten kugelförmiger Partikel mit Korndurchmessern von $d_K = 10$ bis $100\,\mu\text{m}$ und Dichten von $\rho_K = 500\,\text{kg/m}^3$ bis $8000\,\text{kg/m}^3$ für Reynoldszahlen von $\text{Re} = 10^{-3}$ bis $5 \cdot 10^4$ in ruhender Luft bei $p_0 = 101{,}325\,\text{kPa}$ und $t_0 = 20\,^\circ\text{C}$ und von kugelförmigen Partikeln mit Korndurchmessern von $d_K = 10\,\mu\text{m}$ bis $0{,}25\,\text{mm}$ in ruhendem Wasser von $t = 15\,^\circ\text{C}$ im Reynoldszahlenbereich von $\text{Re} = 10^{-2}$ bis 10^5 dargestellt.

Die Sinkgeschwindigkeit von kugelförmigen Partikeln erreicht in ruhender Luft Werte von $c_S = 1$ mm/s bis 40 m/s, die bei Hagel tatsächlich auftreten können und in Wasser Werte von $c_S = 0{,}1$ mm/s bis 28 m/s. Die Sinkgeschwindigkeit c_S wird umso größer je größer der Korndurchmesser und die Dichte der Feststoffpartikel sind. Mit zunehmender Sinkgeschwindigkeit steigt auch die Reynoldszahl der sinkenden Partikel. Die Fördergeschwindigkeit beim Gemischtransport muss also größer sein als eine kritische Geschwindigkeit, bei der die Bildung einer stationären Feststoffablagerung beginnt, die von der nachfolgenden Strömung nicht mehr in Bewegung gesetzt wird und somit zur Verstopfung der Rohrleitung führt.

13.8   Kritische Geschwindigkeit

Die kritische Geschwindigkeit von Mehrphasengemischen ist von der Gemischzusammensetzung und von der Art der Mehrphasenströmung abhängig.

Bei kompressibler Gas- und Feststoffförderung stellt sich in Rohrleitungen analog zur reinen Gasströmung nach einem ausreichenden Strömungsweg ein kritischer Strömungszustand ein, der durch einen Druckabfall gekennzeichnet ist [10–12]. Heterogene Gemische müssen als Zweiphasengemische behandelt werden. Die kritische Geschwindigkeit c_{Kr} stellt die Transportgeschwindigkeit in der horizontalen Rohrleitung dar, bei der sich ein stationäres Feststoffbett auf der Rohrsohle auszubilden beginnt. Diese kritische Geschwindigkeit c_{Kr} ist bei Flüssigkeits-Feststoffsuspensionen von der Korngröße d_K, vom Kornspektrum, von der Transportkonzentration c_T und vom Rohrdurchmesser abhängig.

Die kritische Geschwindigkeit c_{Kr} kennzeichnet nach Abb. 13.13 jene Transportgeschwindigkeit, bei der keine stabile Förderung mehr möglich ist, weil sich der Feststoff beim horizontalen Transport auf der Rohrsohle absetzt.

Obwohl die Gravitationskraft und der Auftrieb die wichtigsten Einflussgrößen für die kritische Geschwindigkeit sind, ist ihre geschlossene Berechnung auf Grund der vielen Einflussparameter bisher nicht allgemeingültig möglich. Für heterogene Flüssigkeits-Feststoff-Gemische kann nach [13] die folgende Gleichung für die kritische Geschwindigkeit angegeben werden:

$$c_{Kr} = 12\,\mu\,d_R^{1/3}\,d_{Km}^{1/6}\left[g\left(\frac{\rho_K}{\rho}-1\right)\right]^{\frac{1}{2}}\left(\frac{d_{Km}}{d_{Kg}}\right)^{\frac{1}{12}}c_T^{\frac{1}{6}\left(\frac{d_{Km}}{d_{Kg}}\right)^{1/6}} \tag{13.36}$$

Darin ist $d_{Km}/d_{Kg} = 1$.

Weitere Gleichungen zur Berechnung der kritischen Geschwindigkeit von Sand und Kies bei springendem und gleitendem Transport in horizontalen Rohrleitungen können [14–16] entnommen werden, die in der Regel auf experimenteller Basis erstellt wurden, wie z. B. die Gleichung für Sand mit $d_K = 0{,}18$ mm bis 6,0 mm.

$$c_{Kr} = 0{,}6\,(g\,d_R\,c_S)^{1/4} \tag{13.37}$$

Abb. 13.13 Bezogener Druckverlust für die horizontale
hydraulische Förderung von
Sand mit $d_K = 0{,}208$ mm [9]

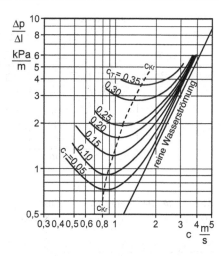

Unterschreitet die Gemischgeschwindigkeit c_G die kritische Geschwindigkeit c_{Kr}, so steigt der Druckverlust in der Rohrleitung infolge des abgesetzten Feststoffs wieder an (Abb. 13.13 und 13.15). Deshalb darf die Gemischgeschwindigkeit die kritische Geschwindigkeit c_{Kr}, die mit zunehmender Raumkonzentration gedämpft ansteigt, nicht unterschreiten.

13.9   Druckverluste in Rohrleitungen und Schüttungen

Aus der Bewegungsgleichung kann der Druckverlust in der Rohrleitung beim hydraulischen Transport oder in der Wirbelschicht ermittelt werden. In Abb. 13.14 ist der bezogene Druckverlust einer durchströmten Schüttung, einer Wirbelschicht und in einer vertikalen Rohrleitung dargestellt. Der Druckverlust in einer geneigten oder in einer vertikalen Leitung setzt sich aus folgenden Druckanteilen zusammen:

- Trägheitsgröße für das Gemisch $\rho_K\, c_G\, \dfrac{c_T}{c_R}\left[c_T + \dfrac{1 - c_T}{1 - s}\right]\dfrac{dc_G}{dl}$,
- Druckdifferenz aus der Gravitationskraft $g\,\rho_G\,\sin\alpha$,
- Reibungsdruckverlust des Trägerfluids $\dfrac{\lambda}{d_R}\dfrac{\rho}{2}c_G^2\,\dfrac{(1 - c_T)^3}{(1 - c_R)^{2,5}}$,
- Reibungsdruckverlust des Feststoffs $g\,\mu_T\,c_R\,(\rho_K - \rho)\cos\alpha$.

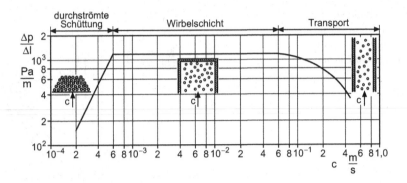

Abb. 13.14 Bezogener Druckverlust bei vertikaler Durchströmung von Schüttgut, Wirbelschicht und beim vertikalen Transport von Karbonat mit $\rho = 2000\,\text{kg/m}^3$ und $d_K = 30\,\mu\text{m}$ [8]

Abb. 13.15 Rohrleitungs-kennlinien von Wasser und Wasser-Sandgemischen in Abhängigkeit der Gemisch-geschwindigkeit c_G und der Raumkonzentration c_R in einer horizontalen Rohrleitung DN50 [14]

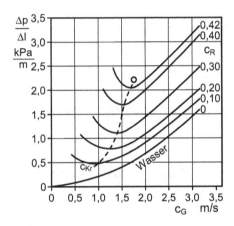

Daraus erhält man den auf die Längeneinheit bezogenen Druckverlust der Gemisch-strömung in Pa/m in einer geneigten Rohrleitung entsprechend Abb. 13.12 und Gl. 13.31

$$\frac{dp_G}{dl} = \underbrace{\rho'_K\, c_G \frac{c_T}{c_R}\left[c_T + \frac{1-c_T}{1-s}\right]\frac{dc_G}{dl}}_{\text{Druckverlust durch Beschleunigung}} + \underbrace{g\, \rho_G\, \sin\alpha}_{\substack{\text{geodätische}\\\text{Druckdifferenz}}}$$

$$+ \underbrace{\frac{\lambda}{d_R}\frac{\rho}{2}\, c_G^2\, \frac{(1-c_T)^3}{(1-c_R)^{2,5}}}_{\substack{\text{Reibungsdruck-}\\\text{verlust des Fluids}}} + \underbrace{g\, \mu_T\, c_R\, (\rho_K - \rho)\, \cos\alpha}_{\substack{\text{Reibungsdruck-}\\\text{verlust des Feststoffs}}} \qquad (13.38)$$

s ist der Schlupf des Feststoffes und
c_T die Transportkonzentration.

Daraus ergibt sich der bezogene Druckverlust des Gemisches $dp_G/\Delta l$ für den stationären Feststofftransport ohne Beschleunigung in einer horizontalen Leitung mit $g\,\rho_G \sin\alpha = 0$

$$\frac{dp_G}{\Delta l} = \frac{\lambda}{d_R}\frac{\rho}{2}c_G^2\frac{c_R}{c_T}\frac{(1-c_T)^3}{(1-c_R)^{2,5}} + g\,\mu_T\,c_R\,(\rho_K - \rho)\cos\alpha \qquad (13.39)$$

Die massebezogene Transportkonzentration μ_T kann als Funktion der Transportkonzentration c_T und des Dichteverhältnisses der Feststoffpartikel und des Trägerfluids mit Gl. 13.18 angegeben werden. Für bestimmte Dichteverhältnisse des Feststoffes zur Flüssigkeit z. B. von $\rho_K/\rho = 2560\,\mathrm{kg/m^3}/1000\,\mathrm{kg/m^3} = 2{,}56$ kann die Transportkonzentration $c_T = 0{,}72$ angestrebt werden. Sie kann mit ansteigender Feststoffdichte mit $\rho_K = 4000\,\mathrm{kg/m^3}$ in Wasser mit $\rho = 1000\,\mathrm{kg/m^3}$ als Trägerfluid bis auf $c_T = 0{,}80$ ansteigen.

Der bezogene Druckverlust in einer Förderleitung (Abb. 13.15) kann auch in Abhängigkeit der kritischen Froudezahl $\mathrm{Fr}_{Kr}^2 = c_{Kr}^2/(g\,d)$ dargestellt werden, wobei zu beachten ist, dass bei Mehrphasenströmungen auch eine Froudezahl für die Sinkgeschwindigkeit definiert wurde als:

$$\mathrm{Fr}^2 = \frac{c_S^2}{g\,d} = \frac{(1-c_T)\,c_{S_0}^2}{g\,d} \qquad (13.40)$$

Der Druckverlust in einer **Schüttung** kann mit der folgenden Gl. 13.41 berechnet werden

$$\Delta p_{Sch} = \frac{16}{150}\lambda_{Sch}\frac{1-\varepsilon}{\varepsilon^3}\frac{c_S^2}{2}\rho\frac{\Delta l}{d_S\,\psi} \qquad (13.41)$$

ψ ist der Formfaktor. Der Druckverlustbeiwert der Schüttung ist Funktion der Reynoldszahl und beträgt [8]:

$$\lambda_{Sch} = 2\cdot 10^3/\mathrm{Re} = \frac{2\cdot 10^3\,\nu_f\,(1-\varepsilon)}{0{,}6\,d_S\,c_S\,\psi} \qquad (13.42)$$

In [15] sind weitere Gleichungen zur Berechnung der bezogenen Druckverluste $\Delta p_G/\Delta l$ für heterogene Flüssigkeits-Feststoffgemische z. B. Kohle in horizontalen Rohrleitungen angegeben.

13.10 Strömung beim hydraulischen Transport

Beim hydraulischen Transport ist bezüglich der Rohrleitungsgeometrie zwischen dem vertikalen und horizontalen Transport und dem Transport in geneigten Rohrleitungen und bezüglich der Zweiphasengemische zwischen homogenen und heterogenen Gemischen zu unterscheiden.

Homogene Suspensionen mit Korngrößen der Feststoffe von $d_K = 1\,\mathrm{nm}$ bis $50\,\mu\mathrm{m}$ stellen Aerosole dar (Abb. 13.1). Sie können als Kontinua mit Newton'schem oder nicht-Newton'schem Fließverhalten mit der entsprechenden Gemischdichte betrachtet werden.

Heterogene Suspensionen werden als Zwei- oder Dreiphasengemische behandelt, in denen die Wechselwirkungen der Partikel der einzelnen Phasen zu berücksichtigen sind. Heterogene Suspensionen können mit Rücksicht auf das Absetzen des Feststoffes in horizontalen und geneigten Rohrleitungen nur bei turbulenter Strömung gefördert werden, wobei auch hierbei die kritische Geschwindigkeit nicht unterschritten werden darf, um Ablagerungen des Feststoffes und Verstopfungen zu vermeiden.

Bei der Berechnung der Rohrleitungen und Armaturen sind auftretende Druckstöße und der Rohrleitungsverschleiß bzw. die Lebensdauer zu berücksichtigen.

Bei gleich großer Dichte des Trägerfluids ρ und des Feststoffes ρ_K bei homogenen Suspensionen kann die Haftbedingung an der Wand mit $c = 0$ nach [17, 18] nicht mehr aufrechterhalten werden. Den homogenen Suspensionen sind sehr oft auch sedimentierende Feststoffanteile beigemengt, sodass es dabei zweckmäßig ist, die kritische Geschwindigkeit beim Transport einzuhalten.

Feststoffe weisen mitunter einen polydispersen Charakter auf, sodass die Suspension nicht als homogenes Fluid behandelt werden darf. Die Feststoffparameter beeinflussen das Strömungsverhalten und den Fördervorgang wesentlich. Deshalb sind folgende Parameter besonders zu beachten:

- Eine steigende Dichte der Feststoffteilchen führt zu Newton'schem Verhalten der Suspension.
- Eine abnehmende Partikelgröße führt zu Newton'schem Fließverhalten infolge des abnehmenden Schwerkrafteinflusses $g\,dm$.
- Eine zunehmende Abweichung der Partikelform von der Kugelform führt zu stärkerem Newton'schen Verhalten.
- Die zunehmende Feststoffkonzentration führt zu verstärktem nicht-Newton'schen Verhalten der Suspension.

In Abb. 13.15 ist das Kennfeld einer Rohrleitung bei Förderung von Sand mit $\rho_K = 2600\,\text{kg/m}^3$ in Wasser mit $\rho = 1000\,\text{kg/m}^3$ nach [14] für Raumkonzentrationen von $c_R = 0{,}10$ bis $0{,}42$ in Abhängigkeit der Gemischgeschwindigkeit dargestellt. Deutlich erkennbar ist die Grenze der Gemischgeschwindigkeit an der kritischen Geschwindigkeit c_{Kr}, die mit zunehmender Raumkonzentration zunimmt.

Analog zur Abb. 13.10 für den bezogenen Druckverlust für den horizontalen pneumatischen Transport von kugelförmigen Partikeln ist in Abb. 13.16 qualitativ der bezogene Druckverlust für die vertikale hydraulische und pneumatische Förderung von der Durchströmung von körnigen Schüttungen bis zur Schwebeströmung von körnigen Feststoffen dargestellt.

Bei der vertikalen Durchströmung von Schüttungen z. B. für Trocknungsprozesse von Getreide, Hülsenfrüchten oder für die Schüttgutlockerung steigt der bezogene Druckverlust $\Delta p / \Delta l$ proportional mit der Durchströmgeschwindigkeit an. Die linke geneigte Gerade in Abb. 13.16 des doppeltlogarithmischen Diagramms stellt den bezogenen Druckverlust in einer Schüttung mit frei beweglichen Feststoffteilchen unterhalb des Wirbelpunktes

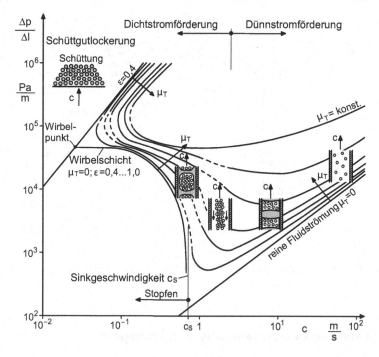

Abb. 13.16 Bezogener Druckverlust für die vertikale hydraulische und pneumatische Förderung von feinem und grobkörnigem Feststoff, erweitert nach [8]

und festgehaltenen Feststoffteilchen oberhalb des Wirbelpunktes dar. Daran schließt sich die Dichtstromförderung mit hoher Transportkonzentration an. Erst danach folgt eine Dünnstromförderung mit weiter abnehmender Transportkonzentration. Der mittlere und der rechte Strömungsbereich in Abb. 13.16 ist gekennzeichnet von den Strömungsformen beim vertikalen Transport von Zweiphasengemischen entsprechend Abb. 13.9. Das sind die Pfropfenströmung, die Strähnenströmung, die Kolben- und die Schwebeförderung von Feststoffpartikeln. Die rechte Gerade gibt den auf die Länge bezogenen Druckverlust der reinen Fluidströmung an.

Unterschreitet die Geschwindigkeit des Trägerfluids die Sinkgeschwindigkeit der Feststoffpartikel, so beginnt das Stopfen in der Rohrleitung (Abb. 13.16).

Beim hydraulischen Transport wird das Trägerfluid von Kreiselpumpen oder für größere Druckverluste von rotierenden Verdrängerpumpen gefördert und beim pneumatischen Transport von Gebläsen oder Kompressoren. Dafür werden Hochdruckventilatoren, Drehkolbenverdichter, Schraubenverdichter oder für große Volumenströme Turboverdichter eingesetzt.

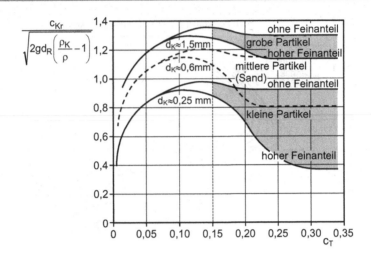

Abb. 13.17 Dimensionslose kritische Geschwindigkeit für heterogene Gemische in Abhängigkeit der Transportkonzentration nach [16]

13.11 Strömung beim pneumatischen Transport

Auch beim pneumatischen Feststofftransport müssen in Abhängigkeit der Korn- und Gemischstruktur bestimmte Grenzen eingehalten werden, wenn Ablagerungen der Partikel in der horizontalen Rohrleitung vermieden werden sollen. Die wichtigsten Einflussgrößen auf den pneumatischen Transport sind die Transportkonzentration c_T, die Korngröße d_K und die Korngrößenverteilung d_{Ki} entsprechend der Siebkurve (Abb. 13.4).

Bei Transportkonzentrationen von $c_T < 0{,}15$ steigt die kritische Geschwindigkeit mit ansteigender Transportkonzentration. Dadurch ist die Transportstabilität bei großer Korngröße d_K und geringer Transportkonzentration c_T am geringsten (Abb. 13.17). Bei großen Transportkonzentrationen mit $c_T > 0{,}15$ nimmt die kritische Geschwindigkeit c_{Kr} des Gemisches mit zunehmender Transportkonzentration wieder ab. Die Kennlinien in Abb. 13.17 ergeben eine Orientierung für die Auslegung von horizontalen pneumatischen Transportanlagen für heterogene Gas-Feststoffgemische. Beim pneumatischen Transport ist auch die Kompressibilität des Trägerfluids zu berücksichtigen (Kap. 6).

13.12 Massenkraftabscheidung von Staub

Zwei wichtige technische Anwendungen der Mehrphasenströmung sind die Partikelabscheidung aus Gasen (Staubabscheidung) und das Farbspritzen mit flüssigen oder trockenen pulverförmigen Farben in einem Luftstrom mit kleinsten Farbpartikeln. Die Flüssigkeitstropfenabscheidung kann durch die Schwerkraftwirkung, durch die Träg-

Abb. 13.18 Schematische Darstellung verschiedener Abscheidemechanismen von Flüssigkeitstropfen im Strömungsfeld an einer Faser F

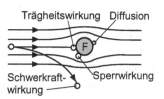

heitswirkung an Faseroberflächen, durch Sperrwirkung oder durch Diffusion an Fasern in Abhängigkeit der Tropfengröße oder durch Kombination dieser Mechanismen erfolgen (Abb. 13.18). Nachfolgend wird die Partikelabscheidung in Massenkraftabscheidern behandelt.

13.12.1 Schwerkraftabscheidung

Schwerkraftabscheider können als vertikale Gegenstromabscheider (Abb. 13.19) oder als horizontale Querstromabscheider (Abb. 13.20) ausgeführt werden. Beim vertikalen Gegenstromabscheider sedimentieren die Partikel mit der Gravitationskraft $F_G = g \, m_K =$

Abb. 13.19 Schwerkraft-Gegenstromabscheider

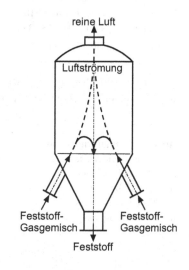

Abb. 13.20 Schwerkraft-Querstromabscheider

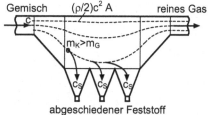

$g\rho_K V_K$ entgegen der nach oben gerichteten Geschwindigkeit c. Die Abscheidebedingung der Feststoffpartikel lautet $F_W + F_G = 0$, mit $c_{S min} = c_S$. Alle Partikel mit der Fallgeschwindigkeit $c_S = \int g \, dt \geq c$ werden separiert und fallen nach unten in einen Auffangbehälter.

Im horizontalen Querstromabscheider fallen die Partikel größerer Dichte durch die Gravitationskraft mit der kritischen Sinkgeschwindigkeit c_{kr} (Gl. 13.37) nach unten in die Feststoffsammelbehälter.

13.12.2 Fliehkraftabscheidung (Zyklonabscheidung)

Wird ein staubbeladenes Fluid in einem Zyklon oder in einem axialen Leitgitter durch die Drallerzeugung auf gekrümmte Strombahnen geleitet, so werden die Feststoffteilchen mit der Masse m, dem Volumen V und der größeren Dichte ρ_K durch die Zentrifugalbeschleunigung $a = \omega^2 r = u^2/r$ mit der Zentrifugalkraft $F_Z = ma = \rho_K \omega^2 r V$ an die Außenwand geschleudert, während die Luft oder das Gas mit der geringeren Dichte ρ in einem Innenrohr, dem Steigrohr, abgeführt werden kann. Feststoffpartikel und Staub mit der größeren Dichte werden in einem konischen Rohr nach unten abgeführt. Im Zyklon wird die Zentrifugalbeschleunigung durch den tangentialen Eintritt des staubbeladenen Fluids durch eine Eintrittsspirale und im Axialabscheider durch ein axiales Leitrad erzeugt (Abb. 13.21) [19–25, 38].

Beim Axialabscheider werden die Feststoffteilchen in einer Ringkammer des Abscheiderohres gesammelt und stetig oder periodisch abgeleitet.

Bei der spiralförmigen Eintrittsströmung des Zweiphasengemisches in einen Zyklon treten folgende Kräfte in einer Horizontalebene auf:

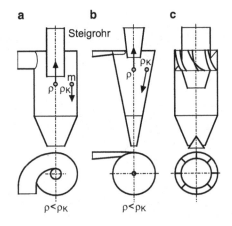

Abb. 13.21 Bauformen von Zyklonabscheidern. **a** Tangentialzyklon für beladene Luft, **b** Tangentialzyklon für beladene Flüssigkeit, **c** Axialzyklon mit Drallerzeuger

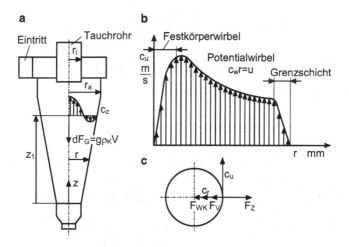

Abb. 13.22 Kräfte und Geschwindigkeitsverteilung in einem Zyklonabscheider. **a** Zyklonabscheider, **b** Umfangsgeschwindigkeit $c_u(r)$ in der Ebene z_1, **c** Kräfte in der Schnittebene z_1 des Zyklons

- Zentrifugalkraft (Abb. 13.21)

$$F_Z = m\,\omega^2\,r = \rho_K \frac{\pi}{6} d_K^3 \frac{c_u^2}{r}. \tag{13.43}$$

- Statische Auftriebskraft im Zentrifugalfeld radial nach innen

$$F_A = -\rho \frac{\pi}{6} d_K^3 r\,\omega^2. \tag{13.44}$$

- Resultierende Kraft in radialer Richtung mit $c_u^2 = \omega^2\,r^2$ (Abb. 13.22)

$$F_Z - F_A = (\rho_K - \rho)\frac{\pi}{6} d_K^3 \frac{c_u^2}{r}. \tag{13.45}$$

- Widerstandskraft F_W in Richtung der Relativgeschwindigkeit zwischen Partikel und Fluid in radialer Richtung

$$F_{Wr} = c_W\,(\mathrm{Re}) \frac{\pi}{4} d_K^2 \frac{\rho}{2} w_r^2. \tag{13.46}$$

Die Widerstandskraft in radialer Richtung F_{Wr} steht im Gleichgewicht mit der Zentrifugalkraft F_Z und der statischen Auftriebskraft F_A (Abb. 13.21):

$$F_Z - F_A = F_{Wr} \rightarrow (\rho_K - \rho)\frac{\pi}{6} d_K^3 \frac{c_u^2}{r} = c_W\,(\mathrm{Re}) \frac{\pi}{4} d_K^2 \frac{\rho}{2}\,w_r^2. \tag{13.47}$$

Daraus erhält man die Relativgeschwindigkeit w_r der Partikel zum Fluid in radialer Richtung:

$$w_r = \left[\frac{4}{3} \left(\frac{\rho_K}{\rho} - 1 \right) \frac{d_K \, \omega^2 \, r}{c_W \, (\text{Re})} \right]^{1/2} . \tag{13.48}$$

• Schwerkraft in vertikaler Richtung

$$F_G = g \, \rho_K \, V = g \, \rho_K \, \frac{\pi}{6} \, d_K^3 . \tag{13.49}$$

Unter der Voraussetzung, dass kleine Partikel nahezu trägheitsfrei der Umfangsgeschwindigkeit der Strömung, folgen erhält man mit der Partikel-Reynoldszahl, Re = $d_K w_r / \nu$ den Widerstandsbeiwert für das Stokes'sche Strömungsverhalten:

$$c_W = \frac{24}{\text{Re}} = \frac{24 \, \nu}{d_K \, w_r} = \frac{4}{3} \left(\frac{\rho_K}{\rho} - 1 \right) \frac{d_K \, \omega^2 \, r}{w_r} \tag{13.50}$$

Damit erhält man die Relativgeschwindigkeit der Partikel in radialer Richtung zu:

$$w_r(r) = \left(\frac{\rho_K}{\rho} - 1 \right) \frac{d_K^2 \, c_u^2}{18 \, \nu \, r} \tag{13.51}$$

Unter der Bedingung, dass die radiale Strömungsgeschwindigkeit $c_r(r)$ und die radiale Auftriebsgeschwindigkeit $w_r(r)$ der Partikel gleich groß sind, bleiben die Partikel einer bestimmten Größe d_K auf einem bestimmten Radius auf der Kreisbahn. Diese Partikelgröße wird als Trennkorngröße bezeichnet. Sie beträgt für $c_r(r) = w_r(r)$

$$d_T = \sqrt{ \frac{18 \, \nu}{\left(\frac{\rho_K}{\rho} - 1 \right)} \frac{r \, c_r(r)}{c_u^2(r)} } \tag{13.52}$$

Der Druck auf konzentrischen Kreisen im Zyklon ist konst. Aus Gl. 13.50 ist erkennbar, dass der Widerstandsbeiwert der kugelförmigen Staubteilchen im Zyklon von dem Dichteverhältnis des Feststoffes ρ_K zur Luft ρ, von dem Geometrieverhältnis r_K/r und dem Eintrittswinkel der Strömung α in den Zyklon abhängig ist. Die Umfangskomponente $c_u(r)$ und die Radialkomponente der Geschwindigkeit $c_r(r)$ müssen vorgegeben werden.

Literatur

1. Barth W (1956) Berechnung und Auslegung von Zyklonabscheidern aufgrund neuerer Untersuchungen. BWK 8(1):1–9
2. Barth W (1954) Strömungstechnische Probleme der Verfahrenstechnik. Chemie-Ing Tech 26(1):29–34, Weinheim
3. Barth W (1954) Pneumatische Förderung. Fortschritte der Verfahrenstechnik, Bd. 1952/53. Verlag Chemie GmbH, Weinheim, S 63–65

4. Barth W (1958) Strömungsvorgänge beim Transport von Festteilchen und Flüssigkeitsteilchen in Gasen mit besonderer Berücksichtigung der Vorgänge bei pneumatischer Förderung. Chemie-Ing Tech 30(3):171–180

5. Muschelknautz E (1959) Theoretische und experimentelle Untersuchungen über die Druckverluste pneumatischer Förderleitungen unter besonderer Berücksichtigung des Einflusses von Gutreibung und Gutgewicht VDI Forschungsheft, Bd. 467. VDI Verlag, Düsseldorf

6. Lain S, Bröder D, Sommerfeld M (1999) Numerical studies of the hydrodynamics in a bubble column using the Euler–Lagrange approach 9th Workshop On Two-Phase Flow Predictions, Merseburg.

7. Mundo Chr, Sommerfeld M, Tropea C (1996) Numerical predictions of a polydisperse spray flow in the vicinity of a rigid wall 8th Workshop On Two-Phase Flow Predictions, Merseburg.

8. Weber M (1974) Strömungsfördertechnik. Otto Krausskopf-Verlag, Mainz

9. Newitt DM, Richardson JF, Abbott M, Turtle RB (1955) Hydraulic conveying of solids in horizontal pipes. Trans Instn Chem Engrs 33:93–113

10. Crowe C, Sommerfeld M, Tsuji Y (1998) Multiphase Flows with Droplets and Particles. CRC Press LLC, Boca Raton FL, USA

11. Bourloutski E, Sommerfeld M (2002) Euler/Lagrange calculations of dense gas–liquid–solid flows in bubble columns with consideration of phase interaction 10th Workshop On Two-Phase Flow Predictions, Merseburg.

12. Jørgensen J, Rosendahl L, Sommerfeld M (2002) Using a Lattice Boltzmann simulation tool to predict aerodynamic properties of freely suspended cylinders. 10th Workshop On Two-Phase Flow Predictions, Merseburg

13. Makra, S (1983) Untersuchung der hydraulischen Förderung in einer geneigten Rohrleitung. Hydromechanisation 3, Miskolc, Ungarn, A6

14. Richter, H, Kecke H.J. (1987) Zum Transportverhalten von heterogenen Suspensionen mit unterschiedlichen Feinanteil des Feststoffes. Hydromechanisation 5, Szyrk, Polen

15. Buhrke H, Kecke HJ, Richter H (1989) Strömungsförderer. Verlag Technik, Berlin

16. Parconka W, Kenchington JM, Charles ME (1981) Hydrotransport of solids in horizontal pipes. Effects of solids concentration and particle size on the deposit velocity. Can J Chem Eng 59:291–295

17. Jürgens, HH (1983) Zur optimalen Konzentration beim hydraulischen Transport von Feststoffen durch Rohrleitungen. Dissertation, Technische Universität Braunschweig

18. Konow J (1985) Strömungsverhältnisse und Druckverlust bei hydraulischer Feststoffförderung in waagerechten und geneigten Rohren VDI-Fortschrittsberichte, Reihe 13, Bd. 29. VDI-Verlag, Düsseldorf

19. Bohnet M (1982) Zyklonabscheider zum Trennen von Gas/Feststoff-Strömungen. Chem-Ing-Tech 54(7):621–630

20. Muschelknautz E (1972) Die Berechnung von Zyklonabscheidern für Gase. Chem-Tech 44(1/2):63–71

21. Mothes H, Löffler F (1984) Bewegung und Abscheidung der Partikeln im Zyklon. Chem-Ing-Tech 56(9):714–715

22. Mothes, H (1982) Bewegung und Abscheidung der Partikeln im Zyklon. Dissertation, Universität (TH) Karlsruhe

23. Lorenz T, Bohnet M (1995) Experimentelle und theoretische Untersuchungen zur Heißgasentstaubung mit Zyklonabscheidern. Chem-Ing-Tech 66(9):1234

24. Lorenz T (1994) Heißgasentstaubung in Zyklonabscheidern VDI-Fortschrittsberichte, Reihe 3, Bd. 366. VDI-Verlag, Düsseldorf

25. Meißner P, Löffler F (1978) Zur Berechnung des Strömungsfeldes im Zyklonabscheider. Chem-Ing-Tech 50:597

26. Durand R, Concolios E (1952) Etude experimentale du re foulement des matériaux en conduite. 2. émes Journéesd l'Hydraulique, Grenoble

27. Brauer H (1971) Grundlagen der Einphasen- und Mehrphasenströmungen. Sauerländer Verlag, Aarau

28. Kriegel E, Brauer H (1966) Hydraulischer Transport körniger Feststoffe durch waagerechte Rohrleitungen VDI-Forschungsheft, Bd. 515.

29. Wiedenroth, W (1967) Förderung von Sand-Wasser-Gemischen durch Rohrleitungen und Kreiselpumpen. Dissertation, TH Hannover

30. Vogel G (1982) Der Joukowski-Stoß in einem Wasser-Feststoff-Gemisch 5. Kolloquium Massenguttransport durch Rohrleitungen, Universität G.H. Paderborn, Meschede.

31. Windhab E (1986) Untersuchungen zum rheologischen Verhalten konzentrierter Suspensionen Fortschrittsberichte VDI, Reihe Verfahrenstechnik, Bd. 118. VDI-Verlag, Düsseldorf

32. Bröder D, Ruzicka M, Drahos, Sommerfeld M (2002) Visual study of bubble–bubble interactions with high-speed camera 10th Workshop On Two-Phase Flow Predictions, Merseburg.

33. Bürkholz A (1986) Die Beschreibung der Partikelabscheidung durch Trägheitskräfte mit Hilfe einer dimensionsanalytisch abgeleiteten Kennzahl. Chem-Ing-Techn 58(7):548–556

34. Büttner H (1988) Size separation of particles from aerosol samples using impactors an cyclones. Part System 5:87–93

35. Schäfer, A (1970) Untersuchungen über das Fließverhalten nichtsedimentierender Kunststoffsuspensionen in runden Rohren. Dissertation, Technische Hochschule Darmstadt

36. Graf WH, Robinson M, Yncel O (1971) Hydraulics of sediment transport. McGraw-Hill Series, New York

37. Rennhack, R (1983) Naßarbeitende Staubabscheider. Tagung 23./24. März 1983 im Haus der Technik, Essen

38. Stieß M (1995) Mechanische Verfahrenstechnik 1, 2. Aufl. Springer, Berlin, Heidelberg, New York

39. Bohnet M (2012) Mechanische Verfahrenstechnik. Wiley, Weinheim

Strömungstechnische Messtechnik

Die Aufgabe der strömungstechnischen Messtechnik ist die Bestimmung von Druck, Geschwindigkeit, Temperatur, Volumen- und Massestrom. Dafür gibt es strömungstechnische und elektronische Sonden verschiedener Bauart. Der statische Druck kann mittels Wandanbohrung, mittels Pitotrohr (Henri de Pitot 1695–1771) oder Prandtlrohr (Ludwig Prandtl 1875–1953) gemessen und am U-Rohrmanometer oder am Schrägrohrmanometer angezeigt werden. Die momentane und die mittlere Strömungsgeschwindigkeit in Größe und Richtung kann mittels Sonden gemessen werden, die in den Strömungsraum eingebracht werden und dadurch aber die Strömung beeinflussen oder berührungslos mittels Licht- oder Laserlichtstrahlen.

14.1 Druckmesstechnik

Die Druckmessung erfolgt durch kleine Bohrungen von $d = 0{,}5$ bis $2{,}0$ mm in der Oberfläche von Körpern. Die Messbohrung wird mit einem Messgerät (Manometer) verbunden. Die Messbohrung muss senkrecht in der Oberfläche angeordnet werden und sie muss grat- und radienfrei sein, da sonst zu große oder zu kleine Druckwerte gemessen werden (Abb. 14.1).

Gratbildung vom Bohren, zu große Rauigkeit oder Radien am Bohrlochrand der Messbohrung stören die Strömung und verfälschen das Messergebnis. Der Bohrlochdurchmesser soll möglichst klein sein, er darf aber nicht verstopfen. Die Druckmessfehler steigen annähernd linear mit dem Bohrlochdurchmesser d an, wobei zu große Messwerte angezeigt werden. Der Durchmesser der Messbohrung soll möglichst kleiner als $1/5$ der Grenzschichtdicke sein, um Störungen der Außenströmung zu vermeiden. In Abb. 14.2 ist der Messfehler statischer Druckmessbohrungen in Abhängigkeit der Reynoldszahl der Messbohrung und der Bohrlochgeometrie nach Shaw dargestellt.

$$\frac{d}{\delta} = \frac{1}{5} \tag{14.1}$$

© Springer Fachmedien Wiesbaden GmbH 2017
D. Surek, S. Stempin, *Technische Strömungsmechanik*,
https://doi.org/10.1007/978-3-658-18757-6_14

Abb. 14.1 Statische Druckmessung mittels **a** Wandanbohrung und **b** Prandtlrohr in der
Strömung

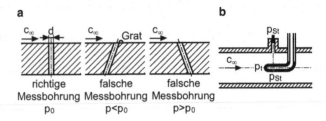

richtige   falsche   falsche
Messbohrung Messbohrung Messbohrung
p_0 $p<p_0$ $p>p_0$

Abb. 14.2 Relativer
Messfehler bei statischer
Wanddruckmessung in Ab-
hängigkeit der Reynoldszahl
$Re = c_\tau d/\nu$ und der Bohrlochgeometrie nach Shaw

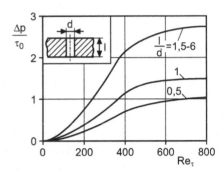

Mit der Reynoldszahl der Grenzschicht $Re = c_\tau d/\nu$ und der Schubspannungsgeschwindigkeit $c_\tau = \sqrt{\tau_0/\rho}$

$$\frac{\Delta p}{\tau_0} = f\left(Re_\tau \frac{l}{d}\right) = f\left(\frac{l}{\nu}\sqrt{\frac{\tau_0}{\rho}}\right) \tag{14.2}$$

Der bezogene Druckmessfehler $\Delta p/\tau_0$ ist abhängig von der Reynoldszahl der Grenzschicht Re_τ und vom Bohrlochverhältnis l/d.

Je größer die Wandschubspannung τ_0 und die Schubspannungsgeschwindigkeit $c_\tau = \sqrt{\tau_0/\rho}$ an der Wand ist, desto stärker wirkt sich eine zu große Messbohrung auf den Messfehler des Druckes aus. Auch die Bohrungslänge der Messbohrung soll möglichst klein sein und $l = 6\,\text{mm}$ nicht übersteigen, ebenso soll die Leitungslänge zwischen Messbohrung und Manometer möglichst kurz sein. Der Strömungswiderstand in der Messleitung und die Elastizität des Leitungsvolumens begrenzen die Messzeit, weil sich der tatsächliche Druck nur asymptotisch am Messgerät einstellt.

Der statische Druck kann mittels Druckmesssonden auch in der Strömung gemessen werden. Solche Drucksonden sind Pitotrohre, Prandtlrohre oder instationäre Miniaturdruckmesssonden. Bei Pitotrohren und an Prandtlsonden entsprechend Abb. 14.1 sind die Druckmessbohrungen am Schaft des Messrohres angeordnet, die von der Strömung parallel umströmt werden.

14.1.1 Hydraulische Druckmessgeräte

Als Druckmessgeräte werden verwendet:

- U-Rohrmanometer (Abb. 14.3)

  Beim U-Rohrmanometer (Abb. 14.3) wirkt der zu messende Druck gegen den Druck der Gravitationswirkung auf die Messflüssigkeit. Als Messflüssigkeit in U-Rohrmanometern werden Flüssigkeiten unterschiedlicher Dichte in Abhängigkeit der Größe des zu messenden Druckes verwendet:
  - Toluol mit $\rho = 866\,\text{kg/m}^3$ für Gasströmungen,
  - Wasser mit $\rho = 1000\,\text{kg/m}^3$ für Gasströmungen,
  - Tetrachlorkohlenstoff (CCl$_4$) mit $\rho = 1542\,\text{kg/m}^3$ für Gas- und Flüssigkeitsströmungen,
  - Schwefelkohlenstoff mit $\rho = 1261\,\text{kg/m}^3$ für Gas- und Flüssigkeitsströmungen,
  - Quecksilber mit $\rho = 13.546\,\text{kg/m}^3$ vorwiegend für Flüssigkeitsströmungen.

  Da die Ablesung an einem kalibrierten U-Rohr mit Ablesenonius von 0,2 mm WS möglich ist, stellt diese Druckmesstechnik für schwingungsfreie Drücke ein sehr genaues Verfahren dar, weil 1 mm Wassersäule den Druck von 9,81 Pa und 0,2 mm WS den Druck von 2 Pa darstellen. Eine Quecksilbersäule von 1 mm stellt dagegen den Druck von 132,886 Pa dar. Zu beachten ist, dass U-Rohrmanometer für die Druckmessung in Flüssigkeiten an der höchsten Stelle des Druckmessschlauches stets mit einem Entlüftungsventil ausgerüstet werden müssen, um die Ansammlung von Luftblasen zu vermeiden. U-Rohrmanometer für die Druckmessung in Luft und Gasen können beliebig oberhalb und unterhalb der Druckmessstelle angeschlossen werden. Zu beachten ist die Oberflächenspannung der Messflüssigkeit, weil sie das Ergebnis bei zu engen U-Rohren infolge der Kapillarwirkung verfälschen kann.

- Schrägrohrmanometer mit einstellbarer Schenkelneigung (Abb. 14.4)

  Genauere Druckmessungen können mit einem Schrägrohrmanometer erfolgen (Abb. 14.4).

- Feinmessmanometer nach Betz (Abb. 14.5 und 14.6).

Abb. 14.3 Gleichschenkliges U-Rohr-Manometer

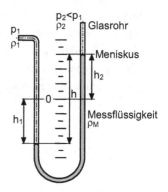

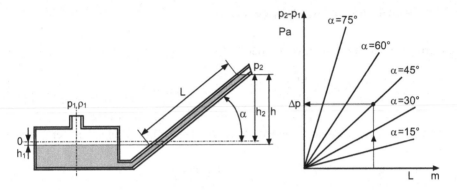

Abb. 14.4 Schrägrohrmanometer mit einstellbarem Messschenkel und Auswertungsdiagramm

Abb. 14.5 Messprinzip des
Feinmessmanometers nach
Betz

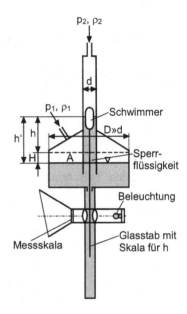

Noch genauere Druckmessungen sind mit einem Feinmessmanometer (Betzmanometer) möglich (Abb. 14.5 und 14.6). Das Feinmessmanometer nach Betz besteht aus einem U-Rohr mit stark unterschiedlichen Messschenkeldurchmessern d und $D \gg d$, einem schmalen Messschenkel mit d und einem Schenkel mit großem Durchmesser D, der Topf genannt wird (Abb. 14.5 und 14.6).

Die Volumina in den beiden Schenkeln des Betzmanometers betragen:

$$\frac{\pi}{4}d^2h = \frac{\pi}{4}D^2H \qquad (14.3)$$

Abb. 14.6 Feinmess-
manometer nach Betz

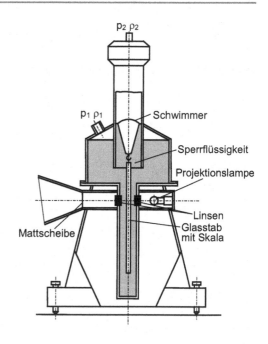

Das Höhenverhältnis h/h' beträgt mit $h' = H + h$:

$$\frac{h}{h'} = \frac{h}{H + h} = \frac{1}{1 + \left(\frac{d^2}{D^2}\right)} \tag{14.4}$$

Die Messung des Druckes erfolgt auf einer Skala, die an einem Schwimmer aufgehängt ist, der sich mit der Flüssigkeitssäule im Steigrohr bewegt. Dabei ist h' die tatsächliche Flüssigkeitshöhe und h die Skalenteilung, die gegenüber h' verzerrt ist. Dadurch ist gewährleistet, dass die Druckablesung nur an einer Stelle erfolgen kann (Abb. 14.6).

14.1.2 Mechanische Druckmessgeräte

Als mechanische Druckmessgeräte für die Messung des statischen Über- oder Unterdruckes gegenüber der Atmosphäre werden verwendet:

- Kapselfedermanometer (Abb. 14.7),
- Federrohrmanometer (Abb. 14.8),
- Plattenfedermanometer.

Der statische Überdruck kann auch mit Federrohr- und Plattenfederrohrmanometern oder mit DMS-Messgeräten bestimmt werden. Bei diesen Druckmessgeräten wird eine

Abb. 14.7 Kapselfedermanometer

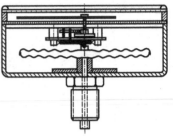

Abb. 14.8 Federrohr-
manometer

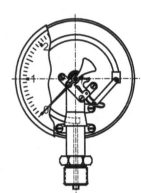

gekrümmte Rohrfeder oder eine Platte von dem wirkenden Druck verformt. Diese Verformung der Rohrfeder (Abb. 14.8) wird mechanisch auf eine Anzeige übertragen und auf der Skala kann der Über- oder Unterdruck abgelesen werden. Diese Manometer dürfen nicht überbeansprucht werden, weil die Rohrfeder dadurch eine plastische Verformung erfahren kann und unbrauchbar wird. Um den Absolutdruck zu erhalten, muss dabei auch der barometrische Druck genau gemessen werden (Abb. 14.3). Beim Federrohrmanometer wirkt die Druckkraft gegen die elastische Verformungskraft eines elastischen Federrohres oder einer Plattenfeder. Sie werden für unterschiedliche Druckbereiche mit den Genauigkeitsklassen Kl. 0,1 bis Kl. 4,0 gefertigt.

14.1.3 Elektromechanische Drucksensoren

- Piezoresistives Druckmessprinzip (Abb. 14.9)
- Piezoresistiver Drucktransmitter (Abb. 14.10)
- Induktiver Messsensor (Abb. 14.11)

Alle piezoresistiven Druckmessgeber sind je nach Genauigkeit auf einer Seite bis auf Drücke von $p = 10^{-5}$ Pa bis 10^{-7} Pa evakuiert und dienen somit zur Messung des Absolutdruckes. Das Messprinzip beruht auf der elektrischen Aufladung der Oberfläche von kristallinen Werkstoffen wie z. B. Quarz, Bariumtitanat oder Turenalin. Durch den Druck

Abb. 14.9 Piezoresistives Druckmessprinzip

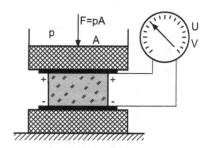

Abb. 14.10 Piezoresistiver Drucktransmitter der Klasse 0,5 % mit offener Messwert-verarbeitung, Fa. Keller

Abb. 14.11 Induktiver Sensor mit Messumformer

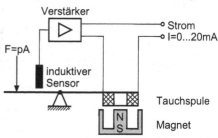

und die Oberflächen-aufladung werden Spannungen von $\Delta U = 10$ mV/bar erreicht. Die Eigenfrequenz solcher Drucksensoren liegt bei Werten von $f = 40$ Hz, sodass auch Wechseldrücke mit geringer Frequenz gemessen werden können. Auf der gleichen Basis werden auch Differenzdrucktransmitter mit hoher Empfindlichkeit und hoher Messgenauigkeit gefertigt. Die Druckmessbereiche sind fein gestuft z. B. für Drücke bis 125 kPa, 170 kPa, 250 kPa bis 1000 kPa usw.

14.1.4 Instationäre Druckmessung

Instationäre Druckmessungen mit Druckwechselfrequenzen bis zu $f = 250$ kHz und darüber können mittels Miniatur-Druckaufnehmern und Subminiatur-Druckaufnehmern gemessen werden (Abb. 14.12).

Dabei wird eine Wheatstone-Messbrücke für eine Speisespannung von $U = 5$ V bis 15 V in eine piezoresistive Membran aus Silizium, Titanium oder Stahl eingearbeitet. Die Halbleiter-Dehnmessstreifen werden auf der Membran entweder diffundiert oder

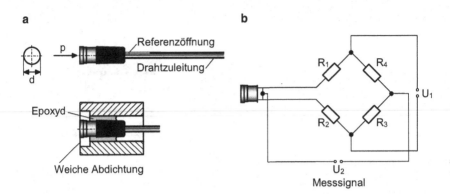

Abb. 14.12 Ausführung eines **a** Miniaturdrucksensors und **b** Brückenschaltung auf der Siliziumplatte

Abb. 14.13 Instationärer Druckverlauf in einem Verdichter [1]

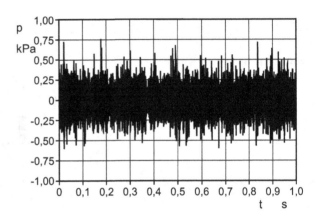

es werden mit Dünnschichtverfahren Ionen implantiert. Bei der Halbleitermembran einer Kulitesonde stellt der integrierte Halbleiter-Chip die druckempfindliche Messfläche dar.

Wirkt ein Druck auf die Membran mit der Messbrücke, so verursacht die Belastung eine Verformung der Membran und dadurch eine Dehnung am Dehnmessstreifen. Die Dehnung zeigt eine lineare Proportionalität zur Druckbelastung, sodass der momentane Druckverlauf gemessen werden kann (Abb. 14.13).

Zur Druckmessung in verschmutzten Fluiden oder in Wasser, muss die Messmembran durch Schutzgitter vor dem Aufprall von kleinsten Feststoffpartikeln oder Kavitationsblasen geschützt werden. Die Membran des Miniaturdrucksensors kann mechanisch als ein Feder-Masse-System mit einem Freiheitsgrad modelliert werden, das eine Resonanzfrequenz besitzt. Das ist die Frequenz, bei der die aktive Sensormembran bei dem angelegten Druck mit der maximalen Amplitude in Resonanz liegt. Um eine Überlastung oder Beschädigung des Drucksensors zu vermeiden, soll die Messfrequenz immer deutlich unter

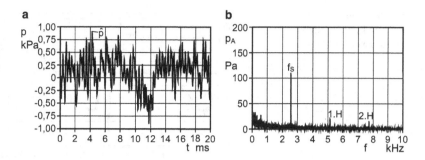

Abb. 14.14 a Aufgelöstes Zeitsignal und Spitzenwert der instationären Druckschwingung und b dazugehöriges Frequenzspektrum

der Eigenfrequenz des Sensors liegen. Bei Eigenfrequenzen des Sensors von $f = 300$ bis $320\,\text{kHz}$ können Druckschwingungen von $f = 150\,\text{kHz}$ gemessen werden, d. h. man erhält nach jeweils $5\,\mu\text{s}$ einen Messwert [1].

Die Messsignale werden von einem Messwerterfassungssystem mit schnellen Kanälen mit Aufnahmezeiten $T < 1\,\mu\text{s}$ z. B. dem System Musycs aufgenommen, verarbeitet und in einem PC gespeichert. Die Messzeit eines Druckes soll zweckmäßigerweise über $t = 1\,\text{s}$ liegen. Daraus kann das Zeitverhalten des Drucksignals beurteilt und die auftretenden Spitzenwerte des Druckes entnommen werden (Abb. 14.13 und 14.14). Die Auswertung des Druckes kann für wesentlich geringere Zeitperioden von $t = 20\,\text{ms}$ bis $200\,\text{ms}$ erfolgen. Diese Messwertauflösung gibt Aufschluss über den zeitlichen Verlauf des Druckwertes (Abb. 14.15).

Der Effektivwert des dynamischen Druckes (auch RMS-Wert genannt) beträgt:

$$p_{\text{eff}} = \left[\frac{1}{T} \int_0^T p^2(t)\,\mathrm{d}t \right]^{\frac{1}{2}} \tag{14.5}$$

Abb. 14.15 Aufgelöstes Zeitsignal einer instationären Druckschwingung für eine Messzeit von $t = 200\,\text{ms}$

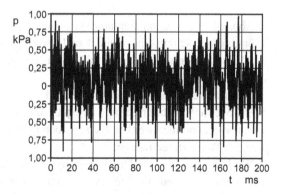

Abb. 14.16 Instationärer
Druckverlauf im Laufrad eines
Verdichters für zwei Laufrad-
umdrehungen [2]

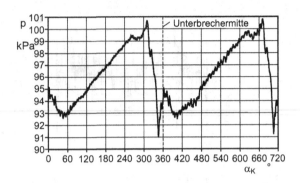

Dieser Effektivwert entspricht dem mittleren Druck an der Messstelle. Er kann durch wandbündige Messung und Vergleich mit der statischen Druckmessung leicht überprüft werden.

Der Spitzenwert ergibt sich aus der maximalen Druckspitze (Abb. 14.14 und 14.16) zu $\hat{p} = p_{max}$.

Bei einer angemessenen Messzeit in einem Messpunkt von $t = 1$ s erhält man entsprechend der Einstellung 200.000 bis 300.000 Messwerte, die eine hinreichende zeitliche Auflösung der instationären Druckverläufe liefern.

Mittels der Miniaturdrucksonde kann sowohl der statische Druck in der Strömung als auch die zeitliche Druckschwankung während der gewählten Messzeit z. B. von $t = 1$ s gemessen werden. Die Auswertung der Messsignale liefert folgende Resultate:

- den statischen Druck im Messpunkt,
- die zeitliche Druckschwankung im Messpunkt (Abb. 14.13 bis 14.15),
- die Fast Fourier Transformation des zeitlichen Drucksignals der gesamten Messzeit von $t = 1$ s, z. B. im geforderten Frequenzbereich bis $f = 10$ kHz mit der Grunderregerfrequenz und deren Harmonischen mit den zugehörigen Amplitudenanteilen (Abb. 14.14b),
- den Spitzenwert der zeitlichen Druckschwingung $\hat{p}$ (Abb. 14.14a).

In Abb. 14.17 ist die momentane Verteilung der spezifischen Druckenergie p/ρ für den Strömungsquerschnitt eines Seitenkanalverdichters dargestellt.

Für die Auswertung kann vorteilhaft das Programm Famos® oder andere Programme verwendet werden.

Wenn ausreichende Erfahrungen zur Messung und Messauswertung vorliegen, kann die Auswertung auch für geringere Sequenzen von $t = 0,2$ s mit 40.000 bis 60.000 Messwerten vorgenommen werden. Es ist jedoch nicht empfehlenswert, die Messzeit auf diese geringen Werte zu reduzieren.

Wird die instationäre Druckmessung in einem Strömungsfeld bezüglich des Strömungszustandes und der Messpunkte mit den Resultaten der Lasermesstechnik (PIV)

Abb. 14.17 Verteilung der
spezifischen Druckenergie p/ρ
für den Strömungsquerschnitt
eines Seitenkanalverdichters

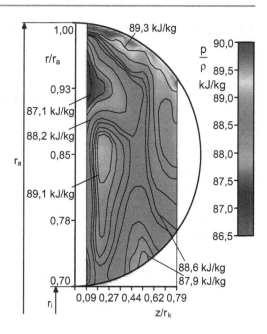

oder der DPIV, Digital-Particle-Image-Velocimetry, gekoppelt, so können weitere Resultate wie z. B. die momentane spezifische Energieverteilung im Strömungsfeld ermittelt werden, die ebenfalls eine wichtige Größe zur Beurteilung der Strömungsstruktur und der Homogenität einer instationären Strömung darstellt (Abb. 14.17).

14.2   Geschwindigkeitsmessung

Geschwindigkeiten einschließlich der Geschwindigkeitsrichtung werden mit dem Staurohr, mit Dreiloch- oder Fünfloch-Kugelsonden oder Kegelsonden, mittels Prandtlrohr, mittels Hitzdrahtsonden oder mittels Laserlichtschnittverfahren gemessen. Beim Laserlichtschnittverfahren unterscheidet man die Laser-Doppler-Anemometrie (LDA), die Laser 2Focus-Anemometrie (L2FA), die Particle-Image-Velocimetry (PIV), die Digital-Particle-Image-Velocimetry und die dreidimensionale Particle-Image-Velocimetry.

14.2.1   Staudrucksonden und Prandtlrohr

Bei dem Prandtl'schen Staurohr Abb. 14.18 wird der Totaldruck (Gesamtdruck $p_t = p + c^2\rho/2$) im Staupunkt und der statische Druck an einer strömungsparallelen Wand des Staurohres gemessen. Damit liefert die Messung mit dem Prandtl'schen Staurohr folgende Ergebnisse:

Abb. 14.18 Prandtl-Rohr mit
U-Rohrmanometern

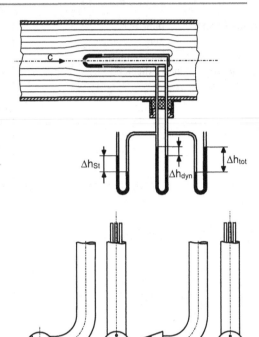

Abb. 14.19 Fünfloch-Kugel-
und Kegelsonde

- Totaldruck im Staupunkt $p_t = p + \frac{\rho}{2}c^2$.
- Örtlicher statischer Druck p.
- Örtlicher dynamischer Druck aus der Differenz des Total- und des statischen Druckes
  $p_{dyn} = c^2\rho/2 = p_t - p$. Daraus kann die Geschwindigkeit ermittelt werden. Sie beträgt
  für hydrodynamische Strömungen mit $\rho =$ konst.

$$c = \sqrt{\frac{2p_{dyn}}{\rho}} = \sqrt{\frac{2(p_t - p)}{\rho}} \qquad (14.6)$$

Für kompressible Strömungen von Gasen und Dämpfen mit $\rho \neq$ konst. und mit Geschwindigkeiten von $c \geq 80\,\text{m/s}$ ($M \geq 0{,}23$) muss die Kompressibilität der Fluide
berücksichtigt werden. Die Geschwindigkeit folgt dann aus der Bernoulligleichung der
kompressiblen Fluide Gl. 6.55:

$$c = \left\{ \frac{\kappa M^2 (p_0 - p)}{\rho} \left[\left(1 + \frac{\kappa - 1}{2} M^2 \right)^{\frac{\kappa}{\kappa - 1}} - 1 \right]^{-1} \right\}^{\frac{1}{2}} \qquad (14.7)$$

Bei Überschallströmungen bildet sich bei der Geschwindigkeitsmessung vor dem Staurohr eine Verdichtungsstoßwelle aus, die einen Druckverlust verursacht. Die Geschwin-
digkeitsanzeige von Staurohren und auch von Prandtl-Staurohren ist richtungsabhängig,

deshalb müssen sie stets in die Hauptströmungsrichtung ausgerichtet werden. Winkelabweichungen von $\alpha = \pm 10°$ von der Hauptströmungsrichtung wirken sich nur in einer vernachlässigbaren Größe auf die Geschwindigkeitswerte aus. Werden drei oder auch fünf Messbohrungen in einem kugelförmigen oder kegeligen Messkopf angeordnet, so können außer dem Totaldruck auch die Geschwindigkeitsrichtungen ermittelt werden. In Abb. 14.19 sind eine Fünflochkugel- und Kegelsonde zur Totaldruckmessung und zur Richtungsmessung dargestellt. Zu vermerken ist, dass Mehrlochkugel- und Kegelsonden eine sorgfältige Eichung erfordern, die oftmals aufwendig ist [3, 4].

14.2.2 Hitzdrahtsonden und Heißfolienanemometer

Zur Messung kleiner und mittlerer Geschwindigkeiten in Gasen und Luft bis zu Werten von $c = 25\,\text{m/s}$ und Reynoldszahlen bis Re = 5 bis 6 werden Hitzdraht- oder Heißfolienanemometer mit dünnen Hitzdrähten oder Folien eingesetzt (Abb. 14.20). Das Messprinzip beruht auf der elektrischen Widerstandsmessung in einem dünnen Messdraht von $d = 2$ bis $10\,\mu\text{m}$ Durchmesser und 2 bis 5 mm Länge mit $l/d = 200$ bis 350 aus Platin oder Wolfram in einer Brückenschaltung (Abb. 14.21). Der Widerstand ist temperaturabhängig. Der dünne Drahtsensor oder die aufgedampfte dünne Folienschicht werden elektrisch aufgeheizt und durch die Strömungsgeschwindigkeit c gekühlt. Da der Widerstand temperaturabhängig und damit auch geschwindigkeitsabhängig ist, kann durch die Widerstandsmessung die Strömungsgeschwindigkeit des Fluids bestimmt werden (Abb. 14.21).

Die Geschwindigkeitsmessung kann entweder

- als Widerstandsmessung in einer Präzisionsbrückenschaltung bei konstantem Heizstrom erfolgen (Abb. 14.21) oder
- durch die Strommessung bei konstantem Widerstand und konstanter Temperatur des Messsensors (Draht oder Folie) (Abb. 14.22).

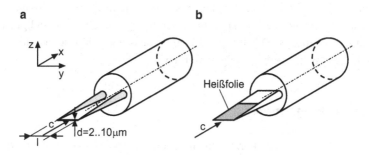

Abb. 14.20 a Hitzdrahtanemometer und b Heißfolienanemometer

Abb. 14.21 Hitzdrahtanemometer mit konstantem
Heizdrahtwiderstand

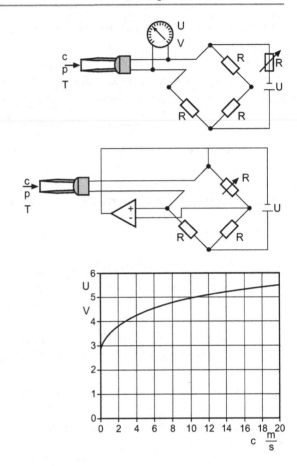

Abb. 14.22 Elektrische
Brückenschaltung eines
Konstant-Temperatur-
Anemometers

Abb. 14.23 Kennlinie eines
Hitzdrahtanemometers

Zu beachten ist, dass die Funktion der Spannung $U = f(c)$ bei der Messung mit konstantem Strom eine Sättigung aufweist und die Messempfindlichkeit mit zunehmender
Geschwindigkeit abnimmt (Abb. 14.23). Deshalb soll dieses Verfahren nur auf Strömungsgeschwindigkeiten $c \leq 30\,\mathrm{m/s}$ beschränkt bleiben. Bei konstantem Widerstand wird die
Temperatur des Hitzdrahtes oder der Heißfolie durch einen Regelwiderstand R konstant
gehalten. Dieses Verfahren eignet sich für wesentlich größere Geschwindigkeiten bis zu
Werten von $c = 120\,\mathrm{m/s}$. Der Brückenstrom I muss dabei mit der vierten Potenz für
zunehmende Geschwindigkeit gesteigert werden.

14.2.3 Laser-Anemometer

Mit dem monochromatischen kurzwelligen Laserlicht von Festkörperstrahlern kann die
Geschwindigkeit von reflektierenden Partikeln in einer Strömung berührungslos gemessen werden. Da die Lichtimpulse des Laserlichts mit Werten im Nanosekundenbereich

Abb. 14.24 Visualisierung der Grenzschichtströmung um eine dünne ebene Platte mittels Tracern von B. Eck 1966 [10]

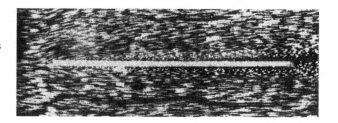

sehr kurz sind, können damit instationäre Strömungsvorgänge mit Frequenzen bis $f = 300\,\text{kHz}$, das entspricht einer zeitlichen Auflösung von $t = 3,3\,\mu\text{s}$, ausgemessen werden. Die reflektierenden Partikel (Tracer) müssen die Dichte des Fluids besitzen, damit zwischen der Strömung und den Partikeln kein Schlupf auftritt. Bruno Eck visualisierte die Umströmung einer ebenen Platte mit Tracern bereits 1966 (Abb. 14.24). Die Grenzschicht und die Streichlinien sind sichtbar.

Mit Hilfe des Laserlichts kann die Geschwindigkeit in einem Strömungsfeld punktweise oder flächenhaft ausgemessen werden.

Die bekanntesten und meist genutzten punktweisen laseroptisch arbeitenden Messverfahren sind:

- Phase-Doppler Anemometrie (PDA),
- Laser-2 Fokus-Verfahren (L2F).

Flächenhaft kann die Geschwindigkeit gemessen werden mit dem Particle-Image Velocimetry-Verfahren (PIV).

Die Particle-Image Velocimetry stellt ein zweidimensionales Messverfahren dar, mit dem zwei oder bei den nachfolgend genannten speziellen Verfahren drei Geschwindigkeitskomponenten gemessen werden können. Zu den zweidimensionalen Particle-Image Velocimetry-Verfahren, mit denen drei Komponenten mit zwei Lasergeräten gemessen werden können, gehören:

- Stereoscopic-Particle-Image Velocimetry,
- Defocussing-Particle-Image Velocimetry,
- Holographic-Particle-Image Velocimetry,
- Photogrammetric-Particle-Image Velocimetry.

14.2.4 Laser-Doppler-Anemometrie (LDA)

Die Laser-Doppler-Anemometrie (LDA) beruht auf einem opto-elektronischen Messverfahren mittels zweier Laserlichtstrahlen. Das Schnittvolumen von zwei sich kreuzenden Laserstrahlen mit einem Volumen von ca. $1\,\text{mm}^3$ stellt den Messpunkt dar, in dem die Geschwindigkeit berührungsfrei gemessen werden kann (Abb. 14.25).

Abb. 14.25 Prinzipieller
Aufbau eines Laser-Doppler-
Anemometers

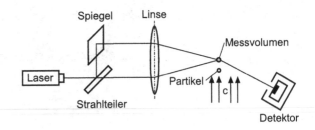

Abb. 14.26 Interfe-
renzstreifenmodell der
Laser-Doppler-Anemometrie

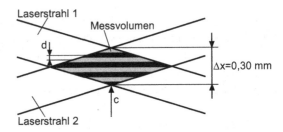

Die Geschwindigkeit wird dabei von kleinen Partikeln (Tracern) gleicher Dichte wie die der zu messenden Flüssigkeit und der Größe von $0,1\,\mu\mathrm{m}$ bis $10\,\mu\mathrm{m}$ durch das von den Partikeln reflektierte und gestreute Licht bestimmt. Die Tracer bewegen sich relativ zum Laser-Lichtstrahl. Das reflektierte Streulicht beider Laserstrahlen ist durch den Doppler-Effekt für beide Strahlen mit unterschiedlichen Einstrahlrichtungen frequenzverschoben mit unterschiedlichen Frequenzbeträgen. Die Differenz der beiden Frequenzen durch die Dopplerverschiebung wird als Dopplerfrequenz bezeichnet. Sie wird mittels eines Photodetektors (Abb. 14.26) gemessen und sie ist ein Maß für die Geschwindigkeit.

Die Signalauswertung erfolgt entweder durch die Analyse des zeitlichen Verlaufs der Burstsignale für die Intensität des Streulichts oder mittels einer Fast Fourier-Transformation im Frequenzbereich. Diese Signalverarbeitung ist nicht sehr schnell, sodass die Nutzung des Laser-Doppler-Messverfahrens für hohe Strömungsgeschwindigkeiten oberhalb von $c = 250\,\mathrm{m/s}$ nicht geeignet ist. Die Messung der maximal möglichen Strömungsgeschwindigkeit ist von der Wellenlänge des verwendeten Laserlichts abhängig.

14.2.5 Laser-2Fokus-Anemometrie (L2FA)

Beim Laser-2Fokus-Messverfahren (L2F) werden zwei parallel angeordnete Laserstrahlen in Form eines starken Kreiskegels auf zwei Messvolumina der Größe von $0,5\,\mathrm{mm}^3$ gerichtet, die als Focus 1 und Focus 2 bezeichnet werden. Dabei wird das von den mitbewegten Tracern emittierte Streulicht gemessen (Abb. 14.27).

Die beiden Laserstrahlen gleicher Intensität werden von einem Prisma erzeugt und in einem Messpunkt mit konstantem Abstand von ca. $s = 0,5\,\mathrm{mm}$ parallel zueinander fokussiert. Dadurch bilden sie im Messvolumen zwei Lichtschranken. Zwischen diesen beiden

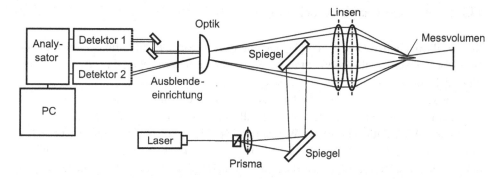

Abb. 14.27 Schema eines Laser-2Fokus-Anemometers

Abb. 14.28 Messebene für das Laser-2 Fokus-Anemometer

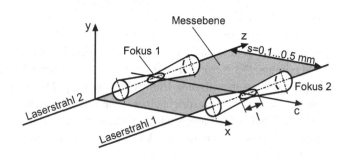

Lichtschranken der Laserstrahlen wird die Geschwindigkeit der reflektierenden Partikel gemessen. Die Messung der Partikelgeschwindigkeit erfolgt durch die Messung des Zeitversatzes zwischen zwei Stromlichtimpulsen, die von den Tracern beim Durchgang durch die beiden Laserstrahlen emittiert werden. Diese Laserstrahlen werden in zwei Fotodetektoren aufgezeichnet und danach dem Analysator und der Auswertung zugeführt.

Da die Messsignale bei der Auswertung nicht mehr konkreten Partikeln zugeordnet werden können, erfolgt die Messauswertung mittels statistischen Kriterien, wobei durchgängig bis etwa 50.000 Einzelmessungen ausgewertet werden können. Mit dem Laser-2Fokus-Anemometer können Strömungsgeschwindigkeiten bis $c = 2000\,\mathrm{m/s}$ gemessen werden [5], also weit höhere Werte als mit dem Laser-Doppler-Anemometer. Die mittlere Strömungsgeschwindigkeit kann ohne Kalibrierung des Anemometers gemessen werden.

Der Abstand vom Fokus 1 zum Fokus 2 soll etwa $s = 0,1\,\mathrm{mm}$ bis 0,5 mm betragen (Abb. 14.28). Da in dem jeweiligen Fokus hohe Energiedichten erreicht werden, können mit diesem Messverfahren noch reflektierende Partikel der Größe von $d = 0,15\,\mu\mathrm{m}$ bis 0,25 μm Durchmesser gemessen werden, während die Grenze bei der Laser-Doppler-Anemometrie bereits bei Partikeldurchmessern von $d = 1\,\mu\mathrm{m}$ erreicht ist.

14.2.6 Particle-Image Velocimetry (PIV)

Bei der flächenhaften Geschwindigkeitsmessung mittels der Particle-Image Velocimetry (Abb. 14.29) werden als Laserlichtquelle Festkörperlaser verwendet, die eine hohe Leistungsdichte des Laserstrahls gewährleisten.

Eingesetzt werden vorwiegend Dual-Nd: YAG-Laser, die aus Yttrium-Aluminium-Granat (YAG) bestehen, das mit dem Metall Neodym dotiert ist. Ein Festkörperlaser Dual-Nd: YAG emittiert Licht der Wellenlänge von $\lambda = 1064$ nm mit einer maximalen Pulsleistung von $P = 20$ MW bei einer Pulsdauer von 10 ns $= 10^{-8}$ s. Diese Strahlung liegt im nicht sichtbaren Infrarot-Bereich des Lichtspektrums. Die Wellenlänge dieser Lichtstrahlung wird auf optischem Wege halbiert auf $\lambda = 532$ nm, damit das Laserlicht für den CC-Chip der Kamera sichtbar wird. Das abgestrahlte Licht mit der Wellenlänge von $\lambda = 532$ nm besitzt eine grüne Farbe.

In einem Resonator mit zwei Spiegelflächen bilden die Lichtwellen durch Reflexion eine stehende Welle. Dadurch erreicht die Energiedichte der Strahlung durch Verstärkung ein Maximum. Der Resonator ist in starkem Maße von der Ausrichtgenauigkeit der beiden Spiegel und von thermischen Einflüssen abhängig. Der Verlauf der Energiedichte über dem Strahlquerschnitt entspricht einer Gauß'schen Verteilungsfunktion.

Im Dual-Nd: YAG-Laser sind zwei identische Laser montiert, die über einen gemeinsamen Strahlaustritt entlang der gleichen optischen Achse verlaufen. Dadurch kann der Pulsabstand zwischen zwei Pulsen von $T_p = 10$ ns bis 100 ns und darüber stufenlos gesteuert werden. Die untere Begrenzung ist nur durch die Leistungsfähigkeit der Steuerung bedingt. Der geringste zeitliche Abstand zwischen zwei Laserpulsen aus dem gleichen Resonator beträgt etwa 2 µs. Die Pulsenergie des Laserstrahls von $E_p \leq 0{,}27$ J wird durch

Abb. 14.29 Schematischer Messaufbau für die Geschwindigkeitsmessung mittels Particel-Image-Velocimetry (PIV)

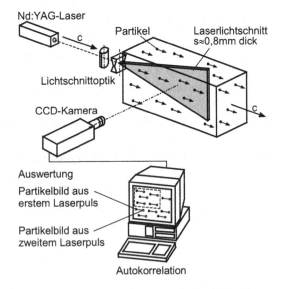

Abb. 14.30 Geschwindigkeitsfeld im Seitenkanal eines Verdichters

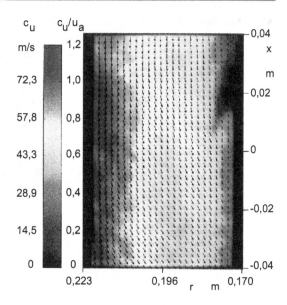

die Pulsdauer gesteuert. Diese Steuerung der Pulsenergie ist notwendig, um dadurch die Belichtung bei der Aufnahme der PIV-Bilder (Abb. 14.30) steuern zu können [6, 7].

14.2.7 Laser-Speckle-Anemometrie

Die Laser-Speckle-Anemometrie stellt wiederum eine flächenhafte Messung des Geschwindigkeitsfeldes mittels eines Laser-Lichtschnitts dar. Dabei wird zuerst die zweidimensionale Fotografie der Partikelbewegungen in der ausgewählten Bildebene des Strömungsfeldes aufgenommen und danach wird eine rechnergestützte Auswertung der Geschwindigkeit im fotografischen Bild vorgenommen. Speckles werden die Doppelabbildungen der von der Strömung bewegten Partikel genannt.

Die Messauswertung muss mittels leistungsfähigen Bildverarbeitungsmethoden erfolgen, sodass die praktische Nutzung der Laser-Speckle-Anemometrie nur wenig verbreitet ist.

14.2.8 Optische- und Schlierenmessverfahren

Die Ausbreitungsgeschwindigkeit von Licht in Gasen ist von der Gasart und der Dichte abhängig. Die Ausbreitungsgeschwindigkeit des Lichts in einem Gas ist immer geringer als im Vakuum. Dadurch kann der Brechungsindex n eines Gases als Verhältnis der Lichtgeschwindigkeit im Vakuum c_0 zu der in einem realen Gas angegeben werden.

$$n = \frac{c_0}{c} \tag{14.8}$$

Abb. 14.31 Schlierenmess-
anlage

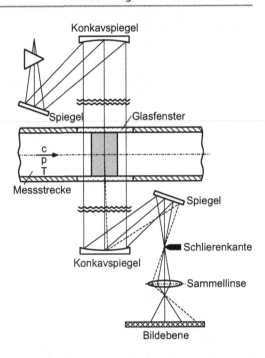

Wenn ein Lichtstrahl eine Fluidgrenze zwischen zwei Gasen mit unterschiedlichem Brechungsindex durchflutet, so wird er abgelenkt. Durchlaufen Lichtstrahlen unterschiedliche optische Wege in einem Gas, so entsteht ein Gangunterschied. Die optische Weglänge L_0 stellt die Strecke des Lichtstrahles im Vakuum dar, die er in der Zeit t zurücklegen würde, in der der Lichtstrahl in einem Gas mit dem Brechungsindex n den Weg L zurücklegt.

$$L_0 = nL \tag{14.9}$$

Auf dieser Basis können Geschwindigkeiten, Strömungen, Temperatur- und Dichteverteilungen in Gasen optisch gemessen werden:

- Optische Verfahren zur Dichtemessung,
- Stromliniendarstellung von Strömungen,
- Geschwindigkeitsmessung in Strömungen,
- Turbulenzmessung.

Schlierenmessverfahren (Schattenmessverfahren)
Treten in einer Strömung Dichteänderungen $d\rho/dy$ auf, wie z. B. beim Verdichtungsstoß, so ändert sich auch der Brechungsindex des Lichtes, der optisch sichtbar gemacht werden kann. Dadurch können Verdichtungsstöße in kompressiblen Strömungen mittels der Schlierenmethode sichtbar gemacht werden.

Wird zwischen einem Messobjekt (Gasströmung) und einer Abbildungsebene ein Brennpunkt erzeugt, in dem zwei Strahlenbündel fokussiert werden, dann erhält man eine Schlierenoptik, mit der die Schlieren einer Strömung sichtbar gemacht werden können (Abb. 14.31). Neben dem Brennpunkt stellt man eine sogenannte Schlierenkante auf, von der das Licht, das von der Schliere abgelenkt wird, abgefangen wird, sodass es nicht auf dem Lichtschirm erscheint [8, 9]. Die Schlierenkante soll auch den halben Brennpunkt abdecken, um die Empfindlichkeit der Schlierenoptik zu vergrößern. Die Schlieren erscheinen in Abhängigkeit ihrer Stärke und Richtung in unterschiedlichen Grautönen auf der Bildfläche. Die Grautöne der Schlieren stellen die Intensitätsverteilung des Dichtegradienten $d\rho/dy$ des strömenden Gases dar.

$$dE \sim \frac{d\rho}{dy} \qquad (14.10)$$

Als Lichtquellen werden vorwiegend Hochdruckgasentladungslampen verwendet, deren Licht in einer Sammellinse gebündelt wird, bevor es die Spaltblende passiert.

Die Abbildung der Dichtegradienten $d\rho/dy$ in der Strömung erfolgt dadurch, dass die infolge von Dichtegradienten im Fluid gebrochenen Lichtstrahlen die Schlierenschneide passieren können und die ungebrochenen Lichtstrahlen durch eine zweite Blende abgeschnitten werden. Dadurch werden die Strömungsbereiche mit einem positiven Dichtegradienten heller und jene mit einem negativen Dichtegradienten (also geringerer Dichte) dunkler dargestellt. Fällt der Lichtstrahl durch ein Strömungsgebiet ohne Dichtegradient, so wird die Lichtintensität durch die Schlierenblende nur abgeschwächt, aber weder aufgehellt noch abgedunkelt. Obwohl das Schlierenmessverfahren sehr anschauliche Bilder über die Dichteverteilung in der Strömung liefert (Abb. 14.32), wird es heute weitgehend durch die Laser-2Fokus-Anemometrie und die Particle-Image Velocimetry abgelöst.

Neu ist der Smart-Pixel Sensor als Photomischdetektor oder Photonie Mixer Device (PMD) als ein Halbleiterbauelement auf der Basis der Standard CMOS-Technologie. Er ist in der Lage, Entfernungen im Raum direkt zu erkennen und somit Entfernungen und Geschwindigkeiten direkt zu messen.

Abb. 14.32 Schlierenaufnahme eines instabil fliegenden Geschosses, Augenblicklicher Anstellwinkel $\approx 6°$, Flugmachzahl M ≈ 4 (Bührle AG, Zürich)

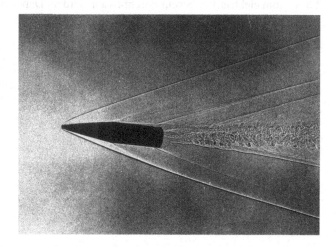

14.3 Temperaturmessung

Um Strömungszustände eindeutig beschreiben zu können, werden die Zustandsgrößen Druck, Temperatur und die Geschwindigkeit benötigt. In strömenden Fluiden kennt man die statische Temperatur T und die Totaltemperatur $T_0 = T + \frac{c^2}{2c_p} = T(1 + \frac{\kappa-1}{2}M^2)$ (Gl. 6.66), die sich im Staupunkt einer Strömung einstellt.

Die Temperatur kann mit Hilfe folgender Geräte gemessen werden:

- Widerstandsthermometer in Ein- bis Vierleiterschaltung,
- Thermoelement,
- Flüssigkeitsthermometer,
- Wärmestrahlungsthermometer für die berührungslose Messung.

14.3.1 Widerstandsthermometer

Da der Widerstand von Werkstoffen temperaturabhängig ist, kann die Temperatur durch die Widerstandsmessung etwa entsprechend der Funktion Gl. 14.11 bestimmt werden.

$$R(T) = R_0 \left[1 + \alpha(T - T_0) + \beta(T - T_0)^2 \right] \tag{14.11}$$

Darin sind α und β die Temperaturkoeffizienten der metallischen Leiterwerkstoffe. Die Widerstandskennlinien $R = f(T)$ eines Eisenwiderstandes, eines Kupferwiderstandes und eines Platin-Widerstandsthermometers in der Form des PT 100 sind in Abb. 14.33 dargestellt.

Der elektrische Widerstand eines Widerstandsthermometers kann direkt durch Messen von Spannung und Strom $R(T) = U/I$ ermittelt werden. Die Messgenauigkeit eines solchen direkten Verfahrens ist jedoch gering, weil die Messgeräte für die Spannung und den Strom vom elektrischen Strom durchflossen werden. Dabei entsteht ein Spannungsabfall, der das Messergebnis beeinflusst. Außerdem wird dabei auch die Summe aller elektrischen Widerstände der Messschaltung gemessen.

Abb. 14.33 Widerstandsverhältnisse von Metallen in Abhängigkeit der Temperatur

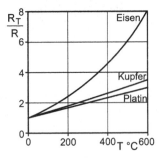

Abb. 14.34 Wheatstone'sche
Messbrücke

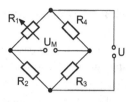

Um diese Einflüsse zu vermeiden, wird für die Widerstandsmessung eine Wheatstone'sche Brückenschaltung verwendet (Abb. 14.34). Eine Spannungsquelle von $U = 24\,\mathrm{V}$ versorgt zwei Spannungsteiler mit den Widerständen R_1 bis R_4. Die Spannung U_M, an den Verbindungsleitungen der Widerstände R_1, R_2 und R_3, R_4 stellt den Spannungsmesswert dar.

Mit Hilfe der Widerstandskennlinie des verwendeten Werkstoffes (Abb. 14.33) kann die Temperatur ermittelt werden.

Für anspruchsvolle Temperaturmessungen mit hoher Genauigkeit werden Widerstandsthermometer in Dreileiterschaltung oder Vierleiterschaltung zur Messbrücke verwendet (Abb. 14.35 und 14.36). Für sehr genaue Temperaturmessungen verwendet man PT-100-Widerstandsthermometer in Vierleiterschaltung oder als Kompensationsschaltung mit Nullabgleich. Die Bezeichung PT 100 beschreibt die international genormten Widerstandsthermometer in den verschiedenen Schaltungsarten mit Platin als Widerstandswerkstoff mit $R = 100\,\Omega$ bei der Temperatur von $0\,°\mathrm{C}$. Dadurch besteht eine einheitliche Beziehung zwischen dem Widerstand $R = f(T)$ im Temperaturbereich von $t = 0\,°\mathrm{C}$ bis $850\,°\mathrm{C}$.

Abb. 14.35
Widerstandsthermometer in
Dreileiterschaltung

Abb. 14.36
Widerstandsthermometer in
Vierleiterschaltung

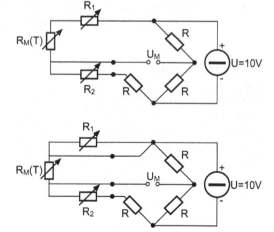

14.3.2 Thermoelement

Werden zwei elektrische Leiter aus unterschiedlichen Werkstoffen, z. B. Kupfer und Konstantan oder Nickel-Chrom und Nickel durch Löten oder Schweißen miteinander verbunden, so entsteht bei Temperaturänderung an der Lötstelle eine Thermospannung, die auch Seebeck-EMK genannt wird. Sie ist der Temperaturänderung proportional und kann gemessen werden (Abb. 14.37). Die beiden verbundenen Drähte bilden das Thermoelement, dessen Spannung von den beiden Werkstoffen und der Temperaturdifferenz $T_1 - T_0$ abhängt.

$$U = k(T_1 - T_0) \tag{14.12}$$

Darin ist k der Proportionalitätsfaktor der beiden Thermowerkstoffe.

Die Messgröße bei der Temperaturmessung mittels Thermoelement ist die Thermospannung. Das ist die für den Stromfluss verantwortliche Spannung zwischen den beiden verbundenen Leitern. Dafür ist stets eine Vergleichsmessstelle erforderlich, die auf einem konstanten Temperaturniveau von $t = 0\,^\circ\text{C}$ (Eiswasser in einem Thermogefäß) gehalten wird. Bedingt durch den Temperaturunterschied zwischen der Messstelle und der Vergleichsstelle fließt ein Strom, der der Temperaturdifferenz $(T_1 - T_0)$ der beiden Messstellen proportional ist. Es wird aber nicht der Strom gemessen, sondern die als Thermokraft bezeichnete Thermospannung zwischen den beiden Messstellen, die ebenfalls zur Temperaturdifferenz $\Delta T = T_1 - T_0$ proportional ist. Wird mit dem Thermoelement die Temperatur $T_1 = 0\,^\circ\text{C}$ gemessen und herrscht an der Vergleichsmessstelle ebenfalls die Temperatur $T_0 = 0\,^\circ\text{C}$ so fließt kein Thermostrom und die Thermospannung ist Null. Die Thermospannung U wird mit einem hochempfindlichen Spannungsmessgerät gemessen, wobei der Thermospannungskoeffizient α in mV/K, die spezifische Thermospannung der beiden Leiterpaarungen angibt $T_1 = T_0 + U/\alpha$.

Die Thermospannungskoeffizienten für drei Werkstoffpaarungen sind in Tab. 14.1 und die Kennlinienverläufe von drei Werkstoffpaarungen in Abb. 14.37 dargestellt.

Abb. 14.37 Thermospannungsverlauf unterschiedlicher Werkstoffpaarungen für Thermoelemente

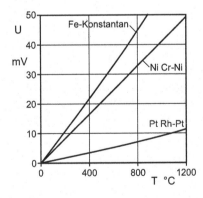

Tab. 14.1 Thermospannungskoeffizienten von drei Werkstoffpaarungen für Thermoelemente

Werkstoffpaarung	Temperaturbereich t °C	$\alpha \dfrac{\text{mV}}{\text{K}}$
Platin-Rhodium/Platin	0 ... 400	0,00855
Nickel-Chrom/Nickel	0 ... 1000	0,0411
Eisen/Konstantan	0 ... 800	0,0565

Abb. 14.38 Thermoelementschaltung für eine Temperaturmessung mittels Kompensationsschaltung für $T = $ konst.

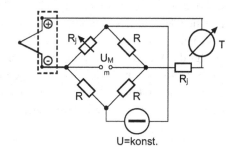

Die Werkstoffkombination NiCr/Ni hat sich infolge der hohen Thermospannung als ein weitverbreitetes Standard-Thermoelement herausgebildet. Bei modernen Thermoelementen wird zur Vereinfachung als Vergleichsmessstelle eine Kompensationsbrückenschaltung mit einem temperaturabhängigen Halbleiterwiderstand (Thermistor) und drei temperaturunabhängigen Widerständen in der Vierleiterschaltung verwendet. Die Brückenausgleichsspannung verändert sich bei konstanter Speisespannung der Kompensationsbrücke linear mit der Temperatur des Halbleiterwiderstandes (Abb. 14.38).

Die Thermospannung muss vom Thermoelement über geschirmte Ausgleichsleitungen mit der Vergleichsmessstelle oder mit der Kompensationsbrücke verbunden werden. Von der Kompensationsbrücke führen die Messleitungen zum Präzisionsspannungsmessgerät. Zur Justierung der Messschaltung kann in die Messleitung ein einstellbarer Abgleichwiderstand R_j eingeschaltet werden (Abb. 14.38). Die Thermoelemente werden zum mechanischen und elektrischen Schutz mit einem dünnen Edelstahlmantel umgeben. Dadurch wird jedoch die Zeitkonstante des Thermoelements etwas vergrößert. Die Vergrößerung der Zeitkonstante kann vermieden werden, wenn die Lötstelle des Thermoelements mit dem Schutzmantel verbunden wird. Die Zeitkonstante des Thermoelementes ist auch vom Durchmesser des Schutzmantels abhängig, deshalb werden die Schutzmanteldurchmesser möglichst klein ausgeführt mit $d = 0,25\,\text{mm}$ bis $d = 2,5\,\text{mm}$ mit Ansprechzeiten von $T = 10\,\text{ms}$ bis $0,3\,\text{s}$. Infolge der relativ hohen Zeitkonstanten werden ummantelte Thermoelemente zur örtlichen Temperaturmessung in Strömungsfeldern für kleine Geschwindigkeiten und stationäre Strömungen eingesetzt. Für Strömungen mit hohen Geschwindigkeiten und für die Temperaturmessung in Grenzschichten werden spezielle Thermoelemente verwendet.

14.3.3 Strahlungsthermometer

Zur berührungslosen punktweisen oder flächenhaften Temperaturmessung in Strömungen oder auf Oberflächen kann die Wärmeabstrahlung, insbesondere die Infrarot-Thermographie genutzt werden. Das Verfahren basiert auf der Eigenschaft von Stoffen, die an ihrer Oberfläche eine elektromagnetische Strahlung aussenden. Die elektromagnetische Strahlung liegt jenseits des sichtbaren Lichtes bei Wellenlängen von $\lambda = 10^{-6}$ m bis $7{,}7 \cdot 10^{-7}$ m bzw. bei Frequenzen von $f = 10^{12}$ bis $3{,}9 \cdot 10^{14}$ Hz. In diesem Wellenlängenbereich erfolgt die Wärme- oder Temperaturstrahlung, wobei wie bei jeder Strahlung eine Absorption, Reflexion und die Transmission der Strahlung auftreten. Die Energiebilanz $\dot{E}$ der Wärmestrahlung, die auf einen Körper trifft, ist gleich der absorbierten $\dot{E}_{\mathrm{A}}$, der reflektierten $\dot{E}_{\mathrm{R}}$ und der transmittierten Energie $\dot{E}_{\mathrm{T}}$

$$\dot{E} = \dot{E}_{\mathrm{A}} + \dot{E}_{\mathrm{R}} + \dot{E}_{\mathrm{T}} \tag{14.13}$$

Wird diese Gleichung auf den gesamten Energiestrom $\dot{E}$ bezogen, so erhält man mit

$$1 = \rho + \alpha + \tau \tag{14.14}$$

den Absorptionsgrad $\rho = \dot{E}_{\mathrm{A}}/\dot{E}$, den Reflexionsgrad $\alpha = \dot{E}_{\mathrm{R}}/\dot{E}$ und den Transmissionsgrad $\tau = \dot{E}_{\mathrm{T}}/\dot{E}$. Auf dieser Basis werden verschiedene Strahlungspyrometer gefertigt:

- Gesamtstrahlungspyrometer (Abb. 14.39),
- Teilstrahlungspyrometer,
- Bandstrahlungspyrometer oder Farbpyrometer für begrenzte Frequenzbereiche.

Mit dem Gesamtstrahlungspyrometer wird die von der Oberfläche eines Körpers ausgehende gesamte Strahlung, d. h. die Strahlung aller ausgesendeten Frequenzen gemessen. Damit können etwa 90 % der Gesamtstrahlung gemessen werden. Die Temperaturdifferenz der strahlenden Oberfläche beträgt dann

$$\Delta T = T \left(1 - \sqrt[4]{\varepsilon} \right), \tag{14.15}$$

wobei ε den Gesamtemissionsgrad darstellt.

Abb. 14.39 Linsen-Thermoelementpyrometer

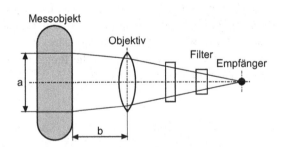

Bei Linsenpyrometern mit einer Blende, einer Kalibrierblende und einem Filter kann der Frequenzbereich für die Empfindlichkeit des Pyrometers durch die optischen Eigenschaften der verwendeten Linsen oder durch spezielle Filter eingeschränkt und damit auch der Messbereich auf bestimmte Temperaturbereiche z. B. $t = 700\,°C$ eingeschränkt werden.

14.4 Volumenstrom- und Massestrommessung

14.4.1 Messprinzipien

Bei den Volumenstrom- und Massestrommessgeräten unterscheidet man folgende Ausführungen:

- volumetrische Messgeräte (Flügelradzähler, Ovalradzähler, Ringkolbenzähler, Trommelzähler) (Abb. 14.40),
- Voltmannzähler,
- Schwebekörper-Messgerät (Abb. 14.40c),
- Wirkdruckmessgeräte, Drosselgeräte (Düsen und Blenden),
- Wirbelstabmessgeräte auf der Basis der Kármánschen Wirbelablösung und der Messung der Wirbelfrequenz $f \sim c$, die über die Strouhalzahl $Sr = fd/c$ der Geschwindigkeit proportional ist,
- Elektrische Volumenstrommessgeräte, Magnetisch-induktive Messgeräte für elektrisch leitende Flüssigkeiten und Ultraschallmessgeräte für große und sehr große Rohrdurchmesser, die vorrangig in der Wasserversorgung genutzt werden.

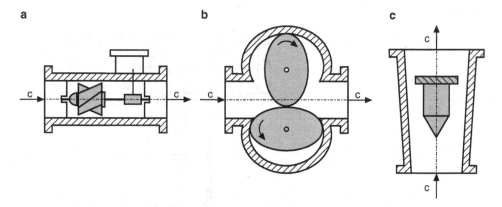

Abb. 14.40 Beispiele volumetrischer Volumenstromzähler und Schwebekörper. **a** Flügelradzähler mit Axialflügel, **b** Ovalradzähler, **c** Schwebekörper

14.4.2 Volumenstrommessgeräte

In Abb. 14.41 ist eine Messdüse für die Volumenstrommessung von Flüssigkeiten oder Gasströmen dargestellt. Der Druckverlauf zeigt den Wirkdruck $\Delta p = p_1 - p_2$ an, der in einem U-Rohrmanometer angezeigt wird.

Der Wirkdruck Δp ergibt sich aus der Bernoulligleichung (Gl. 6.27) für die Systemgrenzen zwischen ① und ② mit $h_1 = h_2$ zu $\Delta p = g\rho\Delta h = p_1 - p_2 = (\rho/2)(c_2^2 - c_1^2)$.
Mit der Kontinuitätsgleichung $\dot{V} = cA = c_1 A_1 = c_2 A_2$ und mit dem Flächenverhältnis $A_2/A_1 = (d_2/d_1)^2$ erhält man die Geschwindigkeit im engsten Düsenquerschnitt zu

$$
\begin{aligned}
c_2 &= \sqrt{2\Delta p \left/ \rho \left[1 - \left(\frac{d_2}{d_1}\right)^4\right]\right.} \\
&= \sqrt{2g\rho_M\Delta h \left/ \rho \left[1 - \left(\frac{d_2}{d_1}\right)^4\right]\right.}
\end{aligned}
\tag{14.16}
$$

und der Volumenstrom beträgt dann $\dot{V}_2 = A_2 c_2 = \pi r_2^2 c_2$.

Der Volumenstrom kann also mit den Düsendurchmessern d_1 und d_2, dem Wirkdruck Δp und der Fluiddichte ρ berechnet werden. Zu beachten ist, dass sich der Wirkdruck aus dem Ausschlag Δh der Messflüssigkeit mit der Dichte ρ_M im U-Rohrmanometer ergibt zu $\Delta p = g\rho_M\Delta h$.

Mit dem Druckverlustbeiwert ζ von Normdüsen und Normblenden kann der wirkliche Volumenstrom berechnet werden. Im Druckverlustbeiwert ist der bleibende Druckverlust

Abb. 14.41 Volumenstrommessdüse mit dem Wirkdruck p und dem bleibenden Druckverlust p_v

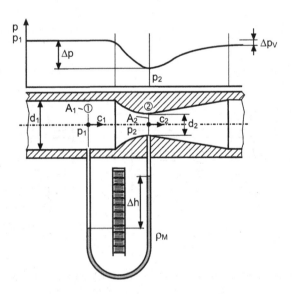

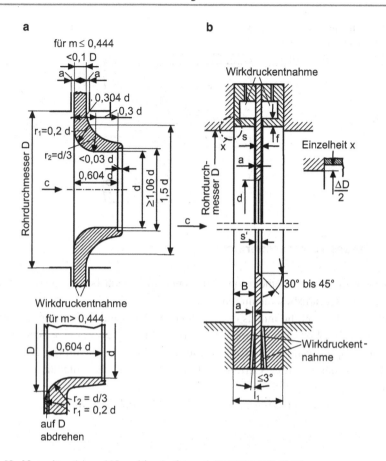

Abb. 14.42 Normdüse (a) und Normblende (b) nach DIN EN ISO 5167

Δp_v enthalten, der sich durch die Strahleinschnürung, den Reibungsdruckverlust und die Strahlexpansion ergibt.

Die Normdüsen und Normblenden müssen nach der Norm DIN EN ISO 5167 gefertigt werden (Abb. 14.42).

In Abb. 14.43 ist ein Wirbelstabmessgerät für Volumenströme dargestellt. Die Messelektronik und die Messwertanzeige sind außerhalb der Messrohrleitung in einem eigenen Gehäuse untergebracht und für verschiedene Volumenstrombereiche einstellbar. Am prismatisch geformten Stab, der durch den gesamten Rohrdurchmesser reicht, lösen die periodisch entste henden Wirbel ab (Kármánsche Wirbelstraße, Abschn. 10.5) und die Druckschwankung der Wirbelablösefrequenz wird gemessen und an die Messelektronik zur weiteren Verarbeitung geleitet.

Abb. 14.43 Prinzipbild (**a**)
und **b** Volumenstrommessgerät
nach dem Wirbelstromprinzip

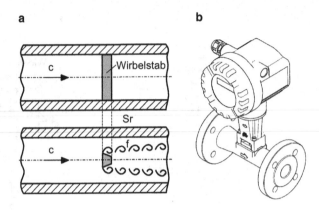

14.4.3 Massestrommessgeräte

Der Massestrom kann mit einem gyroskopischen Messgerät bestimmt werden, das auf dem Prinzip der Coriolisbeschleunigung beruht.

Als Messgröße dient die mittels eines induktiven Messsensors bestimmte Torsion des Messrohres (Abb. 14.44). Die Corioliskraft verursacht im Messrohr eine Torsion, die dem Massestrom proportional ist. Die Corioliskraft entsteht in der nichtlinear beschleunigten Masse. Eine besonders große Corioliskraft entsteht bei der Beschleunigung der Masse senkrecht zur Bewegungsrichtung. Lässt man also einen Rohrbogen um eine Achse I-I mit der Kreisfrequenz ω rotieren, so wirkt auf das Masseelement dm die Corioliskraft F

$$dF = 2\,dm(\boldsymbol{\omega} \cdot \boldsymbol{c}) \qquad (14.17)$$

Die Corioliskraft dF, die Geschwindigkeit c und die Winkelgeschwindigkeit ω sind vektorielle Größen, sodass für die Corioliskraft mit dem Masseelement $dm = \rho\,dV = \rho Ar\,d\alpha$ auch geschrieben werden kann (Abb. 14.44):

$$|dF| = 2\omega c \rho Ar \cos\alpha\,d\alpha \qquad (14.18)$$

Abb. 14.44 Messprinzip und
Funktionsweise eines Coriolis-
Massestrommessgerätes

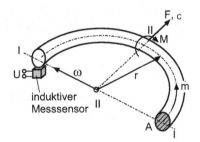

Abb. 14.45 Gyroskopischer Massendurchflussmesser mit geraden Rohrleitungen und Schwingungserreger

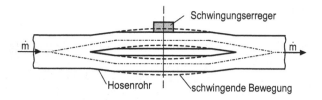

Diese Corioliskraft erzeugt ein Drehmoment um die Achse II-II in Abb. 14.44 mit dem Betrag

$$dM = r \, |dF| \, |\cos\alpha| \tag{14.19}$$

Mit der Corioliskraft F aus Gl. 14.18 und mit dem Massestrom $\dot{m} = \rho c A$ erhält man für das verursachte Drehmoment

$$M = \int_{\alpha=0}^{\pi} dM = \int_{\alpha=0}^{\pi} 2\omega r^2 \dot{m} \cos^2\alpha \, d\alpha = 2\omega r^2 \dot{m} \frac{1}{2} (\alpha + \sin\alpha\cos\alpha) = \pi\omega r^2 \dot{m} \tag{14.20}$$

Das entstehende Drehmoment ist dem Massestrom $\dot{m}$ proportional. Das Drehmoment M kann durch die Messung der entsprechenden Lagerkräfte der Rohrschleife bestimmt werden und man erhält dadurch das Messsignal für den Massestrom $\dot{m} \sim M$.

Massedurchflussmessgeräte werden auch mit einem geraden Durchfluss des Massestromes ausgeführt (Abb. 14.45). Die Corioliskräfte in geraden Rohrleitungen als Signal für den Massedurchfluss treten in geraden Rohren dann auf, wenn man die Rohre in Schwingungen versetzt. Dabei dreht sich die Eingangshälfte des Messrohres jeweils in entgegengesetzter Richtung zur zweiten Rohrhälfte. Bezogen auf die Mitte des Messgerätes I-I treten Phasenverschiebungen der Schwingung auf, die optoelektronisch gemessen werden und die ein Maß für den Massestrom $\dot{m}$ sind.

14.5 Beispiele

Beispiel 14.5.1 In einer Rohrleitung mit der lichten Weite von $d_i = 400\,\text{mm}$ Durchmesser, dem statischen Druck von $p_{st} = 60\,\text{mm Hg}$ und dem Umgebungsluftdruck von $p_b = 100\,\text{kPa}$ strömt Luft von $t = 45\,°\text{C}$ ($T = 318{,}15\,\text{K}$) mit einer relativen Feuchtigkeit von 80 %. Mit einem Prandtlrohr wird im gesamten Querschnitt der Staudruck von 120 mm WS ermittelt, mit $R_L = 287{,}6\,\text{J/(kg K)}$ und $R_D = 461{,}52\,\text{J/(kg K)}$.

Zu bestimmen sind:

1. der absolute Druck der strömenden Luft im Rohr,
2. die absolute Feuchtigkeit und die Dichte der Luft,
3. die mittlere Strömungsgeschwindigkeit in der Rohrleitung,
4. der Volumen- und Massestrom,
5. die Machzahl.

Lösung

1. $p_{st} = g\rho H = 9{,}81\,\text{m/s}^2 \cdot 13.546\,\text{kg/m}^3 \cdot 0{,}060\,\text{m Hg} = 7973{,}18\,\text{Pa}$

$$p_1 = p_b + p_{st} = 100\,\text{kPa} + 7973{,}18\,\text{Pa} = 107{,}973\,\text{kPa}$$

2. Partialdruck des Wasserdampfes in der feuchten Luft mit $p' = 10{,}087\,\text{kPa}$

$$p_D = \varphi p' = \frac{x}{0{,}622 + x}\, p_1 = \frac{0{,}80}{0{,}622 + 0{,}80} \cdot 107{,}973\,\text{kPa} = 60{,}744\,\text{kPa}$$

Absolute Luftfeuchtigkeit

$$x = 0{,}622 \frac{p_D}{p_1 - p_D} = 0{,}622 \cdot \frac{60{,}744\,\text{kPa}}{(107{,}973 - 60{,}744)\,\text{kPa}} = 0{,}79$$

Dichte der feuchten Luft

$$\rho = \frac{p}{R_L T} - \left(\frac{1}{R_L} - \frac{1}{R_D} \right) \frac{p_D}{T} = \frac{p}{R_D T_1} \cdot \frac{1 + x}{1 + x\,(R_D/R_L)}$$

mit $p = p_b + p_D = 160{,}744\,\text{kPa}$

$$\rho = \frac{160{,}744\,\text{kPa}}{461{,}52\,\text{J/(kg K)} \cdot 318{,}15\,\text{K}} \cdot \frac{1 + 0{,}8}{1 + 0{,}8\,(461{,}52/287{,}6)\,\text{J/(kg K)}} = 0{,}863\,\text{kg/m}^3$$

3. $\Delta p = p_2 - p_1 = 60\,\text{mm Hg} = 7973{,}18\,\text{Pa}$

$$c = \frac{\dot{V}}{A} = \sqrt{\frac{2\Delta p}{\rho}} = \sqrt{\frac{2 \cdot 7973{,}18\,\text{Pa}}{0{,}863\,\text{kg/m}^3}} = 135{,}94\,\frac{\text{m}}{\text{s}}$$

4. $\dot{V} = Ac = \frac{\pi}{4} d_i^2 c = \frac{\pi}{4} 0{,}4^2\,\text{m}^2 \cdot 135{,}94\,\frac{\text{m}}{\text{s}} = 17{,}08\,\frac{\text{m}^3}{\text{s}}$

$$\dot{m} = \rho \dot{V} = 0{,}863\,\frac{\text{kg}}{\text{m}^3} \cdot 17{,}08\,\frac{\text{m}^3}{\text{s}} = 14{,}74\,\frac{\text{kg}}{\text{s}}$$

5. Machzahl

$$M = \frac{c}{a} = \frac{c}{\sqrt{\kappa R T}} = \frac{135{,}94\,\text{m/s}}{\sqrt{1{,}34 \cdot 287{,}6\,\text{J/(kg K)} \cdot 318{,}15\,\text{K}}} = \frac{135{,}94\,\text{m/s}}{350{,}16\,\text{m/s}} = 0{,}388$$

Die Machzahl liegt an der Grenze der inkompressiblen Strömung.

Beispiel 14.5.2 Mittels eines U-Rohr-Manometers (Abb. 14.46) ist die Druckdifferenz zu messen, mit der der Volumenstrom $\dot{V}$ mit der Dichte $\rho_W = 10^3\,\text{kg/m}^3$ einer reibungsfreien Flüssigkeit durch die Rohrleitung strömt. Die Dichte der Messflüssigkeit (Quecksilber) beträgt $\rho_{Hg} = 13.546\,\text{kg/m}^3$. Die Querschnittsflächen betragen $A_1 = 2000\,\text{mm}^2$ und $A_2 = 5000\,\text{mm}^2$. Der Manometerausschlag beträgt $\Delta h = 146\,\text{mm Hg}$.

Abb. 14.46 U-Rohr-Manometer

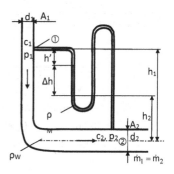

Zu berechnen sind:

1. Der Zusammenhang zwischen $\dot{V}$ und Δh.
2. Ändert sich das Resultat, wenn die Durchflussrichtung geändert wird?

Lösung

1. Masseerhaltungssatz: $\dot{m}_1 = \dot{m}_2$; $\rho_a A_1 c_1 = \rho_a A_2 c_2$

   Energieerhaltungssatz: $p_1 + \rho_W g h_1 + \dfrac{\rho_W c_1^2}{2} = p_2 + \dfrac{\rho_W c_2^2}{2}$

   U-Rohrmanometergleichgewicht bezogen auf h_2:

$$g\rho_{Hg}\Delta h + g\rho_W h' + p_1 = g\rho_W \left(\Delta h + h'\right) + p_2 - g\rho_W h_1;$$
$$p_1 + g\rho_{Hg}\Delta h = p_2 + g\rho_W \Delta h - g\rho_W h_1$$
$$p_2 - p_1 - g\rho_W h_1 = g\left(\rho_{Hg} - \rho_W\right)\Delta h;$$
$$p_2 - p_1 - g\rho_W h_1 = \frac{\rho_W}{2}\left(c_1^2 - c_2^2\right)$$

Gleichsetzen liefert: $\dfrac{\rho_W}{2}(c_1^2 - c_2^2) = g(\rho_{Hg} - \rho_W)\Delta h \rightarrow c_1^2 - c_2^2 = 2g\Delta h\left(\dfrac{\rho_{Hg}}{\rho_W} - 1\right)$

Mit $c_2 = \frac{A_1}{A_2}c_1$ erhält man

$$c_1^2\left(1 - \frac{A_1^2}{A_2^2}\right) = 2g\Delta h\left(\frac{\rho_{Hg}}{\rho_W} - 1\right) \rightarrow c_1 = \sqrt{\frac{2g\Delta h(\frac{\rho_{Hg}}{\rho_W} - 1)}{1 - (\frac{A_1}{A_2})^2}}$$

und aus $\dot{V} = c_1 A_1$ folgt: $\dot{V} = \dfrac{A_1}{\sqrt{1 - \left(\frac{A_1}{A_2}\right)^2}}\cdot\sqrt{2g\Delta h\left(\dfrac{\rho_{Hg}}{\rho_W} - 1\right)};$ Mit $c_1 = \dfrac{A_2}{A_1}c_2$

erhält man:

$$c_2^2\left(\frac{A_2^2}{A_1^2} - 1\right) = 2g\Delta h\left(\frac{\rho_{Hg}}{\rho_W} - 1\right) \rightarrow c_2 = \sqrt{\frac{2g\Delta h(\frac{\rho_{Hg}}{\rho_W} - 1)}{(\frac{A_2}{A_1})^2 - 1}}$$

und aus $\dot{V} = c_2 A_2$ folgt: $\dot{V} = \dfrac{A_2}{\sqrt{\left(\frac{A_2}{A_1}\right)^2 - 1}} \cdot \sqrt{2g\Delta h\left(\frac{\rho_{Hg}}{\rho_W} - 1\right)}$

$$\dot{V} = \dot{V} \rightarrow \dfrac{A_1}{\sqrt{1 - \left(\frac{A_1}{A_2}\right)^2}} \cdot \sqrt{2g\Delta h\left(\tfrac{\rho_{Hg}}{\rho_W} - 1\right)} = \dfrac{A_2}{\sqrt{\left(\frac{A_2}{A_1}\right)^2 - 1}} \cdot \sqrt{2g\Delta h\left(\tfrac{\rho_{Hg}}{\rho_W} - 1\right)}$$

Numerische Berechnung ergibt:
$A_1 = 0,002\,\mathrm{m}^2$; $A_2 = 0,005\,\mathrm{m}^2$; $\Delta h = 146\,\mathrm{mm\,Hg} = 1,9777\,\mathrm{m\,WS}$
$A_1/A_2 = 0,4$; $A_2/A_1 = 2,5$

$$\frac{h_W}{h_{Hg}} = \frac{\rho_{Hg}}{\rho_W} \rightarrow h_W = \frac{\rho_{Hg}}{\rho_W} h_{Hg} = 13,546 \cdot 0,146\,\mathrm{m\,Hg} = 1,9777\,\mathrm{m\,WS}$$

$$c_1 = \sqrt{\frac{2g\Delta h\left(\rho_{Hg}/\rho_W - 1\right)}{1 - (A_1/A_2)^2}} = \sqrt{\frac{2 \cdot 9,81\,\mathrm{m/s}^2 \cdot 1,9777\,\mathrm{m\,WS} \cdot (13,546 - 1)}{1 - (0,002/0,005)^2}}$$

$$= 24,07\,\frac{\mathrm{m}}{\mathrm{s}}$$

$$c_2 = \sqrt{\frac{2g\Delta h\left(\rho_{Hg}/\rho_W - 1\right)}{(A_1/A_2)^2 - 1}} = \sqrt{\frac{2 \cdot 9,81\,\mathrm{m/s}^2 \cdot 1,9777\,\mathrm{m\,WS} \cdot (13,546 - 1)}{(0,002/0,005)^2 - 1}}$$

$$= 9,63\,\frac{\mathrm{m}}{\mathrm{s}}$$

2. $\dot{V}_1 = c_1 A_1 = 24,07\,\frac{\mathrm{m}}{\mathrm{s}} \cdot 2 \cdot 10^3\,\mathrm{m}^2 = 48,15\,\frac{\mathrm{m}^3}{\mathrm{s}} = 173,33\,\frac{\mathrm{m}^3}{\mathrm{h}}$

$$\dot{V}_2 = \dot{V}_1 = c_2 A_2 = 9,63\,\frac{\mathrm{m}}{\mathrm{s}} \cdot 5 \cdot 10^3\,\mathrm{m}^2 = 48,15\,\frac{\mathrm{m}^3}{\mathrm{s}} = 173,33\,\frac{\mathrm{m}^3}{\mathrm{h}}$$

Obwohl die Strömungsgeschwindigkeiten bei ① und ②, infolge der unterschiedlichen Querschnitte unterschiedlich groß sind, müssen die Volumen- und Masseströme durch die Kontinuitätsgleichung gleich sein.
Diese Ergebnisse sind für beide Strömungsrichtungen in der Anlage gültig.

Beispiel 14.5.3 Im wassergefüllten Behälter von Abb. 14.47 wird der Wasserspiegel mit dem konstanten absoluten Druck von $p_B = 200\,\mathrm{kPa}$ beaufschlagt. Die Flüssigkeitshöhe im Behälter beträgt $h = 5,88\,\mathrm{m}$.
  Zu bestimmen sind:

1. Bodendruck im Behälter p_{Bo},
2. Druckanzeige im U-Rohrmanometer I in Quecksilbersäule,
3. Druckanzeige im U-Rohrmanometer II in Quecksilbersäule.

Abb. 14.47 Druckmessung
in Behältern

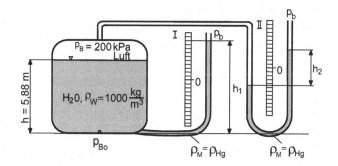

1. Bodendruck im Behälter

$$p_{Bo} = p_B - p_b + g\rho h = 200\,\text{kPa} - 100\,\text{kPa} + 9,81\,\frac{\text{m}}{\text{s}} \cdot 10^3\,\frac{\text{kg}}{\text{m}^3} \cdot 5,88\,\text{m}$$
$$= 157,68\,\text{kPa}$$

2. Druckanzeige im U-Rohrmanometer h_1 in Hg-Säule
Druckgleichgewicht

$$p_B + g\rho_W h = p_b + g\rho_M h_1$$
$$h_1 = \frac{p_B - p_b + g\rho_W h}{g\rho_M}$$
$$= \frac{200\,\text{kPa} - 100\,\text{kPa} + 9,81\,\text{m/s}^2 \cdot 10^3\,\text{kg/m}^3 \cdot 5,88\,\text{m}}{9,81\,\text{m/s}^2 \cdot 13.546\,\text{kg/m}^3}$$
$$= 1,1865\,\text{m Hg}$$

3. Druckanzeige für den Behälterdruck im U-Rohrmanometer h_2 in Hg-Säule
Druckgleichgewicht für $\rho_{Hg} \gg \rho_L$

$$p_B = p_b + g\rho_M h_2$$
$$h_2 = \frac{p_B - p_b}{g\rho_M} = \frac{200\,\text{kPa} - 100\,\text{kPa}}{9,81\,\text{m/s}^2 \cdot 13.546\,\text{kg/m}^3} = 0,753\,\text{m Hg}$$
$$p_2 = g\rho_{Hg} h_2 = 9,81\,\frac{\text{m}}{\text{s}^2} \cdot 13.546\,\frac{\text{kg}}{\text{m}^3} \cdot 0,753\,\text{m} = 100,0\,\text{kPa}$$

Für diese Druckmessungen werden zwei U-Rohrmanometer der Längen von 1,50 m
und 1,0 m benötigt.

Beispiel 14.5.4 Darstellung des statischen $p_{st} = 1,5\,\text{kPa}$, des dynamischen Druckes p_d
für $c = 24\,\text{m/s}$ und des Totaldruckes p_t im Austrittsrohr eines Axiallüfters für $\rho_L =$
$1,23\,\text{kg/m}^3$ (Abb. 14.48)

Abb. 14.48 Druckmessung an
einem Axiallüfter-Austrittsrohr

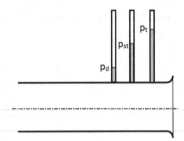

Lösung

$$p_d = \rho c^2/2 = 1,23\,\text{kg/m}^3\,576\,\text{m}^2/\text{s}^2/2 = 354,24\,\text{Pa}$$
$$p_{st} = 1,5\,\text{kPa}$$
$$p_t = p_{st} + p_d = 1854,24\,\text{Pa}$$

14.6   Aufgaben

Aufgabe 14.6.1

1. Mit welchen Messgeräten lassen sich Absolutdrücke messen?
2. Welche strömungstechnischen Größen können mit einem Prandtlrohr gemessen werden?
3. Werden mit Pitot- und Prandtlrohren Absolut- oder Überdrücke gemessen?
4. Wie viele Messanschlüsse besitzt ein Prandtlrohr und welche Größen können damit gemessen werden?
5. Auf welche Höhe über dem Wasserspiegel steigt das Wasser im Pitotrohr, wenn in einem Kanal mit $c = 4\,\text{m/s}$ gemessen wird (Abb. 14.49)
6. Auf welche Höhe steigt eine Quecksilbersäule, wenn die Wassergeschwindigkeit von $c = 6\,\text{m/s}$ gemessen wird?

Aufgabe 14.6.2 Wie lang muss das U-Rohrmanometer zur Messung des Druckes im Behälter gewählt werden, wenn der Luftdruck im Druckbehälter von $p_0 = 225\,\text{kPa}$ bei einem barometrischen Druck von $p_b = 100\,\text{kPa}$ mit Wasser $\rho_M = 1000\,\text{kg/m}^3$ als Messflüssigkeit und nachfolgend mit Quecksilber mit $\rho_M = 13.546\,\text{kg/m}^3$ als Mess-

Abb. 14.49 Pitotrohr

Abb. 14.50 Gasdruckmessung
mit U-Rohrmanometer

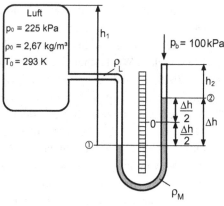

Abb. 14.51 Normblende

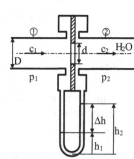

flüssigkeit gemessen werden soll (Abb. 14.50). Die Dichte der Luft im Behälter beträgt $\rho_0 = 2{,}67 \, \mathrm{kg/m^3}$ bei $t = 20\,°\mathrm{C}$ und $p_0 = 225 \, \mathrm{kPa}$.

Aufgabe 14.6.3 In einer Normblende entsprechend Abb. 14.51 mit dem Rohrdurchmesser von $D = 85 \, \mathrm{mm}$ und dem Blendendurchmesser von $d = 62{,}0 \, \mathrm{mm}$ ist ein U-Rohrmanometer mit Quecksilber als Messflüssigkeit mit $\rho_{\mathrm{Hg}} = 13.546 \, \mathrm{kg/m^3}$ angeschlossen. Die Blende wird von Wasser bei $t = 20\,°\mathrm{C}$ mit $\rho_{\mathrm{W}} = 998 \, \mathrm{kg/m^3}$ und $\nu = 10^6 \, \mathrm{m^2/s}$ durchströmt. Für die folgenden vier Quecksilberausschläge von $\Delta h = 70 \, \mathrm{mm\,Hg}$; $125 \, \mathrm{mm\,Hg}$; $200 \, \mathrm{mm\,Hg}$; $280 \, \mathrm{mm\,Hg}$ mit der Durchflusszahl von $\mu = \varepsilon \cdot \alpha$ sind die Volumenströme und die Masseströme $\dot{m}$ sowie die Reynoldszahlen für $\varepsilon = 0{,}86$ und $\alpha = 0{,}96$ zu berechnen.

14.7 Modellklausur

Modellklausur 12.7.1

1. Auf welchen Messprinzipien beruht die Volumenstrommessung von Luft und Gasen in Rohrleitungen?

2. Nennen und erläutern Sie zwei Volumenstrommessverfahren für Wasserströmungen. Geben Sie das Wirkprinzip an.

3. Anzugeben und zu erläutern sind zwei Messgeber für die Messung des Absolut- und Überdruckes. Wie können Sie aus dem Überdruck den Absolutdruck bestimmen?

4. Zu skizzieren und zu erläutern ist eine Prandtlsonde mit den zugehörigen Anzeigegeräten. Welche Größen können damit gemessen werden?

5. In einer Wasserrohrleitung mit dem Innendurchmesser von $d_i = 100\,\text{mm}$ ist eine Messblende mit dem Innendurchmesser von $d_{Bl} = 75\,\text{mm}$ eingebaut. Die gemessene Differenz am U-Rohrmanometer der Messblende beträgt $\Delta h = 195\,\text{mm}\,\text{Hg}$. Wie groß sind der Volumen- und Massestrom des durchfließenden Wassers bei $t = 20\,°\text{C}$, $\rho = 998,4\,\text{kg/m}^3$ mit der Dichte der Messflüssigkeit im U-Rohr von $\rho_M = 13.546\,\text{kg/m}^3$, dem Düsenbeiwert von $\alpha = 0,96$ und der Expansionszahl von $\varepsilon = 0,78$? Anzugeben ist auch die mittlere Geschwindigkeit in der Rohrleitung.

Literatur

1. Surek D, Stempin S (2005) Gasdruckschwingungen und Strömungsgeräusche in Druckbegrenzungsventilen und Rohrleitungen. Vak Forsch Prax 6:336–344

2. Surek D (2005) Einfluss der Unterbrechergestaltung auf die strömungstechnische und akustische Güte von Seitenkanalverdichtern. Festschrift der Firma Gebr. Becker für Herrn Dr. Henning

3. Nitzsche W (2006) Strömungsmesstechnik. Springer, Berlin

4. Wuest W (1969) Strömungsmesstechnik. Vieweg, Wiesbaden

5. Krause E (2003) Strömungslehre, Gasdynamik und Aerodynamisches Laboratorium. Teubner, Wiesbaden

6. Heilmann C (2005) Strömungsentwicklung längs der Peripherie eines Seitenkanalverdichters. Dissertation, Technische Universität Berlin. Mensch & Buch Verlag, Berlin

7. Schimpf A (2005) Photogrammetrische Particle Image Velocimetry zur Messung dreidimensionaler Geschwindigkeitsfelder. Dissertation, Technische Universität Berlin. Mensch & Buch Verlag, Berlin

8. Schardin H (1942) Die Schlierenverfahren und ihre Anwendung. Ergebnisse der exakten Naturwissenschaften Vol. 20. Springer-Verlag, Berlin Heidelberg

9. Francon M (1972) Holographie. Springer, Berlin

10. Eck B (1988) Technische Strömungslehre. Springer, Berlin

Lösungen

15.1 Lösungen der Aufgaben im Kap. 3

Lösung 3.5.1

1. $p_B = g \rho h_1 = 9,81 \frac{m}{s^2} \cdot 1000 \frac{kg}{m^3} \cdot 9\,m = 88,29\,kPa$ Überdruck
2. $p_1 + \frac{\rho}{2} c_1^2 + g \rho h_1 = p_2 + \frac{\rho}{2} c_2^2 + g \rho h_2$; $A_1 \gg A_2 \rightarrow c_1 \approx 0$
   $p_1 = p_3 = p_b = 100\,kPa$, h_2 geht für die Druckbestimmung am Behälterboden mit 0 ein.
   Es folgt: $g \rho h_1 = \frac{\rho}{2} c_2^2 \rightarrow c_2 = \sqrt{2 g h_1}$ Ausflussgleichung nach Torricelli

$$c_2 = \sqrt{2 g h_1} = \sqrt{2 \cdot 9,81 \frac{m}{s^2} \cdot 9\,m} = 13,28 \frac{m}{s};$$

$$\dot{V} = A c_2 = \frac{\pi}{4} d^2 c_2 = 0,0167 \frac{m^3}{s} = 60,12 \frac{m^3}{h}$$

3. $p_d = \frac{\rho}{2} c_2^2$; $c_2^2 = 176,62 \frac{m^2}{s^2}$; $p_d = \frac{\rho}{2} c_2^2 = \frac{10^3}{2} \frac{kg}{m^3} \cdot 176,62 \frac{m^2}{s^2} = 88,31\,kPa$

Lösung 3.5.2

1. $p_1 + \frac{\rho}{2} c_1^2 + g \rho (h_1 + h_2) = p_3 + \frac{\rho}{2} c_3^2 + g \rho h_3$; $A_1 \gg A_2 \rightarrow c_1 \approx 0$; $p_1 = p_3 = p_b = 100\,kPa$; $h_3 = 0$; $h_2 = 0,5\,m$; Es folgt: $g \rho (h_1 + h_2) = \frac{\rho}{2} c_3^2$; $c_3 = \sqrt{2 g (h_1 + h_2)} = 13,65 \frac{m}{s}$; $c_1 \approx 0$ im Behälter bei ①

© Springer Fachmedien Wiesbaden GmbH 2017
D. Surek, S. Stempin, *Technische Strömungsmechanik*,
https://doi.org/10.1007/978-3-658-18757-6_15

2.

Abb. 15.1 Behälter mit Druckverlauf

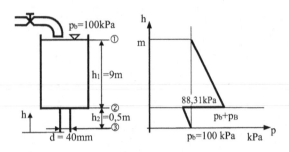

Lösung 3.5.3 Aus $z(r) = h + \frac{\omega^2 r_0^2}{4g}\left[2\left(\frac{r}{r_0}\right)^2 - 1\right]$ folgt für $z(r_0) = h_{max} = 2,0\,\text{m}$, $h = 900\,\text{mm}$ und $r = r_0 = 400\,\text{mm}$.

$$z(r_0) = h + \frac{\omega^2 r_0^2}{4g};$$

$$\omega = \left[\frac{4g\,(z(r_0) - h)}{r_0^2}\right]^{1/2} = \left[\frac{4 \cdot 9,81\,\frac{\text{m}}{\text{s}^2}\,(2\,\text{m} - 0,9\,\text{m})}{0,4^2\,\text{m}^2}\right]^{1/2} = 16,42\,\text{s}^{-1}$$

Drehzahl: $n = \frac{\omega}{2\pi} = \frac{16,42\,\text{s}^{-1}}{2\pi} = 2,61\,\text{s}^{-1} = 156,8\,\text{min}^{-1}$

Lösung 3.5.4 Dichte der Luft am Boden: $\rho_0 = \frac{p_0}{R\,T_0} = \frac{101.330\,\text{Pa}}{287,6\,\text{J/kg\,K} \cdot 293,15\,\text{K}} = 1,2\,\frac{\text{kg}}{\text{m}^3}$
Die notwendige Auftriebskraft des Ballons beträgt $F_A = 4,4\,\text{kN}$. Die Auftriebskraft entspricht der Gravitationskraft $F_A = g\,m = 4,4\,\text{kN}$. Daraus kann die erforderliche Dichte im Ballon ermittelt werden:

$$\rho = \frac{F_A}{g\,V} = \frac{g\,m}{g\,V} = \frac{m}{V} = \frac{450\,\text{kg}}{680\,\text{m}^3} = 0,66\,\frac{\text{kg}}{\text{m}^3}$$

Druck im Ballon: $p = p_0 \frac{\rho}{\rho_0} = 101,33\,\text{kPa}\,\frac{0,66\,\text{kg/m}^3}{1,2\,\text{kg/m}^3} = 55,73\,\text{kPa}$
Der Druck von $p = 55,73\,\text{kPa}$ erlaubt für die isentrope Luftschichtung ($\kappa = 1,40$) eine Steighöhe von:

$$h = \frac{p_0}{g\,\rho_0}\frac{\kappa}{\kappa - 1}\left[1 - \left(\frac{p}{p_0}\right)\right]^{(\kappa-1)/\kappa}$$

$$= \frac{101,33\,\text{kPa}}{9,81\,\text{m/s}^2 \cdot 1,2\,\text{kg/m}^3}\frac{1,4}{1,4 - 1}\left[1 - \left(\frac{55,73\,\text{kPa}}{101,33\,\text{kPa}}\right)\right]^{0,4/1,4} = 23,98\,\text{km}$$

Wenn der Ballon mit Luft gefüllt ist, muss die Luft im Ballon folgende Temperatur besitzen.

Aus der thermischen Zustandsgleichung der Gase folgt:

$$T = \frac{p}{R\,\rho} = \frac{55.731\,\text{Pa}}{287{,}6\,\text{J/kg\,K} \cdot 0{,}66\,\text{kg/m}^3} = 293{,}60\,\text{K} = 20{,}45\,°\text{C}$$

Lösung 3.5.5

1. Ein ideales Fluid ist ein Stoff, der sich im Gegensatz zu einem Festkörper ohne Widerstand verformen lässt.
2. Ein ideales Fluid ist ein stark vereinfachtes Modell eines Fluids, durch das physikalische Prozesse leichter zu verstehen sind und sich mathematisch leichter beschreiben lassen.
3. mWS und mmWS steht für Meter Wassersäule bzw. Millimeter Wassersäule und wird hauptsächlich für geringe Druckhöhen und im Pumpenbau für Förderhöhen verwendet. 1 mm WS entspricht 9,80 Pa.
4. Ein Strömungsgebiet muss durch Systemgrenzen eindeutig gekennzeichnet werden. Systemgrenzen können Betrachtungsgrenzen oder Bilanzräume sein. Es bieten sich Wandungen und die Festlegung einer Eintritts- und Austrittsgrenze an.
5. Mit der Bernoulligleichung kann die spezifische Druckenergie, die spezifische dynamische Energie oder die Höhe errechnet werden.
6. Die Bernoulligleichung wird entweder aus dem Newton'schen Grundgesetz bzw. der Euler'schen Bewegungsgleichung oder aus dem Energiesatz abgeleitet.
7. Mit dem Impulssatz können die Kräfte berechnet werden, die auf ein Strömungsgebiet wirken.
8.

Druckgleichung	Energiegleichung	Höhengleichung
$p + \rho \cdot g \cdot z + \frac{\rho}{2}c^2 = \text{konst.}$	$\frac{p}{\rho} + g \cdot z + \frac{c^2}{2} = \text{konst.}$	$\frac{p}{\rho \cdot g} + z + \frac{c^2}{2g} = \text{konst.}$

Die Bernoulligleichung ist der Energieerhaltungssatz der Strömungslehre.

Lösung 3.5.6

1. $c = 120\,\frac{\text{km}}{\text{h}} = 33{,}33\,\frac{\text{m}}{\text{s}}$
2. $\dot{V} = \frac{\pi}{4}d^2 c = \frac{\pi}{4}(0{,}15)^2\,\text{m}^2 \cdot 33{,}33\,\frac{\text{m}}{\text{s}} = 0{,}589\,\frac{\text{m}^3}{\text{s}} = 2120{,}40\,\frac{\text{m}^3}{\text{h}}$; $t = \frac{V}{\dot{V}} = \frac{4\,\text{m}^3\text{s}}{0{,}589\,\text{m}^3} = 6{,}79\,\text{s}$

15.2 Lösungen der Aufgaben im Kap. 5

Lösung 5.13.1

1. Geschwindigkeiten c_1 und c_2

$$c_1 = \frac{\dot{V}}{A_1} = \frac{4\,\dot{V}}{\pi\,d_1^2} = \frac{4 \cdot 8\,\mathrm{m}^3/\mathrm{s}}{\pi \cdot 1\,\mathrm{m}^2} = 10{,}19\,\frac{\mathrm{m}}{\mathrm{s}};$$

$$c_2 = \frac{\dot{V}}{A_2} = \frac{4\,\dot{V}}{\pi\,d_2^2} = \frac{4 \cdot 8\,\mathrm{m}^3/\mathrm{s}}{\pi \cdot 2^2\,\mathrm{m}^2} = 2{,}55\,\frac{\mathrm{m}}{\mathrm{s}}$$

2. $p_3 = p_\mathrm{b} = 100\,\mathrm{kPa}$; $p_2 = p_\mathrm{b} + g\rho h_1 = 100\,\mathrm{kPa} + 9{,}81\,\mathrm{m/s}^2 \cdot 10^3\,\mathrm{kg/m}^3 \cdot 6\,\mathrm{m} = 158{,}86\,\mathrm{kPa}$;

$$p_{2\mathrm{Ü}} = 58{,}86\,\mathrm{kPa}; \quad p_1 + g\rho h_1 + \frac{\rho}{2}c_1^2 = p_2 + \frac{\rho}{2}c_2^2$$

$$p_1 = p_2 + \frac{\rho}{2}c_2^2 - \frac{\rho}{2}c_1^2 - g\rho h_1$$

$$= 158{,}86\,\mathrm{kPa} + \frac{10^3}{2}\,\frac{\mathrm{kg}}{\mathrm{m}^3}\left[2{,}55^2\,\frac{\mathrm{m}^2}{\mathrm{s}^2} - 10{,}19^2\,\frac{\mathrm{m}^2}{\mathrm{s}^2}\right] - 9{,}81\,\frac{\mathrm{m}}{\mathrm{s}^2} \cdot 10^3\,\frac{\mathrm{kg}}{\mathrm{m}^3}\,6\,\mathrm{m}$$

$$p_1 = 51{,}33\,\mathrm{kPa}$$

p_1 liegt über dem Dampfdruck des Wassers von $p_\mathrm{t} = 2{,}34\,\mathrm{kPa}$
Unterdruck: $p_\mathrm{U} = p_\mathrm{b} - p_1 = 100\,\mathrm{kPa} - 51{,}33\,\mathrm{kPa} = 48{,}67\,\mathrm{kPa}$

3. $b = \mathrm{d}c/\mathrm{d}t \approx (c_1 - c_2)/t$ mit $t = h_1/c$; $b \approx \frac{c_2^2 - c_1^2}{2h_1} = \frac{(2{,}55^2 - 10{,}19^2)\,\mathrm{m}^2/\mathrm{s}^2}{2 \cdot 6\,\mathrm{m}} = -8{,}11\,\mathrm{m/s}^2$

Lösung 5.13.2

1. Es sind:

$$c_0 = \frac{4\,\dot{V}_0}{\pi\,d_0^2} = \frac{4 \cdot 0{,}025\,\mathrm{m}^3/\mathrm{s}}{\pi \cdot 0{,}1^2\,\mathrm{m}^2} = 3{,}18\,\frac{\mathrm{m}}{\mathrm{s}};$$

$$\mathrm{Re}_0 = \frac{d_0\,c_0}{\nu} = \frac{0{,}1\,\mathrm{m} \cdot 3{,}18\,\mathrm{m/s}}{10^{-6}\,\mathrm{m}^2/\mathrm{s}} = 318.300 = 3{,}18 \cdot 10^5$$

$$c_1 = \frac{4\,\dot{V}_1}{\pi\,d_1^2} = \frac{4 \cdot 0{,}0139\,\mathrm{m}^3/\mathrm{s}}{\pi \cdot 0{,}065^2\,\mathrm{m}^2} = 4{,}19\,\frac{\mathrm{m}}{\mathrm{s}};$$

$$\mathrm{Re}_1 = \frac{d_1\,c_1}{\nu} = \frac{0{,}065\,\mathrm{m} \cdot 4{,}19\,\mathrm{m/s}}{10^{-6}\,\mathrm{m}^2/\mathrm{s}} = 2{,}72 \cdot 10^5$$

$$c_2 = \frac{4\,\dot{V}_2}{\pi\,d_2^2} = \frac{4 \cdot 0{,}0111\,\mathrm{m}^3/\mathrm{s}}{\pi \cdot 0{,}08^2\,\mathrm{m}^2} = 2{,}21\,\frac{\mathrm{m}}{\mathrm{s}};$$

$$\mathrm{Re}_2 = \frac{d_2\,c_2}{v} = \frac{0{,}08\,\mathrm{m} \cdot 2{,}21\,\mathrm{m/s}}{10^{-6}\,\mathrm{m^2/s}} = 1{,}77 \cdot 10^5$$

$$\frac{k_0}{d_0} = \frac{0{,}2\,\mathrm{mm}}{100\,\mathrm{mm}} = 2 \cdot 10^{-3}; \frac{k_1}{d_1} = \frac{0{,}2\,\mathrm{mm}}{65\,\mathrm{mm}} = 3{,}08 \cdot 10^{-3}; \frac{k_2}{d_2} = \frac{0{,}2\,\mathrm{mm}}{80\,\mathrm{mm}} = 2{,}5 \cdot 10^{-3}$$

Strömungsbereich: $5 < \mathrm{Re}^{7/8}(k/d) < 70$; Übergangsgebiet $\lambda = f(\mathrm{Re}, (k/d))$
Aus Colebrook-Diagramm: $\lambda_0 = 0{,}029$; $\lambda_1 = 0{,}027$; $\lambda_2 = 0{,}032$
Es herrscht Druckgleichgewicht im Knotenpunkt.
Rohrleitungszweig 1:

$$p_0 + \frac{\rho}{2}c_0^2 - \frac{\rho}{2}c_0^2\lambda_0\frac{L_0}{d_0} = p_1 + \frac{\rho}{2}c_1^2 + \frac{\rho}{2}c_1^2\left(\zeta_1 + \lambda_1\frac{L_1}{d_1}\right) + g\,h_1\rho$$

Der Gravitationsterm im Rohrleitungszweig 1 ist gleich 0

$$p_0 = p_1 + \frac{\rho}{2}c_0^2\left(\lambda_0\frac{L_0}{d_0} - 1\right) + \frac{\rho}{2}c_1^2\left(1 + \lambda_1\frac{L_1}{d_1} + \zeta_1\right)$$

$p_0 = 300\,\mathrm{kPa} + 170{,}62\,\mathrm{kPa} + 106{,}88\,\mathrm{kPa} = 577{,}50\,\mathrm{kPa}$
Rohrleitungszweig 2:

$$p_0 + \frac{\rho}{2}c_0^2 - \frac{\rho}{2}c_0^2\lambda_0\frac{L_0}{d_0} = p_2 + \frac{\rho}{2}c_2^2 + \frac{\rho}{2}c_2^2\left(\zeta_2 + \lambda_2\frac{L_2}{d_2}\right) + g\,h_2\,\rho$$

$$p_0 = p_2 + \frac{\rho}{2}c_0^2\left(\lambda_0\frac{L_0}{d_0} - 1\right) + \frac{\rho}{2}c_2^2\left(1 + \lambda_2\frac{L_2}{d_2} + \zeta_2\right) + g\,h_2\,\rho$$

$p_0 = 220\,\mathrm{kPa} + 170{,}62\,\mathrm{kPa} + 33{,}865\,\mathrm{kPa} + 156{,}71\,\mathrm{kPa} = 581{,}195\,\mathrm{kPa}$
Der Druck muss $p_0 = 581{,}2\,\mathrm{kPa}$ betragen, um die beiden Verbraucher wie vorgegeben
zu versorgen.

2.

$$p_1 + \frac{\rho}{2}c_1^2\left(1 + \lambda_1\frac{L_1}{d_1} + \zeta_1\right) = p_2 + \frac{\rho}{2}c_2^2\lambda_2\frac{L_2}{d_2} + \frac{\rho}{2}c_2^2\left(1 + \lambda_2\frac{L_2}{d_2} + \zeta_2\right) + g\,h_2\,\rho$$

$$c_1^2 = \frac{2\cdot\left[p_2 - p_1 + \frac{\rho}{2}c_2^2\left(1 + \lambda_2\frac{L_2}{d_2} + \zeta_2\right) + g\,\rho\,h_2\right]}{\rho\left(1 + \lambda_1\frac{L_1}{d_1} + \zeta_1\right)} = \frac{16\,\dot{V}_1^2}{\pi^2 d_1^4}$$

$$d_1 = \sqrt[4]{\frac{16\,\dot{V}_1^2\,\rho\left(1 + \lambda_1\frac{L_1}{d_1} + \zeta_1\right)}{2\pi^2\left[p_2 - p_1 + \frac{\rho}{2}c_2^2\left(1 + \lambda_2\frac{L_2}{d_2} + \zeta_2\right) + g\,\rho\,h_2\right]}}$$

Mit $\lambda_2 = 0{,}032$ und $\zeta_2 = 0{,}89$ ergibt sich:

$$d_1 = \sqrt[4]{\frac{16\left(0{,}0139\,\frac{m^3}{s}\right)^2 998{,}4\,\frac{kg}{m^3}\left(1 + 0{,}027\frac{25\,m}{0{,}065\,m} + 0{,}84\right)}{2\pi^2\left[220\,kPa - 300\,kPa + \frac{998{,}4\,\frac{kg}{m^3}}{2}\left(2{,}21\,\frac{m}{s}\right)^2 13{,}89 + 9{,}81\,\frac{m}{s^2}\cdot 998{,}4\,\frac{kg}{m^3}\,16\,m\right]}}$$

Nach zwei Iterationsschritten erhält man die Lösung $d_1 = 0{,}0645\,m = 64{,}5\,mm$ für die Leitung 1 bei dem Durchmesser der Leitung 2 von DN 80.

Der Rohrdurchmesser der Leitung 1 muss $d_1 = 64{,}5\,mm$ betragen, damit die Versorgungsbedingung für gleiche Geschwindigkeiten ($c_1 = c_2$) in beiden Leitungen erfüllt wird. Also war die Planung des Rohrleitungszweiges 1 mit DN 65 gut.

Lösung 5.13.3

1. Bernoulligleichung $p_1 + g\,\rho\,h_1 + \frac{\rho}{2}c_1^2 = p_2 + g\,\rho\,h_2 + \frac{\rho}{2}c_2^2 + \zeta\frac{\rho}{2}c_2^2$; $p_1 = p_2$; $c_1 = 0$

$$c_2^2(1 + \zeta) = 2\,g(h_1 - h_2); \quad c_2 = \sqrt{\frac{2\,g(h_1 - h_2)}{(1 + \zeta)}}$$

für $\zeta = 0 \rightarrow c_2 = \sqrt{2\,g(h_1 - h_2)} = \sqrt{2g\Delta h}$ Torricelligleichung

2. $c_2 = \sqrt{2\cdot 9{,}81\,m/s^2 \cdot 4\,m} = \sqrt{78{,}48\,m^2/s^2} = 8{,}86\,m/s$
3. $\dot{V} = Ac = b\cdot h_2 c = 6\,m\cdot 2\,m\cdot 8{,}86\,m/s = 106{,}32\,m^3/s = 382.752\,m^3/h$

$$\dot{m} = \rho\dot{V} = 998\,kg/m^3 \cdot 106{,}32\,m^3/s = 106{,}11\,t/s = 381{,}996\,kt/h$$

reale verlustbehaftete Austrittsströmung

4. $c_2 = \sqrt{\frac{2g\,\Delta h}{1 + \zeta}} = \sqrt{\frac{2\cdot 9{,}81\cdot 4}{1 + 0{,}2}} = 8{,}09\,\frac{m}{s}$; Nein, der Fehler beträgt 8,7 % bezogen auf $c_2 = 8{,}86\,m/s$.

Lösung 5.13.4

1. ρ: Dichte [kg/m^3]; β_p: isobarer Kompressibilitätskoeffizient [$1/K$]; ΔT: Temperaturunterschied [K]

$$\rho = \rho_0/(1 + \beta_p \cdot \Delta T)$$

Je höher die Temperatur ist, desto geringer wird die Dichte.

Aber: Infolge seiner Anomalie verringert sich die Dichte des Wasser unterhalb von 4 °C (277,15 K) erneut.

2. $\tau = \eta D$: Schubspannung $\mathrm{N/m^2}$; $\eta = \rho\nu$: dynamische Viskosität Pa s; D: Geschwindigkeitsgefälle $1/\mathrm{s}$

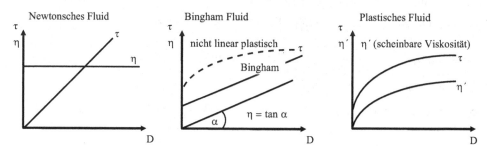

Abb. 15.2 Schubspannungsverhalten und Viskosität verschiedener Fluidtypen

3. a: Schallgeschwindigkeit m/s; E: Elastizitätsmodul $\mathrm{N/m^2}$; ΔT: Temperaturunterschied K

$$a = \sqrt{\frac{\partial p}{\partial \rho}} = \sqrt{\frac{E}{\rho}} = \sqrt{\frac{1}{\rho \beta_\mathrm{T}}}; \quad E = \frac{1}{\beta_\mathrm{T}};$$

Je höher der E-Modul, desto größer die Schallgeschwindigkeit

Lösung 5.13.5 h_S: Saughöhe m; p_b: Atmosphärendruck Pa; p_t: Siededruck Pa; ρ: Dichte $\mathrm{kg/m^3}$; g: Erdbeschleunigung $\mathrm{m/s^2}$

$$h_\mathrm{S} = \frac{p_\mathrm{b} - p_\mathrm{t}}{\rho \cdot g} - \mathrm{NPSH} - \frac{c_\mathrm{S}^2}{2g}$$

Je größer der Atmosphärendruck, umso höher ist die zulässige Saughöhe.

$$\rho = \rho_0/(1 + \beta_\mathrm{p} \cdot \Delta T) \quad \text{(Temperaturabhängigkeit der Dichte)}$$

Je höher die Temperatur des Fluids, desto geringer die Dichte und umso geringer die Saughöhe.

Lösung 5.13.6 Impulssatz: $\vec{I}_\mathrm{i} = m \cdot \vec{c}_\mathrm{i}$ und $\sum_{i=0}^{n} \vec{I}_\mathrm{i} = m \cdot (\vec{c}_2 - \vec{c}_1)$
Der Impulssatz gibt ein Kräftegleichgewicht an. Ermittelt werden können der statische Druck p, die Geschwindigkeit c, das Höhenpotential h und die Impulskraft auf ein Strömungsgebiet.

Lösung 5.13.7 $h_1 = 8\,\mathrm{m}$; $h_2 = 1\,\mathrm{m}$; $c_1 = 0\,\mathrm{m/s}$
Bernoulligleichung: $p_1 + g\,\rho\,h_1 + \frac{\rho}{2}c_1^2 = p_2 + g\,\rho\,h_2 + \frac{\rho}{2}c_2^2$

1. $p_1 = p_2 = p_\mathrm{b} = 100\,\mathrm{kPa}$; $c_2 = \sqrt{2g(h_1 + h_2)} = 13,29\,\frac{\mathrm{m}}{\mathrm{s}}$
2. $A = \frac{\pi}{4}d^2$; $A = 0,001963\,\mathrm{m^2} = 1963,5\,\mathrm{mm^2}$; $\dot{V} = A \cdot c = \frac{\pi}{4}d^2 \cdot c = \frac{\pi}{4}(0,05\mathrm{m})^2 \cdot$
   $13,29\,\frac{\mathrm{m}}{\mathrm{s}} = 0,0261\,\frac{\mathrm{m^3}}{\mathrm{s}}$
3. Massestrom $\dot{m} = \rho \cdot \dot{V} = 0,0261\,\frac{\mathrm{m^3}}{\mathrm{s}} \cdot 999,6\,\frac{\mathrm{kg}}{\mathrm{m^3}} = 26,09\,\frac{\mathrm{kg}}{\mathrm{s}}$

Lösung 5.13.8

1. Strömungsgeschwindigkeit im Saugbecken: $c = \frac{\dot{V}}{A} = \frac{2400\,\text{m}^3\,\text{h}}{2{,}0\,\text{m}^2 h \cdot 3600\,\text{s}} = 0{,}333\,\frac{\text{m}}{\text{s}}$

2. Reynoldszahl: $d_\text{h} = 4\frac{A}{U} = \frac{4 \cdot 2{,}0\,\text{m}^2}{2 \cdot (2+1)\,\text{m}} = \frac{8\,\text{m}^2}{6\,\text{m}} = 1{,}33\,\text{m}$; $\text{Re} = \frac{c d_\text{h}}{\nu} = \frac{0{,}333\,\text{m/s} \cdot 1{,}33\,\text{m}}{10^{-6}\,\text{m}^2/\text{s}} = 4{,}43 \cdot 10^5$

3. Froudezahl: $\text{Fr} = \frac{c}{\sqrt{g\,h}} = \frac{0{,}333\,\text{m/s}}{\sqrt{9{,}81\,\text{m/s}^2 \cdot 1\,\text{m}}} = 0{,}106$

4. Beckenzahl: $\text{Be} = \frac{\text{Re}}{\text{Fr}} = \frac{4{,}43 \cdot 10^5}{0{,}106} = 4{,}18 \cdot 10^6$

5. Mindestzulaufhöhe: $h_\text{min} = \sqrt[3]{\frac{(Be \cdot \nu)^2}{g}} = \sqrt[3]{\frac{(4{,}18 \cdot 10^6 \cdot 10^{-6}\,\text{m}^2/\text{s})^2}{9{,}81\,\text{m/s}^2}} = 1{,}21\,\text{m} < h = 1{,}5\,\text{m}$; ja

Lösung 5.13.9 Kompression des Öles V_K:

$$V_\text{K} = \beta V_0 \Delta p = \beta \frac{\pi}{4} d^2 l \Delta p = 75 \cdot 10^{-11} \frac{1}{Pa} \frac{\pi}{4} \cdot 0{,}025^2\,\text{m}^2 4{,}5\,\text{m}\,8\,\text{MPa}$$

$$= 1{,}325 \cdot 10^{-5}\,\text{m}^3 = 13{,}25\,\text{cm}^3$$

$$V_0 = \frac{\pi}{4} d^2 L = \frac{\pi}{4} 0{,}025^2\,\text{m}^2 4{,}5\,\text{m} = 0{,}00221\,\text{m}^3;$$

$$\frac{\Delta V}{V_0} = \frac{V_\text{K}}{V_0} = \frac{1{,}325 \cdot 10^{-5}\text{m}^3}{220{,}8 \cdot 10^{-5}\text{m}^3} = 0{,}006 = 0{,}6\,\%$$

Lösung 5.13.10

1. $c_0 = \frac{\dot{V}}{A} = \frac{4 \cdot \dot{V}}{\pi d^2} = \frac{4 \cdot 8{,}667 \cdot 10^{-4}\,\text{m}^3/\text{s}}{\pi \cdot (0{,}02\,\text{m})^2} = 2{,}76\,\text{m/s}$

2. $\text{Re} = \frac{c_0 \cdot d \cdot \rho}{\eta} = \frac{2{,}76\,\text{m/s} \cdot 0{,}02\,\text{m} \cdot 850\,\text{kg/m}^3}{25 \cdot 10^{-3}\,\text{kg/(m} \cdot \text{s)}} = 1876{,}80 \rightarrow$ Laminare Strömung

3. $\zeta_\text{Rohr} = \frac{\lambda \cdot L}{d}$ mit $\lambda = \frac{64}{\text{Re}} = 0{,}0341$: $\zeta_\text{Rohr} = \frac{0{,}0341 \cdot 12\,\text{m}}{0{,}02\,\text{m}} = 20{,}46$

$\Delta p = \frac{\rho}{2} c_0^2 \cdot (10 \cdot \zeta_\text{Kr} + \zeta_\text{Rohr}) = \frac{850\,\text{kg/m}^3}{2} (2{,}76\,\text{m/s})^2 \cdot (9 + 20{,}46) = 95{,}376\,\text{kPa}$

4. $\Delta p_\text{Pumpe} = \Delta p + \rho \cdot g \cdot h + \frac{\rho}{2} c_0^2 + 16\,\text{MPa}$

$$= 95.376\,\text{Pa} + 850\,\text{kg/m}^3 \cdot 9{,}81\,\text{m/s}^2 \cdot 8\,\text{m} + \frac{850\,\text{kg/m}^3}{2}(2{,}76\text{m/s})^2$$

$$+ 16\,\text{MPa} = 16{,}17\,\text{MPa}$$

5. $\Delta p = \rho\, a\, c_0 = \rho c_0 \sqrt{\frac{E}{\rho}} = \rho c_0 \sqrt{\frac{1}{\rho \beta_\text{T}}} = 850\,\frac{\text{kg}}{\text{m}^3} \cdot 2{,}759\,\frac{\text{m}}{\text{s}} \sqrt{\frac{1\,\text{m}^3\,\text{Pa}}{850\,\text{kg} \cdot 75 \cdot 10^{-11}}} = 2{,}94\,\text{MPa}$

6. $V_0 = \frac{\pi}{4} d^2 L = \frac{\pi}{4} 0{,}02^2\,\text{m}^2 12\,\text{m} = 0{,}00377\,\text{m}^3$; $V_\text{K} = \beta_\text{T} V_0 \Delta p = \beta_\text{T} \frac{\pi}{4} d^2 L \Delta p = 8{,}31 \cdot 10^{-6}\,\text{m}^3$

$$\frac{V_\text{K}}{V} = \frac{8{,}31 \cdot 10^{-6}\text{m}^3}{3770 \cdot 10^{-6}\text{m}^3} = 0{,}0022 \,\hat{=}\, 0{,}22\,\%$$

Lösung 5.13.11

1. $c_1 = \frac{4\dot{V}_{\mathrm{W}}}{\pi d_1^2} = \frac{4 \cdot 4{,}5 \cdot 10^{-3}\,\mathrm{m}^3/\mathrm{s}}{\pi \cdot 0{,}022^2\,\mathrm{m}^2} = 11{,}84\,\mathrm{m/s}; \; c_2 = \frac{4\dot{V}_{\mathrm{W}}}{\pi d_2^2} = \frac{4 \cdot 4{,}5 \cdot 10^{-3}\,\mathrm{m}^3/\mathrm{s}}{\pi \cdot 0{,}044^2\,\mathrm{m}^2} = 2{,}96\,\mathrm{m/s}$

2. Bernoulli-Gleichung: $p_1 + \frac{\rho}{2}c_1^2 = p_2 + \frac{\rho}{2}c_2^2$

Geodätisches Glied entfällt durch horizontale Lage der Strahlpumpe $h_{\mathrm{geo}} = \mathrm{konst.}$

$$p_1 = p_{\mathrm{K}} = p_{\mathrm{b}} - \frac{\rho}{2}(c_2^2 - c_1^2) = 98.700\,\mathrm{Pa} - 500\,\frac{\mathrm{kg}}{\mathrm{m}^3}\left(2{,}96^2 - 11{,}84^2\right)\frac{\mathrm{m}^2}{\mathrm{s}^2}$$

$$= 164.412\,\mathrm{Pa} = 164{,}412\,\mathrm{kPa}$$

Lösung 5.13.12

1. Strömungsquerschnitt: $A = \frac{\pi r^2}{2} = \frac{\pi \cdot 1{,}25^2\,\mathrm{m}^2}{2} = 2{,}45\,\mathrm{m}^2$; Kanaltiefe $h = r = 1{,}25\,\mathrm{m}$

$$r_{\mathrm{h}} = \frac{A}{U} = \frac{\pi r^2}{2\pi r} = \frac{r}{2} = \frac{1{,}25\,\mathrm{m}}{2} = 0{,}625\,\mathrm{m}; \; d_{\mathrm{h}} = \frac{4A}{U} = 4 \cdot r_{\mathrm{h}} = 4 \cdot 0{,}625\,\mathrm{m} = 2{,}5\,\mathrm{m}$$

2. Mittlere Kanalgeschwindigkeit: $\bar{c} = \frac{\dot{V}}{A} = \frac{2\dot{V}}{\pi \cdot 1{,}25^2\,\mathrm{m}^2} = \frac{2 \cdot 5{,}0\,\mathrm{m}^3}{\pi \cdot 1{,}25^2\,\mathrm{m}^2\mathrm{s}} = 2{,}04\,\frac{\mathrm{m}}{\mathrm{s}}$

Reynoldszahl: $\mathrm{Re} = \frac{\bar{c} \cdot d_{\mathrm{h}}}{\nu} = \frac{2{,}04\,\mathrm{m/s} \cdot 2{,}5\,\mathrm{m}}{10^{-6}\,\mathrm{m}^2/\mathrm{s}} = 5{,}1 \cdot 10^6$

3. Froudezahl: $\mathrm{Fr} = \frac{\bar{c}}{\sqrt{g\,h}} = \frac{2{,}04\,\mathrm{m/s}}{\sqrt{9{,}81\,\mathrm{m/s}^2 \cdot 1{,}25\,\mathrm{m}}} = 0{,}582 \rightarrow \mathrm{Fr} < 1;$

unterkritische Strömung

4. Rohrreibungsbeiwert: $\lambda = \dfrac{1}{\left[-2{,}0\,\lg\left(0{,}32\,\frac{k}{d_{\mathrm{h}}}\right)\right]^2} = \dfrac{1}{\left[-2{,}0\,\lg\left(0{,}32\,\frac{4\,\mathrm{mm}}{2500\,\mathrm{mm}}\right)\right]^2} = 0{,}023$

Druckverlust: $\Delta p = \lambda\frac{\rho}{2}\bar{c}^2\frac{L}{d_{\mathrm{h}}} = 0{,}023\,\frac{998{,}6\,\frac{\mathrm{kg}}{\mathrm{m}^3}}{2}\,2{,}04^2\,\frac{\mathrm{m}^2}{\mathrm{s}^2}\,\frac{1600\,\mathrm{m}}{2{,}5\,\mathrm{m}} = 30{,}70\,\mathrm{kPa}$

Lösung 5.13.13

1. Berechnung des Lagerspaltes
Der maximale Lagerspalt beträgt:
$h_1 = (d + 0{,}06\,\mathrm{mm}) - (d_{\mathrm{W}} - 0{,}06\,\mathrm{mm}) = (180\,\mathrm{mm} + 0{,}06\,\mathrm{mm}) - (179{,}82\,\mathrm{mm} - 0{,}06\,\mathrm{mm}) = 0{,}30\,\mathrm{mm}$
Der minimale Lagerspalt beträgt:
$h_2 = (d + 0\,\mathrm{mm}) - (d_{\mathrm{W}} + 0\,\mathrm{mm}) = (180\,\mathrm{mm} + 0\,\mathrm{mm}) - (179{,}82\,\mathrm{mm} + 0\,\mathrm{mm}) = 0{,}18\,\mathrm{mm}$

Damit stellt sich ein Schmierspalt von $h_2 = 0,18\,\text{mm}$ bis $h_1 = 0,30\,\text{mm}$ in Drehrichtung der Welle ein und der Öffnungswinkel des keilförmigen Spalts beträgt

$$\arctan\left(\frac{h_1 - h_2}{U}\right) = \arctan\left(\frac{0,30\,\text{mm} - 0,18\,\text{mm}}{\pi \cdot 180\,\text{mm}}\right) = 0,012°.$$

Die mittlere Spaltweite beträgt $h_0 = \dfrac{h_1 + h_2}{2} = \dfrac{0,30\,\text{mm} + 0,18\,\text{mm}}{2} = 0,24\,\text{mm}.$

2. $\omega = 2\pi n = 2\pi \cdot 50\,\text{s}^{-1} = 314,16\,\text{s}^{-1};\ p = \dfrac{F_N}{b\,d_w} = \dfrac{220\,\text{kN}}{0,50\,\text{m} \cdot 0,17982\,\text{m}} = $
2446,89 kPa

Sommerfeldzahl:

$$\text{So} = \frac{2\,F_N h_0^2}{b\,\omega\,\eta\,r_w^3} = \frac{2 \cdot 220\,\text{kN} \cdot (0,24 \cdot 10^{-3}\,\text{mm})^2}{0,5\,\text{m} \cdot 314,16\,\text{s}^{-1} \cdot 36 \cdot 10^{-3}\,\text{Pa\,s} \cdot (0,08991\,\text{m})^3} = 6,166$$

3. $M = \dfrac{2\pi\,F_N\,h_0}{S_0} = \dfrac{\pi\,b\,\eta\,\omega\,r_w^3}{h_0} = \dfrac{\pi \cdot 0,5\,\text{m} \cdot 36 \cdot 10^{-3}\,\text{Pa\,s} \cdot 314,16\,\text{s}^{-1} \cdot (0,08991\,\text{m})^3}{0,24 \cdot 10^{-3}\,\text{m}}$
$= 53,8\,\text{Nm}$

Das dimensionslose Reibmoment im Lager beträgt:

$$\frac{M}{F_N\,h_0} = \frac{53,8\,\text{Nm}}{220\,\text{kN} \cdot 0,24 \cdot 10^{-3}\,\text{m}} = 1,019$$

Damit ist die dimensionslose Reibungskennzahl $M/(F_N h_0)$ eine Funktion der Sommerfeldzahl So.

4. Die Spaltweite $h(\varphi)$ im Lager, der Druckverlauf im Spalt $p(\varphi)$, der Schubspannungsverlauf auf der Wellenoberfläche $\tau(\varphi)$ und das Reibmoment der Welle im Lager mit Gl. 5.115 über dem Umfang der Welle von $\varphi = 0$ bis 2π für die Exzentrizität der Welle von $e = 0,18\,\text{mm}$ werden mit den Gleichungen aus Abschn. 5.7.2 berechnet. Die Resultate sind in Abb. 5.87 über dem abgewickelten Umfang des Lagers von $\varphi = 0$ bis 2π dargestellt. Der geringste Lagerspalt stellt sich bei $\varphi = \pi$ mit $h = 0,18\,\text{mm}$ ein und der größte Druck im Lagerspalt stellt sich bei $\varphi = 127°$ für die Viskosität des Öles von $\eta = 0,036\,\text{Pa\,s}$ ein.

5. umlaufender Schmierölvolumenstrom, Gl. 5.118

$$\dot{V} = \frac{r_w\,\omega\,h_0\,b}{2} = \frac{0,08991\,\text{m} \cdot 314,16\frac{1}{s} \cdot 0,24 \cdot 10^{-3}\,\text{m} \cdot 0,5\,\text{m}}{2} = 1,695 \cdot 10^{-3}\,\frac{\text{m}^3}{\text{s}}$$
$$= 0,102\,\frac{\text{m}^3}{\text{min}}$$

6. erforderlicher Kühlvolumenstrom für die Differenz der Lagertemperatur von $\Delta T = 40\,\text{K}$

$$\dot{V}_K = \frac{M\,\omega}{1700\,\Delta T} = \frac{53,8\,\text{Nm} \cdot 314,16\,\text{s}^{-1}}{40\,\text{K} \cdot 1700\,\text{K}} = 0,249\,\frac{1}{s} = 14,91\,\frac{1}{\text{min}}$$

Der Schmierölvolumenstrom von $\dot{V} = 101,70\,\text{l/min}$ reicht als Kühlvolumenstrom zur Abfuhr der entstehenden Reibungswärme aus.

Lösung 5.13.14 Die maximal zulässige Oberflächenrauigkeit beträgt für turbulente Strömungen

$k_{max} \leq 100 \cdot \frac{L}{Re} = 100 \cdot \frac{\nu}{c}$ für $Re = \frac{k_{max}c_s}{\nu} = 1150$

Für Axialverdichterschaufeln mit $L = 80\,mm$, $c = 62\,m/s$, $k_{max} \leq 24{,}52\,\mu m$

Für Tragflügel mit $L = 2{,}20\,mm$, $c = 239\,m/s$ (860,4 km/h), $k_{max} \leq 6{,}36\,\mu m$

Lösung 5.13.15 Gleichung von Prandtl-Colebrook: $\lambda = \frac{1}{[2\lg(\frac{2,51}{Re\sqrt{\lambda}}+0,27\frac{k}{d})]^2}$

Gültig für die turbulente Strömung im hydraulisch rauen Rohr mit $Re > Re_{Kr} = 2320$.

Lösung 5.13.16 Die Gleichung von Blasius ist gültig für hydraulisch glatte Wände im Reynoldszahlbereich von $Re = 2320$ bis $8 \cdot 10^7$; $\lambda = 0{,}3164/Re^{1/4}$

Lösung 5.13.17 Die implizite Gleichung von Prandtl und v. Kármán für den gesamten turbulenten Bereich $Re \geq 2320$ bis 10^8 $\lambda = \dfrac{1}{\left[2\lg\left(Re\frac{\sqrt{\lambda}}{2,51}\right)\right]^2}$. Die Gleichung von Prandtl

und Colebrook: $\lambda = \dfrac{1}{\left[2\lg\left(\frac{2,51}{Re\sqrt{\lambda}} + 0,27\frac{k}{d}\right)\right]^2}$.

Die Gleichung von Altschoul: $\dfrac{1}{\sqrt{\lambda}} = 1{,}8 \cdot \lg\dfrac{Re}{(Re \cdot 0,1\frac{d}{k}) + 7}$; Gleichung v. Nikurad-

se: $\dfrac{1}{\sqrt{\lambda}} = 2 \cdot \lg\dfrac{d}{k} + 1{,}138.$

Lösung 5.13.18 Für große Reynoldszahlen $Re = c\,d_h/\nu \geq 5 \cdot 10^7$, weil dann die Zähigkeitskräfte F_ν gegenüber den Trägheitskräften gering werden. Die Potentialtheorie berücksichtigt keine Reibungskraft.

Lösung 5.13.19 Vorrangig von der Gravitationskraft $F_g = g\,m$ und von der Froudezahl $Fr = c/\sqrt{g\,h}$, da $g \gg a$ ist und damit die Gravitationskraft überwiegt.

Lösung 5.13.20 Die Gleichung von Antoine de Chézy (1718 bis 1798) gibt das Sohlengefälle i offener Kanäle und Flüsse in Abhängigkeit des Reibungsbeiwertes λ, der Strömungsgeschwindigkeit c, der Erdbeschleunigung g und dem hydraulischen Radius r_h an. $i = \lambda' c^2/[8\,g(A/U)]$

Lösung 5.13.21 Der Masseerhaltungssatz $\dot{m} = \dot{m}_1 = \dot{m}_2 = \dot{m}_3 = \cdots = \dot{m}_n$ und der Druckverlust $\Delta p_{ges} = \sum_{i=1}^{n} \Delta p_i$ in Form der Kirchhoff'schen Gesetze für die Reihen- und Parallelschaltung.

Lösung 5.13.22 1931 von Johann Nikuradse (1894–1979) für Rohre mit definierter Sandrauigkeit an der TH Danzig.

15.3   Lösungen der Modellklausuren im Kap. 5

Modellklausurlösung 5.14.1

1. $\frac{dp}{dh} = g \cdot \rho$: $\frac{dp}{dr} = \rho\, r\, \omega^2 = \rho\frac{c_u^2}{r}$
2. Der statische Druck ist eine skalare Größe, er ist in der Kugel konstant und wirkt überall senkrecht auf die Wand
3. $\dot{m} = \int \rho c \cdot dA$ allgemein gültig für stationäre Strömungen
   $\dot{V} = \int c \cdot dA$ gilt für inkompressible stationäre Strömungen
4. $c = \sqrt{2g(h_1 - h_2)}$, von der Gefällehöhe
5. Am Schlauchaustritt und an der Schlauchkrümmung;
   Impulsgleichung: $I = \int_v c\, D(\rho\, dV) = \rho V c_n$
6. Wasser:

$$c = \frac{\dot{V}}{A} = \frac{0{,}0333\,\mathrm{m^3/s}}{7853{,}98 \cdot 10^{-6}\,\mathrm{m^2}} = 4{,}24\,\frac{\mathrm{m}}{\mathrm{s}};$$

$$Re = \frac{d\,c}{\nu} = \frac{0{,}10\,\mathrm{m} \cdot 4{,}24\,\mathrm{m/s}}{10^{-6}\,\mathrm{m^2/s}} = 4{,}24 \cdot 10^5$$

Öl:

$$c = \frac{\dot{V}}{A} = \frac{9{,}35\,\mathrm{m^3/s}}{78{,}5398 \cdot 10^{-2}\,\mathrm{m^2}} = 11{,}9\,\frac{\mathrm{m}}{\mathrm{s}};$$

$$Re = \frac{d\,c}{\nu} = \frac{1{,}0\,\mathrm{m} \cdot 11{,}9\,\mathrm{m/s}}{28 \cdot 10^{-6}\,\mathrm{m^2/s}} = 4{,}25 \cdot 10^5$$

Die Strömungen sind ähnlich

7. $\lambda = 8\frac{r_{h_0}(-\frac{dp}{ds})}{\rho \bar{c}^2} = \frac{\text{Druckkraft}}{\text{Trägheitskraft}}$

   $\lambda = f(c, d, \nu, k) = f(Re, k/d)$ Rohrreibungsbeiwert

8. gegeben: $p_1 = p_4 = 100\,\mathrm{kPa}$
   $h_1 = 4\,\mathrm{m};\ h_2 = 2\,\mathrm{m};\ h_3 = 0{,}2\,\mathrm{m};\ h_4 = 0\,\mathrm{m}$
   $d_{\mathrm{Rohr}} = 50\,\mathrm{mm};\ d_{\mathrm{Düse}} = 25\,\mathrm{mm}$
   $c_1 = 0\,\mathrm{m/s}$
   Strömungsgeschwindigkeiten:

$$c_{\mathrm{D}} = \sqrt{2\,g\,h_1} = \sqrt{2 \cdot 9{,}81\,\frac{\mathrm{m}}{\mathrm{s^2}} \cdot 4\,\mathrm{m}} = 8{,}86\,\frac{\mathrm{m}}{\mathrm{s}}$$

$$c_{\mathrm{R}} = c_3 = c_{\mathrm{D}}\left(\frac{d_{\mathrm{D}}}{d_{\mathrm{R}}}\right)^2 = 8{,}86\,\frac{\mathrm{m}}{\mathrm{s}} \cdot \left(\frac{25}{50}\right)^2 = 2{,}22\,\frac{\mathrm{m}}{\mathrm{s}}$$

Drücke: (Abb. 15.3)

$$p_{\mathrm{Behälterboden}} = p_2 = p_1 + g\,\rho \cdot (h_1 - h_2) = 100\,\mathrm{kPa} + 19{,}62\,\mathrm{kPa} = 119{,}62\,\mathrm{kPa}$$

$$p_{\mathrm{Einlauf}} = p_2 - \frac{\rho}{2}c_{\mathrm{Rohr}}^2 = 119{,}62\,\mathrm{kPa} - 2{,}45\,\mathrm{kPa} = 117{,}17\,\mathrm{kPa}$$

$$p_3 = p_{\mathrm{Einlauf}} + g\rho\,(h_2 - h_3) = 117{,}17\,\mathrm{kPa} + 17{,}66\,\mathrm{kPa} = 134{,}83\,\mathrm{kPa}$$

$$p_4 = p_1 = 100\,\mathrm{kPa}$$

Abb. 15.3 Druckverlauf

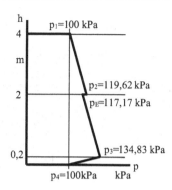

9. $c_x = 6\,\frac{m}{s}$ $c_y = \sqrt{2\,g\,h} = \sqrt{2 \cdot 9{,}81 \cdot 6\,m^2/s^2} = 10{,}85\,\frac{m}{s}$

$$c = \frac{ds}{dt} \rightarrow s = \int_{}^{t} c \cdot dt = c \cdot t; \quad c_y = \frac{dy}{dt} = \sqrt{2gy} \rightarrow \frac{dy}{y^{1/2}} = \sqrt{2g} \cdot dt$$

$$y = \int y^{-1/2}\,dy = \sqrt{2gy} \cdot t = 2y^{1/2}$$

$$t = 2\sqrt{\frac{h}{2\,g}} = \sqrt{\frac{2\,h}{g}}; \quad J = mc;$$

$$s = c\sqrt{\frac{2\,h}{g}} = 6\,\frac{m}{s}\sqrt{\frac{2 \cdot 6\,m}{9{,}81\,m/s^2}} = 6\,\frac{m}{s} \cdot 1{,}106\,s = 6{,}636\,m$$

$$F_x = \dot{m} \cdot c = \rho\frac{\pi}{4}d^2c^2 = 1000\,\frac{kg}{m^3} \cdot 5{,}026 \cdot 10^{-3}\,m^2 \cdot 6^2\,\frac{m^2}{s^2} = 180{,}94\,N$$

10.

10.1 $A = \frac{\pi}{4}d^2 = \frac{\pi}{4}0{,}8^2\,m^2 = 0{,}5026\,m^2;\ \dot{V} = A\,c = 0{,}5026\,m^2 \cdot 4{,}2\,\frac{m}{s} = 2{,}11\,\frac{m^3}{s} = 7596\,\frac{m^3}{h}$

$$\dot{m} = \rho\dot{V} = 10^3\,\frac{kg}{m^3} \cdot 2{,}11\,\frac{m^3}{s} = 2{,}11 \cdot 10^3\,\frac{kg}{s} = 7596\,\frac{t}{h}$$

10.2 $\mathrm{Re} = \dfrac{c\,d}{\nu};\quad c = 4{,}2\,\dfrac{\mathrm{m}}{\mathrm{s}};\quad c_\mathrm{D} = 4{,}2\,\dfrac{\mathrm{m}}{\mathrm{s}}\cdot\left(\dfrac{0{,}8}{0{,}9}\right)^2 = 4{,}2\,\dfrac{\mathrm{m}}{\mathrm{s}}\cdot 0{,}79 = 3{,}3185\,\dfrac{\mathrm{m}}{\mathrm{s}}$

$$c_\mathrm{DA} = 4{,}2\,\dfrac{\mathrm{m}}{\mathrm{s}}\cdot\left(\dfrac{0{,}8}{1{,}2}\right)^2 = 4{,}2\,\dfrac{\mathrm{m}}{\mathrm{s}}\cdot 0{,}444 = 1{,}8667\,\dfrac{\mathrm{m}}{\mathrm{s}};$$

$$\mathrm{Re} = \dfrac{c\,d}{\nu} = \dfrac{4{,}2\cdot 0{,}8\,\mathrm{m^2/s}}{10^{-6}\,\mathrm{m^2/s}} = 3{,}36\cdot 10^6$$

$$\mathrm{Re_D} = \dfrac{c_\mathrm{D}d}{\nu} = \dfrac{3{,}3185\cdot 0{,}9\,\mathrm{m^2/s}}{10^{-6}\,\mathrm{m^2/s}} = 2{,}987\cdot 10^6;$$

$$\mathrm{Re_{DA}} = \dfrac{c_\mathrm{DA}d}{\nu} = \dfrac{1{,}8667\cdot 1{,}2\,\mathrm{m^2/s}}{10^{-6}\,\mathrm{m^2/s}} = 2{,}24\cdot 10^6$$

10.3 reibungsbehaftet:

$$Y_\mathrm{R} = \dfrac{\Delta p_\mathrm{v}}{\rho} = \left(\sum\zeta + \lambda\dfrac{L}{d}\right)\dfrac{c^2}{2} = \left(0{,}37 + 0{,}018\cdot\dfrac{186\,\mathrm{m}}{0{,}8\,\mathrm{m}}\right)\dfrac{4{,}2^2\,\mathrm{m^2/s^2}}{2}$$

$$= 40{,}175\,\dfrac{\mathrm{J}}{\mathrm{kg}}$$

$$\lambda = f\left(\mathrm{Re},\ \dfrac{d}{k} = 1600\right) = 0{,}018;\quad \Delta Y = (Y - Y_\mathrm{R}) = 1668{,}73\,\dfrac{\mathrm{J}}{\mathrm{kg}}$$

$$\Delta p_\mathrm{R} = \rho Y_\mathrm{R} = 10^3\,\dfrac{\mathrm{kg}}{\mathrm{m^3}}\cdot 40{,}175\,\dfrac{\mathrm{J}}{\mathrm{kg}} = 40{,}175\,\mathrm{kPa}$$

10.4 reibungsfrei:

$$Y = g\,h = 9{,}81\,\dfrac{\mathrm{m}}{\mathrm{s^2}}\cdot(180 - 5{,}8)\,\mathrm{m} = 1708{,}9\,\dfrac{\mathrm{J}}{\mathrm{kg}}$$

$$P = \dot{m}\,Y = 2{,}11\cdot 10^3\,\dfrac{\mathrm{kg}}{\mathrm{s}}\cdot 1708{,}9\,\dfrac{\mathrm{J}}{\mathrm{kg}} = 3605{,}78\,\mathrm{kW}$$

reibungsbehaftet mit der Reibungsarbeit $Y_\mathrm{R} = 40{,}175\,\mathrm{J/kg}$:

$$Y = g\,h_1 - Y_\mathrm{R} = 9{,}81\,\dfrac{\mathrm{m}}{\mathrm{s^2}}\cdot 174{,}2\,\mathrm{m} - 40{,}175\,\dfrac{\mathrm{J}}{\mathrm{kg}} = 1668{,}73\,\dfrac{\mathrm{J}}{\mathrm{kg}}$$

$$P = \dot{m}\,Y = 2{,}11\cdot 10^3\,\dfrac{\mathrm{kg}}{\mathrm{s}}\cdot 1668{,}73\,\dfrac{\mathrm{J}}{\mathrm{kg}} = 3521{,}02\,\mathrm{kW}$$

$$P_{V_\mathrm{R}} = 3605{,}78\,\mathrm{kW} - 3521{,}02\,\mathrm{kW} = 84{,}76\,\mathrm{kW}$$

10.5 $p_b + g\,\rho\,h_1 = p_E + \frac{\rho}{2}c^2 + \Delta p_v + g\,\rho\,h_4$

reibungsfrei: $p_E = p_b + g\rho h_5$

$$p_{E_R} = p_b + g\rho h_5 = 100\,\text{kPa} + 9{,}81\,\frac{\text{m}}{\text{s}^2} \cdot 10^3\,\frac{\text{kg}}{\text{m}^3} \cdot 8\,\text{m} = 178{,}48\,\text{kPa}$$

$$p_{E_T} = p_b + g\rho\,(h_1 - h_4) = 100\,\text{kPa} + 9{,}81\,\frac{\text{m}}{\text{s}^2} \cdot 10^3\,\frac{\text{kg}}{\text{m}^3} \cdot (180 - 5{,}8)\,\text{m}$$
$$= 1808{,}90\,\text{kPa}$$

reibungsbehaftet: $p_E = p_b + g\,\rho(h_1 - 5{,}8\,\text{m}) - \Delta p_R$

$$p_E = 100\,\text{kPa} + 9{,}81\,\frac{\text{m}}{\text{s}^2} \cdot 10^3\,\frac{\text{kg}}{\text{m}^3} \cdot 174{,}2\,\text{m} - 40{,}175\,\text{kPa} = 1768{,}73\,\text{kPa}$$

10.6 $p_{DE} = p_E + g\,\rho\,h = 1808{,}9\,\text{kPa} + 9{,}81\,\frac{\text{m}}{\text{s}^2} \cdot 10^3\,\frac{\text{kg}}{\text{m}^3} \cdot 0{,}8\,\text{m} = 1816{,}75\,\text{kPa}$

10.7 $P_{th} = \dot{m}Y = 2110\,\frac{\text{kg}}{\text{s}} \cdot 9{,}81\,\frac{\text{m}}{\text{s}^2} \cdot 174{,}2\,\text{m} = 3605{,}78\,\text{kW}$

$$P_{real} = \dot{m}\,[Y - Y_R] = 3521{,}01\,\text{kW}$$

$$P_{verl} = 84{,}77\,\text{kW}$$

Modellklausurlösung 5.14.2

1. Auftriebskraft: $F_A = g\,\rho_K\,V$; Kugelvolumen: $V = \frac{4}{3}\,\pi\,r^3 = \frac{1}{6}\,\pi\,d^3$
   Durchmesser: $d_1 = d_2 = 0{,}5d_3$; Kugeldichte: $\rho_1 = 2\rho_2 = \rho_3$
   Auftriebskräfte:

$$F_{A1} = \frac{1}{6}\pi\,g\,\rho_1\,d_1^3;$$
$$F_{A2} = \frac{1}{6}\pi\,g\,\rho_2\,d_2^3 = \frac{1}{12}\pi\,g\,\rho_1\,d_1^3; \quad F_{A3} = \frac{8}{6}\pi\,g\,\rho_3\,d_3^3 = 1{,}333 \cdot \pi\,g\,\rho_1\,d_1^3$$
$$1{,}333 > \frac{1}{6} > \frac{1}{12} \quad F_{A3} > F_{A1} > F_{A2}$$

2. Eindimensionale inkompressible Strömung eines Kontinuums mit $\rho = $ konstant.
   Die Geschwindigkeit stellt sich ein, beim Ausfluss aus Behältern mit $A_1 \gg A_2$.

3. Druck- und Geschwindigkeitsverläufe im System von Abb. 5.93:

Abb. 15.4 Druck- und Geschwindigkeitsverläufe im System von Abb. 5.93

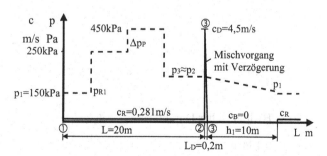

4. Spezifische Energie:

$\frac{p}{\rho} + \frac{c^2}{2} + g\,h = \text{konstant}$ oder $\frac{p_1}{\rho_1} + \frac{c_1^2}{2} + g\,h_1 = \frac{p_2}{\rho_2} + \frac{c_2^2}{2} + g\,h_2$

5. gegeben: $p_1 = 150\,\text{kPa}$; $\rho = 890\,\text{kg/m}^3$; $\nu = 4,9 \cdot 10^{-6}\,\text{m}^2/\text{s}$; $c_\text{D} = 4,5\,\text{m/s}$

$L = 20\,\text{m}$; $h_1 = 10\,\text{m}$; $d_\text{R} = 200\,\text{mm}$; $d_\text{D} = 50\,\text{mm}$; $L_\text{D} = 200\,\text{mm}$

$k = 0,05\,\text{mm}$; $\zeta_\text{E} = 0,2$; $\zeta_\text{K} = 1,2$ (je Krümmer); $\zeta_\text{D} = 0,7$

5.1 Volumenstrom:

$$\dot{V} = c \cdot A = c\frac{\pi}{4}d_\text{D}^2 = 4,5\,\frac{\text{m}}{\text{s}} \cdot \frac{\pi}{4} \cdot 0,05^2\,\text{m}^2 = 8,8357 \cdot 10^{-3}\,\frac{\text{m}^3}{\text{s}} = 31,8\,\frac{\text{m}^3}{\text{h}}$$

5.2 Bernoulligleichung für geschlossenen Kreislauf:

$$Y = g(h_1 - h_2) + \frac{p_1 - p_2}{\rho} + \frac{c_1^2 - c_2^2}{2} + \frac{\Delta p_{V_\text{ges}}}{\rho}$$

$$h_1 = h_2 = h = 10\,\text{m}; \quad c_\text{K} = c = 4,5\,\text{m/s}; \quad p_1 = p_\text{i} = 150\,\text{kPa}$$

$$\Delta p_{V_\text{ges}} = \frac{c_\text{R}^2}{2}\rho \cdot \left(\zeta_\text{E} + 3\,\zeta_\text{K} + \lambda_\text{R}\frac{l_\text{R}}{d_\text{R}} + \zeta_\text{D}\right);$$

$$c_\text{R} = \frac{4\dot{V}}{\pi\,d_\text{R}^2} = \frac{4 \cdot 8,8357 \cdot 10^{-3}\,\text{m}^3/\text{s}}{\pi \cdot 0,2^2\,\text{m}^2} = 0,281\,\frac{\text{m}}{\text{s}}$$

$$\text{Re} = \frac{c_\text{R} \cdot d_\text{R}}{\nu} = \frac{0,281\,\text{m/s} \cdot 0,2\,\text{m}}{4,9 \cdot 10^{-6}\,\text{m/s}} = 1,15 \cdot 10^4 > 2320$$

$$\text{Re}^{7/8}\frac{k}{d} = 0,891 < 5 \to \text{hydraulisch glatt;}$$

Blasiusgleichung: $\lambda_\text{R} = \dfrac{0,3164}{\sqrt[4]{\text{Re}}} = 0,0305$

$$\Delta p_{V_\text{ges}} = \frac{0,281^2\,\text{m}^2}{2\,\text{s}^2} \cdot 890\,\frac{\text{kg}}{\text{m}^3} \cdot \left(0,2 + 3 \cdot 1,2 + 0,0305 \cdot \frac{20}{0,2} + 0,7\right)$$

$$= 265,289\,\text{Pa}$$

Spezifische Nutzarbeit:

$$Y = -g\,h + \frac{p_\text{i} + g\,h\,\rho - p_\text{i}}{\rho} + \frac{c^2}{2} + \frac{\Delta p_{V_\text{ges}}}{\rho} = \frac{4,5^2\,\text{m}^2}{2\,\text{s}^2} + \frac{265,289\,\text{Pa}}{890\,\text{kg/m}^3}$$

$$= 10,423\,\frac{\text{J}}{\text{kg}}$$

Leistung: $\quad P = \rho\dot{V}Y = 890\,\dfrac{\text{kg}}{\text{m}^3} \cdot 8,8357 \cdot 10^{-3}\,\dfrac{\text{m}^3}{\text{s}} \cdot 10,42\,\dfrac{\text{J}}{\text{kg}} = 81,94\,\text{W}$

6.

6.1 Hydraulischer Durchmesser: $\quad d_\text{h} = \dfrac{2b}{1 + \frac{b}{a}} = \dfrac{2 \cdot 0,2\,\text{m}}{1 + \frac{0,2\,\text{m}}{0,1\,\text{m}}} = \dfrac{0,4\,\text{m}}{1 + 2} = \dfrac{0,4\,\text{m}}{3} =$

$0,133\,\text{m}$

Bernoulligleichung: $\dfrac{c_E^2}{2} + \dfrac{p_0}{\rho} = \dfrac{c_A^2}{2} + \dfrac{p_b}{\rho} + \Delta hg + \dfrac{\Delta p_v}{\rho}$

$$\rho_0 = \frac{p_0}{R_{LT} T_0} = \frac{104{,}5\,\text{kPa}}{287{,}6\,\text{J/kg K} \cdot 275\,\text{K}} = 1{,}32\,\frac{\text{kg}}{\text{m}^3}$$

Kontinuitätsgleichung: $c_A \cdot A_A = c_R \cdot A_R$; $c_A = c_R \dfrac{A_R}{A_A}$; $\Delta p_v = \lambda \dfrac{\rho}{2} c_R^2 \dfrac{l}{d_h}$

$$Y = \frac{p_0}{\rho} = \frac{\left(c_R \frac{A_R}{A_A}\right)^2}{2} + \frac{p_D}{\rho} + \Delta h\, g + \frac{\Delta p_V}{\rho} = \frac{c_R^2 A_R^2}{2 A_A^2} + \frac{p_D}{\rho} + \Delta hg + \lambda \frac{\rho}{2} c_R^2 \frac{l}{d_h}$$

Bernoulligleichung: $\dfrac{p_0}{\rho} - \dfrac{p_D}{\rho} - \Delta h\, g = \dfrac{c_R^2 A_R^2}{2 A_A^2} + \lambda \dfrac{c_R^2}{2} \rho \dfrac{l}{d_h}$

Geschwindigkeit im Rohr:

$$c_R = \sqrt{\frac{\frac{p_0}{\rho} - \frac{p_b}{\rho} - g\Delta h}{\frac{A_R^2}{2A_A^2} + \frac{\rho l \lambda}{2 d_h}}} = \sqrt{\frac{\frac{104{,}5\,\text{kPa}}{1{,}32\,\text{kg/m}^3} - \frac{100\,\text{kPa}}{1{,}32\,\text{kg/m}^3} - 9{,}81\,\frac{\text{m}}{\text{s}^2} \cdot 6\,\text{m}}{\frac{0{,}0004\,\text{m}^2}{2 \cdot 0{,}00000025\,\text{m}^2} + \frac{1{,}32\,\text{kg/m}^3 \cdot 20\,\text{m} \cdot 0{,}021}{2 \cdot 0{,}133}}} = 2{,}04\,\frac{\text{m}}{\text{s}}$$

Austrittsgeschwindigkeit: $c_A = \dfrac{c_R A_R}{A_A} = \dfrac{2{,}04 \cdot 0{,}02}{0{,}0005} = 81{,}6\,\dfrac{\text{m}}{\text{s}}$

Massestrom: $\dot{m} = c_R A_R \rho = 2{,}04\,\dfrac{\text{m}}{\text{s}} \cdot 0{,}02\,\text{m}^2 \cdot 1{,}32\,\dfrac{\text{kg}}{\text{m}^3} = 0{,}054\,\dfrac{\text{kg}}{\text{s}}$

6.2 Reynoldszahl: $\text{Re} = \dfrac{c_R d_h}{\nu} = \dfrac{\rho\, c_R\, d_h}{\eta} = \dfrac{1{,}32\,\text{kg/m}^3 \cdot 2{,}04\,\text{m/s} \cdot 0{,}133\,\text{m}}{10^{-3}} =$
359

Laminare Strömung weil Reynoldszahl $\text{Re} = 359 < \text{Re}_{\text{krit}} = 2320$

Modellklausurlösung 5.14.3

1. Bernoulligleichung:

$$\frac{p_1}{\rho_1} + g\, h_1 + \frac{c_1^2}{2} = \frac{p_2}{\rho_2} + g\, h_2 + \frac{c_2^2}{2} = H$$

aus der Eulergleichung: $c\, dc + g\, dh + \dfrac{dp}{\rho} = 0$

Abb. 15.5 Ausflussbehälter

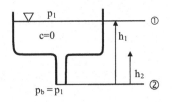

2. $I = \dot{m}\,c + p\,A = \rho\,A\,c^2 + p\,A = R$

Die zeitliche Ableitung des Impulses ist gleich der Impulskraft. $dI/dt = \dot{m}\,dc = F$

3. Aus der Bernoulligleichung folgt:

$$\frac{p_1}{\rho_1} + \frac{c_1^2}{2} + g\,h_1 = \frac{p_2}{\rho_2} + \frac{c_2^2}{2} + g\,h_2; \quad c_2 = \sqrt{2\,g\,(h_1 - h_2)} \text{ Gleichung von Torricelli}$$

4. Statischer Druckverlauf

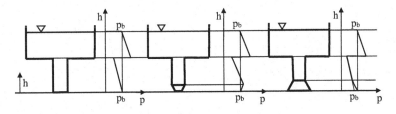

Abb. 15.6 statische Druckverläufe beim Ausfluss

5. Schallgeschwindigkeit:

$$a = \sqrt{\kappa \cdot R \cdot T} = \sqrt{1{,}135 \cdot 462 \,\frac{\text{J}}{\text{kg} \cdot K} \cdot 453{,}15\,\text{K}} = \sqrt{237.618{,}40}\,\frac{\text{m}}{\text{s}} = 487{,}46\,\frac{\text{m}}{\text{s}}$$

6. Flüssigkeitsbehälter

   6.1 Austrittsgeschwindigkeit:

$$p_0 + g\,\rho\,h_0 = p_1 + g\,\rho\,h_1 + \frac{\rho}{2}c_{\text{A}}^2; \quad A_{\text{A}} = \frac{\pi}{4}0{,}095^2\,\text{m}^2 = 7088\,\text{mm}^2$$

$$c_{\text{A}} = \sqrt{\frac{2}{\rho}\,(p_0 - p_{\text{b}}) + 2\,g\,h_2}$$

$$= \sqrt{\frac{2\,\text{m}^3}{10^3\,\text{kg}} \cdot (250 - 99) \cdot 10^3\,\text{Pa} + 2 \cdot 9{,}81\,\frac{\text{m}}{\text{s}^2} \cdot 7{,}0\,\text{m}}$$

$$= 20{,}96\,\frac{\text{m}}{\text{s}}$$

$$c_{\text{A}}A_{\text{A}} = c_1 A_1; \quad c_1 = c_{\text{A}}\frac{A_{\text{A}}}{A_1} = c_{\text{A}}\left(\frac{d_{\text{A}}}{d_1}\right)^2 = 20{,}96\,\frac{\text{m}}{\text{s}} \cdot \left(\frac{95}{80}\right)^2 = 29{,}56\,\frac{\text{m}}{\text{s}}$$

6.2 Austrittsmasse- und Volumenstrom:

$$\dot{m} = \rho_A c_A A_A = 10^3 \, \frac{kg}{m^3} \cdot 20{,}96 \, \frac{m}{s} \cdot 7088 \, mm^2 = 148{,}56 \, \frac{kg}{s}$$

$$\dot{V} = c_A A_A = 20{,}96 \, \frac{m}{s} \cdot 7088 \, mm^2 = 0{,}14856 \, \frac{m^3}{s} = 534{,}82 \, \frac{m^3}{h}$$

6.3 Statischer Druck am Diffusoreintritt:

$$p_b + \frac{\rho}{2} c_1^2 = p_d + g \, \rho \cdot 0{,}2 \, m + \frac{\rho}{2} c_A^2 ; \quad p_d = p_b - g \, \rho \cdot 0{,}2 \, m - \frac{\rho}{2} \left(c_1^2 - c_A^2 \right)$$

$$p_d = 99.000 \, Pa - 1{,}962 \cdot 10^3 \, Pa - \frac{10^3 \, kg}{2 \, m^3} (439{,}34 - 875{,}56) \, \frac{m^2}{s^2}$$

$$= 315{,}15 \, kPa$$

7. Schrägrohr-Manometer:

$$p_1 + \rho_T g \, (h_1 + h) = p_2 + \rho_{Fl} \, g \, (h + \Delta h) ; \quad \Delta h = \frac{p_1}{g \, \rho_{Fl}} + \frac{\rho_T}{\rho_{Fl}} (h_1 + h) - h$$

Für $p_1 = 9{,}6 \, kPa$:

$$\Delta h = \frac{9{,}6 \, kPa}{9{,}81 \, m/s^2 \cdot 10^3 \, kg/m^3} + \frac{867 \, kg/m^3}{10^3 \, kg/m^3} (0{,}32 + 0{,}050) \, m - 0{,}050 \, m = 1{,}25 \, m$$

Für $p_1 = 4{,}0 \, kPa$

$$\Delta h = \frac{4{,}0 \, kPa}{9{,}81 \, m/s^2 \cdot 10^3 \, kg/m^3} + \frac{867 \, kg/m^3}{10^3 \, kg/m^3} (0{,}32 + 0{,}050) \, m - 0{,}050 \, m = 0{,}679 \, m$$

Modellklausurlösung 5.14.4

1. Druckmessgerät:

U-Rohr Manometer als Beispiel

Funktionsweise:

Ein Druck $p_1 > p_b$ wirkt auf die Messflüssigkeit im linken Rohr nach unten. Über die Höhendifferenz Δh der Flüssigkeitsspiegel Δh lässt sich der Druck bei bekannter Messflüssigkeitsdichte errechnen.

$$p_0 = p_b + g \, \rho_M \Delta h$$

Analog mögliche Antworten:

- U-Rohrmanometer, Schrägrohrmanometer,
- Dosenbarometer,

- Federrohrmanometer,
- Piezoelektrisches oder piezoresistives Manometer,
- induktiver Messsensor.

Abb. 15.7 U-Rohr-Manometer

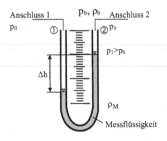

2. Hydrostatik: Lehre von den ruhenden Flüssigkeiten, den herrschenden Drücken bzw. Kräften
   Einsatzgebiete:
   - Hydraulikanlagen
   - Hydraulische Pressen und Kräne
   - Hydrostatischer Auftrieb von Schwimmkörpern und Schiffen nach Abb. 15.8

Abb. 15.8 Körper in Flüssigkeit

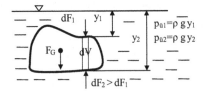

Beispiele:
- Gleicher Bodendruck in verschiedenen Gefäßen
- Gleiche Kraftwirkung F auf den Boden bei gleicher Grundfläche A bei verschiedener Gefäßform $p = p_0 + \rho g h$ und $F = pA$
- Hydrostatischer Auftrieb

Auftriebskraft $dF_A = \rho g (y_2 - y_1) dA \rightarrow F_A = \rho g V$

Schwimmen und Schweben $F_A = F_G$

Schwimmen, wenn ein Teil des Körpervolumens über der Wasseroberfläche liegt, Schweben, wenn der Körper vollständig eintaucht.

Sinken, wenn $F_A < F_G$

3. Der Impulserhaltungssatz wird benötigt, um wirkende Kräfte zu berechnen.

$\vec{F} = \frac{d\vec{I}}{dt} = \frac{d(mc)}{dt} = \dot{m} c$ für $c =$ konstant

$\vec{F}$ ist die Summe aller angreifenden Kräfte; $\vec{I}$ ist eine Bewegungsgröße (=Impuls) integriert über alle Masseelemente.

Die zeitliche Änderung der Bewegungsgröße hält den äußeren Kräften das Gleichgewicht. Aufspalten in Komponentengleichungen in x-, y-, und z-Richtung liefert im allgemeinen Fall sechs Gleichungen. Einen weiteren Erhaltungssatz heranziehen.

4. Aerodynamik: günstige Gestaltung von Schaufeln, Flugzeugen, Fahrzeugen und Gebäuden ...

Strömungsmaschinen: Konstruktionen für hohe Wirkungsgrade von Verdichtern, Gebläsen, Pumpen und Turbinen

Schiffbau: Formgebung und Antrieb von Frachtschiffen, Passagierschiffen, Booten und Rennbooten

Wasserbau: Talsperren, Rohrleitungsnetze, Entwässerung im Bergbau und in Städten, Klärwerke

Hydraulik: Bau von Wagenhebern, Pressen, Kränen...

Verfahrenstechnik: Apparatebau, Prozessführung

Messtechnik für: $p, \rho, c, \dot{V}, \dot{m}, t$

5. Das Dreikantholz kippt um und schwimmt mit der Breitseite in der Lösung, weil die Dichte der Flüssigkeit erhöht wird und dadurch der Schwerpunkt der verdrängten Flüssigkeit verändert wird.

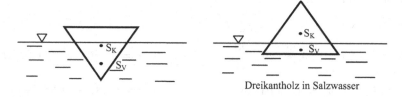

Abb. 15.9 Schwimmendes Dreikantholz

S_K = Körperschwerpunkt; S_V = Schwerpunkt der verdrängten Flüssigkeit
Nachweis der Instabilität:
Bei labiler Schwimmlage wird eine Drehung eingeleitet.
Da Salzwasser eine höhere Dichte hat, taucht der Körper weniger tief ein als in destilliertem Wasser. Damit sinkt das Metazentrum unterhalb des Körperschwerpunktes und es stellt sich eine labile Schwimmlage ein. Das Metazentrum ist der Schnittpunkt von Auftriebskraft und Körperachse. Die angreifenden Kräfte F_A und F_G erzeugen ein Drehmoment $M = F_A s = F_G s$, das den Körper in eine stabile Position mit der Breitseite nach unten zieht.

Abb. 15.10 Kräfte am
schwimmenden Dreikantholz

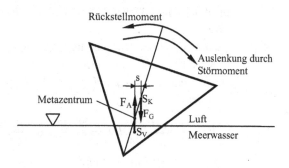

Die Gravitationskraft greift im Körperschwerpunkt S_K an, die Auftriebskraft greift im Verdrängerschwerpunkt S_V an.

6.

6.1 Anfangszustand: Die Rohrleitung ist mit Flüssigkeit gefüllt, das Ventil ist geschlossen.

Die Flüssigkeitssäulen bedingen unterschiedliche Drücke beiderseits des Ventils ($p_1 > p_2$), so dass nach dem Öffnen des Ventils eine Strömung vom linken in den rechten Behälter einsetzt.

Endzustand: Behälter ① ist leer, bzw. $h_1 = h_2$, falls Behälter ② nicht tief genug steht.

6.2 Drücke in den Rohrleitungen:

$p_1 = p_0 - g\rho h_1$

$p_2 = p_0 - g\rho h_2$

$p_1 > p_2$ weil $h_2 > h_1$; $\Delta p = p_1 - p_2 = g\rho(h_2 - h_1)$ drückt die Flüssigkeit aus Behälter ① durch die Rohrleitung in den Behälter ②

6.3 Berechnung eines Beispieles

$$\Delta p = p_1 - p_2 = g\,\rho_w\,(h_2 - h_1)\,;$$

$$\Delta p = 9{,}81\,\frac{m}{s^2} \cdot 1000\,\frac{kg}{m^3} \cdot (1{,}25 - 0{,}20)\,m = 10.301\,Pa = 10{,}3\,kPa$$

Mit $p_b = p_0 = 100\,kPa$ erhält man: $p_1 = 10^5\,Pa - 9{,}81\,\frac{m}{s^2} \cdot 1000\,\frac{kg}{m^3} \cdot 0{,}2\,m = 98.038\,Pa$

$$p_2 = 10^5\,Pa - 9{,}81\,\frac{m}{s^2} \cdot 1000\,\frac{kg}{m^3} \cdot 1{,}25\,m = 87.738\,Pa; \quad \Delta p = p_1 - p_2 = 10{,}30\,kPa$$

7.

7.1 Bezugsebene 2; $p = p_0 + g\rho_w(H - \Delta h)$

Der Druck p in der Tauchglocke beträgt:

$$p_b V = p_b \frac{\pi}{4} d^2 h = p\frac{\pi}{4}d^2\,(h - \Delta h)\,; \quad p = \frac{p_b h}{h - \Delta h}\,;$$

$$p_b + g\,\rho_w\,(H - \Delta h) = \frac{p_b h}{h - \Delta h}$$

Tauchtiefe der Glocke: $H = \Delta h + p_0 \Delta h / g\rho_w(h - \Delta h) = 0{,}80\,m + 4{,}80\,m = 5{,}6\,m$

7.2 Nach dem Eintauchen steht die Luft unter der Glocke unter dem absoluten Druck $p = p_0 + \rho_w g H$. Das zugehörige Volumen beträgt: $V = \pi d^2 h / 4$.

Entsprechend $p_ü = g\rho_w H$ in der Glocke erhält man: $p_0 V_0 = g\rho_w H \frac{\pi}{4}d^2 h$

Volumen

$$V_0 = \frac{g\rho_w H}{p_0} \cdot \frac{\pi}{4}d^2 h = \frac{9{,}81\,m/s^2 \cdot 10^3\,kg/m^3 \cdot 5{,}6\,m \cdot \pi \cdot 3{,}2^2\,m^2 \cdot 2{,}5\,m}{10^5\,Pa \cdot 4}$$

$$= 11{,}0455\,m^3 \approx 11\,m^3$$

Modellklausurlösung 5.14.5

1. $F_A = \int_v g\,\rho_F\,dV = g\,\rho_F V = F_G - F_{Gsch}$; $F_A = F_G$
2. $dp = g\,\rho\,dh \rightarrow p_y = g\,\rho\,h$, $p_x = p_z = 0$ im kartesischen Koordinatensystem
   Wasser: $p_B = g\,\rho\,h = 9{,}81\,\mathrm{m/s^2} \cdot 10^3\,\mathrm{kg/m^3} \cdot 6\,\mathrm{m} = 58{,}86\,\mathrm{kPa}$
   Öl: $\quad p_B = g\,\rho\,h = 9{,}81\,\mathrm{m/s^2} \cdot 846\,\mathrm{kg/m^3} \cdot 6\,\mathrm{m} = 49{,}80\,\mathrm{kPa}$

3. Newton'sches Fluid: $\quad \tau = \eta\,\frac{dc}{dn}$; τ_0 Ruheschubspannung $= 0$;
   Nicht Newton'sches Fluid: $\quad \tau = \tau_0 + \eta\left(\frac{dc}{dn}\right)^n$ z. B. Bingham Fluid

Abb. 15.11 Schubspannungs-
verläufe

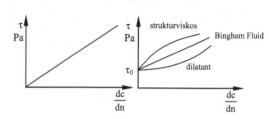

4. $c_{wD} = F_{x0}/(\frac{\rho}{2}c_\infty^2 A)$; $c_{wR} = F_R/(\frac{\rho}{2}c_\infty^2 A) = \lambda\frac{l}{d}$
5. $F_I = \dot{m}c = \rho\dot{V}c = \rho\frac{\pi}{4}d^2 c^2$; Düse: $F_I = 10^3\,\frac{\mathrm{kg}}{\mathrm{m}}\frac{\pi}{4}0{,}1^2\,\mathrm{m^2}6{,}2^2\,\frac{\mathrm{m^2}}{\mathrm{s^2}} = 301{,}91\,\mathrm{N}$
   Platte: $F_{PN} = F_I \cdot \sin\alpha = \rho\frac{\pi}{4}d^2 c^2 \sin\alpha = 301{,}91\,\mathrm{N} \cdot \sin 50° = 301{,}91\,\mathrm{N} \cdot 0{,}766 = 231{,}26\,\mathrm{N}$
   Reaktionskraft $F_R = -F_{PN} = -231{,}26\,\mathrm{N}$
6. Bernoulligleichung ①–②
   6.1 $p_B + g\,\rho\,(h_1 + h_2) = p_b + \frac{\rho}{2}c_2^2 \rightarrow c_2 = \{\frac{2}{\rho}(p_B - p_b) + 2\,g(h_1 + h_2)\}^{1/2}$

$$c_2 = \left\{\frac{2\,\mathrm{m^3}}{10^3\,\mathrm{kg}}(240 - 100)\,10^3\,\frac{\mathrm{kg\,m}}{\mathrm{s^2\,m^2}} + 2\cdot 9{,}81\,\frac{\mathrm{m}}{\mathrm{s^2}}8{,}4\mathrm{m}\right\}^{1/2}$$

$$= \left\{280\,\frac{\mathrm{m^2}}{\mathrm{s^2}} + 164{,}81\,\frac{\mathrm{m^2}}{\mathrm{s^2}}\right\}^{1/2} = 21{,}09\,\frac{\mathrm{m}}{\mathrm{s}}$$

$$\dot{V} = A\,c_2 = \frac{\pi}{4}d^2 c_2 = \frac{\pi}{4}0{,}04^2\,\mathrm{m^2}21{,}09\,\frac{\mathrm{m}}{\mathrm{s}} = 0{,}0265\,\frac{\mathrm{m^3}}{\mathrm{s}} = 95{,}41\,\frac{\mathrm{m^3}}{\mathrm{h}}$$

$$\dot{m} = \rho\,\dot{V} = 10^3\,\frac{\mathrm{kg}}{\mathrm{m^3}} \cdot 0{,}0265\,\frac{\mathrm{m^3}}{\mathrm{s}} = 26{,}5\,\frac{\mathrm{kg}}{\mathrm{s}} = 95.400\,\frac{\mathrm{kg}}{\mathrm{h}}$$

6.2 Bernoulligleichung ①–③ für $c_B = 0$, $c_3 = c_2$

$$p_B + g\,\rho\,h_1 = p_3 + \frac{\rho}{2}c_3^2 \rightarrow p_3 = p_B + g\,\rho\,h_1 - \frac{\rho}{2}c_3^2 p_3$$

$$= 240 \cdot 10^3\,\mathrm{Pa} + 9{,}81\,\frac{\mathrm{m}}{\mathrm{s^2}} \cdot 10^3\,\frac{\mathrm{kg}}{\mathrm{m^3}} \cdot 6\,\mathrm{m} - \frac{10^3}{2}\,\frac{\mathrm{kg}}{\mathrm{m^3}}$$

$$\cdot 21{,}09^2\,\frac{\mathrm{m^2}}{\mathrm{s^2}}$$

$$= 76{,}47\,\mathrm{kPa}$$

$$p_B + g\,\rho\,(h_1 + h_3) = p + \frac{\rho}{2}c_3^2 \rightarrow p = p_B + g\,\rho\,(h_1 + h_3) - \frac{\rho}{2}c_3^2 p$$

$$= 240 \cdot 10^3\,\text{Pa} + 9{,}81\,\frac{\text{m}}{\text{s}}10^3\,\frac{\text{kg}}{\text{m}^3}7{,}2\,\text{m} - 222{,}394\,\text{kPa}$$

$$p = 310{,}63\,\text{kPa} - 222{,}39\,\text{kPa} = 88{,}24\,\text{kPa}$$

6.3

Abb. 15.12 Druckverlauf Behälterausfluss

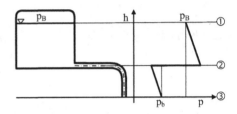

7.

   7.1 reibungsfrei:

$$p_B = g\,\rho\,(h_1 + 2{,}4\,\text{m}) = p_b = \frac{\rho}{2}c_D^2 \rightarrow$$

$$c_D = \left\{\frac{2}{\rho}\,(p_B - p_b) + 2g\,(h_1 + 2{,}4\,\text{m})\right\}^{1/2}$$

$$c_D = \left\{\frac{2\,\text{m}^3}{10^3\,\text{kg}}\,(350 - 100)\,10^3\,\frac{\text{kg}\,\text{m}}{\text{s}^2\,\text{m}^2} + 2\cdot 9{,}81\,\frac{\text{m}}{\text{s}^2}\,9{,}2\,\text{m}\right\}^{1/2}$$

$$= \left\{500\,\frac{\text{m}^2}{\text{s}^2} + 180{,}50\,\frac{\text{m}^2}{\text{s}^2}\right\}^{1/2} = 26{,}09\,\frac{\text{m}}{\text{s}};\quad c_R = \frac{A_D}{A_R}c_D = 8{,}18\,\frac{\text{m}}{\text{s}}$$

reibungsbehaftet: $p_B + g\,\rho(h_1 + 2{,}4\,\text{m}) = p_b + \frac{\rho}{2}c_D^2(1 + \lambda\frac{L}{d} + \sum_{i=1}^{L}\zeta_i)$

$$c_D = \left\{\frac{\frac{2\,\text{m}^3}{10^3\,\text{kg}}\,(350 - 100)\,10^3\frac{\text{kg}\,\text{m}}{\text{s}^2\,\text{m}^2} + 2\cdot 9{,}81\,\frac{\text{m}}{\text{s}^2}\,(6{,}8 + 2{,}4)\,\text{m}}{\left(1 + 0{,}023\frac{2{,}72\,\text{m}}{0{,}050\,\text{m}} + 0{,}68\right)}\right\}^{1/2}$$

$$= \left\{\frac{500\,\frac{\text{m}^2}{\text{s}^2} + 180{,}50\,\frac{\text{m}^2}{\text{s}^2}}{2{,}931}\right\}^{1/2}$$

$$c_D = 15{,}25\,\frac{\text{m}}{\text{s}};\quad c_R = \frac{A_D}{A_R}c_D = \left(\frac{d_D}{d_R}\right)^2 c_D = \left(\frac{28}{50}\right)^2 15{,}25\,\frac{\text{m}}{\text{s}} = 4{,}78\,\frac{\text{m}}{\text{s}}$$

   7.2 reibungsfrei: $\dot{V} = A_D c_D = \frac{\pi}{4}d_D^2 c_D = \frac{\pi}{4}0{,}028^2\,\text{m}^2 26{,}09\,\frac{\text{m}}{\text{s}} = 0{,}0161\,\frac{\text{m}^3}{\text{s}} =$
57,83 $\frac{\text{m}^3}{\text{h}}$

reibungsbehaftet: $\dot{V} = A_D c_D = 0{,}00062 \, \text{m}^2 \cdot 15{,}25 \, \frac{\text{m}}{\text{s}} = 0{,}0094 \, \frac{\text{m}^3}{\text{s}} = 33{,}84 \, \frac{\text{m}^3}{\text{h}}$

reibungsfrei: $\dot{m} = \rho \dot{V} = 998 \, \frac{\text{kg}}{\text{m}^3} 0{,}0161 \, \frac{\text{m}^3}{\text{s}} = 16{,}07 \, \frac{\text{kg}}{\text{s}}$

reibungsbehaftet: $\dot{m} = \rho \dot{V} = 998 \, \frac{\text{kg}}{\text{m}^3} 0{,}0094 \, \frac{\text{m}^3}{\text{s}} = 9{,}38 \, \frac{\text{kg}}{\text{s}}$

7.3 Reynoldszahl:

$$Re_R = \frac{c_R d_R}{\nu} = \frac{4{,}78 \, \frac{\text{m}}{\text{s}} \cdot 0{,}050 \, \text{m}}{10^{-6} \frac{\text{m}^2}{\text{s}}} = 2{,}39 \cdot 10^5;$$

$$Re_D = \frac{c_R d_R}{\nu} = \frac{15{,}25 \, \frac{\text{m}}{\text{s}} \cdot 0{,}028 \, \text{m}}{10^{-6} \frac{\text{m}^2}{\text{s}}} = 4{,}27 \cdot 10^5$$

7.4 absoluter statischer Druck:

$$p_B + g \rho \cdot 8{,}6 \, \text{m} = p_1 + \frac{\rho}{2} c_R^2 \left(1 - \lambda \frac{L}{d} - \zeta_R \right);$$

$$p_1 = p_B + g \rho \cdot 8{,}6 \, \text{m} - \frac{\rho}{2} c_R^2 \left(1 - \lambda \frac{L}{d} - \zeta_R \right)$$

$$p_1 = 350 \cdot 10^3 \, \text{Pa} + 9{,}81 \, \frac{\text{m}}{\text{s}^2} \, 998 \, \frac{\text{kg}}{\text{m}^3} 8{,}6 \, \text{m}$$
$$- \frac{998}{2} \frac{\text{kg}}{\text{m}^2} 4{,}78^2 \, \frac{\text{m}^2}{\text{s}^2} \left(1 - 0{,}023 \frac{2{,}72 \, \text{m}}{0{,}050 \, \text{m}} - 0{,}34 \right)$$

$$p_1 = 434.197{,}27 \, \text{Pa} + 6740{,}48 \, \text{Pa} = 440{,}94 \, \text{kPa}$$

7.5 $F_y = \dot{m} c_D = \rho \dot{V} c_D = 998 \, \frac{\text{kg}}{\text{m}^3} \cdot 0{,}0094 \, \frac{\text{m}^3}{\text{s}} \cdot 15{,}25 \, \frac{\text{m}}{\text{s}} = 143{,}06 \, \text{N}$

7.6 Statischer Druckverlauf:

Abb. 15.13 Druckverlauf beim Behälterausfluss

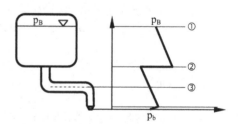

Modellklausurlösung 5.14.6

1. Potentialwirbel; Zentrifugalströmung:

$$\frac{dp}{dr} = \rho \frac{c_u^2}{r}; \quad c_u = \frac{c_{u1} r_1}{r} \quad c^2 \sim r \to c \sim \sqrt{r}$$

Abb. 15.14 Potentialwirbel und Zentrifugalströmung

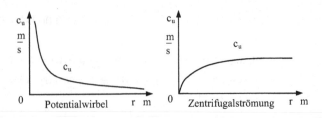

2. Euler'sche Bewegungsgleichung

   2.1 Reibungsfrei:

$$c\frac{\partial c}{\partial s} + \frac{1}{\rho}\frac{\partial p}{\partial s} + g\frac{\partial h}{\partial s} = 0$$

   2.2 Reibungsbehaftet:
$$c\frac{\partial c}{\partial s} + \frac{1}{\rho}\frac{\partial p}{\partial s} + g\frac{\partial h}{\partial s} - \nu\frac{\partial^2 c}{\partial n^2} = 0$$

$$c\,\mathrm{d}c + \frac{\mathrm{d}p}{\rho} + g\,\mathrm{d}h + \frac{1}{\rho}\left(\tau_0 + \eta\frac{\mathrm{d}c}{\mathrm{d}n}\right)\frac{\mathrm{d}s}{r_\mathrm{h}} = 0$$

3. p_{hyd} hydrostatischer Druck

   ρ Dichte des Fluides

   g Erdbeschleunigung

   h Höhe der Fluidsäule

$$p_{\text{hyd}} = g \cdot \rho \cdot h$$

Fall 1. Wasser:

$$p_{\text{hyd}} = 9{,}81\,\text{m/s}^2 \cdot 1000\,\text{kg/m}^3 \cdot 8{,}5\,\text{m} = 83.385\,\text{Pa}$$

$$p_{\text{Boden}} = p_{\text{hyd}} + p_\text{b} = 83.385\,\text{Pa} + 101.300\,\text{Pa} = 184.685\,\text{Pa} = 1{,}85\,\text{bar}$$

Fall 2. Öl:

$$p_{\text{hyd}} = 9{,}81\,\text{m/s}^2 \cdot 886\,\text{kg/m}^3 \cdot 8{,}5\,\text{m} = 73.879{,}11\,\text{Pa}$$

$$p_{\text{Boden}} = p_{\text{hyd}} + p_\text{b} = 73.879{,}11\,\text{Pa} + 101.300\,\text{Pa} = 175.179{,}11\,\text{Pa} = 1{,}75\,\text{bar}$$

4. $\text{Ha} = \dfrac{\text{Druckkraft}}{\text{Zähigkeitskraft}} = -\dfrac{(\mathrm{d}p/\mathrm{d}s)\,r_{h0}}{\bar{c}\eta} = -20\ldots + 20$

Die Hagenzahl Ha ist eine dimensionslose Kennzahl, die den Druckgradienten von beschleunigten oder verzögerten Strömungen angibt. In freien Strömungen liegt sie zwischen $\text{Ha} = -20\ldots + 20$, in erzwungenen turbulenten Strömungen kann sie vielfach höhere Werte annehmen.

5. gegeben: $\rho = 1000\,\text{kg/m}^3$; $m = 15{,}0\,\text{kg}$; $\alpha = 15°$; $d = 80\,\text{mm}$
    gesucht: Strahlgeschwindigkeit c

Abb. 15.15 Strahl auf ausgelenkte Platte

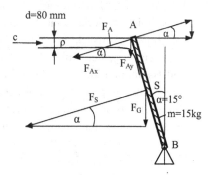

Lösung:
Gravitationskraft der Platte: $F_\text{G} = mg$

$$F_\text{G} \cdot \overline{BS} = F_\text{Ay}\overline{BA} \qquad \frac{\overline{BS}}{\overline{BA}} = \frac{1}{2}$$

$$F_\text{Ay} = (1/2) \cdot 15{,}0\,\text{kg} \cdot 9{,}81\,\text{m/s}^2 = 73{,}575\,\text{N}$$

$$\tan\alpha = \frac{F_\text{Ay}}{F_\text{Ax}}; \quad F_\text{I} = F_\text{Ax} = \frac{F_\text{Ay}}{\tan\alpha} = \frac{73{,}575\,\text{N}}{\tan 15°} = 274{,}586\,\text{N}$$

$$F_\text{I} = F_\text{Ax} = \rho\, c^2 \tfrac{\pi}{4} d^2 \cos\alpha \rightarrow c = \sqrt{\tfrac{4F_\text{I}}{\rho\,\pi\,d^2\cos\alpha}} = 7{,}52\,\tfrac{\text{m}}{\text{s}}$$

6.

6.1 Bernoulligleichung: $\rho\,g(h_1 + h_2) = \rho \cdot \dfrac{c^2}{2}$

$$\rightarrow c = \sqrt{2g\,(h_1 + h_2)} = \sqrt{2 \cdot 9{,}81\,\text{m/s}^2\,(2{,}5\,\text{m} + 2{,}0\,\text{m})} = 9{,}396\,\text{m/s}$$

6.2 Volumenstrom $\dot{V} = c \cdot A = c \cdot \frac{\pi \cdot d^2}{4} = 9{,}396 \cdot \frac{\pi}{4} \cdot 0{,}03^2 = 6{,}64 \cdot 10^{-3}\text{m}^3/\text{s}$

6.3 Druck im Schlauch:

Stelle ①: $p_\text{b} = \rho \cdot g \cdot h_3 + \rho \cdot \dfrac{c^2}{2} + p_1 \quad p_1 = p_\text{b} - \rho \cdot g \cdot h_3 - \rho \cdot \dfrac{c^2}{2};$

$$p_1 = 10^5\,\text{Pa} - 10^3\,\text{kg/m}^3 \cdot 9{,}81\,\text{m/s}^2 \cdot 0{,}5\,\text{m} - \frac{10^3\,\text{kg/m}^3 \cdot 9{,}396^2\,\text{m}^2\text{s}^{-2}}{2}$$

$$= 50{,}95\,\text{kPa}$$

Stelle ② $p_\text{b} + \rho \cdot g \cdot h_2 = p_2 + \rho\dfrac{c^2}{2}; \quad p_2 = p_\text{b} + \rho \cdot g \cdot h_2 - \rho\dfrac{c^2}{2}$

$$p_2 = 10^5\,\text{Pa} + 10^3\,\text{kg\,m}^{-3} \cdot 9{,}81\,\text{m/s}^2 \cdot 2\,\text{m} - \frac{1000\,\text{kg\,m}^{-3} \cdot 9{,}396^2\,\text{m}^2\,\text{s}^{-2}}{2}$$

$$= 75{,}48\,\text{kPa}$$

Modellklausurlösung 5.14.7

1. Stromlinien und Bahnlinien sind charakteristische Linien der Strömungslehre. Die Stromlinie ist hierbei eine Linie aus Fluidteilchen, an welche in jedem Punkt der Geschwindigkeitsvektor tangential anliegt. Die Bahnlinien sind Linien, welche die jeweiligen Wege der Fluidteilchen beschreiben. Im stationären Fall sind somit Strom- und Bahnlinien identisch. Wird in diesem Fall eine geschlossene Kurve um mehrere Stromlinien gelegt, so ergibt sich eine Stromröhre durch deren Wand kein Fluid dringt. Im instationären Fall ändern Stromlinien ihre räumliche Lage mit der Zeit und sind nicht mehr mit den Bahnlinien identisch.

2. $c_S = a = \sqrt{\dfrac{E}{\rho}} = \sqrt{\dfrac{1}{\rho \, \beta_T}}$

   Die Schallgeschwindigkeit ist die Quadratwurzel des Quotienten des Elastizitätsmodules durch die Dichte des Fluids.

3. Reynoldszahl $\mathrm{Re} = \dfrac{\text{Trägheitskraft}}{\text{Zähigkeitskraft}} = \dfrac{c \, d \, \rho}{\eta} = \dfrac{c \, d}{\nu}$

   Sie charakterisiert die Art der Strömung: schleichende Strömung $\mathrm{Re} = 5$ bis 40, laminare Strömung $\mathrm{Re} < 2320$, Übergangsströmung $\mathrm{Re} = 2320$ bis 10^4, turbulente Strömung $\mathrm{Re} = 10^4$ bis 10^8

   Kritische Reynoldszahl für die Rohrströmung $\mathrm{Re}_{\mathrm{Krit}} = 2320$

   Geschwindigkeitsprofile: Abb. 15.16

Abb. 15.16 Geschwindigkeitsprofile

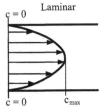
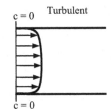

4. $\mathrm{Re}_W = \dfrac{d \cdot c}{\nu} = \dfrac{0{,}125\,\mathrm{m} \cdot 3{,}5\,\mathrm{m/s}}{10^{-6}\,\mathrm{m^2/s}} = 4{,}375 \cdot 10^5 \qquad \mathrm{Re}_{\ddot{O}l} = \dfrac{0{,}015\,\mathrm{m} \cdot 4{,}2\,\mathrm{m/s}}{28 \cdot 10^{-6}\,\mathrm{m^2/s}} = 2{,}25 \cdot 10^3$

   Damit sich die Strömungen ähneln, müssen ihre Reynoldszahlen gleich sein, damit sich die Trägheitskräfte zu den Zähigkeitskräften in beiden Strömungen gleich verhalten. Dies ist nicht gegeben, die Reynoldszahlen unterscheiden sich um 2 Zehnerpotenzen.

5. Bernoulligleichung:

$$\frac{c_1^2}{2} + \frac{p_1}{\rho_1} + g\,h_1 = \frac{c_2^2}{2} + \frac{p_2}{\rho} + g\,h_2 = H$$

Die Bernoulligleichung beschreibt die Summe der Energieanteile innerhalb eines Stromfadens. Anhand der Konstanz dieser Summe können so die Verläufe von Druck und Geschwindigkeit ermittelt werden.

Impulssatz:

$$F = \int\limits_V \frac{\partial}{\partial t}(\rho c)\,\mathrm{d}V + \int\limits_A \rho c\, c_\mathrm{n}\,\mathrm{d}A = \int\limits_V \frac{\partial}{\partial t}(\rho c)\,\mathrm{d}V + \int\limits_{A_\mathrm{E}} \rho c c_\mathrm{n}\,\mathrm{d}A - \int\limits_{A_\mathrm{A}} \rho c c_\mathrm{n}\,\mathrm{d}A$$

Der Impulssatz beschreibt die wirkenden Kräfte auf ein Strömungsgebiet.

6.

6.1 $p_1 + \frac{\rho_\mathrm{w}}{2}c_1^2 = p_2 + \frac{\rho_\mathrm{w}}{2}c_2^2 = p_3 + \frac{\rho_\mathrm{w}}{2}c_3^2;\ \Delta p = p_1 - p_3$

$$c_1 A_1 = c_2 A_2 + c_3 A_3;\quad c_2 = c_3;\quad c_2 = c_1 \frac{A_1}{A_2 + A_3}$$

$$p_1 - p_a + \frac{\rho_\mathrm{w}}{2}c_1^2 = \frac{\rho_\mathrm{w}}{2}c_2^2;\quad \Delta p + \frac{\rho_\mathrm{w}}{2}c_1^2 = \frac{\rho_\mathrm{w}}{2}c_1^2\left(\frac{A_1}{A_2 + A_3}\right)^2$$

$$c_1^2 = \frac{2\cdot\Delta p}{\rho_\mathrm{w}}\left(\frac{1}{(A_1/(A_2 + A_3))^2 - 1}\right)$$

$$c_1 = \sqrt{\frac{2\cdot\Delta p}{\rho_\mathrm{w}}\left(\frac{1}{\left(\frac{A_1}{A_2+A_3}\right)^2 - 1}\right)} = \sqrt{\frac{2\cdot 10^4\,\mathrm{Pa}}{1000\,\mathrm{kg/m^3}}\cdot\left(\frac{1}{\left(\frac{0,2}{0,03+0,07}\right)^2 - 1}\right)}$$

$$= 2{,}58\,\frac{\mathrm{m}}{\mathrm{s}}$$

$$c_2 = c_3 = 2{,}58\,\frac{\mathrm{m}}{\mathrm{s}}\cdot\frac{0,2}{(0,03 + 0,07)} = 5{,}16\,\frac{\mathrm{m}}{\mathrm{s}}$$

6.2 $\rho_\mathrm{w}c_3^2 A_3\cos\alpha_3 + \rho_\mathrm{w}c_2^2 A_2\cos\alpha_2 = \rho_\mathrm{w}c_1^2 A_1 + \Delta p A_1 + F_{\mathrm{S}x}$ $F_{\mathrm{S}x} = -888{,}14\,\mathrm{N}$

$$\rho_\mathrm{w}c_2^2 A_2\sin\alpha_2 - \rho_\mathrm{w}c_3^2 A_3\sin\alpha_3 = F_{\mathrm{S}y};\quad F_{\mathrm{S}y} = -238{,}07\,\mathrm{N}$$

6.3 $A_2\sin\alpha_2 - A_3\sin\alpha_3 = 0;\ \sin\alpha_3 = \left(\frac{A_2\sin\alpha_2}{A_3}\right) = 0{,}214 \to \alpha_3 = 12{,}37°$

7.

7.1 $p_\mathrm{i} + \frac{\rho}{2}c^2 + \rho g(H + L) = p_\mathrm{b} + \frac{\rho}{2}c_\mathrm{A}^2$

$$c_\mathrm{A} = \sqrt{2\left(\frac{p_\mathrm{i} - p_\mathrm{b}}{\rho} + g(H + L)\right)} = \sqrt{2\left(\frac{20.000\,\mathrm{Pa}}{1000\,\mathrm{kg/m^3}} + 9{,}81\,\frac{\mathrm{m}}{\mathrm{s^2}}\cdot 3\,\mathrm{m}\right)}$$

$$= 9{,}94\,\frac{\mathrm{m}}{\mathrm{s}}$$

für $c = 0$.

7.2 Abfließender Massestrom:

$$\dot{m}_E = \dot{m}_A;$$

$$\dot{m}_A = \rho\, c_A\, A = \rho\, c_A \frac{\pi}{4} d^2;$$

$$\dot{m} = 1000\,\frac{kg}{m^3} \cdot 9{,}94\,\frac{m}{s} \cdot \frac{\pi}{4} 0{,}05^2\,m^2 = 19{,}5\,\frac{kg}{s}$$

7.3 Wasserspiegelhöhe:

$$c_A = c_3 = \frac{1{,}4 \cdot \dot{m}}{\rho A} = \frac{1{,}4 \cdot 19{,}5\,kg/s \cdot 4}{1000\,kg/m^3 \cdot \pi \cdot 0{,}05^2} = 13{,}90\,\frac{m}{s}$$

Bernoulligleichung für ①$_{Neu}$ und ③: $p_i + g\,\rho(H_{Neu} + L) = p_b + \frac{\rho c_{Neu}^2}{2}$

$$H_{Neu} = \frac{p_b - p_i}{g\rho} + \frac{c_{Neu}^2}{2g} - L = \frac{(100 - 120)\,kPa}{9{,}81\,m/s^2 \cdot 10^3\,kg/m^3} + \frac{13{,}92^2\,m^2/s^2}{2 \cdot 9{,}81\,m/s^2} - 2\,m$$

$$= 5{,}84\,m$$

7.4 Statischer Druck an der Stelle ②

$$p_{st} = p_i + \rho\, g\, H_{Neu} - \frac{\rho}{2}c_{Neu}^2$$

$$= 120\,kPa + 9{,}81\,\frac{m}{s^2} \cdot 10^3\,\frac{kg}{m^3} \cdot 5{,}84\,m - \frac{10^3\,kg}{2\,m^3} \cdot 13{,}92^2\,\frac{m^2}{s^2} = 80{,}38\,kPa$$

Modellklausurlösung 5.14.8

1. Reibungsfrei: $\dfrac{p_1}{\rho} + g\,h_1 + \dfrac{c_1^2}{2} = \dfrac{p_2}{\rho} + g\,h_2 + \dfrac{c_2^2}{2}$

Reibungsbehaftet: $\dfrac{p_1}{\rho} + g\,h_1 + \dfrac{c_1^2}{2} = \dfrac{p_2}{\rho} + g\,h_2 + \dfrac{c_2^2}{2} - \dfrac{\Delta p_v}{\rho};\ \dfrac{\Delta p_v}{\rho} = \zeta \dfrac{c_2^2}{2} = \lambda \dfrac{L}{d}\dfrac{c_2^2}{2}$

Für reibungsfreie und reibungsbehaftete eindimensionale Strömungen

2. $a = \sqrt{\dfrac{E}{\rho}} = \sqrt{\dfrac{1}{\rho \cdot \beta_T}};\ E_W = \dfrac{1}{\beta_T} = \dfrac{1\,Pa}{48{,}1 \cdot 10^{-11}} = 2{,}174 \cdot 10^9\,Pa = 2174\,MPa$

3. $\mathrm{Fr} = \dfrac{\text{Trägheitskraft}}{\text{Gravitationskraft}} = \dfrac{c}{\sqrt{g\,d_h}}$

Für Strömungen mit freier Oberfläche und Gravitationseinfluss

$$\mathrm{Ha} = \frac{\text{Druckkraft}}{\text{Zähigkeitskraft}} = -\frac{(dp/ds)\,r_{h0}}{\eta\,\bar{c}}$$

Für Strömungen unter Gravitationseinfluss und verzögerte Strömungen mit Druckanstieg

4. Inkompressibel, $\rho = $ konst., reibungsfrei:

$$c\,\mathrm{d}c + \frac{\mathrm{d}p}{\rho} + g\,\mathrm{d}h = 0$$

Kompressibel, $\rho \neq$ konst., reibungsbehaftet:

$$c\,\mathrm{d}c + \frac{\mathrm{d}p}{\rho} + g\,\mathrm{d}h + \frac{1}{\rho}\left[\tau_0 + \eta\frac{\mathrm{d}c}{\mathrm{d}n}\right]\frac{\mathrm{d}s}{r_\mathrm{n}} = 0$$

5. Kontinuitätsgleichung:

$$A_1 c_1 = A_2 c_2 \rightarrow c_2 = c_1 \frac{A_1}{A_2}; \quad \frac{p_1}{\rho} + \frac{c_1^2}{2} = \frac{p_2}{\rho} + \frac{c_2^2}{2}; \quad p_1 = p_\mathrm{b}; \quad p_2 = p_\mathrm{i}$$

$$\frac{c_1^2}{2} - \frac{c_1^2}{2}\left(\frac{A_1}{A_2}\right)^2 = \frac{p_\mathrm{i} - p_\mathrm{b}}{\rho}; \quad \frac{c_1^2}{2}\left(1 - \left(\frac{A_1}{A_2}\right)^2\right) = \frac{p_\mathrm{i} - p_\mathrm{b}}{\rho}$$

5.1 $c_1 = \sqrt{\dfrac{2(p_\mathrm{i} - p_\mathrm{b})}{\rho\cdot(1 - (A_1/A_2)^2)}} = \sqrt{\dfrac{2\cdot(4{,}8-1)\cdot10^5\,\mathrm{Pa}}{10^3\,\frac{\mathrm{kg}}{\mathrm{m}^3}[1 - (\frac{0{,}04^2}{0{,}18^2})^2]}} = 27{,}60\,\dfrac{\mathrm{m}}{\mathrm{s}}$

$$c_2 = c_1 \frac{A_1}{A_2} = 27{,}6\,\frac{\mathrm{m}}{\mathrm{s}} \cdot \frac{0{,}04^2\,\mathrm{m}^2}{0{,}18^2\,\mathrm{m}^2} = 1{,}363\,\frac{\mathrm{m}}{\mathrm{s}};$$

$$\dot{V}_1 = c_1 A_1 = 27{,}6\,\frac{\mathrm{m}}{\mathrm{s}} \cdot \frac{\pi}{4} \cdot 0{,}04^2\,\mathrm{m}^2 = 124{,}86\,\frac{\mathrm{m}^3}{\mathrm{h}}$$

5.2 $F_{\mathrm{J}1} = c_1^2 \rho A_1 = 27{,}6^2\,\dfrac{\mathrm{m}^2}{\mathrm{s}^2} \cdot 1000\,\dfrac{\mathrm{kg}}{\mathrm{m}^3} \cdot \dfrac{\pi}{4} \cdot 0{,}04^2\,\mathrm{m}^2 = 957{,}256\,\mathrm{N}$

$$F_{\mathrm{J}2} = c_2^2 \rho A_2 = 1{,}363^2\,\frac{\mathrm{m}^2}{\mathrm{s}^2} \cdot 1000\,\frac{\mathrm{kg}}{\mathrm{m}^3} \cdot \frac{\pi}{4} \cdot 0{,}18^2\,\mathrm{m}^2 = 47{,}274\,\mathrm{N}$$

$$F_{\mathrm{J}2} = p_2 \frac{\pi}{4} D_2^2 + \rho\, c_2^2 A_2 - \rho\, c_1^2 A_1 - p_\mathrm{b} A_1$$

$$F_{\mathrm{J}2} = 4{,}8\cdot10^5\,\mathrm{Pa}\frac{\pi}{4}0{,}18^2\,\mathrm{m}^2 + 10^3\,\frac{\mathrm{kg}}{\mathrm{m}^3} \cdot 1{,}363^2\,\frac{\mathrm{m}^2}{\mathrm{s}^2}\frac{\pi}{4}0{,}18^2\,\mathrm{m}^2$$

$$- 10^3\,\frac{\mathrm{kg}}{\mathrm{m}^3} \cdot 27{,}6^2\,\frac{\mathrm{m}^2}{\mathrm{s}^2}\frac{\pi}{4}0{,}04^2\,\mathrm{m}^2$$

$$- 10^5\,\mathrm{Pa}\frac{\pi}{4}0{,}04^2\,\mathrm{m}^2 = 11.178{,}87\,\mathrm{N} = 11{,}179\,\mathrm{kN}$$

6.

6.1 $c = \dfrac{\dot{V}}{A} = \dfrac{4\cdot0{,}0133\,\mathrm{m}^3/\mathrm{s}}{\pi\cdot0{,}05^2\,\mathrm{m}^2} = 6{,}77\,\dfrac{\mathrm{m}}{\mathrm{s}}$

6.2 $p_{St} = \dfrac{\rho}{2}c^2 = \dfrac{1000\,\text{kg/m}^3}{2} \cdot 6{,}77^2\,\dfrac{\text{m}^2}{\text{s}^2} = 22.916{,}45\,\text{Pa}$

6.3 $p_2 = p_B + \rho\,g\,h + p_{St}; \quad h = 2{,}5\,\text{m} + 2\,\text{m} + 2 \cdot 0{,}1\,\text{m} = 4{,}7\,\text{m}$

$$p_2 = 2{,}8 \cdot 10^5\,\text{Pa} + 1000\,\dfrac{\text{kg}}{\text{m}^3} \cdot 9{,}81\,\dfrac{\text{m}}{\text{s}^2} \cdot 4{,}7\,\text{m} + 22.916{,}45\,\text{Pa}$$

$$= 349.023{,}45\,\text{Pa} = 349{,}02\,\text{kPa}$$

6.4 $p_2 = p_B + \rho\,g\,h + p_{St} + \dfrac{c^2}{2}\rho\left(\lambda\dfrac{L}{d} + 2\zeta_{Kr}\right); \text{Re} = \dfrac{c\,d}{\nu} = \dfrac{6{,}79\,\text{m/s} \cdot 0{,}05\,\text{m}}{10^{-6}\,\text{m}^2/\text{s}} =$

$339.500 = 3{,}395 \cdot 10^5$

$$\dfrac{d}{k} = \dfrac{50\,\text{mm}}{0{,}1\,\text{mm}} = 500 \quad \text{aus Colebrook-Diagramm} \quad \lambda = 0{,}022$$

$$p_2 = 349{,}16\,\text{kPa} + \dfrac{6{,}77^2\,\text{m}^2/\text{s}^2}{2} \cdot 10^3\,\dfrac{\text{kg}}{\text{m}^3}\left(0{,}022 \cdot \dfrac{6\,\text{m}}{0{,}05\,\text{m}} + 2 \cdot 0{,}3\right)$$

$$= 423{,}27\,\text{kPa}$$

7.

7.1 $\dot{m}_1 = \dot{m}_2 = \rho\,c_1\,A_1 = \rho\,c_2\,A_2$

$$\dfrac{c_2^2}{2} + \dfrac{p_A}{\rho} = \dfrac{c_1^2}{2} + \dfrac{p_i}{\rho} + (H + L_2 + L_3) \cdot g; \quad p_A = p_b; \quad c_1 = 0;$$

$$\dfrac{c_2^2}{2} = \dfrac{p_i - p_A}{\rho} + (H + L_2 + L_3) \cdot g$$

$$c_2 = \sqrt{2\left[\dfrac{p_i - p_A}{\rho} + (H + L_2 + L_3)\,g\right]}$$

$$= \sqrt{2\left[\dfrac{60.000\,\text{Pa}}{1000\,\text{kg/m}^3} + (8\,\text{m} \cdot 9{,}81\,\text{m/s}^2)\right]}$$

$$= 16{,}64\,\dfrac{\text{m}}{\text{s}}$$

7.2 $\dot{m}_1 = \rho\,c_2 A_2 = 1000\,\dfrac{\text{kg}}{\text{m}^3} \cdot 16{,}64\,\dfrac{\text{m}}{\text{s}} \cdot \dfrac{\pi}{4} \cdot 0{,}04^2\,\text{m}^2 = 20{,}91\,\dfrac{\text{kg}}{\text{s}}$

7.3

$$c_{2neu} = \dfrac{1{,}1 \cdot \dot{m}_1}{\rho \cdot A_2} = \dfrac{1{,}1 \cdot 20{,}91\,\text{kg/s}}{1000\,\text{kg/m}^3 \cdot (\pi/4) \cdot 0{,}04^2\,\text{m}^2} = 18{,}3\,\dfrac{\text{m}}{\text{s}};$$

$$\dfrac{\Delta p}{\rho} + (H + L_2 + L_3) \cdot g = \dfrac{c_{2neu}^2}{2}$$

$$H_{neu} = \dfrac{\left(\dfrac{c_{2neu}^2}{2} - \dfrac{\Delta p}{\rho}\right)}{g} - (L_2 + L_3) = \dfrac{\left(\dfrac{18{,}3^2\,\text{m}^2/\text{s}^2}{2} - \dfrac{60.000\,\text{Pa}}{1000\,\text{kg/m}^3}\right)}{9{,}81\,\text{m/s}^2} - 6{,}0\,\text{m} = 4{,}95\,\text{m}$$

7.4 $\quad p = p_i + g\,\rho(H + L - 5{,}999\,\text{m}) - \frac{\rho}{2}c_2^2$

$$p = 160 \cdot 10^3\,\text{Pa} + 9{,}81\,\frac{\text{m}}{\text{s}^2} \cdot 1000\,\frac{\text{kg}}{\text{m}^3}\,(8 - 5{,}999)\,\text{m} - \frac{1000\,\text{kg/m}^3}{2} \cdot 16{,}64^2\,\frac{\text{m}^2}{\text{s}^2}$$
$$= 41{,}18\,\text{kPa}$$

$$p = 160 \cdot 10^3\,\text{Pa} + 9{,}81\,\frac{\text{m}}{\text{s}^2} \cdot 1000\,\frac{\text{kg}}{\text{m}^3}\,(8 - 2)\,\text{m} - \frac{1000\,\text{kg/m}^3}{2} \cdot 16{,}64^2\,\frac{\text{m}^2}{\text{s}^2}$$
$$= 80{,}41\,\text{kPa}$$

Modellklausurlösung 3.14.9

1. Mit zunehmender Temperatur ist grundsätzlich eine Abnahme der Dichte zu beobachten, bei Wasser gilt dieses jedoch eingeschränkt, da es durch seine Dichteanomalie bei $+4\,°\text{C}$ seine größte Dichte von $1000\,\text{kg/m}^3$ hat. Die Gleichung für die Dichteänderung eines Stoffes beträgt:

$$\frac{\text{d}\rho}{\rho} = \beta_T\,\text{d}p - \beta_P\,\text{d}t$$

β_T ist der isotherme Kompressibilitätskoeffizient $1/\text{Pa}$

β_P ist der isobare Kompressibilitätskoeffizient $1/\text{K}$

2. Newton'sche Fluide besitzen eine Viskosität, die von wirkenden Kräften nicht beeinflusst wird, die Schergeschwindigkeit ist direkt proportional zur Scherspannung. Im Ruhezustand tritt keine Schubspannung auf (Abb. 5.11).

$$\tau = \eta\frac{\text{d}c}{\text{d}n} = \rho\,\nu\,\frac{\text{d}c}{\text{d}n}$$

Die Schubspannung eines Bingham Fluides verläuft ebenfalls linear, allerdings kommt die Ruheschubspannung τ_0 hinzu. $\tau = \tau_0 + \eta\frac{\text{d}c}{\text{d}n} = \tau_0 + \rho\,\nu\,\frac{\text{d}c}{\text{d}n}$

3. $a = \sqrt{\left(\frac{\partial p}{\partial \rho}\right)} = \sqrt{\frac{E}{\rho}} = \sqrt{\frac{1}{\rho\,\beta_T}}$; Hierbei ist β_T der Kompressibilitätskoeffizient der den Reziprokwert des Elastizitätsmoduls darstellt.

Die Schallgeschwindigkeit ist die Quadratwurzel des Quotienten des Elastizitätsmodules durch die Dichte des Fluids bei isentroper Zustandsänderung.

4. Auf das Fluid wirken sowohl Adhäsionskräfte zwischen Wand und Fluid als auch Kohäsionskräfte innerhalb des Fluides. Wenn die Adhäsionskräfte größer sind als Kohäsionskräfte, so wird das Fluid von der Kapillarenwand heraufgezogen, die Flüssigkeit wirkt auf die Wand bzw. Oberfläche benetzend. Sind jedoch die Kohäsionskräfte größer als die Adhäsionskräfte so wird die Flüssigkeit von der Wand weggezogen, man spricht von einer nichtbenetzenden Flüssigkeit.

5. Die Temperatur der Flüssigkeit wirkt sich auf deren Dampfdruck aus. Es gilt, dass der Dampfdruck umso geringer ist je niedriger die Temperatur ist. Ist der vorliegende Druck niedriger als der Dampfdruck, so siedet die Flüssigkeit. Da eine Pumpe eine siedende Flüssigkeit nicht mehr ansaugen kann, ergibt sich folgender Sachverhalt:

Je niedriger die Temperatur ist desto höher die zulässige Ansaughöhe und desto besser das Ansaugverhalten.

Ein hoher Atmosphärendruck hebt den Gesamtdruck des Systems an, womit dieser nicht mehr so schnell unter den Dampfdruck fällt. Es gilt also auch, dass ein hoher Atmosphärendruck förderlich für das Ansaugverhalten ist.

6. gegeben: $h = 8\,\text{m}$; $\rho = 999{,}6\,\text{kg/m}^3$; $d_{\text{aus}} = 50\,\text{mm}$

   gesucht: Geschwindigkeit c; Volumenstrom $\dot{V}$ und Massestrom $\dot{m}$

   $$\rho\,g\,h = \rho\,\frac{c^2}{2};\quad c = \sqrt{2\,g\,h} = \sqrt{2 \cdot 9{,}81\,\frac{\text{m}}{\text{s}^2} \cdot 8\,\text{m}} = 12{,}53\,\frac{\text{m}}{\text{s}}$$

   $$\dot{V} = c \cdot A = c \cdot \frac{\pi}{4} \cdot d^2 = 12{,}53\,\frac{\text{m}}{\text{s}} \cdot \frac{\pi}{4} \cdot (0{,}05\,\text{m})^2 = 0{,}0246\,\frac{\text{m}^3}{\text{s}}$$

   $$\dot{m} = \dot{V} \cdot \rho = 0{,}0246\,\frac{\text{m}^3}{\text{s}} \cdot 999{,}6\,\frac{\text{kg}}{\text{m}^3} = 24{,}59\,\frac{\text{kg}}{\text{s}}$$

7. Reibungsfrei:

   7.1 $\quad p_1 + \rho \cdot g \cdot h_2 = p_2 + \frac{\rho}{2}c_2^2$

   $$c_2 = \sqrt{\frac{2\,(p_B + \rho g h_2 - p_2)}{\rho}}$$

   $$= \sqrt{\frac{2\,(280\,\text{kPa} + 1000\,\text{kg/m}^3 \cdot 9{,}81\,\text{m/s}^2 \cdot 8\,\text{m} - 95\,\text{kPa})}{1000\,\text{kg/m}^3}} = 22{,}96\,\frac{\text{m}}{\text{s}}$$

   $$c_1 = c_2\,\frac{A_2}{A_1} = c_2\,\frac{d_2^2}{d_1^2} = 22{,}96\,\frac{\text{m}}{\text{s}} \cdot \frac{0{,}05^2}{0{,}08^2} = 8{,}97\,\frac{\text{m}}{\text{s}}$$

   7.2 $\quad \dot{V} = c_2\,A_2 = 22{,}96\,\frac{\text{m}}{\text{s}}\,s \cdot \frac{\pi}{4}(0{,}05\,\text{m})^2 = 0{,}045\,\frac{\text{m}^3}{\text{s}};$

   $$\dot{m} = \dot{V} \cdot \rho = 0{,}045\,\frac{\text{m}^3}{\text{s}} \cdot 1000\,\frac{\text{kg}}{\text{m}^3} = 45\,\frac{\text{kg}}{\text{s}}$$

   7.3 $\quad \text{Re}_1 = \dfrac{c_1 \cdot d_1}{\nu} = \dfrac{8{,}97\,\text{m/s} \cdot 0{,}08\,\text{m}}{10^{-6}\,\text{m}^2/\text{s}} = 7{,}18 \cdot 10^5 \to \text{turbulent}$

   $$\text{Re}_2 = \frac{c_2 \cdot d_2}{\nu} = \frac{22{,}96\,\text{m/s} \cdot 0{,}05\,\text{m}}{10^{-6}\,\text{m}^2/\text{s}} = 11{,}48 \cdot 10^5 \to \text{turbulent}$$

   7.4 $\quad p_{\text{Bo}} = p_B + \rho\,g\,h_1 = 280\,\text{kPa} + 1000\,\frac{\text{kg}}{\text{m}^3} \cdot 9{,}81\,\frac{\text{m}}{\text{s}^2} \cdot 6\,\text{m} = 338{,}86\,\text{kPa}$

   $$p_E = p_B + \rho\,g\,h_1 - \frac{\rho}{2}c_1^2$$

   $$p_E = 280\,\text{kPa} + 1000\,\frac{\text{kg}}{\text{m}^3} \cdot 9{,}81\,\frac{\text{m}}{\text{s}^2} \cdot 6\,\text{m} - \frac{1000\,\text{kg/m}^3}{2} \cdot 8{,}97^2\,\frac{\text{m}^2}{\text{s}^2}$$

   $$= 298{,}63\,\text{kPa}$$

$$p_{\text{Düse}} = p_B + \rho\,g\,h_2 - \frac{\rho}{2}c_2^2$$

$$p_{\text{Düse}} = 280\,\text{kPa} + 1000\,\frac{\text{kg}}{\text{m}^3} \cdot 9{,}81\,\frac{\text{m}}{\text{s}^2} \cdot 8\,\text{m} - \frac{1000\,\text{kg/m}^3}{2} \cdot 22{,}96^2\,\frac{\text{m}^2}{\text{s}^2}$$

$$= 94{,}90\,\text{kPa}$$

7.5 Reibungsbehaftet:

$$p_B + g \cdot \rho \cdot h_2 = p_2 + (\zeta_1 + \zeta_{\text{Kr}} + \zeta_D) \cdot \frac{\rho}{2} \cdot c_1^2 + (\zeta_2 + \zeta_A) \cdot \frac{\rho}{2} \cdot c_2^2;\ \zeta_A = 1$$

$c_1 A_1 = c_2 A_2 \rightarrow c_1 = c_2 \frac{A_2}{A_1} = c_2 \frac{d_2^2}{d_1^2};\ \zeta = \lambda \frac{l}{d}$ Abschätzung des Rohrreibungsbeiwertes λ mit Hilfe der reibungsfreien Reynoldszahl, sowie dem d/k
und dem k/d Verhältnis.

Nach Nikuradse für $\text{Re}^{7/8} \cdot k/d > 225$:

$$\frac{k}{d_2} \cdot \text{Re}_2^{7/8} = \frac{0{,}1}{50} \cdot 1.148.000^{7/8} = 401{,}31;$$

$$\frac{d_2}{k} = 500 \rightarrow \lambda = \frac{1}{(2 \cdot \lg(d/k) + 1{,}138)^2}$$

Nach Colebrook-Diagramm-Gleichung von Nikuradse für $5 < \frac{k}{d} \cdot \text{Re}_1^{7/8} < 225$

$$\frac{k}{d_1} \cdot \text{Re}_1^{7/8} = \frac{0{,}1}{80} \cdot 718.000^{7/8} = 166{,}35;\ \frac{d_1}{k} = 800 \rightarrow \lambda = \frac{0{,}25}{[\lg(3{,}715\frac{d}{k})]^2}$$

$$\lambda_1 = \frac{0{,}25}{[\lg(3{,}715 \cdot 800)]^2} = 0{,}02073;$$

$$\zeta_1 = \lambda_1 \frac{L_1 + (h_2 - h_1)}{d_1} = 0{,}02037\frac{6}{0{,}08} = 1{,}528$$

$$\lambda_2 = \frac{1}{(2 \cdot \lg 500 + 1{,}138)^2} = 0{,}0234;\ \zeta_2 = \lambda_2\frac{L_3}{d_2} = 0{,}0234\frac{3{,}5}{0{,}05} = 1{,}638$$

$$p_B + \rho \cdot g \cdot h_2 = p_2 + (\zeta_1 + \zeta_K + \zeta_D)\frac{\rho}{2}c_1^2 + (\zeta_2 + \zeta_A)\frac{\rho}{2}c_2^2$$

$$p_B + \rho \cdot g \cdot h_2 = p_2 + (\zeta_1 + \zeta_K + \zeta_D)\frac{\rho}{2}\left(c_2\frac{d_2^2}{d_1^2}\right)^2 + (\zeta_2 + \zeta_A)\frac{\rho}{2}c_2^2$$

$$p_B + \rho \cdot g \cdot h_2 = p_2 + (\zeta_1 + \zeta_K + \zeta_D)\frac{\rho}{2}c_2^2\frac{d_2^4}{d_1^4} + (\zeta_2 + \zeta_A)\frac{\rho}{2}c_2^2$$

$$\frac{p_B + \rho \cdot g \cdot h_2 - p_2}{c_2^2} = (\zeta_1 + \zeta_K + \zeta_D)\frac{\rho}{2}\frac{d_2^4}{d_1^4} + (\zeta_2 + \zeta_A)\frac{\rho}{2}$$

$$\frac{1}{c_2^2} = \frac{(\zeta_1 + \zeta_K + \zeta_D)\frac{\rho}{2}\frac{d_2^4}{d_1^4} + (\zeta_2 + \zeta_A)\frac{\rho}{2}}{p_1 + \rho \cdot g \cdot h_2 - p_2};$$

$$c_2 = \sqrt{\frac{p_B + g\,\rho\,h_2 - p_2}{(\zeta_1 + \zeta_{Kr} + \zeta_D)\frac{\rho}{2}\left(\frac{d_2}{d_1}\right)^4 + (\zeta_2 + \zeta_A)\frac{\rho}{2}}}$$

7.5.1 $c_2 = \sqrt{\dfrac{280\,\text{kPa} + 1000\,\frac{\text{kg}}{\text{m}^3} \cdot 9{,}81\,\frac{\text{m}}{\text{s}^2} \cdot 8\,\text{m} - 95\,\text{kPa}}{(1{,}528 + 0{,}32 + 0{,}5) \cdot 500\,\text{kg/m}^3 \cdot \left(\frac{0{,}05}{0{,}08}\right)^4 + (1{,}638 + 1)\,500\,\text{kg/m}^3}}$

$$= 13{,}26\,\frac{\text{m}}{\text{s}}$$

$$c_1 = c_2\frac{A_2}{A_1} = c_2\frac{d_2^2}{d_1^2} = 13{,}26\,\frac{\text{m}}{\text{s}} \cdot \frac{0{,}05^2}{0{,}08^2} = 5{,}18\,\frac{\text{m}}{\text{s}}$$

7.5.2
$$\dot{V} = c_2 A_2 = 13{,}26\,\frac{\text{m}}{\text{s}} \cdot \frac{\pi}{4}\,(0{,}05\,\text{m})^2 = 0{,}026\,\frac{\text{m}^3}{\text{s}};$$

$$\dot{m} = \dot{V}\rho = 0{,}026\,\frac{\text{m}^3}{\text{s}} \cdot 1000\,\frac{\text{kg}}{\text{m}^3} = 26{,}0\,\frac{\text{kg}}{\text{s}}$$

7.5.3
$$\text{Re}_1 = \frac{c_1 d_1}{\nu} = \frac{5{,}18\,\text{m/s} \cdot 0{,}08\,\text{m}}{10^{-6}\,\text{m}^2/\text{s}} = 414.400;$$

$$\text{Re}_2 = \frac{c_2 d_2}{\nu} = \frac{13{,}26\,\text{m/s} \cdot 0{,}05\,\text{m}}{10^{-6}\,\text{m}^2/\text{s}} = 663.000$$

7.5.4 $p_{Bo} = p_B + g\,\rho\,h_1 = 280\,\text{kPa} + 9{,}81\,\frac{\text{m}}{\text{s}^2} \cdot 1000\,\frac{\text{kg}}{\text{m}^3} \cdot 6\,\text{m} = 338{,}86\,\text{kPa}$

$$p_E = p_B + g\,\rho\,h_1 - \frac{\rho}{2}c_1^2$$

$$p_E = 280\,\text{kPa} + 9{,}81\,\frac{\text{m}}{\text{s}^2} \cdot 1000\,\frac{\text{kg}}{\text{m}^3} \cdot 6\,\text{m} - \frac{1000\,\text{kg/m}^3}{2} \cdot \left(5{,}18\,\frac{\text{m}}{\text{s}}\right)^2$$

$$= 325{,}44\,\text{kPa}$$

$$p_{D\ddot{u}se} = p_B + g\,\rho\,h_2 - (1 + \zeta_1 + \zeta_K + \zeta_D) \cdot \frac{\rho}{2} \cdot c_1^2$$

$$p_{D\ddot{u}se} = 280\,\text{kPa} + 9{,}81\,\frac{\text{m}}{\text{s}^2} \cdot 1000\,\frac{\text{kg}}{\text{m}^3} \cdot 8\,\text{m} - (3{,}348) \cdot \frac{1000\,\text{kg/m}^3}{2} \cdot \left(5{,}18\,\frac{\text{m}}{\text{s}}\right)^2$$

$$= 313{,}56\,\text{kPa}$$

7.5.5 $\Delta p_V = (\zeta_1 + \zeta_K + \zeta_D)\frac{\rho}{2}c_1^2 + \zeta_2\frac{\rho}{2}c_2^2$

$$\Delta p_V = 2{,}348 \cdot \frac{1000\,\text{kg/m}^3}{2} \cdot \left(5{,}18\,\frac{\text{m}}{\text{s}}\right)^2 + 1{,}638 \cdot \frac{1000\,\text{kg/m}^3}{2} \cdot \left(13{,}26\,\frac{\text{m}}{\text{s}}\right)^2$$

$$= 175{,}50\,\text{kPa}$$

7.6

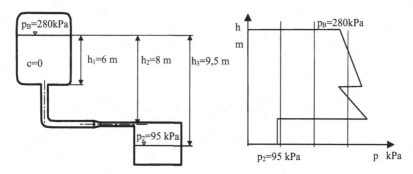

Abb. 15.17 Druckverlauf

8.

$$p = p_b + \frac{\rho}{2}c^2 \rightarrow c = \sqrt{\frac{2(p - p_b)}{\rho}} = \sqrt{\frac{260\,\text{kPa} \cdot 2}{1000\,\text{kg/m}^3}} = 22{,}80\,\frac{\text{m}}{\text{s}}$$

$$F_{\text{Rohr}} = \frac{\rho}{2} \cdot \frac{\pi}{4}d^2 \cdot c^2 = 1000\,\frac{\text{kg}}{\text{m}^3} \cdot \frac{\pi}{8} \cdot (0{,}065\,\text{m})^2 \cdot \left(22{,}8\,\frac{\text{m}}{\text{s}}\right)^2 = 862{,}49\,\text{N}$$

$$\cos\alpha = \frac{F_{\text{Ab}x}}{F_{\text{Rohr}}} \quad F_{\text{Ab}x} = F_{\text{Rohr}} \cdot \cos\alpha = 862{,}76\,\text{N} \cdot \cos 45° = 610{,}06\,\text{N}$$

$$\sin\alpha = \frac{F_{\text{Ab}y}}{F_{\text{Rohr}}} \quad F_{\text{Ab}y} = F_{\text{Rohr}} \cdot \sin\alpha = 862{,}76\,\text{N} \cdot \sin 45° = 610{,}06\,\text{N}$$

Modellklausurlösung 5.14.10

1. Sie charakterisiert die Form der Strömung: schleichende Strömung Re = 5 bis 40, laminare Strömung Re < 2320, Übergangsströmung Re = 2320 bis 10^4, turbulente Strömung Re = 10^4 bis 10^8
2. Impulssatz: $F = \int_A \rho\, c\, c_n\, dA = \dot{m}_2 c_2 - \dot{m}_1 c_1$
   Im stationären Fall gibt es keine Veränderung der Strömung über die Zeit, sodass der zugehörige Term aus der Impulsgleichung wegfällt. Somit wirkt sich nur der Massestrom auf die betreffende Fläche des Strömungsquerschnittes aus. Damit lautet die Impulskraft: $F = \rho\, c^2 A$
3. $dF_A = dF_2 - dF_1 = g\,\rho_F(y_2 - y_1) = g\,\rho_F\,dV;\ F_A \geq F_G = g\,\text{m} = g\,\rho_w V$
   Hierbei ist dF_1 die Kraft, die von oben auf den Körper wirkt und dF_2 diejenige Kraft die auf die untere Seite des Körpers wirkt.
4. Newton'sches Fluid: $\tau = \eta\left(\frac{dc}{dn}\right)$; τ_0 Ruheschubspannung = 0;
   Nicht-Newton'sches Fluid: $\tau = \tau_0 + \eta(\frac{dc}{dn})^n$; z. B. Bingham Fluid; siehe Abb. 15.11

5.

5.1 $\rho \cdot g \cdot (h_1 + h_2) = \frac{\rho}{2}c^2;$

$$c = \sqrt{2 \cdot g \cdot (h_1 + h_2)} = \sqrt{2 \cdot 9{,}81\,\mathrm{m\,s^{-2}} \cdot 9{,}7\,\mathrm{m}} = 13{,}80\,\mathrm{m \cdot s^{-1}}$$

$$\dot{V} = c \cdot A = c \cdot \frac{\pi}{4}d^2 = 13{,}80\,\frac{\mathrm{m}}{\mathrm{s}} \cdot \frac{\pi}{4} \cdot (0{,}05\,\mathrm{m})^2 = 0{,}0271\,\frac{\mathrm{m^3}}{\mathrm{s}} = 97{,}5\,\frac{\mathrm{m^3}}{\mathrm{h}}$$

$$\dot{m} = \dot{V} \cdot \rho = 0{,}0271\,\frac{\mathrm{m^3}}{\mathrm{s}} \cdot 1260\,\frac{\mathrm{kg}}{\mathrm{m^3}} = 34{,}146\,\frac{\mathrm{kg}}{\mathrm{s}} = 122{,}9\,\frac{t}{h}$$

5.2 $p_{\text{Einl}} = p_\mathrm{b} + g \cdot \rho \cdot h_1 - \frac{\rho}{2}c^2$

$$p_{\text{Einl}} = 100\,\mathrm{kPa} + 9{,}81\,\frac{\mathrm{m}}{\mathrm{s^2}} \cdot 1260\,\frac{\mathrm{kg}}{\mathrm{m^3}} \cdot 8{,}5\,\mathrm{m} - \frac{1260\,\mathrm{kg/m^3}}{2} \cdot \left(13{,}80\,\frac{\mathrm{m}}{\mathrm{s}}\right)^2$$

$$= 85.088\,\mathrm{Pa}$$

$$p_{\text{Mitte}} = p_\mathrm{b} + g \cdot \rho \cdot (h_1 + h_3) - \frac{\rho}{2}c^2$$

$$p_{\text{Mitte}} = 100\,\mathrm{kPa} + 9{,}81\,\frac{\mathrm{m}}{\mathrm{s^2}} \cdot 1260\,\frac{\mathrm{kg}}{\mathrm{m^3}} \cdot 9{,}1\,\mathrm{m} - \frac{1260\,\mathrm{kg/m^3}}{2} \cdot \left(13{,}80\,\frac{\mathrm{m}}{\mathrm{s}}\right)^2$$

$$= 92.504\,\mathrm{Pa}$$

5.3

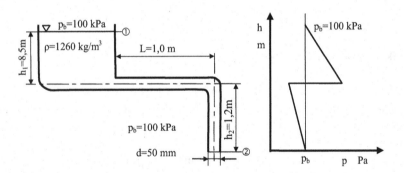

Abb. 15.18 Druckverlauf

15.4   Lösungen der Aufgaben im Kap. 6

Lösung 6.11.1

$$\rho_0 = \frac{p_0}{RT_0} = \frac{10^3\,\mathrm{kPa}}{287{,}6\,\mathrm{J/kg\,K} \cdot 293{,}15\,\mathrm{K}} = 11{,}86\,\frac{\mathrm{kg}}{\mathrm{m^3}};$$

$$A_0 = \frac{\pi}{4}d^2 = \frac{\pi}{4}(0{,}05\,\mathrm{m})^2 = 0{,}001964\,\mathrm{m^2}$$

verlustfrei:

$$c_{0\,\text{th}} = \sqrt{\frac{2p_0}{\rho_0}} = \sqrt{\frac{2 \cdot 10^3\,\text{kPa}}{11{,}86\,\text{kg}/\,\text{m}^3}} = 410{,}65\,\frac{\text{m}}{\text{s}} > a = 346\,\frac{\text{m}}{\text{s}};$$

überkritische Austrittsgeschwindigkeit

$$\dot{V}_{\text{th}} = c_0 A_0 = 410{,}65\,\text{m/s} \cdot 0{,}001964\,\text{m}^2 = 0{,}806\,\text{m}^3/\text{s} = 2901{,}60\,\text{m}^3/\text{h}$$

reibungsbehaftet:

$$\frac{p_0}{\rho_0} = \zeta \cdot \frac{c_0^2}{2} \rightarrow c_0 = \sqrt{\frac{2\,p_0}{\rho_0 \cdot (\zeta_{\text{E}} + \zeta_{\text{A}})}} = \sqrt{\frac{2 \cdot 10^3\,\text{kPa}}{11{,}86\,\text{kg}/\,\text{m}^3 \cdot 1{,}75}} = 310{,}42\,\frac{\text{m}}{\text{s}} < a$$

$$= 346\,\frac{\text{m}}{\text{s}};$$

unterkritisch

$$\dot{V} = c_0 A_0 = 310{,}42\,\text{m/s} \cdot 0{,}001964\,\text{m}^2 = 0{,}61\,\text{m}^3/\text{s} = 2196\,\text{m}^3/\text{h}$$

Lösung 6.11.2

1. $c_1 = \dfrac{4\,\dot{V}_1}{\pi\,d^2} = \dfrac{4\,\dot{m}}{\pi\,d^2\rho} = \dfrac{4 \cdot 13{,}89\,\text{kg}\,\text{m}^3}{\pi \cdot 0{,}4^2\,\text{m}^2 \cdot 3{,}7\,\text{kg}\,\text{s}} = 29{,}87\,\dfrac{\text{m}}{\text{s}}$

2. $\text{Re} = \dfrac{dc}{\nu} = \dfrac{0{,}4\,\text{m} \cdot 29{,}87\,\text{m}\,\text{s}}{5{,}68 \cdot 10^{-6}\,\text{m}^2\,\text{s}} = 2{,}10 \cdot 10^6 \rightarrow$ ausgebildete turbulente Strömung

3. $\lambda = f(\text{Re}, d/k) = f(2{,}10 \cdot 10^6, 2000) = 0{,}017$ aus Colebrook-Diagramm

4. $T_2 = T_1 = 600°C$ da isotherme Strömung

5. $\Delta p = p_1 - p_2 = p_1 \cdot \left(1 - \sqrt{1 - \lambda \frac{l}{d}\frac{\rho_1}{p_1}c_1^2}\right)$

$$\Delta p = 10^3\,\text{kPa} \cdot \left(1 - \sqrt{1 - 0{,}017\frac{10^3\,\text{m}}{0{,}4\,\text{m}}\frac{3{,}7\,\text{kg}/\text{m}^3}{10^3\,\text{kPa}}29{,}87^2\frac{\text{m}^2}{\text{s}^2}}\right) = 72{,}80\,\text{kPa}$$

6. $p_2 = p_1 - \Delta p = 10^3\,\text{kPa} - 72{,}80\,\text{kPa} = 927{,}20\,\text{kPa}$

Lösung 6.11.3 Das Druckverhältnis für die unterkritische Strömung beträgt nach Tab. 6.5:

$$\frac{p_2}{p_0} = \frac{520\,\text{kPa}}{860\,\text{kPa}} = 0{,}605 > \left(\frac{p^*}{p_0}\right) = 0{,}540 \rightarrow$$ unterkritische Strömung für überhitzten Wasserdampf

Austrittstemperatur aus Isentropengleichung für die unterkritische Strömung mit

$$T_2 = T_0 \left(\frac{p_2}{p_0}\right)^{\frac{\kappa-1}{\kappa}} = 653{,}16\,\text{K} \cdot 0{,}605^{0{,}250} = 576{,}05\,\text{K};$$

$$\rho_2 = \frac{p_2}{R T_2} = \frac{520\,\text{kPa}}{461{,}52\,\frac{\text{J}}{\text{kg}\,\text{K}} \cdot 576{,}05\,\text{K}} = 1{,}96\,\frac{\text{kg}}{\text{m}^3}$$

Austrittsgeschwindigkeit des Dampfes aus der Öffnung, Gl. 6.66:

$$c_2 = \left[2c_\mathrm{p}(T_0 - T_2)\right]^{\frac{1}{2}} = \left[\frac{2\,\kappa}{\kappa - 1} R\,(T_0 - T_2)\right]^{\frac{1}{2}}$$

$$= \left[\frac{2 \cdot 1{,}333}{1{,}333 - 1} 461{,}52\,\frac{\mathrm{J}}{\mathrm{kg\,K}}(653{,}16\,\mathrm{K} - 576{,}05\,\mathrm{K})\right]^{\frac{1}{2}} = 533{,}78\,\frac{\mathrm{m}}{\mathrm{s}}$$

örtliche Machzahl an der Austrittsöffnung, Gl. 6.52:

$$\mathrm{M}_2 = \frac{c_2}{a_2} = c_2 / \sqrt{\kappa\,R\,T_2} = \frac{533{,}78\,\mathrm{m/s}}{\sqrt{1{,}333 \cdot 461{,}52\,\mathrm{J/(kg\,K)} \cdot 576{,}05\,\mathrm{K}}} = 0{,}897$$

kritische Schallgeschwindigkeit, Gl. 6.69:

$$a^* = \sqrt{2\,c_\mathrm{p}\frac{\kappa - 1}{\kappa + 1}T_0} = \sqrt{\frac{2\,\kappa}{\kappa + 1}R\,T_0} = \sqrt{\frac{2 \cdot 1{,}333}{1{,}333 + 1} 461{,}52\,\frac{\mathrm{J}}{\mathrm{kg\,K}}\,653{,}16\,\mathrm{K}}$$

$$= 586{,}92\,\frac{\mathrm{m}}{\mathrm{s}}$$

Abkühlung des Dampfes bei der isentropen Expansionsströmung

$$\Delta T = T_0 - T_2 = 653{,}16\,\mathrm{K} - 576{,}05\,\mathrm{K} = 77{,}11\,\mathrm{K}$$

Lösung 6.11.4

1. kritisches Expansionsdruckverhältnis, $p^*/p_1 = 0{,}540$ für Heißdampf:

$$\frac{p_2}{p_1} = \frac{0{,}70\,\mathrm{MPa}}{2{,}8\,\mathrm{MPa}} = 0{,}25 < \frac{p^*}{p_1} = 0{,}540 \text{ überkritischer Bereich}$$

2. Düsenaustrittsgeschwindigkeit, Gl. 6.59:

$$c_2 = \left\{\frac{2\,\kappa}{\kappa - 1}\frac{p_1}{\rho_1}\left[1 - \left(\frac{p_2}{p_1}\right)^{\frac{\kappa-1}{\kappa}}\right]\right\}^{\frac{1}{2}} = \left\{\frac{2 \cdot 1{,}333}{(1{,}333 - 1)}\frac{2800\,\mathrm{kPa}}{9{,}26\,\frac{\mathrm{kg}}{\mathrm{m}^3}}\left[1 - 0{,}25^{\frac{0{,}333}{1{,}333}}\right]\right\}^{\frac{1}{2}}$$

$$= 841{,}78\,\frac{\mathrm{m}}{\mathrm{s}}$$

Schallgeschwindigkeit am Austritt der Düse, Gl. 6.49:

$$a_2 = \sqrt{\kappa R T_2} = \sqrt{1{,}333 \cdot 461{,}52\,\frac{\mathrm{J}}{\mathrm{kg\,K}} \cdot 483{,}16\,\mathrm{K}} = 545{,}20\,\frac{\mathrm{m}}{\mathrm{s}}$$

Machzahl am Düsenaustritt, Gl. 6.52: $\mathrm{M}_2 = \dfrac{c_2}{a_2} = \dfrac{841{,}77\,\mathrm{m/s}}{545{,}19\,\mathrm{m/s}} = 1{,}54$

3. Volumenstrom am Düsenaustritt, Gl. 6.126:

$$\dot{V}_2 = A_2\, c_2 = \frac{A_2}{A^*}\, A^*\, c_2 = 20 \cdot 0{,}0030\,\text{m}^2 \cdot 841{,}78\,\frac{\text{m}}{\text{s}} = 50{,}51\,\frac{\text{m}^3}{\text{s}}$$

Massestrom, Gl. 6.37:

$$\dot{m} = \rho_2\, \dot{V}_2 = \rho_2 \frac{A_2}{A^*}\, A^*\, c_2 = 3{,}28\,\frac{\text{kg}}{\text{m}^3} \cdot 20 \cdot 0{,}0030\,\text{m}^2 \cdot 841{,}78\,\frac{\text{m}}{\text{s}} = 165{,}66\,\frac{\text{kg}}{\text{s}}$$

4.

$$c_2' = \left\{ \frac{2\,\kappa}{(\kappa - 1)} \frac{p_1}{\rho_1} \left[1 - \left(\frac{p_2'}{p_1} \right)^{\frac{\kappa-1}{\kappa}} \right] \right\}^{1/2}$$

$$= \left\{ \frac{2 \cdot 1{,}333}{(1{,}333 - 1)} \frac{2800\,\text{kPa}}{9{,}26\,\text{kg/m}^3} \left[1 - \left(\frac{420\,\text{kPa}}{2800\,\text{kPa}} \right)^{\frac{0{,}333}{1{,}333}} \right] \right\}^{1/2} = 955{,}89\,\frac{\text{m}}{\text{s}}$$

Für $p_2' = 420\,\text{kPa}$ folgt aus dem Mollier-h-s-Diagramm für: $T_2' = 427{,}16\,\text{K}(t_2' = 154\,^\circ\text{C})$; $v_2' = 0{,}47\,\text{m}^3/\text{kg}$; $\rho_2' = 2{,}13\,\text{kg/m}^3$
die Schallgeschwindigkeit

$$a_2' = \sqrt{\kappa\, R\, T_2'} = \sqrt{1{,}333 \cdot 461{,}52\,\text{J/(kg K)} \cdot 427{,}16\,K} = 512{,}63\,\text{m/s}$$

Machzahl Gl. 6.52:

$$\text{M}_2' = \frac{c_2'}{a_2'} = \frac{955{,}87\,\frac{\text{m}}{\text{s}}}{512{,}63\,\frac{\text{m}}{\text{s}}} = 1{,}86$$

Querschnittsverhältnis A_1/A_2', Gl. 6.142:

$$\frac{A_1}{A_2'} = \left(\frac{p_2'}{p_1} \right)^{\frac{\text{M}_2'^2 - 1}{\kappa\,\text{M}_2'^2}} = \left(\frac{420\,\text{kPa}}{2800\,\text{kPa}} \right)^{\frac{1{,}86^2 - 1}{1{,}333 \cdot 1{,}86^2}} = 0{,}364$$

Dampfdichte:

$$\rho_2' = \frac{p_2'}{R\,T_2'} = \frac{420\,\text{k Pa}}{461{,}52\,\text{J/(kg K)} \cdot 427{,}15\,\text{K}} = 2{,}13\,\frac{\text{kg}}{\text{m}^3}$$

neuer Austrittsquerschnitt A_2' Gl. 6.37:

$$A_2' = \frac{\dot{m}}{\rho_2' \cdot c_2'} = \frac{165{,}66\,\text{kg/s}}{2{,}13\,\text{kg/m}^3 \cdot 955{,}87\,\text{m/s}} = 0{,}0814\,\text{m}^2$$

Abb. 15.19 Mollier-h-s-Diagramm mit der isentropen Gasexpansion 1–2 und 1–2'

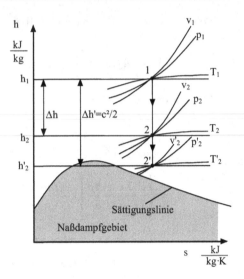

Lösung 6.11.5 Das Druckverhältnis für den senkrechten Verdichtungsstoß beträgt nach Gl. 6.163

$$\frac{\hat{p}_2}{p_1} = 1 + \frac{2\,\kappa}{\kappa + 1}\left(M_1^2 - 1\right) = 1 + \frac{2 \cdot 1{,}4}{2{,}4}\left(1{,}8^2 - 1\right) = 3{,}61$$

$$\rightarrow \hat{p}_2 = \frac{\hat{p}_2}{p_1}\,p_1 = 3{,}61 \cdot 200\,\text{kPa} = 722{,}67\,\text{kPa}$$

Schallgeschwindigkeit, Gl. 6.145 und Geschwindigkeit

$$a_1 = \sqrt{\kappa\,R\,T_1} = \sqrt{1{,}4 \cdot 287{,}6\,\frac{\text{J}}{\text{kg}\,\text{K}} \cdot 293{,}15\,\text{K}} = 343{,}56\,\frac{\text{m}}{\text{s}};$$

$$c_1 = a_1 \cdot M_1 = 343{,}56\,\frac{\text{m}}{\text{s}} \cdot 1{,}8 = 618{,}41\,\frac{\text{m}}{\text{s}}$$

Geschwindigkeitsverhältnis, Gl. 6.164

$$\frac{\hat{c}_2}{c_1} = 1 - \frac{2}{\kappa + 1}\frac{M_1^2 - 1}{M_1^2} = 1 - \frac{2 \cdot \left(1{,}8^2 - 1\right)}{\left(1{,}4 + 1\right)1{,}8^2} = 0{,}424$$

$$\rightarrow \hat{c}_2 = \frac{\hat{c}_2}{c_1}c_1 = 0{,}424 \cdot 618{,}41\,\frac{\text{m}}{\text{s}} = 262{,}12\,\frac{\text{m}}{\text{s}}$$

Lösung 6.11.6

1. Druckverhältnis aus Gl. 6.163

$$\frac{\hat{p}_2}{p_1} = 1 + \frac{2\,\kappa}{\kappa + 1}\left(M_1^2 - 1\right) = 1 + \frac{2 \cdot 1{,}4}{2{,}4}\left(2{,}0^2 - 1\right) = 4{,}50$$

$$\rightarrow \hat{p}_2 = \frac{\hat{p}_2}{p_1}\,p_1 = 4{,}50 \cdot 105\,\text{kPa} = 472{,}50\,\text{kPa}$$

2. Machzahl $\hat{M}_2$ hinter dem Verdichtungsstoß, Gl. 6.173:

$$\hat{M}_2 = \sqrt{\frac{2 + (\kappa - 1)\,M_1^2}{2\,\kappa\,M_1^2 - (\kappa - 1)}} = \sqrt{\frac{2 + (0{,}4 \cdot 2{,}0^2)}{(2{,}8 \cdot 2{,}0^2) - 0{,}4}} = 0{,}577$$

3. Totaldruckverhältnis bei isentroper Strömung hinter dem Stoß aus Gl. 6.174:

$$\frac{\hat{p}_{t2}}{\hat{p}_2} = \left[1 + \frac{\kappa - 1}{2}\hat{M}_2^2\right]^{\frac{\kappa}{\kappa-1}} = \left[1 + \frac{0{,}4}{2}0{,}577^2\right]^{3{,}5} = 1{,}25$$

$$\rightarrow \hat{p}_{t2} = \frac{\hat{p}_{t2}}{\hat{p}_2}\,\hat{p}_2 = 1{,}25 \cdot 472{,}50\,\text{kPa} = 590{,}63\,\text{kPa}$$

4. Temperaturverhältnis nach dem Verdichtungsstoß, Gl. 6.177:

$$\frac{\hat{T}_{t2}}{T_1} = \left[1 + \frac{\kappa - 1}{2}M_1^2\right] = \left[1 + \frac{0{,}4}{2}2{,}0^2\right] = 1{,}80$$

Totaltemperatur hinter dem Verdichtungsstoß $\hat{T}_{t2} = T_2 + \frac{\hat{c}_2^2}{2c_p} = T_1(\frac{\hat{T}_{t2}}{T_1}) = 293{,}15\,\text{K} \cdot$
$1{,}80$
$= 527{,}67\,\text{K}$

Lösung 6.11.7   Die allgemeine Zustandsgleichung der Gase lautet: $pV = mRT$

$$m_2 = \frac{p_2 V}{R\,T_2} = \frac{5 \cdot 10^6\,\text{Pa} \cdot 0{,}5\,\text{m}^3}{287{,}6\,\text{J/kg K} \cdot 293{,}15\,\text{K}} = 29{,}7\,\text{kg}$$

Lösung 6.11.8

1. Reynoldszahl der Dampfströmung, Gl. 4.11: $\text{Re} = \dfrac{c\,d}{\nu} = \dfrac{22\,\text{m/s} \cdot 0{,}08\,\text{m}}{51{,}6 \cdot 10^{-6}\,\text{m}^2/\text{s}} =$
$34.108{,}53$
Relative Oberflächenrauigkeit: $d/k = 80\,\text{mm}/0{,}1\,\text{mm} = 800$
Rohrreibungsbeiwert aus Colebrookdiagramm: $\lambda = f(\text{Re}, d/k) = 0{,}022$

Schallgeschwindigkeit des Dampfes, Gl. 6.49:

$$a = \sqrt{\kappa\,R\,T} = \sqrt{1{,}333 \cdot 461{,}52\,\frac{J}{kg\,K} \cdot 523{,}15\,K} = 567{,}31\,\frac{m}{s};$$

$$M_1 = \frac{c}{a} = \frac{22\,m/s}{567{,}31\,m/s} = 0{,}039$$

Geschwindigkeitsverhältnis mit Gl. 6.104 und Endgeschwindigkeit c_2 bei Vernachlässigung des Beschleunigungsanteils, die für geringe Geschwindigkeiten zulässig ist.

$$\frac{c_1}{c_2} = \left\{1 - \frac{2\lambda\frac{L}{d_h}\kappa M_1^2}{2 + (\kappa - 1)M_1^2}\right\}^{\frac{1}{2}} = \left\{1 - \frac{2 \cdot 0{,}022 \cdot \frac{800\,m}{0{,}08\,m} \cdot 1{,}333 \cdot 0{,}039^2}{2 + (1{,}333 - 1) \cdot 0{,}039^2}\right\}^{\frac{1}{2}} = 0{,}744$$

$$c_2 = \frac{c_2}{c_1} \cdot c_1 = \frac{1}{0{,}744} \cdot 22\,\frac{m}{s} = 29{,}57\,\frac{m}{s}$$

2. Temperaturverhältnis und Endtemperatur T_2, Gl. 6.107:

$$\frac{T_2}{T_1} = 1 + \frac{\kappa - 1}{2}M_1^2\left[1 - \left(\frac{c_2}{c_1}\right)^2\right] = 1 + \frac{1{,}333 - 1}{2} \cdot 0{,}039^2 \cdot \left[1 - \left(\frac{1}{0{,}744}\right)^2\right]$$

$$= 0{,}999$$

$$T_2 = \frac{T_2}{T_1} \cdot T_1 = 0{,}999 \cdot 523{,}15\,K = 522{,}63\,K$$

Es tritt eine geringe Abkühlung des Dampfes von $\Delta T = T_2 - T_1 = 0{,}1\,K$ ein.

3. Dichteverhältnis und Dichte ρ_2, Gl. 6.110:

$$\frac{\rho_2}{\rho_1} = \frac{c_1}{c_2} = 0{,}744; \quad d\rho_2 = \frac{\rho_2}{\rho_1} \cdot \rho_1 = 0{,}744 \cdot 4{,}29\,\frac{kg}{m^3} = 3{,}19\,\frac{kg}{m^3}$$

Druckverhältnis, Enddruck p_2 und Druckverlust, Gl. 6.109:

$$\frac{p_2}{p_1} = \frac{c_1}{c_2}\frac{T_2}{T_1} = \frac{\rho_2}{\rho_1}\frac{T_2}{T_1} = 0{,}744 \cdot 0{,}999 = 0{,}74326$$

$$\rightarrow p_2 = \frac{p_2}{p_1} \cdot p_1 = 0{,}74326 \cdot 1000\,kPa = 743{,}26\,kPa$$

4. Druckverlust $\quad \Delta p = p_1 - p_2 = 1000\,kPa - 743{,}26\,kPa = 256{,}74\,kPa$

Lösung 6.11.9

1. $T_2 = T_0 \left(\dfrac{p}{p_0}\right)^{\frac{\kappa-1}{\kappa}} = 500\,\text{K} \cdot \left(\dfrac{100\,\text{kPa}}{0{,}6\,\text{MPa}}\right)^{\frac{0{,}4}{1{,}4}} = 299{,}67\,\text{K};\ c_\text{p}T_0 = c_\text{p}T_2 + \dfrac{c_2^2}{2}$

$c_2 = \sqrt{2\,c_\text{p}\,(T_0 - T_2)} = \sqrt{2 \cdot 1000 \dfrac{\text{J}}{\text{kg K}} \cdot (500\,\text{K} - 299{,}67\,\text{K})} = 632{,}98\,\dfrac{\text{m}}{\text{s}}$

$a_2 = \sqrt{\kappa\,R\,T_2} = \sqrt{1{,}4 \cdot 287{,}6\,\dfrac{\text{J}}{\text{kg K}} \cdot 299{,}67\,\text{K}} = 347{,}36\,\dfrac{\text{m}}{\text{s}};$

$\text{M}_2 = \dfrac{c_2}{a_2} = \dfrac{632{,}98\,\text{m/s}}{347{,}36\,\text{m/s}} = 1{,}822$

$a^* = \sqrt{2\,c_\text{p}\dfrac{\kappa-1}{\kappa+1}\,T_0} = \sqrt{2 \cdot 1000\,\dfrac{\text{J}}{\text{kg K}} \cdot \dfrac{0{,}4}{2{,}4} \cdot 500\,\text{K}} = 408{,}25\,\dfrac{\text{m}}{\text{s}};$

$\text{M}_2{*} = \dfrac{c_2}{a^*} = \dfrac{632{,}98\,\text{m/s}}{408{,}25\,\text{m/s}} = 1{,}55$

2. $\rho_2 = \dfrac{p}{R\,T_2} = \dfrac{100\,\text{kPa}}{287{,}6\,\text{J/kg K} \cdot 299{,}67\,\text{K}} = 1{,}16\,\dfrac{\text{kg}}{\text{m}^3}$

$d_2 = 2 \cdot \sqrt{\dfrac{\dot{m}}{\pi\,c_2\rho_2}} = 2 \cdot \sqrt{\dfrac{10\,\text{kg/s}}{\pi \cdot 632{,}98\,\text{m/s} \cdot 1{,}16\,\text{kg/m}^3}} = 0{,}1317\,\text{m} = 131{,}7\,\text{mm}$

$T^* = T_0 \dfrac{2}{\kappa+1} = 500\,\text{K} \cdot \dfrac{2}{2{,}4} = 416{,}67\,\text{K}$

$\rho^* = \rho_2 \left(\dfrac{T^*}{T_2}\right)^{\frac{1}{\kappa-1}} = 1{,}16\,\dfrac{\text{kg}}{\text{m}^3} \cdot \left(\dfrac{416{,}67\,\text{K}}{299{,}67\,\text{K}}\right)^{\frac{1}{0{,}4}} = 2{,}64\,\dfrac{\text{kg}}{\text{m}^3}$

$d^* = 2 \cdot \sqrt{\dfrac{\dot{m}}{\pi\rho^*a^*}} = 2 \cdot \sqrt{\dfrac{10\,\text{kg/s}}{\pi \cdot 2{,}65\,\text{kg/m}^3 \cdot 408{,}25\,\text{m/s}}} = 0{,}1086\,\text{m} = 108{,}6\,\text{mm}$

Lösung 6.11.10 Darstellung der Zustandsänderung der Entnahmedampfturbine im Mollier-h-s-Diagramm

1. Aus dem Mollier-h-s-Diagramm folgt für $p_1 = 1{,}6$ MPa und $T_1 = 648{,}15\,\text{K}$, $t_1 = 375\,°\text{C}$, spezifische Enthalpie $h_1 = 3203\,\text{kJ/kg}$, $v_1 = 0{,}19\,\text{m}^3/\text{kg}$, $\rho_1 = 5{,}26\,\text{kg/m}^3$, $c_1 = 90\,\text{m/s}$
   Dampfaustrittszustand bei isentroper Expansion ($\text{d}s = 0$)
   $p_2 = 350\,\text{kPa}$, $h_2 = 2830\,\text{kJ/kg}$, $v_2 = 0{,}60\,\text{m}^3/\text{kg}$, $\rho_2 = 1{,}667\,\text{kg/m}^3$, $t_2 = 183\,°\text{C}$
   Kritischer Dampfzustand bei der Expansion von Heißdampf mit $\kappa = 1{,}333$ und
   $p^*/p_0 = 0{,}546$; $p^* = 0{,}546 \cdot 1{,}6\,\text{MPa} = 0{,}874\,\text{MPa}$

spezifische Enthalpie und spezifisches Volumen im kritischen Zustand p^*
$h^* = 3035,5\,\text{kJ/kg},\ v^* = 0,30\,\text{m}^3/\text{kg},\ \rho^* = 3,333\,\text{kg/m}^3,$
Bei der Gleichdruckdampfturbine erfolgt die vollständige Expansion im Vorleitrad und im Laufrad wird nur die Dampfgeschwindigkeit in mechanische Energie umgesetzt. Dafür ist eine de Laval-Düse mit dem Erweiterungswinkel $\alpha = 12°$ erforderlich.
Isentrope- und de Laval-Geschwindigkeit

$$c^* = c_\text{D} = \sqrt{2\Delta h} = \sqrt{2\,(h_1 - h_2)} = \sqrt{2\,(3203 - 2830)\cdot 10^3\,\frac{\text{J}}{\text{kg}}} = 863,71\,\frac{\text{m}}{\text{s}}$$

Reale Austrittsgeschwindigkeit:

$$c_2 = \sqrt{2\,(h_1 - h*)} = \sqrt{2\,(3203 - 3035,5)\cdot 10^3\,\frac{\text{m}^2}{\text{s}^2}} = 578,79\,\frac{\text{m}}{\text{s}}$$

Düsenabmessung mit Rechteckquerschnitt
Kritischer Düsenquerschnitt:

$$A^* = \frac{\dot{V}}{c_\text{A}} = \frac{\dot{m}}{\rho\,c_\text{A}} = \frac{\dot{m}\,v*}{c_\text{A}} = \frac{2,778\,\text{kg/s}\cdot 0,30\,\text{m}^3/\text{kg}}{578,79\,\text{m/s}} = 0,00144\,\text{m}^2 = 1440\,\text{mm}^2$$

$$r* = \sqrt{\frac{A^*}{\pi}} = \sqrt{\frac{1440}{\pi}}\,\text{mm} = 21,41\,\text{mm}$$

Es ist zweckmäßig, dafür drei Düsen auszuführen mit je $A_\text{i} = 480\,\text{mm}^2$.
Daraus erhält man drei Düsen mit den Abmessungen $12\,\text{mm}\cdot 40\,\text{mm}$.
Eintrittsgeschwindigkeit in die de Laval-Düse mit $c_\text{E} = 90\,\text{m/s}$

$$A_1 = \frac{\dot{m}\,v_1}{c_1} = \frac{2,778\,\text{kg/s}\cdot 0,19\,\text{m}^3/\text{kg}}{90\,\text{m/s}} = 0,005865\,\text{m}^2 = 5865\,\text{mm}^2$$

Für eine Düse $A_1 = 5865\,\text{mm}^2/3 = 1955\,\text{mm}^2$.
Düsenaustrittsquerschnitt:

$$A_2 = \frac{\dot{m}\,v_2}{c_2} = \frac{2,778\,\text{kg/s}\cdot 0,60\,\text{m}^3/\text{kg}}{578,79\,\text{m/s}} = 0,00288\,\text{m}^2 = 2880\,\text{mm}^2$$

$$r_2 = \sqrt{\frac{A_2}{\pi}} = \sqrt{\frac{2880}{\pi}}\,\text{mm} = 30,28\,\text{mm}$$

Für eine Düse $A_2 = 2880\,\text{mm}^2/3 = 960\,\text{mm}^2$.
Länge des überkritischen Lavaldüsenteils für einen Erweiterungswinkel von $\alpha = 12°$

$$l = \frac{\sqrt{A_2/\pi} - \sqrt{A^*/\pi}}{\tan\alpha} = \frac{30,28\,\text{mm} - 21,41\,\text{mm}}{\tan 12°} = \frac{8,87\,\text{mm}}{0,2126} = 41,73\,\text{mm}$$

2. Turbinenleistung, theoretisch:

$$P_{th} = \dot{m}\,Y_{th} = \dot{m}\,(h_1 - h_E) = 2{,}778\,\frac{kg}{s} \cdot (3203 - 2830) \cdot 10^3\,\frac{J}{kg} = 1036{,}2\,kW$$

Wirkungsgrad: $\eta_T = \dfrac{P_E}{P_{th}} = \dfrac{568\,kW}{1036{,}2\,kW} = 0{,}55$

Lösung 6.11.11 Druckverhältnis der Expansion und kritisches Druckverhältnis für Luft:

$$\frac{p_2}{p_0} = \frac{100\,kPa}{1200\,kPa} = 0{,}0833 \qquad \frac{p*}{p_0} = \frac{p_{krit}}{p_0} = 0{,}528 \qquad \text{folglich überkritisches Ausströmen}$$

Luftdichte im Druckbehälter:

$$\frac{\rho*}{\rho_0} = 0{,}634; \qquad \rho_0 = \frac{p_0}{R\,T_0} = \frac{1200 \cdot 10^3\,Pa}{287{,}6\,J/kg\,K \cdot 433{,}15\,K} = 9{,}63\,\frac{kg}{m^3}$$

Kritischer Düsenquerschnitt $A*$:
Kritische Werte für Luft mit $\kappa = 1{,}4$: $p*/p_0 = 0{,}528$; $\psi_{max}^* = 0{,}484$

$$p* = p_0\,\frac{p*}{p_0} = 1{,}2\,MPa \cdot 0{,}5283 = 633{,}96\,kPa;$$

$$\rho* = \rho_0\,\frac{\rho*}{\rho_0} = 9{,}63\,\frac{kg}{m^3} \cdot 0{,}634 = 6{,}11\,\frac{kg}{m^3}$$

$$A* = \frac{\dot{m}}{\psi_{max} \cdot \sqrt{2 \cdot p* \cdot \rho*}} = \frac{0{,}15\,kg/s}{0{,}484 \cdot \sqrt{2 \cdot 633{,}96\,kPa \cdot 6{,}11\,kg/m^3}} = 111{,}35\,mm^2$$

Engster Düsendurchmesser: $d_{krit} = \sqrt{\dfrac{4}{\pi}A_{krit}} = \sqrt{\dfrac{4}{\pi} \cdot 111{,}34\,mm^2} = 0{,}01191\,m =$ 11,91 mm
Austrittstemperatur:

$$T_2 = T_0\left(\frac{p_2}{p_0}\right)^{\frac{\kappa-1}{\kappa}} = 433{,}15\,K \cdot \left(\frac{100\,kPa}{1200\,kPa}\right)^{\frac{0{,}4}{1{,}4}} = 433{,}15\,K \cdot 0{,}08333^{0{,}28571} = 212{,}96\,K$$

Schallgeschwindigkeit: $a_2 = \sqrt{\kappa\,R\,T_2} = \sqrt{1{,}4 \cdot 287{,}6\,\dfrac{J}{kg\,K} \cdot 212{,}96\,K} = 292{,}82\,\dfrac{m}{s}$

Dichte am Düsenaustritt: $\rho_2 = \dfrac{p_2}{R\,T_2} = \dfrac{10^5\,Pa}{287{,}6\,J/kg\,K \cdot 212{,}96\,K} = 1{,}6327\,\dfrac{kg}{m^3}$
Austrittsgeschwindigkeit:

$$c_2 = \sqrt{\frac{2\kappa}{\kappa-1}\frac{p_2}{\rho_2}\left[1 - \left(\frac{p_2}{p_0}\right)^{\frac{\kappa-1}{\kappa}}\right]} = \left\{\frac{2 \cdot 1{,}4}{0{,}4}\frac{10^5\,Pa}{1{,}6327\,kg/m^3}\left[1 - \left(\frac{100\,kPa}{1200\,kPa}\right)^{\frac{0{,}4}{1{,}4}}\right]\right\}^{1/2}$$

$$= 466{,}85\,\frac{m}{s}$$

Austrittsmachzahl: $M_2 = \dfrac{c_2}{a_2} = \dfrac{466{,}85\,\text{m/s}}{292{,}82\,\text{m/s}} = 1{,}59$

Austrittsquerschnitt aus der de Laval-Düse:

$$\dot{m} = \rho_2 c_2 A_2 = 0{,}15\,\frac{\text{kg}}{\text{s}} \rightarrow A_2 = \frac{\dot{m}}{\rho_2 c_2} = \frac{0{,}15\,\text{kg/s}}{1{,}6327\,\text{kg/m}^3 \cdot 466{,}85\,\text{m/s}} = 196{,}8\,\text{mm}^2$$

Düsenaustrittsdurchmesser: $d_2 = \sqrt{\dfrac{4}{\pi} A_2} = \sqrt{\dfrac{4}{\pi} \cdot 196{,}8\,\text{mm}^2} = 0{,}01583\,\text{m} = 15{,}83\,\text{mm}$

Düsenlänge für Erweiterungsteil für $\alpha/2 = 3{,}5°$:

$$L = \frac{r_2 - r_{\text{krit}}}{\tan(\alpha/2)} = \frac{1}{2}\frac{d_2 - d_{\text{krit}}}{0{,}06116} = \frac{1}{2}\frac{15{,}83\,\text{mm} - 11{,}91\,\text{mm}}{0{,}06116} = 0{,}03205\,\text{m} = 32{,}05\,\text{mm}$$

Lösung 6.11.12

1.

Tab. 15.1 Luftdichte in Abhängigkeit des Druckes p_0

p_0 kPa	1000	900	800	700	600	500	400	300	200 189,39*	100
p_b/p_0	10,1	10,111	0,125	0,143	0,167	0,2	0,25	0,333	0,5 0,528*	1
ρ_0 kg/m³	11,17	10,06	8,94	7,82	6,7	5,59	4,49	3,35	2,23 1,871*	1,186

Kritisches Druckverhältnis $p^*/p_0 = 0{,}528$ für Luft;   Kritischer Druck $p^* = 189{,}39\,\text{kPa}$

Dichte ρ_0 bei $T_0 = \text{konst.} = 311{,}15\,\text{K}$;   Kritische Dichte $\rho^* = 1{,}871\,\text{kg/m}^3$

Behälterdruck $p_0 = 1000\,\text{kPa}$

$$\rho_0 = \frac{p_0}{R T_0} = \frac{1000 \cdot 10^3\,\text{Pa}}{287{,}6\,\text{J/kg K} \cdot 311{,}15\,\text{K}} = 11{,}175\,\frac{\text{kg}}{\text{m}^3};$$

$$\rho_b = \frac{p_b}{R T_b} = \frac{100 \cdot 10^3\,\text{Pa}}{287{,}6\,\text{J/kg K} \cdot 293{,}15\,\text{K}} = 1{,}186\,\frac{\text{kg}}{\text{m}^3}$$

$$\frac{p^*}{p_b} = 0{,}528; \quad \frac{\rho^*}{\rho_b} = 0{,}634;$$

$$\frac{p_b}{p_0} = \frac{100\,\text{kPa}}{1000\,\text{kPa}} = 0{,}1\,\frac{\text{kJ}}{\text{kg}}\,\frac{\text{J}}{\text{kg K}}$$

Abb. 15.20 Mollier-*h*-*s*-Diagramm

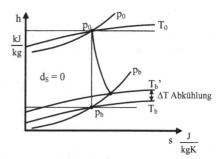

2. Theoretische Ausströmgeschwindigkeit:

$$c_{th} = \left\{ \frac{2\kappa}{\kappa - 1} \cdot \frac{p_0}{\rho_0} \cdot \left[1 - \left(\frac{p_b}{p_0} \right)^{\frac{\kappa-1}{\kappa}} \right] \right\}^{1/2}$$

$$= \left\{ \frac{2,8}{0,4} \cdot \frac{1000\,\text{kPa}}{11,175\,\text{kg/m}^3} \cdot \left[1 - \left(\frac{100\,\text{kPa}}{1000\,\text{kPa}} \right)^{\frac{0,4}{1,4}} \right] \right\}^{1/2} = 549,51\,\frac{\text{m}}{\text{s}}$$

3. Theoretischer Volumen- und Massestrom für $p_0 = p^* = 189,39\,\text{kPa}$:

$$\psi_{max} = \left\{ \frac{\kappa}{\kappa - 1} \left[\left(\frac{p_b}{p_0} \right)^{\frac{2}{\kappa}} - \left(\frac{p_b}{p_0} \right)^{\frac{\kappa+1}{\kappa}} \right] \right\}^{1/2}$$

$$= \left\{ \frac{1,4}{0,4} \left[\left(\frac{100\,\text{kPa}}{189,39\,\text{kPa}} \right)^{\frac{2}{1,4}} - \left(\frac{100\,\text{kPa}}{189,39\,\text{kPa}} \right)^{\frac{2,4}{1,4}} \right] \right\}^{1/2} = 0,484$$

ψ für den Druck $p_0 = 125\,\text{kPa} < p^* = 189,39\,\text{kPa}$

$$\psi = \left\{ \frac{1,4}{0,4} \left[\left(\frac{100\,\text{kPa}}{125\,\text{kPa}} \right)^{\frac{2}{1,4}} - \left(\frac{100\,\text{kPa}}{125\,\text{kPa}} \right)^{\frac{2,4}{1,4}} \right] \right\}^{1/2} = 0,396$$

$$\rho_0 = \frac{p_0}{R T_0} = \frac{125\,\text{kPa}}{287,6\,\text{J/kg K} \cdot 311,15\,\text{K}} = 1,397\,\frac{\text{kg}}{\text{m}^3}; \quad A = \frac{\pi}{4} d^2 = \frac{\pi}{4} \cdot 6^2\,\text{mm}^2$$

$$= 28,27\,\text{mm}^2$$

$$\dot{V}_{th} = A\psi \cdot \sqrt{2 \cdot \frac{p_0}{\rho_0}} = 28,27\,\text{mm}^2 \cdot 0,396 \cdot \sqrt{2 \cdot \frac{125\,\text{kPa}}{1,397\,\text{kg/m}^3}} = 0,00474\,\frac{\text{m}^3}{\text{s}}$$

$$= 17,06\,\frac{\text{m}^3}{\text{h}}$$

$$\dot{m}_{th} = A\psi \cdot \sqrt{2 \cdot p_0\,\rho_0} = \rho_0 \dot{V}_{th} = 1,397\,\frac{\text{kg}}{\text{m}^3} \cdot 0,00474\,\frac{\text{m}^3}{\text{s}} = 0,0066\,\frac{\text{kg}}{\text{s}} = 23,84\,\frac{\text{kg}}{\text{h}}$$

4. Reale Austrittsströmung mit Düsenbeiwert $\alpha = f(\mathrm{Re}, d/D)$ und Strahlkontraktion ε
   Düsenbeiwert $\alpha = c_2/c_{2S} = 0{,}97$; Strahlkontraktion $\varepsilon = A/A_a = 0{,}86$
   Ausflusszahl $\mu = \varepsilon \cdot \alpha = 0{,}86 \cdot 0{,}97 = 0{,}8342$

$$c_1 = \mu\, c_{\text{th}} = 0{,}8342 \cdot 549{,}51\,\frac{\text{m}}{\text{s}} = 458{,}4\,\frac{\text{m}}{\text{s}}; \dot{V} = \mu\, \dot{V}_{\text{th}}$$

$$= 0{,}8342 \cdot 0{,}00474\,\frac{\text{m}^3}{\text{s}} = 0{,}0040\,\frac{\text{m}^3}{\text{s}} = 14{,}23\,\frac{\text{m}^3}{\text{h}}$$

$$\dot{m} = \rho\,\dot{V} = 1{,}397\,\frac{\text{kg}}{\text{m}^3} \cdot 0{,}0040\,\frac{\text{m}^3}{\text{s}} = 0{,}0055\,\frac{\text{kg}}{\text{s}} = 19{,}89\,\frac{\text{kg}}{\text{h}} < \dot{m}_{\text{th}}$$

Abb. 15.21 Durchflussfunktion

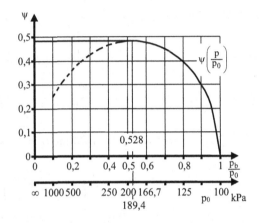

Abb. 15.22 Ausström-
geschwindigkeit

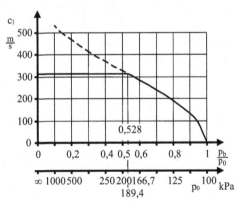

Abb. 15.23 Ausström-volumenstrom

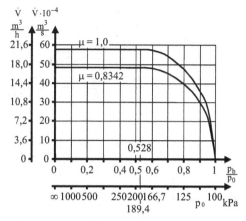

Abb. 15.24 Ausströmmasse-strom

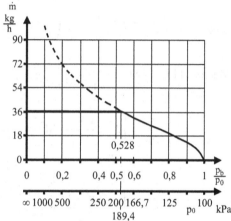

Tab. 15.2 Theoretische Volumen- und Masseströme beim Ausströmvorgang

p_b/p_0	p_0	ψ	ρ_0	c_1	$\dot{V}$	$\dot{V}$	$\dot{m}$	$\dot{m}$
	kPa		kg/m³	m/s	m³/s	m³/h	kg/s	kg/h
0,100	1000,00	0,2508	11,17	533,02	0,00250	9,01	0,0280	100,67
0,150	666,67	0,3121	7,45	496,61	0,00311	11,21	0,0232	83,53
0,200	500,00	0,3598	5,59	466,11	0,00359	12,92	0,0201	72,21

Lösung 6.11.13 Rechnung für inkompressible Strömung:

$$\rho_0 = \frac{p_0}{R\,T_0} = \frac{125\,\text{kPa}}{287,6\,\text{J/kg K} \cdot 323,15\,\text{K}} = 1,345\,\frac{\text{kg}}{\text{m}^3}$$

$$\rho_{1J} = \rho_b = \frac{p_b}{R\,T_b} = \frac{100\,\text{kPa}}{287,6\,\text{J/kg K} \cdot 291,15\,\text{K}} = 1,194\,\frac{\text{kg}}{\text{m}^3}$$

$$p_0 = p_1 + \frac{\rho_1}{2}c_1^2 = p_1 + \frac{p_1}{2\,R\,T_1}c_1^2$$

$$\rightarrow p_{1J} = p_0 - \frac{\rho_1}{2}c_1^2 = 125\,\text{kPa} - \frac{1,194\,\text{kg}}{2\,\text{m}^3} \cdot 100^2\,\frac{\text{m}^2}{\text{s}^2} = 119,03\,\text{kPa}$$

Rechnung für kompressible Strömung:

$$a_1 = \sqrt{\kappa\,R\,T_1} = \sqrt{1,4 \cdot 287,6\,\frac{\text{J}}{\text{kg K}} \cdot 291,15\,\text{K}} = 342,39\,\frac{\text{m}}{\text{s}}$$

Machzahl M_1: $$M_1 = \frac{c_1}{a_1} = \frac{100\,\text{m/s}}{342,39\,\text{m/s}} = 0,292$$

$$\frac{p_0}{p_1} = \left[1 + \frac{\kappa - 1}{2} \cdot M_1^2\right]^{\frac{\kappa}{\kappa-1}} = \left[1 + \frac{0,4}{2} \cdot 0,292^2\right]^{\frac{1,4}{0,4}} = 1,061;$$

$$p_{1K} = \frac{p_0}{p_0/p_1} = \frac{125\,\text{kPa}}{1,061} = 117,81\,\text{kPa}$$

$$\frac{\rho_0}{\rho_1} = \left[1 + \frac{\kappa - 1}{2} \cdot M_1^2\right]^{\frac{1}{\kappa-1}} = \left[1 + \frac{0,4}{2} \cdot 0,292^2\right]^{\frac{1}{0,4}} = 1,043;$$

$$\rho_{1K} = \frac{\rho_0}{\rho_0/\rho_1} = \frac{1,345\,\text{kg/m}^3}{1,043} = 1,289\,\frac{\text{kg}}{\text{m}^3}$$

Spezifische Druckänderung:

$$1 - \frac{p_{1K}}{p_{1J}} = \frac{p_{1J} - p_{1K}}{p_{1J}} = \frac{119,03\,\text{kPa} - 117,81\,\text{kPa}}{119,03\,\text{kPa}} = 0,010 \,\hat{=}\, 1\,\%$$

Spezifische Dichteänderung:

$$1 - \frac{\rho_{1K}}{\rho_{1J}} = \frac{\rho_{1J} - \rho_{1K}}{\rho_{1J}} = \frac{1,195\,\text{kg/m}^3 - 1,289\,\text{kg/m}^3}{1,194\,\text{kg/m}^3} = -0,08 \,\hat{=}\, 8\,\%$$

Lösung 6.11.14 Ein gerader Verdichtungsstoß tritt in der Gasrohrleitung auf, wenn die Gasgeschwindigkeit durch Reibung die örtliche Schallgeschwindigkeit $a = \sqrt{\kappa R T}$ und die Machzahl $M = 1,0$ erreicht oder leicht überschreitet bis ca. $M = 1,02$. Dadurch tritt eine Drucksteigerung auf $\hat{p}_2$ und eine Verzögerung der Strömung auf $\hat{c}_2$ ein. Dabei steigen auch die Dichte auf $\hat{\rho}_2$ und die Temperatur auf $\hat{T}_2$ an.

$$a = \sqrt{\kappa\,R\,T} = \sqrt{1{,}31 \cdot 446\,\text{J/kg K} \cdot 298{,}15\,\text{K}} = 417{,}37\,\text{m/s};$$
$$c_1 = \text{M} \cdot a = 1{,}02 \cdot 417{,}37\,\text{m/s} = 425{,}72\,\text{m/s}$$

Druck nach dem Verdichtungsstoß:

$$\hat{p}_2 = p_1\left[1 + \frac{2\kappa}{\kappa+1}\left(\text{M}_1^2 - 1\right)\right] = 250\,\text{kPa}\left[1 + \frac{2\cdot 1{,}31}{2{,}31}\,(1{,}0404 - 1)\right] = 261{,}46\,\text{kPa}$$
$$\hat{c}_2 = c_1\frac{2 + (\kappa-1)\cdot\text{M}_1^2}{(\kappa+1)\cdot\text{M}_1^2} = 425{,}72\,\frac{\text{m}}{\text{s}}\cdot\frac{2 + 0{,}31\cdot 1{,}02^2}{2{,}31\cdot 1{,}02^2} = 411{,}41\,\frac{\text{m}}{\text{s}}$$

Lösung 6.11.15 Kritische Schallgeschwindigkeit: $a^* = \sqrt{\frac{2}{\kappa+1}}a_0 = \sqrt{\frac{2\kappa}{\kappa+1}R\,T_0}$

Tab. 15.3 Stoffwerte von Gasen und Dämpfen

	κ	R J/(kg K)	T_0 K	a^* m/s
Stickstoff N_2	1,40	296,80	293,15	318,6
Helium He	1,667	2077,3	293,15	872,5
überhitzter Wasserdampf	1,333	461,52	293,15	393,2

Örtliche Schallgeschwindigkeit für Stickstoff:

$$a = \sqrt{\kappa R T} = \sqrt{1{,}4 \cdot 296{,}8\,\text{J/kg K} \cdot 320{,}15\,\text{K}} = 364{,}73\,\text{m/s}$$

Abb. 15.25 Druckverlauf Düsenströmung

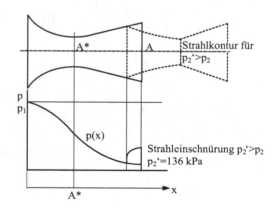

Lösung 6.11.16

$$\Delta T = T_2 - T_1 = c_1^2/2c_p = 14,84\,\text{K}; \quad T_2 = T_1 + \Delta T = 518,15\,\text{K} + 14,84\,\text{K} = 532,99\,\text{K}$$

Lösung 6.11.17 Druckverhältnis: $\dfrac{p_2'}{p_2} = \dfrac{124\,\text{kPa} + 12\,\text{kPa}}{124\,\text{kPa}} = 1,097 \to$ Überschalldüse

Es tritt eine Strahleinschnürung bereits vor dem Austritt aus der de Laval-Düse mit Strahlablösung und Druckanstieg auf $p_2' = 136\,\text{kPa}$ entsprechend Abb. 15.25 ein.

15.5 Lösungen der Modellklausuren im Kap. 6

Modellklausurlösung 6.12.1

1. Im ruhenden Fluid breiten sich der Schalldruck und die Schallleistung kugelförmig aus.

   Kegelförmig im Mach'schen Kegel breitet sich Schall bei einer bewegten Schallquelle mit $c > a$ oder in einer Strömung mit $c > a$ aus. a ist die Schallgeschwindigkeit.

Abb. 15.26 Schallausbreitung

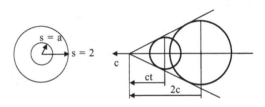

2. Flächen-Geschwindigkeits- und Flächen-Dichtebeziehung:

$$\frac{A_2}{A_1} = \left(\frac{c_2}{c_1}\right)^{(M^2-1)} = 0,8^{(0,6^2-1)} = 1,154;$$

$$\frac{A_2}{A_1} = \left(\frac{\rho_1}{\rho_2}\right)^{\left(\frac{M^2-1}{M^2}\right)} = \left(\frac{\rho_1}{\rho_2}\right)^{\left(1-\frac{1}{M^2}\right)} = 0,8^{\left(\frac{0,6^2-1}{0,6^2}\right)} = 1,487$$

Austrittsfläche: $A_1 = \dfrac{\pi}{4}d_1^2 = \dfrac{\pi}{4}0,08^2\,\text{m}^2 = \dfrac{\pi}{4} \cdot 0,0064\,\text{m}^2 = 0,00502\,\text{m}^2$

$$A_2 = A_1(c_2/c_1)^{(M^2-1)} = 0,00502\,\text{m}^2 \cdot 0,8^{(0,6^2-1)} = 0,0058\,\text{m}^2$$

$$A_2 = \frac{\pi}{4}d_2^2 \to d_2 = \sqrt{\frac{4A_2}{\pi}} = 0,0859\,\text{m}$$

3. gegeben: $d_1 = 0,22\,\text{m}$
   $d_2 = 0,460\,\text{m}; \quad L = 1,2\,\text{m}$
   $\dot{V}_1 = 2400\,\text{m}^3/h = 0,666\,\text{m}^3/s$

$R = 287{,}6 \, \text{J}/(\text{kg K})$

$p_1 = 140 \cdot 10^3 \, \text{Pa}$

$T_1 = 293{,}15 \, \text{K};$

$\kappa = 1{,}4; \quad \eta_{\text{Diff}} = 0{,}88$

Abb. 15.27 Unterschalldiffu-sor

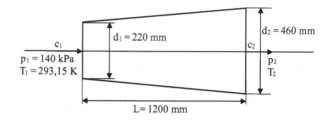

3.1 verlustfrei:

$$A_1 = \frac{\pi}{4}d_1^2 = \frac{\pi}{4}0{,}22^2 \, \text{m}^2 = 0{,}038 \, \text{m}^2;$$

$$A_2 = \frac{\pi}{4}d_2^2 = \frac{\pi}{4}0{,}46^2 \, \text{m}^2 = 0{,}166 \, \text{m}^2$$

$$c_1 = \frac{\dot{V}}{A_1} = \frac{4\dot{V}}{\pi d_1^2} = \frac{4 \cdot 0{,}6\bar{6}6\text{m}^3}{\pi 0{,}0484 \, \text{m}^2\text{s}} = 17{,}54 \, \frac{\text{m}}{\text{s}};$$

$$c_2 = \frac{\dot{V}}{A_2} = \frac{4\dot{V}}{\pi d_2^2} = \frac{4 \cdot 0{,}6\bar{6}6\text{m}^3}{\pi 0{,}2116 \, \text{m}^2\text{s}} = 4{,}02 \, \frac{\text{m}}{\text{s}}$$

3.2 verlustfrei:

$$\dot{m} = \frac{p_1}{R \, T_1} \dot{V} = \frac{p_1}{R \, T_1} A_1 c_1$$

$$= \frac{140 \, \text{kPa}}{287{,}6 \, \text{J}/\text{kg K} \cdot 293{,}15 \, \text{K}} \cdot 0{,}038 \, \text{m}^2 \cdot 17{,}54 \, \frac{\text{m}}{\text{s}} = 1{,}105 \, \frac{\text{kg}}{\text{s}}$$

$$p_1 A_1 + \dot{m}c_1 = p_2 A_2 + \dot{m}c_2; \quad p_2 = \frac{p_1 A_1 + \dot{m}\,(c_1 - c_2)}{A_2}$$

$$p_2 = \frac{140 \, \text{kPa} \cdot 0{,}038 \, \text{m}^2 + 1{,}105 \, \text{kg}/\text{s} \cdot (17{,}54 \, \text{m}/\text{s} - 4{,}02 \, \text{m}/\text{s})}{0{,}166 \, \text{m}^2}$$

$$= 32{,}14 \, \text{kPa}$$

verlustbehaftet:

Diffusorwirkungsgrad $\quad \eta_{\text{Diff}} = 0{,}88; \quad \eta_{\text{Diff}} = \frac{(p_2 - p_1)_{\text{verlustbehaftet}}}{(p_2 - p_1)_\text{s}}$

$$p_{2v} = \eta_{\text{Diff}}(p_2 - p_1)_\text{s} + p_1 = 0{,}88 \cdot (32{,}14 \, \text{kPa} - 140 \, \text{kPa})_\text{s} + 140 \, \text{kPa} = 45{,}08 \, \text{kPa}$$

3.3 T_2 für isentrope Strömung (Entropie s = konst., Polytropenexponent $n = \kappa$)
verlustfrei:

$$\frac{T_2}{T_1} = \left(\frac{p_2}{p_1}\right)^{\frac{\kappa-1}{\kappa}} \rightarrow T_2 = T_1 \left(\frac{p_2}{p_1}\right)^{\frac{\kappa-1}{\kappa}} = 293{,}15 \, \text{K} \left(\frac{32{,}14 \, \text{kPa}}{140 \, \text{kPa}}\right)^{\frac{0{,}4}{1{,}4}} = 192{,}53 \, \text{K}$$

verlustbehaftet:

$$\frac{T_{2v}}{T_1} = \left(\frac{p_{2v}}{p_1}\right)^{\frac{\kappa-1}{\kappa}} \rightarrow T_{2v} = T_1\left(\frac{p_{2v}}{p_1}\right)^{\frac{\kappa-1}{\kappa}} = 293{,}15\,\text{K}\left(\frac{45{,}08\,\text{kPa}}{140\,\text{kPa}}\right)^{\frac{0{,}4}{1{,}4}}$$

$$= 212{,}07\,\text{K}$$

3.4 M_1 und M_2

$$a = \sqrt{\kappa R T}$$

$$M_1^2 = \frac{c_1^2}{a_1^2} = \frac{c_1^2}{\kappa R T_1} \rightarrow M_1 = \sqrt{\frac{c_1^2}{\kappa\,R\,T_1}} = \sqrt{\frac{17{,}54^2\,\text{m}^2/\text{s}^2}{1{,}4\cdot 287{,}6\,\text{J/kg\,K}\cdot 293{,}15\,\text{K}}}$$

$$= 0{,}051$$

$$M_2^2 = \frac{c_2^2}{a_2^2} = \frac{c_2^2}{\kappa R T_2} \rightarrow M_2 = \sqrt{\frac{c_2^2}{\kappa\,R\,T_2}} = \sqrt{\frac{4{,}02^2\,\text{m}^2/\text{s}^2}{1{,}4\cdot 287{,}6\,\text{J/kg\,K}\cdot 192{,}52\,\text{K}}}$$

$$= 0{,}014$$

4. Ausströmvorgang (Luft) aus einem Behälter

gegeben: DN 50: $d_i = d_2 = 53\,\text{mm} = 0{,}053\,\text{m}$; $\quad p_0 = 165\,\text{kPa}$; $\quad p_b = 99{,}8\,\text{kPa}$
$t_0 = 45\,°\text{C}$; $\quad T_0 = 318{,}15\,\text{K}$; $\quad t_b = 20\,°\text{C}$; $\quad T_b = 293{,}15\,\text{K}$
$c_p = 1004\,\text{J/(kg\,K)}$; $\quad R = 287{,}6\,\text{J/kg\,K}$; $\quad \kappa = 1{,}40$

4.1 unter- oder überkritische Expansionsströmung?

$$\frac{p^*}{p_0} = 0{,}528 \text{ (für Luft)}; \quad \frac{p_b}{p_0} = 0{,}605; \quad \frac{p_b}{p_0} > \frac{p^*}{p_0} \rightarrow \text{unterkritische Ausströ-}$$
mung

4.2 Ausströmgeschwindigkeit c_2:

$$c_2 = \sqrt{\frac{2\kappa}{\kappa-1}R T_0\left[1-\left(\frac{p_b}{p_0}\right)^{\frac{\kappa-1}{\kappa}}\right]}$$

$$= \sqrt{\frac{2{,}8}{0{,}4}\cdot\frac{287{,}6\,\text{J}\cdot 318{,}15\,\text{K}}{\text{kgK}}\left[1-\left(\frac{99{,}8\,\text{kPa}}{165\,\text{kPa}}\right)^{0{,}286}\right]} = 292{,}8\,\frac{\text{m}}{\text{s}}$$

Temperatur T_2 und Dichte ρ_2 am Austritt:

$$T_0 + \frac{c_0^2}{2\,c_p} = T_2 + \frac{c_2^2}{2\,c_p}; \quad \text{mit} \quad c_0 = 0:$$

$$T_2 = T_0 - \frac{c_2^2}{2\,c_p} = 318{,}15\,\text{K} - \frac{292{,}8^2\,\text{m}^2/\text{s}^2}{2\cdot 1004\,\text{J/kg\,K}} = 275{,}45\,\text{K} = 2{,}30\,°\text{C}$$

$$\rho_2 = \frac{p_b}{R\,T_2} = \frac{99{,}8\,\text{kPa}}{287{,}6\,\text{J/kg\,K}\cdot 275{,}45\,\text{K}} = 1{,}26\,\frac{\text{kg}}{\text{m}^3}$$

Örtliche Machzahl:

$$a_2 = \sqrt{\kappa\, R\, T_2} \rightarrow M_2 = \frac{c_2}{a_2} = \frac{292,8\,\text{m/s}}{\sqrt{1,4 \cdot 287,6\,\text{J/kg K} \cdot 275,45\,\text{K}}} = 0,88$$

Kritische Machzahl:

$M^* = c^*/a^* = 1$ für $c^* = a^*$; $p^*/p_0 = 0,528$ für Luft $p^* = 0,528 p_0 = 0,528 \cdot$
165 kPa
$= 87,12\,\text{kPa}$

$$c^* = \sqrt{\frac{2\kappa}{\kappa - 1} R T_0 \left[1 - \left(\frac{p^*}{p_0}\right)^{\frac{\kappa-1}{\kappa}} \right]}$$

$$= \sqrt{\frac{2,8}{0,4} \cdot 287,6\,\frac{\text{J}}{\text{kg K}} \cdot 318,15\,\text{K}\left[1 - (0,528)^{\frac{0,4}{1,4}} \right]} = 326,7\,\frac{\text{m}}{\text{s}}$$

$$\frac{a^*}{a_0} = 0,913$$

für Luft mit $a_0 = \sqrt{\kappa\, R\, T_0} = \sqrt{1,4 \cdot 287,6\,\frac{\text{J}}{\text{kg K}} \cdot 318,15\,\text{K}} = 358\,\frac{\text{m}}{\text{s}}$

$$a^* = 0,913\, a_0 = 326,7\,\frac{\text{m}}{\text{s}}; \quad M^* = \frac{c^*}{a^*} = \frac{326,7\,\text{m/s}}{326,7\,\text{m/s}} = 1$$

4.3 Masse- und Volumenstrom:

$$\dot{V}_2 = A\, c_2 = \frac{\pi}{4} d_2^2 c_2 = \frac{\pi}{4} 0,053^2\,\text{m}^2 \cdot 292,8\,\frac{\text{m}}{\text{s}} = 0,646\,\frac{\text{m}^3}{\text{s}}$$

$$\dot{m} = \rho_2 \dot{V}_2 = 1,26\,\frac{\text{kg}}{\text{m}^3} \cdot 0,646\,\frac{\text{m}^3}{\text{s}} = 0,814\,\frac{\text{kg}}{\text{s}}$$

4.4 Luftabkühlung:

$$\Delta T = T_0 - T_2 = 318,15\,\text{K} - 275,45\,\text{K} = 42,70\,\text{K}$$

4.5 Massestrom bei kritischer Austrittsgeschwindigkeit:

$\rho^*/\rho_0 = 0,634$ für Luft und $\rho_0 = \frac{p_0}{R T_0} \rightarrow \rho^* = \frac{\rho^*}{\rho_0} \cdot \rho_0 = \frac{\rho^*}{\rho_0} \cdot \frac{p_0}{R T_0}$

$$\dot{m}^* = \rho^* \dot{V}^* = \rho^* \frac{\pi}{4} d_2^2 c*$$

$$= 0,634 \cdot \frac{165\,\text{kPa}}{287,6\,\text{J/kg K} \cdot 318,15\,\text{K}} \frac{\pi}{4} \cdot 0,053^2\,\text{m}^2 \cdot 326,7\,\frac{\text{m}}{\text{s}} = 0,824\,\frac{\text{kg}}{\text{s}}$$

4.6 Der Kesseldruck für den kritischen Zustand beträgt: $p^* = 87{,}12\,\text{kPa}$

4.7 Die Impulskraft am Austrittsventil $\rightarrow$ Impuls $I = mV$; Impulskraft: $F_I = \mathrm{d}I/\mathrm{d}t = \mathrm{d}(mV)/\mathrm{d}t$

$$F_I = \dot{m}\,c_2 = 0{,}814\,\frac{\text{kg}}{\text{s}} \cdot 292{,}8\,\frac{\text{m}}{\text{s}} = 238{,}34\,\text{N}$$

Modellklausurlösung 6.12.2

1. $\dfrac{a_1^2}{\kappa - 1} + \dfrac{c_1^2}{2} = \dfrac{a_2^2}{\kappa - 1} + \dfrac{c_2^2}{2}; \dfrac{a_1^2}{\kappa - 1}\left[1 + \dfrac{\kappa - 1}{2}\mathrm{M}_1^2\right] = \dfrac{a_2^2}{\kappa - 1}\left[1 + \dfrac{\kappa - 1}{2}\mathrm{M}_2^2\right]$

Die Gleichungen sind sowohl für die reibungsfreie, eindimensionale, kompressible als auch für die reibungsbehaftete, eindimensionale, kompressible Strömung gültig, weil in den Gleichungen die spezifische Enthalpie enthalten ist.

Für die Bernoulligleichung der eindimensionalen, kompressiblen Strömung gibt es neun Schreibformen. Außer den beiden oben genannten lauten die folgenden sieben Gleichungen:

$$\frac{\kappa}{\kappa - 1}\frac{p_0}{\rho_0} = \frac{c_1^2}{2} + \frac{\kappa}{\kappa - 1}\frac{p_0}{\rho_0}\left(\frac{p_1}{p_0}\right)^{\frac{\kappa}{\kappa - 1}}\quad;\quad u_1 + \frac{p_1}{\rho_1} + \frac{c_1^2}{2} = u_2 + \frac{p_2}{\rho_2} + \frac{c_2^2}{2}$$

Mit der spezifischen Enthalpie $h = u + p/\rho$

$$h_1 + \frac{c_1^2}{2} = h_2 + \frac{c_2^2}{2};\quad T_1 + \frac{c_1^2}{2c_\mathrm{p}} = T_2 + \frac{c_2^2}{2c_\mathrm{p}};\quad \frac{a_1^2}{\kappa - 1} + \frac{c_1^2}{2} = \frac{a_2^2}{\kappa - 1} + \frac{c_2^2}{2}$$

Mit $c = a\mathrm{M}$ erhält man:

$$\frac{a_1^2}{\kappa - 1}\left[1 + \frac{\kappa - 1}{2}\mathrm{M}_1^2\right] = \frac{a_2^2}{\kappa - 1}\left[1 + \frac{\kappa - 1}{2}\mathrm{M}_2^2\right];$$

$$\frac{a_0^2}{\kappa - 1} = \frac{\kappa}{\kappa - 1}\frac{p_0}{\rho_0} = c_\mathrm{p}T_0 = \frac{a_2^2}{\kappa - 1}\left[1 + \frac{\kappa - 1}{2}\mathrm{M}_2^2\right]$$

2. in differentieller Form

$$\frac{\mathrm{d}p}{\rho} = \kappa\frac{\mathrm{d}\rho}{\rho} = \frac{\kappa}{\kappa - 1}\frac{\mathrm{d}T}{T}$$

nach Integration

$$\frac{p_2}{p_1} = \left(\frac{v_1}{v_2}\right)^{\kappa} = \left(\frac{\rho_2}{\rho_1}\right)^{\kappa} = \left(\frac{T_2}{T_1}\right)^{\frac{\kappa}{\kappa - 1}}$$

isotherme Strömung

$$\frac{p_2}{p_1} = \frac{\rho_2}{\rho_1} = \frac{v_1}{v_2};\quad \kappa = 1$$

3. Mit drei Oberflächenspannungen

Wasser zu Luft $\quad \sigma_{12} = 0{,}0725\,\text{N/m}$

Quecksilber zu Luft $\quad \sigma_{12} = 0{,}480\,\text{N/m}$

σ_{12} Grenzflächenspannung zwischen Flüssigkeit und Luft

σ_{23} Grenzflächenspannung zwischen Flüssigkeit und fester Wand

Abb. 15.28 Oberflächen-spannungen

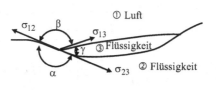

Messung der Kraft in einer Bügelvorrichtung für den Flüssigkeitsfilm

4. Subsonische Strömung liegt vor bei $M < 1$ in Turbokompressoren, Gas- und Dampf-turbinen.

   Transsonische Strömung ist eine schallnahe Strömung bei $M \approx 1$ in Turbokompresso-ren und Gasturbinen und Dampfturbinen.

   Supersonische Strömung ist eine Überschallströmung $M > 1$ in Turbokompressoren, Flugkörper, Spaceshuttle.

5. Wenn die Geschwindigkeit c durch Reibung oder Temperaturerhöhung die Schallge-schwindigkeit $c = a$ erreicht ($M = 1{,}0$). Der Verdichtungsstoß bewirkt eine Druckerhöhung.

   $\hat{p}_2 = p_1 \cdot \{1 + [2\kappa/(\kappa - 1)] \cdot (M_1^2 - 1)\}$, $\hat{p}_2 > p_1$ und eine Verzögerung der Ge-schwindigkeit auf

$$\hat{c}_2 = c_1 [2 + (\kappa - 1) M_1^2]/(\kappa + 1) M_1^2.$$

6. Aus der differentiellen Kontinuitätsgleichung für die inkompressible Strömung folgt:

$$\frac{dc}{c} + \frac{d\rho}{\rho} + \frac{dA}{A} = 0 \rightarrow \frac{dp}{p} = -\kappa M^2 \frac{dc}{c} = -\frac{\kappa - 1}{\kappa} \frac{\rho}{p} c \, dc + \frac{d\rho}{\rho} = \kappa \frac{d\rho}{\rho}$$

Druck-Flächenbeziehung: $p_2/p_1 = (A_1/A_2)^{\kappa M^2/(M^2-1)}$

$$dp/p = 0{,}12 = -1{,}4 \cdot 0{,}8^2 dc/c \rightarrow dc/c = -0{,}12/(1{,}4 \cdot 0{,}64) = -0{,}1339$$

$$dc = -0{,}1339\, c \text{ Verzögerung der Geschwindigkeit } c \text{ um } 13{,}39\,\%$$

$$\frac{dp}{p} = \frac{\Delta p}{p} = \frac{p_2 - p}{p} = \frac{p_2}{p} - 1$$

$$\frac{A_1}{A_2} = \frac{\pi d_1^2}{4 A_2} = \frac{d_1^2}{d_2^2} = \left(\frac{p_2}{p_1}\right)^{\frac{M^2-1}{\kappa M^2}} = \left(\frac{12\,\text{kPa}}{100\,\text{kPa}}\right)^{\frac{0{,}8^2-1}{1{,}4 \cdot 0{,}64}} = 0{,}12^{-0{,}40} = 2{,}344$$

$$d_1 = d_2 \cdot \sqrt{0{,}12^{-0{,}40}} = 50\,\text{mm} \cdot 1{,}53 = 76{,}55\,\text{mm}$$

7. Bernoulligleichung in den Grenzen ⓪ Ölspiegel im Behälter und im Rohraustritt ①
mit $p_1 = p_b$

$$\frac{p_B}{\rho} + \frac{c_0^2}{2} + g\,h_0 = \frac{p_b}{\rho} + \frac{c_1^2}{2} + \frac{\Delta p_v}{\rho};$$

Druckverlust $\quad \Delta p_v = \frac{\rho}{2}c_1^2 \cdot \left[\zeta_E + \zeta_A + \lambda\frac{l}{d}\right]$

$$c_1 = \left\{2\left[\frac{p_B - p_b}{\rho}\right] + g\,h_0/1 + \zeta_E + \zeta_A + \lambda\frac{l}{d}\right\}^{1/2}$$

Näherung für die reibungsfreie Strömung mit $1 + \zeta_E + \zeta_A + \lambda l/d = 0$

$$c_1 = \left\{2\left[\frac{(280 - 100)\,\text{kPa}}{856\,\text{kg/m}^3} + 9{,}81\,\frac{\text{m}}{\text{s}^2} \cdot 7{,}5\,\text{m}\right]\right\}^{1/2} = 23{,}83\,\frac{\text{m}}{\text{s}} \quad \text{reibungsfrei}$$

$$\text{Re} = \frac{c_1 d_1}{\nu} = \frac{23{,}83\,\text{m/s} \cdot 0{,}08\,\text{m}}{28 \cdot 10^{-6}\,\text{m}^2/\text{s}} = 6{,}81 \cdot 10^4 \quad \text{turbulenter Übergangsbereich}$$

$$\frac{d}{k} = \frac{80\,\text{mm}}{0{,}1\,\text{mm}} = 800 \rightarrow \lambda = f\,(\text{Re},\, d/k = 800) = 0{,}026$$

Reibungsbehaftet:

$$c_1 = \left\{2\left[\frac{\frac{(280-100)\,\text{kPa}}{856\,\text{kg/m}^3} + 9{,}81\,\frac{\text{m}}{\text{s}^2} \cdot 7{,}5\,\text{m}}{1 + 0{,}34 + 0{,}42 + 0{,}026 \cdot \frac{5{,}0\,\text{m}}{0{,}08\,\text{m}}}\right]\right\}^{\frac{1}{2}} = \left\{\frac{2\left[(210 + 73{,}58)\,\text{m}^2/\text{s}^2\right]}{3{,}385}\right\}^{\frac{1}{2}}$$

$$= 12{,}95\,\frac{\text{m}}{\text{s}}$$

$$\dot{m}_1 = A\,\rho\,c = \frac{\pi}{4}d^2\rho c = \frac{\pi}{4} \cdot 0{,}08^2\,\text{m}^2 \cdot 856\,\frac{\text{kg}}{\text{m}^3} \cdot 12{,}95\,\frac{\text{m}}{\text{s}} = 55{,}72\,\frac{\text{kg}}{\text{s}} = 200.592\,\frac{\text{kg}}{\text{h}}$$

8.

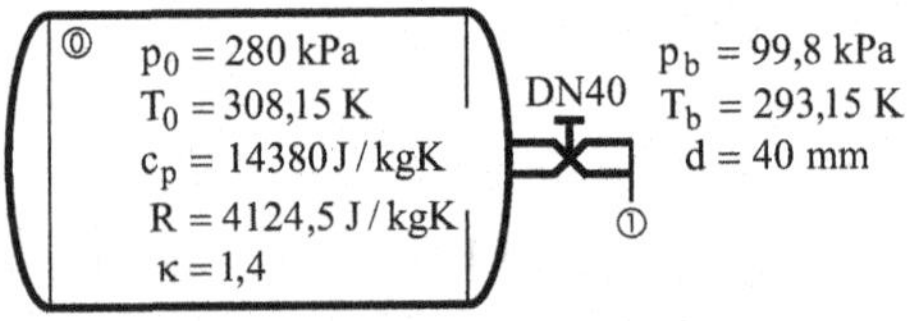

Abb. 15.29 Behälter mit
Ventil

⓪ $p_0 = 280$ kPa		$p_b = 99{,}8$ kPa
$T_0 = 308{,}15$ K	DN40	$T_b = 293{,}15$ K
$c_p = 14380\,\text{J/kgK}$		$d = 40$ mm
$R = 4124{,}5\,\text{J/kgK}$		
$\kappa = 1{,}4$		①

8.1 $\quad \dfrac{p^*}{p_0} = \left(\dfrac{2}{\kappa + 1}\right)^{\left(\frac{\kappa}{\kappa-1}\right)} = \left(\dfrac{2}{1{,}4 + 1}\right)^{\left(\frac{1{,}4}{0{,}4}\right)} = 0{,}528 \quad$ kritisches Druckverhältnis

$$\frac{p_b}{p_0} = \frac{99{,}8\,\text{kPa}}{280\,\text{kPa}} = 0{,}356 < \frac{p^*}{p_0} \quad \text{überkritische Austrittsströmung}$$

8.2 $\quad \rho_0 = p_0/R\,T_0 = 280\,\text{kPa}/\,(4124{,}5\,\text{J/kg K} \cdot 308{,}15\,\text{K}) = 0{,}220\,\text{kg/m}^3$

$$T_1^* = T_0 \cdot (p^*/p_0)^{\frac{\kappa-1}{\kappa}} = 308{,}15\,\text{K} \cdot 0{,}528^{(0{,}4/1{,}4)} = 256{,}79\,\text{K} \rightarrow t_1^* = -16{,}36\,°\text{C}$$

$$\rho_1 = p_1/RT_1 = 99{,}8\,\text{kPa}/\left(4124{,}5\,\text{J/kg\,K} \cdot 256{,}79\,\text{K}\right) = 0{,}0942\,\text{kg/m}^3$$

$$c_1 = \left\{ \frac{2\kappa}{\kappa - 1} \cdot \frac{p_0}{\rho_0} \left[1 - \left(\frac{p_1}{p_0}\right)^{\frac{\kappa-1}{\kappa}} \right] \right\}^{1/2}$$

$$= \left\{ \frac{2 \cdot 1{,}4}{1{,}4 - 1} \cdot \frac{280\,\text{kPa}}{0{,}220\,\text{kg/m}^3} \left[1 - \left(\frac{99{,}8\,\text{kPa}}{280\,\text{kPa}}\right)^{0{,}286} \right] \right\}^{1/2}$$

$$c_1 = 1508{,}09\,\text{m/s}$$

Kritische Schallgeschwindigkeit
$$a_1^* = \sqrt{\kappa\,R\,T_1^*} = \sqrt{1{,}4 \cdot 4124{,}5\,\text{J/kg\,K} \cdot 256{,}79\,\text{K}} = 1217{,}70\,\text{m/s}$$

$$a_1 = a_1*; \quad M = c_1/a_1* = 1506{,}95\,\text{m/s}/1217{,}63\,\text{m/s} = 1{,}238$$

8.3 Volumenstrom $\dot{m} = \rho_1 \dot{V}_1;\ \dot{V}_1 = c_1 A_1 = c_1 \frac{\pi}{4}d^2 = 1506{,}95\,\frac{\text{m}}{\text{s}} \cdot \frac{\pi}{4} \cdot 0{,}04^2\,\text{m}^2 = 1{,}894\,\text{m}^3/\text{s}$

Massestrom: $\dot{m}_1 = \rho_1 \dot{V}_1 = 0{,}0942\,\text{kg/m}^3 \cdot 1{,}894\,\text{m}^3/\text{s} = 0{,}178\,\text{kg/s} = 642{,}29\,\text{kg/h}$

8.4 Abkühlung des Gases: $\Delta T = T_0 - T_1 = 308{,}15\,\text{K} - 256{,}79\,\text{K} = 51{,}36\,\text{K}$

8.5 Das Ausströmen erfolgt im überkritischen Zustand bei M = 1,238, also sind alle Parameter überkritisch

8.6 Impulskraft: $F = \dot{m}_1 c_1 = 0{,}178\,\text{kg/s} \cdot 1506{,}95\,\text{m/s} = 268{,}93\,\text{N}$

Modellklausurlösung 6.12.3

1. Der Strahl expandiert und reißt ruhende Luft mit, die Geschwindigkeit verringert sich. Die Kerngeschwindigkeit nimmt ab. Es tritt eine Wirbelströmung mit einem Schalldruck auf.

2. gegeben: $d_1 = 80\,\text{mm}$; $d_2 = 150\,\text{mm}$; $L = 1200\,\text{mm}$; $\dot{V}_1 = 4500\,\text{m}^3/\text{h}$; $p_1 = 140\,\text{kPa}$
   $T_1 = 293{,}15\,\text{K}$; $\eta_{\text{Diff}} = 0{,}88$; $R = 287{,}6\,\text{J/(kg\,K)}$; $\kappa = 1{,}4$

2.1 $c_1 = \dfrac{\dot{V}_1}{A_1} = \dfrac{4 \cdot 1{,}25\,\text{m}^3/\text{s}}{\pi \cdot 0{,}08^2\,\text{m}^2} = 248{,}68\,\dfrac{\text{m}}{\text{s}}$; $c_2 = c_1 \dfrac{A_1}{A_2} = 248{,}68\,\dfrac{\text{m}}{\text{s}} \cdot \dfrac{0{,}08^2}{0{,}15^2} = 70{,}74\,\dfrac{\text{m}}{\text{s}}$

2.2 $T_2 - T_1 = \dfrac{c_1^2 - c_2^2}{2c_\text{p}}$; $c_\text{p} = \dfrac{\kappa R}{(\kappa - 1)} = \dfrac{1{,}4 \cdot 287{,}6\,\text{J/kg\,K}}{1{,}4 - 1} = 1006{,}6\,\dfrac{\text{J}}{\text{kg\,K}}$

$$T_2 = \frac{c_1^2 - c_2^2}{2c_\text{p}} + T_1 = \frac{248{,}68^2\,\text{m}^2/\text{s}^2 - 70{,}74^2\,\text{m}^2/\text{s}^2}{2 \cdot 1006{,}6\,\text{J/kg\,K}} + 293{,}15\,\text{K} = 321{,}38\,\text{K}$$

2.3 $M_1 = \dfrac{c_1}{a} = \dfrac{c_1}{\sqrt{\kappa\, R\, T_1}} = \dfrac{248{,}68\,\text{m/s}}{\sqrt{1{,}4 \cdot 287{,}6\,\text{J/kg K} \cdot 293{,}15\,\text{K}}} = 0{,}724$

$M_2 = \dfrac{c_2}{a} = \dfrac{c_2}{\sqrt{\kappa\, R\, T_2}} = \dfrac{70{,}74\,\text{m/s}}{\sqrt{1{,}4 \cdot 287{,}6\,\text{J/kg K} \cdot 321{,}38\,\text{K}}} = 0{,}197$

2.4 verlustbehaftet:

$\dfrac{p_2}{p_1} = \left(\dfrac{T_{2,S}}{T_1}\right)^{\frac{\kappa}{\kappa-1}}$; $T_{2,S} = T_1 + \eta_{\text{Diff}}\,(T_2 - T_1) = 293{,}15\,\text{K} + 0{,}88 \cdot 28{,}23\,\text{K} = 317{,}99\,\text{K}$

verlustfrei: $T_{2,S} = T_1 + (T_2 - T_1) = 293{,}15\,\text{K} + 28{,}23\,\text{K} = 321{,}38\,\text{K}$

verlustbehaftet:

$p_2 = p_1 \left(\dfrac{T_{2,S}}{T_1}\right)^{\frac{\kappa}{\kappa-1}} = 140\,\text{kPa} \left(\dfrac{317{,}99\,\text{K}}{293{,}15\,\text{K}}\right)^{\frac{1{,}4}{0{,}4}} = 186.110{,}97\,\text{Pa} = 186{,}11\,\text{kPa}$

verlustfrei: $p_2 = 193{,}14\,\text{kPa}$

verlustbehaftet: $\Delta p = p_2 - p_1 = 186{,}11\,\text{kPa} - 140\,\text{kPa} = 46{,}11\,\text{kPa}$

verlustfrei: $\Delta p = 53{,}14\,\text{kPa}$

Modellklausurlösung 6.12.4

1. Laminare Strömung:

$$\Delta p = \lambda \cdot \frac{L}{d} \cdot \frac{\rho}{2} \cdot c^2 = \frac{128 \cdot v \rho \dot{V} L}{\pi d^4}$$

$$\lambda = \frac{64}{\text{Re}} = \frac{64 \cdot v}{c \cdot d}$$

Turbulente Strömung:

$$\Delta p = \lambda \cdot \frac{L}{d} \cdot \frac{\rho}{2} \cdot c^2 = \frac{\rho v^{0{,}75} \cdot \dot{V}^{1{,}75} \cdot L}{13 \cdot d^{4{,}75}}$$

$$\lambda = \frac{0{,}3164}{\text{Re}^{1/4}} = \frac{0{,}3164 \cdot v^{1/4}}{c^{1/4} \cdot d^{1/4}} \quad \text{Blasiusgesetz}$$

2. $\dot{V} = \dot{V}_1 + \dot{V}_2$; $\Delta p_1 = \Delta p_2 = \Delta p_i = \text{konst.}$

3. $T^* = T_0 \cdot \dfrac{2}{\kappa + 1} = 318{,}15\,\text{K} \cdot \dfrac{2}{2{,}4} = 265{,}125\,\text{K} = -8{,}025\,°\text{C}$

$\dfrac{p^*}{p_0} = 0{,}5283 \quad p^* = \dfrac{p^*}{p_0} \cdot p_0 = 0{,}5283 \cdot 98\,\text{kPa} = 51{,}771\,\text{kPa}$

$H = c_p T^* = 1004\,\dfrac{\text{J}}{\text{kg K}} \cdot 265{,}125\,\text{K} = 266{,}186\,\dfrac{\text{kJ}}{\text{kg}}$

4. $\dfrac{p_2}{p_1} = 1 + \dfrac{2\kappa}{\kappa - 1}\left(M^2 - 1\right) = 1 + \dfrac{2,8}{2,4}\left(1,85^2 - 1\right) = 3,8263 \;\rightarrow\; p_2 = \dfrac{p_2}{p_1}p_1 = $
$3,8263 \cdot 210\,\text{kPa} = 803,52\,\text{kPa}$

$\Delta p = p_2 - p_1 = 803,52\,\text{kPa} - 210\,\text{kPa} = 593,52\,\text{kPa}$

$M_1 = \dfrac{c_1}{a_1} = 1,85 \;\rightarrow\; a_1 = \sqrt{\kappa R T_1} = \sqrt{1,4 \cdot 287,6\,\dfrac{\text{J}}{\text{kg K}} \cdot 307,15\,\text{K}} = 351,67\,\dfrac{\text{m}}{\text{s}}$

$c_1 = M_1 \cdot a_1 = 1,85 \cdot 351,67\,\dfrac{\text{m}}{\text{s}} = 650,59\,\dfrac{\text{m}}{\text{s}}$

$\dfrac{c_2}{c_1} = 1 - \dfrac{2}{\kappa + 1} \cdot \dfrac{M_1^2 - 1}{M_1^2} = 1 - \dfrac{2}{2,4} \cdot \dfrac{1,85^2 - 1}{1,85^2} = 0,41015$

$c_2 = c_1 \cdot \dfrac{c_2}{c_1} = 650,59\,\dfrac{\text{m}}{\text{s}} \cdot 0,41015 = 266,84\,\dfrac{\text{m}}{\text{s}}$

$\Delta c = c_1 - c_2 = 650,59\,\dfrac{\text{m}}{\text{s}} - 266,84\,\dfrac{\text{m}}{\text{s}} = 383,75\,\dfrac{\text{m}}{\text{s}}$

5. $d^* = 20\,\text{mm}$; $d_2 = 54\,\text{mm}$; $p^* = 450\,\text{kPa}$; $\rho_0 = 8,4\,\text{kg/m}^3$; $T_0 = 360\,\text{K}$; $R = 287,6\,\text{J/kg K}$
$M_2 = 1,5$; $\kappa = 1,4$

Abb. 15.30   de Laval-Düse

$p_0 = R T_0 \rho_0 = 287,6\,\dfrac{\text{J}}{\text{kg K}} \cdot 360\,\text{K} \cdot 8,4\,\dfrac{\text{kg}}{\text{m}^3} = 869,70\,\text{kPa}$

$a_0 = \sqrt{\kappa \dfrac{p_0}{\rho_0}} = \sqrt{1,4 \cdot \dfrac{869,70\,\text{kPa}}{8,4\,\text{kg/m}^3}} = 380,72\,\dfrac{\text{m}}{\text{s}}$

$a^* = \dfrac{2}{\kappa + 1}a_0 = \dfrac{2}{2,4} \cdot 380,72\,\dfrac{\text{m}}{\text{s}} = 317,27\,\dfrac{\text{m}}{\text{s}}$

$\dfrac{p_2}{p_1} = \left(\dfrac{A_1}{A_2}\right)^{\frac{\kappa \cdot M^2}{M^2 - 1}} = \left(\dfrac{d_1}{d_2}\right)^{\frac{2 \cdot \kappa \cdot M^2}{M^2 - 1}} = \left(\dfrac{20\,\text{mm}}{54\,\text{mm}}\right)^{\frac{2 \cdot 1,4 \cdot 1,5^2}{1,5^2 - 1}}$

$p_2/p_1 = 0,37^{5,04} = 0,0067 < p^*/p_0 = 0,528 \;\rightarrow\;$ überkritisch

$p^* = 450\,\text{kPa}$;

$p_2 = (p_2/p_1) \cdot p_1 = 0,0067 \cdot 450\,\text{kPa} = 3,01\,\text{kPa} \;\rightarrow\; p_2' = 2p_2 = 6,02\,\text{kPa}$

$$\rho^* = \rho_0 \left(\frac{2}{\kappa+1}\right)^{\frac{1}{\kappa-1}} = 8{,}4\,\frac{\text{kg}}{\text{m}^3} \cdot \left(\frac{2}{2{,}4}\right)^{\frac{1}{0{,}4}} = 5{,}33\,\frac{\text{kg}}{\text{m}^3}$$

$$\dot{m} = \rho^* \cdot a^* \cdot \frac{\pi}{4}d_1^{*2} = 5{,}33\,\frac{\text{kg}}{\text{m}^3} \cdot 317{,}27\,\frac{\text{m}}{\text{s}} \cdot \frac{\pi}{4} \cdot 0{,}02^2\,\text{m}^2 = 0{,}531\,\frac{\text{kg}}{\text{s}} = 1912\,\frac{\text{kg}}{\text{h}}$$

6. Unterschall:

$$A_1 c_1 = A_2 c_2 = Ac = \dot{V} = \text{konst.}$$

$$\frac{A_2}{A_1} = \frac{c_1}{c_2}$$

Im Unterschallbereich verhalten sich die Geschwindigkeiten umgekehrt proportional zum Querschnitt.
Überschall:

$$A_1 c_1^{\left(1-M_2^2\right)} = A_2^{\left(1-M_2^2\right)}$$

$$\int\limits_{A_1}^{A_2} \frac{dA}{A} = \left(M_2^2 - 1\right) \cdot \int\limits_{c_1}^{c_2} \frac{dc}{c}; \quad \frac{A_2}{A_1} = \left(\frac{c_2}{c_1}\right)^{\left(M_2^2-1\right)}$$

Im Überschallbereich verhalten sich die Querschnitte proportional zur Geschwindigkeit c und zum Quadrat der Machzahl.

7. Die örtliche Machzahl: die örtliche Geschwindigkeit wird auf die örtliche Schallgeschwindigkeit bezogen $M = c/a$; $a = \sqrt{\kappa RT}$
Die kritische Machzahl = Lavalzahl: Die örtliche Machzahl wird auf die kritische Schallgeschwindigkeit bezogen,

$$M^* = \frac{c}{a^*} = \frac{c\sqrt{\kappa+1}}{\sqrt{2a_0^2}}; \quad a^* = \sqrt{\frac{2}{\kappa+1} \cdot a_0^2}$$

Abb. 15.31 Staupunkt

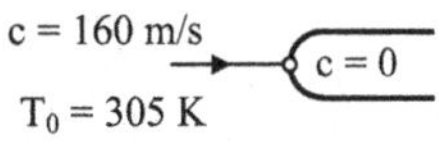

c = 160 m/s

c = 0

T₀ = 305 K

8. $c_p T_0 = c_p T + \dfrac{c^2}{2}$; $\Delta T = T_0 - T = \dfrac{c^2}{2c_p} = \dfrac{160^2\,\text{m}^2/\text{s}^2}{2 \cdot 1004\,\text{J/kg\,K}} = 12{,}75\,\text{K}$

$$T_{c=0} = T_0 + \Delta T_{c=0} = 317{,}75\,\text{K}$$

9. gegeben: $p_0 = 860\,\text{kPa}$; $p_2 = 480\,\text{kPa}$; $p_N = 101{,}325\,\text{kPa}$; $T_0 = 653{,}15\,\text{K}$; $T_b = 393{,}15\,\text{K}$
$T_N = 273{,}15\,\text{K}$; $c_p = 2113{,}57\,\text{J/kg\,K}$; $R = 461{,}52\,\text{J/kg\,K}$; $\kappa = 1{,}333$; $d = 38\,\text{mm}$

9.1   Angabe der unter- oder überkritischen Expansionsströmung:

$$\frac{p_0}{p_2} = \frac{860\,\text{kPa}}{480\,\text{kPa}} = 1{,}792; \quad \frac{p_2}{p_0} = \frac{480\,\text{kPa}}{860\,\text{kPa}} = 0{,}558 \text{ für Heißdampf; unterkritisch}$$

$$\frac{p^*}{p_0} = \left(\frac{2}{\kappa+1}\right)^{\frac{\kappa}{\kappa-1}} = \left(\frac{2}{2{,}33}\right)^{\frac{1{,}333}{0{,}333}} = 0{,}540; \quad \frac{p_2}{p_0} = 0{,}558 > \frac{p^*}{p_0} = 0{,}540$$

→ unterkritische Strömung

9.2   Dampfgeschwindigkeit am Austritt:

$$T_2 = T_0 \cdot \left(\frac{p_2}{p_0}\right)^{\frac{\kappa-1}{\kappa}} = 653{,}15\,\text{K} \cdot \left(\frac{480\,\text{kPa}}{860\,\text{kPa}}\right)^{\frac{0{,}333}{1{,}333}} = 564{,}57\,\text{K}$$

$$\rho_2 = \frac{p_2}{R\,T_2} = \frac{480\,\text{kPa}}{461{,}52\,\text{J/kg K} \cdot 564{,}57\,\text{K}} = 1{,}842\,\frac{\text{kg}}{\text{m}^3}; \quad c_\text{p}T_0 = c_\text{p}T_2 + \frac{c_2^2}{2}$$

$$c_2 = \sqrt{2 \cdot c_\text{p} \cdot (T_0 - T_2)} = \sqrt{2 \cdot 2113{,}57\,\frac{\text{J}}{\text{kg K}} \cdot (653{,}15 - 564{,}57)\,\text{K}}$$

$$= 611{,}92\,\frac{\text{m}}{\text{s}}$$

Örtliche und kritische Machzahl am Austritt:

$$a_2 = \sqrt{\kappa R T_2} = \sqrt{1{,}333 \cdot 461{,}52\,\frac{\text{J}}{\text{kg K}} \cdot 564{,}57\,\text{K}} = 589{,}34\,\frac{\text{m}}{\text{s}};$$

$$\text{M}_2 = \frac{c_2}{a_2} = \frac{611{,}92\,\text{m/s}}{589{,}34\,\text{m/s}} = 1{,}0383$$

Totaltemperatur im Punkt 0:

$$T_\text{to} = T_0 + \frac{c_2^2}{2\,c_\text{p}} = 653{,}15\,\text{K} + \frac{611{,}92^2\,\text{m}^2/\text{s}^2}{2 \cdot 2113{,}57\,\text{J/kg K}} = 741{,}731\,\text{K}$$

Schallgeschwindigkeit:

$$a^* = \sqrt{2\,c_\text{p}\frac{\kappa-1}{\kappa+1}T_\text{to}} = \sqrt{2 \cdot 2113{,}57\,\frac{\text{J}}{\text{kg K}}\frac{0{,}333}{2{,}333}\,741{,}731\,\text{K}} = 668{,}977\,\frac{\text{m}}{\text{s}}$$

Kritische Machzahl: $\text{M}^* = \dfrac{c_2}{a^*} = \dfrac{611{,}92\,\text{m/s}}{668{,}977\,\text{m/s}} = 0{,}915$

9.3   Volumen- und Massestrom:

$$\dot{V}_2 = \frac{\pi}{4}\,d^2\,c_2 = \frac{\pi}{4} \cdot 0{,}038^2\,\text{m}^2 \cdot 611{,}92\,\frac{\text{m}}{\text{s}} = 0{,}694\,\frac{\text{m}^3}{\text{s}} = 2498{,}40\,\frac{\text{m}^3}{\text{h}}$$

$$\dot{m} = \rho_2\,\dot{V}_2 = 1{,}842\,\frac{\text{kg}}{\text{m}^3} \cdot 0{,}694\,\frac{\text{m}^3}{\text{s}} = 1{,}278\,\frac{\text{kg}}{\text{s}} = 4600{,}80\,\frac{\text{kg}}{\text{h}}$$

Normvolumenstrom und Normdichte bei $p_N = 760$ Torr und $T_N = 273,15$ K

$$\dot{V}_N = \dot{V}_2 \frac{p_2}{p_N} \frac{T_N}{T_2} = 0,694 \, \frac{m^3}{s} \, \frac{480 \, kPa}{101,325 \, kPa} \, \frac{273,15 \, K}{564,57 \, K} = 1,591 \, \frac{m^3}{s} = 5727,60 \, \frac{m^3}{h}$$

$$\rho_N = \frac{p_N}{R \, T_N} = \frac{101,325 \, kPa}{461,52 \, J/kg \, K \cdot 273,15 \, K} = 0,804 \, \frac{kg}{m^3}$$

$$\dot{m}_N = \rho_N \dot{V}_N = 0,804 \, \frac{kg}{m^3} \cdot 1,591 \, \frac{m^3}{s} = 1,279 \, \frac{kg}{s} = 4604,40 \, \frac{kg}{h}$$

9.4 Abkühlung des Dampfes am Austritt: $\Delta T = T_0 - T_2 = 653,15 \, K - 564,57 \, K = 88,58 \, K$

9.5 Maximal möglicher Masse- und Volumenstrom am Austritt bei kritischer Austrittsströmung:

$$A_2 = \frac{\pi}{4} d^2 = \frac{\pi}{4} \cdot 0,038^2 \, m^2 = 0,001134 \, m^2 = 1134,11 \, mm^2$$

$$\rho_0 = \frac{p_0}{R \, T_0} = \frac{860 \cdot 10^3 \, Pa}{461,52 \, J/kg \, K \cdot 653,15 \, K} = 2,853 \, \frac{kg}{m^3}$$

$$T^* = T_0 \left(\frac{p^*}{p_0} \right)^{\frac{\kappa-1}{\kappa}} = 653,15 \, K \cdot 0,540^{0,248} = 559,97 \, K;$$

$$p^* = p_0 \frac{p^*}{p_0} = 860 \, kPa \cdot 0,540 = 464,40 \, kPa$$

$$\rho^* = \frac{p^*}{R T^*} = \frac{464,40 \, kPa}{461,52 \, J/kg \, K \cdot 559,97 \, K} = 1,797 \, \frac{kg}{m^3}$$

$$\dot{m}_{max} = \rho^* a^* A_2 = 1,797 \, \frac{kg}{m^3} \cdot 668,977 \, \frac{m}{s} \cdot 1,134 \cdot 10^{-3} \, m^2 = 1,363 \, \frac{kg}{s}$$

$$= 4906,8 \, \frac{kg}{h}$$

$$\dot{V}_{max} = \frac{\dot{m}_{max}}{\rho^*} = \frac{1,363 \, kg/s}{1,797 \, kg/m^3} = 0,7583 \, \frac{m^3}{s} = 2729,88 \, \frac{m^3}{h}$$

Modellklausurlösung 6.12.5

1. Reynoldszahl: $\quad Re = \dfrac{\text{Trägheitskraft}}{\text{Zähigkeitskraft}} = \dfrac{c \, d_h}{\nu}$

Sie stellt das Verhältnis der Trägheitskraft zur Zähigkeitskraft dar.

Froudezahl: $\quad Fr = \dfrac{\text{Trägheitskraft}}{\text{Gravitationskraft}} = \dfrac{c}{\sqrt{g \, d_h}}$

Sie charakterisiert Strömungen mit freier Oberfläche und Gravitationseinwirkung.

2.
Abb. 15.32 Schubspannung
und die dynamische Viskosität
von Luft

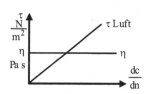

3.
Abb. 15.33 Schallausbreitung
im Unterschall- und Über-
schallbereich

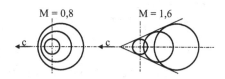

Mach'scher Winkel bei $M = 1,6$: $\sin\alpha = \dfrac{1}{M} = \dfrac{1}{1,6} = 0,625 \rightarrow \alpha = 38,68°$

4. $\dfrac{c^2}{2} + \dfrac{\kappa}{\kappa-1} \cdot \dfrac{p_0}{\rho_0} \cdot \left(\dfrac{p}{p_0}\right)^{(\kappa-1)/\kappa} = H;$

$$\dfrac{a_1^2}{\kappa-1}\left[1 + \dfrac{\kappa-1}{2}M_1^2\right] = \dfrac{a_2^2}{\kappa-1}\left[1 + \dfrac{\kappa-1}{2}M_2^2\right]$$

Gültig für alle verlustfreien und realen Strömungen

5. $H = \dfrac{a_0^2}{\kappa-1} = \dfrac{\kappa+1}{\kappa-1} \cdot \dfrac{a^{*2}}{2} = M_{max}^{*}{}^2 \cdot \dfrac{a^{*2}}{2} = \dfrac{\kappa R T_0}{\kappa-1} = \dfrac{1,4 \cdot 287,6\,\text{J/kg K} \cdot 298,15\,\text{K}}{0,4}$

$= 300,118\,\dfrac{\text{kJ}}{\text{kg}}$

6. Flächen-Geschwindigkeitsbeziehung:
   Unterschallbereich $M < 1,0$

$$\dfrac{A_2}{A_1} = \dfrac{c_1^{(1-M_1^2)}}{c_2^{(1-M_2^2)}}$$

für $M = 0,6$; $M^2 = 0,36$

$$\dfrac{A_2}{A_1} = \left(\dfrac{c_1}{c_2}\right)^{0,64}$$

Überschallbereich $M > 1,0$

$$\dfrac{A_2}{A_1} = \left(\dfrac{c_2}{c_1}\right)^{(M^2-1)}$$

für $M = 2,0$; $M^2 = 4$

$$\dfrac{A_2}{A_1} = \left(\dfrac{c_2}{c_1}\right)^3 \quad \text{Überschalldüse nach de Laval}$$

7.

Abb. 15.34 Spaltströmung

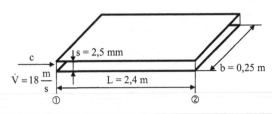

$s = 2{,}5$ mm

$b = 0{,}25$ m

$\dot V = 18\,\dfrac{\text{m}}{\text{s}}$

$L = 2{,}4$ m

①   ②

Abb. 15.35 Geschwindigkeitsprofil der Spaltströmung

$c(r)$

$$A_{Sp} = b \cdot s = 0{,}25\,\text{m} \cdot 0{,}0025\,\text{m} = 6{,}25 \cdot 10^{-4}\,\text{m}^2$$

$$c = \frac{\dot V}{A} = \frac{0{,}005\,\text{m}^3}{6{,}25 \cdot 10^{-4}\,\text{m}^2\,\text{s}} = 8\,\frac{\text{m}}{\text{s}};$$

$$\Delta p_{12} = \frac{3\,\eta\,c\,L}{(s/2)^2} = \frac{3 \cdot 18{,}1 \cdot 10^{-6}\,\text{Pa\,s} \cdot 8\,\text{m/s} \cdot 2{,}4\,\text{m}}{0{,}00125^2\,\text{m}^2} = 667{,}24\,\text{Pa}$$

8. gegeben: $h_1 = 4\,\text{m}$; $h_2 = 3{,}2\,\text{m}$; $d_1 = 2{,}5\,\text{m}$; $d_2 = 0{,}08\,\text{m}$; $\rho = 1000\,\text{kg/m}^3$;
$\zeta = 0{,}38$; $k = 0{,}2\,\text{mm}$; $p_b = 100\,\text{kPa}$

$$A_1 = \frac{\pi}{4}d_1^2 = \frac{\pi}{4} \cdot 2{,}5^2\,\text{m}^2 = 4{,}91\,\text{m}^2; \quad A_2 = \frac{\pi}{4}d_2^2 = \frac{\pi}{4} \cdot 0{,}08^2\,\text{m}^2 = 0{,}005\,\text{m}^2$$

$$p_1 + g\,\rho\,h_1 = p_3 + \frac{\rho}{2}c_3^2 + \left[\zeta + \lambda\frac{L}{d}\right] \cdot \frac{\rho}{2}c_2^2; \quad p_1 = p_3 = p_b = 100\,\text{kPa}$$

Erste Annahme $c_2 = 9\,\text{m/s}$
Ermittlung von $\lambda = f(\text{Re}, d/k)$:

$$\text{Re} = \frac{c\,d}{\nu} = \frac{9\,\text{m/s} \cdot 0{,}08\,\text{m}}{10^{-6}\,\text{m}^2/\text{s}} = 0{,}72 \cdot 10^6 = 7{,}2 \cdot 10^5$$

$$\frac{d}{k} = \frac{80\,\text{mm}}{0{,}2\,\text{mm}} = 400; \quad \lambda = f(\text{Re},\, d/k) = 0{,}026$$

Druckverlust:

$$\Delta p_v = \left[\zeta + \lambda\frac{L}{d}\right] \cdot \frac{\rho}{2}c_2^2 = \left(0{,}38 + 0{,}026 \cdot \frac{3{,}2\,\text{m}}{0{,}08\,\text{m}}\right) \cdot \frac{10^3\,\text{kg}}{2\,\text{m}^3} \cdot 9^2\,\frac{\text{m}^2}{\text{s}^2} = 57.510\,\text{Pa}$$

$$= 57{,}51\,\text{kPa}$$

Bernoulligleichung: $g\rho h_1 = \frac{\rho}{2}c_3^2 + \Delta p_v$

$$c_3 = \sqrt{2\,g\,h_1 - \frac{2}{\rho}\Delta p_v} = \sqrt{2 \cdot 9{,}81\,\frac{\text{m}}{\text{s}^2} \cdot 7{,}2\,\text{m} - \frac{2\,\text{m}^3}{10^3\,\text{kg}} \cdot 57{,}51 \cdot 10^3\,\text{Pa}} = 5{,}12\,\frac{\text{m}}{\text{s}}$$

9. gegeben: $p_0 = 160\,\text{kPa}; \quad T_0 = 423{,}15\,\text{K}; \quad t_0 = 150\,°\text{C}$

$p_b = 99{,}8\,\text{kPa}; \quad T_b = 293{,}15\,\text{K}; \quad t_b = 20\,°\text{C}$

$c_p = 1004\,\text{J/kg K}; \quad R = 287{,}6\,\text{J/kg K}; \quad \kappa = 1{,}4$

9.1 $\dfrac{p_0}{p_b} = \dfrac{160\,\text{kPa}}{99{,}8\,\text{kPa}} = 1{,}603; \quad \dfrac{p_b}{p_0} = \dfrac{99{,}8\,\text{kPa}}{160\,\text{kPa}} = 0{,}6238; \quad p_b = p_2 > p^* = $
$52{,}69\,\text{kPa}$

→ unterkritisch

9.2 Austrittstemperatur: $T_2 = T_0 \left(\dfrac{p_2}{p_0}\right)^{\frac{\kappa-1}{\kappa}} = 423{,}15\,\text{K} \cdot 0{,}6238^{0,4/1,4} = 369{,}77\,\text{K}$

Austrittsgeschwindigkeit: $h_0 = h_1 + \dfrac{c_2^2}{2}; \; c_p T_0 = c_p T_A + \dfrac{c_2^2}{2}$

$$c_2 = \sqrt{2 \cdot c_p \cdot (T_0 - T_2)} = \sqrt{2 \cdot 1004\,\frac{\text{J}}{\text{kg K}} \cdot (423{,}15 - 369{,}77)\,\text{K}} = 327{,}41\,\frac{\text{m}}{\text{s}}$$

örtliche Machzahl am Austritt:

$$a_2 = \sqrt{\kappa R T_2} = \sqrt{1{,}4 \cdot 287{,}6\,\frac{\text{J}}{\text{kg K}} \cdot 369{,}77\,\text{K}} = 385{,}86\,\frac{\text{m}}{\text{s}};$$

$$M_2 = \frac{c_2}{a_2} = \frac{327{,}41\,\text{m/s}}{385{,}86\,\text{m/s}} = 0{,}849$$

$$a^* = \sqrt{2 \cdot c_p \cdot \frac{\kappa-1}{\kappa+1} \cdot T_0} = \sqrt{2 \cdot 1004\,\frac{\text{J}}{\text{kg K}} \cdot \left(\frac{0{,}4}{2{,}4}\right) \cdot 423{,}15\,\text{K}} = 376{,}32\,\frac{\text{m}}{\text{s}}$$

$$M^* = \frac{c_2}{a^*} = \frac{327{,}41\,\text{m/s}}{376{,}32\,\text{m/s}} = 0{,}870;$$

$$\rho_2 = \frac{p_2}{R T_2} = \frac{99.800\,\text{Pa}}{287{,}6\,\text{J/kg K} \cdot 369{,}77\,\text{K}} = 0{,}938\,\frac{\text{kg}}{\text{m}^3}$$

9.3 Volumenstrom:

$$\dot{V}_2 = c_2 \frac{\pi}{4} d^2 = 327{,}41\,\frac{\text{m}}{\text{s}} \cdot \frac{\pi}{4} \cdot 0{,}024^2\,\text{m}^2 = 0{,}14812\,\frac{\text{m}^3}{\text{s}} = 533{,}23\,\frac{\text{m}^3}{\text{h}}$$

Normvolumenstrom:

$$\dot{V}_N = \dot{V}_2 \cdot \frac{p_2}{p_N} \cdot \frac{T_N}{T_2} = 0{,}14812\,\frac{\text{m}^3}{\text{s}} \cdot \frac{99{,}8\,\text{kPa}}{101{,}325\,\text{kPa}} \cdot \frac{273{,}15\,\text{K}}{369{,}77\,\text{K}} = 0{,}10777\,\frac{\text{m}^3}{\text{s}}$$
$$= 387{,}97\,\frac{\text{m}^3}{\text{h}}$$

Massestrom:

$$\dot{m} = \rho_2 \dot{V}_2 = 0{,}938\,\frac{\text{kg}}{\text{m}^3} \cdot 0{,}14812\,\frac{\text{m}^3}{\text{s}} = 0{,}139\,\frac{\text{kg}}{\text{s}}$$

9.4 Abkühlung der Luft: $\Delta T = T_0 - T_A = 423,15\,\text{K} - 369,77\,\text{K} = 53,38\,\text{K}$

9.5 Maximal möglicher Masse- und Volumenstrom im kritischen Zustand:

$$\dot{m}_{\text{max}} = (\rho c)_{\text{max}}\, A_2 = \rho^* c * A_2 = \rho^* a^*_{\text{neu}} A_2 = \rho^* a_2 A_2$$

$$\rho^* = \frac{p^*}{RT^*} = \rho_2 = 0,938\,\frac{\text{kg}}{\text{m}^3};\quad p^* = p_2;\quad T^* = T_2$$

$$\dot{m}_{\text{max}} = \rho_2 a_2 A_2 = 0,938\,\frac{\text{kg}}{\text{m}^3} \cdot 385,86\,\frac{\text{m}}{\text{s}} \cdot \frac{\pi}{4} \cdot 0,024^2\,\text{m}^2 = 0,163736\,\frac{\text{kg}}{\text{s}}$$

$$= 589,45\,\frac{\text{kg}}{\text{h}}$$

$$\dot{V}_{\text{max}} = \frac{\dot{m}_{\text{max}}}{\rho_2} = \frac{0,164\,\text{kg/s}}{0,938\,\text{kg/m}^3} = 0,17484\,\frac{\text{m}^3}{\text{s}} = 629,42\,\frac{\text{m}^3}{\text{h}}$$

Modellklausurlösung 6.12.6

1. Euler'sche Gleichung für $h \to 0$: $c\,\mathrm{d}c + \frac{\mathrm{d}p}{\rho} = 0$; $\frac{c^2}{2} + \int_{p_1}^{p_2} \frac{\mathrm{d}p}{\rho} = \frac{c^2}{2} + \frac{\kappa}{\kappa-1}\frac{p_0}{\rho_0}\left(\frac{p}{p_0}\right)^{\frac{\kappa-1}{\kappa}} = H$

   Sie ist gültig für reibungsfreie und reibungsbehaftete kompressible Fadenströmung im Unter- und Überschallbereich.

2. Temperatur bei kritischer Strömung T^*:

$$T^* = \frac{2}{\kappa + 1} \cdot T_0 = \frac{2}{2,4} \cdot 308,16\,\text{K} = 256,80\,\text{K} = -16,35\,^\circ\text{C}$$

$$H = c_{\text{p}} T^* = c_{\text{p}} \cdot \frac{2}{\kappa + 1} \cdot T_0 = 1004\,\frac{\text{J}}{\text{kg K}} \cdot \frac{2}{2,4} \cdot 308,16\,\text{K} = 257,827\,\frac{\text{kJ}}{\text{kg}}$$

3. Flächen-Geschwindigkeitsbeziehung:

$$\frac{\mathrm{d}A}{A} + \frac{\mathrm{d}\rho}{\rho} + \frac{\mathrm{d}c}{c} = 0 \rightarrow \frac{\mathrm{d}A}{A} = -\frac{\mathrm{d}c}{c} - \frac{\mathrm{d}\rho}{\rho} = \left(M^2 - 1\right) \cdot \frac{\mathrm{d}c}{c}$$

$M = 0,5$; $M^2 = 0,25$; $\frac{\mathrm{d}c}{c} = 0,18$	$M = 1,6$; $M^2 = 2,56$; $\frac{\mathrm{d}c}{c} = 0,32$
$\frac{\mathrm{d}A}{A} = -0,75\,\frac{\mathrm{d}c}{c} = -0,135$	$\frac{\mathrm{d}A}{A} = 1,56\,\frac{\mathrm{d}c}{c} = 0,4992$
$d = 80\,\text{mm}\,\varnothing$; $A = 5026,55\,\text{mm}^2$	$d = 80\,\text{mm}\,\varnothing$; $A = 5026,55\,\text{mm}^2$
$\mathrm{d}A = -678,58\,\text{mm}^2$	$\mathrm{d}A = 2509,25\,\text{mm}^2$
$A_2 = 4347,96\,\text{mm}^2$	$A_2 = 7535,80\,\text{mm}^2$
$d_2 = 74,4\,\text{mm}\,\varnothing$	$d_2 = 98,0\,\text{mm}^\varnothing$

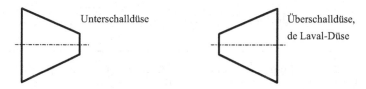

Abb. 15.36 Unter- und Überschalldüse (nicht maßstäblich)

4. Wenn die Gasgeschwindigkeit bei reibungsbehafteter Strömung oder Strömung mit Wärmezufuhr die Schallgeschwindigkeit $M = M^* = 1,0$ erreicht; p steigt; ρ steigt; T steigt; c und M sinken.

5. gegeben: $\rho = 1000\,\text{kg/m}^3$; $v = 10^{-6}\,\text{m}^2/\text{s}$; $\zeta = 0,28$; $k = 0,1\,\text{mm}$; $p_b = 100\,\text{kPa}$; $p_B = 260\,\text{kPa}$; $h_B = 6\,\text{m}$; $l = 2,5\,\text{m}$; $d = 2,8\,\text{m}^{\varnothing}$; $h_{ges} = h_B + l = 8,5\,\text{m}$

Ausflussgeschwindigkeit:

$$g\,\rho\,h_{ges} + p_B = \frac{c_2^2}{2} \cdot \rho + p_b + \Delta p_v; \quad c_2 = \sqrt{2\,g\,h_{ges}} = \sqrt{2 \cdot 9,81\,\frac{\text{m}}{\text{s}^2} \cdot 8,5\,\text{m}}$$

$$= 12,914\,\frac{\text{m}}{\text{s}}$$

Reynoldszahl: $\quad \text{Re} = \dfrac{c_2 d}{v} = \dfrac{12,914\,\text{m/s} \cdot 0,05\,\text{m}}{10^{-6}\,\text{m}^2/\text{s}} = 6,457 \cdot 10^5$

$$\text{Re}\frac{k}{d} = 6,457 \cdot 10^5 \frac{0,1\,\text{mm}}{50\,\text{mm}} = 1291,4; \quad 65 < \text{Re}\frac{k}{d} < 1300 \text{ oder } 5 < \sqrt{\frac{\tau}{\rho}} \cdot \frac{k}{v} < 70$$

$\lambda = 0,024$ aus Colebrook-Diagramm

Kontrolle mit der Gleichung von Nikuradse:

$$\frac{1}{\sqrt{\lambda}} = -2 \cdot \log\left(\frac{2,51}{\text{Re} \cdot \sqrt{\lambda}} + \frac{k}{d} \cdot 0,269\right) = 6,4988;$$

$$\sqrt{\lambda} = \frac{1}{6,4988} = 0,15387 \rightarrow \lambda = 0,02368$$

$$\lambda = \frac{1}{\left(2 \cdot \lg \frac{d}{k} + 1,138\right)^2} = 0,0234$$

Druckabfall:

$$\Delta p_v = \left(\zeta + \lambda \cdot \frac{l}{d}\right) \cdot \rho \cdot \frac{c_2^2}{2} = \left(0,28 + 0,02368 \cdot \frac{2,5\,\text{m}}{0,05\,\text{m}}\right) \cdot 1000\,\frac{\text{kg}}{\text{m}^3}$$

$$\cdot \frac{12,914^2\,\text{m}^2/\text{s}^2}{2} = 122,08\,\text{kPa}$$

Ausströmgeschwindigkeit c_2: $c_2 = \sqrt{\frac{2}{\rho} \cdot (g\, h_{\text{ges}} \cdot \rho + p_{\text{B}} - p_{\text{b}} - \Delta p_{\text{v}})}$

$$c_2 = \sqrt{\frac{2\,\text{m}^3}{1000\,\text{kg}} \cdot \left(9{,}81\,\frac{\text{m}}{\text{s}^2} \cdot 8{,}5\,\text{m} \cdot 1000\,\frac{\text{kg}}{\text{m}^3} + 260\,\text{kPa} - 100\,\text{kPa} - 122{,}08\,\text{kPa}\right)}$$

$$= 15{,}576\,\frac{\text{m}}{\text{s}}$$

Modellklausurlösung 6.12.7

1. Rohrleitung: Trägheitskraft, Druckkraft, Reibungskraft
   offener Kanal: Gravitationskraft, Trägheitskraft, Reibungskraft

$$\text{Re} = \frac{d\,c}{\nu} = \frac{\text{Trägheitskraft}}{\text{Zähigkeitskraft}} = 2320 \text{ bis } 10^8$$

$$\text{Fr} = \frac{c}{\sqrt{g\,h}} = \frac{\text{Trägheitskraft}}{\text{Gravitationskraft}} = 0{,}05 \text{ bis } 0{,}90$$

Abb. 15.37 Grenzschicht auf
Platte

Rauigkeit

2. Bei ausgebildeter Rauigkeitsströmung mit $k > \delta$

$$\frac{d}{k} = \frac{80\,\text{mm}}{0{,}4\,\text{mm}} = 200 \quad \text{Re} \geq 2 \cdot 10^5 \quad \text{bis} \quad 2 \cdot 10^6$$

Abb. 15.38 Schubspannungs-
verläufe

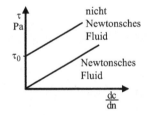
nicht
Newtonsches
Fluid

Newtonsches
Fluid

3. $\tau = \eta \dfrac{dc}{dn} \quad \tau = \tau_0 + \eta \dfrac{dc}{dn} \quad \tau = E \dfrac{dL}{L}$

   Proportionalitätskonstante $\quad \eta = \rho\, \nu \quad d\sigma = E \dfrac{dL}{L}$

$$a^2 = \frac{\delta p}{\delta \rho} = \kappa\, R\, T = \frac{E}{\rho} = \frac{1}{\rho\,\beta_{\text{T}}}; \quad E = \frac{1}{\beta_{\text{T}}}; \quad \rho = f\,(p, T)$$

4. $c^2 = \dfrac{2\kappa}{\kappa-1}\dfrac{p_0}{\rho_0}\left[1-\left(\dfrac{p}{p_0}\right)^{\frac{\kappa-1}{\kappa}}\right]$; $M^2 = \dfrac{c^2}{a^2} = \dfrac{c^2}{\kappa R T_R}$ kritischer Zustand $M^* =$

1

$$M^{*2} = \frac{2}{\kappa-1}\left[\frac{T_0}{T^*}-1\right] = \frac{2}{\kappa-1}\left[\left(\frac{p_0}{p^*}\right)^{\frac{\kappa-1}{\kappa}}-1\right]$$

Ruhendes Gas $d\rho = 0$ oder $dc \to 0$; $dM \to 0$; $M = 0$; $\dfrac{p}{p_0} = \left(\dfrac{T_0}{T}\right)^{\frac{\kappa}{\kappa-1}}$

5. Entsprechend der Isentropengleichung: $\dfrac{p}{p_0} = \left(\dfrac{\rho}{\rho_0}\right)^{\kappa} = \left(\dfrac{T}{T_0}\right)^{\frac{\kappa}{\kappa-1}} = 0{,}528$

6. gegeben: $p_b = 100\,\text{kPa}$; $T_b = 293{,}15\,\text{K}$

$\dfrac{p^*}{p_0} = \dfrac{p_{\text{krit}}}{p_0} = \left(\dfrac{2}{\kappa+1}\right)^{\frac{\kappa}{\kappa-1}} = 0{,}528$; $p_0 = \dfrac{p_b}{0{,}528} = \dfrac{100\,\text{kPa}}{0{,}528} = 189{,}39\,\text{kPa}$

$\dfrac{T_{\text{krit}}}{T_0} = \dfrac{2}{\kappa+1} = 0{,}833$; $T_0 = \dfrac{T_b}{0{,}833} = \dfrac{293{,}15\,\text{K}}{0{,}833} = 351{,}92\,\text{K}$

$\dfrac{\rho^*}{\rho_0} = \left(\dfrac{2}{\kappa+1}\right)^{\frac{1}{\kappa-1}} = 0{,}634$; $\rho_0 = \dfrac{\rho_{\text{krit}}}{0{,}634} = \dfrac{p_0}{R T_0} = \dfrac{189{,}39\,\text{kPa}}{287{,}6\,\text{J/kg K} \cdot 351{,}92\,\text{K}}$

$= 1{,}871\,\dfrac{\text{kg}}{\text{m}^3}$

7.

7.1 Bernoulligleichung bei offenem Ventil in Rohrleitung 2 mit $\zeta_2 = 1{,}2$:

$$p_b + g\,\rho\,(h_1 + h_2) = p_3 + g\,\rho\,h_3$$

$$+\,p_2 + \frac{\rho c_1^2}{2}\left[1+\lambda_1\frac{L_1}{d_1}\right] + \frac{\rho c_2^2}{2}\left[1+\lambda_2\frac{L_2}{d_2}+\zeta_2+\lambda_3\frac{L_3}{d_3}\right]$$

$$h_1 = \frac{p_3 - p_b}{g\,\rho} + h_3 - h_2 + \frac{p_2}{g\,\rho} + \frac{c_1^2}{2g}\left[1+\lambda_1\frac{L_1}{d_1}\right]$$

$$+\,\frac{c_2^2}{2g}\left[1+\lambda_2\frac{L_2}{d_2}+\zeta_2+\lambda_3\frac{L_3}{d_3}\right]$$

$$d_2 = d_3 = 100\,\text{mm};\quad \dot{V}_2 = \dot{V}_3 = 36\,\text{m}^3/h = 0{,}01\,\text{m}^3/\text{s} \to c_2 = c_3$$

$$c_1 = \frac{4\dot{V}_1}{\pi d_1^2} = \frac{4 \cdot 0{,}02\,\text{m}^3/\text{s}}{\pi \cdot 0{,}2^2\,\text{m}^2} = 0{,}6366\,\frac{\text{m}}{\text{s}};$$

$$c_2 = c_3 = \frac{4\dot{V}_2}{\pi d_2^2} = \frac{4 \cdot 0{,}01\,\text{m}^3/\text{s}}{\pi \cdot 0{,}1^2\,\text{m}^2} = 1{,}273\,\frac{\text{m}}{\text{s}}$$

Reynoldszahlen

$$\text{Re}_1 = \frac{c_1\,d_1}{\nu} = \frac{0,6366\,\text{m/s} \cdot 0,2\,\text{m}}{10^{-6}\,\text{m}^2/\text{s}} = 1,273 \cdot 10^5;$$

$$\text{Re}_2 = \text{Re}_3 = \frac{c_2 d_2}{\nu} = \frac{1,273\,\text{m/s} \cdot 0,1\,\text{m}}{10^{-6}\,\text{m}^2/\text{s}} = 1,273 \cdot 10^5$$

Relative Rauigkeit:

$$\frac{k}{d_1} = \frac{1\,\text{mm}}{200\,\text{mm}} = 0,005; \quad \frac{d_1}{k} = \frac{200\,\text{mm}}{1\,\text{mm}} = 200; \quad \frac{d_2}{k} = \frac{d_3}{k} = \frac{100\,\text{mm}}{1\,\text{mm}} = 100$$

$\lambda_1 = f\,(\text{Re}_1, d_1/k) = 0,0305; \quad \lambda_2 = \lambda_3 = 0,039$ aus Colebrook-Diagramm
Erforderliche Wasserspiegelhöhe h_1 bei offenen Rohrleitungen mit $\zeta_2 = 1,2$:

$$h_1 = \frac{(230 - 100)\,\text{kPa}}{9,81\,\text{m/s}^2 \cdot 10^3\,\text{kg/m}^3} + 15\,\text{m} - 50\,\text{m} + \frac{200\,\text{kPa}}{9,81\,\text{m/s}^2 \cdot 10^3\,\text{kg/m}^3}$$

$$+ \frac{0,6366^2\,\text{m}^2/\text{s}^2}{2 \cdot 9,81\,\text{m/s}^2}\left[1 + 0,0305\frac{2000\,\text{m}}{0,2\,\text{m}}\right]$$

$$+ \frac{1,273^2\,\text{m}^2/\text{s}^2}{2 \cdot 9,81\,\text{m/s}^2}\left[1 + 2 \cdot 0,039\frac{500\,\text{m}}{0,1\,\text{m}} + 1,2\right] = 37,35\,\text{m}$$

7.2 Druckverlust in der Rohrleitung 1–2

$$\Delta p_{1-2} = \lambda_1 \frac{L_1}{d_1} \frac{\rho\,c_1^2}{2} + \frac{\rho\,c_2^2}{2}\left[\lambda_2 \frac{L_2}{d_2} + \zeta_2\right]$$

$$\Delta p_{1-2} = 0,0305 \frac{2000\,\text{m}}{0,2\,\text{m}} \frac{10^3\,\text{kg} \cdot 0,6366^2\,\text{m}^2}{2\,\text{s}^2}$$

$$+ \frac{10^3\,\text{kg} \cdot 1,273^2\,\text{m}^2}{2\,\text{s}^2}\left[0,039\frac{500\,\text{m}}{0,1\,\text{m}} + 1,2\right] = 220,77\,\text{kPa}$$

Druckverlust in der Rohrleitung 1–3

$$\Delta p_{1-3} = \lambda_1 \frac{L_1}{d_1} \frac{\rho\,c_1^2}{2} + \frac{\rho\,c_3^2}{2}\lambda_3 \frac{L_3}{d_3}$$

$$\Delta p_{1-3} = 0,0305 \frac{2000\,\text{m}}{0,2\,\text{m}} \frac{10^3\,\text{kg} \cdot 0,6366^2\,\text{m}^2}{2\,\text{s}^2} + \frac{10^3\,\text{kg} \cdot 1,273^2\,\text{m}^2}{2\,\text{s}^2}0,039\frac{500\,\text{m}}{0,1\,\text{m}}$$

$$= 219,80\,\text{kPa}$$

8. gegeben: $p_0 = 150\,\text{kPa}$; $T_0 = 350\,\text{K}$; $\kappa = 1,33$; $d = 10\,\text{mm}$; $p_2 = 100\,\text{kPa}$
$c_\text{p} = 2398\,\text{J/kg K}$; $R = 595\,\text{J/kg K}$

8.1 Expansion:

$$\frac{p^*}{p_0} = \left(\frac{2}{\kappa + 1}\right)^{\frac{\kappa}{\kappa-1}} = \left(\frac{2}{2{,}33}\right)^{\frac{1{,}33}{0{,}33}} = 0{,}540 < \frac{p_2}{p_0} = 0{,}667$$

$\rightarrow$ Unterschallströmung

$$p^* = 0{,}540 \cdot p_0 = 81{,}055 \, \text{kPa}$$

8.2 Austrittstemperatur:

$$T_2 = T_0 \left(\frac{p_2}{p_0}\right)^{\frac{\kappa-1}{\kappa}} = 350 \, \text{K} \cdot \left(\frac{100 \, \text{kPa}}{150 \, \text{kPa}}\right)^{\frac{0{,}33}{1{,}33}} = 316{,}5 \, \text{K}$$

8.3 Dampfgeschwindigkeit:

$$h_0 = h_A + \frac{c_2^2}{2}; \quad \rho_0 = \frac{p_0}{RT_0} = \frac{150 \cdot 10^3 \, \text{Pa}}{595 \, \text{J/kg K} \cdot 350 \, \text{K}} = 0{,}72 \, \frac{\text{kg}}{\text{m}^3}$$

$$c_2 = \sqrt{\frac{2\kappa}{\kappa - 1} \frac{p_0}{\rho_0} \left[1 - \left(\frac{p_2}{\rho_0}\right)^{\frac{\kappa-1}{\kappa}}\right]}$$

$$= \sqrt{\frac{2{,}66}{0{,}33} \cdot \frac{150 \, \text{kPa}}{0{,}72 \, \text{kg/m}^3} \cdot \left[1 - \left(\frac{100 \, \text{kPa}}{150 \, \text{kPa}}\right)^{\frac{0{,}33}{1{,}33}}\right]}$$

$$= 400{,}8 \, \frac{\text{m}}{\text{s}}$$

Örtliche Schallgeschwindigkeit am Austritt:

$$a_2 = \sqrt{\kappa R T_2} = \sqrt{1{,}33 \cdot 595 \, \frac{\text{J}}{\text{kg K}} \cdot 316{,}5 \, \text{K}} = 500{,}4 \, \frac{\text{m}}{\text{s}}$$

Kritische Schallgeschwindigkeit am Austritt:

$$a^* = \sqrt{2 c_p \cdot \frac{\kappa - 1}{\kappa + 1} \cdot T_0} = \sqrt{2 \cdot 2398 \, \frac{\text{J}}{\text{kg K}} \cdot \frac{0{,}333}{2{,}333} \cdot 350 \, \text{K}} = 489{,}48 \, \frac{\text{m}}{\text{s}}$$

8.4 Örtliche Machzahl:

$$M_2 = \frac{c_2}{a_2} = \frac{400{,}84 \, \text{m/s}}{500{,}85 \, \text{m/s}} = 0{,}80$$

Kritische Machzahl:

$$M^* = \frac{c^*}{a^*} = \sqrt{\frac{\kappa + 1}{\kappa - 1}\left[1 - \left(\frac{p^*}{p_0}\right)^{\frac{\kappa-1}{\kappa}}\right]} = \sqrt{\frac{2{,}33}{0{,}33}\left[1 - \left(\frac{80{,}97\,\text{kPa}}{150\,\text{kPa}}\right)^{\frac{0{,}333}{1{,}333}}\right]}$$

$$= 1{,}0$$

8.5 Austretender Volumenstrom:

$$\dot{V} = c_2 A = c_2 \frac{\pi}{4} d_2^2 = 400{,}84\,\frac{\text{m}}{\text{s}} \cdot \frac{\pi}{4} \cdot 0{,}01^2\,\text{m}^2 = 0{,}03148\,\frac{\text{m}^3}{\text{s}} = 113{,}33\,\frac{\text{m}^3}{\text{h}}$$

Austretender Massestrom:

$$\dot{m} = \rho_2 \dot{V} = \frac{p_2}{RT_2}\cdot\dot{V}_2 = \frac{100\,\text{kPa}}{595\,\text{J/kg K}\cdot 316{,}5\,\text{K}}\cdot 0{,}031\,\frac{\text{m}^3}{\text{s}} = 0{,}0165\,\frac{\text{kg}}{\text{s}} = 59{,}4\,\frac{\text{kg}}{\text{h}}$$

8.6 Maximal möglicher Volumenstrom:

$$c_2^* = \sqrt{\frac{2\kappa}{\kappa - 1}\cdot\frac{p_0}{\rho_0}\cdot\left[1 - \left(\frac{p^*}{\rho_0}\right)^{\frac{\kappa-1}{\kappa}}\right]}$$

$$= \sqrt{\frac{2{,}666}{0{,}333}\cdot\frac{150\,\text{kPa}}{0{,}72\,\text{kg/m}^3}\cdot\left[1 - \left(\frac{80{,}97\,\text{kPa}}{150\,\text{kPa}}\right)^{\frac{0{,}333}{1{,}333}}\right]} = 487{,}95\,\frac{\text{m}}{\text{s}}$$

$$\dot{V}_{\text{max}} = c_2^* A_2 = c_2^* \frac{\pi}{4} d_2^2 = 487{,}95\,\frac{\text{m}}{\text{s}}\cdot\frac{\pi}{4}\cdot 0{,}01^2\,\text{m}^2 = 0{,}0383\,\frac{\text{m}^3}{\text{s}}$$

$$= 137{,}88\,\frac{\text{m}^3}{\text{h}}$$

$$\dot{m} = \rho^* \dot{V}_{\text{max}} = \frac{p_2^*}{RT_2^*}\cdot\dot{V}_{\text{max}} = \frac{p_2^*}{\frac{2}{\kappa+1}T_0 R}\cdot\dot{V}_{\text{max}}$$

$$= \frac{100\cdot 10^3\,\text{Pa}}{(2/2{,}333)\cdot 350\,\text{K}\cdot 595\,\text{J/kg K}}\cdot 0{,}0383\,\frac{\text{m}^3}{\text{s}} = 0{,}0215\,\frac{\text{kg}}{\text{s}} = 77{,}23\,\frac{\text{kg}}{\text{h}}$$

Modellklausurlösung 6.12.8

1.

$$\tau = \tau_0 + \eta\cdot\frac{\text{d}c}{\text{d}n}$$

Abb. 15.39 Schubspannungsverlauf

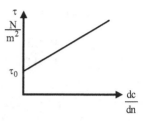

2. Laminar

$$\Delta p_\mathrm{v} = \frac{128 \cdot \rho \, \nu \, L}{\pi} \cdot \frac{\dot{V}}{d^4} \lambda = \frac{64}{\mathrm{Re}} = \frac{64 \cdot \nu}{c \cdot d}$$

Der Druckverlust ändert sich mit der 4. Potenz des Durchmessers und mit der Größe der Rauigkeit k. Turbulente Strömung im hydraulisch glatten Rohr:

$$\Delta p = \frac{\rho \nu^{0,75} \cdot \dot{V}^{1,75} \cdot L}{13 \cdot d^{4,75}} \qquad \lambda = \frac{0,316}{\mathrm{Re}^{1/4}} = \frac{0,316 \cdot \nu^{1/4}}{c^{1/4} \cdot d^{1/4}}$$

Der Druckverlust ändert sich mit $d^{4,75}$, aber ohne Rauhigkeitseinfluss.

3. Eine transsonische Strömung ist eine kritische Strömung im Bereich der Schallgeschwindigkeit und der Machzahl $M^* = c^*/a = 1$. Die hydraulische Analogie dazu ist die Strömung im Kanal mit freier Oberfläche oder am Wehr unter dem Einfluss der Gravitationskraft mit der Froudezahl $\mathrm{Fr} = F_\mathrm{a}/F_\mathrm{R} = 1{,}0$ (Schießende Strömung).

4. $M = \dfrac{c}{a} = \dfrac{1}{\sin \alpha}$

$$\sin \alpha = \frac{1}{M} = \frac{1}{1{,}4} = 0{,}7143 \rightarrow \alpha = 45{,}58°$$

$$c/a = M > 1 \rightarrow \text{Überschallströmung}$$

Abb. 15.40 Mach'scher Kegel $M = 1{,}4$

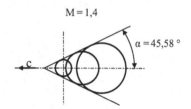

5. gegeben: $p_0 = 150\,\mathrm{kPa}$; $p_2 = 100\,\mathrm{kPa}$;
   $T_0 = 350\,\mathrm{K}$; $T_\mathrm{b} = 293{,}15\,\mathrm{K}$;
   $c_\mathrm{p} = 2398\,\mathrm{J/kg\,K}$; $R = 595\,\mathrm{J/kg\,K}$;
   $d = 10\,\mathrm{mm}$; $\kappa = 1{,}33$

5.1 Expansion:

$$\frac{p_2}{p_0} = \frac{100\,\text{kPa}}{150\,\text{kPa}} = 0{,}666 \text{ für Heißdampf;} \quad \frac{p^*}{p_0} = \left(\frac{2}{\kappa+1}\right)^{\frac{\kappa}{\kappa-1}} = \left(\frac{2}{2{,}333}\right)^{\frac{1{,}333}{0{,}333}} = 0{,}540$$

$$\frac{p_2}{p_0} = 0{,}666 > \frac{p^*}{p_0} = 0{,}540 \;\rightarrow\; \text{unterkritische Strömung}$$

5.2 Austrittstemperatur:

$$T_2 = T_0 \left(\frac{p_2}{p_0}\right)^{\frac{\kappa-1}{\kappa}} = 350\,\text{K} \cdot \left(\frac{100\,\text{kPa}}{150\,\text{kPa}}\right)^{\frac{0{,}333}{1{,}333}} = 316{,}50\,\text{K}$$

5.3 Austrittsgeschwindigkeit an der Austrittsöffnung:

$$c_2 = \sqrt{2 \cdot c_\text{p} \cdot (T_0 - T_2)} = \sqrt{2 \cdot 2398\,\frac{\text{J}}{\text{kg K}} \cdot (350{,}00 - 316{,}50)\,\text{K}} = 400{,}83\,\frac{\text{m}}{\text{s}}$$

5.4 Schallgeschwindigkeit und kritische Schallgeschwindigkeit am Austritt:

$$a_2 = \sqrt{\kappa\,R\,T_2} = \sqrt{1{,}333 \cdot 595\,\frac{\text{J}}{\text{kg K}} \cdot 316{,}50\,\text{K}} = 500{,}46\,\frac{\text{m}}{\text{s}}$$

$$a^* = \sqrt{2 \cdot c_\text{p} T_0 \cdot \frac{\kappa-1}{\kappa+1}} = \sqrt{2 \cdot 2398\,\frac{\text{J}}{\text{kg K}} \cdot 350\,\text{K} \cdot \left(\frac{0{,}333}{2{,}333}\right)} = 487{,}59\,\frac{\text{m}}{\text{s}}$$

5.5 Austrittsmachzahl und kritische Machzahl:

$$\text{M}_2 = \frac{c_2}{a_2} = \frac{400{,}83\,\text{m/s}}{500{,}46\,\text{m/s}} = 0{,}801; \quad c^* = a^* \rightarrow \text{M}^* = \frac{c^*}{a^*} = \frac{487{,}59\,\text{m/s}}{487{,}59\,\text{m/s}} = 1$$

5.6 Ausströmender Dampfstrom bei konstantem Kesseldruck:

$$\rho_2 = \frac{p_2}{R\,T_2} = \frac{100\,\text{kPa}}{595\,\text{J/kg K} \cdot 316{,}50\,\text{K}} = 0{,}531\,\frac{\text{kg}}{\text{m}^3}$$

$$\dot{m}_2 = \rho_2 \dot{V}_2 = \frac{\pi}{4} d_2^2 c_2 \rho_2 = \frac{\pi}{4} \cdot 0{,}01^2\,\text{m}^2 \cdot 400{,}83\,\frac{\text{m}}{\text{s}} \cdot 0{,}531\,\frac{\text{kg}}{\text{m}^3} = 0{,}0167\,\frac{\text{kg}}{\text{s}}$$

$$= 60{,}12\,\frac{\text{kg}}{\text{h}}$$

$$\dot{V} = \frac{\dot{m}_2}{\rho_2} = \frac{0{,}0167\,\text{kg/s}}{0{,}531\,\text{kg/m}^3} = 0{,}0315\,\frac{\text{m}^3}{\text{s}} = 113{,}4\,\frac{\text{m}^3}{\text{h}}$$

15.6 Lösungen der Modellklausuren im Kap. 8

Modellklausurlösung 8.10.1

1. $\mathrm{Re_{min}} \leq 30$ bei $\frac{v_w}{v} = 1 \rightarrow$ Couette-Strömung (kleine Geschwindigkeiten) $\rightarrow$ keine Turbulenzen
2. Wirbelzähigkeit: $v_w \rightarrow v_w = v \frac{\mathrm{Re}}{\mathrm{Re\,min}}$
3. gegeben: Wasser: $t = 20\,°C \rightarrow v = 10^{-6}\,\mathrm{m^2/s}$; $\mathrm{Re} = 2 \cdot 10^5$

$$v_w = v \frac{\mathrm{Re}}{\mathrm{Re\,min}} = 10^{-6} \frac{\mathrm{m^2}}{\mathrm{s}} \cdot \frac{2 \cdot 10^5}{30} = 6{,}6667 \cdot 10^{-3} \frac{\mathrm{m^2}}{\mathrm{s}}$$

4. gegeben: Luft mit $t = 20\,°C \rightarrow T = 293{,}15\,\mathrm{K}$

$$\rho = 1{,}21 \frac{\mathrm{kg}}{\mathrm{m^2}}; \quad v = 15{,}5 \cdot 10^{-6} \frac{\mathrm{m^2}}{\mathrm{s}}; \quad \dot{V} = 15 \frac{\mathrm{m^3}}{\mathrm{h}} = 4{,}167 \cdot 10^{-3} \frac{\mathrm{m^3}}{\mathrm{s}}$$

4.1 Strömungsform und Strömungsprofil:

$$A = \frac{\pi}{4} d^2 = \frac{\pi}{4} (0{,}2\,\mathrm{m})^2 = 0{,}03142\,\mathrm{m^2}; \quad c = \frac{\dot{V}}{A} = \frac{4{,}167 \cdot 10^{-3} \frac{\mathrm{m^3}}{\mathrm{s}}}{0{,}03142\,\mathrm{m^2}}$$

$$= 0{,}133 \frac{\mathrm{m}}{\mathrm{s}}$$

$$\mathrm{Re} = \frac{c \cdot d}{v} = \frac{0{,}133 \frac{\mathrm{m}}{\mathrm{s}} \cdot 0{,}2\,\mathrm{m}}{15{,}5 \cdot 10^{-6} \frac{\mathrm{m^2}}{\mathrm{s}}} = 1{,}716 \cdot 10^3 = 1716$$

Laminares Strömungsprofil:

Abb. 15.41 Strömungsrohr mit laminarem Strömungsprofil

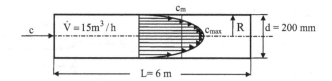

4.2 Maximale Geschwindigkeit:

$$c_{max} = 2 \cdot c_m = 2 \cdot 0{,}133 \frac{\mathrm{m}}{\mathrm{s}} = 0{,}266 \frac{\mathrm{m}}{\mathrm{s}}$$

4.3 Druckverluste:

$$c = \frac{\Delta p}{\Delta L} \cdot \frac{1}{2\eta} \int_{r=0}^{r=R} r\,\mathrm{d}r = \frac{\Delta p}{\Delta L} \cdot \frac{1}{4\eta}(R^2 - r^2); \quad c_{max} = \frac{\Delta p}{\Delta L} \cdot \frac{1}{4\eta} R^2$$

$$\frac{\Delta p}{\Delta L} = \frac{4\eta \cdot c_{\max}}{R^2} = \frac{4\rho \cdot \nu \cdot c_{\max}}{R^2} = \frac{4 \cdot 1{,}21 \frac{kg}{m^3} \cdot 15{,}5 \cdot 10^{-6} \frac{m^2}{s} \cdot 0{,}266 \frac{m}{s}}{0{,}1^2 \, m^2}$$

$$= 1{,}99 \cdot 10^{-3} \frac{Pa}{m}$$

$$\Delta p = \frac{\Delta p}{\Delta L} \cdot \Delta L = 1{,}99 \cdot 10^{-3} \frac{Pa}{m} \cdot 6{,}0 \, m = 1{,}194 \cdot 10^{-2} \, Pa$$

$$\dot{V} = 800 \frac{m^3}{h} = 0{,}222 \frac{m^3}{s}; \quad c = \frac{\dot{V}}{A} = \frac{0{,}222 \, m^3/s}{0{,}03142 \, m^2} = 7{,}066 \frac{m}{s}$$

$$Re = \frac{c \cdot d}{\nu} = \frac{7{,}066 \, m/s \cdot 0{,}2 \, m}{15{,}5 \cdot 10^{-6} \, m^2/s} = 9{,}1174 \cdot 10^4; \quad \lambda = f(Re) = 0{,}018$$

$$\frac{\Delta p}{\Delta L} = \lambda \frac{1}{d} \cdot \frac{\rho}{2} \cdot c^2 = 0{,}018 \frac{1}{0{,}2 \, m} \cdot \frac{1{,}21 \, kg}{2 \, m^3} \cdot 49{,}93 \frac{m^2}{s^2} = 2{,}719 \frac{Pa}{m}$$

$$\Delta p_T = \frac{\Delta p}{\Delta L} \cdot \Delta L = 2{,}719 \frac{Pa}{m} \cdot 6{,}0 \, m = 16{,}31 \, Pa; \quad \frac{\Delta p_L}{\Delta p_T} = \frac{1{,}194 \cdot 10^{-2} \, Pa}{16{,}31 \, Pa}$$

$$= 7{,}32 \cdot 10^{-4}$$

4.4 Anlaufstrecke L_a der laminaren Strömung des Geschwindigkeitsprofils:

$$\delta = 5{,}0 \frac{L_a}{Re_L^{1/2}} = 5{,}0 \frac{L_a}{\left[\frac{c \cdot L_a}{\nu}\right]^{1/2}}; \quad L_a = \frac{1}{100} \cdot \frac{c \cdot d}{\nu} \cdot d$$

$$c \approx 1{,}5 c_m \quad L_a = 0{,}015 \cdot \frac{c_m \cdot d}{\nu} \cdot d = 0{,}015 \cdot \frac{0{,}133 \, m/s \cdot 0{,}2}{15{,}5 \cdot 10^{-6} \, m^2/s} \cdot 0{,}2 \, m$$

$$= 5{,}148 \, m$$

5. Grenzschicht der ebenen Platte

Abb. 15.42 Plattengrenzschicht

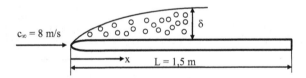

$c_\infty = 8$ m/s

x   L = 1,5 m

5.1 Grenzschichtdicke:

$$\delta = 3{,}46 \sqrt{\frac{\nu \cdot x}{c_\infty}} = 3{,}46 \frac{L}{Re_L^{1/2}};$$

$$Re_L = \frac{L \cdot c_\infty}{\nu} = \frac{1{,}5 \, m \cdot 8 \, m/s}{15{,}5 \cdot 10^{-6} \, m^2/s} = 7{,}742 \cdot 10^5; \quad \sqrt{Re_L} = 879{,}89$$

$$\delta = 3{,}46 \frac{1{,}5 \, m}{879{,}89} = 5{,}898 \cdot 10^{-3} \, m = 0{,}005898 \, m = 5{,}898 \, mm$$

bei $L = 1{,}5 \, m; \quad \dfrac{\delta}{L} = 3{,}9 \cdot 10^{-3} = 0{,}39\,\%$

5.2 mittlere Grenzschichtdicke: $\quad \delta_m = \dfrac{\delta}{2} = \dfrac{5,898\,\text{mm}}{2} = 2,949\,\text{mm}$

Schubspannung:

$$\tau = \eta \frac{dc}{dn} = \rho \cdot v \cdot 2 \frac{c_\infty}{\delta} = 1,21\,\frac{\text{kg}}{\text{m}^3} \cdot 15,5 \cdot 10^{-6} \frac{\text{m}^2}{\text{s}} \cdot 2 \frac{8\,\text{m/s}}{0,005898\,\text{m}} = 0,5080 \cdot 10^{-3}\,\text{Pa}$$

6. gegeben: $b = 60\,\text{mm}$; $L = 100\,\text{mm}$;
$s = 0,1\,\text{mm}$; $\alpha = 1°$; $F_N = 240\,\text{N}$;
$c_0 = 2,5\,\text{m/s}$; $\nu_{\text{Öl}} = 24 \cdot 10^{-4}\,\text{m}^2/\text{s}$;
$\rho_{\text{Öl}} = 856\,\text{kg/m}^3$

6.1 erforderlicher Schmierölstrom:

$$l_0 = \frac{s}{\sin \alpha} = \frac{0,1\,\text{mm}}{0,0175} = 5,72\,\text{mm}$$

$$l = l_0 + L = 5,72\,\text{mm} + 100\,\text{mm} = 105,72\,\text{mm};$$

$$\frac{l_0}{l} = \frac{5,72\,\text{mm}}{105,72\,\text{mm}} = 0,054$$

$$\left(\frac{l_0}{l}\right)^2 = 2,92 \cdot 10^{-3}$$

$$\dot{V} = b \cdot l_0 \cdot c_0 \cdot \alpha \cdot \frac{1 - \frac{l_0}{l}}{1 - \left(\frac{l_0}{l}\right)^2}$$

$$= 0,06\,\text{m} \cdot 0,00572\,\text{m} \cdot 2,5\,\frac{\text{m}}{\text{s}} \cdot 1° \cdot \frac{1 - 0,054}{1 - 0,00292}$$

$$\dot{V} = 8,58 \cdot 10^{-4} \frac{0,946}{0,9971} = 8,14 \cdot 10^{-4}\,\text{m}^3/\text{s} = 8,14\,\text{l/s} = 48,84\,\text{l/min}$$

Abb. 15.43 Gleitklotz auf
schräger Ebene

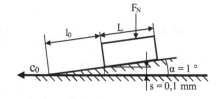

6.2 Reibungskraft am Gleitklotz mit $\eta = \rho \cdot v$:

$$F_T = \frac{\eta \cdot c_0 \cdot b}{\alpha} \left[6 \cdot \frac{\left(1 - \frac{l_0}{l}\right)^2}{1 - \left(\frac{l_0}{l}\right)^2} - 2 \cdot \ln \left(\frac{l_0}{l}\right) \right]$$

$$F_T = \frac{2,054\,\text{Pa}\,s \cdot 2,5\,\frac{m}{s} \cdot 60\,\text{mm}}{1°}\left[6 \cdot \frac{(1-0,054)^2}{1-0,00292} - 2 \cdot \ln(0,054)\right] = 3,46\,\text{N}$$

$$\frac{F_T}{F_N} = \frac{3,46\,\text{N}}{240\,\text{N}} = 0,0144 \,\hat{=}\, 1,44\,\%$$

Modellklausurlösung 8.10.2

1. Wirbelviskosität $\nu_w = \nu \cdot (\frac{\text{Re}}{\text{Re}_{min}})$, wobei die minimale Reynoldszahl $\text{Re}_{min} \geq 30$ ist. Bei Turbulenz der Strömung wird die Viskosität gegenüber der molekularen Wirbelviskosität um den Wert $\text{Re}/\text{Re}_{min}$ vergrößert. Das Verhältnis der Wirbelviskosität zur molekularen Viskosität steigt linear mit der Reynoldszahl $\text{Re} = (c_u r_0)/\nu$ im Bereich $\nu_w/\nu = 1$ bis 10^4 für $\text{Re} = 15$ bis 10^5.

2. Strouhalzahl $\text{Sr} = \frac{\text{lokale Trägheitskraft}}{\text{konvektive Trägheitskraft}} = \frac{f \cdot d}{c} = 0,1$ bis $0,22$ im unterkritischen Bereich. Gesamtbereich $\text{Sr} = 0,1$ bis $0,45$ für $\text{Re} = 80$ bis 10^7. Sr wird genutzt für periodische Wirbelablösungen an Stäben, Drähten und Turmumströmungen sowie Schaufelerregerfrequenzen in Turbomaschinen.

3. Der Turbulenzgrad wird mit den turbulenten Geschwindigkeitsschwankungen c'_x, c'_y und c'_z definiert. Er lautet: $\text{Tu} = \frac{1}{c_\infty} \cdot \sqrt{\frac{1}{3}(\overline{c'^2_x + c'^2_y + c'^2_z})}$

4. Außerhalb der laminaren Unterschicht, in der Rohrleitung bei $\text{Re} = cd/\nu = 2300$ bis 2550 ($\text{Re}_{Kr} = 2320$). An der parallel angeströmten ebenen Platte bei $\text{Re}_{Kr} = c_\infty x/\nu = 3,5\,10^5$ bis 10^6.

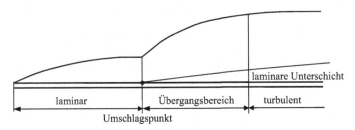

Abb. 15.44 Übergang von laminarer zu turbulenter Grenzschicht

5. Schubspannungsgeschwindigkeit

$$\frac{\text{Turbulente Wirbelviskosität}}{\text{Schubspannungsgeschwindigkeit}} = \frac{\nu_t}{\sqrt{\frac{\tau}{\rho}}} = \sqrt{\frac{\rho\,\nu_t^2}{\tau}} = \sqrt{\frac{\eta\,\nu_t}{\tau}}$$

Schubspannungsgeschwindigkeit: $\sqrt{\frac{\tau}{\rho}} = \sqrt{\frac{44\,\text{N}\,\text{m}^3}{1,24\,\text{kg}\,\text{m}^2}} = 5,96\,\frac{m}{s}$

Grenzschichtdicke δ bei $c = 0,99\,c_\infty$:

$$\delta = \sqrt{\frac{\nu\,L}{c_\infty}} = \frac{L}{\sqrt{\text{Re}}} = \sqrt{\frac{15,2 \cdot 10^{-6}\,\text{m}^2/\text{s} \cdot 1,5\,\text{m}}{20\,\text{m/s}}} = 1,068 \cdot 10^{-3}\,\text{m} = 1,068\,\text{mm}$$

6. Laminare Plattengrenzschicht:

$$\frac{\delta}{x} = \frac{5}{\sqrt{\frac{c_\infty x}{\nu}}} = \frac{5}{\sqrt{\frac{4,6\,\text{m/s}\cdot x}{10^{-6}\,\text{m}^2/\text{s}}}} = \frac{5}{2,145\cdot 10^3 (\frac{x}{m})^{\frac{1}{2}}} = \frac{2,331\cdot 10^{-3}}{(\frac{x}{m})^{\frac{1}{2}}}$$

Für $L = 0,12\,\text{m} \to \delta = 0,8075\,\text{mm}$; Für $L = 0,90\,\text{m} \to \delta = 2,211\,\text{mm}$

$$L = \text{Re}_{\text{Kr}}\frac{\nu}{c_\infty} = (3,5\cdot 10^5 \ldots 10^6)\frac{10^{-6}\,\frac{\text{m}^2}{\text{s}}}{4,6\,\frac{\text{m}}{\text{s}}} = 0,0761\,\text{m} \quad \text{bis} \quad 0,217\,\text{m}$$

7. Das 1/7 Potenzgesetz für die Geschwindigkeitsverteilung folgt aus dem Prandtl'schen Mischungswegansatz. Damit können die turbulenten Geschwindigkeitsprofile an Platten und in Rohren berechnet werden. Es ist gültig für turbulente Strömungen.

$$\frac{c_x}{\sqrt{\tau/\rho}} = 8,74\left(\frac{\sqrt{\tau/\rho}\,R}{\nu}\right)^{1/7} \quad \text{oder} \quad \frac{c_x}{\sqrt{\tau/\rho}} = 8,74\left(\frac{\sqrt{\tau/\rho}\,y}{\nu}\right)^{1/7}$$

8. Bei schlanken Körpern, wie Platten, Tragflächen, Schaufeln dominiert der Reibungswiderstand $F_{\text{WR}} = \tau_\text{W}\,A = \rho\nu\,A(\text{d}c/\text{d}y)$. $F_{\text{WR}}/F_\text{W} = 2\ldots 10$. Bei voluminösen Körpern wie z. B. bei Quadern, Hohlkugeln, LKWs dominiert der Druckwiderstand $F_{\text{Wp}} = \Delta p\,A$; $c_{\text{Wp}} = 2\Delta p/(\rho c^2)$; $F_{\text{WP}}/F_\text{W} = 2\ldots 5$. Er führt zur Strömungsablösung.

9.

9.1 Grenzschichtdicke am Tragflügel:

$$\delta = \frac{L}{\sqrt{\text{Re}_x}} = \frac{0,6\,\text{m}}{\sqrt{0,9\cdot 10^6}} = 0,000632\,\text{m} = 0,632\,\text{mm}$$

9.2 Verdrängungsdicke:

$$\delta_1 = \int\limits_{y=0}^{\infty}\left(1 - \frac{c_x}{c_\infty}\right)\text{d}y = \int\limits_{y=0}^{\infty}(1 - 0,99)\,\text{d}y = 0,01\cdot 0,6\,\text{m} = 6\cdot 10^{-3}\,\text{m} = 6\,\text{mm}$$

Grenzschichtdicke nach Blasius:

$$\delta = 5\sqrt{\frac{\nu\,l}{c_\infty}} = 5\sqrt{\frac{15,2\cdot 10^{-6}\,\text{m}^2/\text{s}\cdot 0,6\,\text{m}}{50\,\text{m/s}}} = 0,002135\,\text{m} = 2,135\,\text{mm}$$

$$\frac{\delta_1}{\delta} = \frac{6\,\text{mm}}{2,135\,\text{mm}} = 2,81$$

9.3 Widerstandsbeiwert nach H. Blasius mit der Konstanten 1,328:

$$c_W = \frac{1{,}328}{\sqrt{Re_x}} = \frac{1{,}328}{\sqrt{0{,}9 \cdot 10^6}} = 0{,}001399 = 0{,}0014$$

Widerstandskraft:

$$F_W = c_W \frac{\rho}{2} c_\infty^2 \cdot b\,l = 0{,}0014 \frac{1{,}23\,\text{kg/m}^3}{2} 2500\,\frac{\text{m}^2}{\text{s}^2} \cdot 9\,\text{m} \cdot 0{,}6\,\text{m} = 11{,}62\,\text{N}$$

10. Wandschubspannung:

$$\tau = \rho \cdot \nu \frac{dc_x}{dy} \rightarrow \frac{c_\infty}{\sqrt{\tau/\rho}} = 25;$$

$$\tau = \frac{\rho\,c_\infty^2}{25} = \frac{1{,}24\,\frac{\text{kg}}{\text{m}^3} \cdot 24^2\,\frac{\text{m}^2}{\text{s}^2}}{25} = 28{,}57\,\frac{\text{N}}{\text{m}^2} = 28{,}57\,\text{Pa}$$

Modellklausurlösung 8.10.3

1. Grenzschichtdicke:

$$\delta = \sqrt{\frac{\eta\,L}{\rho\,c}} = \sqrt{\frac{\nu\,L}{c}} = \frac{L}{\sqrt{Re}}$$

für laminare Strömung:

$$\delta = 5\frac{x}{\sqrt{Re}}$$

Verdrängungsdicke:

$$\delta_1 = \int\limits_{y=0}^{\infty} \left(1 - \frac{c_x}{c_\infty}\right) dy$$

2. Aus der Bewegungsgleichung oder aus dem Drehmomentsatz

$$\rho\,a\,ds\frac{dw}{dt^2} + A\frac{\partial p}{\partial s} + g\,\rho\,A\,ds\frac{dh}{ds} - \rho\,A\,ds\,\omega^2 r\frac{dr}{ds} + \tau\,U\,ds = 0 \quad \text{oder} \quad M = \int\limits_{1}^{2} \dot{m}\,c_u\,dr$$

3. Durch das Geschwindigkeitsprofil und durch die Grenzschicht.

Abb. 15.45 Geschwindigkeitsprofil

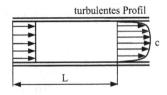

Die Einlaufströmung ist nach $L = (50$ bis $60\,\text{m})$ beendet, wenn das laminare bzw. turbulente Geschwindigkeitsprofil voll ausgebildet ist.

4. Reibungswiderstand: $F_{WR} = F_W \, A$
Druckwiderstand: $F_{WP} = \Delta p A$
Wellenwiderstand: $F_{WW} = c_W \rho / 2 c^2 A$
Tragflügelprofile: Reibungswiderstand dominant
Zylinder, Kugel: Druckwiderstand und Strömungsablösung dominant

5. Beschleunigung in einer Düse darf beliebig groß sein.
Bei der Verzögerung in einem Diffusor darf der Geschwindigkeitsgradient an der Diffusorwand nicht negativ werden $(\partial c_x / \partial y)_{y=0} < 0$, wegen Strömungsablösung. Der Erweiterungswinkel des Diffusors soll $\vartheta = 6° \ldots 6{,}5°$ nicht überschreiten. Diffusorkriterium: $\vartheta = (1/U)\mathrm{d}A/\mathrm{d}s$

6. Bei einer Grenzschicht mit dem geringstem Geschwindigkeitsgradienten, das ist:
$\tau_w = \rho \cdot \nu (\frac{\mathrm{d}c}{\mathrm{d}y})_{y=0}$ bei schleichender und laminarer Strömung

$$F_w = b \int_0^L \tau_w \mathrm{d}x = b \, \rho \, \nu \int_0^L \left(\frac{\mathrm{d}c}{\mathrm{d}y} \right)_{y=0} \mathrm{d}x$$

Der Widerstandsbeiwert für eine Plattenseite beträgt: $c_W = \dfrac{F_W}{\frac{\rho}{2} c_\infty^2 \, b \, L} = \dfrac{1{,}3282}{\sqrt{\mathrm{Re}}}$

7. Durch Vergrößerung der Reynoldszahl $\mathrm{Re} = cd/\nu$ ergibt sich, dass die laminare Grenzschicht in die turbulente Grenzschicht mit $\mathrm{Re} > 10^5$ übergeht. Die turbulente Grenzschicht verträgt in diesem Reynoldszahlbereich einen größeren Druckanstieg als die laminare und haftet damit länger auf der Kugel- oder Zylinderrückseite, so dass das Abreißgebiet ($\alpha > 180°$) verringert und der Widerstandsbeiwert verkleinert wird.
Bei der glatten Kugel sinkt c_W bei $\mathrm{Re} = 3 \cdot 10^5$ von $c_W = 0{,}4$ auf $0{,}09$.
Beim glatten Zylinder sinkt c_W bei $\mathrm{Re} = 5 \cdot 10^5$ von $c_W = 1{,}04$ auf $0{,}34$ (Abb. 9.3).
Die Strömungsablösung kann durch eine Stolperkante (Turbulenzdraht) auf der Oberfläche verzögert werden.

Abb. 15.46 Geometrie der
Kármán'schen Wirbelstraße

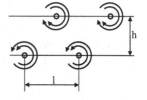

8. Eine Kármán'sche Wirbelstraße entsteht nach der Strömungsablösung an einem umströmten Körper, z. B. Schornstein. Es ist eine periodische Wirbelablösung, die im Ablösepunkt z. B. bei $\mathrm{Re} \approx 40$ beginnt und bis zur kritischen Reynoldszahl von $\mathrm{Re}_{Kr} = 2 \cdot 10^5$ mit der Strouhalzahl von $Sr = f \, d/c = 0{,}18$ bis $0{,}22$ stabil erhalten bleibt. Die Anordnung der Wirbel gehorcht dem Verhältnis $h/l = 0{,}281$.

9. Die Indifferenzkurve der Strömung längs einer Ebenen Platte beschreibt die stabilen und die instabilen Strömungsstörungen $\delta = f(\text{Re}) = f(c_x \delta / \nu)$.

$$\text{Re} = \frac{c_x \, d}{\nu}$$

Abb. 15.47 Indifferenzkurven einer ebenen Grenzschicht

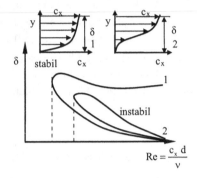

10. Die Impulsverlustdicke $\delta_2(x)$ ist ein Maß für den, durch die Haftung der Grenzschicht an der Wand verursachten Impulsverlust. Die Wandhaftung einer Strömung übt auf den umströmten Körper eine Reibungskraft aus, die von der Strömung aufgebracht werden muss. Die Impulsverlustdicke beträgt:

$$\delta_2(x) = \int_{y=0}^{\infty} \frac{c_x}{c_\infty} \left[1 - \frac{c_x}{c_\infty} \right] dy$$

11. Der Prandtl'sche Mischungswegansatz verknüpft die Wirbelviskosität ν_t der Grenzschicht mit den Größen der Hauptströmung.

$$L \, c_u = \Delta y^2 \left(\frac{\partial c_x}{\partial y} \right) \rightarrow \tau = k \, \rho \, y^2 \left(\frac{\partial c_x}{\partial y} \right)^2 ;$$

Turbulente Wirbelviskosität $\nu_t = \frac{\lambda \, c_w}{\text{Re}_{min}}$.

12. Strömungsablösung beginnt stets beim Geschwindigkeitsgradienten senkrecht zur Hauptströmungsrichtung bei:

$$\left(\frac{\partial c_x}{\partial y} \right)_{y=0} = 0$$

Abb. 15.48 Ablösepunkt A

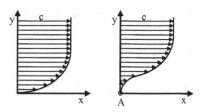

13. Die Prandtl'sche Grenzschichtgleichung ist eine vereinfachte Navier-Stokes-Gleichung. Sie lautet für eine stationäre zweidimensionale Strömung:

$$c_x \frac{\partial c_x}{\partial x} + c_y \frac{\partial c_x}{\partial y} = -\frac{1}{\rho} \frac{\partial p}{\partial s} + \nu \frac{\partial c_x}{\partial y^2} \rightarrow \frac{\partial c_x}{\partial x} + \frac{\partial c_x}{\partial y} = 0$$

Der partielle nichtlineare Charakter der Navier-Stokes-Gleichung bleibt in der Prandtl'schen Grenzschichtgleichung erhalten. Die Grenzschichtgleichung enthält nicht mehr die Bewegungsgleichung senkrecht zur Wand in y-Richtung.

14. Die Couetteströmung stellt sich ein bei der Bewegung zweier paralleler Platten gegeneinander. Es ist eine Strömung im ebenen Spalt bei geringer Reynoldszahl Re < 40. Sie tritt auf bei hohen Reibungskräften mit kinematischer Viskosität von $\nu > 50 \cdot 10^{-6}$ m²/s und Strömungsschichten geringer Dicke von $s = 0,1$ mm bis $1,0$ mm. Die Bewegungsgleichung lautet:

$$\eta \frac{\partial^2 c}{\partial y^2} - \frac{\partial p}{\partial x} = 0$$

Die Lösung lautet:

$$c_m = \frac{\dot{V}}{A} = \frac{h^2}{3\eta} \frac{\mathrm{d}p}{\mathrm{d}x} = -\frac{h^2}{4\eta} \frac{\mathrm{d}p}{\mathrm{d}x} \left[1 - \left(\frac{y}{h} \right)^2 \right]$$

Sie wird genutzt für die Schmierungstheorie in axialen und radialen Gleitlagern

15. Die beiden Gleitflächen müssen zueinander mit einem geringen Winkel von $\alpha = 0,01°$ bis $2,0°$ geneigt sein (Kippsegmentlager).
Der Strömungsspalt ist mit $s = 0,2$ bis $1,6$ mm gering, abhängig von der Lagergröße.
Es stellt sich ein variabler Druckgradient $\mathrm{d}p/\mathrm{d}x$ im konischen Lagerspalt ein.

Differentialgleichung $\eta \dfrac{\partial^2 c}{\partial y^2} = \dfrac{\partial p(x)}{\partial x}$.

15.7 Lösungen der Aufgaben im Kap. 10

Lösung 10.7.1

$$A_1 = \frac{\pi\,d_1^2}{4} = \frac{\pi\cdot 4^2\,\text{m}^2}{4} = 12{,}56\,\text{m}^2; \quad A_2 = \frac{\pi\,d_1^2}{4} = \frac{\pi\cdot 0{,}065^2\,\text{m}^2}{4} = 3{,}318\cdot 10^{-3}\,\text{m}^2$$

$$t = \frac{1}{\zeta A_2\sqrt{2g}}\int_{h_2}^{h_1}\frac{A}{\sqrt{h}}dh = \frac{12{,}56\,\text{m}^2}{0{,}64\cdot 3{,}318\cdot 10^{-3}\,\text{m}^2\cdot\sqrt{2\cdot 9{,}81\,\text{m/s}^2}}\int_{1\,\text{m}}^{4\,\text{m}} h^{-\frac{1}{2}}dh$$

$$t = 1335{,}328\frac{\text{s}}{\text{m}^{1/2}}2\,h^{1/2}\,\Big|_1^4 = 2670{,}64\frac{\text{s}}{\text{m}^{1/2}}\left(\sqrt{4}-\sqrt{1}\right)\text{m}^{1/2} = 2670{,}64\,\text{s}$$

$$= 44{,}51\,\text{min}$$

Lösung 10.7.2 Volumenausgleich: $\quad A_1\Delta h_1 = A_2\Delta h_2 \rightarrow \Delta h_2 = \Delta h_1(A_1/A_2)$
Differenz der Wasserspiegel zur Zeit t: $\quad h_t = \Delta h - \Delta h_1 - \Delta h_2 = h - \Delta h_1(1 + \frac{A_1}{A_2})$
Ausströmender Volumenstrom: $\quad \dot{V} = \zeta A_3\sqrt{2gh_t} = c_1 A_1$

$$c_1 = \frac{d\,(\Delta h_1)}{dt} = \frac{A_2}{A_1 + A_2}\frac{dh_t}{dt}; \quad \dot{V} = -A_1\frac{A_2}{A_1 + A_2}\frac{dh_t}{dt} = \zeta A_3\sqrt{2g\,h_t}$$

nach Integration von $h_t = 0$ bis $h = 4\,\text{m}$ erhält man:

$$t = \frac{2A_1 A_2\sqrt{\Delta h}}{\zeta A_3(A_1 + A_2)\sqrt{2g}} = \frac{2\cdot 200\,\text{m}^2\cdot 10^4\,\text{m}^2\sqrt{4}\,\text{s}}{0{,}60\cdot\pi/2\cdot 0{,}065^2\,\text{m}^2\cdot(10^4 + 200)\,\text{m}^2\cdot\sqrt{2\cdot 9{,}81}\,\text{m}^{1/2}}$$

$$= 88.934{,}95\,\text{s} = 24{,}7\,\text{h}$$

Um die Ausgleichszeit zu verkürzen, muss die Verbindungsleitung auf $d_3 = 200\,\text{mm}$ vergrößert werden: $t = 9393{,}75\,\text{s} = 156{,}56\,\text{min} = 2{,}61\,\text{h}$

Lösung 10.7.3

1. $c_2 = \sqrt{2\,g\,h_1} = \sqrt{2\cdot 9{,}81\,\text{m/s}^2\cdot 30\,\text{m}} = 24{,}26\,\text{m/s}$
2. $\Delta p = p_2 - p_1 = g\rho h_1 = 9{,}81\,\text{m/s}^2\cdot 1000\,\text{kg/m}^3\cdot 30\,\text{m} = 294{,}3\,\text{kPa} \rightarrow$ Überdruck
3. Bernoulligleichung für die Ausflussströmung aus dem Behälter

$$p_1 = p_2 = p_b = 100\,\text{kPa}; \quad c_1 = 0; \quad h_2 = 0$$

$$p_1 + g\rho h_1 + \frac{\rho\,c_1^2}{2} = p_2 + g\rho h_2 + \frac{\rho\,c_2^2}{2} + \Delta p_{\text{Sch max}}$$

$$\rightarrow g\rho h_1 = \frac{\rho\,c_2^2}{2} + \Delta p_{\text{Sch max}} = \frac{\rho\,c_2^2}{2} + \rho\,L\frac{c_2}{\Delta t}$$

$$\Delta p_{\text{Sch max}} = g\,\rho\,h_1 - \frac{\rho}{2}c_2^2 = 9{,}81\frac{\text{m}}{\text{s}^2}\cdot 10^3\frac{\text{kg}}{\text{m}^3}\cdot 30\,\text{m} - \frac{10^3\,\text{kg}\cdot 24{,}26^2\,\text{m}^2}{2\,\text{m}^3\,\text{s}^2}$$

$$= 0$$

Maximaler Druckstoß Δp_{max}

$$\Delta p_{max} = \rho L \frac{c_2}{\Delta t} = 10^3 \, \frac{kg}{m^3} \cdot 60 \, m \cdot \frac{24{,}26 \, m/s}{20 \, s} = 72{,}783 \, kPa$$

4. Reibungsbehaftete Strömung; Iterative Lösung, da c_2 unbekannt
Reynoldszahl in der Rohrleitung mit $c_2 = 6 \, m/s$:

$$Re = \frac{c_2 d_2}{\nu} = \frac{6 \, m/s \cdot 0{,}08 \, m}{10^{-6} \, m^2/s} = 4{,}8 \cdot 10^5; \quad \frac{d}{k} = \frac{0{,}08 \, m}{0{,}0001 \, m} = 800$$

$\lambda = f(Re, d_2/k) = 0{,}0214$ aus Colebrook-Diagramm

$$c_2 = \left(\frac{2gh_1}{1 + \lambda L/d_2} \right)^{1/2} = \left(\frac{2 \cdot 9{,}81 \, m/s \cdot 30 \, m}{1 + 0{,}0214 \cdot 60 \, m/0{,}08 \, m} \right)^{1/2} = 5{,}876 \, \frac{m}{s}$$

Statischer Druck vor dem Schieber nach Abschluss des Schließvorgangs

$$\Delta p = p_{Sch} = g\rho h_1 - \frac{\rho}{2} c_2^2 \left[1 + \lambda \frac{L}{d_2} \right] = 294{,}3 \, kPa - \frac{10^3 \, kg}{2 \, m^3} \cdot 34{,}52 \, \frac{m^2}{s^2} \cdot 17{,}05 = 0 \, Pa$$

5. Graphische Darstellung des Schließvorgangs:

Abb. 15.49 Geschwindig-keitsverlauf

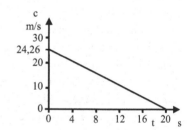

Lösung 11.11.1 Schall ist eine Druckänderung geringer Größe, die sich in Stoffen wellenförmig ausbreitet. Bei der Ausbreitung in Flüssigkeiten und Gasen ist Schall eine als Längswelle (Longitudinalwelle) fortschreitende zeitliche und örtliche Druckänderung ∂p, die dem statischen Luftdruck überlagert ist und von Ort und Zei tabhängt. Bei der Schallausbreitung in Fluiden spricht man von einer Schalldruckwelle, die sich mit der Schallgeschwindigkeit a ausbreitet, die vom Druck und der Temperatur des Fluids abhängig ist. Schall kann als Schalldruck p, als Schalldruckpegel L_P, als Schallschnelle $\vec{v}$, als Schallintensität $\vec{I}$ oder als Schallleistung P_{ak} bzw. Schallleistungspegel angegeben werden.

Lösung 11.11.2 Ein Schallfeld ist ein definiertes Volumen eines Stoffes, in dem sich Schalldruckwellen ausbreiten. In ihm ändern sich die skalaren Größen Schalldruck p_{sch} und Schallleistung P_{ak} und die vektoriellen Größen Schallschnelle $\vec{v}$ und Schallintensität $\vec{I}$. Sie sind orts- und zeitabhängig. Ein Schallfeld ist ein instationäres Feld, das mit den vektoriellen Größen beschrieben werden kann.

Lösung 11.11.3 Die tiefsten hörbaren Tonfrequenzen liegen bei 16 Hz, die höchsten hörbaren Tonfrequenzen liegen bei 16 bis 19 kHz. Der hörbare Frequenzbereich ist beim Menschen vom Alter abhängig.

Lösung 11.11.4 Bei der Analyse von Schallfrequenzen werden Oktav-, Terz- und Schmalbandspektren zur Einteilung des Frequenzbereiches in Frequenzintervalle benutzt. Die technische Umsetzung erfolgt in Frequenzanalysatoren über Oktav- und Terzfilter, die Filter mit konstanter relativer Bandbreite darstellen, mit denen der Schall in seinen einzelnen Oktav- bzw. Terzbereichen erfasst und als Schallspektrum dargestellt werden kann. Bei Oktavfiltern steht die obere und die untere Grenzfrequenz des durchgelassenen Frequenzbereichs stets im Verhältnis 2:1, z. B. 250 Hz zu 125 Hz. Kleinere Frequenzintervalle werden mit Terzfiltern ermittelt im Verhältnis 1,25, z. B. 125 Hz zu 100 Hz.

Lösung 11.11.5 Um eine hinreichende Qualität des gemessenen Schallsignals sicherzustellen, darf das Signal-Rausch-Verhältnis ein bestimmtes Maß nicht unterschreiten. Das Signal-Rausch-Verhältnis ist das Verhältnis der vorhandenen mittleren Schallleistung P_{Signal} zur vorhandenen mittleren Rauschleistung P_{Rausch}. Die Anteile der Rauschsignale dürfen eine bestimmte Grenze nicht überschreiten, sonst müssen Änderungen im Messaufbau oder in der Messtechnik erfolgen. Die definierten Eigenschaften der Messtechnik sind dabei zu beachten. Dies ist auch erforderlich, um das Nyquist-Shannonsche Abtasttheorem zu erfüllen, das eine Signalabtastfrequenz vorschreibt, die mindestens doppelt so groß sein muss wie die größte zu messende Signalfrequenz.

Lösung 11.11.6

$$L_p = 20 \lg \left(\frac{p_{Sch}}{p_{Sch0}} \right)$$

Der Schalldruckpegel L_P ist der dekadische Logarithmus des Verhältnisses des Effektivwertes des Schalldruckes p_{Sch} zu einem Schalldruckbezugswert p_{Sch0}, multipliziert mit dem Faktor 20. Als Einheit dient die Hilfsmaßeinheit Dezibel, die definiert ist als:

$$L_p = 10 \lg \left(\frac{p_{Sch1}}{p_{Sch2}} \right)^2 = 20 \lg \left(\frac{p_{Sch1}}{p_{Sch2}} \right)$$

Sinn der logarithmischen Form ist es, den sich über mehrere Zehnerpotenzen erstreckenden Bereich des Schalldruckes übersichtlicher darstellen zu können. Schalldrücke erstrecken sich von $p_{Sch} = 2 \cdot 10^{-5}$ Pa bis 100 mPa = 0,1 Pa, also z. B. über vier Zehnerpotenzen. Der Schalldruckpegel in dB erstreckt sich in der Regel von 20 bis 140 dB.

Lösung 11.11.7 Für genaue Schalldruckmessungen werden hochwertige Kondensatormikrofone eingesetzt.

15.9 Lösungen der Aufgaben im Kap. 12

Lösung 11.14.1

$$n_q = n\frac{\dot{V}^{1/2}}{H^{3/4}} \to n = n_q\frac{H^{3/4}}{\dot{V}^{1/2}} = 64\,\text{min}^{-1}\frac{(18\,\text{m})^{3/4}}{\sqrt{0{,}86\,\text{m}^3/\text{s}}} = 10{,}05\,\text{s}^{-1} = 603{,}09\,\text{min}^{-1}$$

$$u_2 = \sqrt{\frac{2\,g\,H}{\psi}} = \sqrt{\frac{2\cdot 9{,}81\,\text{m/s}^2\cdot 18\,\text{m}}{0{,}96}} = 19{,}18\,\frac{\text{m}}{\text{s}}; \quad d_2 = \frac{u_2}{\pi n} = \frac{19{,}18\,\text{m/s}}{\pi\cdot 10{,}05\,\text{s}^{-1}}$$

$$= 0{,}608\,\text{m}$$

Lösung 12.14.2

$$\dot{V} = c_m\cdot A = c_m\frac{\pi}{4}d_a^2\left[1 - \left(\frac{d_N}{d_a}\right)^2\right]$$

$$d_a = \sqrt{\frac{4\cdot\dot{V}}{\pi\cdot c_m\left[1 - \left(\frac{d_N}{d_2}\right)^2\right]}} = \sqrt{\frac{4\cdot 1{,}0\,\text{m}^3/\text{s}}{\pi\cdot 18\,\text{m/s}\,[1 - 0{,}28^2]}} = 0{,}0768^{1/2} = 0{,}277\,\text{m}$$

$$= 277\,\text{mm}$$

Umfangsgeschwindigkeit:
$$u_2 = \omega\,r_2 = 2\,\pi\,n\,r_2 = \pi\,n\,d_2 = \pi\cdot 49{,}166\,\text{s}^{-1}\cdot 0{,}277\,\text{m} = 42{,}79\,\text{m/s} \to u_2^2 = 1830{,}98\,\text{m}^2/\text{s}^2$$

Druckzahl und Lieferzahl $\quad \varphi = c_m/u_2$:

$$\psi = \frac{2\,\Delta p_t}{\rho\,u_2^2} = \frac{480\,\text{N}\cdot\text{m}^3\,\text{kg}\cdot\text{m}\cdot\text{s}^2}{1{,}23\cdot 1830{,}98\,\text{m}^2\,\text{kg}\cdot\text{s}^2\,\text{m}^2} = 0{,}213; \quad \varphi = \frac{c_m}{u_2} = \frac{18\,\text{m/s}}{42{,}79\,\text{m/s}} = 0{,}421$$

Spezifische Drehzahl n_q:

$$n_q = n\frac{\dot{V}^{1/2}}{H^{3/4}} = n\frac{\dot{V}^{1/2}}{\left(\frac{\Delta p}{g\cdot\rho}\right)^{3/4}} = 2950\,\text{min}^{-1}\frac{\left(1\,\text{m}^3/\text{s}\right)^{1/2}}{\left(\frac{240\,\text{Pa}}{9{,}81\,\text{m/s}^2\cdot 1{,}23\,\text{kg/m}^3}\right)^{3/4}} = 313{,}22\,\text{min}^{-1}$$

Lösung 12.14.3

1. $\dfrac{p_D}{p_S} = \left(\dfrac{T_D}{T_S}\right)^{\frac{n}{n-1}} = (\tau)^{\frac{n}{n-1}} \rightarrow n \cdot \ln \pi - \ln \pi - n \cdot \ln \tau = 0 \rightarrow n(\ln \pi - \ln \tau) = \ln \pi$

$$n = \frac{\ln\left(\frac{p_D}{p_S}\right)}{\ln\left(\frac{p_D}{p_S}\right) - \ln\left(\frac{T_D}{T_S}\right)} = \frac{\ln(4)}{\ln(4) - \ln\left(\frac{415,15}{288,15}\right)} = 1,358$$

2. $\dfrac{T_{Ds}}{T_S} = \left(\dfrac{p_D}{p_S}\right)^{\frac{\kappa-1}{\kappa}} \rightarrow T_{Ds} = T_S \cdot \left(\dfrac{p_D}{p_S}\right)^{\frac{\kappa-1}{\kappa}} = 288,15\,\text{K} \cdot \left(\dfrac{400\,\text{kPa}}{100\,\text{kPa}}\right)^{\frac{0,4}{1,4}} = 428,19\,\text{K}$

$$\Delta T_{Ds} = T_{Ds} - T_S = T_S \cdot \left[\left(\frac{p_D}{p_S}\right)^{\frac{\kappa-1}{\kappa}} - 1\right] = 288,15\,\text{K} \cdot \left[4^{\frac{0,4}{1,4}} - 1\right] = 140,04\,\text{K}$$

3. polytrope technische Arbeit für $n = 1,358 < \kappa$:

$$w_P = \frac{n}{n-1} \cdot R T_S \cdot \left[\left(\frac{p_D}{p_S}\right)^{\frac{n-1}{n}} - 1\right] = \frac{1,358}{0,358} \cdot 287,6\,\frac{\text{J}}{\text{kg\,K}} \cdot 288,15\,\text{K} \cdot \left(4^{\frac{0,358}{1,358}} - 1\right)$$

$$= 138,68\,\frac{\text{kJ}}{\text{kg}}$$

isentrope technische Arbeit:

$$w_S = \frac{\kappa}{\kappa-1} \cdot R T_S \cdot \left[\left(\frac{p_D}{p_S}\right)^{\frac{\kappa-1}{\kappa}} - 1\right] = \frac{1,4}{0,4} \cdot 287,6\,\frac{\text{J}}{\text{kg\,K}} \cdot 288,15\,\text{K} \cdot \left(4^{\frac{0,4}{1,4}} - 1\right)$$

$$= 140,97\,\frac{\text{kJ}}{\text{kg}}$$

isotherme technische Arbeit:

$$w_T = R T_S \cdot \ln\left(\frac{p_D}{p_S}\right) = 287,6\,\frac{\text{J}}{\text{kg\,K}} \cdot 288,15\,\text{K} \cdot \ln\left(\frac{400}{100}\right) = 114,88\,\frac{\text{kJ}}{\text{kg}}$$

4. relative Mehrarbeit polytrop gegenüber isentrop:

$$\frac{\Delta w_{p-S}}{w_S} = \frac{w_p - w_S}{w_S} = \frac{w_p}{w_S} - 1 = \frac{n}{n-1} \cdot \frac{\kappa-1}{\kappa} \cdot \frac{(p_D/p_S)^{\frac{n-1}{n}} - 1}{(p_D/p_S)^{\frac{\kappa-1}{\kappa}} - 1} - 1$$

$$= \frac{1,358}{0,358} \cdot \frac{0,4}{1,4} \cdot \frac{(4)^{0,358/1,358} - 1}{(4)^{0,4/1,4} - 1} - 1 = -0,016 \,\hat{=}\, -1,6\%$$

Die spezifische polytrope Verdichtungsarbeit ist um 1,6 % kleiner als die spezifische isentrope Verdichtungsarbeit.

$$\frac{\Delta w_{p-T}}{w_T} = \frac{w_p}{w_T} - 1 = \frac{\frac{n}{n-1}\left[\left(\frac{p_D}{p_S}\right)^{\frac{n-1}{n}} - 1\right]}{\ln\left(\frac{p_D}{p_S}\right)} - 1 = \frac{\frac{1,358}{0,358}\left[(4)^{0,358/1,358} - 1\right]}{\ln(4)} - 1$$

$$= 0{,}207 = 20{,}7\,\%$$

Die spezifische polytrope Verdichtungsarbeit ist um 20,7 % größer als die spezifische isotherme Verdichtungsarbeit.

5.

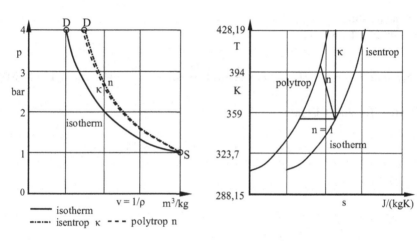

Abb. 15.50 p-v- und T-s-Diagramm

Lösung 12.14.4

1. Euler'sche Turbinengleichung

$$Y = u_2 c_{u2} - u_1 c_{u1} \quad \text{für} \quad \alpha_1 = 90° \quad \text{Zuströmung mit} \quad c_{u1} = 0$$

$$Y = u_2 c_{u2}; \quad u_{u2} = u_2; \quad c_{m2} = w_{m2}; \quad Y_h = \eta_h Y = \eta_h u_2 c_{u2}$$

$$Y = Y_{th} = \eta g H = 0{,}92 \cdot 9{,}81\,\frac{m}{s^2} \cdot 441{,}6\,m = 3985{,}53\,\frac{m^2}{s^2}$$

Abb. 15.51 Geschwindigkeits-dreieck

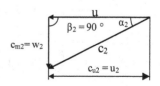

Umfangsgeschwindigkeit für $c_{u1} = 0$, $c_{u2} = u_2$: $u_2 = \sqrt{Y} = \sqrt{3985{,}53}\,\frac{m}{s} = 63{,}13\,\frac{m}{s}$

Laufradaußendurchmesser: $d_2 = \frac{u_2}{\pi\,n} = \frac{63{,}13\,m/s}{\pi\cdot 12{,}5\,s^{-1}} = 1607\,mm \approx 1{,}61\,m$

2. Kontinuitätsgleichung: $\dot{V} = c_{2\,m}A_2 = c_{2\,m}\pi\,d_2 b_2 \frac{1}{\tau} = c_{2\,m}\pi\,d_2 b_2 \frac{t_2-\sigma_2}{\tau_2}$

Schaufelverengung: $\sigma_2 = s_2/\sin\beta_2$ für $\beta_2 = 90°$, $\sin 90° = 1 \rightarrow \sigma_2 = s = 40\,mm$

Meridiangeschwindigkeit: $c_{m2} = w_2 = u_2 \tan\alpha_2 = 63{,}13\,\frac{m}{s}\cdot\tan 22° = 25{,}51\,\frac{m}{s}$

Schaufelteilung: $t_2 = \pi\frac{d_2}{z} = \pi\cdot\frac{1{,}61\,m}{13} = 0{,}389\,m$

Schaufelverengung: $\tau_2 = \frac{t_2}{(t_2-\sigma_2)} = \frac{0{,}389\,m}{(0{,}389\,m-0{,}04\,m)} = 1{,}115$

Schaufelaustrittsfläche: $A_2 = \pi\,d_2\frac{b_2}{\tau_2} = \pi\cdot 1{,}61\,m\cdot\frac{0{,}31\,m}{1{,}115} = 1{,}41\,m^2$

Durchströmvolumenstrom: $\dot{V} = c_{m2}A_2 = 25{,}51\,\frac{m}{s}\cdot 1{,}41\,m^2 = 35{,}97\,\frac{m^3}{s} = 129.492\,\frac{m^3}{h}$

3. Turbinenleistung

Theoretische Turbinenleistung:

$$P_{th} = \dot{m}\,Y = g\,\rho\dot{V}\,H_{eff} = 9{,}81\,\frac{m}{s^2}\cdot 10^3\,\frac{kg}{m^3}\cdot 35{,}97\,\frac{m^3}{s}\cdot 441{,}6\,m = 155{,}83\,MW$$

Effektive Turbinenleistung:

$$P_{eff} = \eta\,P_{th} = 0{,}92\cdot 155{,}83\,MW = 143{,}36\,MW$$

Lösung 12.14.5

1. $$Y = \frac{n}{n-1}\cdot R\cdot T_1\cdot\left[\left(\frac{p_2}{p_1}\right)^{\frac{n-1}{n}} - 1\right] + \frac{c_2^2 - c_1^2}{2}$$

$$Y = \frac{1{,}24}{1{,}24-1}\cdot 287{,}6\,\frac{J}{kg\,K}\cdot 293{,}15\,K\cdot\left[\left(\frac{600}{100}\right)^{\frac{1{,}24-1}{1{,}24}} - 1\right]$$

$$+\frac{(45\,m/s)^2 - (20\,m/s)^2}{2} = 181.379\,\frac{J}{kg} = 181{,}38\,\frac{kJ}{kg}$$

2. $\frac{T_2}{T_1} = \left(\frac{p_2}{p_1}\right)^{\frac{n-1}{n}} = \left(\frac{600\,kPa}{100\,kPa}\right)^{\frac{1{,}24-1}{1{,}24}} = 1{,}415 \rightarrow T_2 = \frac{T_2}{T_1}\cdot T_1 = 1{,}415\cdot$ $293{,}15\,K = 414{,}8\,K$

3. $\rho_1 = \frac{p_1}{R T_1} = \frac{100\,kPa}{287{,}6\,J/kg\,K\cdot 293{,}15\,K} = 1{,}186\,\frac{kg}{m^3}$

$$\rho_2 = \frac{\rho_2}{\rho_1}\cdot\rho_1 = \left(\frac{p_2}{p_1}\right)^{\frac{1}{n}}\cdot\rho_1 = \left(\frac{600\,kPa}{100\,kPa}\right)^{\frac{1}{1{,}24}}\cdot 1{,}186\,\frac{kg}{m^3} = 5{,}031\,\frac{kg}{m^3}$$

Lösung 12.14.6 Spezifische Drehzahl

$$n_q = n \frac{\dot{V}_n^{\frac{1}{2}}}{H_n^{\frac{3}{4}}} = 2900 \, \text{min}^{-1} \cdot \frac{\sqrt{0{,}0722 \, \frac{\text{m}^3}{\text{s}}}}{(60 \, \text{m})^{\frac{3}{4}}} = 36{,}15 \, \text{min}^{-1}$$

Schnelllaufzahl

$$\sigma = \frac{n_q}{157{,}8 \, \text{min}^{-1}} = \frac{36{,}15 \, \text{min}^{-1}}{157{,}8 \, \text{min}^{-1}} = 0{,}23$$

$$\frac{n}{n_n} = \frac{\dot{V}}{\dot{V}_n} \rightarrow n = n_n \frac{\dot{V}}{\dot{V}_n} = 2900 \, \text{min}^{-1} \frac{250 \, \text{m}^3/\text{h}}{260 \, \text{m}^3/\text{h}} = 2788 \, \text{min}^{-1}$$

$$H = H_n \left(\frac{n}{n_n} \right)^2 = 60 \, \text{m} \left(\frac{2788 \, \text{min}^{-1}}{2900 \, \text{min}^{-1}} \right)^2 = 55{,}46 \, \text{m}$$

Lösung 12.14.7

$$\dot{V} = \dot{V}_n \left(\frac{n}{n_n} \right) = 53 \, \frac{\text{m}^3}{\text{h}} \left(\frac{1450 \, \text{min}^{-1}}{2900 \, \text{min}^{-1}} \right) = 26{,}5 \, \frac{\text{m}^3}{\text{h}}$$

$$H = H_n \left(\frac{n}{n_n} \right)^2 = 35 \, \text{m} \left(\frac{1450 \, \text{min}^{-1}}{2900 \, \text{min}^{-1}} \right)^2 = 8{,}75 \, \text{m}$$

$$\frac{P_K}{P_{Kn}} = \frac{g \, \rho \, \dot{V} \, H}{g \, \rho \, \dot{V}_n \, H_n} = \frac{26{,}5 \, \text{m}^3/\text{h} \cdot 8{,}75 \, \text{m}}{53 \, \text{m}^3/\text{h} \cdot 35 \, \text{m}} = 0{,}125 \rightarrow P_K = g \cdot \rho \cdot \dot{V} \cdot H = 0{,}632 \, \text{kW}$$

gegenüber $P_{Kn} = 5{,}05 \, \text{kW}$.

Lösung 12.14.8

1. spezifische Nutzarbeit:

$$Y = g \, H = 9{,}81 \, \frac{\text{m}}{\text{s}^2} \cdot 80 \, \text{m} = 784{,}80 \, \frac{\text{J}}{\text{kg}}$$

2. Umfangsgeschwindigkeit, Laufraddurchmesser, Laufradaustrittsbreite:

$$\psi = \frac{2Y}{u_2^2} = 1{,}15, \quad u_2 = \sqrt{\frac{2Y}{\psi}} = \sqrt{\frac{2 \cdot 784{,}8 \, \text{m}^2}{1{,}15 \, \text{s}^2}} = \sqrt{\frac{1364{,}87 \, \text{m}^2}{\text{s}^2}} = 36{,}94 \, \frac{\text{m}}{\text{s}}$$

$$u_2 = \omega \, r_2 = 2 \, \pi \, n \, r_2 = \pi \, n \, d_2; \quad d_2 = \frac{u_2}{\pi \, n} = \frac{36{,}94 \, \frac{\text{m}}{\text{s}} \cdot 60}{\pi \cdot 2900 \, \text{min}^{-1}} = 0{,}2434 \, \text{m}$$

$$= 243{,}40 \, \text{mm}$$

$$\dot{V} = A\,c_{m2} = \pi\,d_2\,b_2\,c_{m2};$$

$$b_2 = \frac{\dot{V}}{\pi\,d_2\,c_{m2}} = \frac{0{,}0444\,\frac{m^3}{s}}{\pi \cdot 0{,}2434\,m \cdot 2{,}8\,\frac{m}{s}} = 0{,}02074\,m = 20{,}74\,mm$$

3. Durchmesserzahl, Schnelllaufzahl, spezifische Drehzahl:

$$\varphi = \frac{c_{m2}}{u_2} = \frac{2{,}8\,m/s}{36{,}94\,m/s} = 0{,}0758; \quad \delta = \frac{\psi^{1/4}}{\varphi^{1/2}} = \frac{1{,}15^{1/4}}{0{,}0758^{1/2}} = \frac{1{,}0356}{0{,}2753} = 3{,}76$$

$$\sigma = \frac{\varphi^{1/2}}{\psi^{3/4}} = \frac{0{,}0758^{1/2}}{1{,}15^{3/4}} = \frac{0{,}2753}{1{,}1105} = 0{,}248;$$

$$n_q = n\,\frac{\dot{V}^{1/2}}{H^{3/4}} = 2900\,min^{-1}\frac{(0{,}0444\,m^3/s)^{1/2}}{(80\,m)^{3/4}} = 22{,}844\,min^{-1}$$

4. Nutz- und Kupplungsleistung:

$$P_N = g\,\rho\,H\,\dot{V} = \rho\,Y\,\dot{V} = 998{,}6\,\frac{m}{s^2} \cdot 784{,}8\,\frac{J}{kg} \cdot 0{,}0444\,\frac{m}{s} = 34{,}831\,kW$$

$$P_K = \frac{P_N}{\eta} = \frac{34{,}796\,kW}{0{,}78} = 44{,}655\,kW$$

Lösung 12.14.9

1. isotherme Verdichtung: $p \cdot v = R \cdot T =$ konst.

$$Y_T = \int\limits_{p_S}^{p_D} \frac{dp}{\rho} = \int\limits_{p_S}^{p_D} v \cdot dp = R \cdot T_S \int\limits_{p_S}^{p_D} \frac{dp}{p} = R \cdot T_S \cdot \ln\left(\frac{p_D}{p_S}\right)$$

$$Y_T = 287{,}6\,\frac{J}{kg \cdot K} \cdot 293{,}15\,K \cdot \ln\left(\frac{700}{100}\right) = 164{,}060\,\frac{kJ}{kg}$$

isentrope Verdichtung:

$$Y_S = \frac{\kappa}{\kappa - 1} \cdot R \cdot T_S \left[\left(\frac{p_D}{p_S}\right)^{\frac{\kappa-1}{\kappa}} - 1\right] = \frac{1{,}4}{0{,}4} \cdot 287{,}6\,\frac{J}{kg \cdot K} \cdot 293{,}15\,K\left[7^{\frac{1{,}4-1}{1{,}4}} - 1\right]$$

$$= 219{,}44\,\frac{kJ}{kg}$$

2. Verdichtungstemperatur

$$T_T = T_S = T_D = 293{,}15\,K;$$

$$T_{D,S} = T_S\left(\frac{p_D}{p_S}\right)^{\frac{\kappa-1}{\kappa}} = 293{,}15\,K \cdot 7^{\frac{0{,}4}{1{,}4}} = 293{,}15\,K \cdot 7^{0{,}2857} = 511{,}15\,K$$

3. Massenstrom am Druckstutzen:

$$\dot{m} = \rho_D \cdot \dot{V}_D; \quad \frac{p \cdot \dot{V}}{T} = R = \frac{p_S \cdot \dot{V}_S}{T_S} = \frac{p_D \cdot \dot{V}_D}{T_D}; \quad \frac{p}{\rho} = R \cdot T = \frac{p_S}{\rho_S}$$

$$\rho_S = \frac{p_S}{R \cdot T_S} = \frac{100\,\text{kPa}}{287{,}6\frac{\text{J}}{\text{kg·K}} \cdot 293{,}15\,\text{K}} = 1{,}186\,\frac{\text{kg}}{\text{m}^3}$$

isotherm:

$$\rho_D = \rho_S \frac{p_D}{p_S} = 1{,}186\,\frac{\text{kg}}{\text{m}^3} \cdot 7 = 8{,}30\,\frac{\text{kg}}{\text{m}^3}; \quad \dot{m}_D = \rho_D \cdot \dot{V}_D = \rho_D \cdot \dot{V}_S \cdot \frac{p_S}{p_D} \cdot \frac{T_D}{T_S}$$

$$\dot{m}_D = \rho_D \dot{V}_D = 8{,}30\,\frac{\text{kg}}{\text{m}^3} \cdot 160\,\frac{\text{m}^3}{\text{h}} \cdot \frac{1}{7} = 189{,}71\frac{\text{kg}}{\text{h}} = 0{,}0527\,\frac{\text{kg}}{\text{s}}$$

isentrop:

$$\rho_D = \rho_S \left(\frac{p_D}{p_S}\right)^{\frac{1}{\kappa}} = 1{,}186\,\frac{\text{kg}}{\text{m}^3} \cdot 7^{\frac{1}{1{,}4}} = 1{,}186\,\frac{\text{kg}}{\text{m}^3} \cdot 4{,}015 = 4{,}868\,\frac{\text{kg}}{\text{m}^3}$$

$$\dot{m}_D = \rho_D \cdot \dot{V}_S \cdot \frac{p_S}{p_D} \cdot \frac{T_D}{T_S} = 4{,}758\,\frac{\text{kg}}{\text{m}^3} \cdot 160\,\frac{\text{m}^3}{\text{h}} \cdot \frac{1}{7} \cdot \frac{511{,}15\,\text{K}}{293{,}15\,\text{K}} = 194{,}01\,\frac{\text{kg}}{\text{h}}$$

$$= 0{,}0539\,\frac{\text{kg}}{\text{s}}$$

$$\dot{V}_D = \frac{\dot{m}_D}{\rho_D} = \frac{194{,}01\,\text{kg}\,\text{m}^3}{4{,}868\,\text{kg}\,\text{h}} = 39{,}85\,\frac{\text{m}^3}{\text{h}} = 0{,}01107\,\frac{\text{m}^3}{\text{s}}$$

4. Verdichterleistung isentrop:

$$P_K = \frac{\dot{m} \cdot Y_S}{\eta} = \frac{0{,}0539\,\frac{\text{kg}}{\text{s}} \cdot 219{,}44\,\frac{\text{J}}{\text{kg}}}{0{,}74} = 15{,}98\,\text{kW}$$

Verdichterleistung isotherm:

$$P_K = \frac{\dot{m} \cdot Y_T}{\eta} = \frac{0{,}0539\,\frac{\text{kg}}{\text{s}} \cdot 164{,}06\,\frac{\text{J}}{\text{kg}}}{0{,}74} = 11{,}86\,\text{kW}$$

5. p-v- und T-s-Diagramm:

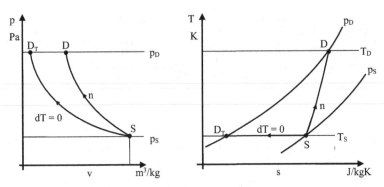

Abb. 15.52 p-v- und T-s-Diagramm mit n für die Polytropen

Lösung 12.14.10

1. Motordrehmoment: $M_M = \frac{P_M \eta}{\omega_N} = \frac{190\,\text{kW}\cdot 0{,}95}{102{,}63\,\text{s}^{-1}} = 1758{,}75\,\text{Nm}$
2. Anlaufdrehmoment: $M_A = 1{,}45 \cdot M_M = 1{,}45 \cdot 1758{,}75\,\text{Nm} = 2550{,}18\,\text{Nm}$
3. Anlaufzeit: $I\frac{\omega}{t} = I\omega = M_A - M_M$

$$t = \frac{I\,\omega_N}{M_A - M_M} = \frac{600\,\text{kg}\,\text{m}^2 \cdot 102{,}63\,\text{s}^{-1}\,\text{s}^2}{(2550{,}18 - 1758{,}75)\,\text{kg}\,\text{m}^2} = \frac{600\,\text{kg}\,\text{m}^2 \cdot 102{,}63\,\text{s}^{-1}\,\text{s}^2}{791{,}43\,\text{kg}\,\text{m}^2} = 77{,}81\,\text{s}$$

Winkelbeschleunigung beim Anlauf:

$$a = \frac{M_M - M_p}{I} = \frac{(2550{,}18 - 1852{,}393)\,\text{Nm}}{600\,\text{kg}\,\text{m}^2} = 1{,}163\,\text{s}^{-2}$$

Lösung 12.14.11 Auftriebskraft:

$$F_A = \frac{\pi}{4}\,D^2(h_1 + h_2)\,g\,\rho_W = g\,\rho_W\left[\frac{\pi}{4}\,D^2(h_2 + s) + \pi\,D\,s(h_1 + h_2)\right]$$

Gewichtskraft:

$$F_G = U\,s\,h_3\,\rho_K + \frac{2\,\pi\,D^2}{4}\,s\,\rho_K = \left(D\,\pi\,s\,h_3 + \frac{\pi\,D^2}{2}\,s\right)\rho_K$$

$$F_A = F_G; \quad g\rho_F V = g\rho_K V$$

Das Kippmoment von Behältermantel und Deckel beträgt M_1

$$M_1 = \left(\pi\,D\,h_3\frac{h_3}{2}\,s\,\rho_K + \frac{\pi\,D^2}{4}\,h_3\,s\,\rho_K\right)\sin\alpha$$

Das Aufrichtsmoment des eingetauchten Behälters beträgt M_2

$$M_2 = \left[\frac{\pi D^2}{4}\left(h_2 + \frac{h_1}{2}\right)\rho_W + \pi D\,(h_1 + h_2)\frac{s\,(h_1 + h_2)}{2}\rho_W\right]\sin\alpha$$

Eine stabile Behälterlage erfordert $M_2 - M_1 = M_0\sin\alpha > 0$

$$M_0\sin\alpha = M_2 - M_1 = \left[\frac{\pi D^2}{4}\left(h_2 + \frac{h_1}{2}\right)\rho_W + \pi D\,(h_1 + h_2)\frac{s\,(h_1 + h_2)}{2}\rho_W\right]\sin\alpha$$
$$-\left(\pi D\,h_3\frac{h_3}{2}s\,\rho_K + \frac{\pi D^2}{4}h_3\,s\,\rho_K\right)\sin\alpha$$

$$h_2 = h_1 - \frac{1}{4}D^2 \pm \sqrt{\frac{(\frac{1}{2}D^2 + 2h_1)^2}{4} + \frac{2M_0}{sD\pi\rho_w} - \frac{\frac{1}{4}D}{s}h_1 - h_1^2 - \frac{\rho_K}{\rho_W}\left(h_3^2 - \frac{1}{2}h_3D\right)}$$

Tab. 15.4 Einzeldrehmomente und Aufrichtmoment M_0 für den Behälter

α	°	0	2	4	6	8	10	12
M_1	Nm	0	2,87	5,73	8,58	11,43	14,26	17,07
M_2	Nm	0	52,52	104,97	157,30	209,43	261,31	312,87
$M_2{-}M_1$	Nm	0	49,65	99,24	148,71	198,00	247,05	295,80

15.10 Lösungen der Modellklausuren im Kap. 12

Modellklausurlösung 12.15.1

1. $\dot{V}_S = \dot{V}_D\frac{p_D}{p_S}\frac{T_S}{T_D}$; Zustandsgrößen: $\dot{V}_D$, p_D, p_S, T_S, T_D
2. Der Beharrungszustand ist erreicht, wenn sich die Zustandsgrößen p, T, ρ in der Pumpe, im Kompressor und in den Lagern nicht mehr ändern. Zulässiger Temperaturgradient $dT/dt \le 0,1\,\mathrm{K}/\min$
3. Radialpumpen $\beta_0 = 17\ldots30°$; $\beta_2 = 20\ldots40°$
   Radialkompressoren $\beta_1 = 18\ldots40°$; $\beta_2 = 24\ldots70°$
   Ein kleiner Eintrittswinkel $\beta_1 < 17°$ versperrt den Eintrittsquerschnitt im Laufrad und vermindert die Saugfähigkeit.

Abb. 15.53 Geschwindigkeitsdreiecke am Austritt

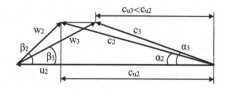

Ein kleiner Schaufelaustrittswinkel β_2 vermindert den Austrittsdrall $u_2 c_{u2}$ und die Arbeitsübertragung $Y_n = gH_n = \eta_h(u_2 c_{u_2} - u_1 c_{u_1})$.

4.

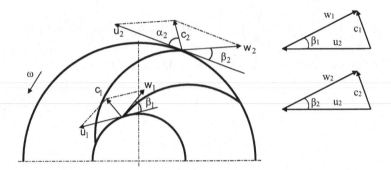

Abb. 15.54 Radiales Pumpenlaufrad mit Geschwindigkeitsdreiecken

5. Kreiselpumpe: $P_N = \dot{m}_S Y = \rho \dot{V}_S Y_n = g\rho \dot{V}_S H_n$

Abb. 15.55 p-v- und T-s-
Diagramm

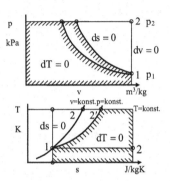

Kompressor
isotherme Leistung:

$$P_{N_{is}} = p_S \dot{V}_S \ln\left(\frac{p_D}{p_S}\right)$$

isentrope Leistung:

$$P_N = \rho \dot{V}_S c_p T_S \left[\left(\frac{p_D}{p_S}\right)^{\frac{\kappa-1}{\kappa}} - 1\right]$$

$$P_N = \rho \dot{V}_S \frac{\kappa}{\kappa - 1} R T_S \left[\left(\frac{p_D}{p_S}\right)^{\frac{\kappa-1}{\kappa}} - 1\right]$$

6.

$$\dot{V} = 2\pi \int\limits_{0}^{r} c\,r\,dr = 2\pi \sum\limits_{i=1}^{i} c\,r\,\Delta r;$$

$$\dot{V} = 0{,}8054\ \frac{\text{m}^3}{\text{s}} = 2899{,}44\ \frac{\text{m}^3}{\text{h}}$$

$$\sum\limits_{i=1}^{12} c\,r\,\Delta r = 0{,}128\ \text{m}^3/\text{s};$$

$$A = 0{,}0908\ \text{m}^2;$$

$$c_\text{m} = \dot{V}/A = 8{,}87\ \text{m/s}$$

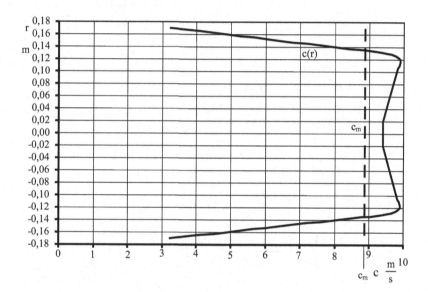

Abb. 15.56 Geschwindigkeitsverlauf im Druckrohr eines Ventilators

Tab. 15.5 Berechnung der Teilvolumenströme im Laufradeintritt

r	r	Δr	d	c	$c\,r\,\Delta r$
mm	m	m	m	m/s	m³/s
0	0	0	0,00	9,4	0
20	0,02	0,02	0,04	9,4	0,00376
40	0,04	0,02	0,08	9,5	0,0076
60	0,06	0,02	0,12	9,6	0,01152
80	0,08	0,02	0,16	9,7	0,01552
100	0,1	0,02	0,20	9,8	0,0196
120	0,12	0,02	0,24	9,9	0,02376
130	0,13	0,01	0,26	9,5	0,01235
140	0,14	0,01	0,28	8,0	0,0112
150	0,15	0,01	0,30	6,4	0,0096
160	0,16	0,01	0,32	4,9	0,00784
170	0,17	0,01	0,34	3,2	0,00544

7.

$$\dot{V}_S = 78\,\text{m}^3/\text{h} = 0{,}02167\,\text{m}^3/\text{s}$$

$$\dot{V}_S = c_S \frac{\pi}{4}\left(d_S^2 - d_N^2\right) \rightarrow c_S = \frac{4\dot{V}_S}{\pi}\cdot\frac{1}{d_S^2 - d_N^2} = 2{,}156\,\frac{\text{m}}{\text{s}}$$

$$\dot{V}_{S_i} = c_S \frac{\pi}{4}\left(d_S'^2 - d_N^2\right) \rightarrow d_S' = \left[\frac{4}{\pi}\frac{\dot{V}_{S_i}}{c_S} + d_N^2\right]^{1/2}$$

$$\dot{V}_{S_i} = \frac{\dot{V}_S}{5} = \frac{0{,}02167\,\text{m}^3/\text{s}}{5} = 4{,}33\cdot10^{-3}\,\text{m}^3/\text{s}; \quad c_{m1} = c_S$$

$$d_m = \sqrt{\frac{4\cdot\dot{V}}{2\pi\cdot c_{m1}} + d_N^2} = \sqrt{\frac{4\cdot0{,}02167\,\text{m}^3/\text{s}}{2\pi\cdot2{,}156\,\text{m/s}} + 0{,}04^2\,\text{m}^2} = 0{,}0894\,\text{m}$$

Abb. 15.57 Laufradeintritt

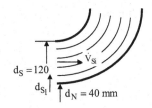

$$c_S = 2{,}156\,\text{m/s}; \quad \dot{V}_S/c_S = 0{,}01\,\text{m}^2; \quad n = 2950\,\text{min}^{-1} = 49{,}167\,\text{s}^{-1}; \quad d_N^2 = 0{,}0016\,\text{m}^2$$

$$d_S' = 40\,\text{mm}; \quad u_1 = 6{,}18\,\text{m/s}; \quad w_1 = 6{,}54\,\text{m/s}$$

$$\frac{4}{\pi}\frac{\dot{V}_{S_i}}{c_S} = 0{,}00256\,\text{m}^2; \quad d_N^2 = 0{,}0016\,\text{m}^2; \quad d_S' = 0{,}0645\,\text{m}; \quad u_1 = 10{,}10\,\text{m/s};$$

$w_1 = 10,33\,\text{m/s}$

$\dfrac{4}{\pi} \cdot 2 \dfrac{\dot{V}_{S_i}}{c_S} = 0,00512\,\text{m}^2;\ d_N^2 = 0,0016\,\text{m}^2;\ d_S' = 0,082\,\text{m};\ u_1 = 12,66\,\text{m/s};$

$w_1 = 12,84\,\text{m/s}$

$\dfrac{4}{\pi} \cdot 3 \dfrac{\dot{V}_{S_i}}{c_S} = 0,00768\,\text{m}^2;\ d_N^2 = 0,0016\,\text{m}^2;\ d_S' = 0,09634\,\text{m};\ u_1 = 14,88\,\text{m/s};$

$w_1 = 15,036\,\text{m/s}$

$\dfrac{4}{\pi} \cdot 4 \dfrac{\dot{V}_{S_i}}{c_S} = 0,01024\,\text{m}^2;\ d_N^2 = 0,0016\,\text{m}^2;\ d_S' = 0,10881\,\text{m};\ u_1 = 16,808\,\text{m/s};$

$w_1 = 16,95\,\text{m/s}$

$\dfrac{4}{\pi} \cdot 5 \dfrac{\dot{V}_{S_i}}{c_S} = 0,01280\,\text{m}^2;\ d_N^2 = 0,0016\,\text{m}^2;\ d_S' = 0,120\,\text{m};\ u_1 = 18,54\,\text{m/s};$

$w_1 = 18,66\,\text{m/s}$

8. Sie wird vermindert $c_{u2} = \dfrac{1}{u_2}\left[\dfrac{Y_n}{\eta_h}(1 + p) + u_1 c_{u0}\right];\ c_{u2} > c_{u3}$ muss für Y_n größer werden als c_{u3}

$$u_2 c_{u3} = \dfrac{Y_n}{\eta_h} = \dfrac{480\,\text{J}}{0,82\,\text{kg}} = 585,366\,\dfrac{\text{J}}{\text{kg}} > u_2 c_{u2} \ \text{mit}\ p = 0,75\left(1 + \dfrac{\beta_2}{60°}\right)\dfrac{r_2^2}{z \cdot M_{st}}$$

$$u_2 c_{u2} = \dfrac{Y_n}{\eta_h}(1 + p) = \dfrac{480\,\text{J}}{0,82\,\text{kg}}\left[1 + 0,75\left(1 + \dfrac{\beta_2}{60°}\right)\dfrac{0,25^2\,\text{m}^2}{7 \cdot 5,6 \cdot 10^{-3}\,\text{m}^2}\right]$$

$$= 1705,326\,\dfrac{\text{J}}{\text{kg}}$$

9.

9.1 $u_2 = \omega\, r_2 = 2\pi n\, r_2 = 2\pi \cdot 49,167\,\text{s}^{-1} \cdot 0,21\,\text{m} = 64,87\,\text{m/s};\ u_2^2 = 4208,17\,\text{m}^2/\text{s}^2$

$$Y_n = \eta_h\,(u_2 c_{u2} - u_1 c_{u1})$$

Für $\alpha = 90°$ $u_2 c_{u2} = \dfrac{Y_n}{\eta_h} = \dfrac{2500\,\text{J/kg}}{0,78} = 3205,19\,\dfrac{\text{m}^2}{\text{s}^2};\ c_{u2} = \dfrac{u_2 c_{u2}}{u_2} = \dfrac{3205,19\,\text{m}^2}{64,87\,\text{ms}^2} = 49,41\,\dfrac{\text{m}}{\text{s}}$

9.2

$$H_n = \dfrac{Y_n}{g} = \dfrac{2500\,\text{m}^2/\text{s}^2}{9,81\,\text{m/s}^2} = 254,84\,\text{m}$$

$$\dot{V} = A c_{m2} = \pi\, d b_2\, c_{m2} = \pi \cdot 0,42\,\text{m} \cdot 0,024\,\text{m} \cdot 4,8\,\dfrac{\text{m}}{\text{s}} = 0,152\,\dfrac{\text{m}^3}{\text{s}}$$

$$= 547,21\,\dfrac{\text{m}^3}{\text{h}}$$

$$P_{\mathrm{N}} = \dot{m} Y = \rho \dot{V} Y = 10^3 \frac{\mathrm{kg}}{\mathrm{m}^3} \cdot 0{,}152 \frac{\mathrm{m}^3}{\mathrm{s}} \cdot 2500 \frac{\mathrm{J}}{\mathrm{kg}} = 380\,\mathrm{kW}$$

9.3
$$\psi = \frac{2Y}{u_2^2} = \frac{2 \cdot 2500\,\mathrm{J/kg}}{(64{,}87\mathrm{m/s})^2} = 1{,}188;$$

$$\varphi = \frac{c_{\mathrm{m}2}}{u_2} = \frac{\dot{V}}{\pi d_2 b_2 u_2} = \frac{0{,}152\,\mathrm{m}^3/\mathrm{s}}{\pi \cdot 0{,}42\,\mathrm{m} \cdot 0{,}024\,\mathrm{m} \cdot 64{,}87\mathrm{m/s}} = 0{,}074$$

$$\sigma = \frac{\varphi^{1/2}}{\psi^{3/4}} = \frac{0{,}074^{1/2}}{1{,}188^{3/4}} = 0{,}239;$$

$$n_{\mathrm{q}} = n \cdot \frac{\dot{V}^{1/2}}{H_{\mathrm{n}}^{3/4}} = 2950\,\mathrm{min}^{-1} \cdot \frac{0{,}38988}{63{,}783} = 18{,}032\,\mathrm{min}^{-1}$$

9.4 $\delta = \dfrac{\psi^{1/4}}{\varphi^{1/2}} = \dfrac{1{,}044}{0{,}2720} = 3{,}839$

9.5 $M_{\mathrm{St}} = \int_{r_{\mathrm{i}}}^{r_{\mathrm{a}}} r\,dr = \frac{1}{2}(r_{\mathrm{a}}^2 - r_{\mathrm{i}}^2) = \frac{1}{2}(0{,}42^2 - 0{,}060^2)\,\mathrm{m}^2 = 0{,}0864\,\mathrm{m}^2 = 86.400\,\mathrm{mm}^2$

Modellklausurlösung 12.15.2

1. $\dot{m}_1 \left(Y_1 + \dfrac{\rho}{2}c_1\right) + P_{\mathrm{T}} = \dot{m}_2 \left(Y_2 + \dfrac{\rho}{2}c_2^2\right) + \dot{m}_2 c_{\mathrm{p}} \Delta T + \dot{m}_{\mathrm{sp}} Y_2$

Eintrittsleistung+mech. Leistung = Austrittsleistung+Wärmeleistung+Spaltleistung

2.
$$\rho \cdot A\,ds \frac{dw}{dt} + A\frac{\partial p}{\partial s}ds + g\,\rho\,A\,ds\frac{dh}{ds} - \rho\,A\,ds\,\omega^2 r \frac{dr}{ds} + \tau U\,ds = 0$$

Dabei ist:

$\rho A\,ds\dfrac{dw}{dt} = F_{\mathrm{T}} \rightarrow$ Trägheitstherm;

$A\dfrac{\partial p}{\partial s}ds = F_{\mathrm{P}} \rightarrow$ Drucktherm;

$g\,\rho\,A\,ds\dfrac{dh}{ds} = F_{\mathrm{G}} \rightarrow$ Gravitationstherm;

$\rho\,A\,ds\,\omega^2 r\dfrac{dr}{ds} = F_{\mathrm{Z}} \rightarrow$ Zentrifugaltherm;

$\tau\,U\,ds = F_{\mathrm{R}} \rightarrow$ Reibungstherm.

3. Lieferzahl:

$$\varphi = \frac{c_{\mathrm{m}2}}{u_2} = \frac{\dot{V}}{A \cdot u_2} \quad \text{Ermittlung des Verhältnisses von Austrittsgeschwindigkeit aus}$$
dem Laufrad $c_{\mathrm{m}2}$ zur Umfangsgeschwindigkeit u_2

Druckzahl:

$$\psi = \frac{2Y}{u_2^2} = \frac{2\,g\,H}{u_2^2}$$ Charakterisierung der Förderhöhe

Schnelllaufzahl:

$$\sigma = \frac{\varphi^{1/2}}{\psi^{3/4}}$$ Bestimmung der Laufradform

Spezifische Drehzahl:

$$n_q = n\,\frac{\dot{V}^{1/2}}{H^{3/4}}$$ Vergleich unterschiedlicher Laufradbauformen

Durchmesserzahl:

$$\delta = \frac{\psi^{1/4}}{\varphi^{1/2}}$$ Verhältnis von Laufraddurchmesser zum Durchmesser einer Düse

Leistungszahl:

$$\nu = \varphi\,\psi \quad \nu = \varphi\Psi/\eta \quad \text{für die reale Pumpe}$$

Kavitationszahl:

$$\sigma = \frac{2\,g\,\text{NPSH}}{u_1^2}$$ Maß für den Kavitationsbeginn

4. Das Cordierdiagramm stellt für einstufige Strömungsmaschinen den Zusammenhang zwischen der Schnelllaufzahl σ und der Durchmesserzahl δ dar. Es ermöglicht eine erste Orientierung bei der Auslegung von Turbomaschinen. Maschinen mit beschleunigter Strömung, also Turbinen, haben bei gleicher Schnelllaufzahl die geringeren Durchmesserzahlen als Pumpen und Turbokompressoren mit verzögerter Strömung und somit auch eine geringere Baugröße.

Abb. 15.58 Cordierdiagramm

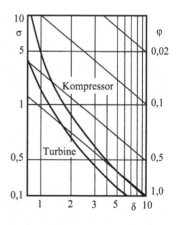

5. siehe Abb. 15.59 und 12.14.

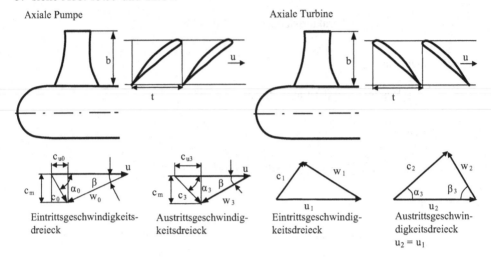

Abb. 15.59 Axialpumpe und Axialturbine mit Geschwindigkeitsdreiecken

6. Es zeigt sich, dass mit zunehmender Reynoldszahl auch ein Anstieg der Profilpolaren verbunden ist (Abb. 9.26 und 15.60).

Abb. 15.60 Profilpolare

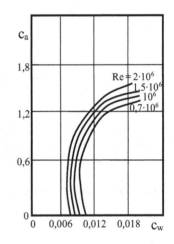

7.

   7.1 Lieferzahl:

$$\varphi = \frac{c_{m2}}{u_2} = \frac{\dot{V}}{2\,\pi\,n\,r_2\,A_2} = \frac{0{,}722\,\text{m}^3/\text{s}}{2\,\pi \cdot 24{,}167\,1/\text{s} \cdot 0{,}15\,\text{m} \cdot \frac{\pi}{4}\,(0{,}3\,\text{m})^2} = 0{,}448$$

Meridiangeschwindigkeit:

$$u_2 = 2\pi n r = 2\pi \cdot 24{,}167\,s^{-1} \cdot 0{,}15\,m = 22{,}78\,m/s$$

$$c_m = c_{m0} = c_{m1} = c_{m2} = u_2\varphi = 22{,}78\,m/s \cdot 0{,}448 = 10{,}21\,m/s$$

7.2 Spezifische Nutzarbeit:

$$Y = g\,H = 5\,m \cdot 9{,}81\,m/s^2 = 49{,}05\,J/kg$$

Druckzahl:

$$\psi = \frac{Y}{u_2^2/2} = \frac{2 \cdot g \cdot H}{4\pi^2 n^2 r_2^2} = \frac{49{,}05\,J/kg}{2 \cdot \pi^2 \cdot (24{,}167\,1/s)^2 \cdot (0{,}15\,m)^2} = 0{,}189$$

7.3 Schnelllaufzahl:

$$\sigma = \frac{\varphi^{1/2}}{\psi^{3/4}} = \frac{0{,}448^{1/2}}{0{,}189^{3/4}} = 2{,}335$$

Leistungszahl:

$$\nu = \frac{\varphi\psi}{\eta} = \frac{0{,}448 \cdot 0{,}189}{0{,}89} = 0{,}095$$

7.4 Es ist festzustellen, dass sowohl die Lieferzahl als auch die Schnelllaufzahl zu einer Axialpumpe passen. Mit $\varphi = 0{,}448$ ist die Lieferzahl für eine Axialmaschine typisch ($\varphi = 0{,}3\text{–}1{,}0$). Gleiches gilt auch für die Druckzahl mit 0,189 bei einem üblichen Bereich von $\psi = 0{,}1\text{–}0{,}6$. Auch die Schnelllaufzahl ist mit 2,335 ($\sigma = 0{,}7\text{–}2{,}50$) für diese Maschinen typisch.

8.
$$c_m = \frac{\dot{V}}{A_m} \rightarrow A_m = \frac{\dot{V}}{c_m} = \frac{33{,}33\,m^3/s}{34\,m/s} = 0{,}980\,m^2$$

$$A = \frac{\pi}{4}\left(d_2^2 - d_N^2\right) = \frac{\pi}{4}d_2^2\left[1 - \left(\frac{d_N}{d_2}\right)^2\right] \rightarrow d_2 = \sqrt{\frac{4 \cdot A}{\pi \cdot 0{,}84}} = \sqrt{\frac{4 \cdot 0{,}98\,m^2}{\pi \cdot 0{,}84}}$$

$$= 1{,}219\,m$$

$$u_2 = 2\pi n r = 2\pi \cdot 24{,}33\,s^{-1} \cdot 0{,}609\,m = 93{,}09\,m/s$$

9.
$$d_N = d_2 \cdot \frac{d_N}{d_2} = 0{,}95\,m \cdot 0{,}38 = 0{,}361\,m; \quad t = \frac{2\pi r_N}{z} = \frac{2\pi \cdot 0{,}1805\,m}{4}$$

$$= 0{,}248\,m$$

$$c_A \frac{l}{t} = \frac{2\Delta c_u}{w_\infty} = 0{,}82 \frac{0{,}180\,m}{0{,}248\,m} = 0{,}595; \quad u_2 = 2\pi n r = 2\pi \cdot 25\,s^{-1} \cdot 0{,}475\,m$$

$$= 74{,}61\,\frac{m}{s}$$

$$\tan \beta_\infty = \frac{\sin \beta_\infty}{\cos \beta_\infty} = \frac{c_{m2}}{u - \frac{c_{m2}}{2}} = \frac{5,8\,\text{m/s}}{74,61\,\text{m/s} - \frac{5,8\,\text{m/s}}{2}} = 0,0809 \rightarrow \beta_\infty = 4,62°$$

$$\sin \beta_\infty = \frac{c_m}{w_\infty} \rightarrow w_\infty = \frac{c_m}{\sin \beta_\infty} = \frac{5,8\,\text{m/s}}{\sin 4,62°} = 72\,\frac{\text{m}}{\text{s}}$$

$$Y_{th\infty} = \frac{c_A l}{t} \cdot \frac{u\,w_\infty}{2} = \frac{0,82 \cdot 0,18\,\text{m}}{0,248\,\text{m}} \cdot \frac{74,61\,\text{m/s} \cdot 72\,\text{m/s}}{2} = 1598,6\,\frac{\text{J}}{\text{kg}}$$

Für reibungsfreie Strömung $Y_{th\infty} = Y$:

$$\psi = \frac{Y}{u_2^2/2} = \frac{2 \cdot 1598,6\,\text{m}^2/\text{s}^2}{74,61^2\,\text{m}^2/\text{s}^2} = 0,574 \qquad \psi = 0,1 \text{ bis } 0,6 \quad \text{für Axialpumpen}$$

$$c_m = \frac{\dot{V}}{\frac{\pi}{4}d_2^2 \left[1 - \left(\frac{d_N}{d_2}\right)^2\right]}$$

$$\dot{V} = c_m \cdot \frac{\pi}{4}d_2^2 \left[1 - \left(\frac{d_N}{d_2}\right)^2\right] = 5,8\,\frac{\text{m}}{\text{s}} \cdot \frac{\pi}{4} \cdot 0,95^2\,\text{m}^2 \cdot [1 - 0,38^2] = 3,52\,\frac{\text{m}^3}{\text{s}}$$

$$= 12.672,0\,\frac{\text{m}^3}{\text{h}}$$

Modellklausurlösung 12.15.3

1.

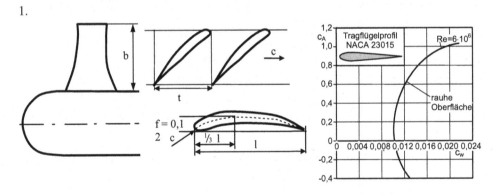

Abb. 15.61 Schaufelprofil

2.

$$\frac{p}{\rho} = RT \rightarrow \rho = \frac{m}{V} = \frac{p}{RT} = \frac{101,2\,\text{kPa}}{287,6\,\text{J/kg K} \cdot 293,15\,\text{K}} = 1,200\,\frac{\text{kg}}{\text{m}^3}$$

$$A = t\,b = 0,18\,\text{m} \cdot 0,48\,\text{m} = 0,0864\,\text{m}^2 = 86.400\,\text{mm}^2$$

$$F_W = c_W A \frac{\rho}{2}c_\infty^2 = 0,012 \cdot 0,0864\,\text{m}^2 \cdot \frac{1,2\,\text{kg/m}^3}{2} \cdot 26^2\,\text{m}^2/\text{s}^2 = 0,421\,\text{N}$$

3.

$$t = \frac{2\pi r_2}{z} = \frac{2\pi \cdot 0{,}28\,\text{m}}{5} = 0{,}352\,\text{m};$$

$$c_A \frac{l}{t} = \frac{2\Delta c_u}{w_\infty} \left[\frac{1}{1 + \varepsilon \cdot \cot \beta_\infty} \right] = 1{,}10 \cdot \frac{0{,}28\,\text{m}}{0{,}352\,\text{m}} = 0{,}875$$

$$u_2 = \omega\, r_2 = 2\pi n\, r_2 = 2\pi \cdot 24{,}167\,\text{s}^{-1} \cdot 0{,}28\,\text{m} = 42{,}52\,\text{m/s}$$

$$Y_{th} = u_2 \Delta c_u \rightarrow \Delta c_u = \frac{Y_{th}}{u_2} = \frac{80\,\text{m}^2/\text{s}^2}{42{,}52\,\text{m/s}} = 1{,}88\,\frac{\text{m}}{\text{s}}$$

$$\Delta c_u = \Delta w_u = 1{,}88\,\text{m/s}$$

Abb. 15.62 Geschwindigkeitsdreiecke, $\beta_\infty = 22°$

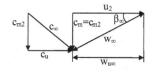

$$\sin \beta_\infty = \frac{c_m}{w_\infty}; \quad \tan \beta_\infty = \frac{c_{m2}}{w_{u\infty}} = \frac{c_{m2}}{u_2}$$

$$c_{m2} = u_2 \cdot \tan \beta_\infty = 42{,}52\,\frac{\text{m}}{\text{s}} \cdot 0{,}4040 = 17{,}18\,\frac{\text{m}}{\text{s}}$$

$$w_\infty = \sqrt{c_m^2 + u_2^2} = \sqrt{17{,}18^2 + 42{,}52^2}\,\frac{\text{m}}{\text{s}} = 45{,}86\,\frac{\text{m}}{\text{s}}$$

für $\alpha_2 = 90°$ ist $w_{u\infty} = u_2$

NACA-Profil NACA 23015

$c_w = 0{,}024$ aus Profilpolare für NACA 23015

4.

4.1 $A_2 = \pi d_2 b_2 = \pi \cdot 0{,}22\,\text{m} \cdot 0{,}032\,\text{m} = 0{,}022\,\text{m}^2$

Lieferzahl:

$$\varphi = \frac{c_{m2}}{u_2} = \frac{\dot{V}}{2\pi n\, r_2\, A_2} = \frac{0{,}0222\,\text{m}^3/\text{s}}{2\pi \cdot 49{,}17\,\text{s}^{-1} \cdot 0{,}11\,\text{m} \cdot 0{,}022\,\text{m}^2} = 0{,}030$$

Druckzahl:

$$\psi = \frac{2\Delta Y}{u_2^2} = \frac{2\Delta Y}{4\pi^2 n^2 r_2^2} = \frac{2 \cdot 480\,\text{J/kg}}{4\pi^2 \cdot (49{,}17\,\text{s}^{-1})^2 \cdot (0{,}11\,\text{m})^2} = 0{,}831$$

Schnelllaufzahl:

$$\sigma = \frac{\varphi^{1/2}}{\psi^{3/4}} = \frac{0{,}030^{1/2}}{0{,}831^{3/4}} = 0{,}199$$

Durchmesserzahl:

$$\delta = \frac{\psi^{1/4}}{\varphi^{1/2}} = \frac{0{,}831^{1/4}}{0{,}030^{1/2}} = 5{,}51; \quad H = \frac{Y}{g} = \frac{480\,\text{J/kg}}{9{,}81\,\text{m/s}^2} = 48{,}93\,\text{m}$$

spezifische Drehzahl:

$$n_q = n \cdot \frac{\dot{V}^{1/2}}{H^{3/4}} = 49{,}17\,\mathrm{s}^{-1} \cdot \frac{(0{,}0222\,\mathrm{m^3/s})^{1/2}}{(48{,}93\,\mathrm{m})^{3/4}} = 0{,}396\,\mathrm{s}^{-1} = 23{,}76\,\mathrm{min}^{-1}$$

4.2
$$\varepsilon = \frac{c_{m0}}{\sqrt{2 \cdot \Delta Y}}; \; c_S = c_{m0} = \varepsilon\sqrt{2 \cdot \Delta Y} = 0{,}12 \cdot \sqrt{2 \cdot 480\,\mathrm{J/kg}} = 3{,}72\,\frac{\mathrm{m}}{\mathrm{s}}$$

$$k_N = 1 - \left(\frac{d_N}{d_S}\right)^2 = 1 - (0{,}38)^2 = 0{,}86$$

$$d_S = \sqrt{\frac{\dot{V}}{\lambda_L\,k_N\,c_S\,\frac{\pi}{4}}} = \sqrt{\frac{0{,}0222\,\mathrm{m^3/s}}{0{,}94 \cdot 0{,}86 \cdot 3{,}72\,\frac{\mathrm{m}}{\mathrm{s}} \cdot \frac{\pi}{4}}} = 0{,}097\,\mathrm{m} \rightarrow r_S = 0{,}0485\,\mathrm{m}$$

4.3
$$u_2 = 2\,\pi\,n\,r_2 = 2\,\pi \cdot 49{,}17\,\mathrm{s}^{-1} \cdot 0{,}11\,\mathrm{m} = 33{,}98\,\frac{\mathrm{m}}{\mathrm{s}}$$

$$\varphi = \frac{c_{m2}}{u_2} \rightarrow c_{m2} = \varphi \cdot u_2 = 0{,}030 \cdot 33{,}98\,\frac{\mathrm{m}}{\mathrm{s}} = 1{,}02\,\frac{\mathrm{m}}{\mathrm{s}}$$

$$w = \sqrt{u_2^2 + c_m^2} = \sqrt{\left(33{,}98\,\frac{\mathrm{m}}{\mathrm{s}}\right)^2 + \left(1{,}02\,\frac{\mathrm{m}}{\mathrm{s}}\right)^2} = 33{,}99\,\frac{\mathrm{m}}{\mathrm{s}}$$

$$u_{1m} = 2\,\pi\,n\,r_S = 2\,\pi \cdot 49{,}17\,\mathrm{s}^{-1} \cdot 0{,}0485\,\mathrm{m} = 14{,}98\,\frac{\mathrm{m}}{\mathrm{s}}$$

$$c_{m1} = \varphi\,u_{1m} = 0{,}030 \cdot 14{,}98\,\frac{\mathrm{m}}{\mathrm{s}} = 0{,}45\,\frac{\mathrm{m}}{\mathrm{s}}$$

4.4
$$\tau_1 = t_1/(t_1 - \sigma) = 1{,}15$$

$$\tan\beta_0 = \frac{c_s}{u_1} = \frac{3{,}72\,\mathrm{m/s}}{14{,}98\,\mathrm{m/s}} = 0{,}248 \rightarrow \beta_0 = 13{,}93°$$

$$c_1 = c_{m1} = c_S\tau_1 = 3{,}72\,\frac{\mathrm{m}}{\mathrm{s}} \cdot 1{,}15 = 4{,}28\,\frac{\mathrm{m}}{\mathrm{s}}$$

$$\tan\beta_1 = \frac{c_1}{u_1} = \frac{4{,}28\,\mathrm{m/s}}{14{,}98\,\mathrm{m/s}} = 0{,}286 \rightarrow \beta_1 = 15{,}96°$$

Abb. 15.63 Eintrittsgeschwindigkeitsdreiecke

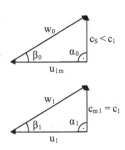

4.5
$$\tau_2 = t_2/(t_2 - \sigma) = 1{,}10$$

$$A_{m2} = \pi\, d_2\, b_2 \frac{1}{\tau_2} = \pi \cdot 0{,}22\,\text{m} \cdot 0{,}032\,\text{m} \cdot \frac{1}{1{,}10} = 0{,}02\,\text{m}^2$$

$$\rightarrow b_{m2} = \frac{A_{m2}}{\pi\, d_2} = \frac{0{,}02\,\text{m}^2}{\pi \cdot 0{,}22\,\text{m}} = 0{,}029\,\text{m}$$

Meridiangeschwindigkeit am Austritt mit Schaufelverengung:

$$c_{m2} = \frac{\dot{V}}{A_{m2}} = \frac{0{,}0222\,\text{m}^3/\text{s}}{0{,}02\,\text{m}^2} = 1{,}11\,\frac{\text{m}}{\text{s}}$$

5. $$r_m = r_N + \frac{(r_2 - r_N)}{2} = 0{,}15\,\text{m} + \frac{(0{,}30\,\text{m} - 0{,}15\,\text{m})}{2} = 0{,}225\,\text{m}$$

Abb. 15.64 Axialventilator

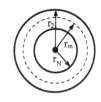

Geometrische Größe

$$A = \frac{\pi}{4}\left(d_2^2 - d_N^2\right) = \frac{\pi}{4}\left(0{,}6^2 - 0{,}3^2\right)\,\text{m}^2 = 0{,}212\,\text{m}^2$$

$c = \frac{\dot{V}}{A} \rightarrow$ gleichmäßige Geschwindigkeitsverteilung für konstantes c

$$\frac{A}{2} = \frac{\pi}{4}\left(d_m^2 - d_N^2\right) = \frac{\pi}{4}d_m^2\left[1 - \left(\frac{d_N}{d_m}\right)^2\right]$$

$$d_m = \sqrt{\frac{2A}{\pi} + d_N^2} = \sqrt{\frac{2 \cdot 0{,}212\,\text{m}^2}{\pi} + 0{,}3^2\,\text{m}^2} = 0{,}474\,\text{m} \rightarrow r_m = 0{,}237\,\text{m}$$

Modellklausurlösung 12.15.4

1. Skizze

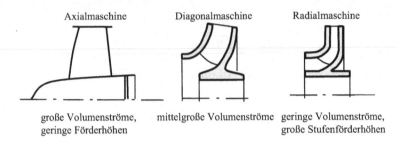

Axialmaschine   Diagonalmaschine   Radialmaschine

große Volumenströme,   mittelgroße Volumenströme   geringe Volumenströme,
geringe Förderhöhen   große Stufenförderhöhen

Abb. 15.65 Bauarten von Strömungsmaschinen

2.

Abb. 15.66 p-v- und T-s-
Diagramm

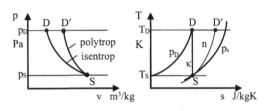

3. Drallfreier Laufradeintritt $\alpha_1 = 90°$; $u_1 c_{u1} = 0$; $Y_{Sch\infty} = u_2 \cdot c_{2u} = u_2 \cdot c_2 \cdot \cos\alpha_2$
   Drallbehaftete Strömung mit Gleichdrall der Größe $c_{u1} = 0,12\, u_1$

$$Y_{Sch\infty} = u_2 \cdot c_{2u} + u_1 \cdot c_{1u} = u_2 \cdot c_{2u} + 0,12 \cdot u_1^2$$

Abb. 15.67 Geschwindigkeitsdreiecke

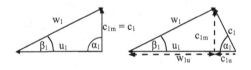

4. gegeben: $r_2 = 320\,\text{mm}$; $n = 1450\,\text{min}^{-1}$; $z = 5$; $r_N/r_2 = 0,35$; $\beta_\infty = 26°$; $Y_{th} = 120\,\text{J/kg}$;
   $c_1 = 11\,\text{m/s}$; $\alpha_1 = 60°$; $l = 280\,\text{mm}$; $\varepsilon = 0,012$

4.1

$$r_N = r_2 \cdot \left(\frac{r_N}{r_2}\right) = 0,32\,\text{m} \cdot 0,35 = 0,112\,\text{m}; t = \frac{2\,\pi\,r_N}{z} = \frac{2\,\pi \cdot 0,112\,\text{m}}{5}$$

$$= 0,141\,\text{m}$$

$$u_2 = 2\,\pi\,n\,r_2 = 2\,\pi \cdot 24,17\,\text{s}^{-1} \cdot 0,32\,\text{m} = 48,57\,\text{m/s};$$

$$c_{1m} = c_1 \sin\alpha_1 = 11\,\text{m/s} \cdot \sin 60° = 9,53\,\text{m/s}$$

$$\sin\beta_\infty = \frac{c_m}{w_\infty} \rightarrow w_\infty = \frac{c_{m1}}{\sin\beta_\infty} = \frac{9,53\,\text{m/s}}{\sin 26°} = 21,74\,\frac{\text{m}}{\text{s}}$$

$$Y_{th} = \frac{c_A\,l}{t} \cdot \frac{u_2\,w_\infty}{2} \rightarrow c_A = \frac{2\,Y_{th}t}{l\,u_2\,w_\infty} = \frac{2 \cdot 120\,\text{J/kg} \cdot 0,141\,\text{m}}{0,28\,\text{m} \cdot 48,57\,\text{m/s} \cdot 21,74\,\text{m/s}}$$

$$= 0,115$$

4.2 $c_w = \varepsilon\,c_A = 0,012 \cdot 0,115 = 0,0014$

5. gegeben: $d_2 = 420\,\text{mm}$; $b_2 = 24\,\text{mm}$; $\dot{V} = 160\,\text{m}^3/h = 0,044\,\text{m}^3/\text{s}$; $H = 58\,\text{m}$; $n = 2950\,\text{min}^{-1}$

5.1 $u_2 = \pi\,n\,d_2 = \pi \cdot 49,17\,\text{s}^{-1} \cdot 0,42\,\text{m} = 64,88\,\text{m/s}$

5.2 $Y = g\,H = 9,81\,\frac{\text{m}}{\text{s}^2} \cdot 58\,\text{m} = 568,98\,\frac{\text{J}}{\text{kg}}$; $\psi = \frac{2Y}{u_2^2} = \frac{2 \cdot 568,98\,\text{J/kg}}{64,88^2\,\text{m}^2/\text{s}} = 0,270$

$$\varphi = \frac{\dot{V}}{\pi\,d_2\,b_2\,u_2} = \frac{0,044\,\text{m}^3/\text{s}}{\pi \cdot 0,42\,\text{m} \cdot 0,024\,\text{m} \cdot 64,88\,\text{m/s}} = 0,0214$$

5.3 $\sigma = \frac{\varphi^{1/2}}{\psi^{3/4}} = \frac{0,0214^{1/2}}{0,27^{3/4}} = 0,391$; $n_q = 157,8\,\text{min}^{-1} \cdot \sigma = 157,8\,\text{min}^{-1} \cdot 0,391 = 61,7\,\text{min}^{-1}$

5.4 $c_m = \frac{\dot{V}}{A} = \frac{4\dot{V}}{\pi\,d^2} = \frac{4 \cdot 0,044\,\text{m}^3/\text{s}}{\pi \cdot 0,42^2\,\text{m}^2} = 0,32\,\frac{\text{m}}{\text{s}}$

5.5 $Y = u_2 c_{u2} = 568,98\,\text{J/kg}$ für $c_{u1} = 0$;

$c_{u2} = Y/u_2 = 568,98\,(\text{m/s})^2/64,88\,\text{m/s} = 8,77\,\text{m/s}$

5.6 Eintrittsgeschwindigkeit $c_m = 4\dot{V}/(\pi d_s^2[1 - (60/200)^2]) = 1,54\,\text{m/s}$

5.7 Geschwindigkeitsdreiecke

Abb. 15.68 Geschwindigkeitsdreiecke

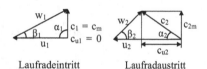

Laufradeintritt   Laufradaustritt

6. gegeben: $n_q = 42\ 1/\text{min}$, $\dot{V} = 1,4\,\text{m}^3/\text{s}$, $H = 40\,\text{m}$, $\psi = 0,82$

$$n_q = n\frac{\dot{V}^{1/2}}{H^{3/4}} \rightarrow n = n_q\frac{H^{3/4}}{\dot{V}^{1/2}} = 0,7\,\text{s}^{-1}\frac{(40\,\text{m})^{3/4}}{(1,4\,\text{m}^3/\text{s})^{1/2}} = 9,410\,\text{s}^{-1}$$

$$\psi = \frac{Y}{u_2^2/2} = \frac{g\,H}{2\pi^2 n^2 r_2^2} \quad r_2 = \sqrt{\frac{g\cdot H}{2\pi^2 n^2 \psi}} = \sqrt{\frac{9,81\,\text{m/s}^2 \cdot 40\,\text{m}}{2\cdot\pi^2\cdot(9,41\,1/\text{s})^2\cdot 0,82}}$$

$$= 0,523\,\text{m}$$

$$d_2 = 1,046\,\text{m}; \quad u_1 = 2\,\pi\,n\,r = 2\cdot\pi\cdot 9,41\frac{1}{\text{s}}\cdot 0,523\,\text{m} = 30,92\,\frac{\text{m}}{\text{s}}$$

Abb. 15.69 Francis-Laufrad

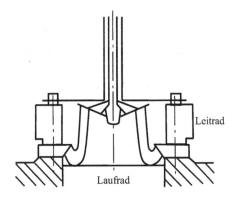

Leitrad

Laufrad

Modellklausurlösung 12.15.5

1. gegeben: $T_S = 20\,°\text{C}$; $R = 287,6\,\text{J/kg K}$; $\kappa = 1,4$; $n = 1,35$; $\eta = 0,78$; $p_S = 99\,\text{kPa}$, $\dot{V}_S = 240\,\text{m}^3/\text{h}$; $p_D = 250\,\text{kPa}$

1.1

$$\dot{m} = \dot{V}_s \cdot \rho_s; \quad \rho_s = \frac{p_s}{RT_s} = \frac{99\,\text{kPa}}{287,6\,\text{J/kg K}\cdot 293,15\,\text{K}} = 1,174\,\frac{\text{kg}}{\text{m}^3}$$

$$\dot{m} = 240\,\frac{\text{m}^3}{\text{h}}\cdot 1,174\,\frac{\text{kg}}{\text{m}^3} = 281,76\,\frac{\text{kg}}{\text{h}} = 0,078\,\frac{\text{kg}}{\text{s}}$$

1.2

$$T_{Dn} = T_S\left(\frac{p_D}{p_s}\right)^{\frac{n-1}{n}} = 372,72\,\text{K}; \quad \rho_D = \frac{p_D}{R\cdot T_{Dn}} = 2,33\,\frac{\text{kg}}{\text{m}^3};$$

$$\dot{V}_D = \dot{V}_S\frac{\rho_S}{\rho_D} = 120,93\,\frac{\text{m}^3}{\text{h}}$$

1.3

$$Y_S = \frac{\kappa}{\kappa - 1} R T_s \left[\left(\frac{p_D}{p_S} \right)^{\frac{\kappa-1}{\kappa}} - 1 \right] = 89{,}4 \cdot 10^3 \, \frac{J}{kg} ;$$

$$Y_n = \frac{n}{n - 1} R T_s \left[\left(\frac{p_D}{p_S} \right)^{\frac{n-1}{n}} - 1 \right] = 88{,}28 \cdot 10^3 \, \frac{J}{kg}$$

1.4 $P_n = \dot{m} \cdot Y_n$; $P_K = \frac{P_n}{\eta}$; $P_{Kn} = \frac{\dot{m} Y_n}{\eta} = 8{,}828 \, kW$; $P_{Ks} = \frac{\dot{m} Y_s}{\eta} = 8{,}94 \, kW$

1.5

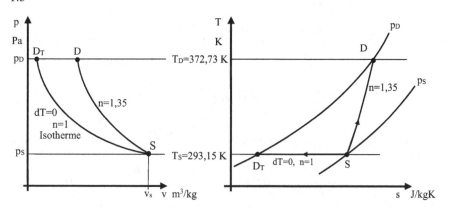

Abb. 15.70 p-v- und T-s-Diagramm

2. gegeben: $d_2 = 1$ m; $d_1/d_2 = 0{,}52$; $p_S = 101.330$ Pa; $p_D = 116.380$ Pa; $T_S = 293{,}15$ K; $c = 0$; $\varphi = 0{,}27$; $n = 2950 \, \text{min}^{-1} = 49{,}2 \, \text{s}^{-1}$; $\dot{V} = 6000 \, \text{m}^3/\text{h} = 1{,}66 \, \text{m}^3/\text{s}$

2.1   Umfangsgeschwindigkeit und Druckzahl:

$$\rho_S = \frac{p_S}{R \, T_S} = \frac{101{,}33 \, \text{kPa}}{287{,}6 \, \text{J/kg K} \cdot 293{,}15 \, \text{K}} = 1{,}202 \, \frac{kg}{m^3}$$

$$Y = \frac{p_D - p_S}{\rho_S} = \frac{116{,}38 \, \text{kPa} - 101{,}33 \, \text{kPa}}{1{,}202 \, \text{kg/m}^3} = 12.520{,}80 \, \frac{J}{kg}$$

$$u_2 = 2 \pi n \frac{d_2}{2} = 2\pi \cdot 49{,}2 \, \text{s}^{-1} \cdot \frac{1 \, \text{m}}{2} = 154{,}57 \, \frac{m}{s} ;$$

$$\psi = \frac{2 \, Y}{u_2^2} = \frac{2 \cdot 12.520{,}80 \, \text{J/kg}}{154{,}57^2 \, \text{m}^2/\text{s}^2} = 1{,}048$$

2.2   Erforderliche Laufradaustrittsbreite:

$$\dot{V} = c_{m2} A_2 = c_{m2} \pi d_2 b_2 ; \quad c_{m2} = \varphi u_2 = 0{,}27 \cdot 154{,}57 \, \text{m/s} = 41{,}73 \, \text{m/s}$$

$$b_2 = \frac{\dot{V}_0}{\pi d_2 c_{m2}} = \frac{1{,}66 \, \text{m}^3/\text{s}}{\pi \cdot 1 \, \text{m} \cdot 41{,}70 \, \text{m/s}} = 12{,}68 \, \text{mm}$$

2.3 Nutzleistung:

$$P_N = \dot{m}\,Y = \rho\,\dot{V}\,Y = 1{,}202\,\frac{\text{kg}}{\text{m}^3} \cdot 1{,}66\,\frac{\text{m}^3}{\text{s}} \cdot 12.520{,}80\,\frac{\text{J}}{\text{kg}\,\text{K}} = 24{,}98\,\text{kW}$$

2.4 Statischer und dynamischer Druckanteil für $d_2 = 350\,\text{mm}$:

$$p_{\text{dyn}} = \frac{\rho}{2}c_2^2 = \frac{\rho}{2} \cdot \frac{\dot{V}^2}{A^2} = \frac{\rho}{2} \cdot \frac{4^2 \cdot \dot{V}^2}{\pi^2 \cdot d_2^4} = \frac{1{,}202\,\text{kg/m}^3}{2} \cdot \frac{4^2 \cdot \left(1{,}66\,\text{m}^3/\text{s}\right)^2}{\pi^2 \cdot (350\,\text{mm})^4}$$

$$= 178{,}91\,\text{Pa}$$

$$p_{\text{st}} = p_D - p_{\text{dyn}} = 116{,}38\,\text{kPa} - 178{,}91\,\text{Pa} = 116{,}2\,\text{kPa}$$

2.5 Spezifische Drehzahl, Schnelllaufzahl und Durchmesserzahl:

$$H = \frac{Y}{g} = \frac{12.520{,}80\,\text{J/kg}}{9{,}81\,\text{m/s}^2} = 1276{,}33\,\text{m}$$

$$n_q = 2\,\pi\,n \cdot \frac{\sqrt{\dot{V}}}{H^{3/4}} = 2\pi \cdot 49{,}2\,\text{s}^{-1} \cdot \frac{\sqrt{1{,}66\,\text{m}^3/\text{s}}}{(1276{,}33\,\text{m})^{0{,}75}} = 59{,}97\,\text{s}^{-1} = 3598\,\text{min}^{-1}$$

$$\sigma = \frac{\varphi^{1/2}}{\psi^{3/4}} = \frac{0{,}27^{1/2}}{1{,}048^{3/4}} = 0{,}502; \quad \delta = \frac{\psi^{1/4}}{\varphi^{1/2}} = \frac{1{,}048^{1/4}}{0{,}27^{1/2}} = 1{,}947$$

2.6 Erforderliche Kupplungsleistung bei $\eta = 0{,}82$:

$$P_K = \frac{P_N}{\eta} = \frac{24{,}98\,\text{kW}}{0{,}82} = 30{,}46\,\text{kW}$$

3. gegeben: $t = 20\,°\text{C}$; $\rho = 999\,\text{kg/m}^3$; $\dot{V} = 125\,\text{m}^3/\text{h}$; $Y = 500\,\text{J/kg}$; $p_S = 60\,\text{kPa}$, $n = 2950\,\text{min}^{-1} = 49{,}1\,\text{s}^{-1}$; $\eta_K = 0{,}79$

3.1 Spezifische Drehzahl, Nutz- und Kupplungsleistung:

$$n_q = n\frac{\dot{V}_n^{1/2}}{H_n^{3/4}} = n\frac{\dot{V}_n^{1/2}}{(Y/g)^{3/4}} = 2950\,\text{min}^{-1}\frac{\sqrt{\dfrac{125\,\text{m}^3\,h}{3600\,\text{h}\,s}}}{\left(\dfrac{500\,\text{J/kg}}{9{,}81\,\text{m/s}^2}\right)^{3/4}}$$

$$= \frac{549{,}7}{50{,}97^{3/4}}\,\text{min}^{-1} = 28{,}8\,\text{min}^{-1}$$

$$P_{Nn} = \dot{m}\,Y = \rho\,\dot{V}\,Y = 17{,}34\,\text{kW}; \quad P_{Kn} = \frac{P_N}{\eta_K} = \frac{17{,}34\,\text{kW}}{0{,}79} = 21{,}95\,\text{kW}$$

3.2 Laufraddurchmesser für $\psi = 1{,}12$:

$$\psi = \frac{2Y}{u_2^2} = \frac{2Y}{(\pi\,n\,d_2)^2} \rightarrow d_2 = \frac{\sqrt{2Y}}{\pi\,n\,\sqrt{\psi}} = 0{,}1937\,\text{m}$$

3.3 $\dfrac{\dot{V}}{\dot{V}_n} = \dfrac{85\,\text{m}^3/\text{h}}{125\,\text{m}^3/\text{h}} = 0{,}68$

Ähnlichkeitsgesetze:

$$\frac{n}{n_n} = \frac{\dot{V}}{\dot{V}_n}; \quad \left(\frac{n}{n_n}\right)^2 = \frac{Y}{Y_n}; \quad \left(\frac{n}{n_n}\right)^3 = \frac{P_N}{P_{Nn}};$$

$$n = n_n \frac{\dot{V}}{\dot{V}_n} = 2950\,\text{min}^{-1} \cdot 0{,}68 = 2006\,\text{min}^{-1}$$

$$Y = Y_n \left(\frac{n}{n_n}\right)^2 = 231{,}2\,\frac{\text{J}}{\text{kg}};$$

$$H = \frac{Y}{g} = 23{,}57\,\text{m}; \quad H_n = 50{,}97\,\text{m}; \quad \frac{H}{H_n} = 0{,}4624$$

P_K für gleichen Kupplungswirkungsgrad von $\eta_K = 0{,}79$

für $\dot{V} = \dfrac{n\,\dot{V}_n}{n_n} = 85\,\dfrac{\text{m}^3}{\text{h}} = 0{,}0236\,\dfrac{\text{m}^3}{\text{s}}; \; P_K = \dfrac{\rho\,\dot{V}\,Y}{\eta_K} = 6{,}90\,\text{kW}$

3.4 Kupplungsleistung bei $\eta_K = \text{konst.} = 0{,}79$ für $Y = 500\,\text{J/kg}$, $\dot{V} = 125\,\text{m}^3/\text{h}$, $\rho_{As} = 1220{,}1\,\text{kg/m}^3$

$$P_K = \frac{\rho_{As}\,\dot{V}\,Y}{\eta_K} = 26{,}81\,\text{kW};$$

$$\frac{P_{Kn}}{P_K} = \frac{21{,}95\,\text{kW}}{26{,}81\,\text{kW}} = \frac{\rho_n}{\rho As} = \frac{999\,\text{kg/m}^3}{1218{,}29\,\text{kg/m}^3} = 0{,}82$$

Modellklausurlösung 12.15.6

1. gegeben: $d_E = 500\,\text{mm}$; $c_P = 2580\,\text{J/(kg K)}$; $R = 946\,\text{J/kg K}$; $\dot{V} = 16.000\,\text{m}^3/\text{h}$
   $p_A = 0{,}10\,\text{MPa}$; $p_E = 0{,}8\,\text{MPa}$; $t_E = 820\,°\text{C}$; $n = 1{,}46$
   $\kappa = 1{,}58$; polytrope Entspannung
   1.1 $c_P - c_V = R$; $c_V = c_P - R$; $c_V = 1634\,\text{J/kg K}$
   $T_E = t_E + 273{,}15\,\text{K}$; $T_E = 1093{,}15\,\text{K}$

   polytrope Entspannung:

   $$Y_p = c_p T_E \left[1 - \left(\frac{p_A}{p_E}\right)^{\frac{n-1}{n}} \right] \quad Y_P = 2{,}704 \cdot 10^6\,\text{J/kg} \; \text{mit} \; n = 1{,}46$$

   isentrope Entspannung:

   $$Y_s = c_p T_E \left[1 - \left(\frac{p_A}{p_E}\right)^{\frac{\kappa-1}{\kappa}} \right] \quad Y_S = 2{,}685 \cdot 10^6\,\text{J/kg} \; \text{mit} \; \kappa = 1{,}58$$

1.2 $\quad \rho_s = \dfrac{p_E}{R T_E}; \quad \rho_s = 0{,}774\,\text{kg/m}^3; \quad \dot m_p = \dot V \rho_s; \quad \dot m_p = 3{,}438\,\text{kg/s}$

polytrope Leistung: $\quad P_p = Y_p \dot m_p \qquad P_p = 9{,}296 \cdot 10^6\,\text{W}$

isentrope Leistung: $\quad P_s = Y_s \dot m_p \qquad P_s = 9{,}231 \cdot 10^6\,\text{W}$

1.3 polytrop $\quad T_A = T_E \left(\dfrac{p_A}{p_E}\right)^{\frac{n-1}{n}} \qquad T_A = 567{,}73\,\text{K}$

isentrop $\quad T_A = T_E \left(\dfrac{p_A}{p_E}\right)^{\frac{\kappa-1}{\kappa}} \qquad T_A = 509{,}52\,\text{K}$

1.4

Abb. 15.71 p-v- und h-s-Diagramm

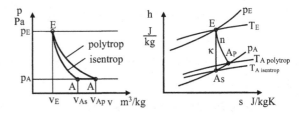

2. gegeben: Wasser bei $t = 20\,°\text{C}; \rho = 998{,}6\,\text{kg/m}^3; \dot V_n = 80\,\text{m}^3/\text{h} = 0{,}0222\,\text{m}^3/\text{s}$
   $H_n = 50\,\text{m}; n = 2950\,\text{min}^{-1} = 49{,}166\,\text{s}^{-1}; \psi = 1{,}24; g = 9{,}81\,\text{m/s}^2$

   2.1 spezifische Nutzarbeit: $Y_n = H_n g; \quad Y_n = 490{,}5\,\text{J/kg}$

   2.2 Absolutdruck bei $p_s = 54\,\text{kPa}; \quad p_d = p_s + Y_n\rho; \quad p_d = 543{,}81\,\text{kPa}$

   2.3 Umfangsgeschwindigkeit:

$$u = \sqrt{\tfrac{2 Y_n}{\psi}} \qquad u = 28{,}13\,\text{m/s}$$

Laufradbreite:

$$d = \frac{u}{\pi\, n} = 0{,}182\,\text{m} \quad c_{2m} = 3{,}2\,\text{m s}^{-1} \quad b = \frac{\dot V_n}{\pi\, d\, c_{2m}} = 12{,}13\,\text{mm}$$

   2.4 Lieferzahl:

$$\varphi = \frac{c_{2m}}{u} \qquad \varphi = 0{,}114$$

Schnelllaufzahl:

$$\sigma = \frac{\varphi^{1/2}}{\psi^{3/4}} \qquad \sigma = 0{,}287$$

Durchmesserzahl:

$$\delta = \frac{\psi^{1/4}}{\varphi^{1/2}} \qquad \delta = 3{,}13$$

spezifische Drehzahl:

$$n_q = n \cdot \frac{(\dot{V}_n)^{1/2}}{(H_n)^{3/4}} \qquad n_q = 23{,}37\,\text{min}^{-1}$$

2.5 Motorleistung für $\eta_K = 0{,}82$: $P_M = \dfrac{\dot{V}_n \rho Y_n}{\eta_K}$ $P_M = 13{,}26 \cdot 10^3\,\text{W}$

3. gegeben: $p_S = 98\,\text{kPa}$; $p_D = 380\,\text{kPa}$; $T_S = 293\,\text{K}$; $\dot{V}_S = 8{,}6\,\text{m}^3/\text{s}$; $\eta_m = 0{,}96$;
   $c_p = 2580\,\text{J/kg K}$; $c_v = 1634\,\text{J/kg K}$

3.1 Verdichtungsendtemperatur T_{Ds} isentrop:

$$\kappa = \frac{c_p}{c_v} = 1{,}579;$$

$$R = c_p - c_v = 946\,\text{J/kg K};$$

$$T_{Ds} = T_S \left(\frac{p_D}{p_S} \right)^{(\kappa-1)/\kappa} = 481{,}598\,\text{K}$$

3.2 spezifische Nutzarbeit isentrop: $Y_s = c_p T_S [(\frac{p_D}{p_S})^{(\kappa-1)/\kappa} - 1] = 486.582{,}3\,\frac{\text{J}}{\text{kg}}$

3.3 Antriebsleistung isentrop:

$$\rho_s = \frac{p_S}{R T_S} = 0{,}354\,\frac{\text{kg}}{\text{m}^3}; \quad \dot{m}_p = \dot{V}_S \rho_S = 3{,}04\,\frac{\text{kg}}{\text{s}}; \quad P_s = Y_s \dot{m}_P = 1{,}479\,\text{MW}$$

3.4 Polytropenexponent für $T_D = 495\,\text{K}$:

$$n = \frac{\ln(p_D/p_S)}{\ln(p_D/p_S) - \ln(T_D/T_S)} = 1{,}63$$

3.5 spezifische Nutzarbeit polytrop:

$$Y_p = \frac{n}{n-1} R T_S \left[\left(\frac{p_D}{p_S} \right)^{(n-1)/n} - 1 \right] = 493.692{,}3\,\text{J/kg}$$

3.6 Antriebsleistung polytrop:

$$P_p = Y_p \dot{m}_P = 1{,}501\,\text{MW}$$

3.7 Leistungsverhältnis polytrop – isentrop:

$$\frac{P_p}{P_s} = 1{,}015$$

3.8 siehe Abb. 15.72

Abb. 15.72 p-v- und T-s-
Diagramm

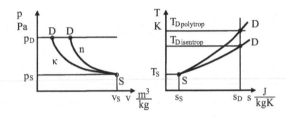

Modellklausurlösung 12.15.7

1. Bauarten von Pumpen, Unterscheidungskriterien und deren Kennziffernbereiche

a   b   c   d

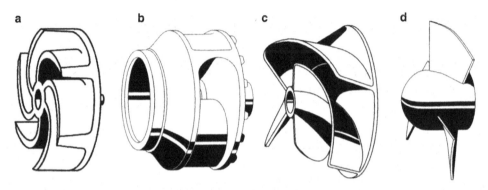

Abb. 15.73 Pumpenbauarten. **a** Offenes Freistromlaufrad, **b** Radiallaufrad, **c** Diagonallaufrad,
d Axiallaufrad

Tab. 15.6 Dimensionslose Kennzahlen von Kreiselpumpen

	(a) offenes Frei-stromlaufrad	(b) Radial-laufrad	(c) Diagonal-laufrad	(d) Axiallaufrad
Schnelllaufzahl σ	0,10–0,40	0,20–0,80	0,60–1,0	0,90–2,5
spez. Drehzahl n_q	10–46	30–90	80–130	125–420
Energieübertragungs-zahl ψ	0,60–1,15	0,40–0,90	0,25–0,70	0,10–0,20

2. Gleichungen, um Turboverdichter auszulegen:
    Mit Hilfe der:
    - Eulergleichung $Y = u_2 c_{u_2} - u_1 c_{u_1}$,
    - Kontinuitätsgleichung $\dot{m}_s = \dot{m}_D = \rho_s \cdot c_s \cdot A_s = \rho_D \cdot c_D \cdot A_D$,

- Grenzschichtgleichung oder Reibungswiderstand

$$c_w = \frac{F_R}{\frac{\rho}{2}c^2} = \frac{2\,b \cdot \eta}{\rho \cdot c^2} \int\limits_0^1 \left(\frac{\delta c_x}{\delta y}\right)_{y=0} dx \,.$$

Abb. 15.74 Turboverdichter

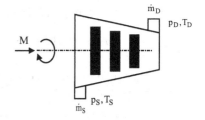

3. Massestrom- und Leistungsbilanz
   Massenbilanz

$$\dot{m}_S = \dot{m}_D, \quad \rho_S \cdot \dot{V}_S = \rho_D \cdot \dot{V}_D, \quad \rho_s \cdot c_s \cdot A_s = \rho_D \cdot c_D \cdot A_D$$

Leistungsbilanz
Zugeführte mech. Leistung + zugeführte strömungstechnische Leistung = abgeführte
Verdichterleistung + abgeführter Wärmestrom der Dissipationsenergie

$$M \cdot \omega + \dot{m}_S \cdot Y_S = \dot{m}_D \cdot Y_D + \dot{Q}, \quad P_K = \omega \cdot M, \quad \dot{m}_S = \dot{m}_D;$$

ΔY-zugeführte spezifische Nutzarbeit

$$P_K = \dot{m}_S\,(Y_D - Y_S) + \dot{Q} = \rho_S \cdot \dot{V}_S \cdot \Delta Y + Q$$

4. Druckverhältnis und Einsatz von Ventilatoren, Auslegungsberechnung
   Druckverhältnis von $\pi = p_D/p_S = 1{,}15$ bis $1{,}3$
   Auslegungsberechnung für π bis $1{,}2$ hydrodynamisch mit $\rho = $ konst., $\pi > 1{,}2$ unter
   Berücksichtigung der Kompressibilität
   Einsatzbereiche: z. B. Kühlung, Be- und Entlüftung, Trocknung, Klimatisierung

5. gegeben: $\dot{V} = 160\,\dfrac{m^3}{h}$; Wasser bei $t = 20\,°C$; $\rho = 1000\,\dfrac{kg}{m^3}$; $d_s = 120\,mm$

   5.1 spezifische Nutzarbeit
   Förderhöhe: $H = h_1 + h_2 = 6\,m + 12\,m = 18\,m$

$$Y = g \cdot \Delta h + \frac{p_{stat} - p_b}{\rho} = 9{,}81\,\frac{m}{s^2} \cdot 18\,m + \frac{(400 - 99{,}6) \cdot 10^3\,Pa}{1000\,kg/m^3} = 476{,}98\,\frac{J}{kg}$$

5.2 statischer Druck im Saugstutzen

$$c_S = \frac{\dot{V}}{\frac{\pi}{4}d_s^2} = \frac{160\,\frac{m^3}{h}}{\frac{\pi}{4}\cdot(0{,}12\,m)^2} = 3{,}93\,\frac{m}{s}$$

$$p_S = p_b - \rho\cdot h_1\cdot g - \frac{c_s^2}{2}\cdot\rho$$

$$= 99{,}6\,kPa - 1000\,\frac{kg}{m^3}\cdot 6\,m\cdot 9{,}81\,\frac{m}{s^2} - \frac{(3{,}93\,m/s)^2}{2}\cdot 1000\,\frac{kg}{m^2}$$

$$p_S = 99{,}6\,kPa - 58{,}86\,kPa - 7{,}77\,kPa = 33{,}018\,kPa$$

5.3 Nutz- und Kupplungsleistung

$$P_N = \dot{m}\,Y = \rho\,\dot{V}\,Y = 1000\,\frac{kg}{m^3}\,\frac{160\,m^3}{3600\,s/h}\,476{,}98\,\frac{J}{kg} = 21.199\,\frac{J}{s} = 21{,}20\,kW$$

$$P_K = \frac{P_N}{\eta_K} = \frac{21{,}20\,kW}{0{,}88} = 24{,}09\,kW$$

5.4 Kavitation

$$p_t = p_b - h_1\cdot\rho\cdot g - \frac{c_s^2}{2}\cdot\rho$$

$$c_s = \sqrt{\frac{(p_b - p_t - h_1\cdot\rho\cdot g)\cdot 2}{\rho}}$$

$$= \sqrt{\frac{\left(99.600\,Pa - 2538\,Pa - 6\,m\cdot 1000\,\frac{kg}{m^3}\cdot 9{,}81\,\frac{m}{s^2}\right)\cdot 2}{1000\,\frac{kg}{m^3}}} = 8{,}74\,\frac{m}{s}$$

$$\dot{V}_{kav} = c_s\cdot A_s = c_s\cdot\frac{\pi}{4}d_s^2 = 8{,}74\,\frac{m}{s}\cdot\frac{\pi}{4}(0{,}12\,m)^2 = 0{,}099\,\frac{m^3}{s} = 356{,}4\,\frac{m^3}{h}$$

5.5 spezifische Drehzahl und Druckzahl

$$n_q = n\cdot\frac{\dot{V}^{1/2}}{H^{3/4}} = 2900\,min^{-1}\cdot\frac{\sqrt{\frac{160\,m^3/h}{3600\,s/h}}}{\left(\frac{476{,}98\,J/kg}{9{,}81\,m/s^2}\right)^{3/4}} = 33{,}2\,min^{-1}$$

$$u_2 = 2\cdot\pi\cdot n\cdot\frac{d_2}{2} = \frac{2\cdot\pi\cdot 2900\,min^{-1}}{60\,s/min}\cdot\frac{0{,}42\,m}{2} = 63{,}77\,\frac{m}{s};$$

$$\psi = \frac{2Y}{u_2^2} = \frac{2\cdot 476{,}98\,J/kg}{(63{,}77\,m/s)^2} = 0{,}235$$

5.6 Kupplungsleistung für Ameisensäure mit $\rho_A = 1221\,\text{kg}/\text{m}^3$

$$P_{n_A} = \dot{m}_A \cdot Y = \dot{V} \cdot \rho_A \cdot Y = 476{,}98\,\frac{\text{J}}{\text{kg}} \cdot \frac{160}{3600}\,\frac{\text{m}^3}{\text{s}} \cdot 1221\,\frac{\text{kg}}{\text{m}^3}$$

$$= 25.884\,\text{W} = 25{,}88\,\text{kW}$$

$$P_K = \frac{P_n}{\eta_K} = \frac{25{,}88\,\text{kW}}{0{,}88} = 29{,}41\,\text{kW}$$

6. gegeben: $t_s = 20\,°\text{C}$, $\quad p_s = 98{,}6\,\text{kPa}$, $\quad \pi = \dfrac{p_D}{p_s} = 2{,}8$, $\quad \dot{V}_s = 6800\,\dfrac{\text{m}^3}{\text{h}} = 1{,}889\,\dfrac{\text{m}^3}{\text{s}}$

$\kappa = 1{,}4$, $\quad n = 1{,}32$, $\quad c_{p_{\text{Luft}}} = 1004\,\text{J}/\text{kg K}$, $\quad R = 287{,}6\,\text{J}/\text{kg K}$

6.1 Verdichtungsenddruck und Verdichtungstemperatur

$$\rho_s = \frac{p_s}{R \cdot T_s} = 1{,}169\,\frac{\text{kg}}{\text{m}^3}; \quad p_D = \pi \cdot p_s = 2{,}8 \cdot 98{,}6\,\text{kPa} = 276{,}08\,\text{kPa}$$

isentrop: $\quad T_D = T_s \left(\dfrac{p_D}{p_s}\right)^{\frac{\kappa-1}{\kappa}} = 293{,}15\,\text{K} \cdot 2{,}8^{\frac{1{,}4-1}{1{,}4}} = 393{,}41\,\text{K} = 120{,}26\,°\text{C}$

polytrop: $\quad T_D = T_s \left(\dfrac{p_D}{p_s}\right)^{\frac{n-1}{n}} = 293{,}15\,\text{K} \cdot 2{,}8^{\frac{1{,}32-1}{1{,}32}} = 376{,}26\,\text{K} = 103{,}11\,°\text{C}$

6.2 isentrope spezifische Nutzarbeit

$$Y_s = \frac{\kappa}{\kappa-1} \cdot R \cdot T_s \left[\pi^{\frac{\kappa-1}{\kappa}} - 1\right] = \frac{1{,}4}{1{,}4-1} \cdot 287{,}6\,\frac{\text{J}}{\text{kg} \cdot \text{K}} \cdot 293{,}15\,\text{K} \left[2{,}8^{\frac{1{,}4-1}{1{,}4}} - 1\right]$$

$$Y_s = 100.925\,\frac{\text{J}}{\text{kg}} = 100{,}925\,\frac{\text{kJ}}{\text{kg}}$$

6.3 Nutz- und Kupplungsleistung

$$P_N = \dot{V}_S \rho_S Y_S = \dot{V}\,\frac{p_S}{R \cdot T_S}\,Y_S = \frac{6800\,\frac{\text{m}^3}{\text{h}}}{3600\,\frac{\text{s}}{\text{h}}} \cdot \frac{98.600\,\text{Pa}}{287{,}6\,\frac{\text{J}}{\text{kg K}} \cdot 293{,}15\,\text{K}} \cdot 100.925\,\frac{\text{J}}{\text{kg}}$$

$$P_N = 222.947\,\text{W} = 222{,}95\,\text{kW}; \quad P_K = \frac{P_n}{\eta_{\text{isk}}} = \frac{222{,}95\,\text{kW}}{0{,}84} = 265{,}42\,\text{kW}$$

6.4 abzuführender Wärmeenergiestrom

isentrop:

$$\Delta \dot{Q} = c_p \cdot \Delta T \cdot \dot{m} = c_p (T_D - T_K) \cdot \dot{V}\,\frac{p_s}{R \cdot T_s} = 204.633\,\text{W} = 204{,}633\,\text{kW}$$

polytrop:

$$\Delta \dot{Q} = c_p \cdot \Delta T \cdot \dot{m} = c_p (T_D - T_K) \cdot \dot{V} \cdot \frac{p_s}{R \cdot T_s}$$

$$\Delta \dot{Q} = 1004 \, \frac{J}{kg \cdot K} \, (75{,}24 \, K) \cdot \frac{6800 \, m^3}{3600 \, s} \cdot \frac{98.600 \, Pa}{287{,}6 \, \frac{J}{kg \cdot K} \cdot 293{,}15 \, K}$$

$$= 166.598 \, W = 166{,}598 \, kW$$

Modellklausurlösung 12.15.8

1. Die spezifische Enthalpie enthält die spezifische innere Energie $du = c_v dT$ und die spezifische Arbeit.

$$d(pv) = p \, dv + v \, dp = p \, d(1/\rho) + (1/\rho) \, dp$$
$$dh = du + d(pv) = du + p \, dv = du + p \, d(1/\rho) + dp/\rho = c_p dT$$

2.

$$\dot{E}_E + P - \dot{E}_A - Q - \dot{E}_V = 0$$
$$P = \dot{E}_A - \dot{E}_E + \dot{E}_V + Q$$

Abb. 15.75 p-v- und T-s-Diagramm

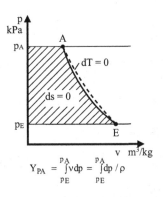 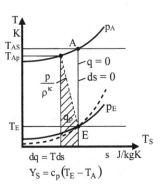

3. Pumpe: $c_2 < c_1; \ p_2 > p_1; \ H_2 > H_1;$
   Turbine: $p_2 < p_1; \ H_2 < H_1;$
   Turbine: $c_2 > c_1$

Abb. 15.76 Schaufelgitter für Axialpumpe und für Axialturbine

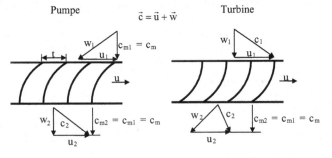

4. Mit steigender Reynoldszahl steigt die Trägheitskraft und die Reibungskraft sinkt und somit auch der c_w-Wert. Die Kurve im Polar-Diagramm steigt, da sich der Gleitwinkel erhöht (Abb. 15.77).

Abb. 15.77 Polardiagramm

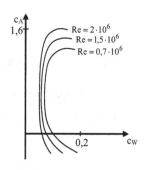

5. Skizze

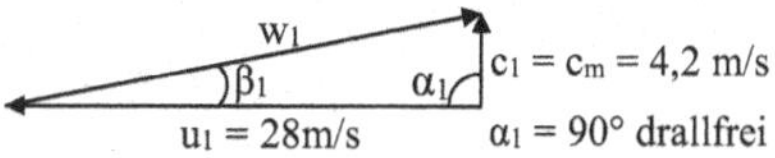

Abb. 15.78 Eintrittsgeschwin-
digkeitsdreieck für drallfreien
Eintritt

$$w_1 = \sqrt{c_1^2 + u_1^2} = 28,31 \, \text{m/s}$$

mit Gleichdrall

$$\delta_r = c_{u1}/u_1 = 0,18 \quad u_1 = c_{u1}/0,18$$
$$c_{u1} = 0,18 \cdot u_1 = 0,18 \cdot 28\text{m/s} = 5,04\text{m/s}$$

Abb. 15.79 Eintrittsgeschwin-
digkeitsdreieck für Gleichdrall

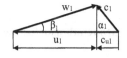

6. Axialpumpe:
    gegeben: $d_2 = 400\,\text{mm}$; $d_N = 180\,\text{mm}$; $n = 1450\,1/\text{min}$
    $\dot{V} = 5800\,\text{m}^3/\text{h} = 1{,}611\,\text{m}^3/\text{s}$; $\Delta p = 180\,\text{kPa}$; $\rho = 1000\,\text{kg/m}^3$
    6.1

$$Y = g\,H = \frac{\Delta p}{\rho} = \frac{180 \cdot 10^3\,\text{Pa}}{1000\,\text{kg/m}^3} = 180\,\frac{\text{J}}{\text{kg}};$$

$$u_2 = \pi\,n\,d_2 = \pi\,\frac{1450}{60} \cdot 400 \cdot 10^{-3}\,\frac{\text{m}}{\text{s}} = 30{,}35\,\frac{\text{m}}{\text{s}}$$

$$A = \frac{\pi}{4}\left(d_2^2 - d_N^2\right) = 0{,}1002\,\text{m}^2$$

$$\psi = \frac{2\Delta Y}{u_2^2} = \frac{2 \cdot 180\,\text{m}^2\text{s}^2}{922{,}26\,\text{m}^2\text{s}^2} = 0{,}39$$

6.2
$$\varphi = \frac{c_{m2}}{u_2} = \frac{\dot{V}}{A \cdot u_2} = \frac{1{,}611\,\text{m}^3/\text{s}}{0{,}1002\,\text{m}^2 \cdot 30{,}37\,\text{m}} = 0{,}529$$
$$c_{m2} = \varphi \cdot u_2 = 0{,}529 \cdot 30{,}35\,\text{m/s} = 16{,}06\,\text{m/s}$$

6.3   Schnelllaufzahl: $\sigma = \dfrac{\varphi^{1/2}}{\Psi^{3/4}} = 1{,}79$;   Leistungszahl: $\nu = \dfrac{\varphi \cdot \Psi}{\eta} = 0{,}232$

6.4   Siehe Antwort von Aufgabe 7.4 in Modellklausur 12.15.2

7. Axialrad einer Wasserturbine:
gegeben: $d_2 = 0{,}9\,\text{m}$; $z = 5$; $l = 0{,}5\,\text{m}$; $c_A = 1{,}15$; $c_w = 0{,}01$; $c_m = 4{,}6\,\text{m/s}$;
$d_N/d_2 = 0{,}38$
$d_N = 0{,}342$; $n = 750\,\text{min}^{-1}$; $w_\infty = 6{,}2\,\text{m/s}$; $\rho = 999{,}2\,\text{kg/m}^3$
gesucht: Y_{th}

$$Y = gH = \frac{\Delta p}{\rho}; \quad u = \omega r = 2\pi n r = \pi n d_2;$$

$$Y_{th} = u \cdot \Delta w_u; \quad w_\infty^2 = \left(u - \frac{\Delta w_u}{2}\right)^2 + c_m^2$$

$$\sqrt{w_\infty^2 - c_m^2} = u - \frac{\Delta w_u}{2}; \quad \Delta w_u = 2u - 2\sqrt{w_\infty^2 - c_m^2}$$

$$\Delta w_u = 2\pi \cdot \frac{750 \cdot 0{,}9\,\text{m}}{60s} - 2\sqrt{6{,}2^2 - 4{,}6^2}\,\frac{\text{m}}{\text{s}} = 62{,}37\,\frac{\text{m}}{\text{s}}$$

$$Y_{th} = u\,\Delta w_u = \pi n d_2\,\Delta w_u = \pi \cdot 12{,}5\,\text{s}^{-1}\,0{,}9\,\text{m} \cdot 62{,}37\,\frac{\text{m}}{\text{s}}$$

$$= 2204{,}34\,\frac{\text{J}}{\text{kg}}$$

Modellklausurlösung 12.15.9

1. Kennlinie 1:   Kreiselpumpe
   Kennlinie 2:   Turboverdichter
   Kennlinie 3:   Hubkolbenpumpe
2. Kreiselpumpe, Drehkolbenpumpe und Exzenterschneckenpumpe

Abb. 15.80 Kennlinie

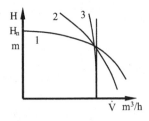

Abb. 15.81 Schnittdarstellungen Pumpenbauarten

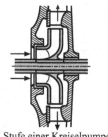

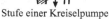

Stufe einer Kreiselpumpe   Drehkolbenpumpe

3. gegeben:

Wasser: $\dot{V} = 360\,\mathrm{m^3/h}$; $Y = 460\,\mathrm{J/kg}$; $n = 1450\,\mathrm{min^{-1}} = 24{,}166\,\mathrm{s^{-1}}$; $\rho = 998{,}6\,\mathrm{kg/m^3}$; $\eta = 0{,}82$

Schwefelsäure: $\dot{V} = 340\,\mathrm{m^3/h}$; $Y = 460\,\mathrm{J/kg}$; $\rho = 2930\,\mathrm{kg/m^3}$; $t = 18\,°\mathrm{C}$; $p_s = 96\,\mathrm{kPa}$

3.1 Nutzleistung, Kupplungsleistung für Wasserförderung:

$P_{\mathrm{NW}} = \dot{m}Y = \dot{V}\Delta p = \rho\dot{V}Y = 45{,}94\,\mathrm{kW}$

$P_{\mathrm{KW}} = P_{\mathrm{NW}}/\eta = 56{,}02\,\mathrm{kW}$

3.2 Nutzleistung, Kupplungsleistung Schwefelsäure:

$P_{\mathrm{NS}} = \rho\dot{V}Y = 127{,}29\,\mathrm{kW}$

$P_{\mathrm{KS}} = P_{\mathrm{NS}}/\eta = 155{,}23\,\mathrm{kW}$

3.3 Drehzahl Schwefelsäure, Förderhöhe, Druck im Druckstutzen für $p_S = 96\,\mathrm{kPa}$:

$P = \omega M = \dot{m}Y = 2\pi\,\mathrm{n}M$

$P_{\mathrm{NS}} = P_{\mathrm{Nw}}n_{\mathrm{S}}/n_{\mathrm{w}}$; $n_{\mathrm{S}} = P_{\mathrm{NS}}n_{\mathrm{w}}/P_{\mathrm{NW}} = 66{,}96\,\mathrm{s^{-1}} = 4017{,}6\,\mathrm{min^{-1}}$

$P_{\mathrm{NS}} = 2\pi n_{\mathrm{S}}M$; $M = P_{\mathrm{NW}}/2\pi n_{\mathrm{w}}$

$H = Y/g = 46{,}9\,\mathrm{m}$

$p_{\mathrm{D}} = p_{\mathrm{s}} + Y_{\mathrm{n}}\rho = 1{,}44\,\mathrm{MPa}$

4. Luftverdichter:

gegeben: $p_{\mathrm{S}} = 99\,\mathrm{kPa}$; $p_{\mathrm{D}} = 1{,}2\,\mathrm{MPa}$; $t = 20\,°\mathrm{C}$; $T_{\mathrm{S}} = 293{,}15\,\mathrm{K}$; $\dot{V}_{\mathrm{S}} = 800\,\mathrm{m^3/h}$; $\kappa = 1{,}4$; $n = 1{,}48$; $R = 287{,}6\,\mathrm{J/kg\,K}$

4.1 Verdichtungsendtemperatur:

isentrop: $T_{\mathrm{Ds}} = T_{\mathrm{S}}\left(\dfrac{p_{\mathrm{D}}}{p_{\mathrm{S}}}\right)^{\frac{\kappa-1}{\kappa}} = 597{,}96\,\mathrm{K}$ $\rho_{\mathrm{Ds}} = \dfrac{p_{\mathrm{D}}}{R T_{\mathrm{Ds}}} = 6{,}98\,\mathrm{kg/m^3}$

polytrop: $T_{\mathrm{Dp}} = T_{\mathrm{S}}\left(\dfrac{p_{\mathrm{D}}}{p_{\mathrm{S}}}\right)^{\frac{n-1}{n}} = 658{,}43\,\mathrm{K}$ $\rho_{\mathrm{Dp}} = \dfrac{p_{\mathrm{D}}}{R T_{\mathrm{Dp}}} = 6{,}34\,\mathrm{kg/m^3}$

4.2 Massestrom: $\dot{m} = \rho_{\mathrm{S}}\dot{V}_{\mathrm{S}} = \frac{p_{\mathrm{S}}}{RT_{\mathrm{S}}}\dot{V}_{\mathrm{S}} = 0{,}26\,\mathrm{kg/s} = 936{,}0\,\mathrm{kg/h}$

4.3 spezifische Verdichtungsarbeit

isentrop: $Y_{\mathrm{s}} = \dfrac{\kappa}{\kappa-1}RT_{\mathrm{S}}\left[\left(\dfrac{p_{\mathrm{D}}}{p_{\mathrm{S}}}\right)^{\frac{\kappa-1}{\kappa}} - 1\right] = 306{,}825\,\mathrm{kJ/kg}$

spezifische Verdichtungsarbeit

polytrop: $Y_n = \dfrac{n}{n-1} R T_S \left[\left(\dfrac{p_D}{p_S} \right)^{\frac{n-1}{n}} - 1 \right] = 323{,}918\,\text{kJ/kg}$

4.4 Verdichterleistung isentrop: $P_{Ks} = \dfrac{\dot{m} Y_s}{\eta} = 97{,}28\,\text{kW}$

Verdichterleistung polytrop: $P_{Kn} = \dfrac{\dot{m} Y_n}{\eta} = 102{,}70\,\text{kW}$

4.5 siehe Abb. 15.82

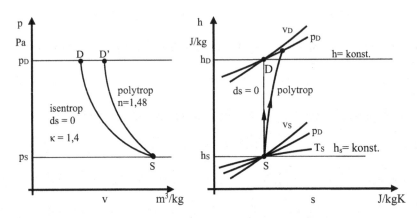

Abb. 15.82 p-v- und h-s-Diagramm

5. gegeben: $\dot{V} = 86\,\text{m}^3/\text{h} = 0{,}0239\,\text{m}^3/\text{s}$; $\rho = 998{,}6\,\text{kg/m}^3$; $Y = 580\,\text{J/kg}$
$n = 1450\,\text{min}^{-1} = 24{,}17\,\text{s}^{-1}$; $t = 20\,°\text{C}$; $\eta_h = 0{,}88$; $\eta_K = 0{,}82$

5.1 Umfangsgeschwindigkeit für $c_{2m} = 2{,}8\,\text{m/s}$, $\beta_2 = 27°$, $c_{u1} = 0$, $c_{u2} = 0{,}65 \cdot u_2$:
$Y = u_2 c_{u2} - u_1 c_{u1} = 0{,}65 u_2^2$; für $c_{u1} = 0$

Umfangsgeschwindigkeit: $u_2 = \sqrt{\dfrac{Y}{0{,}65}} = \sqrt{\dfrac{580\,\text{m}^2}{0{,}65\,\text{s}^2}} = 29{,}87\,\dfrac{\text{m}}{\text{s}}$;

Laufradaußendurchmesser: $d_2 = \dfrac{2\,u_2}{2\,\pi\,n} = \dfrac{2 \cdot 29{,}87\,\text{m/s}}{2\,\pi \cdot 24{,}17\,\text{s}^{-1}} = 0{,}3934\,\text{m}$
Laufradaustrittsbreite:

$b_2 = \dfrac{\dot{V}}{\pi\,d_2\,c_{m2}} = \dfrac{0{,}0239\,\text{m}^3\,\text{s}}{\pi \cdot 0{,}3934\,\text{m} \cdot 2{,}8\,\text{m}\,\text{s}} = 0{,}00691\,\text{m} = 6{,}91\,\text{mm}$

5.2 Druckzahl ψ, Lieferzahl φ, Schnelllaufzahl σ und spezifische Drehzahl n_q

$\psi = \dfrac{2\,Y}{u_2^2} = \dfrac{2 \cdot 580\,\text{m}^2/\text{s}^2}{29{,}87^2\,\text{m}^2/\text{s}^2} = 1{,}30$; $\varphi = \dfrac{c_{2m}}{u_2} = \dfrac{2{,}8\,\text{m}^2/\text{s}}{29{,}87\,\text{m}^2/\text{s}} = 0{,}094$;

$\sigma = \dfrac{\varphi^{1/2}}{\psi^{3/4}} = 0{,}25$; $n_q = 157{,}8\,\text{min}^{-1} \sigma = 157{,}8\,\text{min}^{-1} \cdot 0{,}25 = 39{,}45\,\text{min}^{-1}$

Abb. 15.83 Geschwindigkeitsdreieck am Laufradaustritt

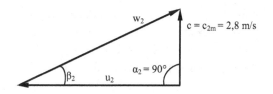

5.3 Nutzleistung und Antriebsleistung:

$$P_N = \dot{m}\, Y = \rho\, \dot{V}\, Y = 998,6\, \frac{kg}{m^3} \cdot 0,0239\, \frac{m^3}{s} \cdot 580\, \frac{J}{kg} = 13,84\,kW$$

$$P_K = \frac{P_N}{\eta_K} = \frac{13,84\,kW}{0,82} = 16,88\,kW$$

15.11 Lösungen der Aufgaben im Kap. 14

Lösung 14.6.1

1 Mit piezoresistiven Drucktransmittern und induktiven Sensoren, elektronisch.
2 Der statische und der dynamische Druck und der Totaldruck.
3 Es werden nur Überdrücke gemessen. Der Umgebungsdruck muss separat gemessen werden.
4 Drei Messanschlüsse für p_{st}, $p_d = \rho c^2/2$ und $p_t = p_{st} + p_d$
5 $h_W = c^2/(2g) = 16\,m^2/s^2/(2 \cdot 9,81\,m/s^2) = 0,815\,m$
6 $h_{Hg} = \dfrac{c^2}{2\,g}\dfrac{\rho_W}{\rho_{Hg}} = \dfrac{36\,m^2/s^2}{2 \cdot 9,81\,m/s^2}\dfrac{10^3\,kg/m^3}{13.546\,kg/m^3} = 0,1355\,m\,Hg$

Lösung 14.6.2 Wasser als Messflüssigkeit
Die Luftdichte von $\rho_L = 1,186\,kg/m^3$ bei $p_b = 100\,kPa$ im rechten Schenkel des U-Rohres kann vernachlässigt werden. Das Druckgleichgewicht im U-Rohr lautet:

$$p_0 + g\rho_0 \Delta h = p_b + g\rho_M \Delta h$$

$$\Delta h = \frac{p_0 - p_b}{g\,(\rho_M - \rho_0)} = \frac{(225 - 100) \cdot 10^3\,Pa}{9,81\,\frac{m}{s^2}\,(1000 - 2,67)\,\frac{kg}{m^3}} = 12,78\,mWS,$$

Wasser als Messflüssigkeit

$$\Delta h = \frac{p_0 - p_b}{g\,(\rho_M - \rho_0)} = \frac{(225 - 100) \cdot 10^3\,Pa}{9,81\,\frac{m}{s^2}\,(13.546 - 2,67)\,\frac{kg}{m^3}} = 0,9407\,mHg,$$

Quecksilber als Messflüssigkeit

Näherungsrechnung für $\rho_M \gg \rho_0$

$$\Delta h = \frac{p_L - p_b}{g\,\rho_M} = \frac{(225 - 100) \cdot 10^3\,Pa}{9,81\,\frac{m}{s^2} \cdot 13.546\,\frac{kg}{m^3}} = 0,9400\,mHg$$

Mit Rücksicht auf die Standardlänge von U-Rohrmanometern und die Ablesesicherheit wird Quecksilber als Messflüssigkeit und ein 1m langes U-Rohrmanometer verwendet.

Lösung 14.6.3 Blendenöffnung: $\quad m = \left(\dfrac{d}{D}\right)^2 = \left(\dfrac{0{,}062\,\mathrm{m}}{0{,}085\,\mathrm{m}}\right)^2 = 0{,}7294^2 = 0{,}5320$

Druckdifferenz am U-Rohrmanometer:

$$\Delta p = p_1 - p_2 = g\,\rho_{\mathrm{Hg}}\,\Delta h - g\,\rho_{\mathrm{W}}\,\Delta h = g\,\Delta h\,\rho_{\mathrm{W}}\left(\frac{\rho_{\mathrm{Hg}}}{\rho_{\mathrm{W}}} - 1\right)$$

$$\Delta p = p_1 - p_2 = 9{,}81\,\frac{\mathrm{m}}{\mathrm{s}^2}\cdot\left(13.546\,\frac{\mathrm{kg}}{\mathrm{m}^3} - 998\,\frac{\mathrm{kg}}{\mathrm{m}^3}\right)\cdot\Delta h = 123.095{,}88\,\frac{\mathrm{N}}{\mathrm{m}^3}\cdot\Delta h$$

Durchflusszahl: $\quad \mu = \varepsilon\cdot\alpha = 0{,}86\cdot 0{,}96 = 0{,}8256$ mit $\varepsilon = 0{,}86$ und $\alpha = 0{,}96$

Volumenstrom: $\quad \dot{V} = \mu\,\dfrac{\pi}{4}d^2\sqrt{\dfrac{2\Delta p}{\rho_{\mathrm{W}}}} = 0{,}8256\cdot\dfrac{\pi}{4}\cdot 0{,}062^2\,\mathrm{m}^2\cdot\sqrt{\dfrac{2\Delta p}{998\,\mathrm{kg/m}^3}}$

Massestrom: $\quad \dot{m} = \rho_{\mathrm{W}}\dot{V} = 998\,\mathrm{kg/m}^3\cdot\dot{V}$

Reynoldszahl:

$$\mathrm{Re} = \frac{c_1 D}{\nu} = \frac{4\,\dot{V}\,D}{\pi\,D^2\,\nu} = \frac{4\,\dot{V}}{\pi\,D\,\nu}$$

$$= \frac{4\cdot\dot{V}\;\mathrm{s}}{\pi\cdot 0{,}085\,\mathrm{m}\cdot 10^{-6}\,\mathrm{m}^2} = 14{,}979\cdot 10^6\,\frac{\mathrm{s}}{\mathrm{m}^3}\cdot\dot{V}$$

Tab. 15.7 Volumen- und Masseströme

Δh	mHg	0,070	0,125	0,200	0,280
Δp	kPa	8,617	15,387	24,619	34,467
$\dot{V}$	m³/s	0,0104	0,0138	0,0175	0,0207
$\dot{m}$	kg/s	10,379	13,772	17,465	20,659
Re		$1{,}55\cdot 10^5$	$2{,}06\cdot 10^5$	$2{,}62\cdot 10^5$	$3{,}10\cdot 10^5$

Abb. 15.84 Volumenstrom und Reynoldszahl in Abhängigkeit von der Höhe

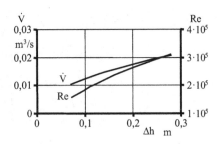

15.12 Lösungen der Modellklausuren im Kap. 14

Modellklausurlösung 14.7.1

1. Flügelradzähler, Ovalradzähler, Schwebekörper (Abb. 14.40), Wirbelstabmessgerät (Abb. 14.43)
2. Messdüse (Venturidüse), Normdüse (Abb. 14.41 und 14.42)
3. Piezoresistiver Drucktransmitter (Abb. 14.10), Federrohr- und Plattenfedermanometer (Abb. 14.7)
4. Prandtlrohrmanometer und drei U-Rohrmanometer (Abb. 14.18)
5. $h_w = (\rho_{Hg}/\rho_w)\,\Delta h_{Hg} = (13.546\,\text{kg/m}^3/1000\,\text{kg/m}^3)\,0{,}195\,\text{mHg} = 2{,}641\,\text{mWS}$

$$c = \sqrt{\frac{2\Delta p}{\rho}} = \sqrt{2g\Delta h} = \sqrt{2\cdot 9{,}81\,\text{m/s}^2\cdot 2{,}641\,\text{m}} = \sqrt{51{,}83}\,\frac{\text{m}}{\text{s}} = 7{,}20\,\frac{\text{m}}{\text{s}}$$

Durchflusszahl $\mu = \varepsilon\cdot\alpha = 0{,}78\cdot 0{,}96 = 0{,}7488$

$$\dot V_{th} = Ac = \frac{\pi}{4}d_{Bl}^2 c = \frac{\pi}{4}\cdot 0{,}075^2\,\text{m}^2\cdot 7{,}20\,\frac{\text{m}}{\text{s}}$$

$$\dot V_{th} = 0{,}0318\,\frac{\text{m}^3}{\text{s}} = 114{,}48\,\frac{\text{m}^3}{\text{h}}$$

$$\dot m = \rho_W \dot V = 998{,}4\,\frac{\text{kg}}{\text{m}^3}\cdot 0{,}0318\,\frac{\text{m}^3}{\text{s}} = 31{,}75\,\frac{\text{kg}}{\text{s}}$$

$$\dot V = \mu\,\dot V_{th} = 0{,}7488\cdot 0{,}0318\,\frac{\text{m}^3}{\text{s}} = 0{,}0238\,\frac{\text{m}^3}{\text{s}} = 85{,}68\,\frac{\text{m}^3}{\text{h}}$$

$$\dot m = \rho_w \dot V = 998{,}4\,\frac{\text{kg}}{\text{m}^3}\,0{,}0238\,\frac{\text{m}^3}{\text{s}} = 23{,}8\,\frac{\text{kg}}{\text{s}}$$

Abb. 15.85 Messblende zur Volumenstrom- und Massestrombestimmung

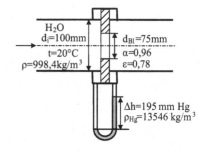

Nomenklatur

A	m^2	Strömungsquerschnitt, Fläche
a	m/s	Schallgeschwindigkeit
a	m/s^2	Beschleunigung
b	m	Breite
Bi		Binghamzahl
c	m/s	Strömungs-, Fluidgeschwindigkeit, Schallschnelle
c_A		Auftriebsbeiwert
c_a		Axialkraftbeiwert
c_G	m/s	Gemischgeschwindigkeit
c_K	m/s	Korn-, Feststoffgeschwindigkeit
c_{kr}	m/s	kritische Geschwindigkeit
c_M		Momentenbeiwert
c_p	$J/(kg\,K)$	spez. isobare Wärmekapazität
c_S	m/s	Sinkgeschwindigkeit
c_R		Raumkonzentration
c_T		Transportkonzentration
c_v	$J/(kg\,K)$	spez. isochore Wärmekapazität
c_w		Widerstandsbeiwert
c_{wi}		Induzierter Widerstandsbeiwert
c_τ	m/s	Schubspannungsgeschwindigkeit
D, d	m	Durchmesser
d_h	m	Hydraulischer Durchmesser
d_K	m	Korn-, Feststoffdurchmesser
E	N/mm^2	Elastizitätsmodul
E	$W\,s/mm^2$	Schallenergiedichte
Eu		Eulerzahl

© Springer Fachmedien Wiesbaden GmbH 2017
D. Surek, S. Stempin, *Technische Strömungsmechanik*,
https://doi.org/10.1007/978-3-658-18757-6

F	N	Kraft
F_A	N	Auftriebskraft
F_G	N	Gravitationskraft
F_R	N	Reibungskraft
F_p	N	Druckkraft
F_W	N	Widerstandskraft
Fr		Froudezahl
f	Hz	Frequenz
f_E	Hz	Eigenfrequenz
Gr		Grasshofzahl
g	m/s^2	Fallbeschleunigung
H	m	Bernoulli'sche Konstante
h	J/kg	spezifische Enthalpie
h	m	geodätische Höhe
Ha		Hagenzahl
He		Helmholtzzahl
I	kg m/s	Impuls
$\dot{I}$	$kg\,m/s^2$	Impulsstrom
Kn		Knudsenzahl
k		Konstante
k	m	Rauigkeitshöhe
L, l	m	Länge, Rohrlänge
M		Machzahl
M	N m	Drehmoment
M	kg/mol	Molmasse
m	kg	Masse
m	mol	Molekülmasse
$\dot{m}$	kg/s	Massenstrom
N_A	mol^{-1}	Avogadro-Konstante
N_L	m^{-3}	Loschmidt'sche Zahl
n		Polytropenexponent
n	mol	Stoffmenge
n	min^{-1}	Drehzahl
n_q	min^{-1}	spezifische Drehzahl
P	W	Leistung
P_{ak}	W	Schallleistung
P_K	W	Kupplungsleistung
Pr		Prandtlzahl
p	Pa	statischer Druck
p'	Pa	Druckschwankung

p_0	Pa	Ruhedruck
p_D	Pa	Druck im Druckstutzen
p_S	Pa	Druck im Saugstutzen
p_d	Pa	dynamischer Druck
p_{eff}	Pa	Effektivwert des Druckes
p_{sch}	Pa	Schalldruck
p_t	Pa	Totaldruck
Δp	Pa	Druckdifferenz
Q	J	Wärmemenge
q	J/kg	Spezifische Wärmemenge
R	J/(kg K)	Gaskonstante
R	J/mol K	Allgemeine Gaskonstante
Re		Reynoldszahl
Ro		Rossbyzahl
R, r	m	Radius
S	J/K	Entropie
So		Sommerfeldzahl
Sr		Strouhalzahl
St		Stokeszahl
s	m	Schlupf
s	J/(kg K)	spezifische Entropie
T	K	Temperatur
T_b	K	Umgebungstemperatur
T_t	K	Totaltemperatur
t	s	Zeit
U	m	benetzter Umfang
u	J/kg	spezifische innere Energie
u	m/s	Umfangsgeschwindigkeit
V	m³	Volumen
$\dot{V}$	m³/h	Volumenstrom
v	m³/kg	spezifisches Volumen
w	m/s	Relativgeschwindigkeit
x	m	Ortskoordinate
Y	J/kg	spezifische Nutzarbeit
y	m	Ortskoordinate
Z		Realgasfaktor
z	m	Ortskoordinate
α		Durchflusszahl von Blenden
α	°	Winkel, Mach'scher Winkel
α		Reflexionsgrad

β	°	Winkel der Relativströmung, Schaufelwinkel
β_p	T^{-1}	isobarer Kompressibilitätskoeffizient
β_T	Pa^{-1}	isothermer Kompressibilitätskoeffizient
Δ		Differenz, Laplace-Operator
δ	m	Grenzschichtdicke, Durchmesserzahl
δ_U	m	laminare Unterschicht
δ_1	m	Verdrängungsdicke
δ_2	m	Impulsverlustdicke
ε		Gleitzahl, rel. Lückenvolumen
ε		Kompressionszahl, Emissionsgrad
ζ		Druckverlustbeiwert
η		Wirkungsgrad
η	$Pa \cdot s$	dynamische Viskosität
ϑ	°	Diffusoröffnungswinkel
κ		Isentropenexponent
Λ		Breitenverhältnis von Tragflügeln
Λ	m	Freie Weglänge der Moleküle
λ	m	Wellenlänge
λ		Reibungszahl für Rohr, Spalt
μ		Ausflussziffer
μ_R		massebezogene Raumkonzentration
μ_T		massebezogene Transportkonzentration, Mischungsverhältnis
ν	m^2/s	kinematische Viskosität
ξ	m	Auslenkung der Teilchen
π		Druckverhältnis
ρ	kg/m^3	Dichte
ρ		Absorptionsgrad
ρ_K	kg/m^3	Feststoffdichte
ρ_{Sch}	kg/m^3	Schüttdichte
σ		Schnelllaufzahl, Kavitationszahl
σ	N/m^2	Grenzflächenspannung
τ	N/m^2	Schubspannung
τ_w	N/m^2	Wandschubspannung
Φ		Potentialfunktion
φ	°	Winkel, Lieferzahl
Ψ		Stromfunktion
ψ		Durchflussfunktion, Druckzahl
ψ		Formfaktor (Heywoodfaktor)
ψ_{we}		Sphärizität
ω	s^{-1}	Winkelgeschwindigkeit

Indizes

0	Ruhezustand
$*$	kritischer Zustand
$\wedge$	Zustandsgrößen nach Verdichtungsstoß
∞	im ungestörten Bereich
1	Eintritt
2	Austritt
3	Austritt ohne Schaufelverengung
A, a	Auftrieb
D	Druckstutzen
F	Fluid
G	Gravitation
Ges	Gesamt
h	hydraulisch
K	Kupplung, Korn, Feststoff
kr	kritisch
S	Saugstutzen

Anhang

Tab. A.1 SI-Einheiten, abgeleitete Einheiten der Strömungslehre und englische Einheiten

Grundeinheiten					
Grundgröße	**SI-Einheit**	**Zeichen**	**Grundgröße**	**SI-Einheit**	**Zeichen**
Länge	Meter	m	Absolute Temperatur	Kelvin	K
Masse	Kilogramm	kg	Stoffmenge	Mol	mol
Zeit	Sekunde	s	Lichtstärke	Candela	cd
Stromstärke	Ampere	A			

Größe	**Einheiten**			**Englische Einheit**	
	SI-Einheit	**kg**	**kp s^2/m**	**Ounce mass – oz.**	**Pound mass – lb.**
Masse	1 kg	1	0,101972	35,27396	2,20462
m	1 oz.	$2,83495 \cdot 10^{-2}$	$2,89085 \cdot 10^{-3}$	1	1/16
	1 lb.	0,453592	$4,62536 \cdot 10^{-2}$	16	1
	SI-Einheit	**Newton N**	**Dyn – dyn**	**Kilopond – kp**	**Pound force – lb.f.**
Kraft	1 N	1	10^5	0,101972	0,22481
F	1 dyn	10^{-5}	1	$0,10197 \cdot 10^{-5}$	$0,22481 \cdot 10^{-5}$
	1 lb.f.	4,44822	$4,44822 \cdot 10^5$	0,45359	1
	SI-Einheit	**Pascal Pa**	**Torr=mm Hg**	**bar**	**lb./sq.in. – p.s.i.**
Druck	1 Pa	1	$750,062 \cdot 10^{-5}$	10^{-5}	$14,5038 \cdot 10^{-5}$
p	1 bar	10^5	750,062	1	14,5038
	1 Torr	133,322	1	$1,33322 \cdot 10^{-3}$	$1,93368 \cdot 10^{-2}$
	1 lb./sq.in.	6894,74	51,71486	$6,89474 \cdot 10^{-2}$	1
Dichte	**SI-Einheit**	**kg/m^3**	**kp s^2/m^4**		
ρ	1 kg/m^3	1	0,10197		
	1 kp s^{2}m^4	9,80665	1		
	SI-Einheit	**J=Nm=Ws**	**kcal**	**kWh**	**BTU**
Energie	1 J	1	$2,38846 \cdot 10^{-4}$	$2,77778 \cdot 10^{-7}$	$9,47817 \cdot 10^{-4}$
E	1 kWh	$3,6 \cdot 10^6$	859,845	1	3412,14
	1 BTU	1055,06	0,251996	$2,93071 \cdot 10^{-4}$	1
	Si-Einheit	**W=J/s=N m/s**	**PS**	**ft.lb./sec.**	**BTU/hr.**
	1 W	1	$1,35962 \cdot 10^{-3}$	0,737561	3,41214
Leistung	1 H.P.	745,701	1,01387	550	2544,44
P	1 ft.lb/sec.	1,35582	$1,84340 \cdot 10^{-3}$	1	4,62625
	1 BTU/hr.	0,293071	$3,98466 \cdot 10^{-4}$	0,216158	1
	1 BTU/sec.	1055,06	1,43448	778,168	3600
	SI-Einheit	**J/kg K**	**kWh/m^3 K**	**kcal/m^3 °C**	**BTU/ft.^{3} °F**
spezifische	1 J/kg K	1	$2,77778 \cdot 10^{-7}$	$2,38846 \cdot 10^{-4}$	$1,49107 \cdot 10^{-5}$
Energie	1 kWh/m^{3}K	$3,6 \cdot 10^6$	1	859,845	53,67838
c	1 BTU/ln.^{3} °F	$1,1589 \cdot 10^8$	32,19173	$2,76799 \cdot 10^4$	1728
	1 BTU/ft.^{3} °F	$6,70661 \cdot 10^4$	$1,86295 \cdot 10^{-2}$	16,01847	1
Dynamische	**SI-Einheit**	**N s/m^2 = Pa · s**	**kp s/m^2**	**lb.mass/ft.sec.**	**lb.force sec/ft.^{2}**
Viskosität	1 N s/m^2	1	0,101972	0,67197	$2,08854 \cdot 10^{-2}$
η	1 kp s/m^2	9,80665	1	6,58976	0,204816
	1 lb.mass/ft.sec.	1,48816	0,151751	1	$3,1081 \cdot 10^{-2}$
Kinematische	**SI-Einheit**	**m^2/s**	**Stokes – St**		
Viskosität ν	1 m^2/s	1	10^4		

Tab. A.2 Isothermer Kompressibilitätskoeffizient $\beta_T = 1/E$ und isobarer Wärmeausdehnungskoeffizient β_P von Wasser

	Isothermer Kompressibilitätskoeffizient $\beta_T \cdot 10^{12}$ 1/Pa												
Druck-bereich MPa	t °C												
	0	**5**	**10**	**15**	**20**	**30**	**40**	**50**	**60**	**70**	**80**	**90**	**100**
0,1 bis 10	511	493	483	473	468	460	449	449	455	462	469	478	-
10 bis 20	492	475	461	451	442	436	429	425	427	439	451	468	807
20 bis 30	480	462	453	443	434	422	414	413	415	425	436	459	769
30 bis 40	466	449	441	433	424	413	407	402	406	411	422	446	731
40 bis 50	455	444	430	422	415	406	404	399	394	398	408	434	682
50 bis 60	438	430	418	411	404	392	390	390	388	391	399	416	660
60 bis 70	429	409	405	398	394	387	382	377	383	380	387	407	627

Werte aus VDI-Wärmeatlas (2013). 11. Auflage

	Isobarer Wärmeausdehnungskoeffizient $\beta_P \cdot 10^3$ 1/K									
Druck MPa	t °C									
	0	**20**	**50**	**100**	**150**	**200**	**250**	**300**	**350**	**400**
0,1	-0,0852	0,2067	0,4623	2,879	2,451	2,159	1,937	1,761	1,615	1,493
0,5	-0,0838	0,2072	0,4622	0,7539	1,024	2,372	2,051	1,829	1,660	1,523
1	-0,0820	0,2079	0,4620	0,7530	1,022	2,728	2,218	1,922	1,718	1,562
5	-0,0678	0,2133	0,4605	0,7455	1,007	1,347	1,936	3,211	2,346	1,947
10	-0,0499	0,2201	0,4589	0,7366	0,9902	1,312	1,848	3,189	4,079	2,703
15	-0,0320	0,2272	0,4574	0,7281	0,9740	1,281	1,772	2,883	10,82	4,062
20	-0,0142	0,2343	0,4562	0,7200	0,9587	1,251	1,704	2,648	6,923	7,005
25	0,0033	0,2416	0,4551	0,7122	0,9442	1,224	1,643	2,460	5,126	17,08
30	0,0205	0,2489	0,4542	0,7047	0,9303	1,198	1,589	2,306	4,276	37,71
35	0,0373	0,2562	0,4534	0,6975	0,9172	1,175	1,539	2,176	3,718	13,05
40	0,0535	0,2636	0,4528	0,6907	0,9046	1,152	1,494	2,065	3,324	7,989
45	0,0690	0,2709	0,4523	0,6841	0,8926	1,131	1,453	1,968	3,027	5,955
50	0,0836	0,2782	0,4520	0,6777	0,8811	1,111	1,415	1,884	2,791	4,863

Werte aus VDI-Wärmeatlas (2013). 11. Auflage

Tab. A.3 Dynamische Viskosität η und kinematische Viskosität ν von Wasser

Druck MPa	Dynamische Viskosität $\eta \cdot 10^6$ Pa·s									
	t °C									
	0	25	50	100	150	200	250	300	350	400
0,1	1792	890,1	546,9	12,27	14,18	16,18	18,22	20,29	22,37	24,45
0,5	1791	890,0	546,9	281,9	182,5	16,05	18,14	20,24	22,34	24,44
1	1789	889,9	547,0	282,0	182,6	15,89	18,05	20,18	22,31	24,42
5	1780	889,0	547,7	283,1	183,6	135,2	106,4	19,80	22,13	24,37
10	1768	888,0	548,6	284,4	184,9	136,4	107,8	86,46	22,15	24,49
15	1757	887,1	549,6	285,7	186,1	137,6	109,1	88,33	22,94	24,93
20	1747	886,4	550,6	287,1	187,3	138,8	110,4	90,05	69,31	26,03
25	1737	885,8	551,6	288,4	188,6	140,0	111,6	91,65	72,76	29,17
30	1728	885,3	552,6	289,7	189,8	141,1	112,8	93,15	75,46	43,95
35	1719	884,9	553,7	291,1	191,0	142,3	114,0	94,57	77,74	55,79
40	1711	884,7	554,8	292,4	192,2	143,4	115,2	95,93	79,75	61,27
45	1704	884,5	556,0	293,7	193,4	144,5	116,3	97,23	81,57	65,03
50	1697	884,5	557,2	295,1	194,6	145,6	117,4	98,48	83,24	67,98

Werte aus VDI-Wärmeatlas (2013), 11. Auflage

Druck MPa	Kinematische Viskosität $\nu \cdot 10^6$ m²/s									
	t °C									
	0	25	50	100	150	200	250	300	350	400
0,1	1,792	0,8927	0,5535	20,81	27,47	35,14	43,84	53,54	64,23	75,86
0,5	1,790	0,8925	0,5534	0,2940	0,1990	6,822	8,607	10,58	12,74	15,09
1	1,789	0,8921	0,5534	0,2941	0,1991	3,274	4,200	5,207	6,303	7,488
5	1,775	0,8897	0,5532	0,2947	0,1997	0,1559	0,1330	0,8978	1,150	1,410
10	1,759	0,8867	0,5529	0,2953	0,2004	0,1566	0,1338	0,1209	0,4971	0,6474
15	1,744	0,8839	0,5527	0,2960	0,2012	0,1574	0,1345	0,1217	0,2633	0,3907
20	1,730	0,8813	0,5525	0,2967	0,2019	0,1581	0,1353	0,1226	0,1154	0,2590
25	1,716	0,8788	0,5524	0,2974	0,2027	0,1588	0,1360	0,1233	0,1163	0,1752
30	1,703	0,8764	0,5523	0,2981	0,2034	0,1595	0,1367	0,1241	0,1172	0,1229
35	1,690	0,8742	0,5522	0,2989	0,2042	0,1602	0,1374	0,1248	0,1180	0,1175
40	1,679	0,8722	0,5522	0,2996	0,2049	0,1610	0,1381	0,1255	0,1187	0,1171
45	1,668	0,8703	0,5523	0,3003	0,2056	0,1616	0,1387	0,1262	0,1194	0,1173
50	1,657	0,8685	0,5524	0,3010	0,2064	0,1623	0,1394	0,1268	0,1201	0,1177

Werte aus VDI-Wärmeatlas (2013), 11. Auflage

Tab. A.4 Dynamische Viskosität η und kinematische Viskosität ν von Luft

Dynamische Viskosität $\eta \cdot 10^6$ Pa·s									
Druck MPa	**t °C**								
	-150	**-100**	**-50**	**0**	**50**	**100**	**150**	**200**	**300**	**400**
0,1	8,650	11,77	14,62	17,24	19,67	21,94	24,07	26,09	29,86	33,35
0,5	8,778	11,85	14,68	17,29	19,71	21,97	24,10	26,12	29,88	33,37
1	8,997	11,97	14,77	17,36	19,77	22,02	24,14	26,15	29,91	33,40
5	49,16	13,98	15,87	18,14	20,37	22,51	24,55	26,51	30,20	36,86
10	57,72	20,51	18,26	19,61	21,44	23,35	25,24	27,09	30,64	33,98
15	---	28,83	21,51	21,51	22,78	24,38	26,08	27,79	31,16	34,40
20	---	35,66	25,17	23,69	24,29	25,54	27,01	28,57	31,75	34,86
25	---	41,29	28,89	26,00	25,92	26,79	28,02	29,42	32,38	35,36
30	---	46,15	32,49	28,38	27,63	28,10	29,08	30,31	33,04	35,89
35	---	50,51	35,93	30,77	29,37	29,44	30,18	31,23	33,73	36,44
40	---	54,51	39,21	33,15	31,13	30,82	31,30	32,17	34,45	37,01
45	---	58,24	42,33	35,50	32,91	32,21	32,43	33,13	35,17	37,59
50	---	61,74	45,31	37,81	34,69	33,62	33,59	34,10	35,91	38,18

Werte aus VDI-Wärmeatlas (2013), 11. Auflage

Kinematische Viskosität $\nu \cdot 10^7$ m²/s									
Druck MPa	**t °C**								
	-150	**-100**	**-50**	**0**	**50**	**100**	**150**	**200**	**300**	**400**
0,1	30,24	58,29	93,57	135,2	182,5	235,1	292,6	354,7	491,8	645,1
0,5	5,835	11,76	18,68	27,06	36,57	47,12	58,65	71,09	98,57	129,3
1	2,785	5,721	9,323	13,54	18,33	23,63	29,41	35,65	49,42	64,81
5	0,7688	1,113	1,895	2,782	3,774	4,866	6,053	7,328	10,13	13,26
10	0,8409	0,6715	1,040	1,493	2,002	2,562	3,169	3,821	5,250	6,836
15	---	0,6563	0,8131	1,102	1,442	1,820	2,230	2,671	3,637	4,709
20	---	0,6929	0,7397	0,9336	1,183	1,465	1,774	2,108	2,841	3,654
25	---	0,7324	0,7204	0,8509	1,041	1,264	1,511	1,779	2,370	3,026
30	---	0,7693	0,7231	0,8092	0,9573	1,139	1,344	1,567	2,061	2,612
35	---	0,8035	0,7355	0,7892	0,9058	1,057	1,230	1,421	1,845	2,320
40	---	0,8354	0,7524	0,7818	0,8736	1,000	1,150	1,315	1,687	2,104
45	---	0,8654	0,7712	0,7820	0,8539	0,9611	1,091	1,237	1,567	1,938
50	---	0,8936	0,7910	0,7869	0,8425	0,9335	1,047	1,177	1,473	1,808

Werte aus VDI-Wärmeatlas (2013), 11. Auflage

Tab. A.5 Eigenschaften von einigen Flüssigkeiten bei $p_0 = 100\,\text{kPa}$, $t_0 = 20\,°\text{C}$

Flüssigkeit	Dichte ρ	Elastizitäts-modul E	Kompressibilitäts-koeffizient $\beta_T \cdot 10^{12}$	Schall-geschwindigkeit a
	kg/m^3	MPa	1/Pa	m/s
Ameisensäure	1212	2008	498	1287
Anilin	1022	2803	357	1656
Azeton	799	794	1259	997
Benzol	878	1053	949	1095
Benzin	720	1207	828	1295
Brenztraubensäure	1267	2742	365	1471
Brombenzol	1500	1053	949	838
Bromethan	1428	1136	880	892
Bromoform	2890	2441	410	919
Butanol	810	1086	921	1158
Chlorbenzol	1107	1845	542	1291
Chloroform	1489	1504	665	1005
Dieselkraftstoff	825	1289	776	1250
Erdöl	700...1040	1617...1758	618...569	1520...1300
Ethanol	789	1099	910	1180
Ethylbenzol	868	1554	644	1338
Glyzerin	1261	4663	214	1923
Heptan	684	923	1083	1162
Hexan	654	767	1303	1083
Hydrauliköl (luftfrei)	900	1475	678	1280
Hydrauliköl (mit Lufteinschluss)	900	992	1008	1050
Kerosin	810	1371	729	1301
Meerwasser, $t = 10\,°\text{C}$ (3,2 % Salz)	1020	2237	447	1481
Methanol	792	999	1001	1123
Nikotin	1009	2243	446	1491
Nitrobenzol	1207	2619	382	1473
Pentan	621	631	1584	1008
Petroleum	825	1384	723	1295
Quecksilber	13.551	28.531	35	1451
Spiritus (Ethanol 96%)	789	1098	910	1180
Toluol	866	1527	655	1328
Transformatoröl	895	1817	550	1425
Wasser, $t = 10\,°\text{C}$ (destilliert)	990	2079	481	1449

Tab. A.6 Eigenschaften von Gasen bei $p_0 = 101{,}3\,\text{kPa}$, $t_0 = 20\,°C$

Gasart	Chemische Formel	Molare Masse M kg/kmol	Gaskonstante R J/(kg K)	Dichte ρ kg/m³	Kritische Parameter T_{kr} K	p_{kr} bar	Wärmekapazität c_p J/(kg K)	c_v J/(kg K)	$\kappa = c_p/c_v$	Schallgeschwindigkeit a m/s
Ammoniak	NH_3	17,031	488,21	0,771	405,5	109,3	2123	1634,79	1,299	414
Argon	Ar	39,948	208,13	1,784	150,7	47,1	520,3	312,17	1,667	319
Äthylen	C_2H_2	28,05	296,38	1,260	282,9	49,9	1565	1268,62	1,234	322
Azetylen	C_2H_4	26,04	319,33	1,175	308,9	60,4	1691	1371,67	1,233	333
Benzol	C_6H_6	78,11	106,44	0,880	292,0	49,4	1056	949,56	1,112	1295
Butan	C_4H_{10}	58,12	143,06	2,376	425,1	38,0	1735	1591,94	1,089	216
Chlor	Cl_2	70,906	117,26	3,214	417,2	74,5	478,2	360,94	1,325	206
Chlorwasserstoff	HCl	36,46	228,04	1,640	324,6	82,6	798,7	570,66	1,400	296 bei 0 °C
Erdgas		18,64	446,07	0,826						399 bei 0 °C
Ethan	C_2H_6	30,07	276,51	0,548	305,2	48,8	1749	1472,49	1,188	308
Helium	He	4,002	2077,3	0,179	5,2	2,22	5193,1	3115,80	1,667	1007
Kohlendioxid	Co_2	44,01	188,92	1,978	304,3	71,5	843,2	654,28	1,289	258
Kohlenstoff	CO	28,01	296,84	1,250	134,4	33,9	1040,4	743,56	1,399	336
Luft		28,96	287,60	1,184	132,5	36,5	1004,7	717,10	1,401	346
Ozon	O_3	48,0	173,21	2,14	261,1	55,7				
Methan	CH_4	16,04	518,29	0,722	190,7	44,9	2219	1700,71	1,305	427
Propan	C_3H_8	44,10	188,55	1,830	370,0	41,2	1707	1518,45	1,124	254
Propylen	C_3H_6	42,08	197,59	1,915	365,5	44,1	1546	1348,41	1,147	252

Tab. A.6 (Fortsetzung)

Gasart	Chemische Formel	Molare Masse M	Gaskonstante R	Dichte ρ	Kritische Parameter		Wärmekapazität			Schallgeschwindigkeit a
					T_{kr}	p_{kr}	c_p	c_v	$\kappa = \dfrac{c_p}{c_v}$	
		kg/kmol	J/(kg K)	kg/m³	K	bar	J/(kg K)	J/(kg K)		m/s
Sauerstoff	O_2	32,00	259,84	1,429	154,3	48,7	918,1	658,26	1,395	318
Schwefeldioxid	SO_2	64,06	129,78	2,925	430,4	76,2	630	500,22	1,259	210
Schwefelwasserstoff	H_2S	34,08	243,96	1,539	100,4	90,1	1004,9	760,94	1,321	289 bei 0°C
Stickstoffmonoxid	NO	30,01	277,09	1,340	180,3	64,9	994,6	717,51	1,386	324
Stickstoff	N_2	28,01	296,80	1,251	126,0	32,9	1039,7	742,90	1,400	334
Wasserdampf (101,3 kPa)	H_2O	18,01	461,52	0,590	647,4	217,5	1860,06[a]	1398,54	1,333	495
Wasserstoff	H_2	2,016	4124,5	0,089	33,2	12,6	14.298	10.173,5	1,405	1314

[a] $c_p = 1860{,}06\,\mathrm{J/(kg\,K)}$ für Wasserdampf als ideales Gas, $c_p = 2074\,\mathrm{J/(kg\,K)}$ für Sattdampf bei $p_0 = 101{,}3\,\mathrm{kPa}$ und $t = 100\,°\mathrm{C}$ nach VDI-Wärmeatlas 2002

Tab. A.7 Dichte ρ und Dampfdruck p_d des Wassers in Abhängigkeit der Temperatur

t °C	ρ kg/m^3	p_d kPa	t °C	ρ kg/m^3	p_d kPa
0,01	999,79	0,6117	150	917,01	476,10
5	999,92	0,8726	160	907,45	618,14
10	999,65	1,2282	170	897,45	792,05
15	999,05	1,7057	180	887,01	1002,6
20	998,16	2,3392	190	876,08	1255,0
25	997,00	3,1697	200	864,67	1554,7
30	995,61	4,2467	210	852,73	1907,4
35	994,00	5,6286	220	840,23	2319,3
40	992,18	7,3844	230	827,12	2796,8
45	990,18	9,5944	240	813,36	3346,7
50	988,01	12,351	250	798,89	3975,9
55	985,67	15,761	260	783,62	4692,1
60	983,18	19,946	270	767,46	5502,8
65	980,53	25,041	280	750,27	6416,5
70	977,75	31,201	290	731,91	7441,6
75	974,83	38,595	300	712,14	8587,7
80	971,78	47,415	310	690,67	9864,7
85	968,60	57,868	320	667,08	11.284
90	965,30	70,182	330	640,78	12.858
95	961,89	84,609	340	610,68	14.600
100	958,35	101,42	350	574,69	16.529
110	950,95	143,38	360	527,84	18.666
120	943,11	198,67	370	450,03	21.043
130	934,83	270,26	373,95	322,00	22.064
140	926,13	361,50			

Werte aus VDI-Wärmeatlas (2013), 11. Auflage

Abb. A.1 Dichte ρ von Flüssigkeiten in Abhängigkeit der Temperatur

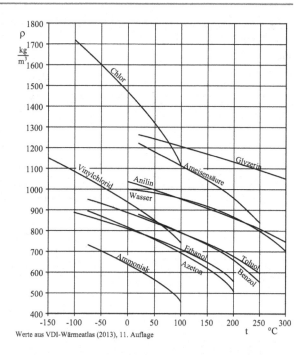

Werte aus VDI-Wärmeatlas (2013), 11. Auflage

Abb. A.2 Dynamische Viskosität η von einigen Flüssigkeiten

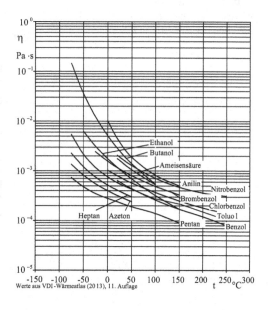

Werte aus VDI-Wärmeatlas (2013), 11. Auflage

Abb. A.3 Dichte ρ von Gasen in Abhängigkeit der Temperatur

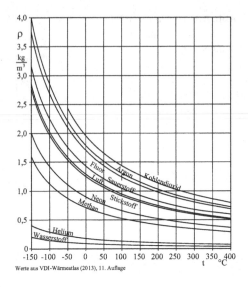

Werte aus VDI-Wärmeatlas (2013), 11. Auflage

Abb. A.4 Kinematische Viskosität ν von einigen Flüssigkeiten bei $p_0 = 101,3\,\text{kPa}$

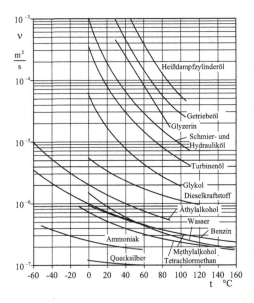

Abb. A.5 Isentropenexponent
κ von Luft

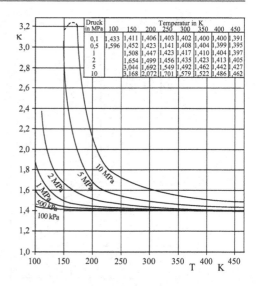

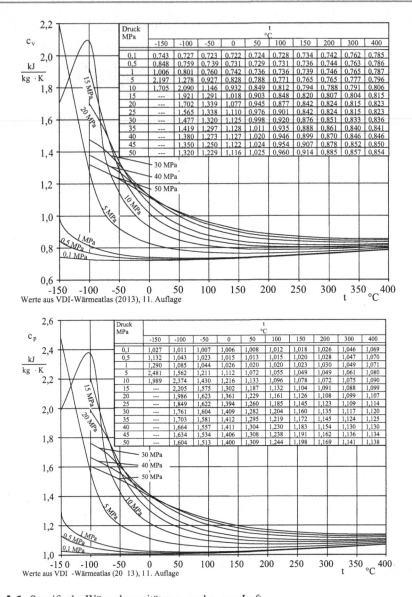

Werte aus VDI-Wärmeatlas (2013), 11. Auflage

Druck MPa	t °C									
	-150	-100	-50	0	50	100	150	200	300	400
0,1	0,743	0,727	0,723	0,722	0,724	0,728	0,734	0,742	0,762	0,785
0,5	0,848	0,759	0,739	0,731	0,729	0,731	0,736	0,744	0,763	0,786
1	1,006	0,801	0,760	0,742	0,736	0,736	0,739	0,746	0,765	0,787
5	2,197	1,278	0,927	0,828	0,788	0,771	0,765	0,765	0,777	0,796
10	1,705	2,090	1,146	0,932	0,849	0,812	0,794	0,788	0,791	0,806
15	---	1,921	1,291	1,018	0,903	0,848	0,820	0,807	0,804	0,815
20	---	1,702	1,339	1,077	0,945	0,877	0,842	0,824	0,815	0,823
25	---	1,565	1,338	1,110	0,976	0,901	0,842	0,824	0,815	0,823
30	---	1,477	1,320	1,125	0,998	0,920	0,876	0,851	0,833	0,836
35	---	1,419	1,297	1,128	1,011	0,935	0,888	0,861	0,840	0,841
40	---	1,380	1,273	1,127	1,020	0,946	0,899	0,870	0,846	0,846
45	---	1,350	1,250	1,122	1,024	0,954	0,907	0,878	0,852	0,850
50	---	1,320	1,229	1,116	1,025	0,960	0,914	0,885	0,857	0,854

Werte aus VDI -Wärmeatlas (20 13), 11. Auflage

Druck MPa	t °C									
	-150	-100	-50	0	50	100	150	200	300	400
0,1	1,027	1,011	1,007	1,006	1,008	1,012	1,018	1,026	1,046	1,069
0,5	1,132	1,043	1,023	1,015	1,013	1,015	1,020	1,028	1,047	1,070
1	1,290	1,085	1,044	1,026	1,020	1,020	1,023	1,030	1,049	1,071
5	2,481	1,562	1,211	1,112	1,072	1,055	1,049	1,049	1,061	1,080
10	1,989	2,374	1,430	1,216	1,133	1,096	1,078	1,072	1,075	1,090
15	---	2,205	1,575	1,302	1,187	1,132	1,104	1,091	1,088	1,099
20	---	1,986	1,623	1,361	1,229	1,161	1,126	1,108	1,099	1,107
25	---	1,849	1,622	1,394	1,260	1,185	1,145	1,123	1,109	1,114
30	---	1,761	1,604	1,409	1,282	1,204	1,160	1,135	1,117	1,120
35	---	1,703	1,581	1,412	1,295	1,219	1,172	1,145	1,124	1,125
40	---	1,664	1,557	1,411	1,304	1,230	1,183	1,154	1,130	1,130
45	---	1,634	1,534	1,406	1,308	1,238	1,191	1,162	1,136	1,134
50	---	1,604	1,513	1,400	1,309	1,244	1,198	1,169	1,141	1,138

Abb. A.6 Spezifische Wärmekapazitäten c_v und c_p von Luft

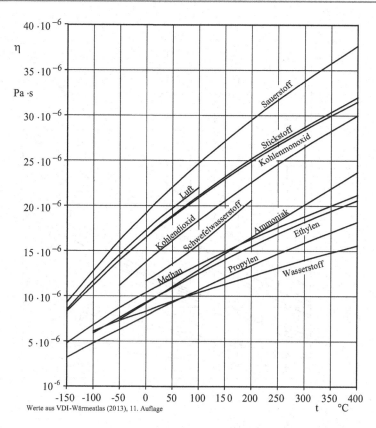

Werte aus VDI-Wärmeatlas (2013), 11. Auflage

Abb. A.7 Dynamische Viskosität η von Gasen

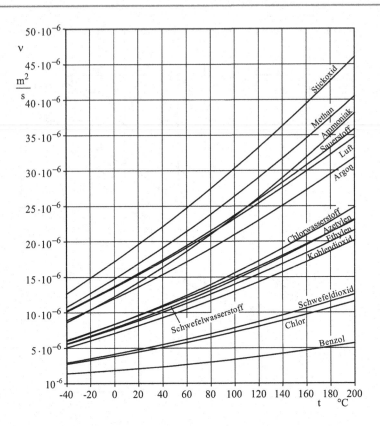

Abb. A.8 Kinematische Viskosität ν von Gasen

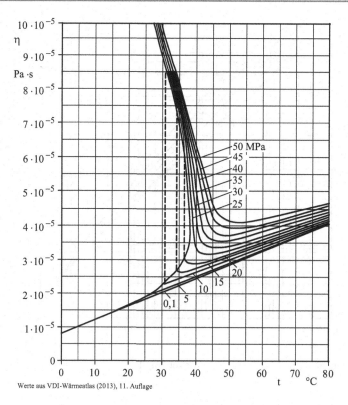

Werte aus VDI-Wärmeatlas (2013), 11. Auflage

Abb. A.9 Dynamische Viskosität η von Wasserdampf

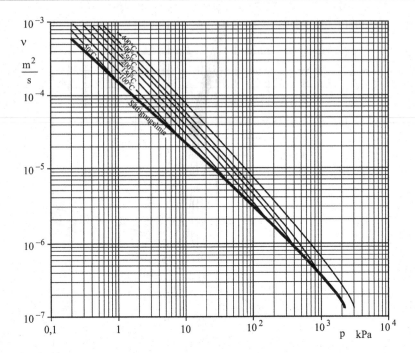

Abb. A.10 Kinematische Viskosität ν von Wasserdampf

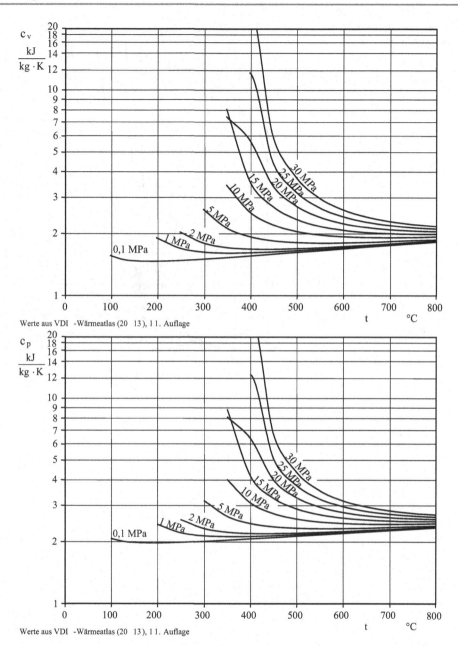

Werte aus VDI -Wärmeatlas (20 13), 1 1. Auflage

Werte aus VDI -Wärmeatlas (20 13), 1 1. Auflage

Abb. A.11 Spezifische Wärmekapazität c_v und c_p von Wasserdampf

Abb. A.12 Isentropenexponent κ von Wasserdampf

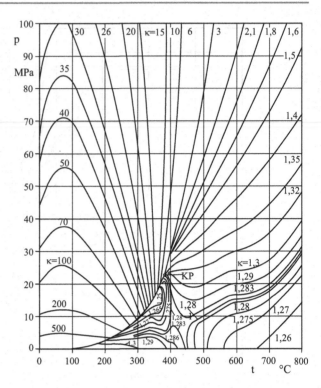

Abb. A.13 Schallgeschwindigkeit c von Wasserdampf

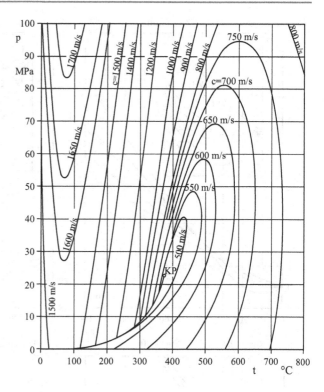

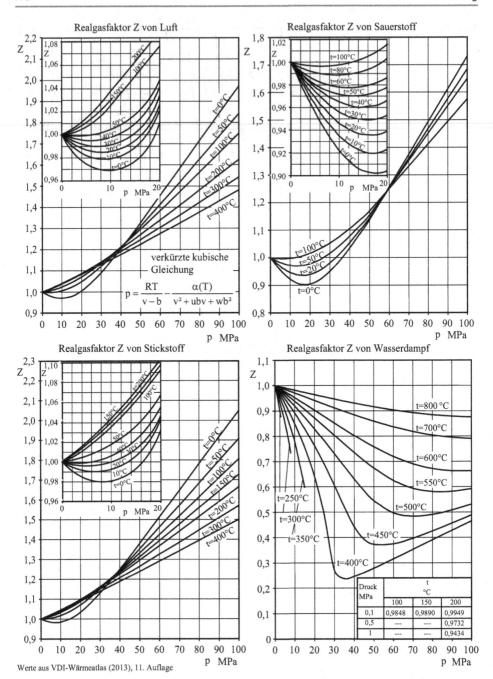

Abb. A.14 Realgasfaktoren Z von Luft, Sauerstoff, Stickstoff und Wasserdampf

Tab. A.8 Druckverlustbeiwerte ζ von Einlaufstücken, Rohrverzweigungen und Drosselgeräten

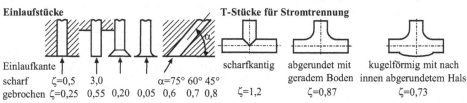

| Einlaufstücke | | | | | | | | T-Stücke für Stromtrennung | | |

| Einlaufkante | scharf ζ=0,5 | 3,0 | | | | | α=75° 60° 45° | scharfkantig | abgerundet mit geradem Boden | kugelförmig mit nach innen abgerundetem Hals |

gebrochen ζ=0,25 0,55 0,20 0,05 0,6 0,7 0,8 ζ=1,2 ζ=0,87 ζ=0,73

Abzweigstücke

Die ζ-Werte beziehen sich auf den Querschnitt vor der Trennung bzw. Vereinigung
V = Gesamtvolumenstrom; Va = ab- bzw. zufließender Volumenstrom
ζd = Widerstand im Hauptrohr; ζa = Widerstand im Abzeigrohr
Minuszeichen bedeutet Druckgewinn

	Trennung				Vereinigung			
Va / V	ζa	ζd	ζa	ζd	ζa	ζd	ζa	ζd
0	0,95	0,04	0,90	0,04	-1,20	0,04	-0,92	0,04
0,2	0,88	-0,08	0,68	-0,06	-0,40	0,17	-0,38	0,17
0,4	0,89	-0,05	0,50	-0,04	0,08	0,30	0,00	0,19
0,6	0,95	0,07	0,38	0,07	0,47	0,41	0,22	0,09
0,8	1,10	0,21	0,35	0,20	0,72	0,51	0,37	-0,17
1,0	1,28	0,35	0,48	0,33	0,91	0,60	0,37	0,54

Zusammengesetzte Leitungsstücke   **Ausgleichsstücke**

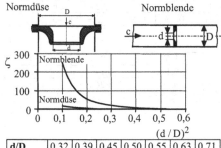

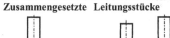

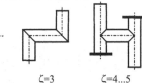

ζ=2,0...2,5 ζ=3 ζ=4...5   Wellrohrausgleicher ζ=0,2

Plattrohr-Lyrabogen ζ=0,2
Faltenrohr-Lyrabogen ζ=1,4

Druckverlustbeiwerte für Normdüsen und Normblenden in Abhängigkeit des Öffnungsverhältnisses

Normdüse   Normblende

ζ 300
200
100
0
0 0,1 0,2 0,3 0,4 0,5 0,6
$(d/D)^2$

d/D	0,32	0,39	0,45	0,50	0,55	0,63	0,71
$(d/D)^2$	0,10	0,15	0,20	0,25	0,30	0,40	0,50
Normdüse							
ζ	17	7	3	2	1	0,5	0,3
Normblende							
ζ	249	102	53	31	19	9	4

Absperrschieber mit Reduzierstücken in Abhängigkeit vom Durchmesserverhältnis und vom Reduzierwinkel β

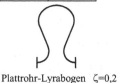

ζ 6
5
4
3
2
1
0
1,0   1,2   1,4   1,6 D/d 1,8

β=12°
8°
4°

Drosselgeräte in Abhängigkeit des Öffnungsverhältnisses (Δp'=Wirkdruck)

$(d/D)^2$	0,05	0,1	0,2	0,3	0,4	0,5	0,6
$(p1-p2)/\Delta p'$	0,90	0,81	0,65	0,52	0,42	0,33	0,27
ζ	360	81	16,3	5,8	2,6	1,3	0,75

Tab. A.9 Druckverlustbeiwerte ζ von Rohrbögen und Kniestücken

a) Kreisbogenkrümmer

α		glatt					rauh
		15°	22,5°	45°	60°	90°	90°
R/d=1		0,03	0,04	0,14	0,19	0,21	0,51
2		0,03	0,04	0,09	0,12	0,14	0,30
4	ζ	0,03	0,04	0,08	0,10	0,11	0,23
6		0,03	0,04	0,07	0,09	0,09	0,18
10		0,03	0,04	0,07	0,07	0,11	0,20

b) Segmentkrümmer

α	15°	22,5°	30°	45°	60°	90°
Anzahl der Rundnähte	1	1	2	2	3	3
ζ	0,06	0,08	0,1	0,15	0,2	0,25

c) Faltenrohrbogen 90°

$\zeta=0,40$

d) Zusammengesetzte Krümmer aus 2·90°

$\zeta_{180°}=2\zeta$

$\zeta_{RK}=3\zeta$

$\zeta_{DK}=4\zeta$

e) Gusskrümmer 90°

NW	50	100	200	300	400	500
ζ	1,3	1,5	1,8	2,1	2,2	2,2

f) Kniestücke

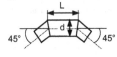

δ	22,5°	30°	45°	60°	90°
glatt ζ	0,07	0,11	0,24	0,47	1,13
rauh ζ	0,11	0,17	0,32	0,88	1,27

g) Kniestücke

l/d	0,71	0,943	1,174	1,42	1,86	2,56	6,25
glatt ζ	0,51	0,35	0,33	0,28	0,29	0,36	0,40
rauh ζ	0,51	0,41	0,38	0,38	0,39	0,43	0,45

h) Kniestücke

l/d	1,23	1,67	2,37	3,77
glatt ζ	0,16	0,16	0,14	0,16
rauh ζ	0,30	0,28	0,26	0,24

i) Kniestücke

l/d	1,76 ... 6,0
glatt ζ	0,15 ... 0,2
rauh ζ	0,3 ... 0,4

Tab. A.10 Widerstandsbeiwerte c_w umströmter Körper in Abhängigkeit der Geometrie und der Reynoldszahl

	c_w		c_w		c_w		c_w
Kugel		Rotationsellipsoid $\frac{a}{b} = \frac{1}{0,75}$		Kreiszylinder		Profilstab	
$10^3 < Re < 2 \cdot 10^5$	0,47	$Re < 5 \cdot 10^5$	0,6	$Re < 9 \cdot 10^4$: $l/d = 1$	0,63	$Re > 5 \cdot 10^5$: $t/d = 2$	0,2
$Re = 4 \cdot 10^5$	0,09	$Re > 5 \cdot 10^5$	0,21	2	0,68	3	0,1
$Re = 10^6$	0,13			5	0,74	5	0,06
				10	0,82	10	0,083
				40	0,98	20	0,094
				∞	1,20		
				$Re > 5 \cdot 10^5$: ∞	0,35		
Halbkugel		Halbkugel		Kegel (o. Boden)		Kegel (schlank)	0,58
ohne Boden	0,34	ohne Boden	1,33	$\alpha = 30°$	0,34		
mit Boden	0,40	mit Boden	1,17	60°	0,51		
Kreiszylinder		Prisma		Prisma		2 Kreisplatten in Reihe	
$\frac{l}{d} = 1$	0,91	$\frac{l}{a} = 2,5$	0,81	$\alpha = 90°: \frac{l}{a} = 5$	1,56	$\frac{l}{d} = 1$	0,93
2	0,85			∞	2,03	1,5	0,78
4	0,87			$\alpha = 45°$ 5	0,92	2	1,04
7	0,99			∞	1,54	3	1,52
Kreisplatte	1,12	Kreisringplatte $\frac{d}{D} = 0,5$	1,22	Rechteckplatte		Rechteckplatte mit Boden	
				$\frac{b}{h} = 1$	1,10		
				2	1,15	$\frac{b}{h} \geq 1$	1,2
				4	1,19		
				10	1,29		
				18	1,40		
				∞	1,90		
Prisma, dreieckig		Doppel-T-Profil	2,04	Winkel-Profil	2,0	Winkel-Profil	1,45
$b/h = \infty$	1,55						
$\alpha = 90°$	1,2		1,8		1,83		1,72
$\alpha = 60°$	(1,1)						
	2,0	$\frac{b}{h} = \infty$		$\frac{b}{h} = \infty$		$\frac{b}{h} = \infty$	
a=h	(1,3)						

Tab. A.11 Empfohlene mittlere Strömungsgeschwindigkeiten

Fluid	Rohrleitungsart	Mittlere Geschwindigkeit c m/s
Flüssigkeit	Transportleitung	1,0 bis 2,5
	Saugleitung von Pumpen	0,5 bis 1,2
	Druckleitung von Pumpen	1,0 bis 2,5
	Pipelines	1,0 bis 2,5
	Hydraulikanlagen	$c(p) = 2,0$ bis 6,0
Flüssigkeits-Feststoffsuspensionen	Transportleitung	0,60 bis 2,2
	Saugleitung von Pumpen	0,5 bis 1,0
	Druckleitung von Pumpen	0,8 bis 2,0
Luft und Gas	Transportleitung	12 bis 45
	Saugleitung von Kompressoren	12 bis 28
	Druckleitung von Kompressoren	15 bis 30
	Pipelines	20 bis 45
Dampf	Transportleitung	15 bis 45
	Dampfturbinen	80 bis 160
Gas-Flüssigkeitsgemisch	Transportleitung	12 bis 25

Abb. A.15 Wirtschaftliche Strömungsgeschwindigkeiten in Rohrleitungen

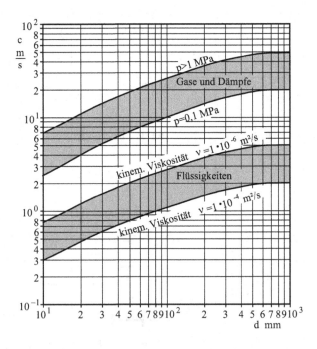

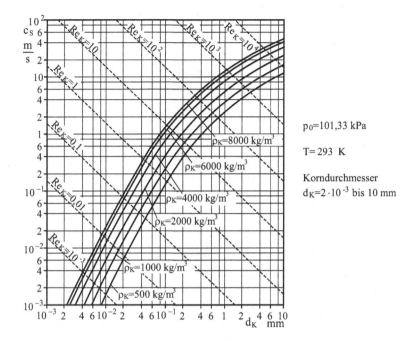

Abb. A.16 Sinkgeschwindigkeit kugeliger Einzelteilchen in ruhender Luft

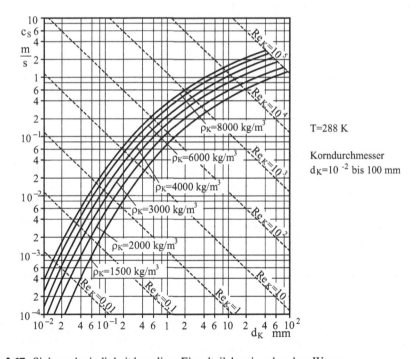

Abb. A.17 Sinkgeschwindigkeit kugeliger Einzelteilchen in ruhendem Wasser

Sachverzeichnis

Printed in the United States
by Bookmasters